국가직 · 지방직 · 서울시

2021 | 길잡이

과년도 기출문제

- 9급 국가직 (2013~2020년)
- 9급 지방직 (2013~2020년)
- 9급 서울시 (2013~2019년)

토목직 공무원 시험대비

응용역학 기출문제 무료 동영상강의

정경동 저

한솔아카데미 HANSOL ACADEMY

본 도서를 구매하신 분께 드리는 혜택

본 도서를 구매하신 후 홈페이지에 회원등록을 하시면 아래와 같은
학습 관리시스템을 이용하실 수 있습니다.

01 24시간 이내 질의 응답

본 도서 학습 시 궁금한 사항은 전용 홈페이지를 통해 질문하시면 담당 교수님으로부터 24시간 이내에 답변을 받아 볼 수 있습니다.

전용 홈페이지(www.inup.co.kr) – 학습게시판

02 무료 동영상 강좌

교재구매 회원께는 최근 기출문제 동영상 강좌 무료수강이 가능합니다.

① 국가직 9급 2013~2020년 기출문제 동영상강의 6개월 무료수강 쿠폰제공
② 지방직 9급 2013~2020년 기출문제 동영상강의 6개월 무료수강 쿠폰제공
③ 서울시 9급 2013~2019년 기출문제 동영상강의 6개월 무료수강 쿠폰제공

03 빈출모의고사 봉투우송

10개년 과년도 기출문제를 분석하여 9급 빈출 예상 모의고사를 시험 20일 전 봉투우송을 해드림으로써 부족한 부분에 대해 충분히 보완할 수 있도록 합니다.

9급 빈출 모의고사 200선 봉투우송

| 등록 절차 |

도서구매 후 각 과목별 뒤표지 회원등록 인증번호 확인

⬇

인터넷 홈페이지(www.inup.co.kr)에 인증번호 등록

동영상 무료강의 수강방법
(기출문제 무료동영상 6개월 제공)

■ 교재 인증번호등록 및 강의 수강방법 안내

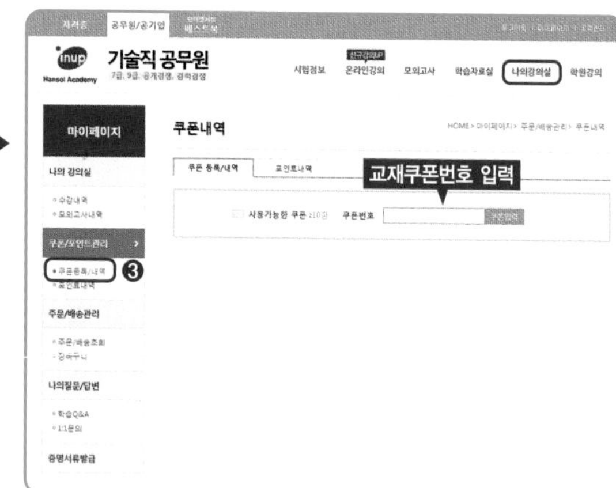

01 사이트 접속

인터넷 주소창에 **mac.inup.co.kr**을 입력하여 한솔아카데미 홈페이지에 접속합니다.

02 마이 페이지

홈페이지 우측 상단에 있는 회원가입 메뉴를 통해 **회원가입** 후 강의를 듣고자 하는 아이디로 **로그인**을 합니다.

03 쿠폰 등록

로그인 후 상단에 있는 **마이페이지**로 접속하여 왼쪽 메뉴에 있는 **[쿠폰/포인트관리]-[쿠폰등록/내역]**을 클릭합니다.

04 수강 신청

도서에 기입된 **인증번호 12자리** 입력(-표시 제외)이 완료되면 **[나의강의실]**에서 무료강의를 수강하실 수 있습니다.

■ 모바일 동영상 수강방법 안내

❶ QR코드 이미지를 모바일로 촬영합니다.
❷ 회원가입 및 로그인 후, 쿠폰 인증번호를 입력합니다.
❸ 인증번호 입력이 완료되면 [나의강의실]에서 강의 수강이 가능합니다.

※ QR코드를 찍을 수 있는 어플을 다운받으신 후 진행하시길 바랍니다.

머리말

수험생 여러분 안녕하세요. 정경동입니다!!!
응용역학은 공무원 시험뿐만 아니라 공사나 공단, 각종 자격시험의 필수과목으로 자리하고 있습니다. 또한 다른 과목의 이해도를 높이는 가장 기초과목으로서 가장 중요한 과목이라 할 수 있습니다. 그러나 최근의 출제 경향이 재료역학, 처짐, 부정정, 탄소성, 스프링 문제가 계속 출제되고 있지만 그 경향을 반영한 책이 없는 것이 현실입니다.
따라서 최근의 시험 경향이 점점 어려워지는 추세에 맞추는데 주안점을 두고 이론을 보강하였고, 지금까지의 국가직, 지방직, 서울시의 모든 기출문제를 수록하여 수험생 스스로 변화하는 시험의 경향을 파악할 수 있도록 집필하려고 최대한 노력하였습니다.
이 책은 나의 20년간의 학원 강의 경험과 학부 때의 수험 경험을 그대로 반영한 교재입니다. 수험의 목적에 맞도록 정확한 출제 경향을 최대한 반영하였으며, 가능한 수험생이 원리를 이해할 수 있도록 원리를 배경으로 한 풀이도 추가하였습니다. 지방에서도 이 책을 효율적으로 공부할 수 있도록 동영상 강좌도 촬영을 하였습니다. 이 책이 토목 수험생들이 고득점을 확보하는 수험서와 문제집의 기능을 100% 발휘할 수 있도록 최선을 다해 편집과 구성을 하였습니다.

이 책의 특징

Ⅰ. 각 장마다 핵심내용을 간략히 정리하고 그 아래에는 최근 문제를 다룰 수 있도록 하였다.
Ⅱ. 중요한 내용과 자주 출제되는 부분은 핵심정리로서 간략히 정리하였다.
Ⅲ. 내용의 이해를 돕기 위하여 보충 설명란을 두었다.
Ⅳ. 기출문제와 예상문제를 통하여 현재의 출제 경향을 정확히 분석하도록 하였다.

여러분의 합격이 나의 합격이라고 생각하고 부족한 부분이 있거나 궁금한 점은 www.macpass.co.kr로 당장 질문하면 됩니다.
고득점을 하기 위해 노력하는 수험생 여러분들의 밑거름이 될 수 있기를 간절히 기도합니다.
끝으로 이 책의 내용 중 미흡한 부분이나 문제 풀이 과정의 실수 등은 추후 계속 보완할 것이며 더욱 노력하는 토목인이 될 것을 약속드립니다.
또한 모든 토목 수험생들이 합격하기를 기원하며 처음부터 끝까지 출판에 도움을 준 김태헌 군과 연구실 학생들, 좋은 교재가 되도록 아낌없는 충고를 해주신 한솔아카데미 한병천 사장님 이하 임직원 여러분 모두에게 깊이 감사드립니다.

토목 수험생이 100% 합격하는 그날까지!!
토목 파이팅!!
연구실에서 새벽을 맞으며
노량진 연구실에서 정경동

■ 공무원 시험의 준비 방법

Step1. 반드시 전공을 공략하라!

기술직 공무원을 준비하는 수험생의 대부분은 전공과목에 관해서는 대부분이 자신을 갖고 있으므로, 자연스레 교양과목에 대한 학습을 먼저 하는 경향이 있다. 그러나 반드시 명심해야 하는 것은 자신이 어떤 직종의 공무원을 준비하는지 먼저 생각해 볼 필요가 있다. 또한 전공과목의 대체적인 경향은 자신이 공부한 만큼 가장 먼저 점수를 주는 고득점 과목으로 실제 합격생의 대부분은 전공과목을 고득점 한다는 사실이다.

Step2. 공무원 시험은 시간과의 싸움이다.

공무원 시험은 계산기 없이 1분 안에 1문제를 풀어야 하는 특성이 있다. 따라서 평소에 개념을 정확히 파악하고 결론을 도출하여 그 결과식을 가지고 문제를 풀어야만 제한된 시간에 모든 문제를 풀 수 있을 것이다. 만약 최종적인 공식에 대한 결론 없이 문제를 푼다면 시간의 장벽을 넘지 못하고 좌절하게 될 것이다. 마지막 1개월 동안 마무리 정리를 하기 위해 최대한 요약해서 정리를 해 두어야 한다.

Step3. 합격의 지름길은 자신만의 서브노트를 만드는 것이다.

공무원 시험은 다른 사람의 요약노트만 보고 합격을 기대할 수 없다. 따라서 학부과정에서 배운 대학교재와 참고서를 활용하여 자기만의 서브노트를 만드는 것이 매우 중요하다. 한번에 잘 정리된 노트를 만든다는 것은 사실상 어렵기 때문에 처음에는 전체적인 내용을 수업을 받으면서 정리하고 그 다음은 문제를 풀면서 틀린 문제라든지 개념이 잘 안 잡히는 문제들을 해당 이론에 추가하는 방식이 좋을 것 같다. 이러한 과정을 거쳐 노트가 정리되면 이젠 반복만 하면 되므로 이미 합격은 눈앞에 있는 것이나 다름없다.

Step4. 합격에는 내년이 없다.

내년을 기약하면서 공부하는 사람은 내년에도 합격할 수 없다. 비록 짧은 시간이라 하더라도 최선을 다할 때 합격할 수 있다. 물론, 합격을 못했다고 포기할 필요도 없다.

Step5. 100점을 목표로 하라.

지난 해 시험의 커트라인이 낮았다고 하자. 그 시험에는 응시한 수험생의 실력이 낮았을까? 아니다. 그 해의 문제 난도가 높았다는 것이다. 반대로 커트라인이 높다면 그 해 시험이 쉬웠다는 것이다. 따라서 우리는 목표치를 설정하고 그 목표를 향해 달리고 달려야 한다. 커트라인에 맞추려고 하지 말고 만점을 맞는다고 생각할 때 꼼꼼히 공부하게 될 것이고 더 빨리 합격할 것이다. 따라서 공무원 시험은 항상 100점을 목표로 하는 것이 그 과목을 더 자세히 보게 될 것이다.

■ 이 책의 활용 방법

첫째, 수업의 이론은 반드시 자신의 노트에 한번 이상 정리한다.

이 교재는 자습서로의 기능을 최대한 발휘하기 위해 공무원 시험에 출제빈도가 높은 항목을 이론부분에 체계적으로 정리하여 수험생 스스로 학습능력을 기를 수 있도록 하였으므로 강의를 직접 듣는 효과를 내기 위해서는 반드시 한 번 이상 노트정리를 해야 한다. 만약 수업을 듣는다면 수업에서 추가되는 내용이나 문제를 교재에 잘 정리하면 된다.

둘째, 기출문제를 풀어 출제경향과 이론의 이해도를 측정한다.

정리된 노트나 교재를 학습하였다면 그 다음은 문제의 해결능력을 기르는 것이다. 역학은 계산형의 문제가 출제되므로 이론을 많이 알아도 문제를 다루지 않는다면 실제 시험장에서 자신의 능력을 충분히 발휘하기가 어렵다. 처음 문제를 풀 때는 문제의 이론을 철저히 파악하고 분석하라고 말하고 싶다. 그러면 응용문제도 쉽게 파악이 가능하다. 두 번째 볼 때는 시간을 측정하면서 시간체크를 해야 한다. 세 번째는 자신이 문제를 변형시키면서 논리가 맞는지 그 문제를 풀 수 있는지 생각해 보는 것이다. 조금이라 의문이 든다면 당장 선생님의 홈페이지 맥패스(www.macpass.co.kr)로 접속해서 질문하는 것이다.

셋째, 문제에서 테크닉을 적용할 수 있어야 한다.

시험장에서 원리를 이용하여 공식을 유도하여 문제를 푼다는 것은 불가능한 일이다. 따라서 우리가 결과로 잡아서 기억하고 있는 필살기를 적용해야 한다. 이것이 바로 문제를 풀 때 시간을 단축시키는 방법이다.
이 책은 내용의 이해를 위하여 원리를 최대한 설명하려고 노력하였으며 계산기를 못 쓰는 시험에서 시간을 정복하기 위한 방법도 최대한 제시하려고 노력하였다. 따라서 실제 시험장에서 이 책에서 제시한 방법들을 적용할 수 있도록 충분한 훈련을 한다면 시간의 부족함을 충분히 해결할 수 있다고 감히 확신할 수 있다.

■ 내년도 시험을 준비하는 방법

1회독 : 3개월 안에 공략하라!!!

맨 처음 수험생활을 시작하는 수험생이라면 누구나 어떻게 공부를 해야 할지 막막할 것이다. 이런 고민은 생각만으로 해결되지 않는다. 처음에는 약간의 시행착오를 겪으면서 자신에게 맞는 학습방법을 찾는 것이 중요하므로 하나씩 개념을 쌓으면서 전체적인 흐름을 파악하는 것이 중요하다. 하루 하루가 지나면서 실력이 쌓이는 것이 느껴질 것이다.

2회독 : 1개월 안에 sub노트를 만들어라!!!

전체적인 흐름이 잡혔다 하더라도 앞에서 공부한 것을 잊어버렸을 것이다. 누구나 다 마찬가지이므로 걱정할 필요는 없다. 사람이라면 한 번만에 모든 걸 알 수는 없다. 이제는 문제를 풀기 위한 정리를 해 두어야 한다. 문제를 풀 때마다 앞으로 돌아가서 확인하다 보면 불필요한 시간을 낭비하게 되는 경우가 많다. 따라서 1장으로 돌아가서 핵심공식을 정리해 둔다. 이때 깨끗하게 정리한다고 생각하지 말고 연습장을 반 접어서 양쪽에다 공부하듯 공식이나 중요 문구를 적어두는 것이다. 대신 간격은 약간 넉넉하게 잡아둔다. 그래야 나중에 보충하기가 쉽다. 이렇게 정리를 한 것은 문제를 풀면서 보완을 할 것이고, 마지막 1개월 동안 마무리 정리할 때 요긴하게 쓰이는 노트가 된다.

3회독 : 미친 듯이 문제를 풀어라!!!

자신이 있다면 1회독을 하면서 한 파트를 끝나고 문제를 풀어도 문제가 없다. 그러나 처음부터 문제가 많이 막힌다면 이렇게 공부하는 것은 금방 자신을 지치게 만든다. 문제는 2회독 또는 3회독을 하면서 풀어도 상관이 없다. 이론이 어느 정도 끝나면 문제를 많이 풀어봐야 한다. 실제 시험에서는 이론을 묻는 것이 아니라 알고 있는 이론을 적용해야 하므로 문제를 많이 풀어 두지 않으면 시험에서 좋은 점수를 받을 수 없다. 자신이 9급을 공부한다면 9급에 나온 문제를 머리 속에 완전히 넣어야 하고, 7급 문제도 틈틈이 풀어서 실력을 쌓아두면 시험에서 새로운 유형을 만나도 당황하지 않게 된다. 물론 7급 수험생은 모든 문제를 완전 공략해야 한다.
응용역학은 이론 정리가 끝나면 문제를 풀면서 해당 이론을 느끼는 과목이다. 문제를 풀다 보면 자연스레 응용력이 생기게 된다.
푼 문제도 일정 기간을 정해 두고 반복하라!!!

4회독 : 자신이 자주 틀리는 문제를 정리하라!!!

개인 차에 따라 다르겠지만 유독 나에게 약한 부분이 있다. 이런 부분은 문제 + 이론을 함께 정리해서 문제의 풀이도 함께 정리를 해 둔다.
여기까지 왔다면 시험일이 코 앞에 다가 왔을 것이다. 마무리 정리는 이 노트를 최대한 활용한다면 분명 고득점을 하게 될 것이다.
합격 후의 자신의 모습을 상상하면서 항상 자신을 격려한다면 슬럼프도 쉽게 극복할 수 있을 것이다.
합격을 위하여 파이팅!!!

Contents

1 Chapter 정역학의 기초 1

2 Chapter 단면의 성질 55

Contents

Contents

Contents

7 Chapter 재료의 역학적 성질 323

Contents

8 Chapter 보의 응력 435

9 Chapter 기둥 497

Contents

Contents

Contents

Chapter 01

정역학의 기초

제1장

정역학의 기초

1.1 역학의 기본 가정

역학에서는 문제를 해석하는 데 특별한 조건이 별도로 주어지지 않는다면 강체, 평면보존, 선형탄성, 자중과 변형은 무시, 점증하중, 미소변형, 질량보존, 에너지보존, 평면 상태(힘, 응력, 변위) 등이 성립하는 초기결함과 응력집중이 없고, 재질과 단면이 일정한 이상적인 물체로 가정하여 해석한다.

1 강체

역학의 전제 조건 중 하나가 미소 변위를 가지므로 하중에 의해 생기는 변형을 무시할 수 있다. 따라서 역학에서 특정한 구조물이 주어지지 않는다면 변위가 없는 이상적 물체인 강체(rigid body)로 가정한다. 즉 변위를 고려하지 않으므로 반력이나 단면력은 변하지 않는다는 의미로 이해하면 된다. 또한 공칭 응력(공학 응력) $\frac{\text{힘}}{\text{최초면적}}$, 공칭 변형률(공학 변형률) $\frac{\text{변형값}}{\text{최초값}}$에서 원래의 값을 사용하는 이유이다.

2 역학에서 사용하는 보존 법칙

(1) 평면 보존의 법칙(베르누이)

평면인 단면은 하중에 의해 변형 후에도 평면을 유지한다. 따라서 휨부재의 변형률 선도는 중립축으로부터의 수직거리에 비례하게 된다.

(2) 질량 보존의 법칙(뉴턴)

물체의 질량은 변하지 않는다는 것이다. 그러나 시간과 장소에 따라 중력가속도는 변하므로 중량 보존의 법칙은 성립되지 않음에 주의하자.

(3) 에너지 보존의 법칙(열역학 제1법칙)

전체 계에서 에너지는 형태는 바뀔 수는 있어도 에너지의 크기는 항상 같다. 역학에서는 하중의 재하 순서를 바꿔도 전체 외력일은 변하지 않게 된다.

3 선형탄성(선 · 탄)

재료에 하중을 재하하면 나타나는 응력-변형률 그래프는 4가지의 종류가 있지만 역학에서는 후크의 법칙(Hooke's Law)의 법칙이 성립하므로 선형 탄성 재료로 가정하여 해석 및 설계를 한다.

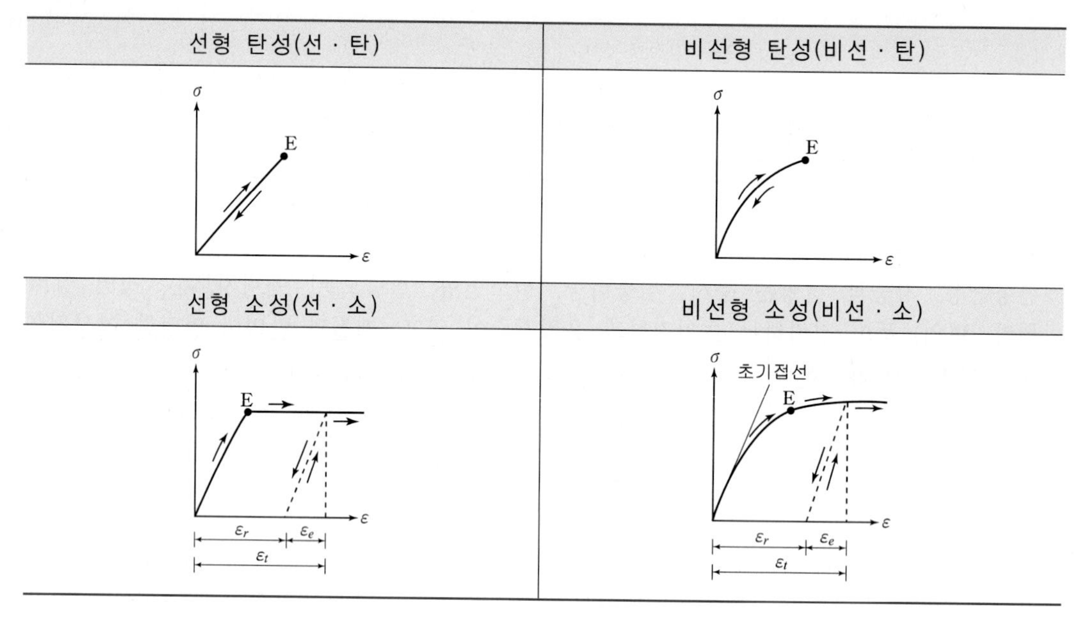

4 자중과 변형은 무시

문제의 조건에서 자중이 주어지지 않는다면 자중이 하중에 비해 매우 작다는 의미를 내포하므로 무시한다. 또한 역학에서 다루는 변형 역시 미소 변형을 다루므로 변형을 구하는 경우를 제외하고는 무시한다.

5 점증하중

역학에서 다루는 하중은 특별한 조건(자유낙하, 급가하중 등)이 주어지지 않는다면 0에서부터 서서히 증가하여 특정한 힘 P에 이른 상태로 보고 해석한다.

6 평면상태

역학에서 공간 즉 3차원 해석을 한다는 말이 없다면 평면(2차원)으로 보고 해석한다. 따라서 평면상태란 한 방향의 값을 무시하는 데 일반적으로 z방향의 성분이 존재하지 않는 상태를 말한다.

평면력계	평면응력	평면변형률
z방향의 하중을 무시	z방향의 응력을 무시	z방향의 변형률을 무시
$F_x \neq 0$ $F_y \neq 0$ $F_z = 0,\ M_z \neq 0$	$\sigma_x \neq 0$ $\sigma_y \neq 0$ $\sigma_z = 0,\ \epsilon_z \neq 0$	$\epsilon_x \neq 0$ $\epsilon_y \neq 0$ $\epsilon_z = 0,\ \sigma_z \neq 0$

1.2 힘

정지한 물체가 운동을 하거나 운동하는 물체가 정지하는 경우 또는 방향을 바꾸는 경우와 같이 물체의 운동 상태의 변화 원인이 되는 것을 힘이라 한다.

1 힘의 3요소

힘을 도해적으로 표시할 때 나타내는 필수 성분으로 크기, 방향, 작용점이 있다.

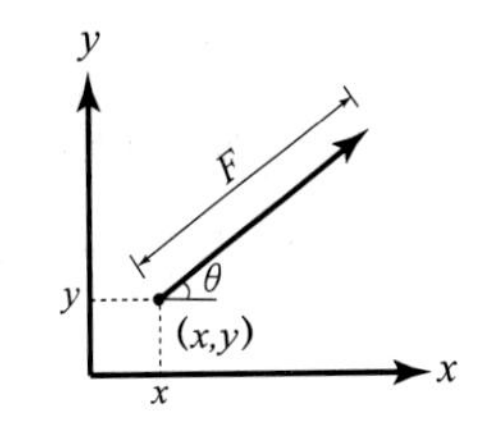

(1) 크 기 : 선분의 길이(N, dyne, tf, kgf, lb, kip)
slug는 질량의 단위라는 것에 주의하자!

(2) 방 향 : 화살표 또는 각(tanθ)
일반적으로 tanθ로 표시하나 sinθ나 cosθ으로 표시할 수도 있다.

(3) 작용점 : 한 점 또는 좌표(x, y)

■ 보충설명 : 힘의 4요소와 비례법

• 힘의 4요소
크기, 방향, 작용점, 작용선
∴ 작용선은 힘의 4요소에 포함된다.

• 비례법
힘의 크기는 선분의 길이에 비례한다.

1kN → 1m : 2kN → 2m

∴ 힘을 선분의 길이로 표현할 수 있다면 미지력을 쉽게 구할 수 있다.

■ 보충설명 : 스칼라와 벡터

• 스칼라 : 크기만 존재 (7개의 기본단위)

※ 7대 기본단위

길이	질량	시간	전류	온도	물량(물질의 양)	광도
m	kg	sec	A	K	mol	cd

• 벡터 : 크기와 방향이 모두 존재

예) 변위(처짐, 처짐각), 속도, 가속도, 힘, 회전량(모멘트), 충격량, 전기장(자기장, 중력장), 운동량 등

➡ 여기서 주의할 것은 속력과 가속력은 크기만 갖는 양을 뜻하는 말이므로 스칼라이다.

2 뉴턴의 운동법칙

(1) 뉴턴의 운동 제1법칙(관성의 법칙)

운동 중인 물체는 계속 운동하려 하고 정지한 물체는 계속 정지하려는 성질을 말한다.

(2) 뉴턴의 운동 제2법칙(가속도의 법칙)

가속도는 질량에 반비례하고 힘에는 비례한다.

(3) 뉴턴의 운동 제3법칙(작용·반작용의 법칙)

한 점에 작용하는 작용력과 반작용력은 크기는 같고 방향은 반대이다.

핵심예제 1-1 [07 국가직 9급]

다음 중 뉴턴의 운동법칙에 해당하지 않는 것은?

① 물체에 작용하는 힘이 평형을 이룬다면 정지해 있는 물체는 계속 정지해 있고 움직이던 물체는 등속도 직선 운동을 한다.

② 마찰력은 두 물체의 접촉면에서 발생하며 그 힘의 방향은 물체의 운동방향과 반대이다.

③ 움직이는 물체의 가속도 크기는 작용하는 힘에 비례하고 물체의 질량에 반비례하며 방향은 힘의 방향과 같다.

④ 임의의 물체에 작용하는 작용힘과 반작용힘은 그 크기가 같고 방향이 서로 반대이며 동일선상에 있다.

| 해설 | 마찰 법칙은 쿨롬(Coulomb)의 법칙을 따른다.

보충 뉴턴의 운동법칙

① 제1법칙 : 관성의 법칙

② 제2법칙 : 가속도의 법칙

③ 제3법칙 : 작용 · 반작용의 법칙

답 : ②

3 힘의 단위와 차원

(1) 힘의 단위

① CGS 단위 : dyne=g×cm/s^2

② MKS 단위 : N=kg×m/s^2=10^5dyne

③ 중력 단위 : kgf=kg×9.8m/s^2=9.8N=9.8×10^5dyne

④ 영국 단위(BS 단위) : lb=slug×ft/s^2, kip=10^3lb

⑤ 국제 단위(SI 단위) : 기본 단위로 표현하는 단위

(2) 힘의 차원

차원은 힘을 F(Force), 질량을 M(Mass), 길이를 L(Length), 시간을 T(Time)로 나타낸 것이다. 따라서 힘은 '질량×가속도' 로 표현하므로 $F=MLT^{-2}$의 관계가 성립한다.

① 응력, 압력, 탄성계수의 차원 : $FL^{-2}=ML^{-1}T^{-2}$

② 일, 에너지, 모멘트의 차원 : $FL=ML^2T^{-2}$

③ 일률, 공률, 동력, 전력의 차원 : $FLT^{-1}=ML^2T^{-3}$

■ 보충설명 : 여러 가지 국제단위(SI단위)

① 힘의 국제단위 : 뉴턴(N)

② 응력, 압력, 탄성계수의 국제단위 : 파스칼(Pa)

③ 에너지의 국제단위 : 주울(J)

④ 일률(공률)의 국제단위 : 와트(W)

핵심예제 1-2 [14 지방직 9급]

물리량의 차원으로 옳지 않은 것은? (단, M은 질량, T는 시간, L은 길이이다)

① 응력의 차원은 $[MT^{-2}L^{-1}]$이다.

② 에너지의 차원은 $[MT^{-1}L^{-2}]$이다.

③ 전단력의 차원은 $[MT^{-2}L]$이다.

④ 휨모멘트의 차원은 $[MT^{-2}L^2]$이다.

| 해설 | 에너지 = 힘 × 거리 = $[MLT^{-2}][L]=[ML^2T^{-2}]$

힘과 질량의 관계 : $F=ma=\text{kg}\cdot\text{m/sec}^2=MLT^{-2}$

답 : ②

4 모멘트

물체가 회전할 때 회전량을 모멘트라 하므로 물체가 회전하면 모멘트가 존재하지만 물체가 회전하지 않고 정지상태에 있다면 모멘트는 0이 된다.

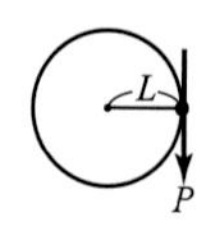

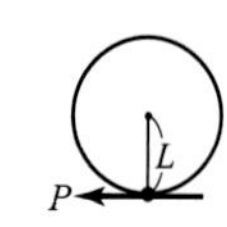

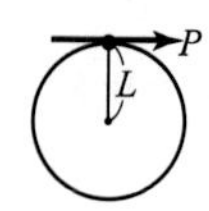

(1) 정 의

모멘트(M) = 힘(P) × 수직거리(L) ➡ { 시계방향 : ⊕, 반시계방향 : ⊖ }

(2) 기하학적 의미

① 모멘트는 힘과 팔길이로 구성되는 삼각형 면적의 2배이다.

$$M_O = 2 \cdot \Delta \text{면적}$$

② 모멘트를 구하는 점은 항상 원의 중심이 된다.

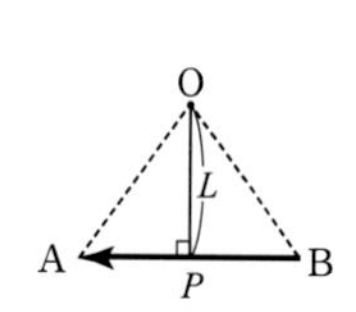

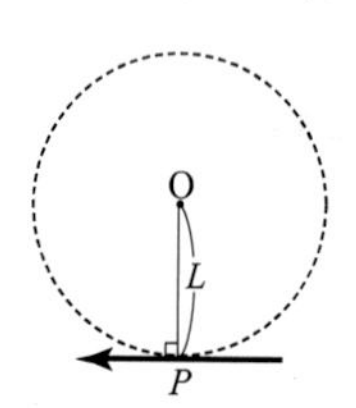

(3) 모멘트와 휨모멘트(또는 비틀림모멘트)의 구분

모멘트가 존재한다는 것은 물체가 회전한다는 의미이고, 휨모멘트가 존재한다는 것은 휘어진다는 것을 의미한다. 휨모멘트를 갖는 모든 구조물은 정지 상태에 있으므로 모멘트와 휨모멘트는 전혀 다르다. 또한 비틀림모멘트 역시 비틀어진다는 의미를 가질 뿐 물체가 회전한다는 것은 아니므로 각각이 서로 다른 의미를 갖는 단어이다.

5 우력

(1) 정의

크기가 같고 방향이 반대인 서로 평행한 한 쌍의 힘으로 다른 작용선상에서 나타낼 수 있는 힘을 우력이라 하고 이때의 모멘트를 우력 모멘트라 한다.

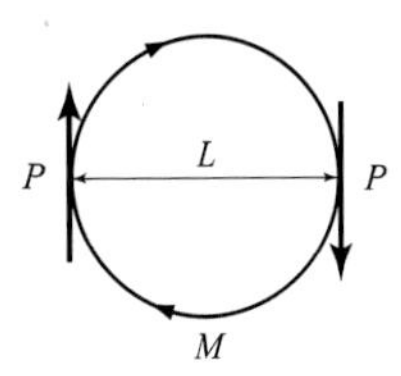

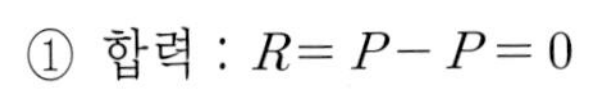

① 합력 : $R = P - P = 0$

② 모멘트 : $M = PL$

(2) 특성

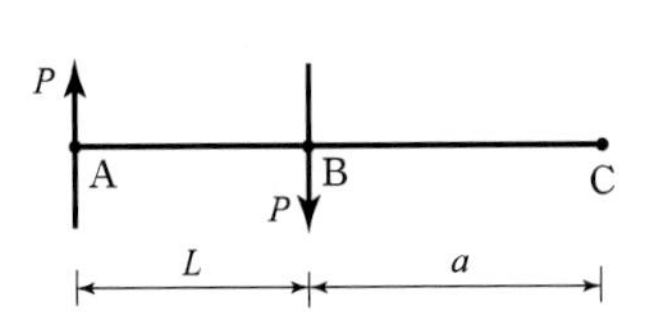

① 합력(R)은 영(0)이나 그 크기는 모멘트로 표시된다. 따라서 우력이 작용하면 물체는 회전 운동을 하게 된다.

② 임의의 점에서 우력(모멘트)은 「힘×우력간 거리」로 항상 일정하다. 따라서 우력은 모멘트와 같고 그 역도 성립하므로 모멘트는 우력이라 할 수 있다.

$M_A = PL$, $M_B = PL$, $M_C = P(L+a) - Pa = PL$

∴ 우력 모멘트는 PL로 일정하다.

$$M_A = M_B = M_C = PL$$

핵심예제 1-3 [08 국가직 9급]

다음은 '우력'에 대한 약술이다. ( )에 들어갈 단어를 바르게 연결한 것은?

> 어떤 물체에 크기가 (㉠) 방향이 (㉡)인 2개의 힘이 작용할 때 그의 작용선이 일치하면, 합력이 0이 되고, 작용선이 일치하지 않고 나란할 때는 합력은 0이지만 힘의 효과가 물체에 (㉢)을 일으킨다. 이와 같은 크기가 (㉠) 방향이 (㉡)인 한 쌍의 힘을 우력이라 한다.

	(㉠)	(㉡)	(㉢)
①	같고	반대 방향	회전운동
②	다르고	반대 방향	회전운동
③	다르고	같은 방향	평행운동
④	같고	같은 방향	평행운동

| 해설 | 어떤 물체에 크기가 (같고) 방향이 (반대)인 2개의 힘이 작용할 때 그의 작용선이 일치하면, 합력이 0이 되고, 작용선이 일치하지 않고 나란할 때는 합력은 0이지만 힘의 효과가 물체에 (회전운동)을 일으킨다. 이와 같이 크기가 (같고) 방향이 (반대)인 한 쌍의 힘을 우력이라 한다.

답 : ①

6 바리농(Varignon)의 정리(모멘트에 관한 정리)

(1) 정의 : 합력 $M = \Sigma$ 분력 M $(M_R = \Sigma M_P)$

(2) 적용 : 합력의 작용위치(작용점)를 구하기 위함이다.

(3) 주의할 점 : 바리농의 정리는 어느 점에서도 성립되지만 합력모멘트를 취하는 점과 분력모멘트를 취하는 점은 일치해야 한다. 반드시 동일점에 대해 계산한다.

(4) 특성 : 두 힘이 작용하는 경우 합력을 기준으로 힘의 비와 거리의 비는 반비례한다.

① 동일 방향의 하중 : 합력은 큰 힘에 가까우며 두 힘 사이를 내분

② 반대 방향의 하중 : 합력은 큰 힘에 가까우며 두 힘 사이를 외분

구분	$P_1 > P_2$	힘의 비와 거리의 비	$P_1 < P_2$	힘의 비와 거리의 비
두 힘이 같은 방향	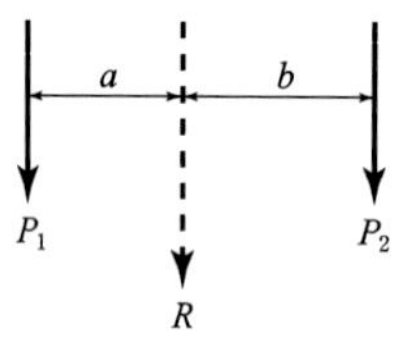 a, b, P_1, P_2, R	$\frac{P_1}{P_2} = \frac{b}{a}$	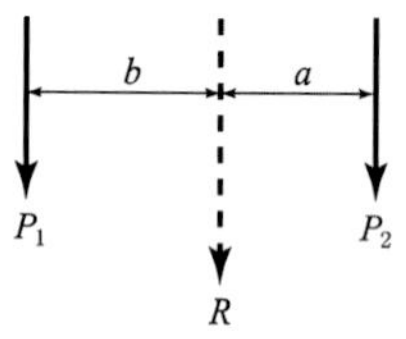 b, a, P_1, P_2, R	$\frac{P_1}{P_2} = \frac{a}{b}$
두 힘이 반대 방향	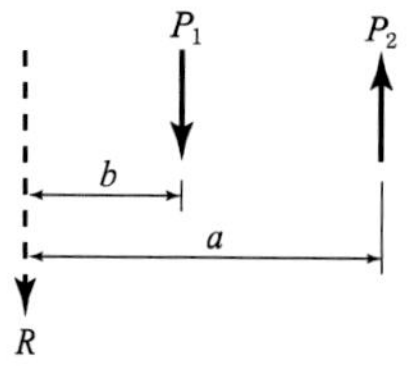 P_1, P_2, b, a, R	$\frac{P_1}{P_2} = \frac{a}{b}$	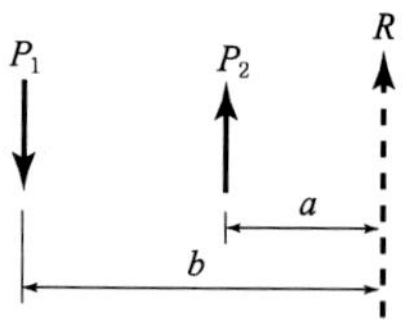 R, P_1, P_2, a, b	$\frac{P_1}{P_2} = \frac{a}{b}$

※ 합력을 기준으로 힘의 비는 길이의 비에 반비례한다.

■ 보충설명 : 바리농 정리의 확장 해석

- 면적은 힘의 개념으로 볼 수 있다.

$(\Sigma W)L = \Sigma(W_i L_i)$ 즉 2등분한다면 $(W_1 + W_2)L = \Sigma(W_1 L_1 + W_1 L_1)$이 되므로

합력이 작용하는 점까지의 거리 $L = \frac{\Sigma(W_1 L_1 + W_1 L_1)}{(W_1 + W_2)}$이 된다.

∴ 무게는 힘과 같으므로 무게중심을 계산하고 같은 양을 약분하면 단면의 도심 계산에 적용할 수 있다. 즉 면적을 가중치로 하는 면적 가중 평균값이 중심이 된다.

(5) 분포하중의 연산

바리뇽의 정리를 이용하여 계산한다.

① 크기 : 합력

② 작용위치 : 도심

분포하중의 작용형태 (부재 길이 $=L$)	크기 (=합력)	작용점 (=도심)	단부 모멘트	
			왼쪽 단부	오른쪽 단부
w	wL	1 : 1 내분점	$\frac{wL^2}{2}$	$\frac{wL^2}{2}$
w	$\frac{wL}{2}$	2 : 1 내분점	$\frac{wL^2}{3}$	$\frac{wL^2}{6}$
2차함수 w	$\frac{wL}{3}$	3 : 1 내분점	$\frac{wL^2}{4}$	$\frac{wL^2}{12}$
2차함수 w	$\frac{2wL}{3}$	5 : 3 내분점	$\frac{5wL^2}{12}$	$\frac{wL^2}{4}$
w_a w_b	두 개의 삼각형 하중으로 나누어 중첩법 적용 또는 사각형과 삼각형으로 나누어 중첩법 적용			

핵심예제 1-4 [08 국가직 9급]

다음 그림과 같이 방향이 반대인 힘 P와 $3P$가 L간격으로 평행하게 작용하고 있다. 두 힘의 합력의 작용위치 X는?

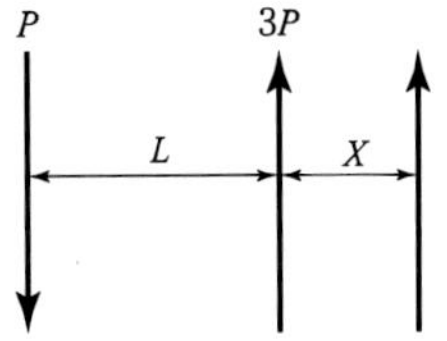

① $\frac{1}{3}L$

② $\frac{1}{2}L$

③ $\frac{2}{3}L$

④ L

| 해설 | 3P의 작용선상에서 바리뇽 정리를 적용하면

$-2PX=-PL$

$\therefore X=\frac{L}{2}$

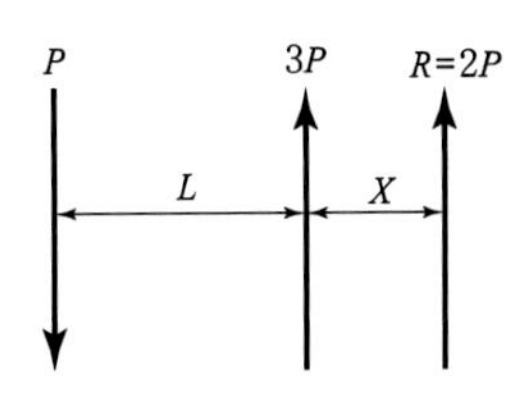

답 : ②

핵심예제 1-5 [13 서울시 9급]

그림과 같은 4개의 하중(미지수 P_1, P_2포함)이 작용하는 부재에 합력 40kN이 A점으로부터 우측 4m위치에 하방향으로 작용할 때 P_1, P_2는?

① $P_1 = 50\text{kN}$, $P_2 = 30\text{kN}$
② $P_1 = 60\text{kN}$, $P_2 = 40\text{kN}$
③ $P_1 = 70\text{kN}$, $P_2 = 50\text{kN}$
④ $P_1 = 80\text{kN}$, $P_2 = 60\text{kN}$
⑤ $P_1 = 90\text{kN}$, $P_2 = 70\text{kN}$

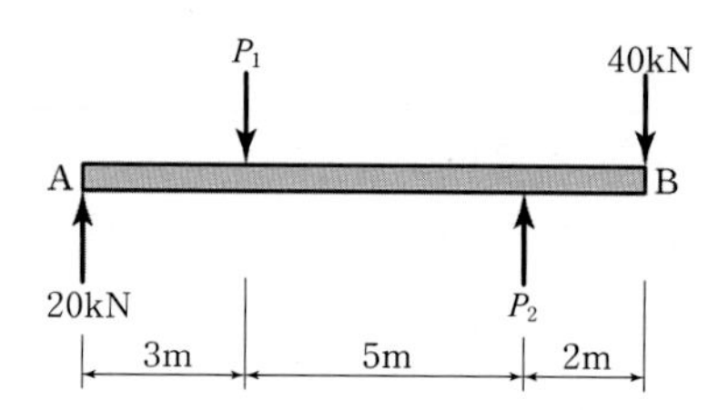

| 해설 | P_2선상에서 바리뇽 정리를 적용하면
$20(8) - P_1(5) + 40(2) = -40(4)$에서 $P_1 = 80\text{kN}$
∴ 합력 $R = -20 + 80 - P_2 + 40 = 40$에서 $P_2 = 60\text{kN}$
또는 P_1선상에서 바리뇽 정리를 적용하면
$20(3) - P_2(5) + 40(7) = 40(1)$에서 $P_2 = 60\text{kN}$

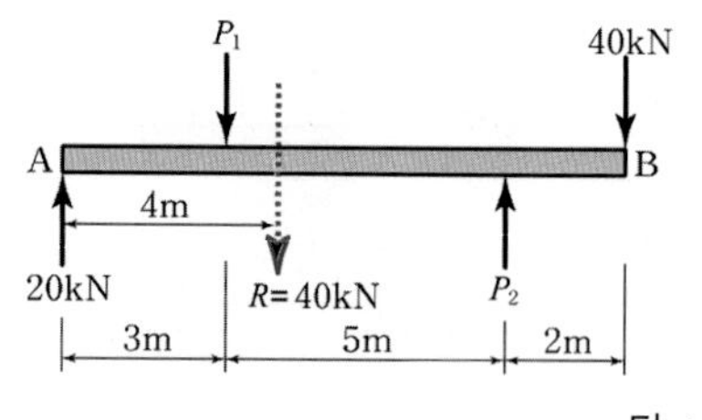

답 : ④

핵심예제 1-6 [13 국가직 9급]

다음과 같이 구조물에 작용하는 평행한 세 힘에 대한 합력(R)의 O점에서 작용점까지 거리 x[m]는?

① 0
② 1
③ 2
④ 3

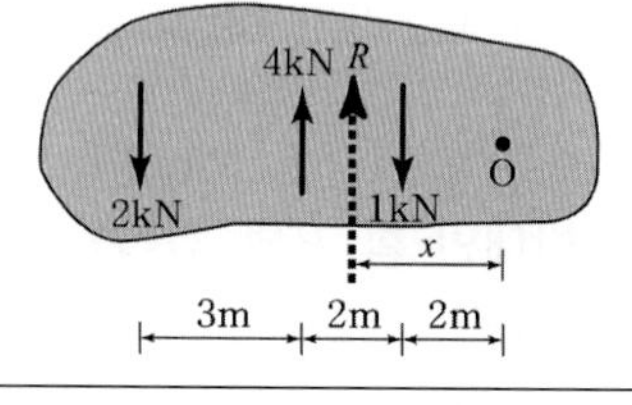

| 해설 | 합력 $R = -2 + 4 - 1 = 1\text{kN}(\uparrow)$
O점에서 바리뇽의 정리를 적용하면 $1(x) = 4(4) - 2(7) - 1(2)$에서 $x = 0$

답 : ①

핵심예제 1-7 [14 지방직 9급]

다음과 같이 힘이 작용할 때 합력(R)의 크기[kN]와 작용점 x_0의 위치는?

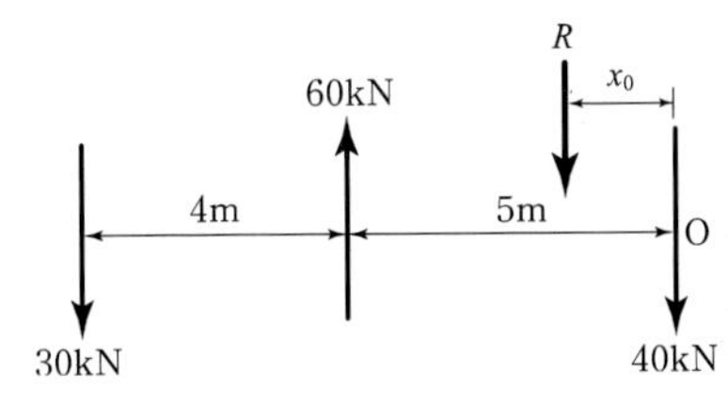

① $R=10(\downarrow)$, x_0 =원점(O)의 우측 3m
② $R=10(\downarrow)$, x_0 =원점(O)의 좌측 3m
③ $R=10(\uparrow)$, x_0 =원점(O)의 우측 3m
④ $R=10(\uparrow)$, x_0 =원점(O)의 좌측 3m

| 해설 | 합력의 크기 : $R=30-60+40=10\text{kN}(\downarrow)$

합력의 작용 위치 : $x_0=\dfrac{30(9)-60(5)}{10}=-3\text{m}$

∴ O점에서 우측 3m 위치에 하향 10kN이 작용한다.

답 : ①

7 힘의 이동성의 원리(등가하중의 원리)

물체에 작용하는 힘을 다른 위치로 이동하거나 옮겼을 때 동일한 효과를 주는 힘의 재하상태로 동일 작용선상에서 옮기는 작용선의 원리와 다른 위치로 옮겨 힘의 형태가 변하는 힘의 변환이 있다.

(1) 작용선의 원리

강체에 작용하는 힘은 동일한 작용선상에서 이동시켜도 그 효과는 같다.

(2) 힘의 변환

힘을 다른 점으로 이동시키면 크기와 방향이 같은 한 개의 힘과 우력이 생긴다.

1.3 힘의 합성과 분해

1 힘의 합성 : 합력(R)을 구하는 것으로 반드시 시점을 일치시킨 후 연산한다.

힘의 작용 형태	해석적 방법	도해적 방법
일반식	합력 $R=\sqrt{(\Sigma H)^2+(\Sigma V)^2}$ 작용방향 $\tan\alpha=\dfrac{\Sigma V}{\Sigma H}$	동점역계 : 시력도법 (힘의 다각형법) 비동점역계 : 연력도법
두 힘의 합성	합력$R=\sqrt{P_1{}^2+P_2{}^2+2P_1P_2\cos\alpha}$ 작용방향$\tan\theta=\dfrac{P_2\sin\alpha}{P_1+P_2\cos\alpha}$	삼각형법 또는 평행사변형법

※ 역학에서 경사하중은 수평과 수직으로 분해하여 중첩을 적용하는 것이 유리하다.

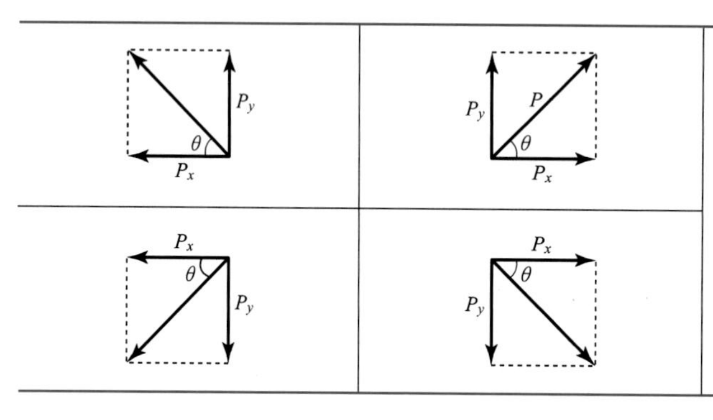

- 각과 접하는 성분은 cos으로 표시
  $\therefore\ P_x=P\cos\theta$
- 각과 접하지 않는 성분은 sin으로 표시
  $\therefore\ P_y=P\sin\theta$

※ 동점역계에서 합력이 작용하는 위치 : 분력의 부호로 결정

※ 비동점역계에서 합력 작용선의 x절편, y절편 : 바리농의 정리를 이용

동점역계			비동점역계	
ΣH의 부호	ΣV의 부호	합력의 위치	x절편	y절편
+	+	1상한	$x=\dfrac{합력모멘트}{\Sigma V}$	$y=\dfrac{합력모멘트}{\Sigma H}$
−	+	2상한		
−	−	3상한		
+	−	4상한		

(도해법의 특징)

① 극사선은 시력도에서 작도된다.

② 시력도에서는 합력의 크기와 작용방향을 구할 수 있다.

③ 연력도에서는 합력의 작용위치(작용점)를 구할 수 있다.

④ 연력도는 시력도 작성이 선행되어야 한다.

2 관리할 두 힘의 합성

힘의 작용 형태	해석적 방법		특징
60° 합성	두 힘의 크기	합력의 크기	큰 수의 홀·짝으로 연결!!
	3과 4	6.08	
	3과 5	7	
90° 합성	1과 $\sqrt{3}$	2	피타고라스 정리가 성립된다.
	3과 4	5	
	5와 12	13	
120° 합성	한 힘과 두 힘의 차	합력의 크기	순서가 바뀌어도 성립
	3과 4	6.08	
	3과 5	7	
두 힘이 같을 때	합성 각도	합력	합력은 두 힘이 이루는 각을 이등분 ➡ 응용이 가능
	60° 합성	힘 $\sqrt{3}$	
	90° 합성	힘 $\sqrt{2}$	
	120° 합성	힘 $\sqrt{1}$	

핵심예제 1-8 [13 지방직 9급]

다음 그림과 같이 원점 O에 세 힘이 작용할 때, 합력이 작용하는 상한의 위치는?

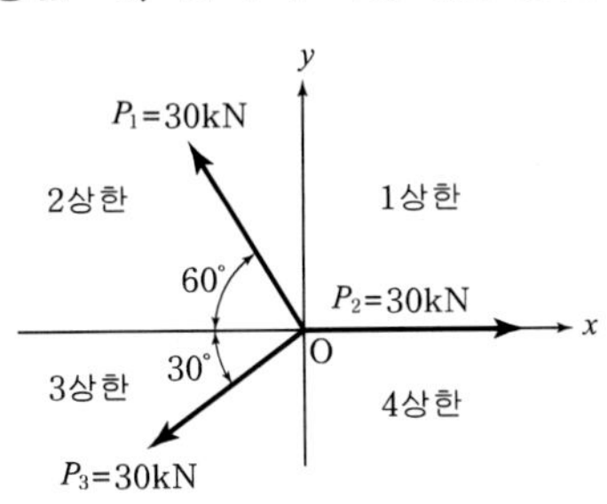

① 1상한
② 2상한
③ 3상한
④ 4상한

| 해설 | 동점역계이므로 수평력의 합 ΣP_x와 수직력의 합 ΣP_y의 부호를 보면 합력의 작용위치를 알 수 있다. 따라서 수평력의 합 ΣP_x와 ΣP_y의 부호를 결정하면

$\Sigma P_x = 30 - 30\cos 60° - 30\cos 30° = 30 - 15 - 15\sqrt{3} < 0$

$\Sigma P_y = 30\sin 60° - 30\sin 30° = 15\sqrt{3} - 15 > 0$

ΣP_x가 음(-)이고, ΣP_y가 양(+)이므로 합력은 2상한에 작용한다.

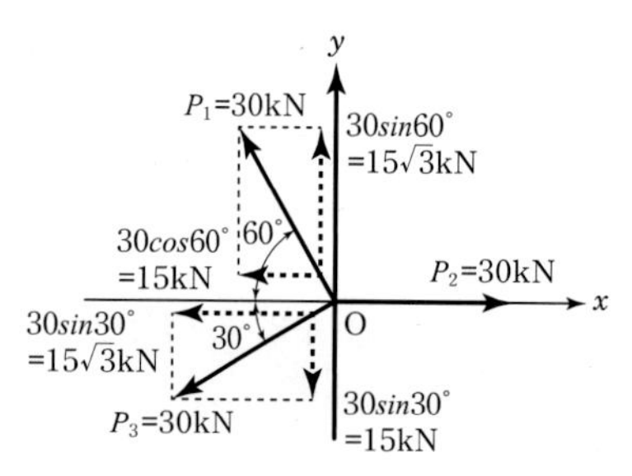

또는 도해적인 방법을 적용하면 두 힘이 같은 경우 교각을 2등분하므로 합력은 2상한에 위치하게 된다. 합력의 수평성분은 45°일 때 30kN이므로 15°를 유지하므로 수평성분은 30kN보다 크다.

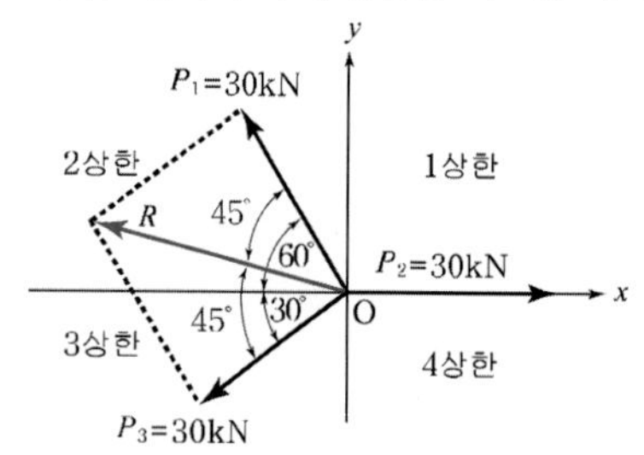

답 : ②

3 힘의 분해

(1) 평행 분해

합력은 큰 하중에 가깝고, 합력을 기준으로 힘의 비는 거리의 비에 반비례한다.
따라서 하나의 힘으로 표시하고 두 힘을 합한 것이 합력과 같다는 조건을 적용한다.

① 합력을 내분하는 경우

a b
P_1 P P_2

$$\frac{P_1}{P_2}=\frac{b}{a},\ P_1=\frac{b}{a+b}P,\ P_2=\frac{a}{a+b}P$$

② 합력을 외분하는 경우($P_1 > P_2$)

P_1 P_2
b
a
P

$$\frac{P_1}{P_2}=\frac{a}{b},\ P_1=\frac{b}{a}P_2,\ P_1-\frac{b}{a}P_1=P\text{에서 } P_1=\frac{a}{a-b}P,\ P_1=\frac{b}{a-b}P$$

(2) 직각 분해

합력과 접하는 성분은 cos, 접하지 않는 성분은 sin으로 분해된다.

(3) 임의각 분해

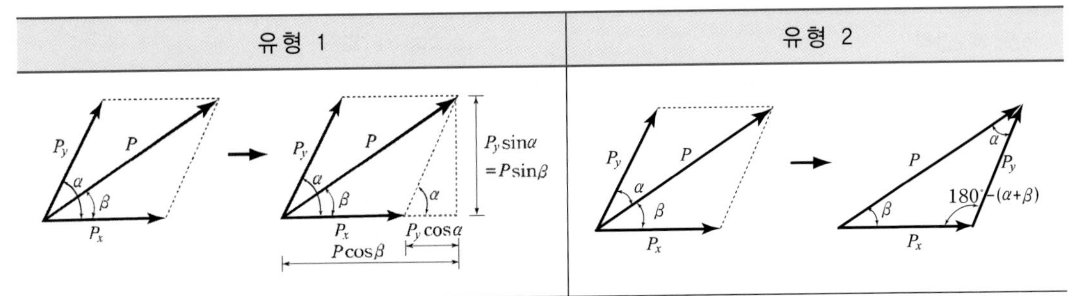

유형 1	유형 2
직각삼각형의 성질을 이용하면 $P_y = \dfrac{\sin\beta}{\sin\alpha} P$ $P_x = P\cos\beta - P_y \cos\alpha$	sin 법칙을 적용하면 $\dfrac{P_x}{\sin\alpha} = \dfrac{P_y}{\sin\beta} = \dfrac{P}{\sin(\alpha+\beta)}$ $P_x = \dfrac{\sin\alpha}{\sin(\alpha+\beta)} P$ $P_y = \dfrac{\sin\beta}{\sin(\alpha+\beta)} P$

구분	$\alpha = 60°$, $\beta = 45°$	$\alpha = 60°$, $\beta = 30°$	$\alpha = 45°$, $\beta = 30°$
P_x	$0.816P$	$0.577P$	$0.707P$
P_y	$0.299P$	$0.577P$	$0.366P$

■ **보충설명** : 정현의 법칙(sin 법칙)

$$\frac{a}{\sin A} = \frac{b}{\sin B} = \frac{c}{\sin C}$$

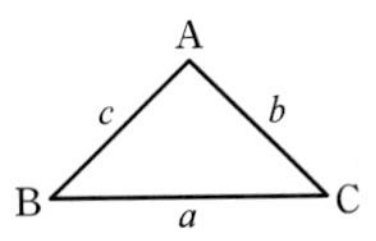

(4) 삼각형 분해

두 힘이 만나는 점에서 바리뇽의 정리를 적용하여 각 방향의 분력을 구한다.

4 각의 분해 : 세 힘(R, P_1, P_2)을 알고 각(α, β)를 구하는 것

cos 제2법칙에 의해

$$P_1^2 = R^2 + P_2^2 - 2P_2 R\cos\alpha$$

$$P_2^2 = R^2 + P_1^2 - 2P_1 R\cos\beta$$

$$\therefore \cos\alpha = \frac{R^2 + P_2^2 - P_1^2}{2RP_2}$$

$$\cos\beta = \frac{R^2 + P_1^2 - P_2^2}{2RP_1}$$

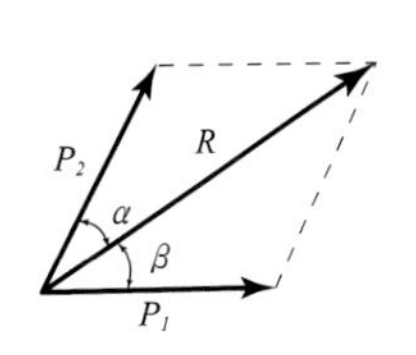

그림. 힘의 분해

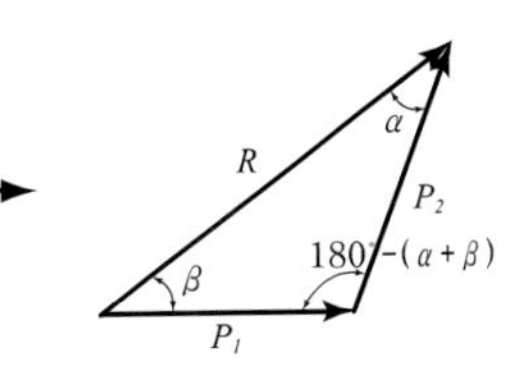

그림. 시력도

■ 보충설명 : cos 제2법칙

cos 제2법칙

(마주보는변)^2 = 양변 제곱의 합 − 2배양변cos사잇각

• $a^2 = b^2 + c^2 - 2bc\cos A$

• $b^2 = a^2 + c^2 - 2ac\cos B$

• $c^2 = a^2 + b^2 - 2ab\cos C$

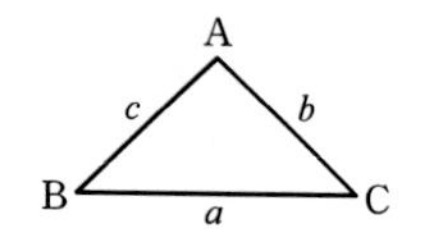

cos 제1법칙

한 변의 길이 = 옆변(cos사잇각)의 합

= Σ옆변(cos사잇각)

• $a = b\cos C + c\cos B$

• $b = a\cos C + c\cos A$

• $c = b\cos A + a\cos B$

1.4 정역학적 평형

뉴턴의 운동 제2법칙(가속도의 법칙)에 의해 힘을 정량화 하면 $F = ma$, $M = I\alpha$이다. 평형을 유지한다는 의미는 물체가 움직이지 않고 정지상태를 유지한다는 의미를 가지므로 가속도가 없는 상태라 할 수 있다. 따라서 물체는 등속도로 운동하거나 정지 상태라야 하는데 역학은 이 중에서 정지상태를 다루므로 역학에서 말하는 평형상태는 정적평형으로 정지상태를 의미한다. ∴ 합력이 0(zero)인 상태를 평형상태라 한다.

보충 동역학적 평형 상태 : 알짜힘(합력)이 0인 등속운동상태

(1) 수평방향 평형 조건

수평방향으로 물체가 움직이지 않고 정적인 평형상태를 이루려면 수평으로 작용하는 모든 힘의 합이 0이라야 한다. 따라서 $\Sigma F_x = 0$ 즉 왼쪽으로 작용하는 힘과 오른쪽으로 작용하는 힘이 같아야 한다.

(2) 수직방향 평형 조건

수직방향으로 물체가 움직이지 않고 정적인 평형상태를 이루려면 수평으로 작용하는 모든 힘의 합이 0이라야 한다. 따라서 $\Sigma F_y = 0$ 즉 위쪽으로 작용하는 힘과 아래쪽으로 작용하는 힘이 같아야 한다.

(3) 모멘트 평형 조건

물체가 회전하지 않고 정적인 평형상태를 이루려면 한 점에 대한 모멘트의 합이 0이라야 한다. 따라서 $\Sigma M = 0$ 즉 시계방향의 모멘트와 반시계방향의 모멘트가 같아야 한다.

위의 평형 조건은 항상 성립되어야 하며, 이 중 모멘트 평형 조건은 많은 미지수를 없앨 수 있는 장점이 있으므로 일반적으로 가장 먼저 적용하는 것이 유리하다.

1 정역학적 평형 조건식

구　분	해석적 조건	도해적 조건
동점 역계	$\begin{cases}\Sigma H=0 \\ \Sigma V=0\end{cases}$ or $R=0$	시력도 폐합
비동점 역계	$\begin{cases}\Sigma H=0 \\ \Sigma V=0 \\ \Sigma M=0\end{cases}$ or $\begin{cases}R=0 \\ M=0\end{cases}$	시력도와 연력도 동시 폐합

※ 시력도 폐합이 가지는 의미 : $\Sigma H=0$, $\Sigma V=0$ 또는 $R=0$
　연력도 폐합이 가지는 의미 : $\Sigma M=0$

2 적용방법

모멘트 평형 조건으로 구하는 값만 남기고 나머지 미지수를 소거할 수 있다면 모멘트 평형조건을 우선적으로 적용하고, 그 다음 $\Sigma H=0$, $\Sigma V=0$을 적용하는 것이 유리하다.

① 우선 적용 : $\Sigma M=0$ (적용점 : 미지수가 많이 소거되는 점)

② $\Sigma H=0$, $\Sigma V=0$

③ 구조물의 안정성 평가

구분	안전율이 없는 경우	안전율이 있는 경우
안정 조건	저항 ≥ 원인	저항 ≥ 원인(안전율)
불안정 조건	저항 < 원인	저항 < 원인(안전율)
결론	원인과 저항을 단순비교	원인에 안전율을 곱한 값과 저항을 비교

※ 원인은 하중에 의한 것이고, 저항은 자중(몸무게)에 의한 것이다.

핵심예제 1-9　　[13 지방직 9급]

다음 그림과 같은 물막이용 콘크리트 구조물이 있다. 구조물이 전도가 발생하지 않을 최대 수면의 높이 h[m]는? (단, 물과 접해 있는 구조물 수직면에만 수평하중의 정수압이 작용하는 것으로 가정한다. 물의 단위중량 10kN/m³, 콘크리트의 단위중량 25kN/m³이다)

① $\sqrt[3]{100}$

② $\sqrt[3]{200}$

③ $\sqrt[3]{300}$

④ $\sqrt[3]{400}$

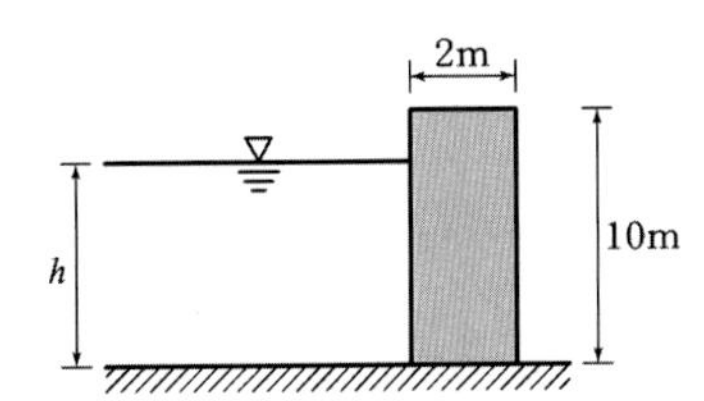

| 해설 | 수압에 의한 전도모멘트 : $M_0 = \frac{\gamma_w h^2}{2}\left(\frac{h}{3}\right) = \frac{\gamma_w h^3}{6} = \frac{10h^3}{6}$

자중에 의한 저항모멘트 : $M_r = \gamma A\left(\frac{b}{2}\right) = 25(2\times 10)\left(\frac{2}{2}\right) = 500$

저항모멘트가 전도 모멘트 이상이라야 전도가 발생하지 않으므로 $500 \geq \frac{10h^3}{6}$에서 $h^3 \leq 300$

$\therefore\ h \leq \sqrt[3]{300}\,\text{m}$

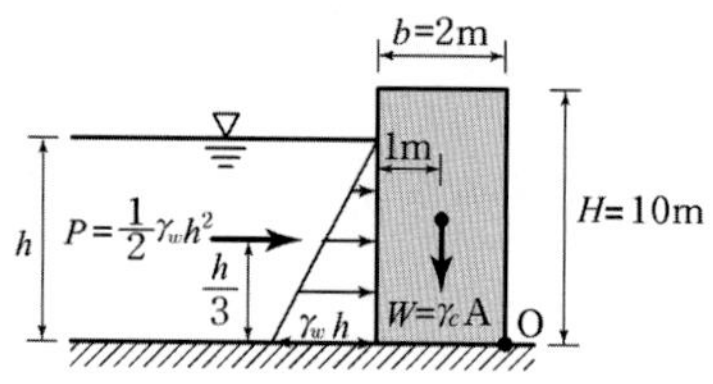

보충 삼각형 분포하중의 밑변에 대한 모멘트 $\frac{wh^2}{6}$에서 $w = \gamma_w h$를 대입하면 $\frac{\gamma_w h^3}{6}$이 된다.

보충 전수압 계산 : 물의 단위중량에 수면에 대한 단면1차모멘트의 곱으로 표현된다. $P = \gamma_w Q$

답 : ③

핵심예제 1-10 [14 국가직 9급]

그림과 같이 하중 50kN인 차륜이 20cm 높이의 고정된 장애물을 넘어가는 데 필요한 최소한의 힘 P의 크기[kN]는? (단, 힘 P는 지면과 나란하게 작용하며, 계산값은 소수점 둘째자리까지 반올림한다)

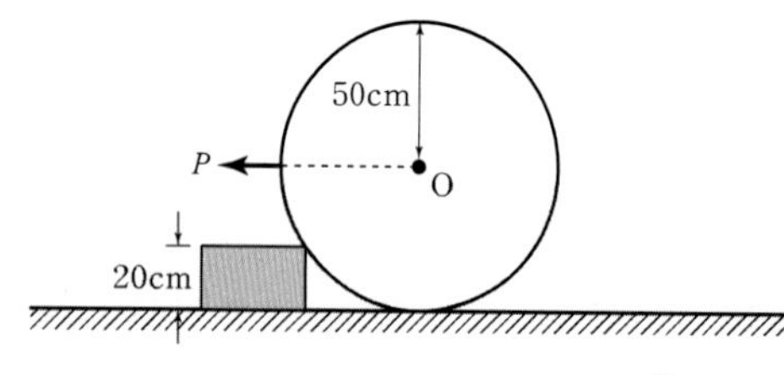

① 33.3 ② 37.5
③ 66.7 ④ 75.0

| 해설 | 시력도 폐합조건을 적용하면 수직성분인 차륜의 무게 50kN의 $\frac{4}{3}$배에 해당하는 힘이 필요하다.

$\therefore\ P = 50\left(\frac{4}{3}\right) = 66.7\text{kN}$

답 : ③

3 자유물체도

구조물의 전체가 평형을 이루고 있으므로 그 일부를 떼어도 평형 조건을 만족해야 한다. 따라서 구조물의 일부를 떼어 평형조건을 만족하도록 그린 그림을 자유물체도라 하고 자유물체도상에서 평형조건은 만족되어야 한다.

Step 1. 구조물을 분리
Step 2. 구조물에 작용하는 외력을 표시
Step 3. 절단면에 평형을 만족하는 단면력을 표시

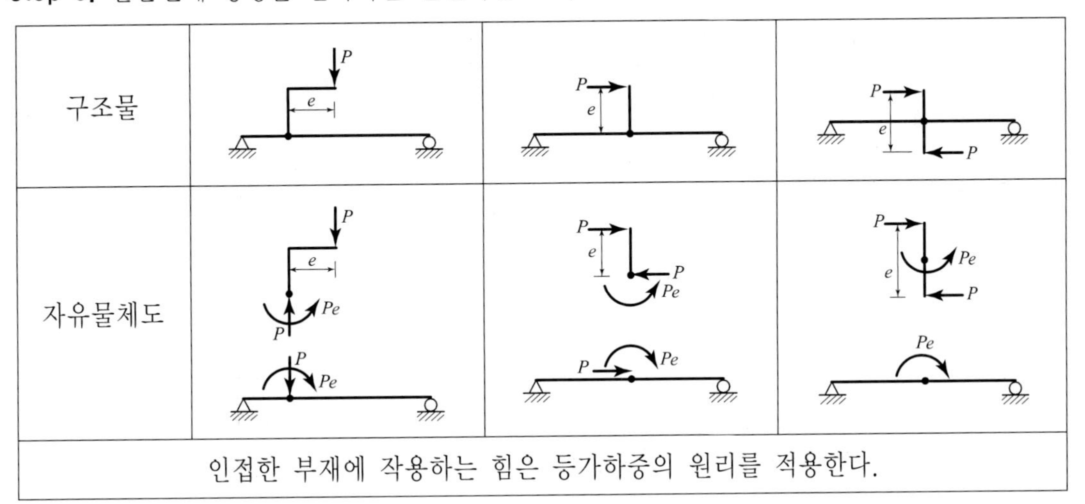

4 라미(Lami)의 정리

(1) 정의

동일 평면상에서 한 점에 작용하는 세 힘이 평형을 이루면 한 점에서 만나고, sin 법칙이 성립된다.

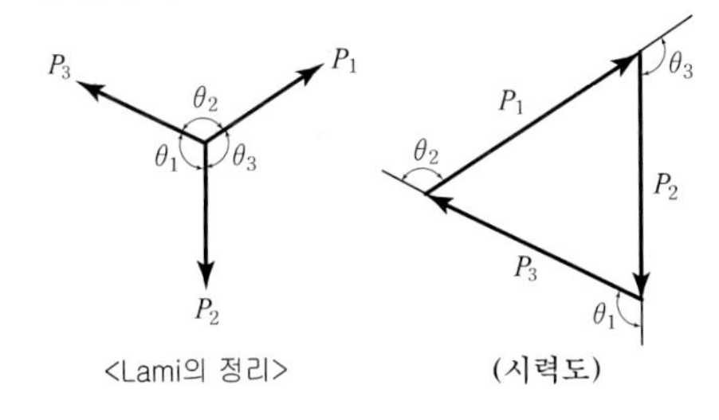

<Lami의 정리> (시력도)

(2) 적용

$$\frac{P_1}{\sin\theta_1} = \frac{P_2}{\sin\theta_2} = \frac{P_3}{\sin\theta_3}$$

(3) 응용

부재각에 90°가 있을 때	기타의 경우
부재력 = 힘sin수평각	부재력 = 지점 반력

90°가 있는 경우는 시력도 폐합 또는 지점반력을 이용할 수도 있으나
부재력 = 힘sin수평각을 이용하는 것이 가장 쉽고 빠르다.

핵심예제 1-11 [07 국가직 9급]

그림과 같은 구조물에서 BC부재가 100kN의 인장력을 받을 때 하중 P의 값[kN]은?

① 100.0
② 115.5
③ 141.4
④ 173.2

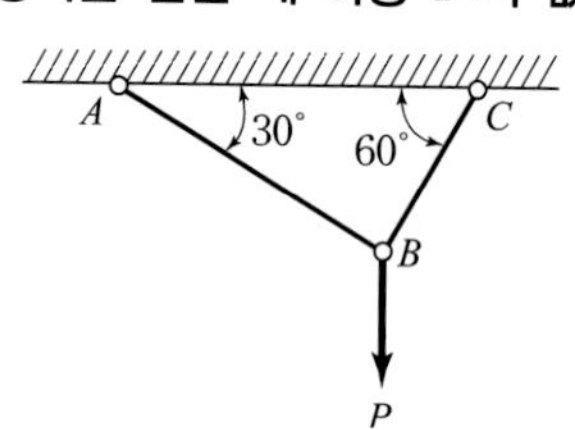

| 해설 | 라미의 정리를 이용하면

$$\frac{BC}{\sin 120°} = \frac{AB}{\sin 150°} = \frac{P}{\sin 90°} \text{ 에서}$$

$$BC = P\sin 120° = \frac{\sqrt{3}}{2}P$$

$$\therefore P = \frac{2BC}{\sqrt{3}} = \frac{2(100)}{\sqrt{3}} = 115.5\text{kN}$$

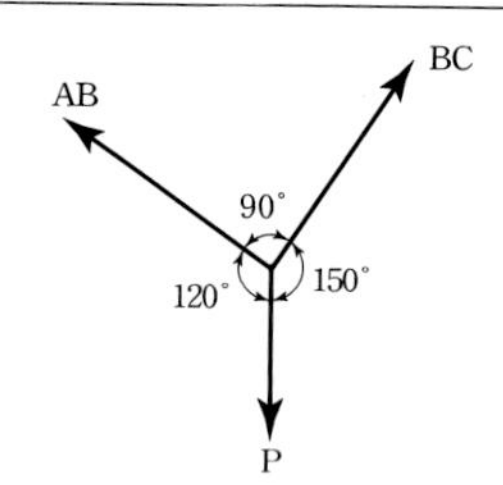

답 : ②

핵심예제 1-12 [11 지방직 9급]

무게가 W인 구가 그림과 같이 마찰이 없는 두 벽면사이에 놓여 있을 때, 반력 R의 크기는? (단, 구의 재질은 균질하며 무게 중심은 구의 중앙에 위치한다)

① $\frac{1}{2}W$
② $\frac{\sqrt{2}}{2}W$
③ $\frac{\sqrt{3}}{2}W$
④ W

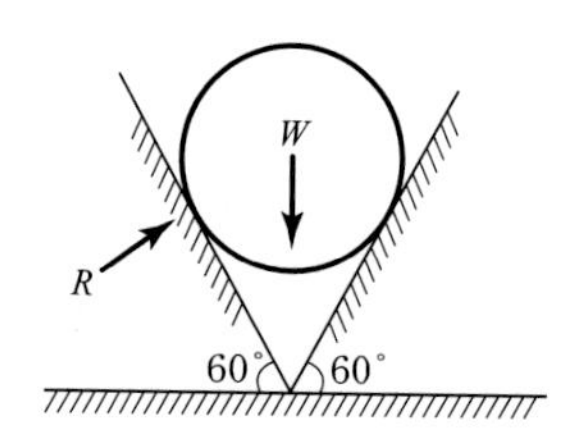

| 해설 | 반력(R)을 연장하여 자유물체도를 작도하면 구의 중심을 통과하는 그림이 그려진다.
한 점에서 만나는 세 힘(W, R_1, R_2)에 대한 평형조건인 라미의 정리를 적용하면

$$\frac{W}{\sin 120°}=\frac{R_1}{\sin 120°}=\frac{R_2}{\sin 120°}$$

$\therefore\ R_1=R_2=W$

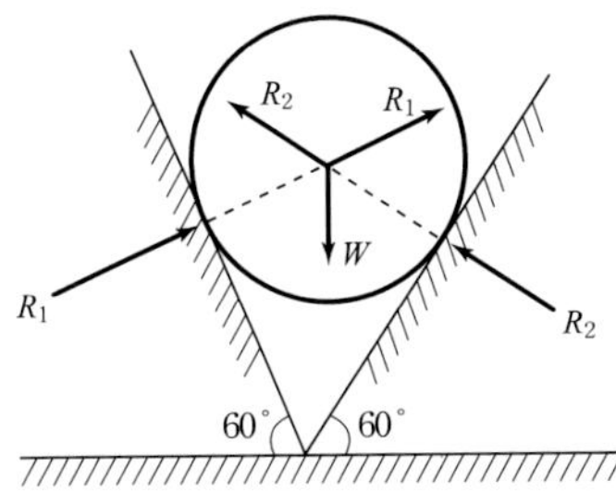

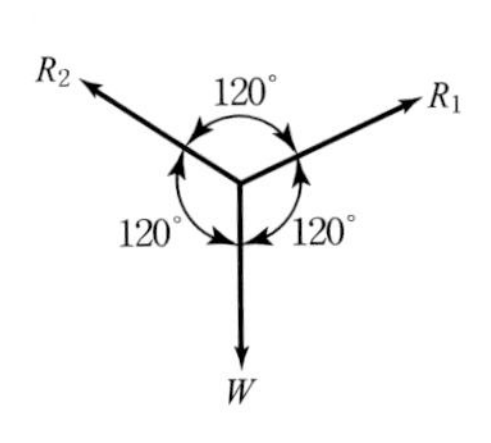

보충 반력의 방향 : 벽면에는 마찰이 없으므로 벽면에 직각인 반력만 작용하는 이동지점과 같아서 반드시 구의 중심을 통과한다.

답 : ④

핵심예제 1-13 [09 지방직 9급, 10 국가직 7급]

그림과 같이 정삼각형 구조체에 힘이 작용하고 있을 때 평형을 이루기 위해 필요한 모멘트 [kN · m]는?

① 3 (시계방향)
② $4\sqrt{3}$ (반시계방향)
③ 6 (반시계방향)
④ $6\sqrt{3}$ (반시계방향)

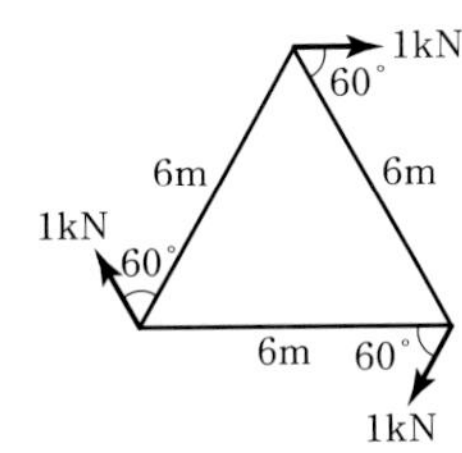

| 해설 | 평형방정식 $\Sigma M_O=0$에서

$$1(3\sqrt{3})+\frac{\sqrt{3}}{2}(6)-M=0$$

$\therefore\ M=6\sqrt{3}\,\text{kN}\cdot\text{m}$(반시계방향)

[하중에 의한 O점 모멘트가 모두 시계방향이므로 평형을 만족하기 위해서 모멘트 M의 방향은 반시계방향이라야 한다.]

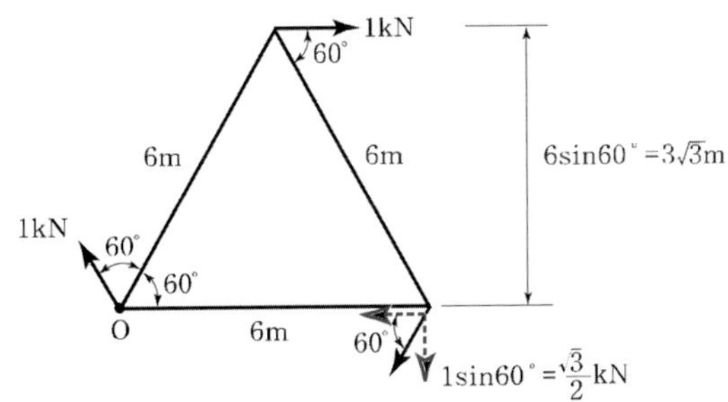

보충 두 힘이 만나는 점 O에서 모멘트 평형을 적용하면 하중이 시계로 회전하므로 반시계방향의 모멘트가 필요하고 크기 M=힘(삼각형 높이의 2배)$=1(3\sqrt{3}\times 2)=6\sqrt{3}$ kN·m (반시계방향)이 된다.

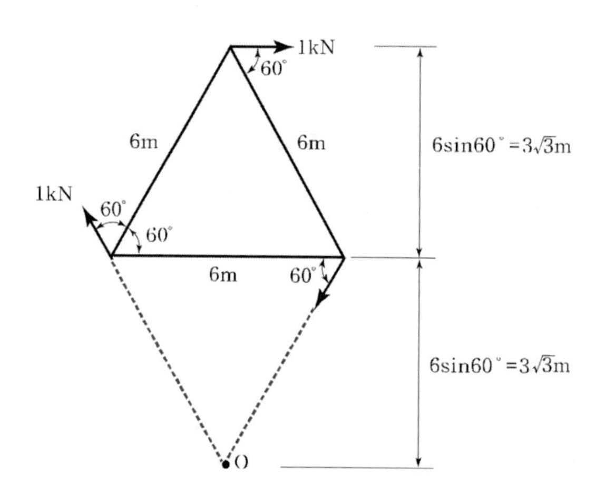

답 : ④

핵심예제 **1-14** [10 국가직 9급]

다음 그림과 같은 구조물에서 부재 AB에 발생되는 축력의 크기는?

① $\frac{P}{\sqrt{2}}$

② P

③ $\sqrt{2}P$

④ $2P$

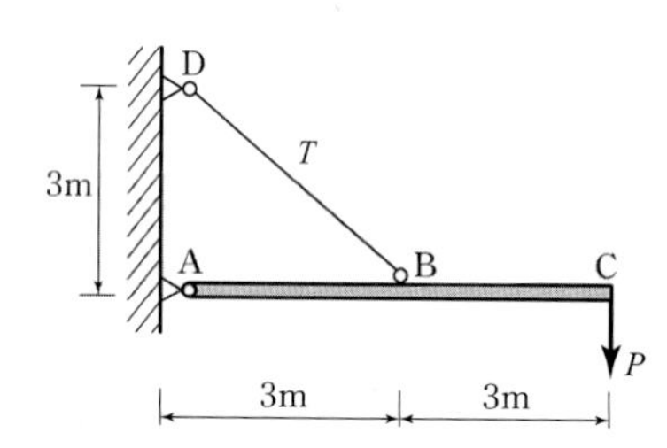

| 해설 | (1) A점 반력 계산

$\Sigma M_D=0$에서

$P(6)-H_A(3)=0$

$H_A=2P\,(\rightarrow)$

(2) AB의 축력

절단한 단면에서 한쪽 수평력 합을 구하면

$N_{AB}=-H_A=-2P$(압축)

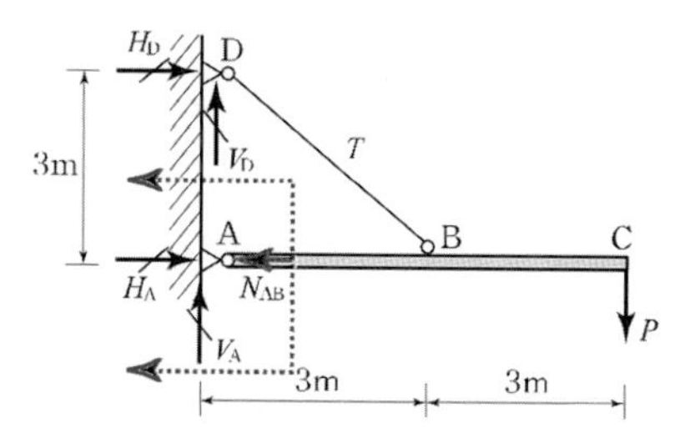

답 : ④

1.5 마찰

물체의 운동을 방해하는 힘을 마찰력이라 하고, 마찰력은 항상 물체의 운동방향과 반대 방향으로 작용한다.

1 미끄럼 마찰

마찰력 = (수직반력)×(마찰계수)

여기서, 수직반력은 마찰면에 수직한 힘으로 수직항력이라고도 한다.

(1) 평면에서의 마찰

하중이 수평면과 평행한 경우	하중이 수평면과 경사진 경우
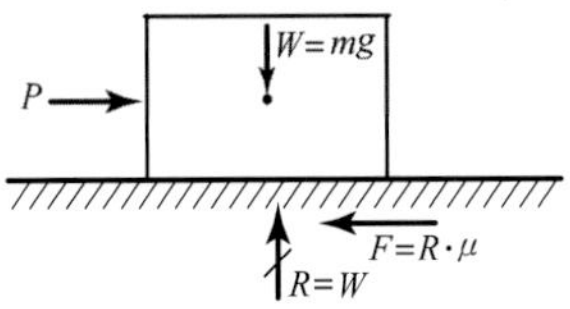 P, $W=mg$, $F=R\cdot\mu$, $R=W$	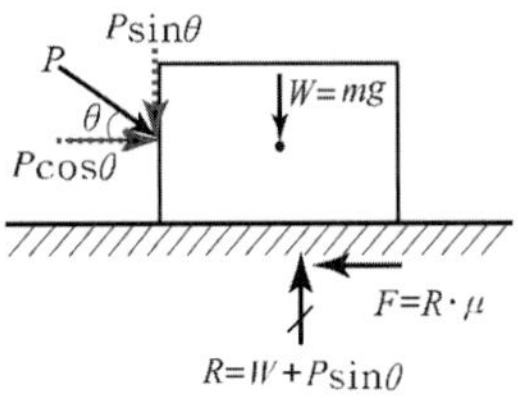 $P\sin\theta$, P, θ, $P\cos\theta$, $W=mg$, $F=R\cdot\mu$, $R=W+P\sin\theta$
임계조건 $P=F$에서 $P=R\mu=W\mu$	임계조건 $P\cos\theta=F$에서 $P\cos\theta=(W+P\sin\theta)\mu$

(2) 경사면에서의 마찰

밀려 내려가지 않기 위한 힘	밀어 올리는 데 필요한 힘
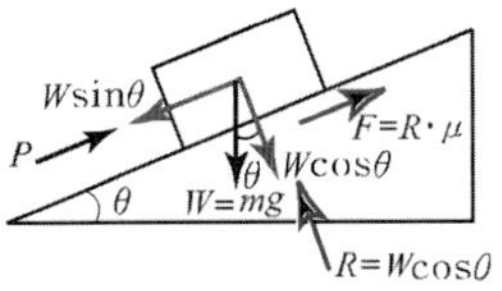 $W\sin\theta$, P, $F=R\cdot\mu$, θ, $W\cos\theta$, $W=mg$, $R=W\cos\theta$	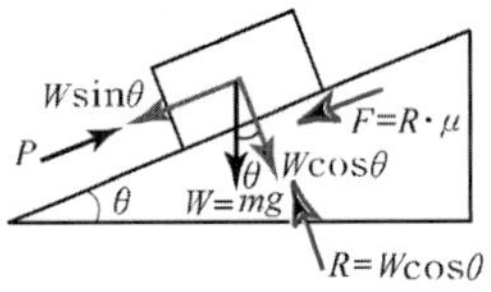 $W\sin\theta$, P, $F=R\cdot\mu$, θ, $W\cos\theta$, $W=mg$, $R=W\cos\theta$
마찰력의 방향이 상향 임계조건 $P=W\sin\theta-F=W(\sin\theta-\cos\theta\cdot\mu)$	마찰력의 방향이 하향 임계조건 $P=W\sin\theta+F=W(\sin\theta+\cos\theta\cdot\mu)$

※ 물체를 밀어 올릴 때 더 많은 힘이 소요된다.

■ 보충설명 : 경사면에서 힘의 분해

- 경사면에 평행한 성분 : $W\sin\theta = m \cdot g\sin\theta = ma$
- 경사면에 수직한 성분 : $W\cos\theta = m \cdot g\cos\theta = ma$
- 수평면에 평행한 성분 (수직면에 수직한 성분)
: $W\tan\theta = m \cdot g\tan\theta = ma$

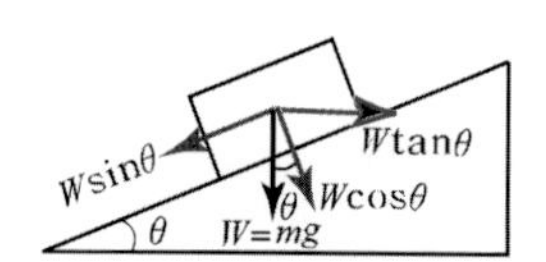

※ 가속도를 분해하여 뉴턴의 운동 제2법칙을 적용한 것과 같다.

2 쿨롬(Coulomb)의 마찰법칙

(1) 마찰력은 수직반력에 비례한다.
(2) 마찰력은 접촉면적의 대·소에 무관하다.
(3) 마찰력은 미끄럼 속도와 무관하다.
(4) 마찰력은 접촉면의 성질에는 관계된다.
(5) 정마찰력이 동마찰력보다 크다.
(6) 최대(정지)마찰력은 물체가 움직이려는 순간 발생한다.

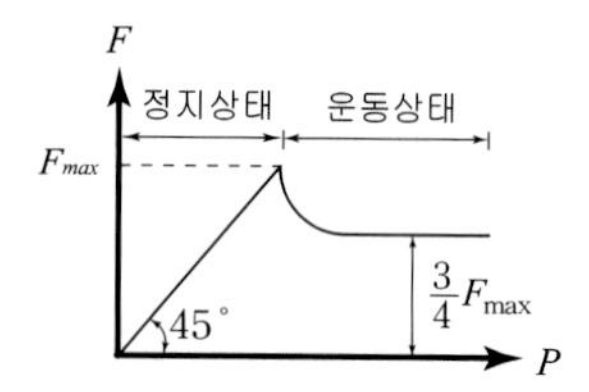

그림. 마찰력-하중관계

핵심예제 1-15 [07 국가직 9급]

다음 설명 중에서 옳지 않은 것은?

① 힘을 표시하는 3요소는 힘의 크기, 방향, 작용점이다.
② 선형 탄성영역에서는 응력과 변형률이 비례한다.
③ 동마찰계수는 정마찰계수보다 작다.
④ 힘, 변위, 속력, 가속도는 모두 벡터(vector)양이다.

| 해설 | 속력(빠르기)은 속도의 크기만을 의미하므로 스칼라(Scalar) 양이다.

답 : ④

핵심예제 1-16 [10 국가직 9급]

다음 그림과 같이 무게가 W인 물체가 수평면상에 놓여 있다. 그림과 같이 물체에 수평력 $\frac{2}{3}W$가 작용할 때 물체의 상태로 옳은 것은? (단, 물체와 수평면 사이의 마찰계수(f)는 0.75이다)

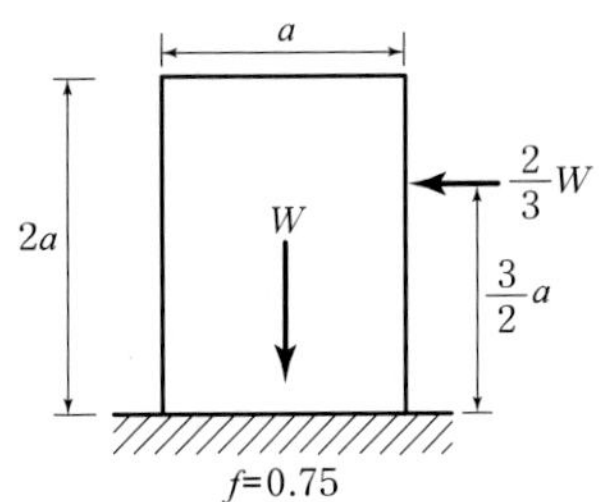

① 수평으로 이동하나 넘어지지는 않는다.
② 수평이동 없이 넘어진다.
③ 수평이동 하며 넘어진다.
④ 수평이동도 없고 넘어지지도 않는다.

| 해설 | • 활동에 대한 안정

$$F_s = \frac{\text{마찰력}(H_r)}{\text{수평력}(H)} = \frac{(\sum V)\mu}{H} = \frac{W(0.75)}{\frac{2W}{3}} = \frac{9}{8} > 1 \quad \therefore \text{ 수평이동에 대해 안정}$$

• 전도에 대한 안정

$$F_s = \frac{\text{저항모멘트}(M_r)}{\text{전도모멘트}(M_o)} = \frac{(\sum V)x}{Hy} = \frac{W\left(\frac{a}{2}\right)}{\frac{2W}{3}\left(\frac{3}{2}a\right)} = \frac{1}{2} < 1 \quad \therefore \text{ 전도에 대해 불안정}$$

따라서 활동에는 안전하나 전도에는 불안전하므로 수평이동 없이 넘어진다.

보충 안전율이 주어지지 않았으므로 원인과 저항을 단순 비교한다.

답 : ②

핵심예제 1-17 [10 지방직 9급]

다음 그림과 같이 자중이 300kN인 중력식 옹벽에 100kN의 수평토압이 작용하고 있다. 전도와 활동에 대해 안전성을 검토하였을 때 옳은 것은? (단, 전도와 활동에 대한 안전율은 1.5이고, 옹벽과 지반과의 마찰계수는 0.4이다)

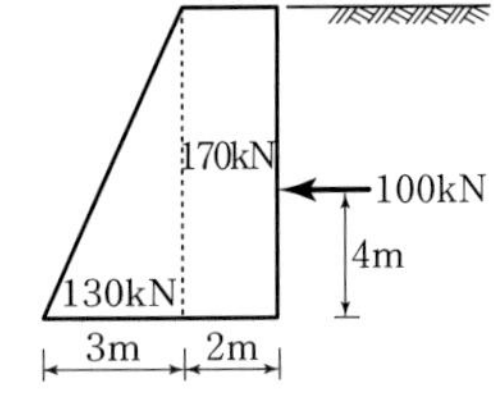

① 전도 : 안전, 활동 : 안전
② 전도 : 불안전, 활동 : 불안전
③ 전도 : 불안전, 활동 : 안전
④ 전도 : 안전, 활동 : 불안전

| 해설 | • 활동에 대한 안정

$$F_s = \frac{\text{마찰력}(H_r)}{\text{수평력}(H)} = \frac{(\sum V)\mu}{H} = \frac{(170+130)\times 0.4}{100} = 1.2 < 1.5$$

∴ 활동에 대해 불안전하다.

• 전도에 대한 안정

$$F_s = \frac{\text{저항모멘트}(M_r)}{\text{전도모멘트}(M_o)} = \frac{(\sum V)x}{Hy} = \frac{130\left(3\times\frac{2}{3}\right)+170\left(3+\frac{2}{2}\right)}{100(4)} = 2.35 > 1.5$$

∴ 전도에 대해 안전하다.

보충 안전율이 주어졌으므로 원인에 안전율을 곱한 값과 저항을 단순 비교한다.

답 : ④

핵심예제 1-18 [08 국가직 7급]

그림과 같이 정지된 물체에 힘 P가 경사지게 작용하고 있다. 물체가 움직이지 않기 위한 최소의 마찰계수는? (단, m은 질량이고 g는 중력가속도이다)

① $\dfrac{4P}{3P+5mg}$ ② $\dfrac{3P}{4P+5mg}$

③ $\dfrac{3P}{5mg}$ ④ $\dfrac{4P}{5mg}$

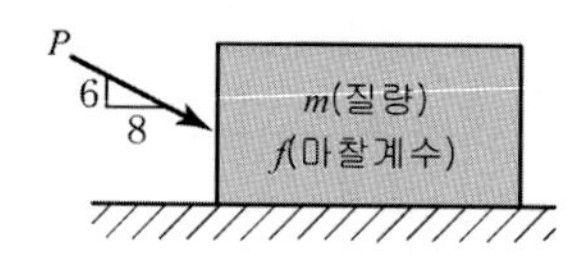

| 해설 | 물체가 움직이지 않을 조건

(하중 P의 수평성분) ≤ (마찰력)이라야 하므로

$\frac{4}{5}P \le (mg+\frac{3}{5}P)\mu$

$\therefore \mu \ge \dfrac{4P}{5mg+3P}$

보충 수직반력은 마찰면에 작용하는 수직력의 합이다.

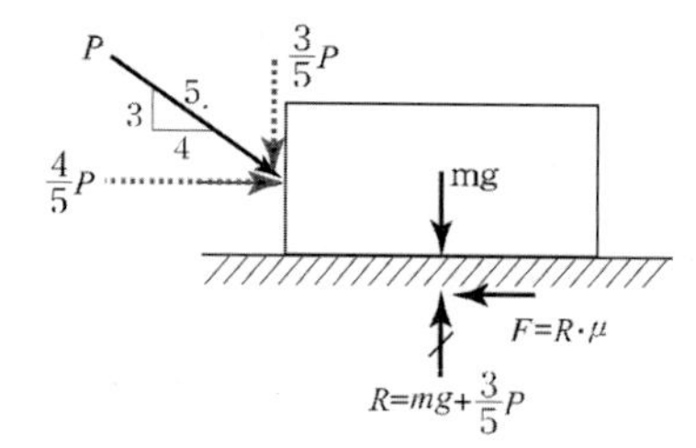

답 : ①

핵심예제 1-19 [10 국가직 7급]

45° 경사면에 놓여 있는 질량 100kg의 콘크리트 블록을 끌어 올리는 데 필요한 최소한의 힘의 크기[N]는? (단, 블록의 질량중심에서 힘이 작용하며, 경사면과 콘크리트 블록사이의 마찰계수는 0.1이다. 또한 sin45° 및 cos45°는 0.7을 사용하며, 중력가속도는 10.0m/s² 으로 가정한다)

① 70 ② 700 ③ 770 ④ 1,000

| 해설 | 콘크리트 블록을 끌어 올리는데 필요한 힘

$P \ge mg\sin\theta + \mu mg\cos\theta$

$= mg(\sin\theta + \mu\cos\theta)$

$= 100(10) \times (0.7 + 0.1 \times 0.7)$

$= 770\text{N}$

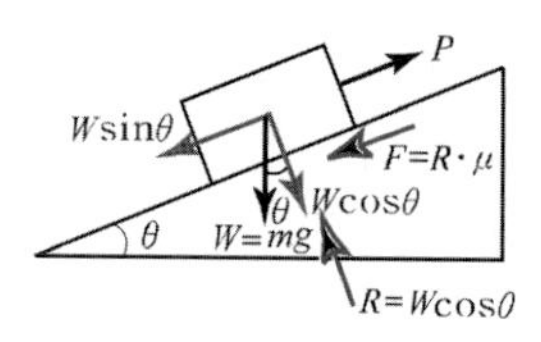

답 : ③

3 물체가 등속도 운동을 할 조건(움직이는 순간의 경사각)

(1) 미끄럼마찰

① 경사면에 놓인 물체가 움직이는 순간의 경사각 : $\tan\theta = \mu$

② 수평면에 놓인 사다리가 미끄러지는 순간의 경사각 : $\cot\theta = 2\mu$

경사면에 놓인 물체가 미끄러지는 순간의 경사각	수평면에 놓인 사다리가 미끄러지는 순간의 경사각
Wsinθ, F=R·μ, θ, Wcosθ, W=mg, R=Wcosθ	Wμ, W, θ, F=Wμ, b, R=W
임계조건 $W\sin\theta = F$에서 $\tan\theta = \mu$	임계 조건 $W\left(\frac{b}{2}\right) = (W\mu)b\tan\theta$에서 $\cot\theta = 2\mu$ 또는 $2\mu\tan\theta = 1$

(2) 구름마찰 : $\tan\theta = \dfrac{f}{r}$

1.6 도르래 문제

〈도르래 문제의 해법〉

물체가 움직이는 순간에 대한 정역학적 문제이므로 평형조건에 의해 해석이 가능하며 일반적으로 다음과 같은 특징이 있다.

(1) 한 줄 선상에서 힘의 크기는 같다.(단, 움직도르래는 제외)

➡ 움직도르래는 절반의 힘이 전달된다.

(2) 임의의 한 점에서 이동이 없다면 평형조건 $\Sigma H=0$, $\Sigma V=0$이 성립한다.

(3) 임의의 한 점에서 회전하지 않는다면 $\Sigma M_{임의점}=0$이 성립한다.

■ 보충설명 : 도르래 종류

• 고정도르래

장력 : $T=W$

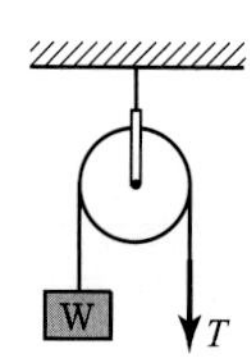

• 움직도르래

장력 : $T=\dfrac{W}{2}$

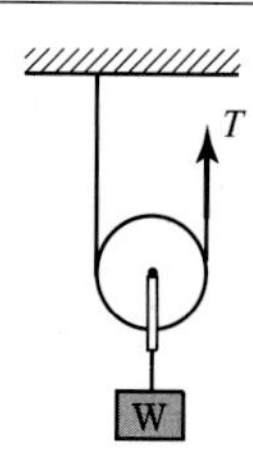

※ 고정도르래는 힘의 이익이 없으므로 한 줄 선상의 힘은 같고, 움직도르래는 힘이 1/2로 감소하므로 움직도르래 1개를 지날 때마다 힘은 1/2씩 감소한다.

핵심예제 1-20 [17 국가직]

그림과 같이 배열된 무게 1,200kN을 지지하는 도르래 연결 구조에서 수평방향에 대해 60°로 작용하는 케이블의 장력 T[kN]는? (단, 도르래와 베어링 사이의 마찰은 무시하고, 도르래와 케이블의 자중은 무시한다)

① $100\sqrt{3}$
② 300
③ $300\sqrt{3}$
④ 600

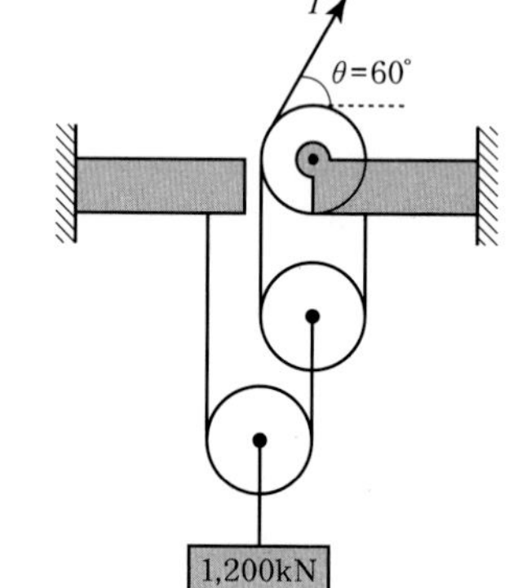

| 해설 | 평형조건을 적용하면 위쪽 도르래에 작용하는 힘은 $2T$이고, 한 줄 선상의 힘은 같으므로 아래쪽 도르래에는 $4T$가 작용한다.

$\therefore\ 4T=1{,}200$에서 $T=300\,\text{kN}$

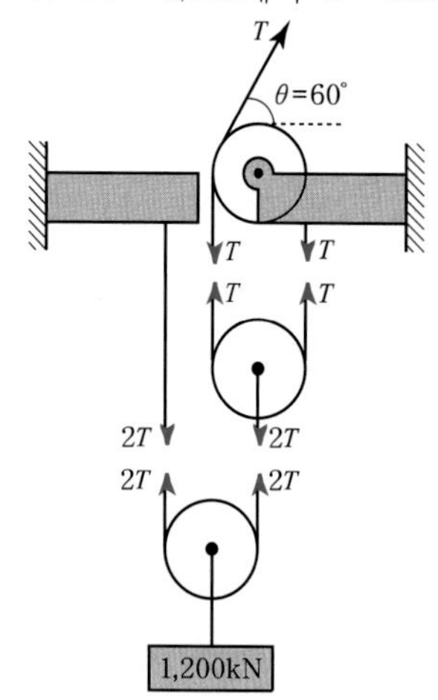

답 : ②

핵심예제 1-21 [08 국가직 9급]

다음 그림과 같은 결합 도르래를 이용하여 500kN의 물체를 들어 올릴 때 필요한 힘 T[kN]는? (단, 도르래의 무게는 무시한다)

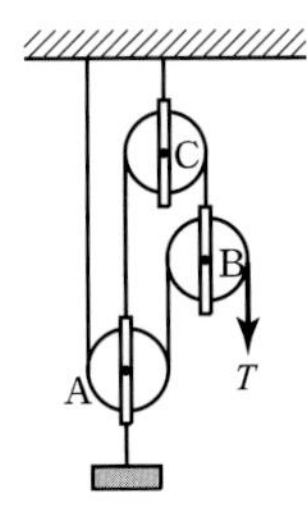

① 25
② 125
③ 250
④ 500

| 해설 | 그림의 각 도르래에서 평형방정식
$\sum H=0$, $\sum V=0$, $\sum M=0$을 적용하면
그림과 같은 자유물체도를 작성할 수 있고
최종적으로 물체가 있는 위치에서 평형방정식을 적용한다.

$\sum V=0$: $T+2T+T=500$

$\therefore T=\dfrac{500}{4}=125\text{kN}$

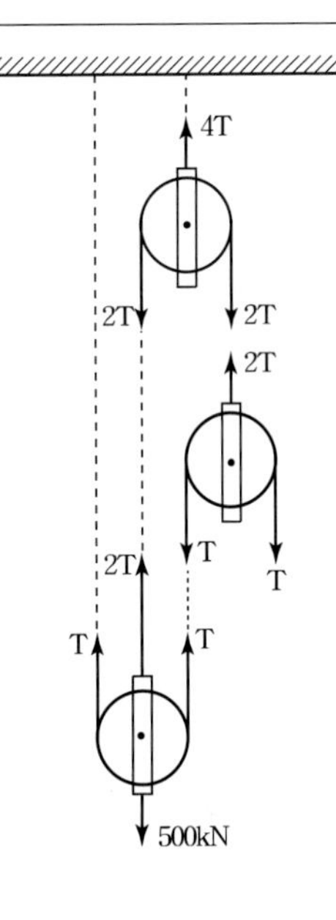

답 : ②

핵심예제 1-22 [10 지방직 9급]

다음 그림과 같이 수평 스프링 A에 무게가 10N인 두 개의 강체 블록 B와 C가 연결되어 있다. 수평 스프링 A가 받는 힘의 크기[N]는? (단, 바닥과 강체블록 B와의 마찰력, 도르래의 마찰력은 무시한다)

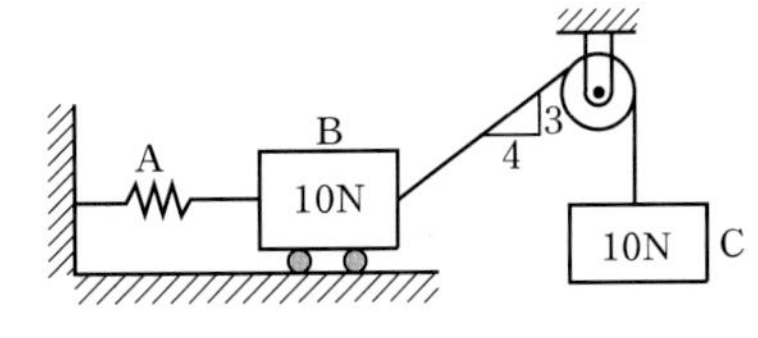

① 8
② 9
③ 10
④ 12

| 해설 | 절단한 단면 내에서 평형방정식을 구성하면
$\Sigma H=0$에서
$10\left(\frac{4}{5}\right)-N_A=0$
$\therefore\ N_A=8\text{N}$(인장)

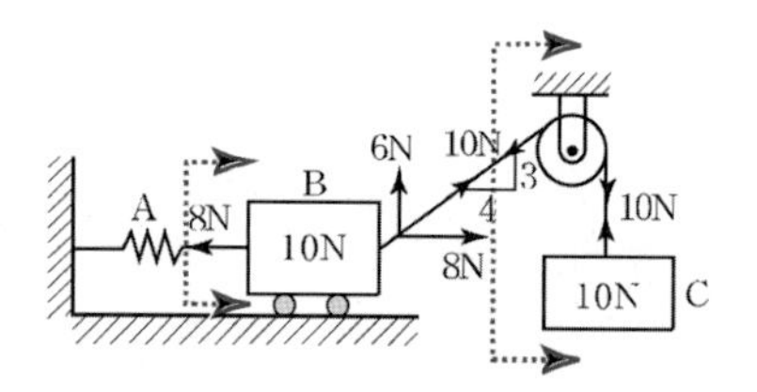

답 : ①

핵심예제 **1-23** [12 서울시 9급]

움직도르래에 10kN, 20kN의 물체가 매달려 있을 때 평형을 이루기 위한 힘 F는?

① 5kN
② 7.5kN
③ 12.5kN
④ 15kN
⑤ 25kN

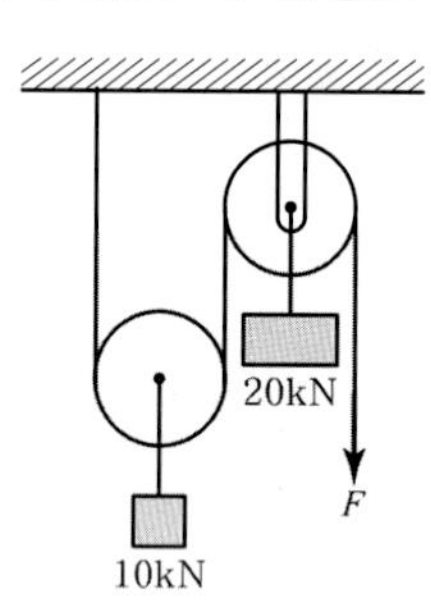

| 해설 | $\Sigma H=0$, $\Sigma V=0$, $\Sigma M=0$을 적용하면 그림과 같은 자유물체도를 작성할 수 있고 최종적으로 물체가 있는 위치에서 평형방정식($\Sigma M=0$)을 적용한다.
$\Sigma M=0$: $F(r)=5(r)$에서 $F=5\text{kN}$

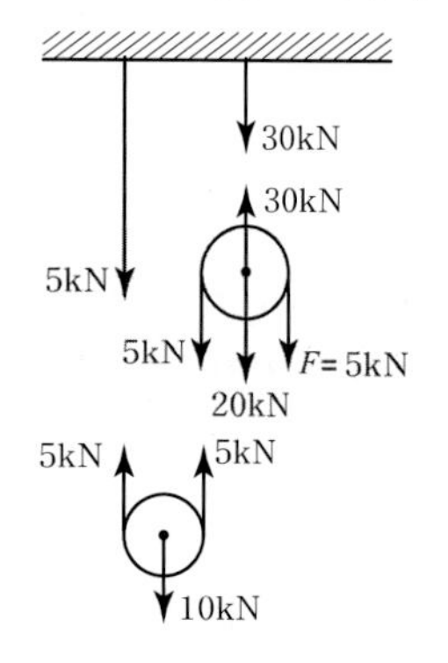

답 : ①

1.7 공간역계

1 공간역계의 분해

공간에 작용하는 힘은 방향이 서로 다르기 때문에 방향을 일치하기 위해서는 힘을 x, y, z 방향으로 분해하여 연산해야하므로 각 방향의 분력을 계산한다.

(1) 각이 주어진 경우

① 분력

- $F_x = F\cos\theta_x$
- $F_y = F\cos\theta_y$
- $F_z = F\cos\theta_z$

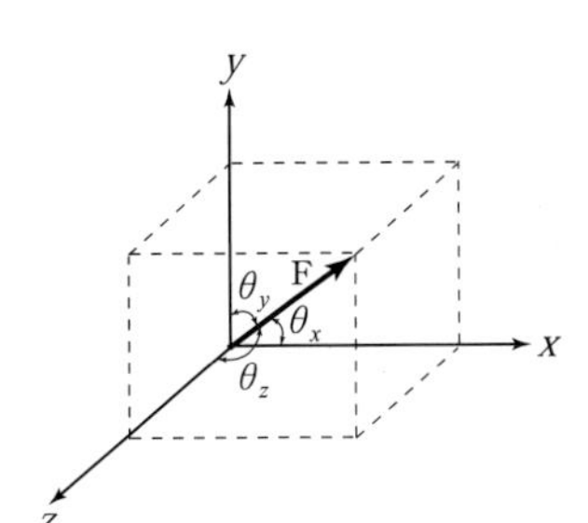

② 방향여현

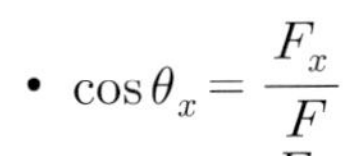

- $\cos\theta_x = \dfrac{F_x}{F}$
- $\cos\theta_y = \dfrac{F_y}{F}$
- $\cos\theta_z = \dfrac{F_z}{F}$

➡ $\cos^2\theta_x + \cos^2\theta_y + \cos^2\theta_z = 1$

(2) 두 점의 좌표가 주어진 경우

① 분력

- $F_x = \dfrac{F}{d}X$
- $F_y = \dfrac{F}{d}Y$
- $F_z = \dfrac{F}{d}Z$

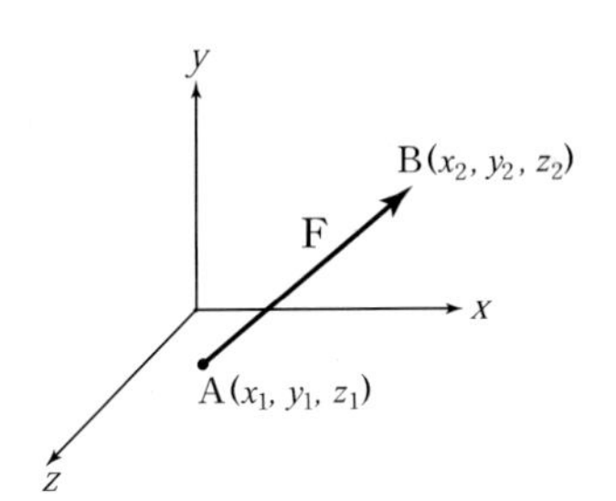

② 방향여현

- $\cos\theta_x = \dfrac{F_x}{F}$
- $\cos\theta_y = \dfrac{F_y}{F}$
- $\cos\theta_z = \dfrac{F_z}{F}$

➡ $\cos^2\theta_x + \cos^2\theta_y + \cos^2\theta_z = 1$

- 두 점간 거리(d)

$$\left.\begin{array}{l} X = x_2 - x_1 \\ Y = y_2 - y_1 \\ Z = z_2 - z_1 \end{array}\right\} \Rightarrow d = \sqrt{X^2 + Y^2 + Z^2}$$

• 비례법에 의해

$$\frac{F_x}{X}=\frac{F_y}{Y}=\frac{F_z}{Z}=\frac{F}{d}$$

2 공간역계의 합성

(1) 합력

• $R_x=\Sigma F_x$

• $R_y=\Sigma F_y$

• $R_z=\Sigma F_z$

$\therefore R=\sqrt{R_x{}^2+R_y{}^2+R_z{}^2}$

$=\sqrt{(\Sigma F_x)^2+(\Sigma F_y)^2+(\Sigma F_z)^2}$

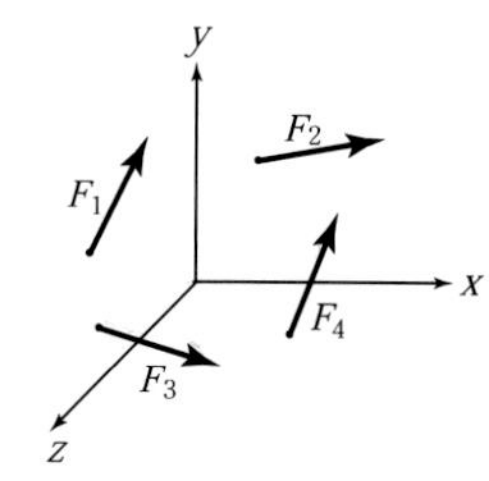

(2) 방향여현

• $\cos\theta_x=\frac{R_x}{R}=\frac{\Sigma F_x}{R}$

• $\cos\theta_y=\frac{R_y}{R}=\frac{\Sigma F_y}{R}$

• $\cos\theta_z=\frac{R_z}{R}=\frac{\Sigma\Sigma F_z}{R}$

➡ $\cos^2\theta_x+\cos^2\theta_y+\cos^2\theta_z=1$

3 공간역계의 모멘트

위치벡터와 힘의 벡터의 외적(cross)으로 정의한다.

$$\vec{M}=\vec{r}\times\vec{F}=(x\vec{i}+y\vec{j}+z\vec{k})\times(F_x\vec{i}+F_y\vec{j}+F_z\vec{k})$$

$$=\begin{vmatrix} i & j & k \\ x & y & z \\ F_x & F_y & F_z \end{vmatrix}=\begin{vmatrix} y & z \\ F_y & F_z \end{vmatrix}i+\begin{vmatrix} z & x \\ F_z & F_x \end{vmatrix}j+\begin{vmatrix} x & y \\ F_x & F_y \end{vmatrix}k$$

$$=(yF_z-zF_y)i+(zF_x-xF_z)j+(xF_y-yF_x)k$$

$$=M_x i+M_y j+M_z k$$

• $M_x=yF_z-zF_y$
• $M_y=zF_x-xF_z$
• $M_z=xF_y-yF_x$

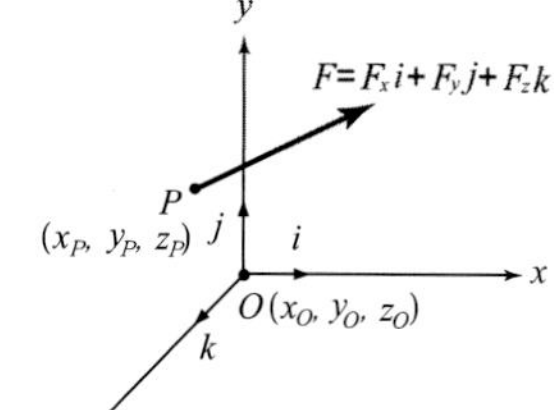

여기서, x, y, z는 구점(O)을 원점으로 하는 힘 F의 작용점 좌표이다.

$\therefore x=x_P-x_O,\ y=y_P-y_O,\ z=z_P-z_O$

■ 보충설명 : 공간역계의 모멘트

그 힘을 포함하는 평면에 대해서는 모멘트가 생기지 않는다. 그러므로 F_x에 의해서는 M_x가 F_y에 의해서는 M_y가 F_z에 의해서는 M_z가 생기지 않는다.

- $M_x = \begin{vmatrix} y & z \\ F_y & F_z \end{vmatrix} = y\,F_z - z\,F_y$
- $M_y = \begin{vmatrix} z & x \\ F_z & F_x \end{vmatrix} = z\,F_x - x\,F_z$
- $M_z = \begin{vmatrix} x & y \\ F_x & F_y \end{vmatrix} = x\,F_y - y\,F_x$

■ 보충설명 : 벡터의 연산

Step 1. 시점 일치
Step 2. 벡터의 연산

- 두 벡터의 합(덧셈) : 같은 성분끼리 연산(교환법칙 성립)
- 두 벡터의 합(뺄셈) : 같은 성분끼리 연산(교환법칙 안 됨)
- 두 벡터의 곱 : 결과에 따라 연산법이 다름

구분	스칼라곱(dot 곱, 내적)	벡터곱(cross 곱, 외적)
개념	평행한 성분의 곱	수직한 성분의 곱
평면벡터		
	$A \cdot B = \|A\|\|B\|\cos\theta$ $B \cdot A = \|A\|\|B\|\cos\theta$	$A \times B = \|A\|\|B\|\sin\theta\,\vec{k}$ $B \times A = -\|A\|\|B\|\sin\theta\,\vec{k}$
단위벡터		
	$i \cdot i = j \cdot j = k \cdot k = 1$ $i \cdot j = j \cdot k = k \cdot i = 0$	$i \times i = j \times j = k \times k = 0$ $i \times j = k,\ j \times k = i,\ k \times i = j$ (반시계 : +) $j \times i = -k,\ k \times j = -i,\ i \times k = -j$ (시계 : −)
공간벡터	같은 성분을 곱하여 합한다.	가우스의 소거법을 적용한다.
적용	일(에너지)의 계산 $W = F \cdot r = r \cdot F$	모멘트의 계산 $M = r \times F = -F \times r$
교환법칙	O(성립)	X(성립하지 않음)

핵심예제 1-24 [국가직 7급]

다음 좌표상에서 힘 $F=(10i+10j)\text{N}$ 이 점 P에 작용한다. 각 축의 모멘트[N·m]는? (단, $r=(3i+3j+3k)\text{m}$ 이고, i, j, k는 x, y, z 방향의 단위벡터이다)

① $M_x=-30$, $M_y=-30$, $M_z=0$
② $M_x=30$, $M_y=30$, $M_z=0$
③ $M_x=30$, $M_y=-30$, $M_z=0$
④ $M_x=-30$, $M_y=30$, $M_z=0$

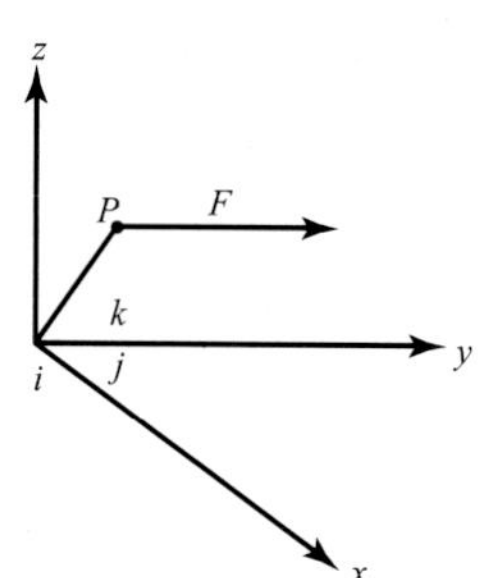

| 해설 | $M_x=\begin{vmatrix} y_o & z_o \\ F_y & F_z \end{vmatrix}=y_oF_z-z_oF_y=3(0)-3(10)=-30\text{N·m}$

$M_y=\begin{vmatrix} z_o & x_o \\ F_z & F_x \end{vmatrix}=z_oF_x-x_oF_z=3(10)-3(0)=30\text{N·m}$

$M_z=\begin{vmatrix} x_o & y_o \\ F_x & F_y \end{vmatrix}=x_oF_y-y_oF_x=3(10)-3(10)=0$

보충 공간역계의 모멘트

공간상에 작용하는 힘에 의한 모멘트는 위치벡터와 힘의 벡터의 외적(cross)으로 표시되며 그 힘을 포함하는 평면에 대해서는 모멘트가 생기지 않는다.

$$\overrightarrow{M}=\vec{r}\times\overrightarrow{F}=\begin{vmatrix} i & j & k \\ x & y & z \\ F_x & F_y & F_z \end{vmatrix}$$

답 : ④

핵심예제 1-25 [13 국가직 9급]

다음과 같은 구조물에서 하중벡터 $\overrightarrow{F}$에 의해 O점에 발생하는 모멘트 벡터[kN · m]는? (단, $\vec{i}$, $\vec{j}$, $\vec{k}$는 각각 x, y, z축의 단위벡터이다)

① $-7\vec{i}+4\vec{j}+24\vec{k}$
② $-7\vec{i}-4\vec{j}-24\vec{k}$
③ $23\vec{i}-4\vec{j}+24\vec{k}$
④ $23\vec{i}-4\vec{j}-24\vec{k}$

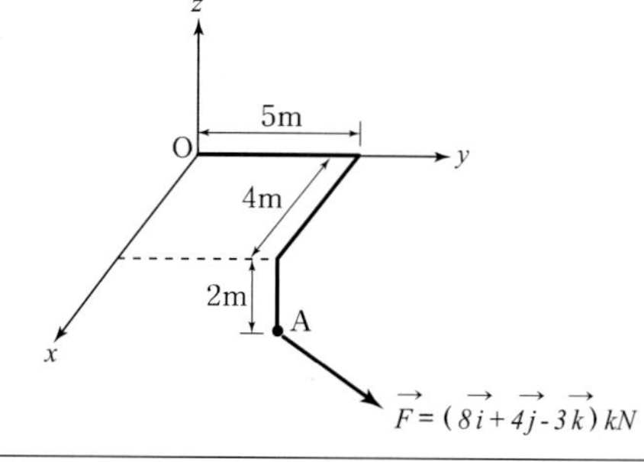

| 해설 | $M_x=\begin{vmatrix} 5 & -2 \\ 4 & -3 \end{vmatrix}=-15-(-8)=-7\text{kN·m}$

$M_y=\begin{vmatrix} -2 & 4 \\ -3 & 8 \end{vmatrix}=-16-(-12)=-4\text{kN·m}$

$M_z=\begin{vmatrix} 4 & 5 \\ 8 & 4 \end{vmatrix}=16-40=-24\text{kN·m}$

$\therefore\ M=M_x\vec{i}+M_y\vec{j}+M_z\vec{k}=(-7\vec{i}-4\vec{j}-24\vec{k})\ \text{kN·m}$

답 : ②

4 공간역계의 평형조건식

(1) 동점역계(한 점에 작용하는 힘)

$\Sigma F_x=0,\ \Sigma F_y=0,\ \Sigma F_z=0$

(2) 비동점역계(한 물체에 작용하는 힘)

$$\begin{cases} \Sigma F_x=0,\ \Sigma F_y=0,\ \Sigma F_z=0 \\ \Sigma M_x=0,\ \Sigma M_y=0,\ \Sigma M_z=0 \end{cases}$$

■ 보충설명 : 평면과 공간에서 정역학적 평형조건식

• 평면 역계(2차원 역계)

구분	평형 조건식	평형 조건식의 수
비동점 역계	$\Sigma H=0, \Sigma V=0, \Sigma M=0$	3개
동점 역계	$\Sigma H=0, \Sigma V=0$	2개
평행 역계	$\Sigma H=0,\ \Sigma M=0$ 또는 $\Sigma V=0, \Sigma M=0$	2개

• 공간 역계(3차원 역계)

구분	평형 조건식		평형 조건식의 수
비동점 역계	$\Sigma F_x=0,\ \Sigma F_y=0,\ \Sigma F_z=0$ $\Sigma M_x=0,\ \Sigma M_y=0,\ \Sigma M_z=0$		6개
동점 역계	$\Sigma F_x=0,\ \Sigma F_y=0,\ \Sigma F_z=0$		3개
평행 역계	x방향의 힘	$\Sigma F_x=0,\ \Sigma M_y=0,\ \Sigma M_z=0$	3개
	y방향의 힘	$\Sigma F_y=0,\ \Sigma M_x=0,\ \Sigma M_z=0$	
	z방향의 힘	$\Sigma F_z=0,\ \Sigma M_x=0,\ \Sigma M_y=0$	
xy평면에 작용하는 힘	$\Sigma F_x=0,\ \Sigma F_y=0,\ \Sigma M_z=0$		3개

※ 평형조건식수가 4개인 경우는 없다.

핵심예제 1-26 [09 지방직 9급]

힘의 평형에 대한 설명 중 옳지 않은 것은?

① 2차원 평면상에서 한 점에 작용하는 힘들의 평형조건은 2개이다.
② 3차원 공간상에서 한 물체에 작용하는 힘들의 평형조건은 4개이다.
③ 3차원 공간상에서 한 점에 작용하는 힘들의 평형조건은 3개이다.
④ 2차원 평면상에서 한 물체에 작용하는 힘들의 평형조건은 3개이다.

| 해설 | 3차원 공간에서 한 물체에 작용하는 힘의 평형조건

$\Sigma F_x=0,\ \Sigma F_y=0,\ \Sigma F_z=0$

$\Sigma M_x=0,\ \Sigma M_y=0,\ \Sigma M_z=0 \quad \therefore$ 6개

답 : ②

출제 및 예상문제

출제유형단원

- □ 힘
- □ 마찰
- □ 힘의 합성과 분해
- □ 도르래 문제
- □ 정역학적 평형
- □ 공간역계

내친김에 문제까지 끝내보자!

1 다음 그림과 같이 동일한 평면상에 작용하는 서로 나란한 힘에 대한 G 점에서의 모멘트 값[kN·m]으로 옳은 것은? [98 국가직 9급]

① 100
② 120
③ −280
④ −240

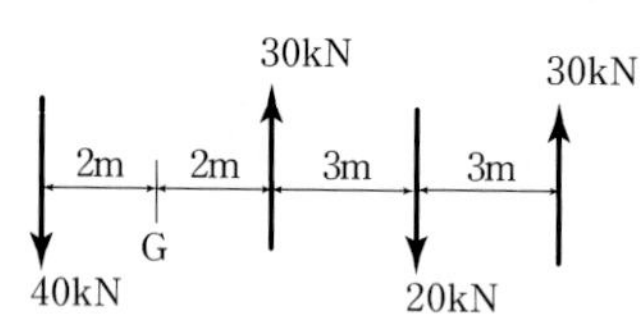

2 다음 그림과 같이 작용하는 힘에 대하여 점 O에 대한 모멘트[kN · m]는 얼마인가? [14 서울시 9급]

① 8
② 9
③ 10
④ 11
⑤ 12

3 크기가 같고 방향이 서로 반대이며 작용선이 다른 서로 나란한 한 쌍의 힘을 무엇이라고 하는가?

① 평행력
② 분력
③ 외력과 내력
④ 짝힘
⑤ 전단력

4 짝힘에 대한 다음 설명 중 옳지 않은 것은? [96 국가직 9급]

① 물체에 짝힘이 작용하면 합력은 0이다.
② 물체에 짝힘이 작용하면 모멘트가 생긴다.
③ 힘의 크기가 같고 방향이 같은 한 쌍의 힘이다.
④ 짝힘이 작용하면 물체는 회전한다.

정답 및 해설

해설 **1**

$M_G = -40(2) - 30(2) + 20(5) - 30(8) = -280\text{kN·m}$

해설 **2**

모멘트는 힘에 수직한 거리를 곱하여 계산하므로

$M_O = 12(3) - 5(5) = 11\text{kN·m}$ (시계방향)

해설 **3, 4** 짝힘(우력)

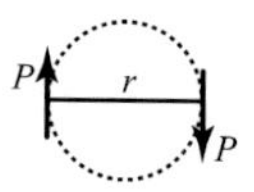

- 정의 : 크기는 같고 방향 반대인 서로 평행한 한 쌍의 힘
- 특징 : 합력(R)은 영(0)이지만 회전력에 의해 모멘트로 표시된다. 또한 이 모멘트를 우력모멘트라 하며 그 크기는 항상 「힘×우력간 거리」로 일정하다.

정답 1. ③ 2. ④ 3. ④ 4. ③

5 우력에 대한 설명으로 옳은 것은?

① 방향이 반대이고 크기가 같은 서로 평행한 2개의 힘
② 서로 평행하고, 방향이 같고, 크기가 같은 2개의 힘
③ 서로 평행하고, 방향이 같고, 크기가 다른 2개의 힘
④ 서로 평행하고, 방향이 반대이며, 크기가 다른 2개의 힘
⑤ 크기가 다르고, 방향이 반대이며, 평행하지 않는 2개의 힘

6 다음 그림과 같이 강체(rigid body)에 우력이 작용하고 있다. A, B, C점에 관한 모멘트가 각각 ΣM_A, ΣM_B, ΣM_C일 때 옳은 것은?

[12 지방직 9급]

① $\Sigma M_A = \Sigma M_B < \Sigma M_C$
② $\Sigma M_A = \Sigma M_B > \Sigma M_C$
③ $\Sigma M_A < \Sigma M_B < \Sigma M_C$
④ $\Sigma M_A = \Sigma M_B = \Sigma M_C$

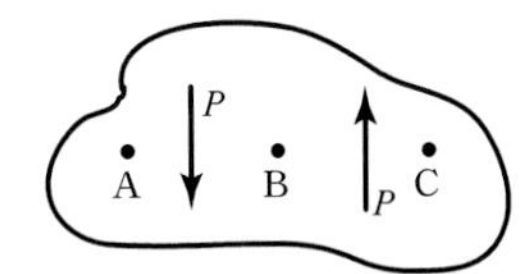

7 그림과 같은 평면역계에서 모멘트가 최대인 위치로 옳은 것은?

① 모두 같다.
② B점
③ C점
④ D점
⑤ E점

보충 B점 하향력 3kN과 C점 상향력 2kN에 의해 하향력 1kN이 생기므로 우력 모멘트가 작용하여 모멘트의 크기는 모두 같다.

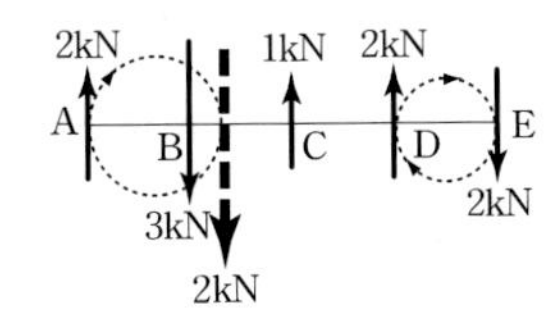

$\therefore M_A = M_B = M_C = M_D = M_E$

정답 및 해설

해설 6

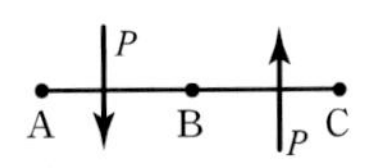

a b c d

$\Sigma M_A = P(a) - P(a+b+c)$
$= -P(b+c)$
$\Sigma M_B = -P(b) - P(c)$
$= -P(b+c)$
$\Sigma M_C = -P(b+c+d) + P(d)$
$= -P(b+c)$

∴ 우력이 작용하므로 모멘트는 (힘)×(두힘간 거리)로 일정하다.

$\Sigma M_A = \Sigma M_B = \Sigma M_C$
$= -P(b+c)$

해설 7

작용력간 거리를 모두 1m라 가정하면

$M_A = 3(1) - 1(2) - 2(3) + 2(4)$
$= 3\text{kN}\cdot\text{m}$
$M_B = 2(1) - 1(1) - 2(2) + 2(3)$
$= 3\text{kN}\cdot\text{m}$
$M_C = 2(2) - 3(1) - 2(1) + 2(2)$
$= 3\text{kN}\cdot\text{m}$
$M_D = 2(3) - 3(2) + 1(1) + 2(1)$
$= 3\text{kN}\cdot\text{m}$
$M_E = 2(4) - 3(3) + 1(2) + 2(1)$
$= 3\text{kN}\cdot\text{m}$

$\therefore M_A = M_B = M_C = M_D = M_E$
$= 3\text{kN}\cdot\text{m}$

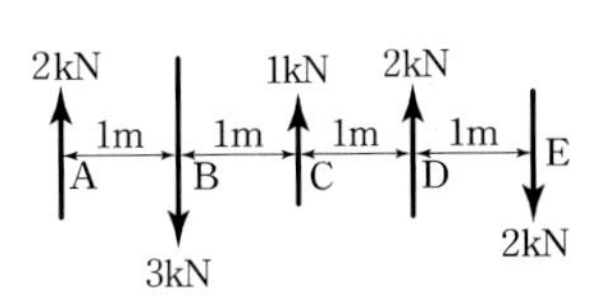

정답 5. ① 6. ④ 7. ①

8 무게의 단위가 kgf이고, 길이의 단위가 cm라 할 때 다음 중 단위가 옳지 않은 것은?

① 힘[kgf] ② 모멘트[kgf/cm]
③ 단면 1차 모멘트[cm³] ④ 단면 2차 모멘트[cm⁴]
⑤ 단면 계수[cm³]

9 그림과 같은 두 힘 20kN과 40kN에 의한 합력[kN]으로 옳은 것은?

① 0
② 20
③ $20\sqrt{2}$
④ $20\sqrt{3}$
⑤ 40

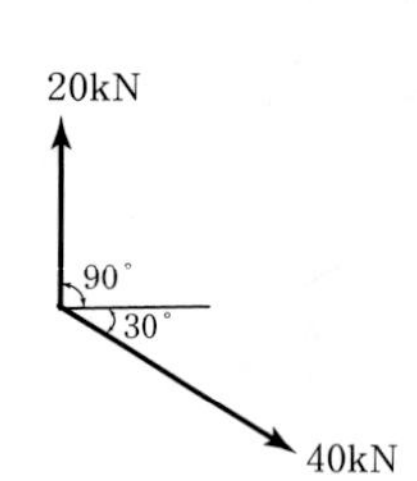

10 그림과 같이 두 힘 $P_1=4$kN, $P_2=10$kN이 120°의 각도로 작용할 때 합력의 크기 R[kN]은?

① 7.8
② 8.72
③ 9.5
④ 11.0
⑤ 12.5

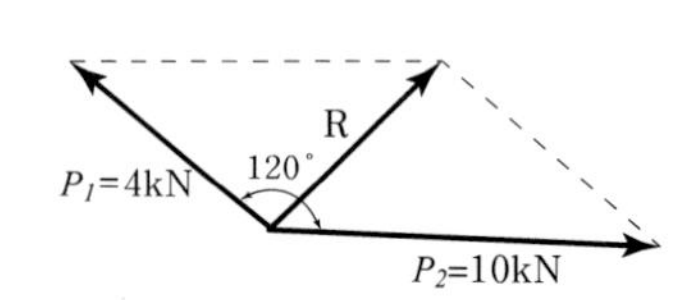

11 $P_1=60$kN, $P_2=80$kN의 2개의 힘이 직각으로 작용할 때 합력 R의 크기[kN]는?

① 100 ② 140
③ 160 ④ 20
⑤ 40

정답 및 해설

해설 **8**

모멘트=힘×수직거리
∴ 단위 : kg·cm

해설 **9**

$R=\sqrt{{P_1}^2+{P_2}^2+2P_1P_2\cos\theta}$
$=\sqrt{20^2+40^2+2(20\times40)\cos120°}$
$=20\sqrt{3}$kN

해설 **10**

$R=\sqrt{{P_1}^2+{P_2}^2+2P_1P_2\cos\theta}$
$=\sqrt{4^2+10^2+2(4\times10)\cos120°}$
$=8.72$kN

해설 **11**

$R=\sqrt{{P_1}^2+{P_2}^2+2P_1P_2\cos\theta}$
$=\sqrt{60^2+80^2+2(60\times80)\cos90°}$
$=100$kN

보충 비례법에 의한 방법

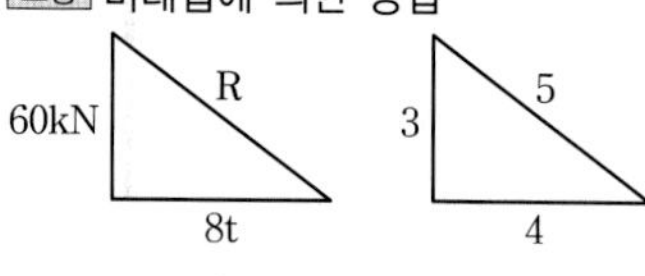

$\therefore R=60\left(\frac{5}{3}\right)=100$kN

정답 8. ② 9. ④ 10. ② 11. ①

12 다음 중 연력도를 작도하는 경우로 옳은 것은?

① 한 점에 작용하지 않는 여러 힘을 합성할 경우 합력의 작용선을 찾을 때
② 한 점에 작용하지 않는 여러 힘을 합성할 경우 합력의 크기와 방향을 찾을 때
③ 한 점에 작용하는 여러 힘을 합성할 경우 합력의 작용선을 찾을 때
④ 한 점에 작용하는 여러 힘을 합성할 경우 합력의 크기와 방향을 찾을 때
⑤ 한 점에 작용하지 않는 여러 힘을 합성할 경우 합력의 방향을 찾을 때

13 그림과 같이 힘 $P=600$kN을 ox, oy 방향으로 분해할 때 P_1과 P_2의 크기[kN]는? [국가직 9급]

① $P_1 = 100\sqrt{3}$, $P_2 = 200\sqrt{3}$
② $P_1 = 200\sqrt{3}$, $P_2 = 400\sqrt{3}$
③ $P_1 = 300\sqrt{3}$, $P_2 = 400\sqrt{3}$
④ $P_1 = 323\sqrt{3}$, $P_2 = 417\sqrt{3}$

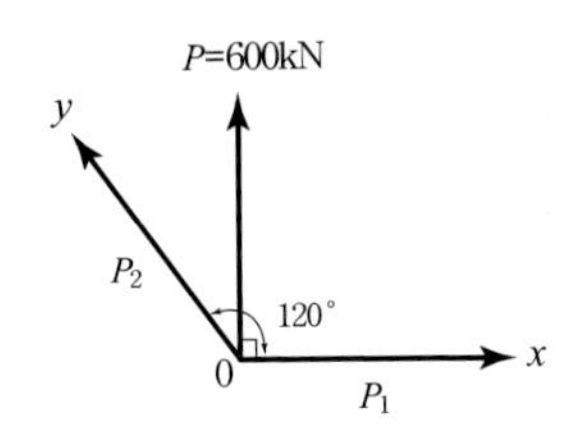

14 그림과 같이 $R=500$kN을 대칭으로 분해할 때 x 방향의 분력[kN]으로 옳은 것은?

① 258.68
② 268.68
③ 278.68
④ 288.68
⑤ 298.68

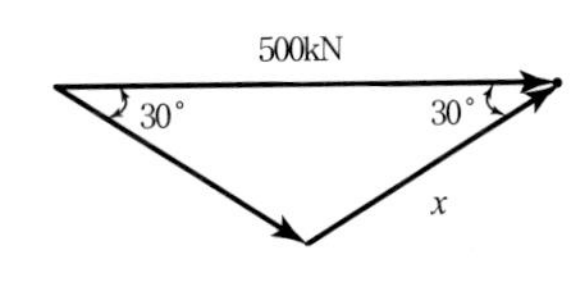

정 답 및 해 설

해설 12

도해법의 적용

- 시력도법(힘의 다각형법) : 동점역계의 합성에서 합력의 크기와 방향을 구할 때
- 연력도법 : 비동점역계의 합성에서 합력의 작용점(작용선)을 구할 때

해설 13

시력도 작성하여 비례법을 적용하면

$$\begin{cases} P_1 = \dfrac{600}{\sqrt{3}} = 200\sqrt{3}\,\text{kN} \\ P_2 = 600\left(\dfrac{2}{\sqrt{3}}\right) = 400\sqrt{3}\,\text{kN} \end{cases}$$

보충

- 힘의 분해방법 : 시력도 작성 후 sin법칙을 적용
- 각의 분해방법 : 시력도 작성 후 cos제2법칙을 적용

해설 14

sin법칙에 의해

$$\frac{500}{\sin 120°} = \frac{x}{\sin 30°}$$

$$\therefore x = \frac{500}{\sqrt{3}} = 288.68$$

보충 비례법에 의해

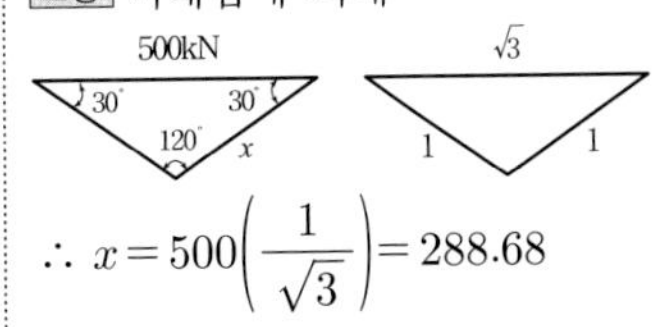

$$\therefore x = 500\left(\frac{1}{\sqrt{3}}\right) = 288.68$$

정답 12. ① 13. ② 14. ④

정 답 및 해 설

15 다음 그림과 같은 힘 $R=1,000\text{kN}$을 ox 축과 oy 축의 두 방향으로 분해할 때 ox 방향의 분력[kN]은?

① 500
② 577.35
③ 866.03
④ 1,154.70
⑤ 1,732.05

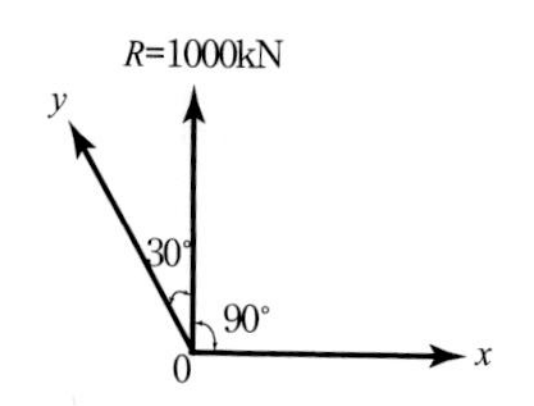

해설 **15**

시력도 작성 후 비례법을 적용하면

$\therefore ox = 1,000\left(\dfrac{1}{\sqrt{3}}\right)$

$= 577.35\text{kN}$

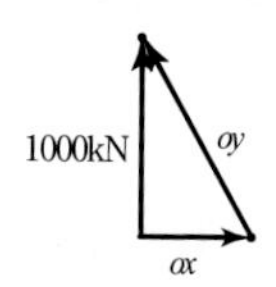

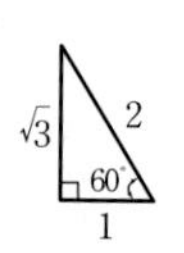

보충 개념정리

동점역계가 평행을 이루게 되면 시력도(힘의 다각형)가 폐합되므로 Lami의 법칙(sin 법칙)이 성립된다.

16 다음 그림에서 두 힘의 합력이 40kN이고, x 축방향의 분력 20kN이 작용한다면 0점에 직각으로 작용하는 y 축방향의 힘[kN]으로 옳은 것은?

① $5\sqrt{3}$
② $10\sqrt{3}$
③ $15\sqrt{3}$
④ $20\sqrt{3}$
⑤ $25\sqrt{3}$

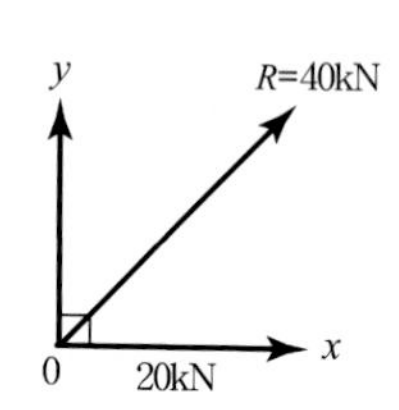

해설 **16**

시력도 작성 후 피타고라스 정리를 적용하면

$oy = \sqrt{40^2 - 20^2} = 20\sqrt{3}\,\text{kN}$

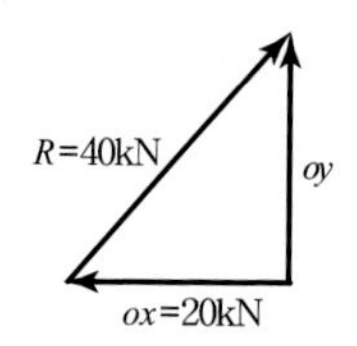

17 다음 그림과 같이 3힘이 평형상태에 있을 때 C점에 작용하는 힘 P와 AB사이의 거리는 x는? [99 서울시 9급]

① $P=400\,\text{kg},\ x=3\,\text{m}$
② $P=300\,\text{kg},\ x=4\,\text{m}$
③ $P=400\,\text{kg},\ x=4\,\text{m}$
④ $P=300\,\text{kg},\ x=3\,\text{m}$
⑤ $P=500\,\text{kg},\ x=3\,\text{m}$

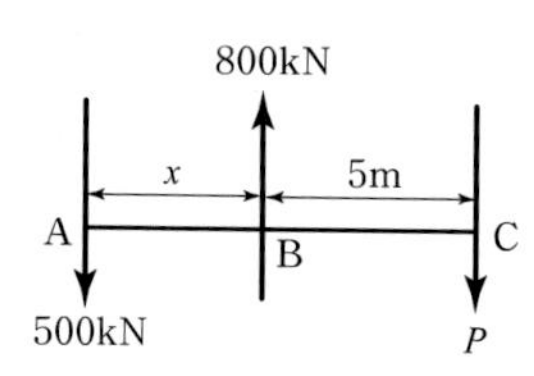

해설 **17**

• $\Sigma V=0$에서 : $P=300\text{kg}$
• $\Sigma M_B=0$에서 : $500x = 300(5)$
$\therefore x = 3\text{m}$

정답 15. ② 16. ④ 17. ④

18 기구가 풍압을 받아 그림과 같이 60° 기울어질 때 로프의 장력 T[kN]는? (단, $\sin 60° = 0.866$, $\sin 60° = 0.5$) [00 서울시 9급]

① 461.9
② 340
③ 346.4
④ 352.5
⑤ 800

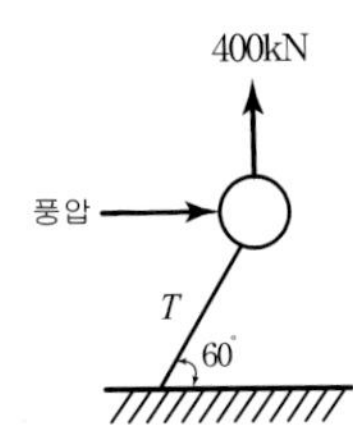

19 그림과 같이 양압력 200kN인 기구가 지면에 45° 각을 이루고 정지하고 있을 때 풍압(W)과 장력(T)의 크기[kN]는?

① $T=200$, $W=283$
② $T=200$, $W=200$
③ $T=283$, $W=200$
④ $T=283$, $W=283$
⑤ $T=283$, $W=173$

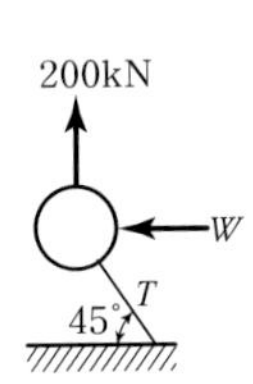

20 그림과 같이 10kN의 물체를 매달아 이것이 연직방향과 30° 각을 이루도록 하려면 수평력 F[kN]와 줄의 장력 T[kN]로 옳은 것은? [00 서울시 9급]

① $F=5.77$, $T=11.55$
② $F=6.77$, $T=12.55$
③ $F=7.77$, $T=13.55$
④ $F=8.66$, $T=13.55$
⑤ $F=9.67$, $T=22.56$

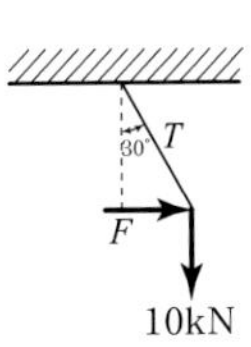

정답 및 해설

해설 **18**

동점역계이므로 비례법을 적용하면

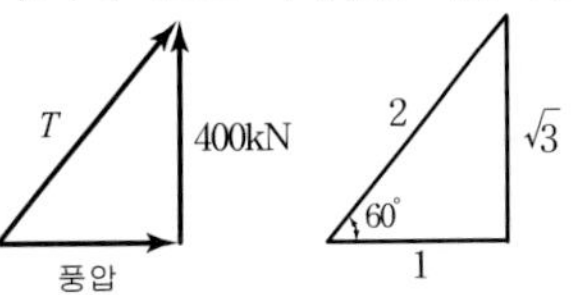

$$풍압 = 400\left(\frac{1}{\sqrt{3}}\right) = 230.9\text{kN}$$

$$T = 400\left(\frac{2}{\sqrt{3}}\right) = 461.9\text{kN}$$

해설 **19**

비례법에 의해

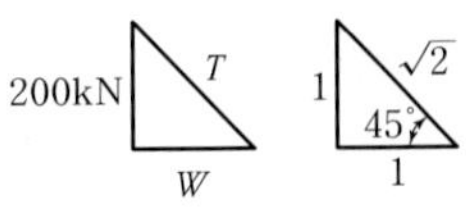

∴ 장력 $T = 200\sqrt{2} = 283\text{kN}$
풍압 $W = 200\text{kN}$

보충 비례법
힘의 평형을 유지하는 경우 힘의 크기는 선분의 길이비에 비례한다는 것을 비례법이라 한다.

해설 **20**

비례법에 의해

$$F = 10\left(\frac{1}{\sqrt{3}}\right) = 5.77\text{kN}$$

$$T = 10\left(\frac{2}{\sqrt{3}}\right) = 11.55\text{kN}$$

10kN T F √3 2 1

보충 비례법
힘이 평형을 유지하는 경우 힘의 크기는 선분의 길이비에 비례한다는 것을 비례법이라 한다.

정답 18. ① 19. ③ 20. ①

21 그림과 같은 직사각형의 변을 따라 짝힘이 작용할 때 균형을 유지하기 위한 하중 P의 크기[kN]는?

① 30
② 40
③ 50
④ 10
⑤ 20

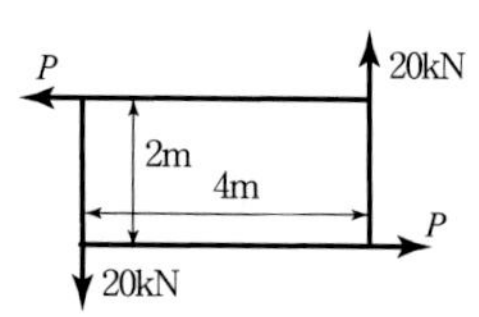

해설 **21**

비동점역계의 평형조건 $\sum M=0$에서

$-2P-20(4)=0$

$\therefore P=-40\text{kN}$

(가정한 방향과 반대)

보충 힘의 평형조건의 적용

- 동점역계의 해석방법
  $\sum H=0$, $\sum V=0$ 적용
- 비동점역계의 해석방법
  $\sum M=0$ 적용

22 그림과 같은 구조체를 전도시키기 위하여 C점에 가해야 하는 최소의 힘[kN]으로 옳은 것은?

① 20
② 30
③ 40
④ 60
⑤ 80

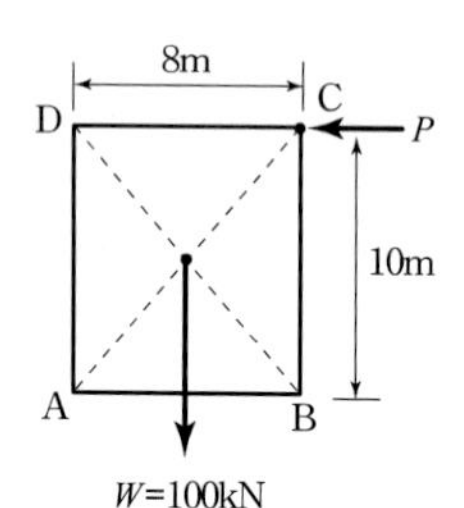

해설 **22**

전도모멘트가 저항모멘트보다 큰 경우에 전도되므로

$P(10) \geq W\left(\dfrac{8}{2}\right)$

$\therefore P=40\text{kN}$

23 그림과 같은 삼각형 구조체의 자중이 100kN일 때 이 구조체를 전도시키기 위한 수평력 P의 최솟값[kN]은?

① 20
② 50
③ 70
④ 90

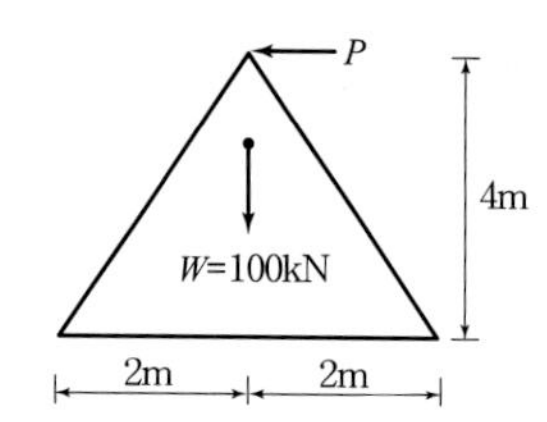

해설 **23**

전도모멘트가 저항모멘트보다 큰 경우에 전도되므로

$P(4) \geq 100(2)$에서

$P \geq 50\text{kN}$

정답 21. ② 22. ③ 23. ②

정 답 및 해 설

24 그림과 같이 지름 60cm, 하중 10kN의 차륜이 15cm 높이의 장애물을 넘어가는 데 필요한 최소한의 힘 P의 크기[kN]는?

① 14.24
② 15.67
③ 16.37
④ 17.32
⑤ 18.66

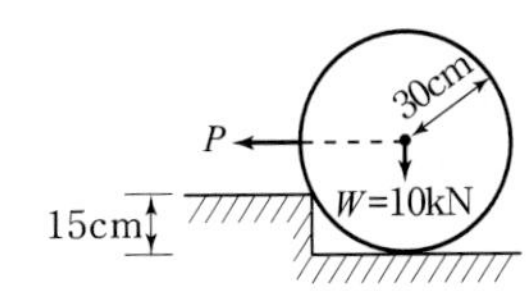

해설 24

차륜이 장애물을 넘어가는 순간은 평형조건을 만족하므로 시력도 폐합에 의한 비례법을 적용하면

$P=10\sqrt{3}$
$=17.32\text{kN}$

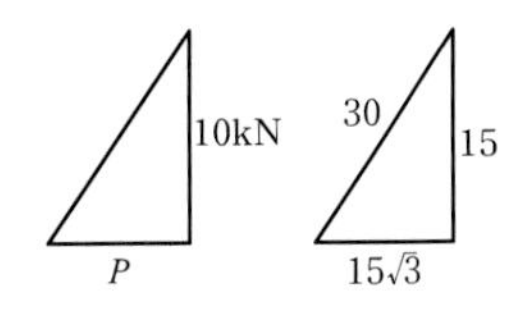

25 그림과 같은 구조물에서 BC가 받는 힘[kN]은?

① 86.7
② 50
③ 173.2
④ 100
⑤ 120

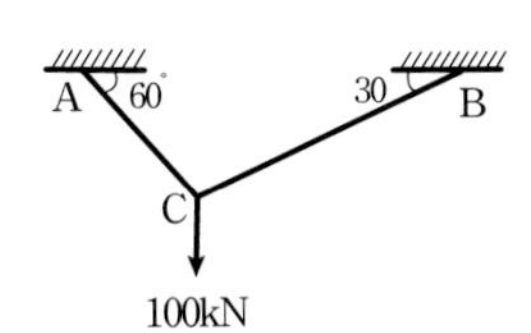

보충 부재각이 직각(90°)일 경우 부재력

$T_1=P\sin\theta_1$
$T_2=P\sin\theta_2$

$\therefore\ T_1=10\sin60°=50\sqrt{3}\text{kN}=86.7\text{kN}$
$\therefore\ T_2=10\sin30°=50\text{kN}$

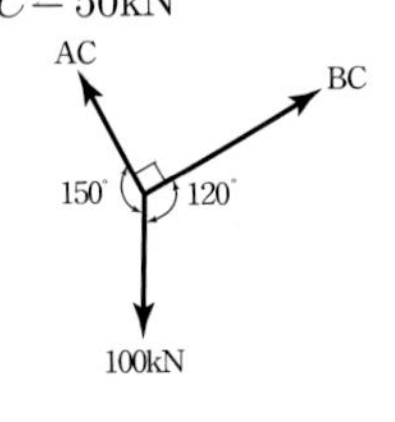

해설 25

자유물체도상에서 라미의 정리를 적용하면

$$\frac{AC}{\sin120°}=\frac{BC}{\sin150°}=\frac{100}{\sin90°}$$

$\therefore\ AC=50\sqrt{3}\text{kN}=86.7\text{kN}$
$BC=50\text{kN}$

AC
BC
150°
120°
100kN

26 다음 그림과 같은 구조물에서 막대 BC가 받는 힘[KN]은?(단, $AB=3\text{m}$, $AC=4\text{m}$, $BC=5\text{m}$)

① 50
② 55
③ 60
④ 65

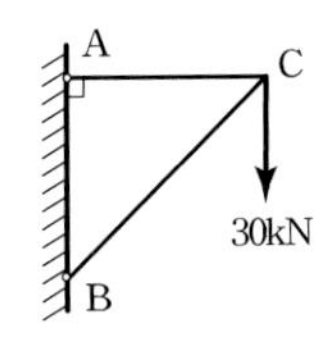

해설 26

시력도 작도 후 비례법을 적용하면

$\therefore\ BC=30\left(\frac{5}{3}\right)=50\text{kN}$(압축)

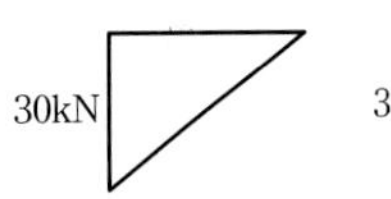

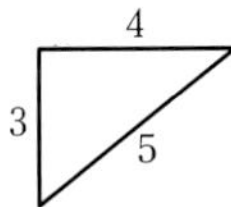

정답 24. ④ 25. ② 26. ①

27 다음과 같은 구조물의 C점에 집중하중 15kN이 작용할 때, BC 부재의 부재력[kN]은? [00 국가직 9급]

① 15
② 20
③ 25
④ 30

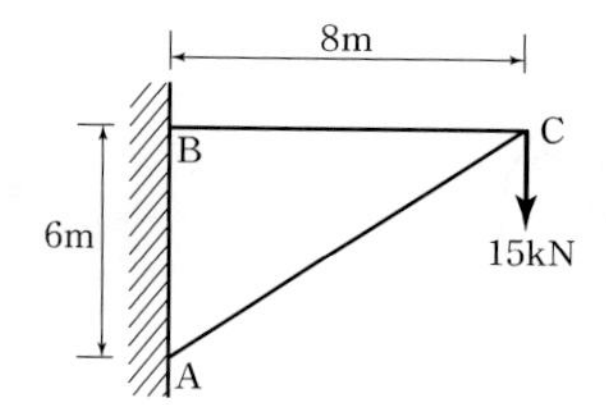

보충 비례법 적용

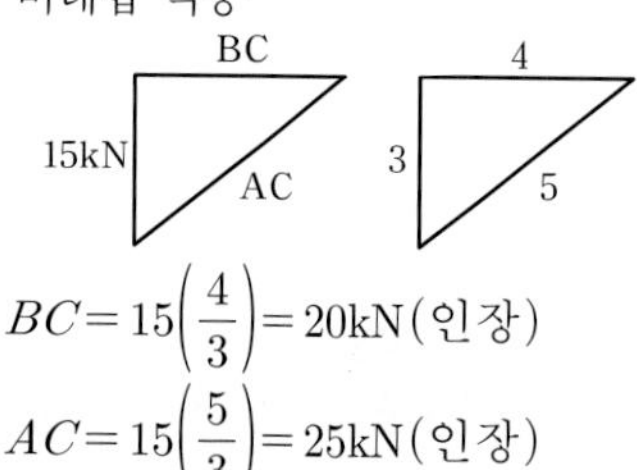

$BC=15\left(\frac{4}{3}\right)=20\text{kN}$(인장)

$AC=15\left(\frac{5}{3}\right)=25\text{kN}$(인장)

28 다음 그림과 같은 크레인에서 폴(pole) P와 강색선 T가 받는 힘[kN]으로 옳은 것은?

① $P=100$, $T=100$
② $P=-346.41$, $T=200$
③ $P=346.41$, $T=-200$
④ $P=-173.21$, $T=100$
⑤ $P=173.21$, $T=-100$

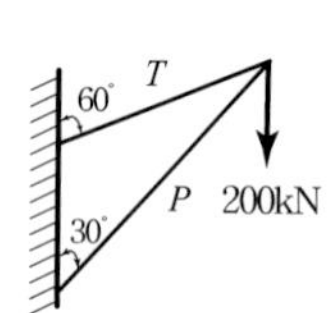

보충 비례법 적용

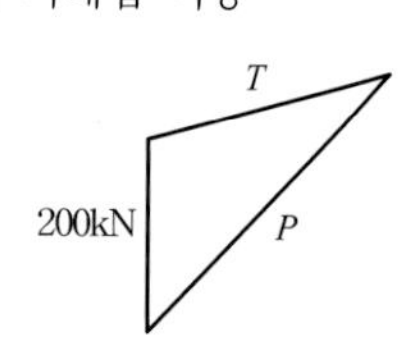

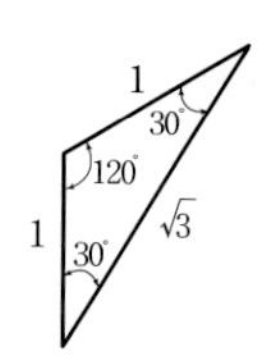

$\therefore\ T=200\text{kN}$(인장)

$P=200\sqrt{3}\text{kN}$

$=346.41\text{kN}$(압축)

해설 **27**

절단면에서

$\Sigma V=0:AC\sin\theta-15=0$

$\therefore AC=-\frac{15}{\sin\theta}=-15\left(\frac{5}{3}\right)$

$=-25\text{kN}$(압축)

$\Sigma H=0:-AC\cos\theta-BC=0$

$\therefore BC=-(-25)\times\left(\frac{4}{3}\right)$

$=20\text{kN}$(인장)

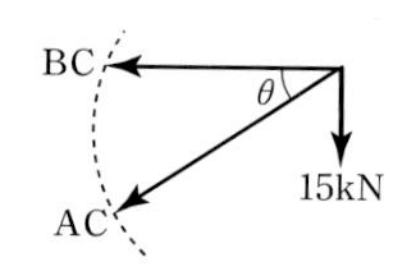

해설 **28**

- $\Sigma H=0$에서

$-T\sin 60°-P\sin 30°=0$

$\therefore\ P=-\sqrt{3}\,T$ —①

- $\Sigma V=0$에서

$-T\cos 60°-P\cos 30°-200=0$

$\frac{T}{2}+\frac{\sqrt{3}}{2}P=-200$ —②

①과 ②에 의해

$T=200\text{kN}$(인장)

$P=-200\sqrt{3}$

$=-346.41\text{kN}$(압축)

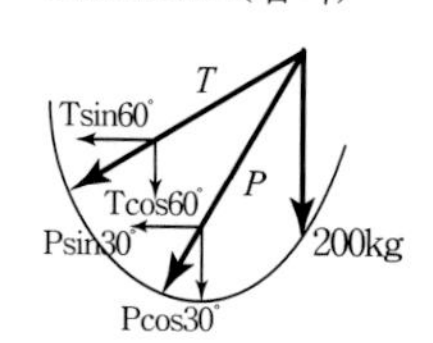

정답 27. ② 28. ②

29 한 점에 작용하지 않는 힘의 평형조건에 대한 설명으로 옳지 않은 것은?

① 시력도만이 닫힌다.
② 힘들의 x축 방향의 분력의 대수합은 0이다.
③ 시력도 및 연력도가 닫힌다.
④ 어느 점에 대해서도 모멘트의 대수합이 0이다.
⑤ 힘들의 y축 방향의 분력의 대수합이 0이다.

30 다음 그림과 같이 길이 L인 통나무가 바위 위에 놓여 있다. 통나무의 무게가 1,400kN일 때, 600kN의 사람이 왼쪽에서 오른쪽으로 매우 천천히 걷고 있다. 통나무가 수평이 되기 위한 사람의 위치는? (단, 바위와 통나무의 위치는 변하지 않는다) [10 국가직 9급]

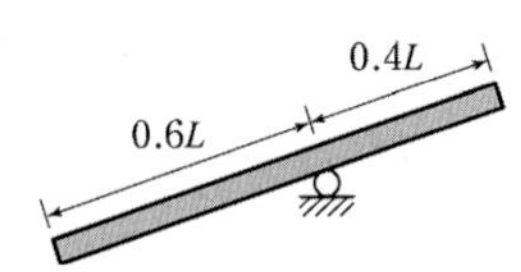

① 왼쪽에서 $\dfrac{2L}{3}$　② 왼쪽에서 $\dfrac{3L}{4}$

③ 왼쪽에서 $\dfrac{4L}{5}$　④ 왼쪽에서 $\dfrac{5L}{6}$

해설 통나무가 수평이 되었다고 가정하면 평형을 유지하므로

(1) 바위의 수직반력

$\sum V=0$: $600+1400-R_C=0$

$\therefore R_C=2000\text{kN}\ (\uparrow)$

(2) 사람의 위치

A를 원점으로 하고, $\sum M_A=0$을 적용하면

$1400(0.5L)-2000(0.6L)+600x=0$

$\therefore x=\dfrac{5}{6}L$

[A점에서 오른쪽으로 $\dfrac{5}{6}L$ 위치에 오면 통나무가 수평이 된다.]

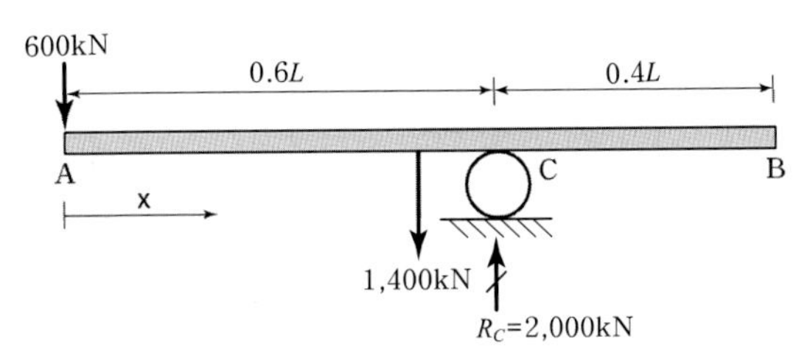

정 답 및 해 설

해설 **29**

한 점에 작용하지 않는 힘이 평형을 이루면 시력도와 연력도가 모두 닫힌다.

보충 비동점역계의 평형조건

$\begin{cases}\sum H=0\\ \sum V=0\\ \sum M=0\end{cases}$ ➡ 시력도 폐합 ➡ 연력도 폐합

정답 29. ① 30. ④

정 답 및 해 설

31 다음 그림과 같이 물체를 걸 때 밧줄의 장력이 같다면 어느 방법이 제일 무거운 물체를 매달 수 있는가?

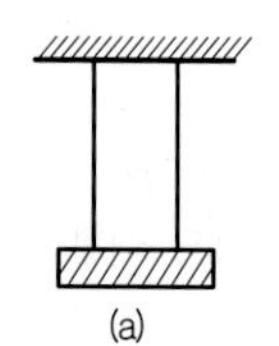
(a)

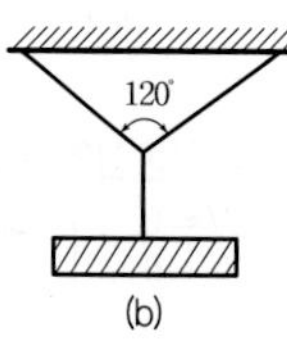

(b)

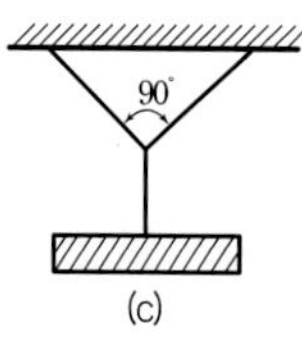

(c)

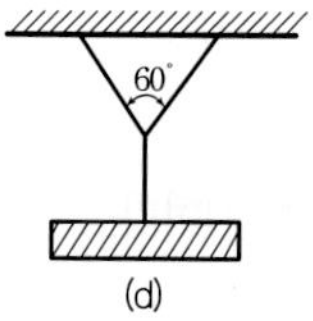

(d)

① (a)　　② (b)
③ (c)　　④ (d)
⑤ 모두 같다.

보충 대칭부재의 부재력

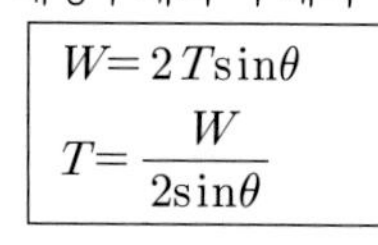

$$W = 2T\sin\theta$$
$$T = \frac{W}{2\sin\theta}$$

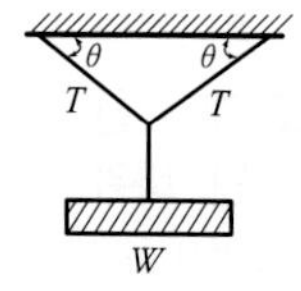

부재가 수평축과 이루는 각(θ)이 클수록 무거운 물체를 매달 수 있고, θ가 작을수록 장력이 크게 걸린다.

$\theta_{大} \rightarrow W_{大}$
$\theta_{小} \rightarrow T_{大}$

32 그림에서 3개의 평행한 힘 P_1, P_2, P_3 이외에 또 하나의 평행한 힘 P_4가 작용하여 이들의 힘에 의한 짝힘 모멘트가 700kN·m이다. P_3의 작용선상의 한 점 O에서 P_4까지의 거리[m]는?

① 2
② 4
③ 6
④ 8

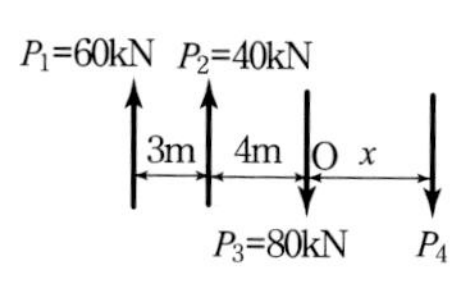

해설 **31**

장력 T가 모두 같으므로

구조물	장력 (T)	물체무게(W)
W(a)	$\frac{W_{(a)}}{2}$	$W_{(a)} = 2T$
120° W(b)	$W_{(b)}$	$W_{(b)} = T$
90° W(c)	$\frac{W_{(c)}}{\sqrt{2}}$	$W_{(c)} = \sqrt{2}\,T$
60° W(d)	$\frac{W_{(d)}}{\sqrt{3}}$	$W_{(d)} = \sqrt{3}\,T$

해설 **32**

우력모멘트가 작용하므로 우력의 특성을 이용해서 계산한다.

(1) 합력
$R = 60 + 40 - 80 + P_4 = 0$
$\therefore P_4 = -20\text{kN}$(하향)

(2) 우력모멘트
$\Sigma M_O = 60(7) + 40(4) + 20x$
$= 700$
$\therefore x = 6\text{m}$

보충 우력(짝힘)의 특성
우력이 작용하면 합력은 영이나 그 크기는 모멘트로 표시된다. 이때의 모멘트를 우력모멘트라 하며 그 크기는 「힘×우력간 거리」로 일정하다.

정답 31. ① 32. ③

33 바리농(Varignon)의 정리는 다음 어느 것과 가장 관계가 있는가?

① 힘의 방향　　② 힘의 세기
③ 힘의 작용선　　④ 힘의 단위
⑤ 힘의 모멘트

34 다음 세 평행력의 합력의 작용점은 B점에서 얼마의 위치에 있는가?

① 좌측으로 2m
② 우측으로 2m
③ 좌측으로 4m
④ 우측으로 3m
⑤ 좌측으로 1m

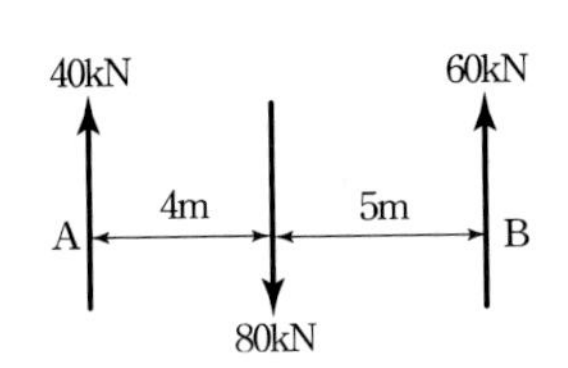

35 다음 그림과 같은 3힘이 평형상태에 있을 때 C점에 작용하는 힘 F[kN]와 AB사이의 거리 y[m]는?

① $F=400$, $y=3$
② $F=300$, $y=4$
③ $F=400$, $y=4$
④ $F=300$, $y=3$
⑤ $F=500$, $y=3$

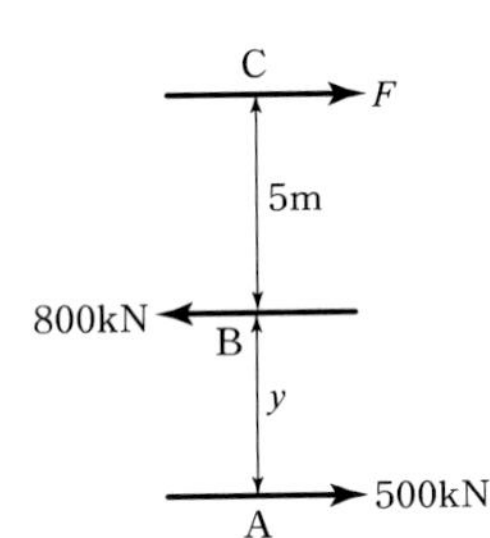

36 그림과 같은 하중계에서 합력 R의 위치 x를 구한 값은?

[15 서울시 9급]

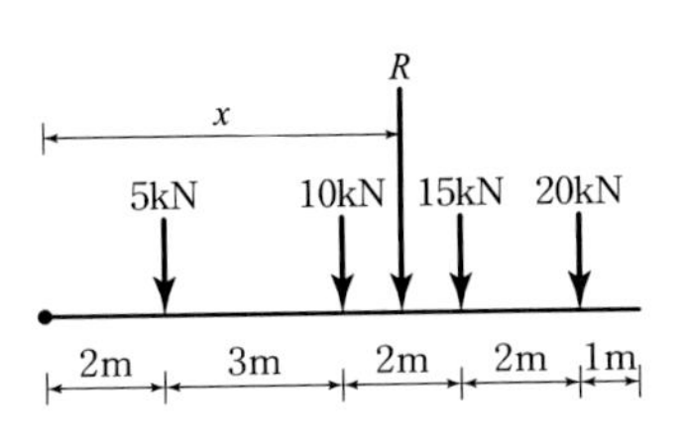

① 6.0m　　② 6.2m
③ 6.5m　　④ 6.9m

정답 및 해설

해설 33

바리농(Varignon)의 정리

합력$M=\sum$ 분력M

∴ 바리농의 정리는 합력과 분력간의 모멘트에 관한 정리이다.

해설 34

바리농의 정리에 의해

$20x=40(9)-80(5)$

$x=-2\text{m}$

∴ B점에서 우측 2m에 합력이 통과

보충 바리농 정리 적용시 모멘트 부호

어떤 방향을 양(+)으로 해도 되므로 합력에 의한 모멘트 방향을 양(+)으로 하면 계산이 간단하다.

해설 35

• $\sum H=0$에서 : $F=300\text{kN}$

• $\sum M_B=0$에서

: $300(5)-500y=0$

∴ $y=3\text{m}$

해설 36

왼쪽 연단에서 바리농의 정리를 적용하면

$50x=5(2)+10(5)+15(7)+20(9)$에서

$x=6.9\text{m}$

정답 33. ⑤ 34. ② 35. ④ 36. ④

37 다음 그림과 같이 방향이 같은 힘 P_1과 P_2가 4m 간격으로 평행하게 작용하고 있다. $P_1=60$kN에서 합력의 작용위치[m]는?

① 2.3
② 3.3
③ 4.3
④ 5.3
⑤ 6.3

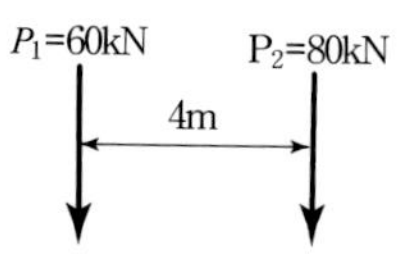

보충 바리뇽 정리의 확장해석 I
힘의 비와 거리비는 반비례하므로

$x=4\left(\frac{4}{7}\right)$
$=2.3$m

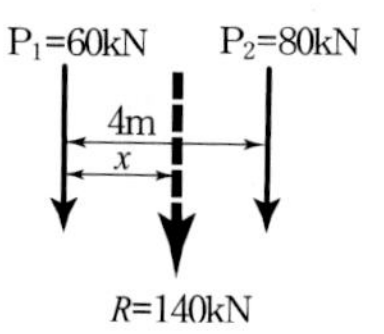

38 그림과 같은 3개의 평행력이 작용할 때 합력[kN]과 작용점의 위치[m]는?

① O점에서 우측 1, 상향 70
② O점에서 우측 1, 하향 70
③ O점에서 좌측 2, 하향 70
④ O점에서 우측 2, 상향 70
⑤ O점에서 우측 2, 하향 70

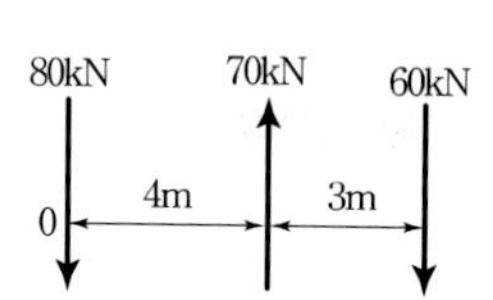

39 다음과 같이 4개의 힘 A, B, C, D와 R이 평형을 이룰 때 R의 크기[kN]와 D점에서의 거리 x[m]는?

① $R=10,\ x=6$
② $R=12,\ x=6$
③ $R=10,\ x=7.4$
④ $R=12,\ x=7.4$

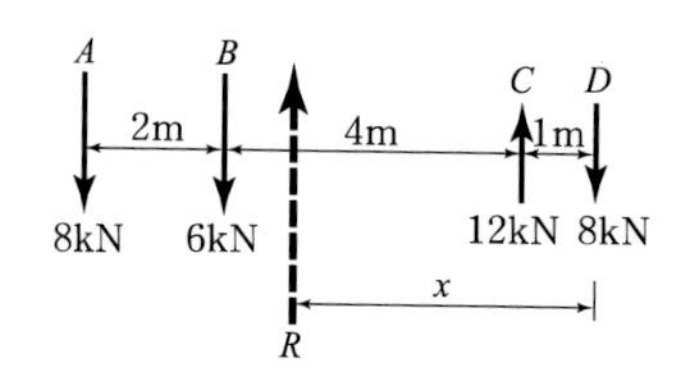

보충 힘의 평형조건식

$$\begin{cases}\Sigma H=0\\ \Sigma V=0\\ \Sigma M=0\end{cases}$$

해설 37

- 합력 : $R=60+80=140$kN
- 합력의 작용위치 : $\Sigma M_{P_1}=0$ 에서

$140x=80(4)$

$\therefore x=2.3$m

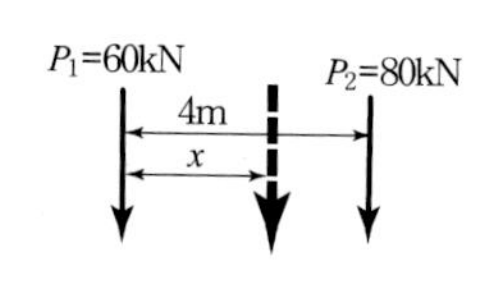

해설 38

- 합력
: $R=80-70+60=70$kN(↓)
- 합력의 작용위치 : 바리뇽의 정리에 의해

$70x=-70(4)+60(7)$

$\therefore x=2$m

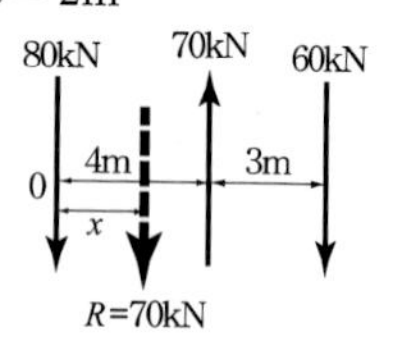

해설 39

평형을 만족하기 위한 평형력을 구하므로 평형조건을 적용한다.

(1) 평형력의 크기

$\Sigma V=0$:

$R-8-6+12-8=0$

$\therefore R=10$kN(↑)

(2) 평형력의 작용위치

$\Sigma M_D=0$:

$-8(7)-6(5)+12(1)+Rx=0$

$\therefore x=7.4$m

[상향력 10kN이 D에서 왼쪽으로 7.4m에 작용하면 평형을 유지한다.]

정답 37. ① 38. ⑤ 39. ③

정 답 및 해 설

40 반경이 r, 질량이 100kg인 원판이 그림과 같이 놓여있다. 반력 R_A와 R_B의 크기는? (단, 중력가속도 $g=10\text{m/s}^2$적용)

[10 서울시 9급]

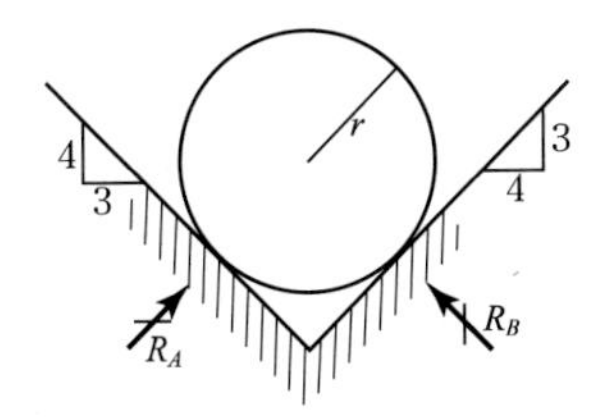

① $R_A=\dfrac{4000}{7}\text{N},\ R_B=\dfrac{3000}{7}\text{N}$

② $R_A=\dfrac{3000}{7}\text{N},\ R_B=\dfrac{4000}{7}\text{N}$

③ $R_A=\dfrac{5000}{7}\text{N},\ R_B=\dfrac{5000}{7}\text{N}$

④ $R_A=800\text{N},\ R_B=600\text{N}$

⑤ $R_A=600\text{N},\ R_B=800\text{N}$

해설 **40**

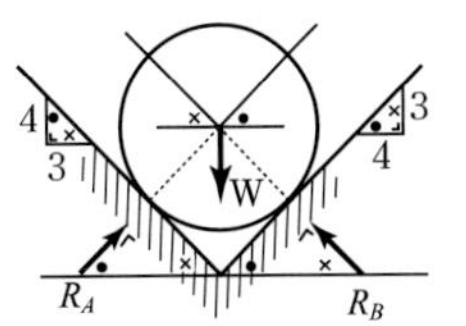

$\Sigma H=0$:

$R_A\left(\dfrac{4}{5}\right)=R_B\left(\dfrac{3}{5}\right)$

$R_A=\dfrac{3}{4}R_B \cdots$①

$\Sigma V=0$:

$R_A\left(\dfrac{3}{5}\right)+R_B\left(\dfrac{4}{5}\right)=W \cdots$②

①식을 ②식에 대입하면

$\left(\dfrac{3}{4}R_B\right)\left(\dfrac{3}{5}\right)+R_B\left(\dfrac{4}{5}\right)=mg$

식을 R_B에 대해 정리하면

$R_B=\dfrac{4}{5}mg=\dfrac{4}{5}(100)\times(10)$

$=800\text{N}$

R_B를 ①식에 대입하면

$\therefore\ R_A=\dfrac{3}{4}R_B=\dfrac{3}{4}800=600\text{N}$

41 그림과 같은 물막이용 콘크리트 구조체가 있다. A점을 중심으로 한 구조체의 전도가 발생하지 않는 최대 수면의 높이 h의 값은? (물과 접해있는 구조체 수직면에만 수평방향의 수압이 작용하는 것으로 가정함. 물과 콘크리트의 단위중량은 각각 $\gamma_w=10\text{kN/m}^3$, $\gamma_c=25\text{kN/m}^3$)

[10 서울시 9급]

① $\sqrt{12}\,\text{m}$

② $\sqrt{18}\,\text{m}$

③ $\sqrt[3]{150}\,\text{m}$

④ $\sqrt[3]{180}\,\text{m}$

⑤ 6.0m

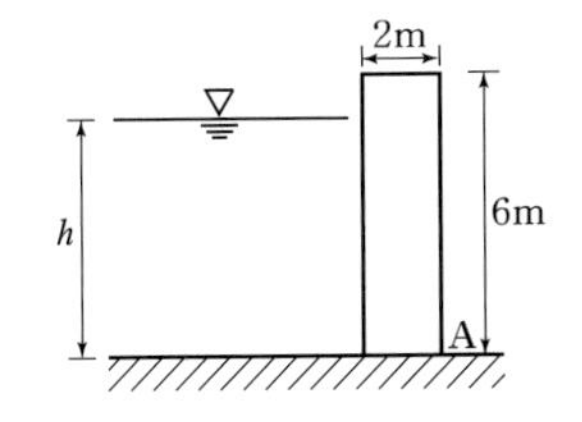

해설 **41**

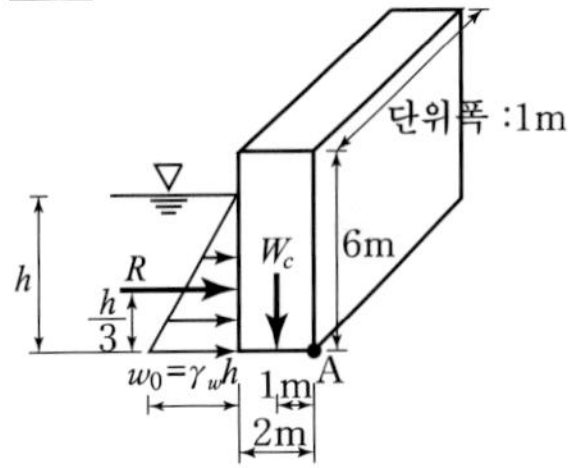

전도모멘트=저항모멘트

$R\left(\dfrac{h}{3}\right)=W_c(1)$

$\dfrac{1}{2}\gamma_w h^2(1)\left(\dfrac{h}{3}\right)=\gamma_c(2\times6\times1)(1)$

h에 관해 정리하면

$h=\sqrt[3]{\dfrac{\gamma_c(2\times6\times1)(1)(6)}{\gamma_w(1)}}$

$=\sqrt[3]{\dfrac{25(2\times6\times1)(1)(6)}{10(1)}}$

$=\sqrt[3]{180}\,\text{m}$

보충 힘의 비 계산이 간단한 경우 시력도 폐합을 이용한다.

정답 40. ⑤ 41. ④

정 답 및 해 설

42 다음 그림과 같이 질량이 10kg이고 길이가 4m인 막대기가 벽면 B에 기대어져 있다. 막대기가 미끄러지기 시작하는 각도 θ는? (단, 지면 A는 정마찰계수가 0.5, 벽면 B는 매우 미끄러운 면이고, 중력가속도는 10m/s^2이다) [11 서울시 교육청 9급]

① 15°
② 30°
③ 45°
④ 60°

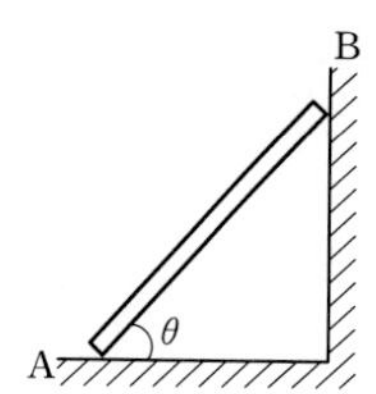

해설

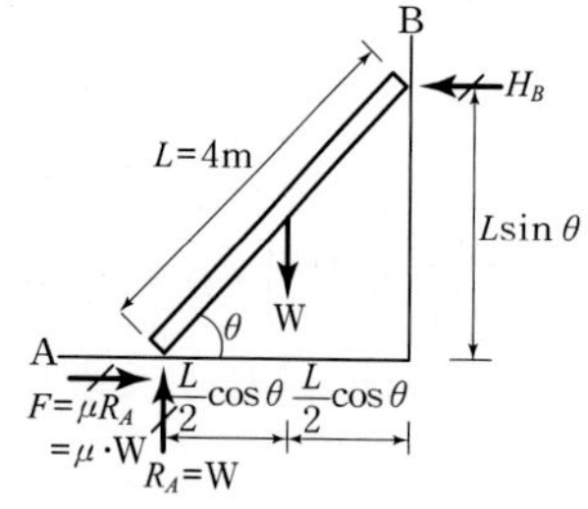

$$\Sigma M_B = 0\ :\ R_A(L\cos\theta) - F(L\sin\theta) - W\left(\frac{L}{2}cos\theta\right) = 0$$

$$W(L\cos\theta) - \mu W(L\sin\theta) - W\left(\frac{L}{2}cos\theta\right) = 0$$

식을 정리하면

$$\frac{\sin\theta}{\cos\theta} = \tan\theta = \frac{1}{2\mu}\ \cdots\ ①$$

①식에 $\mu = 0.5$를 대입하면 $\tan\theta = 1$

$\therefore \theta = 45^\circ$ 이하일 경우 미끄러지기 시작한다.

해설 **42**

- 경사면에서 물체가 미끄러지는 순간의 경사각 : $\tan\theta = \mu$
- 수평면에 놓인 사다리가 미끄러지는 순간의 경사각 :

$$\tan\theta = \frac{1}{2\mu}$$

43 다음 설명 중에서 옳지 않은 것은? [11 서울시 교육청 9급]

① 물체에 작용하는 힘이 평형을 이룬다면 정지해있는 물체는 계속 정지해 있고 움직이던 물체는 가속도 직선운동을 한다.
② 선형탄성영역에서는 응력과 변형률이 비례한다.
③ 평형방정식은 구조물 재료의 성질에 관계없이 적용할 수 있다.
④ 힘, 변위, 속도, 가속도는 모두 벡터(vector)양이다.

해설 **43**

물체에 작용하는 힘이 평형을 이룬다면 정지해있는 물체는 계속 정지해 있고 움직이던 물체는 등속도 직선운동을 한다.

정답 42. ③ 43. ①

44 그림과 같이 3개의 힘이 평형상태라면 C점에 작용하는 힘 P의 크기와 AB사이의 거리 x는? [14 서울시 9급]

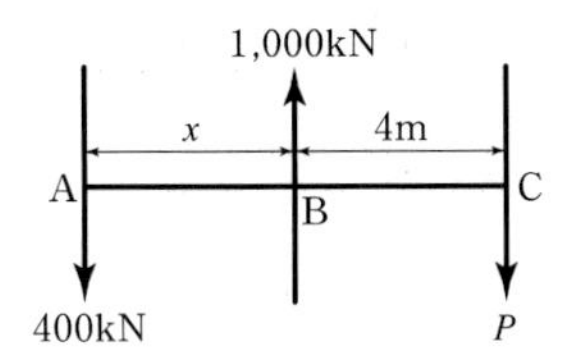

① $P=500\text{kN},\ x=6.0\text{m}$
② $P=500\text{kN},\ x=7.0\text{m}$
③ $P=600\text{kN},\ x=6.0\text{m}$
④ $P=600\text{kN},\ x=7.0\text{m}$
⑤ $P=700\text{kN},\ x=9.0\text{m}$

해설 **44**

평형을 유지하므로 $\Sigma V=0$에서 $P=600\text{kN}$

힘의 비와 거리의 비는 반비례하므로 4m가 400kN이면 600kN 쪽의 거리 $x=6.0\text{m}$

45 다음과 같이 경사면과 수직면 사이에 무게(W)와 크기가 동일한 원통 두 개가 놓여있다. 오른쪽 원통과 경사면 사이에 발생하는 반력 R은? (단, 마찰은 무시한다) [15 지방직 9급]

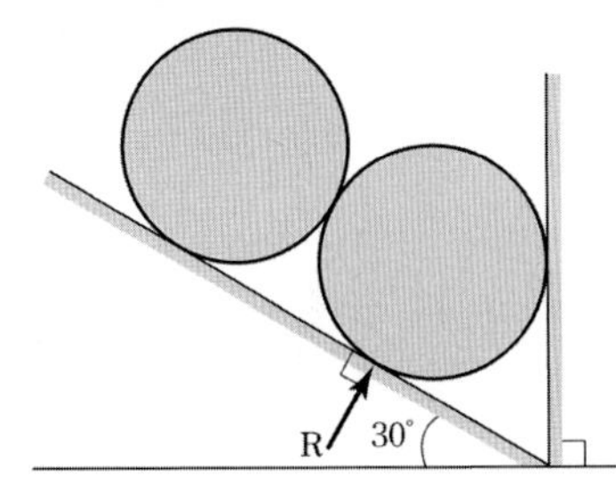

① $\dfrac{\sqrt{3}}{6}W$
② $\dfrac{\sqrt{3}}{2}W$
③ $\dfrac{5\sqrt{3}}{6}W$
④ $\dfrac{7\sqrt{3}}{6}W$

해설

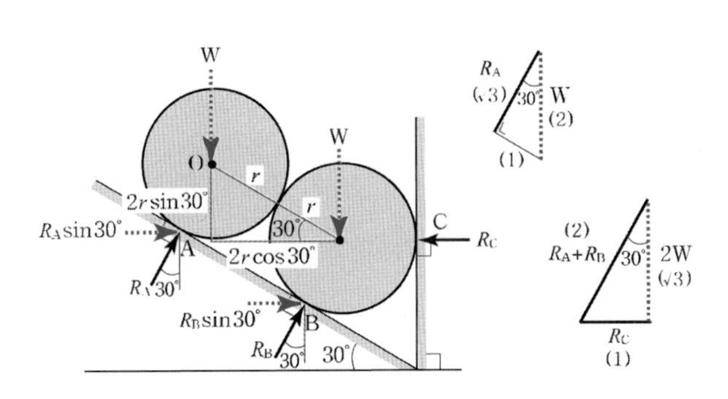

해설 **45**

(1) 시력도 폐합 조건

$$R_C=2W\left(\frac{1}{\sqrt{3}}\right)=\frac{2\sqrt{3}\,W}{3}$$

(2) B점 반력

상부에 배치된 원의 중심(O)에서 모멘트 평형을 적용하면

$$R_C(2r\sin30°)-R_B(2r)+W\cos30°(2r)=0$$에서

$$R_B=\frac{5\sqrt{3}}{6}W$$

또는

상부원통의 시력도에서

$$R_A=\frac{\sqrt{3}}{2}W$$

전체 원통에 대한 시력도에서

$$\frac{\sqrt{3}}{2}W+R_B=2W\left(\frac{2}{\sqrt{3}}\right)$$

$$\therefore\ R_B=\frac{5\sqrt{3}}{6}W$$

정답 44. ③ 45. ③

46 다음과 같이 두께가 일정하고 1/4이 제거된 무게 12πN의 원판이 수평방향 케이블 AB에 의해 지지되고 있다. 케이블에 작용하는 힘[N]의 크기는? (단, 바닥면과 원판의 마찰력은 충분히 크다고 가정한다)

[15 지방직 9급]

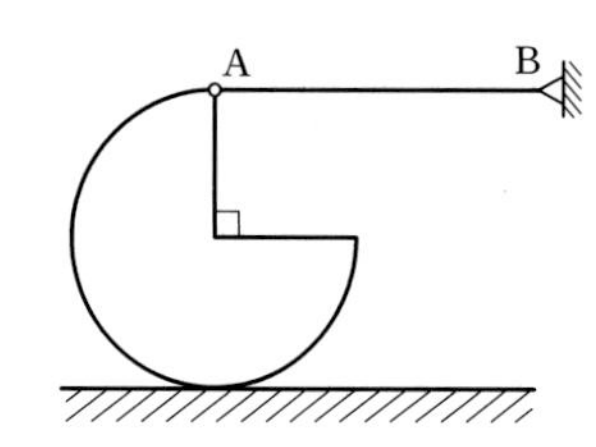

① $\frac{5}{3}$　　② 2

③ $\frac{7}{3}$　　④ $\frac{8}{3}$

해설

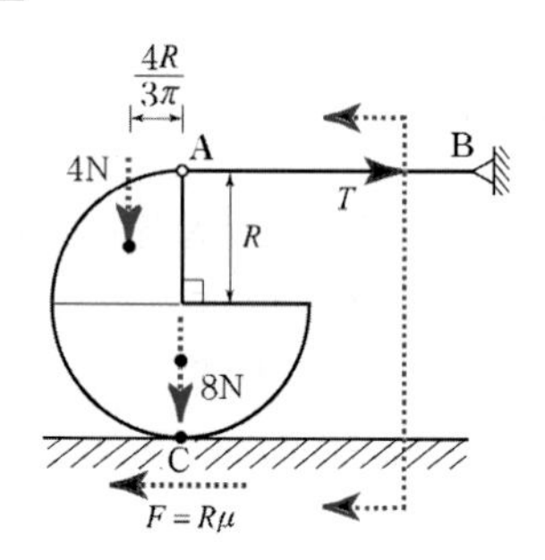

정답 및 해설

해설 46

케이블을 절단한 왼쪽 단면에서 3/4원을 가로로 절단하여 반원과 1/4원으로 나눈 다음 하면에서 평형조건 $\Sigma M_C = 0$을 적용하면

$T(2R) = 4\pi\left(\frac{4R}{3\pi}\right)$에서

$T = \frac{8}{3}$N

여기서, R : 원의 반지름

아래쪽 반원의 무게는 C점을 지나므로 모멘트가 상쇄된다.

보충 **모멘트 평형 적용 위치**

마찰력이 존재하므로 마찰력을 없애기 위해 하단에서 모멘트 평형을 취한다.

정답 46. ④

Chapter 02

단면의 성질

01 개요

02 도심

03 단면 1차 모멘트

04 파푸스의 정리

05 단면 상승 모멘트(관성 승적 모멘트)

06 단면 2차 모멘트

07 단면 극2차 모멘트
(극관성 모멘트, 극단면 2차 모멘트)

08 단면계수

09 회전 반경(회전 반지름, 단면2차 반경)

10 단면의 성질의 적용

11 회전축과 주축

12 관성모멘트의 모아원

13 출제 및 예상문제

단면의 성질

2.1 개요

역학에서 사용되는 단면의 성질은 뒤에서 공부할 응력 변위 및 에너지를 계산하는 과정에서 유도되는 값을 정리한 부분이다. 우리가 이 파트에서 반드시 알아 두어야 할 것은 각각의 값들이 어디에 사용 되는지와 실제 계산에서는 반드시 중립축에 대한 값을 사용한다는 것이다.

1 중립축의 위치

중립축은 응력과 변형이 생기지 않는 축을 의미한다.

(1) 탄성 해석에서의 2가지 중립축의 형태

휨이 발생하는 경우는 반드시 중립축에 대한 단면 특성을 사용해야 한다.

① 휨 부재 : 도심을 지나는 회전의 중심축(단면1차모멘트가 0인 축)

휨만 작용하는 경우	축력과 휨이 동시에 작용하는 경우
도심과 일치한다.	도심으로부터 $\dfrac{NI}{AM}$ 만큼 이동한다.

② 압축 부재 : 횡구속이 없다면 도심을 지나는 축 중 최소 주축(단면상승모멘트가 0인 축)

(2) 소성 휨 해석에서의 중립축

소성 상태에 있는 휨부재의 중립축은 면적이 같은 축을 중심으로 중립축이 형성된다.
따라서 소성 해석 시의 중립축은 면적이 같은 축이 된다.

대칭단면	비대칭단면
도심과 일치한다.	면적이 같은 축을 계산 (한 쪽의 면적 = 전체 면적의 1/2)
	이등변 삼각형의 중립축 $\dfrac{1}{2}\left(b\dfrac{y}{h}\right)(y)=\dfrac{1}{2}\left(\dfrac{bh}{2}\right)$에서 $y=\dfrac{h}{\sqrt{2}}$ 여기서, y : 삼각형 꼭짓점으로부터 거리

2 힘과 단면 특성

(1) 축력과 직접전단 : 면적

(2) 휨부재 : 단면계수, $Z = \dfrac{I}{y_{연단}}$

(3) 원형봉의 비틀림 부재 : 극관성 모멘트, $I_p = I_x + I_y = I_{x'} + I_{y'}$

(4) 압축부재 : 회전반지름, $r = \sqrt{\dfrac{I}{A}}$

2.2 도심

1 정의

평면 좌표계 x, y축 상에서 단면 1차 모멘트가 영이 되는 점이 도심이 되며 도심을 지나는 위치에서 여러 가지의 단면 특성을 활용하여 구조물을 해석한다.

➡ 재료의 성질이 같은 경우 도심, 무게중심, 질량중심은 일치한다.

2 각종 단면의 도심

(1) 기본 도형의 도심(G)

① 사각형, 평행사변형, 마름모 : 대각선의 교점

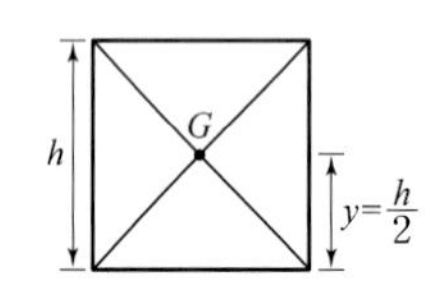

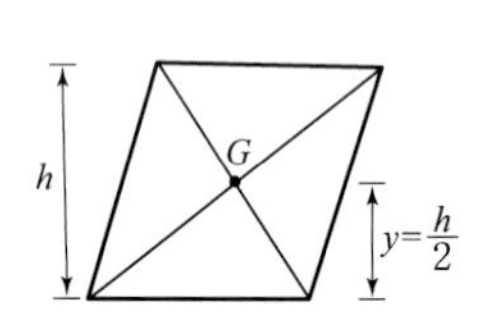

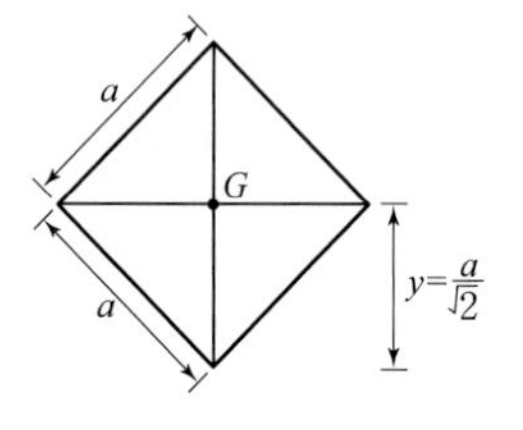

특징 : 높이를 1 : 1로 내분한다.

② 삼각형 : 세 중선의 교점

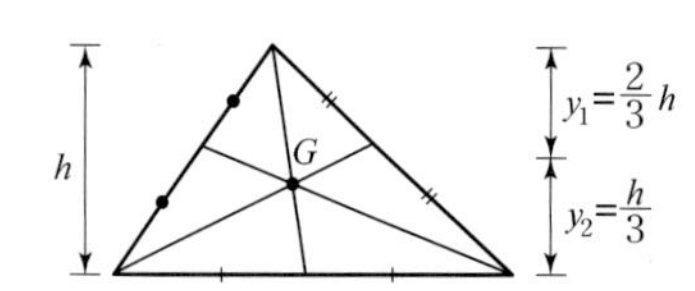

특징 : 높이를 꼭짓점으로부터 2 : 1로 내분한다.

■ 보충설명 : 일반 삼각형의 x방향 도심

$$x_1 = \frac{2a+b}{3} = \frac{l+a}{3}$$

$$x_2 = \frac{a+2b}{3} = \frac{l+b}{3}$$

결론 : 꼭짓점에서 내린 수선의 발을 중심으로 좌우 단면에 대해 중첩을 적용한 것과 같다.

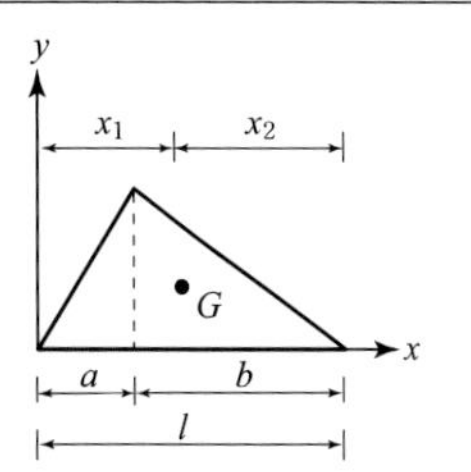

③ 사다리형 : 두 삼각형의 도심을 연결한 선분과 평행한 중선의 교점
또는 네 삼각형의 도심을 연결한 선분의 교점
또는 마주보는 변의 연장선을 연결한 직선과 서로 평행한 중선의 교점

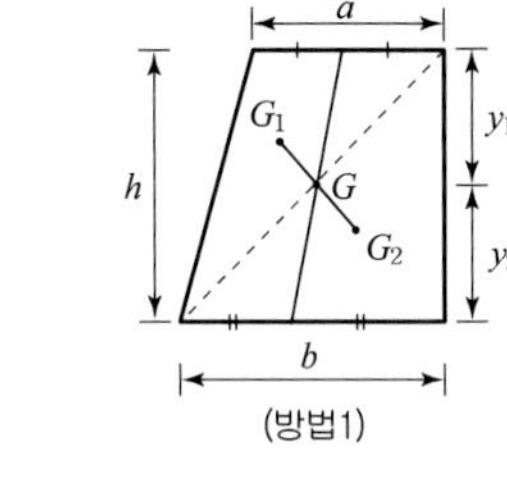

(방법1)

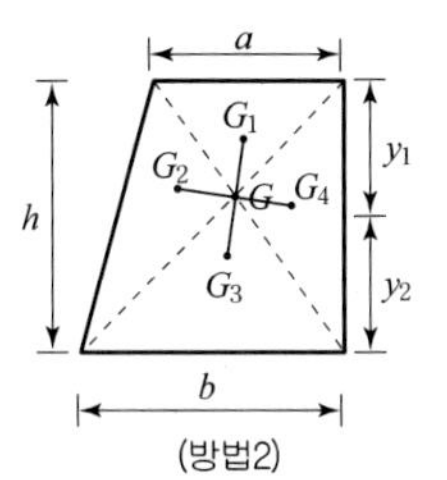

(방법2)

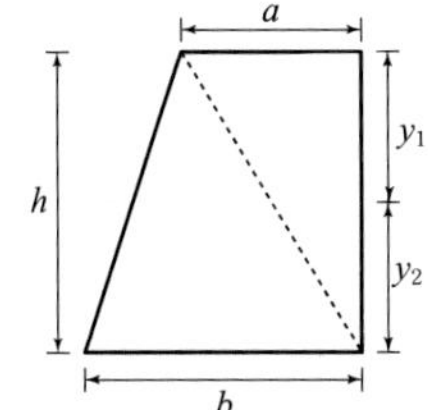

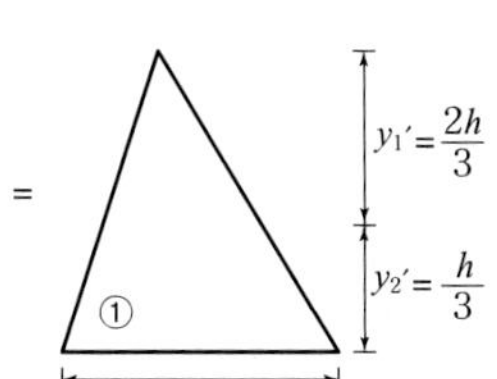

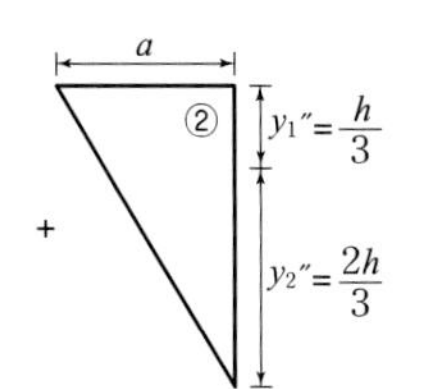

$$y_1 = \frac{h}{3} \cdot \frac{a+2b}{a+b}$$

$$y_2 = \frac{h}{3} \cdot \frac{2a+b}{a+b}$$

결론 : 두 개의 삼각형으로 분할하면 도심은 반대편 거리의 2배를 갖는다.

④ 원 : 원의 중심

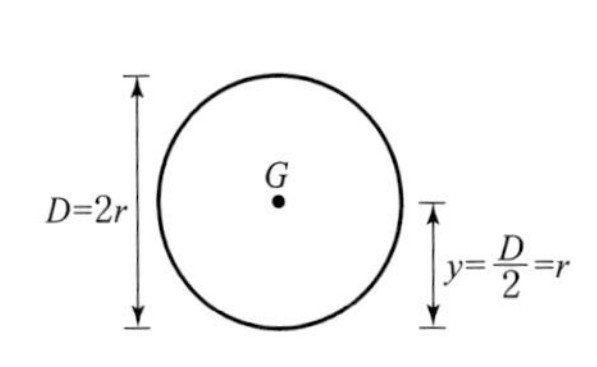

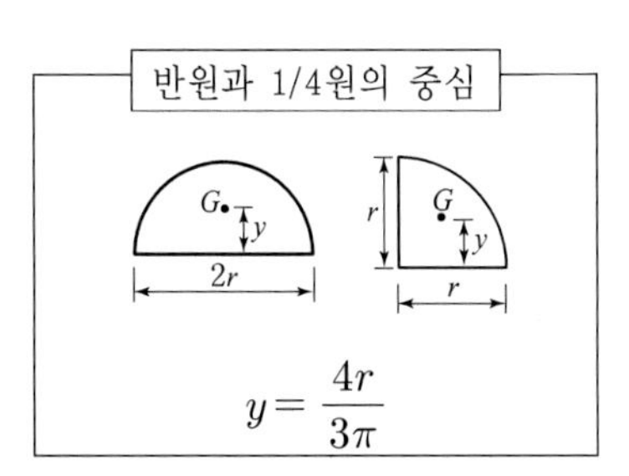

$$y = \frac{4r}{3\pi}$$

⑤ 원호 : 원호의 중심

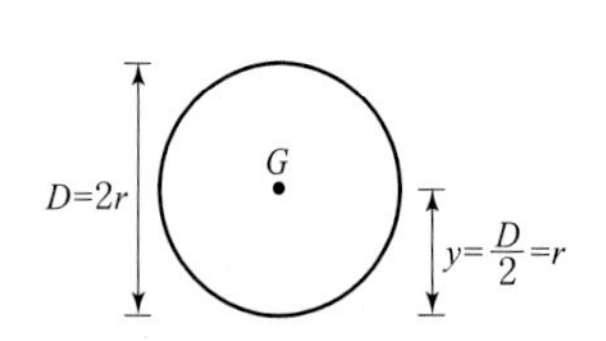

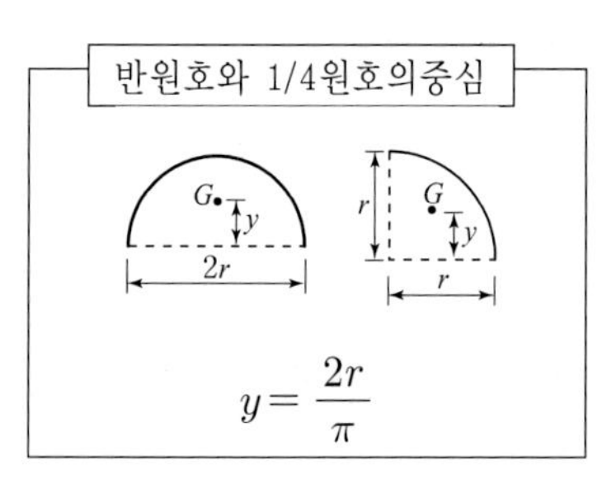

■ **보충설명** : 원과 원호의 개념

① 원 : 평면의 개념으로 반원이나 1/4원을 회전시키면 체적을 구할 수 있다.
② 원호 : 선분의 개념으로 반원호나 1/4원호를 회전시키면 표면적을 구할 수 있다.

⑥ sin곡선

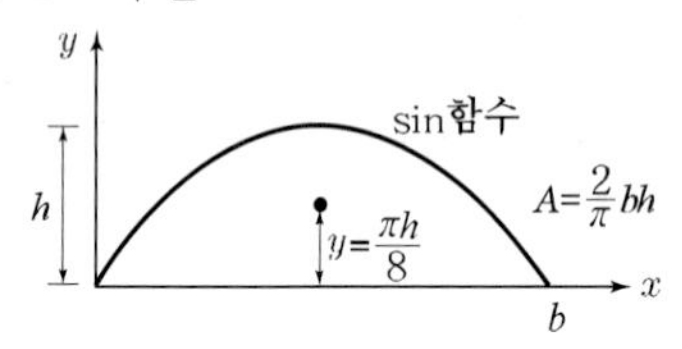

➡ A = 사각형면적의 $\dfrac{2}{\pi}$

⑦ 포물선

2차 함수	n차 함수
$A_1 : A_2 = 1 : 2$	$A_1 : A_2 = 1 : \mathrm{n}$
3 : 4 : 5의 비로 접근	$n+1 : n+2 : 2n+1$의 비로 접근

■ 보충설명 : 도심과 무게중심

① 도심 : 평면 도형의 중심

② 무게중심 : 물체의 무게 중심

➡ 재질이 같은 평면도형의 도심은 무게중심과 일치한다.

∴ 재질이 다른 경우의 도심 계산 : 하나의 재질로 일치시켜 계산

2.3 단면 1차 모멘트

1 정의

미소 면적에 도심까지의 거리 곱을 전단면에 대해 적분한 것으로 면적에 도심거리를 곱한 것과도 같다.

$$Q_x = \int_A y\, dA = A\, y$$

$$Q_y = \int_A x\, dA = A\, x$$

여기서, x, y : 곱하는 단면적의 도심좌표

■ 보충설명 : 역학에서 y의 의미

역학에서 사용하는 모든 y는 중립축으로부터 구하는 축까지의 수직거리를 의미한다.

※ 원칙상 중립축은 도심축과 일치하나 축력과 휨을 동시에 받는 경우는 중립축은 도심축으로부터 $\frac{NI}{AM}$만큼 이동한다.

· 편심축하중을 받는 경우 : 사각형은 $y = \frac{h^2}{12e}$, 원형은 $y = \frac{D^2}{16e}$만큼 이동한다.

- 기본도형의 단면1차 모멘트

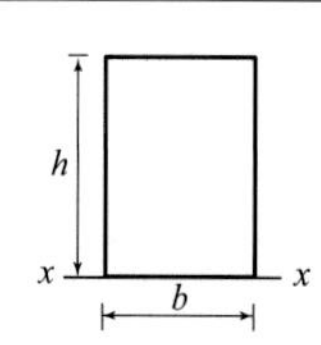

$$Q_x = Ay = bh\left(\frac{h}{2}\right) = \frac{bh^2}{2} = \frac{Ah}{2}$$

$$Q_x = Ay = \frac{bh}{2}\left(\frac{h}{3}\right) = \frac{bh^2}{6} = \frac{Ah}{3}$$

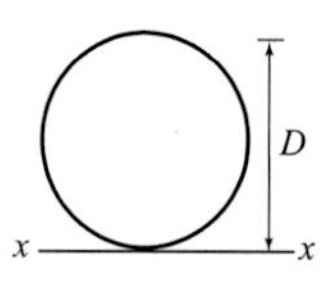

$$Q_x = Ay = \frac{\pi D^2}{4}\left(\frac{D}{2}\right) = \frac{\pi D^3}{8} = \frac{AD}{2}$$

$$Q_x = Ay = \frac{\pi r^2}{2}\left(\frac{4r}{3\pi}\right) = \frac{2r^3}{3}$$

$$Q_x = Ay = \frac{\pi r^2}{4}\left(\frac{4r}{3\pi}\right) = \frac{r^3}{3}$$

$$Q_x = Ay = \frac{(a+b)h}{2}\left(\frac{h}{3}\,\frac{2a+b}{a+b}\right) = \frac{h^2}{6}(2a+b)$$

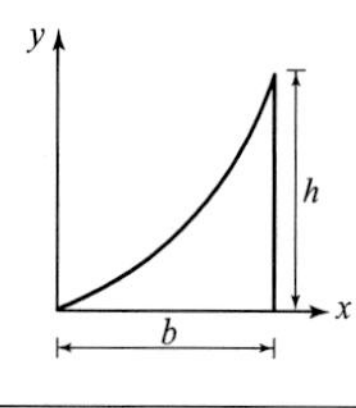

$$Q_x = Ay = \frac{bh}{3}\left(\frac{3h}{10}\right) = \frac{bh^2}{10}$$

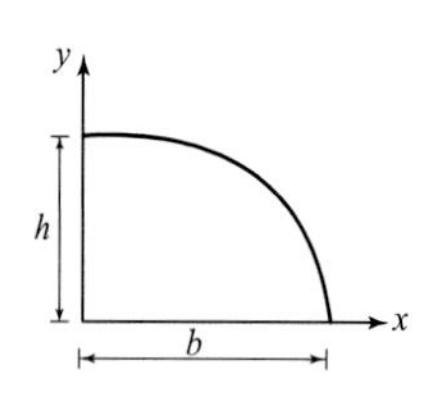

$$Q_x = Ay = \frac{2bh}{3}\left(\frac{2h}{5}\right) = \frac{4bh^2}{15}$$

2 평행축정리

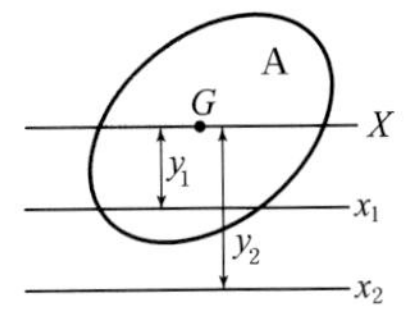

$Q_{x1} = Ay_1$, $Q_{x2} = Ay_2$에서

$Q_{x2} - Q_{x_1} = A(y_2 - y_1)$

$$\therefore\ \Delta Q = \Delta Ay$$

3 단위

cm^3, m^3 (차원 : $[L^3]$)으로 길이의 3승과 같은 단위를 갖는다.

4 부호

좌표축에 따라 (+), (−)부호를 갖는다.

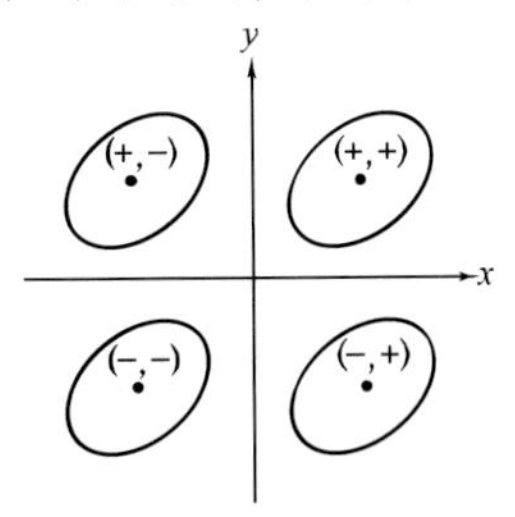

도형의 위치	1상한	2상한	3상한	4상한
Q의 부호	$Q_x > 0$ $Q_y > 0$	$Q_x > 0$ $Q_y < 0$	$Q_x < 0$ $Q_y < 0$	$Q_x < 0$ $Q_y > 0$

5 특징

(1) 도심축에 대한 단면 1차 모멘트는 항상 0이다. 따라서 단면 1차 모멘트가 0이라는 조건을 이용하여 도심을 구할 수 있다.

➡ 단면 1차 모멘트가 0이라는 것은 항상 도심을 지난다는 의미를 갖는다.

※ 도심에서 단면1차모멘트가 0이 되는 이유 : 도심의 좌표가 0이기 때문

(2) 단면 1차 모멘트는 도심에서 항상 0이므로 도심에서 최솟값을 갖는다.

(3) 단면 1차 모멘트를 계산한 값은 도형의 위치에 따라 음(−)의 값이 나올 수 있다.

6 적용

(1) 단면의 도심 계산
(2) 탄성 휨 해석을 위한 중립축 위치 계산
(3) 보의 휨-전단응력 계산
(4) 소성단면계수 계산

➡ 단면1차모멘트는 구하는 것에 따라 계산방법에 차이가 있음에 유의한다.

도심 계산	탄성 해석 시 중립축 위치 계산	휨-전단응력의 계산	소성 해석 시 소성단면계수의 계산
바리농 정리의 확장 해석을 이용	단면의 도심과 일치 (예외 : 축력과 휨을 받는 경우)	구하는 단면 한쪽 면적에 대한 중립축 단면1차 모멘트	중립축 즉 면적이 같은 축에 대한 단면1차 모멘트의 합

7 불규칙 단면의 도심 계산

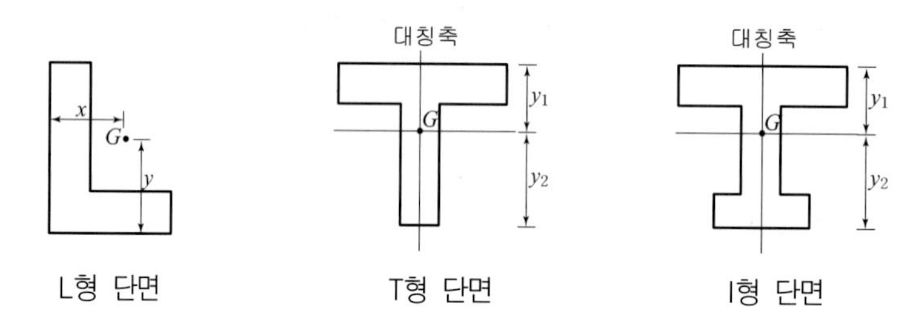

$$x = \frac{Q_y}{A} = \frac{\Sigma Ax}{\Sigma A},\ y = \frac{Q_x}{A} = \frac{\Sigma Ay}{\Sigma A}$$

➡ 단면의 도심이 다른 경우는 면적가중평균값이 도심이 된다.

핵심예제 2-1 [12 서울시 9급]

그림과 같은 단면에서 밑면으로부터 도심축 $X-X$까지의 거리는?

① 5.78mm
② 6.22mm
③ 6.45mm
④ 6.78mm
⑤ 6.96mm

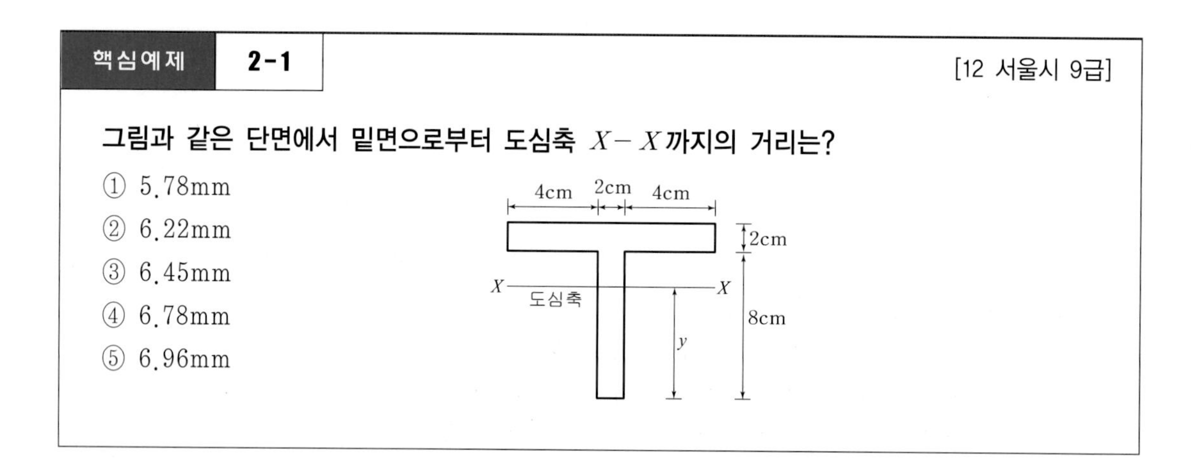

| 해설 | 면적비 $A_w : A_f = 4 : 5$이므로 $y = \dfrac{4(4)+5(9)}{4+5} = 6.78\text{cm}$

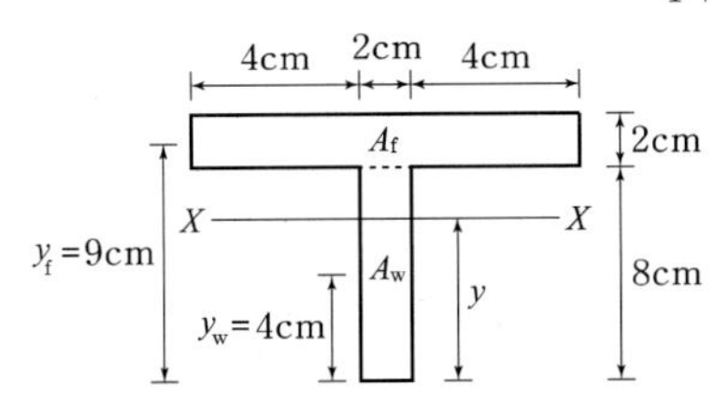

답 : ④

핵심예제	2-2

[13 국가직 9급]

다음과 같이 원으로 조합된 빗금 친 단면의 도심C(Centroid)의 $\bar{y}$는?

① $\dfrac{7}{12}D$

② $\dfrac{7}{24}D$

③ $\dfrac{21}{40}D$

④ $\dfrac{7}{40}D$

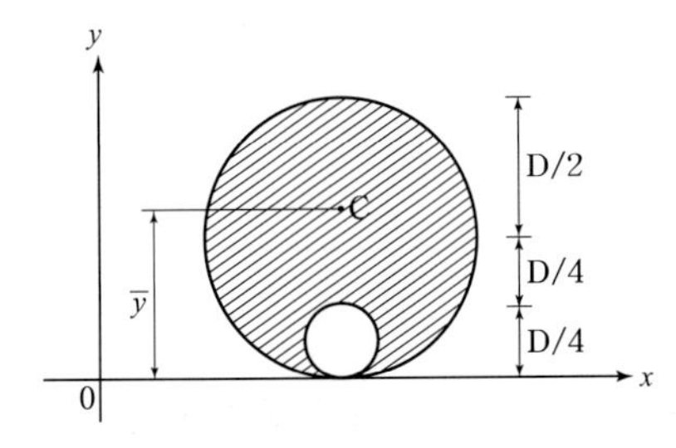

| 해설 | 면적비가 전체면적 : 중공면적 $= \dfrac{\pi D^2}{4} : \dfrac{\pi\left(\dfrac{D}{4}\right)^2}{4} = 16 : 1$

하단을 기준으로 바리농의 정리를 적용하면

$$\bar{y} = \frac{16\left(\dfrac{D}{2}\right) - \left(\dfrac{D}{8}\right)}{15} = \frac{63}{8(15)} = \frac{21}{40}D$$

답 : ③

■ 보충설명 : 불규칙 단면 도심 계산법

Step 1. 면적비 계산

Step 2. 바리뇽 정리의 확장해석을 이용

- 단면이 추가된 경우 ➡ 면적비만큼 확장한 도심거리의 합을 면적비의 합으로 나눈 값
- 중공 단면의 경우 ➡ 면적비만큼 확장한 도심거리의 차를 면적비의 차로 나눈 값

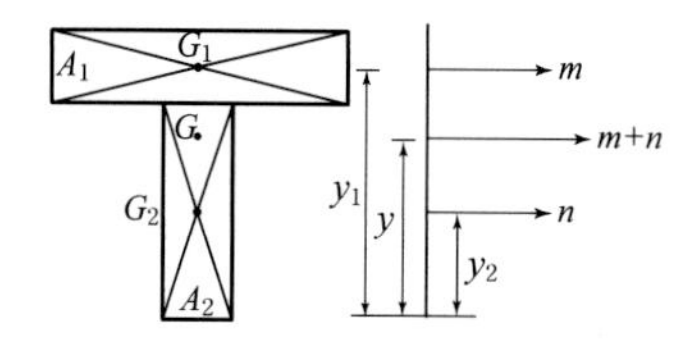

$A_1 : A_2 = m : n$ $\therefore y = \dfrac{my_1 + ny_2}{m+n}$

➡ 단면의 도심이 다른 경우는 면적의 가중평균값이 도심이 된다.

- 단면적이 같도록 절단한 경우의 도심 : 산술 평균값과 같다.

$x = \dfrac{x_1 + x_2}{2}$, $y = \dfrac{y_1 + y_2}{2}$

핵심예제 2-3 [09 지방직 7급]

다음 그림과 같이 주어진 선분포력의 합력 위치는 O점으로부터 X방향으로 몇 m인가? (단, 좌표축 눈금의 단위는 m이다)

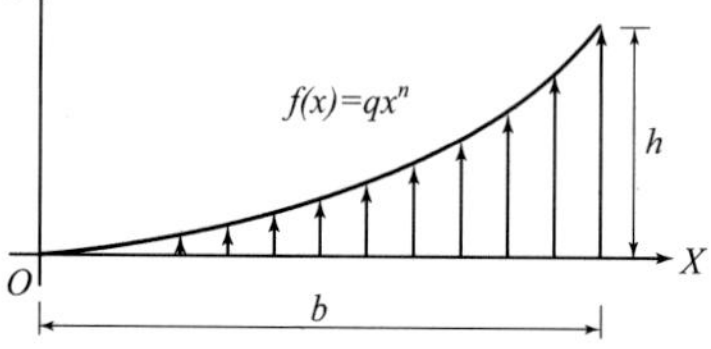

① $\dfrac{n+1}{n+2}b$ ② $\dfrac{n+2}{n+3}b$

③ $\dfrac{1}{n+2}b$ ④ $\dfrac{1}{n+1}b$

| 해설 | $x = \dfrac{Q_y}{A} = \dfrac{\dfrac{hb^2}{n+2}}{\dfrac{bh}{n+1}} = \dfrac{n+1}{n+2}b$

$Q_y = \int_0^b x\, dA = \int_0^b x\,(qx^n \cdot\ dx) = \dfrac{qb^{n+2}}{n+2} = \dfrac{hb^2}{n+2}$

$A = \int_0^b dA = \int_0^b qx^n \cdot\ dx = \dfrac{qb^{n+1}}{n+1} = \dfrac{bh}{n+1}$

여기서, $qb^n = h$

보충 2차함수일 때 $x = \dfrac{3}{4}b$가 된다는 것을 이용할 수도 있다.

답 : ①

8 관리할 중공 단면의 중심

전체 면적과 중공의 면적이 4 : 1인 단면			
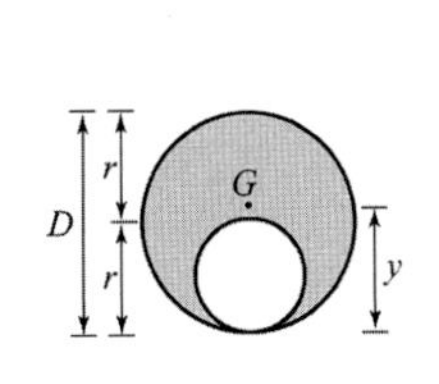	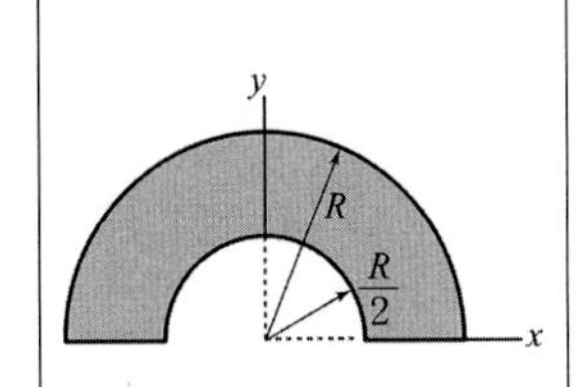	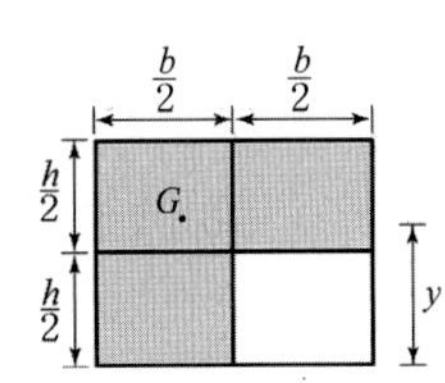	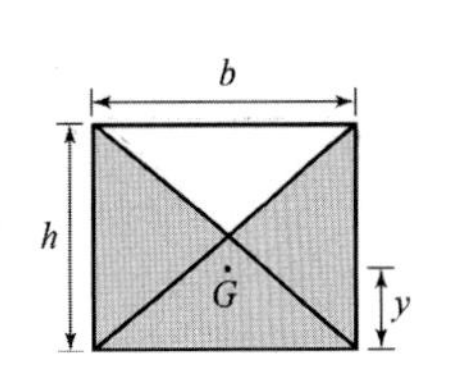
$y=\frac{7}{6}r=\frac{7}{12}D$	$y=\frac{7}{6}\left(\frac{4R}{3\pi}\right)=\frac{14R}{9\pi}$	$y=\frac{7}{6}\left(\frac{h}{2}\right)=\frac{7h}{12}$	$y=\frac{7}{6}\left(\frac{h}{3}\right)=\frac{7h}{18}$
결론 : $\frac{7}{6}\times$(중공의 일반도심을 전체 치수로 표시하라!!!)			

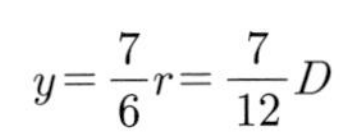

핵심예제 2-4 [17 국가직 9급]

그림과 같이 빗금 친 단면의 도심이 x축과 평행한 직선 A–A를 통과한다고 하면, x축으로부터의 거리 c의 값은?

① $\frac{3}{4}a$

② $\frac{4}{5}a$

③ $\frac{5}{6}a$

④ $\frac{6}{7}a$

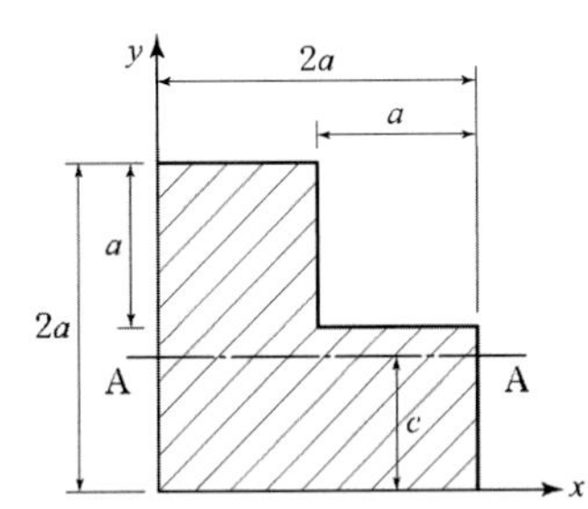

| 해설 | 두 개의 단면으로 나누어 면적비를 구하면 2 : 1이므로

x축에서 면적가중평균을 취하면

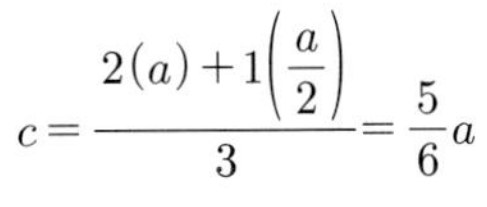

$$c=\frac{2(a)+1\left(\frac{a}{2}\right)}{3}=\frac{5}{6}a$$

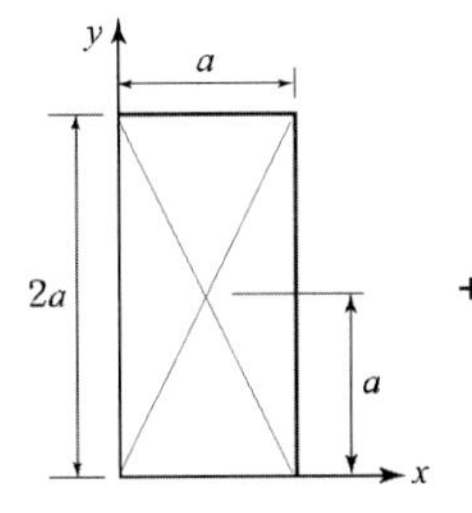

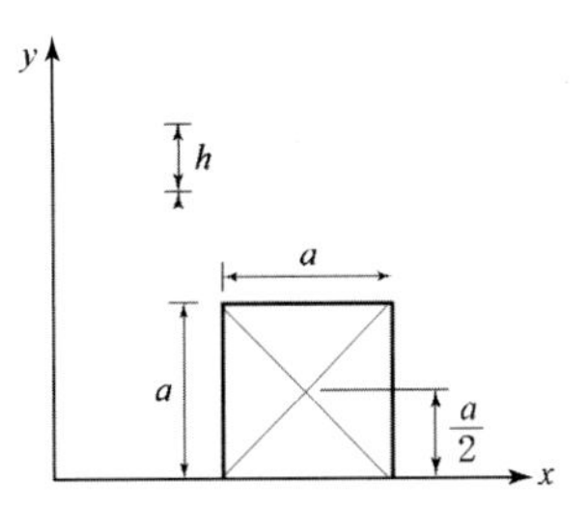

보충 전체와 중공의 면적비가 4 : 1이므로

$y=\frac{7}{6}$(중공단면의 일반도심을 전체치수로 표시)$=\frac{7}{6}(a)$

이 값은 긴 쪽 거리이므로 짧은 쪽 거리로 바꾸면 c가 된다.

$\therefore\ c=2a-y=2a-\frac{7}{6}a=\frac{5}{6}a$

답 : ③

9 기타 단면의 중심

1/4원에서 이등변삼각형을 공제 (면적비가 π : 2)	정사각형에서 1/4원을 공제 (면적비가 4 : π)
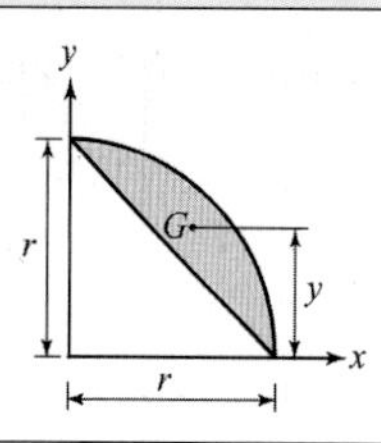	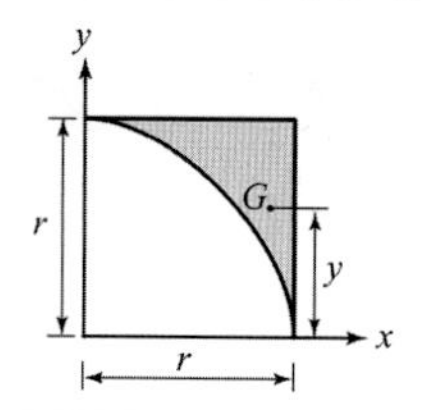
$y=\dfrac{2r}{3(\pi-2)}=0.583r$	$y=\dfrac{2r}{3(4-\pi)}=0.775r$
결론 : $\dfrac{2r}{3}$을 면적비의 차이로 나눠라!!!(숫자의 이니셜이 3, 4 / 5, 7이다.)	

핵심예제 2-5 [18 국가직]

그림과 같이 변의 길이가 r인 정사각형에서 반지름이 r인 원을 뺀 나머지 부분의 x축에서 도심까지의 거리 $\bar{y}$는?

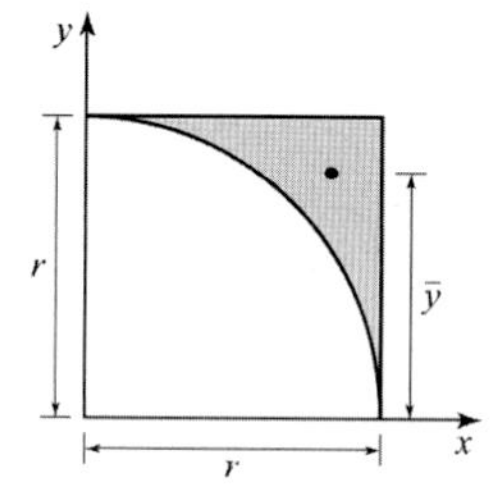

① $\dfrac{2r}{3(4-\pi)}$

② $\dfrac{3r}{4(4-\pi)}$

③ $\dfrac{(3\pi-4)r}{3\pi}$

④ $\dfrac{(\pi-1)r}{\pi}$

| 해설 | 중공단면으로 보고 중첩을 적용하면

(1) 면적비

$$A_{전체} : A_{중공} = r^2 : \frac{\pi r^2}{4} = 4 : \pi$$

(2) 도심거리 : 하단 x축을 기준으로 면적가중평균하면

$$\bar{y}=\frac{4\left(\frac{r}{2}\right)-\pi\left(\frac{4r}{3\pi}\right)}{4-\pi}=\frac{2r}{3(4-\pi)}$$

답 : ①

2.4 파푸스의 정리

파푸스의 정리는 회전체의 성질을 이용하여 그 크기를 정하는 방법으로 한 차원 낮은 값에 그 중심이 이동한 양을 곱하면 한 차원 높은 값의 크기를 구할 수 있다는 것을 의미한다.

점(무차원)	선(1차원)	면(2차원)	입체(3차원)
크기를 1로 본다.	1×중심이동량 ➡ 선분길이	선분길이×중심이동량 ➡ 면적	면적×중심이동량 ➡ 체적

1 파푸스의 제1정리(길이와 회전체의 표면적 관계)

회전체의 표면적은 회전시킬 곡선의 길이에 곡선중심까지의 거리와 회전각을 곱한 것으로 결국 선분의 길이에 선분 중심의 이동량을 곱한 것과 같다.

x축 회전 : $A = Ly\,\theta$

y축 회전 : $A = Lx\,\theta$

A : 회전체의 표면적

y : 회전축에서 곡선 중심까지 거리

θ : 회전각(radian 사용)

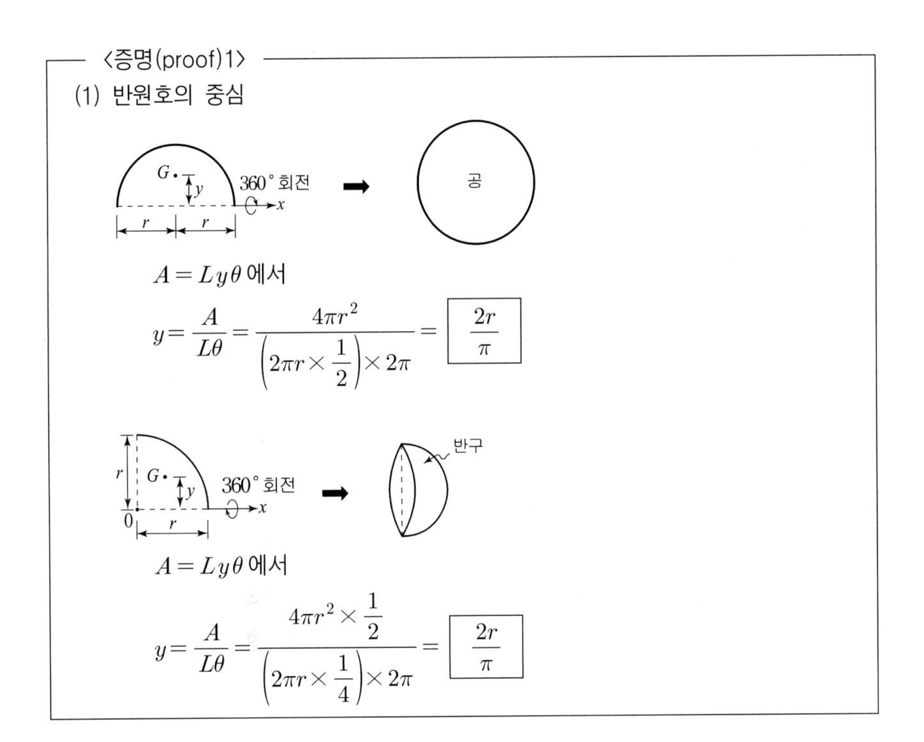

핵심예제 2-6 [11 지방직 9급]

그림과 같은 선분 AB를 Y축을 중심으로 하여 360° 회전시켰을 때 생기는 표면적[cm²]은?

① 30π
② 40π
③ 50π
④ 60π

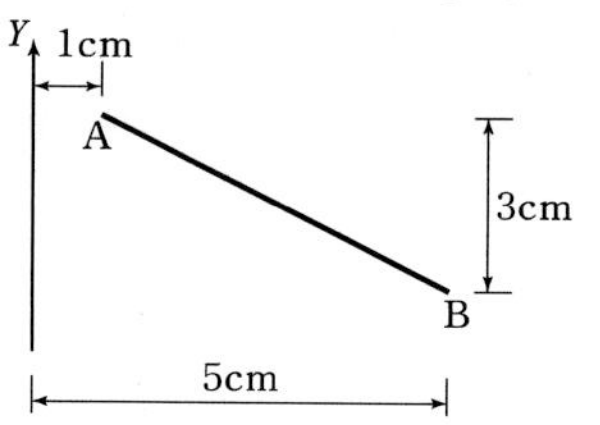

| 해설 | 파푸스 제1정리를 적용하면

$$A = Lx\theta = 5\left(\frac{4}{2}+1\right)(2\pi) = 30\pi\,\text{cm}^2$$

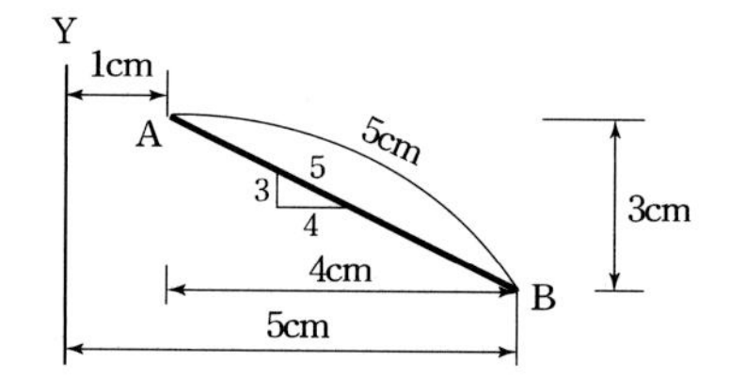

답 : ①

2 파푸스의 제2정리(면적과 회전체의 체적 관계)

회전체의 체적은 회전시킬 도형의 단면적에 도형중심까지의 거리와 회전각을 곱한 것으로 결국 면적에 도형 중심의 이동량을 곱한 것과 같다.

x축 회전 : $V = Ay\theta = Q_x\theta$
y축 회전 : $V = Ax\theta = Q_y\theta$

V : 회전체의 체적
A : 도형의 단면적
y : 회전축에서의 도형중심까지 거리
θ : 회전각(radian 사용)

<증명(proof)2>

(1) 반원의 도심

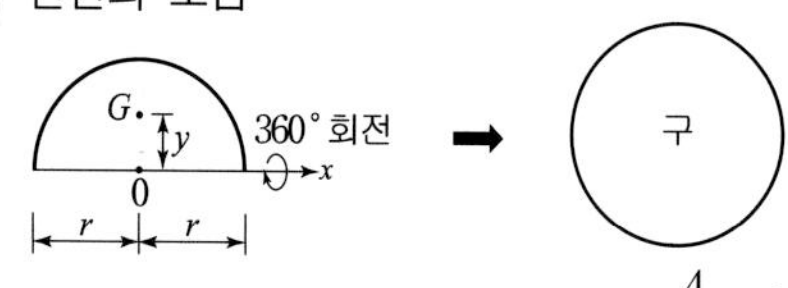

$$V = Ay\theta \text{에서 } y = \frac{V}{A\theta} = \frac{\frac{4}{3}\pi r^3}{\left(\pi r^2 \times \frac{1}{2}\right) \times 2\pi} = \boxed{\frac{4r}{3\pi}}$$

(2) $\frac{1}{4}$원의 도심

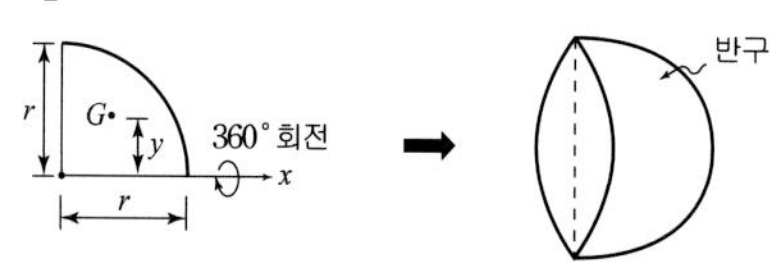

$$V = Ay\theta \text{에서 } y = \frac{V}{A\theta} = \frac{\frac{4}{3}\pi r^3 \times \frac{1}{2}}{\left(\pi r^2 \times \frac{1}{4}\right) \times 2\pi} = \boxed{\frac{4r}{3\pi}}$$

핵심예제 2-7 [09 국가직 9급]

다음 그림과 같이 $a=3$cm, $b=5$cm인 직사각형 단면이 있다. x축을 중심으로 1회전시킬 때 만들어지는 회전체의 체적[cm³]은?

① 60π
② 75π
③ 90π
④ 150π

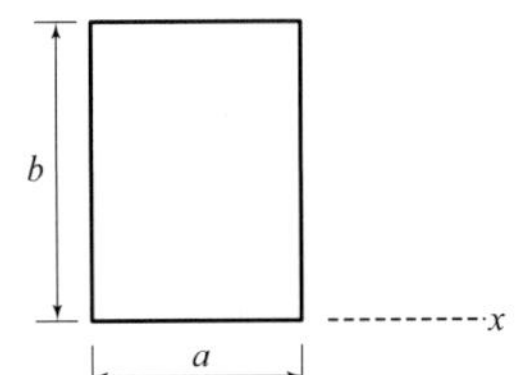

| 해설 | 파푸스 제2정리를 이용하면

$$V_x = Ay\theta = (3\times5)\times\left(\frac{5}{2}\right)\times(2\pi) = 75\pi\,\text{cm}^3$$

답 : ②

핵심예제 2-8 [15 지방직 9급]

다음과 같이 밑변 R과 높이 H인 직각삼각형 단면이 있다. 이 단면을 y축 중심으로 360도 회전시켰을 때 만들어지는 회전체의 부피는?

① $\dfrac{\pi R^2 H}{6}$
② $\dfrac{\pi R^2 H}{4}$
③ $\dfrac{\pi R^2 H}{3}$
④ $\dfrac{\pi R^2 H}{2}$

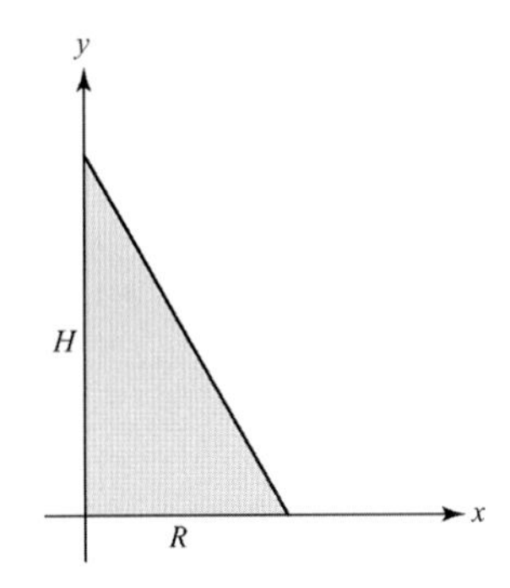

| 해설 | 파푸스의 제2정리를 적용하면

$$V = Ax\theta = \frac{RH}{2}\left(\frac{R}{3}\right)(2\pi) = \frac{\pi R^2 H}{3}$$

답 : ③

2.5 단면 상승 모멘트(관성 승적 모멘트)

1 정의

미소면적에 x축, y축 도심거리의 곱을 전단면에 대해 적분한 것을 단면상승모멘트라 한다.

$$I_{xy} = \int_A x\,y\,dA$$

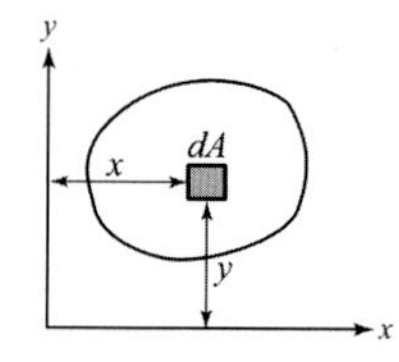

2 평행축 정리

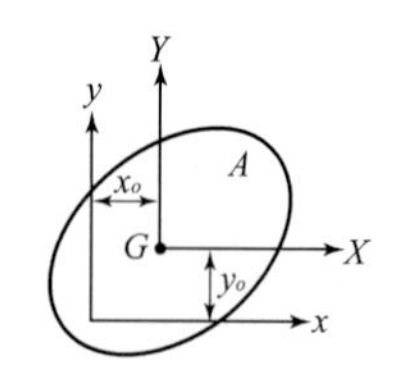

$$I_{xy(임의축)} = I_{XY(도심)} + Axy$$

여기서, x, y : 곱하는 단면적의 도심좌표

(1) 대칭축을 갖는 단면(두 축 중 한축이 대칭인 단면)

: $I_{XY(도심)} = 0$ $\quad\therefore\ I_{xy} = Axy$

(2) 비대칭단면 : $I_{XY(도심)} \neq 0$ $\quad\therefore\ I_{xy} = \int_A x\,y\,dA$

3 단위

cm^4, m^4 (차원 : $[L^4]$)으로 길이의 4승과 같은 단위를 갖는다.

4 부호

좌표축의 위치에 따라 (+), (−)부호를 갖는다.

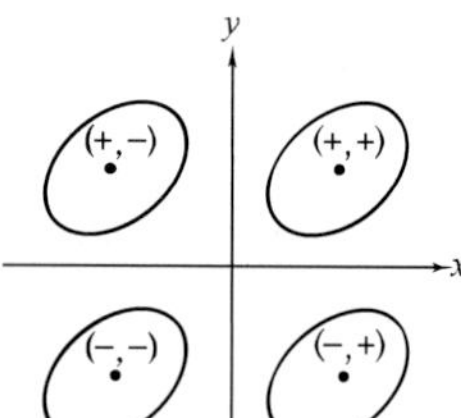

도형의 위치	1상한	2상한	3상한	4상한
I_{xy}의 부호	$I_{xy} > 0$	$I_{xy} < 0$	$I_{xy} > 0$	$I_{xy} < 0$

■ 보충설명

단면의 성질에서 (−)값을 가질 수 있는 것 (=단면의 성질에서 0이 될 수 있는 것)
① 단면 1차 모멘트(➡도심을 지날 때 0이다.)
② 단면 상승 모멘트(➡주축을 지날 때 0이다.)

5 특징

(1) 대칭축에 대한 단면 상승 모멘트는 항상 0이다.
(2) 대칭단면에서 도심축에 대한 단면 상승 모멘트는 0이다. (단, 비대칭 단면에서 도심축 단면 상승 모멘트는 0이 아니다.)
(3) 단면 상승 모멘트가 0이 되는 축을 주축이라 하므로 대칭축은 주축이 된다. 그러나 주축이라 하여 반드시 대칭인 것은 아니다.
(4) 단면 상승 모멘트는 계산된 값이 음(−)이 나올 수 있다.
(5) 단면 상승 모멘트가 0인 두 축은 서로 직교한다.

6 적용

단면의 주축 결정 및 주단면 2차 모멘트 계산에 적용한다.

(1) 주축의 방향 : $\tan 2\theta_p = -\dfrac{2I_{xy}}{I_x - I_y}$

(2) 주단면2차모멘트 : $I_{\frac{1}{2}} = \dfrac{I_x + I_y}{2} \pm \sqrt{\left(\dfrac{I_x - I_y}{2}\right)^2 + I_{xy}^2}$

■ 보충설명

• 도심축 단면 상승 모멘트
① 대칭단면 : $I_{xy(\text{도심})} = 0$
② 비대칭단면 : $I_{xy(\text{도심})} \neq 0$

• 대칭축 단면 상승 모멘트
대칭축에 대한 단면상승 모멘트는 항상 0이다.
$I_{xy(\text{대칭})} = 0$(항상)

7 여러 도형의 단면 상승 모멘트

(1) 비대칭 단면 : $I_{xy} = \int_A x\,y\,dA$

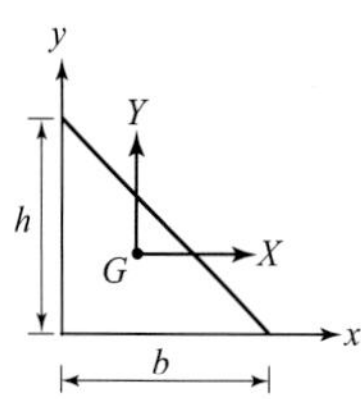

- $I_{xy} = \dfrac{b^2h^2}{24}$
- $I_{XY} = -\dfrac{b^2h^2}{72}$

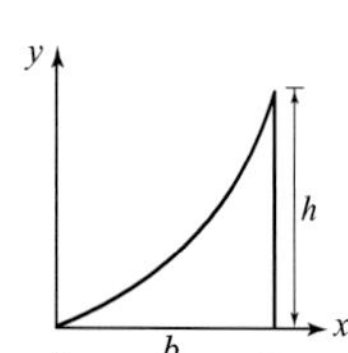

- $I_{xy} = \dfrac{b^2h^2}{12}$

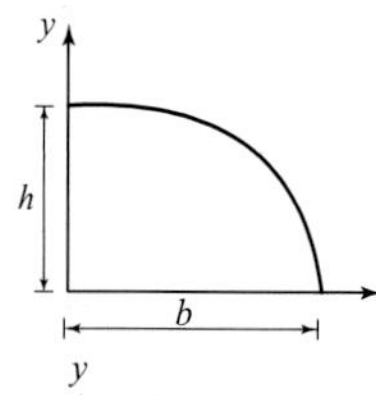

- $I_{xy} = \dfrac{b^2h^2}{12}$

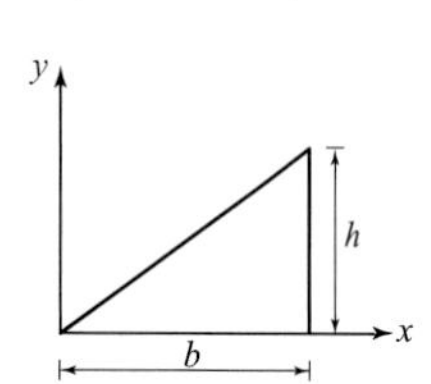

- $I_{xy} = \dfrac{b^2h^2}{8}$

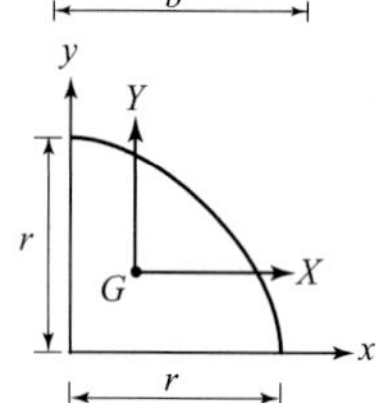

- $I_{xy} = \dfrac{r^4}{8}$

■ **보충설명** : 비대칭 단면의 단면 상승 모멘트의 부호

$I_{xy} = \dfrac{b^2h^2}{24}$

$I_{XY} = -\dfrac{b^2h^2}{72}$

$I_{xy} = \dfrac{r^4}{8}$

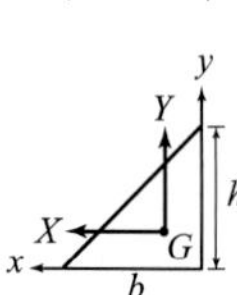

$I_{xy} = -\dfrac{b^2h^2}{24}$

$I_{XY} = \dfrac{b^2h^2}{72}$

$I_{xy} = -\dfrac{r^4}{8}$

(2) 대칭 단면 : $I_{xy} = A\,x\,y$

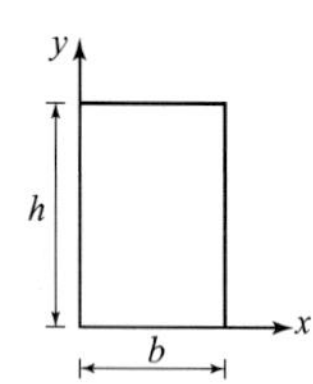

- $I_{xy} = \dfrac{b^2h^2}{4}$

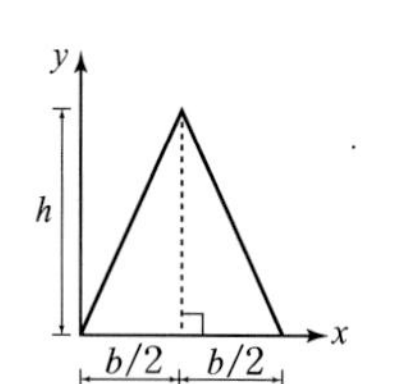

- $I_{xy} = \dfrac{b^2h^2}{12}$

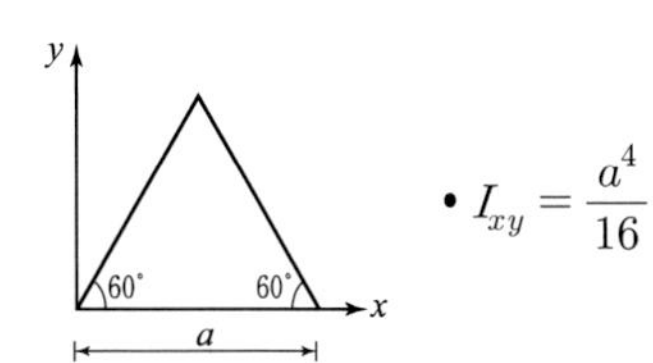

- $I_{xy} = \frac{a^4}{16}$

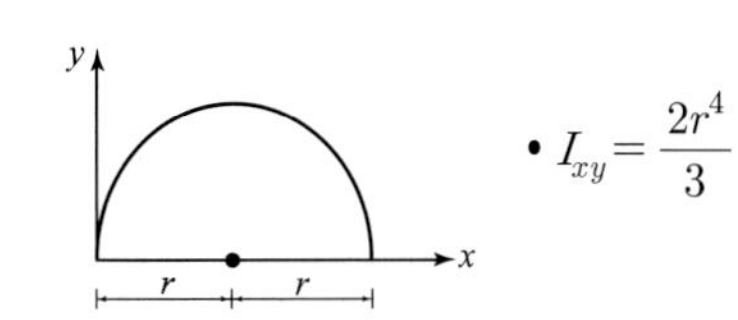

- $I_{xy} = \frac{2r^4}{3}$

- 여러 축에 대한 단면상승모멘트의 계산

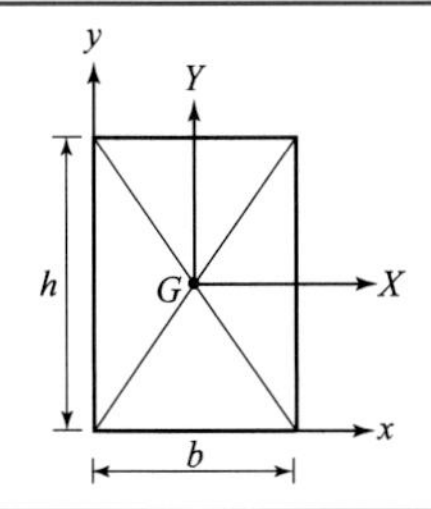	㉮ 도심축 : $I_{XY}=0$ ㉯ xy축 : $I_{xy}=bh\left(\frac{b}{2}\right)\left(\frac{h}{2}\right)=\frac{b^2h^2}{4}$ ㉰ Xy축 : $I_{Xy}=bh\left(\frac{h}{2}\right)(0)=0$ ㉱ xY축 : $I_{xY}=bh(0)\left(\frac{h}{2}\right)=0$
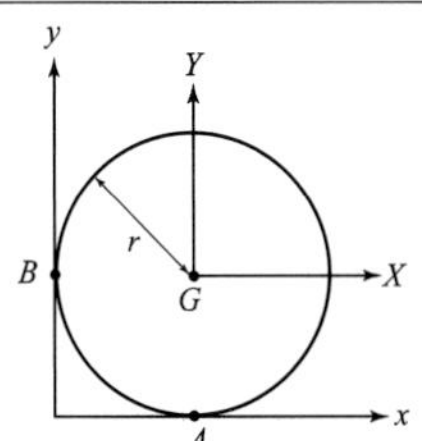	㉮ 원의 중심 : $I_{XY}=0$ ㉯ xy축 : $I_{xy}=\pi r^2(r)(r)=\pi r^4$ ㉰ A점 : $I_{xY}=\pi r^2(0)(r)=0$ ㉱ B점 : $I_{Xy}=\pi r^2(r)(0)=0$

※ 두 축 중에서 한 축이라도 대칭축을 지나면 단면상승모멘트는 0이 된다.

■ 보충설명 : 대칭단면의 단면 상승 모멘트

도심을 지나는 두 축 중에서 한 축이라도 대칭축을 가지면 단면 상승모멘트는 반드시 0이 된다.

(3) 중첩을 이용한 단면상승모멘트

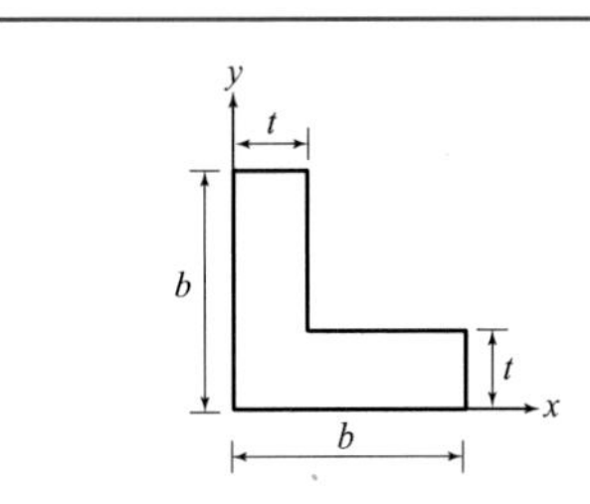	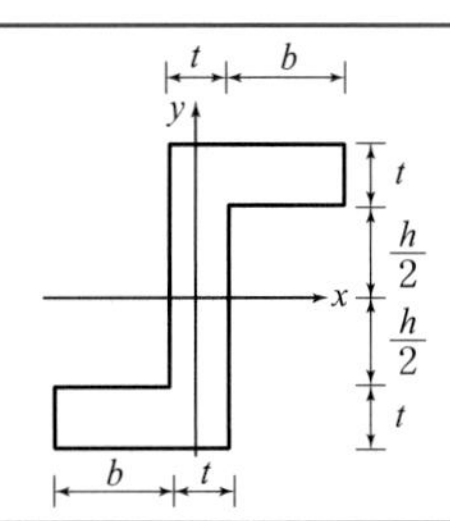
$I_{xy}=\frac{b^2t^2}{4}(2)-\frac{t^4}{4}=\frac{t^2}{4}(2b^2-t^2)$	$I_{xy}=bt\left(\frac{b+t}{2}\right)\left(\frac{h+t}{2}\right)\times 2=\frac{bt}{2}(b+t)(h+t)$

2.6 단면 2차 모멘트

1 정의

미소 면적에 도심거리의 2승의 곱을 전단면에 대해 적분한 것으로 면적관성모멘트라고도 한다.

$$I_x = \int_A y^2\, dA$$
$$I_y = \int_A x^2\, dA$$

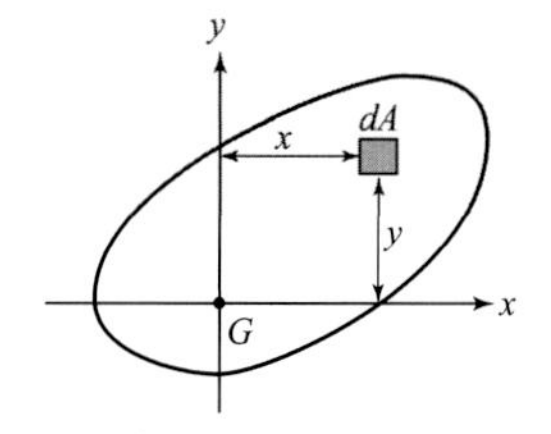

- 기본도형의 단면2차 모멘트

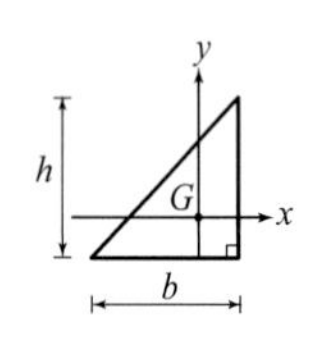	$I_x = \dfrac{bh^3}{36} = \dfrac{Ah^2}{18}$ $I_y = \dfrac{hb^3}{36} = \dfrac{Ab^2}{18}$
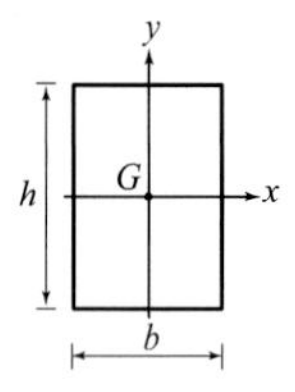	$I_x = \dfrac{bh^3}{12} = \dfrac{Ah^2}{12}$ $I_y = \dfrac{hb^3}{12} = \dfrac{Ab^2}{12}$
y, G, x, D	$I_x = I_y = \dfrac{\pi d^4}{64} = \dfrac{Ad^2}{16}$

2 평행축의 정리

$$I_{임의축} = I_{도심} + Ay^2$$

여기서, y : 곱하는 단면적의 도심좌표

기본도형	단면2차 모멘트
h, b	• $I = \frac{bh^3}{36}$ • $I_{밑변} = \frac{bh^3}{36} + \frac{bh}{2} \times \left(\frac{h}{3}\right)^2 = \frac{bh^3}{12} = 3I$ • $I_{꼭지점} = \frac{bh^3}{36} + \frac{bh}{2} \times \left(\frac{2}{3}h\right)^2 = \frac{bh^3}{4} = 9I$
b, h / b, h	• $I = \frac{bh^3}{12}$ • $I_{밑변} = \frac{bh^3}{12} + bh \times \left(\frac{h}{2}\right)^2 = \frac{bh^3}{3} = 4I$
D	• $I = \frac{\pi D^4}{64}$ • $I_{접선축} = \frac{\pi D^4}{64} + \frac{\pi D^2}{4}\left(\frac{D}{2}\right)^2 = \frac{5\pi D^4}{64} = 5I$

• 평행축 정리의 응용

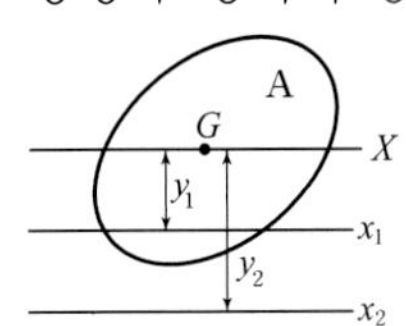

$I_{x1} = I_X + Ay_1^2$, $I_{x2} = I_X + Ay_2^2$에서

$I_{x_2} - I_{x_1} = A(y_2^2 - y_1^2)$

$$\therefore \Delta I = \Delta A y^2$$

➡ 단면2차모멘트의 차이는 Ay^2의 차이와 같다.

핵심예제 2-9 [08 국가직 9급]

다음 그림과 같이 단면적이 200cm²인 임의의 도형이 있다. 도형의 도심에서 10cm만큼 떨어진 X_1축에서의 단면2차모멘트가 X_1 =25,000cm⁴일 때, 20cm만큼 떨어진 X_2축에서의 단면2차모멘트[cm⁴]는?

① 45,000
② 65,000
③ 85,000
④ 105,000

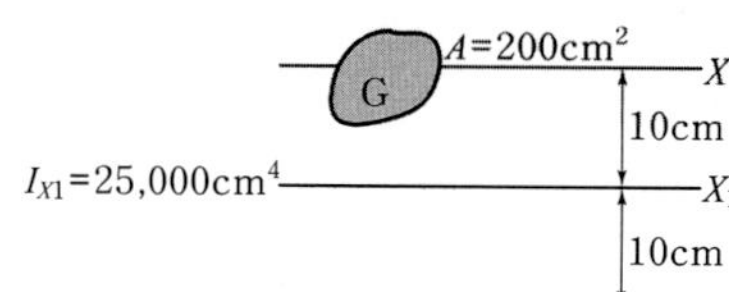

| 해설 | $I_{X_2} = I_X + A{y_2}^2$ ··· ①

$I_{X_1} = I_X + A{y_1}^2$ ··· ②

① - ②에서 $I_{X_2} - I_{X_1} = A(y_2^2 - y_1^2)$

$I_{X_2} - I_{X_1} = 200(20^2 - 10)^2$

$\therefore I_{X_2} = I_{X_1} + 200(20^2 - 10)^2 = 25,000 + 80,000 - 20,000 = 85,000\,\text{cm}^4$

답 : ③

핵심예제 2-10 [14 지방직 9급]

다음과 같은 원형 단면에서 임의의 축 x에 대한 단면2차모멘트가 도심축 X에 대한 단면2차모멘트의 2배가 되기 위한 거리(y)는?

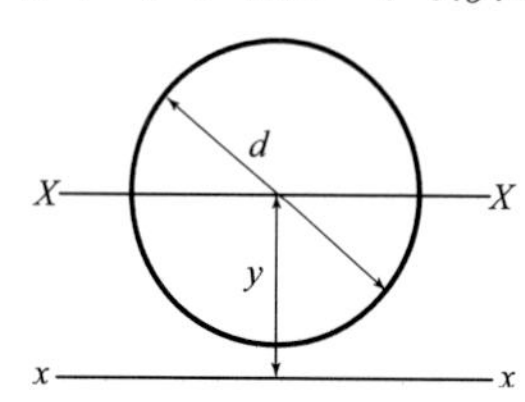

① $\dfrac{d}{2}$
② $\dfrac{d}{3}$
③ $\dfrac{d}{4}$
④ $\dfrac{d}{8}$

| 해설 | 평행축 정리를 적용하면 $I_x = I_X + Ay^2 = 2I_X$에서

$y^2 = \dfrac{I_X}{A} = \dfrac{Ad^2}{16A} = \dfrac{d^2}{16} \quad \therefore\ y = \dfrac{d}{4}$

답 : ③

■ **보충설명** : 중첩을 이용한 단면2차모멘트의 계산

사각형의 대각선축	사다리형의 밑변
$I_x = \dfrac{b^3h^3}{6(b^2+h^2)}$	$I_x = \dfrac{h^3}{12}(3a+b)$

3 단위

cm^4, m^4(차원 : $[L^4]$)으로 길이의 4승과 같은 단위를 갖는다.

4 부호

항상 (+) 부호를 갖는다.

➡ 좌표가 (-)라 하더라도 제곱을 하므로 항상 (+)가 된다.

5 특징

(1) 서로 평행한 축 중에서 도심축에 대한 단면 2차 모멘트가 최소이다. 그러나 0은 아니다.

(2) 정다각형 및 원형단면에서 도심축 단면 2차 모멘트는 축의 회전에 관계없이 항상 일정한 값을 갖는다.

정사각형	정삼각형	정육각형	원형
$I = \dfrac{a^4}{12}$	$I = \dfrac{\sqrt{3}a^4}{96}$	$I = \dfrac{5\sqrt{3}a^4}{16}$	$I = \dfrac{\pi D^4}{64}$

(3) 면적이 같은 경우 단면이 도심에서 멀리 분포할수록 단면2차모멘트가 크다.

① 면적이 같은 경우 중공단면의 단면2차모멘트가 중실 단면의 단면2차모멘트보다 크다.

② 면적이 같은 경우 단면이 중심에서 멀리 분포할수록 단면2차모멘트가 크다.

∴ $I_{원형} < I_{육각형} < I_{사각형} < I_{삼각형} < I_{I형}$

핵심예제 2-11 [15 지방직 9급]

다음과 같은 원형, 정사각형, 정삼각형이 있다. 각 단면의 면적이 같을 경우 도심에서의 단면2차모멘트(I_x)가 큰 순서대로 바르게 나열한 것은?

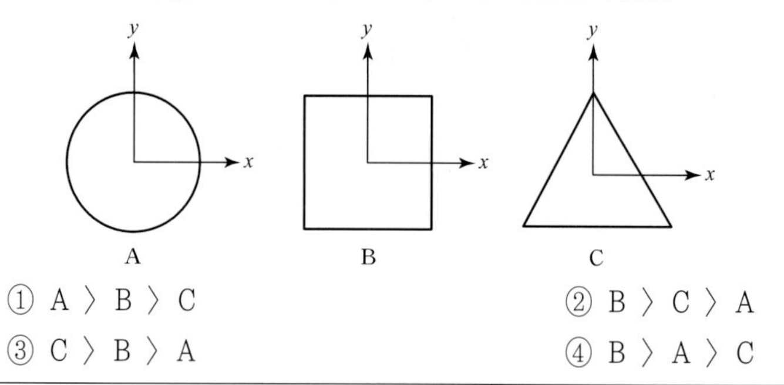

① A 〉 B 〉 C ② B 〉 C 〉 A
③ C 〉 B 〉 A ④ B 〉 A 〉 C

| 해설 | 면적이 같은 경우 단면2차모멘트의 크기 : 원형 〈 육각형 〈 사각형 〈 삼각형 〈 I형

답 : ③

■ 보충설명 : 단면2차 모멘트가 갖는 의미

단면2차모멘트는 구조물의 안정성을 표시하는 지표로서 사각형 단면에서 높이가 2배로 증가하면 구조적인 안정성이 8배로 증가하게 된다.

① 처짐비 또는 처짐각의 비 : 중립축 단면2차 모멘트에 반비례 ➡ y 또는 $\theta \propto \frac{1}{I}$

② 좌굴하중의 비 : 최소 단면2차 모멘트에 비례(또는 중립축 단면2차 모멘트에 비례) ➡ $P_{cr} \propto I_{\min}$

핵심예제 2-12 [07 국가직 9급]

단면의 성질에 관한 설명으로 옳지 않은 것은?

① 단면2차모멘트는 항상 양(+)의 값이다.
② 동일 단면적의 도심축에 대한 단면2차모멘트는 정삼각형이 정사각형보다 크다.
③ 대칭축은 항상 주축이다. 그러나 주축이 항상 대칭축인 것은 아니다.
④ 단면1차모멘트는 그 단면의 도심축에 대한 값이 최대이다.

| 해설 | 도심축에 대한 단면 1차 모멘트는 0이므로 도심에서 단면 1차 모멘트는 최소이다.

답 : ④

6 적용

모든 부재의 설계에 적용한다.

(1) 극관성 모멘트 : $I_p = I_x + I_y = I_{x'} + I_{y'} = I_1 + I_2$

(2) 단면계수 : $Z = \dfrac{I}{y_{\text{연단}}}$

(3) 회전반경 : $r = \sqrt{\dfrac{I}{A}}$

(4) 주축의 방향 : $\tan 2\theta_p = -\dfrac{2I_{xy}}{I_x - I_y}$

(5) 주단면2차모멘트 : $I_{\frac{1}{2}} = \dfrac{I_x + I_y}{2} \pm \sqrt{\left(\dfrac{I_x - I_y}{2}\right)^2 + I_{xy}^2}$

(6) 휨응력 : $\sigma = \dfrac{M}{I}y$

(7) 휨-전단응력 : $\tau = \dfrac{VQ}{Ib}$

(8) 좌굴하중 : $P_{cr} = \dfrac{\pi^2 EI}{L_k^2}$

(9) 구조물의 변위 : $\theta = \dfrac{cML}{EI}$, $\delta = \dfrac{cML^2}{EI}$ 여기서, c : 상수

(11) 구조물의 변형에너지 : $U = \dfrac{\text{힘}^2 L}{2\text{배강성}}$ 여기서, 강성 : EA, GA, EI, GJ

(10) 구조물의 진동

- 진동주기 $T = 2\pi\sqrt{\dfrac{M}{K}}$
- 진동수 $f = \dfrac{1}{T}$
- 고유진동수(각속도) $w = \dfrac{2\pi}{T} = 2\pi f$

여기서, K : 강성도(스프링상수)

7 주의할 단면 2차 모멘트(삼각형)

(직각삼각형: h, b, G, x, y)	(이등변삼각형: h, b, G, x, y)	(정삼각형: a, G, x, y)	일반삼각형
$I_x = \dfrac{bh^3}{36}$ $I_y = \dfrac{hb^3}{36}$	$I_x = \dfrac{bh^3}{36}$ $I_y = \dfrac{hb^3}{48}$	$I_x = I_y = \dfrac{\sqrt{3}\,a^4}{96}$	$I_x = \dfrac{bh^3}{36}$ I_y : 평행축정리 이용

8 기타 도형의 단면 2차 모멘트

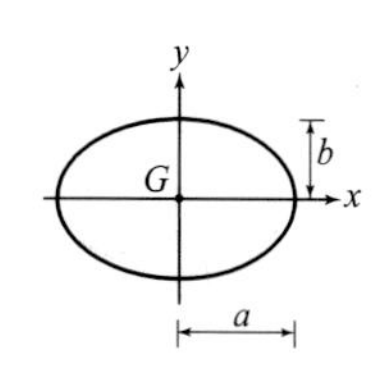	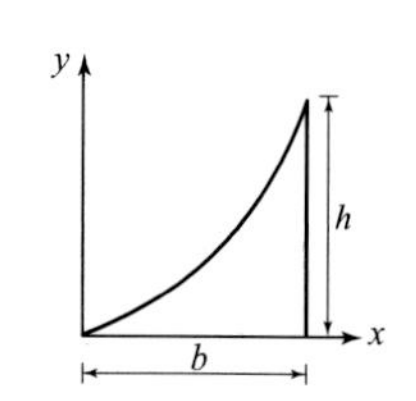	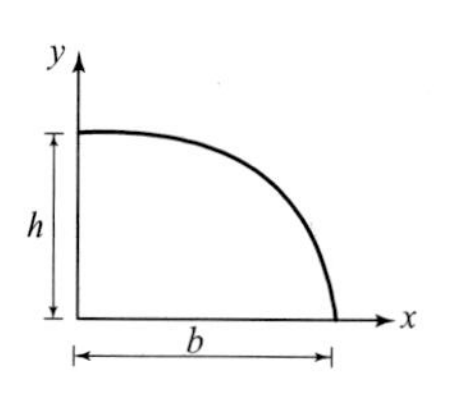
$I_x = \dfrac{\pi ab^3}{4}$ $I_y = \dfrac{\pi a^3 b}{4}$	$I_x = \dfrac{bh^3}{21}$ $I_y = \dfrac{hb^3}{5}$	$I_x = \dfrac{16bh^3}{105}$ $I_y = \dfrac{2hb^3}{15}$
n차 포물선의 단면2차 모멘트 및 단면상승 모멘트 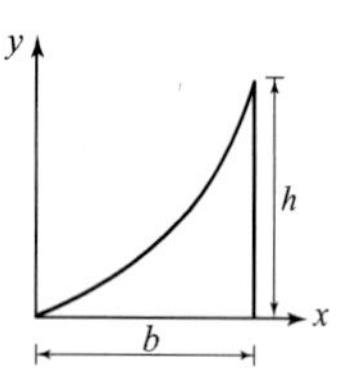	$I_x = \dfrac{1}{3(3n+1)}bh^3$ $I_y = \dfrac{1}{n+3}hb^3$ $I_{xy} = \dfrac{1}{4(n+1)}b^2h^2$	

9 중공단면의 단면 2차 모멘트

기본도형의 단면2차 모멘트를 이용하여 중첩으로 계산한다.

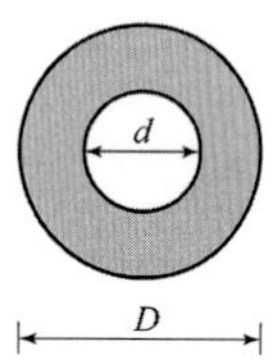	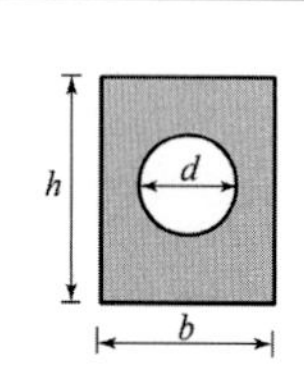	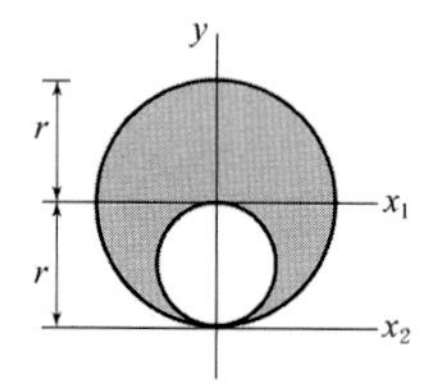
$I = \dfrac{\pi D^4}{64} - \dfrac{\pi d^4}{64}$	$I = \dfrac{bh^3}{12} - \dfrac{\pi d^4}{64}$	$I_{x1} = \dfrac{11}{64}\pi r^4,\ I_{x2} = \dfrac{75}{64}\pi r^4$ $I_y = \dfrac{15}{64}\pi r^4$
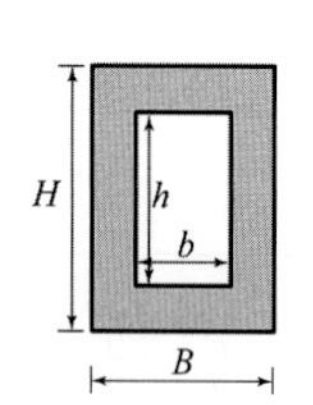 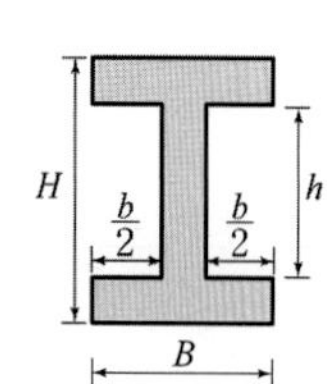 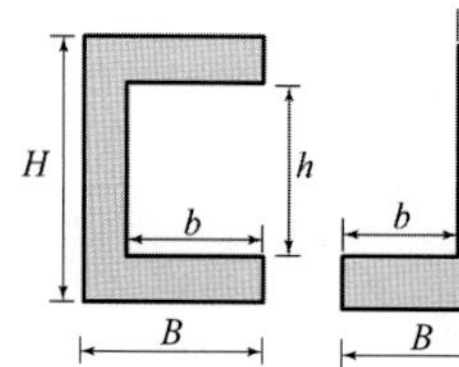	$I = I_{전체} - I_{안쪽}$ $= \dfrac{BH^3}{12} - \dfrac{bh^3}{12}$	

핵심예제 2-13 [13 국가직 9급]

그림과 같은 도형의 x축에 대한 단면2차모멘트는?

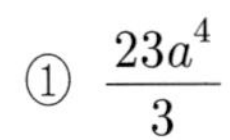

① $\dfrac{23a^4}{3}$

② $\dfrac{25a^4}{3}$

③ $\dfrac{23a^4}{12}$

④ $\dfrac{25a^4}{12}$

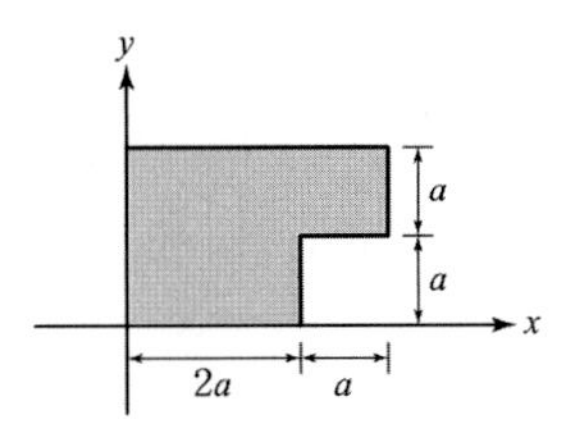

| 해설 | 중첩을 적용하면

$$I_x = \Sigma \frac{bh^3}{3}$$

$$= \frac{3a(2a)^3}{3} - \frac{a(a^3)}{3} = \frac{23a^4}{3}$$

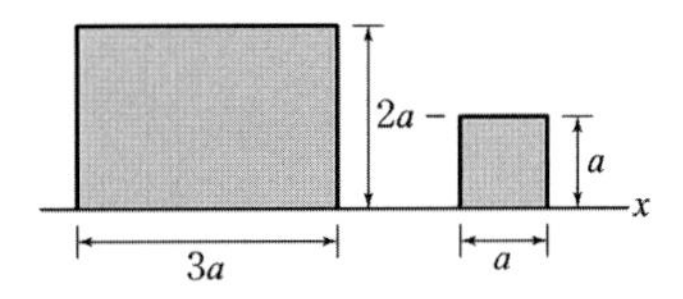

답 : ①

10 전체 도형의 단면2차모멘트 비를 이용한 계산

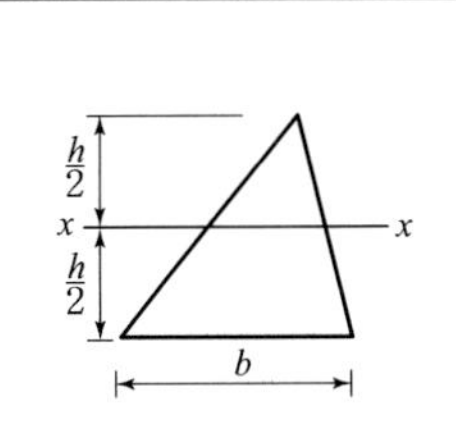	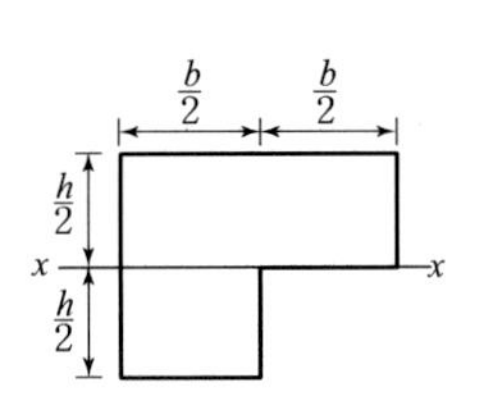	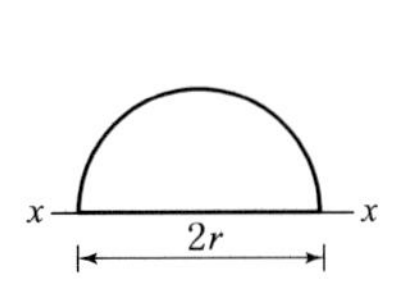	
$I_x = \dfrac{bh^3}{12}\left(\dfrac{1}{2}\right) = \dfrac{bh^3}{12}$	$I_x = \dfrac{bh^3}{12}\left(\dfrac{3}{4}\right) = \dfrac{bh^3}{16}$	$I_x = \dfrac{\pi r^4}{4}\left(\dfrac{1}{2}\right) = \dfrac{\pi r^4}{8}$	$I_x = \dfrac{\pi r^4}{4}\left(\dfrac{1}{4}\right) = \dfrac{\pi r^4}{16}$

2.7 단면 극2차 모멘트(극관성 모멘트, 극단면 2차 모멘트)

1 정의

미소면적에 극거리의 2승의 곱을 전단면에 대해 적분한 것을 단면 2차 극모멘트라 한다.

$$I_p = \int_A \rho^2\,dA = \int_A (x^2+y^2)dA = I_x + I_y$$

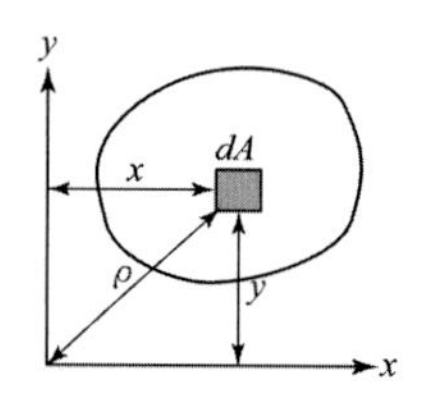

● 기본도형의 극관성모멘트

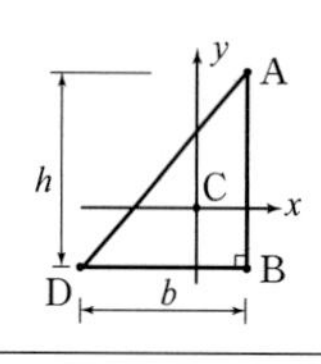	$I_{p(A)} = 9I_x + 9I_y$ $I_{p(B)} = 3I_x + 3I_y$ $I_{p(C)} = I_x + I_y$ $I_{p(D)} = 3I_x + 9I_y$
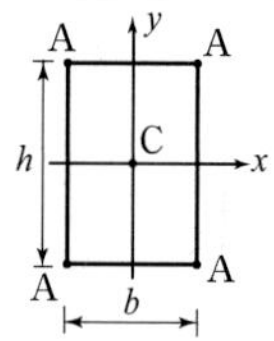	$I_{p(A)} = 4I_x + 4I_y$ $I_{p(C)} = I_x + I_y$
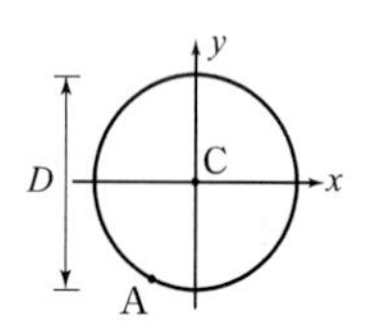	$I_{p(A)} = 5I + I = 6I$ $I_{p(C)} = I + I = 2I$

핵심예제 2-14 [08 국가직 7급]

어떤 평면도형의 점 O에 대한 극관성모멘트(또는 단면 2차 극모멘트)가 1,600cm⁴이다, 점 O를 지나는 X축에 대한 단면 2차 모멘트가 1,024cm⁴이면 X축과 직교하는 Y축에 대한 단면 2차 모멘트[cm⁴]는?

① 288 ② 576

③ 1,312 ④ 2,624

| **해설** | $I_p = I_x + I_y$ 에서

$I_y = I_p - I_x = 1{,}600 - 1{,}024 = 576\,\text{cm}^4$

답 : ②

2 평행축 정리

단면2차모멘트의 평행축 정리를 이용하여 정리하면

$I_{p(임의축)} = I_{x(임의축)} + I_{y(임의축)} = I_{X(도심축)} + Ay^2 + I_{Y(도심축)} + Ax^2$

$= I_{X(도심축)} + I_{Y(도심축)} + A(x^2 + y^2)$ 에서

$I_{p(도심축)} = I_{X(도심축)} + I_{Y(도심축)}$ 이므로

$$I_{p(임의축)} = I_{p(도심)} + A(x^2 + y^2)$$

3 단위

cm⁴, m⁴ (차원 : [L⁴])으로 길이의 4승과 같은 단위를 갖는다.

4 부호

항상(+)부호를 갖는다.

5 특징

(1) 극관성 모멘트는 축의 회전에 관계없이 두 직교축에 대한 단면 2차 모멘트의 합으로 일정한 값을 갖는다. 그러므로 극관성 모멘트는 항상 두 직교축의 단면 2차 모멘트의 합과 같다.

$$\therefore\ I_p = I_x + I_y = I_u + I_v$$

여기서 , x, y 와 u, v 는 서로 직교한다.

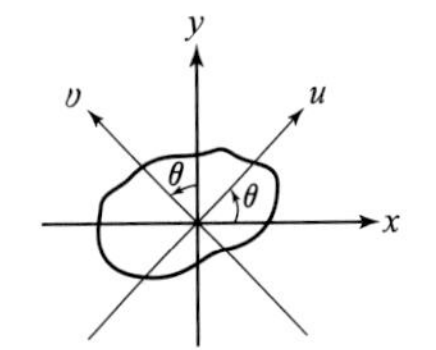

(2) 극관성 모멘트가 클수록 원형봉의 비틀림 저항성이 크다.

6 적용

원형봉의 비틀림 부재 설계에서 적용한다.

7 주의할 극관성모멘트(삼각형)

직각삼각형 (A, B, C, D / h, b)	이등변삼각형 (A, B, C / h, b)	정삼각형 (A, C / a)
$I_{p(A)} = 9I_x + 3I_y$ $I_{p(B)} = 3I_x + 3I_y$ $I_{p(C)} = I_x + I_y$ $I_{p(D)} = 3I_x + 9I_y$	$I_{p(A)} = 9I_x + I_y$ $I_{p(B)} = 3I_x + 7I_y$ $I_{p(C)} = I_x + I_y$	$I_{p(A)} = 9I + I$ $I_{p(C)} = I + I = 2I$
$I_x = \dfrac{bh^3}{36}$, $I_y = \dfrac{hb^3}{36}$	$I_x = \dfrac{bh^3}{36}$, $I_y = \dfrac{hb^3}{48}$	$I_x = I_y = I = \dfrac{\sqrt{3}\,a^4}{96}$

2.8 단면계수

1 정의

중립축 단면2차모멘트를 중립축에서 연단까지의 수직거리로 나눈 값을 단면계수라 한다.

$$Z_x = \frac{I_x}{y} \qquad Z_y = \frac{I_y}{x}$$

여기서, I_x, I_y : 중립축에 대한 단면 2차 모멘트

x, y : 중립축에서 연단까지의 수직거리

※ 평행축정리가 없으므로 반드시 중립축에 대한 단면2차모멘트를 중립축에서 연단까지의 거리로 나누어 계산해야 한다.

- 기본도형의 단면계수

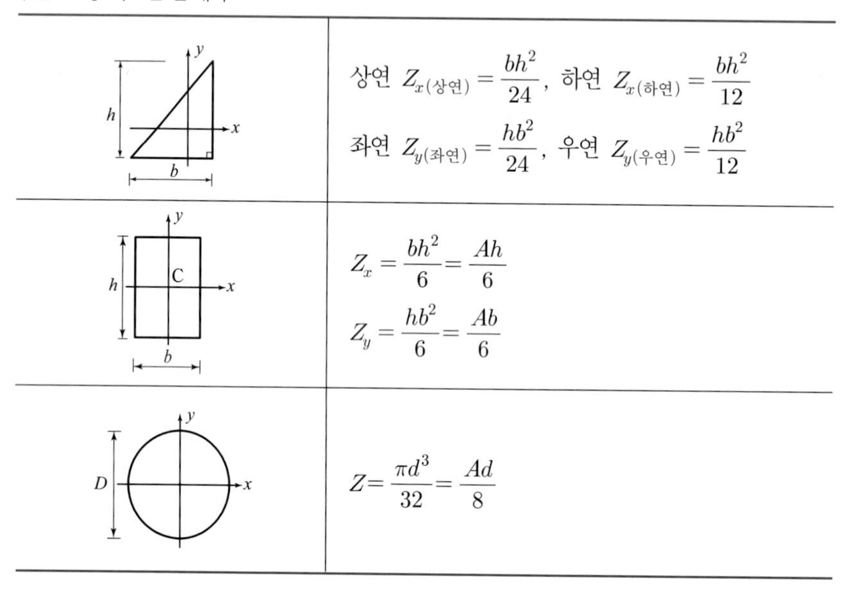

도형	단면계수
삼각형 (b, h)	상연 $Z_{x(상연)} = \frac{bh^2}{24}$, 하연 $Z_{x(하연)} = \frac{bh^2}{12}$ 좌연 $Z_{y(좌연)} = \frac{hb^2}{24}$, 우연 $Z_{y(우연)} = \frac{hb^2}{12}$
직사각형 (b, h, C)	$Z_x = \frac{bh^2}{6} = \frac{Ah}{6}$ $Z_y = \frac{hb^2}{6} = \frac{Ab}{6}$
원 (D)	$Z = \frac{\pi d^3}{32} = \frac{Ad}{8}$

핵심예제 2-15 [14 지방직 9급]

다음과 같이 정사각형단면(그림 1)과 원형단면(그림 2)의 면적이 동일한 경우, 정사각형단면의 단면계수(S_1)와 원형단면의 단면계수(S_2)의 비율(S_1/S_2)은?

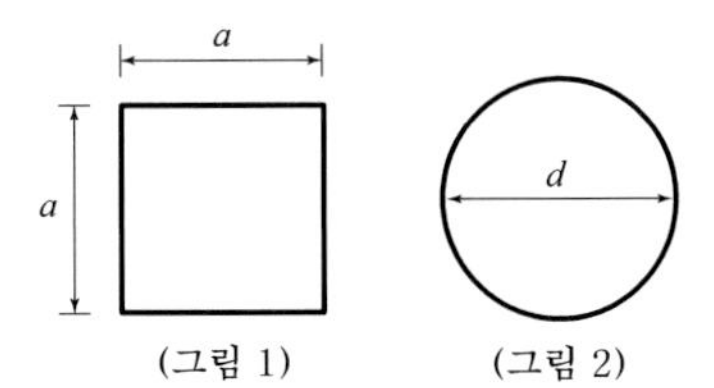

(그림 1) (그림 2)

① $\frac{2\sqrt{\pi}}{3}$
② $\frac{3}{4\sqrt{\pi}}$
③ $\frac{4\sqrt{\pi}}{3}$
④ $\frac{3\sqrt{\pi}}{2}$

| 해설 | 면적이 같으므로 $a^2 = \frac{\pi d^2}{4}$ 에서 $a = \frac{\sqrt{\pi}\,d}{2}$ 이므로

단면계수의 비 $\frac{S_1}{S_2} = \frac{\frac{Aa}{6}}{\frac{Ad}{8}} = \frac{4a}{3d} = \frac{4\left(\frac{\sqrt{\pi}\,d}{2}\right)}{3d} = \frac{2\sqrt{\pi}}{3}$

답 : ①

2 단위

cm³, m³(차원 : [L³])으로 길이의 3승과 같은 단위를 갖는다.

3 부호

항상(+)부호를 갖는다.

4 특징

(1) 대칭단면일 경우 : 단면계수는 1개

- 사각형 : $Z = \frac{(\text{폭})(\text{높이})^2}{6} = \frac{A(\text{높이})}{6}$
- 원형 : $Z = \frac{\pi D^3}{32} = \frac{AD}{8}$

(2) 비대칭단면일 경우 : 단면계수는 2개(이때, 둘 중 작은 값으로 설계한다.)

- 직각삼각형 : $Z_{\text{꼭짓점}} = \frac{(\text{폭})(\text{높이})^2}{24}$, $Z_{\text{밑변}} = \frac{(\text{폭})(\text{높이})^2}{12}$

(3) 단면계수가 클수록 휨에 대한 저항성이 크다. 따라서 휨강도는 단면계수에 비례한다.

(4) 합성단면의 경우는 전체 단면을 하나로 취급하나 일체로 되지 않은 경우는 각각의 단면계수를 산술적으로 합하여 계산한다.

■ 보충설명

- 단면계수가 갖는 의미

  단면계수는 휨모멘트에 저항하는 정도를 표시하므로 휨강도(M)의 비는 단면계수(Z)에 비례한다.
  그러나 최대휨응력은 단면계수에 반비례한다.

  휨강도비 $\propto Z$
  최대휨응력비 $\propto \dfrac{1}{Z}$

5 적용

휨부재 설계에서 적용한다.

6 주의할 단면계수

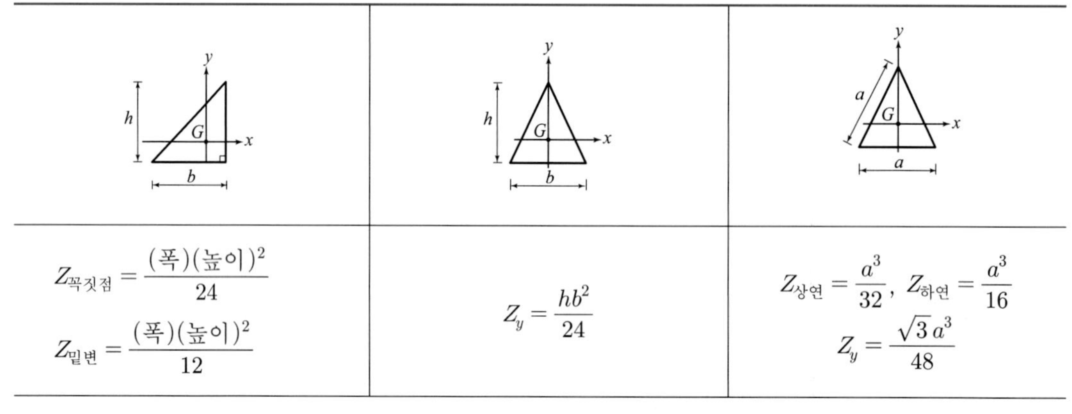

$Z_{꼭짓점} = \dfrac{(폭)(높이)^2}{24}$ $Z_{밑변} = \dfrac{(폭)(높이)^2}{12}$	$Z_y = \dfrac{hb^2}{24}$	$Z_{상연} = \dfrac{a^3}{32}$, $Z_{하연} = \dfrac{a^3}{16}$ $Z_y = \dfrac{\sqrt{3}\,a^3}{48}$

x축에 대한 단면계수는 모두 동일하다. $Z_{꼭짓점} = \dfrac{(폭)(높이)^2}{24}$, $Z_{밑변} = \dfrac{(폭)(높이)^2}{12}$

7 중공단면의 단면계수

먼저 중립축 단면2차 모멘트를 구한 다음 연단거리로 나누어 계산한다.

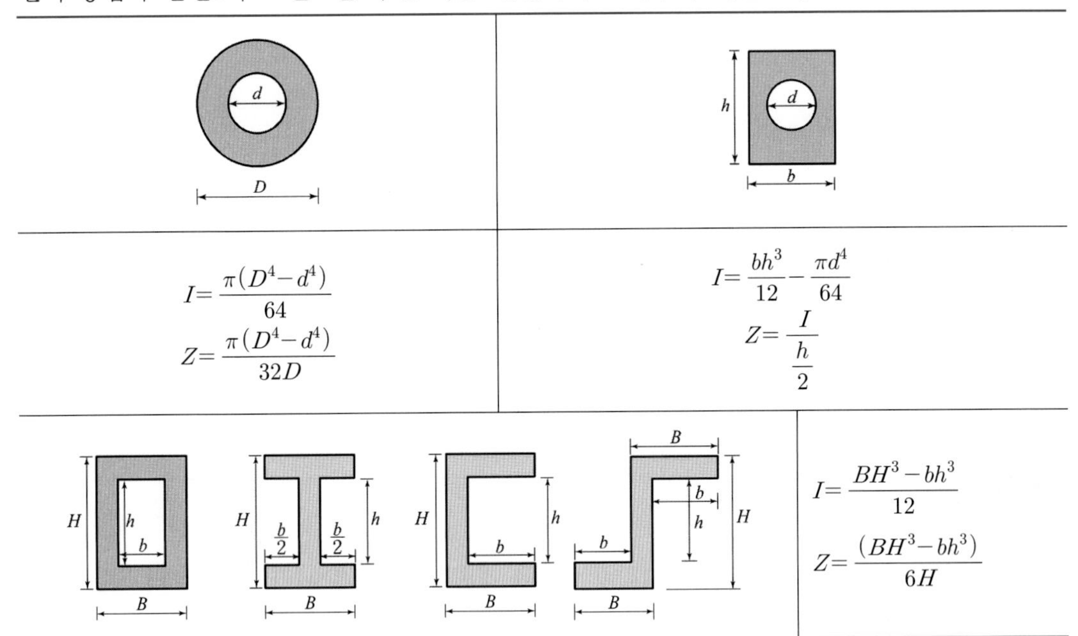

$I=\dfrac{\pi(D^4-d^4)}{64}$ $Z=\dfrac{\pi(D^4-d^4)}{32D}$	$I=\dfrac{bh^3}{12}-\dfrac{\pi d^4}{64}$ $Z=\dfrac{I}{\dfrac{h}{2}}$
(상자형, I형, ㄷ형, Z형 단면)	$I=\dfrac{BH^3-bh^3}{12}$ $Z=\dfrac{(BH^3-bh^3)}{6H}$

8 합성단면과 비합성 단면의 계산

(1) 사각형 단면

구분	일체로 되지 않은 경우	일체로 된 경우
단면2차모멘트	$\dfrac{bh^3}{12}\times 2=2I$	$\dfrac{b(2h)^3}{12}=8I$
	I의 비 = 1 : 4	
단면계수	$\dfrac{bh^3}{6}\times 2=2Z$	$\dfrac{b(2h)^3}{6}=4Z$
	Z의 비 = 1 : 2	

(2) 원형 단면

구분	일체로 되지 않은 경우	일체로 된 경우
구분	(반지름 : r)	(반지름 : r)
단면2차모멘트	$\frac{\pi r^4}{4} \times 3 = 3I$	$\frac{\pi r^4}{4} \times 11 = 11I$
	I의 비 = 3 : 11	

핵심예제 2-16 [13 서울시 9급]

그림과 같이 60mm×120mm의 직사각형 블록을 조합할 때 단면계수가 큰 것부터 작은 순서대로 차례로 나열한 것은?

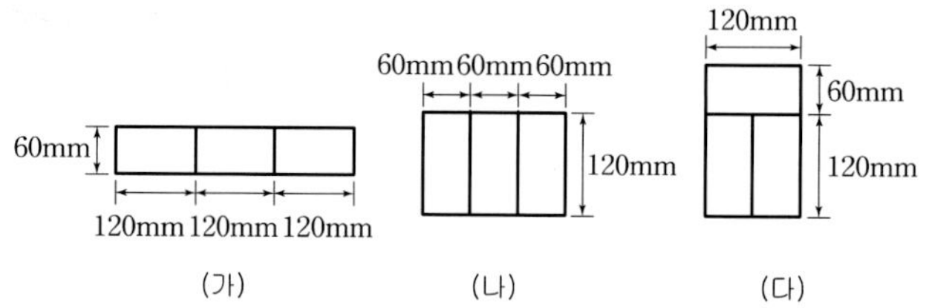

① (다) - (나) - (가)
② (다) - (가) - (나)
③ (나) - (다) - (가)
④ (나) - (가) - (다)
⑤ (가) - (나) - (다)

| 해설 | 단면적이 모두 같으므로 $Z = \frac{bh^2}{6} = \frac{Ah}{6}$ 에서 높이 h 에 비례한다.

따라서 높이가 가장 많이 증가하는 (다)가 최대이고, 높이가 가장 작은 (가)가 최소가 된다.
만약 단면계수의 비를 구한다면 (가) : (나) : (다) = 6 : 12 : 18 = 1 : 2 : 3이 된다.

답 : ①

9 단면계수 및 단면2차 모멘트 최대 조건

구분	직사각형 단면 $b+h=c$(일정)	삼각형을 사각형으로 제재	원형을 사각형으로 제재 $b+h=D$(일정)
도형			
단면2차모멘트 최대 조건	$b:h:c=1:3:4$ $b=\frac{1}{4}c$ / $h=\frac{3}{4}c$	$x=\frac{1}{4}b$ $y=\frac{3}{4}h$	$b:h:D=1:\sqrt{3}:2$ $b=\frac{1}{2}D$ / $h=\frac{\sqrt{3}}{2}D$
단면계수 최대 조건	$b:h:c=1:2:3$ $b=\frac{1}{3}c$ / $h=\frac{2}{3}c$	$x=\frac{1}{3}b$ $y=\frac{2}{3}h$	$b:h:c=1:\sqrt{2}:\sqrt{3}$ $b=\frac{1}{\sqrt{3}}D$ / $h=\frac{\sqrt{2}}{\sqrt{3}}D$
특징	가장 큰 값에 단위의 지수, 그 다음 값에 하나 줄인 값, 최솟값에 1을 쓴 것과 같다.(작은 두 값을 더하여 최댓값이 나오게 한다.)		피타고라스의 정리에 의해 평방근의 관계로 수정한다.

핵심예제 2-17 [11 국가직 9급]

전체 둘레 길이가 같은 직사각형과 정사각형이 있다. 이 단면들 중에서 도심축에 대한 단면계수가 최대가 되는 폭 b와 높이 h의 비는?

① 1 : 1　② 2 : 3
③ 1 : 2　④ 1 : 3

| 해설 | 문제에서 주어진 조건에 의하면 둘레길이가 일정하므로 $2(b+h)=c$라면 $b+h=\frac{c}{2}$가 된다.

$$Z=\frac{bh^2}{6}=\frac{h^2\left(\frac{c}{2}-h\right)}{6}=\frac{1}{6}\left(\frac{ch^2}{2}-h^3\right)$$

$\frac{dZ}{dh}=\frac{1}{6}(ch-3h^2)=0$에서 $h=\frac{c}{3}$, $b=\frac{c}{6}$

$\therefore\ b:h=\frac{c}{6}:\frac{c}{3}=1:2$

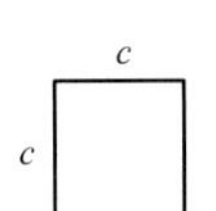

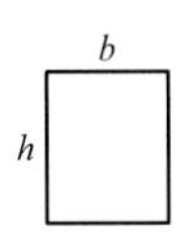

답 : ③

2.9 회전 반경(회전 반지름, 단면2차 반경)

1 정의

단면 2차 모멘트를 단면적으로 나눈 평방근을 회전 반경이라 한다.

$$r_x = \sqrt{\frac{I_x}{A}} \qquad r_y = \sqrt{\frac{I_y}{A}}$$

• 기본도형의 회전반경

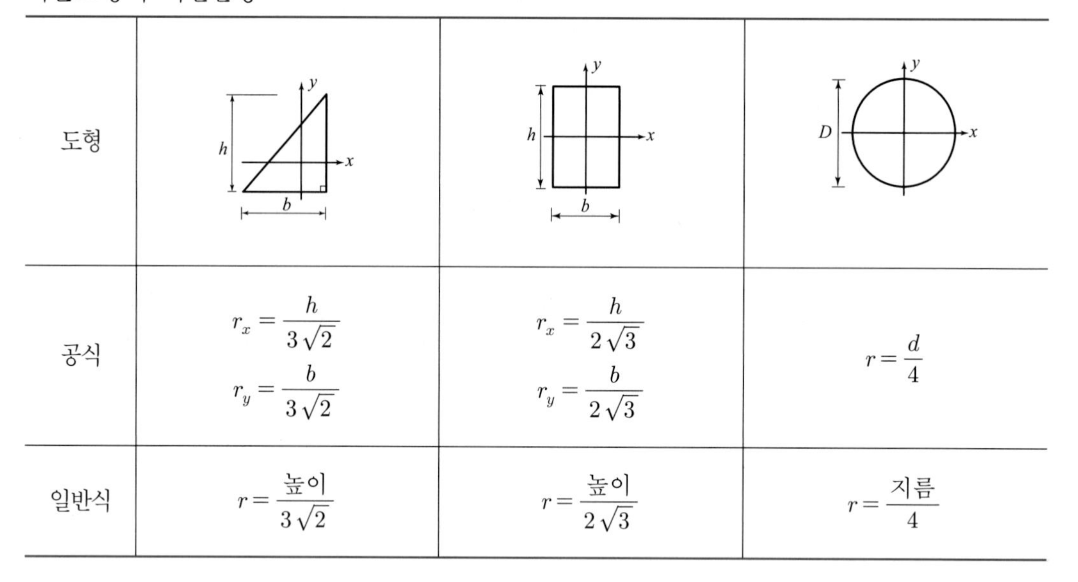

도형	h, b, x, y	h, b, x, y	D, x, y
공식	$r_x = \frac{h}{3\sqrt{2}}$ $r_y = \frac{b}{3\sqrt{2}}$	$r_x = \frac{h}{2\sqrt{3}}$ $r_y = \frac{b}{2\sqrt{3}}$	$r = \frac{d}{4}$
일반식	$r = \frac{\text{높이}}{3\sqrt{2}}$	$r = \frac{\text{높이}}{2\sqrt{3}}$	$r = \frac{\text{지름}}{4}$

• 주의할 회전반경(삼각형)

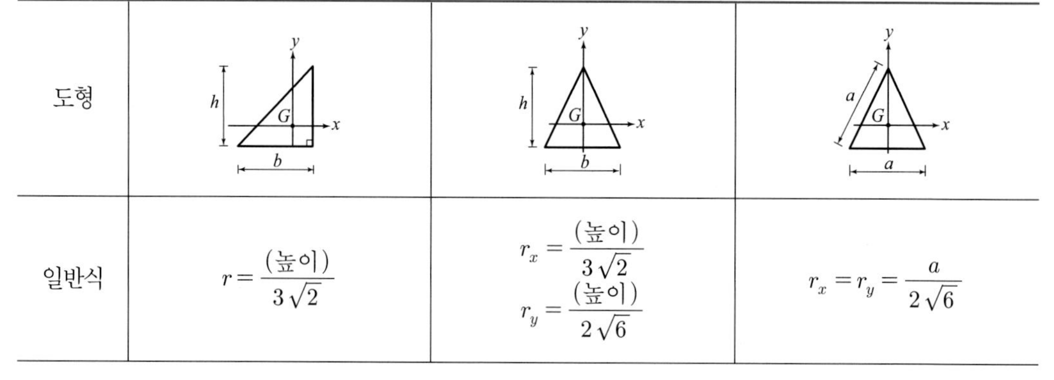

도형	h, b, G, x, y	h, b, G, x, y	a, G, x, y
일반식	$r = \frac{(\text{높이})}{3\sqrt{2}}$	$r_x = \frac{(\text{높이})}{3\sqrt{2}}$ $r_y = \frac{(\text{높이})}{2\sqrt{6}}$	$r_x = r_y = \frac{a}{2\sqrt{6}}$

x축에 대한 회전반경은 모두 동일하다. $r = \frac{(\text{높이})}{3\sqrt{2}}$

2 평행축 정리

단면2차 모멘트의 평행축 정리를 이용하여 정리하면

$$r_{임의축} = \sqrt{\frac{I_{임의축}}{A}} = \sqrt{{r_{도심}}^2 + y^2}$$

여기서, y : 도심을 원점으로 하는 임의점의 좌표

- 여러 도형의 회전반경

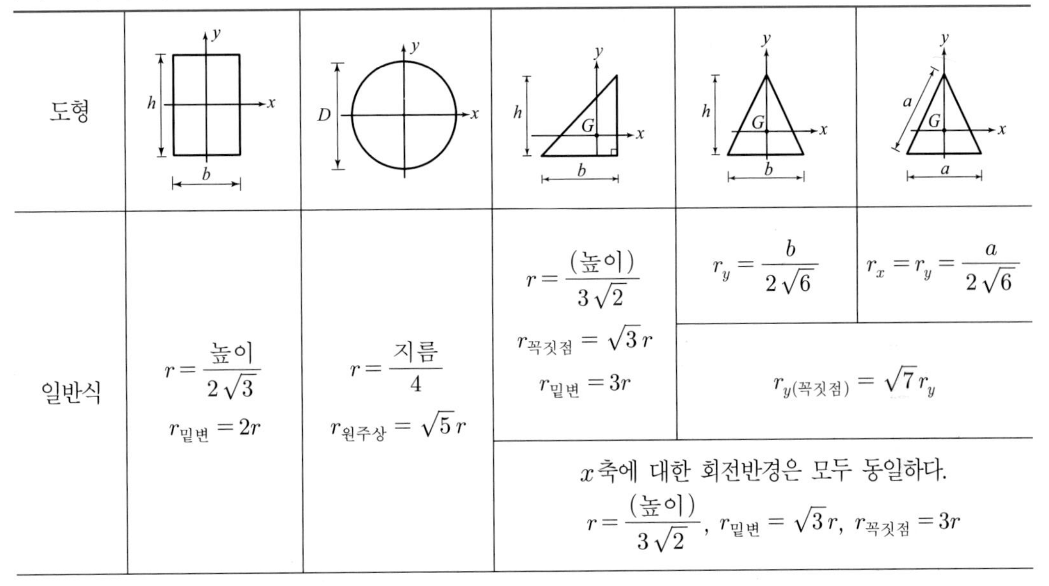

도형	(직사각형: h, b)	(원: D)	(직각삼각형: h, b, G)	(이등변삼각형: h, b, G)	(정삼각형: a, G)
일반식	$r = \frac{높이}{2\sqrt{3}}$ $r_{밑변} = 2r$	$r = \frac{지름}{4}$ $r_{원주상} = \sqrt{5}\,r$	$r = \frac{(높이)}{3\sqrt{2}}$ $r_{꼭짓점} = \sqrt{3}\,r$ $r_{밑변} = 3r$	$r_y = \frac{b}{2\sqrt{6}}$ $r_{y(꼭짓점)} = \sqrt{7}\,r_y$	$r_x = r_y = \frac{a}{2\sqrt{6}}$
			x축에 대한 회전반경은 모두 동일하다. $r = \frac{(높이)}{3\sqrt{2}}$, $r_{밑변} = \sqrt{3}\,r$, $r_{꼭짓점} = 3r$		
회전반경은 단면2차모멘트의 평방근에 비례한다.					

3 단위

cm, m (차원 : [L])로 길이와 같은 단위를 갖는다.

4 부호

항상 (+)부호를 갖는다.

5 특징

회전 반경이 클수록 좌굴에 대한 저항성이 크다.

6 적용

기둥(압축부재)의 설계에서 적용한다.

7 정사각형과 정사각 마름모의 비교

	정사각형	정사각 마름모	구분
구분	a, a	a, a	–
단면적	A	A	동일 무게
단면2차모멘트	I	I	동일 처짐(각)
회전반경	r	r	동일 기둥 효과
단면계수	$Z=\dfrac{a^3}{6}$	$Z=\dfrac{a^3}{6\sqrt{2}}$	휨 저항력은 정사각형이 정사각마름모의 $\sqrt{2}$ 배이다.

※ 단면계수만 다른 값을 갖는다. ➡ 정사각형의 단면계수는 정사각 마름모의 $\sqrt{2}$ 배이다.

2.10 단면의 성질의 적용

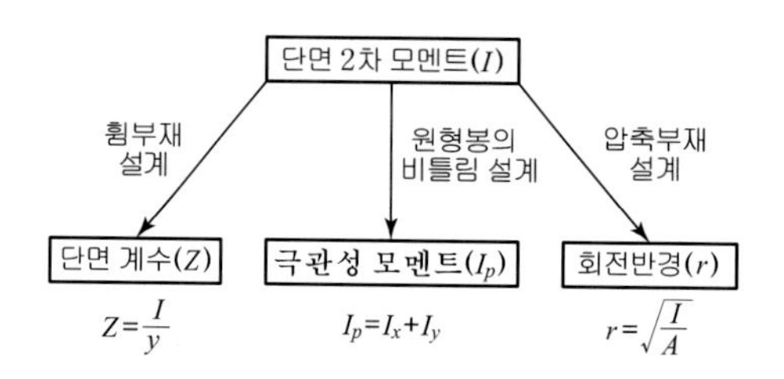

(1) **단면2차모멘트** : 구조물의 안정성 평가 기준

(2) **단면계수** : 휨부재의 설계

(3) **극관성모멘트** : 원형단면의 비틀림 설계

(4) **회전반경** : 압축부재의 설계

핵심예제 2-18 [13 서울시 9급]

단면의 성질에 대한 설명 중 잘못된 것은?

① 같은 면적의 정사각형이 정육각형보다 도심축 단면2차모멘트가 더 크다.
② 단면2차모멘트는 I형 단면의 도심축에서의 값이 가장 크다.
③ 한 점에 대한 극관성모멘트는 축의 회전에 관계없이 일정하다.
④ 단면1차모멘트와 단면 상승모멘트는 (+), (-), 0의 값을 갖는다.
⑤ 단면계수가 클수록 휨에 대한 저항성이 크다는 것을 의미한다.

| 해설 | 단면2차모멘트는 도심에서 멀어질수록 값이 커지므로 도심축에서 최솟값을 갖는다.

답 : ②

2.11 회전축과 주축

1 회전축 단면2차모멘트와 단면상승모멘트

x, y축을 θ만큼 반시계방향으로 회전한 회전축을 x', y'라면
$x' = x\cos\theta + y\sin\theta$, $y' = y\cos\theta - x\sin\theta$가 된다.

(1) 단면2차모멘트 변환공식

$$I_{x'} = \int_A y'^2 dA = \frac{I_x + I_y}{2} + \frac{I_x - I_y}{2}\cos 2\theta - I_{xy}\sin 2\theta$$

$$I_{y'} = \int_A x'^2 dA = \frac{I_x + I_y}{2} - \frac{I_x - I_y}{2}\cos 2\theta + I_{xy}\sin 2\theta$$

(2) 단면상승모멘트 변환공식

$$I_{x'y'} = \int_A x'y' dA = \frac{I_x - I_y}{2}\sin 2\theta + I_{xy}\cos 2\theta$$

2 주축의 정의

축을 θ만큼 회전시킨 회전축 중에서 최대 및 최소 단면 2차 모멘트가 생기는 축으로 이 축에서는 단면 상승 모멘트가 0이 된다.

(1) 축의 회전에 의해 단면 2차 모멘트가 최대 또는 최소인 축
(2) 축의 회전에 의해 단면 상승 모멘트가 0인 축
- 최대 주축 : $I_{\max}$인 축(좌굴방향을 의미)
- 최소 주축 : $I_{\min}$인 축(좌굴축을 의미)

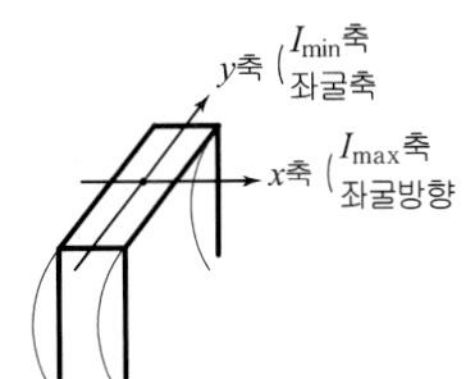

3 주축의 방향

$I_{x'y'} = 0$에서 $\tan 2\theta = \dfrac{2I_{xy}}{I_y - I_x} = -\dfrac{2I_{xy}}{I_x - I_y}$

4 주단면 2차 모멘트

단면 상승모멘트가 0인 주축에서의 최대 및 최소 단면 2차 모멘트를 주단면 2차 모멘트라 한다.

- $I_{\frac{1}{2}} = I_{\substack{max \\ min}} = \dfrac{I_x + I_y}{2} \pm \sqrt{\left(\dfrac{I_x - I_y}{2}\right)^2 + {I_{xy}}^2}$
- 단위 : cm^4, m^4 (차원 : $[L^4]$)
- 부호 : 항상 양(+)

5 특징

(1) 주축에 대한 단면 상승 모멘트는 0이다.
(2) 주축에 대한 단면 2차 모멘트는 최대 및 최소이다.
(3) 대칭축은 주축이나 주축이라고 해서 대칭인 것은 아니다.
(4) 정다각형 및 원형 단면은 도심을 지나는 모든 축이 주축이 된다.
(5) 주축은 서로 직교한다.
① 주단면 2차 모멘트의 합 : $I_1 + I_2 = I_x + I_y = I_{x'} + I_{y'}$
② 주단면 2차 모멘트의 곱 : $I_1 \times I_2 = I_x \times I_y - {I_{xy}}^2$

6 여러 도형의 주축

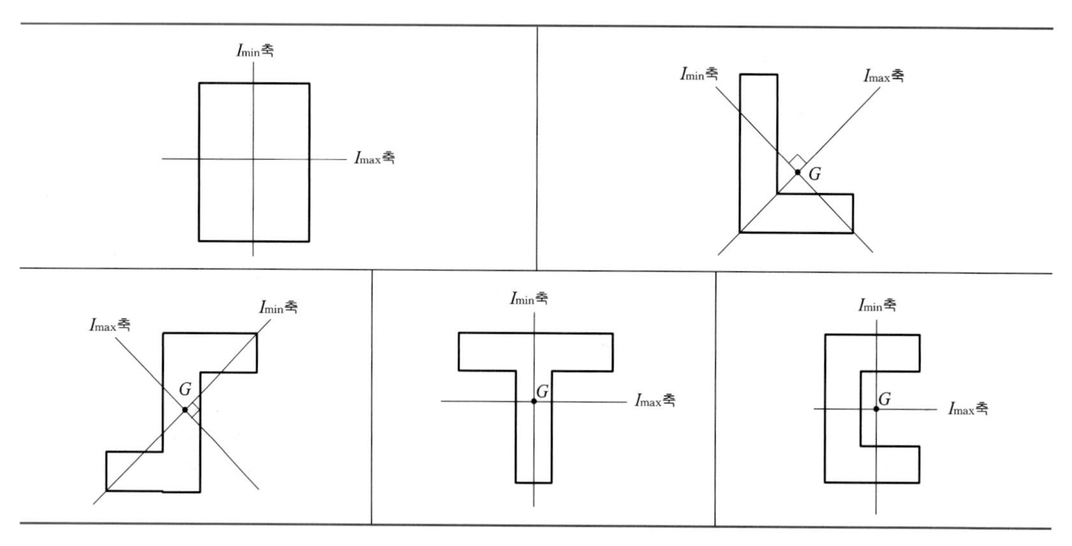

2.12 관성모멘트의 모아원

1 모아원 방정식

단면2차모멘트 변환공식과 단면상승모멘트 변환공식을 조합하면 모아원 방정식을 얻을 수 있다. 모아원에 대한 자세한 사항은 6장에서 다루기로 한다.

$$\left(I_{x'}-\frac{I_x+I_y}{2}\right)^2+I_{x'y'}{}^2=\left(\frac{I_x-I_y}{2}\right)^2+I_{xy}{}^2$$ ➡ 모아원 방정식

2 모아원의 중심좌표

$$\left(\frac{I_x+I_y}{2},\ 0\right)$$

3 모아원의 반지름

$$R=\sqrt{\left(\frac{I_x-I_y}{2}\right)^2+I_{xy}{}^2}$$

4 모아원의 작도 방법

step 1. 도형의 관성모멘트를 모아원상의 한 점으로 잡는다.

x축을 기준으로 하는 관성모멘트를 A점 좌표(I_x, I_{xy})로 하고 y축을 기준으로 하는 관성 모멘트를 B점 좌표(I_y, $-I_{xy}$)로 한다.

step 2. A점과 B점을 연결한 선분을 지름으로 하는 원을 작도한다.

두 점 A, B를 연결하면 모아원의 지름이 되므로 반드시 원의 중심좌표$\left(\frac{I_x+I_y}{2},\ 0\right)$을 지난다.

step 3. 주어진 평면에서 회전한 각과 같은 방향으로 2배각을 회전한 점의 좌표를 구한다.

평면에서 회전한 각 θ는 모아원 방정식에서 2θ로 나타나므로 평면각의 2배를 회전한 것이고, 같은 방향으로 회전한 좌표가 변환 공식과 일치한다는 것을 증명할 수 있으므로 평면각과 같은 방향으로 2배각을 회전하게 된다.

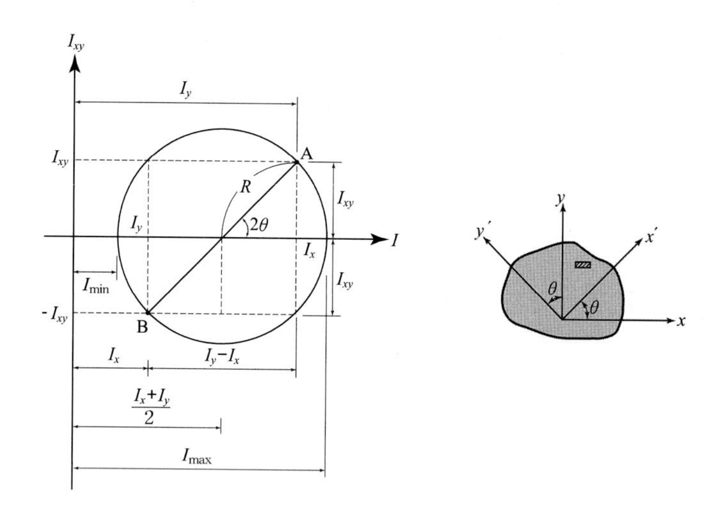

출제 및 예상문제

출제유형단원

- □ 도심
- □ 단면계수
- □ 단면 1·2차, 상승, 극2차 모멘트
- □ 회전반경, 회전축과 주축
- □ 파푸스의 정리
- □ 관성모멘트의 모아원

내친김에 문제까지 끝내보자!

1 다음 단면의 x축에 대한 단면 1차 모멘트를 계산한 값[cm³]으로 옳은 것은?

① $Q_x=124.5$
② $Q_x=246.8$
③ $Q_x=392.5$
④ $Q_x=426.4$
⑤ $Q_x=532.6$

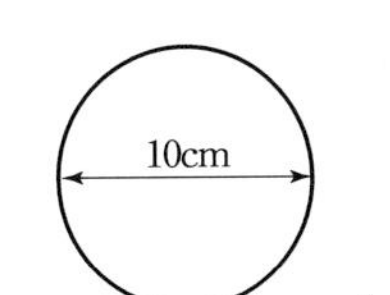

2 다음 그림에서 x축 단면 1차 모멘트 $Q_x=128\text{cm}^3$일 때 단면의 폭 b[cm]로 옳은 것은?

① 4
② 5
③ 6
④ 7
⑤ 8

b
8cm
x x

3 다음 도형의 x축에 대한 단면 1차 모멘트[cm³]로 옳은 것은?

① 5,000
② 6,000
③ 7,000
④ 8,000
⑤ 12,000

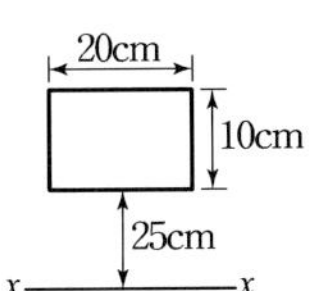

정답 및 해설

해설 1

$$Q_x=Ay=\frac{\pi\times(10^2)}{4}\times(5)$$
$$=392.5\text{cm}^3$$

보충 단면 1차 모멘트

- $Q_x=Ay$
- $Q_y=Ax$

(x, y : 구하는 축을 원점으로 도심의 좌표)

해설 2

$Q_x=Ay=8b\times(4)=128$

$\therefore b=4\text{cm}$

해설 3

$Q_x=Ay=(20\times10)\times30$

$=6{,}000\text{cm}^3$

정답 1. ③ 2. ① 3. ②

4 아래의 그림과 같은 직각 3각형의 x 축에 대한 단면 1차 모멘트[cm³]는?

① 35
② 72
③ 108
④ 144
⑤ 180

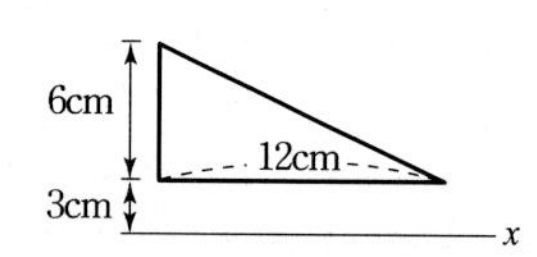

5 다음과 같은 삼각형에서 y축에 대한 단면 1차 모멘트 Q_y[cm³]로 옳은 것은?

① 12
② 15
③ 18
④ 21

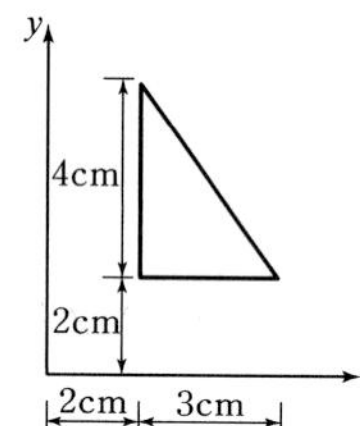

6 반지름 r인 반원의 지름에 대한 단면 1차 모멘트를 구한 것으로 옳은 것은?

① $\dfrac{4r}{3\pi}$

② $\dfrac{2r^2}{3\pi}$

③ $\dfrac{2r^3}{3}$

④ $\dfrac{\pi r^2}{2}$

⑤ $\dfrac{r^3}{2}$

정 답 및 해 설

해설 **4**

$$Q_x = Ay = \frac{1}{2}(6\times 12)\times\left(3+\frac{6}{3}\right) = 180\,\text{cm}^3$$

해설 **5**

$$Q_y = Ax = \left(\frac{1}{2}\times 4\times 3\right)\times\left(2+3\times\frac{1}{3}\right) = 18\,\text{cm}^3$$

보충 단면1차모멘트

• x축 단면1차모멘트 : $Q_x = Ay$

• y축 단면1차모멘트 : $Q_y = Ax$

해설 **6**

반원의 지름에 대한 단면 1차 모멘트

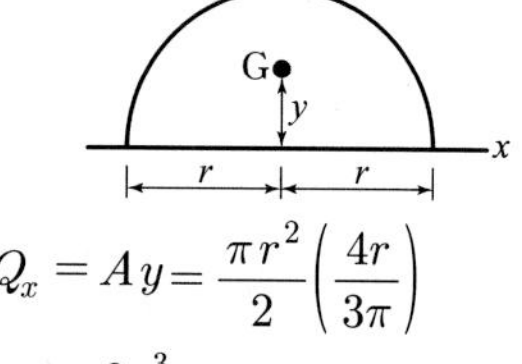

$$Q_x = Ay = \frac{\pi r^2}{2}\left(\frac{4r}{3\pi}\right) = \frac{2r^3}{3}$$

정답 4. ⑤ 5. ③ 6. ③

7 다음 그림과 같은 산형강(angle)에서 도심의 좌표 x_o[cm], y_o[cm]로 옳은 것은?

① $x_o=2.5$, $y_o=3.5$
② $x_o=2.2$, $y_o=3.2$
③ $x_o=2.1$, $y_o=3.1$
④ $x_o=2.0$, $y_o=3.0$

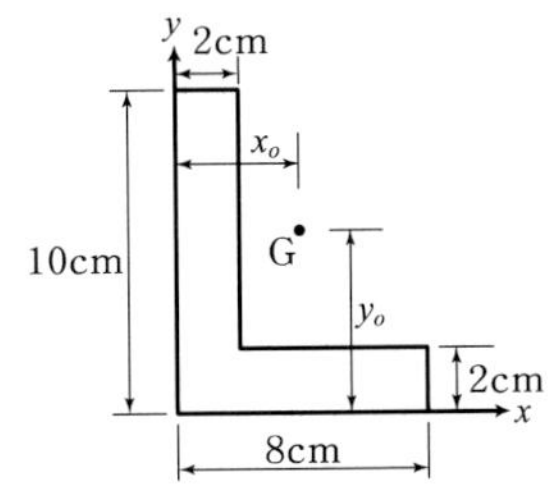

해설 **7**
바리농 정리의 확장해석을 적용하면 가로방향으로 단면을 절단하면 면적이 동일하므로 도심거리의 합을 산술평균한 값과 같다.

$$x_o=\frac{x_1+x_2}{2}=\frac{1+4}{2}=2.5\,\text{cm}$$

$$y_o=\frac{y_1+y_2}{2}=\frac{6+1}{2}=3.5\,\text{cm}$$

8 다음 그림과 같이 반지름이 r 인 원형의 도형에서 지름을 r 로 하는 원형을 도려낸 빗금 친 도형의 도심 y_0로 옳은 것은?

① $\frac{7}{12}r$
② $\frac{7}{6}r$
③ $\frac{6}{5}r$
④ $\frac{13}{10}r$

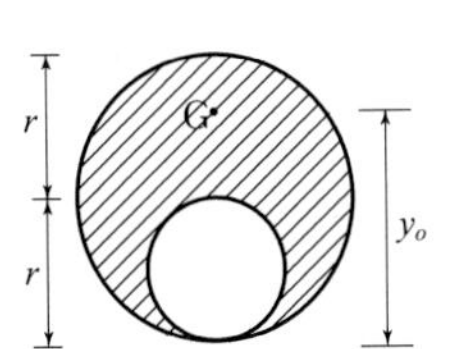

해설 **8**

$$y_0=\frac{Q_x}{A}=\frac{\pi r^2\times r-\frac{\pi r^2}{4}\times\frac{r}{2}}{\pi r^2-\frac{\pi r^2}{4}}=\frac{7}{6}r$$

보충 단면1차모멘트
- x축 단면1차모멘트 : $Q_x=Ay$
- y축 단면1차모멘트 : $Q_y=Ax$ 바리농 정리에 의한 도심 계산 방법
  원의 밑면에 대해 바리농의 정리를 적용하면

$$3y_o=4r-1\times\frac{r}{2}$$

$$y_o=\frac{7}{6}r$$

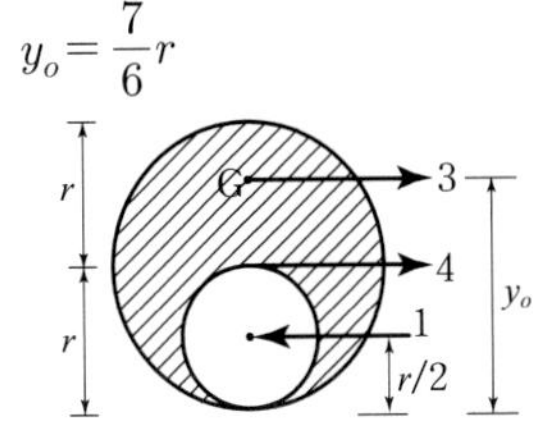

9 다음 중 그림과 같은 사다리형 단면의 도심을 구하는 공식으로 옳은 것은?

① $y=\frac{h}{3}\cdot\frac{(2a+b)}{(a+b)}$
② $y=\frac{h}{3}\cdot\frac{(2a+b)}{2(a+b)}$
③ $y=\frac{h}{3}\cdot\frac{(a+2b)}{(a+b)}$
④ $y=\frac{h}{3}\cdot\frac{(2a+b)}{(a+2b)}$

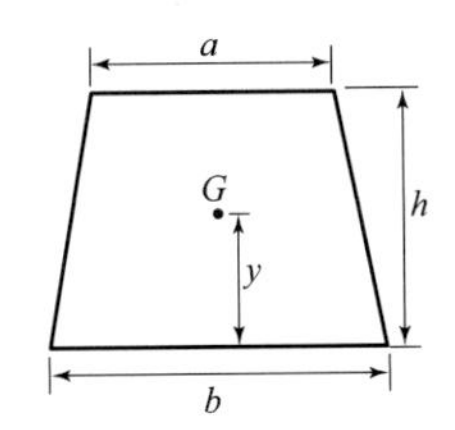

해설 바리농 정리의 확장 해석에 의해 두 개의 삼각형으로 분할하고 밑면에 대해 바리농 정리를 적용하면

$$(a+b)y=a\times\frac{2}{3}h+b\times\frac{h}{3}$$

$$\therefore\ y=\frac{h}{3}\cdot\frac{(2a+b)}{(a+b)}$$

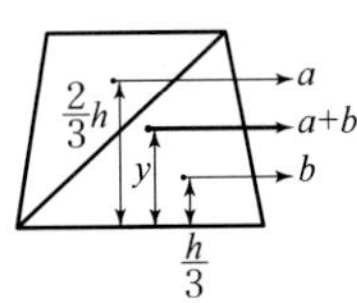

정답 7. ① 8. ② 9. ①

10 그림과 같은 역 T형 단면에서 도심의 위치는 x축으로부터의 수직거리[cm]는? (단, 치수는 cm임)

① 8
② 10
③ 12
④ 14

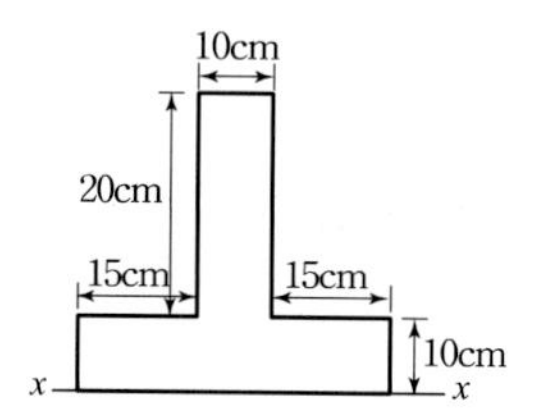

11 다음과 같은 T형 단면에서 도형의 도심 y_o[cm]로 옳은 것은? [01 서울시 9급]

① 2.5
② 4.0
③ 4.5
④ 6.0
⑤ 8.0

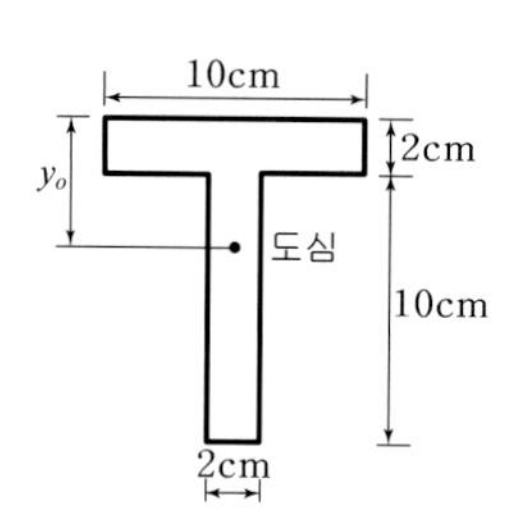

정 답 및 해 설

해설 **10**

바리뇽 정리의 확장 해석을 적용하면 두 단면의 면적비만큼 확장한 도심거리의 합을 면적비의 합으로 나눈 것과 같으므로

(1) 면적비

$A_1 = 10 \times 20 = 200\,\text{cm}^2$

$A_2 = 40 \times 10 = 400\,\text{cm}^2$

$A_1 : A_2 = m : n = 1 : 2$

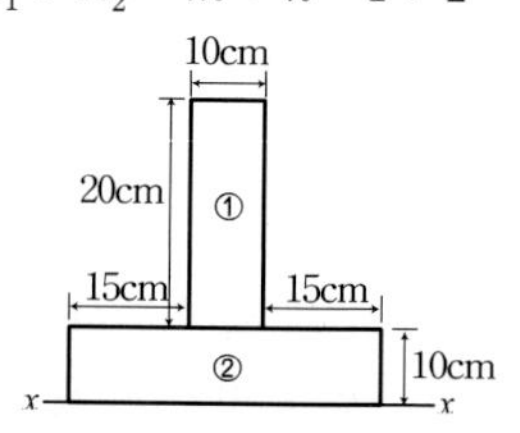

(2) 도심거리

x축에 대해 바리뇽 정리를 적용하면

$$y = \frac{y_1 + 2y_2}{3} = \frac{20 + 2 \times 5}{3}$$

$= 10\,\text{cm}$

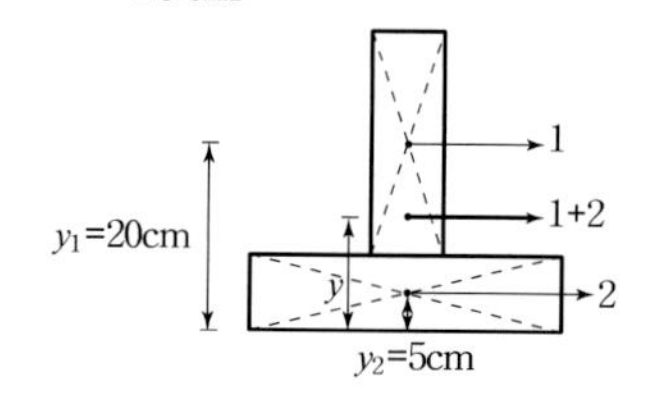

해설 **11**

바리뇽 정리의 확장 해석을 적용하면 면적비만큼 확장시킨 도심거리를 면적비의 합으로 나눈 값이 도심거리이므로

$$y_o = \frac{my_1 + ny_2}{m + n}$$

$$= \frac{1 \times (1) + 1 \times (7)}{1 + 1} = 4\,\text{cm}$$

정답 10. ② 11. ②

12 x, y 직각 좌표축상의 도형의 도심좌표 (x, y)로 옳은 것은?

① (6.38, 6.45)
② (3.91, 6.45)
③ (3.91, 6.48)
④ (6.45, 3.91)
⑤ (3.48, 6.91)

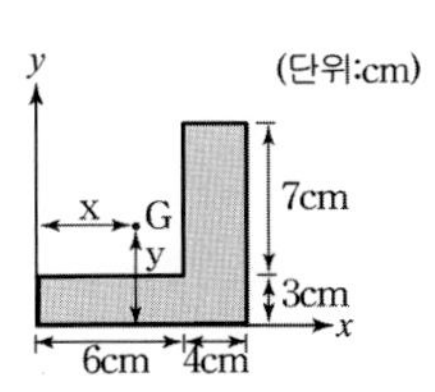

해설 **12**

바리농 정리의 확장해석에 의해 면적비만큼 확장시킨 도심거리를 면적비의 합으로 나눈 값이 도심거리이므로

• $y=\dfrac{20\times(5)+9\times(1.5)}{20+9}$
$=3.91\,\text{cm}$

• $x=\dfrac{9\times(3)+20\times(8)}{20+9}$
$=6.45\,\text{cm}$

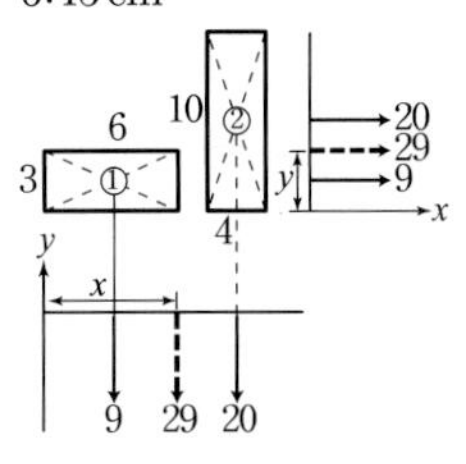

13 다음 L형 단면에서 도심의 좌표 x[cm], y[cm]로 옳은 것은?

① $x=2$, $y=3$
② $x=3$, $y=2$
③ $x=3$, $y=4$
④ $x=4$, $y=3$
⑤ $x=4$, $y=5$

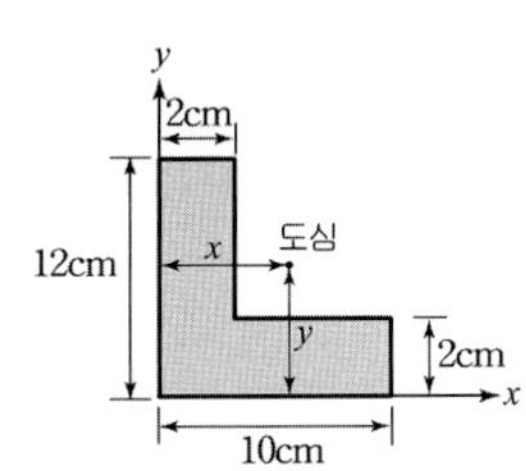

해설 **13**

바리농 정리의 확장 해석에 의해 면적이 같아지도록 단면을 절단하면 도심거리는 산술평균한 값과 같다.

$A_1=A_2=A$이므로

$x=\dfrac{1}{2}(x_1+x_2)$
$=\dfrac{1}{2}(5+1)=3\,\text{cm}$

$y=\dfrac{1}{2}(y_1+y_2)$
$=\dfrac{1}{2}(1+7)=4\,\text{cm}$

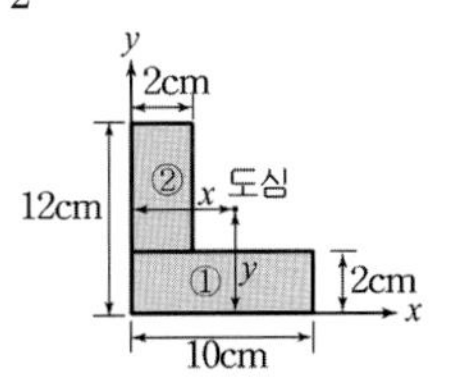

정답 12. ④ 13. ③

14 다음과 같은 단면에서 x축에 대한 도심의 y좌표값은? [12 국가직 9급]

① $\dfrac{9R}{14\pi}$

② $\dfrac{14R}{9\pi}$

③ $\dfrac{15R}{8\pi}$

④ $\dfrac{8R}{15\pi}$

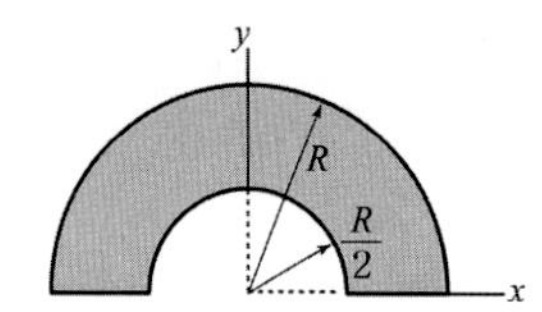

해설 x축에 대한 도심의 y좌표값을 중첩을 이용하여 구하면

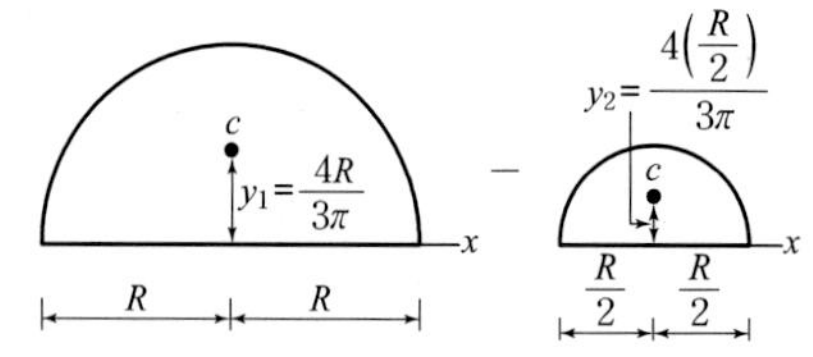

$$y=\frac{Q_{x_1}-Q_{x_2}}{A_1-A_2}=\frac{A_1y_1-A_2y_2}{A_1-A_2}=\frac{\dfrac{\pi R^2}{2}\left(\dfrac{4R}{3\pi}\right)-\dfrac{\pi\left(\dfrac{R}{2}\right)^2}{2}\left\{\dfrac{4\left(\dfrac{R}{2}\right)}{3\pi}\right\}}{\dfrac{\pi R^2}{2}-\dfrac{\pi\left(\dfrac{R}{2}\right)^2}{2}}$$

$$=\frac{14R}{9\pi}$$

15 그림과 같이 지름 D인 원형단면에서 x축에 대한 단면 2차 모멘트의 계산식은?

① $\dfrac{5\pi D^3}{64}$

② $\dfrac{\pi D^4}{64}$

③ $\dfrac{3\pi D^4}{64}$

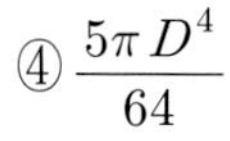

④ $\dfrac{5\pi D^4}{64}$

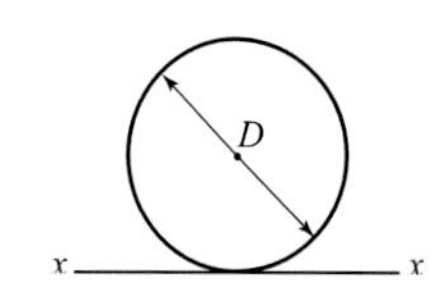

정 답 및 해 설

해설 **15**

단면 2차 모멘트의 평행축정리를 적용하면

$$I_x=I_{도심}+Ay^2$$
$$=\frac{\pi D^4}{64}+\frac{\pi D^2}{4}\left(\frac{D}{2}\right)^2$$
$$=\frac{5\pi D^4}{64}$$

보충 기본도형의 단면 2차 모멘트

① 삼각형

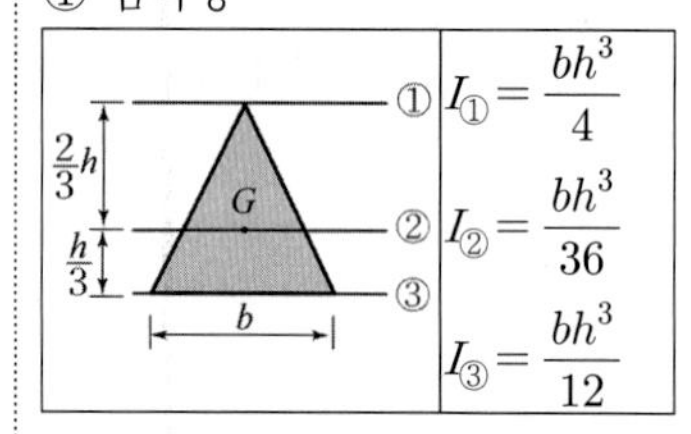	$I_①=\dfrac{bh^3}{4}$ $I_②=\dfrac{bh^3}{36}$ $I_③=\dfrac{bh^3}{12}$

② 사각형

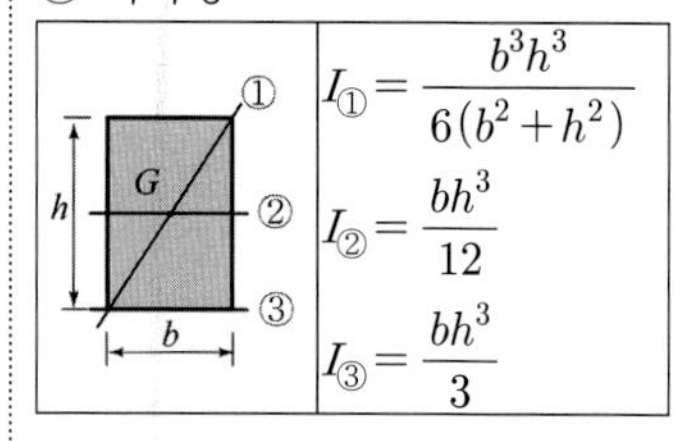	$I_①=\dfrac{b^3h^3}{6(b^2+h^2)}$ $I_②=\dfrac{bh^3}{12}$ $I_③=\dfrac{bh^3}{3}$

③ 원형

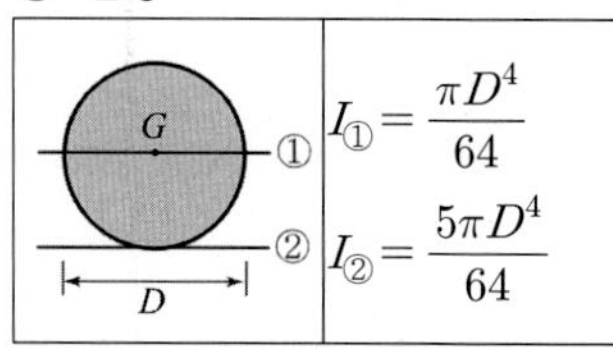	$I_①=\dfrac{\pi D^4}{64}$ $I_②=\dfrac{5\pi D^4}{64}$

정답 14. ② 15. ④

16 다음 직사각형 도형의 x축에 대한 단면 2차 모멘트[cm^4]는?

① $I_x = 1,000$
② $I_x = 1,420$
③ $I_x = 1,430$
④ $I_x = 1,440$
⑤ $I_x = 1,450$

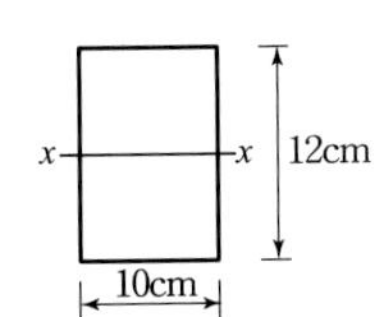

17 폭 20cm, 높이 30cm인 직사각형 단면의 중립축에 대한 단면 2차 모멘트[cm^4]로 옳은 것은?

① 3.5×10^4 ② 4.0×10^4
③ 4.5×10^4 ④ 5.0×10^4
⑤ 5.5×10^4

18 다음과 같은 그림에서 x축에 대한 단면 2차 모멘트[cm^4]는?

[01 국가직 9급]

① 144
② 1440
③ 288
④ 5760

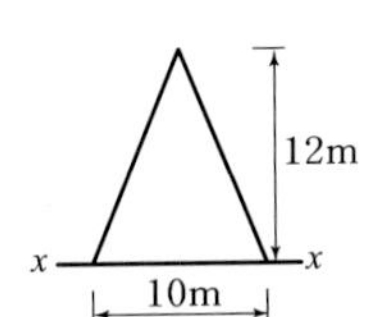

19 다음 그림과 같은 삼각형의 밑변 $x-x$축에 대한 단면 2차 모멘트 및 단면계수로 바르게 연결된 것은?

① $I_x = \dfrac{bh^3}{24}$, $W_x = \dfrac{bh^2}{24}$

② $I_x = \dfrac{bh^3}{36}$, $W_x = \dfrac{bh^2}{24}$

③ $I_x = \dfrac{bh^3}{4}$, $W_x = \dfrac{bh^2}{12}$

④ $I_x = \dfrac{bh^3}{12}$, $W_x = \dfrac{bh^2}{12}$

⑤ $I_x = \dfrac{bh^3}{36}$, $W_x = \dfrac{bh^2}{36}$

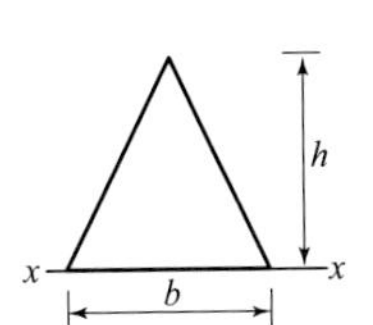

정 답 및 해 설

해설 **16**

사각형 단면의 도심을 지나는 단면 2차 모멘트이므로

$$I = \frac{bh^3}{12} = \frac{10 \times 12^3}{12}$$
$$= 1,440\,\text{cm}^4$$

해설 **17**

단면의 중립축은 도심과 일치하므로

$$I = \frac{bh^3}{12} = \frac{20 \times 30^3}{12}$$
$$= 4.5 \times 10^4\,\text{cm}^4$$

해설 **18**

삼각형의 밑변을 지나는 단면 2차 모멘트이므로

$$I_x = \frac{bh^3}{12} = \frac{10 \times 12^3}{12}$$
$$= 1440\,\text{cm}^4$$

보충 삼각형 단면의 단면2차모멘트

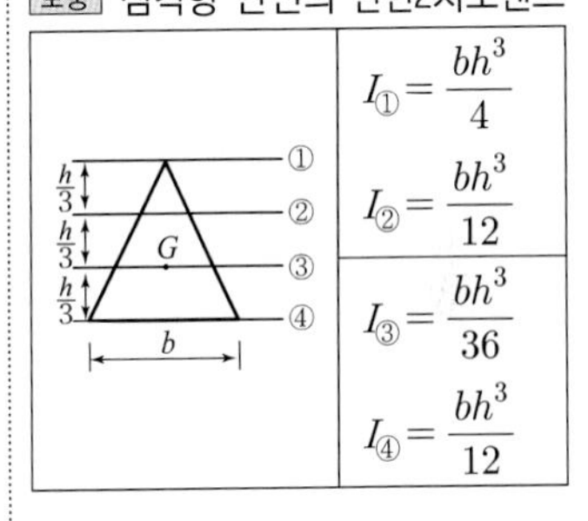

$I_① = \dfrac{bh^3}{4}$, $I_② = \dfrac{bh^3}{12}$, $I_③ = \dfrac{bh^3}{36}$, $I_④ = \dfrac{bh^3}{12}$

해설 **19**

(1) 단면 2차 모멘트

$$I_x = I_{도심} + Ay^2$$
$$= \frac{bh^3}{36} + \frac{bh}{2}\left(\frac{h}{3}\right)^2$$
$$= \frac{bh^3}{12}$$

(2) 단면계수

$$Z_x = \frac{I_{도심}}{y_{하단}} = \frac{\frac{bh^3}{36}}{\frac{h}{3}} = \frac{bh^2}{12}$$

정답 16. ④ 17. ③ 18. ② 19. ④

20 다음 그림에서 x축에 대한 단면 2차 모멘트[cm^4]로 옳은 것은?

① 564
② 664
③ 764
④ 864

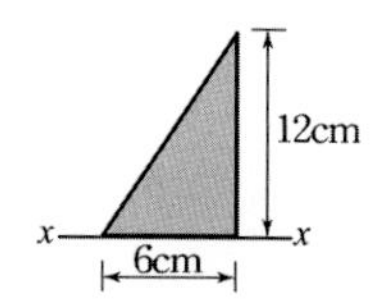

해설 직각 삼각형의 밑변을 지나는 단면 2차 모멘트이므로

$$I_x = \frac{bh^3}{12} = \frac{6 \times 12^3}{12} = 864\,\text{cm}^4$$

보충 삼각형의 단면 2차 모멘트

일반 삼각형	직각 삼각형
h, G, b	h, G, b
$I_{도심} = \frac{bh^3}{36}$, $I_{밑변} = \frac{bh^3}{12}$ $I_{꼭짓점} = \frac{bh^3}{4}$	

21 다음 도형의 x축에 대한 단면 2차 모멘트 I_x[cm^4]로 옳은 것은?

① 25,324
② 38,784
③ 12,672
④ 13,184
⑤ 19,584

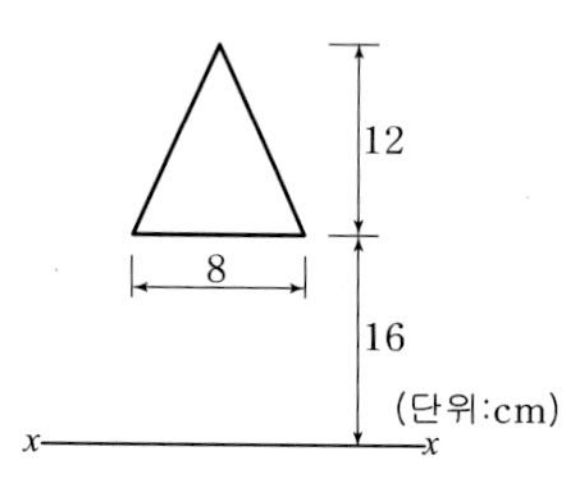

해설 **21**

평행축 정리를 적용하면

$$I_x = \frac{bh^3}{36} + Ay^2$$

$$= \frac{8 \times (12^3)}{36} + \frac{8 \times 12}{2}\left(16 + \frac{12}{3}\right)^2$$

$$= 19{,}584\,\text{cm}^4$$

보충 평행축 정리

- $Q_{임의축} = Q_{기지축} + Ay$
- $I_{임의축} = I_{도심축} + Ay^2$
- $I_{xy(임)} = I_{XY(도심)} + Axy$
- $I_{p(임)} = I_{p(도심)} + A\rho^2$
  $= I_{P(도심)} + A(x^2 + y^2)$
- $r_{x(임)} = \sqrt{r^2_{X(도심)} + y^2}$

여기서 x, y: 구점을 원점으로 하는 도심의 좌표

정답 20. ④ 21. ⑤

22 그림과 같이 지름 D인 반원 도형의 x축에 대한 단면 2차 모멘트로 옳은 것은?

① $\frac{\pi D^4}{128}$

② $\frac{3}{128}\pi D^4$

③ $\frac{5}{128}\pi D^4$

④ $\frac{7}{128}\pi D^4$

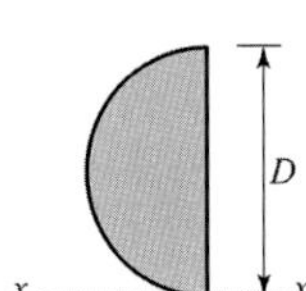

해설 **22**

두 반원에 대한 도심이 같고 면적이 동일하므로 원형 단면이 갖는 단면 2차 모멘트의 절반이 된다.

$$I_x = \frac{5\pi D^4}{64} \times \frac{1}{2} = \frac{5\pi D^4}{128}$$

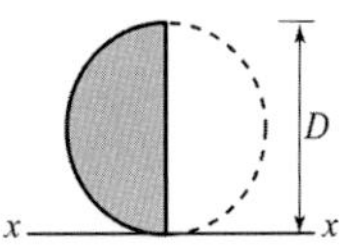

보충 원의 단면 2차 모멘트

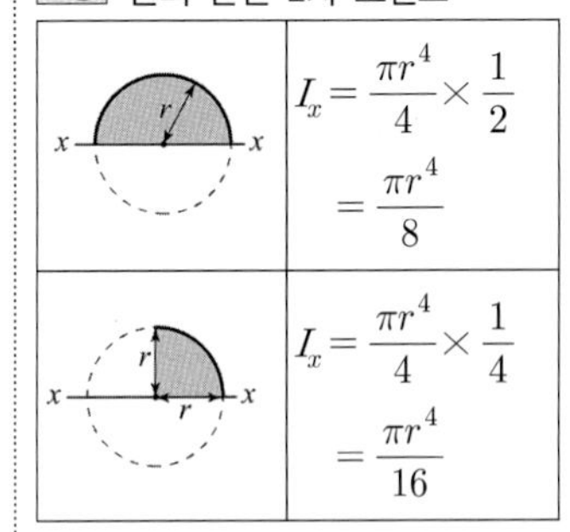

	$I_x = \frac{\pi r^4}{4} \times \frac{1}{2} = \frac{\pi r^4}{8}$
	$I_x = \frac{\pi r^4}{4} \times \frac{1}{4} = \frac{\pi r^4}{16}$

23 다음 그림의 도형에서 $x-x$축에 대한 단면 2차 모멘트는?

① $\frac{1}{6}a^4$

② $\frac{1}{3}a^4$

③ $\frac{1}{2}a^4$

④ $\frac{2}{3}a^4$

⑤ $\frac{5}{6}a^4$

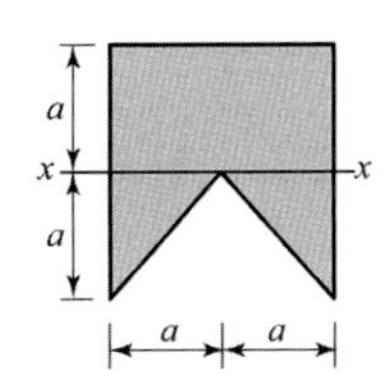

해설 **23**

중공단면으로 보고 사각형의 도심을 지나는 단면 2차 모멘트에서 삼각형의 꼭짓점을 지나는 단면 2차 모멘트를 공제하여 계산하면

$$I_x = \frac{2a(2a)^3}{12} - \frac{2a(a^3)}{4}$$
$$= \frac{5}{6}a^4$$

2a − a
2a 2a

보충 중공단면의 단면 2차 모멘트

단면 2차 모멘트는 동일한 축에 대해 더하거나 빼고 계산한 경우라도 전체단면에 대한 값과 같다.

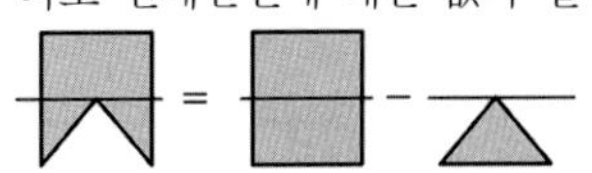

정답 22. ③ 23. ⑤

24 다음과 같은 빗금 친 부분에서 도심축에 대한 단면 2차 모멘트는?

[00 서울시 9급]

① $\frac{29}{12}a^4$

② $\frac{53}{12}a^4$

③ $\frac{60}{12}a^4$

④ $\frac{68}{12}a^4$

⑤ $\frac{71}{12}a^4$

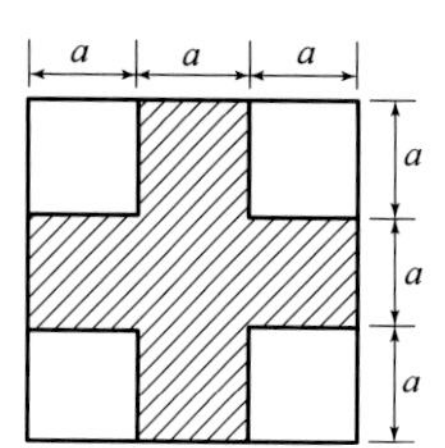

25 원형단면을 단면계수가 최대가 되는 직사각형으로 만들려고 할 때 폭과 높이의 비로 옳은 것은?

① $1 : \sqrt{2}$　　② $1 : 1$

③ $1 : \sqrt{3}$　　④ $1 : 2$

⑤ $1 : 3$

해설 $Z = \frac{bh^2}{6}$ 에서 $b^2 + h^2 = d^2 \; (\therefore h^2 = d^2 - b^2)$

준식 $Z = \frac{b}{6}(d^2 - b^2) = \frac{1}{6}(bd^2 - b^3)$

$\frac{dZ}{db} = \frac{1}{6}(d^2 - 3b^2) = 0$

$b = \frac{d}{\sqrt{3}}$, $h = \frac{\sqrt{2}}{\sqrt{3}}d$ ➡ $b : h = 1 : \sqrt{2}$

보충 원형을 사각형으로 만들 때 경제적인 단면(단면계수가 최대가 되는 단면)

$b : h : d = 1 : \sqrt{2} : \sqrt{3}$

- $h = \frac{\sqrt{2}}{\sqrt{3}}d$ (큰 값)
- $b = \frac{d}{\sqrt{3}}$ (작은 값)

$\therefore Z_{max} = \frac{1}{6}\left(\frac{d}{\sqrt{3}}\right)\left(\frac{\sqrt{2}}{\sqrt{3}}\right)^2 = \frac{d^3}{9\sqrt{3}}$

정 답 및 해 설

해설 **24**

단면을 세로로 절단하면 세 개의 단면이 모두 도심을 지나므로 사각형의 도심축 단면 2차 모멘트를 합한 것과 같다.

$I_{도심} = \frac{a^4}{12} \times 2 + \frac{a \times (3a)^3}{12}$

$= \frac{29}{12}a^4$

보충 극관성 모멘트(I_P)

대칭단면이므로 단면 2차 모멘트의 2배가 된다.

$I_p = 2I_{도심} = 2\left(\frac{29}{12}a^4\right)$

$= \frac{29}{6}a^4$

정답 24. ① 25. ①

26 다음 그림과 같은 단면에서 하단에 대한 단면계수는 상단에 대한 단면계수의 몇 배인가?

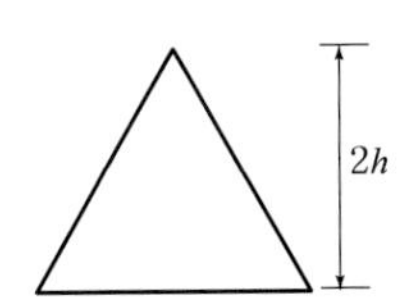

① 1/2배
② 2배
③ 2/3배
④ 3배
⑤ 4배

27 지름이 d인 원형단면의 단면계수는?

① $\dfrac{\pi d^3}{4}$　② $\dfrac{\pi d^3}{8}$
③ $\dfrac{\pi d^3}{16}$　④ $\dfrac{\pi d^3}{32}$
⑤ $\dfrac{\pi d^3}{64}$

28 원에 내접하는 직사각형 단면으로 단면계수가 가장 큰 단면의 폭 b와 높이 h의 관계로 옳은 것은?

① $h = 2b$　② $h = 3b$
③ $h = \sqrt{2}\,b$　④ $h = \sqrt{3}\,b$
⑤ $h = 4b$

해설 원형을 사각형으로 만들 때 단면계수가 최대가 되는 치수의 비는 $b : h : d = 1 : \sqrt{2} : \sqrt{3}$ 이므로 $h = \sqrt{2}\,b$라야 한다.

보충 원형을 구형으로 만들 때 경제적인 단면

$h = \dfrac{\sqrt{2}}{\sqrt{3}}d$ (큰 값)　$b = \dfrac{d}{\sqrt{3}}$ (작은 값)

$b : h : d \Rightarrow 1 : \sqrt{2} : \sqrt{3}$

$\therefore Z_{max} = \dfrac{1}{6}\left(\dfrac{d}{\sqrt{3}}\right)\left(\dfrac{\sqrt{2}}{\sqrt{3}}\right)^2 = \dfrac{d^3}{9\sqrt{3}}$

정 답 및 해 설

해설 **26**

단면의 폭을 b라고 가정하면

$$Z_{하단} = \dfrac{\dfrac{b(2h)^3}{36}}{\dfrac{2h}{3}} = \dfrac{b(2h)^2}{12} = \dfrac{bh^2}{3}$$

$$Z_{상단} = \dfrac{\dfrac{b(2h)^3}{36}}{\dfrac{2}{3}(2h)} = \dfrac{b(2h)^2}{24} = \dfrac{bh^2}{6}$$

$$\dfrac{Z_{하단}}{Z_{상단}} = \dfrac{\dfrac{bh^2}{3}}{\dfrac{bh^2}{6}} = \dfrac{2}{1}$$

$\therefore Z_{하단} = 2 \cdot Z_{상단}$

보충 단면계수의 비

$Z = \dfrac{I_{도심}}{y}$ 에서 단면계수는 상·하단거리(y)에 반비례

$\dfrac{Z_{상단}}{Z_{하단}} = \dfrac{y_{하단}}{y_{상단}}$

$\dfrac{Z_{하단}}{Z_{상단}} = \dfrac{y_{상단}}{y_{하단}} = \dfrac{2}{1}$

$\therefore Z_{하단} = 2Z_{상단}$

정답 26. ② 27. ④ 28. ③

29 폭 $b=12$cm, 높이 $h=30$cm인 직사각형 단면의 단면계수[cm^3]로 옳은 것은?

① 1,400
② 1,500
③ 1,600
④ 1,700
⑤ 1,800

30 단면의 성질에 대한 설명 중 옳지 않은 것은?

① 단면 1차 모멘트의 단위는 cm^2, m^2이다.
② 단면의 도심을 지나는 축에 대한 단면 1차 모멘트는 0이다.
③ 여러 개의 단면이 모여서 이루어진 단면을 합성단면이라 한다.
④ 단면에서 주축은 서로 직교한다.

31 다음 설명 중 옳지 않은 것은?

① 지름이 d인 원형단면의 단면 2차 모멘트는 $\frac{\pi d^4}{64}$이다.
② 단면계수는 중립축에 대한 단면2차 모멘트에 비례하며 휨을 받는 부재의 설계에 사용된다.
③ 도심축에 대한 단면 1차 모멘트는 항상 0이다.
④ 단면계수의 단위는 단면 2차 반지름의 단위와 같다.

정답 및 해설

해설 **29**

단면계수

$$Z=\frac{bh^2}{6}=\frac{12\times30^2}{6}$$
$$=1800\,cm^3$$

해설 **30**

단면 1차 모멘트는 $Q_x=Ay$이므로 cm^3, m^3 단위를 가진다.

보충

- 단면1차 모멘트, 단면계수 : $[L^3]$
- 단면2차 모멘트, 단면상승 모멘트, 단면극 2차 모멘트, 주단면 2차 모멘트 : $[L^4]$
- 회전반경 : $[L]$

해설 **31**

단면계수의 단위는 cm^3, m^3이고 단면 2차 반지름은 cm, m이다.

정답 29. ⑤ 30. ① 31. ④

32 단면의 성질에 대한 설명으로 옳지 않은 것은? [09 지방직 9급]

① x축, y축에 대한 단면 1차 모멘트는 $Q_x = \Sigma a_i y_i$, $Q_y = \Sigma a_i x_i$이며, (면적×거리)의 합으로 단위는 mm^3, m^3 등으로 표시한다.

② x축, y축에 대한 단면 2차 모멘트는 $I_x = \Sigma a_i y_i^2$, $I_y = \Sigma a_i x_i^2$으로 항상 (+)값을 가지며, (면적×거리^2)의 합으로 단위는 mm^4, m^4 등으로 표시한다.

③ 단면 1차 모멘트는 좌표축에 따라 (+), (−)의 부호를 가지며 도심을 지나는 축에 대하여 최대이다.

④ 단면계수(section modulus)는 단면 2차 모멘트를 도심축으로부터 최상단 또는 최하단까지의 거리로 나눈 값으로 단위는 mm^3, m^3 등으로 표시한다.

33 다음과 같이 직사각형 단면의 도심을 C라고 할 때, 각각의 축에 대한 단면2차모멘트 중 가장 큰 것은? [12 국가직 9급]

① $I_{X_b}(X_b - X_b\text{축})$

② $I_{X_c}(X_c - X_c\text{축})$

③ $I_{Y_b}(Y_b - Y_b\text{축})$

④ $I_{Y_c}(Y_c - Y_c\text{축})$

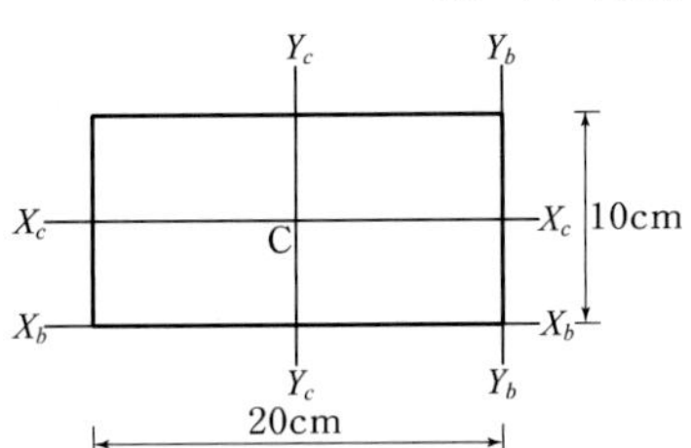

정 답 및 해 설

해설 **32**

단면 1차 모멘트는 도심을 지나는 축에서 항상 0(zero)이므로 도심에서 최소이다.

해설 **33**

① $I_{X_b}(X_b - X_b\text{축}) = \dfrac{bh^3}{3} = \dfrac{20 \times (10^3)}{3} = 6{,}666.7\,\text{cm}^4$

② $I_{X_c} = (X_c - X_c\text{축}) = \dfrac{bh^3}{12} = \dfrac{20 \times (10^3)}{12} = 1{,}666.7\,\text{cm}^4$

③ $I_{Y_b} = (Y_b - Y_b\text{축}) = \dfrac{hb^3}{3} = \dfrac{10 \times (20^3)}{3} = 26{,}666.7\,\text{cm}^4$

④ $I_{Y_c}(Y_c - Y_c\text{축}) = \dfrac{hb^3}{12} = \dfrac{10 \times (20^3)}{12} = 6{,}666.7\,\text{cm}^4$

∴ 단면2차모멘트가 가장 큰 것은 ③ $I_{Y_b} = (Y_b - Y_b\text{축})$이다.

정답 32. ③ 33. ③

정 답 및 해 설

34 다음 중에서 그 값이 항상 0인 것은?

① 직사각형 단면의 연단에서 단면계수
② 도심축에 대한 단면 1차 모멘트
③ 도심축에 대한 단면 2차 모멘트
④ 원형단면에서 회전반지름
⑤ 도심축에 대한 단면 상승 모멘트

해설 34
도심축에 대한 단면 1차 모멘트는 항상 0이다.

보충
단면의 성질에서 항상 그 값이 0인 것
- 도심축 단면1차모멘트
- 대칭단면에서 대칭축 단면상승 모멘트
- 대칭단면에서 도심축 단면상승 모멘트
- 주축에서의 단면상승모멘트

35 다음 그림과 같은 삼각형 도형의 단면의 성질을 타나낸 것으로 옳지 않은 것은? (단, c는 도심, Q는 단면1차모멘트, I는 단면2차모멘트, I_P는 단면2차극모멘트, 그리고 하첨자는 기준 축을 의미한다)

[10 국가직 9급]

① $c=(\bar{x},\bar{y})=(b/3,h/3)$
② $Q_x=\dfrac{b^2h}{6}$
③ $I_x=\dfrac{bh^3}{12}$
④ $I_P=\dfrac{bh^3}{12}+\dfrac{hb^3}{12}$

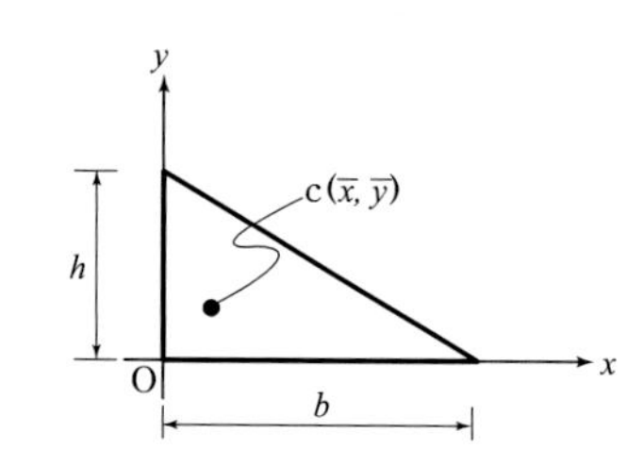

해설 35

$$Q_x=\frac{bh}{2}\left(\frac{h}{3}\right)=\frac{bh^2}{6}$$

36 다음 중 옳지 않은 것은?

[11 국가직 9급]

① 물체가 균질(Homogeneous)한 경우, 물체의 도심과 질량중심은 서로 일치한다.
② 단면의 형태에 따라 단면의 극관성 모멘트는 음의 값을 가질 수도 있다.
③ 평형방정식은 구조물의 재료의 성질에 관계없이 적용할 수 있다.
④ 임의의 물체에 작용하는 우력모멘트는 일을 행한다.

해설 36
극관성 모멘트는 단면 2차 모멘트의 합으로 이루어져 있으므로 항상 양의 값을 갖는다. 따라서 음의 값을 가질 수 없다.

정답 34. ② 35. ② 36. ②

37 빗금 친 부분의 원형 단면에 대한 단면계수[cm³]는?

① 700
② 720
③ 736
④ 745
⑤ 760

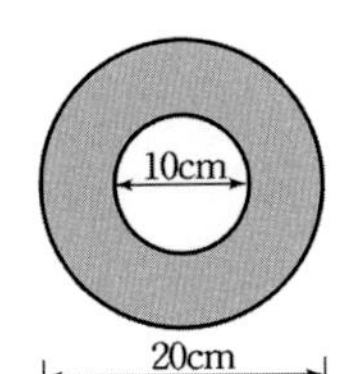

38 다음 설명 중 옳지 않은 것은?

① 단면 2차 모멘트는 단면 2차 반지름 r 자승에 비례한다.
② 단면계수는 단면 2차 모멘트에 비례한다.
③ 단면 2차 반지름은 단면적의 제곱근에 반비례한다.
④ 사각형단면의 단면계수는 폭 b 의 자승에 비례한다.
⑤ 단면계수가 클수록 재료는 구조적으로 강도를 갖는다.

39 다음 중 단면계수의 단위로 옳은 것은?

① cm　② cm^2
③ cm^3　④ cm^4

해설 단면계수 $Z=\dfrac{I}{y}$ 이므로 단면계수의 단위는 cm^3, m^3이다.

보충 단위
- 단면1차 모멘트 단면계수 : cm^3, m^3
- 단면2차 모멘트, 단면 극2차 모멘트, 단면상승 모멘트, 주단면 2차 모멘트 : cm^4, m^4
- 회전반경 : cm, m

정 답 및 해 설

해설 **37**

(1) 단면 2차 모멘트

$$I_{도심}=\frac{\pi}{4}(R^4-r^4)=\frac{\pi}{4}(10^4-5^4)\fallingdotseq 7360\,cm^4$$

(2) 단면계수

$$Z=\frac{I_{도심}}{y_{연단}}=\frac{7360}{10}=736\,cm^3$$

해설 **38**

사각형단면 단면계수는 $\dfrac{bh^2}{6}$ 이므로 폭b에 비례하고, 높이 h의 제곱에 비례한다.

보충

단면의 성질에서의 상호 관계식

(1) 단면 2차 모멘트와 회전 반경(단면 2차 반지름)

$r=\sqrt{\dfrac{I}{A}}$ 이므로 $I=r^2A$

(2) 단면 2차 모멘트와 단면 계수

$$Z=\frac{I_{도심}}{y_{연단}}$$

(3) 단면 2차 모멘트와 극관성 모멘트

$$I_p=I_x+I_y=(r_x^{\ 2}+r_y^{\ 2})A$$

정답 37. ③ 38. ④ 39. ③

정 답 및 해 설

40 그림과 같은 원형단면의 회전반경[cm]으로 옳은 것은?

① 3
② 4
③ 5
④ 6

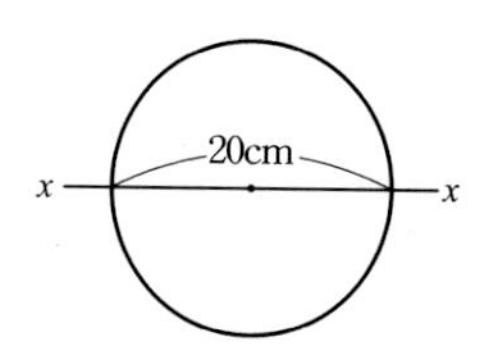

해설 $r_x = \sqrt{\dfrac{I_x}{A}} = \sqrt{\dfrac{\dfrac{\pi D^4}{64}}{\dfrac{\pi D^2}{4}}} = \dfrac{D}{4} = \dfrac{20}{4} = 5\,\text{cm}$

보충 기본 도형의 회전 반경

구 형	삼각형	원 형
h, G, b	y, h, G, x, b	y, G, x, D
$r_x = \dfrac{h}{2\sqrt{3}}$ $r_y = \dfrac{b}{2\sqrt{3}}$	$r_x = \dfrac{h}{3\sqrt{2}}$ $r_y = \dfrac{b}{2\sqrt{6}}$	$r_x = r_y = \dfrac{D}{4}$
$r_{\min} = \dfrac{작은변}{2\sqrt{3}}$	둘 중 작은 값	$r_{\min} = \dfrac{지름}{4}$

41 한 변이 a인 정사각형 단면의 단면 2차 반지름(회전 반지름)은?

① $\dfrac{a}{\sqrt{2}}$
② $\dfrac{a}{\sqrt{3}}$
③ $\dfrac{a}{2}$
④ $\dfrac{a}{2\sqrt{2}}$
⑤ $\dfrac{a}{2\sqrt{3}}$

해설 41

$r = \sqrt{\dfrac{I_x}{A}} = \sqrt{\dfrac{\dfrac{a^4}{12}}{a^2}} = \dfrac{a}{2\sqrt{3}}$

42 단면 2차 반지름이 8cm인 원형 단면의 지름[cm]은?

① 24
② 26
③ 28
④ 30
⑤ 32

해설 42

원형 단면의 회전반경

$r = \dfrac{D}{4} = 8$에서

$\therefore\ D = 32\,\text{cm}$

정답 40. ③ 41. ⑤ 42. ⑤

43 다음 중 단위가 같게 짝지어진 것은?

① 세장비, 회전반경
② 단면계수, 단면 극 2차 모멘트
③ 단면 1차 모멘트, 단면 계수
④ 단면 2차 모멘트, 강도 계수
⑤ 극회전 반경, 극관성 모멘트

44 폭은 같고 높이가 2배 증가할 때 직사각형 단면의 도심을 지나는 축에 대한 설명으로 옳은 것은? (단, 도심을 지나는 축은 폭과 평행하고 높이에 대해서는 수직이다)

① 단면 1차 모멘트는 4배가 된다.
② 단면 2차 모멘트는 8배가 된다.
③ 단면계수는 2배가 된다.
④ 단면 상승 모멘트는 4배가 된다.
⑤ 회전반경은 $\sqrt{2}$ 배가 된다.

45 다음 중 차원이 서로 같은 단면의 성질끼리 묶은 것은? [10 서울시 9급]

① 단면계수 – 단면2차 극모멘트
② 단면1차 모멘트 – 단면상승 모멘트
③ 단면상승 모멘트 – 단면계수
④ 단면2차 모멘트 – 단면상승 모멘트
⑤ 회전반경 – 단면1차 모멘트

해설 **43**

- 세장비 : 무차원
- (극)회전반경 : cm, m
- [단면계수 / 단면1차 모멘트 / 강도 계수] : cm^3
- {단면2차모멘트 / 극관성모멘트} : cm^4

해설 **44**

① 도심을 지나므로 단면 1차 모멘트는 0이다.
② 도심축 단면 2차 모멘트는 $\frac{bh^3}{12}$ 이므로 높이가 2배 증가하면 단면 2차 모멘트는 8배 증가한다.
③ 단면계수는 $\frac{bh^2}{6}$ 이므로 높이가 2배 증가하면 단면계수는 4배 증가한다.
④ 사각형 단면의 도심축은 대칭축(주축)이므로 단면 상승 모멘트는 0이다.
⑤ 도심축 회전반경은 $\frac{h}{2\sqrt{3}}$ 이므로 높이가 2배 증가하면 회전반경은 2배 증가한다.

해설 **45**

- 길이 1승[L] : 회전반경
- 길이 3승[L^3] : 단면1차 모멘트, 단면계수
- 길이 4승[L^4] : 단면2차 모멘트, 단면극2차 모멘트, 단면상승 모멘트

정답 43. ③ 44. ② 45. ④

정 답 및 해 설

46 다음 그림과 같이 반지름이 1m, 높이가 6m인 원통기둥이 있다. 원통기둥의 밀도 $\rho = 200 \times z\,(\mathrm{kg/m^3})$일 때, 기둥 저면으로부터 원통기둥의 질량중심 위치(m)는? [11 서울시 교육청 9급]

① 1
② 2
③ 3
④ 4

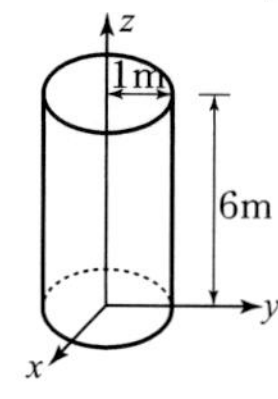

보충 단면적이 일정한 경우 질량중심

단면적이 같은 경우 질량중심은 밀도함수의 도심과 같다.

$$\therefore\ z = \frac{2h}{3} = \frac{2(6)}{3} = 4\,\mathrm{m}$$

해설 **46**

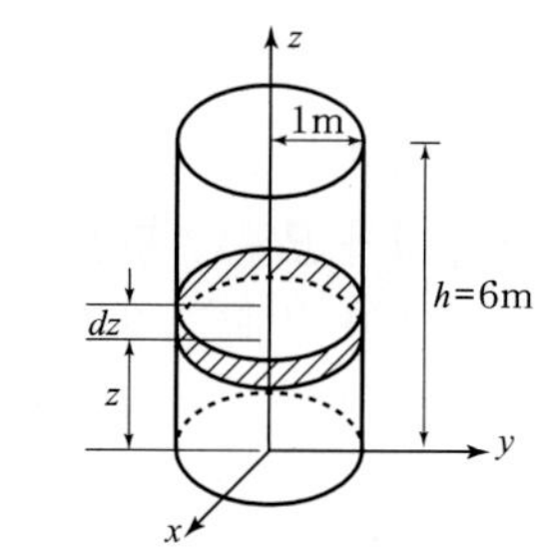

$\rho = 200z \propto z$

$$z = \frac{\int z\,dm}{\int dm} = \frac{\int z\rho A dz}{\int \rho A dz}$$

$$z = \frac{\int_0^h z(200z\pi r^2 dz)}{\int_0^h (200z\pi r^2 dz)}$$

$$= \frac{\int_0^h z^2 dz}{\int_0^h z dz} = \frac{\frac{h^3}{3}}{\frac{h^2}{2}} = \frac{2h}{3}$$

$$= \frac{2(6)}{3} = 4\,\mathrm{m}$$

47 다음 삼각형을 변 $\overline{AB}$를 회전축으로 60° 회전시켰을 때의 체적은? [11 서울시 교육청 9급]

① $\dfrac{\pi b h^2}{3}$

② $\dfrac{\pi b h^2}{6}$

③ $\dfrac{\pi b h^2}{9}$

④ $\dfrac{\pi b h^2}{18}$

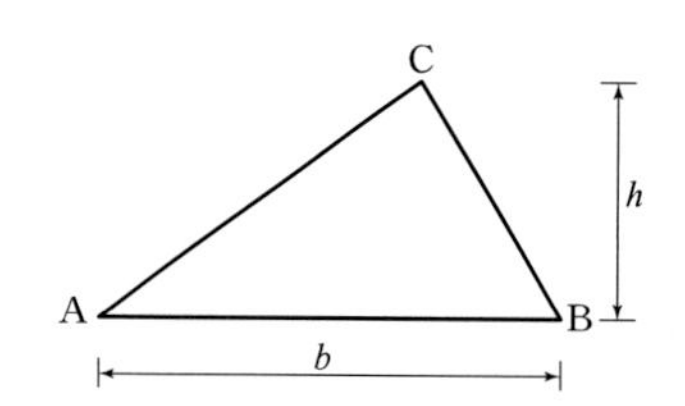

해설 **47**

파푸스의 제2정리로부터

$V = A \times$ (중심이동거리)

$$= A(y\theta) = \frac{bh}{2}\left(\frac{h}{3}\cdot\frac{\pi}{3}\right)$$

$$= \frac{\pi b h^2}{18}$$

정답 46. ④ 47. ④

Chapter 03

구조물 개론

구조물 개론

3.1 지점과 절점

1 지점과 반력

(1) 가동지점(이동지점, Roller support)

회전과 수평이동은 가능하나 수직이동은 불가능한 지점으로 지점에 직각인 수직반력만 발생한다.

(2) 회전지점(힌지지점, Hinge support)

회전은 가능하나, 이동은 불가능한 지점으로 수평반력과 수직반력이 발생한다.

(3) 고정지점(Fixed support)

회전과 이동이 모두 불가능한 지점으로 수평반력, 수직반력, 모멘트 반력이 모두 발생한다.

(4) 가이드지점(Guided support) 또는 전단롤러

어느 한 방향으로 이동이 가능한 지점으로 변위가 제어되는 방향의 집중반력과 모멘트 반력이 발생한다.

지 점	표시방법	이 동		회 전	반력수	비 고
		수평	수직			
이동지점 (가동지점)		가능	불가능	가능	1개	• 수직반력
회전지점 (힌지지점)		불가능	불가능	가능	2개	• 수직반력 • 수평반력
고정지점		불가능	불가능	불가능	3개	• 수직반력 • 수평반력 • 모멘트 반력
가이드지점 (전단롤러)		가능	불가능	불가능	2개	• 수직반력 • 모멘트 반력
		불가능	가능	불가능	2개	• 수평반력 • 모멘트 반력

2 절점과 응력(부재력)

(1) 절점의 종류

① 활절점(Hinge Joint)

축력과 전단력은 생기나 휨모멘트가 생기지 않는 절점으로 좌우절점의 처짐은 같지만 처짐각이 다르다.

② 강절점(Rigid Joint)

축력과 전단력 및 휨모멘트가 모두 생기는 절점으로 좌우절점의 처짐과 처짐각이 모두 같다.

절 점	연결방법	이 동		회 전	응력수	단면력	절점각(처짐각)
		수평	수직				
강절점		불가능	불가능	불가능	3개	•축력 •전단력 •휨모멘트	좌우 같음
활절점 (힌지, 핀)		불가능	불가능	가능	2개	•축력 •전단력	좌우 다름

(2) 강절점수(p)와 부재수(m)

① 강절점 수(p)=강절에 연결된 부재수−1

② 힌지절점은 제외한다.

∴ 트러스에서 강절점 수(s)는 항상 '영'이다.

③ 보의 중간지점은 강절점이나 단부지점은 부재연결이 없으므로 절점이 아니다.

(3) 힌지절점수(H)와 부재수

평형방정식 이외에 힌지절점에서 세울 수 있는 방정식의 수로 조건방정식수와 같다.

힌지 절점수(H)=힌지에 연결된 부재수−1

3 링크의 구속조건

(1) 링크수 1개 : 회전과 수평이동은 가능하나, 수직이동은 불가능하다.

- 등가의 지점 : 이동지점

(2) 링크수 2개 : 회전은 가능하나, 이동은 불가능하다.

- 등가의 지점 : 회전지점
- 등가의 절점 : 활절점

(3) 링크수 3개 : 회전과 이동이 모두 불가능하다.

- 등가의 지점 : 고정지점
- 등가의 절점 : 강절점

3.2 구조물의 판별

구조물을 판별한다는 것은 먼저 안정과 불안정을 판별하고, 안정한 구조물을 대상으로 하여 정정과 부정정을 판별하는 것을 말한다.

∴ 1차 판정(안정과 불안정) → 2차 판정(정정과 부정정)

1 안정과 불안정

(1) 안정

① 내적 안정 : 외력(P)에 의해 구조물의 모양변화가 없는 경우

② 외적 안정 : 외력(P)에 의해 구조물의 위치이동이 없는 경우

(2) 불안정

① 내적 불안정 : 외력(P)에 의해 구조물의 모양변화가 있는 경우

② 외적 불안정 : 외력(P)에 의해 구조물의 위치이동이 있는 경우

※ 불안정한 구조물의 예

불안정보와 불안정라멘	불안정 트러스
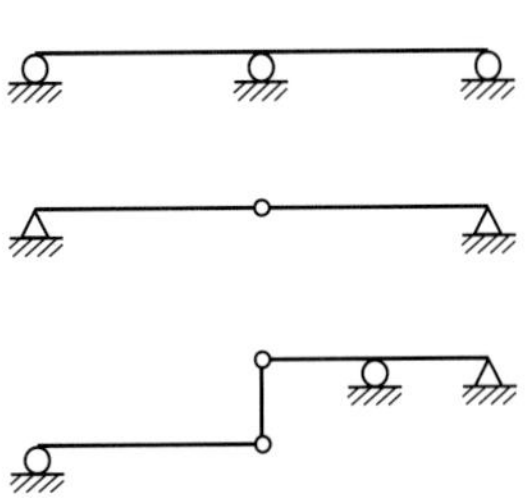	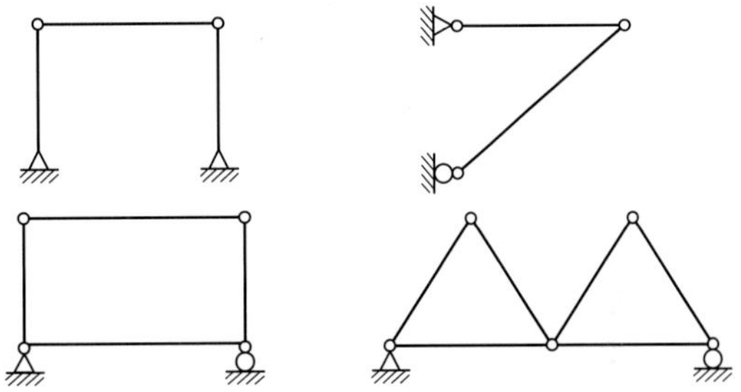

(3) 결론 정리

외력이 작용	내적 (판정기준 : 모양변화)		외적 (판정기준: 위치이동)	
	안정	불안정	안정	불안정
모양변화	×	○	–	–
위치이동	–	–	×	○

■ 핵심정리 : 안정 · 불안정에서 내적 · 외적의 구분

- 내적 : 불가시의 모양변화(형태변화)
- 외적 : 가시의 위치이동

2 정정과 부정정

(1) 정정

① 내적 정정 : 힘의 평형조건식으로 단면력을 구할 수 있는 경우
② 외적 정정 : 힘의 평형조건식으로 반력을 구할 수 있는 경우

(2) 부정정

① 내적 부정정 : 힘의 평형조건식으로 단면력을 구할 수 없는 경우
② 외적 부정정 : 힘의 평형조건식으로 반력을 구할 수 없는 경우

(3) 결론 정리

평형조건을 이용	내적 (판정기준 : 모양변화)		외적 (판정기준: 위치이동)	
	정정	부정정	정정	부정정
내력(단면력)	○	×	–	–
외력(반력)	–	–	○	×

■ 핵심정리 : 정정 · 부정정에서 내적 · 외적의 구분

- 내적 : 내력(단면력, 부재력)
- 외적 : 외력(반력, 하중)

(4) 정정 구조와 부정정 구조의 비교

비교 대상	정정 구조	부정정 구조
안전성	작다	크다
처짐	크다	작다
내구성	작다	크다
경제성	낮다	높다
구조물의 해석 및 설계	간단	복잡
지점침하 온도변화 제작오차	영향을 받지 않음	큰 영향을 받음
안전율의 설정	높게 설정	낮게 설정

3 구조물의 판별식

(1) 판별식의 일반해법

$N = m_1 + 2m_2 + 3m_3 + r - (2p_2 + 3p_3)$

- 총미지수 $= m_1 + 2m_2 + 3m_3 + r$
- 총조건식수 $= 2p_2 + 3p_3$

여기서, • m : 부재 양단의 연결 상태에 따른 부재수

m_1 : 양단이 회전 지점 또는 회전 절점으로 연결된 부재수

m_2 : 일단은 회전 지점, 타단은 고정 지점으로 연결된 부재수

m_3 : 양단이 고정 지점으로 연결된 부재수

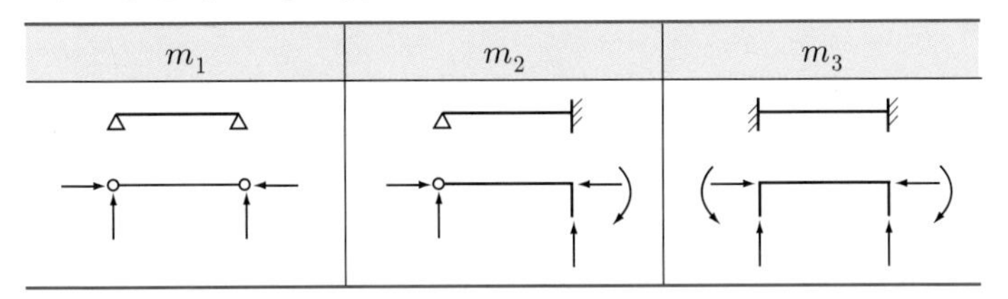

- p : 힘의 평형 조건식수에 따른 절점수

p_2 : 회전절점수(모멘트가 생기지 않는 절점수)

➡ 2개의 조건식 : $\Sigma V = 0$, $\Sigma H = 0$

p_3 : 강절점수(모멘트가 생기는 절점수)

➡ 3개의 조건식 : $\Sigma V = 0$, $\Sigma H = 0$, $\Sigma M = 0$

- r : 반력수

(2) 판별식의 근사해법

판별의 일반식을 정리하여 간편하게 만든 식으로 모든 구조물에 적용 가능하다.

총 판별식(N_t) = 외적 판별식(N_o) + 내적 판별식(N_i)

① 총판별식$(N_t) = m + r + s - 2p$

② 외적 판별식$(N_o) = r - 3$

③ 내적 판별식$(N_i) = N_t - N_o$

$= m + s + 3 - 2p$

여기서, m : 부재수

r : 반력수

s : 강절점수

p : 절점수

※ 강절점수 : 한 부재에 강하게 붙어 있는 부재수

(3) 단층 구조물의 판별식

단층 구조물은 반력만이 미지수로 반력을 구할 수 있다면 단면력을 항상 구할 수 있으므로 내적으로는 항상 정정이다. 따라서 단층 구조물의 부정정 차수는 외적 차수와 같다.

$$N = r - 3 - h$$

여기서, r : 반력수

h : 힌지 절점수

핵심예제 3-1 [13 지방직 9급]

다음 그림과 같은 연속보가 정정보가 되기 위해서 필요한 내부힌지(internal hinge)의 개수는?

① 3

② 4

③ 5

④ 6

| 해설 | 정정이 되기 위해 필요한 힌지수는 부정정차수와 같으므로

$N = r - 3 - h = 6 - 3 = 3$ ∴ 3개의 힌지가 필요

답 : ①

(4) 트러스의 판별식

절점이 모두 활절로 구성된다고 가정하므로 강절점수(p_3)는 0이다.

① 총판별식(N_t)$= m + r - 2p$

② 외적 판별식(N_o)$= r - 3$

③ 내적 판별식(N_i)$= N_t - N_o = m + 3 - 2p$

■ 핵심정리 : 트러스의 부정정 차수

- 내적차수(N_i) : 폐합 사각형에서 생략 가능한 부재수 (기본 구성이 삼각형이면 정정이다)
- 외적차수(N_o) : 생략 가능한 반력수 (최소 3개의 반력은 필요하다)

■ 핵심정리 : 안정트러스와 기본형과 연장

- 기본 안정형 : 3개의 절점과 3개의 부재
- 트러스의 연장 : 1개의 절점과 2개의 부재

➡ 1개의 부재와 1개의 절점으로 구성되면 내적으로 1차 불안정한 구조가 된다.

(5) 라멘의 판별식

절점이 모두 강절로 구성된다고 가정하면 활절점수(p_2)는 0이다.

① 총판별식(N_t)$= 3m + r - 3p$

② 외적 판별식(N_o)$= r - 3$

③ 내적 판별식(N_i)$= N_t - N_o = 3m + 3 - 3p$

(6) 합성구조물의 판별식

$$N = 3B - H$$

여기서, B : Box 수
H : 조건방정식수

- 절점 조건 : H=힌지에 연결된 부재수-1
- 지점 조건 : $H=3-$반력수

(7) 판정방법

① $N > 0$ ➡ 부정정 구조물 ┐
② $N = 0$ ➡ 정정 구조물 ┘ ➡ 안정조건($N \geq 0$)

③ $N < 0$ ➡ 불안정 구조물

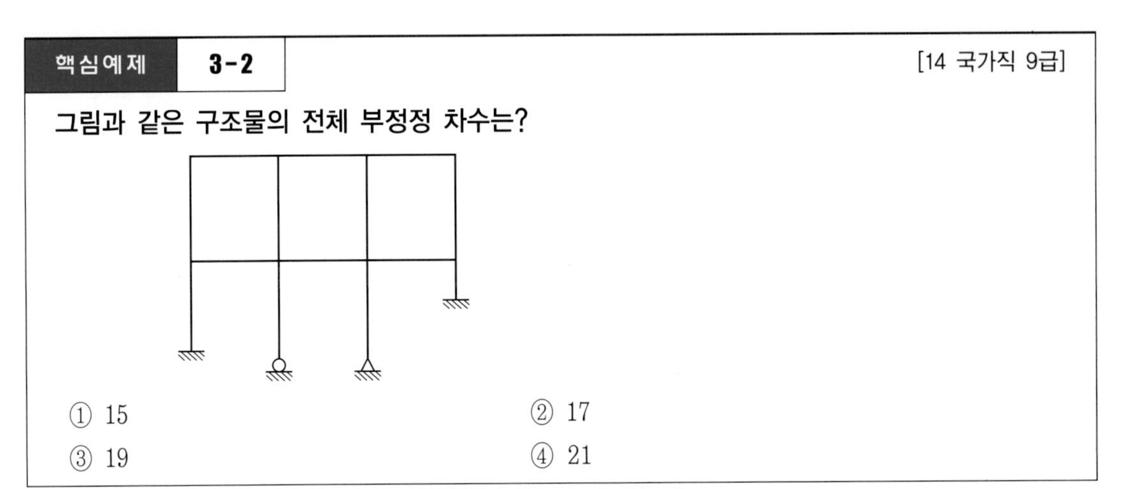

핵심예제 **3-2** [14 국가직 9급]

그림과 같은 구조물의 전체 부정정 차수는?

① 15 ② 17
③ 19 ④ 21

| 해설 | $N = 3B - H = 3(6) - 2 - 1 = 15$ ∴ 15차 부정정 구조물

답 : ①

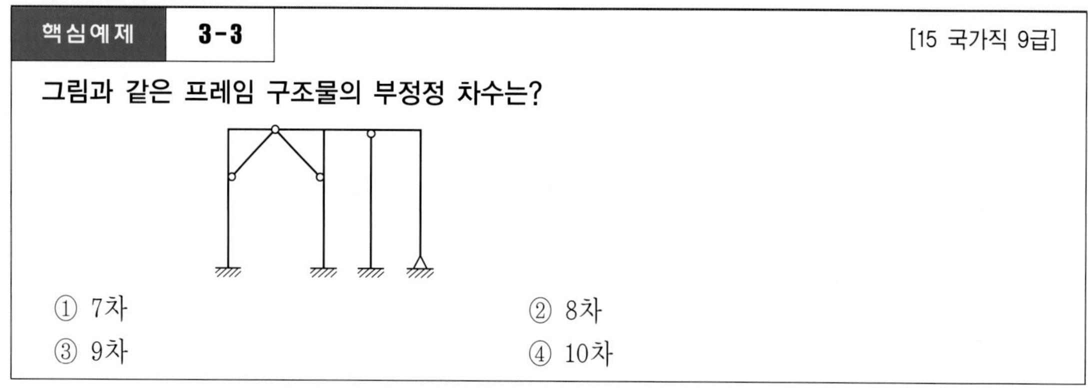

핵심예제 3-3 [15 국가직 9급]

그림과 같은 프레임 구조물의 부정정 차수는?

① 7차 ② 8차

③ 9차 ④ 10차

| 해설 | $N=3B-H=3(5)-7=8$ ∴ 8차 부정정

답 : ②

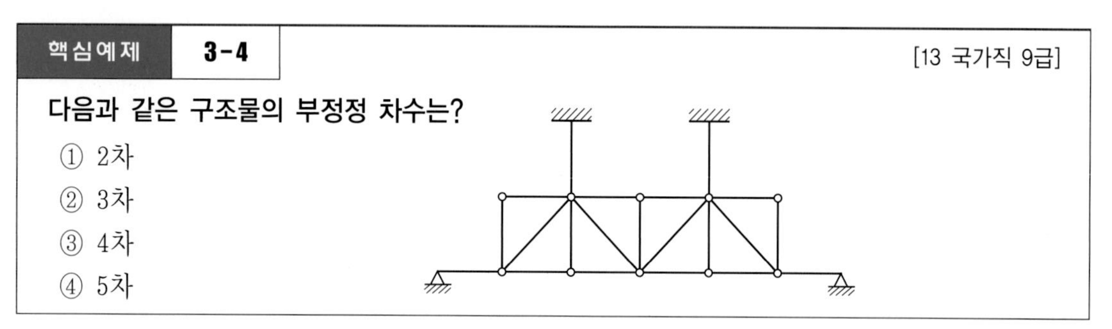

핵심예제 3-4 [13 국가직 9급]

다음과 같은 구조물의 부정정 차수는?

① 2차

② 3차

③ 4차

④ 5차

| 해설 | 먼저 하부의 구조만 바라보면 -1, 위로 두 개의 부재를 연장하면 -2, 고정지점으로 잡으면 반력이 3개씩 증가하므로 +6이다. 따라서 이들의 합이 부정정차수가 되므로 모두 합하면 +3이 된다.

답 : ②

출제 및 예상문제

출제유형단원

□ 구조물의 분류　　　　□ 구조물의 판별

내친김에 문제까지 끝내보자!

1 다음 중 수평, 수직, 회전반력이 모두 일어나는 지점은?

① 자유 지점　　② 가동 지점
③ 힌지 지점　　④ 고정 지점
⑤ 이동 지점

2 그림과 같이 4개의 지점, 1개의 활절을 가진 보의 외적인 부정정 차수는?

① 1차
② 2차
③ 3차
④ 4차
⑤ 정정

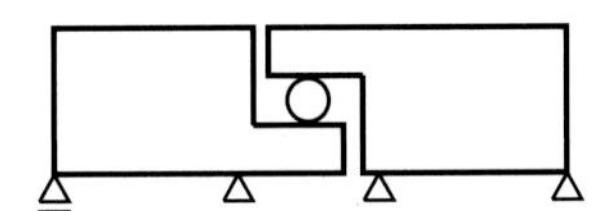

3 다음과 같은 연속보의 외적 부정정 차수는?

① 3차
② 5차
③ 2차
④ 6차

정 답 및 해 설

해설 **1**
모든 반력이 발생 가능한 지점은 고정 지점이고, 반력이 생기지 않는 지점은 자유 지점이다. 따라서 자유지점은 지지점으로서 기능이 없으므로 지점에서 제외하기도 한다.

보충 지점과 반력

지점	반력과 반력수
이동지점	수직반력(1개)
회전지점	수직·수평반력(2개)
고정지점	수직·수평·모멘트 반력(3개)

해설 **2**
$N=r-3-h=7-3-1$
$=3$차 부정정

해설 **3**
$N=r-3-h=10-3-2$
$=5$차 부정정

보충 단층구조물의 판별
➡ 단층구조는 내적으로 항상 정정이다.
∴ 단층구조의 부정정 차수=외적 부정정 차수
$N=N_o=N_t=r-3-h$

정답 1. ④ 2. ③ 3. ②

4 기둥과 보가 강절로 결합된 구조의 명칭은?

① 아치
② 라멘
③ 트러스
④ 기둥
⑤ 보

5 다음과 같은 구조물에서 부정정 차수는?

① 정정
② 3차
③ 6차
④ 9차
⑤ 12차

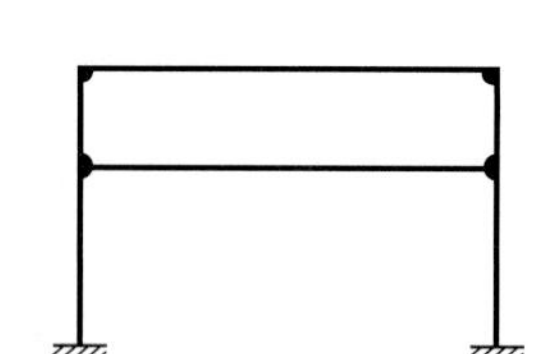

6 다음 라멘(Rahmen) 구조물에서 내적 부정정 차수는?

① 1차 부정정 라멘이다.
② 2차 부정정 라멘이다.
③ 3차 부정정 라멘이다.
④ 5차 부정정 라멘이다.
⑤ 6차 부정정 라멘이다.

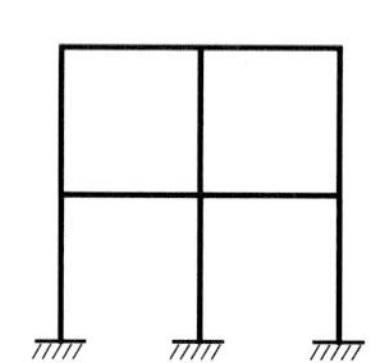

정 답 및 해 설

해설 **4**

① 아치 : 곡선 배치한 곡선보에서 휨모멘트가 감소하는 구조
② 라멘 : 보와 기둥이 강결된 구조
③ 트러스 : 부재가 활절로 연결된 구조
④ 기둥 : 축방향 압축 부재
⑤ 보 : 축에 수직한 하중을 받는 구조

해설 **5**

판별식

$N = m + r + s - 2p$
$= 6 + 6 + 6 - 2(6)$
$= 6$차 부정정

해설 **6**

총 판별식

$N_t = m + r + s - 2p$
$= 10 + 9 + 11 - 2(9)$
$= 12$차 부정정

- 외적 판별식 :
  $N_o = r - 3 = 9 - 3$
  $= 6$차 부정정
- 내적 판별식 :
  $N_i = N_t - N_o = 12 - 6$
  $= 6$차 부정정

보충 라멘의 판별식

총 판별식

$N_t = 3B - H = 3(4) - 0$
$= 12$차 부정정

- 외적 판별식 :
  $N_o = r - 3 = 9 - 3$
  $= 6$차 부정정
- 내적 판별식 :
  $N_i = N_t - N_o = 12 - 6$
  $= 6$차 부정정

정답 4. ② 5. ③ 6. ⑤

7 그림과 같은 라멘의 부정정 차수는?

① 5차
② 6차
③ 7차
④ 8차
⑤ 9차

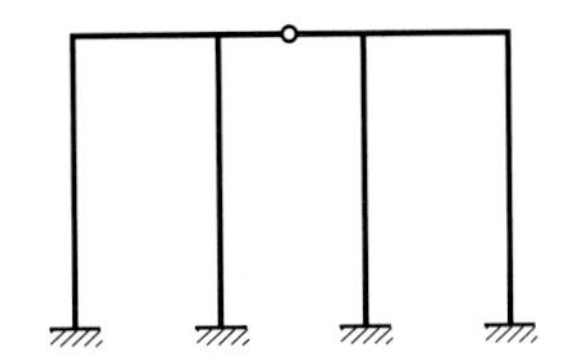

8 그림과 같은 라멘의 부정정 차수는?

① 6차
② 8차
③ 9차
④ 10차
⑤ 12차

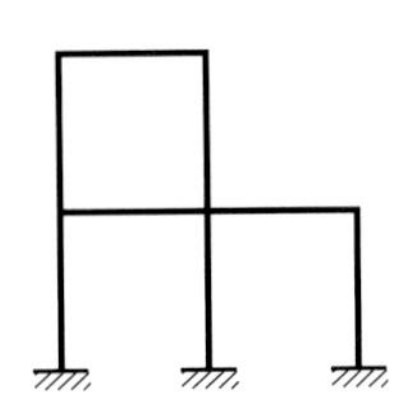

9 다음과 같은 라멘의 부정정 차수는?

① 정정
② 1차 부정정
③ 2차 부정정
④ 3차 부정정

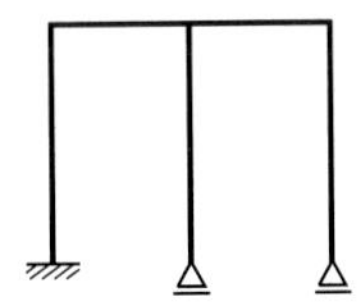

정 답 및 해 설

해설 **7**

판별식

$N=m+r+s-2p$
$=8+12+6-2(9)$
$=8$차 부정정

보충 라멘의 판별식

$N=3B-H$
$=3\times3-1=8$차 부정정

해설 **8**

판별식

$N=m+r+s-2p$
$=8+9+8-2(8)$
$=9$차 부정정

보충 라멘의 판별

$N=3B-H=3\times3=9$차

해설 **9**

$N=m+r+s-2p$
$=5+5+4-2(6)$
$=2$차 부정정

보충 라멘의 판별

$N_t=3B-H=3(2)-4$
$=2$차 부정정
$N_o=r-3=5-3$
$=2$차 부정정
$N_i=N_t-N_o=0$ (정정)

정답 7. ④ 8. ③ 9. ③

10 다음의 구조물에서 부정정 차수는?

① 1차
② 2차
③ 3차
④ 4차
⑤ 5차

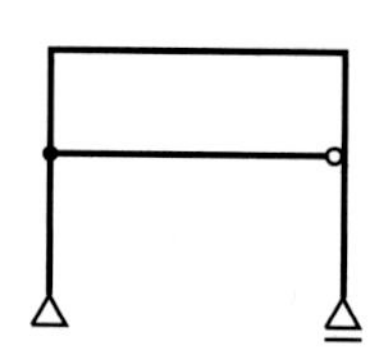

11 그림과 같은 보의 부정정 차수는?

① 불안정
② 정정
③ 1차 부정정
④ 2차 부정정
⑤ 3차 부정정

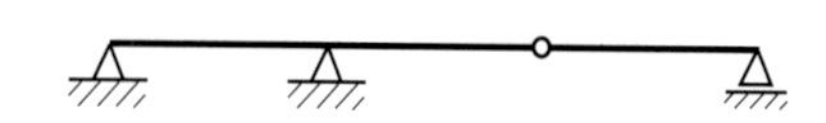

12 그림과 같은 연속보가 정정이 되기 위해 필요한 힌지수는?

① 3개
② 4개
③ 5개
④ 6개

정 답 및 해 설

해설 **10**

판별식
$N = m + r + s - 2p$
$= 6 + 3 + 5 - 2(6)$
$= 2$차 부정정

보충 라멘의 판별
$N = 3B - H = 3 \times 2 - 4$
$= 2$차 부정정

해설 **11**

단층 구조물이므로
$N = r - 3 - h = 5 - 3 - 1$
$= 1$차 부정정

해설 **12**

$N = r - 3 - h = 0$에서
힌지수 $h = r - 3 = 7 - 3 = 4$개

보충 3기본연속보가 정정이 되기 위해 필요한 힌지수(h)는 부정정 차수와 같다.
∴ h=부정정차수= 반력수−3
=지점수−2 = 경간수−1
※ 기본 연속보 : 일단은 회전지점 나머지는 이동지점으로 지지되는 연속보

정답 10. ② 11. ③ 12. ②

정 답 및 해 설

13 다음 연속보가 정정보가 되려면 몇 개의 활절이 필요한가?

① 1개
② 2개
③ 3개
④ 4개
⑤ 필요 없다.

해설 13
$N = r - 3 - h = 0$에서
$h = r - 3 = 5 - 3 = 2$개

14 다음의 보가 정정구조물이 되기 위해 필요한 내부힌지의 개수는?

[07 국가직 9급]

① 필요 없다.
② 1개
③ 2개
④ 3개

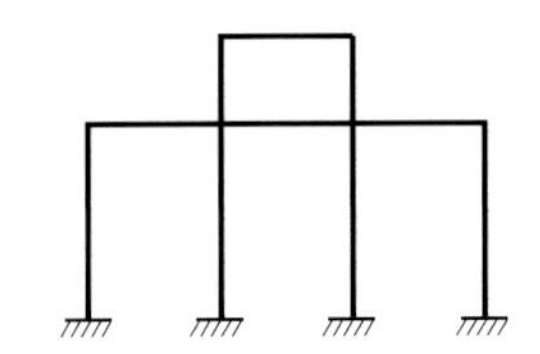

해설 14
$N = r - 3 - h = 5 - 3 - 1$
$= 1$차 부정정
∴ 1차 부정정구조물이므로 내부힌지가 1개가 더 있으면 정정이 된다.

15 그림과 같은 구조물의 내적 부정정 차수는?

① 1차 부정정
② 2차 부정정
③ 3차 부정정
④ 4차 부정정
⑤ 5차 부정정

해설 15
총 차수
$N_t = m + r + s - 2p$
$= 10 + 12 + 10 - 2(10)$
$= 12$차 부정정
• 외적 차수 :
$N_o = r - 3 = 12 - 3$
$= 9$차 부정정
• 내적 차수 :
$N_i = N_t - N_o = 12 - 9$
$= 3$차 부정정

보충 라멘의 판별식
• 총 차수
$N_t = 3B - H = 3(4) - 0$
$= 12$차 부정정
• 외적 차수
$N_o = r - 3 = 12 - 3$
$= 9$차 부정정
• 내적 차수 :
$N_i = 12 - 9 = 3$차 부정정

정답 13. ② 14. ② 15. ③

16 그림과 같은 라멘 구조물의 부정정 차수는? [09 지방직 9급]

① 7차
② 8차
③ 9차
④ 10차

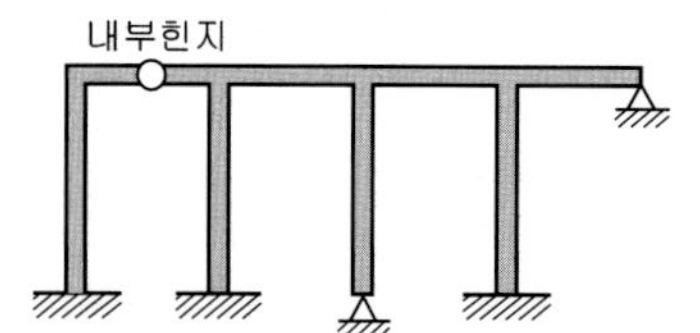

17 다음 보에서 부정정보에 해당되는 것은?

① 단순보(Simple Beam)
② 외팔보(Cantilever Beam)
③ 내민보(Over-hanging Beam)
④ 게르버보(Gerber's Beam)
⑤ 연속보(Continuous Beam)

18 다음 중 정정보가 아닌 것은?

① 게르버보
② 고정보
③ 캔틸레버보
④ 내민보

정답 및 해설

해설 16

$N_t = m + r + s - 2p$
$= 9 + 13 + 7 - 2(10)$
= 9차 부정정

해설 17

연속보와 고정보(양단 고정보, 고정 받침보)는 부정정 구조이다.

보충 4대 정정보
① 단순보(Simple Beam)
② 캔틸레버보 (Cantilever Beam)
③ 내민보 (Over-hanging Beam)
④ 겔버보(Gerber's Beam)

해설 18

고정보, 연속보 등은 부정정보에 속한다.

보충 4대 정정보
① 단순보
② 캔틸레버보
③ 내민보
④ 게르버보

정답 16. ③ 17. ⑤ 18. ②

19 다음 트러스교에서 부정정 차수는?

① 1차 부정정
② 2차 부정정
③ 3차 부정정
④ 4차 부정정
⑤ 정정

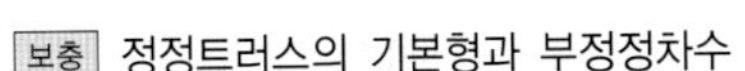

보충 정정트러스의 기본형과 부정정차수

- 내적차수(N_i) : 생략 가능한 부재수 $\therefore N_i=1$차 부정정
- 외적차수(N_o) : 생략 가능한 반력수(최소 3개의 반력은 필요하다.) $\therefore N_o=1$차 부정정
- 총차수 : $N_t=N_i+N_o=2$차 부정정

해설 **19**

판별식
$N=m+r+s-2p$
$=10+4+0-2(6)$
$=2$차 부정정

20 다음 트러스의 부정정 차수는?

① 1차
② 2차
③ 3차
④ 4차
⑤ 5차

보충 트러스의 부정정 차수

- 내적차수(N_i) : 생략 가능한 부재수
- 외적차수(N_o) : 생략 가능한 반력수(최소 3개의 반력이 필요하다.)
- 총차수 : $N_t=N_i+N_o=4+0=4$차 부정정

해설 **20**

$N=m+r-2p=25+3-2(12)$
$=4$차 부정정

21 그림과 같은 트러스의 부정정 차수는?

① 불안정(1차)
② 정정(0차)
③ 부정정(1차)
④ 부정정(2차)
⑤ 부정정(3차)

보충 트러스의 부정정 차수

- 내적 차수(N_i) : 생략 가능한 부재수
- 외적 차수(N_o) : 생략 가능한 반력수(최소 3개의 반력이 필요하다.)
- 총차수 $N_t=N_i+N_o=1$차 부정정

해설 **21**

판별식
$N=m+r-2p=10+3-2(6)$
$=1$차 부정정

정답 19. ② 20. ④ 21. ③

22 다음 구조물 중 불안정한 구조는?

①

②

③

④

⑤

23 그림과 같은 구조물의 부정정 차수는?

① 5차
② 6차
③ 7차
④ 8차
⑤ 9차

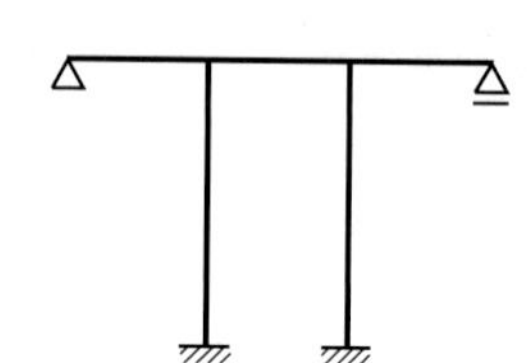

24 다음 중 수직반력, 수평반력은 생기지만 회전반력이 생기지 않는 지점은?

① 롤러지점
② 회전지점
③ 이동지점
④ 가동지점
⑤ 고정지점

정 답 및 해 설

해설 **22**

⑤는 외력에 의해 구조물의 위치가 이동되므로 외적으로 불안정한 구조이다.

보충 안정구조

외력에 의해 구조물의 모양 변화나 위치 이동이 없는 구조물로 힘의 평형조건 $\begin{Bmatrix} \sum H=0 \\ \sum V=0 \\ \sum M=0 \end{Bmatrix}$ 성립하는 구조

해설 **23**

$N_t = m+r+s-2p$
$= 5+9+4-2(6)$
$= 6$차 부정정

정답 22. ⑤ 23. ② 24. ②

25 다음 그림과 같은 구조물을 판별한 것 중 옳은 것은? [09 국가직 9급]

① 정정
② 1차 부정정
③ 2차 부정정
④ 3차 부정정

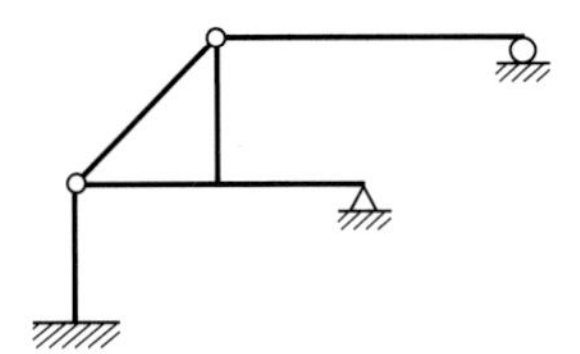

26 다음 그림과 같은 합성 라멘의 내적 부정정 차수는?

① 0차
② 1차
③ 2차
④ 3차
⑤ 4차

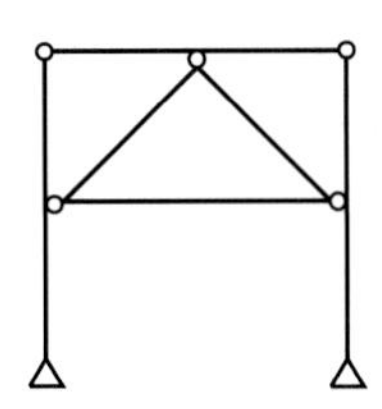

보충 합성 라멘의 판별

$N_t = 3B - H = 3(4) - 10 = 2$차 부정정

$N_o = r - 3 = 4 - 3 = 1$차 부정정

$N_i = N_t - N_o = 2 - 1 = 1$차 부정정

27 그림과 같은 구조물을 바르게 판별한 것은? [11 국가직 9급]

① 안정, 정정 구조물
② 안정, 1차부정정 구조물
③ 불안정, 1차부정정 구조물
④ 불안정, 2차부정정 구조물

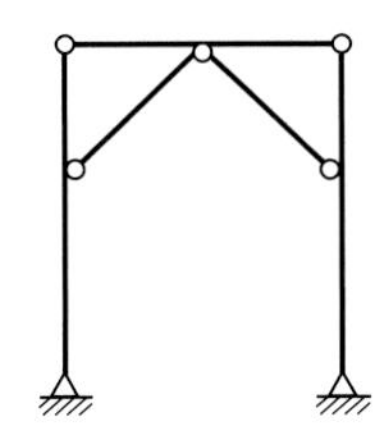

정 답 및 해 설

해설 25

$N_t = m + r + s - 2p$
$= 6 + 6 + 2 - 2(6)$
$= 2$차 부정정

해설 26

총 차수

$N_t = m + r + s - 2p$
$= 9 + 4 + 3 - 2(7)$
$= 2$차 부정정

• 외적 차수 :

$N_o = r - 3 = 4 - 3$
$= 1$차 부정정

• 내적 차수 :

$N_i = N_t - N_o = 2 - 1$
$= 1$차 부정정

해설 27

$N_t = m + r + s - 2p$
$= 8 + 4 + 3 - 2(7)$
$= 1$차 부정정

정답 25. ③ 26. ② 27. ②

28 지점으로서 회전과 수평이동은 자유로우나 수직이동은 허용되지 않는 지점은 다음 중 어느 것인가?

① 이동지점 ② 활절지점
③ 고정지점 ④ 자유지점
⑤ 구지점

29 다음 중 축방향으로 압축을 받는 압축부재(Compressive member)로 옳은 것은?

① 현수교(Suspension bridge) ② 기둥(Column)
③ 보(Beam) ④ 아치(Arch)
⑤ 라멘(Rahmen)

30 다음의 구조형식 중 구조 계산 시 부재들이 축방향력만을 받는 것으로 가정되는 구조형식은? [07 국가직 9급]

① 보 ② 트러스
③ 라멘 ④ 아치

31 다음 구조물의 부정정 차수는?

① 1차 부정정
② 2차 부정정
③ 3차 부정정
④ 4차 부정정

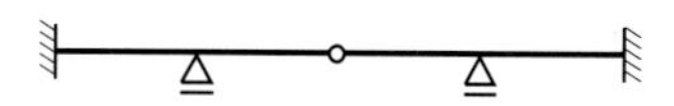

정 답 및 해 설

해설 **28**

회전과 수평이동은 자유로우나 수직이동은 허용되지 않는 지점은 이동지점이다.

보충 지점과 반력
- 이동지점 : 회전과 수평이동 가능, 수직이동 불가능
- 회전지점 : 회전 가능, 이동은 불가능
- 고정지점 : 회전, 이동 모두 불가능

해설 **29**

기둥은 축방향 압축을 받는 부재이다.

해설 **30**

트러스는 가늘고 긴 부재의 양단부가 활절로 연결되므로 축방향력(인장력 또는 압축력)만을 받는다.

해설 **31**

단층 구조물이므로

$N_t = r - 3 - h = 8 - 3 - 1$

$= 4$차 부정정

정답 28. ① 29. ② 30. ② 31. ④

정 답 및 해 설

32 그림과 같은 트러스의 내적 부정정 차수는? [11 지방직 9급]

① 4차
② 5차
③ 6차
④ 7차

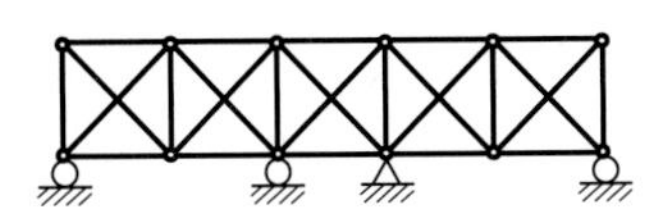

해설 **32**

• $N_t = m + r - 2p$
$= 36 + 5 - 2(17) = 7$차
• $N_o = r - 3 = 5 - 3 = 2$차
• $N_i = N_t - N_e = 7 - 2 = 5$차

33 다음 트러스의 내적 부정정 차수는?

① 1차
② 2차
③ 3차
④ 4차

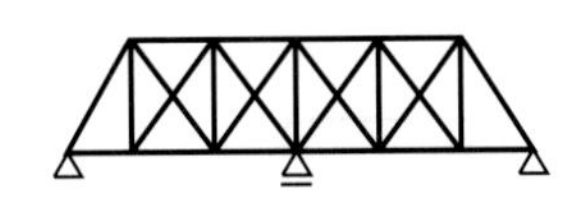

해설 **33**

• $N_t = m + r + s - 2p$
$= 25 + 5 - 2(12) = 6$차
• $N_o = r - 3 = 5 - 3 = 2$차
• $N_i = m + r - 2p$
$= N_t - N_o = 6 - 2 = 4$차

보충 트러스의 판별식
• 내적차수 : 생략 가능한 부재수
• 외적차수 : 생략 가능한 반력수
∴ 내적차수=4차 부정정
외적차수=2차 부정정
총차수=6차 부정정

34 그림과 같은 트러스는 불안정 구조물로 판별되었다. 안정 구조물로 변환하기 위한 방법으로 옳지 않은 것은? [09 지방직 9급]

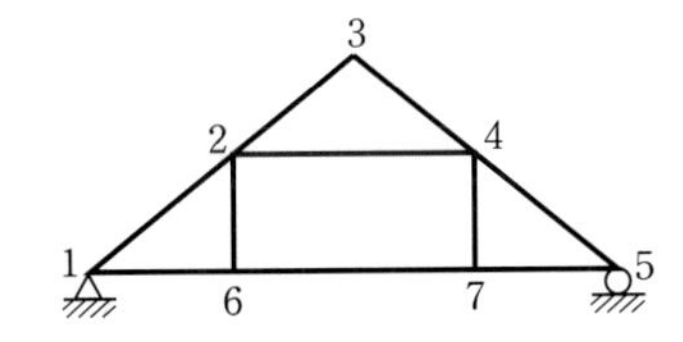

① 2번 절점과 7번 절점을 연결하는 부재 추가
② 5번 지점을 힌지로 교체
③ 4번 절점과 6번 절점을 연결하는 부재 추가
④ 1번 지점을 이동단으로 교체

해설 **34**

트러스의 판별식
$N = m + r - 2p$ 에서
$N = m + r - 2p \geq 0$일 때 안정한 구조물이 되므로 부재수(m)나 반력수(r)를 증가시켜야 한다. 따라서 회전단을 이동단으로 교체하면 반력수(r)가 감소하므로 더 불안정해진다.

정답 32. ② 33. ④ 34. ④

정 답 및 해 설

35 다음 구조물의 판별식은?

① 정정
② 1차 부정정
③ 2차 부정정
④ 불안정

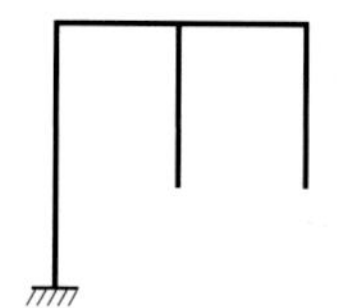

해설 **35**

단층 구조물의 판별식
$N=r-3-h=3-3-0=0$
(정정)

36 다음 그림과 같은 연속보의 부정정 차수는?

① 1차
② 2차
③ 3차
④ 4차

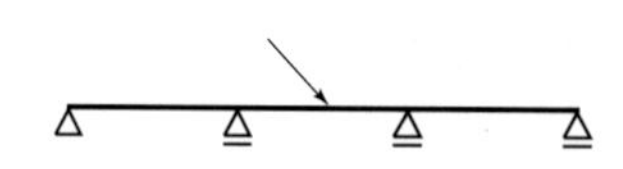

해설 **36**

단층 구조물의 판별식
$N=r-3-h=5-3-0$
=2차 부정정

보충

기본연속보가 정정이 되기 위한 힌지수 : 부정정 차수와 같다.
h =반력수−3=지점수−2
=경간수−1=부정정 차수

37 다음 보 중에서 부정정보는?

① 외팔보
② 일단 내다지보
③ 단순보
④ 연속보
⑤ 양단 내다지보

해설 **37**

- 4대 정정보 : 단순보, 캔틸레버보, 내민보, 겔버보
- 부정정보 : 연속보, 고정보 등

보충 4대 정정보

단순보	
내민보	
캔틸레버	
겔버보	

정답 35. ① 36. ② 37. ④

정 답 및 해 설

38 다음 설명 중에서 옳지 않은 것은? [07 국가직 9급]

① 평형방정식의 수보다 많은 미지의 힘을 갖는 구조물을 부정정구조물이라 부른다.
② 기하학적 불안정은 구조물의 반력 성분이 외적 안정을 확보할 수 있도록 적절하게 배열되어 있지 않거나 구속되지 않는 경우를 말한다.
③ 트러스 구조물에서 부재의 수와 반력의 수의 합이 절점수의 2배보다 작으면 부정정 트러스 구조물이다.
④ 구조물을 적절하게 구속하기 위해서는 반력의 작용선들이 동일한 점에서 교차되지 않도록 해야 한다.

해설 **38**
트러스의 판별식
$N=m+r-2p$ 에서
부재수(m)와 반력수(r)의 합이 절점수(p)의 2배보다 작으면 판별식(N)이 음(−)이 되므로 불안정한 트러스 구조물이 된다.

39 다음과 같은 라멘 구조의 부정정 차수가 맞는 것은? [14 서울시 9급]

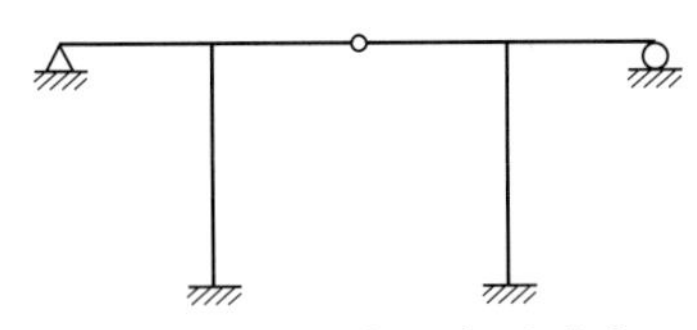

① 3차 부정정 ② 4차 부정정
③ 5차 부정정 ④ 6차 부정정
⑤ 7차 부정정

해설 **39**
$N=m+r+s-2p$
$=6+9+4-2(7)$
$=5$차

40 그림과 같은 뼈대구조물의 부정정 차수는? [10 서울시 9급]

① 9차
② 10차
③ 11차
④ 12차
⑤ 13차

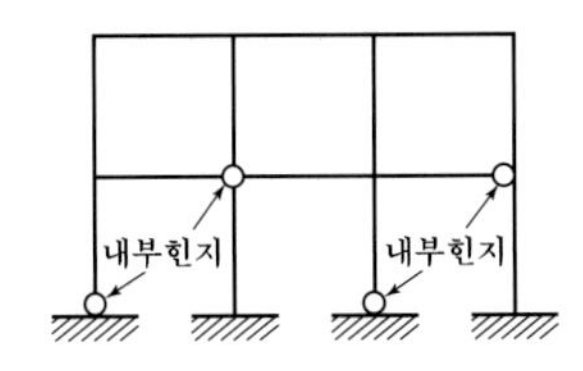

해설 **40**
$N=m+r+s-2p$
$=14+10+12-2(12)$
$=12$차

41 다음과 같은 구조물의 부정정 차수는? [12 국가직 9급]

① 정정 구조물
② 1차 부정정
③ 2차 부정정
④ 3차 부정정

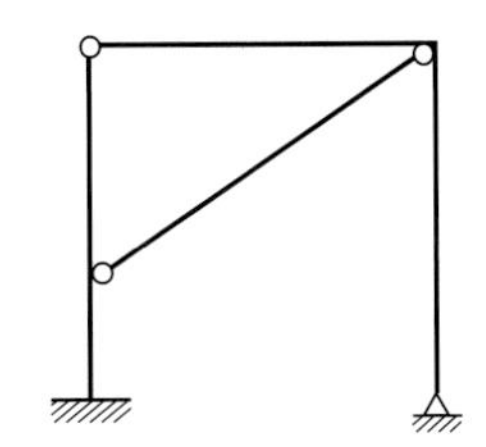

해설 **41**
$N=m+r+s-2p$
$=5+5+2-2(5)$
$=2$차부정정

정답 38. ③ 39. ③ 40. ④ 41. ③

42 다음 그림과 같은 구조물 가, 나, 다, 라 중 정정구조물로만 묶인 것은? [12 지방직 9급]

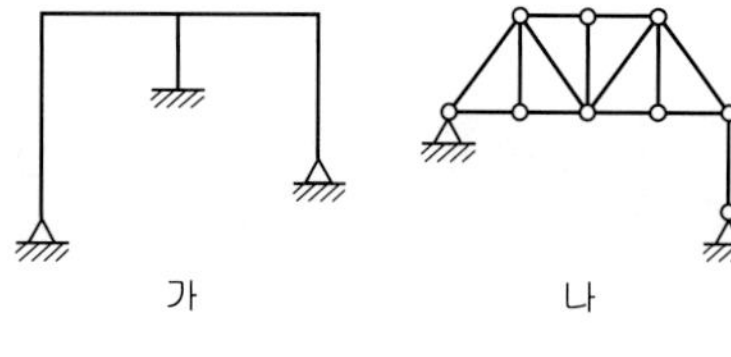

가 나

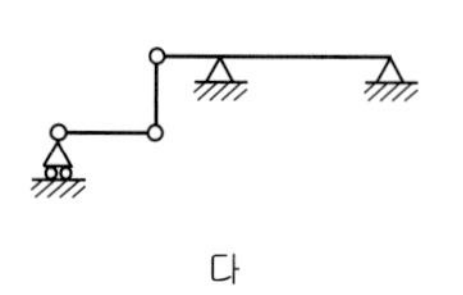

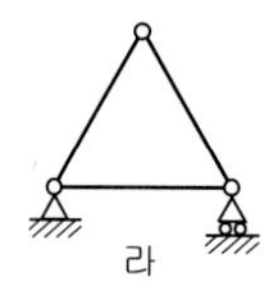

다 라

① 나, 다 ② 나, 라
③ 가, 다, 라 ④ 나, 다, 라

해설 **42**

가 : $N=m+r+s-2p$
$=5+7+7-2(6)$
$=4$차 부정정

나 : $N=m+r+s-2p$
$=14+4-2(9)$
$=0$(정정구조물)

다 : $N=m+r+s-2p$
$=4+5+1-2(5)$
$=0$(불안정 구조물)

다 : 구조물은 판별식에서 정정구조물로서 판정은 되지만 수평하중에 의해 구조물이 움직이기 때문에 구조물로서 역할을 수행할 수 없는 불안정 구조물이다.

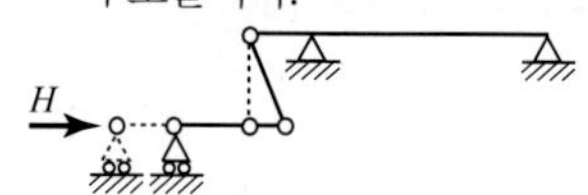

라 : $N=m+r+s-2p$
$=3+3-2(3)$
$=0$(정정구조물)

∴ 정정구조물은 나, 라이다.

43 다음 구조물 중 부정정 차수가 가장 높은 것은? [14 지방직 9급]

①

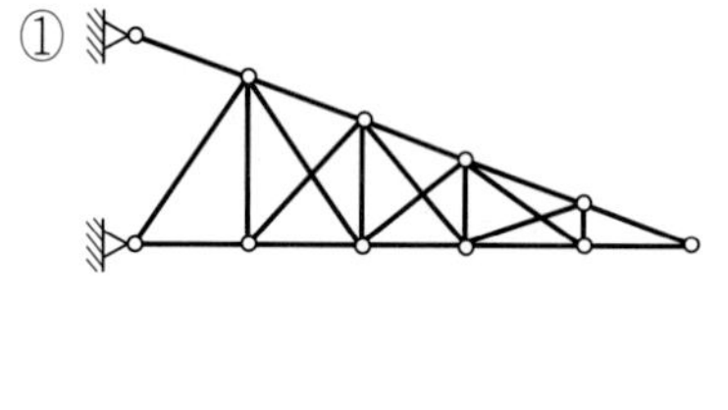

②

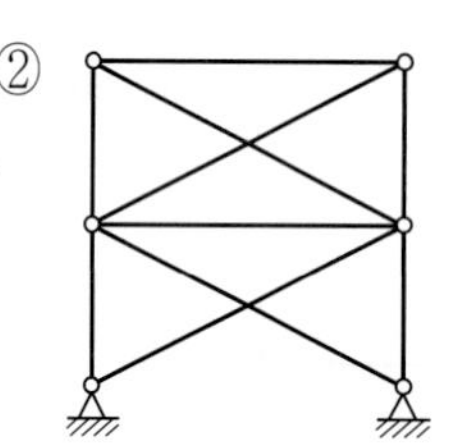

③

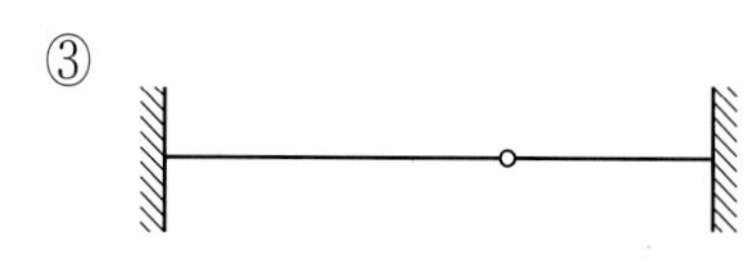

④

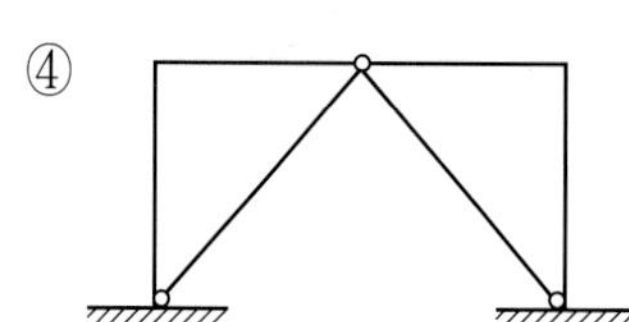

해설 **43**

① 3+1−1=3차
(내적 2차, 외적 1차)
② 1+1=2차
(내적 1차, 외적 1차)
③ 3−1=2차
(내적 정정, 외적 2차)
④ 3−1+1+1=4차
(외적 2차, 내적 2차)
➡ 지점에 배치된 힌지는 접하고 있음에 주의한다.

정답 42. ② 43. ④

Chapter 04

정정보

chapter 04

정정보

4.1 정정보의 개요

1 정의

힘의 평형조건식($\Sigma H=0$, $\Sigma V=0$, $\Sigma M=0$)을 이용하여 반력과 단면력을 모두 구할 수 있는 보를 정정보라 한다.

2 종류(4대 정정보)

(1) 단순보

일단은 이동지점, 타단은 회전지점으로 지지되는 보를 단순보라 한다.

(2) 캔틸레버보

일단은 고정단 타단은 자유단으로 된 보를 캔틸레버보라 한다.

(3) 내민보

단순보의 한쪽 또는 양쪽을 내민 보를 내민보라 한다.

(4) 게르버보

부정정 구조물에 부정정 차수만큼의 힌지를 넣어 정정으로 만든 보를 게르버보라 한다.

단순보(Simple Beam)	캔틸레버보(Cantilever Beam)
	또는
내민보(Overhanging Beam)	게르버보(Gerber's Beam)

4.2 정정보의 해법

정정보는 반력과 단면력을 모두 평형방정식에 의해 구한다.

1 반력 해법

힘의 평형 조건식 $\left\{\begin{matrix} \sum H=0 \\ \sum V=0 \\ \sum M=0 \end{matrix}\right\}$을 이용한다.

이때, 미지수를 많이 소거할 수 있는 점에서 $\sum M=0$을 우선 적용한다.

2 단순보의 반력

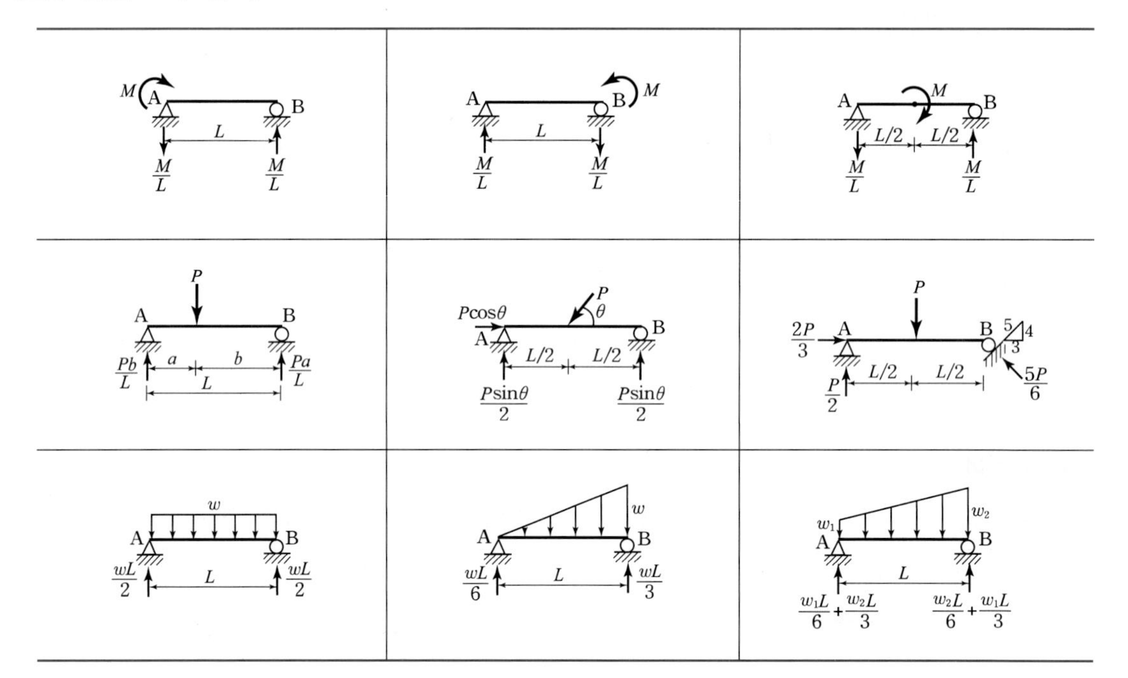

핵심예제 4-1 [11 국가직 9급]

그림과 같이 2kN과 4kN의 하중이 4m 간격을 유지하며 이동하고 있다. 지점 A와 B의 반력이 같게 될 때 2kN이 작용하는 위치로부터 A지점까지의 거리 x[m]는?

① 2.0
② 2.3
③ 3.0
④ 3.3

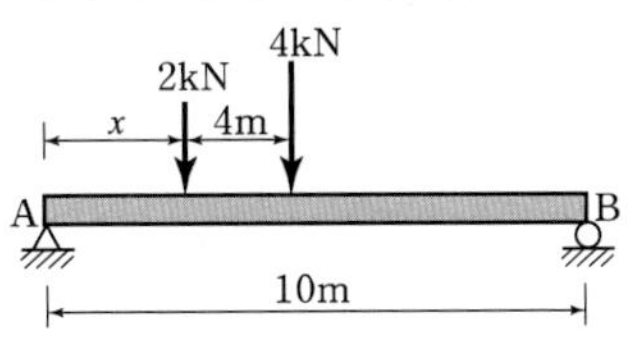

| 해설 | $R_A = R_B = 3\text{kN}(\uparrow)$

$\sum M_B = 0 : R_A(10) - 2(10-x) - 4(10-x-4) = 0$

$\therefore x = 2.3\text{m}$

답 : ②

핵심예제 4-2 [13 서울시 9급]

다음 그림과 같은 단순보에 집중하중 60kN과 등분포하중 10kN/m가 작용하고 있다. 두 지점 A와 B의 반력이 같을 때 집중하중의 위치는?

① 1m
② 2m
③ 3m
④ 4m
⑤ 5m

60kN
10kN/m
A
B
x
4m
10m

| 해설 | 반력이 같다면 $2R = 60 + 10(4) = 100$에서 $R = 50\text{kN}$이 된다. 지점 A에서 모멘트 평형을 적용하면 $60(x) + 40(8) = 50(10)$에서 $x = 3\text{m}$가 된다.

답 : ③

핵심예제 4-3 [10 국가직 9급]

다음 그림과 같은 보에서 반력 $R_A = 3R_B$의 관계가 성립하는 힘 P_1의 크기[kN]는?

① $150(\downarrow)$
② $150(\uparrow)$
③ $\dfrac{150}{7}(\downarrow)$
④ $\dfrac{150}{7}(\uparrow)$

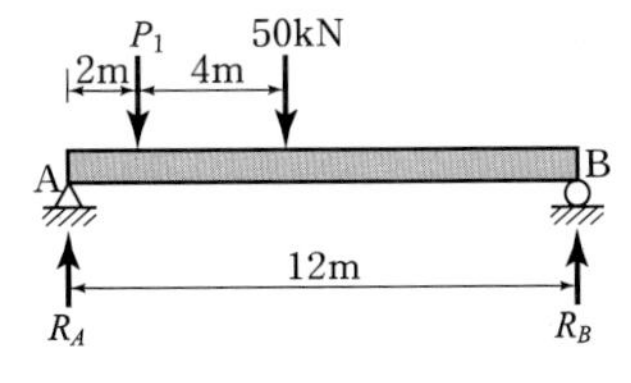

| 해설 | $\sum V = 0 : 3R_B + R_B - P_1 - 50 = 0$ 에서 $R_B = \dfrac{P_1 + 50}{4}(\uparrow)$

$\sum M_A = 0 : P_1(2) + 50(6) - \dfrac{P_1 + 50}{4}(12) = 0$

$\therefore P_1 = 150\text{kN}(\downarrow)$

답 : ①

핵심예제 4-4 [13 지방직 9급]

다음 그림과 같은 단순보에서 A점과 B점의 수직반력이 같을 때 B점에 작용하는 모멘트 M [kN · m]은?

① 10
② 20
③ 30
④ 40

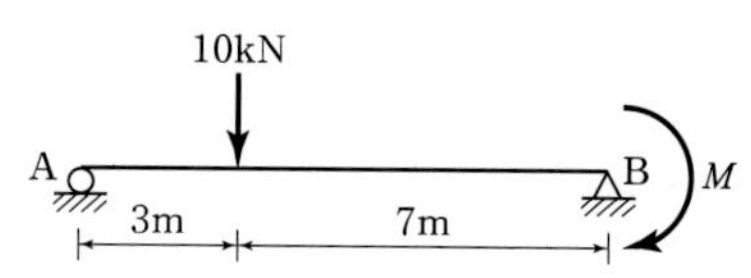

| 해설 | (1) 지점 반력
두 지점의 수직반력이 같다면 $\Sigma V=0$에서
$R=5\text{kN}$
(2) B점의 모멘트
$\Sigma M_A=0$: $10(3)+M-5(10)=0$에서
$M=20\text{kN}\cdot\text{m}$

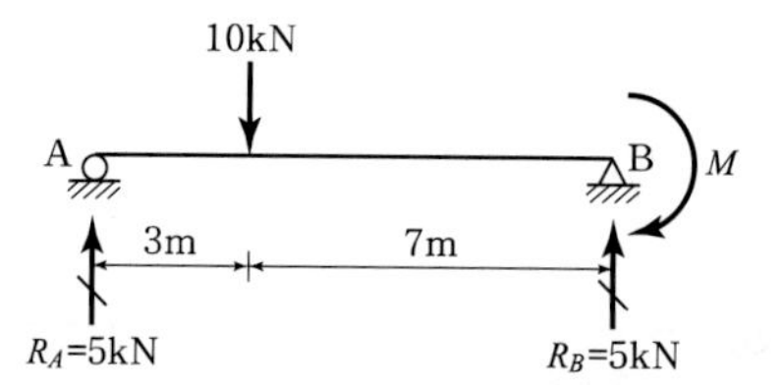

답 : ②

핵심예제 4-5 [15 국가직 9급]

그림과 같은 단순보에서 지점 B의 수직반력[kN]은? (단, 보의 자중은 무시한다)

① 40
② 46
③ 52
④ 60

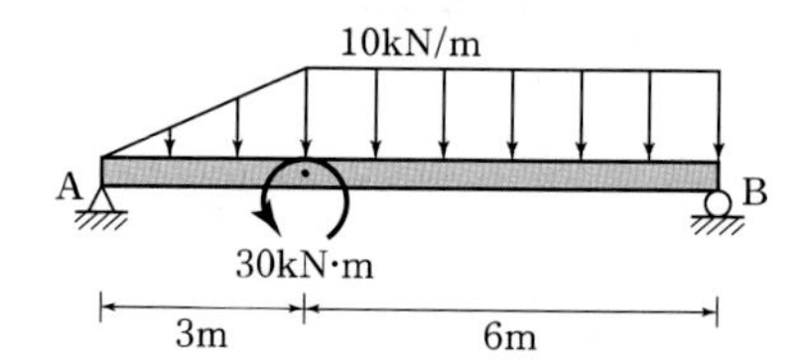

| 해설 | 등분포하중, 삼각형하중, 모멘트 하중으로 나누어 중첩을 적용하면

$$\Sigma M_A=0\text{에서}\quad R_B=\frac{wL}{2}-\frac{wa^2}{6L}-\frac{M}{L}=45-\frac{10(3^2)}{6(9)}-\frac{30}{9}=40\,\text{kN}$$

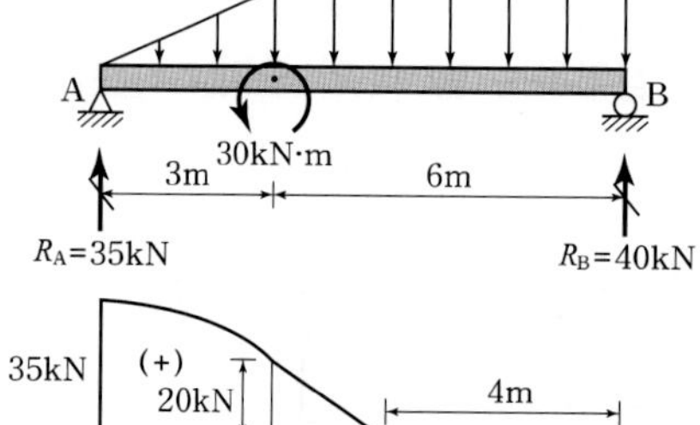

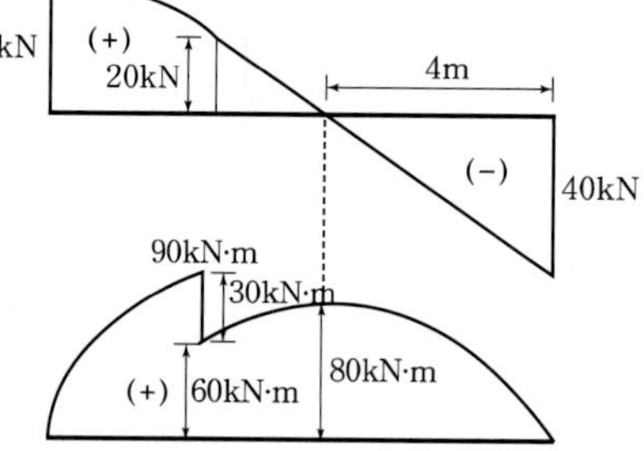

답 : ①

3 캔틸레버보의 반력

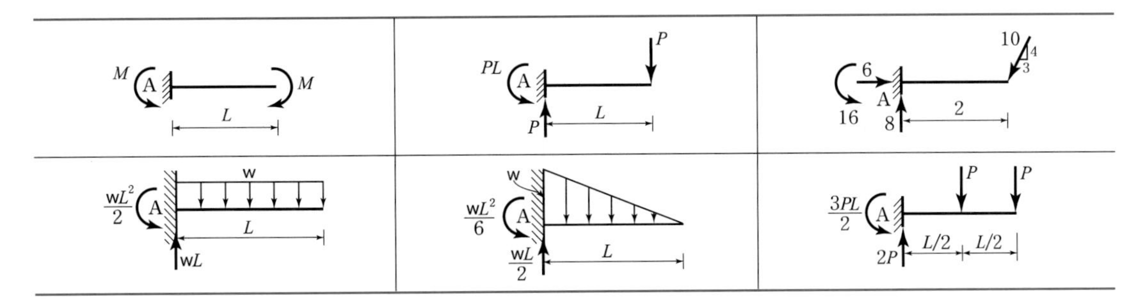

4 내민보의 반력

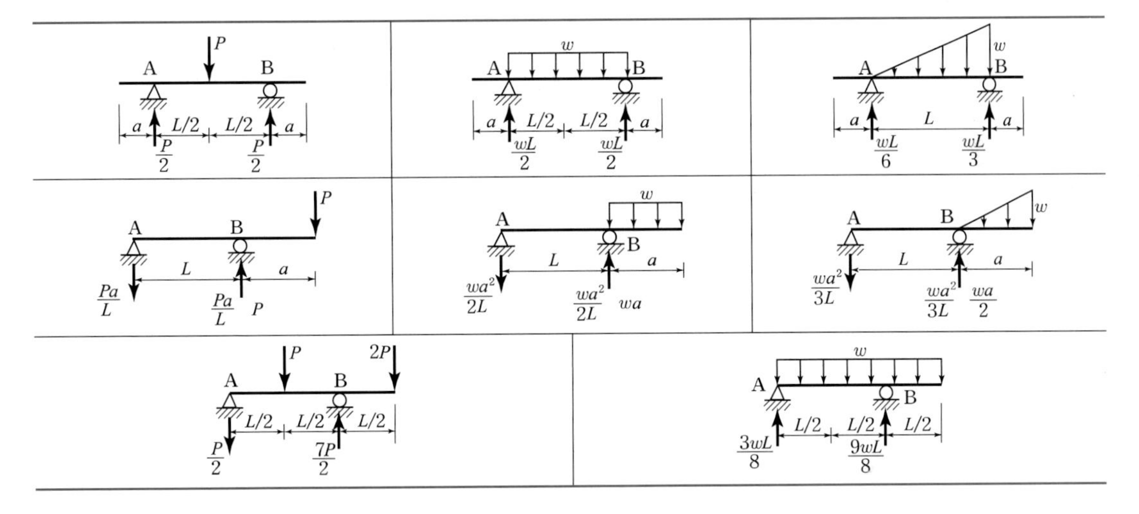

■ 보충설명 : 내민보의 반력

단순보구간에만 하중이 작용하는 경우 반력은 단순보의 반력과 같다.

하중	반력	하중	반력	하중	반력
M, A, B, a, l	$R_A=\dfrac{M}{l}(\downarrow)$ $R_B=\dfrac{M}{l}(\uparrow)$	P, a, b, A, B, a, l	$R_a=\dfrac{Pb}{l}(\uparrow)$ $R_B=\dfrac{Pa}{l}(\uparrow)$	P, A, B, a, l/2, l/2	$R_A=R_B$ $=\dfrac{P}{2}(\uparrow)$
w, A, B, a, l	$R_A=R_B$ $=\dfrac{wl}{2}(\uparrow)$	w, A, B, a, l	$R_A=\dfrac{wl}{6}(\uparrow)$ $R_B=\dfrac{wl}{3}(\uparrow)$	w, 2w, A, B, a, l	$R_A=\dfrac{2wl}{3}(\uparrow)$ $R_B=\dfrac{5wl}{6}(\uparrow)$

핵심예제 4-6 [08 국가직 9급]

다음 그림과 같은 보에서 지점 B의 반력이 $4P$일 때 하중 $3P$의 재하위치 x는?

① $x = l$

② $x = \dfrac{3}{2}l$

③ $x = 2l$

④ $x = \dfrac{2}{3}l$

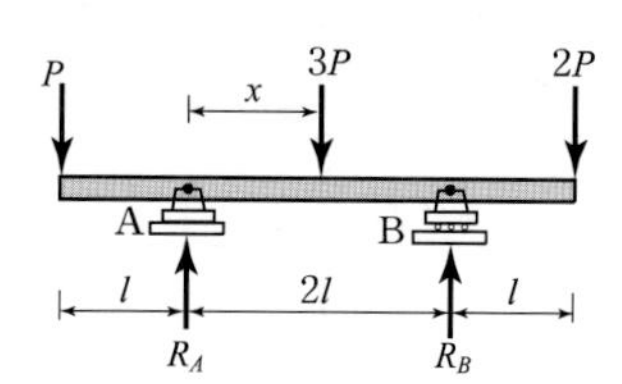

| 해설 | $\sum M_A = 0 : -P(l) + 3P(x) - 4P(2l) + 2P(3l) = 0$

$\therefore\ x = l$

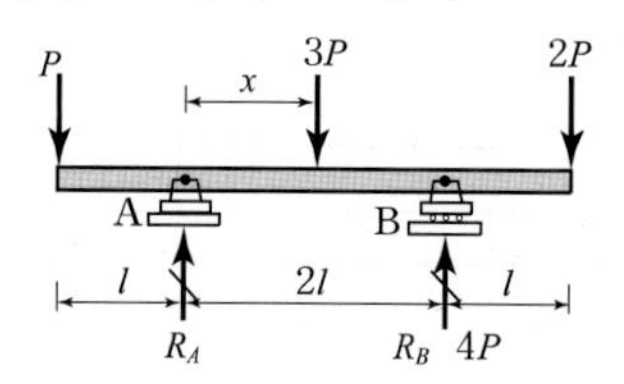

답 : ①

핵심예제 4-7 [14 국가직 9급]

그림과 같은 하중이 작용하는 보의 B지점에서 수직반력의 크기[kN]는? (단, 보의 자중은 무시한다)

① 0.2

② 0.3

③ 3.8

④ 6.7

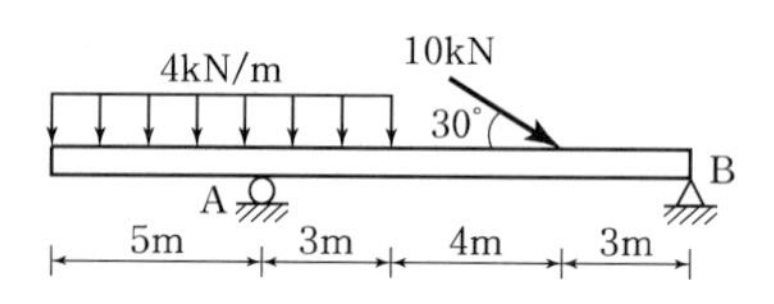

| 해설 | 반대편 지점인 A점에서 모멘트 평형조건을 적용하면

$$R_B = \frac{10\sin 30°(7) - (4\times 8)(1)}{10} = 0.3\,\text{kN}$$

답 : ②

5 게르버보의 반력

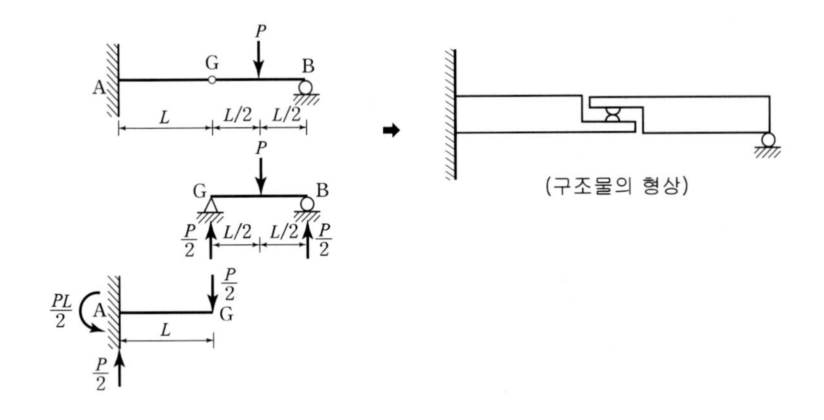

(구조물의 형상)

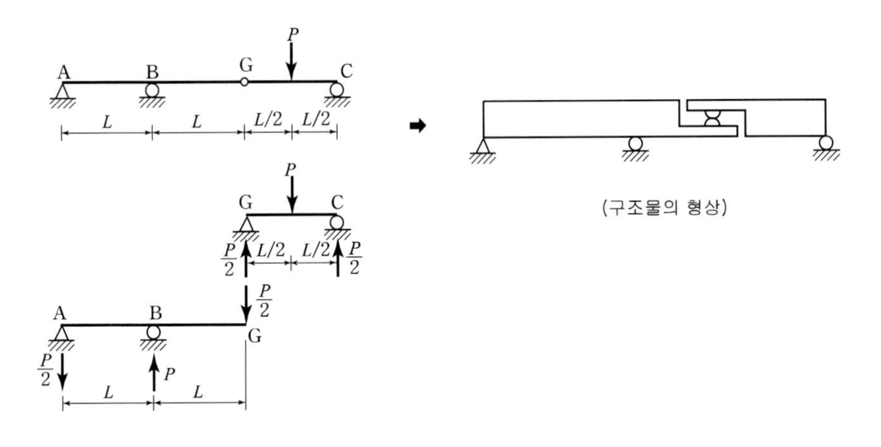

(구조물의 형상)

■ 보충설명 : 게르버보의 반력과 단면력 계산

- 원칙 : 힌지에서 휨모멘트가 0이라는 조건을 이용하여 반력을 구하고 단면력은 구하는 점을 절단한 한쪽에 작용하는 힘의 합과 같다.
- 등가 : 힌지를 단순보의 지점으로 보고 계산한 상부구조물의 반력을 하부구조물에 하중으로 작용시켜 반력과 단면력을 구할 수도 있다.

핵심예제 4-8 [13 지방직 9급]

다음 그림과 같이 하중을 받는 게르버보에서 C점의 반력[kN]은?

① 10
② 12
③ 14
④ 16

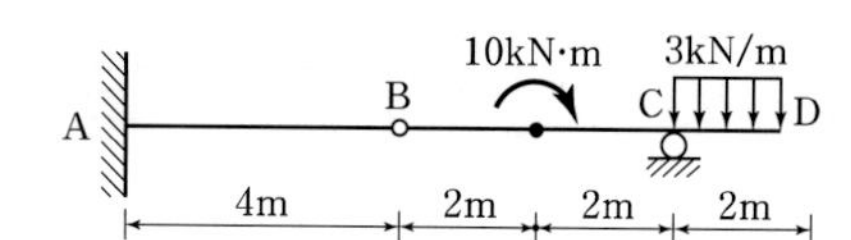

| **해설** | 내부힌지 B에서 휨모멘트가 0이므로 절단한 오른쪽에 대해 계산하면

$$\Sigma M_{B(우)}=0 \ : \ 10-R_C+(3\times 2)\left(4+\frac{2}{2}\right)=0에서 \ R_C=\frac{10+6\times 5}{4}=10\text{kN}(\uparrow)$$

답 : ①

핵심예제 4-9 [15 지방직 9급]

다음과 같이 C점에 내부 힌지를 갖는 게르버보에서 B점의 수직반력[kN]의 크기는? (단, 자중은 무시한다)

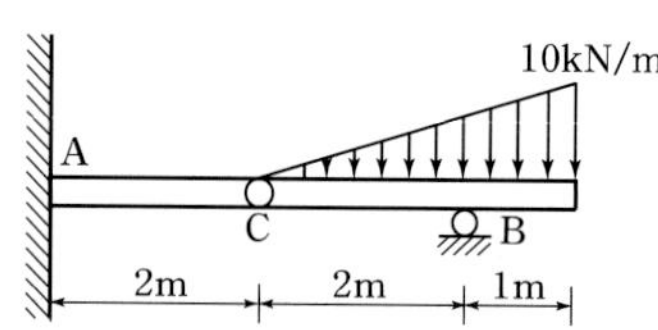

① 15.0
② 18.5
③ 20.0
④ 30.0

| **해설** | 삼각형하중의 도심에 지점이 있으므로 B점 반력은 삼각형의 면적과 같다.

$$\therefore \ R_B=삼각형면적=\frac{10(3)}{2}=15\text{kN}$$

답 : ①

4.3 정정보의 단면력

1 정의

작용하는 외력에 평형을 유지하기 위해 절단한 단면에서 발생하는 힘으로 단면을 절단하면 절단한 면에는 반드시 힘이 존재한다는 것을 알고 있어야 한다.

(1) **축력(Axial Force)** : 보의 축에 수평한 힘

(2) **전단력(Shear Force)** : 보의 축에 수직한 힘

(3) **휨모멘트(Bending Moment)** : 휨의 크기를 모멘트로 표시한 것

※ 지점에 작용하는 하중은 반력에는 영향을 주지만 단면력 계산에서는 반력과 상쇄되므로 지점에 작용하는 하중에 의한 단면력은 항상 0이다.(단, 축력은 주의한다.)
➡ 정정, 부정정 모두 성립된다.

(4) **비틀림모멘트(Torsional Moment)** : 비틀림의 크기를 모멘트로 표시한 것

2 부호 규약

축력(A.F)	전단력(S.F)	휨모멘트(B.M)	비틀림모멘트(T.M)
⊕ (인장)	⊕ (좌상 우하 : 시계회전)	⊕ (상부 압축, 하부 인장)	⊕ (인장 비틀림)
⊖ (압축)	⊖ (좌하 우상 : 반시계회전)	⊖ (상부 인장, 하부 압축)	⊖ (압축 비틀림)

3 부호규약의 적용

절단면		축력(A.F)	전단력(S.F)	휨모멘트(B.M)	비틀림모멘트(T.M)
왼쪽을 볼 때	+	왼쪽방향	상방향	시계방향	뒤쪽회전(왼쪽비틂)
	−	오른쪽방향	하방향	반시계방향	앞쪽회전(오른쪽비틂)
오른쪽을 볼 때	+	오른쪽방향	하방향	반시계방향	앞쪽회전(오른쪽비틂)
	−	왼쪽방향	상방향	시계방향	뒤쪽회전(왼쪽비틂)

4 단면력의 계산 방법

힘의 평형조건식 $\begin{cases} \sum H=0 \\ \sum V=0 \\ \sum M=0 \end{cases}$ 을 이용한다.

(1) 축력(A. F) : 구하는 점을 절단했을 때 한쪽 수평력의 합과 같다.

(2) 전단력(S.F) : 구하는 점을 절단했을 때 한쪽 수직력의 합과 같다.

(3) 휨모멘트(B.M) : 구하는 점을 절단했을 때 한쪽 모멘트의 합과 같다.

(4) 비틀림모멘트(T.M) : 구하는 점을 절단했을 때 한쪽 모멘트의 합과 같다.

5 휨모멘트(M) - 전단력(S) - 하중강도(w)의 관계식

(1) 미분관계식

① $\dfrac{dM}{dx}=S$

- 휨모멘트를 한 번 미분하면 전단력이 된다.
- 휨모멘트도의 기울기는 전단력과 같다.

② $\dfrac{dS}{dx}=-q$

- 전단력을 한 번 미분하면 -하중강도가 된다.
- 전단력도의 기울기는 -하중강도와 같다.

(즉 +기울기는 상향의 분포하중, -기울기는 하향의 분포하중)

③ 종합하면 $\dfrac{d^2M}{dx^2}=\dfrac{dS}{dx}=-q$

(2) 적분관계식

① $\dfrac{dM}{dx}=S$에서 $dM=S\cdot dx$이므로 양변을 적분하면 $\int_x^{x+dx} dM=\int_x^{x+dx} S\cdot dx$

$M_{x+dx}-M_x=\int_x^{x+dx} S\cdot dx$이므로 $\Delta M=\int_x^{x+dx} S\cdot dx$

- 전단력을 한 번 적분한 값은 휨모멘트의 차이와 같다.
- 두 점에 대한 전단력도의 면적은 두 점에 대한 휨모멘트의 차이와 같다.

② $\dfrac{dS}{dx}=-q$에서 $dS=-q\cdot dx$이므로 양변을 적분하면 $\int_x^{x+dx} dS=\int_x^{x+dx} -q\cdot dx$

$S_{x+dx}-S_x=\int_x^{x+dx} -q\cdot dx$이므로 $\Delta S=\int_x^{x+dx} -q\cdot dx$

- -하중강도를 한 번 적분한 값은 전단력의 차이와 같다.
- 두 점에 대한 -분포하중의 면적은 두 점에 대한 전단력의 차이와 같다.

(즉 +기울기는 상향의 분포하중, -기울기는 하향의 분포하중)

③ 종합하면 $\iint_x^{x+dx} -q\cdot dx=\int_x^{x+dx} -S\cdot dx=x$단면과 $x+dx$단면의 휨모멘트 차이 ΔM

(3) 상호관계식 정리

미분조건 →
$M-\ S-\ (-w)$
← 적분조건

① 미분관계식

$$\frac{dM}{dx}=S,\ \frac{dS}{dx}=-w,\ \frac{d^2M}{dx^2}=-w$$

② 적분관계식

$$\int(-w)dx=\Delta S,\ \int S\cdot dx=\Delta M,\ \iint(-w)dxdx=\Delta M$$

■ 보충설명 : 분포하중을 받는 보의 상호관계식

분포하중이 작용하는 두 점 m, n의 단면력 관계식

•전단력식

$$S_n=S_m+\int_m^n(-w)dx=S_m-\int_m^n w\cdot dx$$

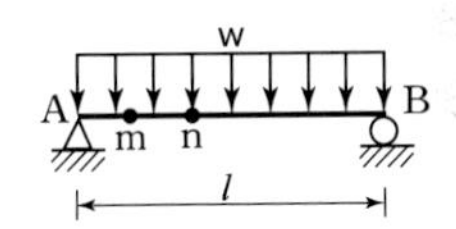

•휨모멘트식

$$M_n=M_m+\int_m^n S\cdot dx=M_m+\int_m^n(-w)dx\cdot dx=M_m-\iint_m^n w\cdot dx\cdot dx$$

(4) 최대 휨모멘트 발생위치

① 모멘트 하중이 작용하는 경우
모멘트하중이 작용하는 경우는 모멘트 하중점에서 최대 휨모멘트가 발생한다.(일반적)

② 집중하중이 작용하는 경우
집중하중이 작용하는 경우는 전단력의 부호가 바뀌는 점에서 최대 휨모멘트가 발생한다.

③ 분포하중이 작용하는 경우는 전단력의 부호가 바뀌는 점 즉 전단력이 0이 되는 위치에서 최대 휨모멘트가 발생한다.

$\therefore\ \frac{dM_x}{dx}=S_x=0$인 점에서 최대 휨모멘트가 발생한다.

(5) 단면력도가 불연속이 되는 경우(단면력이 불연속인 점) : 해당 원인이 작용하는 점

① 축력도(AFD) : 수평하중이 작용하는 점에서 축력이 불연속

② 전단력도(SFD) : 수직하중이 작용하는 점에서 전단력이 불연속

③ 휨모멘트도(BMD) : 모멘트가 작용하는 점에서 휨모멘트가 불연속

③ 비틀림모멘트도(BMD) : 비틀림모멘트가 작용하는 점에서 비틀림모멘트가 불연속

(6) 단면력도의 개형

구분	모멘트하중	집중하중	등분포하중	등변분포하중
구조물	M	P	w	
S.F.D	축에 평행	축에 평행	1차 직선	2차 포물선
B.M.D	1차 직선	1차 직선	2차 포물선	3차 포물선
불연속	연속	S.F B.M	연속	

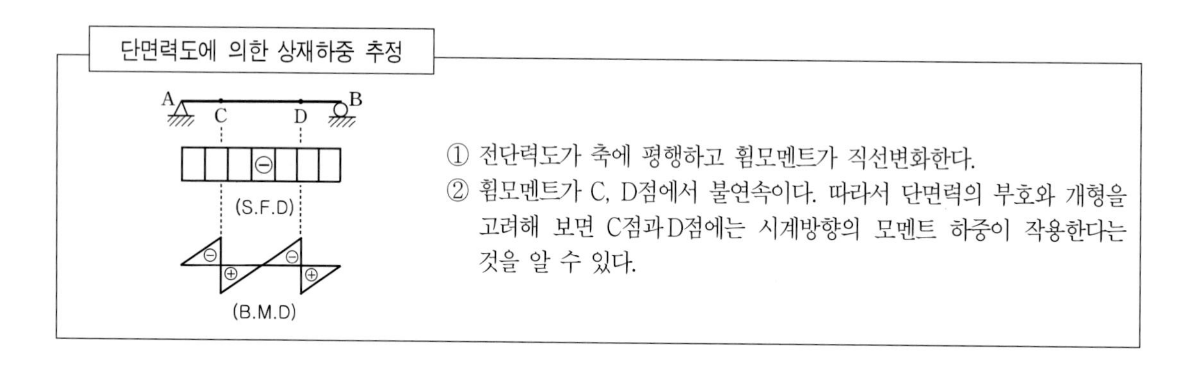

① 전단력도가 축에 평행하고 휨모멘트가 직선변화한다.

② 휨모멘트가 C, D점에서 불연속이다. 따라서 단면력의 부호와 개형을 고려해 보면 C점과D점에는 시계방향의 모멘트 하중이 작용한다는 것을 알 수 있다.

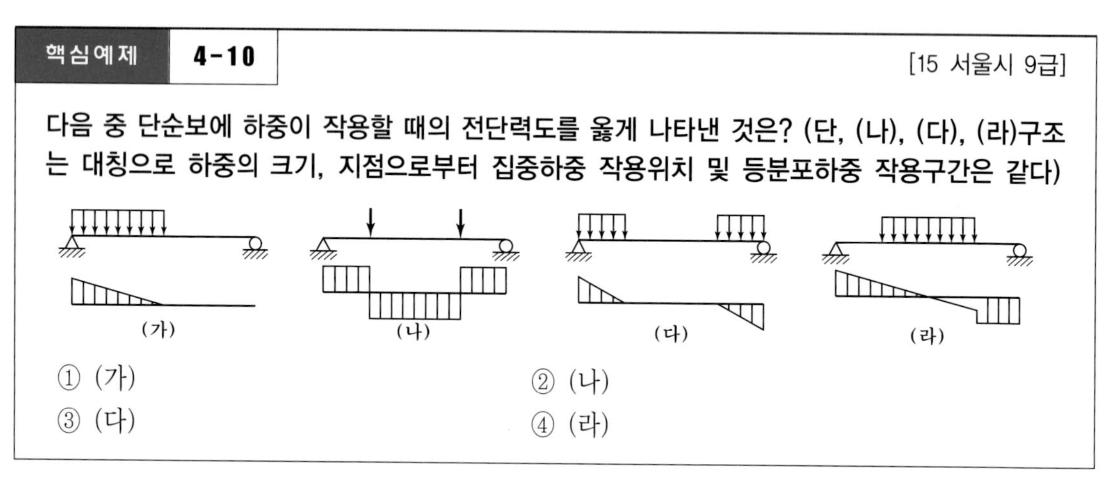

핵심예제 4-10 [15 서울시 9급]

다음 중 단순보에 하중이 작용할 때의 전단력도를 옳게 나타낸 것은? (단, (나), (다), (라)구조는 대칭으로 하중의 크기, 지점으로부터 집중하중 작용위치 및 등분포하중 작용구간은 같다)

① (가)　　② (나)

③ (다)　　④ (라)

| 해설 | ① 등분포하중이 작용하면 전단력도가 직선이고, 하중이 없는 구간은 상수함수라야 한다.

② 우력의 원리가 성립되므로 하중점 사이의 전단력은 0이라야 한다.

④ 등분포하중만 작용하므로 전단력도는 연속이라야 한다.

답 : ③

핵심예제 4-11 [10 국가직 9급]

다음 그림과 같은 내민보에서 전단력도가 다음과 같을 때 휨모멘트가 '0'이 되는 위치 x [m]는?

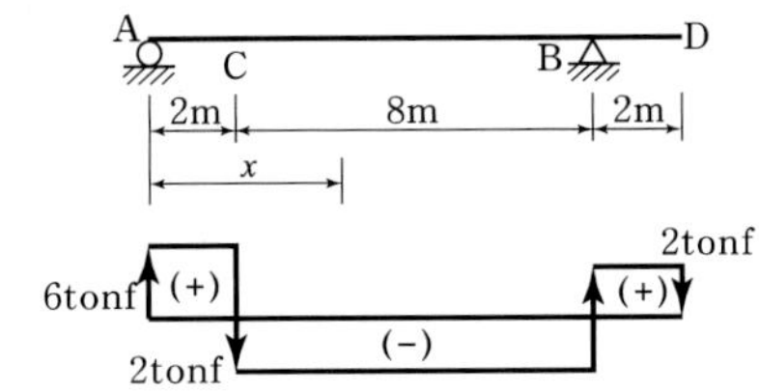

① 2
② 5
③ 8
④ 10

| **해설** | 전단력도의 (+)구간과 (−)구간의 면적이 같아지는 곳에서 휨모멘트가 0이 된다.

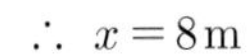
$\therefore\ x = 8\text{m}$

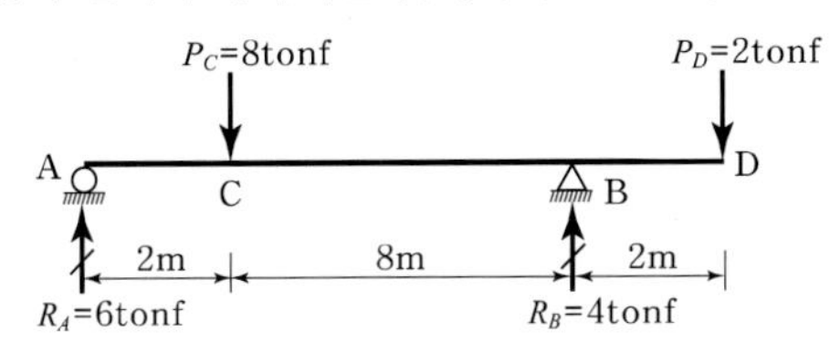

답 : ③

핵심예제 4-12 [07 국가직 9급]

다음 그림은 임의의 하중을 받는 단순보의 전단력선도이다. 옳지 않은 것은? (단, 보의 자중은 고려하지 않는다.)

① AB 구간에는 1kN/m의 등분포하중이 작용한다.
② CD 구간에는 하중이 작용하지 않는다.
③ 전단력선도에서(+)부 면적과 (−)부 면적은 같다.
④ B점에 집중하중이 작용한다.

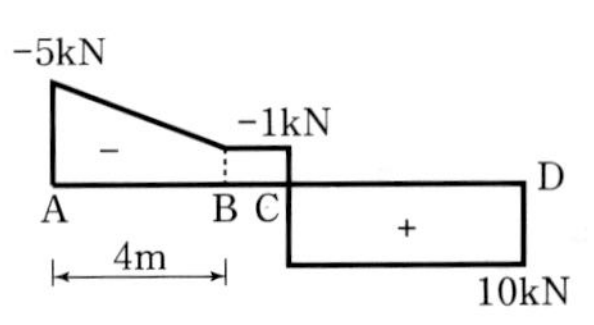

| **해설** | B점에 집중하중이 작용하면 B점의 전단력은 불연속이 되어야 하는데 전단력도가 연속이므로 잘못된 표현이다.

답 : ④

핵심예제 4-13 [13 지방직 9급]

어떤 단순보의 전단력도가 다음 그림과 같을 때, 휨모멘트선도로 가장 가까운 것은? (단, 모멘트하중은 작용하지 않는다.)

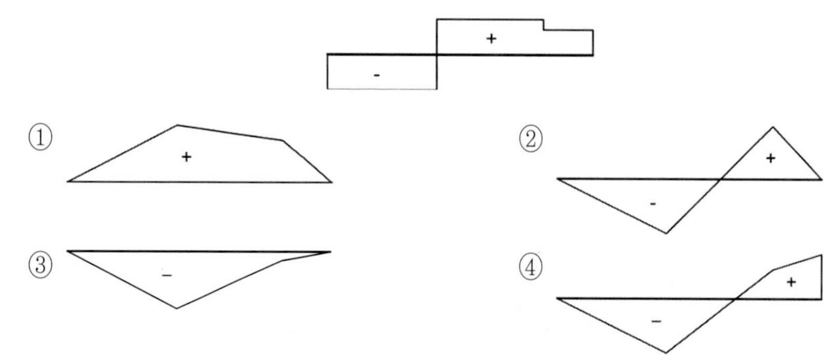

| 해설 | 단부에 모멘트하중이 작용하지 않으므로 ④는 탈락이고, 전단력은 휨모멘트의 기울기와 같으므로 전단력이 -인 구간의 기울기가 음이고 전단력이 +인 구간의 기울기는 양인 것을 찾으면 ③이 된다.

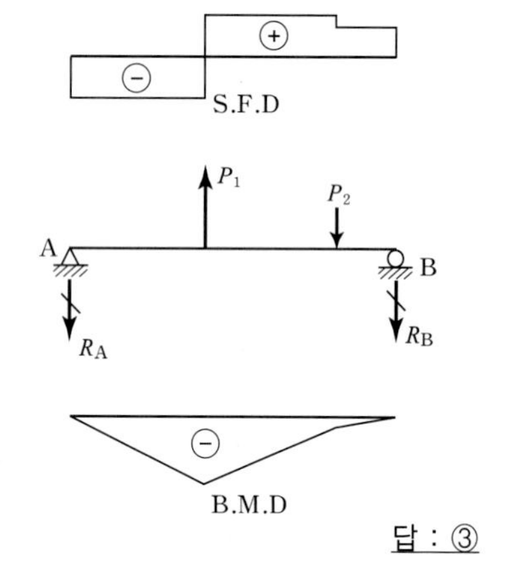

답 : ③

핵심예제 4-14 [14 서울시 9급]

주어진 전단력도(S.F.D)를 기준으로 가장 가까운 물체의 형상은?

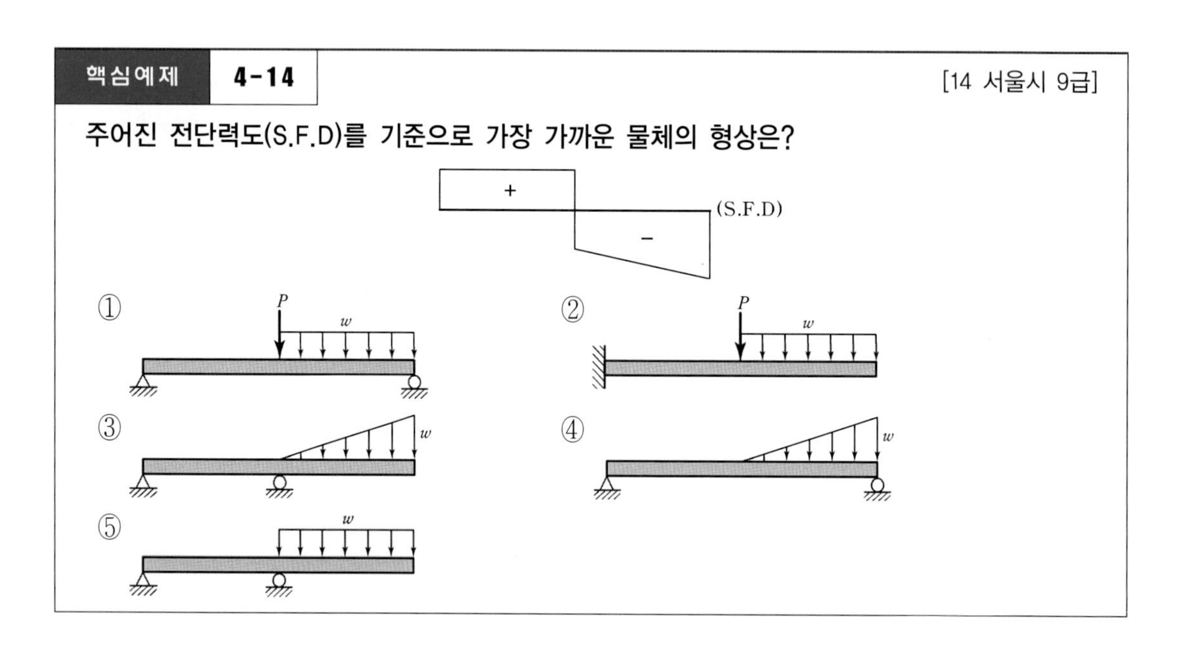

| 해설 | 역학의 미분과 적분 관계식 : $EIy - EI\theta - (-M) - (-S) - w$

· 보의 양단에는 상향의 반력이 작용
· 전단력도의 중간의 불연속점에서는 하향의 집중하중이 작용
· 전단력도(SFD)가 직선인 구간에서는 등분포하중이 작용

답 : ①

핵심예제 4-15 [13 지방직 9급]

하중을 받는 보의 모멘트선도가 다음 그림과 같을 때, B점 및 C점의 전단력[kN]은? (단, AB구간 및 CD구간은 2차 곡선이고, BC구간은 직선이다. 또한 A점의 상향 수직반력은 5.5kN이다)

	B점	C점
①	1.5	2.5
②	1.5	1.5
③	2.5	2.5
④	2.5	1.5

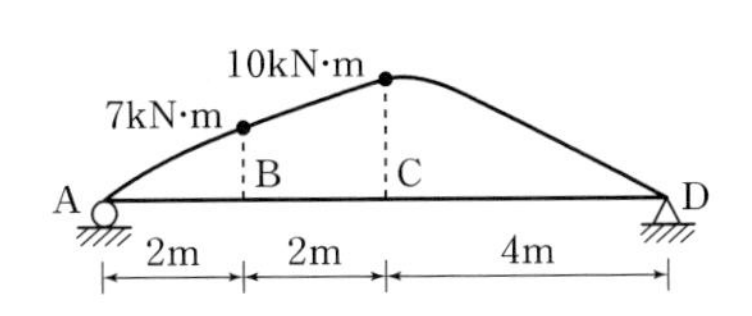

| 해설 | 휨모멘트가 2차 곡선인 구간에는 등분포하중이 작용하므로

$M_B = R_A(2) - \dfrac{w(2^2)}{2} = 5.5(2) - \dfrac{w(2^2)}{2} = 7$에서 $w = 2\text{kN/m}$이고,

$M_C = 5.5(4) - 2(2) \times (3) = 10\text{KN} \cdot \text{m}$이므로 B나 C에는 다른 하중이 작용하지 않는다.

∴ B점과 C점의 전단력은 BC구간의 휨모멘트의 기울기로 같으므로 $S_B = S_C = \dfrac{10-7}{2} = 1.5\text{kN}$

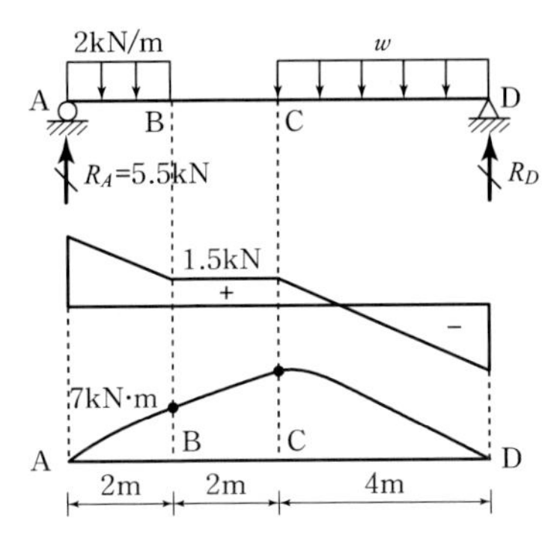

답 : ②

4.4 정정보의 해석

보의 해석이란 반력과 단면력을 결정하여 단면력도를 작성하는 것을 말한다.

1 단순보의 해석

(1) 모멘트 하중(우력)이 작용하는 경우

① 지점에 모멘트 하중이 작용하는 경우

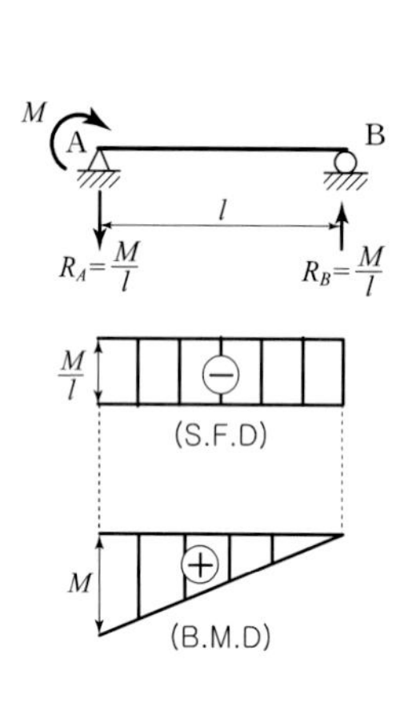	1) 지점반력 $R_A=-\frac{M}{l}(\downarrow)$ $R_B=\frac{M}{l}(\uparrow)$
	2) 전단력 • 일반식(B점기준) : $S_x=-\frac{M}{l}$ (상수함수) $\therefore\ S_{AB}=-\frac{M}{l}$
	3) 휨모멘트 • 일반식(B점기준) : $M_x=\frac{M}{l}x$ (1차직선) $\therefore\ \begin{cases} M_A=M \\ M_B=0 \end{cases}$

② 보 중간에 모멘트 하중이 작용하는 경우

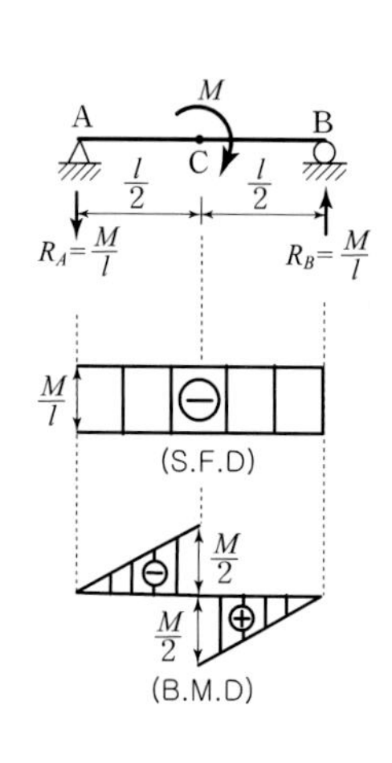	1) 지점반력 $R_A=-\frac{M}{l}(\downarrow)$ $R_B=\frac{M}{l}(\uparrow)$
	2) 전단력 • 일반식(A점기준) : $S_x=-\frac{M}{l}$ (상수함수) $\therefore\ S_{AB}=-\frac{M}{l}$
	3) 휨모멘트 • 일반식 $\begin{Bmatrix} A점기준 : M_x=-\frac{M}{l}x \\ B점기준 : M_x=\frac{M}{l}x \end{Bmatrix}$ (1차직선) $\therefore\ M_A=M_B=0$ $\begin{Bmatrix} M_{c(좌)}=-\frac{M}{2} \\ M_{c(우)}=\frac{M}{2} \end{Bmatrix}\ \therefore\ M_c=\pm\frac{M}{2}$

※ 모멘트 하중을 받는 여러 단순보

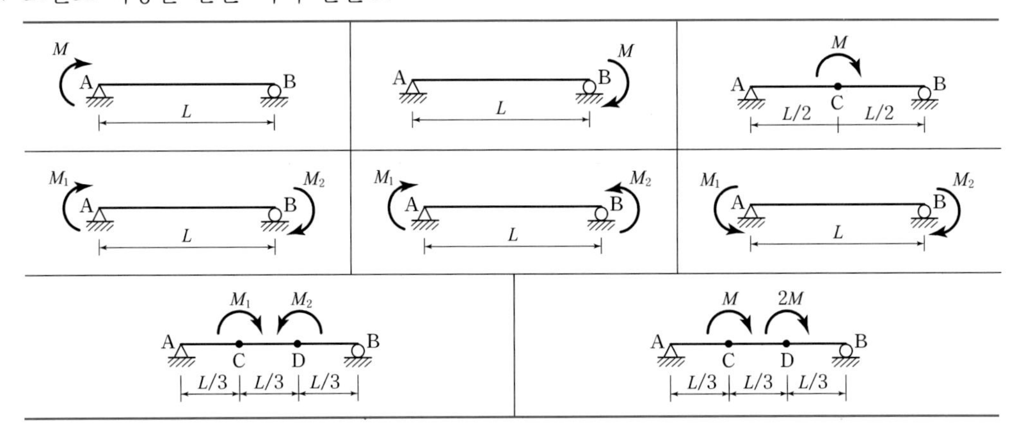

■ **보충설명** : 모멘트 하중이 작용하는 경우의 특징

1. 반력 : 모멘트 하중 작용위치와 무관
   (1) 방향 : 하중과 반대방향의 우력으로 저항
   (2) 크기 : 반력$(R) = \dfrac{\text{모멘트}(M)}{\text{지간거리}(l)}$
2. 전단력
   (1) 방향 :

반력이 시계 회전	⊕
반력이 반시계 회전	⊖

   (2) 크기 : 반력과 같다.
3. 휨모멘트
   모멘트 하중작용점에서 휨모멘트도(B.M.D)는 불연속이고, 종거비는 길이비에 비례한다.

핵심예제 4-16 [09 지방직 9급]

그림과 같은 단순보에 모멘트 하중이 작용할 때의 설명으로 옳지 않은 것은?

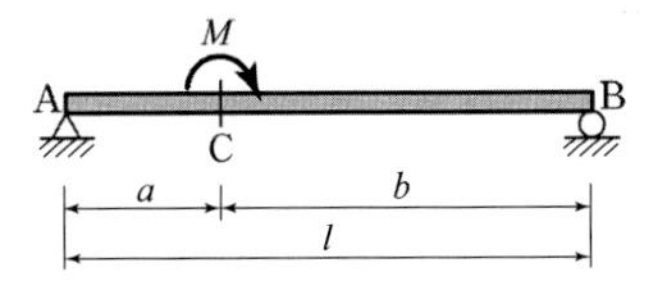

① 전단력의 크기는 AB구간 전체에서 일정하다.
② 휨모멘트는 C단면에서 부호가 바뀌게 된다.
③ 축방향력은 모멘트 하중의 작용위치에 상관없이 영(zero)이다.
④ 지점 A와 지점 B의 반력의 크기는 모멘트 하중의 작용위치에 따라 달라진다.

| 해설 | (1) 지점 반력

$\sum M_B = 0 : R_A(l) + M = 0 \qquad \therefore R_A = -\dfrac{M}{l}$(하향)

$\sum V = 0 : R_A + R_B = 0 \qquad \therefore R_B = -R_A = \dfrac{M}{l}$(상향)

※ 모멘트하중(M)의 작용위치가 변해도 반력은 일정한 값을 갖는다. (모멘트는 우력이므로 지점에서 모멘트가 변하지 않기 때문이다.)

(2) 전단력

$S_{AB} = R_A = -\dfrac{M}{l},\ S_{BC} = -R_B = -\dfrac{M}{l}$

(3) 휨모멘트

① AB구간 : 원점A($0 \le x \le a$)

$M_{AC} = -R_A x = -\dfrac{M}{l}x \qquad \therefore M_{C(좌)} = -\dfrac{M}{l}a$

② BC구간 : 원점 B($0 \le x \le b$)

$M_{BC} = R_B x = \dfrac{M}{l}x \qquad \therefore M_{C(우)} = \dfrac{M}{l}b$

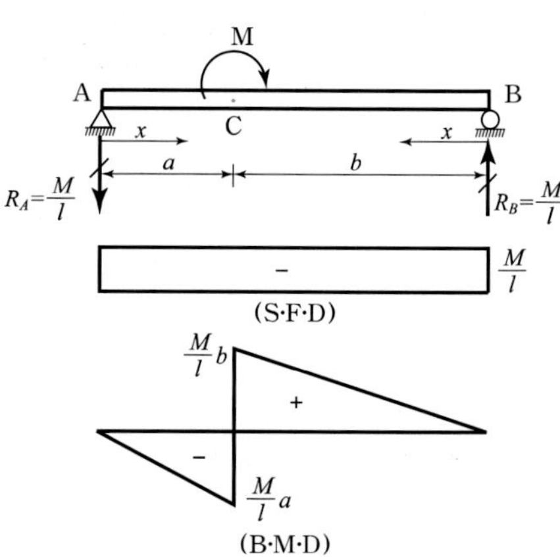

답 : ④

(2) 집중하중이 작용하는 경우

① 임의의 점에 집중하중이 작용하는 경우

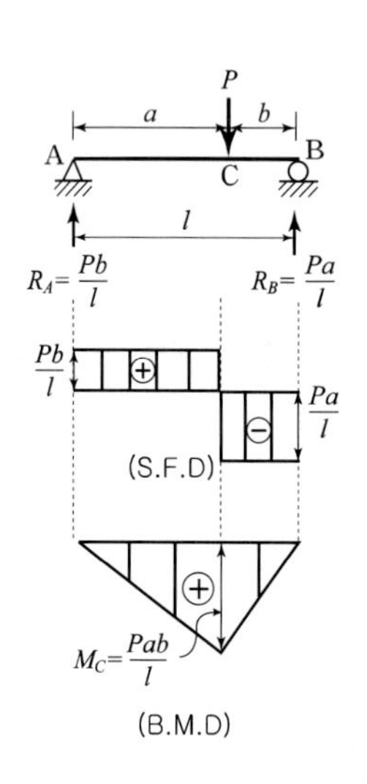

1) 지점반력

$R_A = \dfrac{Pb}{l}(\uparrow)$

$R_B = \dfrac{Pa}{l}(\uparrow)$

2) 전단력

• 일반식 $\left\{\begin{array}{l} A점기준 : S_x = \dfrac{Pb}{l} \\ B점기준 : S_x = -\dfrac{Pa}{l} \end{array}\right\}$ (상수함수)

$S_{AC} = \dfrac{Pb}{l}$

$S_{BC} = -\dfrac{Pa}{l}$

∴ 둘 중 큰 값을 C점의 설계전단력으로 한다.

3) 휨모멘트

• 일반식 $\left\{\begin{array}{l} A점기준 : M_x = \dfrac{Pb}{l}x \\ B점기준 : M_x = \dfrac{Pa}{l}x \end{array}\right\}$ (1차 직선)

$M_A = M_B = 0$

$M_c = \dfrac{Pb}{l} \times a = \dfrac{Pab}{l}$ (최대)

② 보의 중앙에 집중하중이 작용하는 경우

<table>
<tr><td rowspan="3">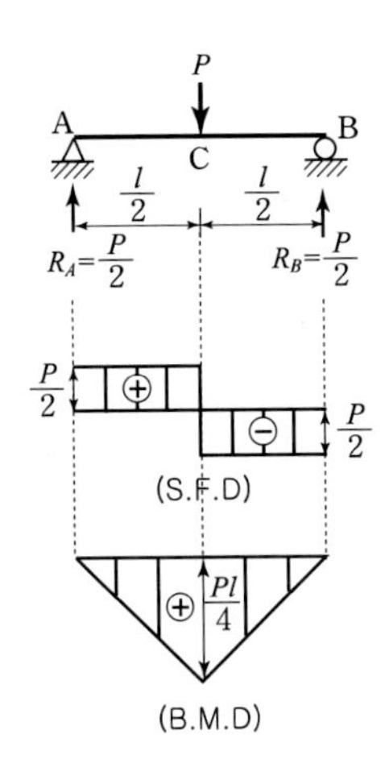
</td>
<td>1) 지점반력
하중대칭이므로 $R_A = R_B = \frac{P}{2}(\uparrow)$</td></tr>
<tr><td>2) 전단력
• 일반식 $\begin{cases} A점기준 : S_x = \frac{P}{2} \\ B점기준 : S_x = -\frac{P}{2} \end{cases}$ (상수함수)
$S_{AC} = \frac{P}{2}$, $S_{BC} = -\frac{P}{2}$
$\therefore S_c = \pm\frac{P}{2}$</td></tr>
<tr><td>3) 휨모멘트
• 일반식 $\begin{cases} A점기준 : M_x = \frac{P}{2}x \\ B점기준 : M_x = \frac{P}{2}x \end{cases}$ (1차 직선)
$M_A = M_B = 0$
$M_c = \frac{P}{2} \times \frac{l}{2} = \frac{Pl}{4}$ (최대)</td></tr>
</table>

③ 여러 개의 집중하중이 작용하는 경우

<table>
<tr><td rowspan="3">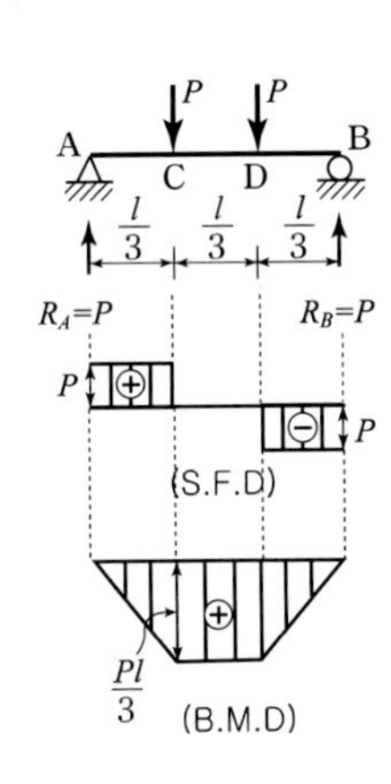

CD 구간은 전단력 0이고 휨모멘트만 존재하는 순수굽힘(휨) 발생</td>
<td>1) 지점반력
하중대칭이므로 $R_A = R_B = P(\uparrow)$</td></tr>
<tr><td>2) 전단력
① AC구간 : $S_{AC} = P$
② CD구간 : $S_{CD} = 0$
③ BD구간 : $S_{BD} = -P$</td></tr>
<tr><td>3) 휨모멘트
① AC구간 : $M_{AC} = Px$ (A기준)
② CD구간 : $M_{CD} = \frac{Pl}{3}$
③ BD구간 : $M_{BD} = Px$ (B점 기준)</td></tr>
</table>

■ **보충설명** : 집중하중이 작용하는 경우의 특징

1. 반력
   (1) 방향 : 하중과 반대방향
   (2) 크기 : 반력$(R)=\dfrac{(\text{힘})\times(\text{반대편 거리})}{(\text{지간거리})}$
2. 전단력
   보 축에 평행하게 작도되고 집중하중 작용점에서 전단력도(S. F. D)는 불연속이 된다.
3. 휨모멘트
   직선분포하며 하중점에서 최대이다. $M_{max}=\dfrac{(\text{힘})\times(\text{좌・우거리})}{(\text{지간거리})}$

(3) 중앙점 휨모멘트 : $M_{\text{중앙}}=\dfrac{wL^2}{48}\times$몇번째

구조물	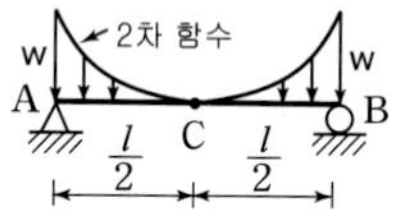	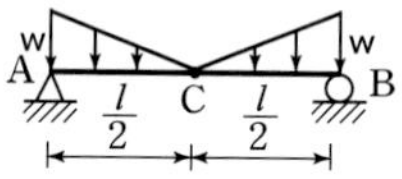	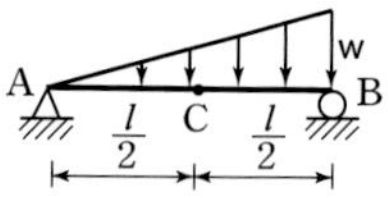 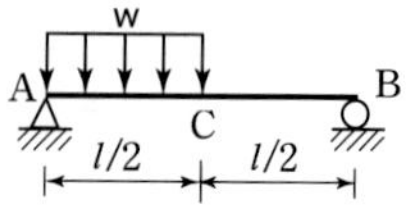 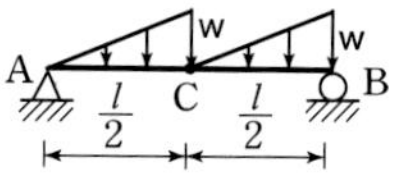
M_c	$\dfrac{wl^2}{48}$	$\dfrac{wl^2}{24}$	$\dfrac{wl^2}{16}$
구조물	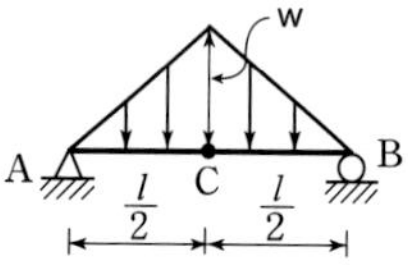	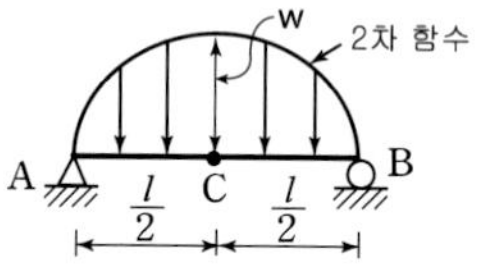	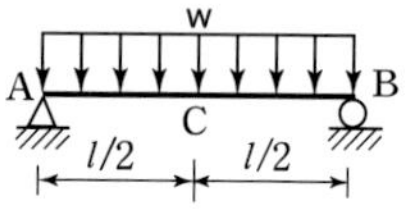
M_c	$\dfrac{wl^2}{12}$	$\dfrac{5wl^2}{48}$	$\dfrac{wl^2}{8}$

■ **보충설명** : 대칭하중 작용 시 중앙점 휨모멘트

① 반력$=\dfrac{\text{전하중}}{2}$

② 중앙점의 전단력 : $S_{\text{중앙}}=0$

③ 중앙점의 휨모멘트 : 우력의 원리를 이용하면 계산이 간단하다.
$M_{\text{중앙}}=M_{max}=(\text{우력})\times(\text{우력간거리})$

■ 보충설명 : 순수 굽힘

1. 정의 : 전단력은 생기지 않고 휨모멘트만 발생하는 경우
   $S=0, \quad M \neq 0$
2. 집중하중이 작용하는 보에서 순수 굽힘 발생조건

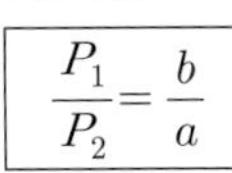

$$\frac{P_1}{P_2}=\frac{b}{a}$$

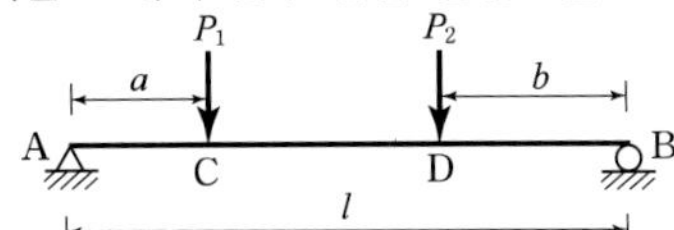

3. 특징
   ① 지점반력=가까운 하중 $\therefore R_A=P_1, \ R_B=P_2$
   ② 하중간 전단력=0 $\therefore S_{CD}=0$
   ③ 하중간 휨모멘트 $\therefore M_{CD}=P_1a$ 또는 P_2b
   ④ CD구간의 곡률반경은 일정하다. ∴ 탄성곡선의 개형은 원호를 이룬다.
   ⑤ C, D점에서 휨모멘트 변화율(전단력)은 불연속이다.

핵심예제 4-17

[09 지방직 9급]

그림과 같은 단순보 구조물에서 전단력이 영(zero)이 되는 구간의 길이와 최대 휨모멘트는?

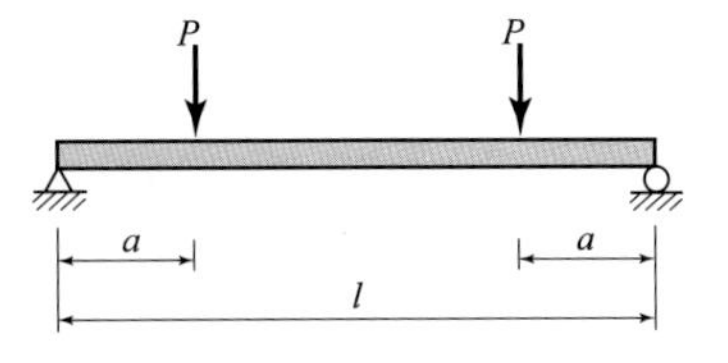

① $2a, \ Pa$

② $2a, \ P(l-2a)$

③ $l-2a, \ Pa$

④ $l-2a, \ P(l-2a)$

| 해설 | (1) 지점반력

대칭구조이므로 $R=\dfrac{\text{전하중}}{2}=P(\uparrow)$

(2) 전단력이 영(Zero)인 구간의 길이 $l-2a$

(3) 최대 휨모멘트$=Pa$

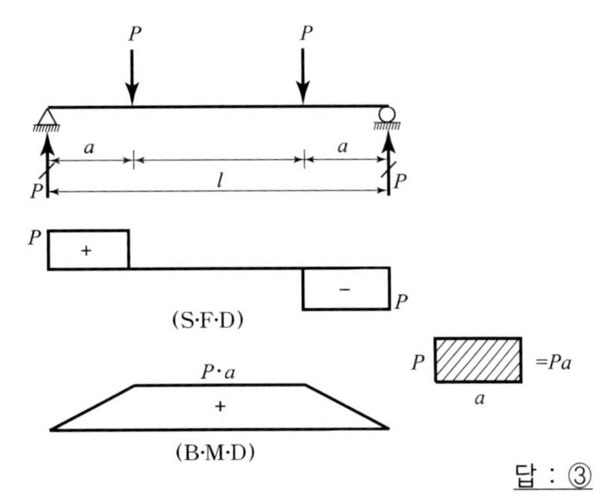

답 : ③

(4) 분포하중이 작용하는 경우

① 등분포하중이 작용하는 경우

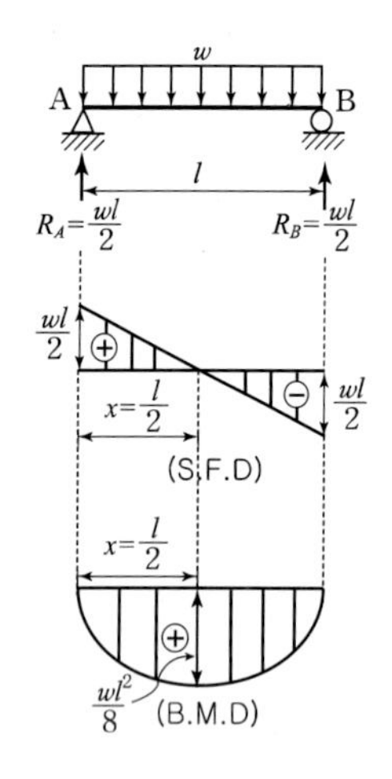

1) 지점반력

하중 대칭이므로 $R_A=R_B=\dfrac{wl}{2}(\uparrow)$

2) 전단력

• 일반식(A점 기준)

$S_x=R_A-wx=\dfrac{wl}{2}-wx$ (1차 직선)

$S_A=\dfrac{wl}{2}$, $S_B=-\dfrac{wl}{2}$

3) 휨모멘트

• 일반식(A점 기준)

$M_x=R_Ax-\dfrac{wx^2}{2}=\dfrac{wl}{2}x-\dfrac{wx^2}{2}$ (2차 포물선)

$\dfrac{dM}{dx}=S=0$에서 $x=\dfrac{l}{2}$이므로 중앙단면에서 최대 휨모멘트 발생

$M_{\max}=\dfrac{wl}{2}\left(\dfrac{l}{2}\right)-\dfrac{w}{2}\left(\dfrac{l}{2}\right)^2=\dfrac{wl^2}{8}$

■ 보충설명 : 등분포하중이 작용하는 경우

등가의 집중하중으로 환산하여 계산

1. 반력
   (1) 방향 : 하중과 반대방향
   (2) 크기 : 반력 $(R)=\dfrac{(\text{힘})\times(\text{반대편거리})}{(\text{지간거리})}$
2. 전단력
   (1) 전단력도의 개형 : 1차직선 변화
   (2) 전단력이 0인 위치 : $x_A=\dfrac{R_A}{w}$, $x_B=\dfrac{R_B}{w}$
3. 휨모멘트
   (1) 휨모멘트도의 개형 : 2차 포물선 변화
   (2) 최대 휨모멘트발생 위치 : 전단력이 0인 위치에서 발생한다.

핵심예제	4-18

[08 국가직 9급]

A점이 회전(hinge), B점이 이동(roller) 지지이고 부재의 길이가 L인 단순보에서, A지지점에서 중앙 C점($L/2$)까지 작용하는 하중이 등분포하중일 때, 부재길이 L내에서 전단력이 제로(0)인 점은 A지지점에서 중앙 쪽으로 얼마만큼 떨어진 곳에 위치하고 있는가?

① $\frac{1}{8}L$　　② $\frac{1}{16}L$

③ $\frac{3}{8}L$　　④ $\frac{3}{16}L$

| 해설 | (1) 지점반력

$$M_B=0:\ R_A(L)-\frac{wL}{2}\left(\frac{1}{2}\times\frac{1}{2}+\frac{L}{2}\right)=0\quad \therefore R_A=\frac{3wL}{8}(\uparrow)$$

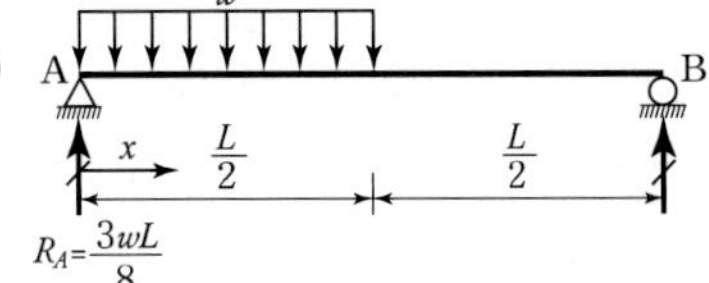

(2) 전단력에 0인 위치

$$S=R_A-wx=0$$

$$\therefore x=\frac{R_A}{w}=\frac{3}{8}L$$

답 : ③

② 삼각형하중이 작용하는 경우

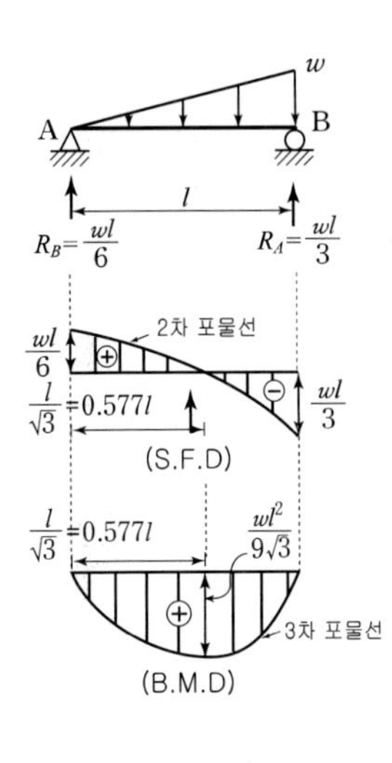

1) 지점반력

$$R_A=\frac{wl}{6}(\uparrow),\ R_B=\frac{wl}{3}(\uparrow)$$

2) 전단력

- 일반식(A점 기준)

$$S_x=R_A-\frac{wx^2}{2l}=\frac{wl}{6}-\frac{wx^2}{2l}\ (2차\ 포물선)$$

$$S_A=\frac{wl}{6},\ S_B=-\frac{wl}{3}$$

3) 휨모멘트

- 일반식(A점 기준)

$$M_x=R_Ax-\frac{wx^3}{6l}=\frac{wl}{6}x-\frac{wx^3}{6l}\ (3차\ 포물선)$$

$\frac{dM}{dx}=S=0$에서 $x=\frac{l}{\sqrt{3}}=0.577l$이므로

$$\therefore M_{\max}=\frac{wl}{6}\left(\frac{l}{\sqrt{3}}\right)-\frac{w}{6l}\left(\frac{l}{\sqrt{3}}\right)^3=\frac{wl^2}{9\sqrt{3}}$$

■ 보충설명 : 등변분포 하중이 작용하는 경우

등가의 집중하중으로 환산하여 계산

1. 반력
   (1) 방향 : 하중과 반대방향
   (2) 크기 : 반력 $(R) = \dfrac{(\text{힘}) \times (\text{반대편거리})}{\text{지간거리}}$
2. 전단력
   (1) 전단력도의 개형 : 2차 포물선 변화
   (2) 전단력이 0인 위치 : 일반식 적용
3. 휨모멘트
   (1) 휨모멘트도 개형 : 2차 포물선 변화
   (2) 최대 휨모멘트 발생 위치 : 전단력이 0인 위치에서 발생
   (3) M_{max} : 두 점에 대한 휨모멘트의 차이는 두 점으로 둘러싸인 전단력도의 면적과 같다는 조건 이용

③ 사다리형하중이 작용하는 경우

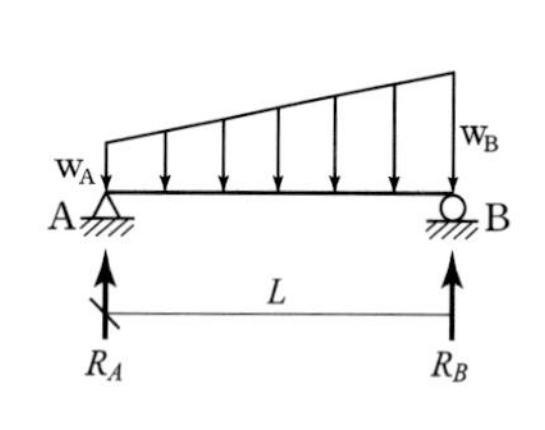

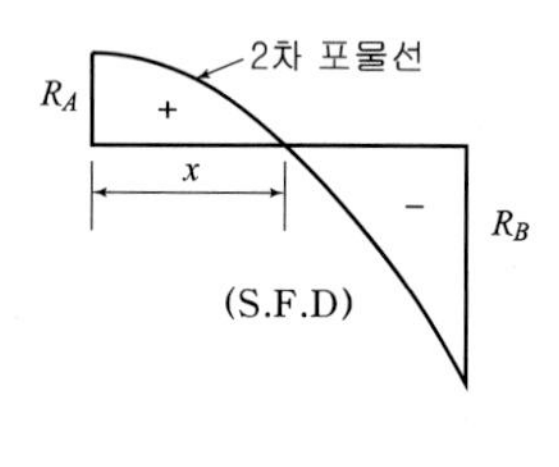

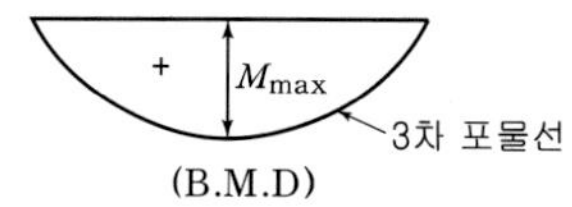

1) 지점반력

$$R_A = \frac{L}{6}(2w_A + w_B)(\uparrow),\ R_B = \frac{L}{6}(w_A + 2w_B)(\uparrow)$$

2) 전단력

• 일반식(A점 기준)

$$S_x = R_A - w_A x - \frac{(w_B - w_A)x^2}{2L} \ (\text{2차 포물선})$$

$$S_A = R_A,\ S_B = -R_B$$

3) 휨모멘트

• 일반식(A점 기준)

$$M_x = R_A x - \frac{w_A x^2}{2} - \frac{(w_B - w_A)x^3}{6L} \ (\text{3차 포물선})$$

$\dfrac{dM}{dx} = S = 0$에서 2차방정식을 풀어야 한다.

$\therefore M_{max}$ = 전단력도의 한쪽 면적

$$= R_A x - \frac{w_A x^2}{2} - \frac{(w_B - w_A)x^3}{6L}$$

④ 산형하중이 작용하는 경우

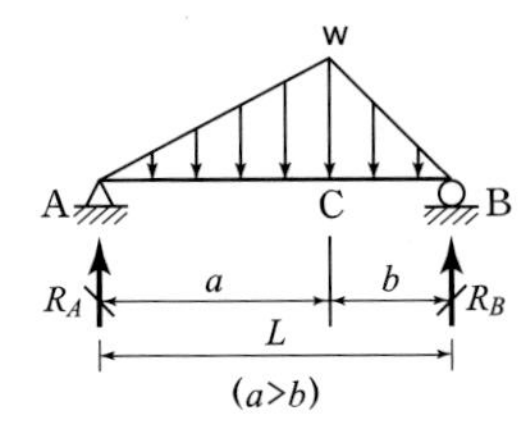

1) 지점반력

$$R_A = \frac{w}{6}(a+2b)\,(\uparrow),\ \ R_B = \frac{w}{6}(2a+b)\,(\uparrow)$$

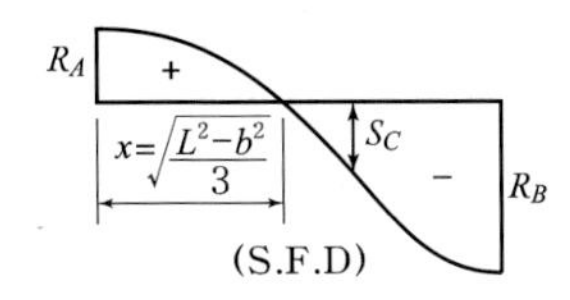

(S.F.D)

2) 전단력

• 일반식(A점 기준)

$$S_x = R_A - \frac{wx}{2L} = \frac{w}{6}(a+2b) - \frac{wx}{2L} \text{ (2차 포물선)}$$

$$S_A = R_A,\ S_B = -R_B,\ S_C = \frac{w}{3}(b-a)$$

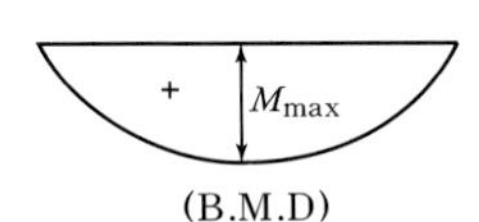

(B.M.D)

3) 휨모멘트

• 일반식(A점 기준)

$$M_x = R_A x - \frac{wx^3}{6a} \text{ (3차 포물선)}$$

$$\frac{dM}{dx} = S = 0 \text{에서 } x = \sqrt{\frac{L^2-b^2}{3}}$$

$$\therefore M_{max} = \text{전단력도의 한쪽 면적} = \frac{2}{3}R_A x$$

$$M_C = \frac{w}{3}(a)(b)$$

※ 임의점의 단면력

구조물	(C가 하중 정점의 왼쪽)	(C가 하중 정점의 오른쪽)
M_c	$\frac{w_c}{6}(L^2-a^2-b^2)$	
S_c	$\frac{w_c}{6a}(L^2-3a^2-b^2)$	$-\frac{w_c}{6b}(L^2-a^2-3b^2)$

⑤ 비대칭 삼각형하중이 작용하는 경우

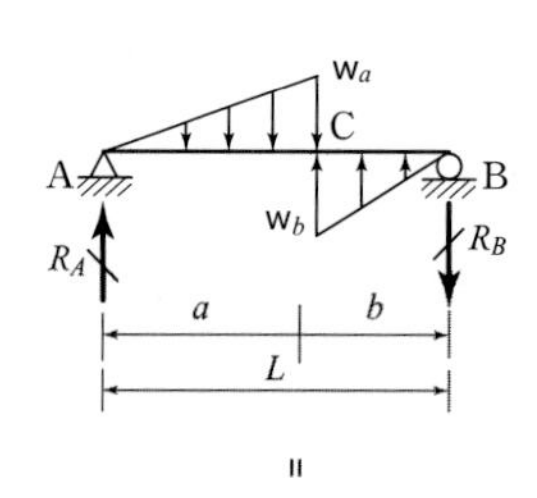

1) 지점반력

$$R_A = \frac{wL}{6} - \frac{wb^2}{2L} = \frac{w}{6}(L^2 - 3b^2)(\uparrow)$$

$$R_B = -\frac{wL}{6} + \frac{wa^2}{2L} = -\frac{w}{6}(L^2 - 3a^2)(\downarrow)$$

=

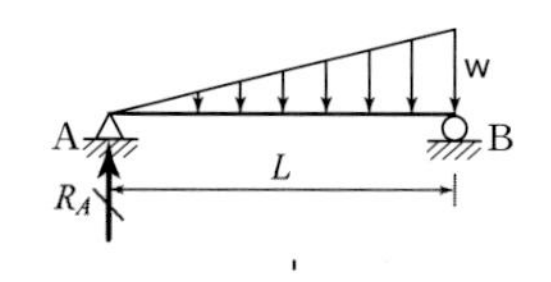

2) 전단력

$S_A = R_A,\ S_B = -R_B$

$$S_C = \frac{w}{6}(L^2 - 3b^2) - \frac{wa}{2L} = \frac{w}{6}(L^2 - 3a^2 - 3b^2)$$

\-

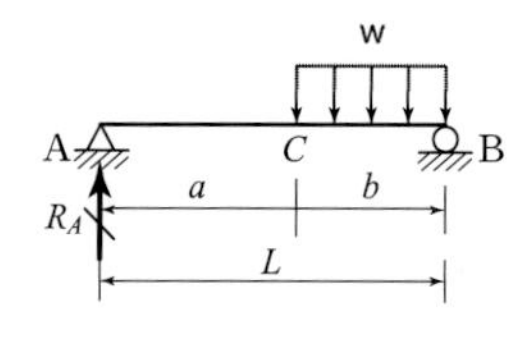

3) 휨모멘트

$$M_C = \frac{wL^2a}{6L} - \frac{wa^3}{6L} - \frac{wb^2}{2L}(a)$$

핵심예제	4-19

[07 국가직 9급]

다음 그림은 임의의 하중이 가해지고 있는 단순보의 전단력선도이다. 최대 휨모멘트[kN·m]는?

① 3.0
② 3.5
③ 4.0
④ 4.5

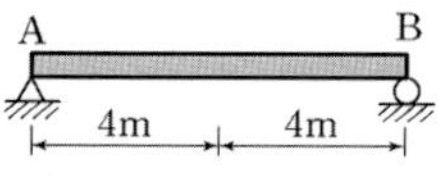

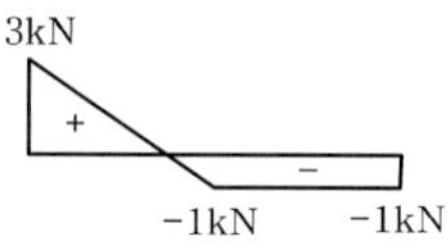

| 해설 | 최대 휨모멘트는 전단력이 0인 점까지 면적과 같으므로

$$M_{\max} = \frac{3x}{2} = \frac{3(3)}{2} = 4.5\,\text{kN}\cdot\text{m}$$

[전단력도의 닮음비를 이용하면
$x : (4-x) - 3 : 1 \quad \therefore x = 3\text{m}$]

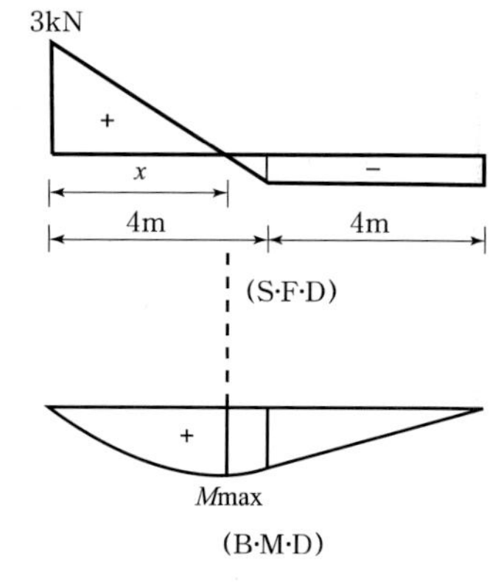

답 : ④

핵심예제 4-20 [14 국가직 9급]

단순보의 전단력선도가 그림과 같은 경우에 CE구간에 작용하는 등분포하중의 크기[kN/m]는?

① 3
② 5
③ 7
④ 14

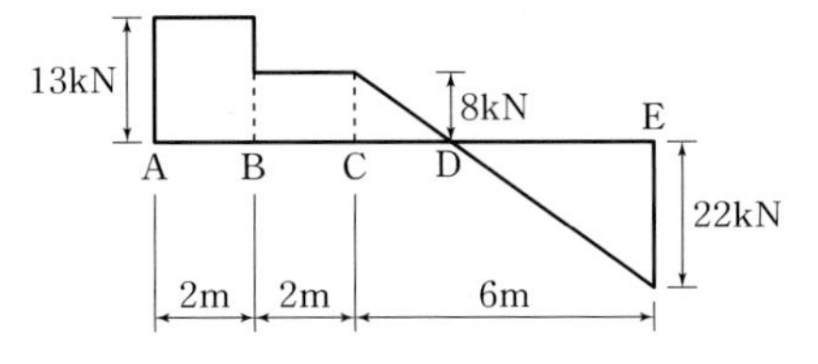

| 해설 | 등분포하중의 크기는 전단력선도의 기울기와 같으므로

$$w = \frac{8+22}{6} = 5\,\text{kN}$$

답 : ②

(5) 단순보의 최대 단면력

① 최대 전단력($S_{\max}$) : 양 지점 반력(R_A, R_B)중 큰 값 (단, 지점에 집중하중이 작용하는 경우는 이를 무시하고 계산한 반력을 사용한다.)

② 최대 휨모멘트

■ 보충설명 : 최대 휨모멘트 발생위치

- 전단력이 0인 점
- 전단력도의 부호가 바뀌는 점
  ① 모멘트 하중 작용 시 : 모멘트 하중 작용점
  ② 집중하중 작용 시 : 집중하중 작용점
  ③ 분포하중 작용 시 : 전단력이 0인 점

구조물	M, l	M, $\frac{l}{2}$, $\frac{l}{2}$	P, a, b, l
$M_{\max}$	M	$\frac{M}{2}$	$\frac{Pab}{l}$
구조물	P, $\frac{l}{2}$, $\frac{l}{2}$	w, A, B, l	w, $x=\frac{l}{\sqrt{3}}=0.577l$, l
$M_{\max}$	$\frac{Pl}{4}$	$\frac{wl^2}{8}$	$\frac{wl^2}{9\sqrt{3}}$

(6) 임의점의 단면력

구조물			
S_c	$\dfrac{Pb}{l}$	$\dfrac{w}{2}(b-a)$	$\dfrac{w}{3}(b-a)$
M_c	$\dfrac{Pab}{l}$	$\dfrac{w}{2}ab$	$\dfrac{w}{3}ab$

2 캔틸레버보의 해석

반력은 고정단이 모두 지지하며 자유단을 기준으로 해석하면 반력 없이도 단면력을 구할 수 있다.

(1) 모멘트 하중(우력)이 작용하는 경우

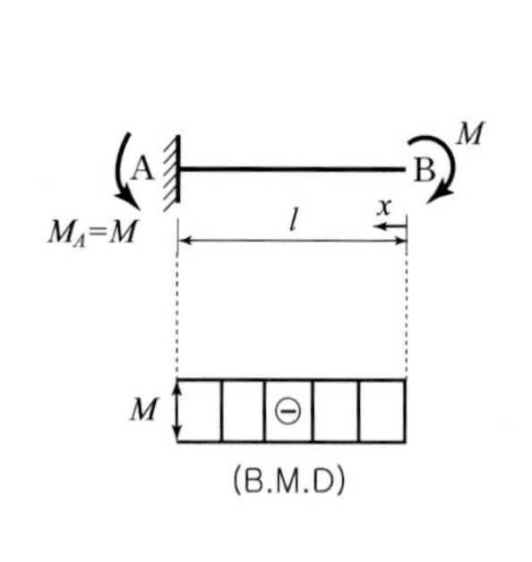

1) 지점반력
① $\Sigma H=0$: $H_A=0$
② $\Sigma V=0$: $V_A=0$
③ $\Sigma M=0$: $M_A=M(\circlearrowleft)$

2) 전단력
$S_x=0$

3) 휨모멘트
$M_x=M$

(2) 집중하중이 작용하는 경우

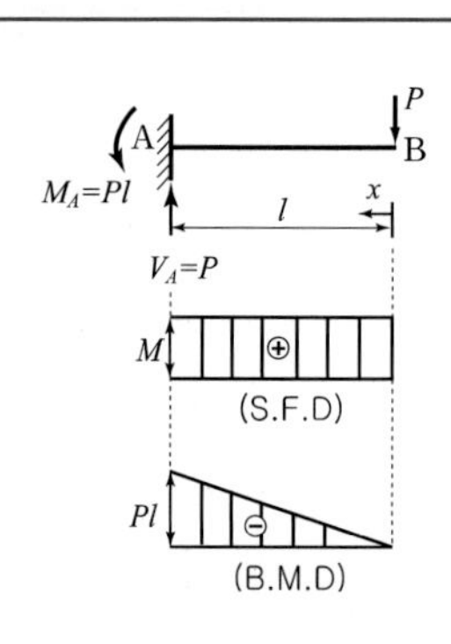

1) 지점반력
① $\Sigma H=0$: $H_A=0$
② $\Sigma V=0$: $V_A=P(\uparrow)$
③ $\Sigma M=0$: $M_A=Pl(\circlearrowleft)$

2) 전단력
$S_x=P$(상수 함수)

3) 휨모멘트 : $M_x=-Px$ (1차 직선)
$\therefore M_A=-Pl,\ M_B=0$

(3) 등분포하중이 작용하는 경우

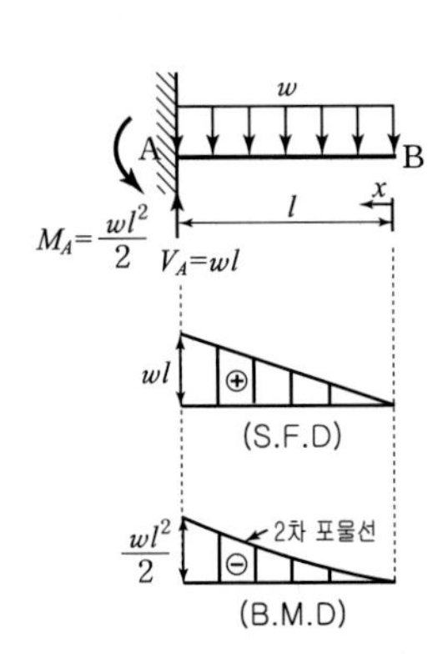

1) 지점반력
① $\Sigma H=0$: $H_A=0$
② $\Sigma V=0$: $V_A=wl\,(\uparrow)$
③ $\Sigma M=0$: $M_A=\frac{wl^2}{2}\,(\circlearrowleft)$

2) 전단력 : $S_x=wx$ (1차 직선)
$\therefore S_A=wl,\ S_B=0$

3) 휨모멘트 : $M_x=-\frac{wx^2}{2}$ (2차 포물선)
$\therefore M_A=-\frac{wl^2}{2},\ M_B=0$

(4) 등변분포하중이 작용하는 경우

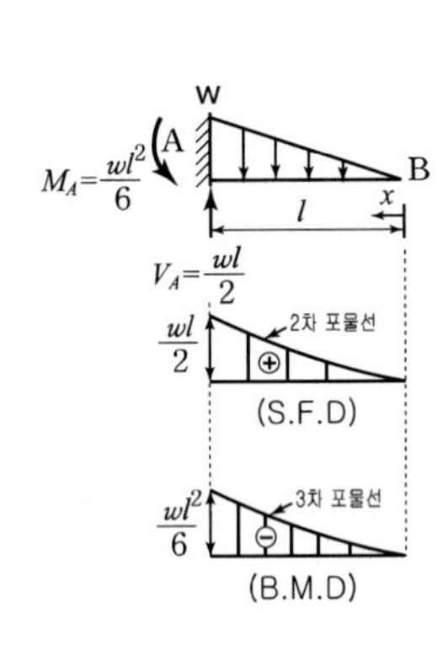

1) 지점반력
① $\Sigma H=0$: $H_A=0$
② $\Sigma V=0$: $V_A=\frac{wl}{2}\,(\uparrow)$
③ $\Sigma M=0$: $M_A=\frac{wl}{2}\times\frac{wl}{3}=\frac{wl^2}{6}\,(\circlearrowleft)$

2) 전단력 : $S_x=\frac{wx^2}{2l}$ (2차 포물선)
$\therefore S_A=\frac{wl}{2},\ S_B=0$

3) 휨모멘트 : $M_x=-\frac{wx^3}{6l}$ (3차 포물선)
$\therefore M_A=-\frac{wl^2}{6},\ M_B=0$

※ 캔틸레버보의 최대 단면력
하향의 하중을 받는 캔틸레버보의 단면력은 다음과 같다.
1. 최대전단력(S_{max}) : 고정단의 수직 반력
2. 최대휨모멘트(M_{max}) : 고정단의 모멘트 반력
단, 전단력이 영(0)인 단면이 있는 경우는 이 단면에서 최대 휨모멘트 발생

핵심예제 4-21 [15 지방직 9급]

다음과 같은 표지판에 풍하중이 작용하고 있다. 표지판에 작용하고 있는 등분포 풍압의 크기가 2.5kPa일 때, 고정지점부 A의 모멘트 반력[kN · m]의 크기는? (단, 풍하중은 표지판에만 작용하고, 정적하중으로 취급하며, 자중은 무시한다)

① 32.5
② 38.5
③ 42.5
④ 52.0

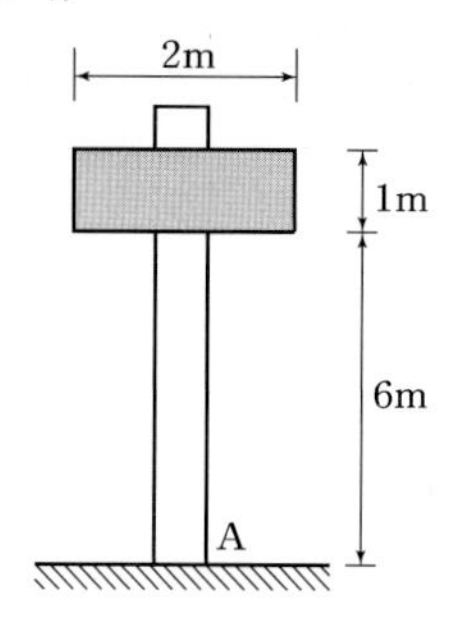

| 해설 | 표지판에 작용하는 풍압을 하중으로 환산해서 고정단 모멘트를 구한다.

(1) 표지판에 작용하는 하중 : $P=(\text{풍압})\times(\text{표지판의 면적})=2.5(2\times1)=5\,\text{kN}$

(2) A점 모멘트 반력 : $M_A=PL=2.5(2\times1)(6.5)=32.5\,\text{kN·m}$

여기서, 풍하중은 표지판의 도심에 작용한다.

답 : ①

핵심예제 4-22 [09 지방직 9급]

그림과 같은 하중이 작용할 때 지점 A에 대한 휨모멘트[kN · m]는?

① 2
② 4
③ 8
④ 10

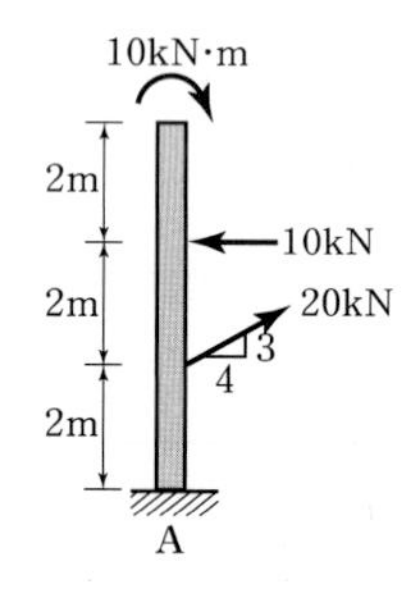

| 해설 | $M_A=10-10(4)+16(2)=2\text{kN}\cdot\text{m}$

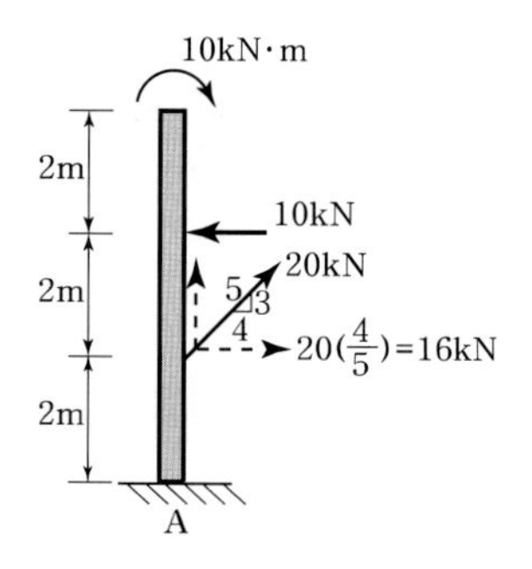

답 : ①

3 내민보(단순보+캔틸레버보)의 해석

단순구간에 작용하는 하중은 단순보와 동일한 단면력을 가지고 내민구간은 캔틸레버와 동일한 작용을 한다. 이때 내민구간의 하중은 단순구간의 단면력을 감소시키는 역할을 하므로 단순보에 비해 단면력이 감소하게 된다.

(1) 모멘트 하중(우력)이 작용하는 경우

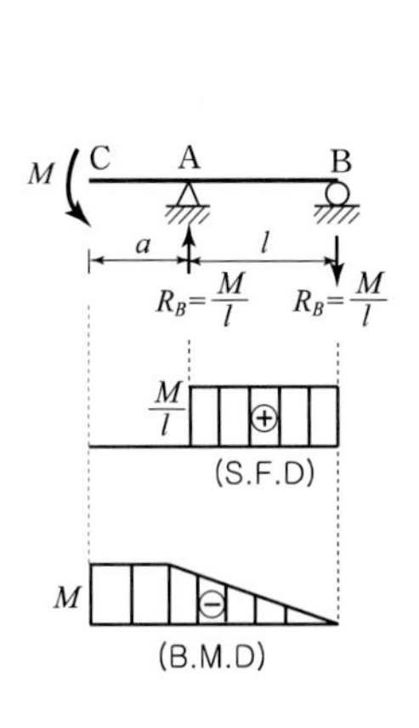

1) 지점반력

$$R_A=\frac{M}{l}(\uparrow)$$

$$R_B=-\frac{M}{l}(\downarrow)$$

2) 단면력

① AC구간(C점 기준)

$S_x=0$

$M_x=-M$

② AB구간(B점 기준)

$$S_x=R_B=\frac{M}{l}$$

$$M_x=-\frac{M}{l}x$$

(2) 집중하중이 작용하는 경우

① 유형 Ⅰ

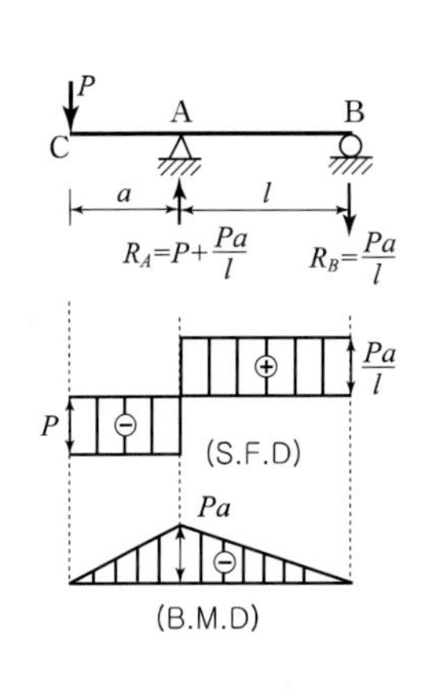

1) 지점반력

$$R_A=P+\frac{Pa}{l}(\uparrow)$$

$$R_B=-\frac{Pa}{l}(\downarrow)$$

2) 단면력

① AC구간(C점 기준)

$S_x=-P$

$M_x=-Px$

② AB구간(B점 기준)

$$S_x=R_B=\frac{Pa}{l}$$

$$M_x=-\frac{Pa}{l}x$$

■ 보충설명 : 단순구간의 휨모멘트

내민보의 중간지점에서 발생하는 휨모멘트를 축소시켜 구할 수 있다.

② 유형 Ⅱ

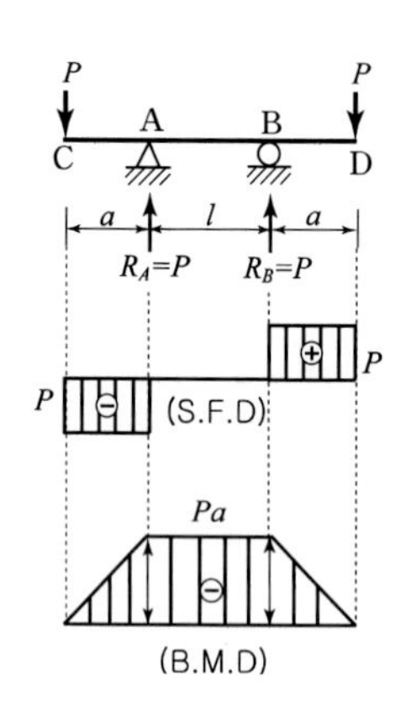

1) 지점 반력

대칭하중이므로 $R_A = R_B = P(\uparrow)$

2) 단면력

① AC구간(C점 기준)

$S_x = -P$

$M_x = -Px$

② AB구간(C점 기준)

$S_x = -P + R_A = 0$

$M_x = -Px + P(x-a) = -Pa$

③ BD구간(D점 기준)

$S_x = P$

$M_x = -Px$

③ 유형 Ⅲ

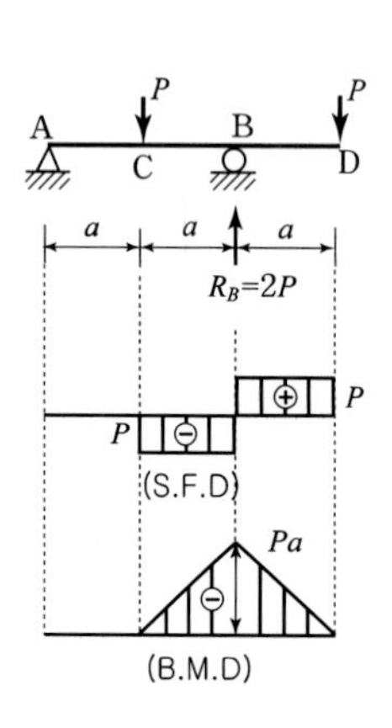

1) 지점반력

$R_A = 0$

$R_B = 2P(\uparrow)$

2) 단면력

① AC구간(A점 기준)

$S_x = M_x = 0$

② BC구간(A점 기준)

$S_x = -P$

$M_x = -Px$

③ BD구간(D점 기준)

$S_x = P$

$M_x = -Px$

■ 보충설명 : 내민보의 반력

내민보의 중간지점에서 모멘트가 평형을 이룰 때 단지점의 반력은 영(0)이 된다.

핵심예제 4-23 [10 지방직 9급]

다음 그림과 같은 내민보에서 B점에 발생하는 전단력의 크기는[kN]는?

① 0.25
② 0.75
③ 1.25
④ 1.75

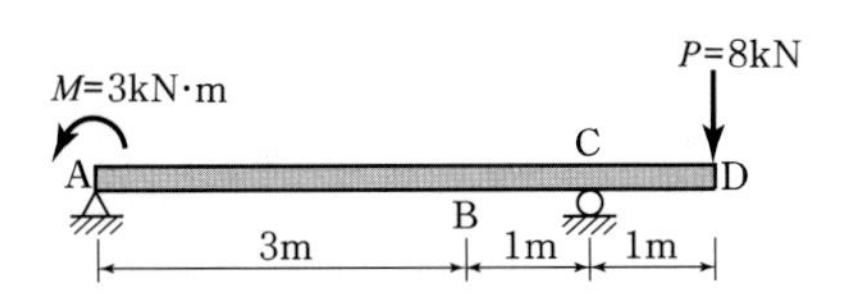

| 해설 | (1) 지점반력

$\Sigma M_C = 0 : -3 + R_A(4) + 8(1) = 0$

$R_A = -\frac{5}{4} = -1.25\,\text{kN}(\downarrow)$

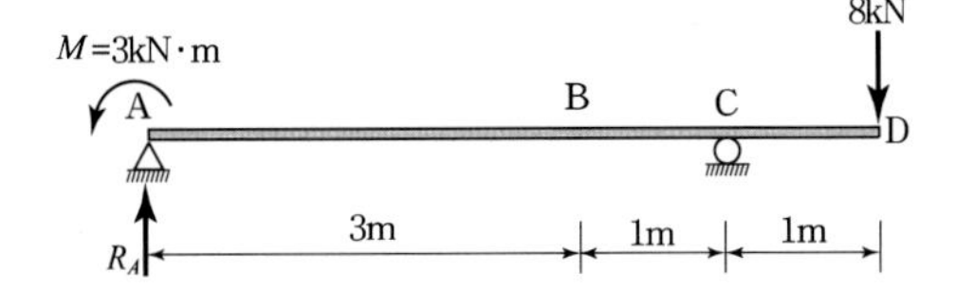

(2) B점 전단력

B점을 절단하여 왼쪽을 보면

모멘트하중은 전단력계산에 영향이 없으므로

$S_A = R_A = -1.25\,\text{kN}$

답 : ③

핵심예제 4-24 [12 서울시 9급]

다음과 같은 하중형태에 따른 휨모멘트도로 옳은 것은?

①

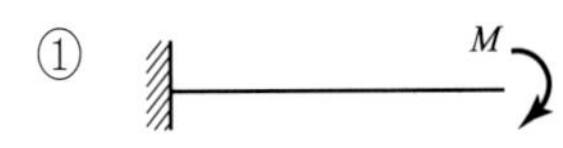

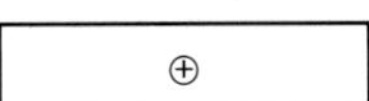

②

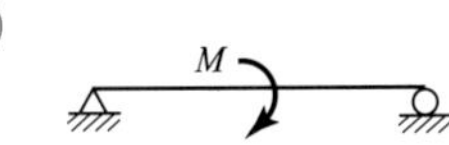

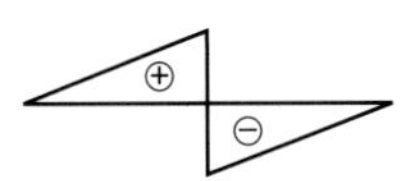

③

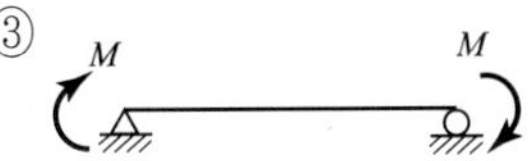

④

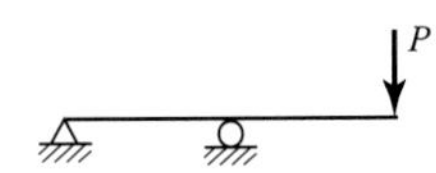

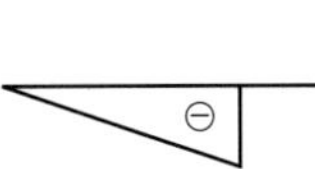

⑤

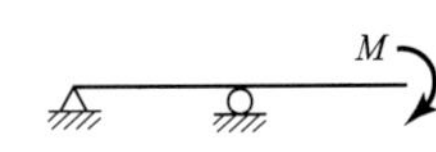

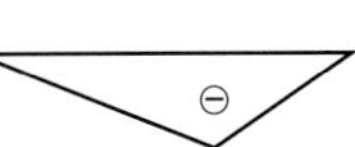

| 해설 | ①에서 캔틸레버에 하향하중이 작용하면 항상 −휨모멘트가 발생한다.(상부 인장, 하부 압축 발생)

②에서 모멘트하중이 작용하는 점을 기준으로 오른쪽은 +, 왼쪽은 − 휨모멘트가 발생한다.

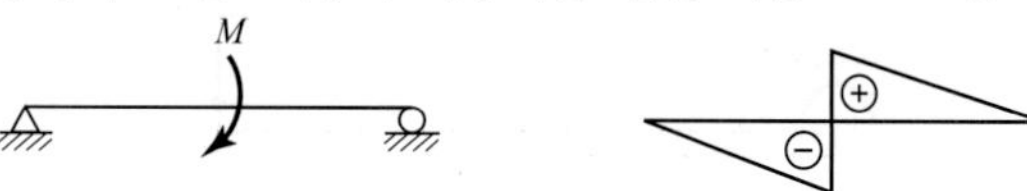

④, ⑤에서 내민부분은 캔틸레버로 작용하여 −휨을 받고, 단순구간은 중간지점에 전달되는 모멘트에 의해 −휨이 발생한다.

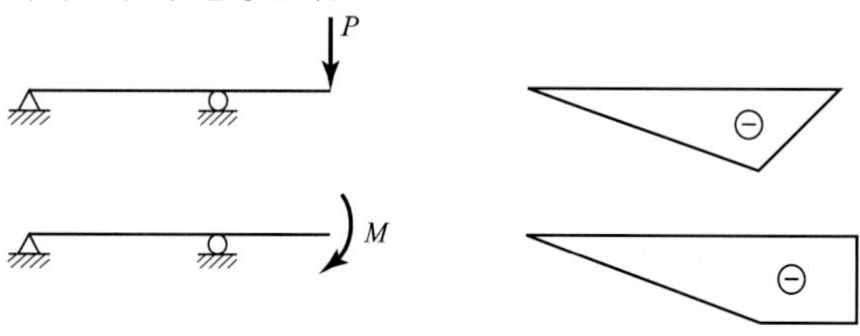

답 : ③

핵심예제	4-25

[08 국가직 9급]

다음 그림과 같은 구조물의 중앙 C점에서 휨모멘트가 0이 되기 위한 $\frac{a}{l}$의 비는? (단, $P = 2wl$ 이다.)

① $\frac{1}{4}$　　② $\frac{1}{6}$

③ $\frac{1}{8}$　　④ $\frac{1}{16}$

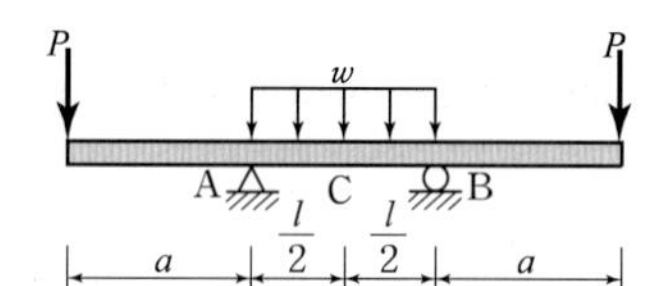

| 해설 | (1) 지점반력

대칭이므로

$$R_A = R_B = \frac{\text{전하중}}{2} = \frac{2wl + wl + 2wl}{2} = \frac{5wl}{2}(\uparrow)$$

(2) C점의 휨모멘트

$$M_C = -2wl\left(a + \frac{l}{2}\right) + \frac{5wl}{2}\left(\frac{l}{2}\right) - \left(\frac{wl}{2}\right) \times \left(\frac{l}{4}\right) = 0$$

$$\therefore \frac{a}{l} = \frac{1}{16}$$

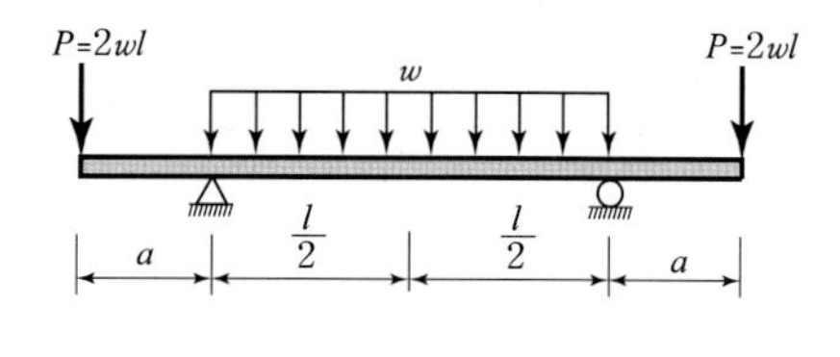

답 : ④

핵심예제 4-26 [09 국가직 9급]

다음 그림과 같은 구조물에서 최대 정모멘트가 발생되는 위치는?

① 점 A에서 3.5m
② 점 A에서 4m
③ 점 C
④ 점 C에서 5m

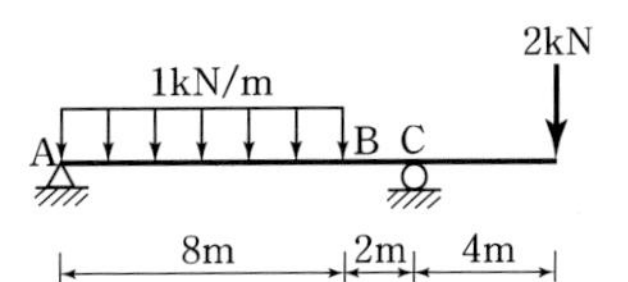

| 해설 | (1) 지점반력

$$\Sigma M_C = 0 : R_A(10) - (1\times 8)\left(\frac{8}{2}+2\right)+2(4)=0$$

$\therefore R_A = 4\text{kN}(\uparrow)$

(2) 최대 정모멘트 발생위치
전단력이 0이 되는 위치에서 최대 정모멘트가 발생하므로
$S_x = R_A - 1(x) = 4 - x = 0$
$\therefore x = 4\text{m}$(A점에서 위치)

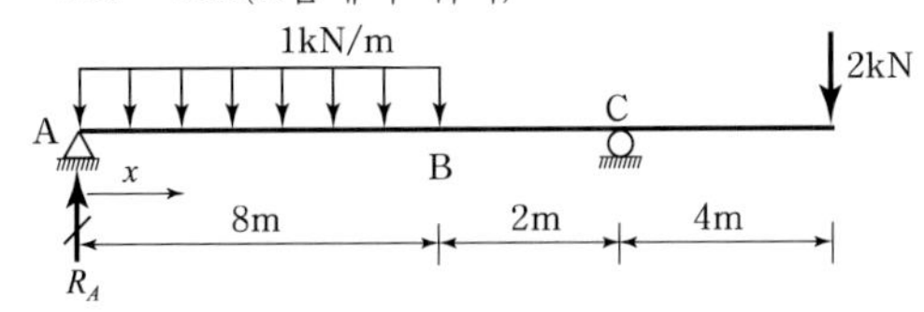

답 : ②

핵심예제 4-27 [15 서울시 9급]

주어진 내민보에 발생하는 최대 휨모멘트는?

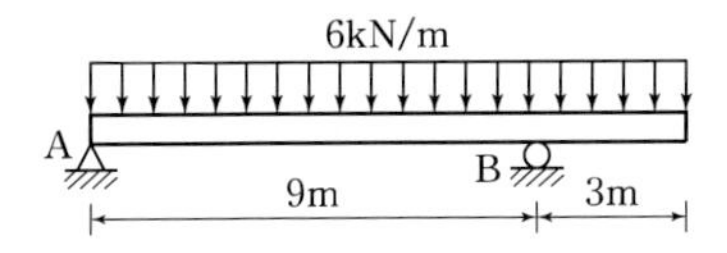

① 24kN · m ② 27kN · m
③ 48kN · m ④ 52kN · m

| 해설 | (1) 최대 부모멘트 : $M^{+}_{\max} = M^{-}_{B} = -\dfrac{6(3^2)}{2} = -27\text{kN}\cdot\text{m}$ ∴ ①은 탈락

(2) 최대 정모멘트

$$M^{+}_{\max} = (A\text{점과 } S=0\text{인 점 사이의 전단력도 면적}) = \frac{R_A x}{2} = \frac{24(4)}{2} = 48\text{kN}\cdot\text{m}$$

· 전단력이 0인 위치 $x = \dfrac{R_A}{w} = \dfrac{24}{6} = 4\text{m}$

여기서, $R_A = \dfrac{6(12)(3)}{9} = 24\text{kN}$

답 : ③

핵심예제 4-28 [13 국가직 9급]

다음과 같이 양단 내민보 전 구간에 등분포하중이 균일하게 작용하고 있다. 이때 휨모멘트도에서 최대 정모멘트와 최대 부모멘트의 절댓값이 같기 위한 L과 a의 관계는? (단, 자중은 무시한다.)

① $L=\sqrt{2a}$
② $L=2\sqrt{2a}$
③ $L=\sqrt{2}\,a$
④ $L=2\sqrt{2}\,a$

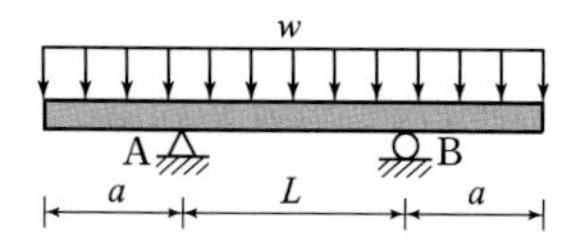

| 해설 | 두 개의 하중으로 나누어 중첩을 적용하면

$|(+)M_{\max}|=|(-)M_{\max}|$에서

$$\left|\frac{wL^2}{8}-\frac{wa^2}{2}\right|=\left|-\frac{wa^2}{2}\right|$$

$\therefore\ L=2\sqrt{2}\,a$

보충 $M_{\max}$ 최소 조건, $\sigma_{\max}$ 최소 조건과 동일하다.

답 : ④

4 게르버보의 해석

게르버보는 불완전한 단순 구조가 상부에 있고 완전한 구조가 하부에 있어야 안정하므로 단순 구조를 상부에 두고 계산한 반력을 하부 구조에 하중으로 작용시켜 해석한다.

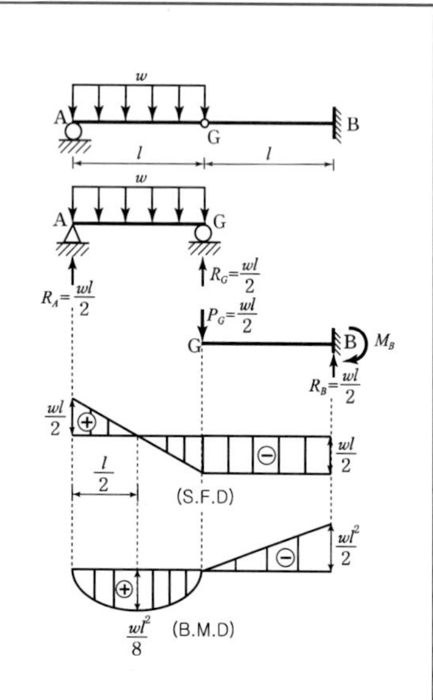

1) 지점반력

하중 대칭이므로 $R_A=R_B=\dfrac{wl}{2}(\uparrow)$

$M_B=\dfrac{wl^2}{2}(\circlearrowright)$

2) 단면력

①AG구간(A점 기준)

$S_x=\dfrac{wl}{2}-wx$

$M_x=\dfrac{wl}{2}x-\dfrac{wx^2}{2}$

②GB구간(G점 기준)

$S_x=-\dfrac{wl}{2}$

$M_x=-\dfrac{wl}{2}x$

핵심예제 4-29 [08 국가직 9급]

다음 그림과 같은 게르버보(Gerber beam)에서 A점의 휨모멘트값[tf · m]은?

① −21
② 21
③ −9
④ 9

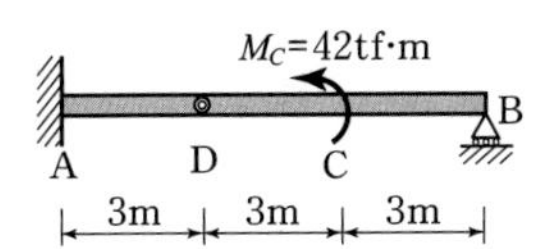

| 해설 | (1) B지점 반력

$\sum M_{D(우)} = 0$

$-R_B(6) - 42 = 0$

$\therefore\ R_B = -7\text{kN}(\downarrow)$

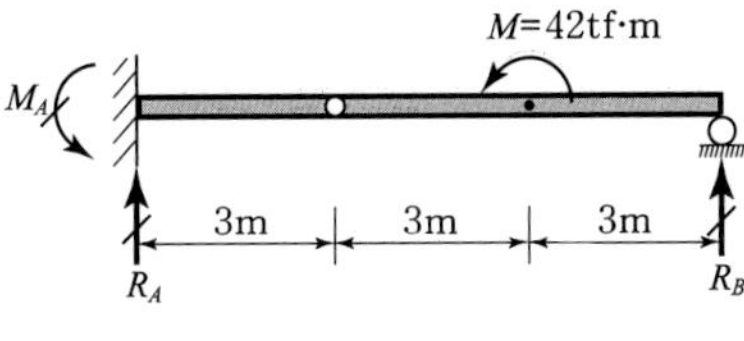

(2) A점 휨모멘트

$\sum M_A = 0 : -M_A - 42 - R_B(9) = 0$

$M_A = -42 - 9R_B = -42 - 9(-7) = +21\text{tf·m}(\circlearrowleft)$

$\therefore$ A점 휨모멘트 $= -21\text{tf·m}$

답 : ①

핵심예제 4-30 [09 국가직 9급]

다음 그림과 같이 지점 A는 롤러지점, 지점 B는 고정지점이고 C점에 내부힌지를 배치한 정정보에 하중이 작용하고 있다. B지점의 반력 R_B와 M_B는?

	R_B	M_B
①	P	$\dfrac{PL}{2}$
②	$\dfrac{3P}{2}$	PL
③	$\dfrac{5P}{3}$	$\dfrac{7PL}{6}$
④	$\dfrac{7P}{4}$	$\dfrac{5PL}{4}$

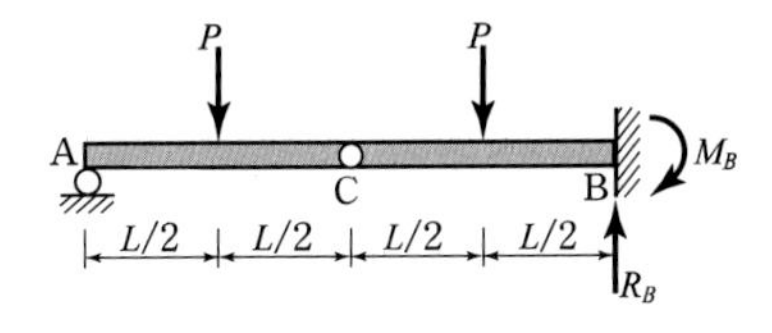

| 해설 | $\sum M_{c(좌)} = 0:\ R_{A(L)} - P\left(\dfrac{L}{2}\right) = 0 \quad \therefore R_A = \dfrac{P}{2}(\uparrow)$

$\sum V = 0:\ R_A + R_B = 2P \quad \therefore R_B = 2P - R_A = \dfrac{3}{2}P(\uparrow)$

$\sum M_B = 0 :\ R_A(2L) - P\left(\dfrac{3L}{2}\right) - P\left(\dfrac{L}{2}\right) + M_B = 0$

$\therefore\ M_B = PL(\circlearrowleft)$

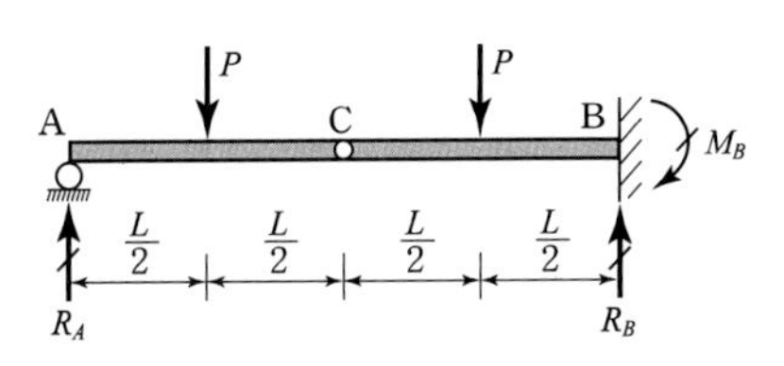

답 : ②

핵심예제 4-31 [10 지방직 9급]

다음 그림과 같은 게르버보의 A점에 발생하는 전단력[N]은? (단, 전단력의 부호는 ↑+↓ 이다)

① −1
② +1
③ −6
④ +6

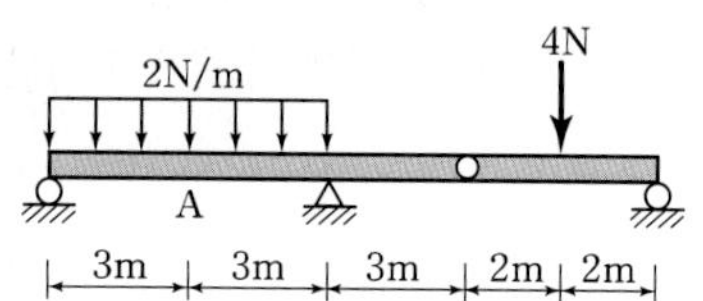

| 해설 | (1) 지점 반력

$\Sigma M_{E(우)}=0: -R_C(4)+4(2)=0$

$\therefore\ R_C=2(\uparrow)$

$\Sigma M_D=0:$

$R_B(6)-2(6)(\frac{6}{2})+4(5)-R_C(7)=0$

$\therefore\ R_B=5\text{N}(\uparrow)$

(2) A점 전단력

$S_A=R_B-2(3)=5-2(3)=-1\text{N}$

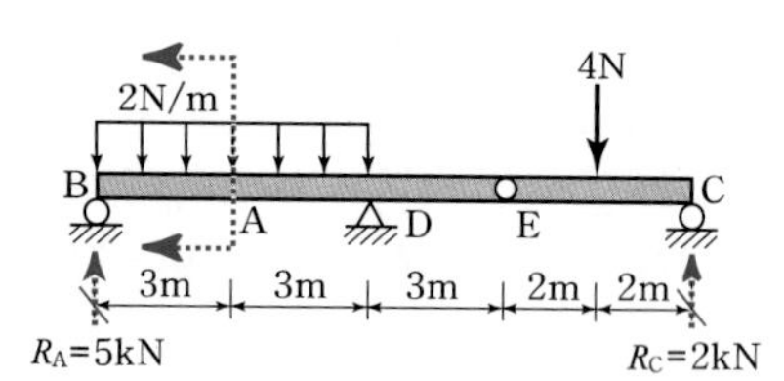

답 : ①

핵심예제 4-32 [10 국가직 9급]

다음 그림과 같은 게르버보에서 지점 A에서의 휨모멘트[kN·m]는? (단, 시계방향을 +로 간주한다)

① −120
② 120
③ −360
④ 360

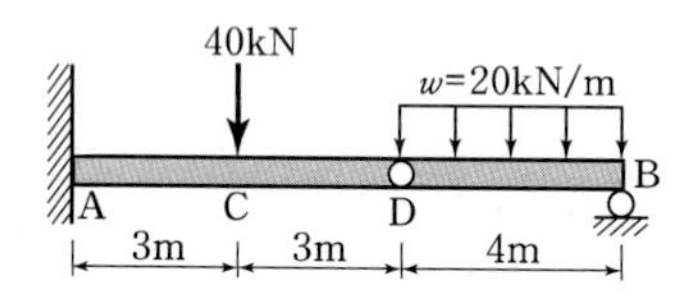

| 해설 | (1) 지점반력

$\Sigma M_{D(우)}=0: -R_B(4)+(20\times 4)\left(\frac{4}{2}\right)=0$

$\therefore\ R_B=40\text{kN}(\uparrow)$

(2) A점의 휨모멘트

$M_A=-40(3)-(20\times 4)\left(6+\frac{4}{2}\right)+40(10)$

$=-360\text{kN}\cdot\text{m}$

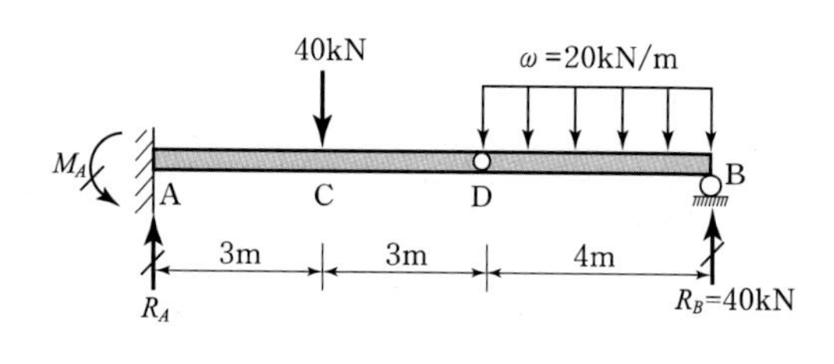

답 : ③

핵심예제 4-33 [13 국가직 9급]

다음과 같이 게르버보에 하중이 작용하여 발생하는 정모멘트와 부모멘트 중 큰 절댓값[kN · m]은? (단, 자중은 무시한다)

① 12.5
② 13.0
③ 13.5
④ 16.0

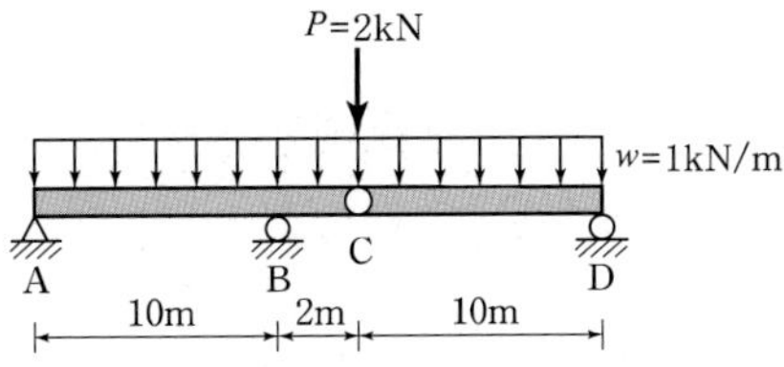

| 해설 | (1) 지점반력

- CD구조물에서

$\sum M_C = 0$: $(1\times 10)\left(\frac{10}{2}\right) - R_C(10) = 0$에서 $R_D = 5\text{kN}$(상향)

$\sum V = 0$: $R_C + R_D = 12$에서 $R_C = 7\text{kN}$(상향)

- AB구조물에서

$\sum M_A = 0$: $(1\times 12)\left(\frac{12}{2}\right) + 7(12) - R_B(10) = 0$에서 $R_B = 15.6\text{kN}$(상향)

$\sum V = 0$: $R_A + R_B = 19$에서 $R_A = 3.4\text{kN}$(상향)

(2) AB구간의 최대 정모멘트

전단력이 0인 위치는 $\frac{R_A}{w} = \frac{3.4}{1} = 3.4\text{m}$이므로 $M_{AB,\max} = \frac{R_A x}{2} = \frac{3.4(3.4)}{2} = 5.78\text{kN} \cdot \text{m}$

(3) B점의 최대 부모멘트

$M_B = -7(2) - (1\times 2)\left(\frac{2}{2}\right) = -16\text{kN} \cdot \text{m}$

(4) CD구간의 최대 정모멘트

$M_{CD,\max} = \frac{wL^2}{8} = \frac{1(10^2)}{8} = 12.5\text{kN} \cdot \text{m}$

따라서 절대 최대 모멘트 $|M_{\max}| = |M_B| = 16\text{kN} \cdot \text{m}$이다.

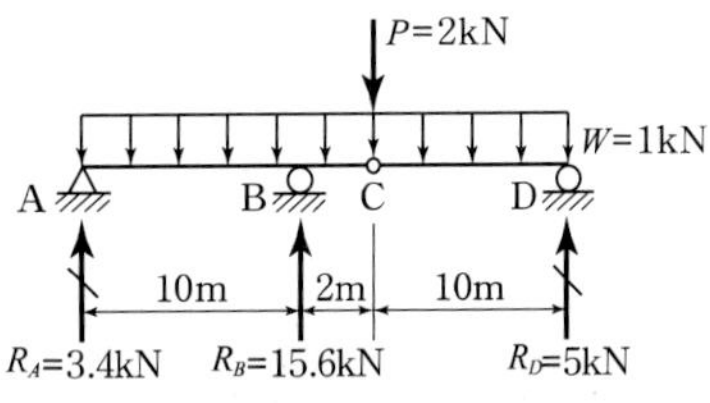

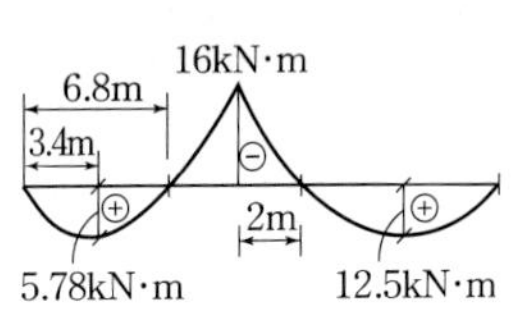

BMD

답 : ④

핵심예제 4-34 [13 국가직 9급]

다음과 같이 하중을 받는 보에서 AB부재에 부재력이 발생되지 않기 위한 CD 부재의 길이 a[m]는? (단, 자중은 무시한다)

① 2
② 3
③ 5
④ 6

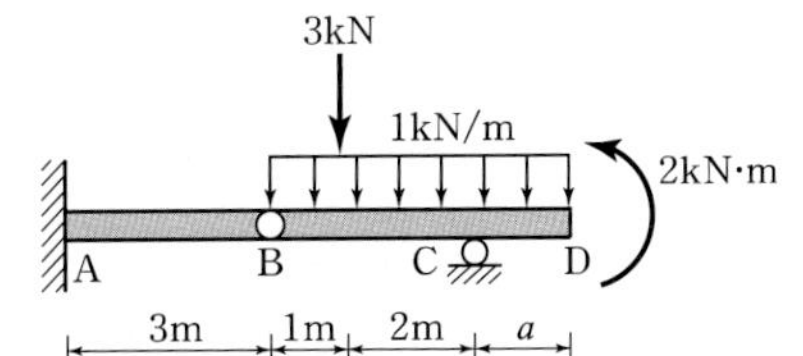

| 해설 | AB 부재에 부재력이 생기지 않는다면 AB부재는 아무 힘도 생기지 않게 되므로 A점에는 반력도 발생하지 않는다.

$\therefore\ \Sigma M_C=0\ :\ 3(2)+(1\times3)\left(\frac{3}{2}\right)-(1\times a)\left(\frac{a}{2}\right)+2=0$에서 $a=5\text{m}$

답 : ③

핵심예제	4-35

[19 국가직]

그림과 같은 하중이 작용하는 게르버 보에 대해 작성된 전단력도의 빗금 친 부분의 면적 [kN · m]은? (단, 구조물의 자중은 무시한다)

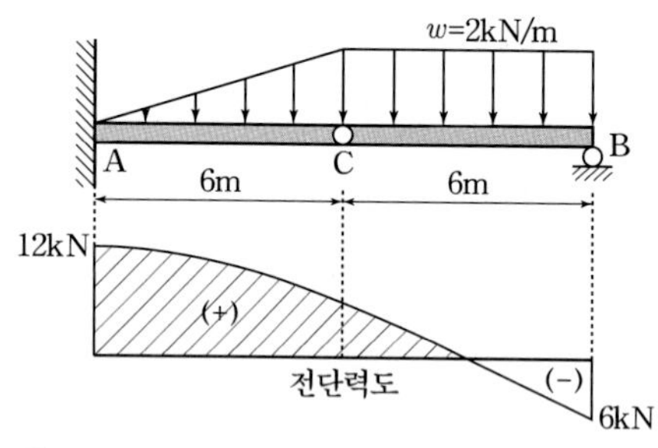

① 9
② 51
③ 60
④ 69

| 해설 | 전단력도의 면적은 휨모멘트의 차이와 같으므로 $M_{\max}^{+}-M_A$와 같다.

(1) 전단력이 0인 점의 휨모멘트

$$M_{\max}^{+}=\frac{R_B x}{2}=\frac{6(3)}{2}=9\,\text{kN·m}$$

여기서, B점에서 전단력이 0인 점까지의 거리 : $x=\frac{R_B}{w}=\frac{6}{2}=3\,\text{m}$

(2) 고정단 휨모멘트

$$M_A=M_{\max}^{-}=-6(6)-6(4)=-60\,\text{kN·m}$$

(3) 전단력도의 면적

두 점으로 둘러싸인 전단력도의 면적은 두 점의 휨모멘트 차이와 같으므로

$$M_{\max}^{+}-M_A=9-(-60)=69\,\text{kN·m}$$

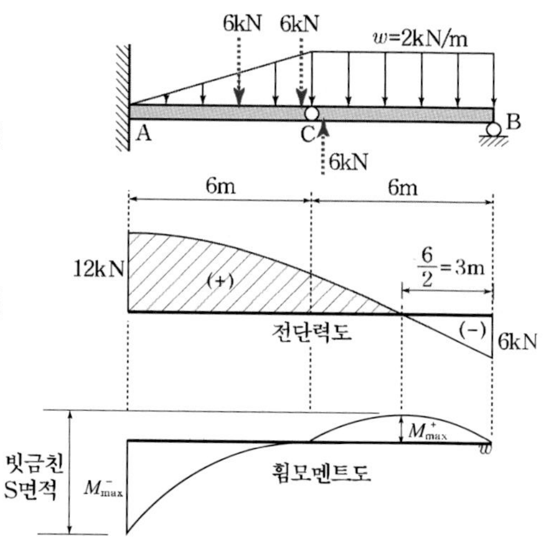

보충 구조물에 외력모멘트가 작용하면 전단력도의 (+)면적과 (-)면적은 같지 않다.

답 : ④

4.5 간접하중이 작용하는 보의 해석

세로보를 단순보로 보고 계산한 반력을 가로보를 통해 하부구조에 하중으로 작용시켜 해석한다.

(1) 반력

세로보에 작용하는 하중은 주형에 작용하는 하중의 합력과 같으므로 바리뇽의 정리에 의해 직접하중을 받는 보와 같이 계산한다.

(2) 단면력

주형은 가로보를 통하여 집중하중을 전달 받으므로 주형의 전단력도는 집중하중을 받는 보와 같다. 따라서 전단력도는 보의 축에 평행하고 휨모멘트도는 직선이 된다.

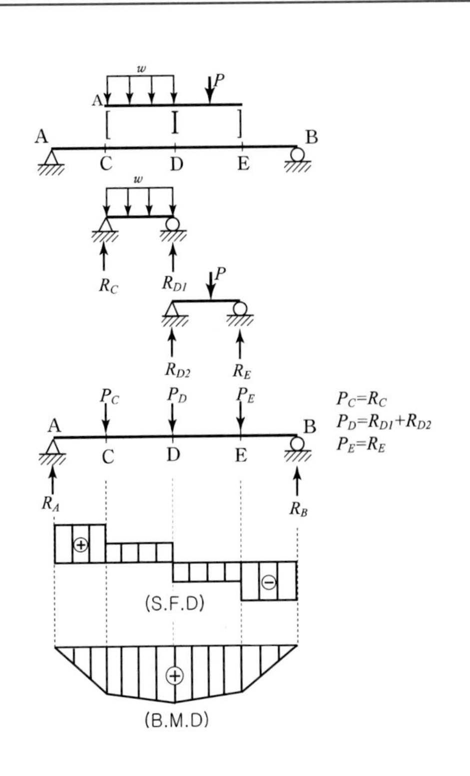

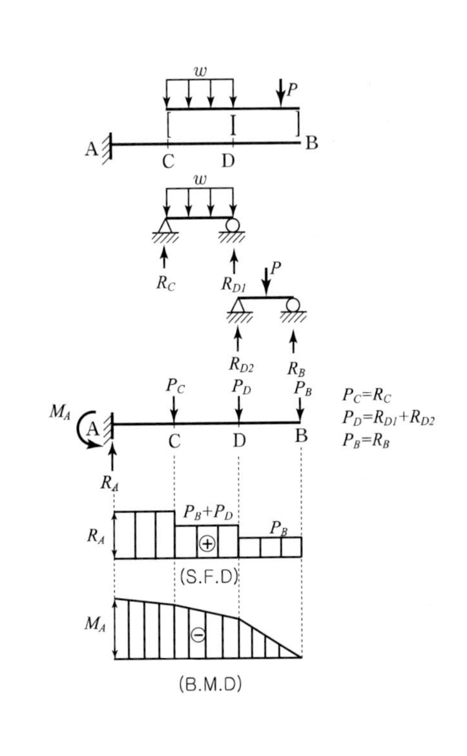

핵심예제 4-36 [14 국가직 9급]

그림과 같은 구조물의 B지점에서 반력 R_B의 값은? (단, DE는 강성부재이고, 보의 자중은 무시한다)

① 120
② 90
③ 80
④ 60

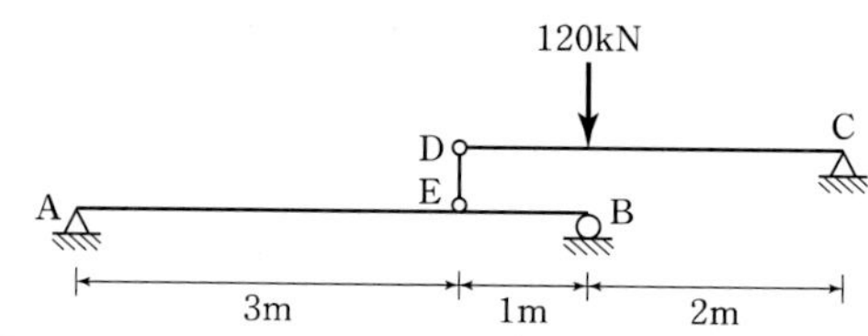

| 해설 | D점을 통하여 E점에 전달되는 힘이 80kN이므로 AB구조물의 A점에서 모멘트 평형을 적용하면

$$R_B = \frac{80(3)}{4} = 60\,\text{kN}$$

보충 힌지를 통해서는 모멘트가 전달될 수 없다.
∴ D점과 E점에는 모멘트가 작용할 수 없다.

답 : ④

핵심예제 4-37 [11 국가직 9급]

그림과 같이 간접하중을 받고 있는 정정보 AB에 발생하는 최대 휨모멘트의 값[kN·m]은?

① 10
② 20
③ 30
④ 40

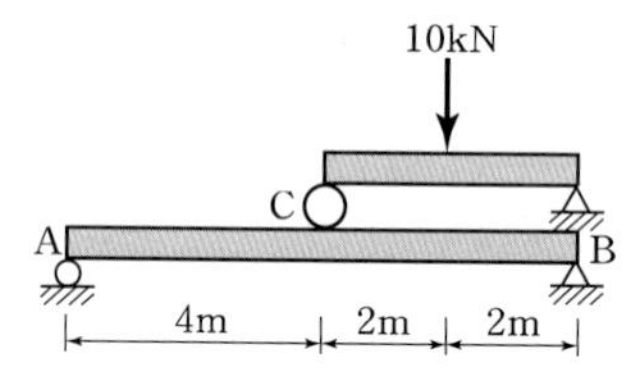

| 해설 | (1) 상부구조물의 지점반력

$\sum M_B = 0 : R_A(8) - 5(4) = 0$

$\therefore\ R_A = 2.5\,\text{kN}(\uparrow)$

(2) AB의 최대휨모멘트

$M_C = R_A(4) = 10\,\text{kN·m}$

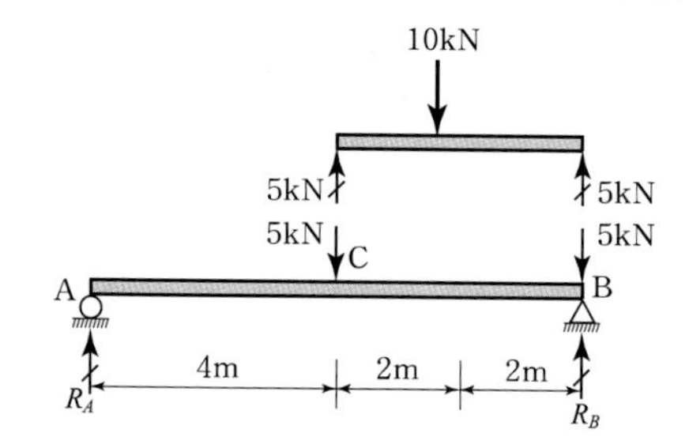

답 : ①

핵심예제 **4-38** [07 국가직 9급]

단순보 CD에 발생하는 최대 휨모멘트[kN·m]는?

① 50
② 75
③ 100
④ 150

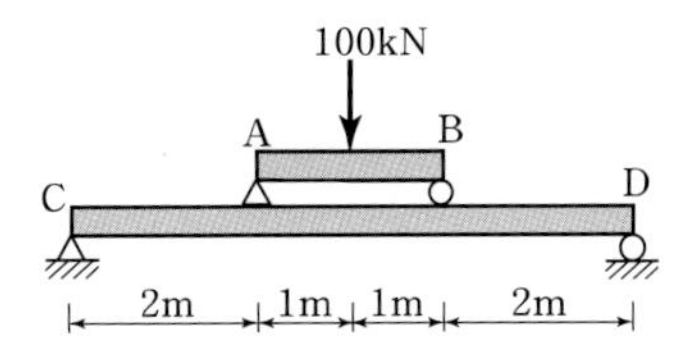

| 해설 | (1) 상부구조물의 지점반력
하중 대칭이므로

$$R_A = R_B = \frac{\text{전하중}}{2} = 50\,\text{kN}(\uparrow)$$

(2) CD의 최대휨모멘트
대칭구조이므로

$$R_C = R_D = \frac{\text{전하중}}{2} = 50\,\text{kN}(\uparrow)$$

$$M_{max} = P_C(2) = 50(2) = 100\,\text{kN}\cdot\text{m}$$

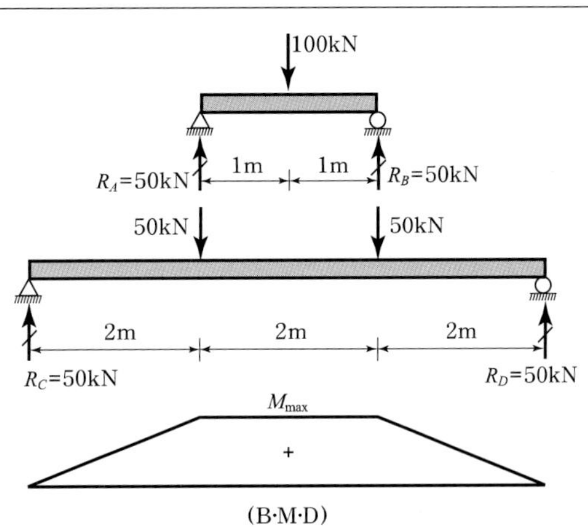

답 : ③

4.6 간접부재를 갖는 경우

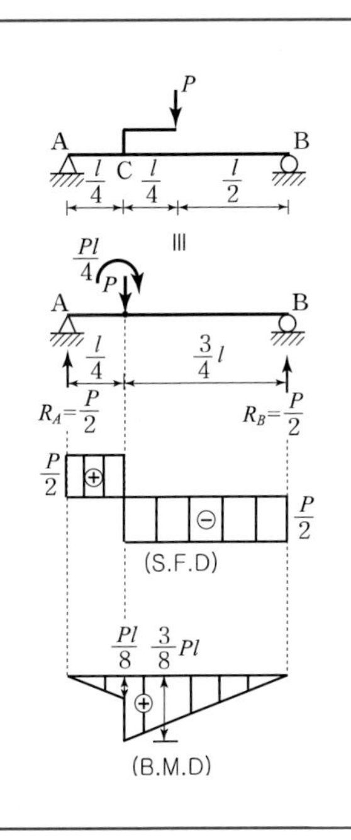

1) 지점반력

$$R_A = \frac{P}{2}(\uparrow),\ R_B = \frac{P}{2}(\uparrow)$$

2) 단면력

①AC구간(A점 기준)

$$S_x = \frac{P}{2}$$

$$M_x = \frac{P}{2}x$$

②BC구간(B점 기준)

$$S_x = -\frac{P}{2}$$

$$M_x = -\frac{P}{2}x$$

③ $M_c \begin{cases} M_{c(\text{좌})} = \dfrac{P}{2} \times \dfrac{l}{4} = \dfrac{Pl}{8} \\ M_{c(\text{우})} = \dfrac{P}{2} \times \dfrac{3}{4}l = \dfrac{3}{8}Pl \end{cases}$

※ 힘의 전달점 C점은 집중하중과 모멘트하중을 받으므로 C점의 좌우는 단면력이 불연속

핵심예제 4-39 [13 국가직 9급]

다음과 같이 하중을 작용하는 보 구조물에 발생하는 최대 휨모멘트[kN · m]는? (단, 자중은 무시한다)

① $\frac{2}{3}$

② $\frac{4}{3}$

③ $\frac{5}{3}$

④ $\frac{8}{3}$

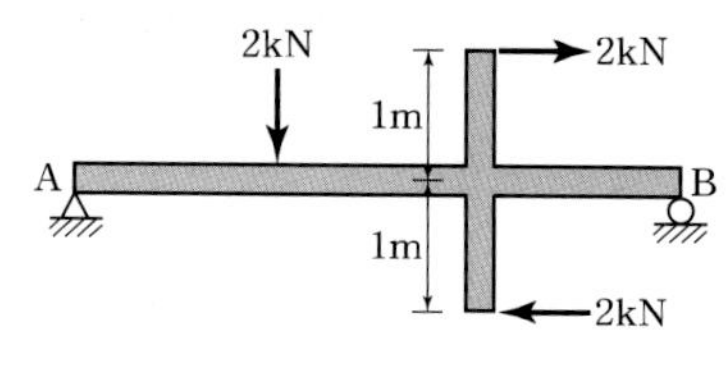

| 해설 | (1) 지점 반력

$\Sigma M_B = 0$: $R_A(6) - 2(4) + 2(2) = 0$에서 $R_A = \frac{2}{3}$kN(↑)

$\Sigma V = 0$: $R_A + R_B = 2$에서 $R_{우} = \frac{4}{3}$kN(↑)

(2) 휨모멘트 계산

$M_C = R_A(2) = \frac{2}{3}(2) = \frac{4}{3}$kN · m

$M_{D(좌)} = R_A(4) - 2(2) = \frac{2}{3}(2) - 4 = -\frac{2}{3}$kN · m

$M_{D(우)} = R_B(2) = \frac{4}{3}(2) = \frac{8}{3}$kN · m

$\therefore\ M_{\max} = M_{D(우)} = \frac{8}{3}$kN · m

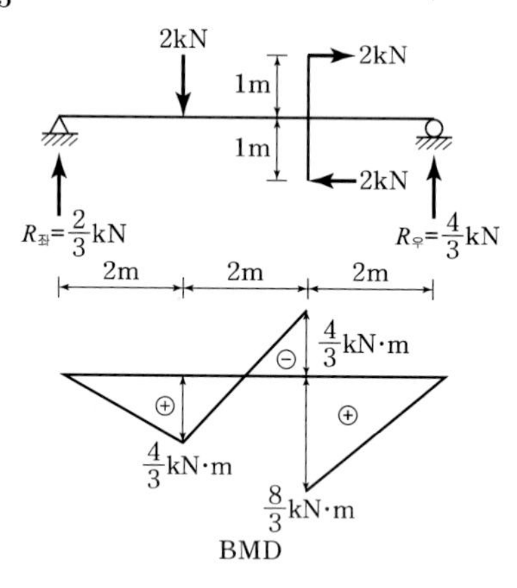

답 : ④

4.7 영향선(Influence Line)

1 정의

단위하중($P = 1$)이 구조물을 횡단할 때 생기는 반력 또는 단면력을 구하여 하중점 아래에 표시한 선도를 영향선이라 한다.

※ 영향선의 종거(y) 계산법

종거를 구하는 점에 단위하중($P = 1$)이 있을 때의 반력이나 단면력을 구한다.

즉 반력의 영향선이면 반력, 단면력의 영향선이면 단면력을 구하면 영향선의 종거가 된다.

2 영향선의 작도 목적

이동하중에 의한 최댓값을 구하기 위해 영향선을 작도한다.

3 최댓값 계산

(1) 집중하중 작용 시

(집중하중)×(영향선의 종거)$= Py$

(2) 등분포하중 작용 시

(등분포하중)×(등분포하중이 작용하는 영향선도의 면적)$= wA$

4 영향선의 개형

(1) 정정 구조물 : 직선 변화(평행 직선 또는 경사 직선)

(2) 부정정 구조물 : 곡선 변화

5 영향선의 작도 방법

어느 특정기능(반력, 전단력, 휨모멘트)의 영향선은 그 기능의 원인을 제거하고, 그 기능을 다시 하중으로 재하했을 때의 단위 변위선도와 같다는 M ller-Breslau의 원리에 의해 작도한다.

- **Step1 :** 원인을 제거한다.
  이때 주의할 것은 해당 기능만 제거하고 나머지 기능은 그대로 두어야 한다.
- **Step2 :** 원인을 하중으로 재하 한다.
- **Step3 :** 단위변위선도를 그린다.

Step1 (원인 제거)	Step2 (원인을 하중으로 재하)	Step3 (단위변위선도 작도)
반력의 영향선 $(R-I.L)$	지점 제거	반력(R)을 하중으로 재하
전단력의 영향선 $(S-I.L)$	롤러 삽입	전단력(SF)을 하중으로 재하
휨모멘트의 영향선 $(M-I.L)$	힌지 삽입	휨모멘트(BM)를 하중으로 재하

※ 영향선도의 부호 일치 작업
반력은 상향 반력, 단면력은 롤러나 힌지에 (+)단면력을 가하고 보에는 작용반작용의 원리를 적용하면 수학의 좌표와 일치한다.

6 단순보의 영향선

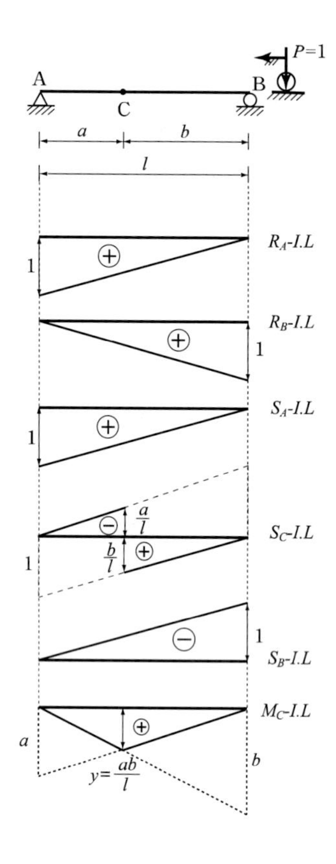

7 캔틸레버보의 영향선

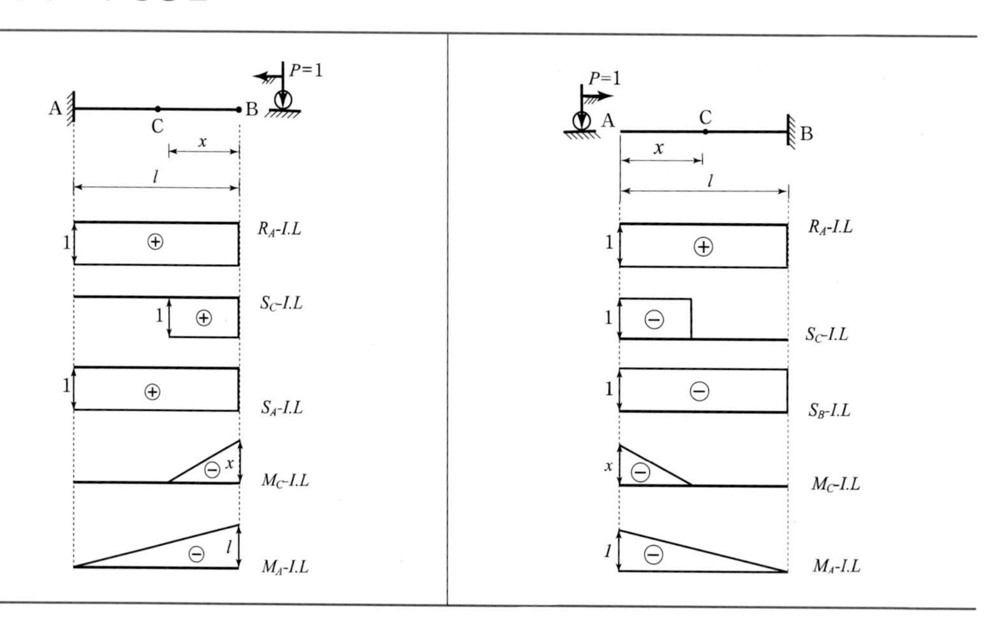

8 내민보의 영향선

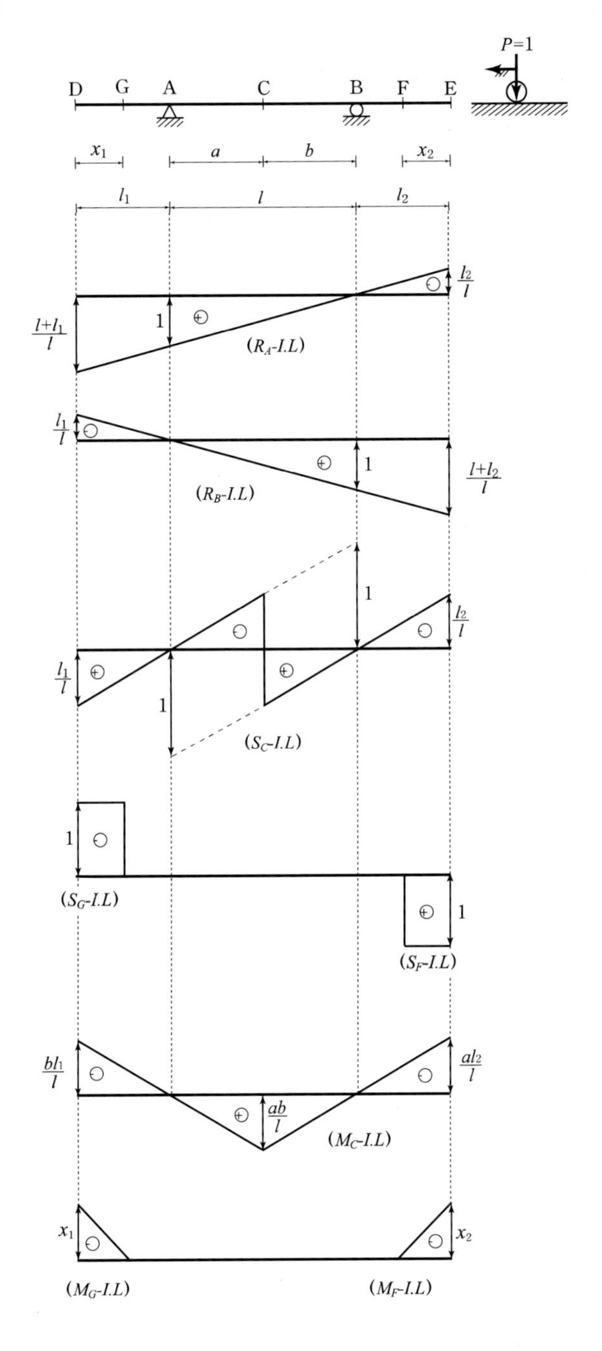

P=1
D G A C B F E
x1 a b x2
l1 l l2
l2/l
(l+l1)/l
1
(RA-I.L)
l1/l
1
(l+l2)/l
(RB-I.L)
1
l2/l
l1/l
1
(SC-I.L)
1
(SG-I.L)
1
(SF-I.L)
bl1/l
al2/l
ab/l
(MC-I.L)
x1
x2
(MG-I.L)
(MF-I.L)

핵심예제 4-40 [08 국가직 9급]

다음 그림과 같은 내민보에서 C점에 대한 전단력의 영향선에서 D점에 대한 종거는?

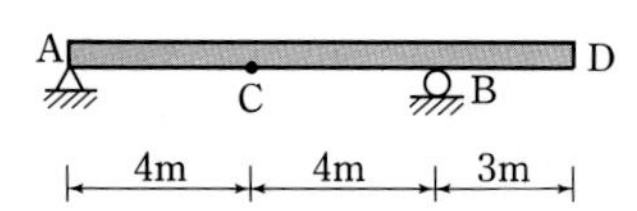

① −0.156 ② −0.264

③ −0.375 ④ −0.557

| 해설 | S_C의 영향선에서 $y_D = -\frac{3}{8} = -0.375$

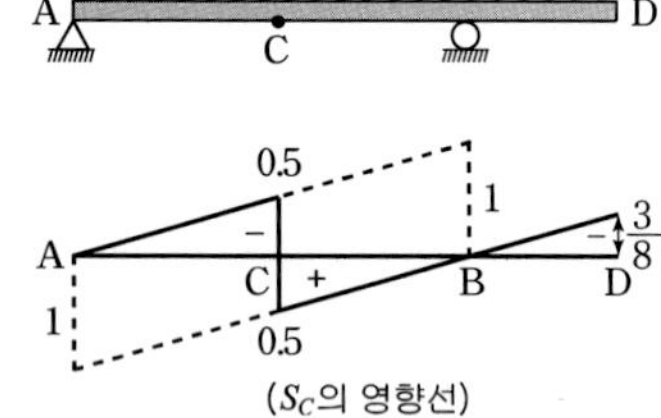

(S_C의 영향선)

보충 S_C의 영향선에서 D점의 종거란 단위하중($P=1$)이 D점에 있을 때 S_C와 같다.

답 : ③

9 게르버보의 영향선

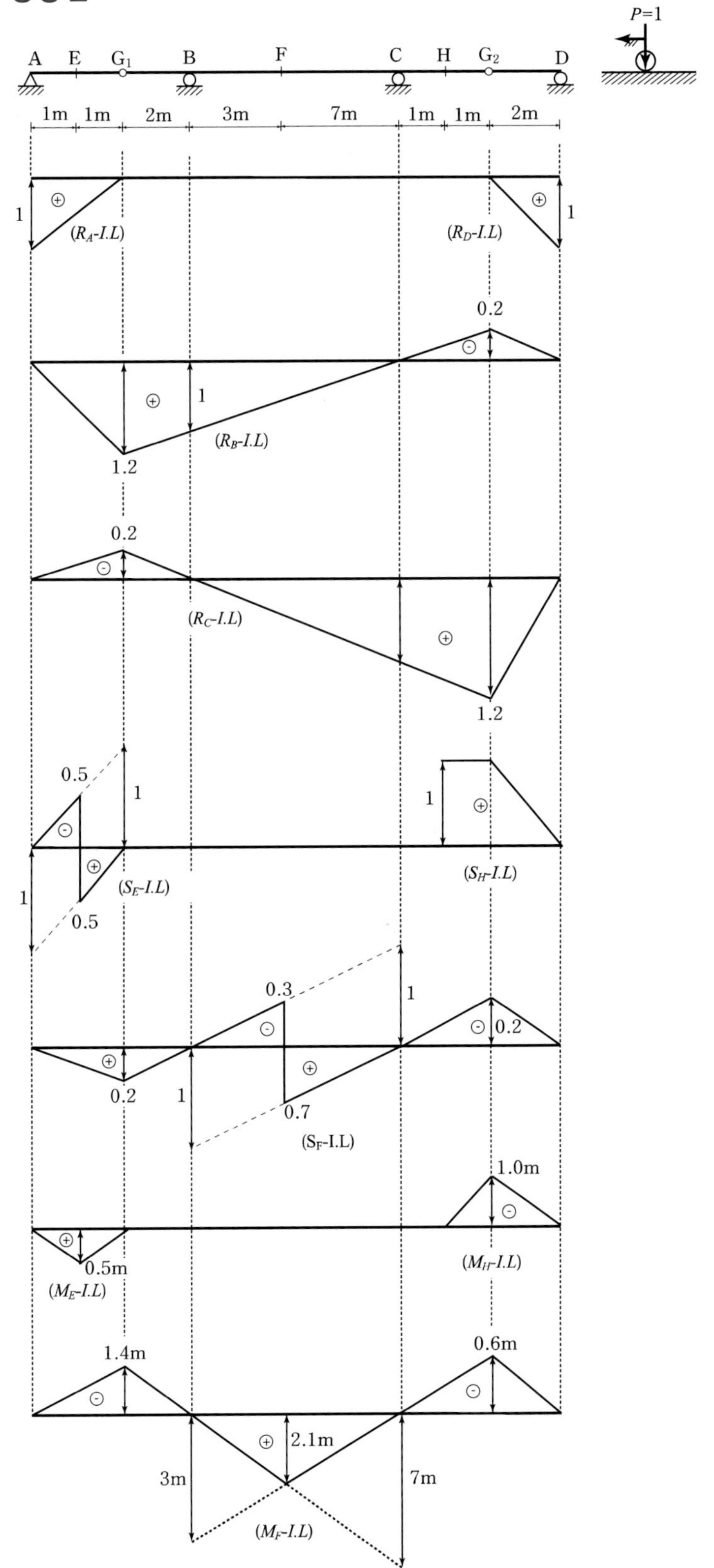
P=1
A
E
G1
B
F
C
H
G2
D
1m
1m
2m
3m
7m
1m
1m
2m
1
(RA-I.L)
(RD-I.L)
1
0.2
1
(RB-I.L)
1.2
0.2
(RC-I.L)
1.2
0.5
1
1
(SE-I.L)
0.5
1
(SH-I.L)
0.3
1
0.2
0.2
1
0.7
(SF-I.L)
1.0m
0.5m
(ME-I.L)
(MH-I.L)
1.4m
0.6m
2.1m
3m
7m
(MF-I.L)

핵심예제 4-41 [14 지방직 9급]

다음과 같은 보 구조물에서 지점 B의 연직반력에 대한 정성적인 영향선으로 가장 유사한 것은? (단, D점은 내부힌지이다)

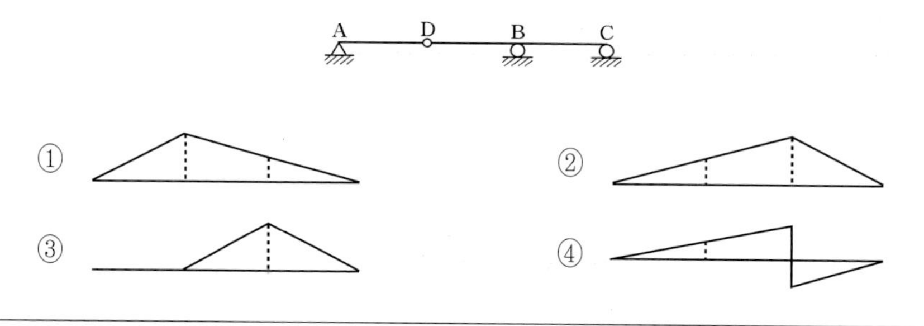

| 해설 | R_B의 연직반력에 대한 영향선 개형
단순보 BC의 B점 반력의 영향선에서 지점 B네서는 연장, 힌지 D에서 꺾인 형태 ①이 된다.

답 : ①

핵심예제 4-42 [15 서울시 9급]

다음과 같이 내부힌지가 있는 보에서 C점의 전단력의 영향선은?

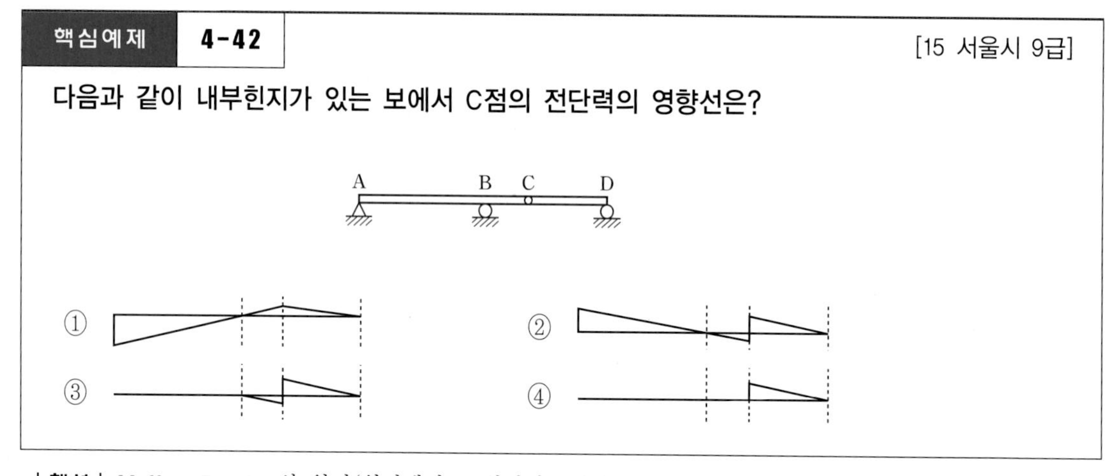

| 해설 | Muller-Breslau의 원리(원인제거 - 원인하중재하 - 단위변위선도)를 적용하면 내부힌지에서 전단력에 대한 영향선은 단순구간에서만 나타난다.
여기서, 내민보(ABC) 구간은 휘어지므로 강체로 취급하면 영향선이 그려지지 않는다.

답 : ④

핵심예제 4-43 [10 국가직 9급]

다음 그림과 같은 게르버보에서 지점 A의 반력 모멘트에 대한 정성적인 영향선은?

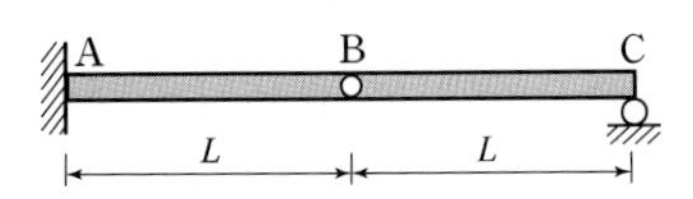

①

②

③

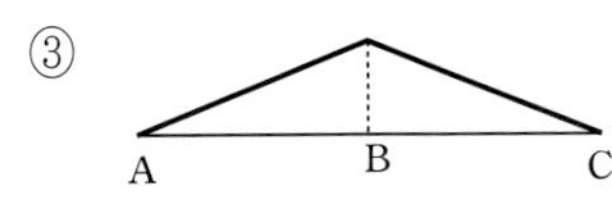

④

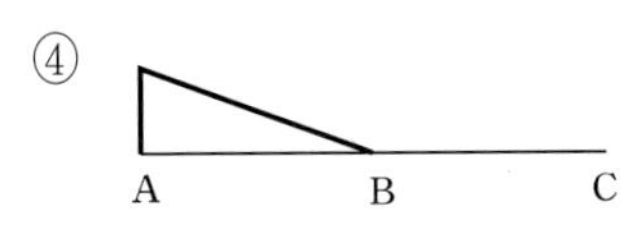

| 해설 | 지점 A의 반력모멘트 영향선

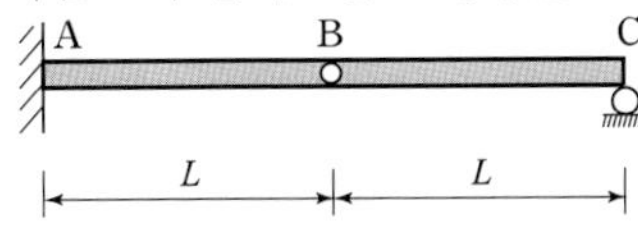

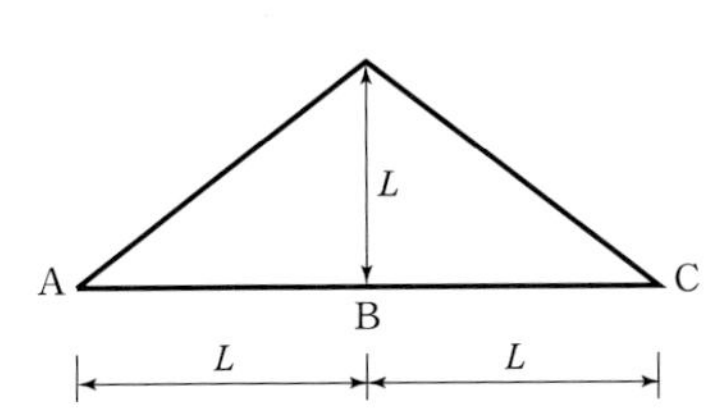

답 : ③

핵심예제 4-44 [11 국가직 9급]

그림과 같이 E, F점이 힌지인 게르버보에서 지점 C의 연직반력에 대한 영향선을 바르게 그린 것은?

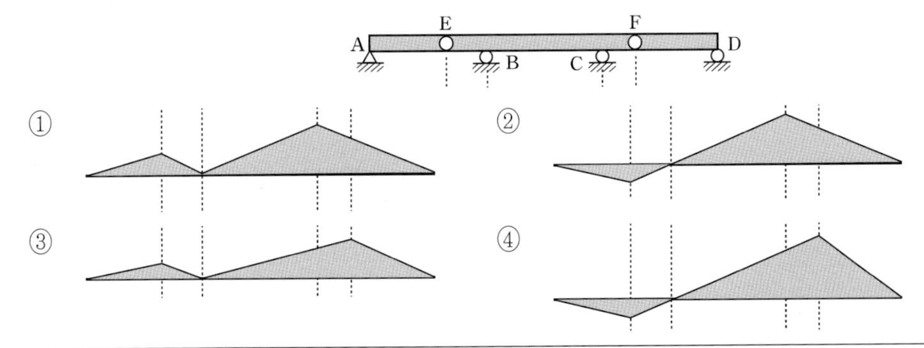

| 해설 |

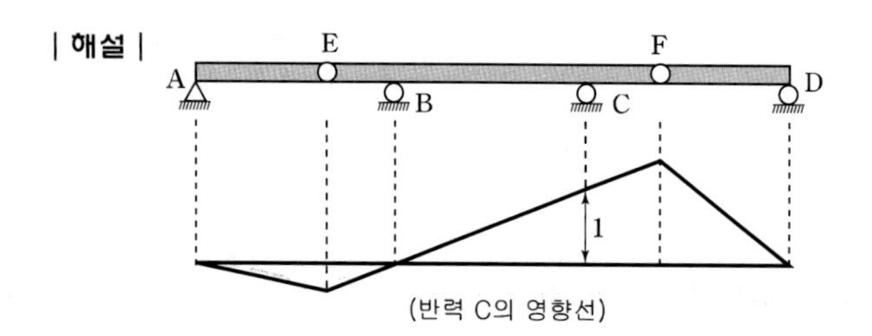

(반력 C의 영향선)

답 : ④

핵심예제 **4-45** [12 서울시 9급]

그림과 같은 보에서 D점의 휨모멘트에 관한 영향선으로 옳은 것은?

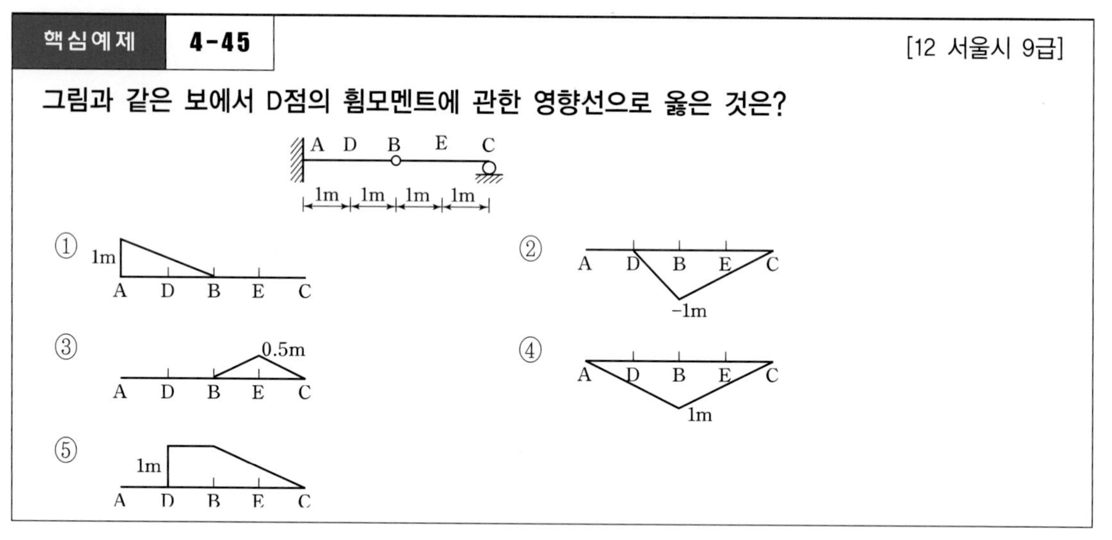

| 해설 | 영향선의 작도는 뮐러-브레슬로우의 방법에 의해 원인 제거, 원인을 하중으로 재하, 단위 변위 선도의 3단계를 적용한다. D점에 내부힌지 넣고 D점에 휨모멘트를 하중으로 가한 단위 변위 선도는 DC를 밑변, B점을 꼭짓점으로 하는 삼각형이 된다.

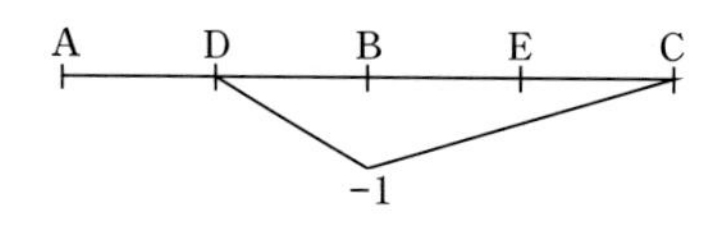

답 : ②

10 간접하중을 받는 단순보의 영향선

경험적인 방법에 의해 작도 방법을 알아두면 간접하중을 받는 보의 영향선을 쉽게 작도할 수 있다.

Step 1. 직접하중의 영향선을 작도한다.

Step 2. 좌 · 우 격점을 모두 연결한다. (간접하중의 영향을 처리)

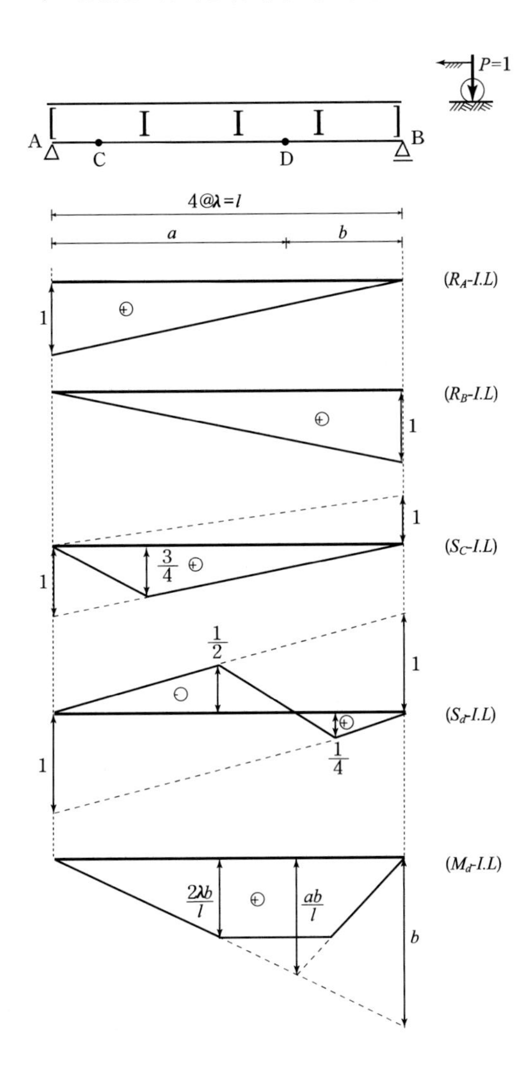

11 최대 반력

(1) 한 개의 집중하중이 이동하는 경우

최대 종거에 재하될 때 발생

(2) 두 개 이상의 집중하중이 이동하는 경우

차례로 최대 종거에 재하시켜 계산한 반력 중 큰 값

(3) 등분포 하중이 이동하는 경우

등분포 하중의 한쪽 끝이 최대 종거에 재하될 때 발생

핵심예제 4-46 [13 국가직 9급]

다음과 같은 게르버보에 우측과 같이 이동하중이 지날 때, 지점 B의 반력 (R_B)의 최대크기 [kN]는?

① $\dfrac{24}{5}$

② $\dfrac{26}{5}$

③ $\dfrac{36}{5}$

④ $\dfrac{38}{5}$

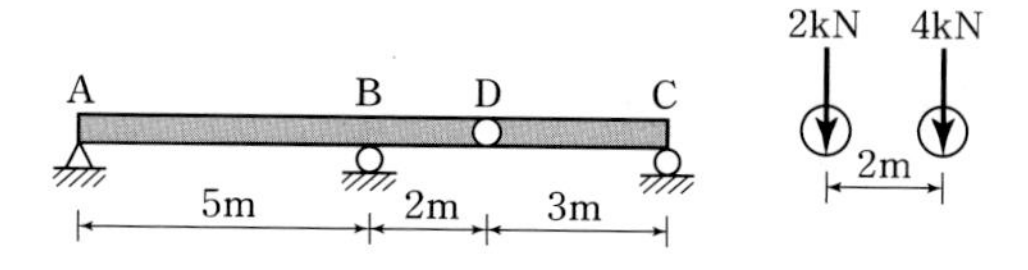

| 해설 | R_B의 영향선에서 B점에 2kN, D점에 4kN이 재하될 때 발생한다.

$$\therefore\ R_{B,\max} = 2(1) + 4\left(\frac{7}{5}\right) = \frac{38}{5}\,\text{kN}$$

답 : ④

12 최대 단면력

(1) 최대 전단력

① 한 개의 집중하중이 이동하는 경우 : 최대 종거에 재하될 때 발생

② 두 개의 집중하중이 이동하는 경우 : 하나의 집중하중이 최대 종거에 재하되고 나머지 하중은 부호가 동일한 위치에 재하될 때 발생

③ 등분포 하중이 이동하는 경우 : 등분포하중의 한 쪽 끝이 최대 종거에 재하될 때 발생

핵심예제 4-47 [09 국가직 9급]

다음 그림과 같이 집중하중과 등분포하중(작용 길이는 무한대)으로 구성된 하중군이 단순보의 B지점에서 A점 방향으로 이동할 때 단순보의 C점에서 발생하는 최대 전단력[kN]은?

① 9.4
② 9.0
③ 9.5
④ 3.9

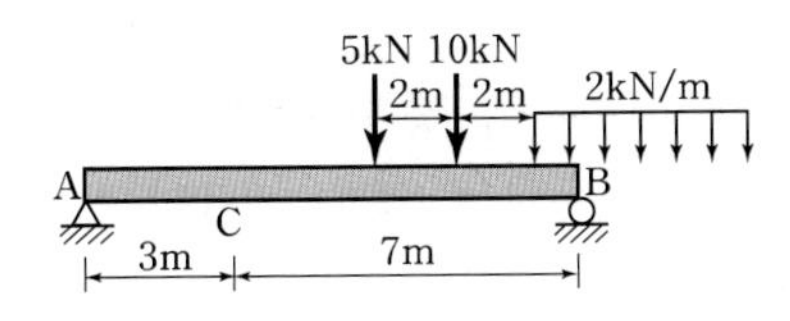

| 해설 | C점에 대한 전단력의 영향선에서 하중을 최대 종거에 하나씩 재하시키면

(1) 경우 Ⅰ

$S_C = Py + wA$

$= 5(0.7) + 10(0.5) + 2\left\{\dfrac{3\times(0.3)}{2}\right\} = 9.4\,\text{kN}$

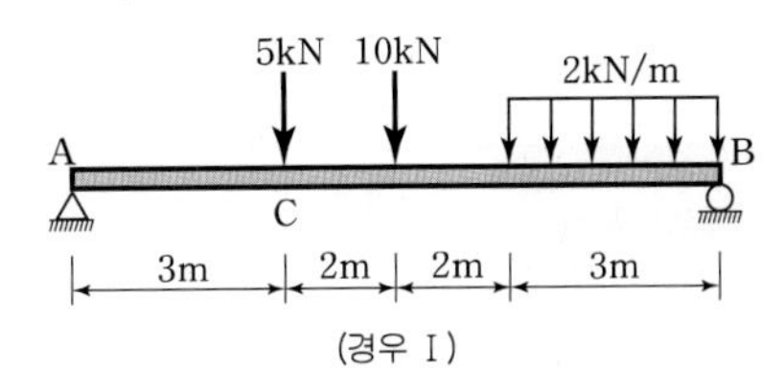

(경우 Ⅰ)

(2) 경우 Ⅱ

$S_C = Py + wA$

$= -5(0.1) + 10(0.7) + 2\left\{\dfrac{5\times(0.5)}{2}\right\} = 9.0\,\text{kN}$

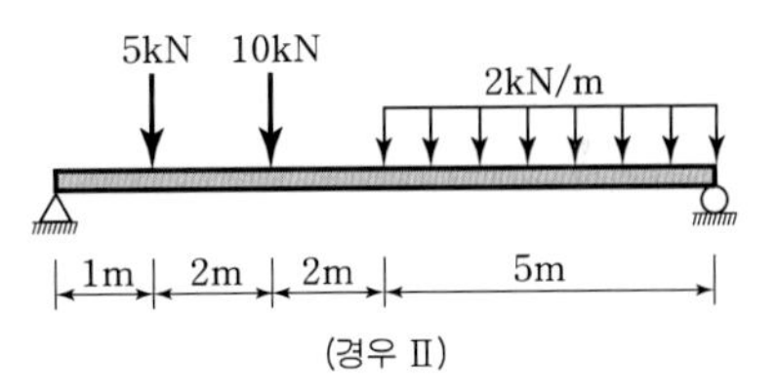

(경우 Ⅱ)

(3) 경우 Ⅲ

$S_C = Py + wA$

$= -10(0.1) + 2\left\{\dfrac{7\times(0.7)}{2}\right\} = 3.9\,\text{kN}$

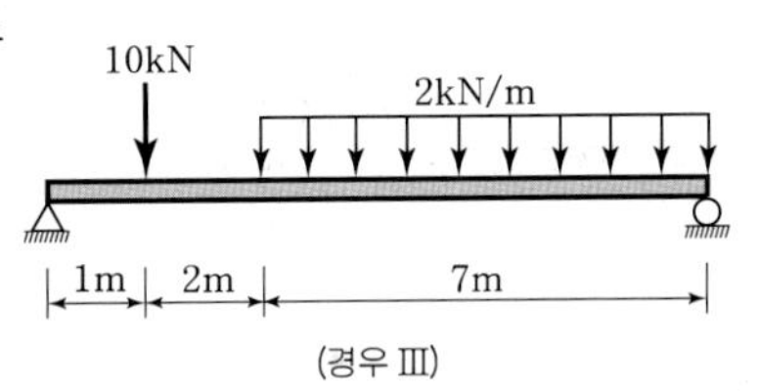

(경우 Ⅲ)

∴ 경우Ⅰ, 경우Ⅱ, 경우Ⅲ 중에서 가장 큰 값이 되므로

$S_{C,\max} = 9.4\,\text{kN}$

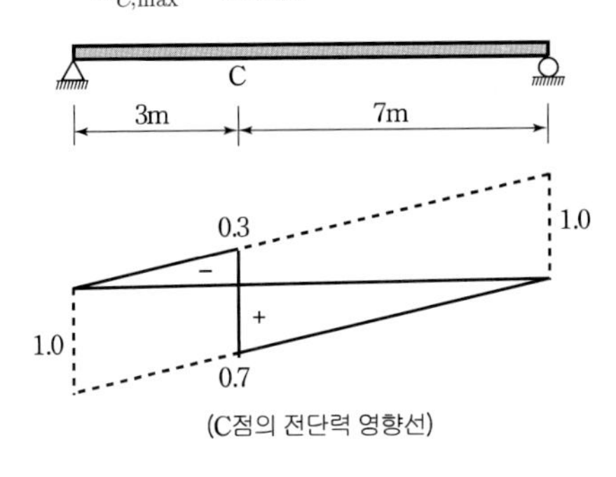

(C점의 전단력 영향선)

답 : ①

(2) 단순보의 전구간에 대한 최대 전단력

큰 하중이 지점에 재하될 때 그 지점에서 최대 전단력이 발생한다.

(3) 최대 휨모멘트

① 한 개의 집중하중이 이동하는 경우 : 최대 종거에 재하될 때 발생
② 두 개의 집중하중이 이동하는 경우 : 차례로 최대 종거에 재하시켜 계산한 휨모멘트 중 큰 값
③ 등분포 하중이 이동하는 경우 : 영향선도의 면적이 큰 쪽에 재하될 때 발생

핵심예제 4-48 [15 국가직 9급]

그림 (a)와 같은 단순보 위를 그림 (b)의 연행하중이 통과할 때, C점의 최대 휨 모멘트 [kN · m]는? (단, 보의 자중은 무시한다)

① 20
② 47.5
③ 50
④ 52.5

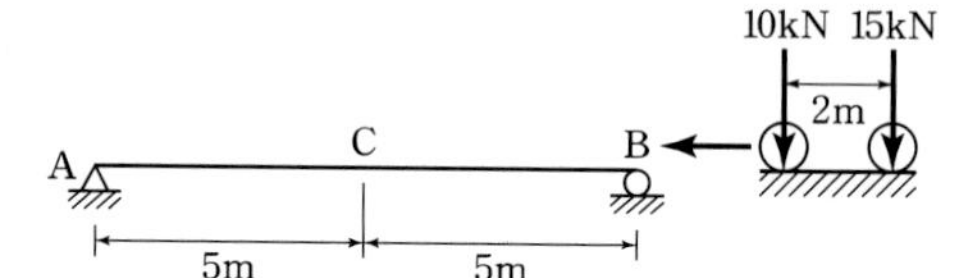

| 해설 | M_c의 영향선에서 큰 하중이 최대 종거 C점에 재하될 때 발생한다.

$$\therefore\ M_{c,\max}=\frac{\sum Pab}{L}=7.5(5)+\frac{10(3)(5)}{10}=52.5\,\mathrm{kN\cdot m}$$

답 : ④

핵심예제 4-49 [13 서울시 9급]

그림과 같은 내민보에서 등분포활하중 10kN/m와 집중 활하중 100kN이 이동할 때 B점에서 발생하는 최대 휨모멘트는?

① 225kN · m
② 275kN · m
③ 325kN · m
④ 375kN · m
⑤ 425kN · m

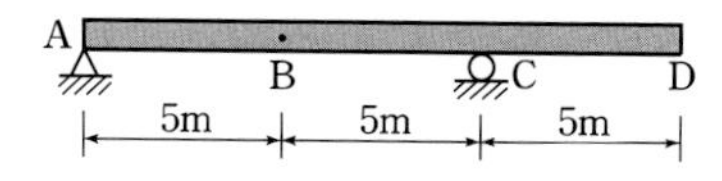

| 해설 | 등분포하중은 단순구간 AC에만 재하되고 집중하중은 B점에 재하될 때 B점에서 최대 휨모멘트가 발생한다.

$$\therefore\ M_{B,\max}=\frac{wL_{단}^2}{8}+\frac{PL_{단}}{4}=\frac{10(10^2)}{8}+\frac{100(10)}{4}=375\mathrm{kN\cdot m}$$

답 : ④

핵심예제 4-50 [08 국가직 7급]

그림과 같은 내민보에 등분포 사하중 w_d =20kN/m, 등분포활하중 w_l =10kN/m와 간격이 3m이고 크기가 각각 20kN인 2개의 집중하중으로 이루어진 연행하중이 작용하고 있다. 점 D에서의 최대 정모멘트[kN·m]는?

① 270
② 290
③ 310
④ 330

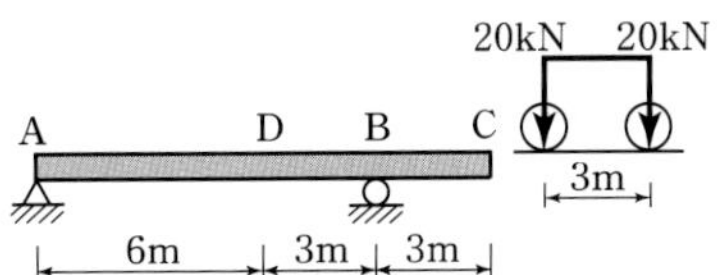

| 해설 | D점에 대한 휨모멘트의 영향선에서

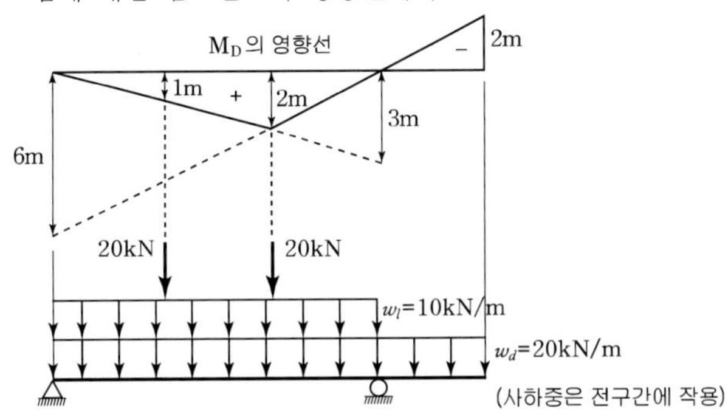

$$M_{D\max} = Py + wA = 20(1) + 20(2) + 10\left(\frac{9\times 2}{2}\right) + 20\left(\frac{6\times 2}{2}\right) = 270\,\text{kN}\cdot\text{m}$$

(사하중이 작용하는 BC구간과 BD구간은 면적이 같으므로 상쇄된다.) 답 : ①

핵심예제 4-51 [14 지방직 7급]

다음과 같이 게르버보에 연행하중이 이동할 때, B점에 발생되는 부모멘트의 절대 최댓값 [kN · m]은? (단, 보의 자중은 무시하며, D점은 내부힌지이다)

① 7
② 8
③ 9
④ 10

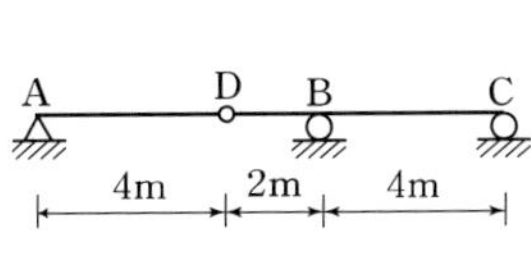

| 해설 | M_B의 영향선에서 큰 하중이 최대 종거에 재하될 때 발생한다.
따라서 부의 최대 휨모멘트는 AD의 중앙에 2kN, D점에 4kN의 하중이 재하될 때 발생한다.

$$\therefore\ |-M_{B,\max}| = 2\left(2\times\frac{3}{4}\right)+3(2) = 9\,\text{kN}\cdot\text{m}$$

A D B C
4m 2m 4m

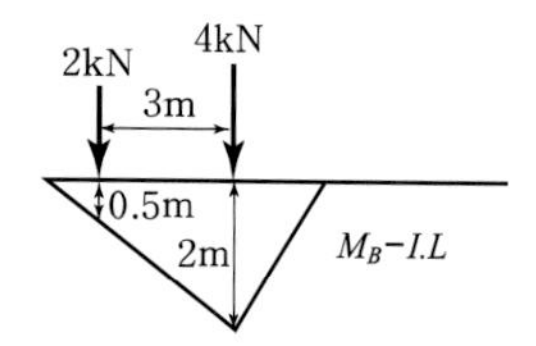

답 : ③

13 절대 최대 전단력(=최대 반력)

큰 하중이 지점에 재하될 때, 이 지점의 반력과 같다.

14 절대 최대 휨모멘트(단순보)

합력과 가까운 하중과의 2등분점이 보 중앙과 일치할 때 합력과 가까운 하중점(큰 하중점) 아래에서 발생한다.

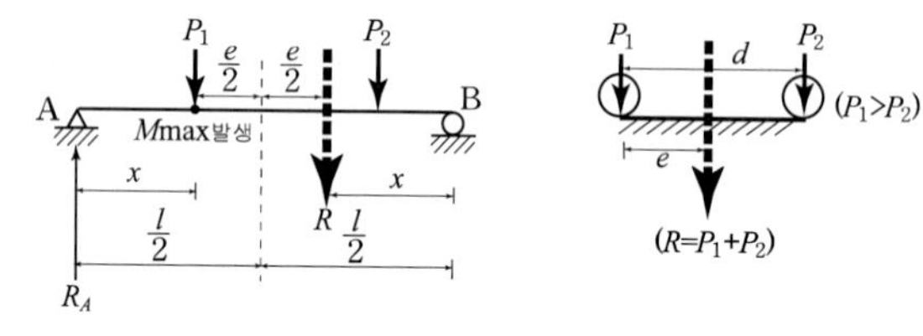

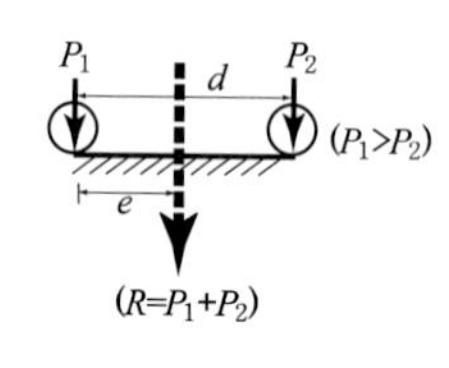

(1) $|M_{\max}|$ 발생위치(A점에서 위치)

$$x=\frac{l}{2}-\frac{e}{2}=\frac{l}{2}-\frac{P_2 d}{2(P_1+P_2)}=\frac{\text{지간거리}}{2}-\frac{\text{작은 힘}\,d}{\text{2배 합력}}$$

➡이 값은 큰 하중이 작용하는 지점 쪽에서 계산된 거리이다.

(2) $|M_{\max}|$의 크기

$$|M_{\max}| = R_A\cdot x=\frac{(P_1+P_2)}{l}x^2=\frac{\text{합력}}{\text{지간거리}}(\text{위치})^2$$

핵심예제	4-52	[10 지방직 9급]

다음 그림과 같이 지간장이 9m인 단순보 AB 이동집중하중이 작용하고 있다. 이동집중하중군에 대한 절대최대모멘트[kN·m]는?

① 27.62
② 30.42
③ 35.28
④ 41.26

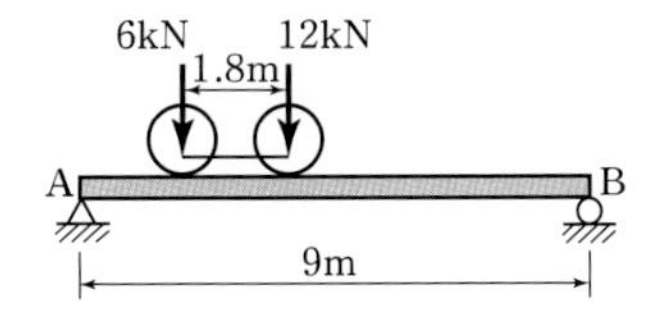

|해설| 합력과 가까운 하중과의 2등분점이 보 중앙과 일치할 때 큰 하중점 아래에서 발생하므로 큰 힘 12kN 선상에서 바리뇽 정리를 적용하면

(1) 합력의 작용위치
$18(e)=6(1.8)$에서 $e=0.6\text{m}$

(2) 지점반력
$\sum M_A=0$: $R_B(9)-R(4.5-0.3)=0$
$R_B=8.4\text{kN}$

(3) 절대최대모멘트
$M_{\max}=R_B(4.5-0.3)$
$=35.28\text{kN}\cdot\text{m}$

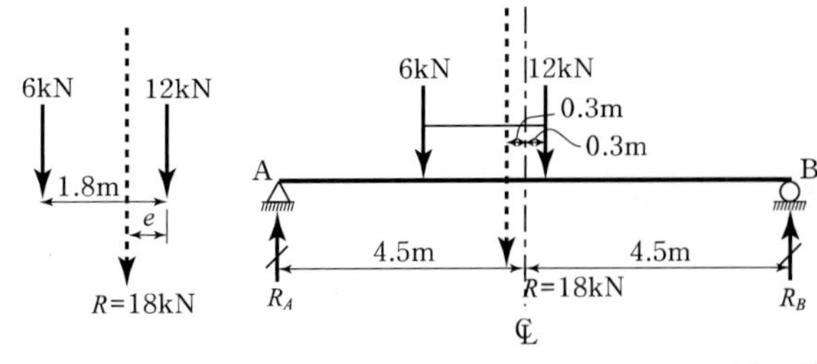

답 : ③

15 최댓값의 계산틀

(1) 한 개의 집중하중이 이동

최대 종거에 재하될 때 발생

(2) 두 개 이상의 집중하중이 이동

차례로 최대 종거에 재하시켜 계산한 값 중 큰 값

(3) 두 개의 집중하중이 이동

영향선의 개형		최대 조건
직각 삼각형	동부호를 갖는 영향선	큰 하중이 최대 종거에, 나머지 하중도 보에 재하
	이부호를 갖는 영향선	큰 하중이 최대 종거에, 나머지 하중은 부호가 같은 쪽에 재하
산형의 삼각형	$\frac{Ra}{L} \le P_1$	P_1이 최대 종거에 재하
	$P_1 < \frac{Ra}{L} \le R$	P_2가 최대 종거에 재하

여기서, P_1 : 선행하중, P_2 : 후행하중, R : 합력(P_1+P_2)

(4) 등분포 하중이 이동하는 경우

영향선의 개형		하중조건	최대 조건
직각 삼각형	동부호를 갖는 영향선	–	분포하중의 끝이 최대 종거에 재하
	이부호를 갖는 영향선	분포하중 길이가 있을 때	분포하중의 끝이 최대 종거에, 부호 같은 방향으로만 연속재하
		분포하중 길이가 없을 때	분포하중의 끝이 최대 종거에, 부호 같은 방향으로만 끊어 재하
산형의 삼각형		분포하중길이가 영향선도의 길이보다 짧을 때($L<d$)	$\frac{x_1}{x_2}=\frac{a}{b}$, 최댓값 $=\frac{w\,y_{\max}d}{2L}(2L-d)$

핵심예제 **4-53** [14 국가직 9급]

그림 (a)와 같은 단순보 위를 그림 (b)와 같은 이동분포하중이 통과할 때 C점의 최대 휨모멘트[kN · m]는? (단, 보의 자중은 무시한다)

① 8
② 9
③ 10
④ 11

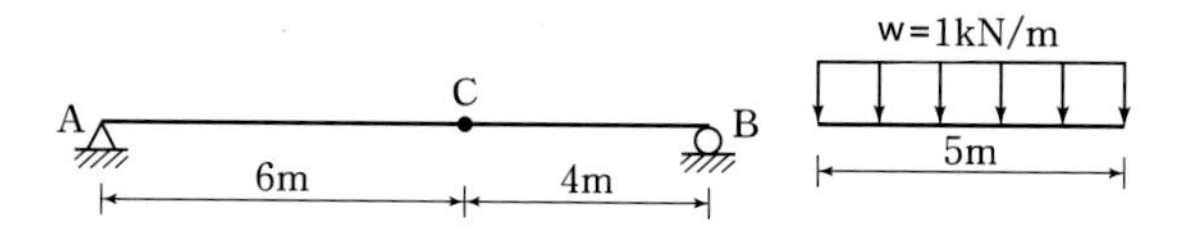

| **해설** | C점의 휨모멘트 영향선이 산 모양을 이루므로

$$M_{c,\max}=\frac{wy_{\max}d}{2L}(2L-d)=\frac{1(2.4)(5)}{2(10)}(2\times10-5)=9\,\text{kN}\cdot\text{m}$$

답 : ②

16 절대최댓값의 계산틀

(1) 최대 반력

반력 중 가장 큰 값

(2) 최대 전단력

보의 종류	최대전단력
단순보 캔틸레버보	최대반력과 동일
내민보	중간지점의 좌 · 우 전단력 중 큰 값
게르버보	두 개의 보로 나누어 각 보의 최댓값 중 큰 값

핵심예제 4-54 [14 서울시 9급]

그림과 같이 단순보 위에 이동하중이 통과할 때 절대 최대전단력[kN]의 값은?

① 10
② 13
③ 14
④ 15
⑤ 16

| 해설 | 단순보의 절대 최대전단력은 최대 반력과 같으므로 큰 하중이 작용하는 지점의 반력과 같다.

$$\therefore\ |S_{\max}| = R_{A,\max} = 10 + \frac{4(15)}{20} = 13\,\text{kN}$$

답 : ②

(2) 최대 휨모멘트

보의 종류	최대 휨모멘트
단순보	합력과 가까운 하중의 2등분점이 보의 중앙과 일치할 때 합력과 가까운 하중점 아래에서 발생
	2개의 집중하중이 이동할 때의 기본틀 · 발생위치 : $x = \frac{\text{지간거리}}{2} - \frac{\text{작은힘}(d)}{2\text{배합력}}$ (큰 하중이 작용하는 지점 기준) · 최대모멘트 : $M_{\max} = \frac{\text{합력}}{\text{지간거리}}(\text{위치})^2 = \frac{Rx^2}{L}$
캔틸레버	모멘트 반력과 동일
내민보	단순보와 캔틸레버로 나누어 각 보의 최댓값 중 큰 값
게르버보	두 개의 보로 나누어 각 보의 최댓값 중 큰 값

출제 및 예상문제

출제유형단원

- ☐ 정정보의 개요, 해법, 단면적, 해석
- ☐ 기타의 경우
- ☐ 등치 등분포하중
- ☐ 간접하중이 작용하는 보의 해석
- ☐ 영향선(Influence Line)

내친김에 문제까지 끝내보자!

1 다음과 같은 단순보($L = 9$m)에 3각형 분포하중이 작용하고 있다. R_A의 값[kN]은?

① 2
② 3
③ 4
④ 9

보충 등변분포하중이 작용하는 단순보

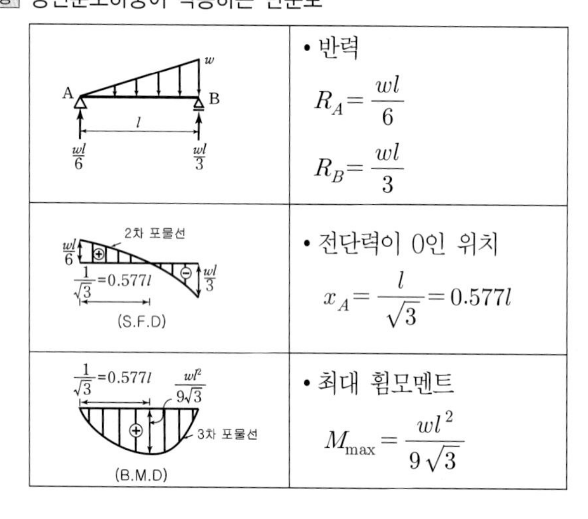

(단순보 A–B, 하중 w, 반력 $\frac{wl}{6}$, $\frac{wl}{3}$)	• 반력 $R_A = \frac{wl}{6}$, $R_B = \frac{wl}{3}$
2차 포물선, $\frac{wl}{6}$, $\frac{1}{\sqrt{3}}=0.577l$, $\frac{wl}{3}$ (S.F.D)	• 전단력이 0인 위치 $x_A = \frac{l}{\sqrt{3}} = 0.577l$
$\frac{1}{\sqrt{3}}=0.577l$, $\frac{wl^2}{9\sqrt{3}}$, 3차 포물선 (B.M.D)	• 최대 휨모멘트 $M_{\max} = \frac{wl^2}{9\sqrt{3}}$

2 그림과 같은 단순보에서 지점의 반력비 $R_A : R_B$는?

① 1 : 1
② 1 : 2
③ 1 : $\sqrt{2}$
④ 1 : $\sqrt{3}$
⑤ 1 : 3

정 답 및 해 설

해설 **1**

$$R_A = \frac{wL}{6} = \frac{2(9)}{6} = 3\,\text{kN}$$

해설 **2**

$$R_A : R_B = \frac{2w(2L)}{6} : \frac{2w(3L)}{3} = 1 : 2$$

정답 1. ② 2. ②

3 그림과 같은 단순보에 모멘트 하중이 작용할 때 A점의 반력[kN]은?

① 1 (↓)
② 2 (↑)
③ 3 (↓)
④ 4 (↑)
⑤ 5 (↓)

10kN·m
A B
10m

4 그림과 같은 단순보AB에서 A지점의 반력벡터 R_A와 B지점의 반력벡터 R_B에 의한 합력[kN]으로 옳은 것은? [01 국가직 9급]

① 3
② 6
③ 9
④ 18

2kN/m
A B
9m

보충 등변분포하중이 작용하는 단순보

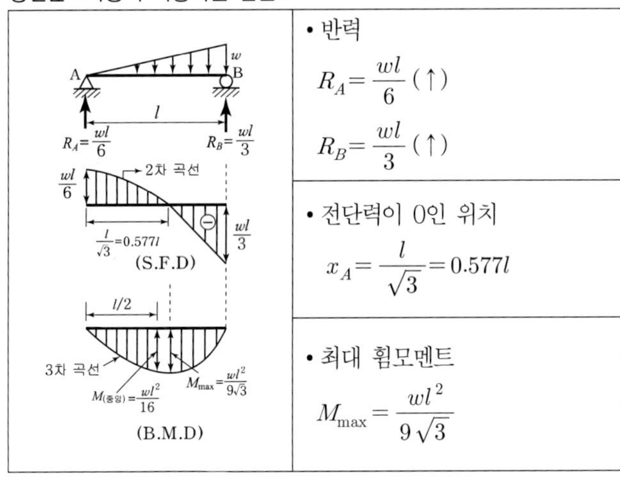

• 반력

$R_A=\frac{wl}{6}$ (↑)

$R_B=\frac{wl}{3}$ (↑)

• 전단력이 0인 위치

$x_A=\frac{l}{\sqrt{3}}=0.577l$

• 최대 휨모멘트

$M_{max}=\frac{wl^2}{9\sqrt{3}}$

5 그림과 같은 단순보에 하중이 다음과 같이 작용할 때, 지점 A, B의 수직반력을 차례로 나타낸 것은? [15 서울시 9급]

① $R_A=2$kN, $R_B=5.5$kN
② $R_A=5.5$kN, $R_B=2$kN
③ $R_A=4$kN, $R_B=11$kN
④ $R_A=11$kN, $R_B=4$kN

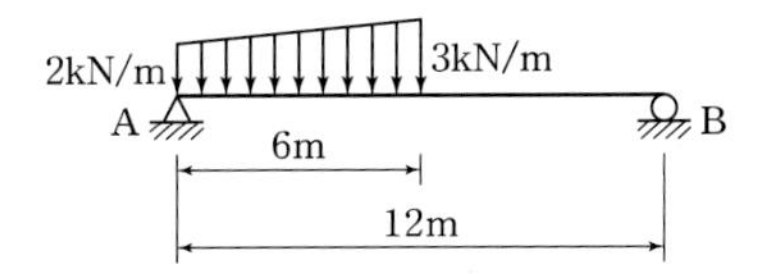

정 답 및 해 설

해설 **3**

$\Sigma M_B=0$ 에서 :

$R_A\times10+10=0$

$\therefore\ R_A=-1$kN (하향 1kN)

보충 단순보에 M하중 작용시 반력

• 반력방향 : 하중과 반대방향의 우력으로 저항

• 크기 : $R_A=\frac{M}{l}=\frac{10}{10}$ (↓)

해설 **4**

두 반력은 서로 평행하므로 두 반력의 합은 분포하중의 면적과 같다.

$\therefore R_A+R_B=\frac{2(9)}{2}=9$kN(↑)

해설 **5**

$R_A>R_B$이므로 ①, ③은 탈락이고 중첩을 적용하면

$\Sigma M_B=0$에서

$R_A=\frac{3(2)(12)}{8}+\frac{3(8)}{12}$

$=9+2=11$kN

$\Sigma V=0$에서

$R_B=\frac{2+3}{2}(6)-R_A=4$kN

정답 3. ① 4. ③ 5. ④

6 다음 그림과 같은 단순보에서 A점의 반력 R_A[kN]는?

① $R_A = -2.4$
② $R_A = 2.4$
③ $R_A = 9.6$
④ $R_A = -12$

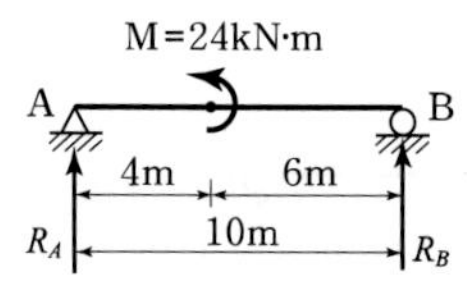

해설 **6**

$\Sigma M_B = 0$ 에서
$R_A(10) - 24 = 0$
$\therefore\ R_A = 2.4\text{kN}(\uparrow)$

보충 단순보에 M 하중 작용시 반력
M 하중이 작용하는 단순보의 반력은 우력으로 생기고 크기는 모멘트 하중을 지간거리로 나눈 값이다.

$$\therefore R_A = \frac{M}{l} = \frac{24}{10} = 2.4\,\text{kN}(\uparrow)$$

7 그림과 같이 $w_2 = 2w_1$ 인 사다리꼴 하중이 작용할 때 지점 A, B의 반력비는?

① 1 : 2
② 1 : 3
③ 2 : 3
④ 3 : 4
⑤ 4 : 5

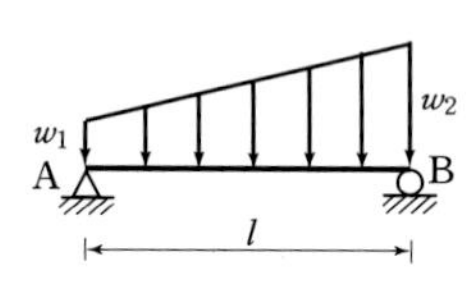

보충 사다리꼴 하중 작용시 반력비

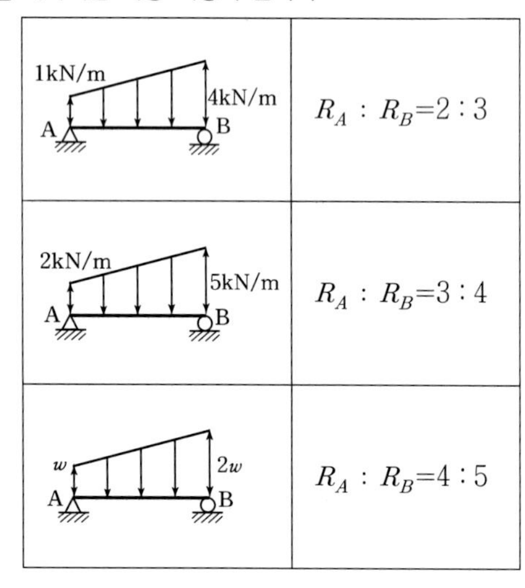

1kN/m, 4kN/m, A, B	$R_A : R_B = 2 : 3$
2kN/m, 5kN/m, A, B	$R_A : R_B = 3 : 4$
w, $2w$, A, B	$R_A : R_B = 4 : 5$

해설 **7**

중첩의 원리를 적용하면

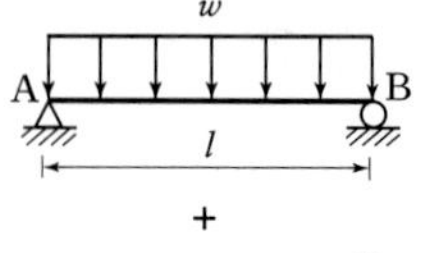

+

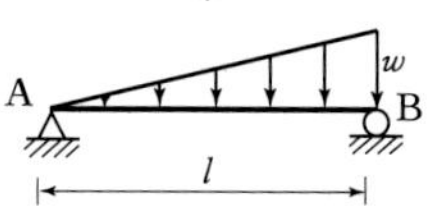

$R_A = \frac{wl}{2} + \frac{wl}{6} = \frac{4wl}{6}$

$R_B = \frac{wl}{2} + \frac{wl}{3} = \frac{5wl}{6}$

$\therefore\ R_A : R_B = 4 : 5$

정답 6. ② 7. ⑤

8 그림과 같은 단순보에서 A, B지점의 반력[kN]은?

① $R_A=-5$, $R_B=-5$
② $R_A=-6$, $R_B=12$
③ $R_A=-2$, $R_B=8$
④ $R_A=0$, $R_B=6$

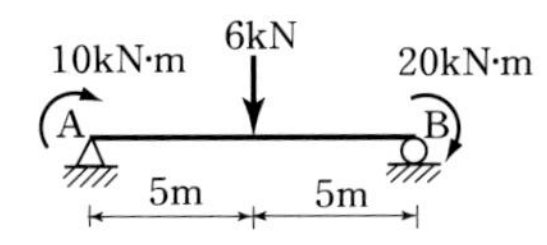

보충 여러 개의 하중이 작용하는 경우 중첩을 적용하는 것이 더 간단하다.

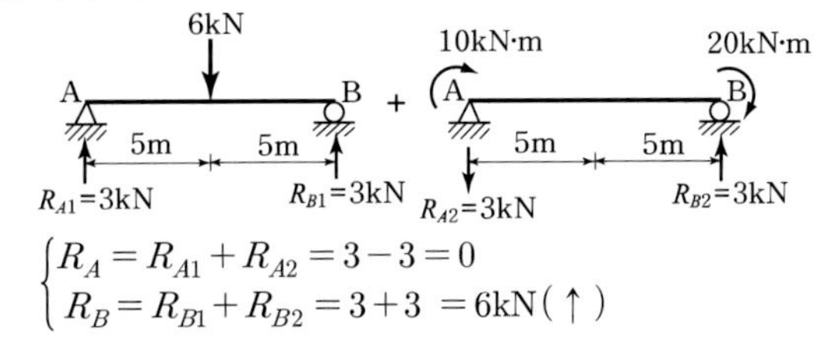

$$\begin{cases} R_A=R_{A1}+R_{A2}=3-3=0 \\ R_B=R_{B1}+R_{B2}=3+3=6\text{kN}(\uparrow) \end{cases}$$

해설 **8**

- $\sum M_B=0$
  $R_A(10)+10-6(5)+20=0$
  $\therefore R_A=0$
- $\sum V=0$
  $R_B=6\,\text{kN}(\uparrow)$

9 그림과 같은 단순보 AB에 하중 P가 경사지게 작용하고, 지간 $a<b$일 경우 다음 중 옳은 것은? (단, 0° < θ < 90°)

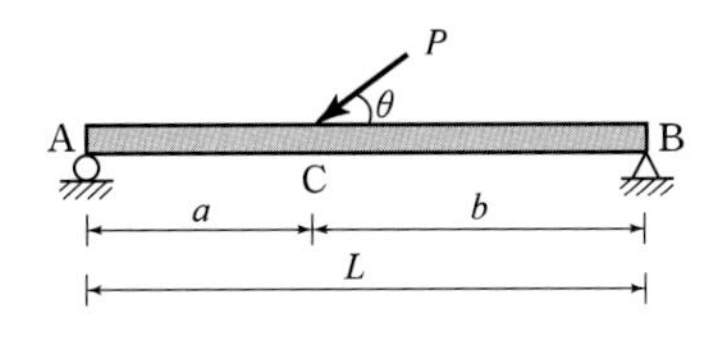

① 지점 A의 수직반력이 지점 B의 수직반력보다 작다.
② θ가 90°에 가까울수록 수직반력은 작아진다.
③ θ가 작을수록 수평반력은 작아진다.
④ θ의 크기에 관계없이 수평반력은 일정하다.
⑤ 수평반력은 A지점에는 생기지 않고 B지점에만 생긴다.

해설 **9**

수평반력은 힌지(회전)지점 B에서만 생긴다.

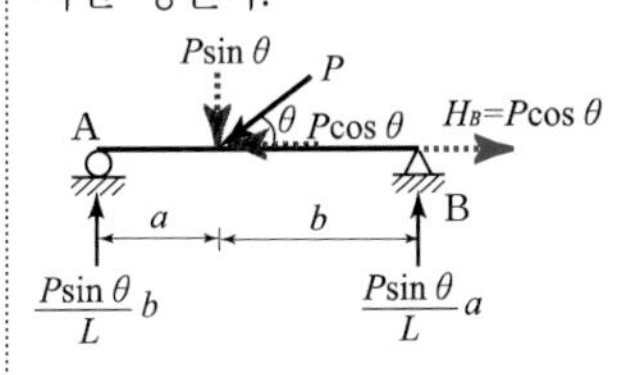

- $b>a$이므로 $V_A>V_B$
- θ가 증가하면 수직반력은 증가하고, 수평반력은 감소한다.
  ($\theta=90°$이면 $H_B=0$)

10 그림과 같은 보에서 R_A가 1.75kN의 힘을 받을 수 있다면 하중 3kN은 B점에서 몇 m까지 이동할 수 있는가?

① 4
② 5
③ 6
④ 7
⑤ 8

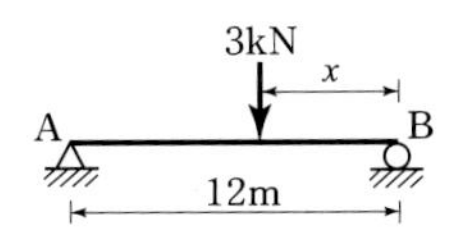

보충 집중하중을 받는 단순보의 반력

- 반력 $=\dfrac{(\text{힘})\times(\text{반대편거리})}{(\text{지간거리})}$에서 $R_A=\dfrac{3x}{12}=1.75$
  $\therefore x=7\,\text{m}$

해설 **10**

$\sum M_B=0$에서
$R_A(12)-3x=0$
$\therefore x=4R_A=4(1.75)=7\text{m}$

정답 8. ④ 9. ⑤ 10. ④

11 다음 보에서 R_B가 4kN이고 하중 $P=10$kN이 C점에 작용할 때 x의 값[m]은?

① 3.6
② 4.8
③ 5.6
④ 6.4

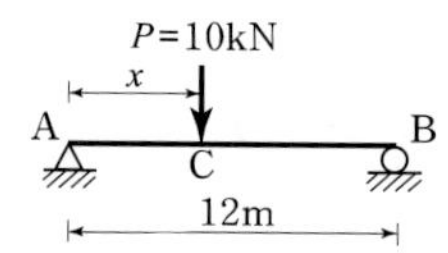

정 답 및 해 설

해설 **11**

$\Sigma M_A = 0$에서 :

$R_B(12) - 10x = 0$

$\therefore x = \dfrac{12R_B}{10} = \dfrac{12(4)}{10}$

$= 4.8\,\text{m}$

보충 집중하중을 받는 단순보의 반력

• 반력 $= \dfrac{(\text{힘}) \times (\text{반대편거리})}{(\text{지간거리})}$

에서 $R_B = \dfrac{10x}{12} = 4$

$\therefore x = 4.8\,\text{m}$

12 다음 단순보 AB의 무게는 70kN이고, B지점이 최대반력 40kN까지 받을 수 있도록 설계하였다. 보의 A점으로부터 하중 재하점까지의 최대거리 x[m]로 옳은 것은?

① 4
② 5
③ 6
④ 7

해설 **12**

중첩을 적용하여 반력을 구하면

$R_B = 35 + \dfrac{10x}{8} \leq 42$에서

$\therefore x \leq 4\,\text{m}$

13 다음 그림과 같은 단순보에서 오른쪽 지점의 수직반력 R이 1kN일 때 작용하는 분포하중의 길이 x[m]는? [10 지방직 9급]

① 3
② 4
③ 5
④ 6

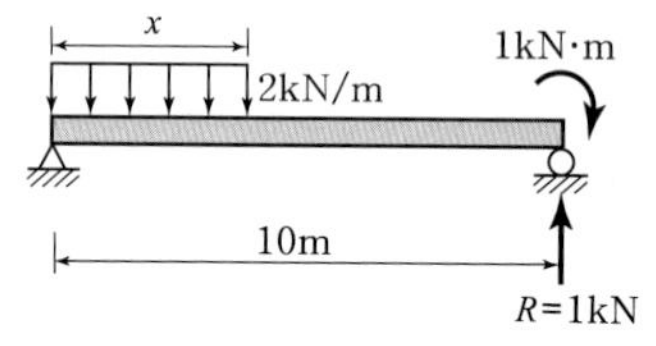

해설 **13**

$\Sigma M_A = 0$:

$2(x)\left(\dfrac{x}{2}\right) - R(10) + 1 = 0$

$\therefore x = 3\,\text{m}$

14 다음 그림에서 지점 C의 반력이 0이 되기 위하여 B점에 작용시킬 집중하중 P의 크기[kN]는? [14 서울시 9급]

① 4
② 6
③ 8
④ 10
⑤ 12

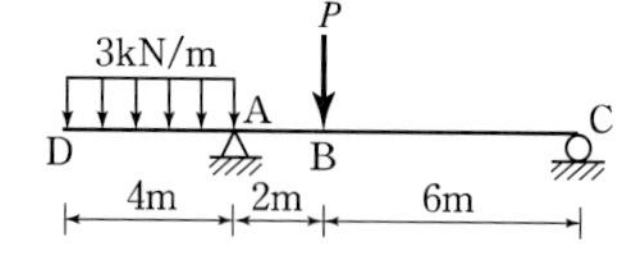

해설 **14**

C점의 반력이 0이 되려면 하중에 의한 A점의 모멘트가 0이라야 하므로

$\Sigma M_A = 0$에서 $P(2) = \dfrac{3(4^2)}{2}$

$\therefore\ P = 12\,\text{kN}$

정답 11. ② 12. ① 13. ① 14. ⑤

정 답 및 해 설

15 그림과 같은 하중을 받는 내민보의 지점 B에 반력이 $3P$가 되려면 하중 $3P$의 작용위치 x의 값은?

① 0

② $\frac{2}{3}l$

③ $\frac{l}{2}$

④ $\frac{l}{3}$

⑤ $\frac{l}{6}$

해설 **15**

$\Sigma M_A = 0$에서

$-P\left(\frac{l}{2}\right)+3Px-3P(l)$

$+2P\left(\frac{3}{2}l\right)=0$

$\therefore x=\frac{l}{6}$

16 그림과 같은 내민보에서 A점의 반력[kN]은?

① 상향 2.2

② 상향 1.1

③ 하향 2.2

④ 하향 1.1

⑤ 상향 3

해설 **16**

$\Sigma M_B = 0$에서

$R_A(10)-1(5)+8(2)=0$

$\therefore R_A=-1.1\text{kN}$(하향)

17 다음 그림과 같은 내민보에 등변분포 하중과 집중 하중이 동시에 작용할 때 지점 A의 반력 R_A[kN]는?

① 1

② 2

③ 3

④ 4

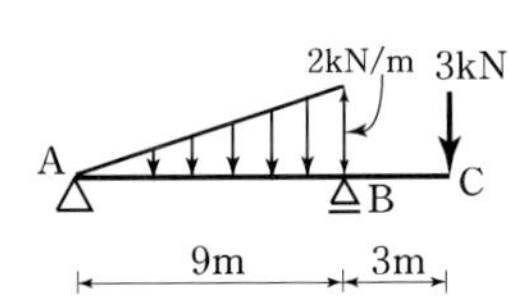

해설 **17**

$\Sigma M_B = 0$에서

$R_A(9)-\frac{9(2)}{2}\times\left(\frac{9}{3}\right)+3(3)$

$=0$

$\therefore R_A=2\text{kN}$

보충 정역학적 평형조건의 적용

- 동점역계 : $\Sigma H=0,\ \Sigma V=0$ 적용
- 비동점역계 : $\Sigma M=0$ 우선 적용

정답 15. ⑤ 16. ④ 17. ②

정 답 및 해 설

18 다음과 같은 구조물에서 A점의 수직반력은?(단, 보의 자중은 무시한다)

① −2
② −8
③ 0
④ 8
⑤ 10

해설 **18**

$\Sigma M_B = 0$:

$R_A(10) - 10(10) + 10(2) \times \left(\dfrac{2}{2}\right) = 0$

$\therefore R_A = 8\,\text{kN}\,(\uparrow)$

보충 중첩법에 의한 방법

$R_A = 10 - \dfrac{10(2)\times(1)}{10} = 8\,\text{kN}\,(\uparrow)$

19 그림과 같은 보 구조물에서 지점 B의 수직반력[kN]은? [09 지방직 9급]

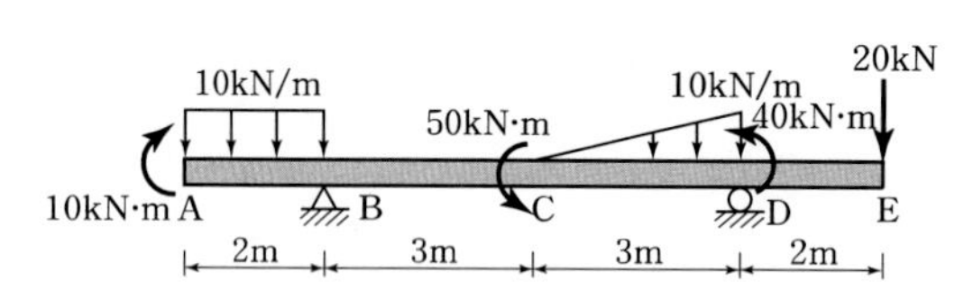

① 30.0　　② 32.5
③ 35.0　　④ 37.5

해설 **19**

$\Sigma M_D = 0$:

$10 - (10\times 2)\times\left(\dfrac{2}{2}+6\right) - 50 - \left(\dfrac{10\times 3}{2}\right)\left(3\times\dfrac{1}{3}\right) + 40 + R_B(6) + 20(2) = 0$

$\therefore R_B = 32.5\,\text{kN}$

20 다음 그림과 같은 보 구조물 전체가 수평방향으로 이동하지 않고 안정을 유지할 수 있는 수평방향 하중 H[kN]의 최대값은? (단, 힌지부는 마찰계수가 0.2인 바닥면에 놓인 블록에 강결되어 있고, 보의 자중과 롤러부의 마찰은 무시하며 블록의 질량은 11,000kg, 중력가속도는 10m/sec²이다) [09 국가직 9급]

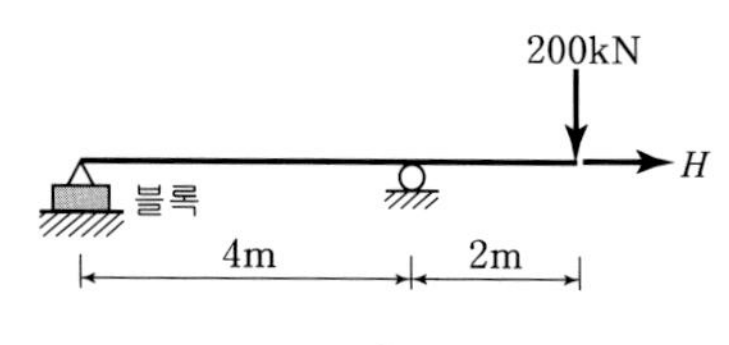

① 44　　② 20
③ 5　　④ 2

해설 **20**

(1) 블록의 무게

$W = mg = 11{,}000(10) = 110\times 10^3 = 110\,\text{kN}$

(2) 지점반력(R)

$\Sigma M_B = 0$:

$R(4) - W(4) + 200(2) = 0$

$\therefore R = 10\,\text{kN}(\uparrow)$

(3) 최대정지마찰력

$F = R\mu = 10(0.2) = 2\,\text{kN}$

(4) 안정을 유지할 수 있는 수평하중

$H \le F = 2\,\text{kN}$

정답 18. ④ 19. ② 20. ④

21 그림과 같이 절점 D는 내부 힌지로 연결되어 있으며, 점 A에 수평하중 P가 작용하고 비신장 케이블 FG부재로 무게 W를 지지하는 게르버보(Gerber Beam)가 있다. 이때 지점 C에서 수직반력이 발생하지 않도록 하기 위한 하중 P에 대한 무게 W의 비는? [09 지방직 9급]

① $\frac{W}{P}=\frac{1}{2}$

② $\frac{W}{P}=\frac{1}{3}$

③ $\frac{W}{P}=3$

④ $\frac{W}{P}=1$

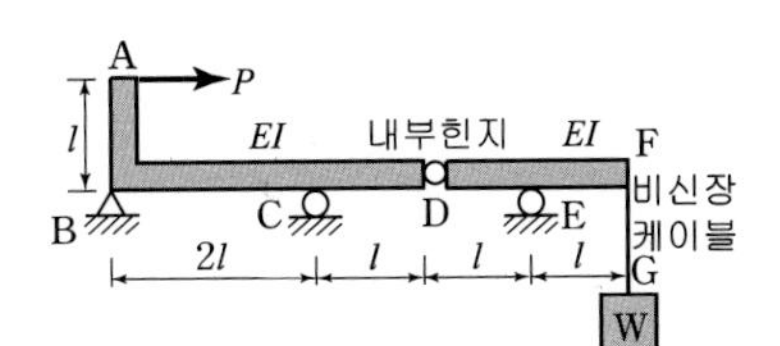

해설 **21**

내부힌지에서 평형조건을 적용하면

$\Sigma M_{D(우)}=0$

$W(2l)-R_E(l)=0$

$\therefore R_E=2W(\uparrow)$

$\Sigma M_B=0$

$Pl-R_E(4l)+W(5l)=0$

$Pl-2W(4l)+W(5l)=0$

$\therefore \frac{W}{P}=\frac{1}{3}$

22 다음 단순보에서 m점과 n점 사이에 작용하는 전단력[kN]은?

① 0

② 1

③ 2

④ 3

⑤ 4

보충 단순보의 순수굽힘

mn구간은 순수굽힘 구간으로 전단력은 0이고 휨모멘트만 존재한다.

$\therefore S_{mn}=0,\ M_{mn}=2\times1=2\text{kN}\cdot\text{m}$

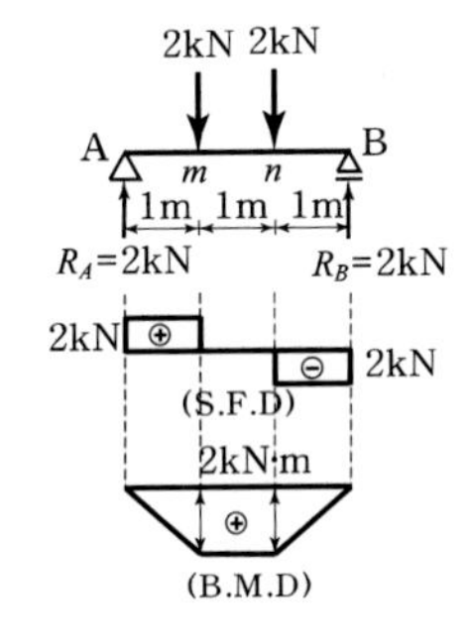

해설 **22**

하중대칭이므로

$R_A=R_B=2\,\text{kN}(\uparrow)$

$\therefore\ S_{mn}=2-2=0$

$M_{mn}=2\times1=2\text{kN}\cdot\text{m}$

23 그림과 같은 단순보에서 등분포 하중이 작용할 때 단면 C의 전단력[kN]은?

① 2

② 2.4

③ 2.8

④ 3.2

보충 분포하중 작용시 단순보의 반력

등가의 집중하중으로 환산하여 계산

① 크 기 : 분포하중의 면적과 같다.

② 작용점 : 분포하중의 도심에 작용한다.

③ 반력$=\frac{(\text{힘})\times(\text{반대편거리})}{(\text{지간거리})}$

해설 **23**

$R_A=\frac{(2\times6)\times(7)}{10}=8.4\ \text{kN}$

$\therefore\ S_c=R_A-2(3)=8.4-6$

$=2.4\,\text{kN}$

정답 21. ② 22. ① 23. ②

24 그림과 같은 단순보에서 전단력 $Q_x = 0$이 되는 단면까지 거리는 A점에서 약 몇 m인가?

① $4 + 1.2\sqrt{2}$
② $4 + 1.4\sqrt{2}$
③ $4 + 1.2\sqrt{5}$
④ $4 + 1.4\sqrt{5}$
⑤ $4 + 2.0\sqrt{3}$

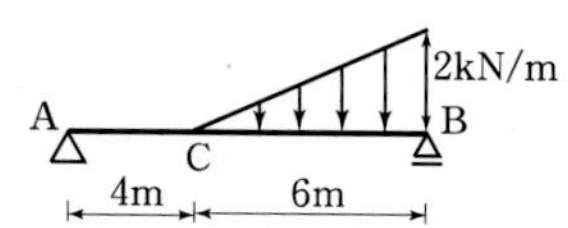

보충 개념정리
등변분포 하중이 작용하는 경우에 단면력(SF, BM)에 대한 일반식은 분포가 시작되는 삼각형의 꼭짓점에서 기준을 잡는 것이 계산에 편리하다.

정 답 및 해 설

해설 **24**

- 지점반력

$$R_A = \frac{\left(\frac{6\times 2}{2}\right)\times\left(6\times\frac{1}{3}\right)}{10}$$

$= 1.2\,\text{kN}$

- C점에서 전단력이 0인 위치를 x 라면

$R_A = 1.2\text{kN}$, $q_x = \frac{x}{3}$

$$q_x = \frac{w}{l}x = \frac{2}{6}x = \frac{x}{3}$$

$$S_x = R_A - \frac{1}{2}\left(\frac{x}{3}\right)x = 0 \text{에서}$$

$$x = \frac{6\sqrt{5}}{5} = 1.2\sqrt{5}\,\text{m}$$

∴ A점에서 $Q_x = 0$인 위치
$= 4 + x = (4 + 1.2\sqrt{5})\,\text{m}$

25 다음 그림과 같이 하중이 재하되어 있을 때 전단력이 0이 되는 지점은 A로부터 얼마나 되는가?

① $\frac{l}{2}$
② $\frac{l}{\sqrt{2}}$
③ $\frac{l}{3}$
④ $\frac{l}{\sqrt{3}}$

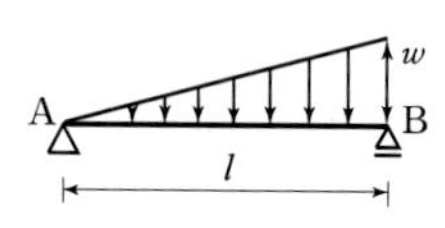

해설 **25**

전단력이 0이 되는 위치 :

$$S_x = R_A - \frac{wx}{l}\left(\frac{x}{2}\right)$$

$$= \frac{wl}{6} - \frac{wx^2}{2l} = 0$$

$$\therefore x = \frac{l}{\sqrt{3}} = 0.577l$$

보충 등변분포 하중을 받는 단순보

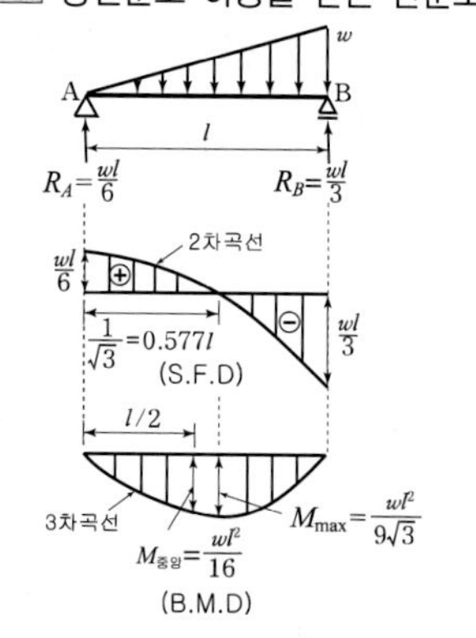

정답 24. ③ 25. ④

정 답 및 해 설

26 다음 그림과 같은 단순보에서 전단력이 0이 되는 지점은 A로부터 얼마[m]나 떨어져 있는가?

① 1.2
② 1.6
③ 2.0
④ 2.4

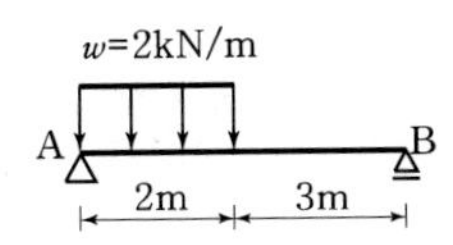

보충 전단력이 영인 위치(x)

$$\text{위치}(x) = \frac{\text{반력}(R)}{\text{하중강도}(w)}$$

$$\therefore x = \frac{3.2}{2} = 1.6\text{m}$$

해설 **26**

- 반력계산 : $\Sigma M_B = 0$에서
  $R_A(5) - 2(2) \times (4) = 0$
  $\therefore R_A = 3.2\,\text{kN}$
- A점에서 전단력이 0인 위치를 x라 하면
  $S_x = R_A - wx = 3.2 - 2x = 0$
  $x = 1.6\text{m}$

27 그림의 단순보 AB에서 A점으로부터 전단력이 0이 되는 점까지의 거리[m]로 옳은 것은?

① 1.2
② 2.2
③ 3.2
④ 4.2
⑤ 5.2

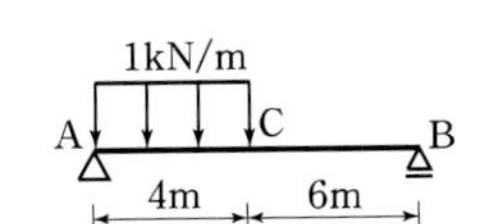

해설 **27**

- 반력계산 : $\Sigma M_B = 0$에서
  $R_A(10) - 1(4) \times (8) = 0$
  $\therefore R_A = 3.2\,\text{kN}$
- 전단력이 0인 위치(x)
  $S_x = R_A - wx = 0$에서
  $\therefore x = \frac{R_A}{w} = \frac{3.2}{1} = 3.2\text{m}$

28 그림과 같은 단순보에서 CD구간의 전단력[kN]은?

① 0.2
② −0.2
③ 0.4
④ −0.4

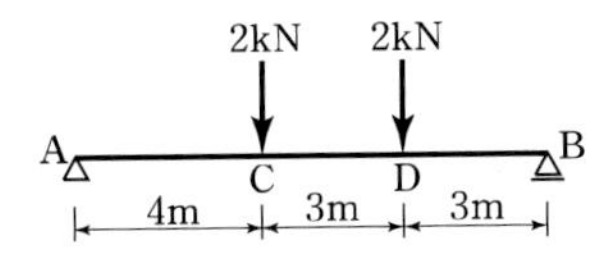

해설 **28**

지점반력 : $\Sigma M_B = 0$에서
$R_A(10) - 2(6) - 2(3) = 0$
$\therefore R_A = 1.8\text{kN}(\uparrow)$
CD구간의 전단력
$S_{CD} = R_A - 2 = 1.8 - 2$
$= -0.2\,\text{kN}$

정답 26. ② 27. ③ 28. ②

29 다음 그림과 같은 하중을 받고 있는 양단 지지보에서 C점의 휨모멘트 [kN·m]는?

① 350
② 452
③ 680
④ 850
⑤ 900

30 다음 그림과 같이 연직하중을 받는 단순보의 지간 중앙에 하는 휨모멘트의 크기[kN·m]는? [10 지방직 9급]

① 0
② 10
③ 50
④ 100

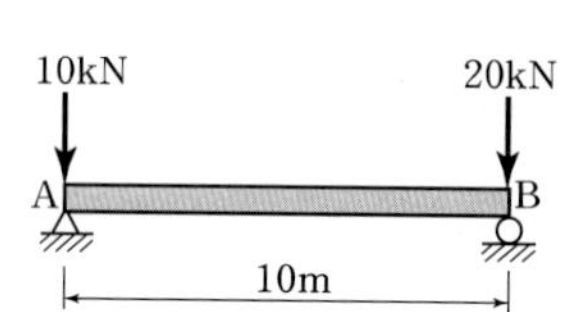

31 그림과 같은 모멘트 하중과 집중하중을 받고 있는 단순보 D점의 휨모멘트[kN·m]는?

① 5
② 10
③ 15
④ 24

보충 반력의 일반적 성질
모멘트에 의한 외력이 평형을 이루면 수직하중에 의한 반력만 생긴다.

$\therefore R_A = R_B = \dfrac{10}{2} = 5\,\text{kN}$(대칭하중)

$M_D = 5\times 6 - 8 + 2 = 24\,\text{kN·m}$

정 답 및 해 설

해설 **29**

지점반력 :

$R_A = \dfrac{20\times 80 + 60\times 30}{100}$

$= 34\text{kN}$

$\therefore M_C = 34\times 20 = 680\,\text{kN·m}$

해설 **30**

- 지점반력
  $\Sigma M_B = 0$:
  $-10(10) + R_A(10) = 0$
  $\therefore R_A = 10\,\text{kN}(\uparrow)$
- 중앙점 휨모멘트 :
  $-10(5) + 10(5) = 0$
  ∴ 지점에 작용하는 하중에 의해서는 단면력이 생기지 않는다.

해설 **31**

- 반력계산 : $\Sigma M_B = 0$에서
  $R_A(12) - 8 + 2 - 10(6) + 6 = 0$
  $\therefore R_A = 5\,\text{kN}$(상향)
- $M_D = R_A(6) - 8 + 2$
  $= 5(6) - 8 + 2 = 24\,\text{kN·m}$

정답 29. ③ 30. ① 31. ④

32 다음 그림과 같은 단순보에서 집중하중과 모멘트 하중을 받고 있다. C점의 휨모멘트[kN]는?

① 8.2
② 9.4
③ 10.6
④ 6.8
⑤ 7.2

4kN
6kN·m
A C B
4m 6m

보충 겹침법에 의한 방법

4kN
C
4m 6m
+
6kN·m
C
4m 6m

$$\therefore M_C = M_{C1} + M_{C2} = \frac{4(4)(6)}{10} - \frac{6(4)}{10} = 9.6 - 2.4 = 7.2\,\text{kN}\cdot\text{m}$$

33 다음 그림과 같은 단순보가 등분포하중과 집중하중을 받고 있을 때 C점의 휨모멘트[kN·m]는?

① 7.9
② 10
③ 15.6
④ 16
⑤ 31.6

2kN/m
5kN
A C B
4m 3m 3m

34 다음 그림과 같은 단순보에 등분포 하중이 작용할 때 C단면의 휨모멘트[kN·m]는 얼마인가?

① 19
② 20
③ 21
④ 22

w=2kN/m
A C B
3m 7m

보충 임의점 휨모멘트

$$M_c = R_A a - \frac{wa^2}{2} = \frac{wab}{2} = \frac{2(3)\times(7)}{2} = 21\,\text{kN}\cdot\text{m}$$

정 답 및 해 설

해설 **32**

- 반력계산 : $\Sigma M_B = 0$에서
  $R_A(10) - 4(6) + 6 = 0$
  $\therefore R_A = 1.8\,\text{kN}$
- $M_C = R_A(4) = 1.8(4)$
  $= 7.2\text{kN}\cdot\text{m}$

해설 **33**

- 지점반력 : $\Sigma M_B = 0$에서
  $R_A(10) - (2\times 4)\times(2+6)$
  $-5(3) = 0$
  $\therefore R_A = 7.9\,\text{kN}$
- 단면력 :
  $M_C = R_A(4) - (2\times 4)\times(2)$
  $= 15.6\,\text{kN}\cdot\text{m}$

해설 **34**

- 반력계산 : 하중대칭이므로
  $R_A = R_B = \dfrac{wl}{2} = \dfrac{2\times 10}{2}$
  $= 10\,\text{kN}$
- 휨모멘트 계산 :
  $M_c = R_A(3) - (2\times 3)\times\left(\dfrac{3}{2}\right)$
  $= 21\,\text{kN}\cdot\text{m}$

정답 32. ⑤ 33. ③ 34. ③

정 답 및 해 설

35 다음은 단순보의 전단력도(S.F.D)이다. 이 보에서 C점의 휨모멘트[kN·m]는? [00 국가직 9급]

① 2
② 4
③ 6
④ 8

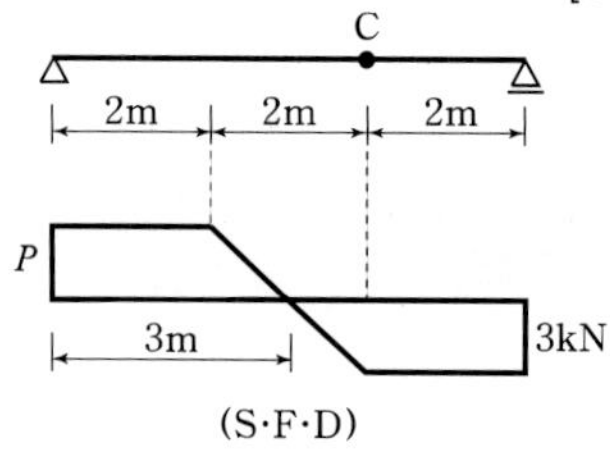

(S·F·D)

해설 **35**
임의점의 휨모멘트는 그 점까지의 전단력도(S.F.D)의 면적과 같으므로
$M_c = 3(2) = 6\text{kN}\cdot\text{m}$

36 그림은 어느 단순보의 전단력도(S.F.D)이다. 최대 휨모멘트[kN·m]는?

① 4
② 6
③ 8
④ 10
⑤ 12

해설 **36**
전단력이 0인 점까지의 면적이 최대 휨모멘트를 의미하므로

$$M_{max} = \frac{4(5)}{2} = 10\,\text{kN}\cdot\text{m}$$

보충 **단순보에서 최대 휨모멘트**
전단력이 0이 되는 위치에서 생기며 크기는 전단력이 0인 점까지의 면적과 같다.

37 그림은 지간 10m인 단순보의 전단력도를 나타내고 있다. 다음의 설명 중 옳지 않은 것은? [11 지방직 9급]

① 보에 발생하는 최대 휨모멘트의 값은 21kN·m이다.
② 지점반력의 크기는 5.8kN과 4.2kN이다.
③ 보에 발생하는 최대 전단력의 크기는 5.8kN이다.
④ C점에서 집중하중 1.8kN이 작용하고 있다.

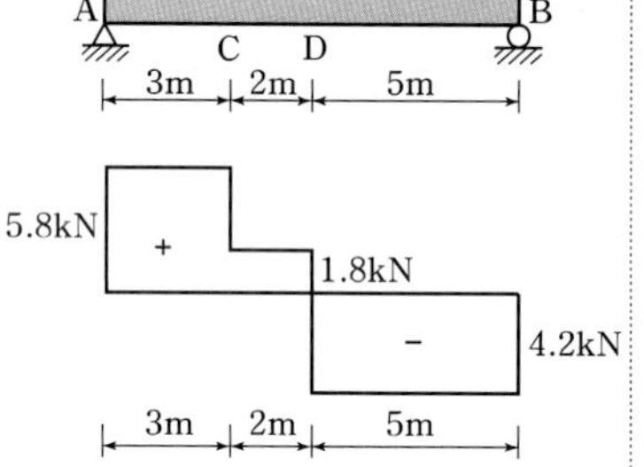

해설

(S·F·D)

해설 **37**
전단력도 (S.F.D)에서
$R_A = 5.8\,\text{kN}(\uparrow)$
$R_B = 4.2\,\text{kN}(\uparrow)$
$P_c = 5.8 - (P_c) = 1.8$
$\therefore P_c = 4\,\text{kN}$
$P_D = 1.8 + 4.2 = 6\,\text{kN}$
$\therefore P_D = 6\,\text{kN}$
- 보에 발생하는 최대 전단력은 $R_A = 5.8\,\text{kN}$이다.
- 보에 발생하는 최대 휨모멘트는 전단력의 부호가 바뀌는 점까지의 면적 $4.2(5) = 21\,\text{kN}\cdot\text{m}$이다.

정답 35. ③ 36. ④ 37. ④

정 답 및 해 설

38 그림과 같은 등분포 하중이 작용할 경우 중앙 단면의 휨모멘트를 0으로 만들기 위한 집중하중 P의 크기[kN]는?

① 8
② 6
③ 4
④ 2
⑤ 1

보충 최대 휨모멘트

구조물	M_{max}	구조물	M_{max}
	M		$\frac{Pl}{4}$
	$\frac{M}{2}$		$\frac{wl^2}{8}$
	$\frac{Pab}{l}$		$\frac{wl^2}{9\sqrt{3}}$

해설 **38**

$M_{중앙} = \frac{wl^2}{8} - \frac{Pl}{4} = 0$

$\therefore P = \frac{wl}{2} = \frac{2(8)}{2} = 8\,\text{kN}$

39 지간 $4a$인 단순보의 전지간에 등분포 하중 w가 작용할 때, 최대 휨모멘트는?

① $2wa^2$
② wa^2
③ $\frac{1}{2}wa^2$
④ $\frac{1}{4}wa^2$
⑤ $\frac{1}{8}wa^2$

해설 **39**

$M_{max} = \frac{wl^2}{8} = \frac{w(4a)^2}{8}$

$= 2wa^2$

40 그림과 같은 단순보에서 최대 휨모멘트 $M_{max} = 50\,\text{kN}\cdot\text{m}$일 때 하중강도 w는 얼마인가?

① 1
② 2
③ 3
④ 4
⑤ 5

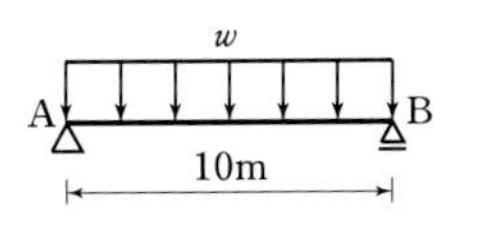

해설 **40**

$M_{max} = \frac{wl^2}{8}$에서

$w = \frac{8M_{max}}{l^2} = \frac{8(50)}{10^2}$

$= 4\text{kN}\cdot\text{m}$

정답 38. ① 39. ① 40. ④

41 그림과 같은 단순보에서 지점 A로부터 최대 휨모멘트가 생기는 위치 [m]로 옳은 것은?

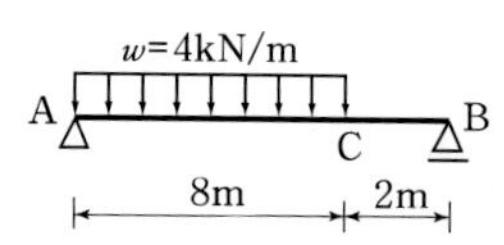

① 5.4
② 5.2
③ 4.8
④ 4.3

보충 전단력이 영이 되는 위치 : 최대 휨모멘트가 생기는 위치

$$x = \frac{\text{반력}(R)}{\text{하중강도}(w)}$$

42 그림과 같이 집중하중과 등분포하중이 동시에 작용하는 단순보에서 구간 AB의 휨모멘트 분포식으로 옳은 것은? (단, 휨모멘트 단위는 kN · m로 한다.) [09 지방직 9급]

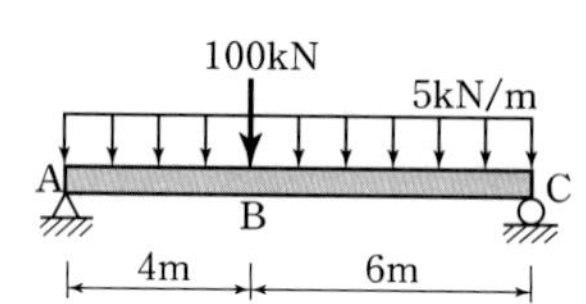

① $-2.5x^2 + 85x$
② $2.5x^2 + 85x$
③ $-2.5x^2 + 45x$
④ $2.5x^2 + 45x$

43 그림과 같이 등분포 하중이 작용하는 단순보에서 단면 A, B의 휨모멘트 관계로 옳은 것은?(단, 전단력은 V, 분포하중강도는 q 이다)

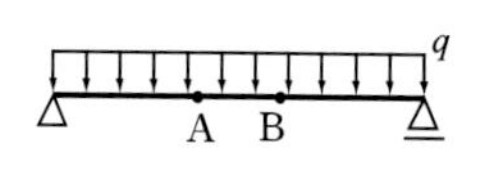

① $M_A + M_B = \int_A^B V dx$
② $M_B - M_A = \int_A^B V dx$
③ $M_A + M_B = \int_A^B q dx$
④ $M_B + M_A = -\int_A^B q dx \int_B^A (-q) dx \cdot dx$
⑤ $M_A - M_B = Const$

보충 하중–단면력–처짐(각) 관계

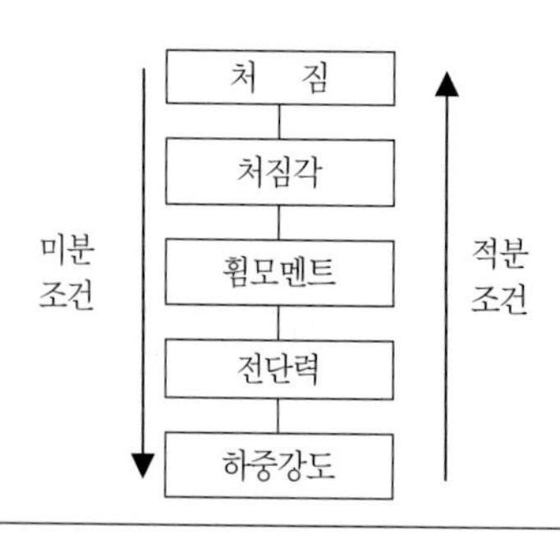

정 답 및 해 설

해설 **41**

• 반력계산 :

$$R_A = \frac{32(6)}{10} = 19.2\,\text{kN}$$

• 전단력 일반식 :

$S_x = R_A - wx = 0$에서

$$\therefore x = \frac{R_A}{w} = \frac{19.2}{4} = 4.8\text{m}$$

해설 **42**

(1) 지점반력

$\Sigma M_C = 0$:

$$R_A(10) - (5 \times 10)\left(\frac{10}{2}\right) - 100(6) = 0$$

$\therefore R_A = 85\,\text{kN}(\uparrow)$

(2) AB 구간의 휨모멘트

원점을 A로 하면

$$M_{AB} = R_A x - 5x\left(\frac{x}{2}\right) = 85x - 2.5x^2 = -2.5x^2 + 85x$$

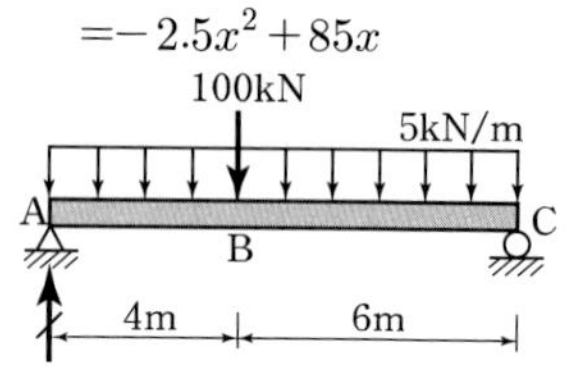

해설 **43**

$$M_B = M_A + \int_A^B V dx = M_A + \iint_B^A q dx \cdot dx$$

$\therefore M_B - M_A$

$$= \int_A^B V dx = \iint_B^A q dx \cdot dx$$

정답 41. ③ 42. ① 43. ②

정 답 및 해 설

44 그림과 같은 단순보에서 D점의 휨모멘트[kN·m]는?

① 14
② 16
③ 21
④ 23

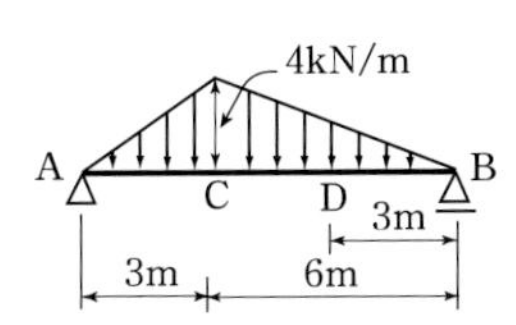

보충 비대칭 등변분포하중 작용시 도심위치와 반력

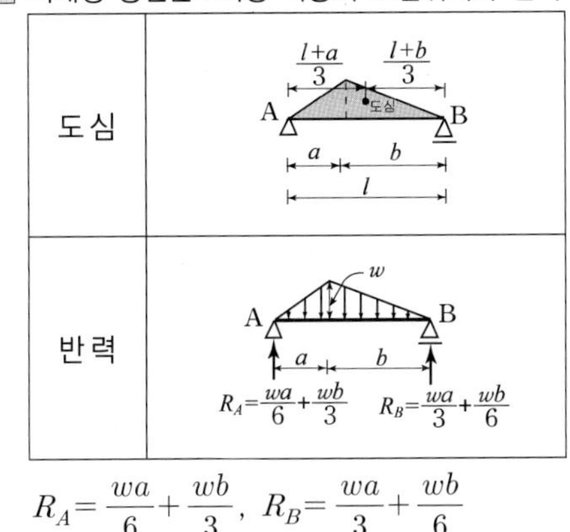

$$R_A=\frac{wa}{6}+\frac{wb}{3},\ R_B=\frac{wa}{3}+\frac{wb}{6}$$

45 보의 전지간에 등분포 하중 $w=1\text{kN/m}$를 받고 있는 캔틸레버보의 최대 휨모멘트[kN·m]는?

① −4
② −8
③ −16
④ −24
⑤ −32

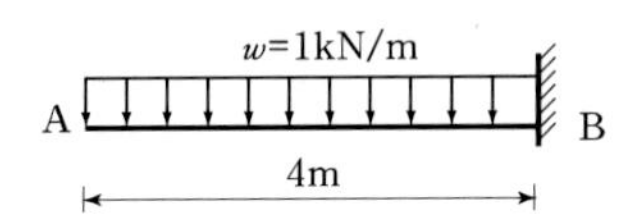

46 다음과 같이 2차 함수 형태의 분포하중을 받는 캔틸레버보에서 A점의 휨모멘트[kN·m]의 크기는? (단, 자중은 무시한다) [15 지방직 9급]

① $\dfrac{32}{9}$
② $\dfrac{16}{9}$
③ $\dfrac{32}{3}$
④ $\dfrac{16}{3}$

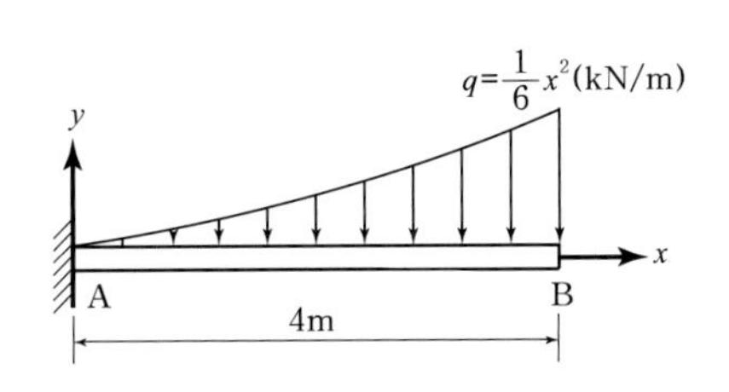

해설 **44**

• 반력계산

$$R_A=\frac{wa}{6}+\frac{wb}{3}=\frac{4\times3}{3}+\frac{4\times6}{3}=10\text{kN}(\uparrow)$$

$$R_B=\frac{wa}{3}+\frac{wb}{6}=\frac{4\times3}{3}+\frac{4\times6}{6}=8\text{kN}(\uparrow)$$

$\therefore M_D$

$$=R_B(3)-\frac{(2\times3)}{2}\times\left(\frac{3}{3}\right)=8(3)-3(1)=21\,\text{kN}\cdot\text{m}$$

해설 **45**

$M_B=-(1\times4)(2)=-8\text{kN}\cdot\text{m}$

보충 캔틸레버보의 최대 휨모멘트
한방향으로만 하중이 작용하는 경우 최대 휨모멘트는 고정단에서 생긴다.

해설 **46**

하나의 집중하중으로 바꾸고 이 값에 도심거리를 곱하여 구한다.

$M_A=-(\text{분포하중면적})(\text{도심거리})$

$$=-\frac{bh}{3}\left(\frac{3}{4}b\right)=-\frac{hb^2}{4}$$

$$=-\frac{\frac{1}{6}(4^2)(4^2)}{4}=-\frac{32}{3}\text{kN}\cdot\text{m}$$

정답 44. ③ 45. ② 46. ③

47 지간이 5m인 캔틸레버의 전지간에 등분포 하중 $w=2$kN/m가 작용할 때 자유단에 생기는 휨모멘트[kN·m]는?

① 0
② −2
③ −5
④ −10
⑤ −25

해설 **47**

캔틸레버보의 자유단은 모멘트하중이 작용하지 않는 한 휨모멘트는 항상 0(zero)이다.

보충 휨모멘트(Bending Moment)
휨의 크기를 모멘트로 표시한 것
➡ 구점을 절단했을 때 한쪽 모멘트 합과 같다.

48 그림과 같은 보의 A점의 휨모멘트는?(단, 시계방향을 + 로 간주한다)

① $-\dfrac{wa^2}{3}$
② $-\dfrac{2}{3}wa^2$
③ $-\dfrac{wa^2}{2}$
④ $-\dfrac{3}{2}wa^2$
⑤ $-wa^2$

해설 **48**

$$M_A=-wa\left(a+\frac{a}{2}\right)=-\frac{3}{2}wa^2$$

49 그림과 같은 캔틸레버에서 A점의 휨모멘트[kN·m]는?

① 10
② 12
③ −12
④ 14
⑤ −14

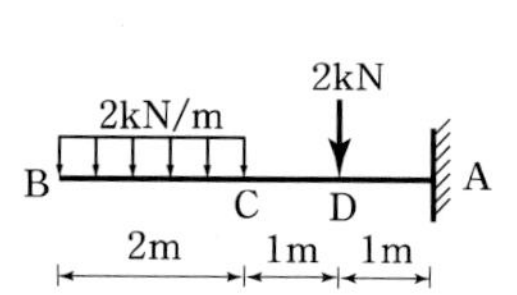

해설 **49**

$$M_A=-(2\times2)\times(3)-2(1)$$
$$=-14\,\text{kN}\cdot\text{m}$$

보충
캔틸레버보에서 휨모멘트의 부호
캔틸레버보에는 하향의 하중이 작용하면 항상 부(−)의 휨모멘트가 발생한다.

정답 47. ① 48. ④ 49. ⑤

정 답 및 해 설

50 그림과 같은 캔틸레버에서 고정단의 휨모멘트가 0이 되기 위한 P의 크기[kN]는?

① 2.0
② 2.5
③ 3.0
④ 1.0
⑤ 1.5

해설 **50**

$M_A = -2 - P(4) + 8 = 0$

$\therefore P = 1.5\,\text{kN}$

보충 캔틸레버보의 해석

➡ 자유단을 기준으로 해석한다. 자유단을 기준으로 해석하면 반력을 계산하지 않고도 단면력을 구할 수 있다.

51 다음과 같은 캔틸레버보에서 고정단 B의 휨모멘트가 0이 되기 위한 집중하중 P의 크기[kN]는? (단, 자중은 무시한다) [15 지방직 9급]

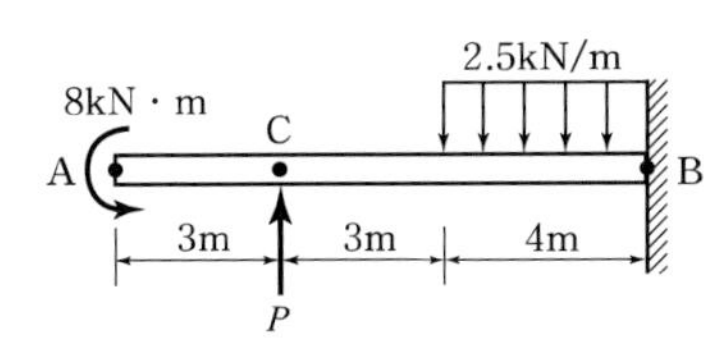

① 3　　② 4
③ 5　　④ 1

해설 **51**

B점 왼쪽에 작용하는 모멘트의 합이 0이라야 하므로

$M_B = -8 + P(7) - \dfrac{2.5(4^2)}{2} = 0$

에서 $P = 4\,\text{kN}$

52 그림과 같은 캔틸레버보의 A점의 휨모멘트[kN·m]는?

① $M_A = -1$
② $M_A = -3$
③ $M_A = -4$
④ $M_A = -6$
⑤ $M_A = -9$

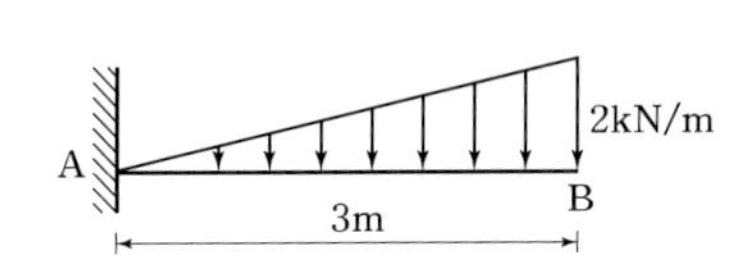

해설 **52**

$M_A = -\left(\dfrac{2\times3}{2}\right)\times\left(3\times\dfrac{2}{3}\right)$

$= -6\,\text{kN·m}$

53 다음 캔틸레버보에서 (b)보의 고정단 모멘트는 (a)보의 고정단 모멘트의 몇 배인가? [01 국가직 9급]

① 1배
② 2배
③ 3배
④ 4배

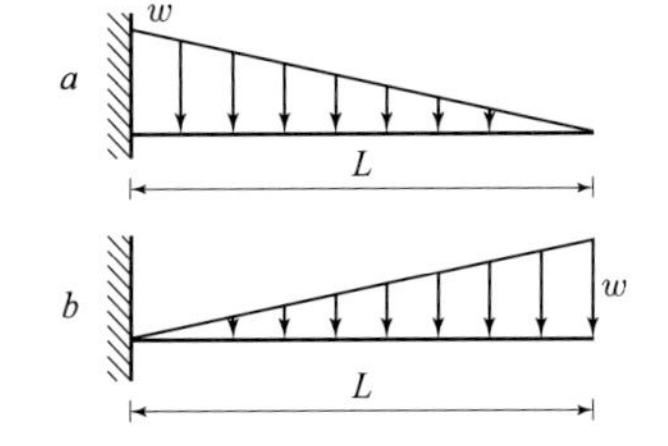

해설 **53**

(a)보의 고정단 모멘트

$M_{(a)} = \dfrac{wL}{2}\left(\dfrac{L}{3}\right) = \dfrac{wL^2}{6}$

(b)보의 고정단 모멘트

$M_{(b)} = \dfrac{wL}{2}\left(\dfrac{2L}{3}\right) = \dfrac{2}{6}wL^2$

$\therefore M_{(b)} = 2M_{(a)}$

정답 50. ⑤ 51. ② 52. ④ 53. ②

54 다음과 같은 내민보에 집중하중 P가 작용할 때, C점의 휨모멘트가 0 이 되기 위한 a/l 은?(단, $P=2wl$ 이다)

① $\frac{1}{2}$

② $\frac{1}{4}$

③ $\frac{1}{6}$

④ $\frac{1}{8}$

⑤ $\frac{1}{16}$

55 그림과 같은 내민보의 중앙점 C의 휨모멘트는?

① $0.5wa^2$

② $1.0wa^2$

③ $1.5wa^2$

④ $2.0wa^2$

⑤ $2.5wa^2$

해설

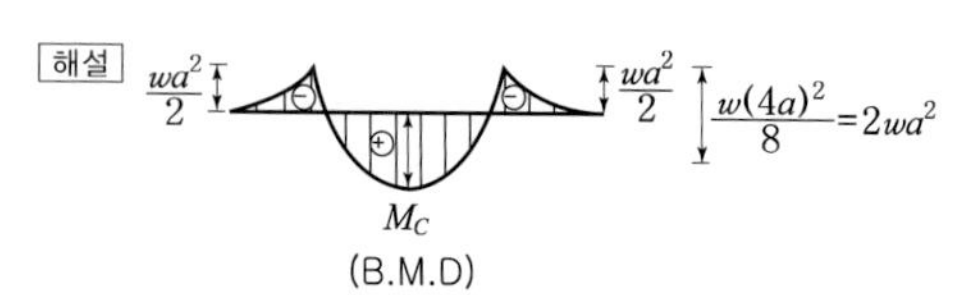

(B.M.D)

보충 내민보의 휨모멘트 계산
휨모멘트도(B. M. D)의 특성을 이용하여 중첩법을 적용하는 것이 편리하다.

정답 및 해설

해설 **54**

휨모멘트도(B.M.D)에서

$M_c=\frac{wl^2}{8}-Pa=0$

$\therefore \frac{wl^2}{8}-2wl(a)=0$ 에서

$\frac{a}{l}=\frac{1}{16}$

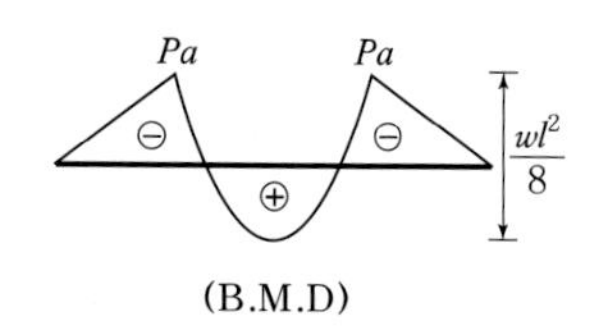

(B.M.D)

해설 **55**

휨모멘트도 (B. M. D)에 의해

$\therefore M_c=2wa^2-\frac{wa^2}{2}$

$=\frac{3}{2}wa^2=1.5wa^2$

정답 54. ⑤ 55. ③

56 그림과 같은 내민보에서 D점의 휨모멘트[kN·m]는?

① −70
② +42
③ −42
④ +28
⑤ −28

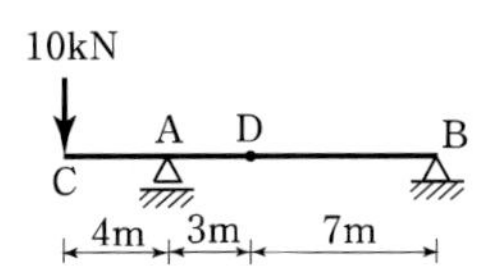

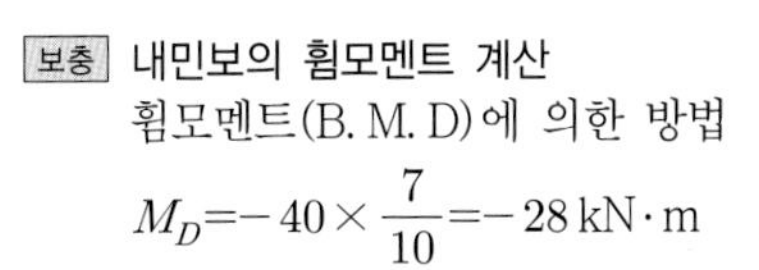

보충 내민보의 휨모멘트 계산
휨모멘트(B. M. D)에 의한 방법
$M_D = -40 \times \dfrac{7}{10} = -28\,\text{kN}\cdot\text{m}$

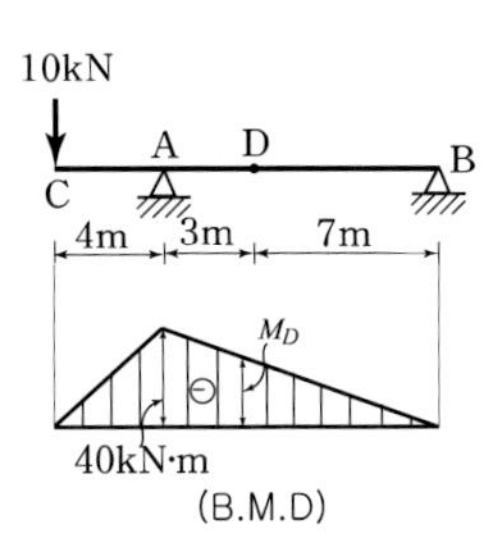

해설 **56**

- 지점반력 : $\Sigma M_A = 0$에서
  $R_B(10) - 10(4) = 0$
  $\therefore R_B = 4\,\text{kN}\,(\downarrow)$
- $M_D = R_B(7) = -4(7)$
  $= -28\,\text{kN}\cdot\text{m}$

57 다음과 같은 내민보에서 지점 A, B의 휨모멘트가 $-\dfrac{Pl}{4}$일 때 거리 x는 얼마인가? [01 국가직 9급]

① $\dfrac{l}{6}$
② $\dfrac{l}{5}$
③ $\dfrac{l}{4}$
④ $\dfrac{l}{3}$

해설 **57**

$M_A = M_B = -Px = -\dfrac{Pl}{4}$에서

$x = \dfrac{l}{4}$

보충
내민보에서 중간지점의 휨모멘트
지점을 캔틸레버의 고정단으로 보고 계산한 휨모멘트와 같다.

58 그림과 같은 내민보에서 지점 A, B의 휨모멘트가 $-\dfrac{Pl}{8}$일 때, a의 길이는?

① $\dfrac{l}{6}$
② $\dfrac{l}{4}$
③ $\dfrac{l}{8}$
④ l
⑤ $\dfrac{l}{2}$

해설 **58**

$M_A = -Pa = -\dfrac{Pl}{8}$

$\therefore a = \dfrac{l}{8}$

정답 56. ⑤ 57. ③ 58. ③

59 다음과 같은 내민보에서 A, B점의 휨모멘트의 크기가 같고, $-\frac{wl^2}{18}$일 때 l_1의 길이는? [00 서울시 9급]

① $\frac{l}{2}$
② $\frac{l}{3}$
③ $\frac{l}{4}$
④ $\frac{l}{5}$
⑤ $\frac{l}{6}$

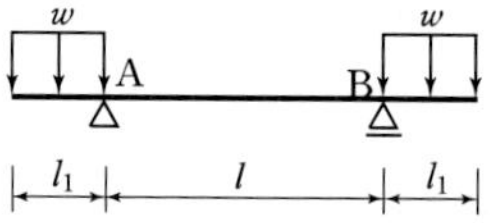

보충 내민보에서 중간지점의 휨모멘트
지점을 캔틸레버의 고정단으로 보고 계산한 휨모멘트와 같다.

$$\therefore M_A = M_B = -wl_1\left(\frac{l_1}{2}\right) = -\frac{wl_1^2}{2}$$

60 다음과 같은 내민보에서 C점에 최대 휨모멘트가 발생하기 위한 하중강도 w의 크기[kN/m]는?(단, 보의 자중은 무시한다.) [00 국가직 9급]

① 2
② 4
③ 6
④ 8

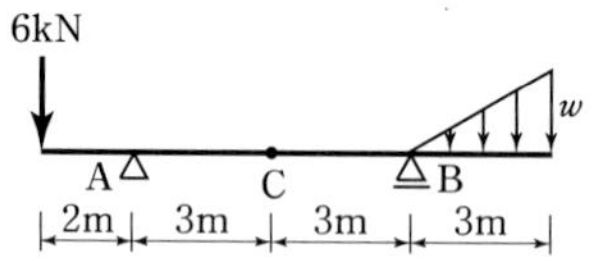

61 다음 내민보의 A지점에서 변곡점의 위치 x[m]는? [00 서울시 9급]

① 0.5
② 1.0
③ 1.5
④ 2.0
⑤ 2.5

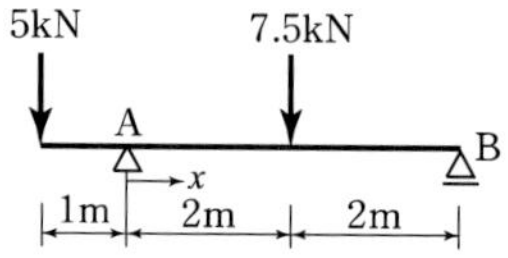

정답 및 해설

해설 **59**

$$M_A = M_B = -\frac{wl_1^2}{2} = -\frac{wl^2}{18}$$

$$\therefore l_1 = \frac{l}{3}$$

해설 **60**

중앙점 휨모멘트가 최대가 되기 위해서는 지점 A, B의 휨모멘트가 같아야 한다.

$\therefore M_A = M_B$에서

$$-6(2) = -\frac{3w}{2}\left(3\times\frac{2}{3}\right)$$

$$\therefore w = 4\,\text{kN/m}$$

해설 **61**

$\Sigma M_B = 0$:

$R_A(4) - 5(5) - 7.5(2) = 0$

$\therefore R_A = 10\text{kN}(\uparrow)$

AB구간에서 휨모멘트 일반식을 구성하면

$M_x = 10x - 5(1+x) = 0$

$\therefore x = 1\text{m}$

정답 59. ② 60. ② 61. ②

정 답 및 해 설

62 게르버보를 구조역학적으로 분석한 것 중 옳은 것은?

① 단순보와 내민보의 복합구조
② 단순보와 연속보의 복합구조
③ 고정보와 단순보의 복합구조
④ 고정보와 내민보의 복합구조
⑤ 고정보와 연속보의 복합구조

보충 게르버보의 형태(정정구조물의 복합구조)

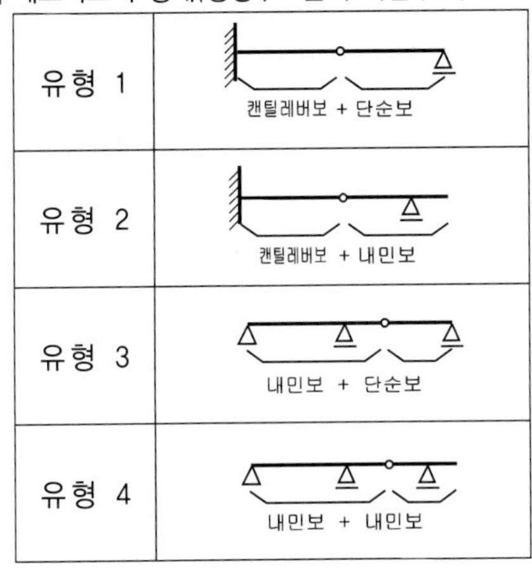

유형 1	캔틸레버보 + 단순보
유형 2	캔틸레버보 + 내민보
유형 3	내민보 + 단순보
유형 4	내민보 + 내민보

해설 **62**
게르버보는 기본적으로 4대 정정구조에 포함되므로 정정구조의 복합구조로 나타난다.

63 그림과 같은 보의 A점의 휨모멘트[kN·m]는?

① 0
② −1
③ −2
④ −3
⑤ −4

보충 겔버보의 안정조건
단순보(또는 내민보)가 상부에 위치해야 한다.

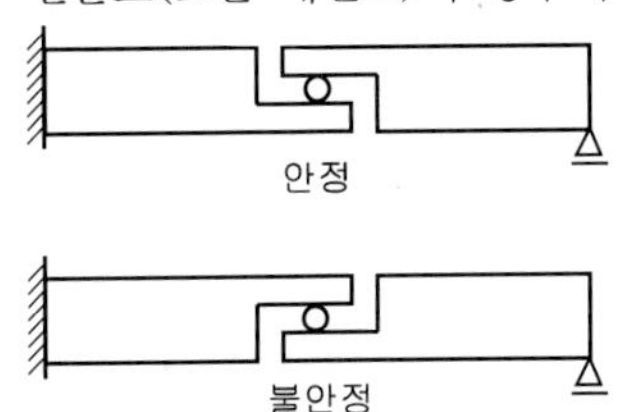

해설 **63**
겔버보(단순구조+캔틸레버보)이므로

$R_B = R_C = \frac{wl}{2} = \frac{1(2)}{2}$
$= 1\text{kN}$(대칭하중)

$\therefore M_A = -1(1) = -1\text{kN}\cdot\text{m}$

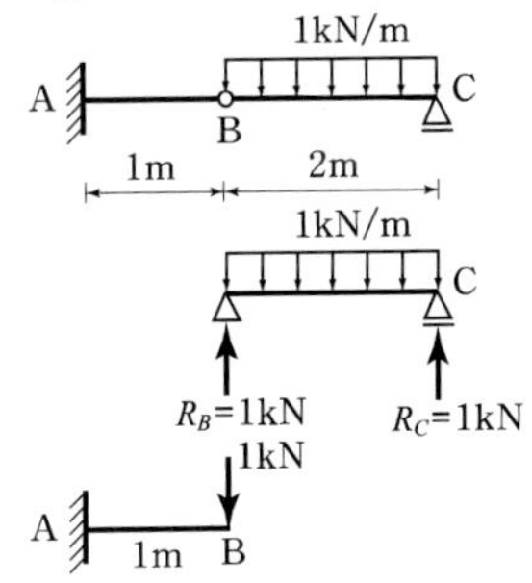

정답 62. ① 63. ②

64 그림과 같은 게르버보에서 A점의 휨모멘트[kN·m]는? (단, 시계방향을 +로 간주한다)

① −12
② 12
③ −36
④ 36
⑤ 60

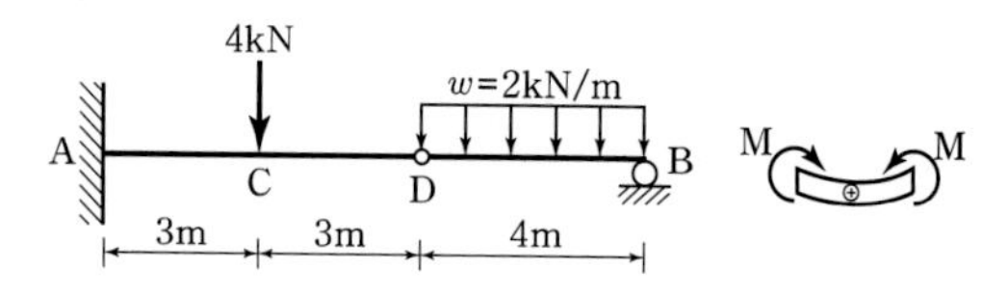

보충 겔버보의 안정조건
단순보(또는 내민보)가 상부에 위치해야 한다.

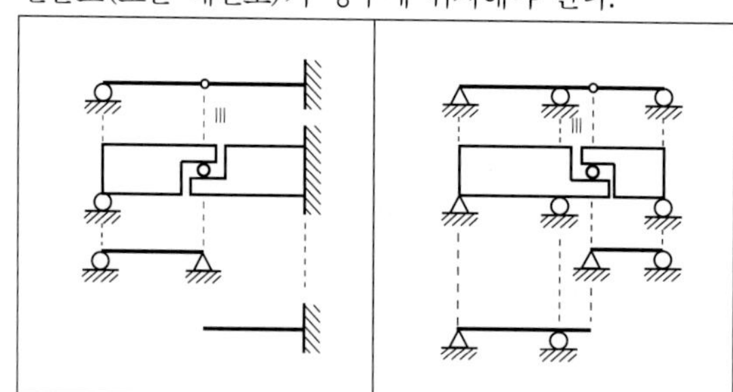

해설 **64**

겔버보(캔틸레버 + 단순보)이므로

• 지점반력

$$R_D = R_B = \frac{2(4)}{2} = 4\text{kN}$$

• 단면력

$$M_A = -4(6) - 4(3)$$
$$= -36\text{kN}\cdot\text{m}$$

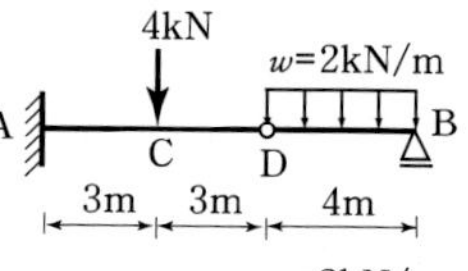

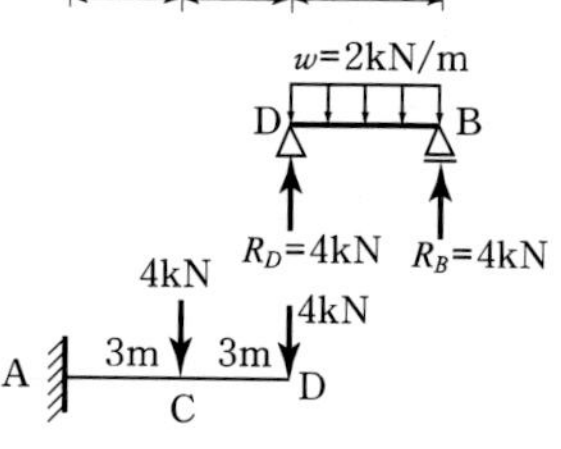

65 그림과 같은 게르버보에서 지점 A의 휨모멘트[kN·m]는? (단, 게르버보의 자중은 무시한다) [11 지방직 9급]

① −10
② −12
③ −14
④ −16

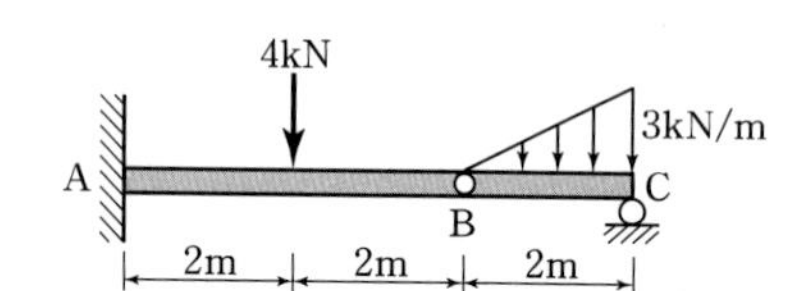

해설

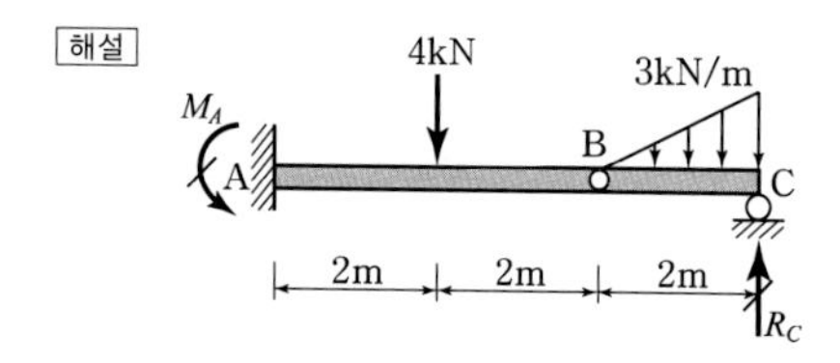

해설 **65**

(1) 지점반력

$\Sigma M_{B(우)} = 0$:

$$\frac{1}{2}(3)(2)\left(2\times\frac{2}{3}\right) - R_C(2) = 0$$

$\therefore R_C = 2\text{kN}(\uparrow)$

$\Sigma M_A = 0$:

$$-M_A + 4(2) + \frac{1}{2}(3)(2)$$
$$\times\left(4 + 2\times\frac{2}{3}\right) - R_c(6) = 0$$

(2) A점 휨모멘트

$M_A = -12\,\text{kN}\cdot\text{m}$

정답 64. ③ 65. ②

66 그림과 같은 게르버보에 집중하중이 작용할 때 B점의 휨모멘트[kN]는?

① −18
② −24
③ −30
④ −36

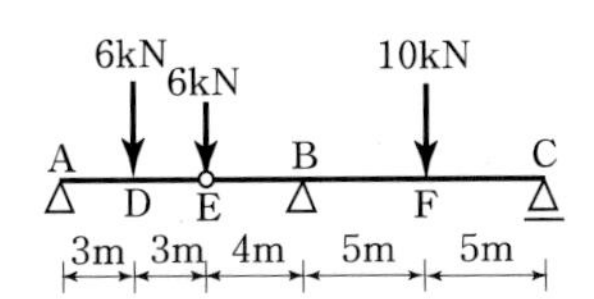

67 그림과 같이 모래 위에 놓인 보 AB에서 점 D에 148kN, 점 E에 200kN의 집중하중과 AB의 중앙 C점에 모멘트하중 176kN·m이 작용한다. 모래 지반에서의 반력은 A로부터 B까지 직선적으로 분포한다고 가정할 때 148kN이 작용되는 D점에서의 휨모멘트에 가장 가까운 값[kN·m]은? [11 국가직 9급]

① 28.0
② 29.6
③ 31.5
④ 33.2

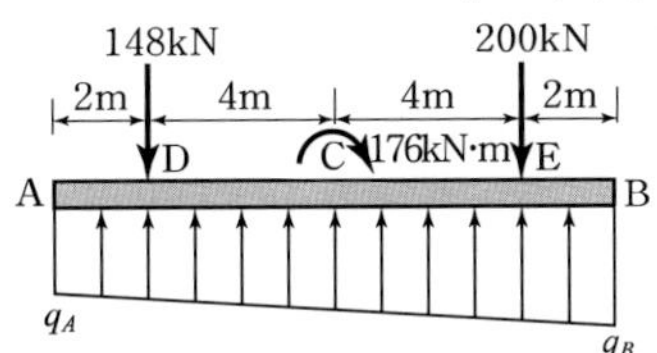

해설 (1) 지반반력

도심에 작용하는 하중으로 변환하면

① 합력모멘트 : $148 \times 4 = 592\text{kN}\cdot\text{m}\,(\circlearrowleft)$

$200 \times 4 = 800\text{kN}\cdot\text{m}\,(\circlearrowright)$

$176\text{kN}\cdot\text{m}\,(\circlearrowright)$

합계 : $384\text{kN}\cdot\text{m}\,(\circlearrowright)$

② 집중하중의 합력 : $148 + 200 = 348\,\text{kN}$

$$q_{\frac{A}{B}} = \frac{P}{A}\left(1 \pm \frac{6e}{b}\right) = \frac{348}{12(1)}\left(1 \pm \frac{6 \times 1.1}{12}\right)$$

$q_A = 13\,\text{kN/m}^2, \qquad q_B = 45\,\text{kN/m}^2$

(여기서, A는 단위폭을 갖는 단면의 넓이)

$$e = \frac{M}{P} = \frac{\text{모멘트 합력}}{\text{집중 하중 합력}} = \frac{384}{348} = 1.1\,\text{m}$$

(2) D점의 모멘트

$$M_D = \left\{(13 \times 2) \times \left(\frac{2}{2}\right) + \left(\frac{5.33 \times 2}{2}\right) \times \left(2 \times \frac{1}{3}\right)\right\} \times (1)$$

$= 29.55\,\text{kN} \fallingdotseq 29.6\,\text{kN}$

여기서, 폭 1m에 대한 D점의 모멘트이므로 1m를 곱하면 된다.
D의 바로 왼쪽을 잘라서 바라보면

$$\left[= \frac{q_B - q_A}{12} \times 2 = \frac{45 - 13}{6} = 5.33\,\text{kN/m}^2\right]$$

정답 및 해설

해설 66

• 지점반력

$R_A = 3\,\text{kN}, \ R_E = 9\,\text{kN}$

• 단면력

$M_B = -9(4) = -36\,\text{kN}\cdot\text{m}$

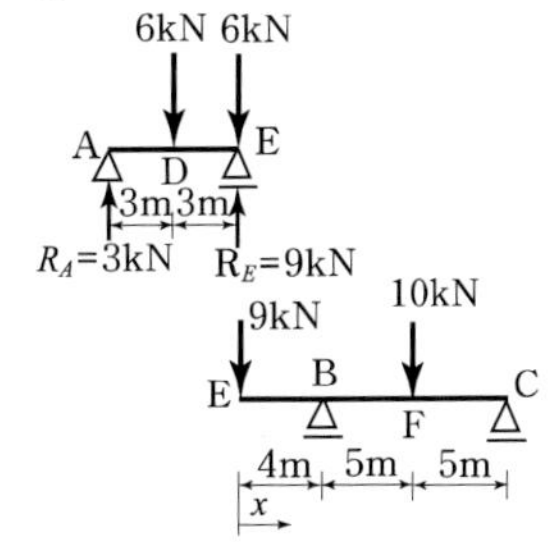

정답 66. ④ 67. ②

68 그림과 같이 간접 하중을 받는 단순보에서 C점의 휨모멘트[N·m]는? (단, 모든 보의 자중은 무시한다) [11 지방직 9급]

① 11
② 12
③ 13
④ 14

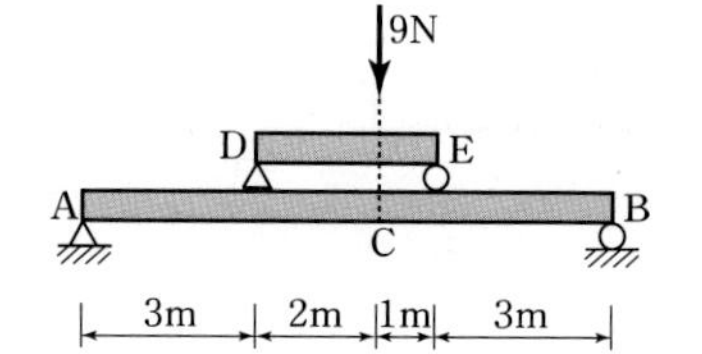

해설

69 그림과 같은 단순보에서 영향선에 대한 설명으로 옳은 것은?

① A지점의 반력에 대한 영향선이다.
② C점의 전단력에 대한 영향선이다.
③ B지점의 반력에 대한 영향선이다.
④ A점의 전단력에 대한 영향선이다.

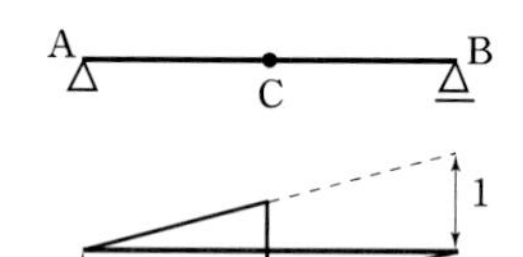

보충 영향선(Influence Line)

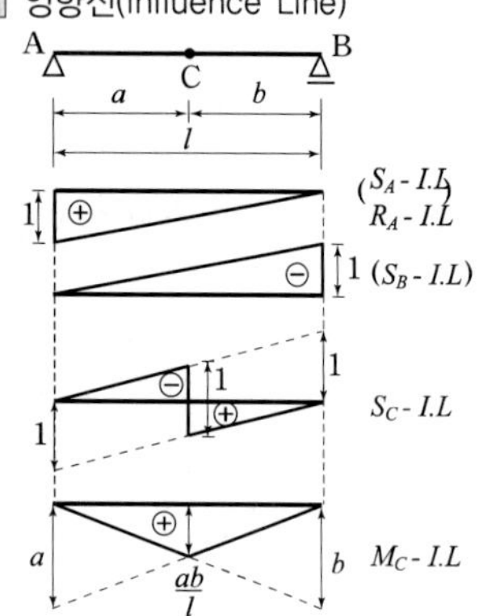

정 답 및 해 설

해설 **68**

(1) 상부구조물의 해석

$\sum M_E = 0$:

$R_D(3) - 9(1) = 0$

$R_D = 3\text{N}$

$\sum V = 0$:

$R_D + R_E - 9 = 0$

$\therefore R_E = 6\text{N}$

(2) 하부구조물의 해석

$\sum M_B = 0$:

$R_A(9) - 3(6) - 6(3) = 0$

$R_A = 4\text{N}$

$\sum V = 0$: $R_A + R_B - 9 = 0$

$R_B = 5\text{N}$

$\therefore M_C = 4(5) - 3(2)$

$= 14\text{N}\cdot\text{m}$

해설 **69**

C점에서 영향선도가 불연속이므로 C점의 전단력($S_c - I.L$)이다.

정답 68. ④ 69. ②

70 그림과 같은 게르버보에서 C점에 대한 반력의 영향선으로 옳은 것은?

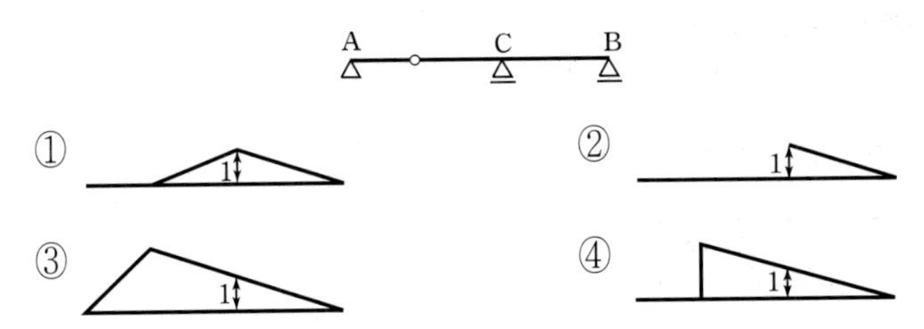

71 지간 10m의 단순보에 8kN의 집중하중이 이동할 때 최대전단력[kN] 및 최대 휨모멘트[kN·m]는?

① $S_{max}=4$, $M_{max}=20$
② $S_{max}=8$, $M_{max}=20$
③ $S_{max}=8$, $M_{max}=0$
④ $S_{max}=0$, $M_{max}=20$
⑤ $S_{max}=8$, $M_{max}=40$

보충 단순보에 하나의 집중하중 이동시 최대 단면력

- 최대 전단력(S_{max}) : 지점에 재하될 때 발생 $\therefore S_{max}=P$
- 최대 휨모멘트(M_{max}) : 보 중앙에 재하될 때 발생 $\therefore M_{max}=\dfrac{PL}{4}$

72 지간 L인 단순보에 w의 등분포하중이 이동할 때 절대 최대 휨모멘트는?

① $\dfrac{1}{2}wL^2$　② $\dfrac{1}{3}wL^2$
③ $\dfrac{1}{4}wL^2$　④ $\dfrac{1}{8}wL^2$

73 다음과 같은 단순보에서 집중 이동하중 10kN과 등분포 이동하중 4kN/m로 인해 C점에서 발생하는 최대휨모멘트[kN · m]의 크기는? (단, 자중은 무시한다) [15 지방직 9급]

① 42
② 48
③ 54
④ 62

정답 및 해설

해설 **70**

게르버보의 영향선 개형
지점에서 연장, 힌지에서 꺾인다.

해설 **71**

- 최대전단력 : 집중하중(8kN)이 지점에 작용할 때 생긴다.
  $\therefore S_{max}=R_{max}=8\,\text{kN}$
- 최대 휨모멘트 : 집중하중(8kN)이 보 중앙에 재하될 때 생긴다.
  $\therefore M_{max}=\dfrac{PL}{4}=\dfrac{8(10)}{4}$
  $=20\text{kN}\cdot\text{m}$

해설 **72**

최대 휨모멘트는 등분포 하중(w)이 단순보에 만재된 경우에 발생하므로

$|M_{max}|=\dfrac{wL^2}{8}$

해설 **73**

$M_{c,max}$ 조건 : 집중하중은 최대종거인 C점에 재하되고, 등분포하중은 전체 구간에 재하될 때 발생하므로

$M_{C,max}=\dfrac{Pab}{L}+\dfrac{wab}{2}$
$=\dfrac{10(2)(8)}{10}+\dfrac{4(2)(8)}{2}$
$=16+32=48\,\text{kN}\cdot\text{m}$

정답 70. ③ 71. ② 72. ④ 73. ②

74 그림과 같은 이동하중이 작용할 때 C점의 최대 휨모멘트[kN·m]는?

① 7.6
② 8.2
③ 9.4
④ 10.2

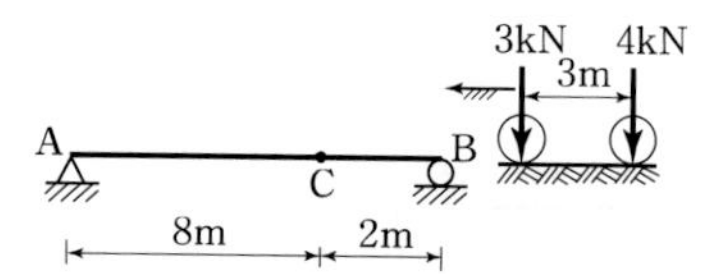

보충 단순보에서 임의점의 최대 모멘트(M_{max})

① 하나의 집중하중 이동 시 : 구점에 재하될 때 발생
② 두 개의 집중하중 이동 시

$\frac{Ra}{L} < P_1$	P_1이 C점에 재하될 때 발생
$\frac{Ra}{L} < P_1 + P_2$	P_2가 C점에 재하될 때 발생

③ 여러 개의 집중하중 이동 시 : $\sum_1^m P \geq \frac{a}{L}\sum P \geq \sum_1^{m-1} P$

해설 **74**

$M_{c,max}$의 발생조건 :

$\frac{Ra}{l} = \frac{7(8)}{10}$
$= 5.6 < P_1 + P_2 = 7$

$\therefore P_2 = 4$kN이 C점에 재하될 때 M_{cmax} 발생

$y_1 = \frac{2(5)}{10} = 1.0$m
$y_2 = \frac{2(8)}{10} = 1.6$m

$\therefore M_{cmax} = P_1 y_1 + P_2 y_2$
$= 3(1.0) + 4(1.6)$
$= 9.4$ kN·m

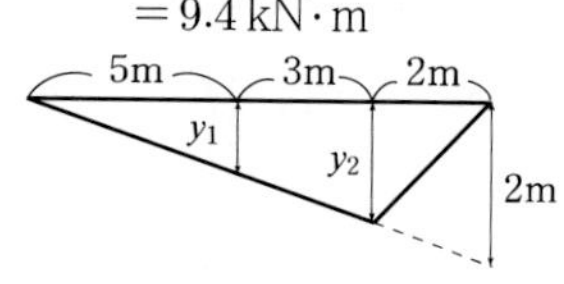

75 그림과 같은 보에 이동하중이 작용할 때 절대 최대 휨모멘트는 A점으로부터 얼마의 거리[m]에 있는가? [00 서울시 9급]

① 1
② 2
③ 3
④ 4.5
⑤ 5.5

보충 절대최대 휨모멘트

• $|M_{max}|$ 발생조건
합력과 가까운 하중의 2등분점이 보의 중앙과 일치할 때 큰 하중점 아래에서 발생한다.

• $|M_{max}|$발생위치 : $x = \frac{L}{2} - \frac{e}{2} = \frac{L}{2} - \frac{P_{小}d}{2R}$

• $|M_{max}| = \frac{R}{L}x^2$

해설 **75**

B점에서 위치

$x_B = \frac{L}{2} - \frac{e}{2} = \frac{10}{2} - \frac{2(3)}{2(6)}$
$= 4.5$ m

∴ A점에서 위치

$x_A = L - x_B = 10 - 4.5 = 5.5$ m

76 그림과 같은 단순보에 이동하중이 오른편(B)에서 왼편 (A)으로 이동하는 경우, 절대 최대 휨모멘트가 생기는 위치로부터 A점까지의 거리는? [15 서울시 9급]

① 4.2m
② 5.6m
③ 5.8m
④ 6.0m

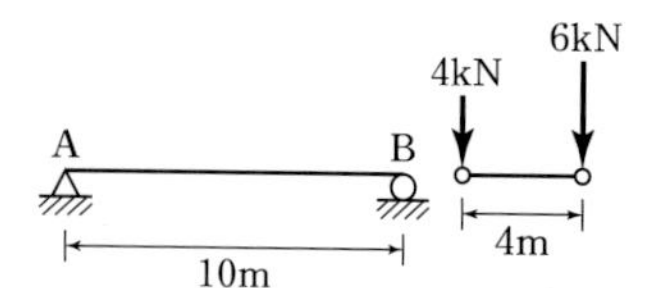

해설 **76**

(1) 최대휨모멘트 발생 위치

$x = \frac{L}{2} - \frac{작은힘(d)}{2R}$
$= 5 - \frac{4(4)}{2(10)} = 4.2$ m

(B점에서의 위치)

∴ A점으로부터 위치
$= 10 - 4.2 = 5.8$ m

정답 74. ③ 75. ⑤ 76. ③

정 답 및 해 설

77 그림과 같은 단순보 위를 이동하중이 이동할 때 절대 최대 휨모멘트 [kN·m]는?

① 84
② 106
③ 148
④ 164
⑤ 192

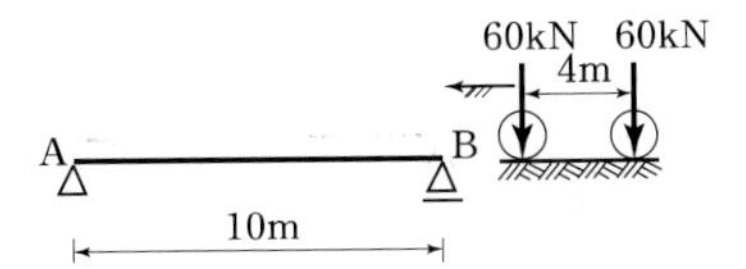

보충 절대 최대휨모멘트

- 합력의 작용위치 : $e = \frac{Pd}{R}$
- $|M_{max}|$발생위치 : $x = \frac{L}{2} - \frac{e}{2}$
- $|M_{max}| = \frac{R}{L}x^2$

해설 **77**

합력과 가까운 하중의 2등분점이 보 중앙과 일치할 때 $|M_{max}|$발생

- 합력의 작용위치 :

$$e = \frac{Pd}{R} = \frac{60(4)}{120} = 2\text{m}$$

- 절대 최대 휨모멘트 발생위치 :

$$x = \frac{L}{2} - \frac{e}{2} = \frac{10}{2} - \frac{2}{2} = 4\text{m}$$

- 반력 : $\sum M_B = 0$에서

$$R_A = \frac{120(4)}{10} = 4.8\,\text{kN}$$

- $|M_{max}| = R_A x = 48(4)$
$= 192\,\text{kN·m}$

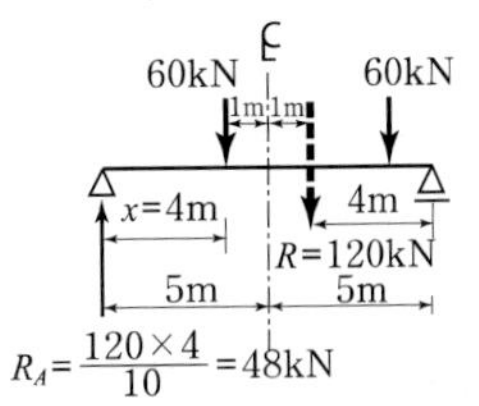

78 다음 그림과 같은 단순보에 DB-24 하중이 작용할 때 절대 최대 휨모멘트[kN·m]는?

① 156.84
② 179.51
③ 294.48
④ 311.36
⑤ 381.24

24kN 96kN
4.2m
A B
12m

보충 개념정리
정수로 떨어지지 않는 완벽계산 문제를 해결하기 위해서는 개략적인 값을 사용해서 정답을 찾는 훈련을 하는 것이 매우 중요하다. 따라서 5.62은 6^2보다 조금 작은 값을 찾는다.

해설 **78**

$|M_{max}|$발생위치

$$x = \frac{L}{2} - \frac{e}{2}$$

(e : 합력의 작용위치)

$$= \frac{12}{2} - \frac{24(4.2)}{2(120)}$$

$$= 5.58\text{m}$$

$$\therefore |M_{max}| = \frac{R}{L}x^2$$

$$= \frac{120}{12}(5.58^2)$$

$$= 311.36\text{kN·m}$$

정답 77. ⑤ 78. ④

79 그림과 같은 단순보 위를 이동하중이 이동할 때 절대 최대 휨모멘트는 A지점으로부터 얼마인 곳[m]에서 생기는가?

① 5.2
② 5.4
③ 5.6
④ 5.8
⑤ 5.0

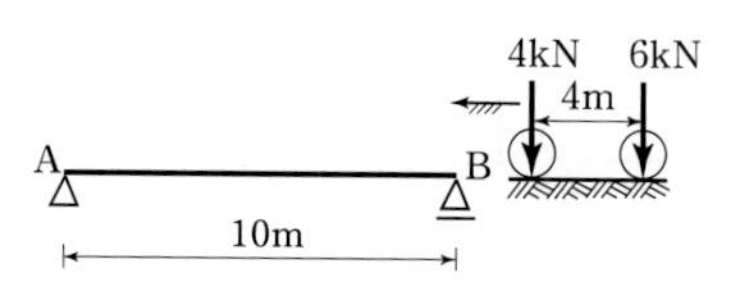

보충 절대 최대 휨모멘트($|M_{max}|$)
합력과 가까운 하중의 2등분점이 보 중앙과 일치할 때 큰 하중점 아래에서 생긴다.

$$\therefore |M_{max}| = \frac{R}{L}{x_B}^2 = \frac{10}{10}(4.2^2) = 17.64\,\text{kN}\cdot\text{m}$$

해설 **79**

B점에서 $|M_{max}|$ 위치(x_B)

$$x_B = \frac{L}{2} - \frac{e}{2}$$
$$= \frac{10}{2} - \frac{4(4)}{2(10)} = 4.2\text{m}$$

∴ A점에서 위치(x_A)

$$x_A = L - x_B = 10 - 4.2$$
$$= 5.8\text{m}$$

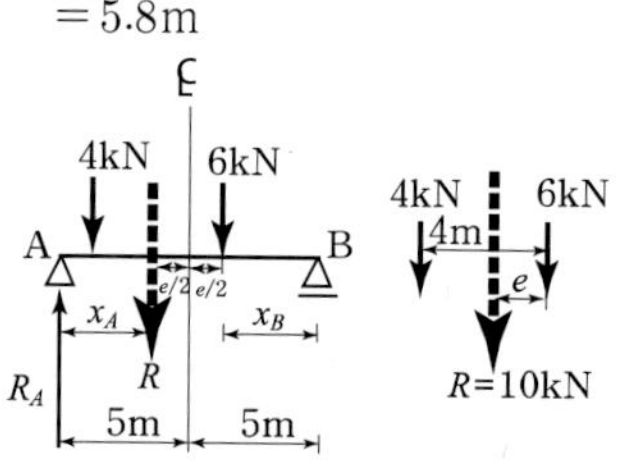

80 다음 그림에서 절대 최대 휨모멘트가 생기는 위치 x[m]는?

① $x = 1.0$
② $x = 1.5$
③ $x = 2.4$
④ $x = 3.6$
⑤ $x = 4.4$

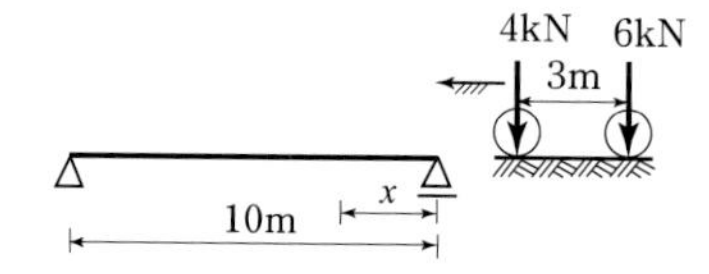

보충 절대 최대 휨모멘트($|M_{max}|$)

$$|M_{max}| = \frac{R}{L}x^2 = \frac{10}{10}(4.4^2) = 19.36\,\text{kN}\cdot\text{m}$$

해설 **80**

$|M_{max}|$ 발생위치 :

$$x = \frac{L}{2} - \frac{e}{2} = \frac{10}{2} - \frac{4(3)}{2(10)}$$
$$= 4.4\text{m}$$

81 단순보에서 그림과 같은 이동하중이 작용할 때 절대 최대 휨모멘트가 일어나는 점 C는 A점으로부터 몇 m인가?

① 5
② 5.6
③ 6
④ 6.5
⑤ 7

보충 절대 최대 휨모멘트($|M_{max}|$)

$$|M_{max}| = \frac{R}{L}x^2 = \frac{50}{10} \times 4.4^2 = 9.68\,\text{kN}\cdot\text{m}$$

해설 **81**

B점에서 $|M_{max}|$ 발생위치

$$= \frac{L}{2} - \frac{e}{2} = \frac{10}{2} - \frac{20(3)}{2(50)}$$
$$= 4.4\,\text{m}$$

∴ A점에서 위치

$$x = 10 - 4.4 = 5.6\,\text{m}$$

정답 79. ④ 80. ⑤ 81. ②

82 다음과 같은 단순보에서 절대 최대 전단력[kN]은?

① 7.1
② 7.4
③ 7.8
④ 8.0

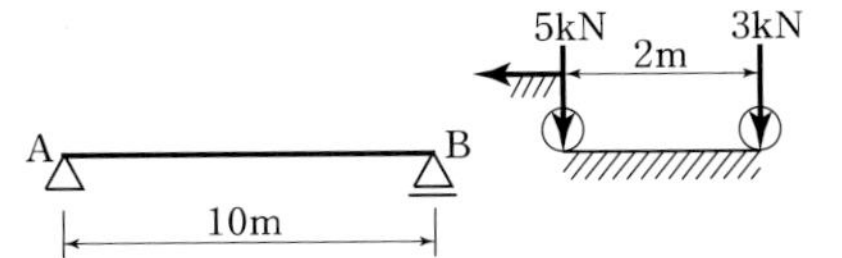

보충 절대 최대 전단력($|S_{max}|$)
최대반력과 같으므로 큰 하중이 지점에 재하될 때 발생하고, 크기는 그 지점의 반력과 같다.
$|S_{max}| = R_{max}$

해설 **82**
큰 하중 5kN이 지점 A에 재하될 때 발생하므로
$|S_{max}| = 5(1) + 2(0.8)$
$= 7.4\text{kN}$

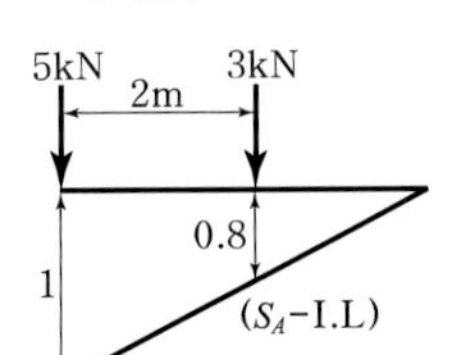

83 자중이 2kN/m인 그림과 같은 단순보에서 이동하중이 작용할 때 이 보에 일어나는 절대 최대 전단력의 크기[kN]는?

① 17.1
② 18.1
③ 19.1
④ 20.1

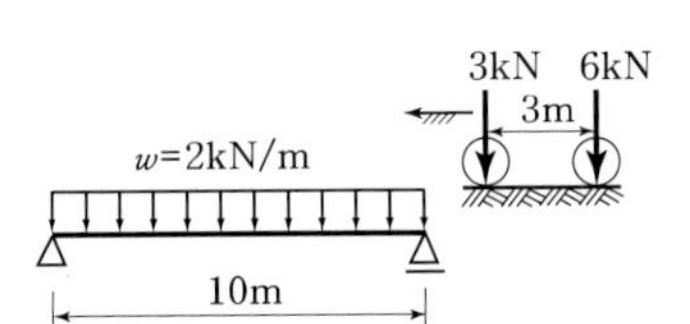

보충 절대 최대 전단력
최대반력과 같으므로 큰 하중이 지점에 재하될 때 그 지점의 반력과 같다.
$\therefore |S_{max}| = R_{B\max}$
$= 6(1) + 3(0.7) + \dfrac{2(10)}{2}$
$= 18.1\text{kN}$

3kN 6kN
2kN/m
A B
7m 3m

해설 **83**
절대 최대 전단력은 최대 반력과 같으므로 6kN의 하중이 우측 지점 B에 재하될 때 생긴다.
$|S_{max}| = R_{B\max}$
$= \dfrac{2(10)}{2} + \dfrac{3(7)}{10} + 6$
$= 18.1\text{kN}$

84 연행이동이 다음 단순보 위를 통과할 때 생기는 최대 전단력[kN]은?

① 56
② −56
③ 62
④ −62
⑤ −67

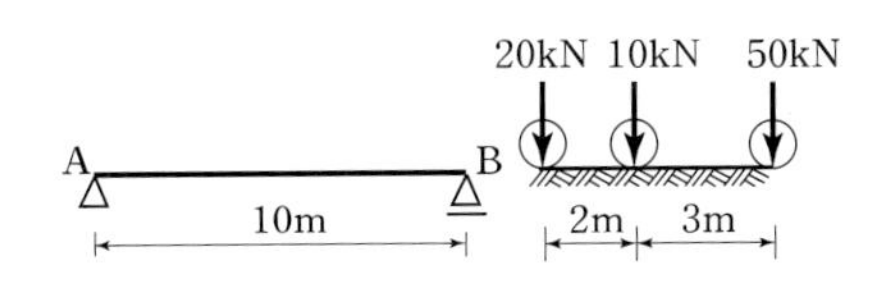

보충 단순보의 전구간에 대한 최대 전단력
단순보에서 최대 전단력은 양지점 반력 중 큰 값이므로 큰 하중이 지점에 재하될 때 그 지점에서 발생하고 이때 영향선은 큰 하중이 작용하는 지점에 대한 전단력의 영향선을 작도한다.
∴ 부호 : ⊖를 가질 수 있다.

해설 **84**
최대 전단력 : 큰 하중이 지점에 재하될 때 그 지점에서 발생
$\therefore S_{max} = S_B$
$= -\{20(0.5) + 10(0.7) + 50(1)\}$
$= -67\text{kN}$

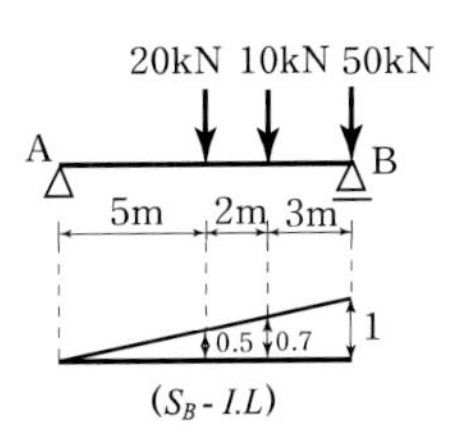

정답 82. ② 83. ② 84. ⑤

85 다음과 같은 길이 10m인 단순보에 집중하중군이 이동할 때 발생하는 절대최대휨모멘트의 크기[kN · m]는? (단, 보의 자중은 무시한다) [14 지방직 9급]

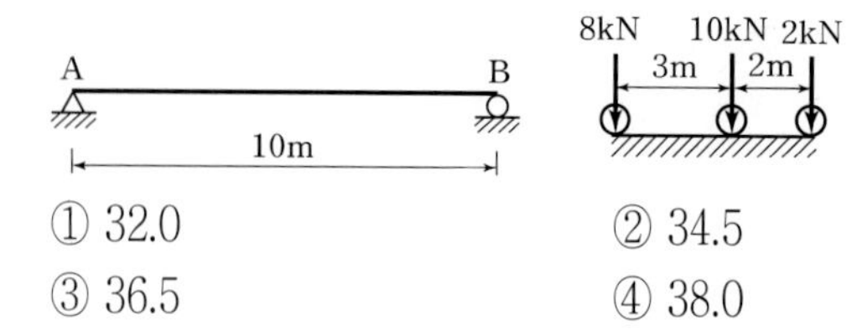

① 32.0 ② 34.5
③ 36.5 ④ 38.0

86 지간 4m의 단순보에서 집중하중 5 kN이 지나갈 때 등치 등분포 하중 [kN/m]은?

① 1.0 ② 2.0
③ 2.5 ④ 3.0
⑤ 6.0

보충 등치 등분포 하중

① 하나의 집중하중이 이동하는 경우

: 지간 중앙 단면의 휨모멘트 사용 $\therefore w = \dfrac{2P}{L}$

② 여러 개의 집중하중이 이동하는 경우

: 지점에서 $\dfrac{l}{4}$ 되는 단면의 휨모멘트 사용 $\therefore w = \dfrac{32}{3L^2}M_{cp}$

87 다음 그림과 같은 단순보의 등치 등분포 하중[kN/m]을 구하면?

① 0.5
② 1
③ 2
④ 3
⑤ 4

88 그림과 같은 하중을 받은 내민보에서 C점의 휨모멘트가 0이 되게 하기 위한 x의 값은? [09 서울시 9급]

① 1m
② 2m
③ 3m
④ 4m
⑤ 5m

정 답 및 해 설

해설 **85**

(1) 최대 휨모멘트 발생 위치

큰 하중 10kN으로부터 합력의 작용위치를 구하기 위해 10kN의 작용선상에서 바리농 정리를 적용하면 $e = \dfrac{8(3)-2(2)}{20} = 1\,\text{m}$

$\therefore$ A점으로부터 최대 휨모멘트 발생 위치 $x = 5 + 0.5 = 5.5\,\text{m}$

(2) 최대 휨모멘트

A점의 반력

$R_A = \dfrac{20(5.5)}{10} = 11\,\text{kN}$

최대 휨모멘트

$M_{\max} = R_A(5.5) - 8(3)$
$= 36.5\,\text{kN·m}$

해설 **86**

$M_{cp} = M_{cw}$ 에서

$\dfrac{PL}{4} = \dfrac{wL^2}{8}$

$\therefore w = \dfrac{2P}{L} = \dfrac{2(5)}{4}$
$= 2.5\text{kN/m}$

해설 **87**

$M_{cp} = M_{cw}$ 에서

$\dfrac{PL}{4} = \dfrac{wL^2}{8}$

$\therefore w = \dfrac{2P}{L} = \dfrac{2(10)}{10}$
$= 2\text{kN/m}$

해설 **88**

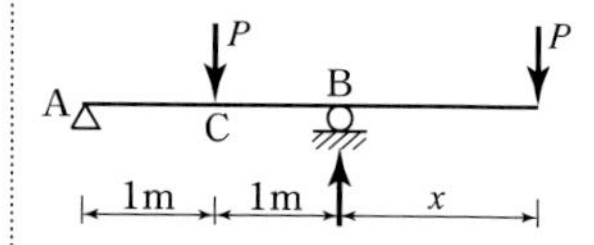

C점의 휨모멘트가 0이 되려면 C점 왼쪽의 휨모멘트가 0이 되어야 하므로 A점의 반력(R_A)이 0이 되면 된다. 따라서

$\Sigma M_B = 0$:

$R_A(2) - P(1) + P(x) = 0$

$0(2) - P + Px = 0$

$\therefore x = 1\,\text{m}$

정답 85. ③ 86. ③ 87. ③ 88. ①

89 다음 보기 중 영향선을 가장 잘 설명한 것은 무엇인가? [09 서울시 9급]

① 이동하중이 구조물 위를 지나는 형태를 등가의 하중으로 나타낸 것
② 단위하중이 구조물을 따라 이동할 때 구조물의 특정지점에서의 단면력 및 처짐 등 구조거동의 변화를 나타낸 것
③ 구조계가 평형상태에 있을 때, 임의의 변형을 가정하여 이로 인해 발생하는 외력의 일과 내력의 일이 같음을 나타낸 것
④ 합성구조물에서 도심축의 위치를 부재방향을 따라 나타낸 것
⑤ 등분포하중이 부재 위를 이동하고 있을 때 발생하는 단면력의 최댓값을 나타낸 것

90 그림과 같은 구조물에 하중 P가 작용되어 A단의 수직 반력이 0이 되게 하는 하중 P는? (단, AC부재의 자중은 1500kN이다) [09 서울시 9급]

① 750kN
② 875kN
③ 1000kN
④ 1125kN
⑤ 1250kN

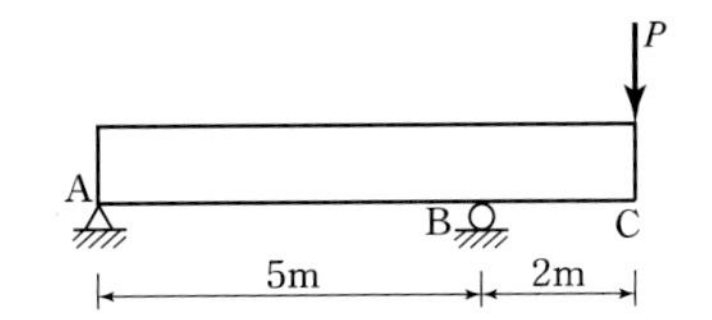

91 등분포하중 $w=10\text{kN/m}$가 작용하는 그림과 같은 구조물의 지점 반력의 크기는? [10 서울시 9급]

① $R_A=20\,\text{kN}$, $R_B=100\,\text{kN}$
② $R_A=30\,\text{kN}$, $R_B=90\,\text{kN}$
③ $R_A=40\,\text{kN}$, $R_B=80\,\text{kN}$
④ $R_A=50\,\text{kN}$, $R_B=70\,\text{kN}$
⑤ $R_A=60\,\text{kN}$, $R_B=60\,\text{kN}$

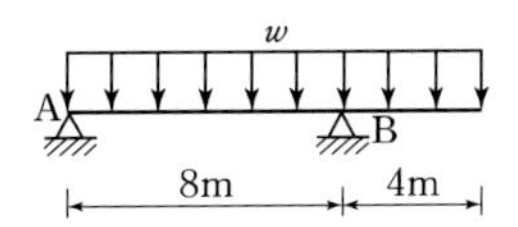

정 답 및 해 설

해설 **89**

영향선은 단위하중이 구조물을 횡단할 때 반력, 단면력 및 변위를 구하여 하중점 아래에 표시한 선도이다.

해설 **90**

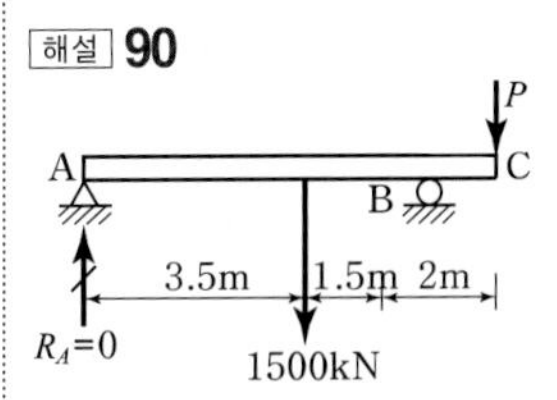

$\sum M_B=0$:
$R_A(5)-1500(1.5)-P(2)=0$
$P=1125\,\text{kN}$

해설 **91**

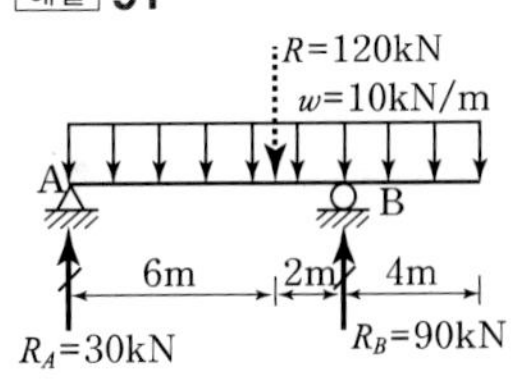

(1) 등분포하중의 크기
크기는 면적과 같고 작용점은 도심이므로 보의 중앙에 작용하는 합력(R)과 같다.
$R=wL=10(12)=120\,\text{kN}$

(2) A점 수직반력(R_A)
$\sum M_B=0$: $R_A(8)-R(2)=0$

$$R_A=\frac{R(2)}{8}=\frac{120(2)}{8}=30\,\text{kN}$$

(3) B점 수직반력(R_B)
$\sum H=0$: $R=R_A+R_B$
$\therefore\ R_B=R-R_A$
$=120-30=90\,\text{kN}$

정답 89. ② 90. ④ 91. ②

정 답 및 해 설

92 보 AB의 최대 휨모멘트(절댓값 기준) 크기는? [10 서울시 9급]

① 100kN·m
② 120kN·m
③ 150kN·m
④ 180kN·m
⑤ 240kN·m

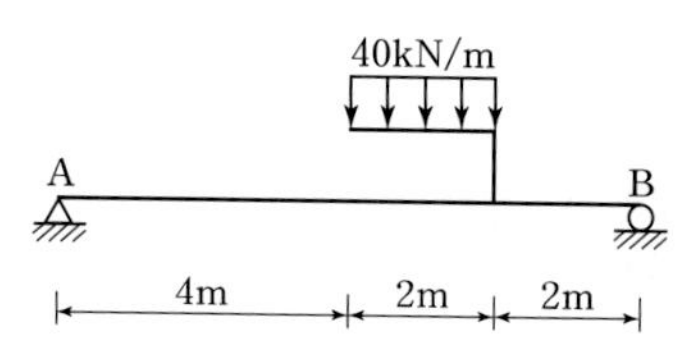

93 다음과 같은 보에 연행하중이 이동할 때 B점의 최대 휨모멘트는? [10 서울시 9급]

① −36 tf·m
② −28 tf·m
③ −18 tf·m
④ −20 tf·m
⑤ −38 tf·m

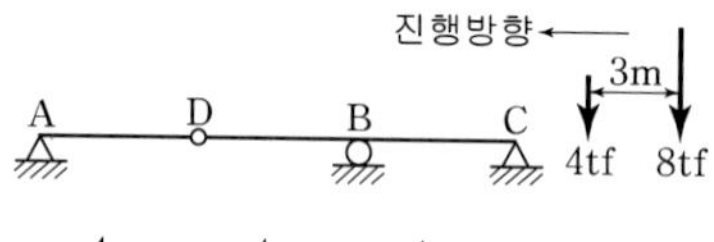

94 다음과 같이 단순보에 이동하중이 재하될 때, 단순보에 발생하는 절대최대전단력[kN]의 크기는? (단, 자중은 무시한다) [15 지방직 9급]

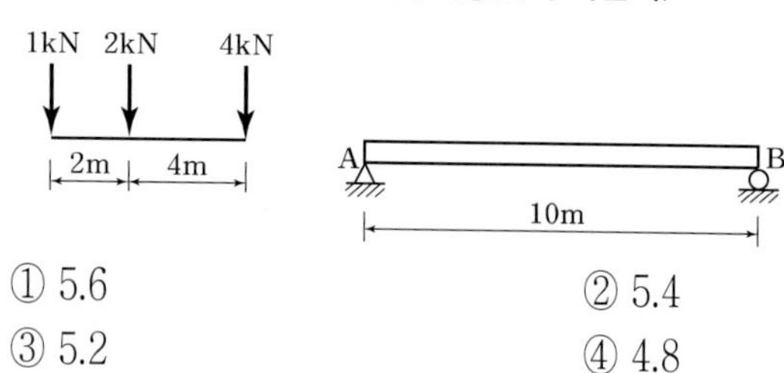

① 5.6
② 5.4
③ 5.2
④ 4.8

해설 **92**

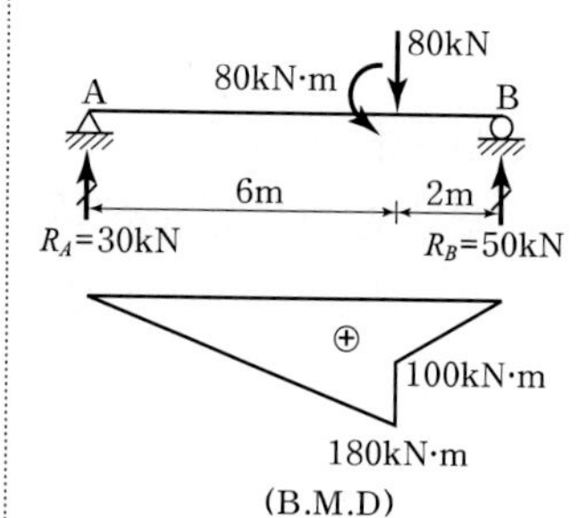

(1) $\Sigma M_B = 0$:

$R_A(8) - 80 - 80(2) = 0$

$R_A = 30\,\text{kN}$

(2) $\Sigma H = 0$:

$80 = R_A + R_B = 30 + R_B$

$R_B = 50\,\text{kN}$

(3) 최대 휨모멘트

$M_{\max} = R_A(6) = 30(6)$

$= 180\,\text{kN·m}$

해설 **93**

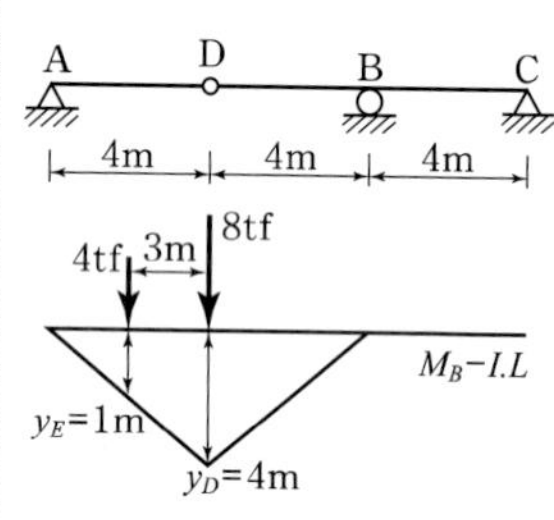

$M_{B,\max} = -4y_E - 8y_D$

$= -4(1) - 8(4)$

$= -36\,\text{tf}\cdot\text{m}$

해설 **94**

$|S_{\max}| = |R_{\max}|$이므로
큰 하중이 지점에 재하되고 다른 하중도 보 위에 재하될 때 발생하므로 B점의 최대반력과 같다.

$S_{B,\max} = R_{B,\max}$

$= 4 + \dfrac{2(6)}{10} + \dfrac{1(4)}{10} = 5.6\,\text{kN}$

정답 92. ④ 93. ① 94. ①

95 그림과 같은 단순보의 지간 중앙에서 휨모멘트 M_C와 전단력 V_C의 크기는? [10 서울시 9급]

① $M_C = 2PL,\ V_C = 0$
② $M_C = PL,\ V_C = 2P$
③ $M_C = \frac{PL}{2},\ V_C = \frac{P}{2}$
④ $M_C = 3PL,\ V_C = 0$
⑤ $M_C = 2PL,\ V_C = \frac{P}{2}$

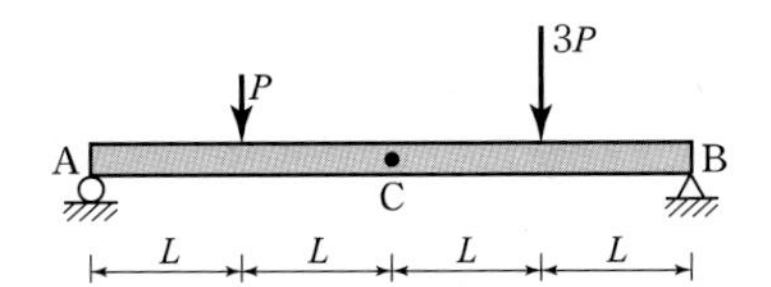

해설

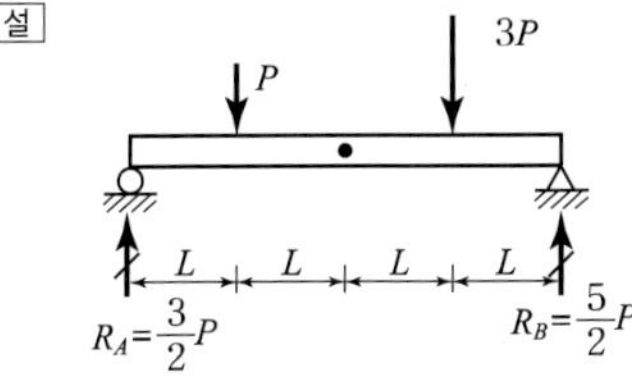

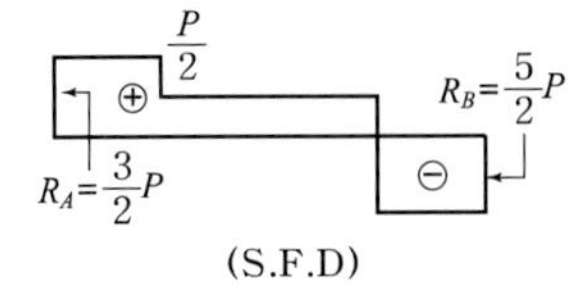

(S.F.D)

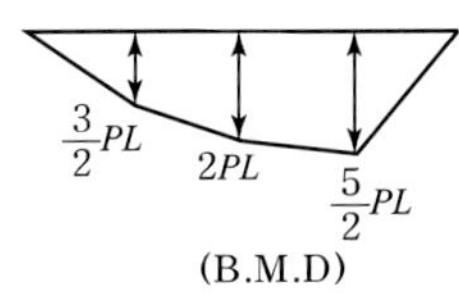

(B.M.D)

(1) 지점반력(R_A, R_B)

$\sum M_B = 0$: $R_A(4L) - P(3L) - 3P(L) = 0$

$$R_A = \frac{3}{2}P$$

$\sum H = 0$: $4P = R_A + R_B = \frac{3}{2}P + R_B$

$$R_B = \frac{5}{2}P$$

(2) C점 전단력(V_C)

$$V_C = R_A - P = \frac{3}{2}P - P = \frac{P}{2}$$

(3) C점 휨모멘트(M_C)

$$M_C = R_A(2L) - P(L) = \frac{3}{2}P(2L) - P(L) = 2PL$$

정답 95. ⑤

96 그림과 같은 경사단순보에서 반력 R_A와 R_B의 크기는?

[10 서울시 9급]

① $R_A = 40\,\text{kN}$, $R_B = 70\,\text{kN}$
② $R_A = 45\,\text{kN}$, $R_B = 65\,\text{kN}$
③ $R_A = 50\,\text{kN}$, $R_B = 60\,\text{kN}$
④ $R_A = 40\,\text{kN}$, $R_B = 50\,\text{kN}$
⑤ $R_A = 60\,\text{kN}$, $R_B = 50\,\text{kN}$

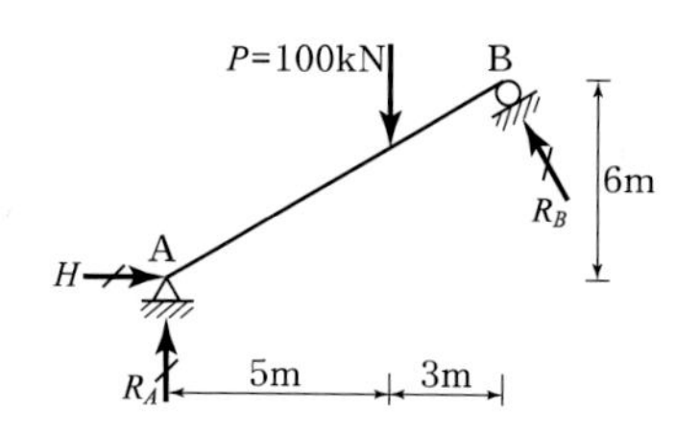

해설

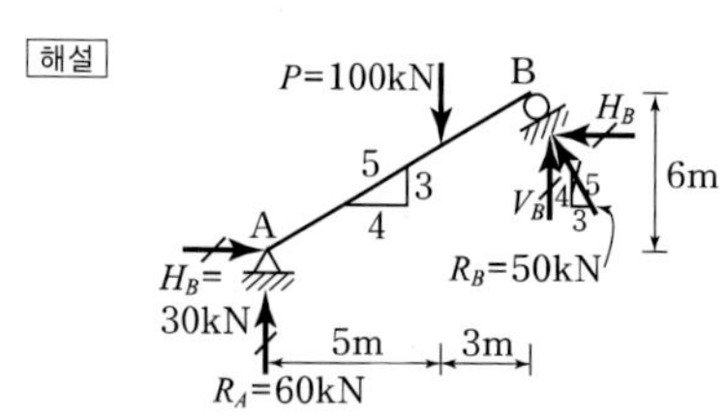

(1) B점 반력(R_B)

$$\Sigma M_A = 0 \;:\; -R_B(5+3)\left(\frac{5}{4}\right)+100(5)=0$$

$$R_B = 50\,\text{kN}\,(\nwarrow)$$

(2) B점 반력의 수직 · 수평성분(V_B, H_B)

$$V_B = R_B\left(\frac{4}{5}\right) = 50\left(\frac{4}{5}\right) = 40\,\text{kN}\,(\uparrow)$$

$$H_B = R_B\left(\frac{3}{5}\right) = 50\left(\frac{3}{5}\right) = 30\,\text{kN}\,(\leftarrow)$$

(3) A점 수평반력(H_A)

$$\Sigma H = 0 \;:\; H_A = H_B = 30\,\text{kN}\,(\rightarrow)$$

(4) A점 반력(R_A)

$$\Sigma V = 0 \;:\; 100 = R_A + V_B$$

$$R_A = 100 - V_B = 100 - 40 = 60\,\text{kN}\,(\uparrow)$$

97 다음은 무엇의 영향선인가?

[10 서울시 9급]

① A의 반력
② B의 반력
③ C의 반력
④ C의 모멘트
⑤ D의 반력

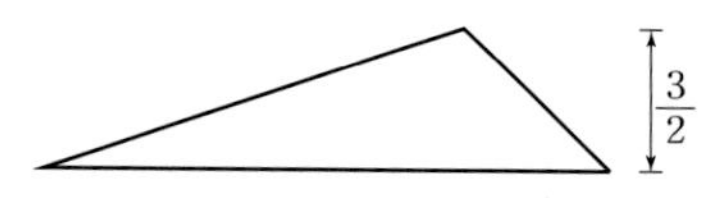

해설 97

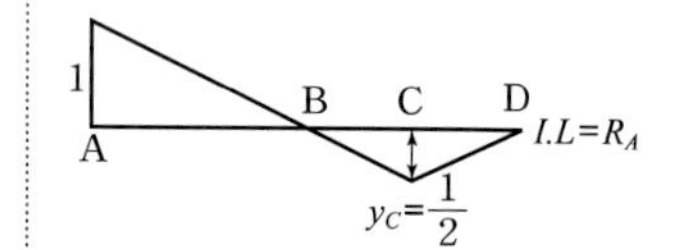

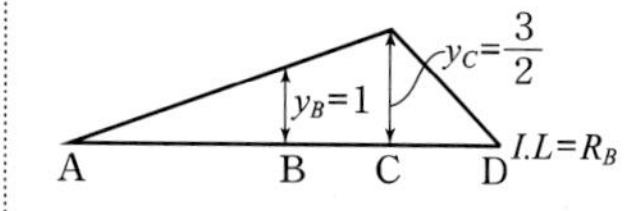

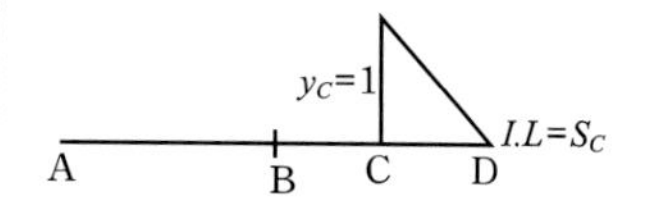

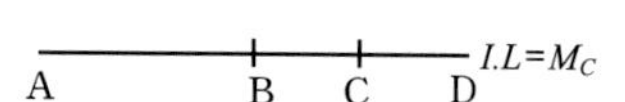

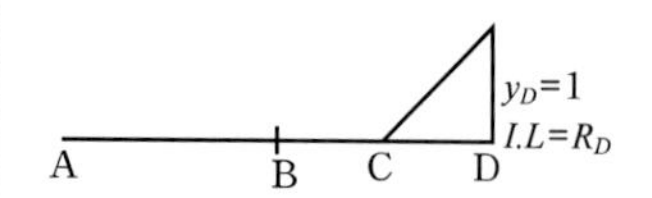

정답 96. ⑤ 97. ②

정 답 및 해 설

98 다음 그림과 같은 보에서 내부 힌지 약간 오른쪽에 집중 모멘트(M)를 가하는 경우 휨 모멘트 선도와 가장 가까운 것은? [11 서울시 교육청 9급]

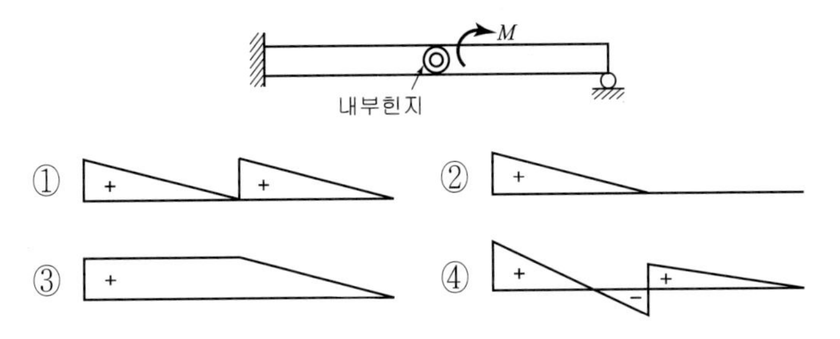

99 다음 그림과 같은 게르버보에서 $M_A = 3R_A$가 되도록 하는 하중 P(N)는? (단, C점은 내부힌지이다) [11 서울시 교육청 9급]

① 0
② 3
③ 5
④ 8

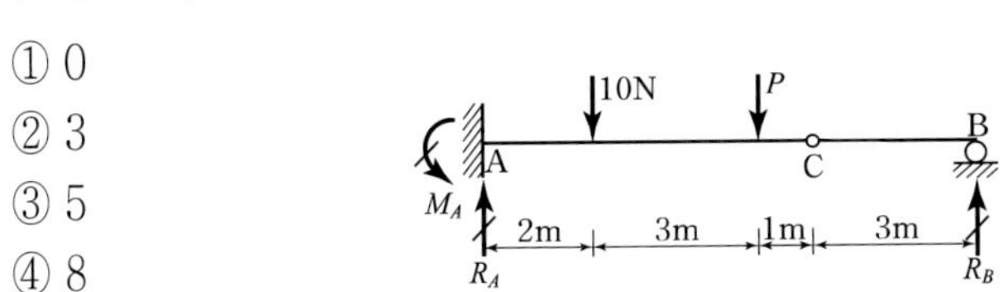

100 어떤 보의 전단력도가 다음과 같은 경우, 휨모멘트도로 가장 가까운 것은? [12 국가직 9급]

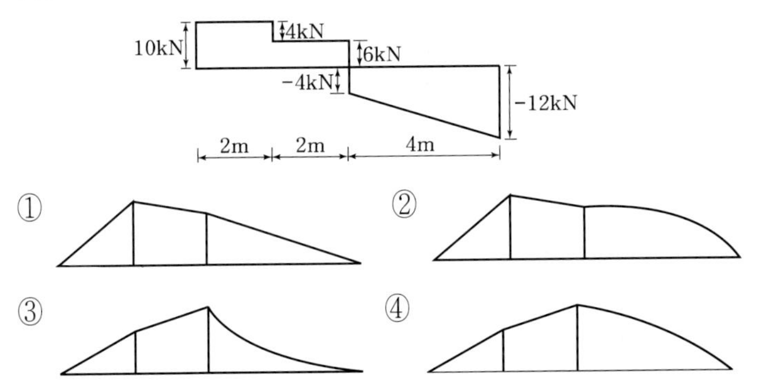

해설 **98**

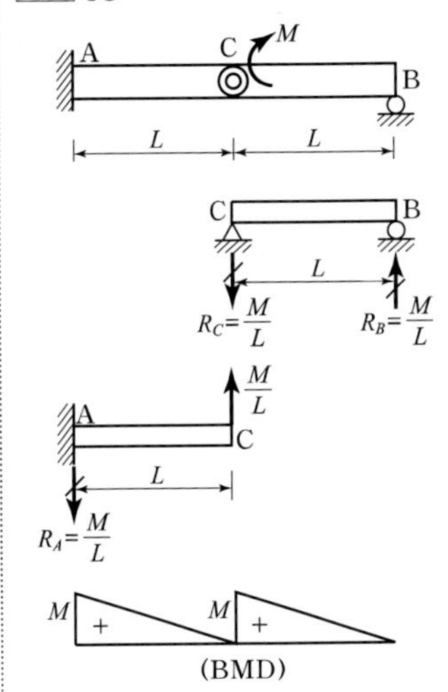

해설 **99**

$R_B = 0$이므로

$R_A = 10 + P$,

$M_A = 10(2) + P(5) = 3R_A$

두 식을 연립하면

$10(2) + P(5) = 3(10 + P)$

$\therefore\ P = 5\text{N}$

정답 98. ① 99. ③ 100. ④

해설

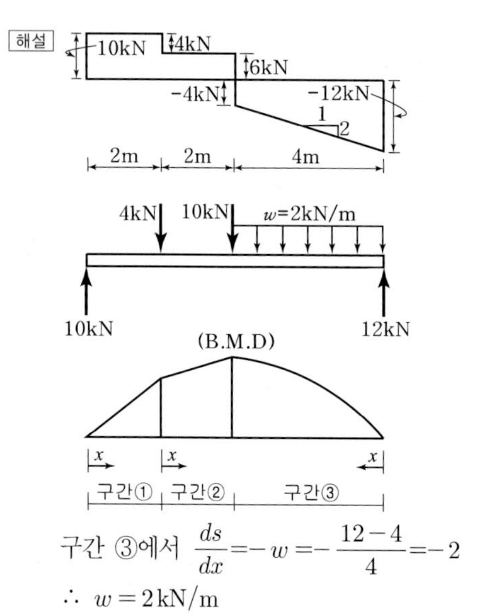

구간 ③에서 $\frac{ds}{dx} = -w = -\frac{12-4}{4} = -2$

$\therefore\ w = 2\text{kN/m}$

	휨모멘트 일반식(M_x)	전단력 일반식(S_x)
구간 ①	$M_x = 10x$	$S_x = \frac{dM_x}{dx} = 10$
구간 ②	$M_x = 10(2+x) - 4x$ $= 6x + 20$	$S_x = \frac{dM_x}{dx} = 6$
구간 ③	$M_x = -\frac{wx^2}{2} + 12x$	$S_x = \frac{dM_x}{dx} = wx + 12$ $= -2x + 12$

∴ 구간 ①에서의 휨모멘트도의 기울기($S_x = 10$)가 구간 ②에서의 휨모멘트도의 기울기($S_x = 6$)보다 급해야 하며 구간 ①과 구간 ②의 기울기는 모두 양(+)이므로 상승해야 한다. 그리고 구간 ③에서의 휨모멘트도의 기울기($S_x = -2x + 12$)가 휨모멘트도의 원점인 오른쪽에서부터 점점 감소해야 하므로 보기 ④의 휨모멘트도가 되어야 한다.

101 다음과 같이 보가 A와 D에서 단순 지지되어 있고, B점에 고정되어 있는 케이블이 E점의 도르래를 지나서 하중 P를 받고 있다. 이때, C점 바로 왼쪽 단면의 휨모멘트의 절댓값이 800N·m일 경우, 하중 P의 크기[N]는? [12 국가직 9급]

① 1,000
② 2,000
③ 3,000
④ 6,000

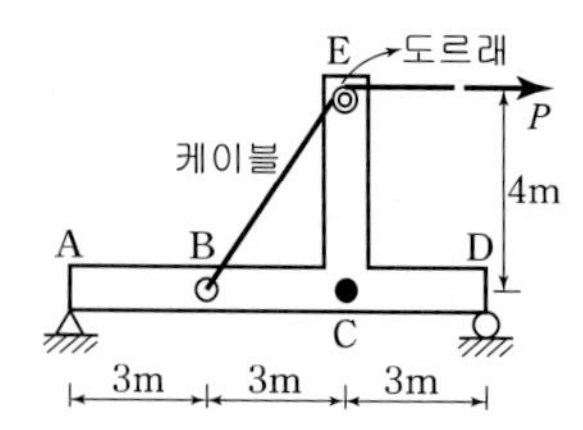

정답 101. ③

해설 (1) 지점 반력

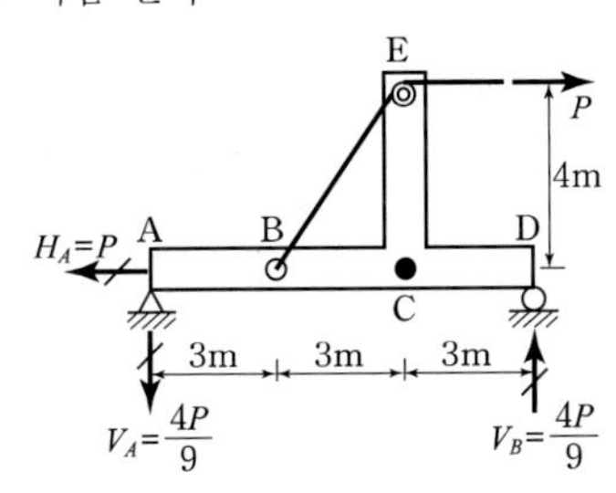

$\sum M_D = 0 : P(4) - V_A(9) = 0$

$\therefore V_A = \frac{4P}{9}(\downarrow)$

$\sum V = 0 : V_A - V_B = 0$

$\therefore V_B = \frac{4P}{9}(\uparrow)$

$\sum H = 0 : P - H_A = 0$

$\therefore H_A = P(\leftarrow)$

(2) 하중(P) 계산

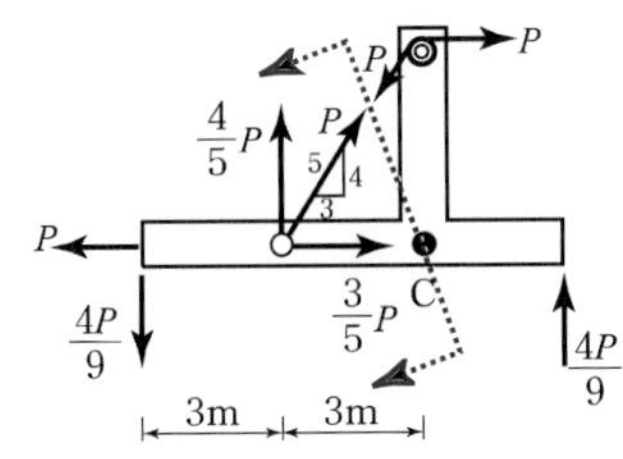

(자유물체도)

$M_C = \sum M_{C(왼쪽)} = 800\text{N} \cdot \text{m}$

$\left|\frac{4}{9}P(6) - \frac{4}{5}P(3)\right| = 800$

$\therefore P = 3000\,\text{N}$

**102** 다음과 같은 구조물에서 A점에 발생하는 휨모멘트의 크기[kN·m]는? [12 국가직 9급]

① $\sqrt{2}$
② $2\sqrt{2}$
③ $3\sqrt{2}$
④ $5\sqrt{2}$

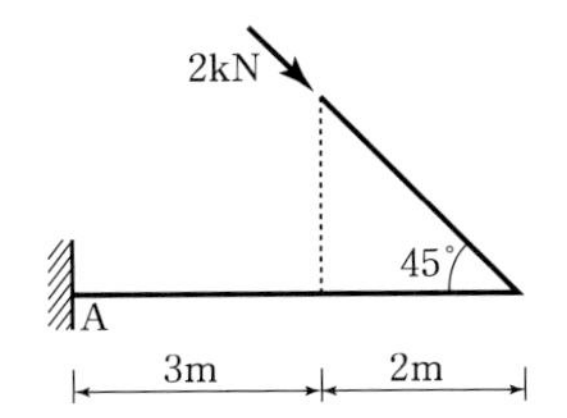

해설 **102**

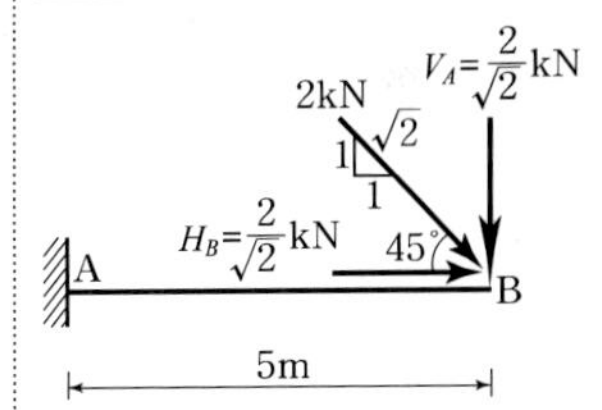

작용선의 원리를 이용하여 힘을 연장 후 경사하중을 분해하여 B점에 작용하는 힘을 구하면

(1) B점 하중

$V_B = 2\left(\frac{1}{\sqrt{2}}\right) = \sqrt{2}$

$H_B = 2\left(\frac{1}{\sqrt{2}}\right) = \sqrt{2}$

(2) A점 휨모멘트

$M_A = V_B(5) = 5\sqrt{2}\,\text{kN·m}$

정답 102. ④

정 답 및 해 설

103 다음과 같은 보에서 D점에 발생하는 휨모멘트의 크기[kN · m]는?

[12 국가직 9급]

① $\frac{13}{2}$

② $\frac{13}{3}$

③ $\frac{13}{4}$

④ $\frac{3}{2}$

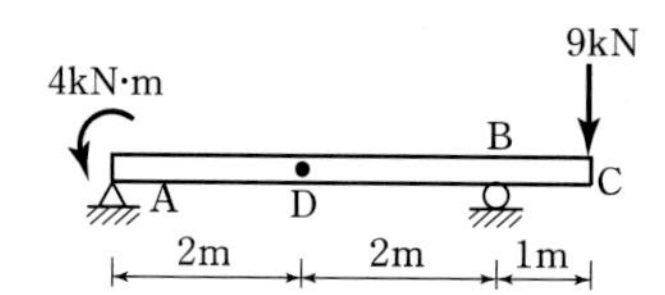

해설 **103**

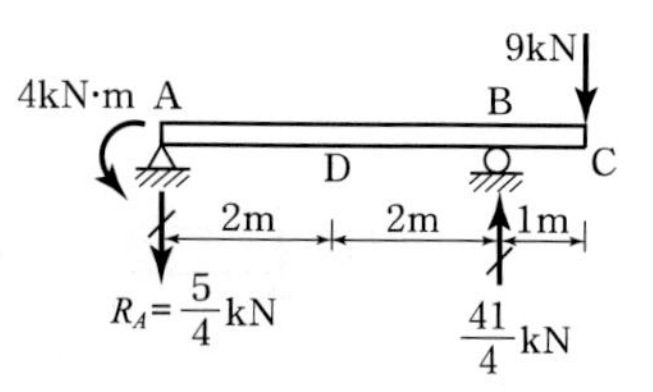

(1) 지점반력

$\sum M_B = 0$:

$9(1) - R_A(4) - 4 = 0$

$R_A = \frac{5}{4}\text{kN}(\downarrow)$

$\sum V = 0$:

$R_B = R_A + 9 = \frac{5}{4} + 9 = \frac{41}{4}\text{kN}$

(2) D점의 휨모멘트

$M_D = -4 - R_A(2)$

$= -4 - \frac{5}{4}(2)$

$= -\frac{13}{2}\text{kN} \cdot \text{m}$

104 다음과 같이 분포하중이 작용할 때, 지점 A, B의 반력의 비는?

[12 국가직 9급]

① 7 : 5

② 5 : 3

③ 6 : 5

④ 4 : 3

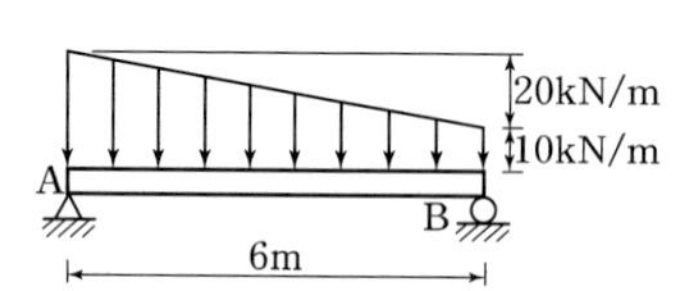

해설 **104**

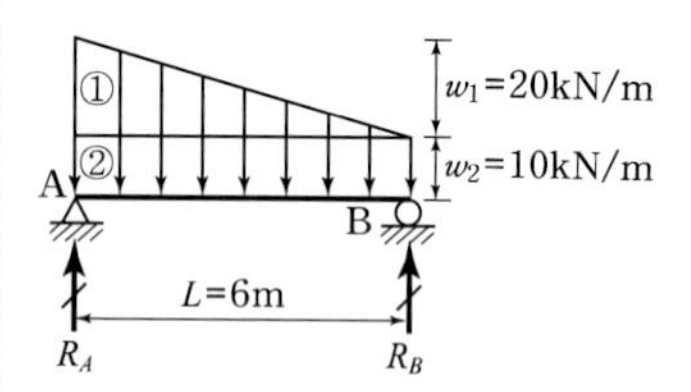

등변분포하중(w_1)과 등분포하중(w_2)을 각각 중첩을 이용하여 R_A, R_B를 구하면

$R_A = \frac{w_1 L}{3} + \frac{w_2 L}{2}$

$= \frac{20(6)}{3} + \frac{10(6)}{2}$

$= 70\text{kN}$

$R_B = \frac{w_1 L}{6} + \frac{w_2 L}{2}$

$= \frac{20(6)}{6} + \frac{10(6)}{2}$

$= 50\text{kN}$

$\therefore R_A : R_B = 7 : 5$

정답 103. ① 104. ①

105 어떤 보의 전단력도가 다음과 같은 경우, B점에서의 모멘트 크기[kN·m]는? [12 국가직 9급]

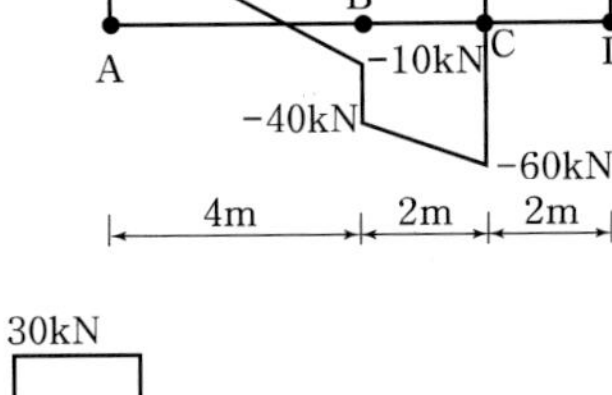

① 10
② 20
③ 30
④ 40

해설

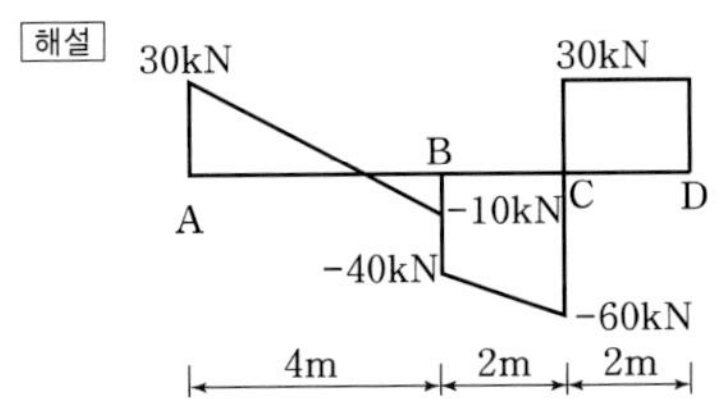

B점의 휨모멘트 크기는 B점을 중심으로 왼쪽 또는 오른쪽 전단력도의 면적과 같다.

(1) B점 좌측

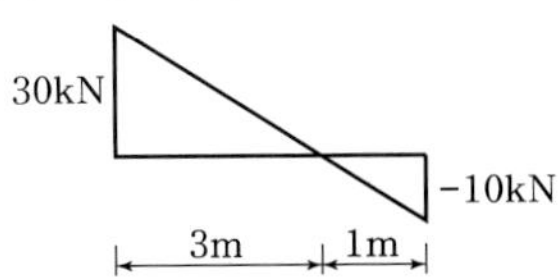

전단력의 크기가 3 : 1로서 거리 또한 3 : 1로 내분한다.

$= \frac{1}{2}(3) \times (30) - \frac{1}{2}(1) \times (10) = 40\,\text{kN}\cdot\text{m}$

(2) B점 우측

사각형 면적과 사다리꼴 면적의 합

$= -\left\{2(30) - (40+60) \times 2 \times \frac{1}{2}\right\} = 40\,\text{kN}\cdot\text{m}$

∴ B점 좌측과 우측 어느 쪽을 선택하여 전단력도의 면적을 구하더라도 B점의 휨모멘트는 40kN·m로 같다.

106 다음 그림과 같은 내민보에 등분포 활하중 10kN/m이 이동하중으로 작용할 때, B점에서의 절대 최대전단력의 크기[kN]는? (단, 보의 자중은 무시한다) [12 지방직 9급]

A B C D
8m 2m 6m

① 48
② 50
③ 52
④ 68

해설 **106**

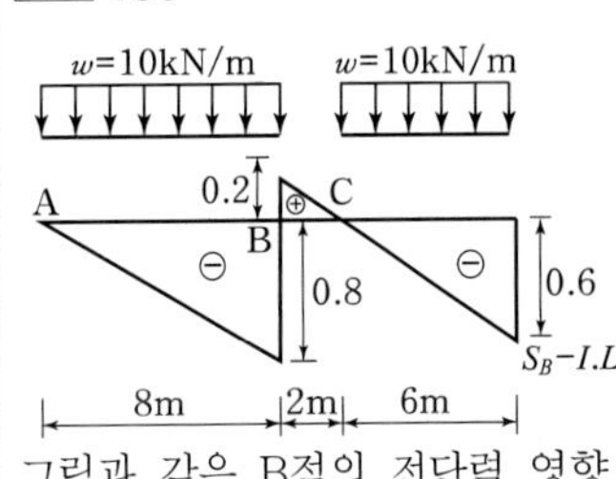

그림과 같은 B점의 전단력 영향선에 등분포하중(w=10kN/m)을 면적이 최대가 되도록 (−)부분에 나누어 재하한다.

∴ B점의 절대 최대전단력의 크기

$= \frac{1}{2}(8) \times (0.8) \times (10)$

$+ \frac{1}{2}(6) \times (0.6) \times (10)$

$= 50\,\text{kN}$

정답 105. ④ 106. ②

107 다음 그림과 같이 자중이 20kN/m인 콘크리트 기초구조에 집중하중 100kN과 상향으로 등분포 수직토압이 작용할 때 기초중앙부 C점에 발생하는 모멘트[kN·m]는? [12 지방직 9급]

① 1,000(부모멘트)
② 0
③ 1,000(정모멘트)
④ 2,000(정모멘트)

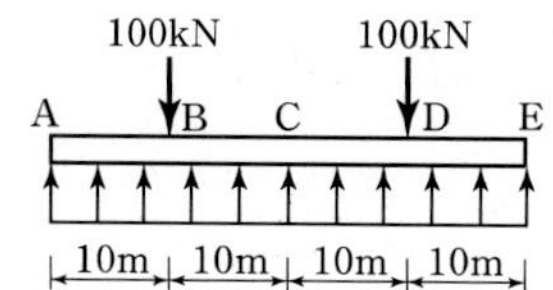

해설

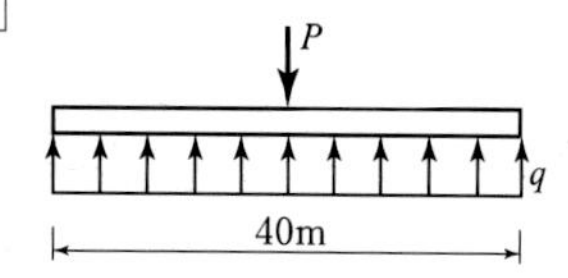

(1) 도심에 작용하는 집중하중(P)

$$P = 100\times 2 + w_{자중}(40) = 200 + 20(40) = 1000\,\text{kN}$$

(2) 등분포 수직토압(q)

$$q = \frac{P}{A} = \frac{1000}{40\times 1} = 25\,\text{kN/m}^2$$

등분포 수직토압은 단위폭당 작용하는 분포하중이므로

$q = 25\,\text{kN/m}$

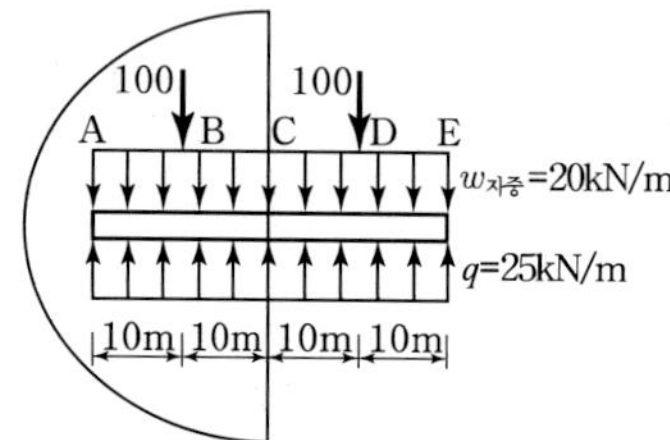

(3) 중앙부 C점에 작용하는 모멘트

$$M_{C(왼쪽)} = w_{자중}(20)\times(10) + 100(10) - q(20)\times(10)$$
$$= 20(20)\times(10) + 100(10) - 25(20)\times(10) = 0$$

108 다음 그림에서 보의 중앙점 C의 휨모멘트의 크기는? (단, 보의 자중은 무시한다) [12 지방직 9급]

① $\frac{PL}{4}$
② $\frac{PL}{2}$
③ PL
④ $2PL$

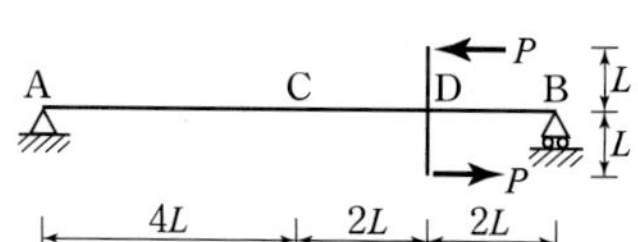

정 답 및 해 설

해설 **108**

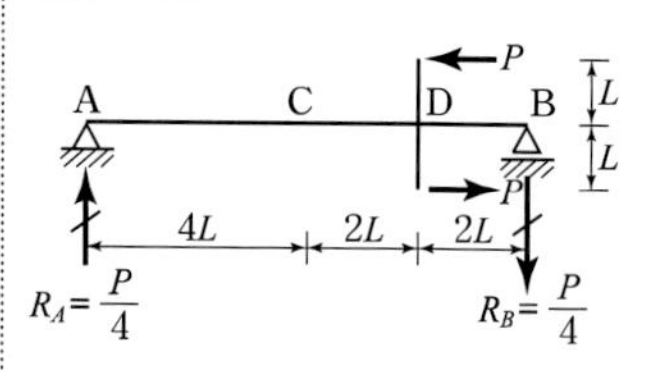

(1) A점 반력

$\Sigma M_B = 0$:

$$R_A(8L) - P(L) - P(L) = 0$$

$$R_A = \frac{P}{4}$$

(2) C점 휨모멘트

$$M_C = R_A(4L) = \frac{P}{4} = PL$$

정답 107. ② 108. ③

109 다음 그림은 집중하중과 등분포하중이 작용하는 단순보의 전단력도(S.F.D)이다. 이 경우의 최대 휨모멘트의 크기[kN·m]는? [12 지방직 9급]

① 22.5
② 30.0
③ 45.0
④ 60.0

해설 **109**

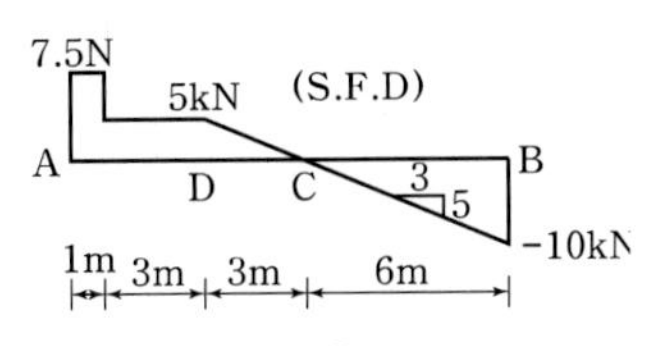

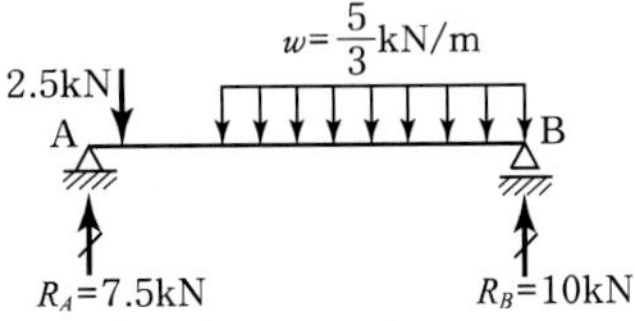

최대휨모멘트(M_{max})
최대휨모멘트는 S.F.D에서 등분포하중이 작용할 때 전단력이 0이 되는 곳까지의 면적과 같다.
왼쪽 S.F.D에서 BD 사이의 거리를 S_D(=5kN)와 S_B(=10kN)의 크기에 따라 1:2로서 거리를 내분할 수 있으므로

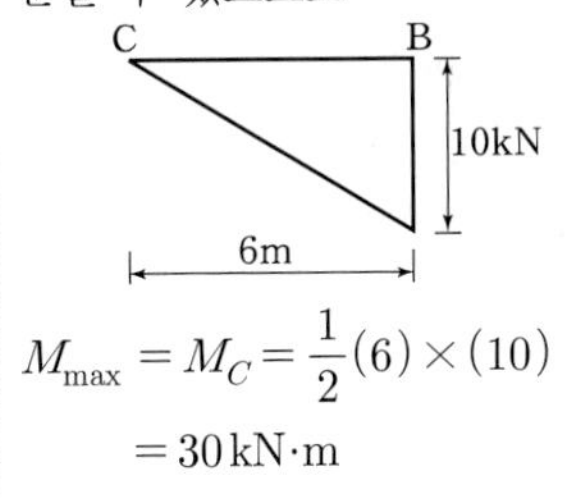

$$M_{max} = M_C = \frac{1}{2}(6)\times(10)$$
$$= 30\,\text{kN·m}$$

110 다음 그림과 같이 구조물에 하중이 작용하며 롤러지점 반력 R이 300kN이고, 구조물은 평형상태이다. 미지의 힘[kN] F_1과 F_2는? (단, 구조물의 자중은 무시한다) [12 지방직 9급]

	F_1	F_2
①	100(상향)	100(하향)
②	100(하향)	100(상향)
③	150(상향)	150(하향)
④	150(하향)	150(상향)

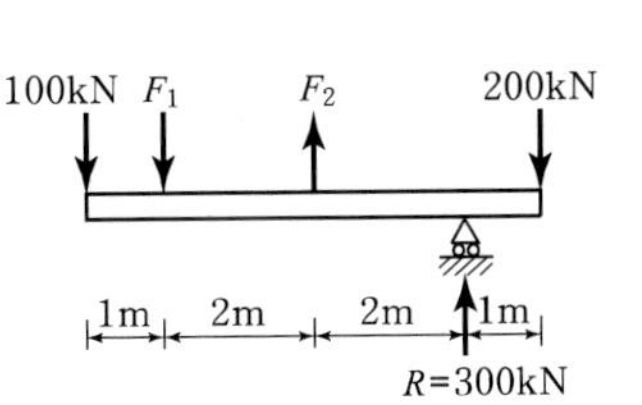

해설 **110**

$\Sigma V = 0$:
$-100 - F_1 + F_2 - 200 + 300 = 0$
$-F_1 + F_2 = 0$
$F_2 = F_1$ ⋯①
$\Sigma M_{롤러} = 0$:
$-100(5) - F_1(4)$
$+ F_2(2) + 200(1) = 0$
$-4F_1 + 2F_2 = 300$ ⋯②
①식을 ②식에 대입하면
$-4F_2 + 2F_2 = 300$
$F_2 = -150\,\text{kN}(\downarrow)$ ⋯③
③식을 ①식에 대입하면
$F_1 = -150\,\text{kN}(\uparrow)$
∴ $F_1 = 150\,\text{kN}$ (상향),
$F_2 = 150\,\text{kN}$ (하향)

정답 109. ② 110. ③

정 답 및 해 설

111 그림과 같은 하중 Q가 작용하는 구조물에서 C점은 마찰연결로 되어 있다. 두 개의 구조물을 분리시키기 위해 필요한 최소 수평력 H는? (단, 구조물의 자중은 무시하고, 정지마찰계수 $\mu=0.2$이다)

[14 국가직 9급]

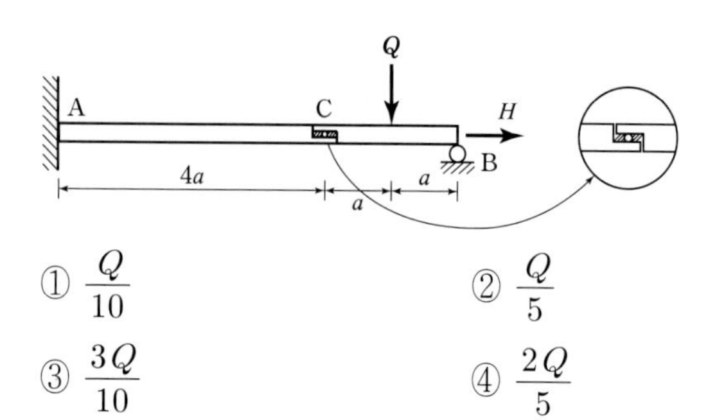

① $\dfrac{Q}{10}$　　② $\dfrac{Q}{5}$

③ $\dfrac{3Q}{10}$　　④ $\dfrac{2Q}{5}$

112 그림과 같이 마찰이 없는 경사면에 보 AB가 수평으로 놓여 있다. 만약 7kN의 집중하중이 보에 수직으로 작용할 때, 보가 평형을 유지하기 위한 하중의 B점으로부터의 거리 x[m]는? (단, 보는 강체로 재질은 균일하며, 자중은 무시한다)

[15 국가직 9급]

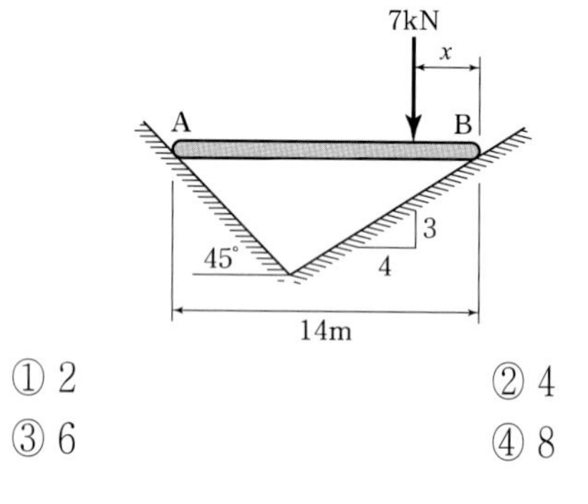

① 2　　② 4

③ 6　　④ 8

해설 **111**

수평력 H가 최대정지마찰력 이상일 때 구조물의 분리가 가능하므로

$$H \geq F_{\max} = R_C\mu$$

$$= \frac{Q}{2}(0.2) = 0.1Q = \frac{Q}{10}$$

해설 **112**

먼저 수직반력을 구하고, 길이비를 이용하여 구한 수평반력이 같다는 조건을 이용한다.

(1) 수직반력 : 반대편 지점에서 모멘트 평형을 적용하면

$$V_A = \frac{7x}{14},\ V_B = \frac{7(14-x)}{14}$$

(2) 수평반력 : 수평반력이 같다는 조건에서 x를 구할 수 있다.

$$\frac{7x}{14} = \frac{7(14-x)}{14}\left(\frac{3}{4}\right)$$ 에서

$x = 6\,\text{m}$

정답 111. ① 112. ③

113 다음과 같은 단순보의 휨모멘트선도(BMD)에서 구한 전단력선도로 가장 유사한 것은? (단, 휨모멘트선도의 AB구간은 직선이고, BC, CD, DE 구간은 2차 포물선이다) [14 지방직 9급]

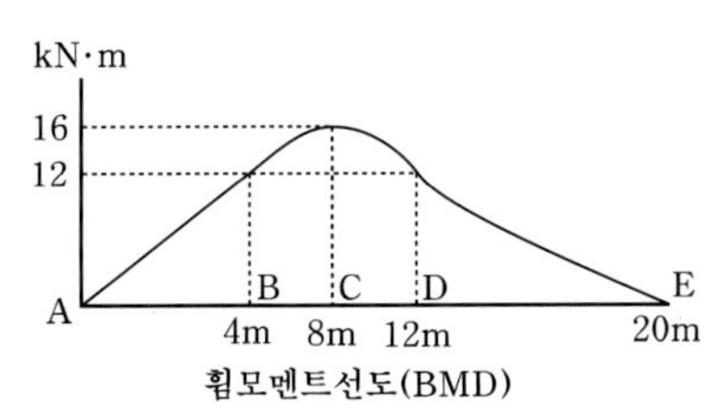

휨모멘트선도(BMD)

①
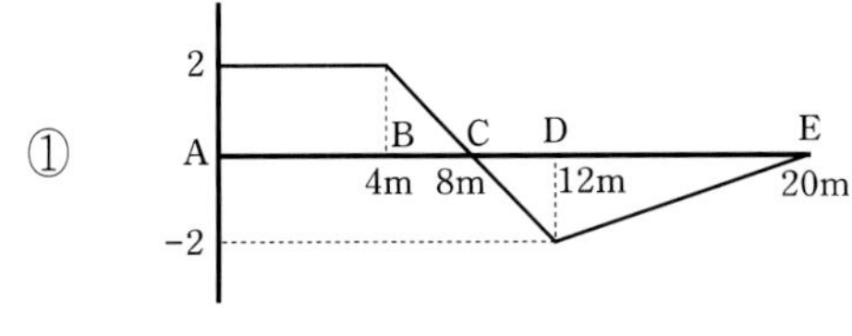

②
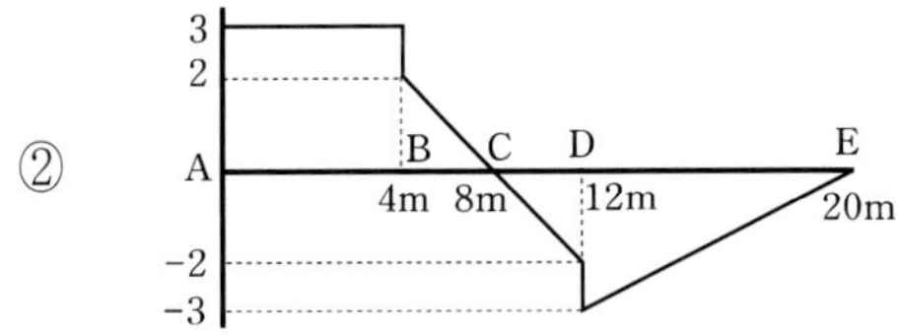

③
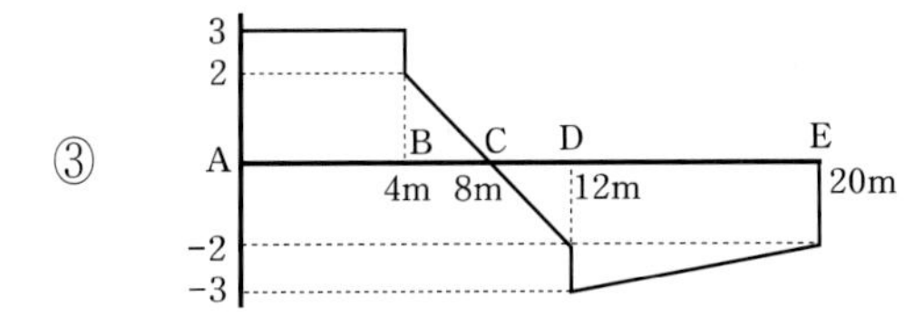

④
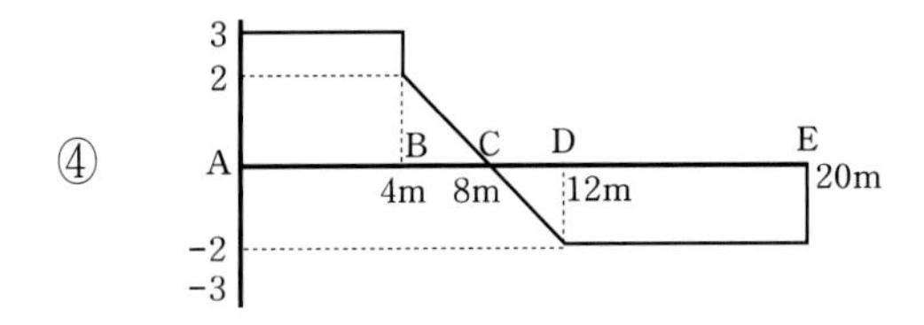

정 답 및 해 설

해설 **113**

· AB 구간 :기울기 일정

$$S_{AB} = \frac{12}{4} = 3\,\mathrm{kN}$$

· BC 구간 :
전단력이 일정한 비율로 감소
· C점 : 전단력이 0
· CD 구간 : 전단력이 −부호를 가지며 일정하게 증가
· D점 : 전단력 선도의 기울기가 변화
· DE 구간 : 전단력이 점차 감소

보기를 보고 역으로 찾아가면
· $M_B = 12\,\mathrm{kN\cdot m}$이다.
∴ ① 탈락
· $M_D = 12\,\mathrm{kN\cdot m}$이다.
∴ ③, ④ 탈락

정답 113. ②

Chapter 05

정정라멘, 아치 및 케이블

제5장

정정라멘, 아치 및 케이블

5.1 정정라멘

부재와 부재가 강절점(rigid joint)으로 연결된 뼈대구조물로서 부재의 사이에 활절을 배치하여 정정으로 만들기도 한다. 라멘은 축방향력, 전단력 휨모멘트가 모두 생기며, 주로 휨모멘트가 지배하는 구조물이므로 문제에서 특별한 언급이 없는 한 휨모멘트만을 고려하여 계산한다. 이러한 구조물 중에서 평형조건에 의해 반력과 단면력을 모두 구할 수 있는 구조물을 정정라멘이라 한다.

1 정정라멘의 종류

단순보식 라멘		캔틸레버식 라멘
3힌지(활절) 라멘	3이동지점식 라멘	합성라멘

■ **보충설명 :** 3이동 지점식 구조물의 안정

이동지점의 배치형태에 따라 안정할 수 있으므로 항상 불안정한 것은 아니다.

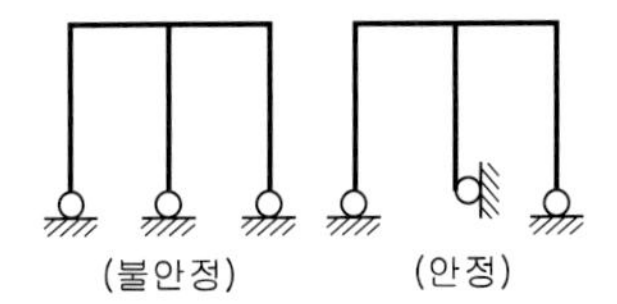

2 정정라멘의 해석방법

(1) 반　력 : 힘의 평형조건식 $\begin{Bmatrix} \Sigma H=0 \\ \Sigma V=0 \\ \Sigma M=0 \end{Bmatrix}$을 이용한다.

(2) 단면력 : 라멘 안쪽에서 바깥쪽을 향해서 보고 보와 같이 해석한다.

(3) 단면력도의 부호 : 축력은 바깥쪽을 +, 전단력은 좌상 우하가 +이므로 바깥쪽을 +, 휨모멘트는 상부가 압축, 하부가 인장일 때가 +휨이므로 안쪽으로 휘어질 때를 +로 한다.

■ 보충설명 : 자유물체도(Free Body Diagram, F. B. D)

분리된 물체에 작용하는 힘의 관계를 그림으로 표시한 것으로 전체 구조물이 평형을 유지하므로 자유물체도 상에서도 항상 힘의 평형이 성립된다.
자유물체도의 작도 : 절점의 평형 조건과 부재의 평형 조건을 반복적으로 적용하여 작도한다.
평형 조건 : $\Sigma H=0,\ \Sigma V=0,\ \Sigma M=0$

핵심예제 5-1 [12 서울시 9급]

다음 그림과 같은 골조에서 A점의 수직반력의 크기는?

① 5kN
② 7kN
③ 10kN
④ 12kN
⑤ 15kN

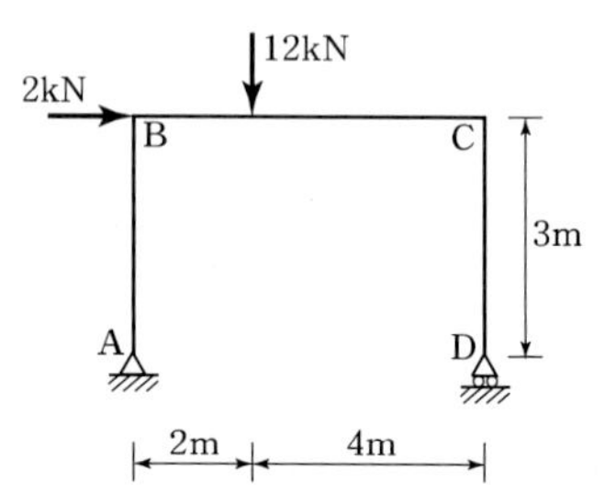

| 해설 | D점에서 모멘트 평형 조건($\Sigma M_D=0$)을 적용하면

$V_A(6)+2(3)-12(4)=0$에서 $V_A=\dfrac{12(4)-2(3)}{6}=7\text{kN}(\uparrow)$

답 : ②

3 단순보식 라멘의 해석

(1) 모멘트 하중(우력)이 작용하는 경우

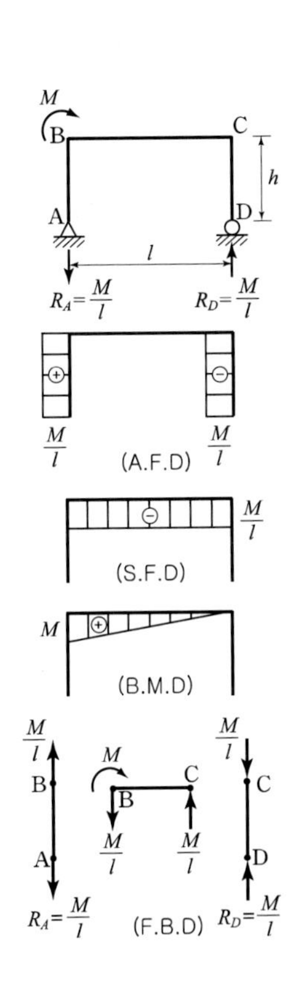

1) 지점반력

$$R_A=-\frac{M}{l}(\downarrow)$$

$$R_D=\frac{M}{l}(\uparrow)$$

2) 축력

$$N_{AB}=\frac{M}{l}\text{(인장)}$$

$$N_{BC}=0$$

$$N_{CD}=-\frac{M}{l}\text{(압축)}$$

3) 전단력

$$S_{AB}=0$$

$$S_{BC}=-\frac{M}{l}$$

$$S_{CD}=0$$

4) 휨모멘트

$$M_A=M_C=M_D=0$$

$$M_{B(\text{좌측})}=0$$

$$M_{B(\text{우측})}=\frac{M}{l}\times l=M$$

5) 자유물체도

(2) 수직하중이 작용하는 경우

① 집중하중이 작용

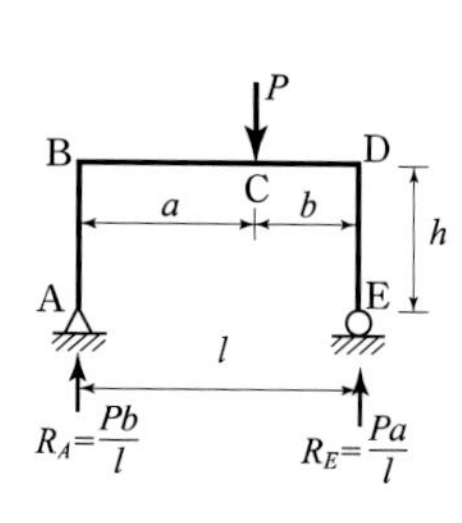

1) 지점반력

$$R_A=\frac{Pb}{l}\ (\uparrow)$$

$$R_E=\frac{Pa}{l}\ (\downarrow)$$

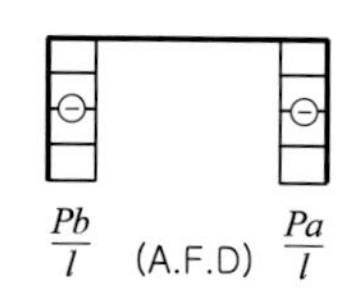

2) 축력

$$N_{AB}=-\frac{Pb}{l}\ (\text{압축})$$

$$N_{BD}=0$$

$$N_{DE}=-\frac{Pa}{l}\ (\text{압축})$$

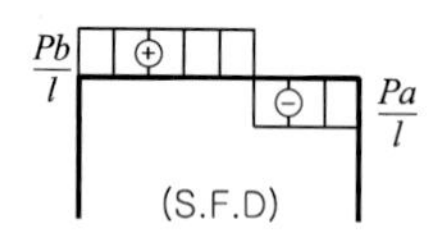

3) 전단력

$$S_{AB}=S_{DE}=0$$

$$S_{BC}=\frac{Pb}{l}$$

$$S_{CD}=-\frac{Pa}{l}$$

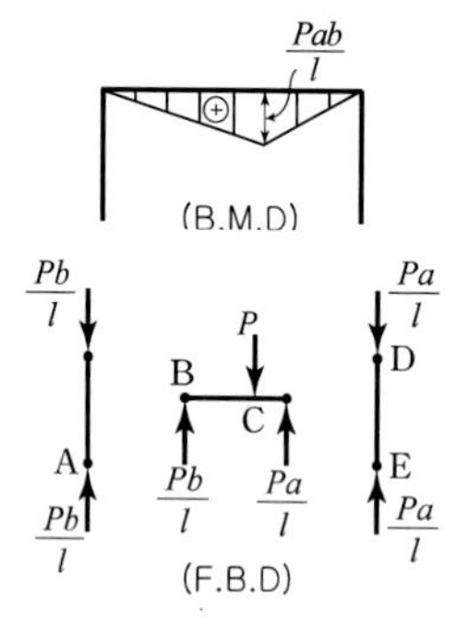

4) 휨모멘트

$$M_A=M_B=M_D=M_E=0$$

$$M_C=\frac{Pb}{l}\times a=\frac{Pab}{l}$$

5) 자유물체도

② 등분포하중이 작용

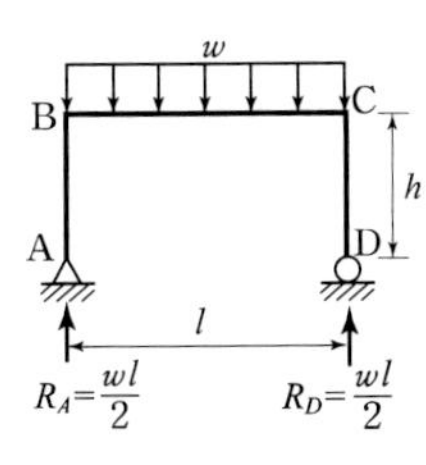

1) 지점반력

하중 대칭이므로 $R_A = R_D = \frac{wl}{2}(\uparrow)$

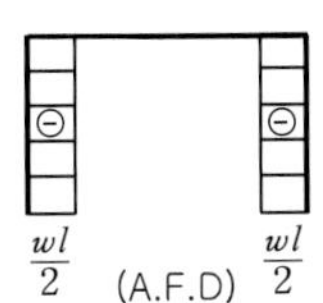

2) 축력

$N_{AB} = -\frac{wl}{2}$ (압축)

$N_{BC} = 0$

$N_{CD} = -\frac{wl}{2}$ (압축)

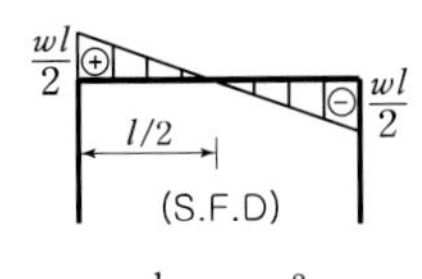

3) 전단력

$S_{AB} = S_{CD} = 0$

$S_{BC} = \frac{wl}{2} - wx$

• $S_B = \frac{wl}{2}$

• $S_C = -\frac{wl}{2}$

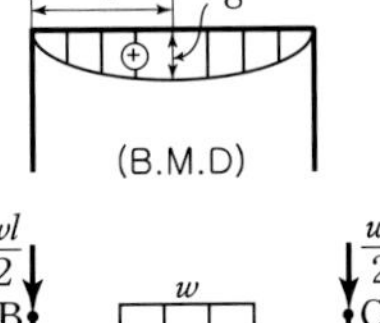

4) 휨모멘트

$M_{BC} = \frac{wl}{2}x - \frac{wx^2}{2}$

$M_{\max} = M_{x=\frac{l}{2}} = \frac{wl^2}{8}$

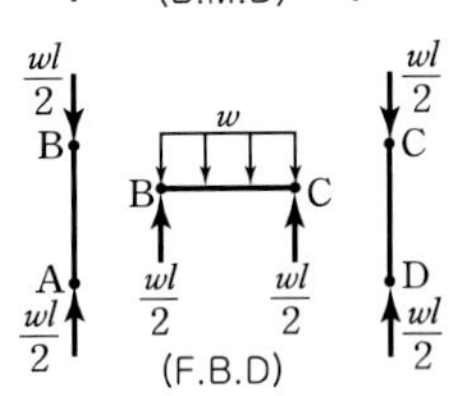

5) 자유물체도

■ **보충설명** : 수직하중을 받는 단순보식 라멘의 $M_{\max}$

수직하중이 작용하는 단순보식 라멘의 최대휨모멘트는 단순보의 휨모멘트와 같다.

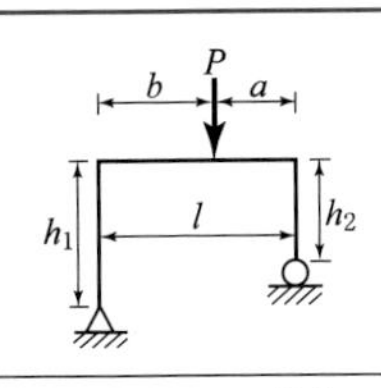	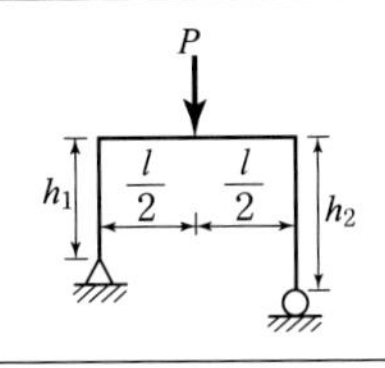	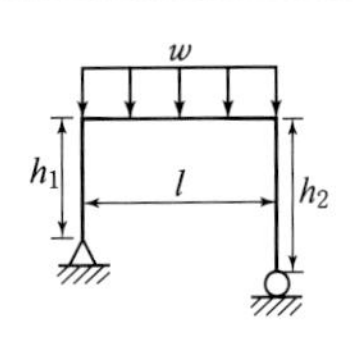
$M_{\max} = \frac{Pab}{l}$	$M_{\max} = \frac{Pl}{4}$	$M_{\max} = \frac{wl^2}{8}$

(3) 수평하중이 작용하는 경우

① 집중하중이 작용(회전지점으로 지지되는 기둥에 하중)

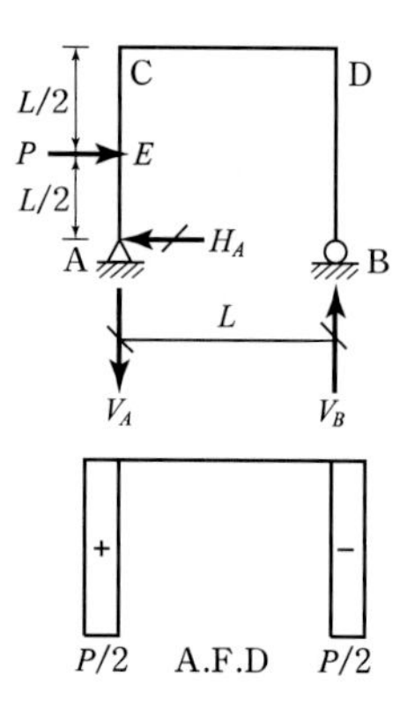

1) 지점반력

$H_A = P(\leftarrow)$

$V_A = \dfrac{P}{2}(\downarrow),\ V_E = \dfrac{P}{2}(\uparrow)$

2) 축 력

$N_{AC} = \dfrac{P}{2}$ (인장)

$N_{CD} = 0$ (압축)

$N_{BD} = -\dfrac{P}{2}$ (압축)

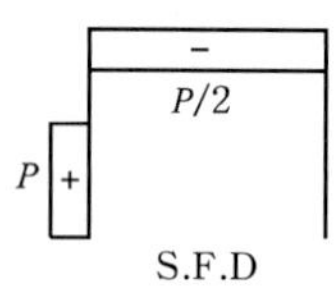

3) 전단력

$S_{AE} = P$

$S_{EC} = P - P = 0$

$S_{CD} = \dfrac{P}{2}$

$S_{BD} = 0$

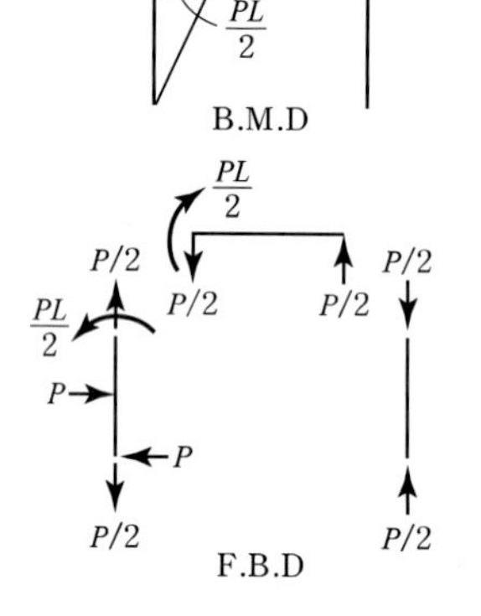

4) 휨모멘트

$M_A = M_B = M_D = 0$

$M_E = M_{EC} = \dfrac{PL}{2}$

$M_C = PL - P\left(\dfrac{L}{2}\right) = \dfrac{PL}{2}$

5) 자유물체도

② 수평의 등분포하중이 작용(회전지점으로 지지되는 기둥에 하중)

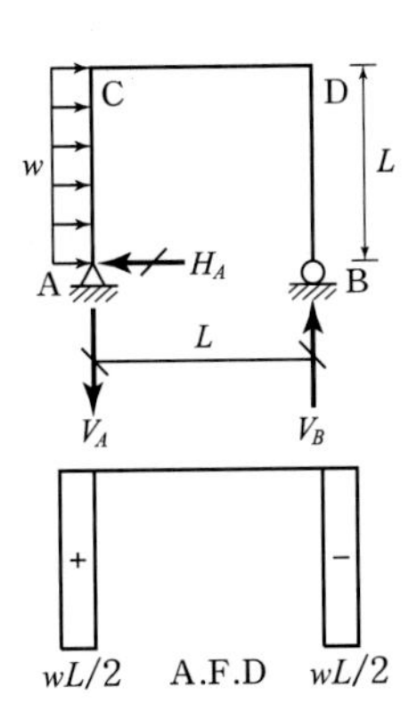

A.F.D: + $wL/2$, − $wL/2$

1) 지점반력

$H_A = wL\,(\leftarrow)$

$V_A = \dfrac{wL}{2}\,(\downarrow)$, $V_E = \dfrac{wL}{2}\,(\uparrow)$

2) 축 력

$N_{AC} = \dfrac{wL}{2}$ (인장)

$N_{CD} = 0$ (압축)

$N_{BD} = -\dfrac{wL}{2}$ (압축)

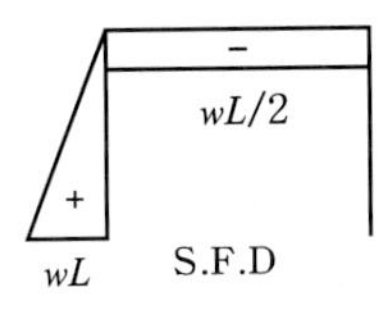

3) 전단력

$S_{AC} = wL - wx \;\; (0 \le x \le L)$

$S_{CD} = \dfrac{wL}{2}$

$S_{BD} = 0$

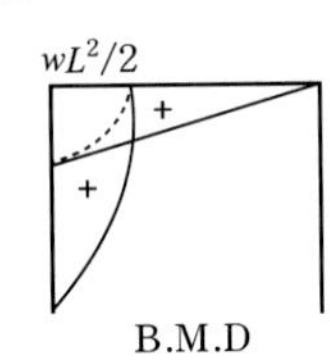

4) 휨모멘트

$M_A = M_B = M_D = 0$

$M_{\max} = M_C = \dfrac{wL^2}{2}\,(S=0 : x=L)$

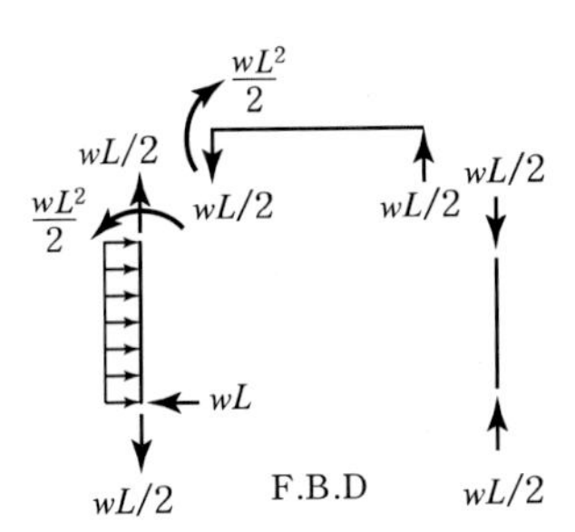

5) 자유물체도

➡ 보의 단면력은 수직반력은 작용선의 원리를 적용하고, 수평반력과 수평하중은 힘의 이동성의 원리를 적용한 단순보와 같다.

③ 이동지점으로 지지되는 기둥에 하중

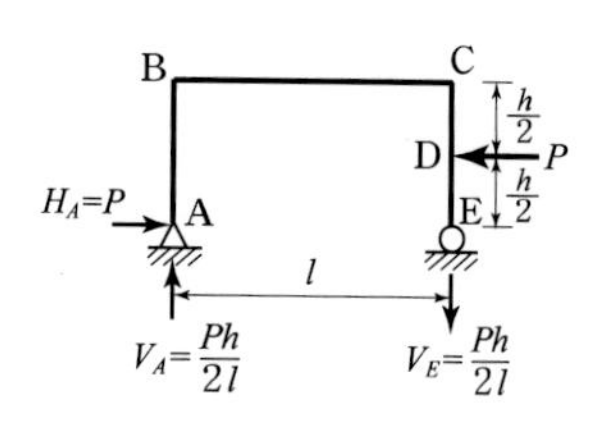

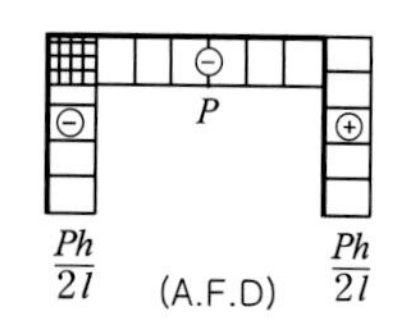

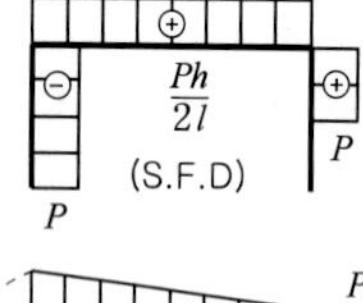

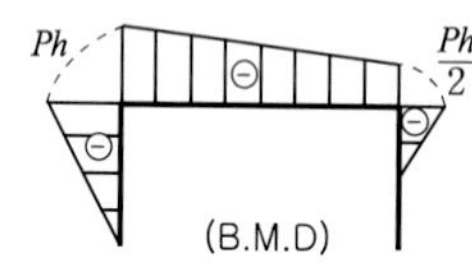

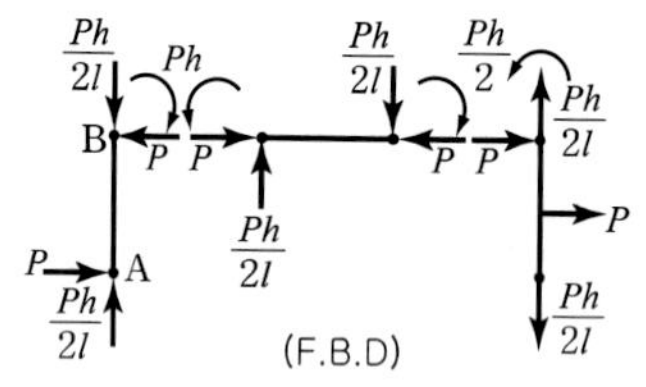

1) 지점반력

$H_A = P(\rightarrow)$

$V_A = \frac{Ph}{2l}(\uparrow)$, $V_E = \frac{Ph}{2l}(\downarrow)$

2) 축 력

$N_{AB} = -\frac{Ph}{2l}$ (압축)

$N_{BC} = -P$(압축)

$N_{CE} = \frac{Ph}{2l}$ (인장)

3) 전단력

$S_{AB} = -P$

$S_{BC} = \frac{Ph}{2l}$

$S_{CD} = P$

$S_{DE} = 0$

4) 휨모멘트

$M_A = M_E = M_D = 0$

$M_B = -Ph$

$M_C = -P \times \frac{h}{2} = -\frac{Ph}{2}$

5) 자유물체도

핵심예제 5-2 [13 서울시 9급]

그림과 같은 단순 라멘에서 보 AC에 발생하는 최대휨모멘트는?

① 35kN · m
② 40kN · m
③ 45kN · m
④ 50kN · m
⑤ 55kN · m

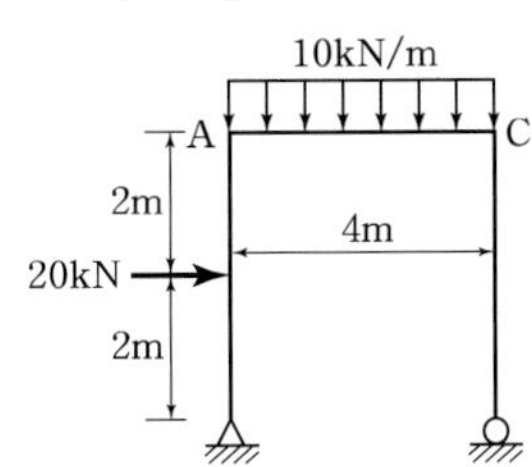

| 해설 | (1) 지점 반력 : 왼쪽의 회전지점에서 모멘트 평형 $\Sigma M_{왼쪽}=0$을 적용하면

이동지점의 반력은 $R=\dfrac{20(2)+\dfrac{10(4^2)}{2}}{4}=30\text{kN}(\uparrow)$

(2) 최대 휨모멘트

전단력이 0인 위치 : $x=\dfrac{R}{w}=\dfrac{30}{10}=3\text{m}$

최대 휨모멘트 : $M_{\max}=\dfrac{Rx}{2}=\dfrac{30(3)}{2}=45\text{kN}\cdot\text{m}$

답 : ③

핵심예제 5-3 [13 지방직 9급]

다음 그림과 같은 프레임 구조물에 하중 P가 작용할 때, 프레임 구조물 ABCD에 발생하는 모멘트선도로 가장 가까운 것은?

①
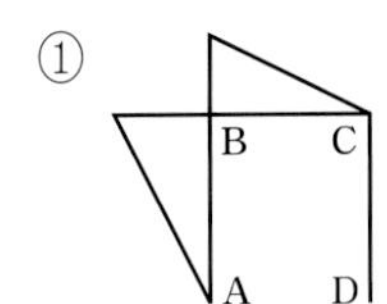

②
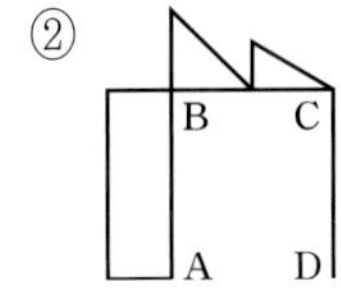

③
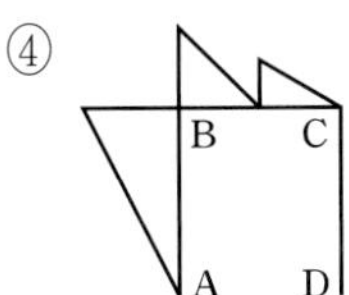

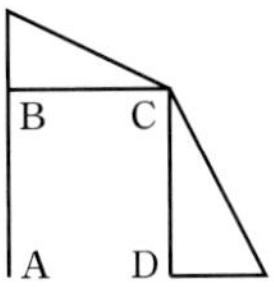

④

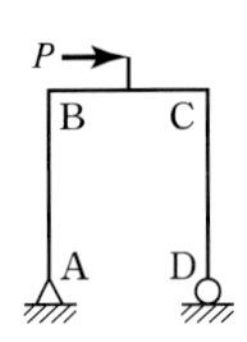

| 해설 | 기둥 AB는 수평 반력에 의해 캔틸레버와 같은 휨모멘트도가 되어야 하고, 보 BC는 모멘트하중이 작용하므로 휨모멘트가 불연속이라야 하며, 기둥 CD는 수직반력만이 작용하므로 휨모멘트가 0인 것을 찾는다.

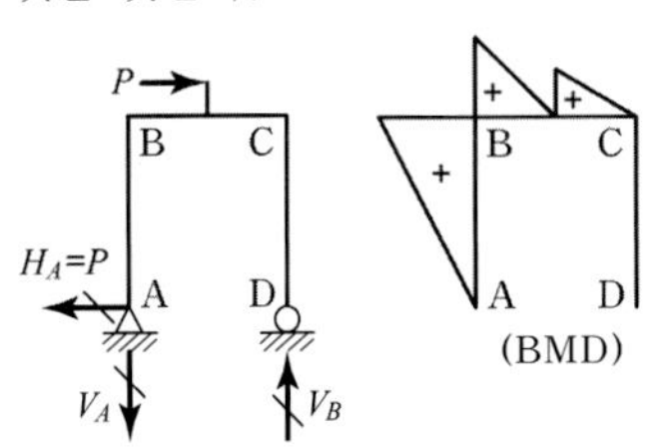

답 : ④

4 캔틸레버식 라멘

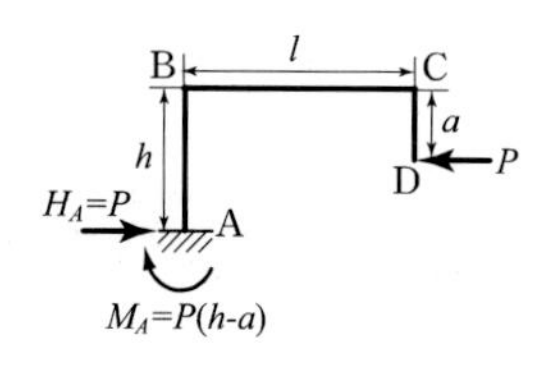	1) 지점반력 $V_A=0$ $H_A=P(\rightarrow)$ $M_A=P(h-a)$ (↻)
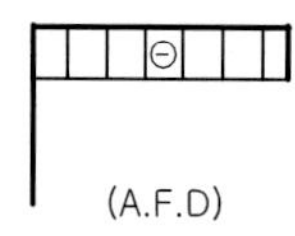	2) 축 력 $N_{AB}=0$ $N_{BC}=-P$(압축) $N_{CD}=0$
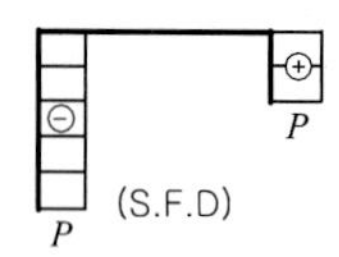	3) 전단력 $S_{AB}=-P$ $S_{BC}=0$ $S_{CD}=P$
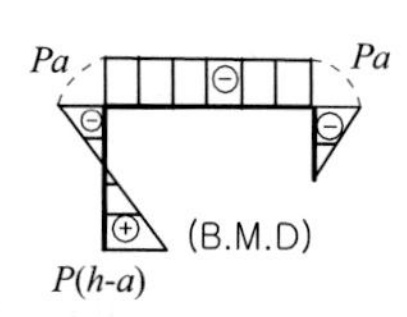	4) 휨모멘트 $M_A=P(h-0)$ $M_B=M_C=-Pa$ $M_D=0$
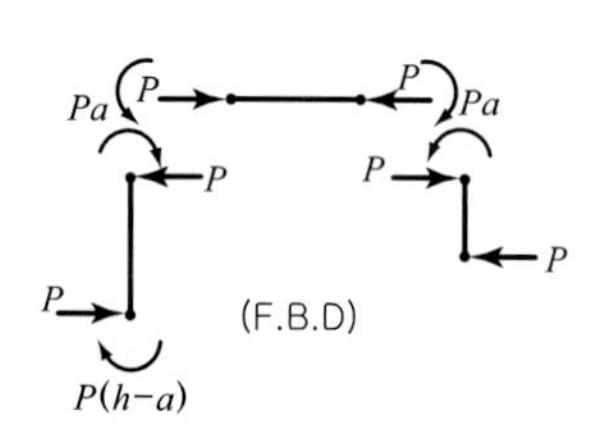	5) 자유물체도

핵심예제	5-4

[09 지방직 9급]

그림과 같은 구조물에서 지점 A의 수평반력 H_A[kN], 수직반력 R_A[kN] 및 휨모멘트 M_A [kN · m]는?

	H_A	R_A	M_A
①	2	2	5
②	2	2	9
③	0	2	5
④	0	2	9

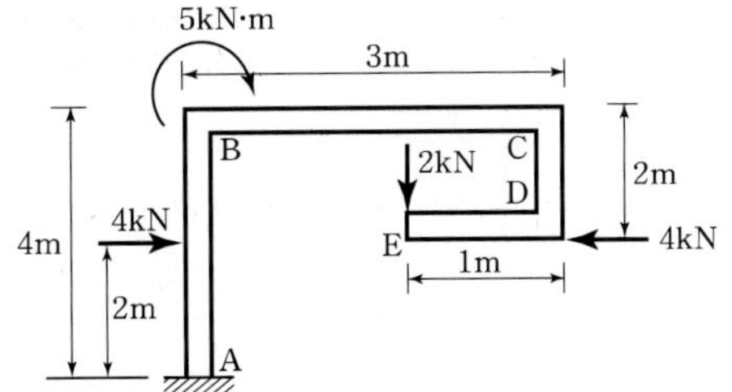

| 해설 | 평형조건을 적용하면

$\sum H=0:\ H_A+4-4=0\ \therefore\ H_A=0$

$\sum V=0:\ V_A-2=0\ \therefore\ V_A=2\text{kN}(\uparrow)$

$\sum M_A=0: -M_A+4(2)+5-4(2)+2(2)=0$

$\therefore M_A=9\text{kN}\cdot\text{m}$ (↻)

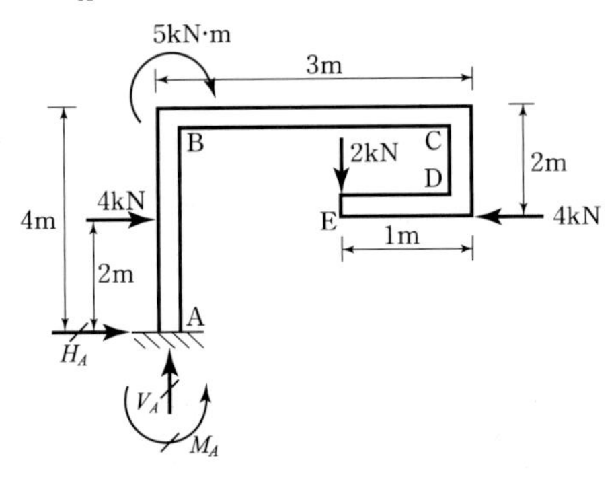

답 : ④

5 3힌지 라멘

(1) 집중하중이 작용하는 경우

① 수직하중이 작용하는 경우

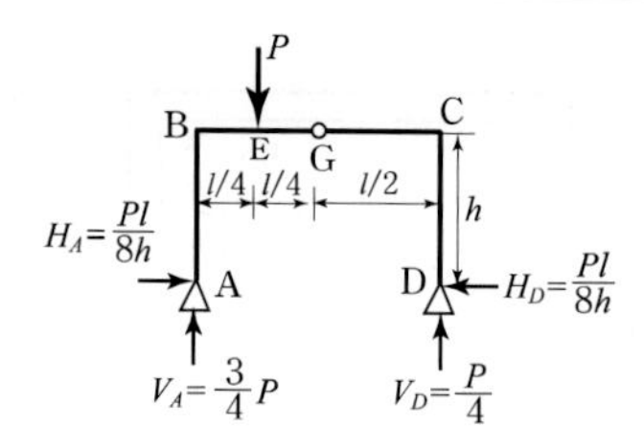

1) 지점반력

$$V_A=\frac{3P}{4}(\uparrow),\ V_D=\frac{P}{4}(\uparrow)$$

$$H_A=\frac{Pl}{8h}(\rightarrow),\ H_D=\frac{Pl}{8h}(\leftarrow)$$

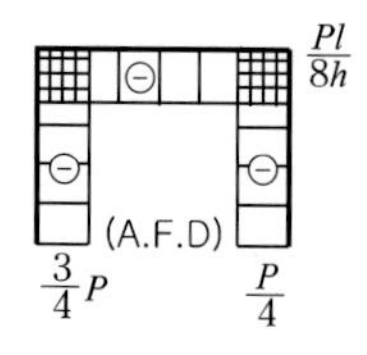

2) 축력

$$N_{AB}=-\frac{3}{4}P(\text{압축})$$

$$N_{BC}=-\frac{Pl}{8h}(\text{압축})$$

$$N_{CD}=-\frac{P}{4}(\text{압축})$$

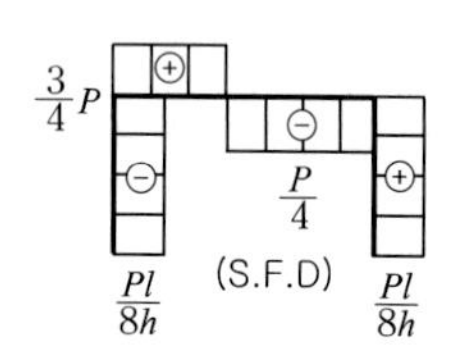

3) 전단력

$$S_{AB}=-\frac{Pl}{8h}$$

$$S_{BE}=\frac{3}{4}P$$

$$S_{EC}=\frac{3}{4}P-P=-\frac{P}{4}$$

$$S_{CD}=\frac{Pl}{8h}$$

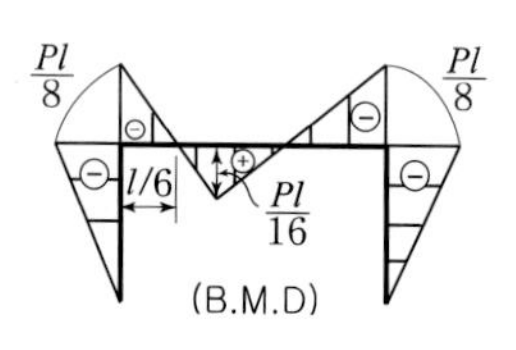

4) 휨모멘트

$$M_A=M_D=M_G=0$$

$$M_C=M_D=-\frac{Pl}{8h}\times h=-\frac{Pl}{8}$$

$$M_E=-\frac{Pl}{8h}\times h+\frac{3}{4}P\times\frac{l}{4}=\frac{Pl}{16}$$

■ 보충설명

수직하중을 받는 3힌지 라멘의 최대 휨모멘트

구조물			
최대휨모멘트 ($M_{\max}$)	$-\dfrac{Pl}{4}$	$-\dfrac{Pl}{8}$	$-\dfrac{wl^2}{8}$

② 수평하중이 작용하는 경우

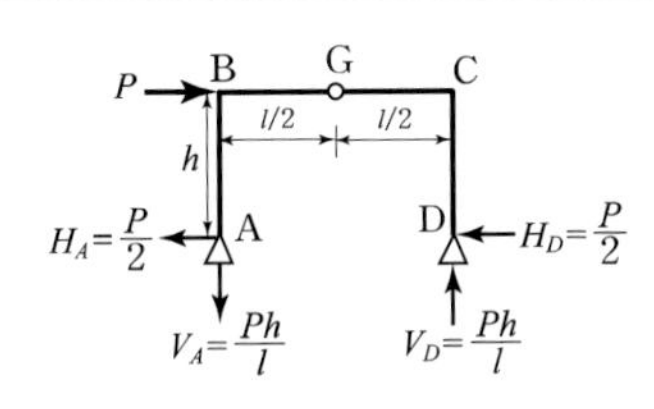

1) 지점반력

$$H_A=\frac{P}{2}(\leftarrow),\ H_D=\frac{P}{2}(\leftarrow)$$

$$V_A=\frac{Ph}{l}(\downarrow),\ V_D=\frac{Ph}{l}(\uparrow)$$

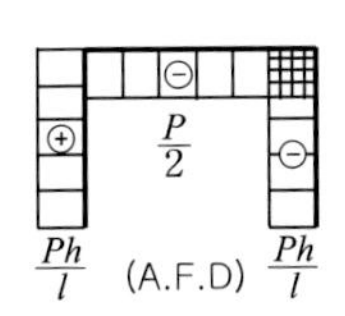

2) 축력

$$N_{AB}=\frac{Ph}{l}\ (\text{인장})$$

$$N_{BC}=\frac{P}{2}-P=-\frac{P}{2}\ (\text{압축})$$

$$N_{CD}=-\frac{Ph}{l}\ (\text{압축})$$

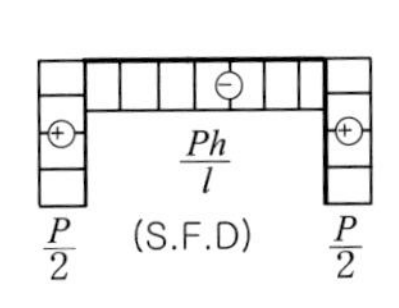

3) 전단력

$$S_{AB}=\frac{P}{2}$$

$$S_{BC}=-\frac{Ph}{l}$$

$$S_{CD}=\frac{P}{2}$$

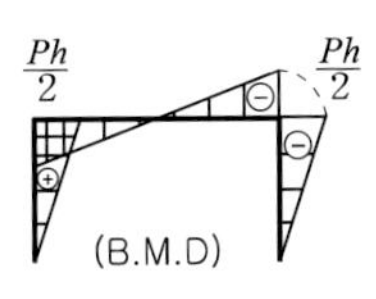

4) 휨모멘트

$$M_A=M_D=M_G=0$$

$$M_B=\frac{P}{2}\times h=\frac{Ph}{2}$$

$$M_C=-\frac{P}{2}\times h=-\frac{Ph}{2}$$

(2) 등분포하중이 작용하는 경우

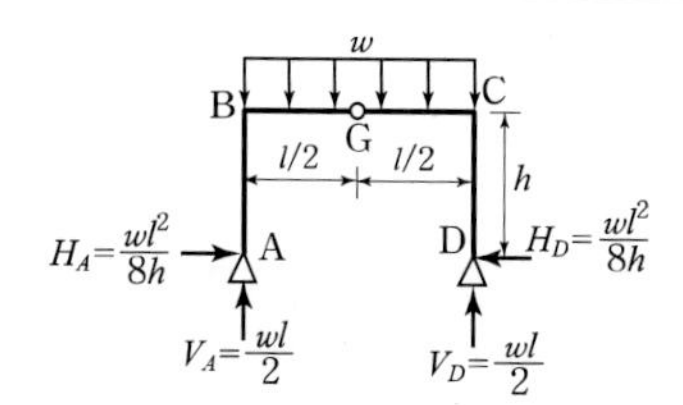	1) 지점반력 $H_A=\frac{wl^2}{8h}(\rightarrow)$, $H_D=\frac{wl^2}{8h}(\leftarrow)$ $V_A=V_B=\frac{wl}{2}(\uparrow)$
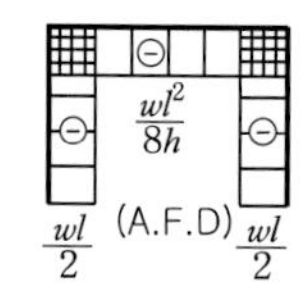	2) 축 력 $N_{AB}=-\frac{wl}{2}$ (압축) $N_{BC}=-\frac{wl^2}{8h}$ (압축) $N_{CD}=-\frac{wl}{2}$ (압축)
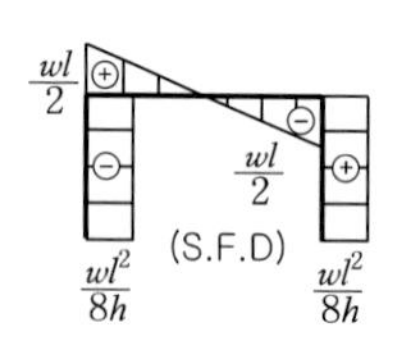	3) 전단력 $S_{AB}=-\frac{wl^2}{8h}$ $S_{BC}=\frac{wl}{2}-wx$ • $S_B=\frac{wl}{2}$ • $S_C=-\frac{wl}{2}$ $S_{CD}=\frac{wl^2}{8h}$
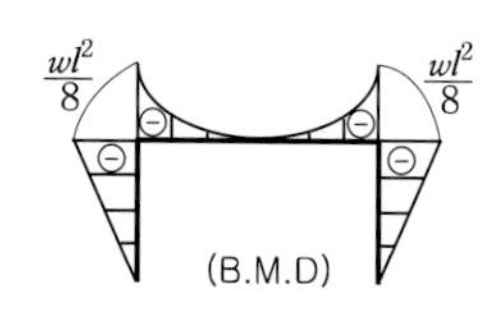	4) 휨모멘트 $M_A=M_B=M_G=0$ $M_B=M_C=-\frac{wl^2}{8h}\times h=-\frac{wl^2}{8}$

핵심예제 5-5 [14 지방직 9급]

다음 구조물의 BE 구간에서 휨모멘트선도의 기울기가 0이 되는 위치에서 휨모멘트의 크기 [kN · m]는? (단, E점은 내부힌지이다)

① 1
② 2
③ 9
④ 17

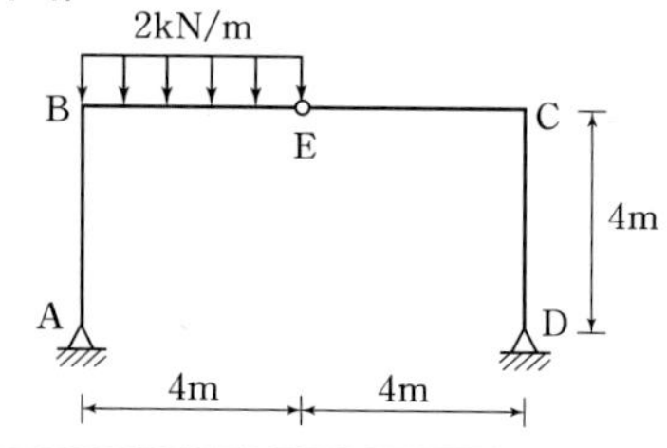

| 해설 | 정(+)의 최대 휨모멘트를 묻는 문제이므로

$$M_{\max}=\frac{9wL^2}{128}-\frac{wL^2}{16}=\frac{wL^2}{128}=\frac{2(8^2)}{128}=1\,\text{kN·m}$$

여기서, A점에서 전단력이 0인 위치 $x=\frac{R_A}{w}=\frac{3L}{8}$

답 : ①

■ 보충설명

수평하중을 받는 3힌지 라멘의 최대 휨모멘트

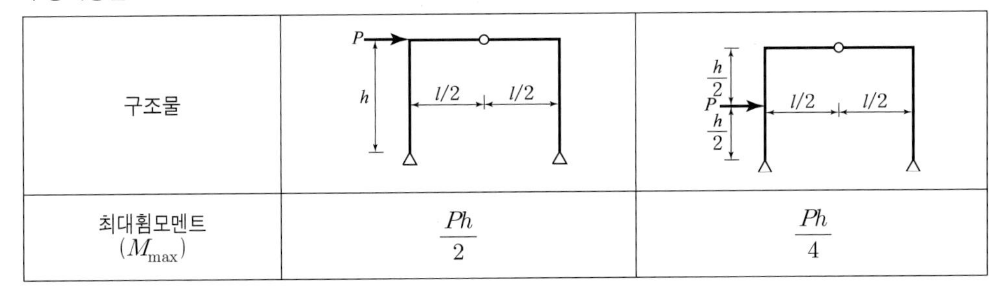

구조물	P 작용 위치: 기둥 상단 (h, $l/2$, $l/2$)	P 작용 위치: 기둥 중앙 ($\frac{h}{2}$, $\frac{h}{2}$, $l/2$, $l/2$)
최대휨모멘트 ($M_{\max}$)	$\frac{Ph}{2}$	$\frac{Ph}{4}$

6 3-이동지점식 라멘

(1) 반력 계산

평형 조건 $\Sigma H=0$, $\Sigma V=0$을 먼저 적용하여 1개, 또는 2개의 반력을 결정하고, 나머지 한 반력은 두 반력의 연장선이 만나는 점에서 $\Sigma M=0$을 이용하여 결정한다.

※ 지점의 배치 형태를 보고 $\Sigma M=0$을 먼저 적용할지 $\Sigma H=0$, $\Sigma V=0$을 먼저 적용할지는 판단을 해야 한다.

(2) 단면력 계산

앞서 본 라멘과 같이 라멘 안쪽에서 바깥쪽을 향해 보고 보와 같이 해석한다.

핵심예제 5-6 [12 서울시 9급]

그림과 같은 3-이동단 골조에 발생하는 최대 휨모멘트의 크기는?

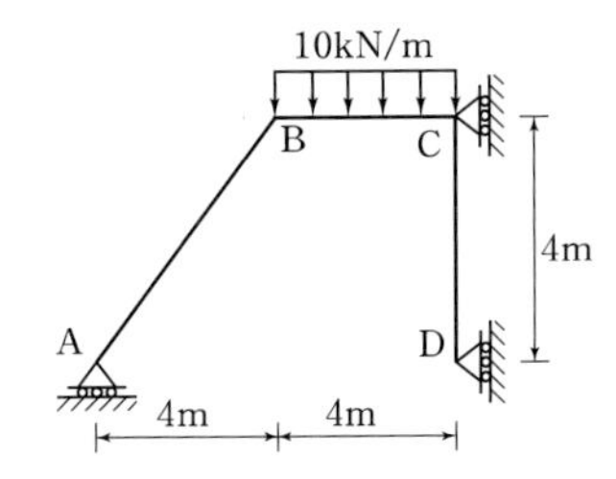

① 240kN · m
② 260kN · m
③ 280kN · m
④ 300kN · m
⑤ 320kN · m

| 해설 | (1) 지점반력

$\Sigma V=0$: $V_A=10(4)=40\text{KN}(\uparrow)$

H_A와 H_C의 교점에서 $\Sigma M=0$: $(10\times4)\left(4+\frac{4}{2}\right)-H_D(4)=0$에서 $H_D=60\text{kN}(\rightarrow)$

(2) 최대 휨모멘트

BC구간에서 전단력이 0인 위치는 $x=\dfrac{V_A}{w}=\dfrac{40}{10}=4\text{m}$

따라서 C점에서 최대휨모멘트가 발생하므로 $M_{\max}=M_C=H_D(4)=60(4)=240\text{kN}\cdot\text{m}$

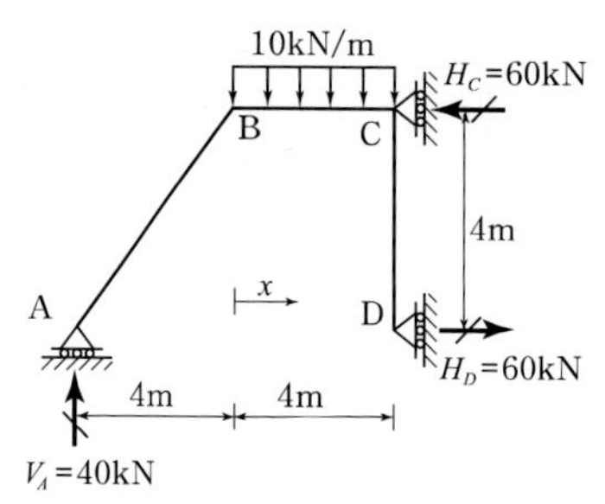

답 : ①

5.2 정정아치

보를 곡선 배치한 구조물(곡선보) 중에서 휨모멘트의 감소가 일어나는 구조물을 아치라 한다. 아치는 축방향력, 전단력 휨모멘트가 모두 생기지만 휨모멘트가 감소하므로 주로 축방향 압축력이 지배하는 구조물이다. 이러한 구조물 중에서 평형조건에 의해 반력과 단면력을 모두 구할 수 있는 경우를 정정아치라 한다.

■ 보충설명

- 휨모멘트를 줄일 수 있는 정정 구조물
  ① 게르버보　② 내민보　③ 아치
- 축력이 지배하는 구조물
  ① 기둥　② 트러스　③ 아치　④ 케이블

1 정정아치의 종류

단순보식 아치	캔틸레버식 아치
3힌지 아치	**타이드 아치**

2 정정아치의 해석방법

(1) 반 력 : 힘의 평형조건식 $\begin{cases} \sum H=0 \\ \sum V=0 \\ \sum M=0 \end{cases}$을 이용한다.

(2) 단면력 : 아치 안쪽에서 바깥쪽을 보고 구점(D)에 그은 접선축에 대해 계산한다.

■ 보충설명 : 아치의 단면력 계산

① 축방향력(A.F) : 접선축에 대해 수평한 힘으로 구하는 점을 절단했을 때 한쪽에 작용하는 접선축에 나란한 힘의 합과 같다.

② 전단력(S.F) : 접선축에 대한 수직한 힘으로 구하는 점을 절단했을 때 한쪽에 작용하는 접선축에 수직한 힘의 합과 같다.

③ 휨모멘트(B.M) : 보의 경우와 같이 구하는 점을 절단했을 때 한쪽에 작용하는 모멘트의 합과 같다.

축방향력 : $N_D=-V_A\cos\theta-H_A\sin\theta$

전 단 력 : $S_D=V_A\sin\theta-H_A\cos\theta$

휨모멘트 : $M_D=V_Ax-H_Ay=V_Ar(1-\cos\theta)-H_Ar\sin\theta$

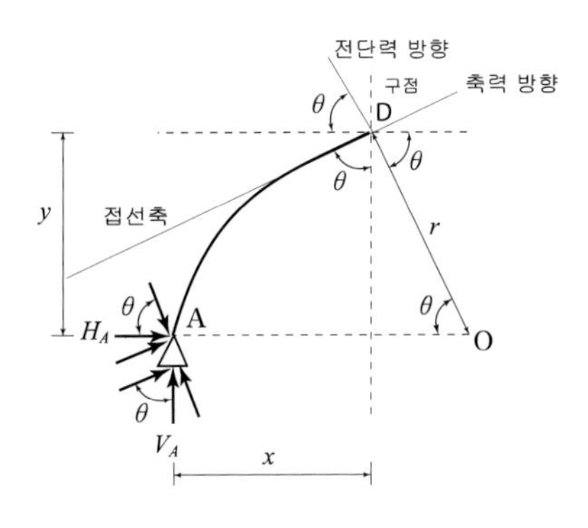

3 캔틸레버식 아치

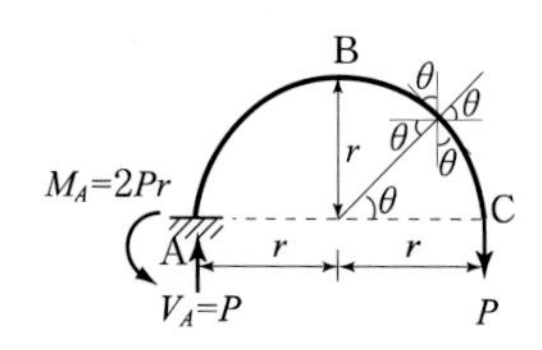

1) 지점반력

$H_A = 0$

$H_A = P(\uparrow)$

$M_A = 2Pr$ (↻)

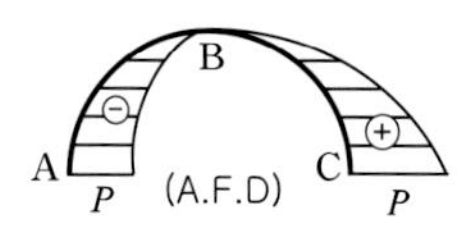

(A.F.D)

2) 축력

일반식 : $N_x = P\cos\theta$

$N_C = P\cos 0° = P$(인장)

$N_B = P\cos 90° = 0$

$N_A = P\cos 180° = -P$(압축)

(S.F.D)

3) 전단력

일반식 : $S_x = P\sin\theta$

$S_C = P\sin 0° = 0$

$S_B = P\sin 90° = P$

$S_A = P\sin 180° = 0$

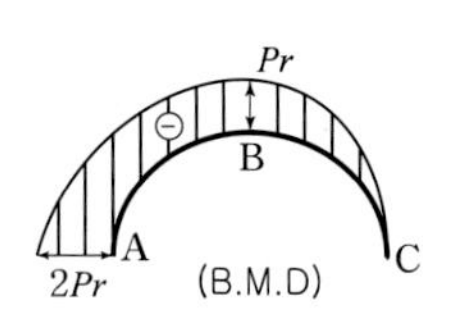

(B.M.D)

4) 휨모멘트

일반식 :$M_x = -Px = -Pr(1-\cos\theta)$

$M_x = -Pr(1-\cos\theta)$

$M_C = 0$

$M_B = -Pr$

$M_A = -2Pr$

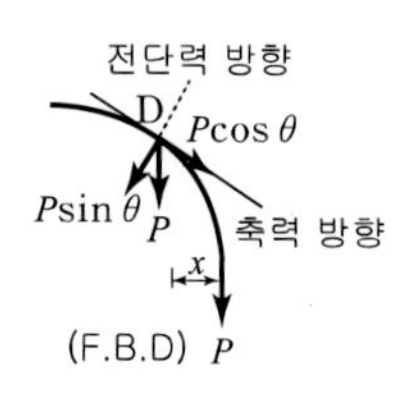

(F.B.D)

5) 자유물체도

$N_x = P\cos\theta$ (인장)

$S_x = P\sin\theta$

$M_x = -Px$

$= -Pr(1-\cos\theta)$

4 단순보식 아치

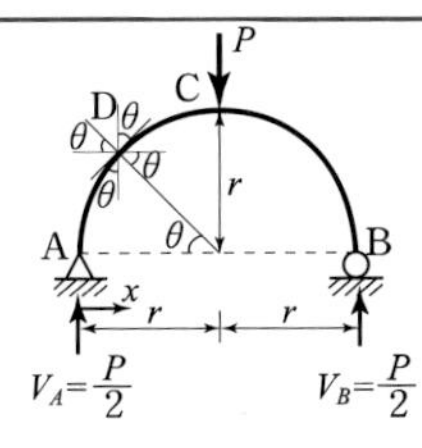

1) 지점반력

$$V_A = V_B = \frac{P}{2}(\uparrow)$$

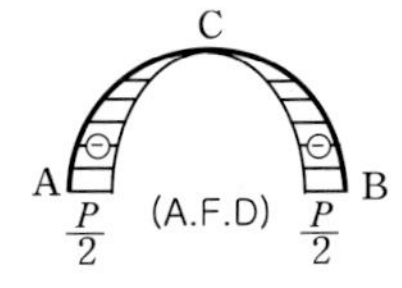

2) 축력

일반식 : $N_x = -\frac{P}{2}\cos\theta$ (압축)

$$N_A = -\frac{P}{2}\cos 0° = -\frac{P}{2}$$

$$N_B = -\frac{P}{2}\cos 90° = 0$$

$$N_C = -\frac{P}{2}\ (\text{대칭이므로})$$

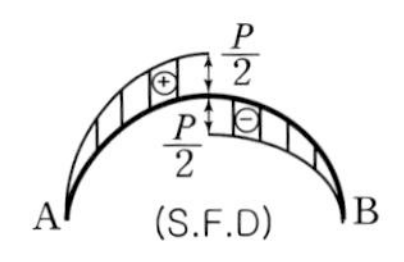

3) 전단력

일반식 : $S_x = \frac{P}{2}\sin\theta$

$$S_A = \frac{P}{2}\sin 0° = 0$$

$$S_C = \frac{P}{2}\sin 90° = \frac{P}{2}$$

$$S_B = 0\ (\text{대칭이므로})$$

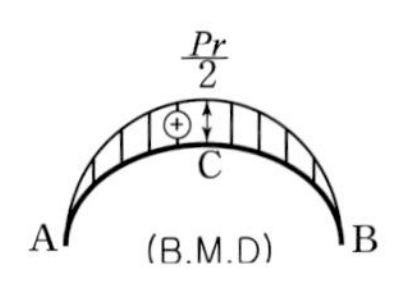

4) 휨모멘트

일반식 : $M_x = P_x = \frac{Pr}{2}(1-\cos\theta)$

$$M_A = \frac{Pr}{2}(1-\cos 0°) = 0$$

$$M_C = \frac{Pr}{2}(1-\cos 90°) = \frac{Pr}{2}$$

$$M_B = 0\ (\text{대칭이므로})$$

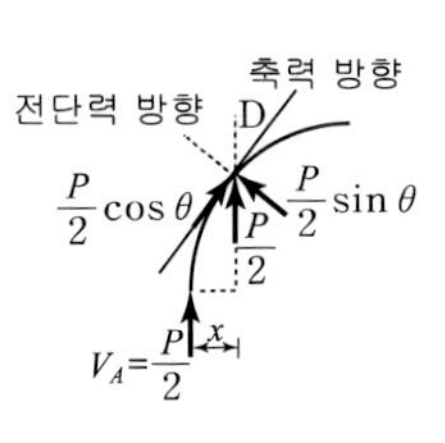

5) 자유물체도

$$N_x = -\frac{P}{2}\cos\theta\ (\text{압축})$$

$$S_x = \frac{P}{2}\sin\theta$$

$$M_x = \frac{P}{2}x = \frac{Pr}{2}(1-\cos\theta)$$

5 3활절(힌지) 아치

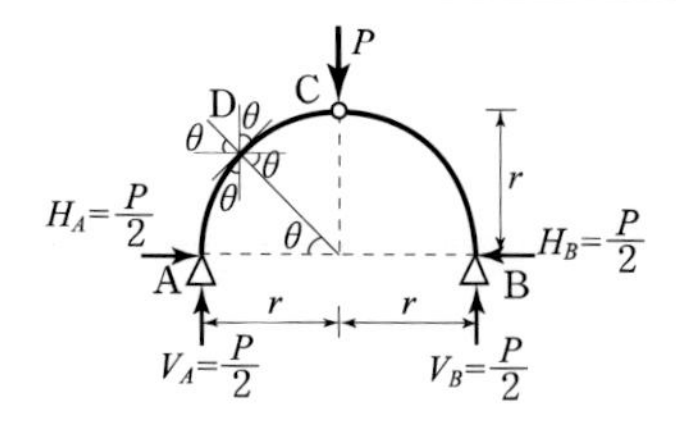

1) 지점반력

$$H_A=\frac{P}{2}(\rightarrow),\ H_B=\frac{P}{2}(\leftarrow)$$

$$V_A=V_B=\frac{P}{2}(\uparrow)$$

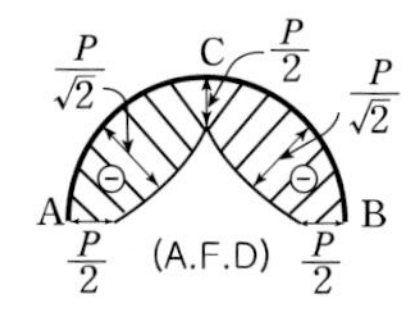

2) 축력

일반식 : $N_D=-\frac{P}{2}\cos\theta-\frac{P}{2}\sin\theta$

$$N_A=-\frac{P}{2}(\cos0°+\sin0°)=-\frac{P}{2}$$

$$N_C=-\frac{P}{2}(\cos90°+\sin90°)=-\frac{P}{2}$$

$N_B=-\frac{P}{2}$ (대칭이므로)

$\theta=45°$ 일 때 $N_{\max}=-\frac{P}{\sqrt{2}}$(압축)

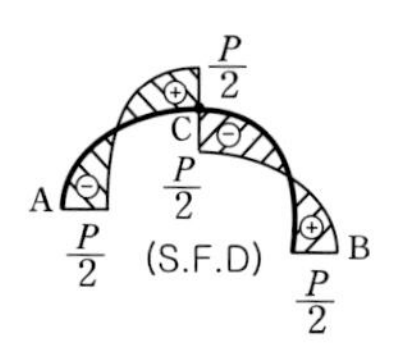

3) 전단력

일반식 : $S_D=\frac{P}{2}\sin\theta-\frac{P}{2}\cos\theta$

$$S_A=\frac{P}{2}(\sin0°-\cos°)=-\frac{P}{2}$$

$$S_C=\frac{P}{2}(\sin90°-\cos90°)=\frac{P}{2}$$

$S_B=\frac{P}{2}$ (대칭이므로)

$\theta=45°$ 일 때 $S=0$

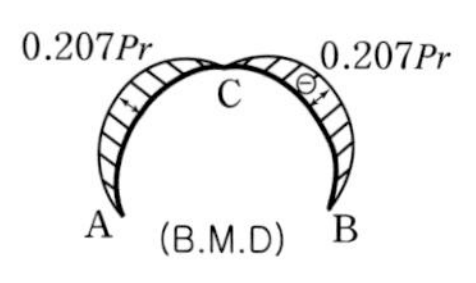

4) 휨모멘트

일반식 : $M_D=\frac{Pr}{2}(1-\cos\theta)-\frac{Pr}{2}\sin\theta$

$$=\frac{Pr}{2}(1-\cos\theta-\sin\theta)$$

$$M_A=\frac{Pr}{2}(1-\cos0°-\sin0°)=0$$

$M_B=0$ (대칭이므로)

$$M_C=\frac{Pr}{2}(1-\cos90°-\sin90°)=0$$

$\theta=45°$ 일 때 $M_{\max}=\frac{Pr}{2}(1-\sqrt{2})=-0.207Pr$

핵심예제 5-7 [09 지방직 7급]

다음 그림과 같이 반지름이 R인 원형아치의 B점이 내부힌지이다. 집중하중 50kN이 D점에 작용할 때 A점의 수평반력[kN]은?

① 37.5
② 23.0
③ 13.0
④ 12.5

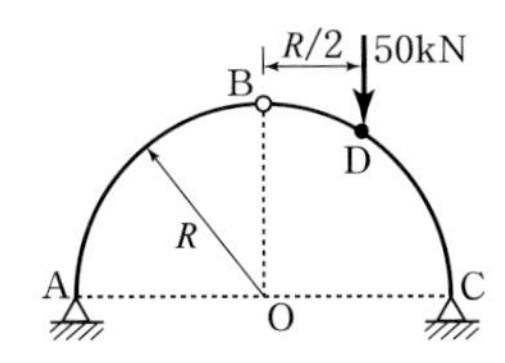

| 해설 | 평형방정식을 구성하면

$$\sum M_C = 0: \; V_A(2R) - 50\left(\frac{R}{2}\right) = 0$$

$$\therefore \; V_A = 12.5\text{kN}(\uparrow)$$

$$\sum M_{B(좌)} = \; V_A(R) - H_A(R) = 0$$

$$\therefore H_A = V_A = 12.5\text{kN}(\rightarrow)$$

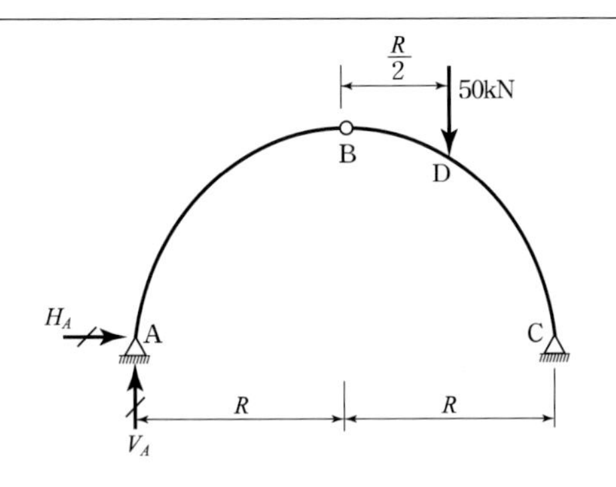

답 : ④

핵심예제 5-8 [12 서울시 9급]

다음과 같은 반원형 3힌지 아치에서 힌지(C점)의 전단력은?

① 1kN
② 2kN
③ 3kN
④ 4kN
⑤ 5kN

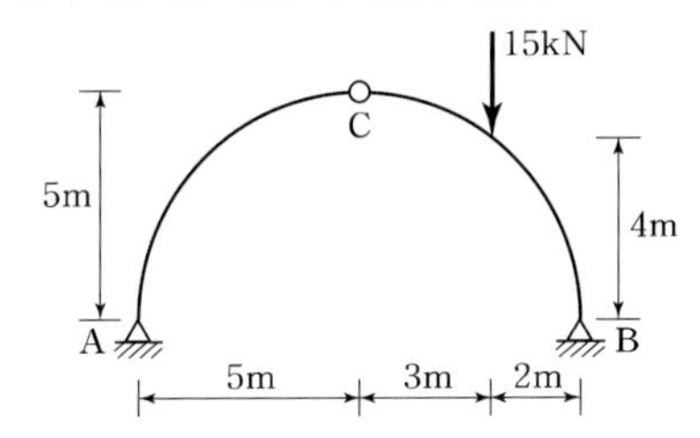

| 해설 | 점정 C에 그은 접선에 수직한 힘은 A점의 수직반력과 같다.

$$\therefore \; S_C = V_A = \frac{15(2)}{10} = 3\text{kN}$$

답 : ③

6 포물선 아치

포물선형으로 배치된 아치의 함수식

$$y = \frac{4h}{L^2}x(L-x)$$

$$\tan\theta = \frac{dy}{dx} = \frac{8h}{L^2}\left(\frac{L}{2} - x\right) = \frac{4h}{L^2}(L-2x)$$

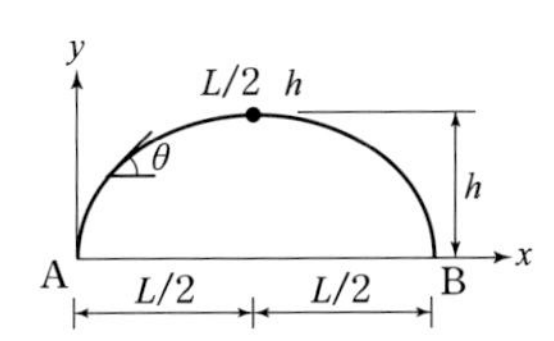

7 등분포 하중을 받는 포물선 3힌지 아치

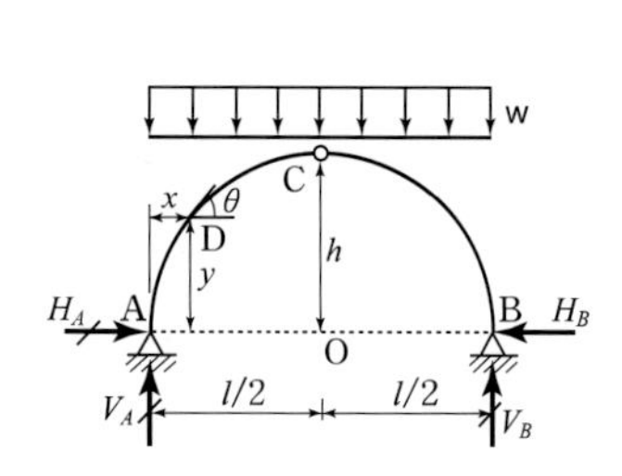

1) 지점반력

$V_A = V_B = \dfrac{P}{2}(\uparrow)$

$H_A = \dfrac{wl^2}{8h}(\rightarrow)$, $H_B = \dfrac{wl^2}{8h}(\leftarrow)$

2) 축력

일반식 : $N_D = -(V_A - wx)\sin\theta - H_A\cos\theta$

3) 전단력 : $S_D = 0$

4) 휨모멘트 : $M_D = 0$

핵심예제 5-9 [09 국가직 7급]

포물선 3힌지아치에 등분포하중이 작용할 때 휨모멘트선도를 가장 적절하게 나타낸 것은? (단, 포물선 아치의 형상은 A점을 원점으로 했을 때 $y = \dfrac{4H}{L^2}x(L-x)$이다)

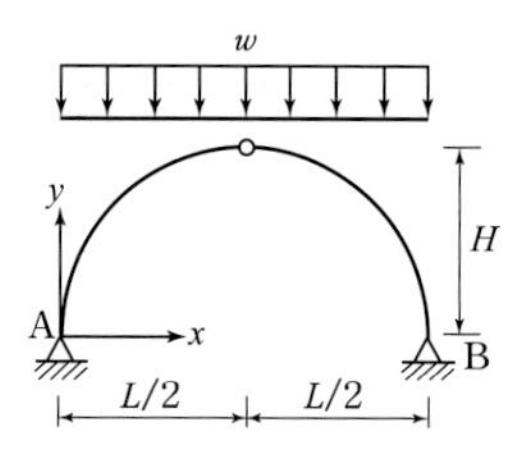

①

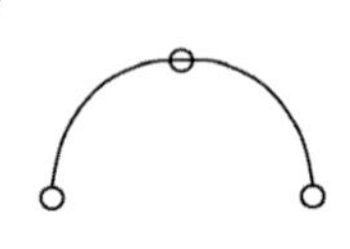

②

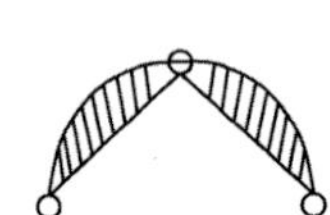

③

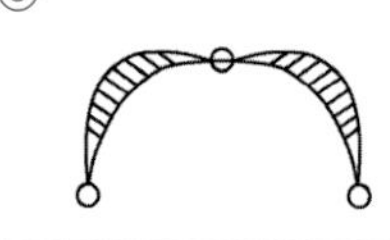

④

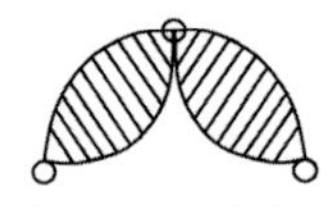

| 해설 | 포물선형 3힌지아치에 등분포하중이 작용하면 전단력과 휨모멘트는 생기지 않고 축방향 압축력만 생긴다.

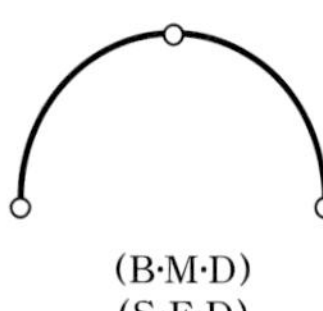

(B·M·D)
(S·F·D)

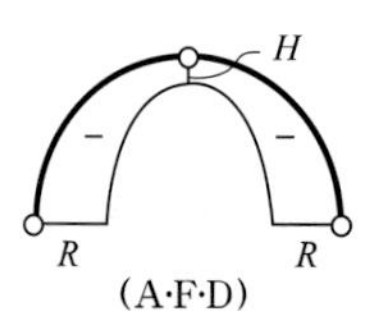

(A·F·D)

답 : ①

8 타이드 아치

타이드 아치에서 수평재(Tie member)가 받는 인장력은 3힌지 아치의 수평 반력과 같다.

구 조 물	AB 부재력(인장)
P C h A B l/2 l/2	$AB=\dfrac{Pl}{4h}$
w C h A B l/2 l/2	$AB=\dfrac{wl^2}{8h}$

핵심예제 5-10 [13 서울시 9급]

그림과 같은 타이드 아치에서 타이 케이블의 장력은?

① 5kN
② 6kN
③ 7kN
④ 8kN
⑤ 9kN

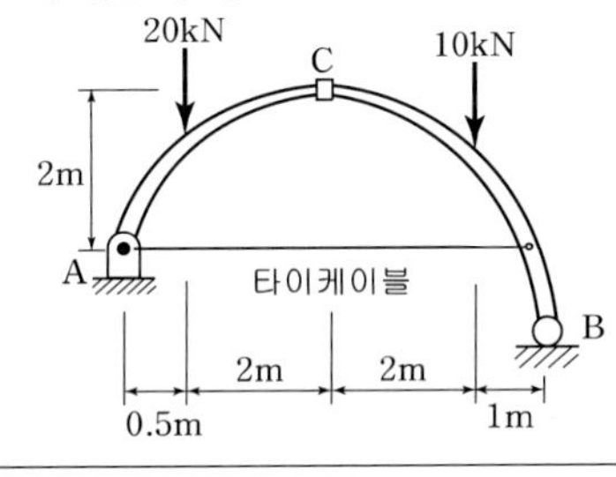

| 해설 | (1) 지점반력 : $\Sigma M_B=0$: $V_A(5.5)-20(5)-10(1)=0$ $\therefore$ $V_A=20\text{kN}(\uparrow)$

(2) 타이 케이블의 장력 : $\Sigma M_{C(좌)}=0$: $V_A(2.5)-20(2)-T(2)=0$ $\therefore$ $T=5\text{kN}(\uparrow)$

별해 케이블의 일반정리를 적용하면

$$T=\frac{\text{유사단순보의 휨모멘트}}{\text{종거}}=\Sigma\frac{Pab}{Lh}=\frac{20(0.5)(3)+10(2.5)(1)}{5.5(2)}=5\text{kN}$$

여기서, 종거는 구하는 부재와 $BM=0$을 취하는 점 사이의 거리이므로 2m이다.

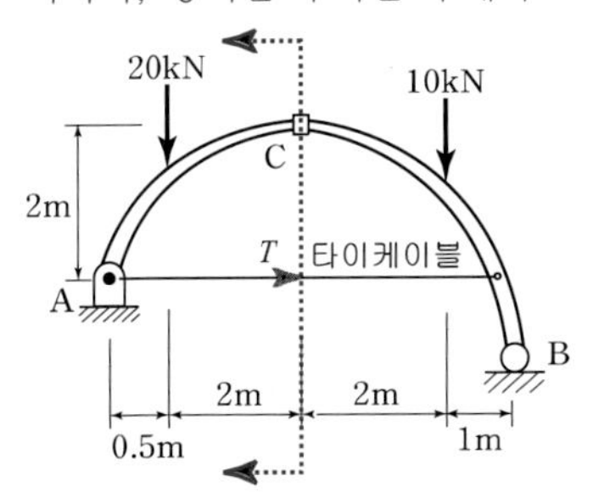

답 : ①

5.3 케이블

1 정의

송전선이나 케이블카의 케이블과 같이 전단력이나 휨모멘트에는 저항하지 못하고 오로지 축방향 인장력에만 저항하는 구조물을 케이블이라 한다.

$\therefore$ 전단력$(SF)=0$, 휨모멘트$(BM)=0$, 축방향력$(AF)>0$(인장)

2 케이블의 일반정리

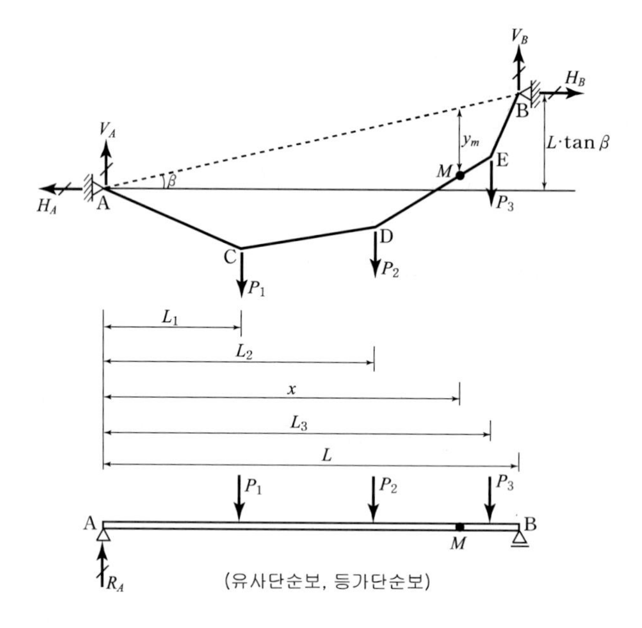

(유사단순보, 등가단순보)

(1) 케이블에서 평형방정식에서 구성하면

$\Sigma H=0$: $H_A=H_B$

$$\Sigma M_B=0:\ V_A(L)+H_A(L\tan\beta)=\sum_{i=1}^{3}P_i(L-L_i)$$

$$\therefore\ V_A=\sum_{i=1}^{3}\frac{P_i(L-L_i)}{L}-H_A\tan\beta\ \cdots\ ①식$$

$$\Sigma BM_{M(좌)}=0\ :\ V_A(x)+H_A(x\tan\beta-y_m)=\sum_{i=1}^{2}P_i(x-L_i)\ \cdots\ ②식$$

①식을 ②식에 대입하면

$$H_A y_m=\frac{x}{L}\sum_{i=1}^{3}P_i(L-L_i)-\sum_{i=1}^{2}P_i(x-L_i)\ \cdots\ ③식$$

(2) 유사단순보에서

$$\sum M_B = 0: \; R_A(L) = \sum_{i=1}^{3} P_i(L - L_i)$$

$$\therefore R_A = \sum_{i=1}^{3} \frac{P_i(L - L_i)}{L}$$

$$BM_M = R_A(x) - \sum_{i=1}^{2} P_i(L - L_i)$$

$$= \frac{x}{L}\sum_{i=1}^{3} P_i(L - L_i) - \sum_{i=1}^{2} P_i(x - L_i) \quad \cdots \text{ ④식}$$

여기서, ③식의 우항과 ④식이 같으므로 이를 정리하면

$H_A y_m = BM_M$에서 $H_A = \dfrac{BM_M}{y_m}$

이와 같이 장력의 수평성분은 수평 반력과 같으며 그 크기는 유사단순보의 휨모멘트를 그 점의 종거로 나눈 것과 같다는 것을 케이블의 일반정리라 한다.

$$\text{수평반력} = \text{장력의 수평성분} = \frac{\text{유사 단순보의 휨모멘트}}{\text{그 점의 종거}}$$

$$\therefore H = T_h = \frac{M_C}{y_C} = \frac{M_D}{y_D} = \frac{M_E}{y_E} = \text{일정}$$

(3) 케이블의 수직반력

중첩을 적용하여 구한다.

① 수직하중 : 유사단순보의 반력과 같다.

② 수평반력 : 우력모멘트를 지간거리로 나눈 것과 같다.

➡ 중심에서 먼 쪽은 ①+②, 중심에서 가까운 쪽은 ①-②를 한다.

3 케이블의 출제 유형

(1) 케이블의 수평반력 (=장력의 수평성분)

$$R_h = T_h = \frac{M_{\text{유사}}}{y_{\text{종거}}} = \text{일정}$$

여기서, $M_{\text{유사}}$: 휨저항성이 없으면서, 종거를 아는 점에서 계산한 유사단순보의 휨모멘트

$y_{\text{종거}}$: 두 지점을 이었을 때 부재와의 간격

보충 종거는 구하는 값에 곱하는 숫자라 할 때 휨모멘트가 0이라는 조건을 이용한다면 구하는 부재가 경사진 경우는 수평분력을 구해서 수직거리를 곱한다는 관점에서 종거는 모멘트를 0으로 취하는 점과 구하는 부재의 수평성분 사이의 수직거리라 할 수 있다.

(2) 케이블의 종거

$$R_h = T_h = \frac{M_{유사}}{y_{종거}} = 일정 \quad \therefore \ y_{종거} \propto M_{유사}$$

➡ 종거는 유사단순보의 휨모멘트 크기에 비례한다.

(3) 케이블의 장력 : 피타고라스의 정리를 이용

$$T = \sqrt{T_h^2 + T_v^2}$$

➡ 구점을 절단하였을 때 한쪽 성분의 합을 이용한다.

(4) 케이블의 최대장력 (=최대반력)

케이블에서 장력의 수평성분은 일정하므로 장력의 수직성분이 최대가 되는 부재에서 최대 장력이 발생한다. 장력의 수직성분은 지점에 접하는 부재에서 최대가 되므로 결국 최대 반력과 같다.

$$\therefore \ T_{\max} = R_{\max} = \sqrt{(H)^2 + (V_{\max})^2}$$

핵심예제 5-11 [14 국가직 9급]

그림과 같은 포물선 케이블에 수평방향을 따라 전 구간에 걸쳐 연직방향으로 8N/m의 등분포하중이 작용하고 있다. 케이블의 최소 인장력의 크기[kN]는? (단, 케이블의 자중은 무시하며, 최대 새그량을 2m이다)

① 2,000
② 3,000
③ 4,000
④ 5,000

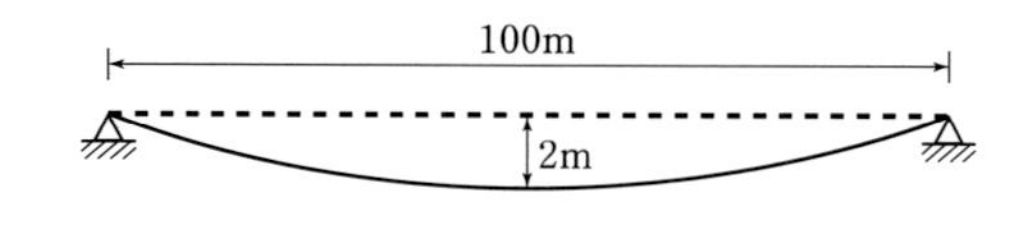

| 해설 | 대칭 케이블이므로 최소인장력은 수직성분이 상쇄되는 중앙에서 발생한다. 따라서 수평반력과 같은 값을 갖으므로 케이블의 일반정리를 적용하면

$$\therefore \ T_{\min} = H = \frac{M_{유사보}}{y_{종거}} = \frac{wL^2}{8s} = \frac{8(100^2)}{8(2)} = 5{,}000\,\mathrm{N}$$

답 : ④

4 케이블의 응용

(1) 3활절 구조의 수평반력 계산

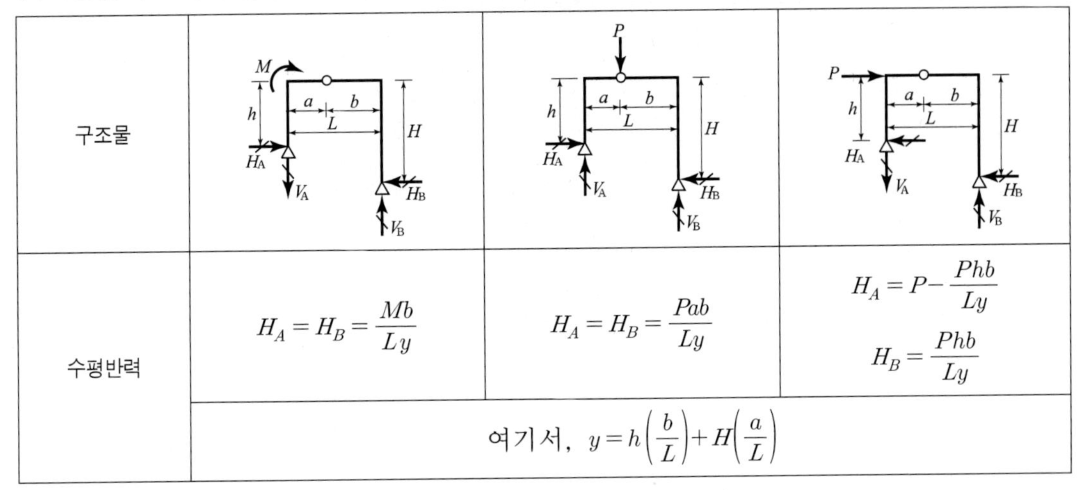

구조물	(M 작용)	(P 연직 작용)	(P 수평 작용)
수평반력	$H_A = H_B = \dfrac{Mb}{Ly}$	$H_A = H_B = \dfrac{Pab}{Ly}$	$H_A = P - \dfrac{Phb}{Ly}$ $H_B = \dfrac{Phb}{Ly}$
	여기서, $y = h\left(\dfrac{b}{L}\right) + H\left(\dfrac{a}{L}\right)$		

➡ 3활절 구조의 반력을 구할 때는 반력의 방향을 먼저 잡는다.

핵심예제 5-12 [15 지방직 9급]

다음과 같이 C점에 내부 힌지를 갖는 라멘에서 A점의 수평반력[kN]의 크기는? (단, 자중은 무시한다)

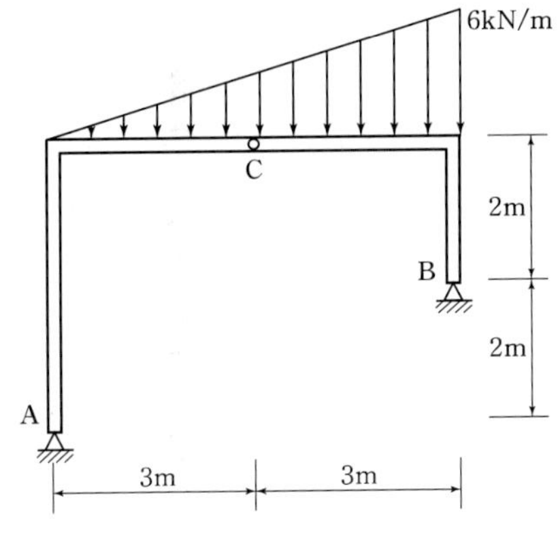

① 5.5
② 4.5
③ 3.5
④ 2.5

| 해설 | 케이블의 일반정리를 이용하면

$$H_B = \frac{M_C}{y_C} = \frac{wL^2}{16y_C} = \frac{6(6^2)}{16(3)} = 4.5\,\text{N}$$

여기서, 종거 $y = y_C = 2\left(\dfrac{1}{2}\right) + 4\left(\dfrac{1}{2}\right) = 3\,\text{m}$

답 : ②

핵심예제 5-13 [14 서울시 9급]

그림과 같은 3힌지 아치에서 A점에 작용하는 수평반력 H_A는?

① $H_A = \dfrac{wL^2}{6h}(\rightarrow)$

② $H_A = \dfrac{wL^2}{8h}(\leftarrow)$

③ $H_A = \dfrac{wL^2}{8h}(\rightarrow)$

④ $H_A = \dfrac{wL^2}{6h}(\leftarrow)$

⑤ $H_A = \dfrac{wL^2}{10h}(\rightarrow)$

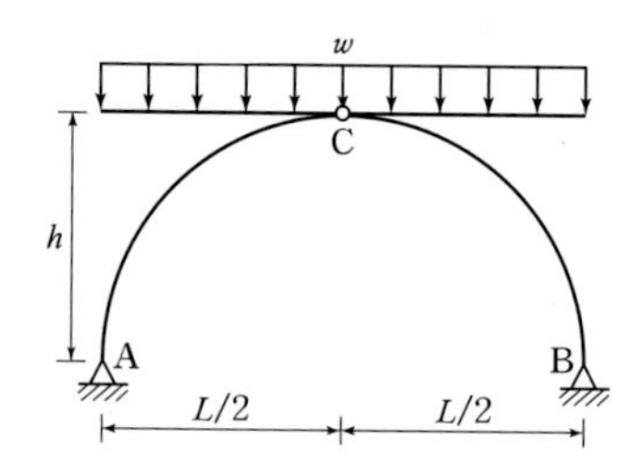

| 해설 | 수평반력의 방향은 하중에 의해 벌어지는 것을 막기 위해 모이는 방향이므로 A점은 우향(→)이다.

∴ ②, ④는 탈락

힌지점 C에서는 휨에 대한 저항성이 없으므로 케이블의 일반정리를 적용하면

$$H_A = \frac{M_{유사}}{h} = \frac{wL^2}{8h}(\rightarrow)$$

답 : ③

핵심예제 5-14 [15 서울시 9급]

다음 3활절 아치 구조에서 B지점의 수평반력은?

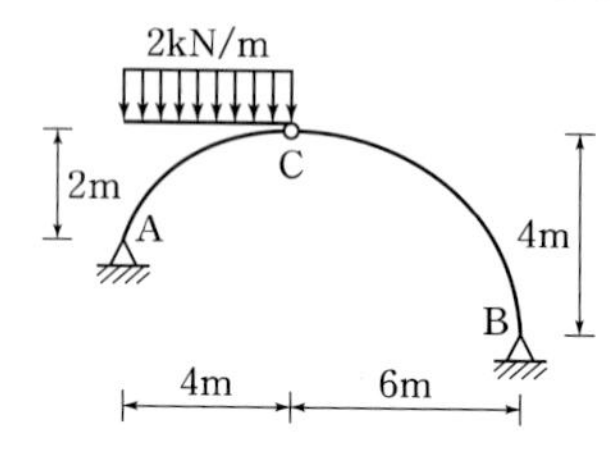

① $\dfrac{24}{7}$kN

② $\dfrac{25}{7}$kN

③ $\dfrac{26}{7}$kN

④ $\dfrac{27}{7}$kN

| 해설 | 케이블의 일반정리를 이용하면

$$H_B = \frac{M_{유사}}{y} = \frac{Pab}{Ly} = \frac{8(2)(6)}{10\left(\frac{14}{5}\right)} = \frac{24}{7}\text{kN}$$

여기서, 종거 $y = y_C = 2\left(\dfrac{6}{10}\right) + 4\left(\dfrac{4}{10}\right) = \dfrac{14}{5}$ m

답 : ①

핵심예제 5-15 [16 국가직]

그림과 같은 3힌지 라멘구조에서 A지점의 수평반력[kN]의 크기는? (단, 자중은 무시한다)

① 2.50
② 6.67
③ 10.00
④ 14.44

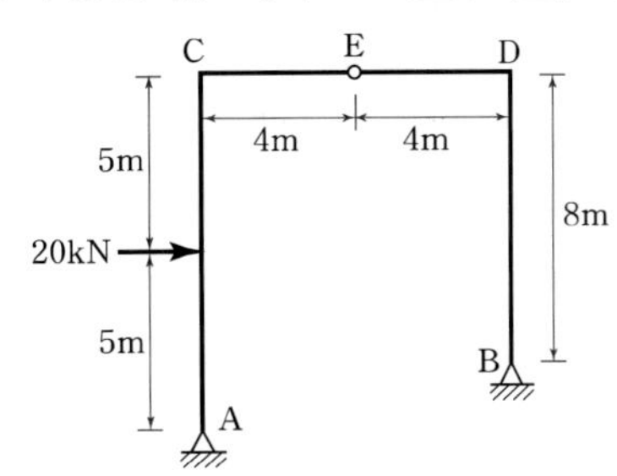

| 해설 | (1) B점의 수평반력 : 케이블의 일반정리를 이용하면

$$H_B = \frac{20(5) \times \frac{1}{2}}{18 \times \frac{1}{2}} = 5.56\text{kN}$$

(2) A점의 수평반력 : 수평력 평형조건에서

$H_A = P - H_B = 20 - 5.56 = 14.44\text{kN}$

답 : ④

(2) 타이드 아치의 수평부재력 계산

구 조 물	AB 부재력(인장) = 3힌지아치의 수평반력
	$AB = \dfrac{Pl}{4h}$
	$AB = \dfrac{wl^2}{8h}$

(3) 트러스의 수평부재력 계산

구조물의 형태	부재력
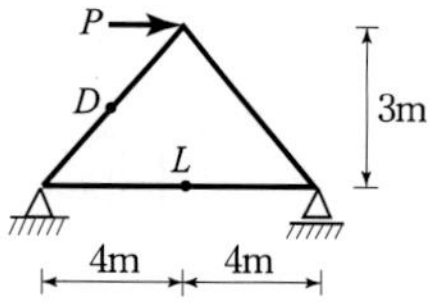 P, D, L, 3m, 4m, 4m	• $L = \frac{P}{2}$ (인장) • $D = \frac{P}{2}\left(\frac{5}{4}\right) = \frac{5}{8}P$ (인장)
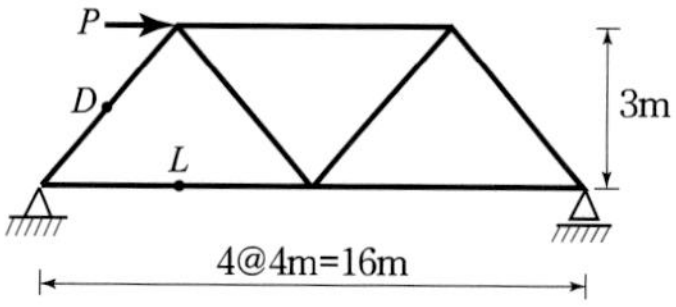 P, D, L, 3m, 4@4m=16m	• $L = \frac{3}{4}P$ (인장) • $D = \frac{P}{4}\left(\frac{5}{4}\right) = \frac{5}{16}P$ (인장)

출제 및 예상문제

출제유형단원

- ☐ 정정라멘
- ☐ 정정아치
- ☐ 케이블

내친김에 문제까지 끝내보자!

1 그림과 같은 정정 라멘 구조물에서 BC 부재에 발생하는 최대 휨모멘트 [kN·m]는? (단, 라멘 구조물의 자중은 무시한다) [11 지방직 9급]

① 31.25
② 31.5
③ 31.75
④ 32.0

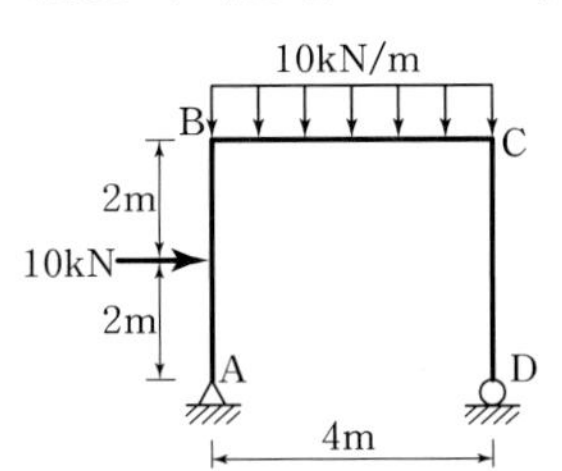

2 다음과 같은 프레임 구조물에 분포하중 4kN/m와 집중하중 5kN이 작용할 때, 프레임 구조물 ABCD에 발생하는 정성적인 휨모멘트선도(BMD)로 가장 유사한 것은? (단, E점은 내부힌지이다) [14 지방직 9급]

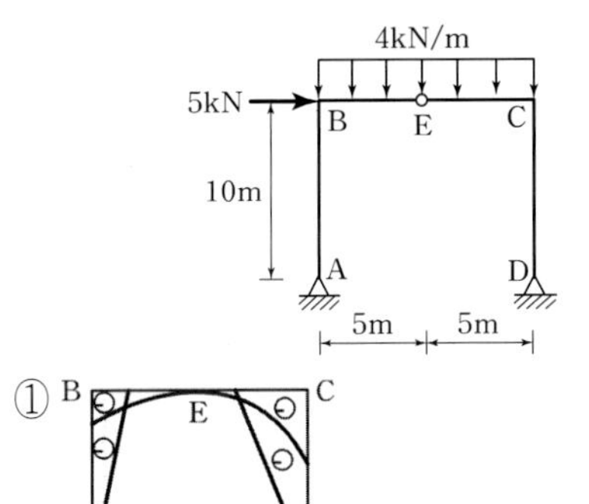

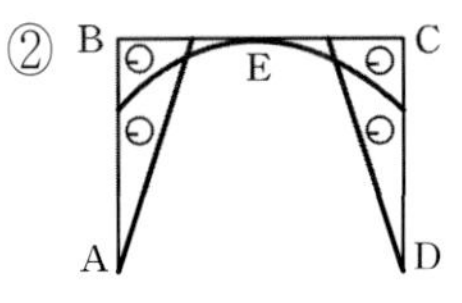

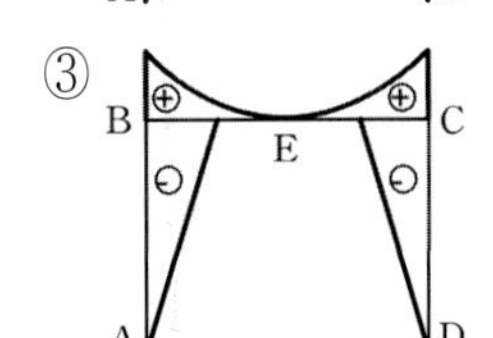

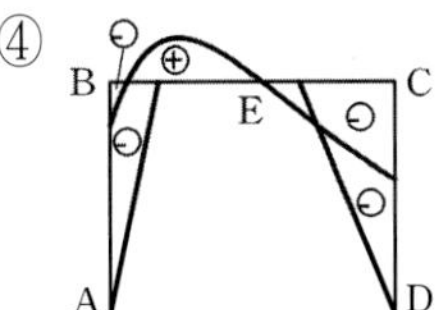

정답 및 해설

해설 1

(1) 지점반력

$\sum M_A = 0$:

$-R_D(4) + 10(4) \times (2) + 10(2) = 0$

$\therefore R_D = 25\,\text{kN}(\uparrow)$

(2) 최대 휨모멘트 발생위치

원점을 C점으로 하여 전단력이 0이 되는 위치를 구하면

$R_D - 10x = 0$에서

$x = 2.5\,\text{m}$

(3) 최대 휨모멘트

$$M_{\max} = R_D\left(\frac{2.5}{2}\right) = 25\left(\frac{2.5}{2}\right) = 31.25\,\text{kN·m}$$

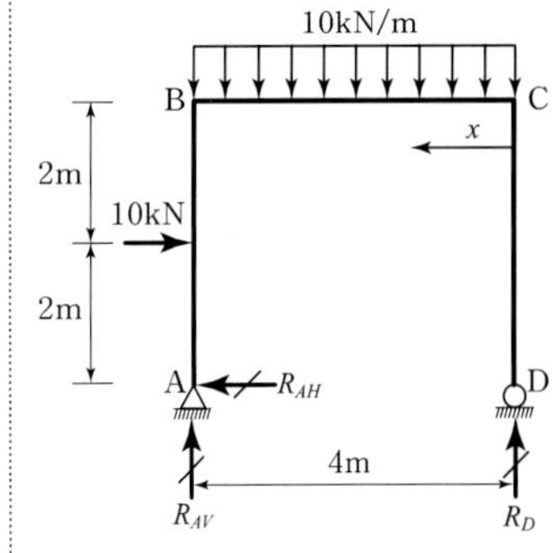

해설 2

- 한 절점에 모이는 모멘트는 같아야 한다. ∴ ③ 탈락
- A점의 수평반력이 D점 수평반력보다 작다. ∴ ② 탈락
- 보의 휨모멘트도는 좌측에서 변곡점을 갖는다. ∴ ① 탈락

정답 1. ① 2. ④

정 답 및 해 설

3 다음과 같은 타이드 아치에서 수평부재 AB가 받는 인장력[kN]은?

[서울시]

① 2
② 4
③ 8
④ 10
⑤ 12

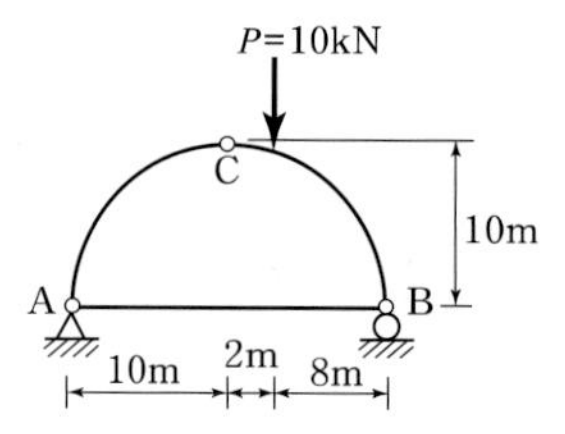

해설 **3**

$\Sigma M_B = 0$: $V_A(20) - 10(8) = 0$

$\therefore V_A = 4\text{kN}(\uparrow)$

$\Sigma M_{C(좌)} = 0$:

$V_A(10) - AB(10) = 0$

$\therefore AB = 4\text{kN}$ (인장)

보충 영향선에 의한 방법

$$AB = \frac{M_C}{h} = \frac{Pab}{Lh} = \frac{10(10)(8)}{20(10)} = 4\text{kN (인장)}$$

4 다음 그림과 같은 3힌지 아치에서 A점의 수평반력 H_A의 크기[kN]는?

[서울시]

① 1
② 2
③ 3
④ 4
⑤ 5

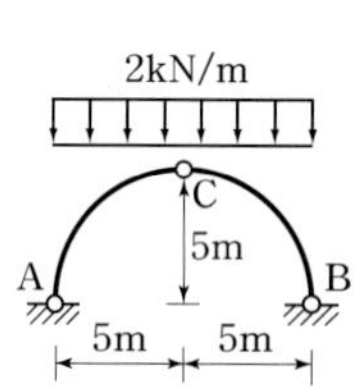

보충 영향선에 의한 방법

$$H_A = \frac{M_C}{h} = \frac{wl^2}{8h} = \frac{2(10^2)}{8(5)} = 5\text{kN}(\rightarrow)$$

해설 **4**

• $\Sigma M_B = 0$:

$V_A(10) - (2 \times 10)(5) = 0$

$\therefore V_A = 10\text{kN}(\uparrow)$

• $\Sigma M_{C(좌)} = 0$:

$10(5) - H_A(5) - 2 \times 5(2.5) = 0$

$\therefore H_A = 5\text{kN}(\rightarrow)$

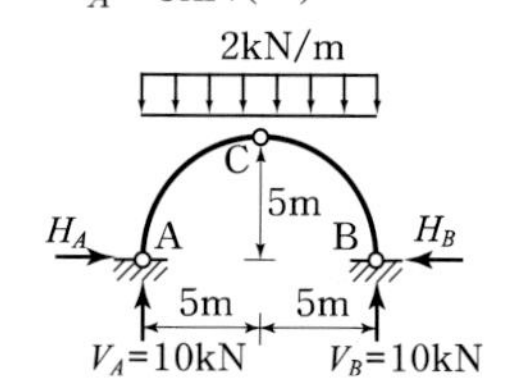

5 다음 3활절 아치에서 등분포하중이 수평으로 작용할 때, A점 수평반력의 크기는?

[10 서울시 9급]

① 2tf
② 3tf
③ 4tf
④ 5tf
⑤ 6tf

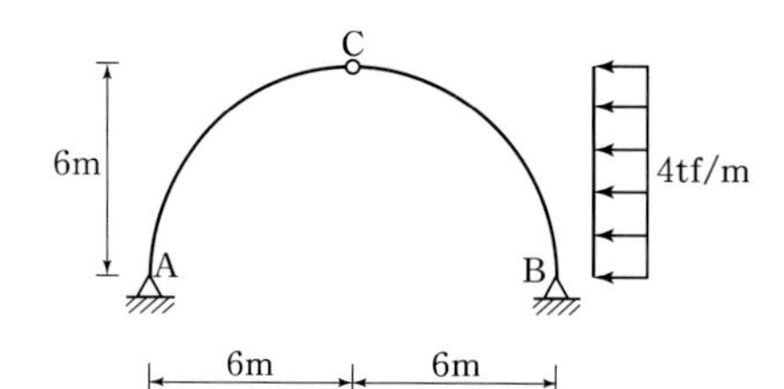

해설 **5**

$\Sigma M_B = 0$:

$V_A(12) - 4(6)(3) = 0$

$V_A = 6\text{kN}(\uparrow)$

$M_{C(왼쪽)} = 0$:

$H_A(6) - V_A(6) = 0$

$H_A = 6\text{kN}(\rightarrow)$

정답 3. ② 4. ⑤ 5. ⑤

6 그림과 같은 3힌지 아치에서 지점 B의 수평반력은? (단, 아치의 자중은 무시한다) [15 국가직 9급]

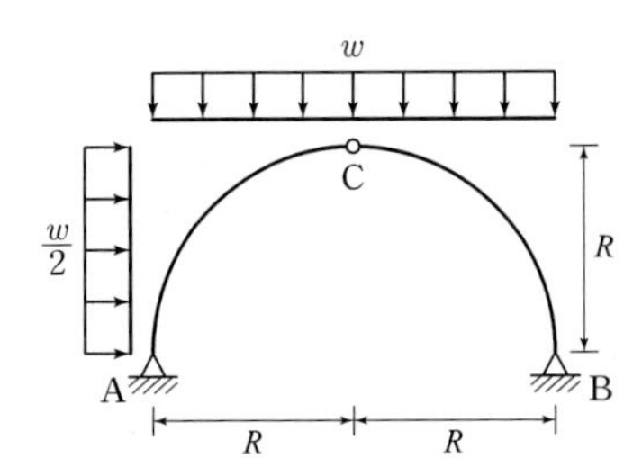

① $\frac{7}{8}wR(\leftarrow)$ ② $\frac{5}{8}wR(\leftarrow)$

③ $\frac{3}{8}wR(\rightarrow)$ ④ $\frac{1}{8}wR(\rightarrow)$

7 다음과 같은 케이블에서 A점의 수직반력 V_A와 수평반력 H_A의 크기는? [10 서울시 9급]

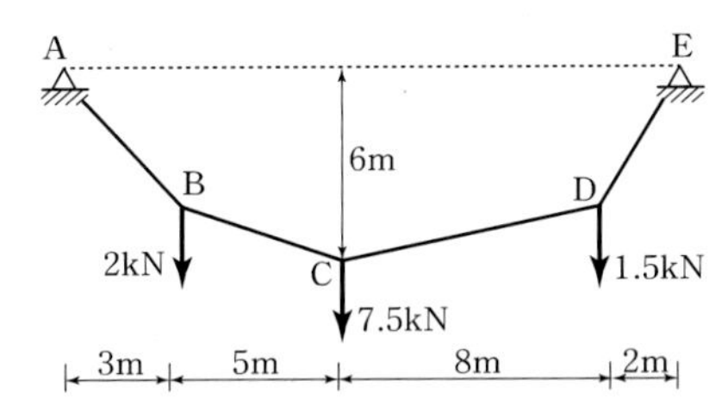

① $V_A = 6\,\text{kN},\ H_A = 6.33\,\text{kN}$

② $V_A = 6\,\text{kN},\ H_A = 12.66\,\text{kN}$

③ $V_A = 12\text{kN},\ H_A = 6.33\,\text{kN}$

④ $V_A = 12\,\text{kN},\ H_A = 12.66\,\text{kN}$

⑤ $V_A = 10\,\text{kN},\ H_A = 6.33\,\text{kN}$

정 답 및 해 설

해설 **6**

수직하중과 수평하중으로 나누어 케이블의 일반정리를 적용하면

$$H_B = \frac{w(2R)^2}{8R} + \frac{\frac{1}{2}\cdot\frac{w}{2}R^2\left(\frac{1}{2}\right)}{R}$$

$$= \frac{5}{8}wR(\leftarrow)$$

보충 A점의 수평반력

$$H_A = \frac{wR}{2} - \frac{5wR}{8} = -\frac{wR}{8}(\rightarrow)$$

해설 **7**

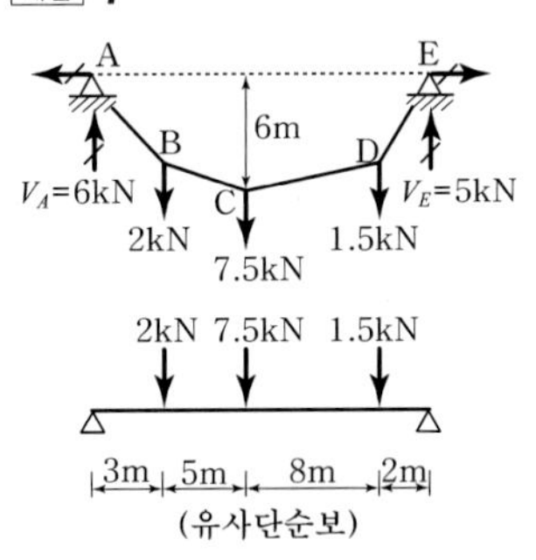

(1) A점 수직반력

$\Sigma M_E = 0$:

$V_A(18) - 2(15) - 7.5(10)$

$-1.5(2) = 0$

$V_A = 6\,\text{kN}$

(2) 케이블의 수평반력

$= \frac{\text{유사단순보의 휨모멘트}}{\text{종거}}$

$= \frac{2(3)(10) + 7.5(8)(10)}{18(6)}$

$+ \frac{1.5(8)(2)}{18(6)}$

$= 6.33\,\text{kN}$

또는 $\Sigma M_{C(\text{좌})} = 0$에서

$6(8) - 2(4) - H_A(6) = 0$

$\therefore\ H_A = 6.33\,\text{kN}$

정답 6. ② 7. ①

8 다음 그림과 같이 힘이 작용하는 구조물에서 부재 AB와 BC에 걸리는 부재력[kN] F_{AB}, F_{BC} 는? (단, 부재의 자중과 도르래의 마찰은 무시한다.)

[12 지방직 9급]

F_{AB}	F_{BC}
① 1(인장)	1(압축)
② 1(압축)	1(인장)
③ 3(인장)	1(압축)
④ 3(압축)	1(인장)

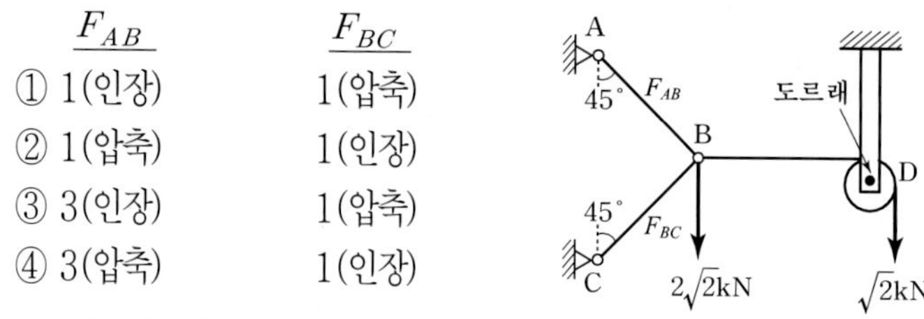

해설 중첩을 이용하여 부재력을 계산한다.

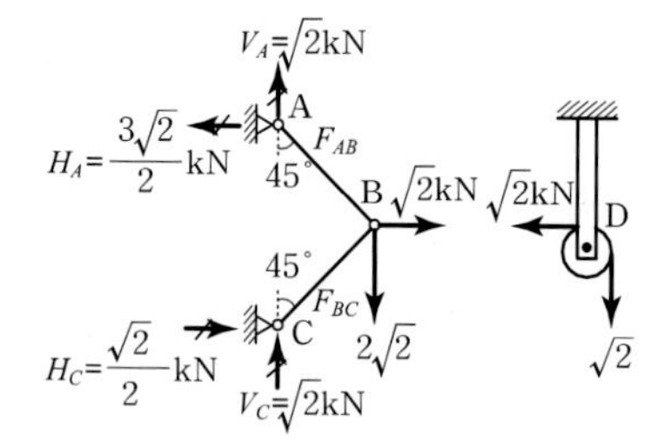

(1) 힘 $\sqrt{2}$kN에 대한 부재력

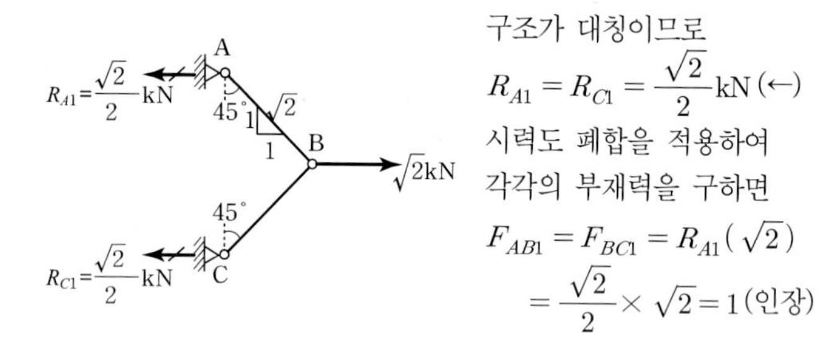

구조가 대칭이므로

$R_{A1}=R_{C1}=\dfrac{\sqrt{2}}{2}\text{kN}(\leftarrow)$

시력도 폐합을 적용하여 각각의 부재력을 구하면

$F_{AB1}=F_{BC1}=R_{A1}(\sqrt{2})$

$=\dfrac{\sqrt{2}}{2}\times\sqrt{2}=1$(인장)

(2) 힘 $2\sqrt{2}$kN에 대한 부재력

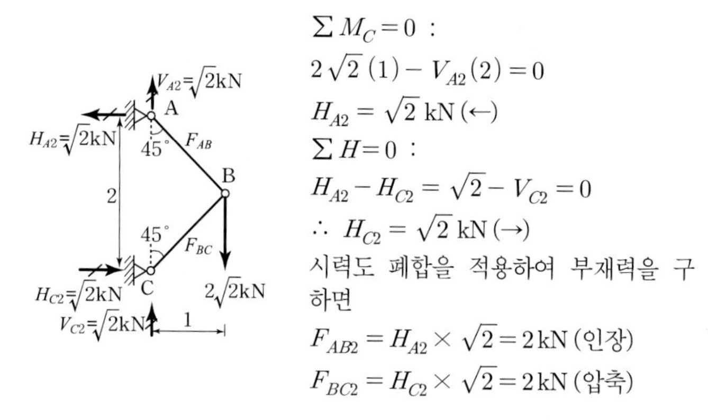

$\sum M_C=0$:

$2\sqrt{2}(1)-V_{A2}(2)=0$

$H_{A2}=\sqrt{2}\text{ kN}(\leftarrow)$

$\sum H=0$:

$H_{A2}-H_{C2}=\sqrt{2}-V_{C2}=0$

$\therefore\ H_{C2}=\sqrt{2}\text{ kN}(\rightarrow)$

시력도 폐합을 적용하여 부재력을 구하면

$F_{AB2}=H_{A2}\times\sqrt{2}=2\text{kN}$(인장)

$F_{BC2}=H_{C2}\times\sqrt{2}=2\text{kN}$(압축)

∴ 최종 부재력

$F_{AB}=F_{AB1}+F_{AB2}=1+2=3\text{kN}$(인장)

$F_{BC}=F_{BC1}+F_{BC2}=1-2=-1\text{kN}$(압축)

정답 8. ③

Chapter 06

트러스

트러스

6.1 개요

1 정의

길이에 비해서 단면이 작은 부재를 마찰이 없는 활절(힌지 또는 핀)로 연결한 구조물을 삼각형 모양으로 연결한 뼈대 구조물을 트러스라 한다.

2 평면 트러스의 기본형과 연장

안정한 평면트러스의 기본형은 3개의 부재와 3개의 힌지이며, 트러스의 연장은 1개의 힌지와 2개의 부재가 생성되는 방식으로 연장되어야 안정성을 유지할 수 있다.

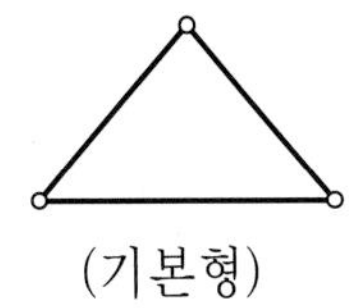

(기본형)

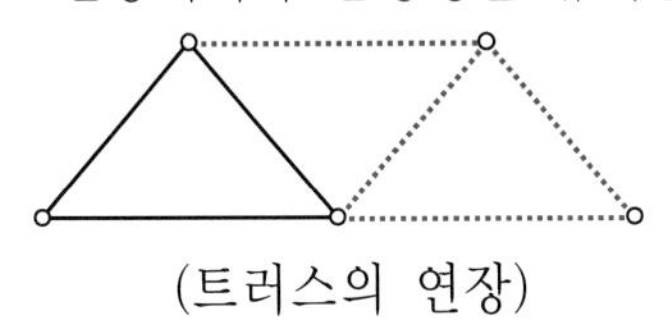

(트러스의 연장)

3 트러스의 명칭

(1) 현재(chord member)

주트러스의 위·아래에 있는 부재로 외측에 배치되는 부재이다.

상현재 (U) : 상부에 배치된 수평재
하현재 (L) : 하부에 배치된 수평재

(2) 복부재(web member)

상·하부의 현재를 연결하는 부재로 내측에 배치되는 부재이다.

사　재 (D) : 경사 배치된 부재
수직재 (V) : 수직 배치된 부재

(3) 격점(pannel point)

현재와 복부재를 연결하는 점으로 절점이라고도 한다.

(4) 격간(pannel)과 격간장

두 격점 사이를 격간이라 하고 격간 사이의 거리를 격간장 또는 격간 길이라고 한다.

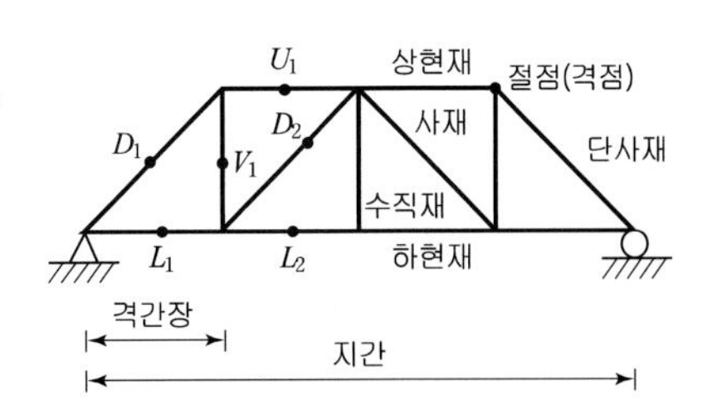

4 트러스의 종류

(1) 차량 이동 경로에 따른 분류

- 상로 트러스
- 중로 트러스
- 하로 트러스
- 2층 트러스

(2) 현재의 배치 형태에 따른 분류

- 직현트러스 : 상·하현재가 평행한 트러스
- 곡현트러스 : 상·하현재가 평행하지 않는 트러스

(3) 복부재의 배치 형태에 따른 분류

① 프랫 트러스(pratt truss)

복부재의 사재가 중앙을 향해 아래로 배치되는 트러스로 강교에 널리 사용된다. 보통 사재가 인장, 수직재가 압축을 받는다.

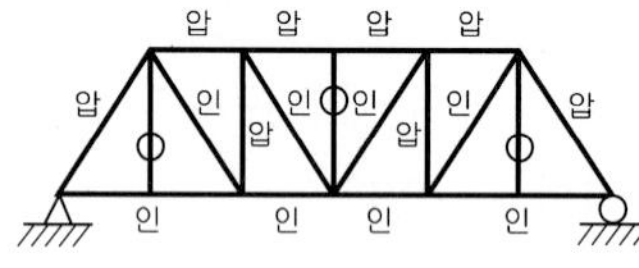

압 : 압축재
인 : 인장재

② 하우 트러스(howe truss)

프랫 트러와 사재의 방향을 반대로 배치한 트러스로 목조교에 널리 사용된다. 보통 사재가 압축, 수직재가 인장을 받는다.

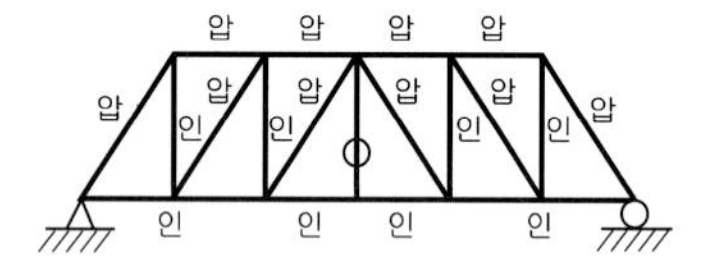

압 : 압축재
인 : 인장재

③ 와렌 트러스(warren truss)

부재를 이등변 삼각형으로 구성한 트러스로 부재수가 가장 적게 소요되어 연속 교량에 사용한다. 그러나 현재의 길이가 길어서 강성이 작은 단점이 있다.

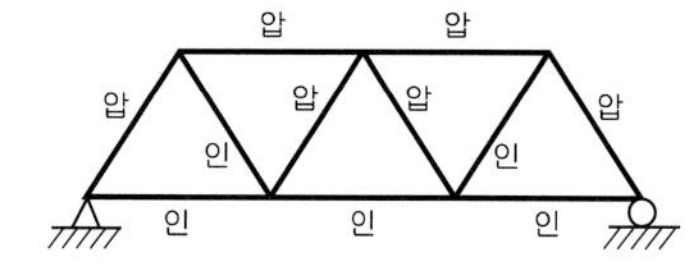

압 : 압축재
인 : 인장재

④ K-트러스(K-truss)

복부재의 길이 조절이 가능하나 미관상 좋지 않으므로 주트러스로는 잘 쓰이지 않고 가로 브레이싱(상횡구)으로 주로 쓰인다.

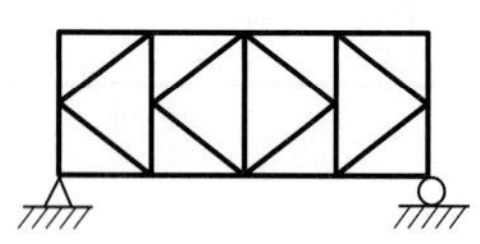

⑤ 킹-포스트 트러스 (king-post truss)

목조 지붕 설계에 사용한다.

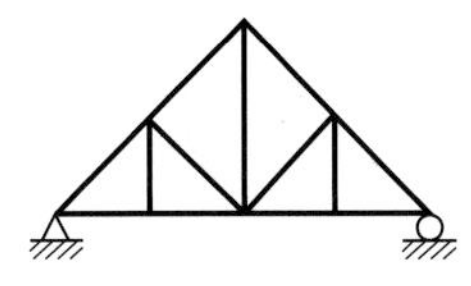

⑥ 기타트러스

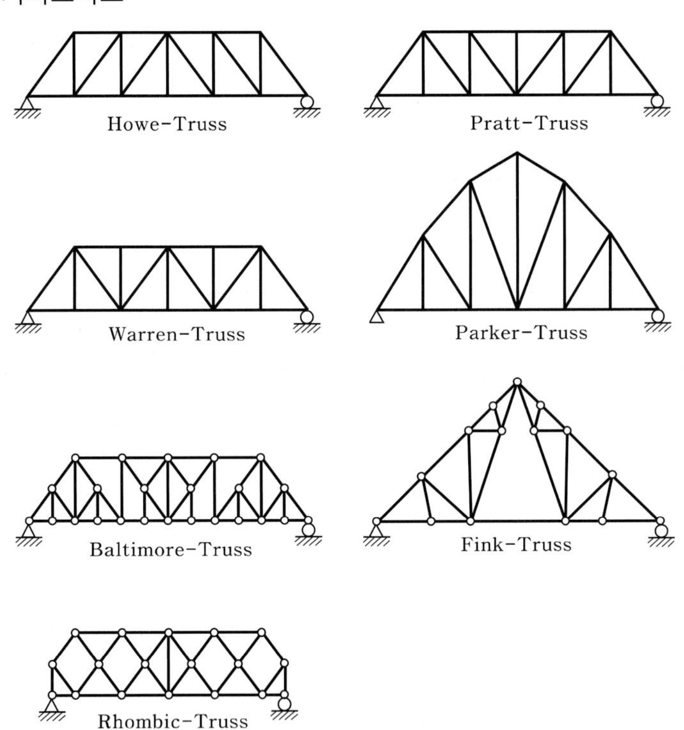

5 트러스의 일반적인 부호

단순지지 되는 트러스에서 지점반력에 의한 트러스의 부호

트러스의 종류	복부재 부호		현재 부호	
	경사재	수직재	상현재	하현재
하우트러스	압축	인장	항상 압축	항상 인장
플랫트러스	인장	압축		
특징	복부재의 부호는 번갈아 나타난다. (∴ 시작만 찾으면 됨)		캔틸레버로 지지되면 부호가 바뀐다!!!	

6.2 평면트러스의 해석

트러스에서 반력을 구하고 부재력을 계산하는 것을 말한다.

1 트러스의 해석상 기본가정

(1) 부재는 마찰이 없는 활절(힌지, 핀)로 연결되어 있다.
(2) 부재는 직선재이다.
(3) 하중은 격점(절점)에만 집중하여 작용한다.
(4) 외력과 부재는 동일한 평면 내에 있다.
(5) 트러스에는 축력만 작용한다.(∴전단력=휨모멘트=0)
(6) 트러스의 변형과 자중은 무시한다.

핵심예제 6-1 [13 서울시 9급]

트러스구조물의 정적 해석상의 가정 사항으로 옳지 않은 것은?

① 부재응력은 항상 그 부재의 탄성 응력이내에 있다.
② 하중은 절점에만 작용한다.
③ 절점을 잇는 직선은 부재축과 일치한다.
④ 각 부재는 힌지로 결합되어 자유로이 회전한다.
⑤ 하중이 작용 후 절점의 위치에 미소한 변화가 발생한다.

| 해설 | 트러스 해석에서 자중과 변형은 무시한다.

답 : ⑤

2 트러스의 해석방법

(1) 해석적 방법

① 절점법(격점법) : 각 절점에서 평형방정식($\Sigma V=0$, $\Sigma H=0$)을 적용하여 부재력을 계산하는 방법으로 계산상 착오가 다른 부재에 영향을 준다. 따라서 트러스의 전체 부재력을 계산할 때 주로 사용한다.

② 절단법(단면법) : 절단한 단면을 한쪽에 대하여 평형방정식($\Sigma H=0$, $\Sigma V=0$, $\Sigma M=0$)을 적용하여 부재력을 계산하는 방법으로 계산상의 착오가 다른 부재에 영향을 주지 않는다. 따라서 임의의 부재력을 계산할 때 주로 사용한다.

㉠ 쿨만의 전단력법 : 절단한 단면을 한쪽에 대하여 평형방정식($\Sigma H=0$, $\Sigma V=0$)을 적용하는 방법으로 보통 복부재 부재력 계산에 편리하다.

㉡ 리터의 모멘트법 : 절단한 단면을 한쪽에 대하여 평형방정식($\Sigma M=0$)을 적용하는 방법으로 주로 현재의 부재력 계산에 편리하다.

■ **보충설명** : 절단법(단면법)의 적용 순서

Step1. 구하는 부재를 포함해서 3부재 이하로 절단
Step2. 절단방향으로 화살표하여 인장을 ⊕로 가정
Step3. $\begin{cases} \text{복부재} : \Sigma H=0,\ \Sigma V=0 \text{ 적용} \\ \text{현　재} : \Sigma M=0 \text{ 적용} \end{cases}$
※ **트러스의 부재력 계산**은 등가구조로 바꾸어 해석하면 간단하다.
∴ 사재는 **시력도 폐합**, 현재는 **케이블의 일반정리**를 **이용**한다.

■ **보충설명**

리터의 모멘트법에서 $\Sigma M=0$을 취하는 위치 ➡ $\Sigma M=0$ 을 취하는 점은 미지수가 많이 없어지는 점으로 일반적으로 힘의 출발점이나 교점이 된다.

③ 부재치환법 : 복합 트러스 해석법(대부분 육각형 형상을 이룬다)
격점법이나 단면법을 바로 적용할 수 없는 경우에 적용하는 방법으로 하나의 부재력을 미지수 X로 두고 평형 조건을 이용하여 단면에 작용하는 힘의 관계로부터 절단한 단면의 한쪽에 대해 단면법을 적용하여 부재력을 계산하는 방법이다.
④ 가상일의 방법 : 부정정 트러스 해석 및 변위 계산

(2) 도해적 방법

① 크레모나의 도해법 : 절점법의 일종으로 한 절점에 작용하는 외력과 부재력은 서로 평형을 유지하므로 시력도가 폐합된다.
② 쿨만의 도해법 : 단면법의 일종으로 절단한 단면 한쪽에 작용하는 외력과 부재력은 서로 평형을 유지하므로 시력도와 연력도가 모두 폐합된다.

■ **보충설명**

· 크레모나법 : 시력도 폐합의 의미를 갖는다.
· 쿨만법 : 연력도 폐합의 의미를 갖는다.

(3) 영향선법

영향선을 이용하는 방법으로 주로 최댓값을 계산할 때 사용한다.

핵심예제 6-2 [14 국가직 9급]

다음 트러스 구조물의 상현재 U와 하현재 L의 부재력[kN]은? (단, 모든 부재의 탄성계수와 단면적은 같고, 자중은 무시한다)

	U부재력	L부재력
①	12(압축)	9(인장)
②	12(인장)	6(압축)
③	9(압축)	18(인장)
④	9(인장)	9(압축)

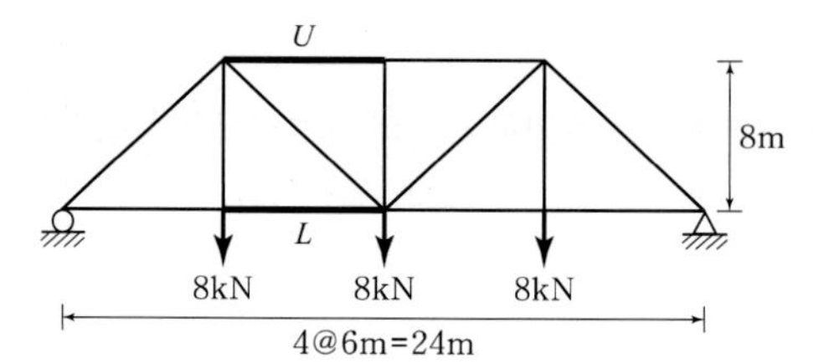

| 해설 | 케이블의 일반정리를 적용하면

$$U = -\frac{8(6)+4(12)}{8} = -12\,\text{kN}(\text{압축})$$

$$L = 12\left(\frac{3}{4}\right) = 9\,\text{kN}(\text{인장})$$

보충 단순지지된 트러스이므로 상현재은 압축이고, 하현재는 인장이다. ∴ ②, ④는 탈락이다.
또한 동일한 종거를 가지므로 모멘트를 취하는 점이 중앙인 상현재가 더 큰 부재력을 갖는다.
∴ 답은 ①이 된다.

답 : ①

핵심예제 6-3 [15 지방직 9급]

다음과 같은 트러스에서 CD부재의 부재력 F_{CD}[kN] 및 CF부재의 부재력 F_{CF}[kN]의 크기는? (단, 자중은 무시한다)

	F_{CD}	F_{CF}
①	6.0	25.0
②	6.0	12.5
③	10.0	25.0
④	10.0	12.5

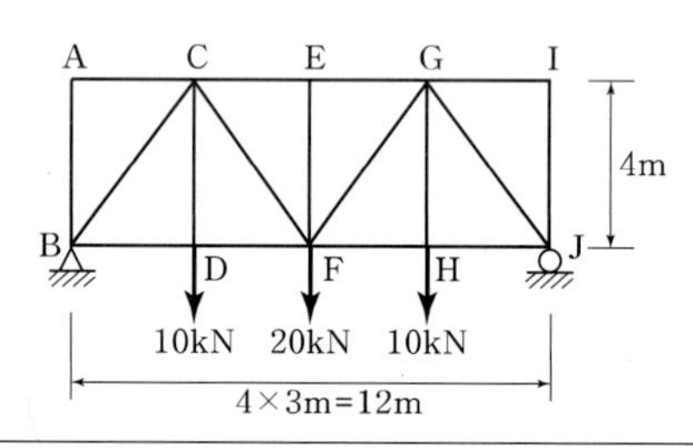

| 해설 | (1) CD의 부재력 : D점에서 수직평형조건을 이용하면

$$F_{CD} = 10\,\text{kN}(\text{인장})$$

(2) CF의 부재력 : B점 수직반력을 구하고 시력도 폐합을 이용하면

$$F_{CF} = 10\left(\frac{5}{4}\right) = 12.5\,\text{kN}(\text{인장})$$

여기서, A점 반력은 대칭이므로 $R_B = \frac{\text{전하중}}{2} = 20\,\text{kN}$

답 : ④

6.3 영부재

1 정의

변형이나 처짐을 감소시키고, 구조적인 안정을 도모하기 위해 부재력이 0인 부재를 배치하는데 이를 영부재라 한다.

2 영부재 판별 3단계

Step1. 반력(R)표시

길이가 주어지지 않는다면 반력의 유·무만을 표시하고 값을 정확히 구할 수 있는 경우는 그 값을 계산한다.

Step2. 세 부재 이하로 절단 후 영부재 확인

부재의 배치 경사에 관계없이 외력과 평행한 부재는 부재력이 존재하지만 외력이 없는 부재는 영부재이다.

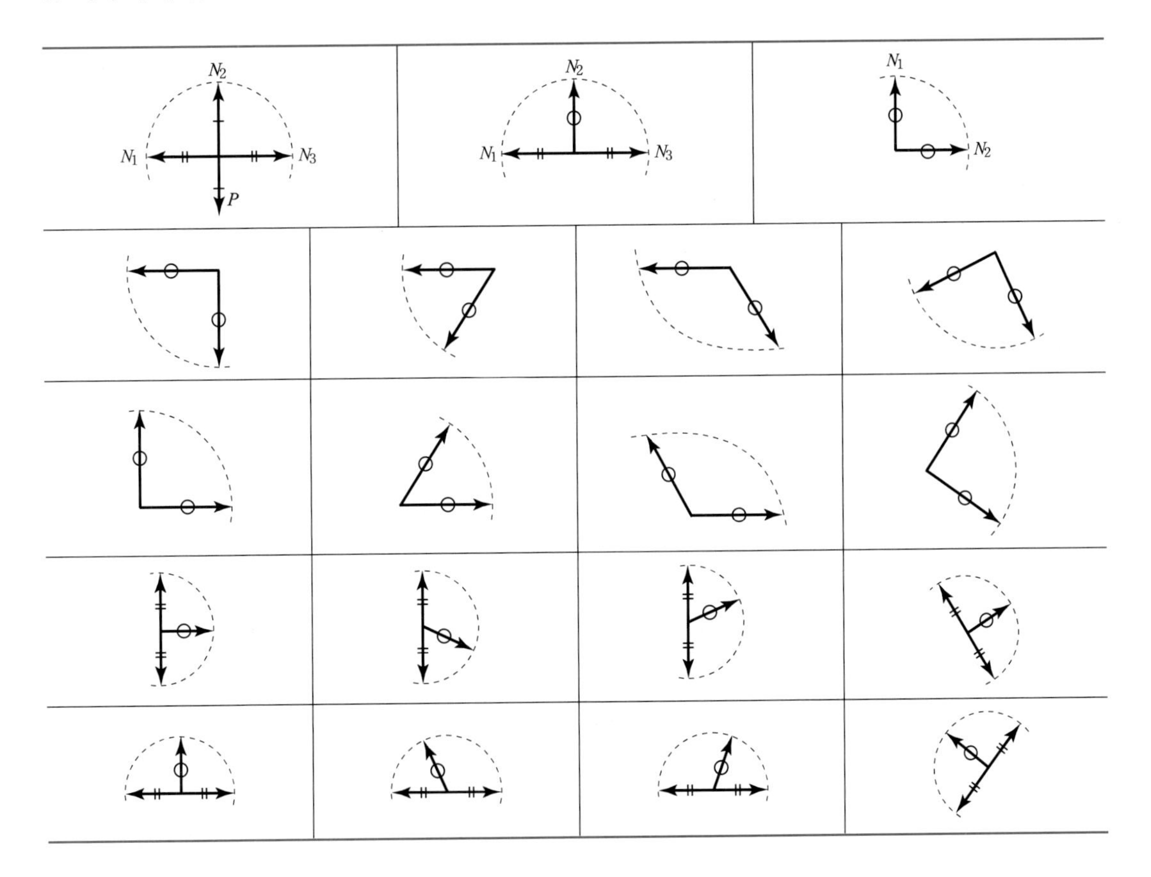

① 외력과 평행한 부재가 있는 점 : 영부재 존재

② 외력과 사재가 있고 평행한 부재가 없는 점 : 영부재 없음

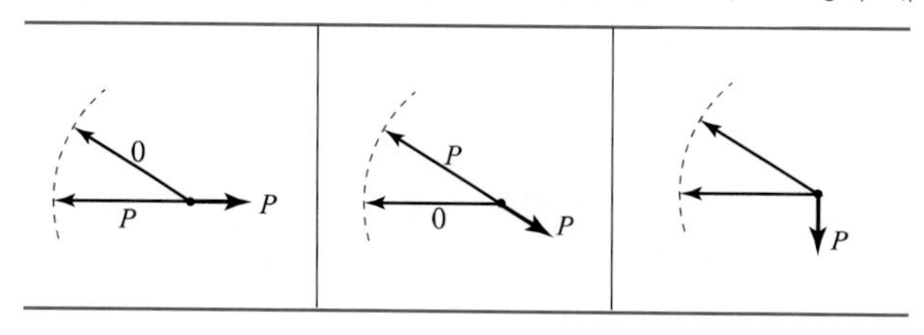

Step3. 영부재를 없애고 각 절점에서 이 과정을 반복

핵심예제 6-4 [13 지방직 9급]

다음 그림과 같은 트러스 구조물에 중앙하중(P)이 재하될 때, 영부재(부재력이 발생하지 않는 부재)의 개수는?

① 1

② 2

③ 3

④ 4

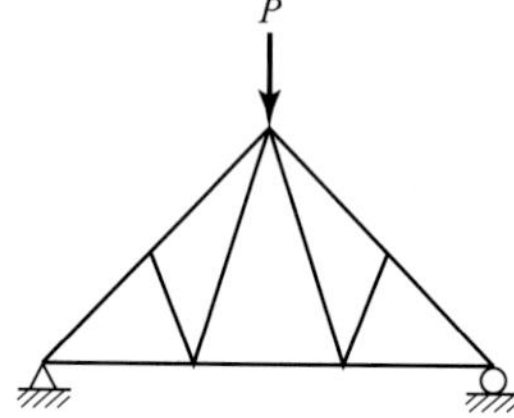

| 해설 | 삼각형의 꼭짓점에 하중이 작용하는 경우는 트러스 내부의 부재는 모두 영부재이므로 4개이다.

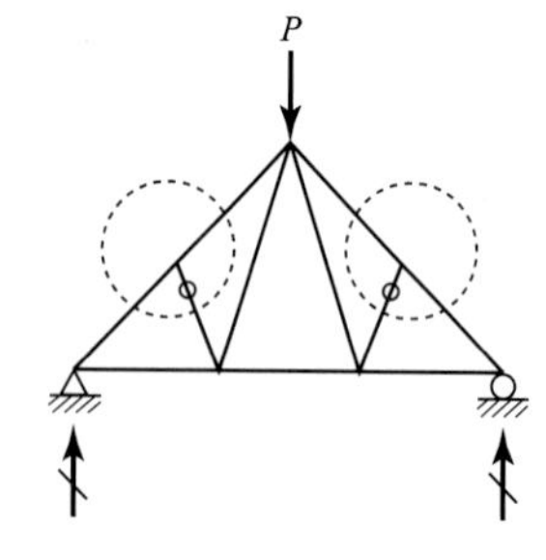

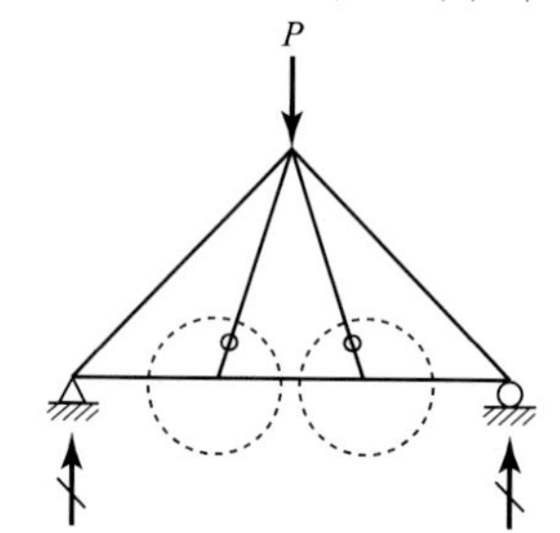

답 : ④

핵심예제 6-5 [13 국가직 9급]

다음과 같이 수직, 수평의 집중하중을 받고 있는 트러스에서 부재력이 0인 부재의 개수는? (단, 자중은 무시한다)

① 6

② 7

③ 8

④ 9

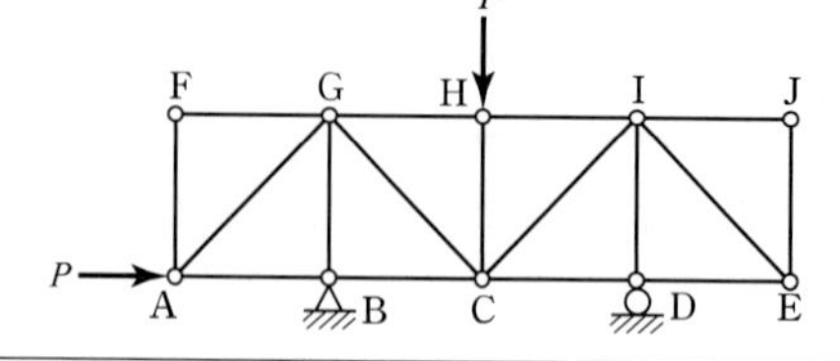

| 해설 | 지점의 반력을 표시하고 각각의 절점에서 평형 조건을 적용하면 영부재수는 총 9개가 된다.

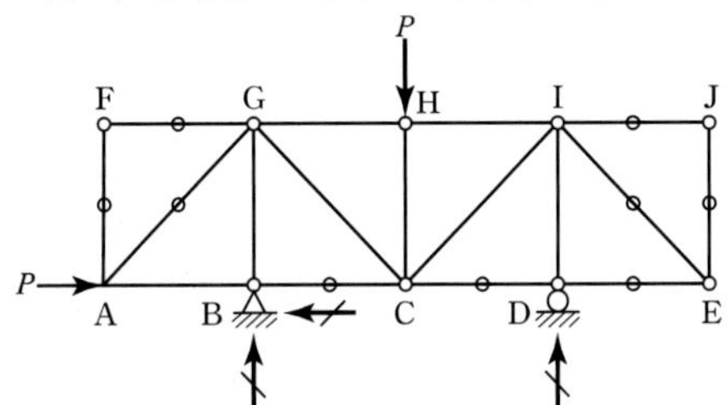

답 : ④

6.4 트러스의 부재력 출제 유형

트러스 부재력 계산은 대칭성 또는 역대칭성을 이용하여 시력도 폐합에 의한 비례법을 적용하는 것이 가장 간단하다.

1 유형 Ⅰ (대칭)

구조물의 형태	부재력
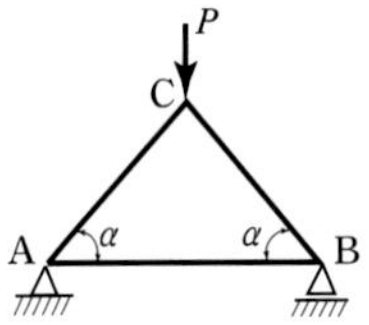 P, C, A, B, α, α	• $AB=\dfrac{P}{2\tan\alpha}$ (인장) • $AC=\dfrac{P}{2\sin\alpha}$ (압축) • $BC=\dfrac{P}{2\sin\alpha}$ (압축)
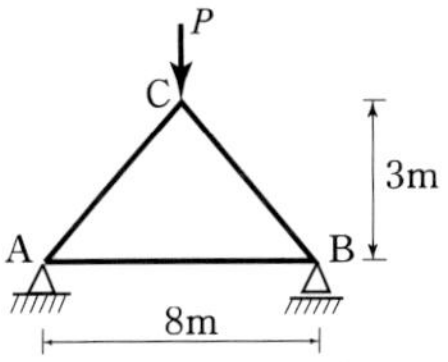 P, C, A, B, 3m, 8m	• $AB=\dfrac{P}{2}\left(\dfrac{4}{3}\right)=\dfrac{2P}{3}$ (인장) • $AC=\dfrac{P}{2}\left(\dfrac{5}{3}\right)=\dfrac{5P}{6}$ (압축) • $BC=\dfrac{P}{2}\left(\dfrac{5}{3}\right)=\dfrac{5P}{6}$ (압축)
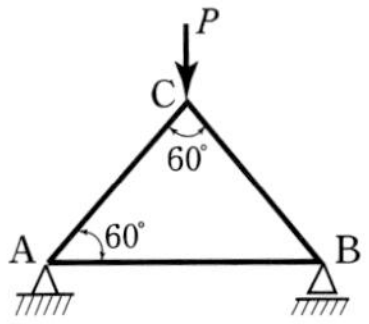 P, C, 60°, A, 60°, B	• $AB=\dfrac{P}{2}\left(\dfrac{1}{\sqrt{3}}\right)=\dfrac{P}{2\sqrt{3}}$ (인장) • $AC=\dfrac{P}{2}\left(\dfrac{2}{\sqrt{3}}\right)=\dfrac{P}{\sqrt{3}}$ (압축) • $BC=\dfrac{P}{2}\left(\dfrac{2}{\sqrt{3}}\right)=\dfrac{P}{\sqrt{3}}$ (압축)

핵심예제	6-6	[13 서울시 9급]

다음 그림과 같은 트러스에 대한 설명이 잘못된 것은?

① 압축부재는 AC, CD, BD, CE, DE이다.
② 트러스의 명칭은 와렌트러스이다.
③ 주어진 트러스는 내적 안정이고 정정이다.
④ 지점의 반력 $R_A = R_B = 1.5P$이다.
⑤ AE와 BE는 인장을 받는다.

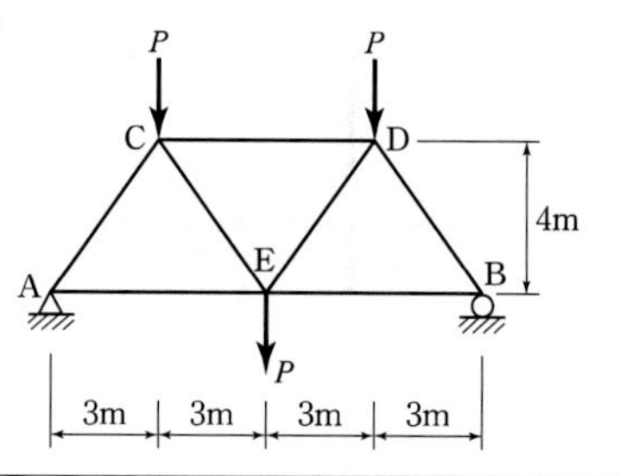

| 해설 | 와렌 트러스에 하향 하중이 작용하므로 압축부재는 상현재와 지점에 접한 사재 AC, CD, BD이고, 나머지 부재는 모두 인장재이다.

답 : ①

2 유형 Ⅱ (역대칭)

구조물의 형태	부재력
P, C, A, B, α, α	• $AB = \dfrac{P}{2}$ (인장) • $AC = \dfrac{P}{2\cos\alpha}$ (인장) • $BC = \dfrac{P}{2\cos\alpha}$ (압축)
P, C, A, B, 3m, 8m	• $AB = \dfrac{P}{2}$ (인장) • $AC = \dfrac{P}{2}\left(\dfrac{5}{4}\right) = \dfrac{5P}{8}$ (인장) • $BC = \dfrac{P}{2}\left(\dfrac{5}{4}\right) = \dfrac{5P}{8}$ (압축)
P, C, 60°, A, 60°, B	• $AB = \dfrac{P}{2}$ (인장) • $AC = \dfrac{P}{2}(2) = \dfrac{P}{\sqrt{3}}$ (인장) • $BC = \dfrac{P}{2}(2) = \dfrac{P}{\sqrt{3}}$ (압축)

■ 보충설명 : 현재(AB)의 부호결정

수평반력이 생기는 지점(A)를 기준으로 당기면 인장(+), 밀면 압축(−)이 생긴다.

반력방향	AB부호
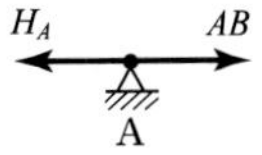 H_A ← A → AB	⊕
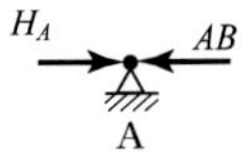 H_A → A ← AB	⊖

3 유형 Ⅲ (Ⅰ + Ⅱ)

구조물의 형태	부재력
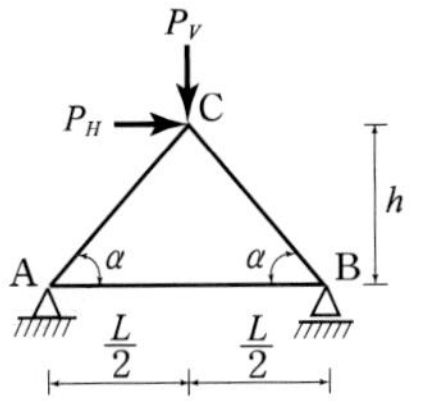 P_V, P_H, C, A, B, h, α, $\frac{L}{2}$, $\frac{L}{2}$	• $AB = \frac{P_V L}{4h} + \frac{P_H}{2}$ (인장) • $AC = \frac{AB - P_H}{\cos\alpha}$ (압축) • $BC = \frac{AB}{\cos\alpha}$ (압축)
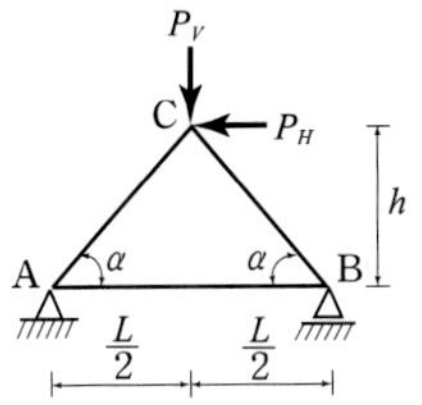 P_V, C, P_H, A, B, h, α, $\frac{L}{2}$, $\frac{L}{2}$	• $AB = \frac{PL}{4h} - \frac{P_H}{2}$ (인장) • $AC = \frac{AB + P_H}{\cos\alpha}$ (압축) • $BC = \frac{AB}{\cos\alpha}$ (압축) (부재 AB에 의해 부호 결정)

■ 보충설명

수평하중(P_H)과 수직하중(P_V)이 동시에 작용하는 경우
: 중첩에 의해 현재(AB)의 부재력을 먼저 계산하고 확장 해석한다.

핵심예제	6-7

[14 지방직 9급]

다음과 같은 트러스 구조물에서 부재 AD의 부재력은?

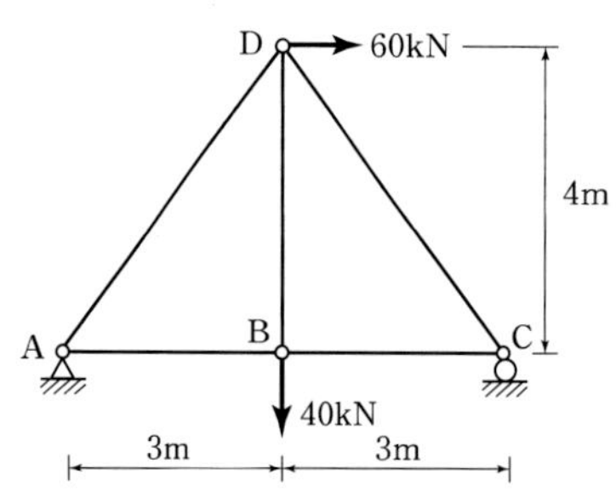

① 15　　② 25

③ 40　　④ 75

| **해설** | 대칭성과 역대칭성을 이용하여 AD의 부재력을 구하면

$$AD=30\left(\frac{5}{3}\right)-20\left(\frac{5}{4}\right)=25\,\text{kN}$$

답 : ②

4 유형 Ⅳ (유형Ⅱ의 조합형 : 격간수와 시력도 이용)

구조물의 형태	부재력
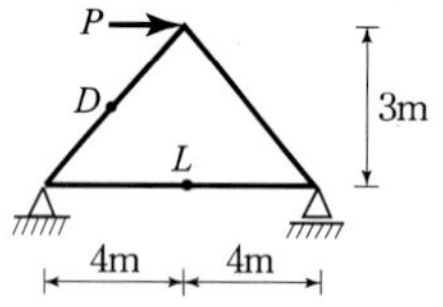 P, D, L, 3m, 4m, 4m	• $L=\frac{P}{2}$(인장) • $D=\frac{P}{2}\left(\frac{5}{4}\right)=\frac{5}{8}P$(인장)
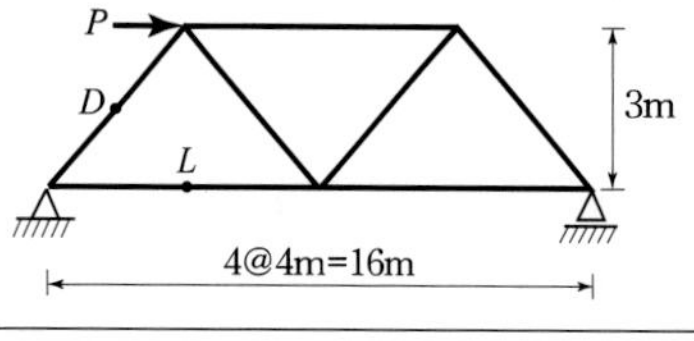 P, D, L, 3m, 4@4m=16m	• $L=\frac{3}{4}P$(인장) • $D=\frac{P}{4}\left(\frac{5}{4}\right)=\frac{5}{16}P$(인장)
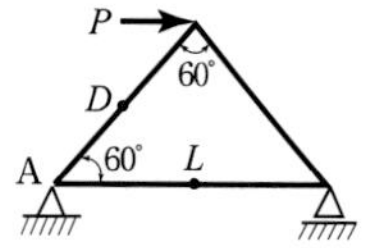 P, 60°, D, A, 60°, L	• $L=\frac{P}{2}$(인장) • $D=\frac{P}{2}(2)$(인장)
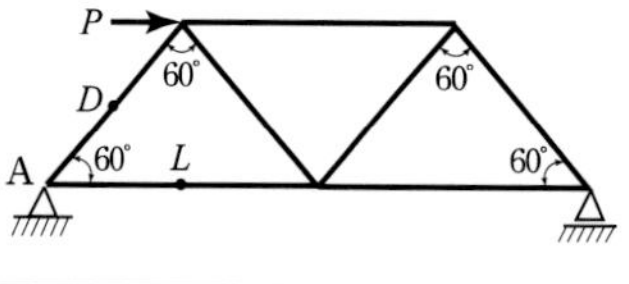 P, 60°, 60°, D, A, 60°, L, 60°	• $L=\frac{3}{4}P$(인장) • $D=\frac{P}{4}(2)=\frac{P}{2}$(인장)

핵심예제 6-8 [12 서울시 9급]

절단법 등을 이용하여 주어진 트러스 내 AB부재의 축력을 구하면?

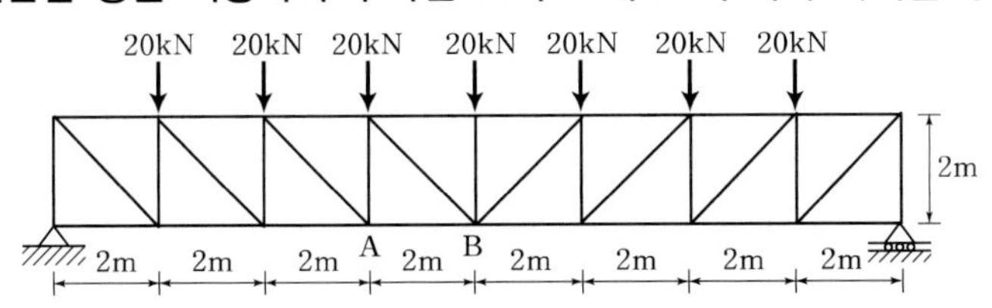

① 100kN ② 115kN
③ 130kN ④ 140kN
⑤ 150kN

| 해설 | 유사단순보의 휨모멘트를 종거로 나누어 AB 부재력을 계산하면

$$AB = \Sigma \frac{M_{유사}}{h} = \frac{20(2)+20(4)+20(6)+10(6)}{2} = 20+40+60+30 = 150\text{kN}(인장)$$

답 : ⑤

5 유형 V (반력 없이 평형을 유지하는 경우)

구조물의 형태	사재의 부재력
	$D = P$ (인장)
	$D = -P$ (압축)
	$D = P$ (인장)
	$D = -P$ (압축)
	$V = P$(인장) $D = -\sqrt{2}P$ (압축)

■ 보충설명

사각형 트러스에 대각선 방향으로 힘 P가 작용하는 경우 사재의 부재력

외력(P)	부재력(D)	하중의 작용방향	부재력의 부호
인장력	$D=P$	사재가 있는 방향으로 하중이 작용	동부호
압축력		사재가 없는 방향으로 하중이 작용	이부호

※ 수평의 턴버클에 의한 사재의 부재력의 크기는 수평력과 수직력의 합력과 같고, 방향은 반대이다.

6 유형 Ⅵ (Ⅴ + 정다각형)

구조물의 형태	부재력
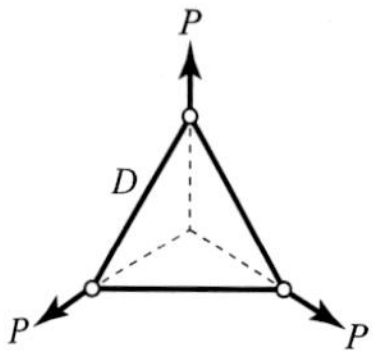	$D=\dfrac{P}{\sqrt{3}}$ (인장)
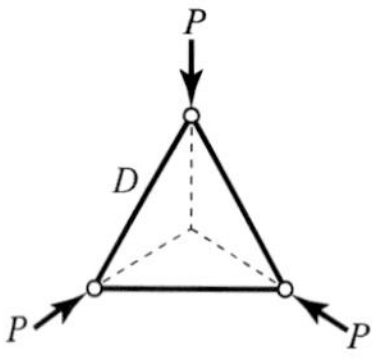	$D=\dfrac{P}{\sqrt{3}}$ (압축)
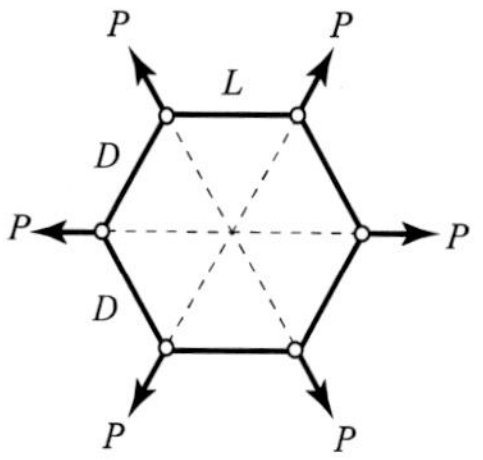	$D=L=P$ (인장)
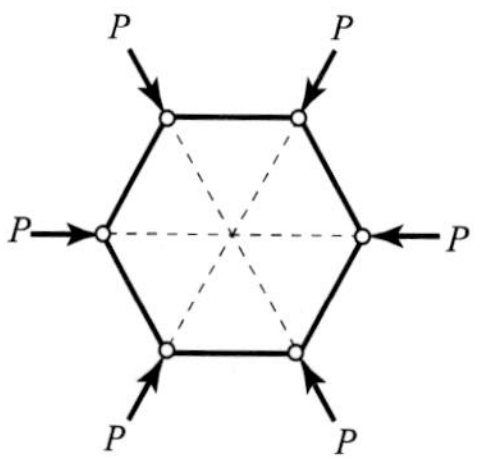	$D=L=P$ (압축)

핵심예제 6-9 [13 지방직 9급]

그림과 같은 트러스에서 BD의 부재력[kN]은?

① 20(인장)
② 20(압축)
③ 30(인장)
④ 30(압축)

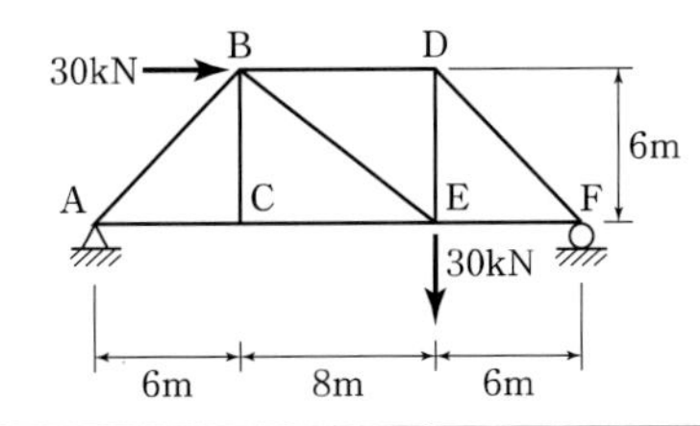

| 해설 | (1) 지점반력

$\Sigma M_F = 0$에서 $V_A(20) + 30(6) - 30(6) = 0$이므로 $V_A = 0$

$\Sigma V = 0$에서 $V_A + V_B = 30$에서 $V_B = 30\text{kN}$

(2) DF의 부재력

트러스에서 내부의 부재가 모두 영부재이므로 BD는 압축으로 30kN은 받는다.

또는 절단한 단면에서 $\Sigma M_E = 0$을 적용하면 $N_{BD}(6) + 30(6) = 0$에서 $N_{BD} = -30\text{kN}$(압축)

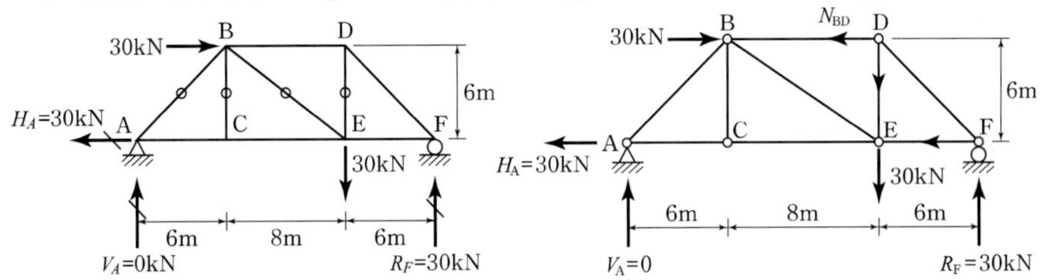

답 : ④

6.5 트러스의 영향선

1 영향선 작도방법

(1) **반력의 영향선** : 보의 경우와 같다.

(2) **복부재의 영향선** : 쿨만의 전단력법을 이용하므로 전단력의 영향선에서 간접하중처리를 하고 사재는 sin수평각으로 나눈다.

(3) **현재의 영향선** : 리터의 모멘트법을 이용하므로 휨모멘트의 영향선에서 간접하중처리를 하고 h로 나눈다.

2 영향선 작도 3단계

Step 1. 직접하중에 대한 영향선 작도

Step 2. 좌 · 우 격점 연결(간접하중처리)

Step 3. 사재의 영향선은 sin수평각으로 나누고, 현재의 영향선은 h로 나눈다.

3 영향선의 좌측 종거

(1) **반력의 영향선 :** $y = 1$

(2) **사재의 영향선 :** $y = \dfrac{1}{\sin 수평각(\theta)}$ or $\dfrac{1}{\cos 연직각(\alpha)}$

여기서, $\begin{cases} \theta : 사재가 수평축과 이루는 각 \\ \alpha : 사재가 연직축과 이루는 각 \end{cases}$

(3) **수직재의 영향선 :** $y = 1$

(4) **현재의 영향선 :** $y = \dfrac{모멘트 평형을 취하는 점까지의 수평거리}{높이(h)}$

4 수직재가 없는 와렌 트러스의 영향선

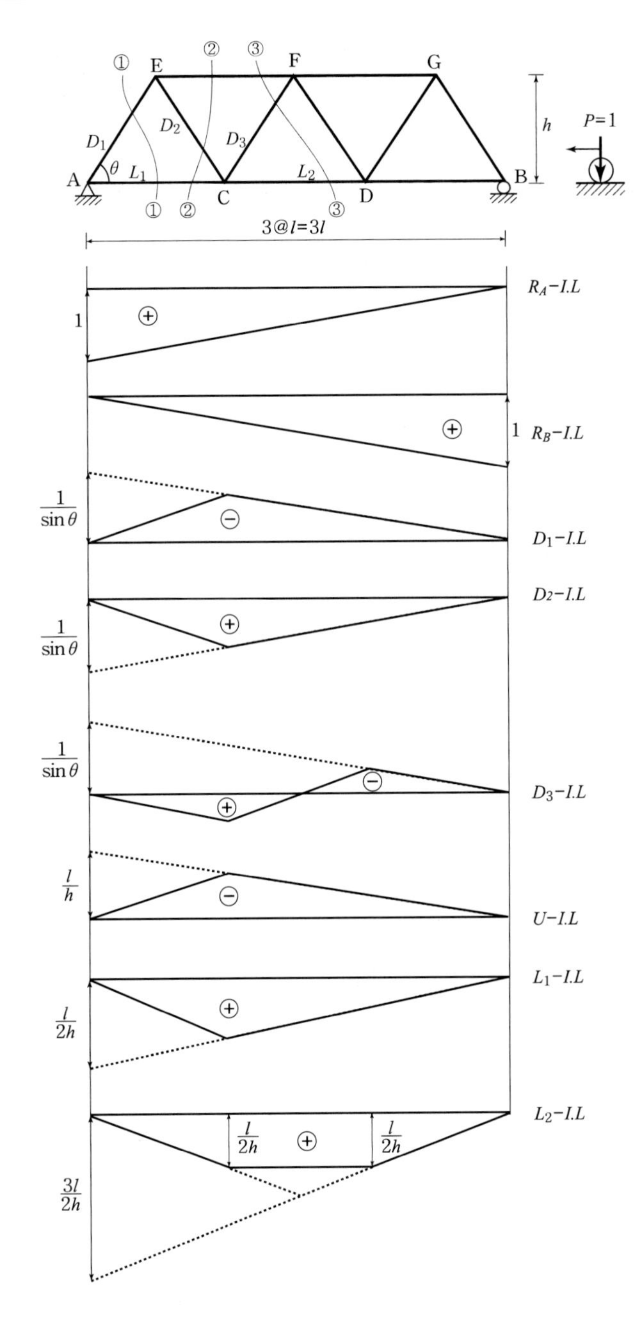

(1) 반력의 영향선 : 보와 같다.

(2) 사재의 영향선

㉠ $D_1 - I.L$: ①~① 단면에서

$$D_1 = -\frac{R_A}{\sin\theta}$$

㉡ $D_2 - I.L$: ②~② 단면에서

$$D_2 = \frac{R_A}{\sin\theta}$$

㉢ $D_3 - I.L$: ③~③ 단면에서

$$D_3 = -\frac{R_A}{\sin\theta}$$

(3) 현재의 영향선

㉠ $U - I.L$: ②~② 단면에서

$$U = -\frac{M_c}{h}$$

㉡ $L_1 - I.L$: ①~① 단면에서

$$L_1 = \frac{M_E}{h}$$

㉢ $L_2 - I.L$: ③~③ 단면에서

$$L_2 = \frac{M_F}{h}$$

5 수직재가 있는 와렌 트러스의 영향선

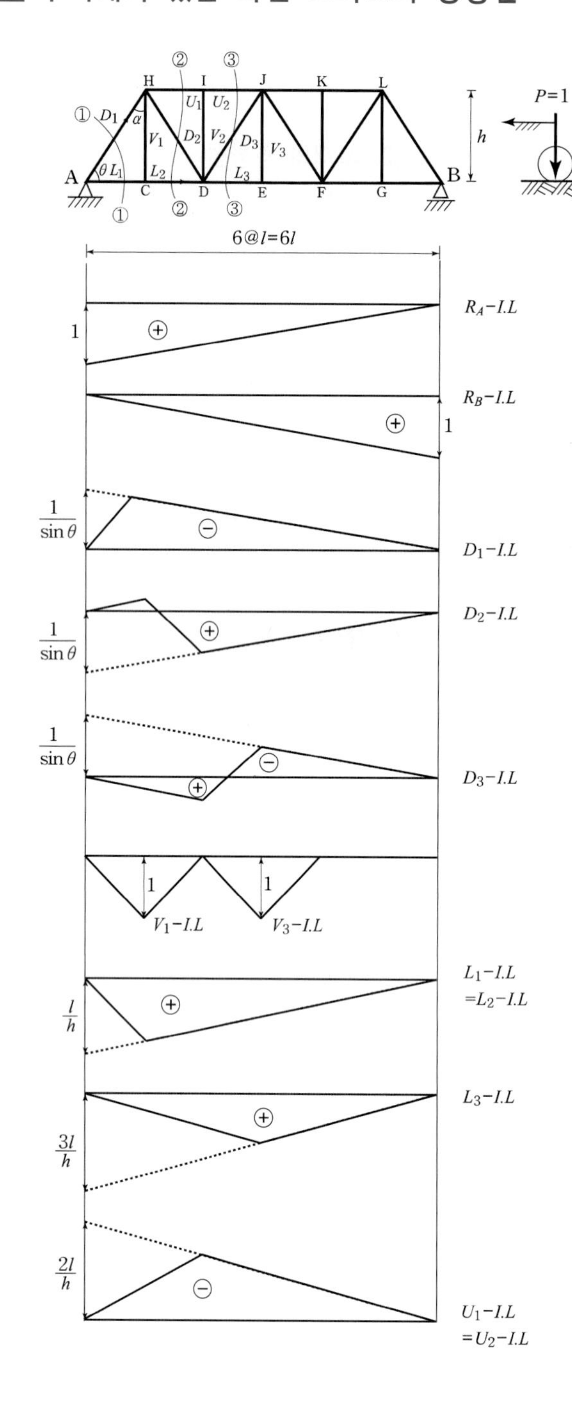

(1) 반력의 영향선 : 보와 같다.

(2) 사재의 영향선

㉠ $D_1 - I.L$: ①~① 단면에서

$$D_1 = -\frac{R_A}{\sin\theta}$$

㉡ $D_2 - I.L$: ②~② 단면에서

$$D_2 = -\frac{R_A}{\sin\theta}$$

㉢ $D_3 - I.L$: ③~③ 단면에서

$$D_3 = -\frac{R_A}{\sin\theta}$$

(3) 현재의 영향선

㉠ $L_1 - I.L$: ①~① 단면에서

$$L_1 = -\frac{M_H}{h}$$

㉡ $L_2 - I.L$: ②~② 단면에서

$$L_2 - \frac{M_H}{h}$$

㉢ $L_3 - I.L$: ③~③ 단면에서

$$L_3 - \frac{M_J}{h}$$

㉣ $U_1 - I.L$: ②~② 단면에서

$$U_1 - \frac{M_D}{h}$$

㉤ $U_2 - I.L$: ③~③ 단면에서

$$U_2 - \frac{M_D}{h}$$

6 하우 트러스의 영향선

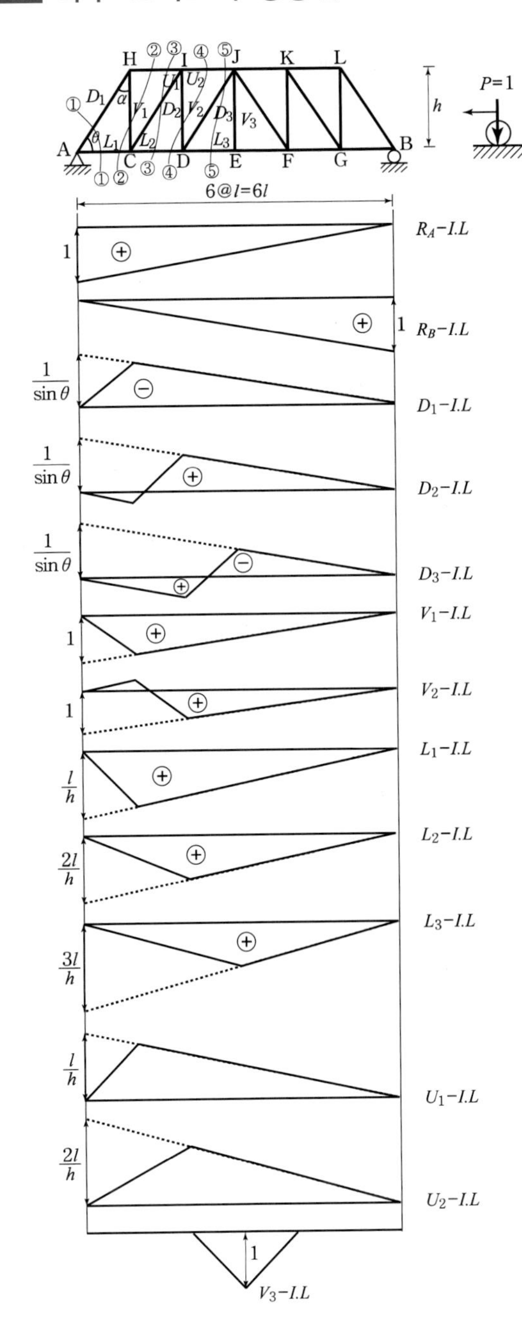

(1) 반력의 영향선 : 보와 같다.

(2) 사재의 영향선

㉠ $D_1 - I.L$: ①~① 단면에서

$$D_1 = -\frac{R_A}{\sin\theta}$$

㉡ $D_2 - I.L$: ③~③ 단면에서

$$D_2 = -\frac{R_A}{\sin\theta}$$

㉢ $D_3 - I.L$: ⑤~⑤ 단면에서

$$D_3 = -\frac{R_A}{\sin\theta}$$

(3) 수직재의 영향선

㉠ $L_1 - I.L$: ②~② 단면에서

$$V_1 = R_A$$

㉡ $L_2 - I.L$: ④~④ 단면에서

$$V_2 = R_A$$

(4) 현재의 영향선

㉠ $L_1 - I.L$: ①~① 단면에서

$$L_1 = \frac{M_H}{h}$$

㉡ $L_2 - I.L$: ③~③ 단면에서

$$L_2 = \frac{M_I}{h}$$

㉢ $U_1 - I.L$: ②~② 단면에서

$$U_1 = -\frac{M_C}{h}$$

㉣ $U_2 - I.L$: ④~④ 단면에서

$$U_2 = -\frac{M_D}{h}$$

7 프랫 트러스의 영향선

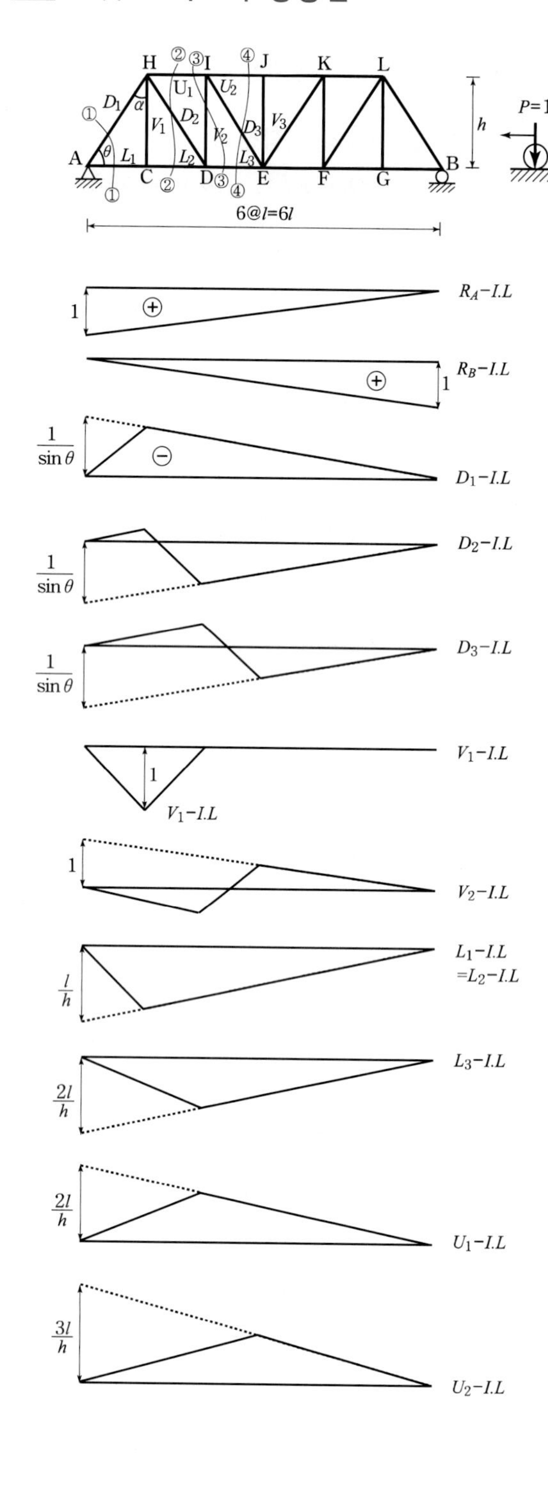

(1) 반력의 영향선 : 보와 같다.

(2) 사재의 영향선

㉠ $D_1-I.L$: ①~① 단면에서

$$D_1=-\frac{R_A}{\sin\theta}$$

㉡ $D_2-I.L$: ②~② 단면에서

$$D_2=\frac{R_A}{\sin\theta}$$

㉢ $D_3-I.L$: ④~④ 단면에서

$$D_3=\frac{R_A}{\sin\theta}$$

(3) 수직재의 영향선

$V_2-I.L$: ③~③ 단면에서

$$V_2=-R_A$$

(4) 현재의 영향선

㉠ $L_1-I.L$: ①~① 단면에서

$$L_1=\frac{M_H}{h}$$

㉡ $L_2-I.L$: ②~② 단면에서

$$L_2=\frac{M_H}{h}$$

㉢ $L_3-I.L$: ④~④ 단면에서

$$L_3=\frac{M_I}{h}$$

㉣ $U_1-I.L$: ②~② 단면에서

$$U_1=-\frac{M_D}{h}$$

㉤ $U_2-I.L$: ④~④ 단면에서

$$U_2=-\frac{M_E}{h}$$

출제 및 예상문제

출제유형단원

- □ 트러스의 개요
- □ 영부재
- □ 평면트러스의 해석
- □ 트러스의 부재력 출제 유형과 영향선

내친김에 문제까지 끝내보자!

1 다음 트러스(Truss) 중 프랫(Pratt)트러스는?

①
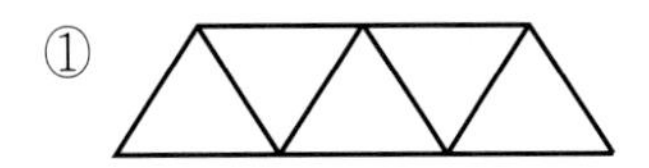

②
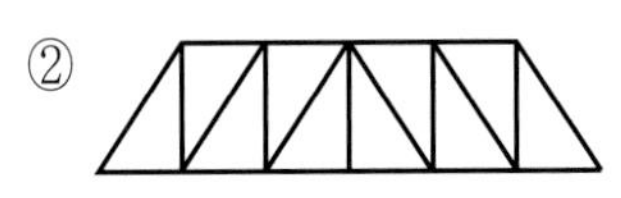

③
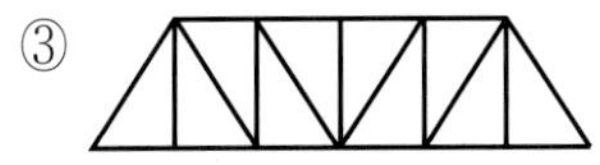

④
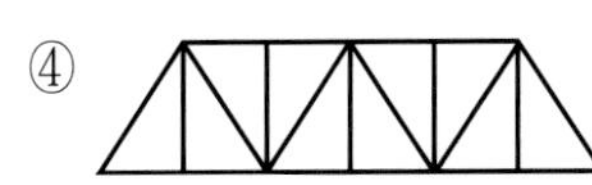

⑤

2 다음과 같은 트러스의 명칭은? [국가직]

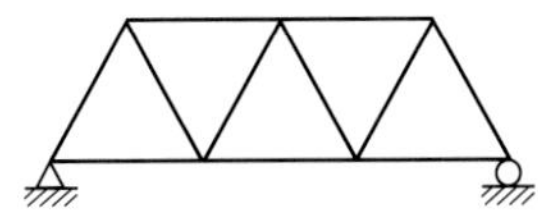

① 하우 트러스
② 킹-포스트 트러스
③ 워렌 트러스
④ K-트러스

3 다음 트러스(Truss)의 명칭으로 옳은 것은? [01 국가직 9급]

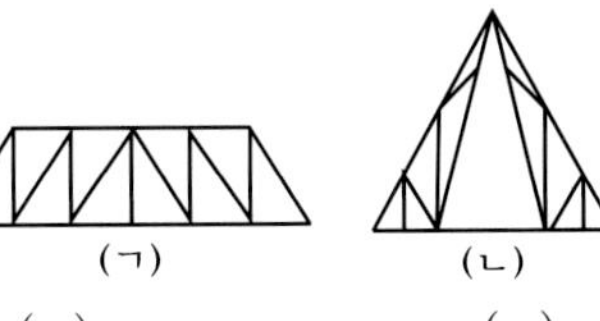

	(ㄱ)	(ㄴ)
①	플랫 트러스	K-트러스
②	플랫 트러스	핑크 트러스
③	K-트러스	하우 트러스
④	하우 트러스	핑크 트러스

정 답 및 해 설

해설 **1**

① 수직재가 없는 와렌 트러스
② 하우 트러스
③ 프랫 트러스
④ 수직재가 있는 와렌 트러스
⑤ K-트러스

해설 **2**

부재가 이등변 삼각형으로 연속 배치 되어 있으므로 워렌 트러스이다.

해설 **3**

(ㄱ)은 사재가 중앙을 향해 위로 향하므로 하우 트러스이고, (ㄴ)은 격점을 분할하는 핑크 트러스이다.

정답 1. ③ 2. ③ 3. ④

정 답 및 해 설

4 다음 트러스의 가정 사항 중 옳지 않은 것은?

① 부재와 작용하는 외력은 같은 평면 안에 있다.
② 하중은 절점에만 집중하여 작용한다.
③ 각 부재는 마찰이 전혀 없는 핀으로 결합되어 있다.
④ 부재는 곡선이다.
⑤ 부재의 축선은 반드시 접합핀의 중심을 통과한다.

해설 4
트러스의 구성 부재는 직선이다.

5 다음은 트러스의 해석상 가정 조건이다. 옳지 않은 것은?

① 하중은 모두 절점에만 작용한다.
② 절점은 마찰력이 없는 힌지로 되어 있다.
③ 절점에는 굽힘모멘트가 발생한다.
④ 하중은 모두 세로보, 가로보 등에 의하여 격점에 전달된다.
⑤ 부재는 압축력 또는 인장력을 받는다.

해설 5
트러스에는 축력(A.F)만 작용한다.

6 트러스에 대한 설명 중 옳지 않은 것은?

① 트러스의 각 절점은 핀 절점으로 생각한다.
② 트러스에 있어서 내측의 부재를 현재라 부른다.
③ 현재에는 상현재와 하현재가 있다.
④ 상·하 양현재가 평행하고 있는 트러스를 평행현(弦)트러스라 한다.
⑤ 상현재가 다각형이 되는 트러스를 곡현(曲弦) 트러스라 한다.

해설 6
트러스의 내측부재는 복부재(사재, 수직재)로 구성되고 외측부재는 현재(상·하현재)로 구성되어 있다.

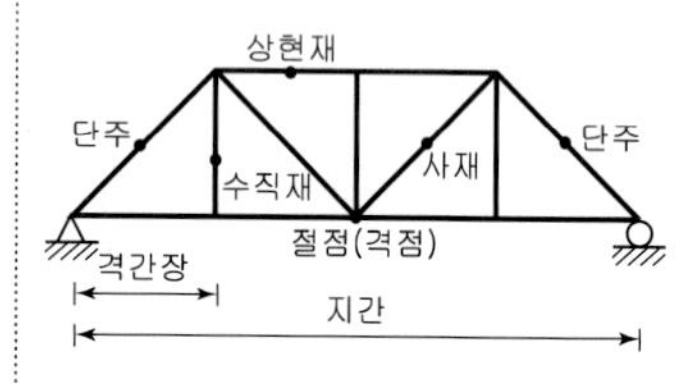

7 트러스의 부재력은 다음과 같은 가정에서 계산된다. 옳지 않은 것은?

① 부재는 고정 결합된 강절로 본다.
② 트러스의 부재축과 외력은 동일 평면 내에 있다.
③ 외력은 격점에 집중하중으로 작용한다.
④ 외력에 의한 트러스의 변형은 무시한다.

해설 7
부재는 핀 또는 힌지로 연결되어 있다.

정답 4. ④ 5. ③ 6. ② 7. ①

8 트러스 해석 시 가정사항으로 옳지 않은 것은? [서울시]

① 축력과 전단력은 작용하나 휨모멘트는 무시한다.
② 부재는 마찰이 전혀 없는 힌지로 연결된다.
③ 부재의 응력은 탄성한도이내에 있다고 본다.
④ 부재의 변형은 미소하여 2차 응력은 무시한다.
⑤ 하중은 절점에 집중하여 작용한다.

9 다음 트러스 구조물 중에서 사재가 압축만 받는 구조물은? [11 국가직 9급]

①
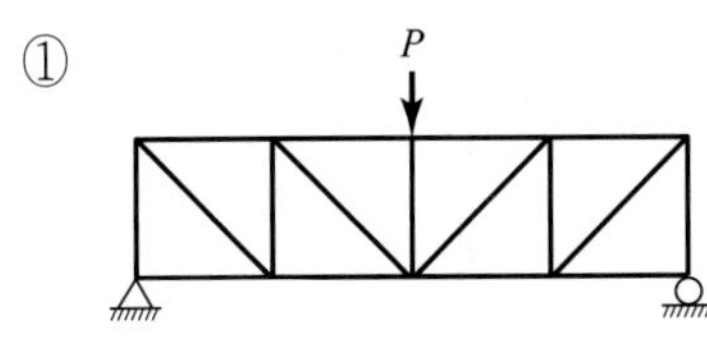

②
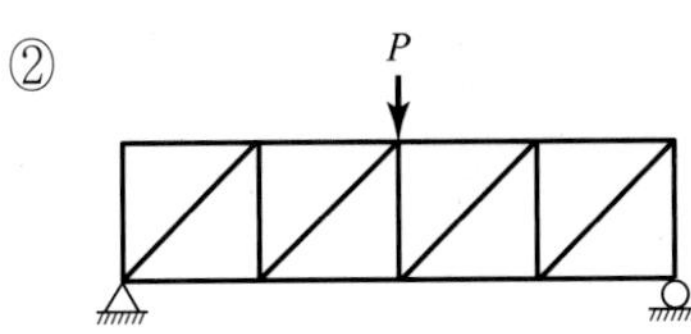

③
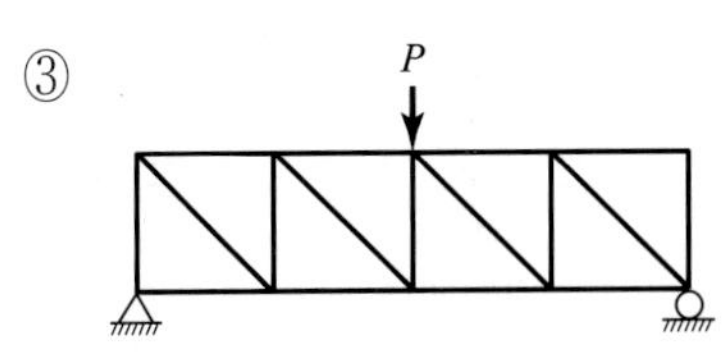

④
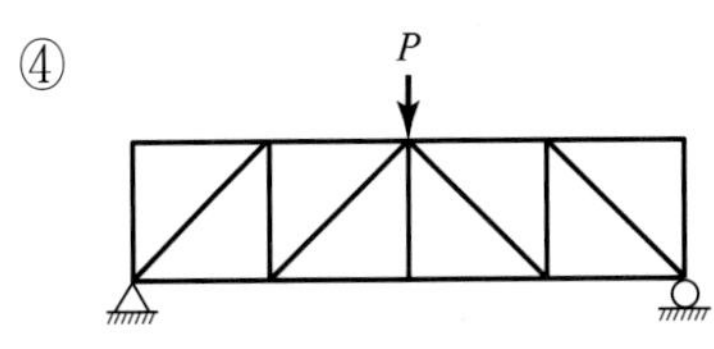

해설 하우 트러스는 사재가 압축, 수직재가 인장을 받는다.

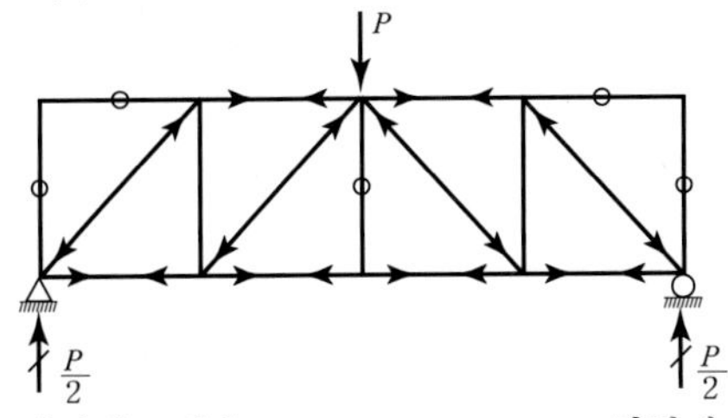

상현재 : 압축, 하현재 : 인장
수직재 : 인장, 사재 : 압축

정답 및 해설

해설 **8**
트러스에서는 축력만 작용하므로 전단력과 휨모멘트는 작용하지 않는다.

해설 **9**
플랫트러스는 사재가 인장, 수직재가 압축을 받는다.
※ 사재의 부호
반력의 방향과 사재의 배치방향을 알면 사재의 부호를 결정할 수 있다.

정답 8. ① 9. ④

10 그림과 같은 트러스에서 부재력이 0이 아닌 것은? [서울시]

① A
② B
③ C
④ D
⑤ E

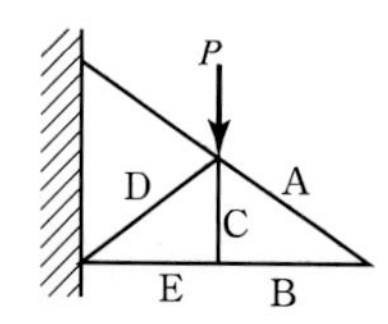

11 그림과 같은 트러스에서 부재력이 0인 부재의 개수는?

① 1개
② 2개
③ 3개
④ 4개
⑤ 5개

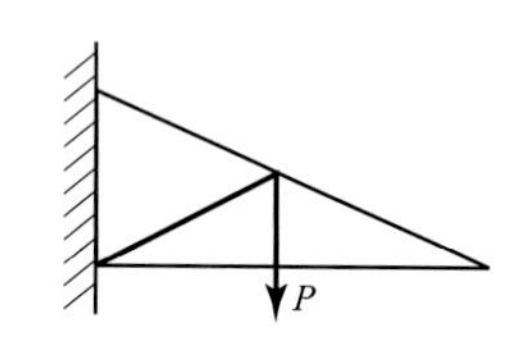

12 다음과 같은 트러스에서 부재력이 0인 부재로 옳은 것은?

① U
② D
③ L
④ V

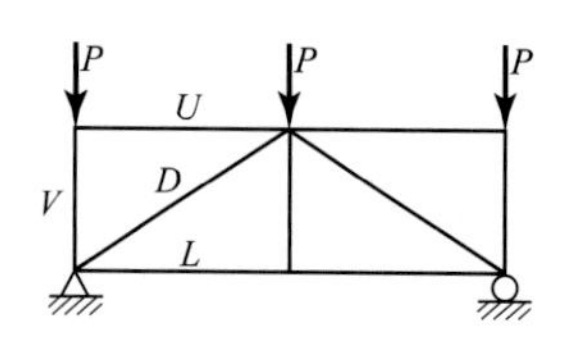

정 답 및 해 설

해설 **10**

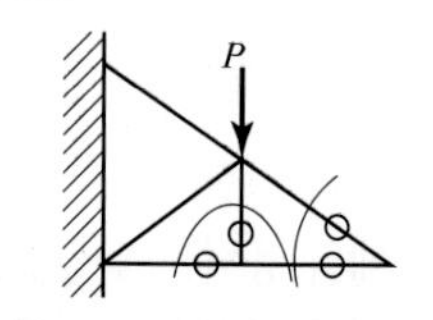

각 절단면에서 평형조건을 적용하면

$A=B=C=E=0$

$D \neq 0$

보충 영부재 판별법

① 반력표시
② 3부재 이하로 절단 반대방향으로 외력이 없으면 영부재
③ 영부재 생략 후 각 절점에서 이 과정을 반복

해설 **11**

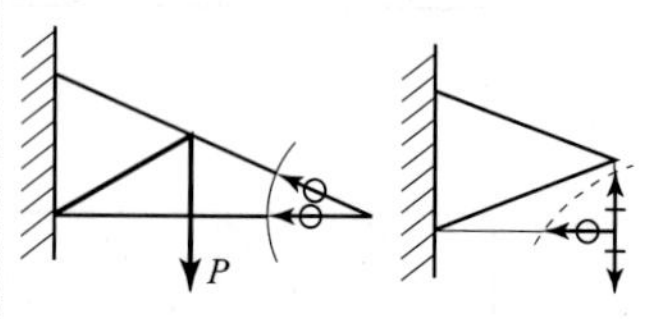

영부재수=3개

보충 영부재 판별방법

① 반력 표시
② 3부재 이하되도록 절단
③ 반대 방향으로 외력이 없는 부재는 영부재
④ 영부재 생략 후 이 과정을 반복한다.

해설 **12**

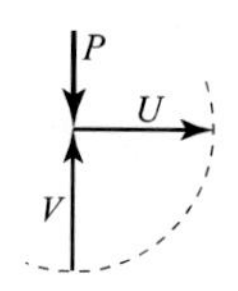

자유물체도(F.B.D)에서

$\Sigma V=0$: $V=-P$(압축)

$\Sigma H=0$: $U=0$

정답 10. ④ 11. ③ 12. ①

13 그림과 같은 트러스에서 부재력이 0인 것은? [서울시]

① D_1
② D_2
③ D_3
④ V
⑤ L

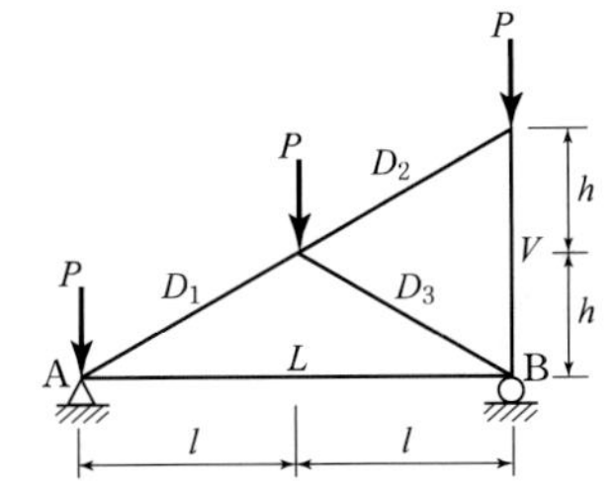

14 다음 그림과 같이 하중 P가 작용하는 트러스에서 AB부재의 부재력이 0이 아닌 것은? [09 국가직 9급]

①
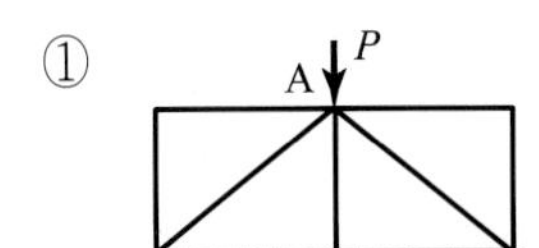

②
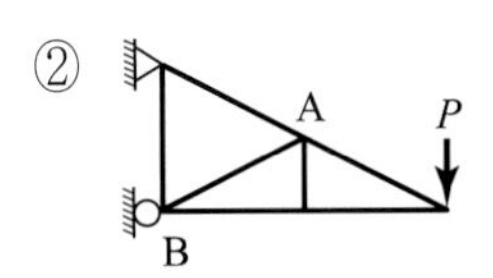

③
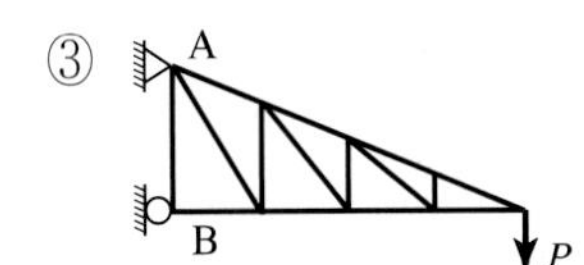

④
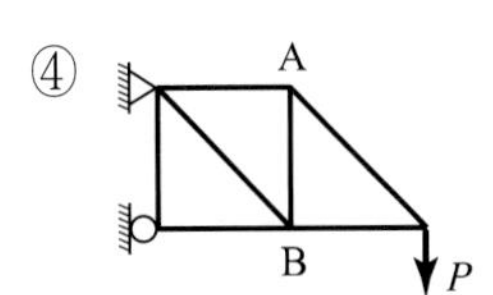

15 그림과 같이 트러스의 C점에 하중 $P=8\text{kN}$이 작용한다면 AB부재가 받는 힘[kN]은? [09 지방직 9급]

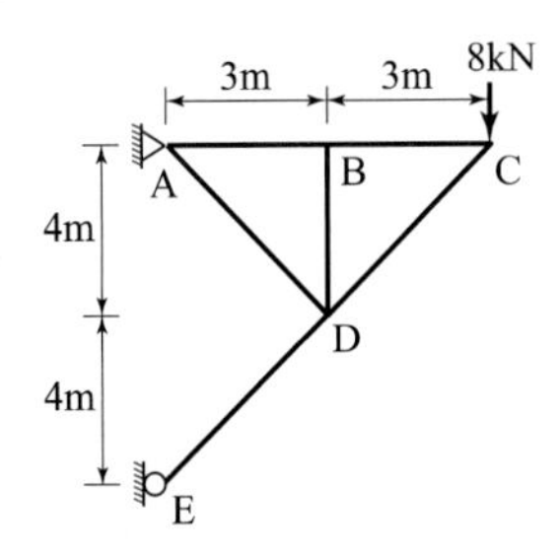

① 4(압축) ② 4(인장)
③ 6(압축) ④ 6(인장)

해설 **13**

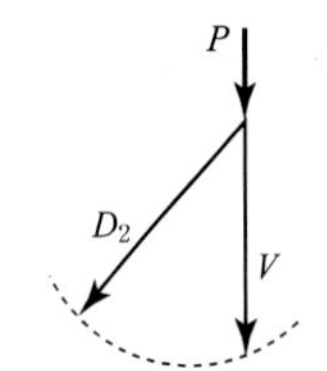

자유물체도(F.B.D)에서
$\sum V=0$: $V=-P$(압축)
$\sum H=0$: $D_2=0$

해설 **14**

절단한 면의 오른쪽에서 평형조건을 적용하면
$\sum V=0$에서 $AB+P=0$
$\therefore AB=-P$(압축)

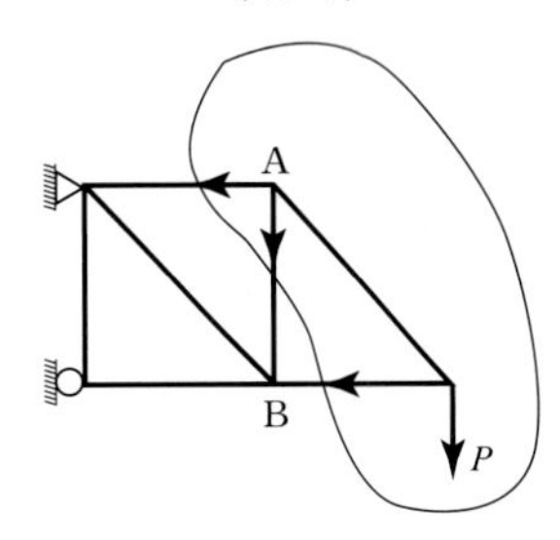

해설 **15**

서로 평행한 AB의 부재력과 BC의 부재력은 같으므로 절단면에서 평형조건을 적용하면
$\sum M_D=0: -BC(4)+8(3)=0$
$\therefore BC=6\text{kN}$(인장)

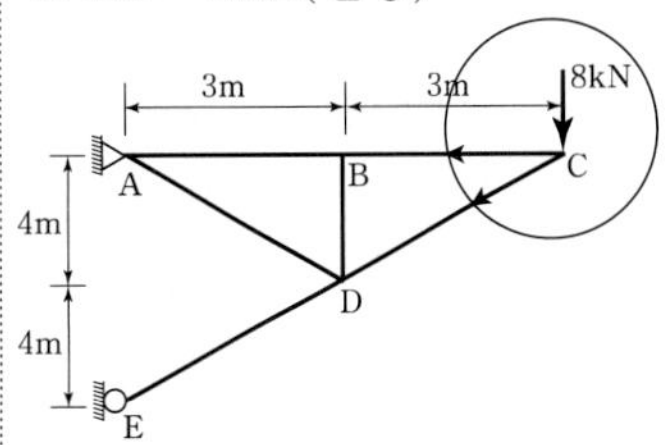

정답 13. ② 14. ④ 15. ④

16 다음과 같은 트러스에서 수직재 V_1 의 부재력[kN]은? (단 인장은 +, 압축은 -로 한다)

① +10
② −10
③ +5
④ −5
⑤ $+5\sqrt{2}$

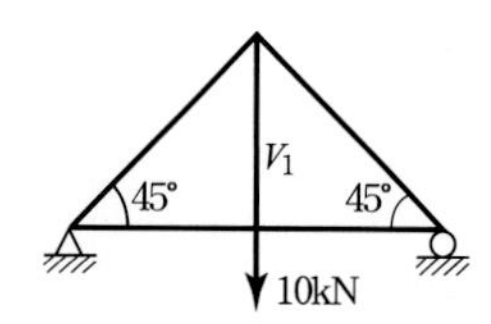

17 다음 그림과 같은 트러스에서 AD부재의 부재력[kN]은? (단, 인장은 ⊕, 압축은 ⊖이다) [서울시]

① +3
② −3
③ +4
④ −4
⑤ +5

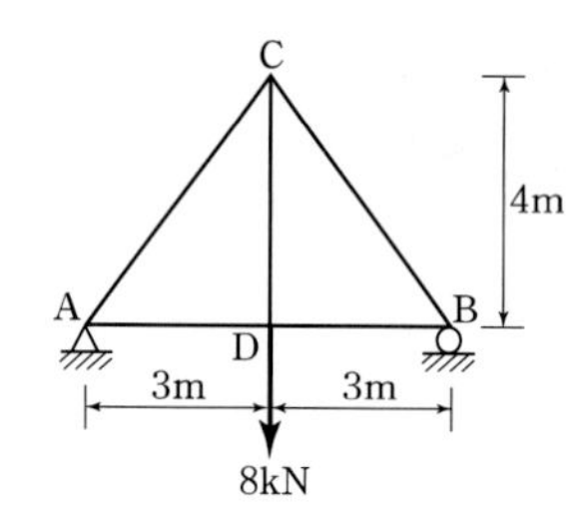

18 그림과 같이 대칭 배치된 트러스에 10kN과 6kN의 연직의 집중하중이 작용할 때 부재력 V[kN]의 값은?

① 6(압축)
② 10(압축)
③ 6(인장)
④ 10(인장)

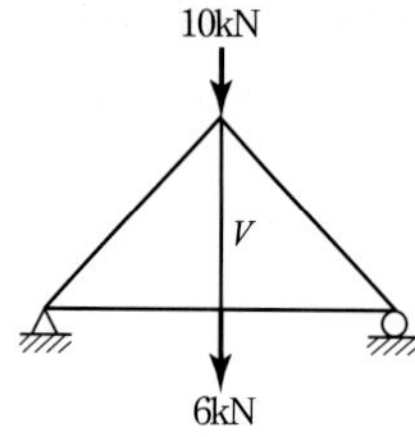

보충 절단법(단면법)의 적용
① 구하는 부재를 포함해서 3부재 이하로 절단
② 인장을 ⊕로(절단방향 화살표) 가정
③ 복부재 : $\sum H=0$, $\sum V=0$ 적용
현재 : $\sum M=0$ 적용

정 답 및 해 설

해설 **16**

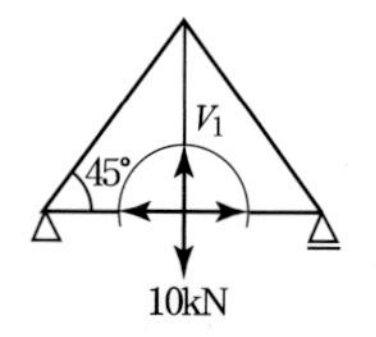

V_1부재를 포함해서 3부재 이하가 되도록 절단 후
$\sum V=0$을 적용하면
$\sum V=0$: $V_1-10=0$에서
$V_1=10\,\text{kN}$ (인장)

해설 **17**

하중 대칭이므로
$R_A=R_B=4\,\text{kN}(\uparrow)$
①–① 단면에서 시력도 폐합 조건을 이용하면

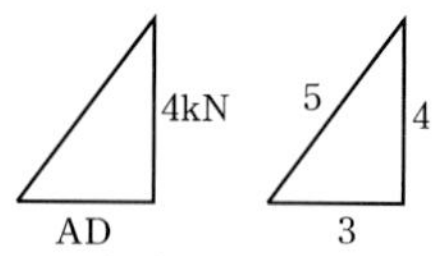

$\therefore AD=4\left(\frac{3}{4}\right)=3\,\text{kN}$ (인장)

해설 **18**

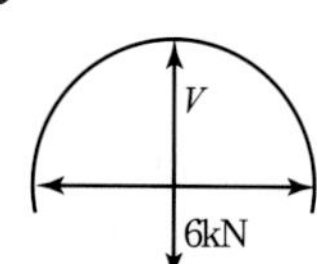

V부재를 포함해서 3부재 이하로 절단하여 $\sum V=0$을 적용하면
$V-6=0$에서 $V=6\,\text{kN}$(인장)

정답 16. ① 17. ① 18. ③

정 답 및 해 설

19 그림과 같은 트러스에서 AB의 부재력[kN]은?

① 4.25 (압축)
② 5.25 (인장)
③ 6.25 (압축)
④ 7.25 (인장)
⑤ 8.25 (압축)

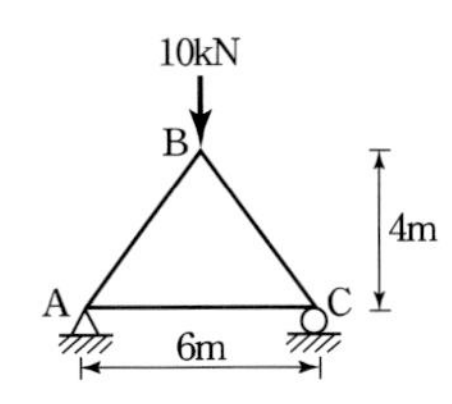

해설 **19**

- 지점반력

  $: R_A = R_B = \frac{10}{2} = 5\,\text{kN}$

- 부재력 : A점에서 시력도 폐합 조건을 적용하면

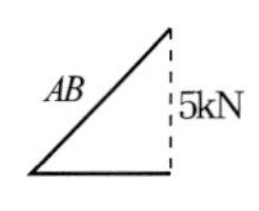

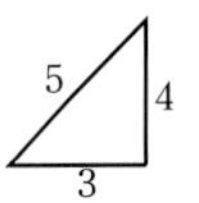

$\therefore AB = 5\left(\frac{5}{4}\right) = 6.25\,\text{kN}$ (압축)

20 다음과 같은 2등변 삼각형 구조를 가진 트러스의 AC부재의 부재력[kN]은?

① 압축 6.25
② 인장 6.25
③ 압축 3.25
④ 인장 3.25
⑤ 압축 7.25

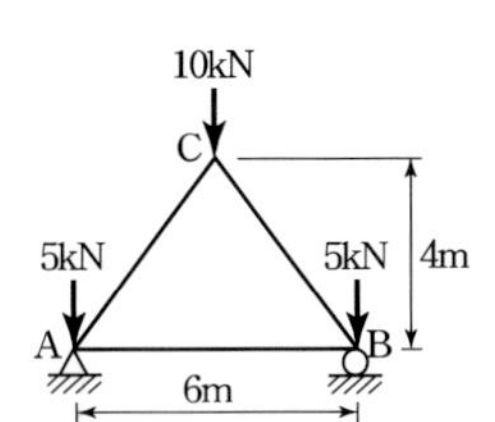

해설 **20**

- 지점 반력

  $: R_A = R_B = \frac{20}{2} = 10\,\text{kN}$

  (대칭하중)

- 부재력 : A점에서 시력도 폐합 조건을 적용하면

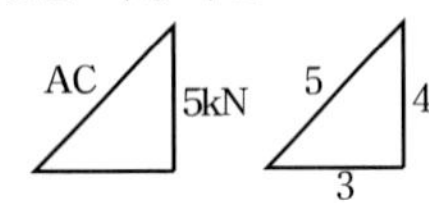

$\therefore AC = 5\left(\frac{5}{4}\right) = 6.25\,\text{kN}$ (압축)

➡ 지점에 작용하는 하중는 부재력에 영향을 주지 않는다.

21 다음과 같은 트러스에서 E점에 12kN의 집중하중이 작용할 때, AB부재의 부재력[kN]은? [국가직 9급]

① 5.5
② 6.5
③ 7.5
④ 8.5

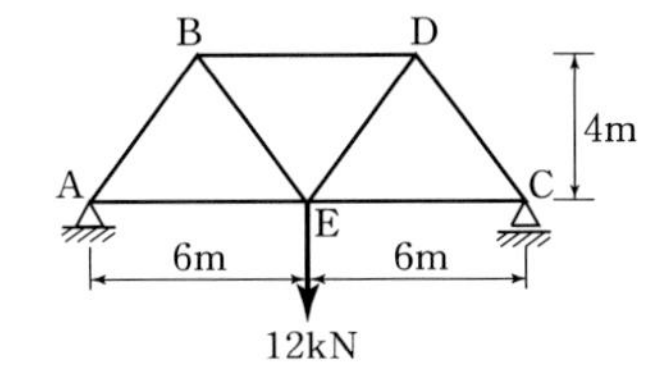

해설 **21**

- 지점 반력 : 하중 대칭이므로

  $R_A = R_c = 6\text{kN}(\uparrow)$

- 부재력 : A점에서 시력도 폐합 조건을 적용하면

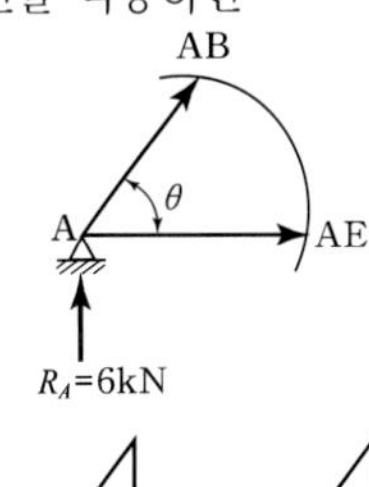

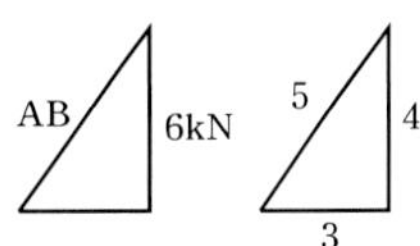

$\therefore AB = 6\left(\frac{5}{4}\right) = -7.5\text{kN}$(압축)

정답 19. ③ 20. ① 21. ③

22 단순지지된 트러스에서 부재 A, B의 부재력[kN]은? [07 국가직 9급]

	A	B
①	5(압축)	3(인장)
②	5(인장)	3(압축)
③	3(압축)	5(인장)
④	3(인장)	5(압축)

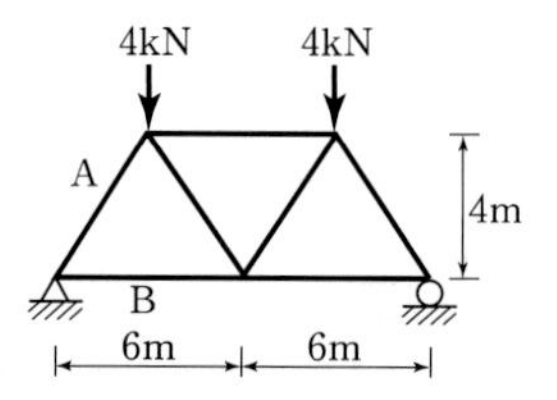

해설 (1) 지점반력

하중대칭이므로 $R=\dfrac{\text{전하중}}{2}=4\,\text{kN}(\uparrow)$

(2) 부재력

절단면에서 평형 조건을 적용하면

$\sum V=0: A\sin\theta+R=0$

$\therefore A=\dfrac{R}{\sin\theta}=-\dfrac{4}{\dfrac{4}{5}}=-5\,\text{kN}(\text{압축})$

$\sum H=0: A\cos\theta+B=0$

$\therefore B=-A\cos\theta$

$=-(-5)\left(\dfrac{3}{5}\right)=3\,\text{kN}(\text{인장})$

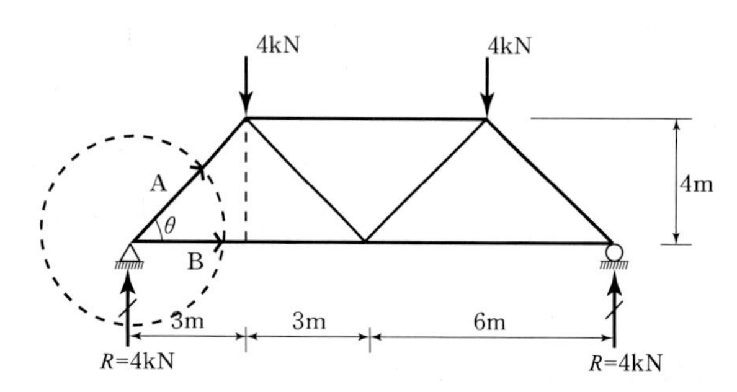

23 다음과 같은 트러스에서 D의 부재력[kN]은?

① −12 (압축)
② −12.5 (압축)
③ −13 (압축)
④ −13.5 (압축)

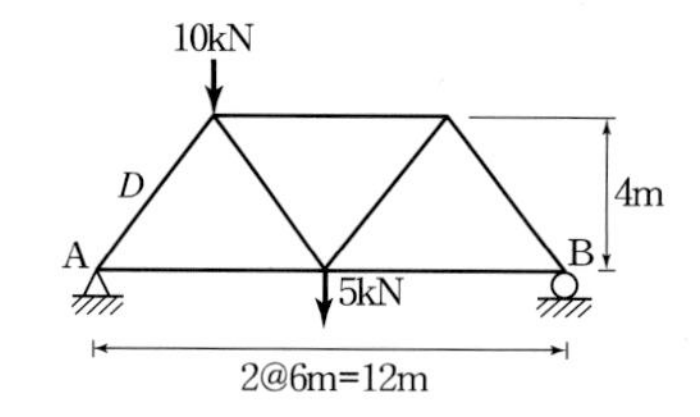

해설 23

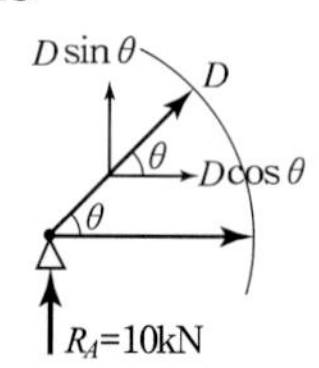

• 반력 계산 : $\sum M_B=0$에서

$R_A=\dfrac{10(9)+5(6)}{12}$

$=10\,\text{kN}(\uparrow)$

• 부재력 : A점에서 시력도 폐합 조건을 적용하면

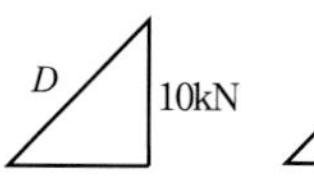

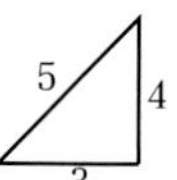

$\therefore D=10\left(\dfrac{5}{4}\right)=12.5\,\text{kN}$ (압축)

정답 22. ① 23. ②

24 그림과 같은 트러스의 U_1 의 부재력[kN]을 구한 것으로 옳은 것은? (단, sin60° = 0.866, cos60° = 0.5)

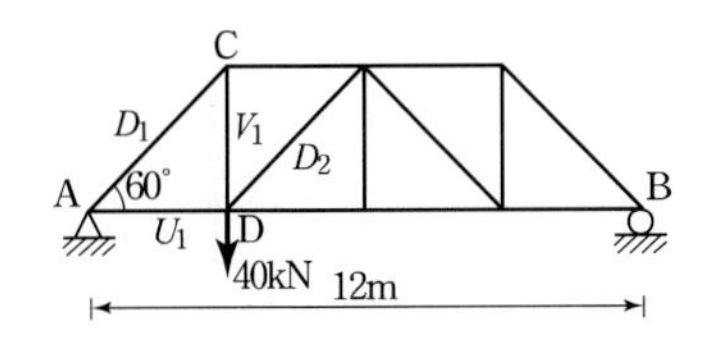

① +17.3 ② −23.2
③ −34.6 ④ +5
⑤ +11.5

보충 영향선법에 의한 부재력계산

$$U_1 = \frac{M_C}{h} = \frac{Pab}{Lh} = \frac{40(3)\times(9)}{12(3\tan60°)} = 17.3\text{kN (인장)}$$

25 그림과 같은 정삼각형 트러스에서 AB부재력은?

① $\frac{P}{2\sqrt{2}}$ (인장)

② $\frac{P}{3\sqrt{2}}$ (인장)

③ $\frac{P}{2\sqrt{3}}$ (인장)

④ $\frac{P}{3\sqrt{3}}$ (압축)

⑤ $\frac{P}{2}$ (압축)

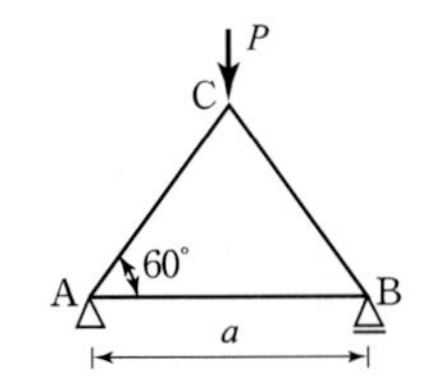

26 다음과 같은 트러스에서 D 부재와 L 부재의 부재력[kN]은? [국가직]

① $D=+4$, $L=-5$
② $D=+5$, $L=-4$
③ $D=-4$, $L=+5$
④ $D=-5$, $L=+4$

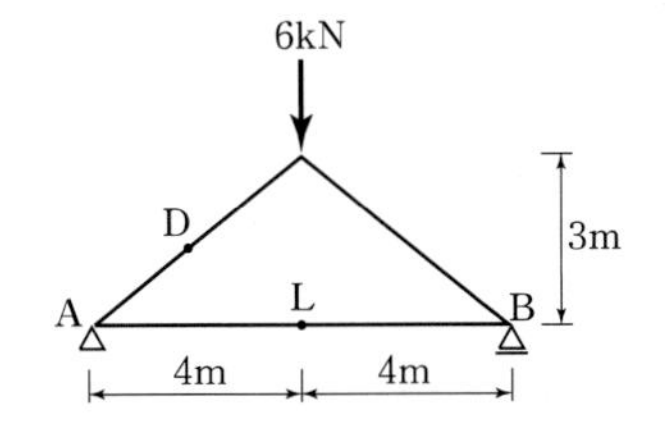

정답 및 해설

해설 24

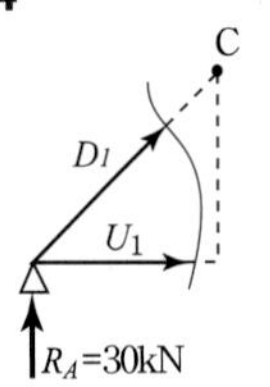

- 지점 반력 :
  $R_A = \frac{40(9)}{12} = 30\text{kN}$
- 부재력 : $\sum M_C = 0$에서
  $R_A(3) - U_1(3\tan60°) = 0$
  $\therefore\ U_1 = 17.3\text{kN}$

해설 25

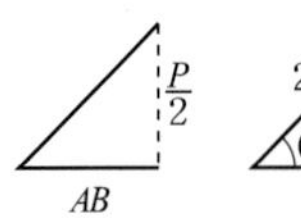

대칭성에 의한 비례법을 적용하면

$$AB = \frac{P}{2}\left(\frac{1}{\sqrt{3}}\right) = \frac{P}{2\sqrt{3}}\ \text{(인장)}$$

보충 영향선법에 의한 부재력계산

$$AB = \frac{M_C}{h} = \frac{PL}{4h} = \frac{Pa}{4\left(\frac{\sqrt{3}}{2}a\right)} = \frac{P}{2\sqrt{3}}\ \text{(인장)}$$

해설 26

- 지점 반력 : 하중 대칭이므로
  $R_A = R_B = 3\text{kN}(\uparrow)$
- 부재력 : A점에서 시력도 폐합 조건을 적용하면

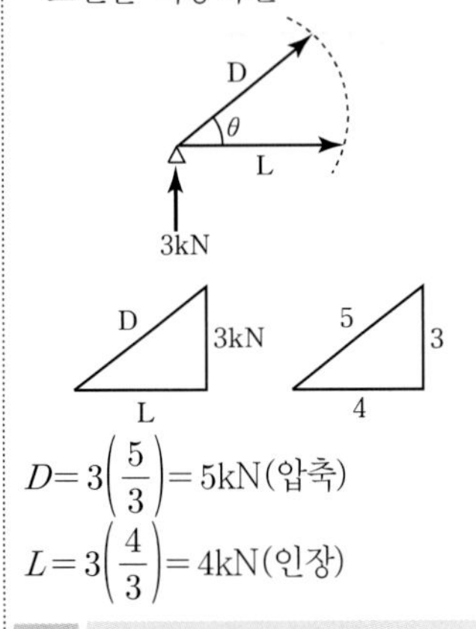

$$D = 3\left(\frac{5}{3}\right) = 5\text{kN(압축)}$$

$$L = 3\left(\frac{4}{3}\right) = 4\text{kN(인장)}$$

정답 24. ① 25. ③ 26. ④

27 그림과 같은 트러스에서 하현재 L부재의 부재력[kN]은?

① 0.75
② 1.75
③ 2.75
④ 3.75
⑤ 4.75

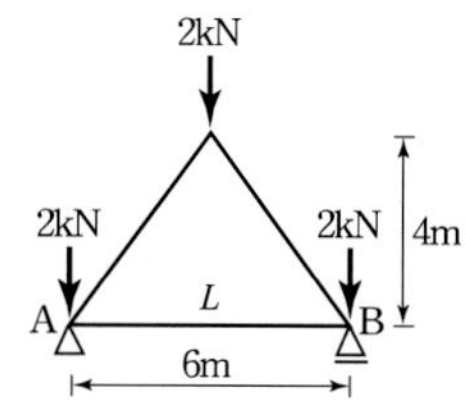

28 다음 트러스에서 상현재 U의 부재력[kN]은?

① 5
② 6
③ 8
④ 10
⑤ 12

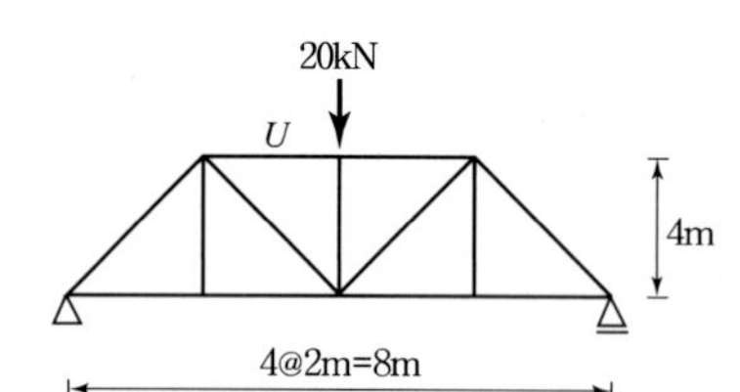

해설 • 지점반력 : $R_A = R_B = \frac{20}{2} = 10\,\text{kN}$ (대칭 하중)

• 부재력 : $\Sigma M_C = 0$에서

$R_A(4) + U(4) = 0$

$\therefore\ U = -R_A = -10\,\text{kN}$

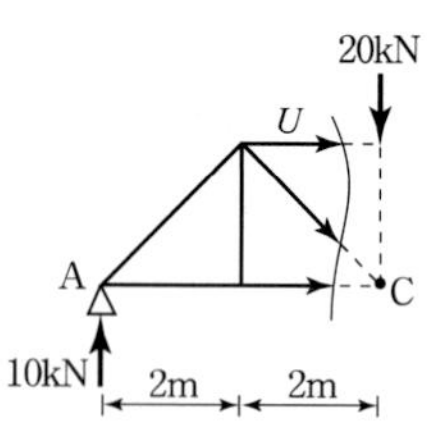

보충 영향선법에 의한 부재력계산

$U = \frac{PL}{4h} = -\frac{20(8)}{4(4)} = -10\,\text{kN}$ (압축)

29 그림과 같은 트러스에서 L의 부재력[kN]은?

① 4.5
② 6.0
③ 8.6
④ 9.0
⑤ 9.8

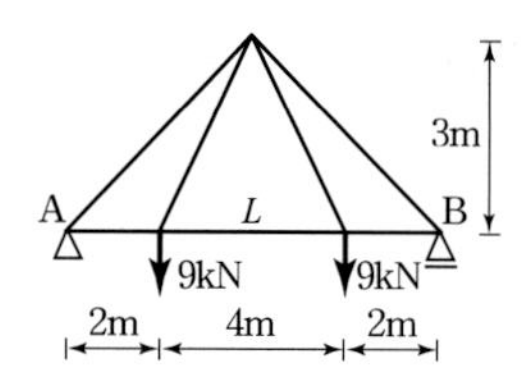

정 답 및 해 설

해설 27

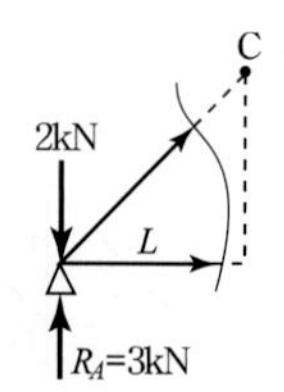

• 지점반력

: $R_A = R_B = \frac{\Sigma P}{2}$

$= \frac{6}{2} = 3\text{kN}$ (대칭하중)

• 부재력 : $\Sigma M_C = 0$에서

$(3-2)(3) - L(4) = 0$

$\therefore\ L = 0.75\,\text{kN}$

보충 영향선법에 의한 부재력 계산

• 지점에 작용하는 하중은 무시하고 영향선법을 적용하면

$\therefore L = \frac{PL}{4h} = \frac{2(6)}{4(4)}$

$= 0.75\,\text{kN}$ (인장)

해설 29

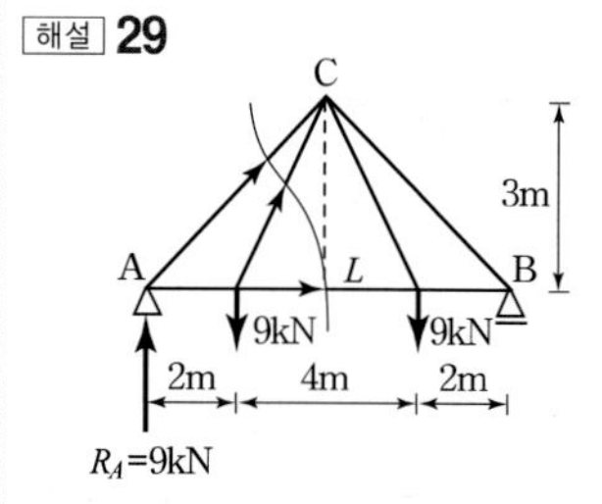

• 지점반력 : $R_A = R_B = 9\,\text{kN}$ (대칭하중)

• 부재력 : $\Sigma M_c = 0$에서

$9(4) - 9(2) - L(3) = 0$

$\therefore\ L = 6\,\text{kN}$ (인장)

보충 영향선법에 의한 부재력계산

$L = \frac{M_C}{h} = \frac{Pa}{h} = \frac{2(9)}{3}$

$= 6\,\text{kN}$ (인장)

정답 27. ① 28. ④ 29. ②

정 답 및 해 설

30 다음 그림과 같은 트러스에서 CF에 발생하는 부재력[kN]은? [08 국가직 9급]

① 30 (압축)
② 30 (인장)
③ 15 (압축)
④ 15 (인장)

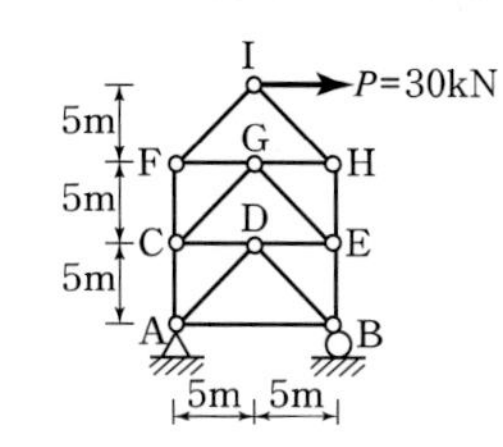

해설 절단면 위쪽에서 $\Sigma M_H = 0$을 적용하면

$-CF(10) + 30(5) = 0$

$\therefore\ CF = 15\text{kN}$(인장)

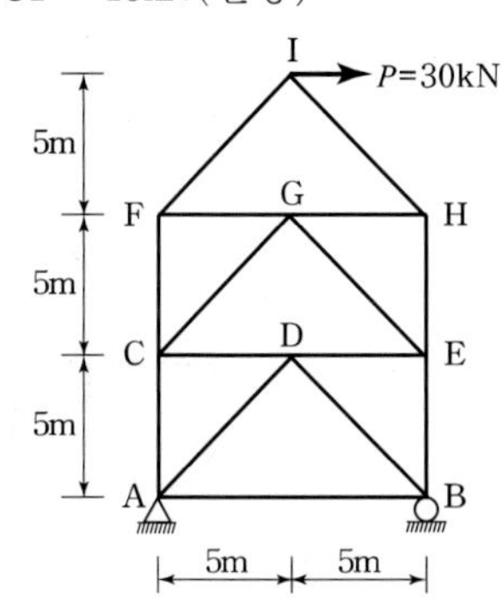

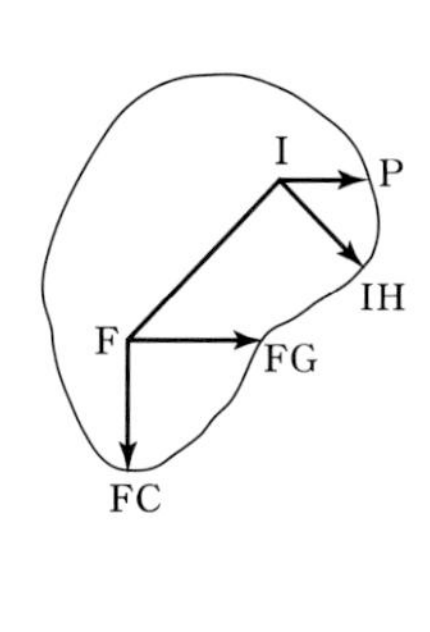

31 다음과 같은 트러스에서 U부재의 부재력[kN]은? (단, 인장⊕, 압축⊖이다)

① 4
② -4
③ -4.5
④ 5.0
⑤ -6.2

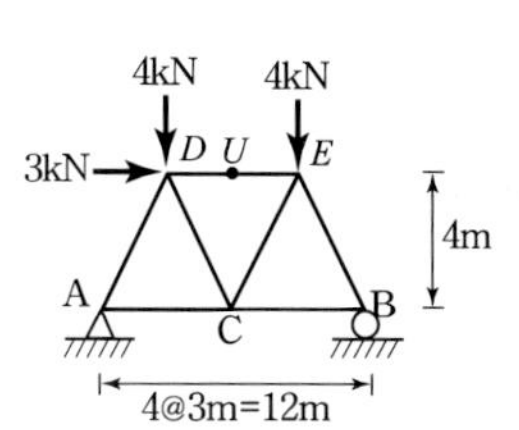

해설 **31**

- 지점 반력 : $\Sigma M_B = 0$에서
  $V_A(12) + 3(4) - 4(9) - 4(3) = 0$
  $\therefore\ V_A = 3\text{kN},\ V_B = 5\text{kN},\ H_A = 3\text{kN}$
- 부재력 : $\Sigma M_C = 0$에서
  $-5(6) + 4(3) - U(4) = 0$
  $\therefore\ U = -4.5\text{kN}$

보충 영향선법에 의한 부재력 계산
대칭하중과 수평력이 작용하는 경우 현재의 부재력

$$U = \frac{M_C}{h} + \frac{P}{2} = \frac{4(3)}{4} + \frac{3}{2} = 4.5\text{kN}\ (\text{압축})$$

정답 30. ④ 31. ③

32 다음 그림과 같은 트러스 구조물에서 부재 CG와 DE의 부재력 F_{CG}와 F_{DE}는? [10 지방직 9급]

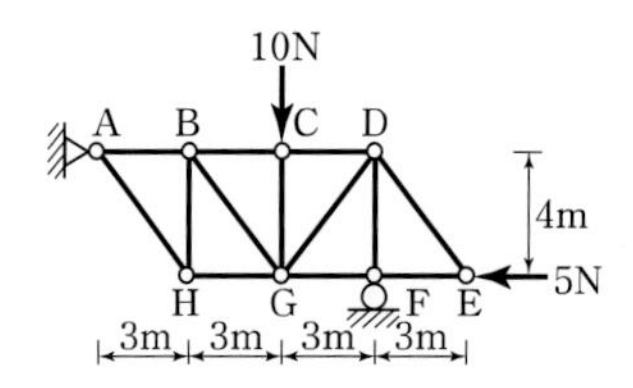

① F_{CG} = 압축력 10N, F_{DE} = 압축력 5N

② F_{CG} = 인장력 10N, F_{DE} = 인장력 5N

③ F_{CG} = 압축력 10N, F_{DE} = 0N

④ F_{CG} = 인장력 10N, F_{DE} = 0N

해설 ①－① 단면에서 $\Sigma V=0: -F_{CG}-10=0$

$\therefore F_{CG}=10\,\text{N}$(압축)

②－② 단면에서 $\Sigma V=0: F_{DE}\left(\dfrac{4}{5}\right)=0$

$\therefore F_{DE}=0$(영부재)

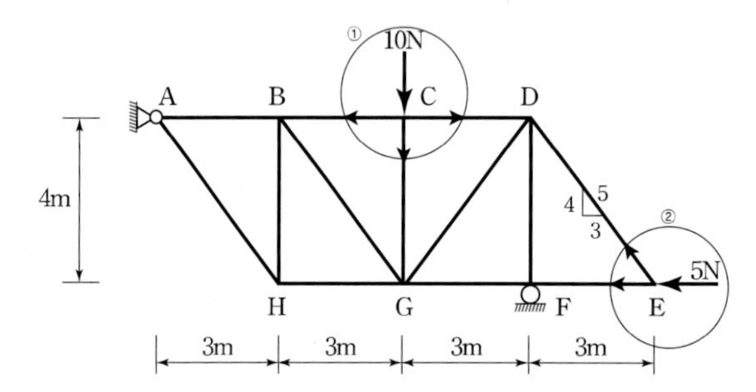

33 그림과 같은 트러스의 부재력 중 압축을 받는 부재는?

① D_1

② D_2

③ L_1

④ L_2

⑤ V_1

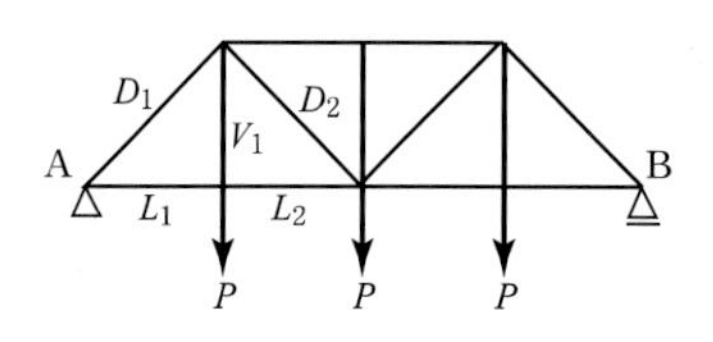

해설 **33**

• 단면 ①－①에서

$\Sigma V=0$: D_1= 압축

$\Sigma H=0$: L_1= 인장

• 단면 ②－②에서

$\Sigma V=0$: V_1= 인장

$\Sigma H=0$: L_2= 인장

• 단면 ②－②에서

$\Sigma V=0$: D_2= 인장

보충 부재의 부호결정

① 지점반력에 의해 압축될 경우

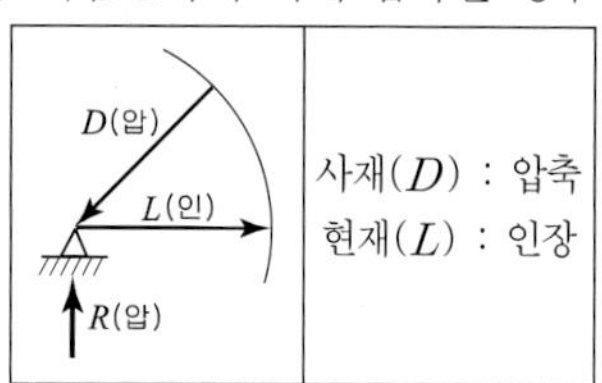

② 지점반력에 의해 인장될 경우

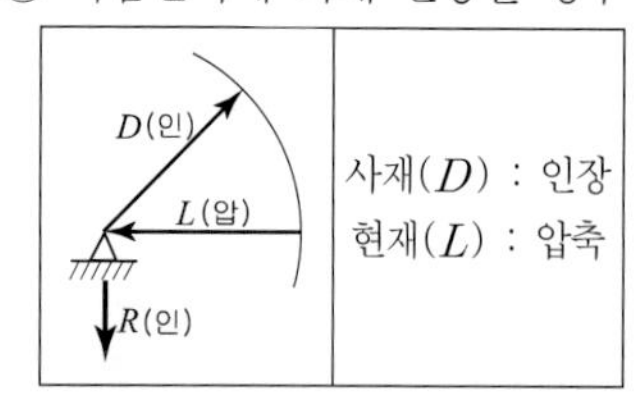

정답 32. ③ 33. ①

정 답 및 해 설

34 그림과 같이 트러스 A의 내부에 설치되어 있는 경사부재를 트러스 B와 같이 설치할 경우, 옳은 것은? [11 지방직 9급]

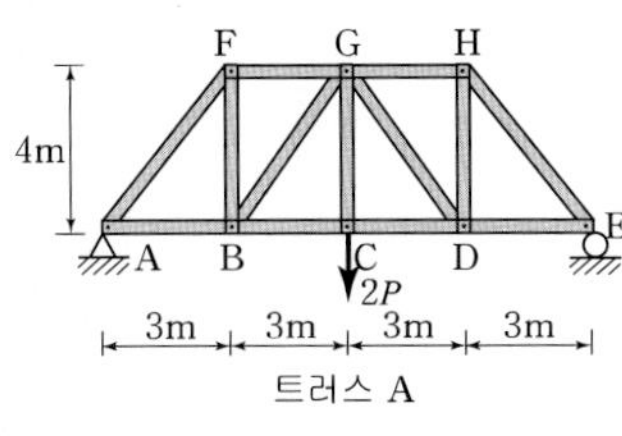

트러스 A

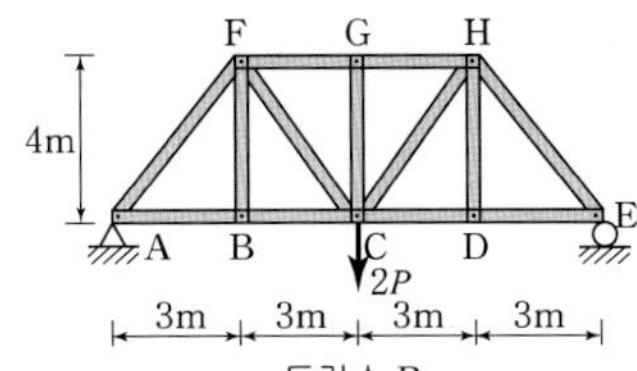

트러스 B

① 트러스 A에서 부재 FG의 부재력은 트러스 B에서 부재 FG의 부재력의 1/2이다.
② 트러스 A에서 부재 AF의 부재력과 트러스 B에서 부재 AF의 부재력은 상이하다.
③ 트러스 A에서 부재 FB의 부재력과 트러스 B에서 부재 FB의 부재력은 동일하다.
④ 트러스 A에서 부재 BG와 트러스 B에서 부재 FC는 모두 압축부재이다.

해설 ① 트러스 A에서 부재 FG의 부재력 : $\dfrac{M_B}{h}=\dfrac{3}{4}P$

트러스 B에서 부재 FG의 부재력 : $\dfrac{M_C}{h}=\dfrac{3}{2}P$

② 트러스 A에서 부재 AF의 부재력 : $R_A\left(\dfrac{5}{4}\right)=\dfrac{5}{4}P$ (압축)

트러스 B에서 부재 AF의 부재력 : $R_A\left(\dfrac{5}{4}\right)=\dfrac{5}{4}P$ (압축)

③ 트러스 A에서 부재 FB의 부재력 : $R_A=P$ (인장)

Ā트러스 B에서 부재 FB의 부재력 : 0부재

④ 트러스 A에서 부재 BG의 부재력 : $R_A\left(\dfrac{5}{4}\right)=\dfrac{5}{4}P$ (압축)

트러스 B에서 부재 FC의 부재력 : $R_A\left(\dfrac{5}{4}\right)=\dfrac{5}{4}P$ (인장)

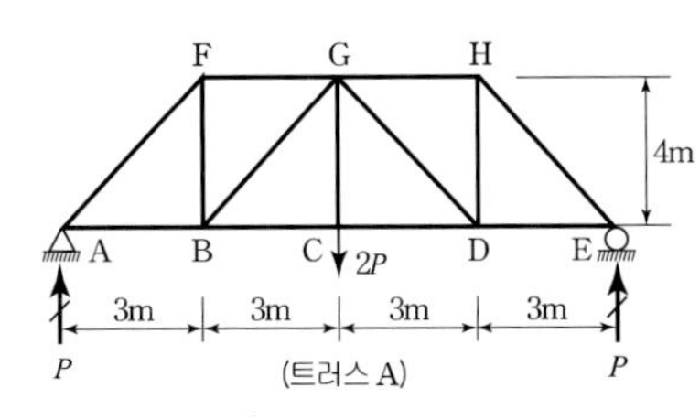

(트러스 A)

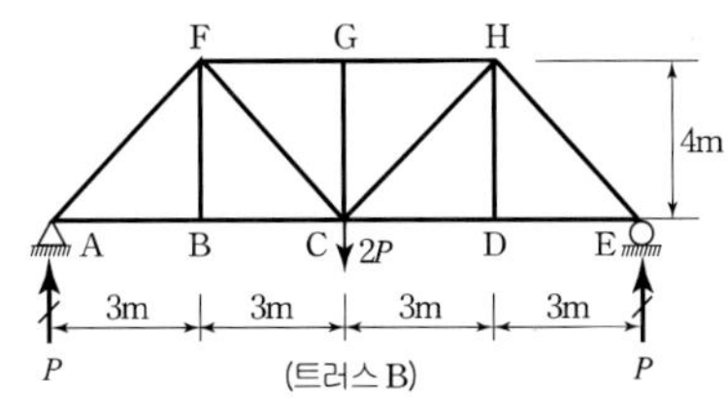

(트러스 B)

정답 34. ①

35 다음 그림과 같은 트러스 구조물에서 CD부재의 부재력[kN]은?

[10 국가직 9급]

① 4.0(압축)
② 4.5(압축)
③ 5.0(압축)
④ 5.5(압축)

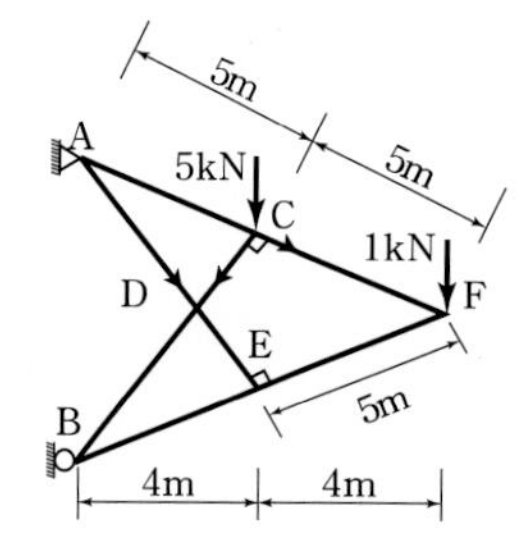

36 다음 트러스 구조물에서 부재력 BC의 크기는?

[10 서울시 9급]

① 12kN
② 20kN
③ 25kN
④ 30kN
⑤ 45kN

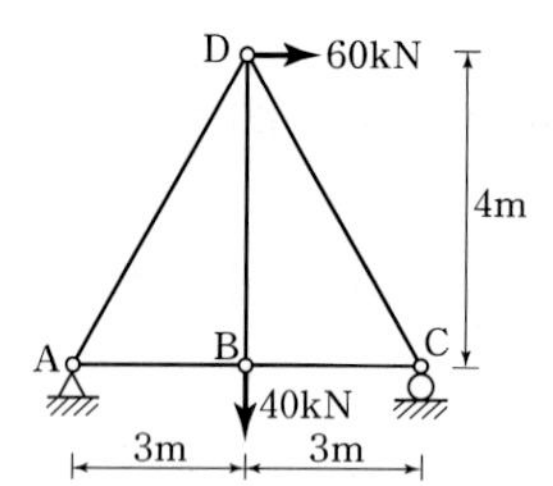

37 다음 그림과 같은 트러스의 BC 및 CD의 부재력(N)은? (단, +는 인장, -는 압축을 의미한다)

[11 서울시 교육청 9급]

① BC : +300, CD : +200
② BC : +300, CD : −200
③ BC : +200, CD : +200
④ BC : +200, CD : −200

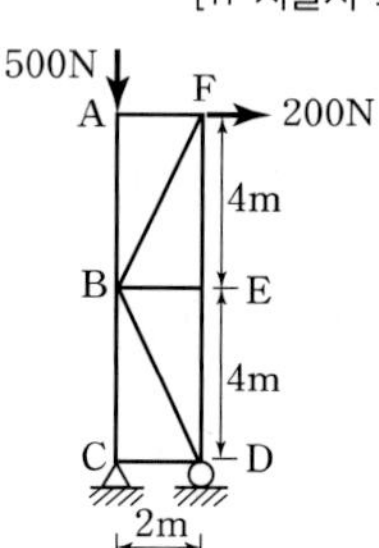

해설

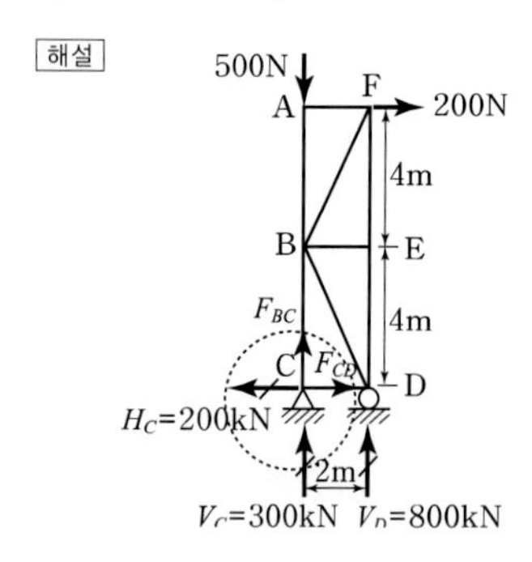

정답 및 해설

해설 35

절단면에서 평형조건을 적용하면

$\sum M_A = 0:\ 5(4) + N_{CD}(5) = 0$

$N_{CD} = -4$(압축)

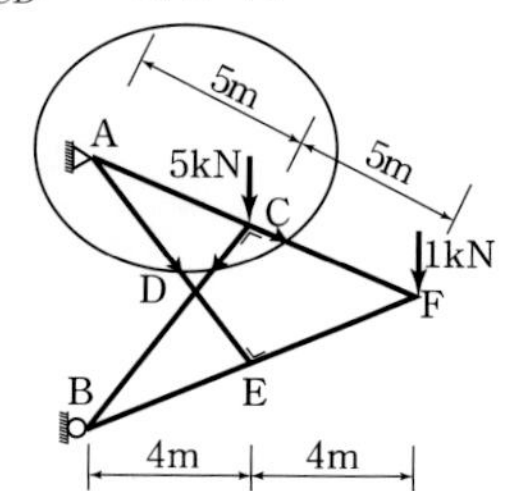

해설 36

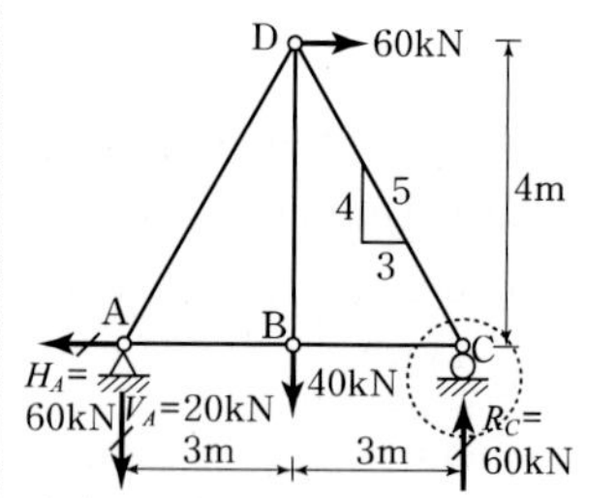

시력도 폐합을 이용하여 부재력 BC(F_{BC})를 구한다.

부재력 BC(F_{BC})

$$F_{BC} = R_C\left(\frac{3}{4}\right) = 60\left(\frac{3}{4}\right)$$
$$= 45\,\text{kN}\ (\text{인장})$$

해설 37

(1) 지점반력

$\sum M_D = 0$:

$-500(2) + 200(8) - V_C(2) = 0$

$V_C = 300\,\text{N}\,(\downarrow)$

$\sum H = 0\ : H_C - 200 = 0$

$H_C = 200\,\text{N}\,(\leftarrow)$

(2) 부재력 계산

C점에서 평형조건을 적용하면

$F_{CD} = H_C = 200\,\text{N}$ (인장)

$F_{BC} = V_C = 300\,\text{N}$ (인장)

정답 35. ① 36. ⑤ 37. ①

38 다음 그림과 같은 트러스에서 부재력이 0인 부재(영부재)는? (단, 부재의 변형은 미소하다) [11 서울시 교육청 9급]

① AB부재
② AC부재
③ AD부재
④ BC부재

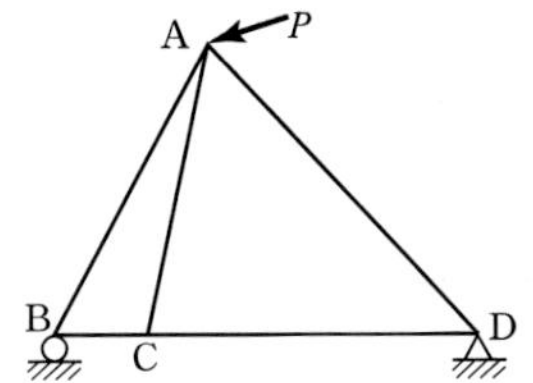

해설 **38**
C점에서 $\sum V=0$을 적용하면
$\therefore F_{AC}=0$

39 다음과 같은 트러스 구조물에서 BD, CD의 부재력 값[N]은? (단, $\sqrt{2}$는 1.4, $\sqrt{3}$은 1.7로 계산한다) [12 국가직 9급]

BD 부재력	CD 부재력
① 0	500(인장)
② 0	500(압축)
③ 2,000(압축)	700(인장)
④ 3,400(인장)	700(압축)

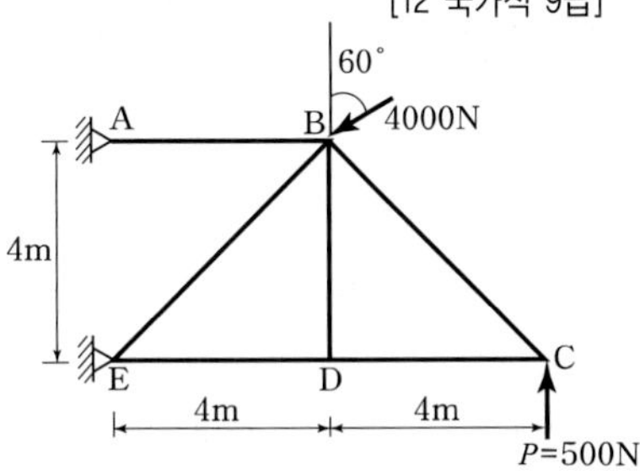

해설

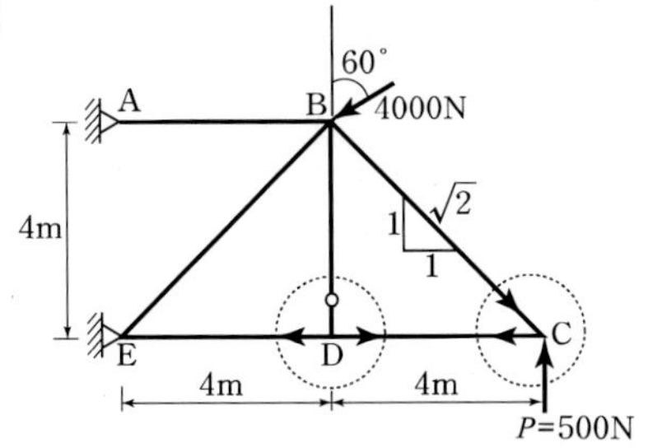

해설 **39**
(1) BD 부재력 : 0부재
(2) CD 부재력 :
시력도 폐합조건을 적용하면
$N_{CD}=P=500\,\text{N}$ (인장)

40 다음 그림과 같은 트러스에서 부재 BC의 부재력[kN]은? [12 지방직 9급]

① 8(압축력)
② 8(인장력)
③ 16(압축력)
④ 16(인장력)

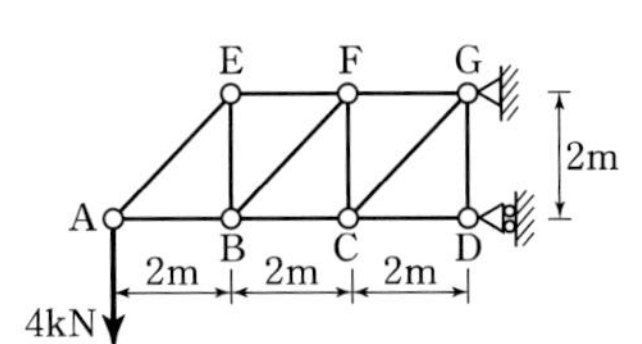

해설 **40**

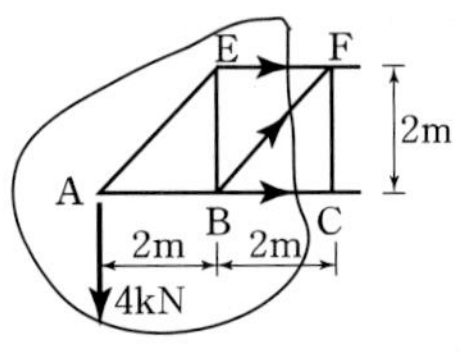

$\sum M_F=0$:
$-4(4)+F_{BC}(2)=0$
$\therefore F_{BC}=8$ (압축)

정답 38. ② 39. ① 40. ①

41 그림과 같은 트러스에서 부재 AD가 받는 힘[kN]은? [14 서울시 9급]

① 75.0(압축)
② 12.5(압축)
③ 0
④ 12.5(인장)
⑤ 25.0(인장)

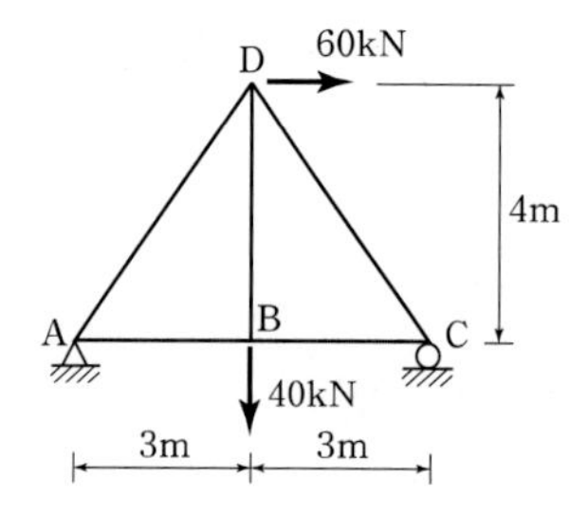

42 점 A와 점 B를 스프링으로 지지한 트러스 구조계가 있다. 점 C에 연직 하중 P가 작용하는 경우, 스프링의 부재력은? (단, 봉부재의 축강성과 길이는 각각 EA, L이고, 스프링 상수는 k이다) [12 국가직 9급]

① $\dfrac{P}{2\sin\theta}$

② $\dfrac{P}{2\cos\theta}$

③ $\dfrac{P}{2\tan\theta}$

④ $\dfrac{P}{2\sec\theta}$

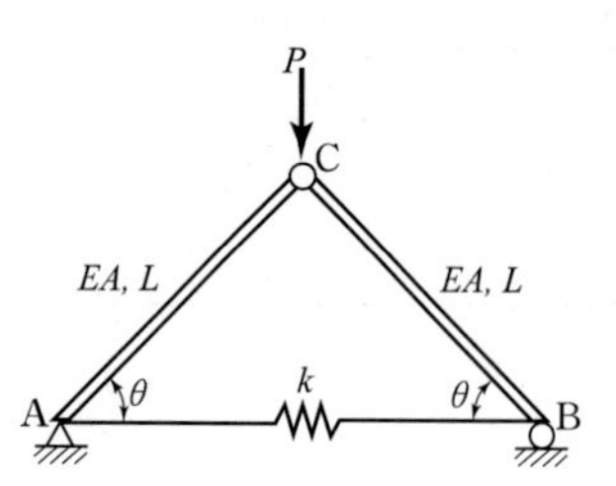

43 그림과 같은 트러스에서 지점 A의 수직반력 R_A 및 BC 부재의 부재력 F_{BC}는? (단, 트러스의 자중은 무시한다) [15 국가직 9급]

	R_A	F_{BC}
①	$\frac{2}{9}P$	$\frac{20}{9}P$(압축)
②	$\frac{2}{9}P$	$\frac{25}{12}P$(압축)
③	$\frac{16}{9}P$	$\frac{20}{9}P$(압축)
④	$\frac{16}{9}P$	$\frac{25}{12}P$(압축)

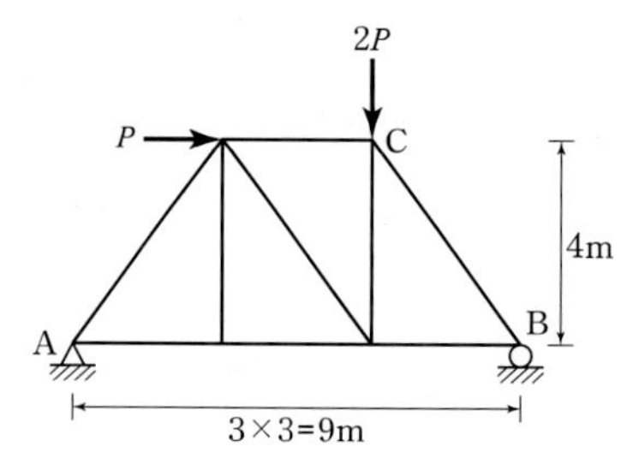

정 답 및 해 설

해설 **41**

대칭성과 역대칭성을 이용하여 중첩을 적용하면

$$AD = -20\left(\frac{5}{4}\right) + 30\left(\frac{5}{3}\right)$$
$$= 25.0\,\text{kN}\,(\text{인장})$$

해설 **42**

(1) 지점 반력
하중과 구조가 대칭이므로

$$R_A = R_B = \frac{P}{2}\,(\uparrow)$$

(2) 스프링의 부재력(P_S)

$$\tan\theta = \frac{R_A}{P_S} = \frac{\frac{P}{2}}{P_S}$$

$$\therefore P_S = \frac{P}{2\tan\theta}$$

해설 **43**

(1) A점의 수직반력 : 반대편 지점에서의 모멘트를 지간거리로 나누면

$$R_A = \frac{2P(3) - P(4)}{9} = \frac{2}{9}P$$

(2) BC의 부재력 : B점 반력을 확장하면

$$F_{BC} = R_B\left(\frac{5}{4}\right) = \frac{16P}{9}\left(\frac{5}{4}\right)$$
$$= \frac{20}{9}P(\text{압축})$$

여기서, B점의 반력

$$R_B = 2P - R_A = \frac{18P}{9} - \frac{2P}{9}$$
$$= \frac{16P}{9}\,(\uparrow)$$

정답 41. ⑤ 42. ③ 43. ①

Chapter 07

재료의 역학적 성질

내력의 형태	기호 변형과의 관계	변위(변형량)	변형률	응력(Hooke's Low)	강성	강성도(강도, K) 스프링상수	유연도(연도, f) 컴플라이언스
축력	N $N=K\delta=\frac{EA}{L}\delta$	$\delta=\frac{NL}{EA}$	$\epsilon=\frac{\delta}{L}$	$\sigma=\frac{N}{A}=E\epsilon=E\left(\frac{\delta}{L}\right)\le\sigma_a=\frac{\sigma_u}{S}$	EA	$\frac{EA}{L}$	$\frac{L}{EA}$
전단력	S $S=K\lambda=\frac{GA}{L}\lambda$	$\lambda=\frac{SL}{GA}$	$\gamma=\frac{\lambda}{L}$	$\tau=\frac{S}{A}=G\gamma=G\left(\frac{\lambda}{L}\right)\le\tau_a$	GA	$\frac{GA}{L}$	$\frac{L}{GA}$
비틀림 모멘트	T $T=K\phi=\frac{GJ}{L}\phi$	$\phi=\frac{TL}{GJ}$	$\gamma=\frac{\lambda}{L}=\frac{r\phi}{L}$	원형: $\tau=\frac{Tr}{J}=G\gamma=G\left(\frac{r\phi}{L}\right)=Gr\theta\le\tau_a$ 원형단면의 $J=I_p$ 박벽: $f=\tau_i t_i=\frac{T}{2A_m}=$ 일정 $\tau_i=\frac{T}{2A_m t_i}\le\tau_a$	GJ	$\frac{GJ}{L}$	$\frac{L}{GJ}$
휨 모멘트	M $M=K\theta=\frac{EI}{L}\theta$	$\theta=\frac{ML}{EI}$	$\epsilon=\frac{y}{\rho}=\kappa y$	$\sigma=\frac{M}{I}y=E\epsilon=E\left(\frac{y}{\rho}\right)=E\left(\frac{y\theta}{L}\right)\le\sigma_a$	EI	$\frac{EI}{L}$	$\frac{L}{EI}$
기본틀	힘 = (강성도)×(변위)	변위 = $\frac{\text{힘(부재길이)}}{\text{강성}}$	변형률 = $\frac{\text{변형값}}{\text{원래길이}}$	응력 = (탄성계수)×(변형률) $\propto$ 변형률 또한 응력 $\le$ 허용응력 허용응력 = $\frac{\text{기준강도}}{\text{안전율}}$	강성 = (탄성계수) ×(단면특성)	강성도 = $\frac{\text{강성}}{\text{부재길이}}$	강성도의 역수

※ 위의 식은 순수 상태에 대한 값이며 조건이 변하는 경우는 별도 계산을 수행해야 한다.

내력의 형태	일(변형에너지, 레질리언스), $W=U$						변형에너지 밀도 (레질리언스 계수) $u=\frac{U}{V}=\frac{W}{V}$
	외력일	내력일					
		내력만 알 때			변위만 알 때	응력만 알 때	
		기본틀	구간에 따라 변화	연속적 변화			
축력	$\frac{P\delta}{2}$	$\frac{N^2L}{2EA}$	$\Sigma\frac{N^2L}{2EA}$	$\int\frac{N^2}{2EA}dx$	$\frac{EA}{2L}\delta^2$	$\frac{\sigma^2}{2E}AL$	$\frac{\sigma^2}{2E}$
전단력	$\frac{S\lambda}{2}$	$\frac{S^2L}{2GA}$	$\Sigma\frac{S^2L}{2GA}$	$\int\frac{S^2}{2GA}dx$	$\frac{GA}{2L}\lambda^2$	$\frac{\tau^2}{2G}AL$	$\frac{\tau^2}{2G}$
		휨-전단의 경우는 f_s를 곱해야 한다. 사각형 : $f_s=\frac{6}{5}$, 원형단면 $f_s=\frac{10}{9}$					
비틀림 모멘트	$\frac{T\phi}{2}$	$\frac{T^2L}{2GJ}$	$\Sigma\frac{T^2L}{2GJ}$	$\int\frac{T^2}{2GJ}dx$	$\frac{GJ}{2L}\phi^2$	$\frac{\tau^2}{2G}AL$	$\frac{\tau^2}{2G}$
휨 모멘트	$\frac{M\theta}{2}$	$\frac{M^2L}{2EI}$	$\Sigma\frac{M^2L}{2EI}$	$\int\frac{M^2}{2EI}dx$	$\frac{EI}{2L}\theta^2$	$\frac{\sigma^2}{2E}AL$	$\frac{\sigma^2}{2E}$
기본틀	$\frac{\text{외력(변위)}}{2}$	$\frac{\text{내력}^2L}{\text{2배강성}}$	$\Sigma\frac{\text{내력}^2L}{\text{2배강성}}$	$\int\frac{\text{내력}^2}{\text{2배강성}}dx$	$\frac{\text{강성}}{2L}(\text{변위})^2$	$\frac{(\text{응력})^2}{\text{2배탄성계수}}\times(\text{체적})$	$\frac{(\text{응력})^2}{\text{2배탄성계수}}$

※ 구간에 따라 변하는 경우 각 구간의 값을 합하여 구한다. 만약, 연속적인 변화가 있는 경우는 적분한다. 변위(변형량)의 계산도 동일한 방법을 적용한다.

※ 변형에너지는 힘이 다중함수(즉 한 단면에서 하중이 2개 이상인 경우)이면 중첩이 성립되지 않음에 주의한다.

재료의 역학적 성질

7.1 외력

1 외력의 종류

(1) **반력** : 수동적 외력

(2) **하중** : 능동적 외력

2 하중의 형태

(1) **모멘트하중** : 한 점에 작용하는 모멘트는 우력으로 항상 일정한 모멘트를 만든다.

(2) **집중하중** : 한 점에 집중하여 작용하는 하중으로 수평하중, 수직하중, 경사하중이 있으며 특히 경사하중은 수평과 수직으로 나누어 처리하는 경우가 일반적으로 유리하다.

(3) **분포하중** : 합력으로 처리하므로 크기는 분포하중의 면적과 같고, 작용점은 분포하중의 도심을 통한다.

7.2 단면력(부재력, 내력)

구조물이나 부재에 외력이 작용하면 평형을 유지하기 위해 절단한 단면에 생기는 힘을 말한다.

(1) **축방향력(Axial Force, N)** : 부재축에 수평한 힘으로 부재를 절단했을 때 부재축에 수평하게 작용하는 한쪽의 수평력 합과 같다. 축력의 종류에는 인장력과 압축력이 있다.

(2) **전단력(Shear Force, S)** : 부재축에 수직한 힘으로 부재를 절단했을 때 부재축에 수직하게 작용하는 한쪽의 수직력 합과 같다.

(3) **비틀림 모멘트(Torsional Moment, T)** : 비틀림의 크기를 모멘트로써 표시한 것으로 부재를 절단했을 때 한쪽의 모멘트 합과 같다.

(4) **휨모멘트(Bending Moment, M)** : 휨의 크기를 모멘트로써 표시한 것으로 부재를 절단했을 때 한쪽의 모멘트 합과 같다.

여기서, 주의할 것은 축력과 전단력이 단순히 수평한 힘과 수직한 힘을 뜻하는 것이 아니라 부재축을 기준으로 봐야 한다는 것이다.

1 부호 규약

축력(A.F)	전단력(S.F)	비틀림 모멘트(T.M)	휨모멘트(B.M)
⊕ (인장)	⊕ (좌상 우하 : 시계회전)	⊕ (인장 비틀림)	⊕ (상부 압축, 하부 인장)
⊖ (압축)	⊖ (좌하 우상 : 반시계회전)	⊖ (압축 비틀림)	⊖ (상부 인장, 하부 압축)

핵심예제 7-1 [09 국가직 9급]

다음 그림과 같이 단면적을 제외한 조건이 모두 동일한 두 개의 봉에 각각 동일한 하중 P가 작용한다. 봉의 거동을 해석하기 위한 두 개 봉의 물리량 중에서 값이 동일한 것은?

① 신장량
② 변형률
③ 응력
④ 단면력

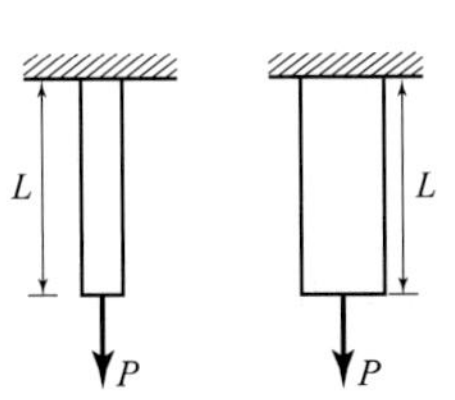

| 해설 | 정정구조물은 단면적이 다르다 하더라도 평형방정식만을 이용하므로 단면력은 동일한 값을 갖는다. 그러나 신장량, 변형률, 응력 및 변형에너지를 계산할 때는 단면적이 영향을 주므로 그 값이 달라진다.

신장량$(\delta)=\dfrac{PL}{EA}$, 변형률$(\epsilon)=\dfrac{\delta}{L}=\dfrac{P}{EA}$

응력$(\sigma)=\dfrac{P}{A}$, 변형에너지$(U)=\dfrac{P^2L}{2EA}$

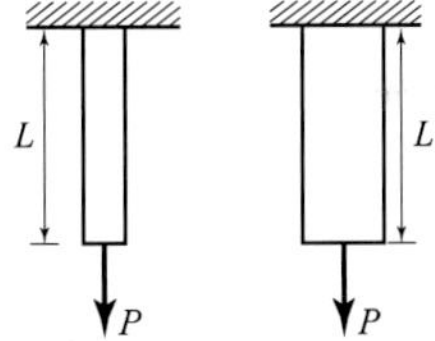

부재	비틀림부재	휨부재
구조물	(T, L) (T, L)	(M, L) (M, L)
변위	$\phi=\dfrac{TL}{GJ}$	$\theta=\dfrac{ML}{EI}$
응력	$\tau=\dfrac{Tr}{I_p}$	$\sigma=\dfrac{M}{I}y$
변형에너지	$U=\dfrac{T^2L}{2GJ}$	$U=\dfrac{M^2L}{2EI}$

답 : ④

7.3 응력(도)

외력에 의해 구조물 내부에 생기는 단위 면적당 내력으로 외력에 의해 발생한 내력을 단면에 분포시켰을 때 단윗값을 의미한다.

1 응력의 종류

응력은 절단면에 생기는 내력(단면력, 부재력)에 의해서 내력과 같은 방향으로 작용하며 크게 두 가지 종류의 응력(수직응력 σ, 전단응력 τ)이 있다. 또한 재료가 선형탄성이라 가정하면 후크(Hooke)의 법칙이 성립하므로 응력은 변형률에 비례하여 $\sigma = E\epsilon$, $\tau = G\gamma$가 성립한다.

■ 보충설명 : 응력계산 시 적용단면적

① 수직응력(σ) : 힘에 수직한 단면적을 사용한다.

$$\sigma \perp A \perp N$$

② 전단응력(τ) : 힘에 평행한 단면적을 사용한다.

$$\tau // A // S$$

(1) 수직응력

1) 축응력

축방향력(인장력 또는 압축력)에 의해 단면에 수직한 방향으로 발생하는 응력으로 수직응력(σ)이라고도 한다. ($\sigma \perp A \perp N$)

$$\sigma = \frac{N}{A} = E\epsilon$$

여기서, A : 단면적

N : 축방향력

E : 탄성계수

ϵ : 변형률

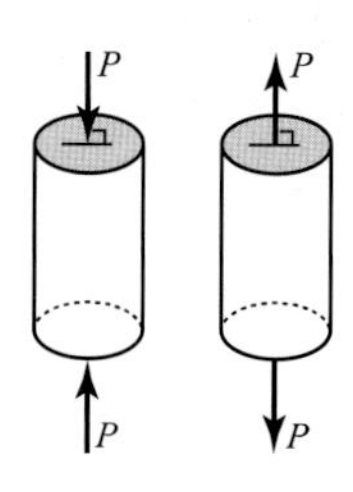

2) 지압응력

부재와 부재사이의 접촉면에서 작용 반작용의 원리에 의해 발생하는 응력으로 접촉면에 수직한 방향으로 서로 주고받는 응력이다.

$$\sigma_b = \frac{P_b}{A}$$

여기서, P_b : 지압력

A : 두 부재의 접촉면적(곡면이면 투영면적 사용)

(2) 전단응력

전단력에 의해 단면에 접하는 방향으로 발생하는 응력으로 접면응력 또는 접선응력(τ)이라고도 한다.($\tau // A // S$)

1) 직접 전단

모멘트의 영향을 거의 받지 않아 무시할 수 있는 경우에 발생하는 전단 응력을 말한다.

① 얇은 판의 전단

$$\tau = \frac{S}{A} = G\gamma \text{에서}$$

$$\therefore \tau = \frac{P}{ab} = G\left(\frac{d}{h}\right)$$

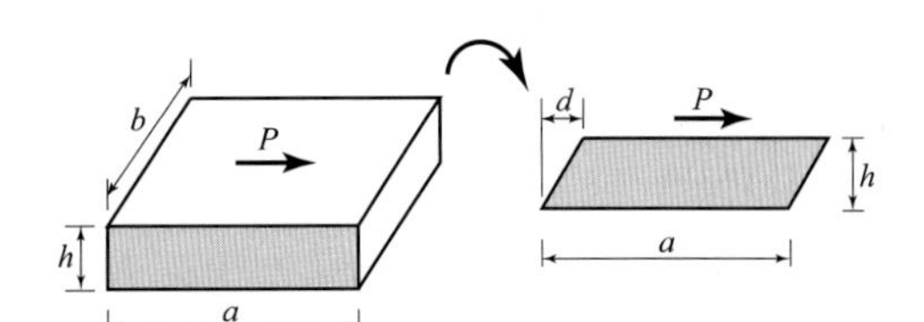

핵심예제 7-2 [09 국가직 9급]

다음 그림과 같이 바닥면이 고정되고 전단탄성계수가 G인 고무받침의 윗면에 전단력 V가 작용할 때 고무받침 윗면의 수평 변위 d는? (단, 전단력은 고무받침 단면에 균일하게 전달되고 전단변형의 크기는 매우 작다고 가정한다)

① $\frac{hV}{abG}$

② $\frac{GV}{abh}$

③ $\frac{abV}{Gh}$

④ $\frac{V}{abhG}$

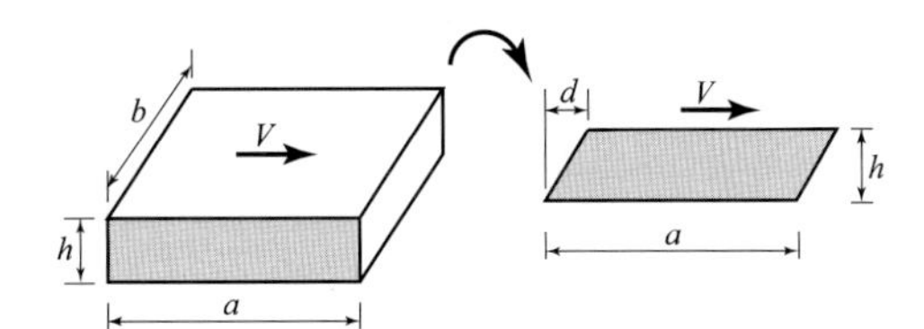

| 해설 | $\tau = \frac{S}{A} = G\gamma = G\left(\frac{\lambda}{L}\right) = G\left(\frac{d}{h}\right)$

$$\therefore d = \frac{Sh}{AG} = \frac{Vh}{abG}$$

답 : ①

핵심예제 7-3 [14 국가직 9급]

그림과 같이 받침대 위에 블록이 놓여있다. 이 블록 중심에 F=20kN이 작용할 때 블록에서 생기는 평균전단응력[N/mm²]은?

① 1
② 2
③ 10
④ 20

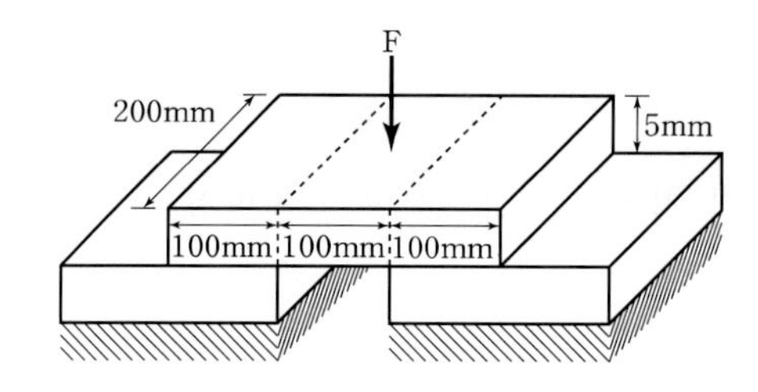

| 해설 | 전단응력을 계산하는 경우 힘과 평행한 면적을 사용해야 하므로 2면 전단에 속한다.

$$\tau=\frac{S}{2A}=\frac{20\times10^3}{2(200\times5)}=10\,\text{MPa}$$

여기서, A : 전단에 저항하는 단면적으로 힘과 나란한 부분의 단면적

답 : ③

② 받침부 전단

경사진 버팀목을 지지하기 위해 받침을 두면 버팀목에 작용하는 힘의 수평성분이 받침에 전단력 성분으로 작용하게 된다.

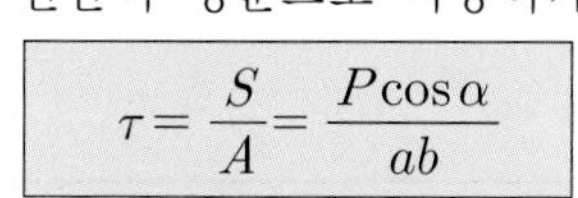

$$\tau=\frac{S}{A}\frac{P\cos\alpha}{a(b+2t)}$$

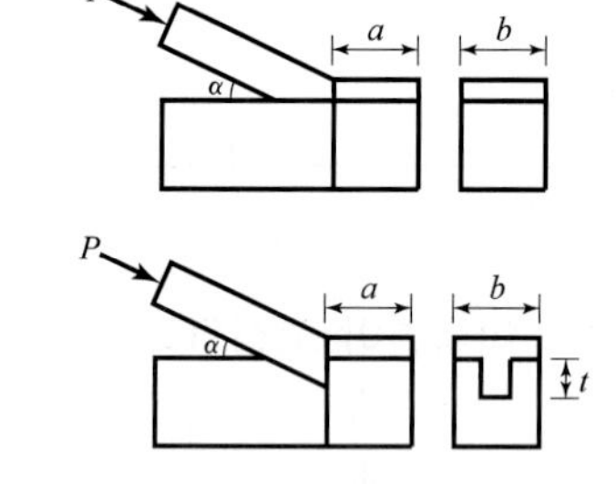

③ 펀칭 전단

구멍을 뚫을 때의 전단으로 프레스를 이용하여 강판에 구멍을 뚫기 위해서는 전단응력이 극한전단응력에 도달할 때 가능하다. 이러한 조건을 이용하여 구멍을 뚫을 때 필요한 전단력을 구하면 다음과 같다.

$\tau=\dfrac{S}{A}=\tau_u$에서

$S=\tau_u A$

여기서, τ_u : 파괴시의 극한전단응력
A : 구멍의 표면적(둘레길이×판두께)

④ 볼트의 설계

볼트는 판에 끼운 다음 너트의 회전으로 몸체를 조이게 되므로 줄기부에는 인장응력, 머리부는 펀칭전단응력, 머리와 판이 맞닿는 부분 와셔가 있는 경우는 머리와 와셔사이 그리고 와셔와 판 사이에서 지압응력이 작용하게 된다. 만약 볼트 줄기의 지름이 d, 볼트 머리의 높이가 h , 볼트 머리의 지름이 D이고 볼트에 작용하는 힘이 P라면 다음과 같은 응력이 발생한다.

㉠ 줄기부의 응력 : 인장응력

$$\sigma=\frac{N}{A}=\frac{4P}{\pi d^2}$$

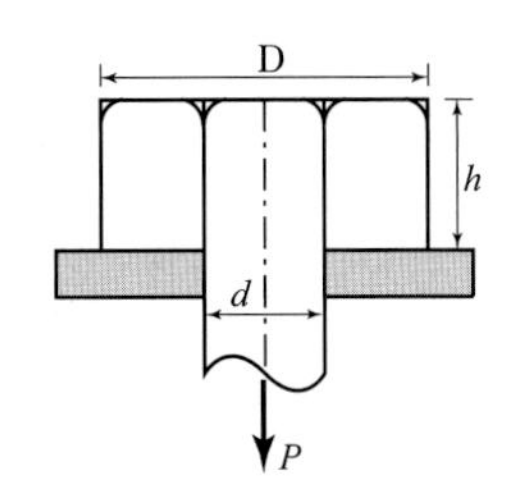

㉡ 머리부의 응력 : 펀칭전단응력

$$\tau=\frac{S}{A}=\frac{P}{\pi dh}$$

㉢ 머리와 판사이의 응력 : 지압응력

$$\sigma_b=\frac{P_b}{A}=\frac{4P}{\pi(D^2-d^2)}$$

핵심예제 **7-4** [11 국가직 7급]

다음과 같은 강재 볼트에 축하중 P가 작용할 때 머리부에 생기는 전단응력 τ를 볼트에 생기는 수직응력의 1.5배가 되게 하려면 머리 높이 h는 볼트 지름 d의 몇 배인가?

① $\frac{1}{5}$배

② $\frac{1}{6}$배

③ $\frac{1}{7}$배

④ $\frac{1}{8}$배

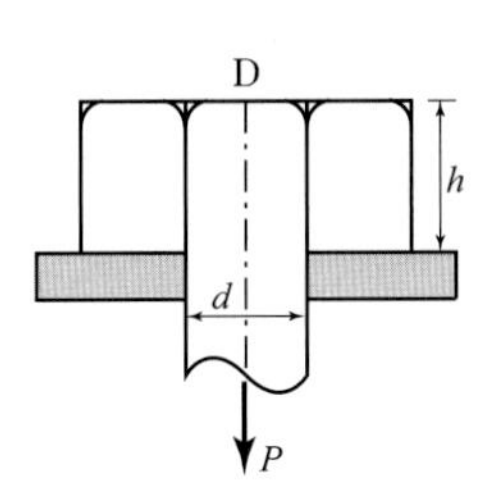

| 해설 | 머리부에 생기는 전단응력이 볼트의 줄기부에 생기는 인장응력의 1.5배라는 조건을 적용하면

(1) 머리부의 펀칭전단응력 : $\tau=\frac{S}{A}=\frac{P}{\pi dh}$

(2) 줄기부의 인장응력 : $\sigma=\frac{N}{A}=\frac{4P}{\pi d^2}$

(3) 볼트의 설계 : 주어진 조건 $\tau=1.5\sigma$에서 $\frac{P}{\pi dh}=1.5\times\frac{4P}{\pi d^2}$이므로

$\therefore h=\frac{1}{6}d$

답 : ②

⑤ 리벳의 설계

강판에 구멍에 뚫고 리벳을 박아 힘을 받으면 리벳은 전단응력과 함께 지압응력을 받게 된다. 지름이 d인 리벳을 n개를 배치하고 인장력 P가 작용할 때의 응력은 다음과 같다.

㉠ 전단응력

• 단전단(1면 전단)

리벳이 절단될 때 1개의 면이 잘리는 경우로 전단력에 대해 1개의 단면이 저항하므로 1면 전단이라 한다.

$$\tau = \frac{S}{A} = \frac{P}{nA} = \frac{4P}{n\pi d^2} \leq \tau_a$$

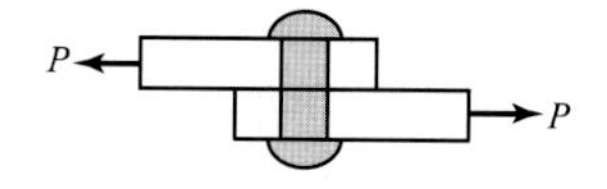

• 복전단(2면 전단)

리벳이 절단될 때 2개의 면이 잘리는 경우로 전단력에 대해 2개의 단면이 저항하므로 2면 전단이라 한다.

$$\tau = \frac{S}{2A} = \frac{P}{2nA} = \frac{2P}{n\pi d^2} \leq \tau_a$$

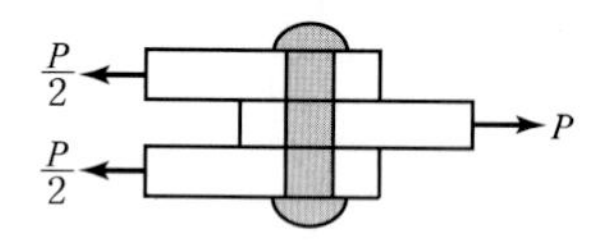

㉡ 지압 응력

리벳과 판의 접촉면에서 발생하는 응력으로 힘이 곡면에 작용하나 투영한 단면을 사용한다. 또한 지압의 방향을 고려하면 두 방향으로 지압응력이 발생하게 되므로 불리한 조건 즉 작은 단면을 갖는 지압응력으로 설계하는 것이 바람직하다. 따라서 단면적은 리벳지름과 판 두께의 곱이 되므로 지압의 방향을 고려할 때 작은 두께($t_{\min}$)를 사용한다.

$$\sigma_b = \frac{P_b}{A} = \frac{P}{n d t_{\min}} \leq \sigma_{ba}$$

■ 보충설명 : 내력과 응력에 대응하는 단면적

• 내력

부재의 중간에 하중이 없는 경우는 하중이 내력과 같다.

• 응력

해당 내력에 대응하는 단면적을 사용해야 하며, 내력이 작용하는 부재의 단면적으로 나누어 구한다.
따라서 리벳과 같은 경우 하나의 리벳에 작용한 내력을 사용하면 리벳 한 개의 단면적으로 나눠야 하고,
전체하중(전체 리벳이 받는 내력)을 사용한다면 리벳의 전체단면적으로 나눠야 한다.

(3) 비틀림 응력

1) 원형봉의 비틀림 해석

원형봉에 비틀림 모멘트(T)가 작용하면 변형률이 원의 중심에서는 0이 되고 중심에서 멀어질수록 증가하게 되므로 응력이 중심에서 선형적으로 변화한다는 것을 알 수 있다.

$$\tau = \frac{Tr}{J} = \frac{Tr}{I_p} = G\gamma = G\left(\frac{r\phi}{L}\right) = Gr\theta$$

여기서, J : 비틀림 상수로 원형 단면에서는 극관성 모멘트(I_p)와 같다.
r : 원의 중심으로부터의 거리

① 최대전단응력(τ_{max})

㉠ 중실원형단면($d = 2r$)

$$\tau_{max} = \frac{16T}{\pi d^3} = \frac{2T}{\pi r^3}$$

㉡ 중공원형단면(내경 : $d = 2r$, 외경 : $D = 2R$)

$$\tau_{max} = \frac{16TD}{\pi(D^4 - d^4)} = \frac{2TR}{\pi(R^4 - r^4)}$$

② 비틀림각(ϕ)

$$\phi = \frac{TL}{GJ},\ \theta = \frac{\phi}{L} = \frac{T}{GJ}$$

③ 전단변형률(γ)

$$\gamma = \frac{Tr}{GJ} = \frac{Tr}{GI_p}$$

■ 보충설명 : 원형봉에 비틀림이 작용하는 경우

① 단면에 접하는 전단응력이 발생한다.
② 전단응력은 원의 중심에서 최소(0)이고 원주연단에서 최대이다.
③ 비틀림에 유리한 단면은 원형 단면이며 극관성 모멘트(I_p)가 클수록 좋다.
또한, 중실단면보다 중공단면이 비틀림에 더 유리하다.
④ 백묵과 같은 취성재료는 파괴시의 응력이 전단응력과 같고, 파괴각도는 부재축과 45°를 이룬다.

핵심예제 7-5 [09 국가직 9급]

다음 그림과 같이 직경 100mm, 길이 10m인 균일단면 원형봉의 B단에 비틀림 모멘트 20kN·m 가 작용하고 있다. 지점 A에서의 최대 전단응력 τ_{max}[MPa]와 B단의 비틀림각 ϕ[rad]는? (단, 전단탄성계수 $G=80$GPa이다)

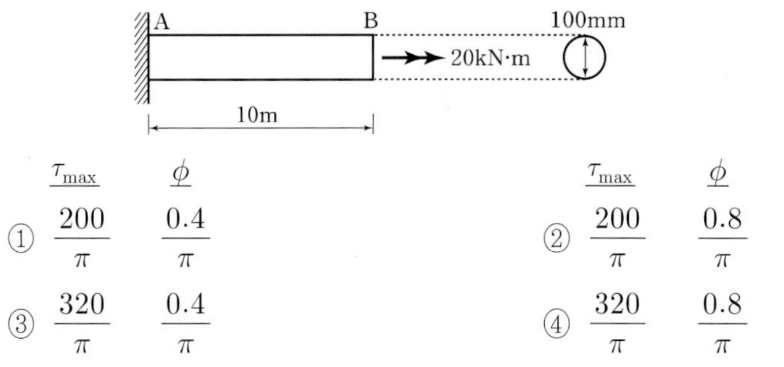

	τ_{max}	ϕ		τ_{max}	ϕ
①	$\frac{200}{\pi}$	$\frac{0.4}{\pi}$	②	$\frac{200}{\pi}$	$\frac{0.8}{\pi}$
③	$\frac{320}{\pi}$	$\frac{0.4}{\pi}$	④	$\frac{320}{\pi}$	$\frac{0.8}{\pi}$

| 해설 | (1) 최대 전단응력

$$\tau_{max}=\frac{Tr}{I_p}=\frac{(20\times10^6)\times(50)}{\frac{\pi(100^4)}{32}}$$

$$=\frac{320}{\pi}\,\mathrm{N/mm^2}=\frac{320}{\pi}\,\mathrm{MPa}$$

(2) B단의 비틀림각

$$\phi_B=\frac{TL}{GI_p}=\frac{(20\times10^6)\times(10\times10^3)}{(80\times10^3)\times\left(\frac{\pi\times100^4}{32}\right)}=\frac{0.8}{\pi}(\mathrm{rad})$$

답 : ④

2) 두께가 얇은 관의 비틀림 해석

두께가 얇은 관(박벽관, thin wall tube)에 비틀림이 작용하면 기존의 해석방법으로는 응력을 구할 수 없으므로 전단류의 개념으로 접근하여 해석한다.

① 전단류(shear flow)의 개념

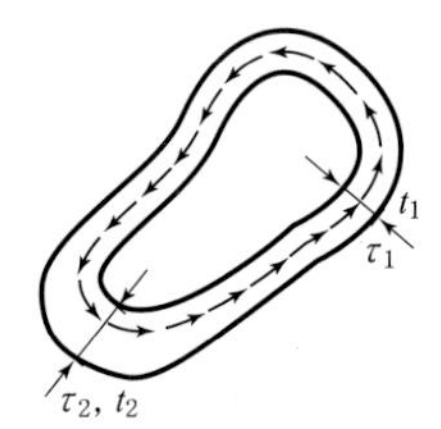

두께가 얇은 관에 비틀림 모멘트(토크)가 작용하면 비틀림 모멘트의 작용방향으로 관의 중심선을 따라 마치 물이 흐르듯이 일정한 흐름이 생기는데 이를 전단류(f)라 한다.

② 전단류(f)

두 단면에서 힘의 평형조건식을 적용하면 전단류는 전단응력에 관의 두께를 곱한 값으로 항상 일정한 값을 갖는다. 따라서 전단류는 단위 길이당의 전단력과 같다.

$\therefore f=\tau_i t_i$ (항상 일정)

- 휨부재의 전단류

$$f=\frac{VQ}{I}$$

③ 전단응력(τ)

전단류와 비틀림 모멘트와의 관계를 알기 위해서 박벽관의 중심에서 중심선의 접선을 따라 회전하는 비틀림 모멘트의 합을 구하면 또다른 전단류 공식을 얻게 된다.

$f = \dfrac{T}{2A_m}$ =일정, $f = \tau_i\, t_i$ =일정에서 두 식을 조합하면

$\therefore \tau_i = \dfrac{T}{2A_m t_i}$ 로 전단응력은 관의 두께에 반비례하며, 관의 두께가 지배한다.

여기서, A_m : 중심선으로 둘러싸인 도형의 단면적

➡ 비틀림 모멘트에 의한 전단응력은 관의 두께에 의해 지배됨을 알 수 있으므로 관의 두께가 최소인 단면에서 최대전단응력이 발생하며 두께가 같은 경우는 전단응력이 일정하다.

■ 보충설명 : 두께가 얇은 직사각형 튜브의 비틀림 해석

전단류 : $f = \dfrac{T}{2A_m} = \dfrac{T}{2bh}$

전단응력 : $\tau = \dfrac{f}{t} = \dfrac{T}{2A_m t} = \dfrac{T}{2(bh)t}$

따라서 최대전단응력은 두께가 최소인 곳에서 발생한다.

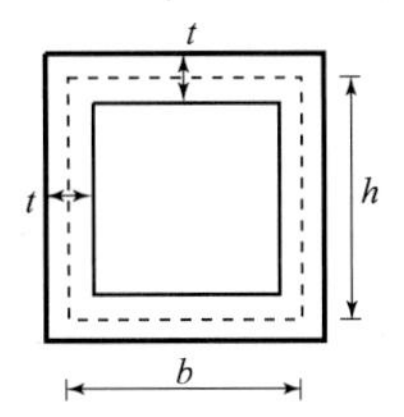

④ 비틀림각(ϕ)

에너지 보존의 법칙에 의해 외력일과 변형에너지가 같다는 조건을 적용하면

$$\frac{T\phi}{2} = \int \frac{\tau^2}{2G} dV = \int_0^L \int_0^{L_m} \frac{1}{2G}\left(\frac{T^2}{4A_m^2 t^2}\right) ds \cdot dx = \frac{T^2 L}{2GJ} \text{에서}$$

$$\therefore \phi = \frac{TL}{GJ},\ \theta = \frac{\phi}{L} = \frac{T}{GJ}$$

여기서, J : 비틀림 상수

㉠ 원형 단면 : $J = I_p = \dfrac{\pi d^4}{32} = \dfrac{\pi r^4}{2}$

$$\therefore \tau_{\max} = \frac{16T}{\pi d^3} = \frac{2T}{\pi r^3}$$

㉡ 박판 단면일 때

$$J=\frac{4A_m^2}{\int_0^{L_m}\frac{ds}{t}}=\frac{4A_m^2\,t}{L_m}$$

여기서, L_m : 중심선에 대한 둘레길이

A_m : 중심선으로 둘러싸인 도형의 단면적

- 반지름이 R인 원형 박판 단면 : $J=2\pi R^3 t$
- 한 변이 a인 정사각형 박판 단면 : $J=a^3 t$
- 한 변이 a인 정삼각형 박판 단면 : $J=\frac{a^3 t}{4}$
- 얇은 개단면 : 각 부분을 직사각형 요소로 분할하여 계산한다.

$$J=\frac{\sum b_i\, t_i^{\,3}}{3}$$

b_i : 직사각형 요소의 긴 변
t_i : 직사각형 요소의 짧은 변

핵심예제 7-6 [10 국가직 7급]

다음 그림과 같은 단면을 갖는 각형관에 비틂모멘트(T) 5kN·m가 작용할 때, A점에 발생하는 전단응력의 크기[MPa]는?

① 5
② 5.6
③ 50
④ 56

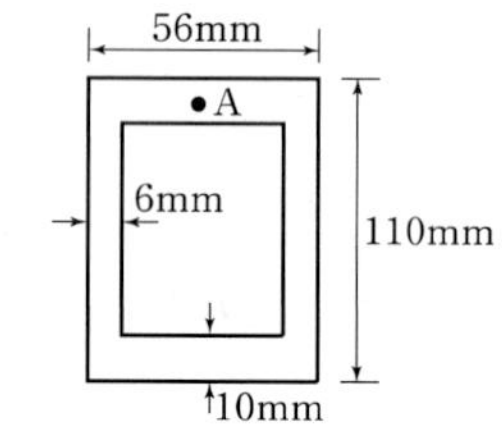

| 해설 | $\tau_A=\frac{T}{2A_m t_A}$

$$=\frac{(5\times10^6)}{2(100\times50)\times(10)}=50\,\text{MPa}$$

답 : ③

(4) 온도의 영향

1) 균일한 온도 승강이 있는 경우

열팽창계수(α)가 1℃당 변형률(ϵ_t /℃)라는 조건을 이용하여 ΔT의 온도변화가 있을 때 식을 정리하면 다음과 같다.

구분	정정 구조물	부정정 구조물
온도변형률(ϵ_t)	$\epsilon_t = \frac{\delta_t}{L} = \alpha(\Delta T)$	$\epsilon_t = 0$
온도변형량(δ_t)	$\delta_t = \alpha(\Delta T)L$	$\delta_t = 0$
온도반력(R_t)	$R_t = 0$	$\delta_R = \delta_t : \frac{R_t L}{EA} = \alpha(\Delta T)L$ $R_t = E\alpha(\Delta T)AE$
온도응력(σ_t)	$\sigma_t = 0$	$\sigma_t = \frac{R_t}{A} = E\alpha(\Delta T)$

여기서, E : 탄성계수
α : 열팽창 계수(ϵ_t /℃)
ΔT : 온도 변화량
A : 단면적

> 균일한 온도 상승 : 압축응력 발생
> 균일한 온도 하강 : 인장응력 발생

■ 보충설명 : 정정 구조물의 변위를 구속하기 위한 축하중(P_t)

$\alpha(\Delta T)L = \frac{P_t L}{EA}$ 에서

$P_t = E\alpha(\Delta T)A$

→ 온도반력(R_t)과 같다.

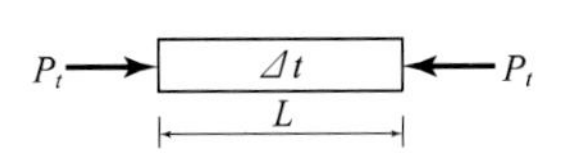

■ 보충설명 : 온도영향을 받는 구조의 기본틀

- $\epsilon = \alpha(\Delta T)$
- $\delta = \alpha(\Delta T)L$
- $R = E\alpha(\Delta T)A$
- $\sigma = E\alpha(\Delta T)$

기본틀의 형태가 유사하다.

핵심예제 7-7 [10 국가직 9급]

단면적이 5cm², 길이가 5m인 봉이 온도의 영향으로 탄성변형 1mm 늘어났다. 이 변형을 없애기 위해 작용시켜야 할 압축력의 크기[kN]는? (단, 탄성계수 $E=2\times10^5$ MPa이다)

① 10 ② 20
③ 30 ④ 40

| 해설 | 온도에 의해 늘어난 길이와 압축력에 의해 줄어든 길이는 같아야 하므로

$\delta=\dfrac{NL}{EA}=\dfrac{PL}{EA}$ 에서

$$P=\frac{EA}{L}\delta$$
$$=\frac{(1)\times(2\times10^5)}{5000}\times(500)=20{,}000\,\mathrm{N}$$
$$=20\,\mathrm{kN}$$

답 : ②

핵심예제 7-8 [09 국가직 9급]

길이가 100m이고 한 변의 길이가 1cm인 정사각형 단면 봉의 온도가 100℃ 하강하여 축방향 변형이 발생되었다. 발생된 변형을 제거하기 위하여 봉에 작용시켜야 하는 축방향 하중은? (단, 봉의 탄성계수 E=200GPa, 온도선팽창계수 $\alpha=1.0\times10^{-5}$/℃)

① 20kN(압축) ② 20kN(인장)
③ 200N(압축) ④ 200N(인장)

| 해설 | 적합방정식을 구성하면

$$\delta_P=\delta_t$$
$$\frac{PL}{EA}=\alpha(\Delta T)L$$
$$\therefore P=\alpha(\Delta T)EA$$
$$=1.0\times10^{-5}\times(100)\times(200\times10^3)\times(10^2)$$
$$=20{,}000\,\mathrm{N}$$
$$=20\,\mathrm{kN}(인장)$$

[온도가 하강하면 부재가 줄어들기 때문에 변형을 제어하기 위해서는 인장력을 주어 부재가 늘어나도록 해야 한다.]

답 : ②

㉡ 허용변위가 있는 경우
구속을 풀어준 상태에서 온도에 의한 변형량이 허용 변형량보다 작다면 변형이 구속되지 않으므로 정정구조물과 같은 상태가 되므로 응력은 발생하지 않는다. 그러나 온도에 의한 변형량이 허용 변형량보다 큰 경우라면 두 변형의 차이만큼 변형이 구속되므로 반력과 응력이 발생한다.

- 온도 변형량(δ_t)
  구속도를 풀어준 상태에서 온도에 의한 변형량
  $\delta_t = \alpha(\Delta T)L$

- 응력을 유발시키는 변형량($\delta_{구속}$)
  구속되는 변형량만큼 반력과 응력이 발생하므로 온도 변형량과 허용 변형량의 차이가 된다.
  $\delta = \delta_t - \delta_a = \alpha(\Delta T)L - \delta_a$

- 온도반력(R_t)
  적합방정식 : $\dfrac{R_t L}{EA} = \alpha(\Delta T)L - \delta_a$에서
  $R_t = \dfrac{EA}{L}\{\alpha(\Delta T)L - \delta_a\} = E\alpha(\Delta T)A - \dfrac{EA}{L}\delta_a$

- 온도응력(σ_t)
  반력에 의해 압축력을 받으므로
  $$\sigma_t = \frac{R_t}{A} = \frac{\frac{EA}{L}\{\alpha(\Delta T)L - \delta_a\}}{A} = E\alpha(\Delta T) - E\left(\frac{\delta_a}{L}\right)$$

[결론] 변위가 구속될 때만 반력과 응력이 존재한다. 따라서 완전 구속상태의 값에서 허용변위의 영향을 공제한다.

- $R = k\delta_{구속} = \dfrac{EA}{L}\{\alpha(\Delta T)L - \delta_a\} = E\alpha(\Delta T)A - \dfrac{EA}{L}\delta_a$
- $\sigma = E\epsilon_{구속} = E\left(\dfrac{\delta_{구속}}{L}\right) = E\left\{\dfrac{\alpha(\Delta T)L - \delta_a}{L}\right\} = E\alpha(\Delta T) - E\left(\dfrac{\delta_a}{L}\right)$

여기서, 허용변위가 없는 경우(완전 구속)는 $\delta_a = 0$을 적용한다.

■ 보충설명 : 정정과 부정정 구조물의 온도 영향

- 정정구조물
  변형이 구속되지 않는 정정구조물은 온도의 영향에 의해 반력과 응력이 발생하지 않는다.
  $\therefore \epsilon_t \neq 0,\ \delta_t \neq 0,\ R_t = 0,\ \sigma_t = 0$

- 부정정구조물
  온도의 영향을 받는 경우 변형이 자유로운 상태는 정정구조물과 같으므로 반력과 응력이 발생하지 않지만 변형이 구속되는 경우 반력과 응력이 발생한다.
  $\therefore \delta_t = 0,\ \epsilon_t = 0,\ R_t \neq 0,\ \sigma_t \neq 0$

핵심예제 7-9 [08 국가직 9급]

다음 그림과 같은 부재와 강체 벽체와의 간격이 0.1mm이고 단면적이 50cm², 길이가 1.0m인 부재가 있다. 온도가 40℃ 상승할 때 이 부재에 발생하는 응력[GPa]은? (단, 부재의 열팽창계수(α)는 15×10^{-6}/℃, 탄성계수(E)는 200GPa이다)

① 0.1
② 0.2
③ 0.4
④ 0.8

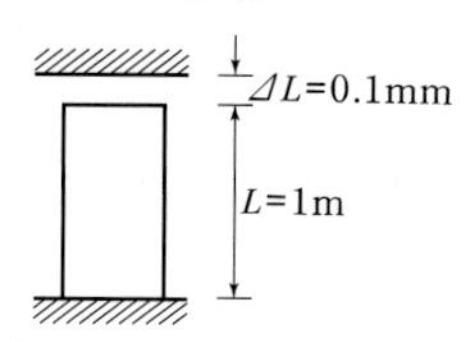

| 해설 | (1) 온도 변형량

$$\delta_t = \alpha(\Delta T)L = 15 \times 10^{-6}(40) \times (1000) = 0.6\,\mathrm{mm}$$

(2) 응력을 유발하는 변형량(=구속되는 변형량)

$$\delta = \delta_t - \delta_a = 0.6 - 0.1 = 0.5\,\mathrm{mm}$$

(3) 온도 응력

$$\sigma_t = E\epsilon = E\left(\frac{\delta}{L}\right) = 200 \times \left(\frac{0.5}{1000}\right) = 0.1\,\mathrm{GPa}$$

답 : ①

핵심예제 7-10 [09 지방직 9급]

그림과 같이 무응력 상태로 봉 AB부재와 봉 BC부재가 연결되어 있다. 만일, 봉 AB부재의 온도가 T만큼 상승했을 때 봉 BC부재에 응력이 생기지 않기 위해 봉 BC부재에 필요한 온도 변화량은? (단, 봉 AB부재와 봉 BC부재 사이는 길이를 무시할 수 있는 단열재에 의해 열의 이동이 완전히 차단되어 있다고 가정한다)

① 2T(하강)
② 2T(상승)
③ 4T(하강)
④ 4T(상승)

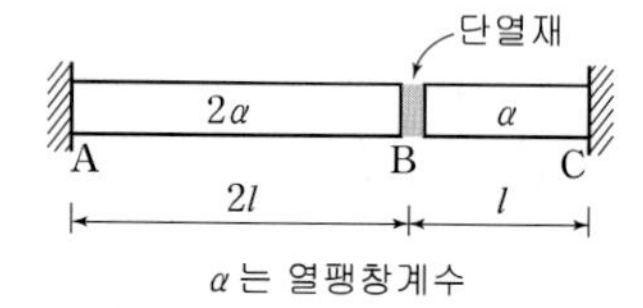

| 해설 | 온도변화에 의해 응력이 발생하지 않으려면 온도에 의한 변형량이 0이어야 한다.

$$\delta_t = \delta_{AB} + \delta_{BC} = 2\alpha(T) \times (2l) + \alpha(\Delta T_{BC}) \times (l) = 0$$

$$\therefore \Delta T_{BC} = -4T\text{(온도하강)}$$

답 : ③

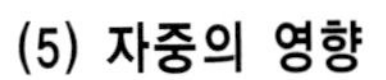

(5) 자중의 영향

1) 균일 단면의 봉

① 자중에 의한 응력(σ)

$$\sigma=\frac{N_x}{A}=\frac{A\gamma(l-x)}{A}=\gamma(l-x)$$

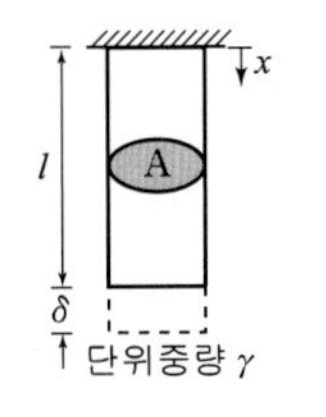

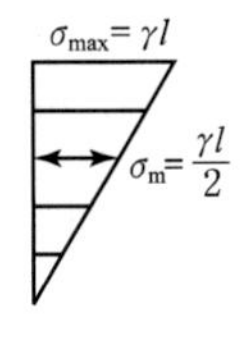

㉠ 최대응력$(x=0)$: $\sigma_{\max}=\gamma l$

㉡ 평균응력$(x=\frac{l}{2})$: $\sigma_m=\frac{\gamma l}{2}$

㉢ 최소응력$(x=l)$: $\sigma_{\min}=0$

② 자중에 의한 변형량(δ)

$$\delta=\int\frac{N_x}{EA}dx=\frac{\gamma}{E}\int(l-x)dx=\frac{\gamma}{E}\left(lx-\frac{x^2}{2}\right)$$

㉠ 자유단 변위$(x=l)$: $\delta=\frac{\gamma l^2}{2E}$

㉡ 중앙점 변위$(x=\frac{l}{2})$: $\delta=\frac{3\gamma l^2}{8E}$

③ 단면설계

$\sigma_{\max}=\gamma l\le\sigma_a$

$\therefore\ l=\frac{\sigma_a}{\gamma}$

④ 탄성변형에너지

$$U=\int_0^l\frac{{N_x}^2}{2EA}dx=\int_0^l\frac{\{\gamma A(l-x)\}^2}{2EA}dx=\frac{\gamma^2Al^3}{6E}$$

2) 축하중과 자중을 동시에 받는 균일단면봉

축하중의 영향과 자중을 함께 받는 경우는 중첩의 방법을 적용하면 간단히 구할 수 있다. 단, 변형에너지는 힘을 제곱하여 힘의 다중함수로 표현되므로 중첩이 성립되지 않는다.

① 응력(σ)

최대응력 : $\sigma_{\max}=\frac{P}{A}+\gamma l$

평균응력 : $\sigma_m=\frac{P}{A}+\frac{\gamma l}{2}$

최소응력 : $\sigma_{\min}=\frac{P}{A}$

② 변형량(δ)

$$\delta=\frac{Pl}{AE}+\frac{\gamma l^2}{2E}=\frac{l}{E}\left(\frac{P}{A}+\frac{\gamma l}{2}\right)$$

③ 탄성변형에너지

$$U=\int_0^l \frac{N_x^{\ 2}}{2EA}dx=\int_0^l \frac{(P+\gamma Ax)^2}{2EA}dx=\frac{P^2 l}{2EA}+\frac{\gamma Pl^2}{2E}+\frac{\gamma^2 Al^3}{6E}$$

3) 원추형봉

① 자중에 의한 응력(σ)

㉠ 원추형봉의 체적이 $\dfrac{Al}{3}$이므로

총중량 $W=\dfrac{\gamma Al}{3}$이 된다.

따라서, 균일단면봉에 비해 자중이 1/3이 감소한다.

$\therefore\ N_x=\dfrac{\gamma A_x}{3}(l-x)$

㉡ 임의 단면의 응력 : $\sigma_x=\dfrac{N_x}{A_x}=\dfrac{\gamma(l-x)}{3}$

- 최대응력$(x=0)$: $\sigma_{\max}=\dfrac{\gamma l}{3}$
- 평균응력$(x=\dfrac{l}{2})$: $\sigma_m=\dfrac{\gamma l}{6}$
- 최소응력$(x=l)$: $\sigma_{\min}=0$

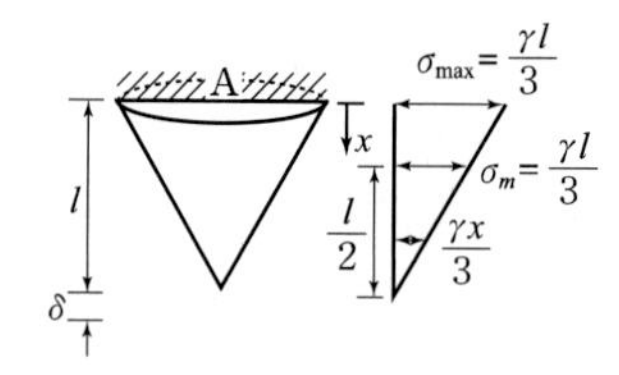

② 자중에 의한 변형량(δ)

$$\delta=\int \frac{N_x}{EA}dx=\frac{\gamma}{3E}\int (l-x)dx=\frac{\gamma}{3E}\left(lx-\frac{x^2}{2}\right)$$

㉠ 자유단 변위$(x=l)$: $\delta=\dfrac{\gamma l^2}{6E}$

㉡ 중앙점 변위$(x=\dfrac{l}{2})$: $\delta=\dfrac{\gamma l^2}{8E}$

③ 단면설계

$\sigma_{\max}=\dfrac{\gamma l}{3}\le\ \sigma_a$에서

$\therefore\ l=\dfrac{3\sigma_a}{\gamma}$

④ 탄성변형에너지

$$U=\int_0^l \frac{N_x^{\ 2}}{2EA}dx=\int_0^l \frac{\left\{\dfrac{\gamma\ A_x}{3}(l-x)\right\}^2}{2EA}dx=\frac{\gamma^2 Al^3}{90E}$$

■ 보충설명 : 균일단면봉과 원추형 봉의 비교

결과를 보면 원추형봉은 균일단면봉에 비해 각각 응력과 변위는 $\dfrac{1}{3}$이 감소하고, 변형에너지는 $\dfrac{1}{15}$이 감소함을 알 수 있다.

핵심예제 7-11 [19 국가직]

그림과 같이 천장에 수직으로 고정되어 있는 길이 L, 지름 d인 원형 강철봉에 무게가 W인 물체가 달려있을 때, 강철봉에 작용하는 최대응력은? (단, 원형 강철봉의 단위중량은 γ이다)

① $\dfrac{4W}{\pi d^2}+\gamma L$

② $\dfrac{4W}{\pi d^2}+\dfrac{\pi d^2\gamma L}{4}$

③ $\dfrac{2W}{\pi d^2}+\gamma L$

④ $\dfrac{2W}{\pi d^2}+\dfrac{\pi d^2\gamma L}{2}$

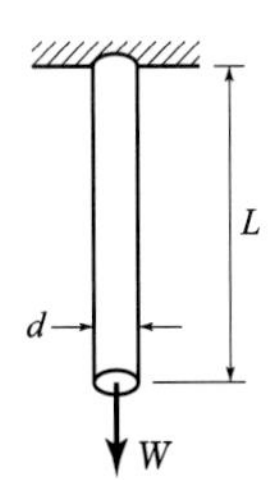

| 해설 | 축하중과 자중에 대해 중첩을 적용하면 최대응력은 고정단에서 발생하므로

$$\sigma_{\max}=\frac{W}{A}+\gamma L=\frac{4W}{\pi d^2}+\gamma L$$

답 : ①

(6) 균일강도의 봉(완전응력봉)

균일 강도란 봉의 모든 구간에서 응력이 허용응력(σ_a)으로 일정한 봉부재를 의미이다.

1) 자중에 의한 응력(σ)

모든 위치의 응력이 일정하므로

$$\sigma=\frac{P_{x1}}{A_{x1}}=\frac{P_{x2}}{A_{x2}}=\frac{P_{x3}}{A_{x3}}=\sigma_{allow}$$

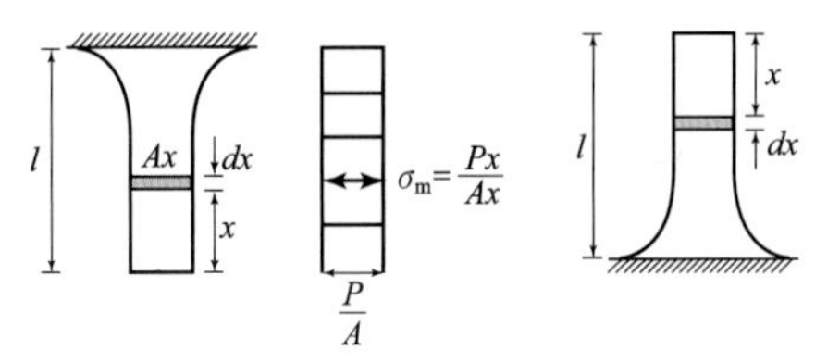

2) 자중에 의한 변형량(δ)

$$\delta=\frac{Nl}{EA}=\frac{\sigma_a l}{E}$$

(7) 막응력

구(球)형의 용기나 원형의 압력관에서 내부의 압력에 의해 표면의 두께에서 발생하는 응력이다.

1) 압력관(pipe, 튜브)

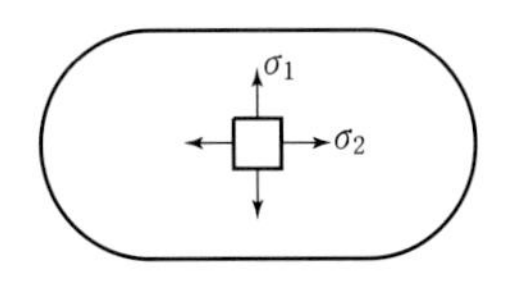

밀폐된 압력용기의 응력

① 원환 응력(원주 응력)

얇은 원관의 벽에서 압력에 의해 지름방향, 즉 횡방향으로 발생하는 응력이다.

$$\sigma_1 = \frac{pd}{2t} = \frac{pr}{t}$$

p : 관내 압력
d : 관의 내경($2r$)

➡ 만약 평균값이 주어지면 그대로 사용한다.

② 원축 응력 : 원환의 1/2

얇은 원관의 벽에서 압력에 의해 길이방향, 즉 종방향으로 발생하는 응력이다.

$$\sigma_2 = \frac{pd}{4t} = \frac{pr}{2t}$$

σ_1 : 원환응력(최대 주응력)
σ_2 : 원축응력(최소 주응력)

③ 변형률

- 원주방향 변형률 : $\epsilon_1 = \frac{\sigma_1}{E} = \frac{pd}{2tE} = \frac{pr}{tE}$
- 원축방향 변형률 : $\epsilon_2 = \frac{\sigma_2}{E} = \frac{pd}{4tE} = \frac{pr}{2tE}$

④ 관두께 설계

불리한 조건으로 설계한다.

$$\therefore \sigma_1 = \frac{pd}{2t} \le \sigma_a$$

$$t \ge \frac{pd}{2\sigma_a} = \frac{pr}{\sigma_a}$$

⑤ 원관 내의 최대 전단 응력

요소의 모아원을 작도하면 x축에서 $\theta = 45°$ 회전한 면에서 발생하므로

$$\therefore \tau_{max} = \frac{\sigma_1 - \sigma_2}{2} = \frac{pr}{2t} - \frac{pr}{4t} = \frac{pr}{4t} = \frac{pd}{8t}$$

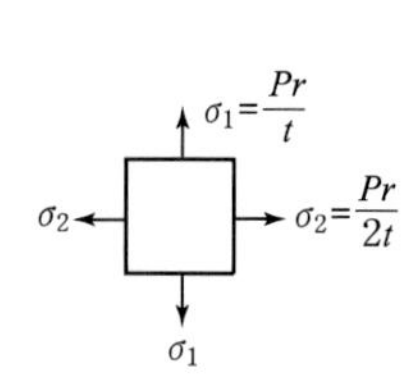

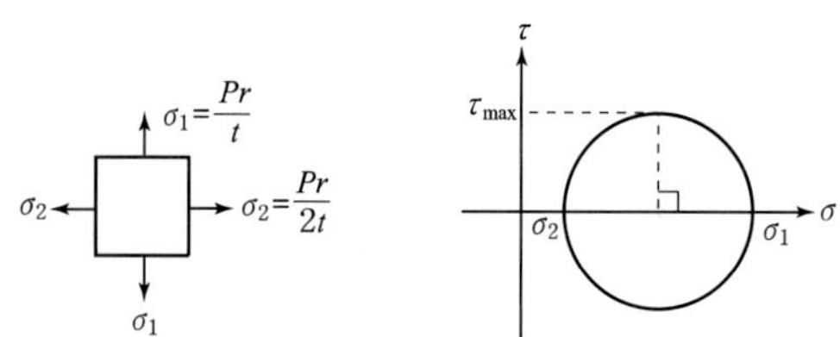

2) 구형 압력 용기(ball) : 원축응력 상태

원형의 용기에서 작용하는 막응력은 모든 방향으로 원축 응력과 같은 응력이 발생하므로 평면 내에서의 주응력은 모든 방향에서 같다.

$$\sigma_1 = \sigma_2 = \frac{pd}{4t} = \frac{pr}{2t}$$

■ 보충설명 : 이음을 하는 경우

이음을 한 경우 응력은 이음 시 효율(η)을 나누어 응력을 증가시킨다.

예) • 원환응력 : $\sigma_1 = \dfrac{pd}{2t\eta}$ • 원축응력 : $\sigma_2 = \dfrac{pd}{4t\eta}$

핵심예제 7-12 [13 국가직 9급]

벽두께 t가 6mm이고, 내반경 r이 200mm인 구형압력용기를 제작하였다. 압력 p=6MPa이 구형압력용기에 작용할 경우 막응력의 크기[MPa]는? (단, 구형용기의 벽 내부에 발생하는 인장응력 계산 시 내반경 r을 사용하여 계산한다)

① 50 ② 100
③ 150 ④ 200

| 해설 | 구형압력용기이므로 원축 응력이 발생한다.

$$\sigma = \frac{pd}{4t} = \frac{pr}{2t} = \frac{6(200)}{2(6)} = 100\text{MPa}$$

답 : ②

핵심예제 7-13 [14 국가직 9급]

안쪽 반지름(r)이 300mm이고, 두께(t)가 10mm인 얇은 원통형 용기에 내압(q)이 1.2MPa이 작용할 때 안쪽 표면에 발생하는 원주방향응력(σ_y) 또는 축방향응력(σ_x)으로 옳은 것은? (단위는 MPa) (단, 원통형 용기 안쪽 표면에 발생하는 인장응력을 구할 때는 안쪽 반지름(r)을 사용한다)

① $\sigma_y = 24$
② $\sigma_y = 48$
③ $\sigma_x = 18$
④ $\sigma_x = 36$

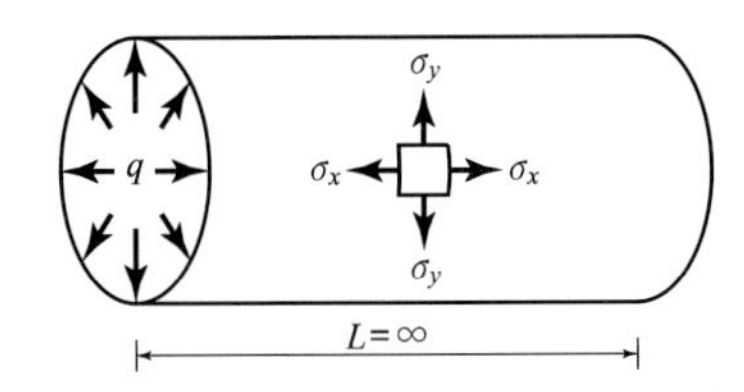

| 해설 | 원통형 용기의 안쪽 표면에 작용하는 응력

- 원주응력 $\sigma_y = \dfrac{pd}{2t} = \dfrac{1.2(600)}{2(10)} = 36\,\text{MPa}$(인장)
- 원축응력 $\sigma_x = \dfrac{\sigma_y}{2} = 18\,\text{MPa}$(인장)
- 압력 $\sigma_z = -p = -1.2\,\text{MPa}$(압축)

답 : ③

7.4 변형률

재료가 하중을 받아 변형되는 정도를 표시하고 후크의 법칙을 적용하기 위해 계산한다.

1 정의

변형된 값을 원래 값으로 나눈 공칭 변형률(또는 공학 변형률)을 사용한다.

$$\text{변형률} = \frac{\text{변형된 값}}{\text{원래의 값}}$$

2 세로 변형률과 가로 변형률

(1) 세로 변형률(ϵ_l)

부재가 하중을 받아서 길이 방향으로 변형되는 정도를 표시하고 후크의 법칙에 직접적으로 사용되는 변형률로 세로 변형률 또는 종방향 변형률이라 한다.

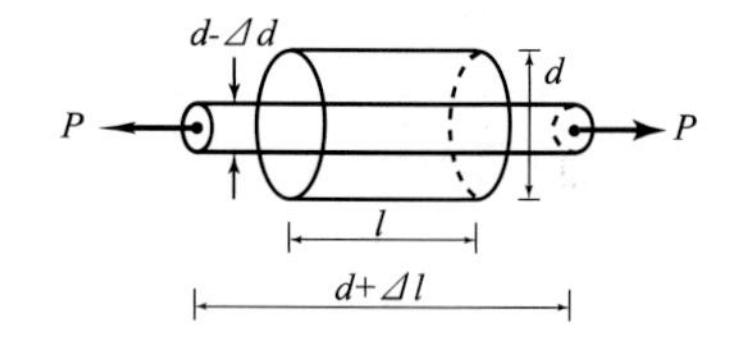

$$\epsilon_l = \epsilon = \frac{\Delta l}{l}$$

(2) 가로 변형률(ϵ_d)

그림과 같은 원형의 봉에 인장력이 작용하면 길이 방향의 변형도 발생하지만 지름도 변형을 하게 된다. 이처럼 길이의 직각방향으로 발생하는 변형률을 가로 변형률 또는 횡방향 변형률이라 한다.

$$\epsilon_d = -\frac{\Delta d}{d}$$

(3) 변형률의 특징(ϵ =일정)

길이가 감소하면 변형된 길이도 감소하므로 변형률은 일정하다. 전체에서 변형률을 구한 값이나 미소 요소에서 구한 값을 같다고 볼 수 있다.

3 포아송수와 포아송비

(1) 포아송수(m) : $m = \frac{\text{세로변형률}}{\text{가로변형률}} = \left|\frac{\epsilon_l}{\epsilon_d}\right| = \left|\frac{d\Delta l}{l\Delta d}\right|$

(2) 포아송비(ν) : $\nu = \frac{\text{세로변형률}}{\text{가로변형률}} = \left|\frac{\epsilon_d}{\epsilon_l}\right| = \left|\frac{l\Delta d}{d\Delta l}\right|$

(3) 포아송수와 포아송비의 관계 : $m\nu = 1$(역수관계)

핵심예제 **7-14** [10 지방직 9급]

지름 100mm, 길이 250mm인 부재에 인장력을 작용시켰더니 지름은 99.8mm, 길이는 252mm로 변하였다. 이 부재 재료의 푸아송비는?

① 0.2　　② 0.25
③ 0.3　　④ 0.35

| 해설 | $\nu = \frac{\text{가로 변형률}}{\text{세로 변형률}} = \frac{L\Delta d}{d\Delta L} = \frac{250(0.2)}{100(2)} = 0.25$

답 : ②

■ **보충설명** : 포아송비(ν)와 포아송수(m)

변형률의 비로 표시되는 재료의 성질로 절대치를 사용하므로 음(−)의 값이 나올 수 없고 역수의 관계를 갖는다.
➡ 항상 양(+)으로 존재한다.
➡ 역수 관계이다. $m\nu = 1$

(4) 일반 재료의 포아송수

재 료 명	포아송수	재 료 명	포아송수
코르크	무한대	놋 쇠	3
고무(완전유체) 체적변화가 없는 재료	2	등방성 재료	3
		강 재	3~4
구 리	2.6	콘크리트	5~10

(5) 일반재료의 포아송수

$m \geq 2$ (포아송수의 최솟값은 2)

(6) 일반재료의 포아송비

$0 \leq \nu \leq 0.5$ (포아송비의 최댓값은 0.5)

(7) 포아송 효과

응력이 없어도 변형이 발생한다는 것으로 포아송비 또는 포아송수를 알면 다른 방향의 변위를 구할 수 있다는 말이다.
[적용] 응력 직각방향의 변형률은 응력 방향 변형률의 ν배와 같고, 부호는 반대이다.

➡ 포아송 효과란 $\sigma = 0,\ \epsilon \neq 0$

$\nu = \frac{\epsilon_d}{\epsilon_l} = \frac{l\Delta d}{d\Delta l}$ 에서 Δd에 관해 정리하면

지름의 변화량 : $\Delta d = \nu d\epsilon = \dfrac{d\sigma}{mE} = \dfrac{4\nu P}{\pi dE}$

(만약 반지름의 변화량을 구한다면 $d = 2r$을 대입하면 된다.)

➡ 지름의 변화율$\left(\dfrac{\Delta d}{d}\right)$과 반지름의 변화율$\left(\dfrac{\Delta r}{r}\right)$은 같다. (모두 변형률)

핵심예제 7-15 [07 국가직 9급]

길이 150mm, 지름 15mm의 강봉에 인장력을 가했더니 길이 방향으로 1.0mm가 늘어났다면 지름의 변화량(mm)은? (단. 이 강봉의 포아송수는 4이다)

① 0.025(감소) ② 0.025(증가)
③ 0.050(감소) ④ 0.050(증가)

| 해설 | $\Delta d = -\nu d\epsilon = -\left(\dfrac{1}{m}\right)d\left(\dfrac{\Delta L}{L}\right) = -\dfrac{d\Delta L}{mL} = -\dfrac{15(1.0)}{4(150)} = -0.025$(감소)

(인장력이 작용하므로 길이는 늘고, 지름은 감소한다.)

답 : ①

핵심예제 7-16 [08 국가직 9급]

길이가 10m이고 지름이 50cm인 강봉이 길이방향으로 작용하는 인장력에 의하여 길이 방향으로 변형이 10cm 발생하였다. 이때 강봉의 포와송비(Poisson's ratio)가 0.2인 경우, 강봉의 반지름[cm] 변화로 옳은 것은?

① 0.1 증가 ② 0.1 감소
③ 0.05 증가 ④ 0.05 감소

| 해설 | $\Delta D = -\nu D\epsilon = -\nu D\left(\dfrac{\Delta L}{L}\right) = 0.2(50)\left(\dfrac{10}{1{,}000}\right) = 0.1\,\text{cm}$(감소)

반지름 변화량은 지름변화량의 1/2이므로

$\Delta r = \dfrac{\Delta D}{2} = -\dfrac{0.1}{2} = -0.05\,\text{cm}$(감소)

[인장력이 작용하므로 길이는 늘어나고 지름은 감소한다.]

답 : ④

핵심예제 7-17 [15 국가직 9급]

지름 10mm의 원형단면을 갖는 길이 1m의 봉이 인장하중 $P=15$kN을 받을 때, 단면 지름의 변화량[mm]은? (단, 계산 시 π는 3으로 하고, 봉의 재질은 균일하며, 탄성계수 $E=50$GPa, 포아송 비 $\nu=0.3$이다. 또한 봉의 자중은 무시한다)

① 0.006
② 0.009
③ 0.012
④ 0.015

| 해설 | 하중이 주어졌으므로 지름의 변화량 $\Delta d=\dfrac{4\nu P}{\pi dE}=\dfrac{4(0.3)(15)}{3(10)(50)}=0.012\text{mm}$

답 : ③

핵심예제 7-18 [13 국가직 9급]

다음과 같이 지름 10mm의 강봉에 3,000kN의 인장력이 작용하여 강봉의 지름이 0.4mm 줄어들었다. 이때 포아송비(Posson's ratio)는? (단, 강봉의 탄성계수는 2.0×10^5MPa이고, π는 3으로 계산한다)

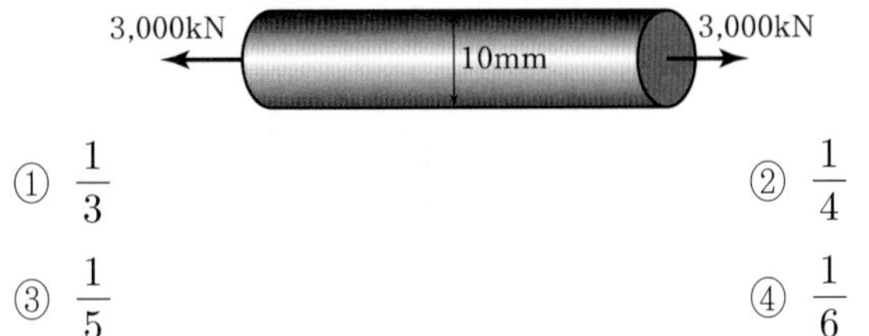

① $\dfrac{1}{3}$
② $\dfrac{1}{4}$
③ $\dfrac{1}{5}$
④ $\dfrac{1}{6}$

| 해설 | $\Delta d=\dfrac{4\nu P}{\pi dE}$에서 $\nu=\dfrac{\pi dE(\Delta d)}{4P}=\dfrac{3(10)(2\times10^5)(0.4)}{4(3{,}000\times10^3)}=0.2=\dfrac{1}{5}$

답 : ③

핵심예제 7-19 [15 지방직 9급]

다음과 같은 원형단면봉이 인장력 P를 받고 있다. 다음 설명 중 옳지 않은 것은? (단, $P=15$kN, $d=10$mm, $L=1.0$m, 탄성계수 $E=200$GPa, 푸아송비 $\nu=0.3$이고, 원주율 π는 3으로 계산한다)

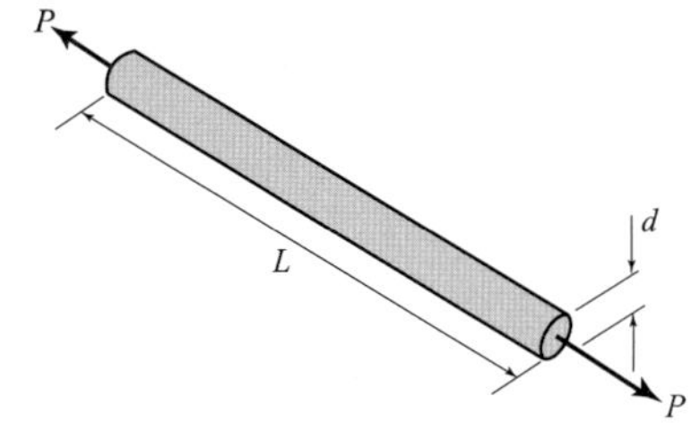

① 봉에 발생되는 인장응력은 약 200MPa이다.
② 봉의 길이는 약 1mm 증가한다.
③ 봉에 발생되는 인장변형률은 약 0.1×10^{-3}이다.
④ 봉의 지름은 약 0.003mm 감소한다.

| 해설 | ① $\sigma=\dfrac{P}{A}=\dfrac{4P}{\pi d^2}=\dfrac{4(15\times10^3)}{3(10^2)}=200\,\text{MPa}$

② $\delta=\dfrac{PL}{EA}=\dfrac{\sigma L}{E}=\dfrac{200(10^3)}{200\times10^3}=1\,\text{mm}$

③ $\epsilon=\dfrac{\sigma}{E}=\dfrac{200}{200\times10^3}=1\times10^{-3}$

④ $\Delta d=\nu d\epsilon=0.3(10)(1\times10^{-3})=0.003\,\text{mm}$(감소)

답 : ③

4 전단 변형률

전단은 길이의 변화는 일어나지 않지만 모양의 변화를 일으킨다.
∴ 전단변형률은 모양의 변화 정도를 의미하므로 각도로서 나타낸다.

$$\tan\gamma \fallingdotseq \gamma=\frac{\lambda}{a}$$

전단변형을 일어난 상태에서 대각선 방향의 길이 변형률을 구하면

$$\overline{AC}=\sqrt{2}\,a,\quad \overline{C'C''}=\frac{\lambda}{\sqrt{2}}$$

$$\therefore\ \epsilon_{대각선}=\frac{\overline{C'C''}}{\overline{AC}}=\frac{\frac{\lambda}{\sqrt{2}}}{\sqrt{2}\,a}=\frac{\lambda}{2a}=\frac{\gamma}{2}$$

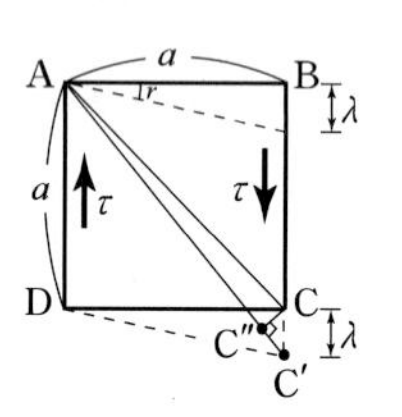

$\gamma=2\epsilon_{대각선}$(전단변형률은 대각선방향 길이 변형률의 2배)

∴ $\epsilon_{대각선}=\dfrac{\gamma}{2}$(순수전단상태에서 대각선방향 수직변형률은 $\dfrac{\gamma}{2}$이다)

핵심예제	7-20

[15 국가직 9급]

그림과 같이 각 변의 길이가 10mm인 입방체에 전단력 $V=$10kN이 작용될 때, 이 전단력에 의해 입방체에 발생하는 전단 변형률 γ는? (단, 재료의 탄성계수 $E=$130GPa, 포아송 비 $\nu=$0.3이다. 또한 응력은 단면에 균일하게 분포하며, 입방체는 순수전단 상태이다)

① 0.001
② 0.002
③ 0.003
④ 0.005

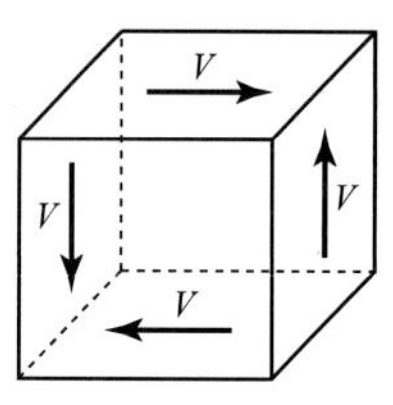

| 해설 | 후크의 법칙을 적용하면 $\gamma=\dfrac{\tau}{G}=\dfrac{2(1+\nu)V}{EA}=\dfrac{2(1+0.3)(10)}{130(10^2)}=0.002$

여기서, 탄성계수의 관계식 $G=\dfrac{E}{2(1+\nu)}$

답 : ②

5 3축 응력상태의 변형률

(1) 길이 변형률

포아송의 효과와 중첩을 적용하면

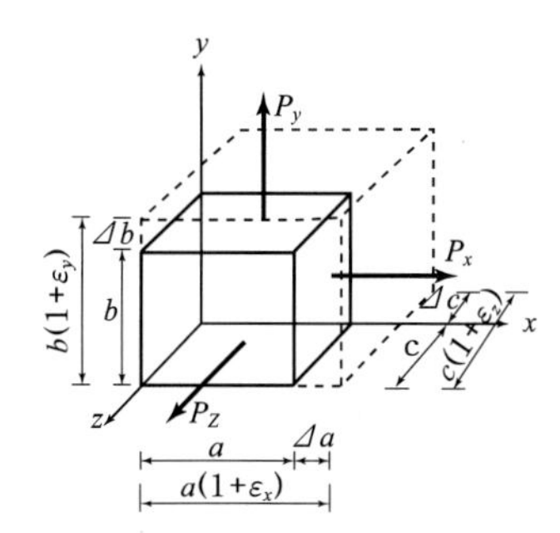

$$\begin{cases} \epsilon_x = \dfrac{\sigma_x}{E} - \nu\dfrac{\sigma_y}{E} - \nu\dfrac{\sigma_z}{E} \\ \epsilon_y = \dfrac{\sigma_y}{E} - \nu\dfrac{\sigma_z}{E} - \nu\dfrac{\sigma_x}{E} \\ \epsilon_z = \dfrac{\sigma_z}{E} - \nu\dfrac{\sigma_x}{E} - \nu\dfrac{\sigma_y}{E} \end{cases}$$

여기서, $\sigma_x = \dfrac{P_x}{A_x} = \dfrac{P_x}{bc}$, $\sigma_y = \dfrac{P_y}{A_y} = \dfrac{P_y}{ac}$, $\sigma_z = \dfrac{P_z}{A_z} = \dfrac{P_z}{ab}$

① 1축 응력 상태

$$\begin{cases} \epsilon_x = \dfrac{\sigma_x}{E} \\ \epsilon_y = -\nu\dfrac{\sigma_x}{E} \\ \epsilon_z = -\nu\dfrac{\sigma_x}{E} \end{cases}$$

② 2축 응력 상태

$$\begin{cases} \epsilon_x = \dfrac{\sigma_x}{E} - \nu\dfrac{\sigma_y}{E} \\ \epsilon_y = \dfrac{\sigma_y}{E} - \nu\dfrac{\sigma_x}{E} \\ \epsilon_z = -\nu\dfrac{\sigma_x}{E} - \nu\dfrac{\sigma_y}{E} \end{cases}$$

(2) 면적 변형률(ϵ_A)

$\epsilon_A = \dfrac{\Delta A}{A}$를 대입하여 정리하면

$$\begin{cases} \epsilon_{Ax} = \epsilon_y + \epsilon_z \\ \epsilon_{Ay} = \epsilon_x + \epsilon_z \\ \epsilon_{Az} = \epsilon_x + \epsilon_y \end{cases}$$

① 1축 응력 상태

응력이 x 방향으로 작용한다면

$$\epsilon_{Ax} = \frac{\Delta A}{A} = -2\nu\epsilon_x = -2\nu\frac{\sigma_x}{E}$$

(3) 체적 변형률(ϵ_v, e)

$$\epsilon_v = e = \frac{\Delta V}{V} = \epsilon_x + \epsilon_y + \epsilon_z = \frac{1-2\nu}{E}(\sigma_x + \sigma_y + \sigma_z) = \frac{1-2\nu}{E}\Sigma\sigma$$

➡$\epsilon_x = \epsilon_y = \epsilon_z$인 경우 체적 변형률은 길이 변형률의 3배가 된다.($e = 3\epsilon_x$)

① 1축 응력 상태 : $\epsilon_v = e = \dfrac{\Delta V}{V} = \epsilon_x + \epsilon_y + \epsilon_z = \dfrac{1-2\nu}{E}\sigma_x$

② 2축 응력 상태 : $\epsilon_v = e = \dfrac{\Delta V}{V} = \epsilon_x + \epsilon_y + \epsilon_z = \dfrac{1-2\nu}{E}(\sigma_x + \sigma_y)$

(4) 응력과 변형률의 상관관계

$$\sigma_x = \frac{E}{(1+\nu)(1-2\nu)}[(1-\nu)\epsilon_x + \nu(\epsilon_y + \epsilon_z)]$$

$$\sigma_y = \frac{E}{(1+\nu)(1-2\nu)}[(1-\nu)\epsilon_y + \nu(\epsilon_z + \epsilon_x)]$$

$$\sigma_z = \frac{E}{(1+\nu)(1-2\nu)}[(1-\nu)\epsilon_z + \nu(\epsilon_x + \epsilon_y)]$$

이것을 행렬로 표현하면

$$\begin{Bmatrix}\sigma_x \\ \sigma_y \\ \sigma_z\end{Bmatrix} = \frac{E}{(1+\nu)(1-2\nu)}\begin{bmatrix}1-\nu & \nu & \nu \\ \nu & 1-\nu & \nu \\ \nu & \nu & 1-\nu\end{bmatrix}\begin{Bmatrix}\epsilon_x \\ \epsilon_y \\ \epsilon_z\end{Bmatrix}$$

① 1축 응력 상태

$\sigma_x = E\epsilon_x = -\dfrac{E\epsilon_y}{\nu}$ 여기서, $\epsilon_y = -\nu\epsilon_x$에서 $\epsilon_x = -\dfrac{\epsilon_y}{\nu}$

② 2축 응력 상태

$\sigma_x = \dfrac{E}{1-\nu^2}(\epsilon_x + \nu\epsilon_y)$, $\sigma_y = \dfrac{E}{1-\nu^2}(\epsilon_y + \nu\epsilon_x)$

앞에서 나온 여러 식들은 응력과 변형률은 인장을 (+)로 한 값임에 주의하자!

■ 보충설명 : 1축 응력 시 관리할 값

① 선(길이) 변형률 : $\epsilon = \pm\dfrac{\delta}{l}$ (인장 : +, 압축 : −)

원형단면의 지름 변화량 : $\Delta D = \nu D\epsilon = \dfrac{D\sigma}{mE} = \dfrac{4\nu P}{\pi DE}$ (단, 단면이 원형이 아니면 포아송효과 이용)

② 면적 변형률 : $\epsilon_A = \pm\dfrac{\Delta A}{A} = \pm 2\nu\epsilon$ (인장 : −, 압축 : +)

③ 체적변형률 : $\epsilon_v = e = \dfrac{\Delta V}{V} = \pm\dfrac{(1-2\nu)}{E}\Sigma\sigma = \pm\dfrac{(1-2\nu)}{E}\sigma$ (인장 : +, 압축 : −)

7.5 변위(변형량)

구조물에 외력이 작용하면 내력이 생기고 이 내력에 의해 변형이 발생한다. 여기서 변위는 제한적 의미로서 하중이 작용하는 점에서 하중이 작용하는 방향의 값으로 재료가 선형 탄성이라 가정하면 후크의 법칙에 의해 변위를 구할 수 있다.

(1) 축방향력이 작용

$\sigma = \dfrac{N}{A} = E\epsilon = E\left(\dfrac{\delta}{l}\right)$에서 $\delta = \dfrac{Nl}{EA}$

(2) 전단력이 작용

$\tau = \dfrac{S}{A} = G\gamma = G\left(\dfrac{\lambda}{l}\right)$에서 $\lambda = \dfrac{Sl}{GA}$

(3) 원형봉에 비틀림이 작용

$\tau = \dfrac{Tr}{J} = G\gamma = G\left(\dfrac{r\phi}{l}\right)$에서 $\phi = \dfrac{Tl}{GJ}$

(4) 휨모멘트가 작용

$\sigma = \dfrac{M}{I}y = E\epsilon = E\left(\dfrac{y}{\rho}\right)$에서 $\theta = \dfrac{Ml}{EI}$

■ 표. 단면력의 형태에 따른 변위 계산 방식

단면력	기본틀	단면력이 구간에 따라 변하는 경우	단면력이 연속적으로 변하는 경우
축방향력	$\delta = \dfrac{Nl}{EA}$	$\delta = \Sigma \dfrac{Nl}{EA}$	$\delta = \int_0^l \dfrac{N}{EA}dx$
전단력	$\lambda = \dfrac{Sl}{GA}$	$\lambda = \Sigma \dfrac{Sl}{GA}$	$\lambda = \int_0^l \dfrac{S}{GA}dx$
비틀림모멘트	$\phi = \dfrac{Tl}{GJ}$	$\phi = \Sigma \dfrac{Tl}{GJ}$	$\phi = \int_0^l \dfrac{T}{GJ}dx$
휨모멘트	$\theta = \dfrac{Ml}{EI}$	$\theta = \Sigma \dfrac{Ml}{EI}$	$\theta = \int_0^l \dfrac{M}{EI}dx$

핵심예제 7-21 [14 서울시 9급]

그림과 같은 부재에 하중이 작용하고 있다. 부재 전체의 변형량(δ)은? (단, 단면적 A와 탄성계수 E는 일정하다)

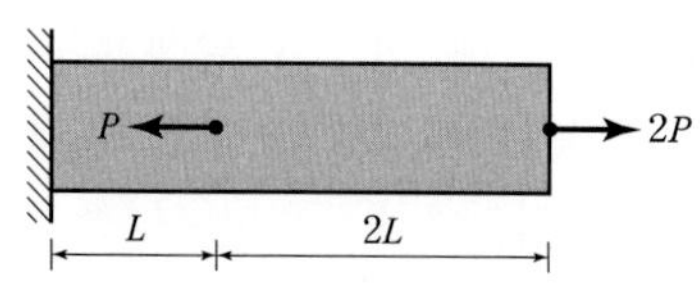

① $\dfrac{PL}{EA}$　② $\dfrac{2PL}{EA}$

③ $\dfrac{3PL}{EA}$　④ $\dfrac{4PL}{EA}$

⑤ $\dfrac{5PL}{EA}$

| 해설 | 중첩을 적용하면 전체 변형량 $\delta_t = \dfrac{2P(3L)}{EA} - \dfrac{PL}{EA} = \dfrac{5PL}{EA}$

답 : ⑤

핵심예제 7-22 [10 지방직 9급]

다음 그림과 같이 부재의 B, C, D점에 수평하중이 작용할 때 D점의 수평변위 크기[cm]는? (단, 부재의 탄성계수 E=100GPa, 단면적 A=1mm²이다)

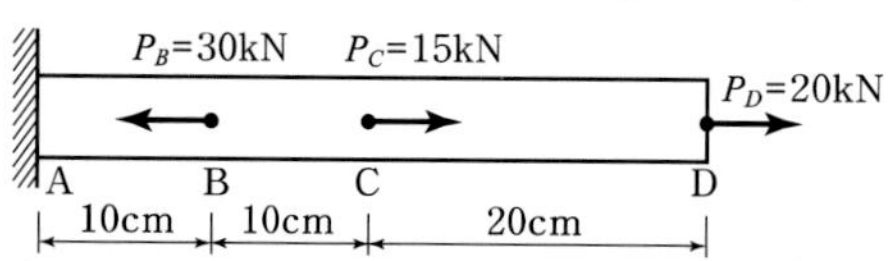

① 2　② 4

③ 6　④ 8

| 해설 | $\delta_D = \Sigma \dfrac{NL}{EA}$

$$= \frac{(20\times10^3)\times(200)+(35\times10^3)\times(100)+(5\times10^3)\times(100)}{(100\times10^3)\times(1)}$$

$= 80\text{mm} = 8\text{cm}$

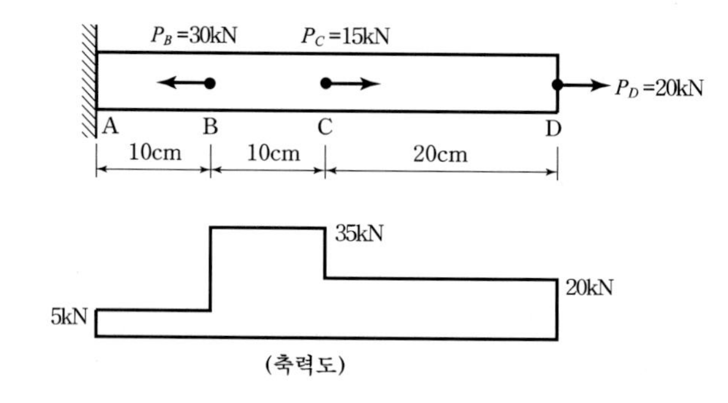

(축력도)

답 : ④

핵심예제	7-23

[11 국가직 7급]

다음과 같은 구조물에 수직하중 P가 작용할 때 C점의 수직변위는? (단, 부재의 자중은 무시하며, 탄성계수는 E, AB사이의 단면적은 BC사이의 단면적 A의 3배인 $3A$이다)

① $\dfrac{2PL}{EA}$

② $\dfrac{PL}{2EA}$

③ $\dfrac{5PL}{3EA}$

④ $\dfrac{7PL}{3EA}$

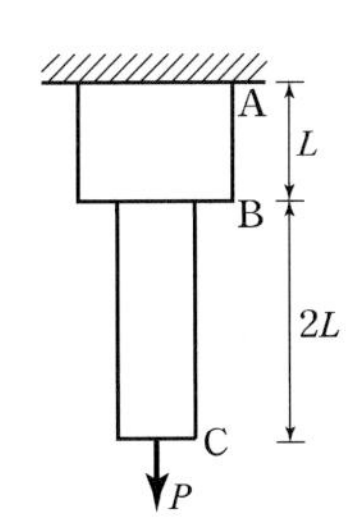

| 해설 | $\delta_C = \Sigma \dfrac{NL}{EA}$

$= \dfrac{P(2L)}{EA} + \dfrac{P(L)}{E(3A)}$

$= \dfrac{7PL}{3EA}$

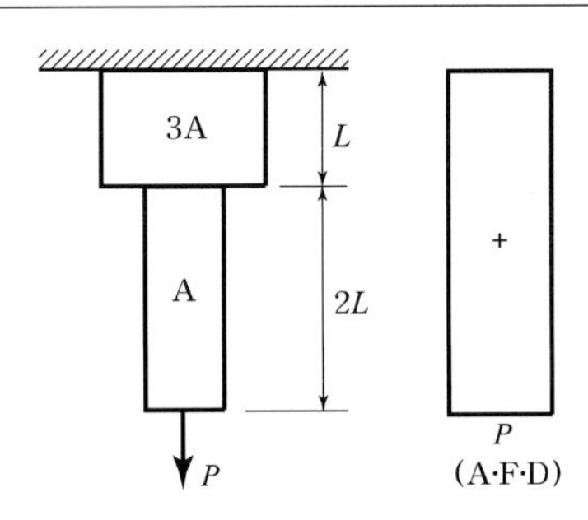

답 : ④

핵심예제	7-24

[11 국가직 9급]

그림과 같이 ac구간은 단면적이 $2A$, cd구간은 단면적이 A인 같은 재료의 봉이 있다. 하중조건이 그림과 같을 때 점 d의 수평변위는? (단, E는 탄성계수이다)

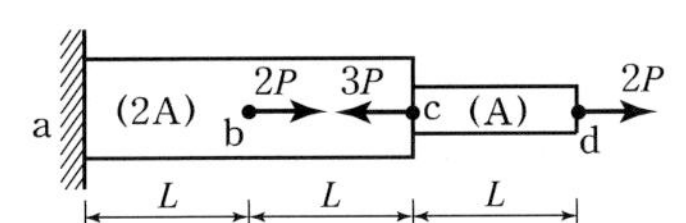

① 0

② $\dfrac{PL}{EA}$

③ $\dfrac{2PL}{EA}$

④ $\dfrac{3PL}{EA}$

| 해설 | $\Sigma \dfrac{NL}{EA} = \dfrac{PL}{E(2A)} + \dfrac{(-P)L}{E(2A)} + \dfrac{2PL}{EA}$

$= \dfrac{2PL}{EA}$

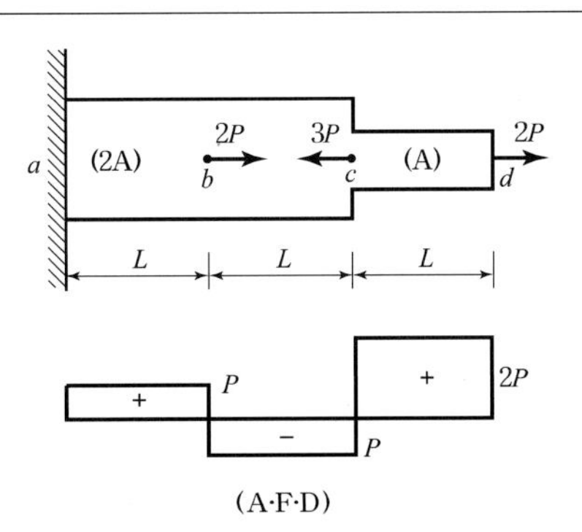

답 : ③

7.6 응력-변형률도($\sigma-\epsilon$ 선도)

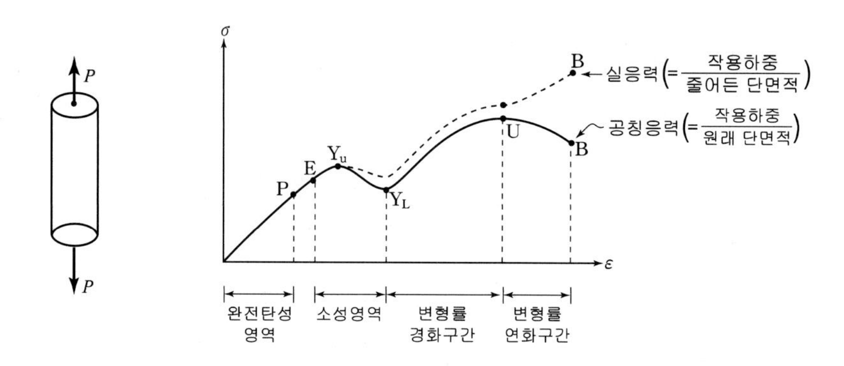

(1) 비례한도(P)

응력과 변형률이 정비례하는 한계점으로 이 구간에서는 후크의 법칙이 완전 성립된다. 이 구간은 $\sigma = E\epsilon$이 완전히 성립하므로 $E = \dfrac{\sigma}{\epsilon}$가 된다.

(2) 탄성한도(E)

탄성 한계는 탄성을 잃어버리는 한계점으로 비례 한도A와 거의 일치하며 실제는 0.02% 정도의 잔류변형이 발생하나 이 구간까지 후크의 법칙이 성립한다고 본다.

(3) 항복점(Y_U, Y_L)

1) 상위 항복점(Y_U)

항복이 시작되는 점으로 영구변형이 발생하기 시작한다. 강재의 경우 탄성한계(E)점을 찾기 어려우므로 Y_U를 상업적 탄성한계라고도 한다. 상항복점(Y_U)를 넘어서면 응력은 감소하나 변형이 증가하다가 하항복점(Y_L)에 도달한다. 이러한 변형상태를 소성흐름이 있다고 한다.

2) 하위 항복점(Y_L)

하위 항복점에 도달하면 하중의 증가 없이 변형이 진행되며 이 구간을 항복 고원 또는 항복 마루라 하고 이러한 현상을 항복 현상이라고 한다. 이 점에 도달하여 응력을 제거하면 응력-변형률선도의 초기점 직선기울기에 비례하여 변형이 일부는 회복되지만 0.2%의 잔류 변형이 발생한다.

■ 보충설명 : 고강도강재의 경우 비례한도, 탄성한계, 항복점의 관계

일반적인 강재의 경우 비례한도와 탄성한계는 거의 같지만 항복점과는 차이를 보인다. 그러나 고강도 강재의 경우는 세 점이 거의 같은 값을 갖는다.

(4) 극한강도(인장강도, U)

응력-변형률 곡선의 최고점(최대 응력점)의 값으로 이 점에 도달하면 단면의 현저한 감소 현상인 네킹 현상이 발생한다.

(5) 파괴점(B)

응력-변형률 선도의 마지막 점으로 빛과 소리를 내며 강재의 파괴가 일어나며 강재의 파단 시 신장 백분율은 25~30%, 파단 시 면적 감소 백분율은 50% 정도에 달한다.

(6) 공칭응력과 실응력

$$\text{공칭응력} = \frac{\text{작용하중}}{\text{최초 단면적}}$$

$$\text{실응력} = \frac{\text{작용하중}}{\text{줄어든 단면적}}$$

(크기 : 실응력 > 공칭응력)

■ 보충설명 : 오프셋(off-set) 방법

응력-변형률 곡선이 불분명한 경우에는 0.02%의 잔류 변형점을 탄성 한계, 0.2%의 잔류 변형점을 항복점으로 정하는 방법이다.

따라서, 0.2% 내력이란 0.2%영구 연신율에 해당하는 응력으로 항복점을 의미한다.

■ 보충설명

① 네킹(Necking)현상

인장력을 받는 재료가 극한강도에 도달하여 단면의 일부가 수축하는 현상으로 목조임 현상이라고도 한다.

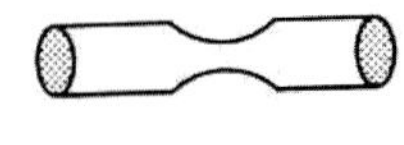

네킹현상

② 변형률 연화

재료가 최대 응력점에 도달 후 강재의 결정 구조가 이완되면서 변형이 급격히 증가되어 파괴되는 구간

③ Lüder-band(Piobert band)

일축하중 작용 시 전단에 취약한 재료가 항복강도에 도달하여 재료에 45° 방향으로 나타나는 줄무늬(slip band)를 말한다.

7.7 이상화한 응력-변형률선도

합리적인 설계를 위해 복잡한 응력-변형률 선도를 단순화하여 후크의 법칙이 적용되는 구간과 적용되지 않는 구간으로 모델링한 응력-변형률 선도를 말한다.

(1) 선형-비선형 선도

후크의 법칙이 성립되는 선형구간과 응력이 변형률의 고차함수로 나타나는 비선형 구간으로 나누어진 응력-변형률 선도이다.

(2) 탄소성 선도

재료의 항복점까지는 후크의 법칙이 성립하는 선형 탄성 구간과 그 이후에서는 응력의 증가 없이 변형이 증가되는 완전소성구간으로 나누어진 응력-변형률 선도로 가장 일반적으로 사용된다.

(3) 복선형 선도(2개 선형 선도)

변형률 경화 구간을 갖는 재료에서 선형 탄성 구간과 변형 경화 구간으로 나누어진 응력-변형률 선도로 선형-비선형 선도를 단순화하는 경우에도 사용된다.

핵심예제 7-25 [10 국가직 9급]

다음 그림과 같이 응력(σ) – 변형률(ϵ) 곡선과 항복강도 270MPa, 탄성계수 180GPa인 구조용 강재로 만들어진 길이 1m의 봉이 축방향 인장력을 받고 있다. 봉의 신장량이 2.5mm일 때 인장력을 제거한다면 봉의 잔류 신장량[mm]은?

① 0.1
② 0.2
③ 0.5
④ 1.0

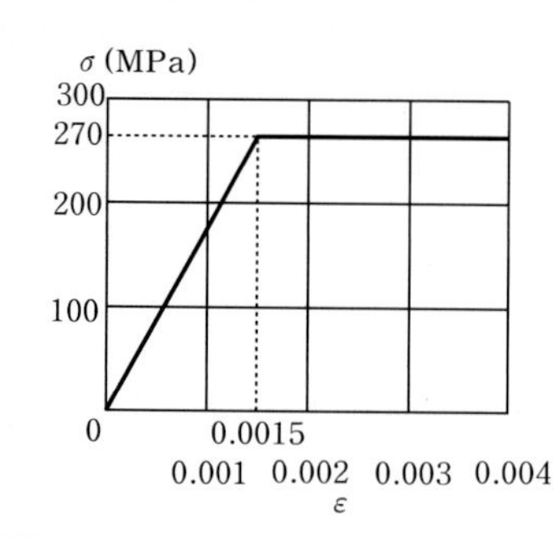

| 해설 | 잔류 신장량 = 전체 신장량 – 회복된 신장량

$= 2.5 - (0.0015 \times 1000)$

$= 2.5 - 1.5$

$= 1.0\text{mm}$

답 : ④

핵심예제 7-26 [15 지방직 9급]

다음과 같이 응력-변형률 관계를 가지는 재료로 만들어진 부재가 인장력에 의해 최대 500MPa의 인장응력을 받은 후, 주어진 인장력이 완전히 제거되었다. 이때 부재에 나타나는 잔류변형률은? (단, 재료의 항복응력은 400MPa이고, 응력이 항복응력을 초과한 후 하중을 제거하게 되면 초기 접선탄성계수를 따른다고 가정한다)

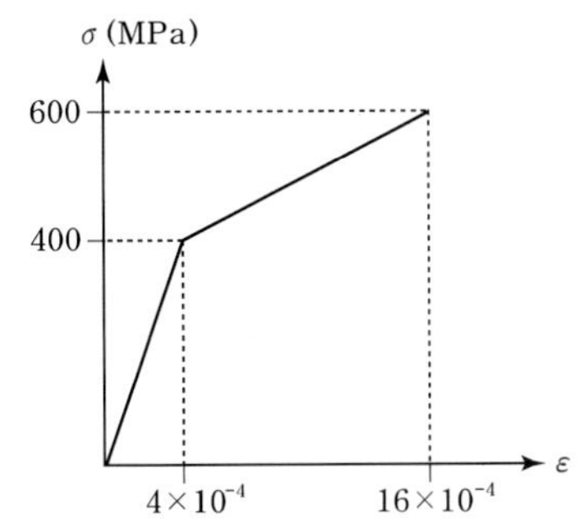

① 4×10^{-4} ② 5×10^{-4}
③ 6×10^{-4} ④ 7×10^{-4}

| 해설 | (1) 최대응력 500MPa일 때의 변형률

응력-변형률 선도에서 닮음비를 이용하면 $\epsilon_{500}=\dfrac{16+4}{2}\times10^{-4}=10\times10^{-4}$

(2) 잔류변형률

$\epsilon_r=\epsilon_{500}-\epsilon_e=\epsilon_{500}-\dfrac{\sigma_{\max}}{E_1}=10\times10^{-4}-\dfrac{500}{10^6}=5\times10^{-4}$

답 : ②

1 재료의 성질에 관한 용어

(1) 탄성과 소성

① 탄성 : 하중을 가했다가 제거하면 원래의 상태로 돌아가려는 성질
② 소성 : 하중을 가했다가 제거하여도 원래의 상태로 돌아가지 않으려는 성질

(2) 취성과 연성

① 취성 : 하중에 의해 작은 변형에도 쉽게 파괴되는 성질
예) 돌, 콘크리트, 유리, 주철 등
② 연성 : 하중에 의해 큰 변형 후에 파괴되는 성질
예) 강재, 철근 등

(3) 인성과 탄력

① 인성(터프니스) : 재료가 파괴될 때까지 흡수 가능한 에너지
② 탄력(레질리언스) : 재료가 탄성 범위 내에서 저장 가능한 에너지

(4) 인성계수와 레질리언스계수

① 인성계수 : 재료가 파괴될 때까지 흡수 가능한 단위체적당 에너지
② 레질리언스계수 : 재료가 탄성 범위 내에서 저장 가능한 단위체적당 에너지

(5) 전성과 경도

① 전성 : 재료가 얇게 펴지는 성질
② 경도 : 재료가 표면 마찰에 저항하는 성질

(6) 등방과 이방

① 등방 : 재료가 모든 방향으로 성질이 같은 것
② 이방 : 재료가 모든 방향으로 성질이 다른 것

(7) 직교등방과 직교이방

① 직교등방 : 재료가 직각 방향으로 성질이 같은 것
② 직교이방 : 재료가 직각 방향으로 성질이 다른 것

(8) 균질과 이질(비균질)

① 균질 : 재료가 위치에 따라 성질이 같은 것
② 이질(비균질) : 재료가 위치에 따라 성질이 다른 것

(9) 강도와 강성

① 강도 : 하중에 대한 저항 능력으로 큰 하중에 저항할수록 고강도가 되므로 극한강도가 클수록 고강도라 할 수 있다.
② 강성 : 변형에 대한 저항성으로 변형이 작을수록 고강성이 되므로 탄성계수가 클수록 고강성이라 할 수 있다.

■ 보충설명

응력–변형률선도를 이용한 강도와 강성의 판단

(유형 1)

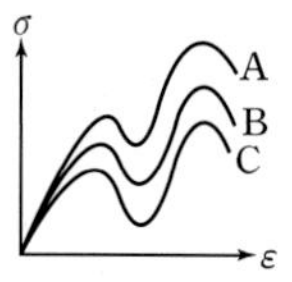

강성의 크기 : $A=B=C$
(모두 같다)
강도의 크기 : $A>B>C$

(유형 2)

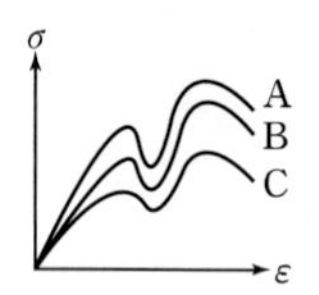

강성의 크기 : $A>B>C$
강도의 크기 : $A>B>C$

핵심예제 **7-27** [08 국가직 7급]

구조용 강재의 성질에 대한 설명으로 가장 옳지 않은 것은?

① 연성(ductility)은 재료가 파단 이전에 충분히 큰 변형률에 견디는 능력을 나타낸다.
② 경도(hardness)는 재료 표면이 손상에 저항하는 능력을 나타낸다.
③ 탄력(resilience)은 재료가 변형률 경화 단계 전까지 에너지를 흡수할 수 있는 능력을 나타낸다.
④ 인성(toughness)은 재료가 파단되기 전까지 에너지를 흡수할 수 있는 능력을 나타낸다.

| 해설 | ③ 탄력(레질리언스)은 회복 가능한 최대에너지로 탄성한도까지 저장 가능한 에너지이다.

답 : ③

핵심예제 **7-28** [07 국가직 9급]

다음과 같은 응력-변형률 곡선에 관한 설명으로 옳지 않은 것은?

(a)

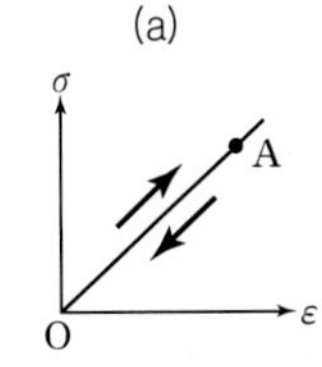

(b)

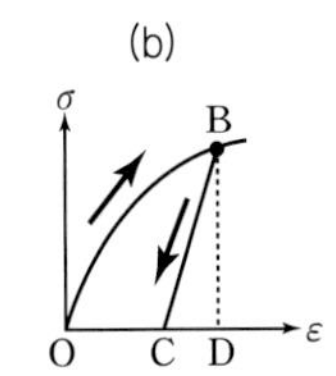

① 그림 (a)에서 하중을 받아 A점에 도달한 후 하중을 제거했을 때 OA곡선을 따라 O점으로 되돌아가는 재료의 성질을 선형탄성(linear elasticity)이라 한다.
② 그림 (b)에서 하중을 받아 B점에 도달한 후 하중을 제거했을 때 OB곡선을 따라 되돌아가지 않고 BC를 따라 C점으로 돌아가는 재료의 성질을 비선형 탄성(nonlinear elasticity)이라 한다.
③ 그림 (b)에서 B점에 도달한 후 하중을 제거했을 때 발생한 변형률 OC를 잔류변형률(residual strain)이라 하고 변형률 CD를 탄성적으로 회복된 변형률이라 한다.
④ 그림 (b)에서 B점에서 하중을 완전히 제거한 후 다시 하중을 가하면 CB곡선을 따라 응력과 변형률이 발생된다.

| 해설 | 그림(b)는 비선형이고 하중을 제거하면 잔류변형을 가지므로 비선형 소성(nonlinear plasticity)이라 부른다.

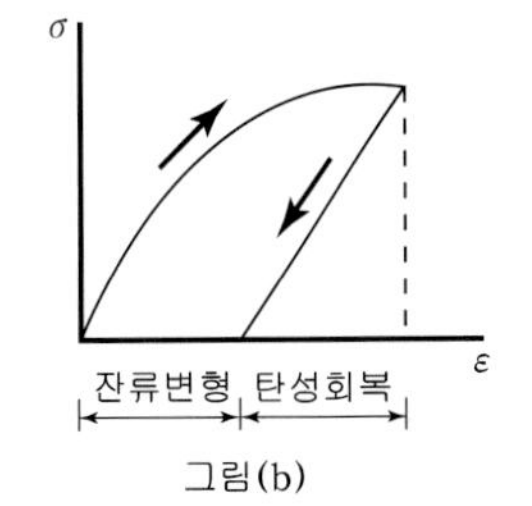

그림(b)

답 : ②

2 후크의 법칙(Hooke's law)

재료가 선형 탄성인 경우 함수관계에 의해 응력이 변형률에 정비례한다는 것으로 이때의 비례상수를 탄성계수라 한다. 이러한 관계는 하중과 변위의 관계에서도 성립되며 이때의 비례상수는 강성도가 된다.

(1) 축력이 작용할 때

$$\sigma = \frac{N}{A} = E\epsilon = E\left(\frac{\delta}{L}\right)$$

① 변형량 : $\delta = \frac{NL}{EA}$

② 축하중 : $N = \frac{EA}{L}\delta = K\delta$

③ 탄성계수 : $E = \frac{NL}{A\delta}$

핵심예제 7-29 [08 국가직 9급]

다음 그림과 같은 단면적 1cm², 길이 1m인 철근 AB부재가 있다. 이 철근의 최대 $\delta=$1.0cm 늘어날 때 이 철근의 허용하중 P[kN]는? (단, 철근의 탄성계수(E)는 2.1×10⁴kN/cm²로 한다)

① 160
② 180
③ 210
④ 240

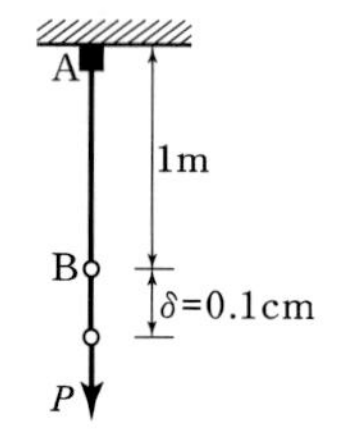

| 해설 | $\delta = \frac{PL}{EA}$에서

$$P = \frac{EA}{L}\delta = \frac{(2.1\times10^4)\times(1)}{100}\times(1.0)$$
$$= 210\,\text{kN}$$

답 : ③

(2) 전단력이 작용할 때

$$\tau = \frac{S}{A} = G\gamma = G\left(\frac{\lambda}{L}\right)$$

① 변형량 : $\lambda = \frac{SL}{GA}$

② 전단력 : $S = \frac{GA}{L}\lambda = K\lambda$

③ 탄성계수 : $G = \frac{SL}{A\lambda}$

(3) 비틀림모멘트가 작용할 때

$\tau = \frac{Tr}{J} = G\gamma = G\left(\frac{r\phi}{L}\right)$에서

① 변형량 : $\phi = \frac{TL}{GI_p}$

② 비틀림력 : $T = \frac{GJ}{L}\phi = K\phi$

③ 탄성계수 : $G = \frac{TL}{J\phi}$

(4) 휨모멘트가 작용할 때

$\sigma = \frac{M}{I}y = E\epsilon = E\left(\frac{y}{\rho}\right)$에서

① 변형량 : $\theta = \frac{ML}{EI}$

② 휨모멘트 : $M = \frac{EI}{L}\theta = K\theta$

③ 탄성계수 : $E = \frac{ML}{I\theta}$

(5) 강성도와 유연도

1) 강성도(stiffness, k)

단위 변형을 일으키는 데 필요한 힘으로 스프링상수와 같은 의미를 갖는다.

강성도를 구하기 위해서는 다음과 같은 순서를 따른다.

㉠ **Step 1** : 변위를 계산한다.

㉡ **Step 2** : 하중에 관해 정리한다.

■ 여러 구조물의 강성도

구조물	변위	강성도
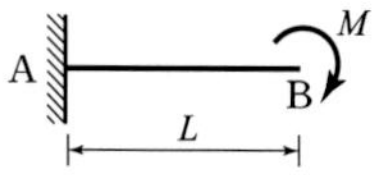	$\theta = \dfrac{ML}{EI}$	$M = \dfrac{EI}{L}\theta$에서 $k = \dfrac{EI}{L}$
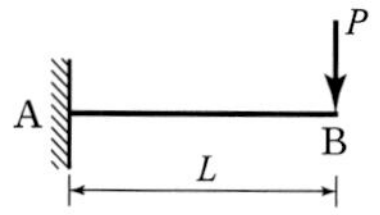	$\delta = \dfrac{PL^3}{3EI}$	$P = \dfrac{3EI}{L^3}\delta$에서 $k = \dfrac{3EI}{L^3}$
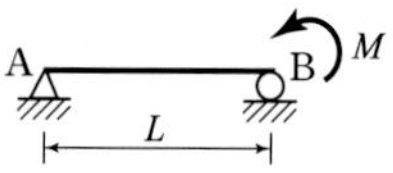	$\theta = \dfrac{ML}{3EI}$	$M = \dfrac{3EI}{L}\theta$에서 $k = \dfrac{3EI}{L}$
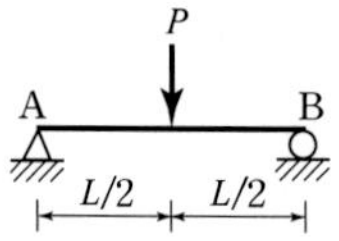	$\delta = \dfrac{PL^3}{48EI}$	$P = \dfrac{48EI}{L^3}\delta$에서 $k = \dfrac{48EI}{L^3}$
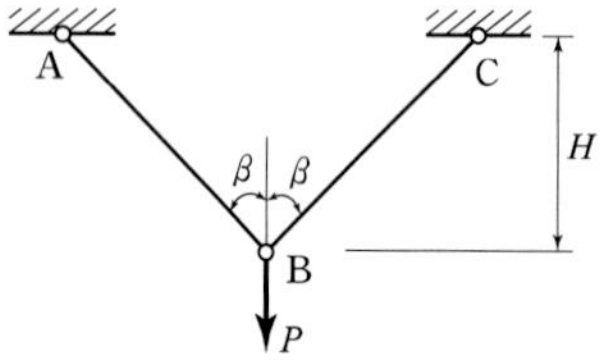	$\delta = \dfrac{PH}{2EA\cos^3\beta}$	$P = \dfrac{2EA\cos^3\beta}{H}\delta$에서 $k = \dfrac{2EA\cos^3\beta}{H}$

뉴턴의 운동 제2법칙에 의해 모든 힘은 $F = Kx$의 꼴로 표현되므로 이때의 K가 강성도가 된다.

2) 유연도(flexibility, f)

단위하중에 의한 변형량으로 항상 강성도의 역수가 되며 스프링의 컴플라이언스라고도 한다.

■ 순수하중상태에서의 강성도와 유연도

- 강성도 $= \dfrac{\text{강성}}{\text{부재길이}}$
- 유연도 $= \dfrac{\text{부재길이}}{\text{강성}}$

※ 순수상태란 구조물 전체에 걸쳐 변화가 없는 경우이다.

단면력	강성도(K)	유연도(f)
축 력	$\dfrac{EA}{L}$	$\dfrac{L}{EA}$
전 단 력	$\dfrac{GA}{L}$	$\dfrac{L}{GA}$
휨모멘트	$\dfrac{EI}{L}$	$\dfrac{L}{EI}$
비틀림력	$\dfrac{GI_p}{L}$	$\dfrac{L}{GI_p}$

- 등가강성도(K_{eq}) : $K=\dfrac{EA}{L}$을 이용

  ① 병렬로 연결된 경우 : 면적이 증가하므로 강성도 증가 $\therefore K_{eq}=$ 합 $=\Sigma K$

  ② 직렬로 연결된 경우 : 길이가 증가하므로 강성도 감소 $\therefore \dfrac{1}{K_{eq}}=\Sigma\dfrac{1}{K}$

  ➡ 두 개의 스프링이 직렬 연결된 경우 $K_{eq}=\dfrac{곱}{합}=\dfrac{K_1K_2}{K_1+K_2}$

핵심예제 7-30 [14 서울시 7급]

용수철이 그림과 같이 연결된 경우 연결된 전체의 용수철계수 k값은?

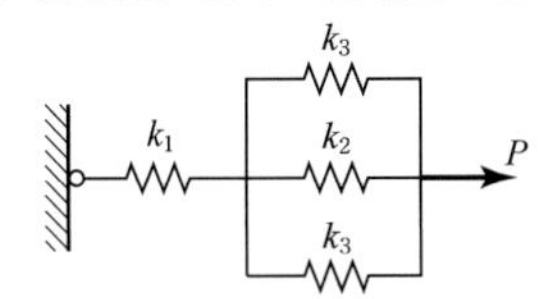

① $\dfrac{k_1(k_2+2k_3)}{k_1+k_2+2k_3}$

② $k_1+\dfrac{k_1(k_2+2k_3)}{k_1+k_2+2k_3}$

③ $k_1+\dfrac{k_1k_2k_3}{2k_2k_3+k_3k_3}$

④ $k_1+\dfrac{k_2k_3k_3}{k_2k_3+2k_3k_3}$

⑤ $k_1+\dfrac{2k_1k_3k_3}{2k_2k_3+k_3k_3}$

| 해설 | • 병렬 구조에 대한 등가스프링 상수 : $K_{eq1}=$ 합 $=k_2+2k_3$

• 등가스프링상수(k_{eq1})와 직렬구조에 대한 등가스프링 상수 : $k_{eq2}=\dfrac{곱}{합}=\dfrac{k_1(k_2+2k_3)}{k_1+k_2+2k_3}$

답 : ①

그러면 지금부터는 부재를 선형탄성스프링과 비교해 보자.
선형탄성스프링에 하중 P을 가하면 δ만큼의 변위가 발생한다고 할 때
힘과 변위에 관한 후크의 법칙에 의해 하중 P과 변위 δ관계는 다음과 같이 나타난다.

$P=K\delta$이고 이것은 앞서본 부재에서는 $P=\dfrac{EA}{l}\delta$에 해당한다.

따라서 $K=\dfrac{EA}{l}$이므로 스프링상수는 강성도에 대응한다는

것을 알 수 있다. 유연도는 강성도의 역수이므로

$f=\dfrac{1}{K}=\dfrac{l}{EA}$이 되고 이는 스프링의 컴플라이언스라고도 한다.

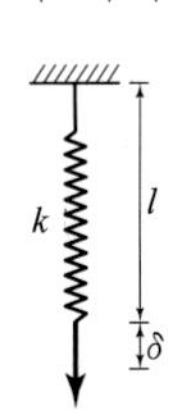

(6) 진동주기와 진동수

1) 진동주기(Time)

부재가 외력을 받아 변형을 일으킨 후 외력을 제거하면 부재는 상하 또는 좌우의 단진동운동을 하게 된다. 이때 물체가 다시 원래의 상태로 돌아오는 데 걸리는 시간을 진동주기라 한다.

스프링의 복원력 $F=Kx$와 원심력 $F=\dfrac{Mv^2}{r}=Mrw^2$에서 최댓값이 같다고 두면

$F_{\max}=Kx=Mx\left(\dfrac{2\pi}{T}\right)^2$에서

$$T=2\pi\sqrt{\frac{M}{K}}$$

여기서, M : 부재의 질량(kg)

K : 부재의 강성도(N/m)

2) 진동주기와 각속도의 관계

각속도는 시간당 회전각으로 정의하고, 고유진동수(각진동수)라고도 한다.

$$w=\frac{2\pi}{T}=\sqrt{\frac{K}{M}}$$

3) 진동수(frequency, 재현주기)

진동주기의 역수로 1초 동안의 진동수를 의미한다.

$$f=\frac{1}{T}=\frac{1}{2\pi}\sqrt{\frac{K}{M}}$$

핵심예제 7-31 [10 지방직 7급]

그림과 같은 시스템에서 100kg의 질량을 갖는 물체가 0.016kN/cm의 강성을 갖는 스프링에 수직으로 매달려 있다. 이 시스템이 수직으로 자유진동을 할 경우, 고유주기[sec]는? (단, π는 3.14이다)

① 1.57
② 3.14
③ 15.7
④ 31.4

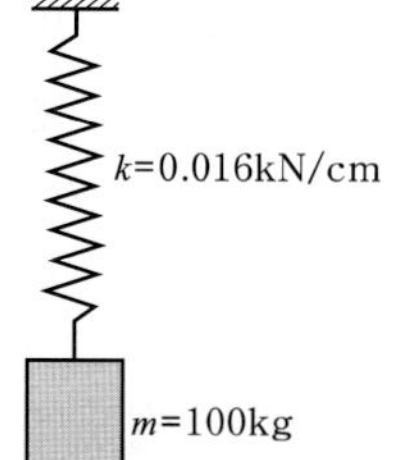

| 해설 | 진동주기에서 각각의 단위를 국제단위(SI 단위)로 표현하면

$$T=2\pi\sqrt{\frac{M}{k}}=2\pi\sqrt{\frac{100}{0.016\times10^5}}=\frac{\pi}{2}=1.57(\sec)$$

답 : ①

3 탄성계수

후크의 법칙이 성립되는 비례상수로 기하학적인 의미는 응력-변형률선도에서 직선부 기울기와 같다.$\left(\text{탄성계수} = \dfrac{\text{응력}}{\text{변형률}}\right)$

(1) 탄성계수(종탄성계수, 영계수 : E)

$$E = \frac{\sigma}{\epsilon} = \frac{Pl}{A\delta}$$

(2) 전단탄성계수(횡탄성계수, 강성률 : G)

$$G = \frac{\tau}{\gamma} = \frac{Sl}{A\lambda}$$

(3) 체적탄성계수(K)

3축으로 일정한 응력을 받는 구형응력상태에서 적용한다.

$$K = \frac{\sigma}{\epsilon_v} = \frac{\sigma}{e}$$

(4) 탄성계수의 단위

변형률이 무차원이므로 탄성계수는 응력의 단위와 같다.

∴ 탄성계수의 국제(SI)단위 : $Pa = \mathrm{N/m^2}$

(5) 탄성계수의 의미

부재의 갖는 강성의 크기를 의미한다. 따라서 탄성계수가 클수록 강성이 커지므로 변형은 작아진다.

■ 보충설명 : 강성의 종류

• 강성의 종류
① 축강성 : EA
② 전단강성 : GA
③ 비틀림강성 : GJ or GI_p(원형)
④ 휨강성(굴곡강성) : EI

• 강성의 증진방법
① 단면적(A) 개선
② 단면의 성질 개선(I_p, I 등)
③ 탄성계수(E, G) 개선

핵심예제 7-32 [09 지방직 9급]

그림과 같이 길이가 200mm이고, 단면이 20mm×20mm인 강봉에 60kN의 축방향 인장력이 작용하여 강봉이 0.15mm 늘어났을 때 이 강봉의 탄성계수[MPa]는?

① 2.0×10^5
② 2.0×10^4
③ 8.0×10^5
④ 8.0×10^4

60kN 60kN 20mm 200mm 20mm

| 해설 | $\delta = \dfrac{NL}{EA}$에서

$$E = \frac{PL}{A\delta} = \frac{(60 \times 10^3) \times (200)}{(20 \times 20) \times (0.15)}$$

$$= 2 \times 10^5 \mathrm{N/mm^2} = 2 \times 10^5 \mathrm{MPa}$$

답 : ①

4 후크(Hooke)의 법칙 적용

재료가 선형탄성이라 가정하면 응력이 변형률에 비례하고 함수의 기울기가 탄성계수가 되므로 $\sigma = E\epsilon$, $\tau = G\gamma$가 성립한다는 것이 후크의 법칙이다. 이러한 조건을 활용하게 되면 여러 가지의 값들을 결정하는 것이 좀 더 쉬워진다.

단면력	응력	저항단면	후크의 법칙	강성	변형률	변형량(변위)
축방향력(N)	$\sigma = \dfrac{N}{A}$	A	$\sigma = E\epsilon$	EA	$\epsilon = \dfrac{\delta}{L}$	$\delta = \dfrac{NL}{EA}$
전단력(S)	$\tau = \dfrac{S}{A}$	A	$\tau = G\gamma$	GA	$\gamma = \dfrac{\lambda}{L}$	$\lambda = \dfrac{SL}{GA}$
휨모멘트(M)	$\sigma = \dfrac{M}{I}y$	I (또는 Z)	$\sigma = E\epsilon$	EI	$\epsilon = \dfrac{y}{\rho}$	$\theta = \dfrac{ML}{EI}$
비틀림력(T)	$\tau = \dfrac{Tr}{J}$	$J(=I_p)$	$\tau = G\gamma$	GJ	$\gamma = \dfrac{r\phi}{L}$	$\phi = \dfrac{TL}{GJ}$

7.8 허용응력과 안전율

1 허용응력(σ_a)

탄성범위 내에서 안전상 허용할 수 있는 최대응력으로 기준강도를 안전율로 나누어 결정한다.

$$\sigma_w \le \sigma_a < \sigma_e < \sigma_y < \sigma_u$$

여기서, σ_w : 작용응력(사용응력, working stress)
σ_a : 허용응력(allowable stress)
σ_e : 탄성한계(elasty limit)
σ_y : 항복강도(yielding stress)
σ_u : 극한강도(ultimate stress)

2 안전율(S)

(1) 정의

$$\text{안전율}(S) = \frac{\text{기준강도}}{\text{허용응력}}$$

(2) 재료의 기준강도

① 취성재료 : 극한강도
② 연성재료 : 항복강도
③ 압축부재 ─ 단주 : 항복강도 또는 파괴응력
　　　　　 └ 장주 : 좌굴하중
④ 반복하중을 받는 경우 : 피로강도
⑤ 온도의 영향을 받는 경우 : 크리프 강도

내력 (단면력, 부재력)	내력의 크기	변위 (변형량)	변형률	응력
축력	$N = \frac{EA}{L}\delta$	$\delta = \frac{NL}{EA}$	$\epsilon = \frac{\delta}{L}$	$\sigma = \frac{N}{A} = E\epsilon = E\left(\frac{\delta}{L}\right) \le \sigma_a = \frac{\sigma_u}{S}$
전단력	$S = \frac{GA}{L}\lambda$	$\lambda = \frac{SL}{GA}$	$\gamma = \frac{\lambda}{L}$	$\tau = \frac{S}{A} = G\gamma = G\left(\frac{\lambda}{L}\right) \le \tau_a = \frac{\tau_u}{S}$
원형봉의 비틂력	$T = \frac{GJ}{L}\phi$	$\phi = \frac{TL}{GJ}$	$\gamma = \frac{r\phi}{L} = r\theta$	$\tau = \frac{Tr}{J} = G\gamma = G\left(\frac{\lambda}{L}\right) = G\left(\frac{r\phi}{L}\right) = Gr\theta \le \tau_a$
휨모멘트	$M = \frac{EI}{L}\theta$	$\theta = \frac{ML}{EI}$	$\epsilon = \frac{y}{\rho} = \frac{y\theta}{L}$	$\sigma = \frac{M}{I}y = E\epsilon = E\left(\frac{y}{\rho}\right) = E\left(\frac{y\theta}{L}\right) \le \sigma_a$

핵심예제	7-33	[13 서울시 9급]

파괴 시 압축응력 100kN/m²인 정사각형 단면부재가 압축하중 9000kN에 저항할 수 있는 b의 최소 치수는? (단, 안전율은 10이다)

① 10m
② 20m
③ 30m
④ 40m
⑤ 50m

| 해설 | $\sigma_{\max} = \dfrac{N}{A} = \dfrac{P}{b^2} \le \sigma_a = \dfrac{\sigma_u}{S}$ 에서

단면 치수 $b \ge \sqrt{\dfrac{PS}{\sigma_u}} = \sqrt{\dfrac{9000(10)}{100}} = 30\text{m}$

답 : ③

7.9 일과 에너지

1 일(외력일)

힘이 작용하여 힘의 작용 방향으로 물체가 이동을 보인다면 일을 했다고 말할 수 있으며 이 물체가 한 일은 힘에 변위를 곱한 것과 같다. 그러나 물체가 이동을 하는 과정에서 힘과 변위 관계 그래프가 주어진다면 힘과 변위 관계 그래프의 아래쪽 면적과 같다.

$$W = \int dW = \int F \cdot dx$$

(1) 비변동 외력일

일정한 힘이 작용하는 상태에서 변위가 증가하면서 행한 일로 이 경우 외력일은 힘×변위와 같다.

$$W = F \cdot x$$

(2) 변동 외력일

힘의 변화와 함께 변위도 증가하는 경우에 행한 일로 재료가 선형 탄성인 경우 외력일은 $\dfrac{\text{힘} \times \text{변위}}{2}$와 같다.

$$W = \frac{F \cdot x}{2}$$

(3) 여러 힘에 의한 외력일

일(에너지)은 중첩이 성립되지 않으므로 중첩과 상반작용을 조합하여 구한다.

핵심예제 7-34 [10 국가직 9급]

다음 그림과 같이 수직으로 매달려 있는 균일단면 봉이 하중 P_1을 받으면 δ_1의 변위가 발생하고, P_2의 하중을 받으면 δ_2의 변위가 발생한다. 하중 P_1이 가해진 상태에서 P_2의 하중이 작용할 경우 이 봉에 저장된 변형에너지 U는? (단, 봉의 자중은 무시하고, 하중작용 시 봉은 선형탄성거동을 한다)

① $\frac{1}{2}P_1\delta_1 + \frac{1}{2}P_2\delta_2$

② $\frac{1}{2}P_1\delta_1 + P_1\delta_1 + \frac{1}{2}P_2\delta_2$

③ $\frac{1}{2}P_1\delta_1 + P_2\delta_2 + \frac{1}{2}P_2\delta_2$

④ $\frac{1}{2}P_1\delta_1 + P_1\delta_2 + \frac{1}{2}P_2\delta_2$

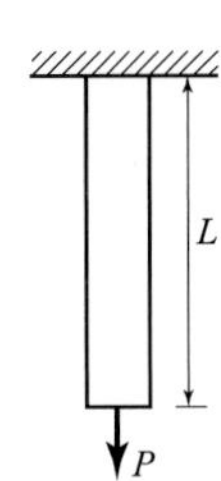

| **해설** | 에너지 불변의 법칙에 의해 변형에너지는 외력일과 같다.

P_1이 한 일 : $W_1 = \frac{P_1\delta_1}{2} + P_1\delta_2$

P_2이 한 일 : $W_2 = \frac{P_2\delta_2}{2}$

$W_{전체} = W_1 + W_2 = \frac{P_1\delta_1}{2} + P_1\delta_2 + \frac{P_2\delta_2}{2}$

답 : ④

2 에너지

(1) 변형에너지(탄성에너지, 레질리언스)

재료가 탄성범위 내에서 저장 가능한 에너지로 하중-변위선도의 아래쪽 면적과 같은 값을 갖는다.

$$U = \int_0^L F \cdot dx$$

(2) 공액에너지(상보에너지)

재료가 탄성범위 내에서 저장 가능한 에너지로 하중-변위선도의 위쪽 면적과 같은 값을 갖는다.

$$U^* = \int_0^L x \cdot dF$$

(3) 인성(toughness)

재료가 하중에 의해 파단될 때까지 흡수 가능한 에너지로 하중-변위선도에서 전체 면적 같은 값을 갖는다.

∴ 인성 = 하중 - 변위선도의 전면적

(4) 선형 탄성인 경우 변형에너지

재료가 축하중 P를 받아 δ만큼 변위될 때 변형에너지를 구해보면 다음과 같다.

$$U=\frac{N\delta}{2}=\frac{P^2 l}{2EA}=\frac{EA}{2l}\delta^2=\frac{\sigma^2}{2E}Al$$

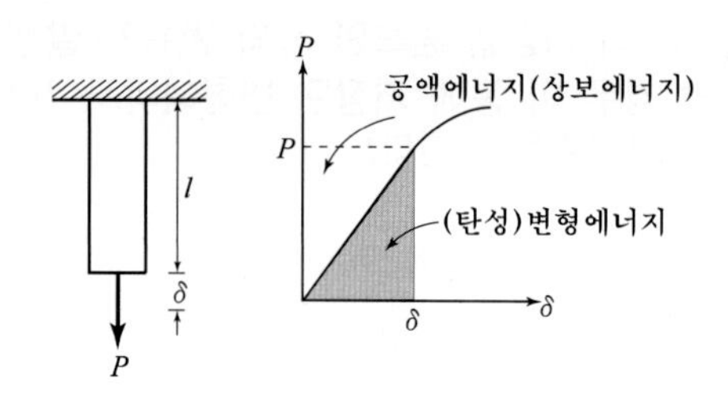

핵심예제	7-35	[13 지방직 9급]

다음 그림과 같은 변단면 강봉 ABC가 하중 $P=20$kN을 받고 있을 때, 강봉 ABC의 변형에너지[N · m]는? (단, 탄성계수 $E=200$GPa, 원주율 π는 3으로 계산한다)

① 12,000
② 13,000
③ 14,000
④ 15,000

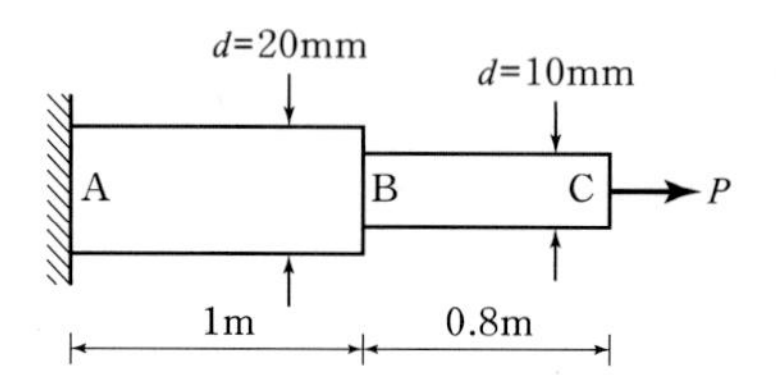

| 해설 | 축력이 구간에 따라 변하는 형태이므로

변형에너지 $U=\Sigma\frac{N^2L}{2EA}=\Sigma\frac{2P^2L}{\pi Ed^2}=\frac{2(20\times10^3)^2}{3(200\times10^3)}\left(\frac{1000}{20^2}+\frac{800}{10^2}\right)=14,000\text{N}\cdot\text{m}$

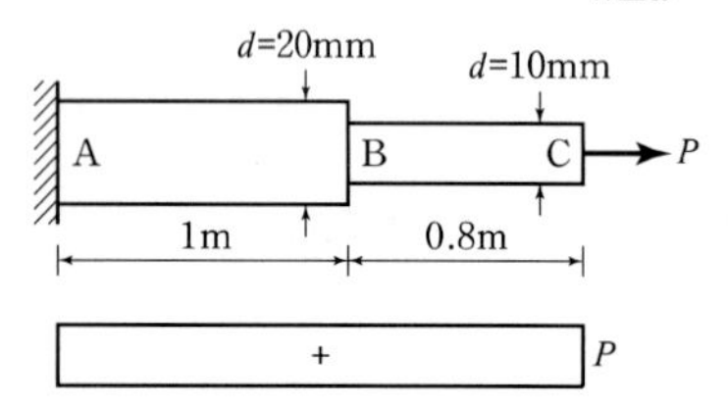

답 : ③

3 단위체적당 에너지

(1) 변형에너지 밀도(레질리언스 계수)

탄성범위 내에서 단위 체적당 저장 가능한 에너지로 응력-변형률선도의 아래쪽 면적과 같은 값을 갖는다. 카스틸리아노의 1정리에서 적용하는 에너지는 변형에너지이다.

$$u=\int_0^L \sigma\cdot d\epsilon$$

(2) 공액에너지 밀도(상보에너지 밀도)

탄성범위 내에서 단위 체적당 저장 가능한 에너지로 응력-변형률선도의 위쪽 면적과 같은 값을 갖는다. 카스틸리아노의 2정리와 2정리를 응용한 최소일의 원리에서 적용하는 에너지는 상보에너지로써, 선형탄성인 경우는 변형에너지와 같으므로 어느 값을 적용해도 상관없다.

$$u^* = \int_0^L \epsilon \cdot d\sigma$$

(3) 인성계수(터프니스 계수)

재료가 파단될 때까지 단위체적당 흡수 가능한 에너지로 응력-변형률선도의 전체 면적과 같은 값을 갖는다.

∴ 인성 계수 = 응력-변형률선도의 전면적

■ 보충설명 : 에너지의 기하학적 의미

① 변형에너지(레질리언스) : 탄성범위 내에서 하중-변위선도의 직선부 아래쪽 면적
② 변형에너지 밀도(레질리언스 계수) : 탄성범위 내에서 응력-변형률선도의 아래쪽 면적
③ 인성(toughness) : 하중-변위선도의 전면적
④ 인성계수 : 응력-변형률선도의 전면적

(4)선형 탄성인 경우 변형에너지와 변형에너지 밀도

그림과 같이 축하중 P를 받아 δ만큼 변위가 발생하는 봉에서 변형에너지와 변형에너지 밀도를 구해보면 다음과 같다.

1) 변형에너지

$$U = \frac{N\delta}{2} = \frac{P^2 l}{2EA} = \frac{EA}{2l}\delta^2 = \frac{\sigma^2}{2E}Al$$

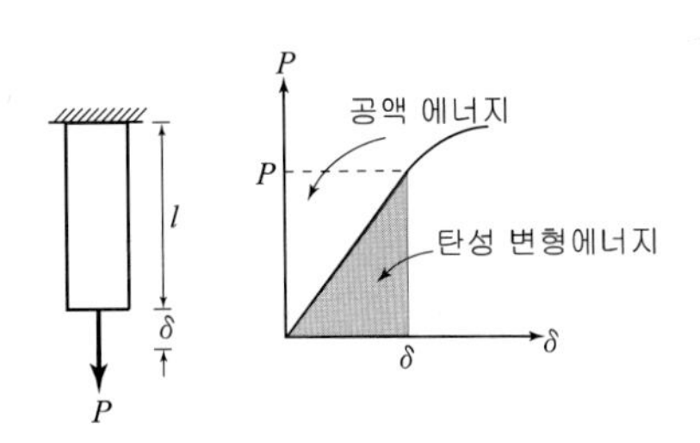

2) 변형에너지 밀도

$$u = \frac{\sigma\epsilon}{2} = \frac{\sigma^2}{2E} = \frac{E\epsilon^2}{2}$$

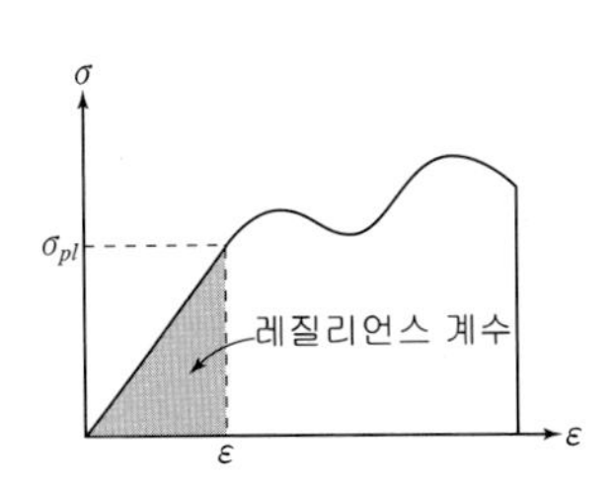

■ 단면력의 형태에 따른 변형에너지와 변형에너지 밀도 계산 방식

단면력	외력일 $\frac{외력\times변위}{2}$	내력일		
		내력을 알 때	응력을 알 때	변위를 알 때
축방향력	$\frac{P\delta}{2}$	$\frac{N\delta}{2}=\frac{N^2L}{2EA}$	$\frac{\sigma^2}{2E}AL$	$\frac{EA}{2L}\delta^2$
전단력	$\frac{P\lambda}{2}$	$\frac{S\lambda}{2}=\frac{S^2L}{2GA}$	$\frac{\tau^2}{2G}AL$	$\frac{GA}{2L}\lambda^2$
		(휨-전단의 경우는 전단형상계수 f_s를 곱한다)		
비틀림모멘트	$\frac{T\phi}{2}$	$\frac{T\phi}{2}=\frac{T^2L}{2GJ}$	$\frac{\tau^2}{2G}AL$	$\frac{GJ}{2L}\phi^2$
휨모멘트	$\frac{M\theta}{2}$	$\frac{M\theta}{2}=\frac{M^2L}{2EI}$	$\frac{\sigma^2}{2E}AL$	$\frac{EI}{2L}\theta^2$

핵심예제 7-36 [08 국가직 9급]

다음 그림에서 봉의 단면적이 A이고 탄성계수가 E일 때 봉의 변형에너지 U는?

① $\frac{P^2L}{EA}$

② $\frac{3P^2L}{2EA}$

③ $\frac{2P^2L}{EA}$

④ $\frac{7P^2L}{3EA}$

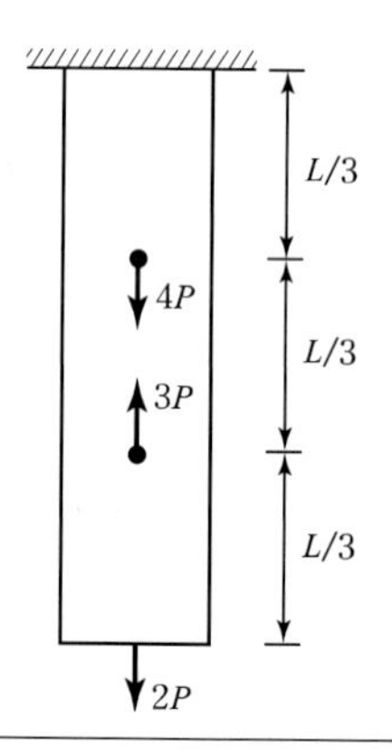

| 해설 | 변형에너지(U)

$$U=\Sigma\frac{N^2L}{2EA}$$

$$=\frac{(2P)^2\left(\frac{L}{3}\right)}{2EA}+\frac{(-P)^2\left(\frac{L}{3}\right)}{2EA}+\frac{(3P)^2\left(\frac{L}{3}\right)}{2EA}$$

$$=\frac{7P^2L}{3EA}$$

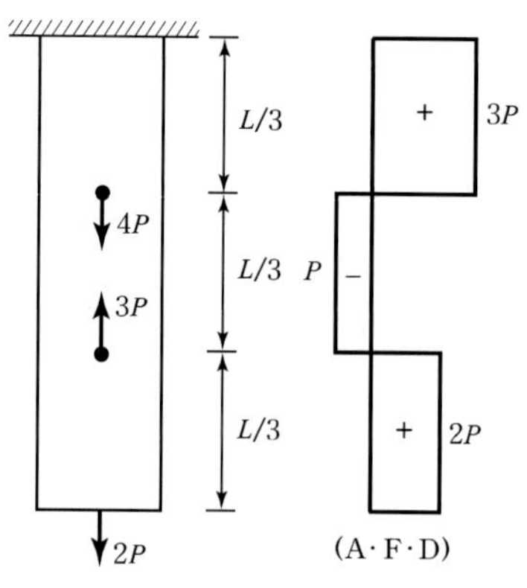

답 : ④

핵심예제	7-37	[07 국가직 7급]

그림과 같이 길이 L인 원형 단면봉이 축하중 P를 받고 있을 때, 봉 속에 저장되는 변형에너지는? (단, 탄성계수는 E로 동일하고, $A=\dfrac{\pi d^2}{4}$ 이다)

① $\dfrac{P^2L}{8EA}$

② $\dfrac{P^2L}{6EA}$

③ $\dfrac{7P^2L}{32EA}$

④ $\dfrac{P^2L}{2EA}$

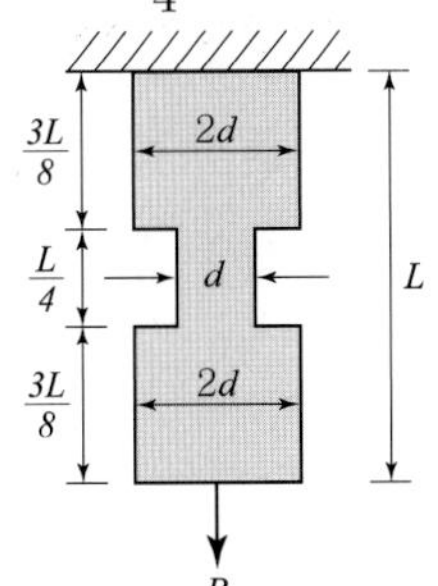

| 해설 | $A=\dfrac{\pi d^2}{4}$에서 A는 d^2에 비례하므로 지름 d일 때 A이고 $2d$일 때, $4A$이다.

$$\delta=\Sigma\frac{N^2L}{2EA}=\frac{P^2\left(\frac{L}{4}\right)}{2EA}+\frac{P^2\left(\frac{3L}{8}\right)}{2(4EA)}\times 2$$

$$=\frac{7P^2L}{32EA}$$

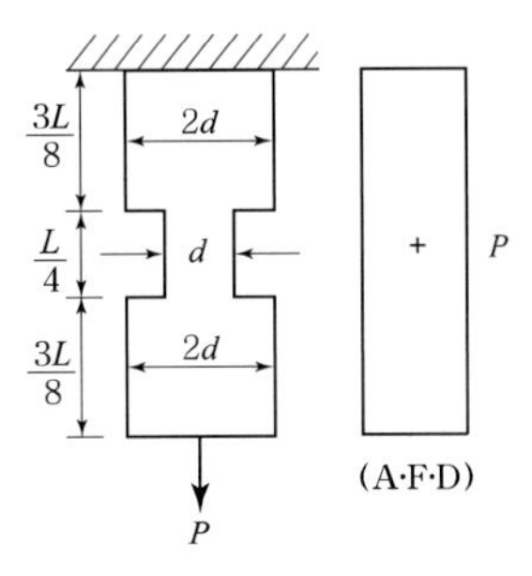

답 : ③

7.10 응력 집중 현상

1 강판에 구멍을 뚫은 경우

(1) 평균응력

응력집중현상이 없다고 보고 계산한 응력이다.

$$\sigma_{av}=\frac{P}{(b-d)t}$$

여기서, d : 구멍의 지름(d=연결재지름+α)

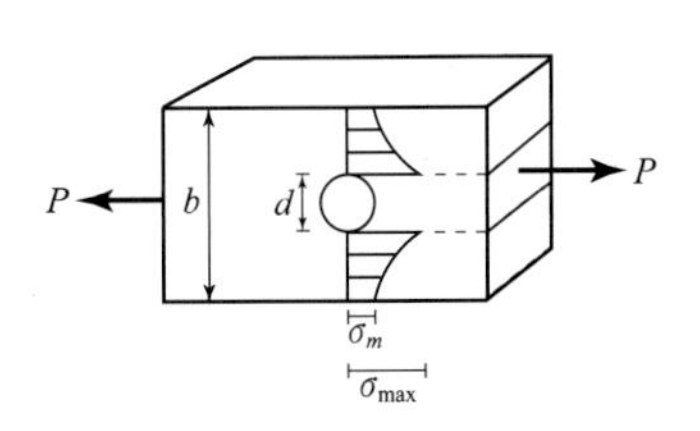

(2) 최대응력

응력집중현상을 고려하여 응력집중계수를 평균응력에 곱하여 구한다.

$$\sigma_{\max} = K\sigma_{av}$$

여기서, K : 응력집중계수$\left(K = \dfrac{\text{최대응력}(\sigma_{\max})}{\text{평균응력}(\sigma_{av})}\right)$

(일반적으로 강판에 구멍을 뚫은 경우 응력집중계수의 최댓값은 3으로 본다.)

2 St. Venant(생베낭)의 원리 : 응력집중 소멸현상

그림과 같이 수직하중 P를 받는 봉은 하중점(P점) 부근에서는 응력교란에 의해 평균응력보다 큰 응력이 생기게 되는데 이러한 응력교란현상은 단면의 큰 폭(b를 큰 폭이라 가정함)만큼 떨어진 단면에서 소멸된다. 이러한 현상을 생베낭(St. Venant)의 원리라 한다.

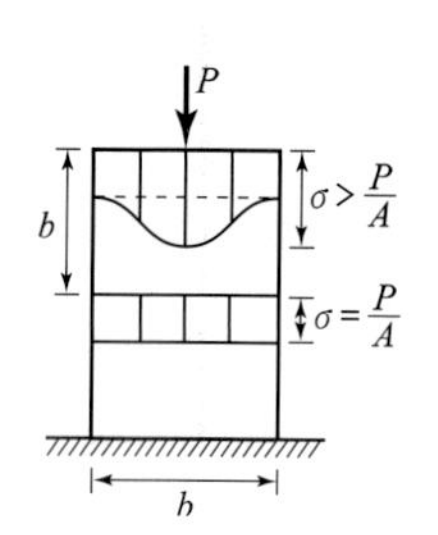

3 응력교란에 의한 응력분포 형상

노치(notch)	구멍(hole)	St. Venant	단달린 부재
P, σ_m, $\sigma_{\max}$, P	P, σ_m, $\sigma_{\max}$, P	P, b, $\sigma > \frac{P}{A}$, $\sigma_m = \frac{P}{A}$, P	P, R, σ_m, $\sigma_{\max}$, P R이 클수록 응력집중이 크다

응력교란에 의해 최대응력이 발생하는 위치는 다음과 같다.

① 노치가 있는 경우 : 노치부

② 구멍을 뚫은 경우 : 구멍 가장자리

③ 집중하중이 작용하는 봉부재 : 하중점 아래

④ 단달린 봉부재 : 단면 증가가 시작되는 점

2 충격에 의한 응력

$$\sigma_i = E\left(\frac{\delta_i}{L}\right) = \frac{E}{L} \times \delta_0\left(1 + \sqrt{1 + \frac{2h}{\delta_0}}\right)$$
$$= \frac{W}{A}\left(1 + \sqrt{1 + \frac{2h}{\delta_0}}\right)$$
$$= \sigma_0\left(1 + \sqrt{1 + \frac{2h}{\delta_0}}\right)$$

3 충격계수

$$i = \frac{\sigma_i}{\sigma_o} = \frac{\delta_i}{\delta_o} = 1 + \sqrt{1 + \frac{2h}{\delta_o}}$$

4 근사식

정하중에 의한 처짐이 낙하높이에 비해 매우 작은 경우($\delta_0 \ll h$)라면 $\delta_0 \simeq 0$에 접근한다.

(1) 충격에 의한 변형량

$$\delta_i = \delta_0 + \sqrt{\delta_0^2 + 2\delta_o h} \simeq \sqrt{2h\delta_0}$$

(2) 충격에 의한 응력

$$\delta_i = E\left(\frac{\delta_i}{L}\right) = \frac{E}{L}\sqrt{2h\delta_0} = \sigma_0\sqrt{\frac{2h}{\delta_0}}$$

5 하중이 갑자기(급속히) 작용하는 경우

하중이 갑자기 작용하면 $i = \left(1 + \sqrt{1 + \frac{2h}{\delta_o}}\right)$에서 낙하높이 $h = 0$이므로 $i = 2.0$이 된다.

따라서 충격에 의한 응력과 변위는 정하중상태의 2.0배에 해당된다.

$$\sigma_i = 2\sigma_o$$
$$\delta_i = 2\delta_o$$

6 충격 효과를 낙하속도의 함수로 표시한 공식

봉에 추가 자유 낙하하는 경우는 위치에너지가 운동에너지로 변환되므로

$\frac{1}{2}mv^2 = mgh$에서 $v = \sqrt{2gh}\left(2h = \frac{v^2}{g}\right)$가 된다.

(1) 충격에 의한 변형량

$$\delta_i = \delta_0\left(1 + \sqrt{1 + \frac{2h}{\delta_0}}\right)$$ 에서 $2h = \frac{v^2}{g}$을 대입하면

$$\delta_i = \delta_0\left(1 + \sqrt{1 + \frac{v^2}{g\delta_0}}\right)$$

근사식의 경우 : $\delta_i = \sqrt{2h\delta_0} = \sqrt{\frac{v^2\delta_0}{g}}$

(2) 충격에 의한 응력

$$\sigma_i = \sigma_0\left(1 + \sqrt{1 + \frac{2h}{\delta_0}}\right)$$ 에서 $2h = \frac{v^2}{g}$을 대입하면

$$\sigma_i = \sigma_0\left(1 + \sqrt{1 + \frac{v^2}{g\delta_0}}\right)$$

근사식의 경우 : $\sigma_i = \sigma_0\sqrt{\frac{2h}{\delta_0}} = \sigma_0\sqrt{\frac{v^2}{g\delta_0}}$

■ **보충설명** : 충격효과의 특징

① 운동에너지$\left(\frac{Wv^2}{2g}\right)$가 클수록 속도($v$)가 크므로 충격에 의한 응력은 크다.

② 탄성계수(E)가 큰 재료일수록 충격응력이 크다.

③ 봉의 체적(V)이 클수록 단면이 커지므로 충격응력은 작아진다.

④ 동일한 응력에 대해 연성재료가 취성재료보다 충격에 더 강하다.

⑤ 봉재의 길이 일부분의 단면적을 크게 하면 봉재의 에너지 흡수 능력이 감소하므로 충격에 대한 저항능력이 나빠진다. 따라서 동하중(충격하중)에 저항하는 봉재는 균일 단면의 부재가 유리하다.

■ 보충설명 : 충격의 영향 결과식

충격에 의한 응력 : $\sigma_i = i\sigma_0 = i\dfrac{W}{A}$　　　충격에 의한 변위 : $\delta_i = i\delta_0 = i\dfrac{WL}{EA}$

여기서, i : 충격계수　　σ_0, δ_0 : 정하중 상태의 응력과 변형량

충격계수 $i = \left(1 + \sqrt{1 + \dfrac{2h}{\delta_o}}\right)$

➡ 정하중에 의한 처짐이 매우 작은 경우 : 상수항 무시

➡ 급가하중인 경우 : $h = 0$ 대입

➡ 속도로 표현하는 경우 : $2h = \dfrac{v^2}{g}$ 을 대입

7.13 경사면 응력

1 평면응력 변환공식

평면응력 $\left\{\begin{array}{l}\sigma_x,\ \sigma_y,\ \tau_{xy} \neq 0 \text{ or } 0 \\ \tau_{xz} = \tau_{yz} = 0 \\ \sigma_z = 0\end{array}\right\}$에서 면이 회전하면 단면적과 힘의 크기가 변하게 되어

평면에서 θ만큼 회전한 면의 응력은 다음과 같은 공식으로 구한다.

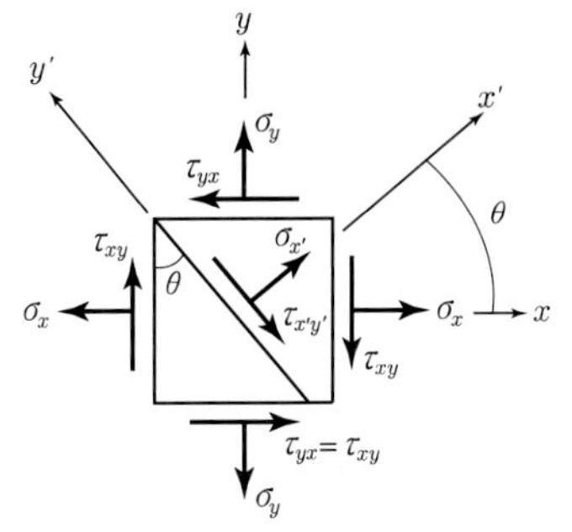

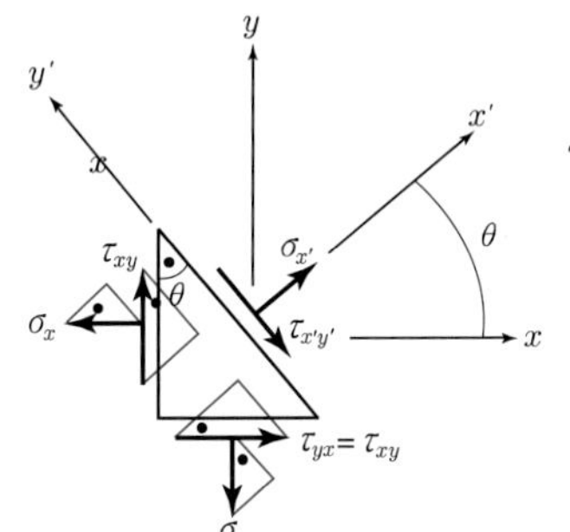

- $\sigma_{x'} = \dfrac{\sigma_x + \sigma_y}{2} + \dfrac{\sigma_x - \sigma_y}{2}\cos 2\theta - \tau_{xy}\sin 2\theta$
- $\tau_{x'y'} = \dfrac{\sigma_x - \sigma_y}{2}\sin 2\theta + \tau_{xy}\cos 2\theta$

여기서, 응력과 회전각의 부호 규약

σ : 인장응력은 ⊕, 압축응력은 ⊖

τ : 전단응력에 의해 시계회전이면 ⊕, 반시계회전이면 ⊖

θ : 회전각으로 반시계방향이면 ⊕, 시계방향이면 ⊖

■ 보충설명 : σ_{xy}의 의미($=\tau_{xy}$)

- 제1첨자 : 응력이 작용하는 평면
- 제2첨자 : 응력이 작용하는 방향

∴ τ_{xy} 는 xy 평면에서 x 면에 작용하는 y 방향의 전단응력이다.

- 평면응력의 양(+)방향 : 양면에 양방향 또는 음면에 음방향으로 작용할 때 양

(문제에서 응력이 숫자로 주어질 때 요소 작도에 적용)

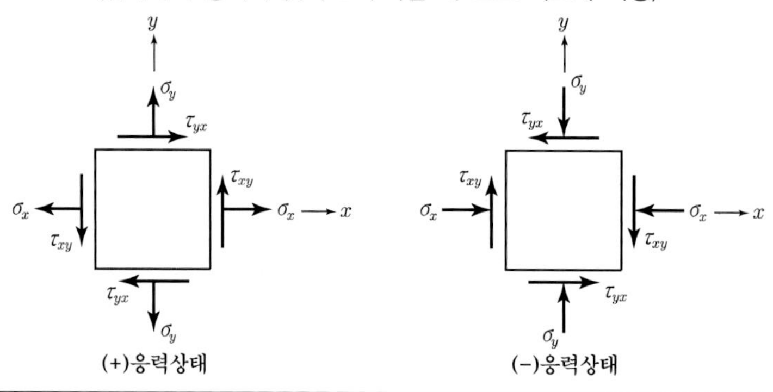

(1) 1축 응력이 작용하는 경우 : $\sigma_y = 0$, $\tau_{xy} = 0$

- $\sigma_{x'} = \dfrac{\sigma}{2} + \dfrac{\sigma}{2}\cos 2\theta = \sigma\cos^2\theta$
- $\tau_{x'y'} = \dfrac{\sigma}{2}\sin 2\theta = \sigma\sin\theta\cos\theta$

(2) 2축 응력이 작용하는 경우 : $\tau_{xy} = 0$

- $\sigma_{x'} = \dfrac{\sigma_x + \sigma_y}{2} + \dfrac{\sigma_x - \sigma_y}{2}\cos 2\theta$
- $\tau_{x'y'} = \dfrac{\sigma_x - \sigma_y}{2}\sin 2\theta$

(2) 순수 전단응력이 작용하는 경우 : $\sigma_x = \sigma_y = 0$

- $\sigma_{x'} = -\tau_{xy}\sin 2\theta$
- $\tau_{x'y'} = \tau_{xy}\cos 2\theta$

핵심예제 7-38 [10 지방직 7급]

그림과 같이 단면적이 100mm²인 인장재가 1kN의 인장력을 받고 있다. 인장재에서 30°로 절단한 경사면 $p-q$에 발생하는 수직응력(σ_θ)과 전단응력(τ_θ)의 크기[MPa]는? (단, 수직응력에서 인장응력은 (+), 전단응력은 x축 방향으로부터 반시계방향 회전을 (+)로 한다)

	수직응력	전단응력
①	$\frac{15}{2}$	$\frac{5\sqrt{3}}{2}$
②	$\frac{15}{2}$	$-\frac{5\sqrt{3}}{2}$
③	$\frac{5\sqrt{3}}{2}$	$\frac{15}{2}$
④	$\frac{5\sqrt{3}}{2}$	$-\frac{15}{2}$

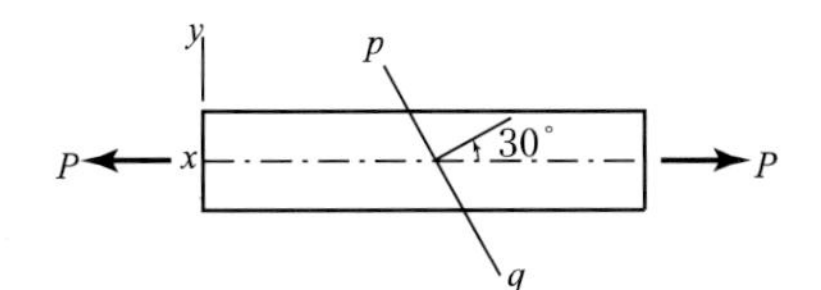

| 해설 | 일축응력 상태이므로

$$\sigma_\theta = \sigma\cos^2\theta = \frac{P}{A}\cos^2\theta = \frac{1\times10^3}{100}\cos^2 30° = \frac{15}{2}\text{ MPa}$$

$$\tau_\theta = \sigma\sin\theta\cos\theta = \frac{P}{A}\sin\theta\cos\theta = \frac{1\times10^2}{100}\sin30°\cos30° = \frac{5\sqrt{3}}{2}\text{ MPa(시계방향)}$$

회전한 단면의 요소응력

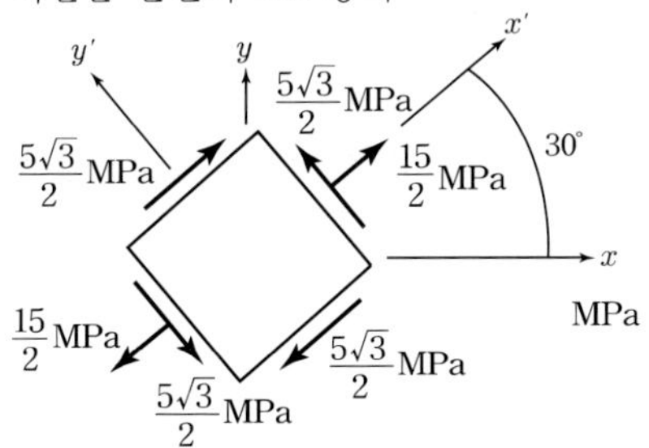

30° 회전한 단면의 요소응력

문제에서는 반시계 방향을 ⊕로 가정하므로 $\tau_\theta = -\frac{5\sqrt{3}}{2}$ MPa이 된다.

답 : ②

핵심예제 7-39 [12 서울시 9급]

그림과 같이 축력을 받는 부재의 $x-x$ 단면의 수직응력 σ와 전단응력 τ의 비율 σ/τ는?

① 1
② $\sqrt{2}$
③ $\frac{1}{\sqrt{2}}$
④ $\sqrt{3}$
⑤ $\frac{1}{\sqrt{3}}$

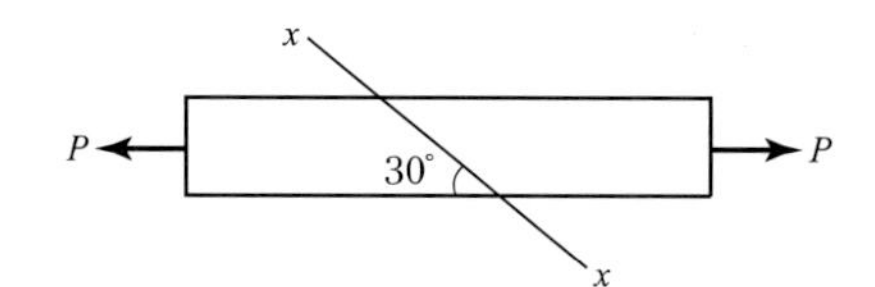

| 해설 | 모아의 응력원을 작도하여 y면에서 시계방향으로 2배각인 60°를 회전하면

$\sigma_{x-x}=\frac{\sigma}{2}-\frac{\sigma}{2}\left(\frac{1}{2}\right)=\frac{\sigma}{4}$, $\tau_{x-x}=\frac{\sigma}{2}\left(\frac{\sqrt{3}}{2}\right)=\frac{\sqrt{3}\sigma}{4}$ 이 되므로 $\frac{\sigma}{\tau}=\frac{1}{\sqrt{3}}$ 이 된다.

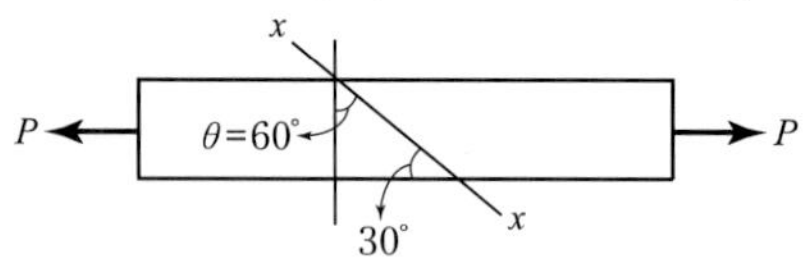

답 : ⑤

핵심예제 7-40 [08 국가직 7급]

내경이 0.4m이고 두께가 10mm인 원통형 압력용기가 4MPa의 압력을 받고 있다. 이 압력용기의 원주방향과 60°를 이루는 AB 선상에 작용하는 수직응력[MPa]은?

① 50
② $(60-10\sqrt{3})$
③ 70
④ $(60+10\sqrt{3})$

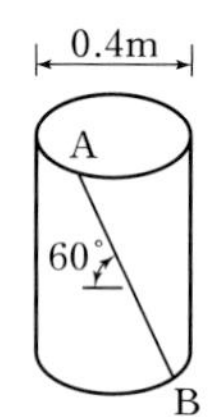

| 해설 | $\sigma_x=\sigma_{원환}=\frac{pd}{2t}=\frac{4(400)}{2(10)}=80\,\text{MPa}$

$\sigma_y=\sigma_{원축}=\frac{pd}{4t}=\frac{4(400)}{4(10)}=40\,\text{MPa}$

$\sigma_x{}'=\frac{\sigma_x+\sigma_y}{2}+\frac{\sigma_x-\sigma_y}{2}\cos 60^\circ$

$=\frac{80+40}{2}+\frac{80-40}{2}\cos 60^\circ=70\,\text{MPa}$

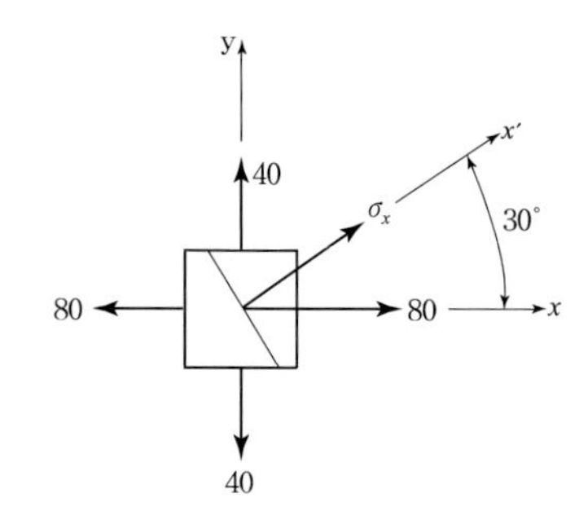

답 : ③

2 주응력

회전면에 발생하는 수직응력이 최대 및 최소가 되는 응력면을 주응력면이라 하고 주응력면에서의 전단응력은 0이 된다. 이와 같은 면에서의 최대 및 최소 응력을 주응력이라 한다.

(1) 주응력의 방향

전단응력이 0이 되는 평면에서 발생하므로 $\tau_{x'y'}=0$을 정리하면 다음과 같은 식을 얻는다.

$$\tan 2\theta_p = -\frac{\tau_{xy}}{\frac{\sigma_x-\sigma_y}{2}} = -\frac{2\tau_{xy}}{\sigma_x-\sigma_y}$$

(2) 주응력의 크기

유도된 주응력 방향에 따라 회전체의 응력 변환 공식에 대입하여 정리하면 다음과 같으며 이 값은 수직응력에 대한 모아원의 중심 좌푯값(평균응력)에 모아원의 반지름은 더한 것과도 같다.

$$\sigma_{\frac{1}{2}} = \frac{\sigma_x+\sigma_y}{2} \pm \sqrt{\left(\frac{\sigma_x-\sigma_y}{2}\right)^2+{\tau_{xy}}^2}$$

핵심예제 7-41 [10 국가직 7급]

다음 그림과 같이 내부 압력 8MPa이 작용하는 탱크에 비틀모멘트 T로 인해 전단응력 30MPa이 발생할 때 탱크에 발생하는 최대 주응력[MPa]은? (단, 탱크의 내측지름은 200mm, 두께는 5mm이고, 길이방향을 x축, 원주방향을 y축으로 한다)

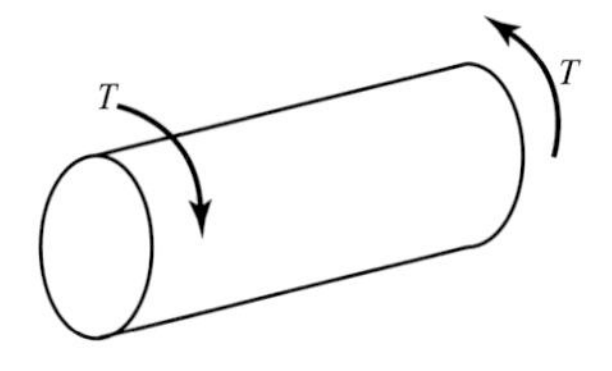

① 120
② 130
③ 150
④ 170

| 해설 | $\sigma_x = \frac{pd}{4t} = \frac{8(200)}{4(5)} = 80\,\text{MPa}$

$\sigma_y = \frac{pd}{2t} = \frac{8\times(200)}{2\times(5)} = 160\,\text{MPa}$

$\tau_{xy} = 30\,\text{MPa}$

∴ 최대주응력 $\sigma_{\max} = \frac{\sigma_x+\sigma_y}{2} + \sqrt{\left(\frac{\sigma_x-\sigma_y}{2}\right)^2+{\tau_{xy}}^2}$

$= \frac{80+160}{2} + \sqrt{\left(\frac{80-160}{2}\right)^2+30^2}$

$= 170\,\text{MPa}$

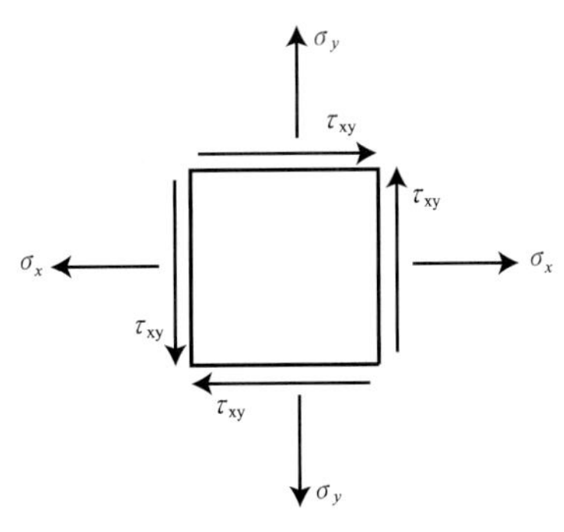

답 : ④

3 주전단응력

회전면에 발생하는 전단응력이 최대 및 최소가 되는 면을 주전단응력면이라 하고 이면에서의 최대 및 최소 전단응력을 주전단응력이라 한다. 이 경우 주의할 것은 주전단응력면에서는 수직응력이 0이 아니라는 점이다. 주전단응력면에서의 수직응력은 평균응력$\left(\dfrac{\sigma_x+\sigma_y}{2}\right)$이 된다.

(1) 주전단응력의 방향

주전단응력면은 주응력면보다 항상 45°가 크거나 작으므로 다음과 같이 쓸 수 있다.

$$2\theta_s = 2\theta_p \pm 90°$$
$$\therefore\ \theta_s = \theta_p \pm 45°$$

이러한 특성을 이용하여 식을 정리하면 다음과 같다.

$$\tan 2\theta_s = \tan(2\theta_p \pm 90°) = -\cot 2\theta_p = \frac{\sigma_x - \sigma_y}{2\tau_{xy}}$$

(2) 주전단응력의 크기

유도된 주전단응력 방향에 따라 회전체의 응력 변환공식에 대입하여 정리하면 다음과 같으며 이 값은 모아원의 반지름과도 같다.

$$\tau_{\frac{1}{2}} = \pm\sqrt{\left(\frac{\sigma_x - \sigma_y}{2}\right)^2 + \tau_{xy}{}^2}$$

핵심예제 7-42 [07 국가직 7급]

다음 그림과 같은 평면응력(Plane Stress) 상태에서 절대 최대 전단응력[MPa]은?

① 90
② 100
③ 120
④ 130

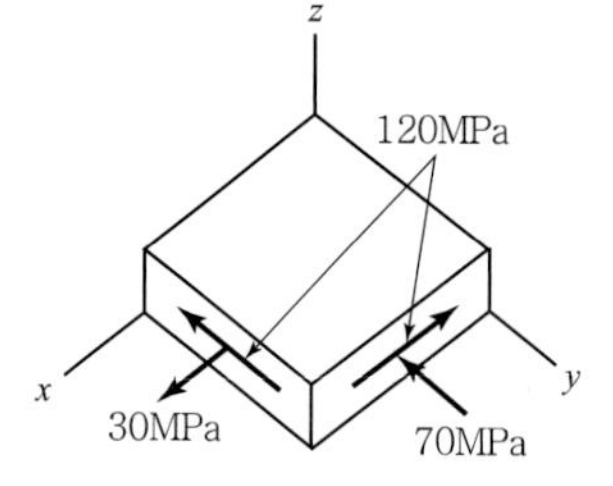

| 해설 | $\tau_{\max} = \sqrt{\left(\dfrac{\sigma_x - \sigma_y}{2}\right)^2 + \tau_{xy}^2}$

$= \sqrt{\left(\dfrac{30-(-70)}{2}\right)^2 + 120^2}$

$= 130\,\text{MPa}$

답 : ④

4 주응력과 주전단응력의 성질

① 주응력면은 서로 직교한다.

② 주전단응력면은 서로 직교한다.

③ 주응력면과 주전단응력면은 서로 45° 의 차이가 있다.($\theta_s = \theta_p \pm 45°$)

④ 주응력면에서 전단응력은 0이다.

⑤ 주전단응력면에서 수직응력은 0이 아니다. 주전단응력면에서 수직응력은 모아원의 중심 좌푯값과 같으므로 평균응력이 된다.

➡ 모아원(Mohr's circle)의 중심좌표

$$\left(\frac{\sigma_x + \sigma_y}{2},\ 0\right)$$

⑥ 주전단응력은 모아원의 반지름이므로 두 주응력 차의 절반과 같다.

$$\tau_{\frac{1}{2}} = \frac{\sigma_1 - \sigma_2}{2} = R$$

핵심예제 7-43 [10 지방직 7급]

그림과 같이 평면응력 상태(σ_x =60MPa, σ_y =−20MPa, τ_{xy} =30MPa)에서 최대 주응력[MPa]과 최대 전단응력[MPa]은?

	최대 주응력	최대 전단응력
①	70	36
②	70	50
③	76	36
④	76	50

| 해설 | (1) 최대 주응력

$$\sigma_1 = \frac{\sigma_x + \sigma_y}{2} + \sqrt{\left(\frac{\sigma_x - \sigma_y}{2}\right)^2 + \tau_{xy}{}^2}$$

$$= \frac{60 + (-20)}{2} + \sqrt{\left\{\frac{60 - (-20)}{2}\right\}^2 + 30^2} = 70\,\text{MPa}$$

(2) 최대 전단응력

$$\tau_{\max} = \sqrt{\left(\frac{\sigma_x - \sigma_y}{2}\right)^2 + \tau_{xy}{}^2} = \sqrt{\left\{\frac{60 - (-20)}{2^2}\right\} + 30^2}$$

$$= 50\,\text{MPa}$$

답 : ②

핵심예제 7-44 [12 서울시 9급]

다음 그림과 같이 평면응력 상태일 때 최대 주응력과 최대 전단응력은?

① 최대 주응력 : 40MPa, 최대 전단응력 : 40MPa
② 최대 주응력 : 40MPa, 최대 전단응력 : 50MPa
③ 최대 주응력 : 50MPa, 최대 전단응력 : 40MPa
④ 최대 주응력 : 60MPa, 최대 전단응력 : 50MPa
⑤ 최대 주응력 : 60MPa, 최대 전단응력 : 40MPa

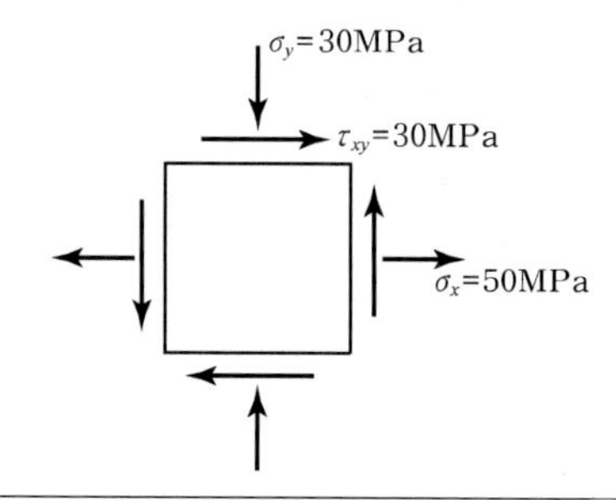

| 해설 | (1) 최대 주응력

$$\sigma_1 = \frac{\sigma_x + \sigma_y}{2} + \sqrt{\left(\frac{\sigma_x - \sigma_y}{2}\right)^2 + {\tau_{xy}}^2} = \frac{50+(-30)}{2} + \sqrt{\left\{\frac{50-(-30)}{2}\right\}^2 + 30^2}$$

$$= 10 + \sqrt{40^2 + 30^2} = 60\text{MPa}$$

(2) 최대 전단응력

$$\tau_{\max} = \sqrt{\left(\frac{\sigma_x - \sigma_y}{2}\right)^2 + {\tau_{xy}}^2} = \sqrt{\left\{\frac{50-(-30)}{2}\right\}^2 + 30^2}$$

$$= 50\text{MPa}$$

답 : ④

핵심예제 7-45 [14 지방직 9급]

다음과 같은 응력상태에 있는 요소에서 최대 주응력 및 최대 전단응력의 크기[MPa]는?

① $\sigma_{\max} = 5$, $\tau_{\max} = \frac{3}{2}$

② $\sigma_{\max} = 5$, $\tau_{\max} = 3$

③ $\sigma_{\max} = 7$, $\tau_{\max} = \frac{3}{2}$

④ $\sigma_{\max} = 7$, $\tau_{\max} = 3$

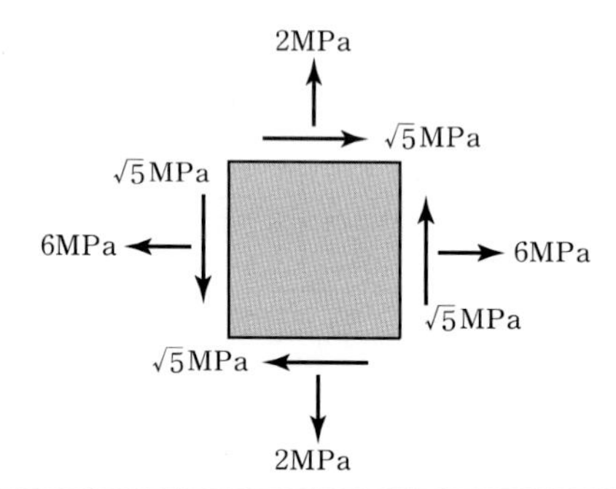

| 해설 | (1) 최대 주응력

$$\sigma_{\max} = \frac{\sigma_x + \sigma_y}{2} + \sqrt{\left(\frac{\sigma_x + \sigma_y}{2}\right)^2 + \tau_{xy}^2} = 4 + \sqrt{4+5} = 7\text{MPa}$$

(2) 최대 전단응력

$$\tau_{\max} = \sqrt{\left(\frac{\sigma_x + \sigma_y}{2}\right)^2 + \tau_{xy}^2} = \sqrt{4+5} = 3\text{MPa}$$

답 : ④

5 모아의 응력원

회전한 면의 응력을 조합하여 원방정식을 구성함으로써 회전한 모든 면의 응력을 가시적으로 표현한 원으로 기하학적인 방법으로 응력과 변형률을 구할 수 있다. 뿐만 아니라 2장에서 공부한 관성모멘트의 관계도 모아원으로 나타낼 수 있다.

- $\sigma_{x'} = \dfrac{\sigma_x + \sigma_y}{2} + \dfrac{\sigma_x - \sigma_y}{2}\cos 2\theta - \tau_{xy}\sin 2\theta$
- $\tau_{x'y'} = \dfrac{\sigma_x - \sigma_y}{2}\sin 2\theta + \tau_{xy}\cos 2\theta$

다음의 응력변환공식에서 양변을 제곱하여 정리하면 다음과 같은 모아원 방정식을 얻을 수 있다.

$$\left(\sigma_{x'} - \frac{\sigma_x + \sigma_y}{2}\right)^2 + {\tau_{x'y'}}^2 = \left(\frac{\sigma_x - \sigma_y}{2}\right)^2 + {\tau_{xy}}^2$$

(1) 모아의 응력원 방정식

두 식을 조합하여 정리한 모아의 응력원에서 모아원의 중심좌표는 $\left(\dfrac{\sigma_x + \sigma_y}{2},\ 0\right)$이고,

모아원의 반지름은 $R = \sqrt{\left(\dfrac{\sigma_x - \sigma_y}{2}\right)^2 + {\tau_{xy}}^2}$ 이므로 원의 특성을 활용한다면

주응력은 $\sigma_{\frac{1}{2}} = \dfrac{\sigma_x + \sigma_y}{2} + \sqrt{\left(\dfrac{\sigma_x - \sigma_y}{2}\right)^2 + {\tau_{xy}}^2}$ 이고,

주전단응력은 $\tau_{\frac{1}{2}} = \pm\sqrt{\left(\dfrac{\sigma_x - \sigma_y}{2}\right)^2 + {\tau_{xy}}^2}$ 으로 반지름과 같다는 사실을 쉽게 알 수 있다. 그러면 원주상의 한 점은 임의면의 응력 $\sigma_{x'}$, $\tau_{x'y'}$를 의미하므로 다음과 같은 방법으로 모아원을 작도할 수 있다.

1) xy평면상에 작용하는 응력을 모아원상의 한 점으로 잡는다.
   x면상의 응력은 A점좌표 $(\sigma_x,\ \tau_{xy})$로, y면상의 응력은 B점 좌표$(\sigma_y,\ -\tau_{xy})$로 하여 두 점 A, B를 xy좌표축 상에 나타낸다. 이때 응력의 부호는 앞에서 약속한 것과 같다.

2) A점과 B점을 연결한 선분을 지름으로 하는 원을 작도한다.
   두 점 A, B를 연결하면 모아원의 지름이 되므로 반드시 모아원의 중심은 $\left(\dfrac{\sigma_x + \sigma_y}{2}, 0\right)$이 된다.

3) 주어진 평면에서 회전한 각과 같은 방향으로 2배각을 회전한 점의 좌표를 구한다.
   평면에서 회전한 각 θ는 응력변환공식에서 2θ이므로 2배각을 회전한 것이고, 같은 방향으로 회전한 좌표가 응력 변환 공식과 일치한다는 것을 증명할 수 있으므로 같은 방향으로 2배각을 회전하게 된다는 것이다.

① 수직응력만 작용하는 경우의 모아원
1축 응력 상태 또는 2축 응력이 작용하는 경우로써 작용응력은 주응력과 같다.

② 전단응력만 작용하는 경우의 모아원
수직응력이 작용하지 않는 상태이므로 순수 전단 상태라고 하며 중심좌표가 (0, 0)을 갖는 완전 대칭의 모아원이 작도되므로 작용응력이 주응력과 주전단응력이 된다.

■ 보충설명 : 모아원의 특징

① 모아원이 한 점으로 나타날 조건
➡ 수직응력의 방향과 크기가 모두 같고, 전단응력은 0인 경우(예 : 원형 압력용기)
$\sigma_x = \sigma_y$, $\tau_{xy} = 0$

② 2축 응력 작용 시 순수전단 발생조건
➡ 수직응력의 크기가 같고 방향이 반대이고, 45° 회전한 평면에서 발생한다.
$\sigma_x = -\sigma_y$, $\theta = 45°$

핵심예제 7-46 [10 국가직 7급]

σ_x =4MPa, σ_y =12MPa, τ_{xy} =−3MPa이 작용하고 있는 평면 요소의 Mohr원에 대한 설명으로 옳지 않은 것은? (단, Mohr원 좌표축의 단위는 MPa이다)

① 원 중심의 좌표는 (8, 0)이다.
② 원의 반지름은 5이다.
③ 최대 전단 응력점의 좌표는 (0, 5)이다.
④ 최대 주응력점의 좌표는 (13, 0)이다.

| 해설 | ① 모아원의 중심좌표 : $\left(\dfrac{\sigma_x+\sigma_y}{2},\ 0\right)$, 평균응력$=\dfrac{\sigma_x+\sigma_y}{2}=\dfrac{4+12}{2}=8\,\text{MPa}$ $\therefore (8,\ 0)$

② 모아원의 반지름

$$R=\sqrt{\left(\frac{\sigma_x-\sigma_y}{2}\right)^2+\tau_{xy}^{\ 2}}=\sqrt{\left(\frac{4-12}{2}\right)^2+(-3)^2}=5\,\text{MPa}$$

③ 최대 전단응력점의 좌표$\left(\dfrac{\sigma_x+\sigma_y}{2},\ \tau_{\max}\right)$

$\dfrac{\sigma_x+\sigma_y}{2}=\dfrac{4+12}{2}=8\,\text{MPa}$ $\therefore (8,\ 5)$

$\tau_{\max}=R=5\,\text{MPa}$

④ 최대 주응력점의 좌표$(\sigma_{\max},\ 0)$

$$\sigma_{\max}=\frac{\sigma_x+\sigma_y}{2}+\sqrt{\left(\frac{\sigma_x-\sigma_y}{2}\right)+\tau_{xy}^{\ 2}}=8+5=13\,\text{MPa}$$

$\therefore (13,\ 0)$

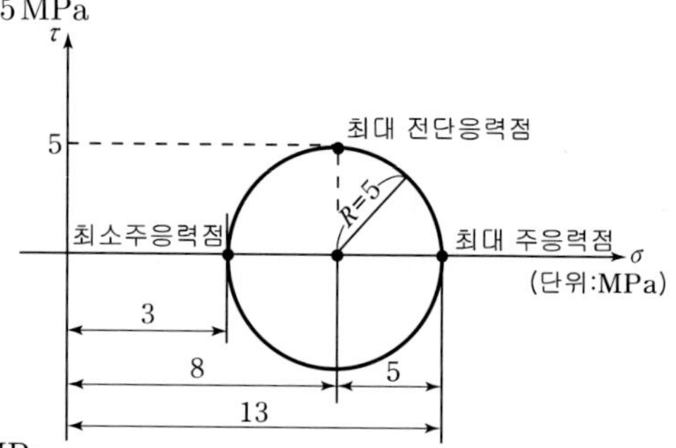

답 : ③

핵심예제 7-47 [13 지방직 9급]

다음 그림과 같이 평면응력을 받는 요소가 있다. 최대 전단응력이 발생하는 요소에서 수직응력[MPa]과 전단응력[MPa]은?

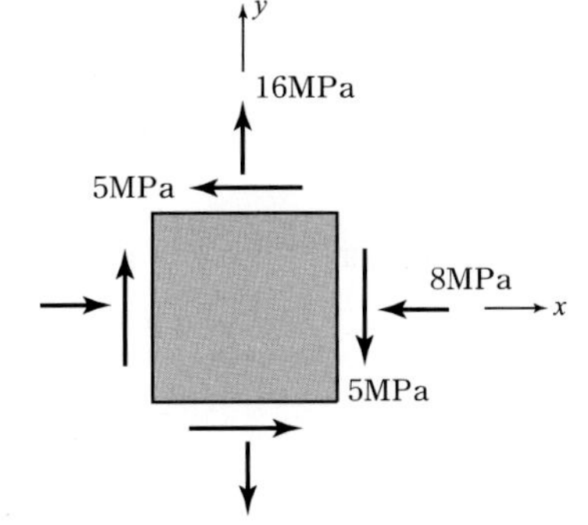

	수직응력	전단응력
①	0	13
②	0	6.4
③	4	13
④	4	6.4

| 해설 | (1) 최대 전단응력면에서 수직응력

최대전단응력면의 수직응력은 평균전단응력과 같으므로 $\sigma_{av} = \dfrac{\sigma_x + \sigma_y}{2} = 4\text{MPa}$

(2) 주전단응력면의 전단응력

주전단응력 $\tau_{\max} = \sqrt{\left(\dfrac{\sigma_x - \sigma_y}{2}\right) + \tau_{xy}^2} = \sqrt{12^2 + 5^2} = 13\text{MPa}$

답 : ③

핵심예제 7-48 [15 지방직 9급]

다음과 같이 평면응력상태에 있는 미소응력요소에서 최대전단응력[MPa]의 크기는?

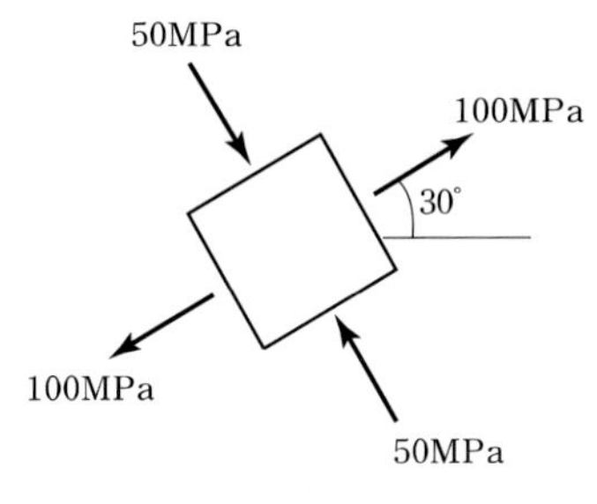

① 25.0　　② 50.0
③ 62.5　　④ 75.0

| 해설 | 주어진 응력상태는 주응력이므로 최대전단응력은 모아원의 반지름과 같다.
즉 최대전단응력은 두 주응력차의 1/2과 같다.

$\therefore \tau_{\max} = \text{모아원 반지름} = \dfrac{\sigma_1 - \sigma_2}{2}$

$= \dfrac{100 - (-50)}{2} = 75\,\text{MPa}$

답 : ④

7.14 구조물의 설계

역학에서는 재료를 선형 탄성체로 가정하고 응력이 허용응력이하가 되도록 설계한다. 이러한 설계 방법을 탄성설계법(Working Stress Design) 또는 허용응력설계법(Allowable Stress Design)이라 한다.
따라서 구조물을 설계할 때 최대평가응력은 허용응력이 되며 이는 시험이나 경험을 통해 결정한다.

$$\sigma \leq \sigma_a, \ \tau \leq \tau_a$$

문제에서 회전한 단면을 지정하거나, 주어진 허용응력에 대응하는 응력이 없다면 주응력 또는 주전단응력에 대해 설계한다.

핵심예제 7-49 [15 서울시 9급]

그림에 주어진 봉은 AB면을 따라 접착되어 있다. 접착면의 허용압축응력은 9MPa, 허용전단응력은 $2\sqrt{3}$ MPa일 때 접착면이 안전하기 위한 봉의 최소면적은?

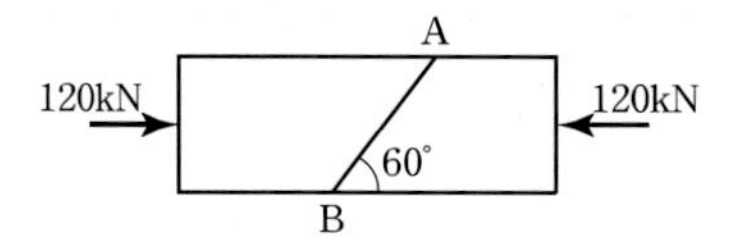

① 10,000mm² ② 12,000mm²
③ 15,000mm² ④ 16,000mm²

| 해설 | 접착면의 응력이 허용응력 이하라야 한다는 조건을 적용하면

(1) 수직응력에 대한 검토

$\sigma_{60°} = \dfrac{P}{A}\cos^2\theta \leq \sigma_a$에서 $A \geq \dfrac{P\cos^2\theta}{\sigma_a} = \dfrac{120\times10^3(\cos30°)^2}{9} = 10{,}000\,\text{mm}^2$

(2) 전단응력에 대한 검토

$\tau_{60°} = \dfrac{P}{2A}\sin2\theta \leq \tau_a$에서 $A \geq \dfrac{P\sin2\theta}{2\tau_a} = \dfrac{120\times10^3(\sin60°)}{2(2\sqrt{3})} = 15{,}000\,\text{mm}^2$

∴ 둘 중 큰 값 15,000mm²으로 한다.

보충 응력의 부호를 고려해서 계산해야 하지만 단면적은 항상 양이므로 부호는 무시할 수 있다.

답 : ③

핵심예제 7-50 [13 서울시 9급]

그림과 같은 부재의 극한 압축응력이 22MPa이고, 극한 전단응력이 10MPa일 때 파괴하중 P는?

① 40kN
② 60kN
③ 80kN
④ 100kN
⑤ 110kN

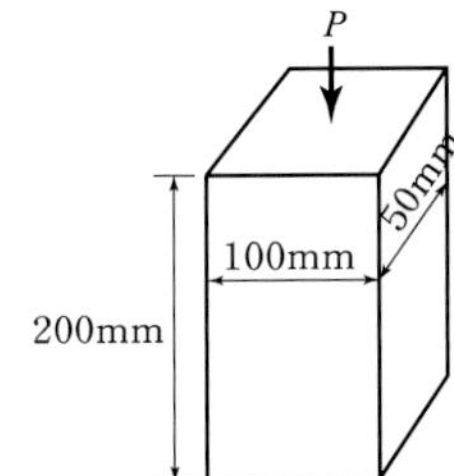

| 해설 | 파괴 시의 응력이 각각 주어졌으므로

(1) 수직응력에 대한 검토

$$\sigma_{\max} = \frac{P}{A} = \sigma_u \text{에서 } P_u' = \sigma_u A = 22(100 \times 50) = 110\text{kN}$$

(2) 전단응력에 대한 검토

$$\tau_{\max} = \frac{\sigma_{\max}}{2} = \frac{P}{2A} = \tau_u \text{에서 } P_u'' = \tau_u(2A) = 10(2 \times 100 \times 50) = 100\text{kN}$$

∴ 둘 중 작은 값에 의해 먼저 파괴가 발생하므로 파괴하중 $P_u = 100\text{kN}$

보충 응력의 부호를 고려해서 계산해야 하지만 하중은 명백히 압축이므로 부호는 무시할 수 있다.

답 : ④

핵심예제 7-51 [15 국가직 9급]

안쪽 반지름 $r = 200\text{mm}$, 두께 $t = 10\text{mm}$인 구형 압력용기의 허용 인장응력(σ_a)이 100MPa, 허용 전단응력(τ_a)이 30MPa인 경우, 이 용기의 최대 허용압력[MPa]은? (단, 구형 용기의 벽은 얇고 r/t의 비는 충분히 크다. 또한 구형 용기에 발생하는 응력 계산 시 안쪽 반지름을 사용한다)

① 6
② 8
③ 10
④ 12

| 해설 | (1) 수직응력 검토

$$\sigma_{\max} = \frac{pd}{4t} \le \sigma_a \text{에서 } p \le \frac{4t\,\sigma_a}{d} = \frac{4(10)(100)}{400} = 10\text{mm}$$

(2) 전단응력 검토

평면 내, 평면 외의 전단에 대해 검토하면

$$\tau_{\max} = \frac{\sigma}{2} = \frac{pd}{8t} \le \tau_a \text{에서 } p \le \frac{8t\tau_a}{d} = \frac{8(10)(30)}{400} = 6\text{mm}$$

∴ 둘 중 작은 값 6mm 이하로 한다.

보충 응력의 부호를 고려해서 계산해야 하지만 단면적은 항상 양이므로 부호는 무시할 수 있다.

답 : ①

(2) 변형률 변환공식

평면변형률 $\left\{\begin{matrix} \epsilon_x \neq 0, \ \epsilon_y \neq 0, \ \gamma_{xy} \neq 0 \\ \gamma_{xz} = \gamma_{yz} = 0 \\ \epsilon_z = 0 \end{matrix}\right\}$에서 면이 회전하면 단면적과 힘의 크기가 변하여 응력이 변하므로 변형률 또한 변할 것이다. 이러한 경우 다음과 같은 상호 관계를 이용하면 기존의 공식을 이용하여 변형률을 구할 수 있다.

또는 회전한 면의 응력을 구하고 후크의 법칙과 포아송 효과를 이용해서 구할 수도 있다.

■ 보충설명 : 응력-변형률·관성모멘트의 상호 관계

기본 변환 관계 : $\sigma \rightarrow \epsilon \rightarrow I$, $\tau_{xy} \rightarrow \dfrac{\gamma_{xy}}{2} \rightarrow I_{xy}$

응력	변형률	단면의 성질
σ_x	ϵ_x	I_x
σ_y	ϵ_y	I_y
σ_z	ϵ_z	I_z
τ_{xy}	$\dfrac{\gamma_{xy}}{2}$	I_{xy}
τ_{xz}	$\dfrac{\gamma_{xz}}{2}$	I_{xz}
τ_{yz}	$\dfrac{\gamma_{yz}}{2}$	I_{yz}
σ_θ	ϵ_θ	I_θ
τ_θ	$\dfrac{1}{2}\gamma_\theta$	I_θ

■ 보충설명 : 역학에서 모아원 표현이 가능한 것

① 회전체의 관성모멘트
- A점 좌표 : $(I_x, \ I_{xy})$
- B점 좌표 : $(I_y, \ -I_{xy})$

② 회전체의 평면응력
- A점 좌표 : $(\sigma_x, \ \tau_{xy})$
- B점 좌표 : $(\sigma_y, \ -\tau_{xy})$

③ 회전체의 평면변형률
- A점 좌표 : $\left(\epsilon_x, \ \dfrac{\gamma_{xy}}{2}\right)$
- B점 좌표 : $\left(\epsilon_y, \ -\dfrac{\gamma_{yx}}{2}\right)$

- $\epsilon_{x'} = \dfrac{\epsilon_x + \epsilon_y}{2} + \dfrac{\epsilon_x - \epsilon_y}{2}\cos 2\theta - \dfrac{\gamma_{xy}}{2}\sin 2\theta$
- $\dfrac{\gamma_{x'y'}}{2} = \dfrac{\epsilon_x - \epsilon_y}{2}\sin 2\theta - \dfrac{\gamma_{xy}}{2}\cos 2\theta$
- 반지름$(R) = \sqrt{\left(\dfrac{\epsilon_x - \epsilon_y}{2}\right)^2 + \left(\dfrac{\gamma_{xy}}{2}\right)^2}$

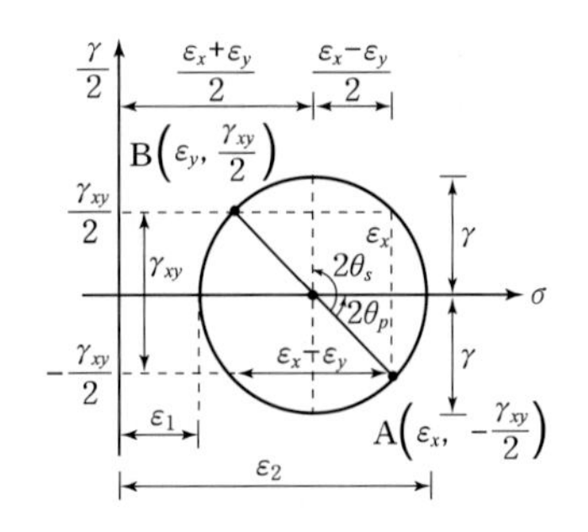

핵심예제	7-52	[15 국가직 9급]

그림과 같이 구조물의 표면에 스트레인 로제트를 부착하여 각 게이지 방향의 수직 변형률을 측정한 결과, 게이지 A는 50, B는 60, C는 45로 측정되었을 때, 이 표면의 전단변형률 γ_{xy}는?

① 5
② 10
③ 15
④ 20

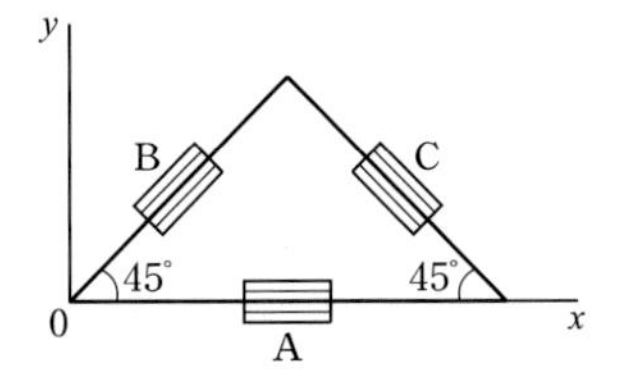

| 해설 | $\epsilon_{45°} = \dfrac{\epsilon_x + \epsilon_y}{2} + \dfrac{\epsilon_x - \epsilon_y}{2}\cos 90° - \dfrac{\gamma_{xy}}{2}\sin 90° = \dfrac{\epsilon_x + \epsilon_y}{2} - \dfrac{\gamma_{xy}}{2} = \epsilon_b$에서

$\gamma_{xy} = (\epsilon_x + \epsilon_y) - 2\epsilon_b = (\epsilon_b + \epsilon_c) - 2\epsilon_b = (60 + 45) - 2(60) = -15$

계산된 값에 대한 요소의 전단변형률 상태

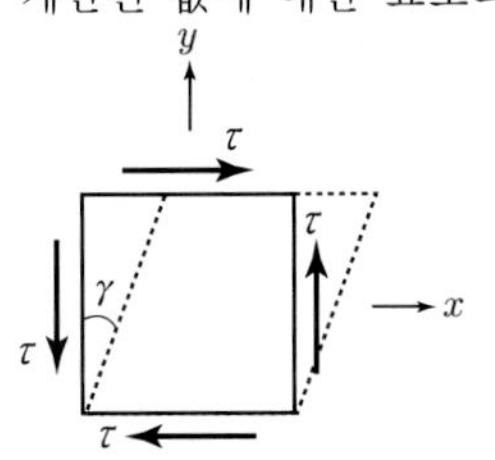

요소의 전단변형률

답 : ③

(3) 주변형률

주응력 상태의 최대 및 최소 수직 변형률

- $\epsilon_{\frac{1}{2}} = \dfrac{\epsilon_x + \epsilon_y}{2} \pm R$(반지름)

$$= \frac{\epsilon_x + \epsilon_y}{2} \pm \sqrt{\left(\frac{\epsilon_x - \epsilon_y}{2}\right)^2 + \left(\frac{\gamma_{xy}}{2}\right)^2}$$

- 주변형 경사각

$$\tan 2\theta_p = \frac{\frac{\gamma_{xy}}{2}}{\frac{\epsilon_x - \epsilon_y}{2}} = \frac{\gamma_{xy}}{\epsilon_x - \epsilon_y}$$

(4) 주전단 변형률

주전단 응력 상태의 최대 및 최소 전단 변형률

- $\dfrac{\gamma_{\frac{1}{2}}}{2} = \pm R$(반지름)$= \pm \sqrt{\left(\dfrac{\epsilon_x - \epsilon_y}{2}\right)^2 + \left(\dfrac{\gamma_{xy}}{2}\right)^2}$
- 주전단 변형 경사각

$2\theta_s = 2\theta_p \pm 90°$

$\therefore\ \theta_s = \theta_p \pm 45°$

핵심예제 7-53 [08 국가직 7급]

수평축으로부터 반시계 방향으로 0°, 45°, 90° 방향의 45° 스트레인로제트를 이용하여 변형률 $\epsilon_{0°} = \bar{\epsilon}$, $\epsilon_{45°} = \bar{\epsilon}$, $\epsilon_{90°} = -\bar{\epsilon}$ 가 각각 측정되었다. 주변형률 ϵ_1, ϵ_2와 최대 전단변형률 $\gamma_{\max}$는?

	ϵ_1	ϵ_2	$\gamma_{\max}$
①	$\bar{\epsilon}$	$-\bar{\epsilon}$	$\bar{\epsilon}$
②	$\bar{\epsilon}$	$-\bar{\epsilon}$	$2\bar{\epsilon}$
③	$\sqrt{2}\,\bar{\epsilon}$	$-\sqrt{2}\,\bar{\epsilon}$	$\sqrt{2}\,\bar{\epsilon}$
④	$\sqrt{2}\,\bar{\epsilon}$	$-\sqrt{2}\,\bar{\epsilon}$	$2\sqrt{2}\,\bar{\epsilon}$

| 해설 | 변형률 변환 공식을 적용하면

$\epsilon_x = \bar{\epsilon}$, $\epsilon_y = -\bar{\epsilon}$, $\epsilon_{45°} = \bar{\epsilon}$

$$\epsilon_x{}' = \frac{\epsilon_x + \epsilon_y}{2} + \frac{\epsilon_x - \epsilon_y}{2}\cos 2\theta - \frac{\gamma_{xy}}{2}\sin 2\theta$$

$\bar{\epsilon} = \dfrac{\bar{\epsilon} - \bar{\epsilon}}{2} + \dfrac{\bar{\epsilon} - (-\bar{\epsilon})}{2}\cos 90° - \dfrac{\gamma_{xy}}{2}\sin 90°$에서 $\therefore\ \dfrac{\gamma_{xy}}{2} = -\bar{\epsilon}$

• 주변형률

$$\epsilon_{\frac{1}{2}} = \frac{\epsilon_x + \epsilon_y}{2} \pm \sqrt{\left(\frac{\epsilon_x - \epsilon_y}{2}\right)^2 + \left(\frac{\gamma_{xy}}{2}\right)^2}$$

$$= 0 \pm \sqrt{\left(\frac{\bar{\epsilon} - (-\bar{\epsilon})}{2}\right)^2 + (-\bar{\epsilon})^2} = \pm \sqrt{2}\,\bar{\epsilon}$$

• 최대주전단변형률

$$\frac{\gamma_{max}}{2} = \sqrt{\left(\frac{\epsilon_x - \epsilon_y}{2}\right)^2 + \left(\frac{\gamma_{xy}}{2}\right)^2} = \sqrt{2}\,\bar{\epsilon} \quad \therefore \gamma_{max} = 2\sqrt{2}\,\bar{\epsilon}$$

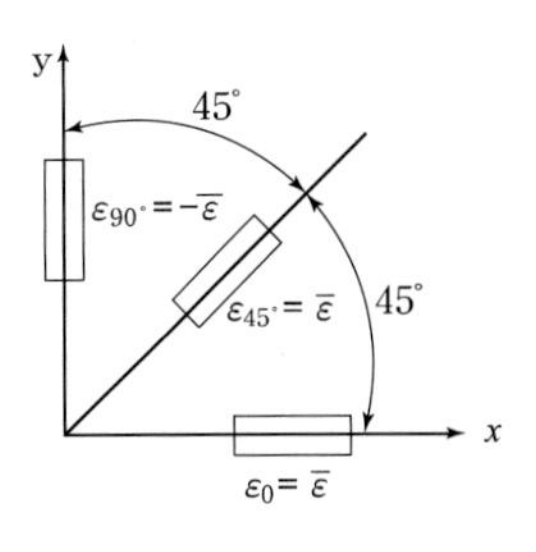

답 : ④

(5) 순수전단 상태에서 주변형률

순수전단을 받는 경우의 주변형률이 발생하는 방향은

$\tan 2\theta_p = \frac{\gamma_{xy}}{\epsilon_x - \epsilon_y} = \frac{\gamma_{xy}}{0} = \infty \quad \therefore \ \theta_p = 45°$ 또는 $\theta_p = 135°$이므로 결국 대각선 방향으로 발생한다는 것을 알 수 있다.

따라서 순수전단 상태에서 대각선방향의 변형률은 주변형률이 되므로 주변형률 공식에 대입하면 $\epsilon_{\frac{1}{2}} = \frac{\epsilon_x + \epsilon_y}{2} \pm \sqrt{\left(\frac{\epsilon_x - \epsilon_y}{2}\right)^2 + \left(\frac{\gamma_{xy}}{2}\right)^2} = \pm \frac{\gamma_{xy}}{2}$가 된다.

■ **보충설명** : 순수전단 상태의 대각선 변형률

순수전단 상태에서 대각선 방향의 변형률은 주변형률과 같고 전단변형률 γ_{xy}의 1/2과 같다.
따라서 주변형률은 $\pm \frac{\gamma_{xy}}{2}$가 된다.

7.15 탄성계수의 관계

(1) 탄성계수(E)와 전단탄성계수(G)의 관계식

순수전단 상태의 대각선 변형률을 이용하여 유도한다.

$$G = \frac{mE}{2(m+1)} = \frac{E}{2(1+\nu)}$$

(2) 탄성계수(E)와 체적탄성계수(K)의 관계식

구형응력 상태에서 유도한다.

$$K = \frac{mE}{3(m-2)} = \frac{E}{3(1-2\nu)} = \frac{GE}{9G - 3E}$$

(3) 전단탄성계수(G)와 체적탄성계수(K)의 관계식

mE에 대해 정리하여 유도한다.

$$G=\frac{3(m-2)}{2(m+1)}K=\frac{3(1-2\nu)}{2(1+\nu)}K$$

(4) 탄성계수(E, G, K)의 관계식

E와 G로 표현되는 포아송비를 이용하여 유도한다.

$$K=\frac{E}{3(1-2\nu)}=\frac{GE}{9G-3E}$$

핵심예제 7-54 [10 국가직 9급]

길이가 L인 단면적 A의 인장시험체를 힘 P로 인장하였을 때 δ의 신장이 있었다고 한다. 이 강봉의 전단탄성계수(G)는? (단, 포와송비는 ν이다)

① $G=\dfrac{PL}{A\delta(1+\nu)}$ ② $G=\dfrac{PL}{2A\delta(1+\nu)}$

③ $G=\dfrac{P}{AL\delta(1+\nu)}$ ④ $G=\dfrac{P}{2AL\delta(1+\nu)}$

| 해설 | 탄성계수 (E, G)의 관계식에서

$$G=\frac{E}{2(1+\nu)}=\frac{\left(\frac{PL}{A\delta}\right)}{2(1+\nu)}=\frac{PL}{2A\delta(1+\nu)}$$

$\left[\sigma=\dfrac{P}{A}=E\left(\dfrac{\delta}{L}\right)\right.$에서 $\left.E=\dfrac{PL}{A\delta}\right]$

답 : ②

핵심예제 7-55 [15 지방직 9급]

어떤 재료의 탄성계수 E=240GPa이고, 전단탄성계수 G=100GPa인 물체가 인장력에 의하여 축방향으로 0.0001의 변형률이 발생할 때, 그 축에 직각 방향으로 발생하는 변형률의 값은?

① +0.00002 ② −0.00002

③ +0.00005 ④ −0.00005

| 해설 | 횡방향 변형률 : $\epsilon'=-\nu\epsilon=-0.2(0.0001)=-0.00002$(감소)

여기서, 포아송비 $\nu=\dfrac{E}{2G}-1=\dfrac{240}{2(100)}-1=0.2$

답 : ②

출제 및 예상문제

출제유형단원

- □ 단면력, 응력(도), 변형률, 변위(변형량)
- □ 이상화한 응력-변형률 선도, 구조물의 설계
- □ 응력집중현상, 축방향력을 받는 구조물의 해석
- □ 응력-변형률도(σ－ε선도),
- □ 허용응력과 안전율, 일과 에너지
- □ 충격하중의 영향, 경사면응력

내친김에 문제까지 끝내보자!

1 그림과 같은 리벳 이음에서 628kN의 인장력이 강판에 작용할 때 최소한의 리벳 개수는? (단, 리벳의 허용 전단응력 $\tau_a = 100$MPa이다)

① 16개
② 20개
③ 24개
④ 28개

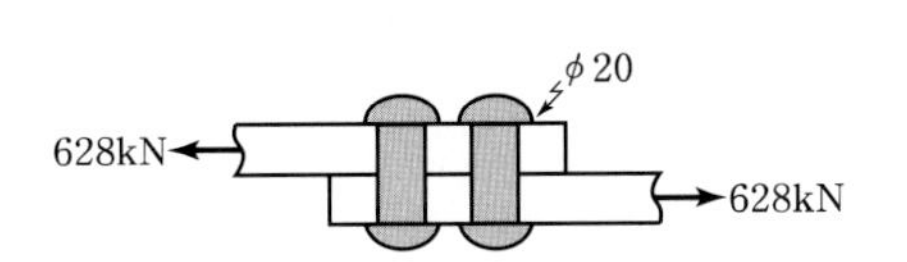

2 직경 10mm인 강봉을 대칭으로 배치하여 연직하중을 지지하고자 한다. 연직으로 $P = 22.5$kN의 하중을 작용할 때 필요한 강봉의 최소 개수는? (단, 강봉의 허용압축응력 $\sigma_a = 100$MPa이고, π는 3으로 계산한다)

① 1개　　② 2개
③ 3개　　④ 4개

정 답 및 해 설

해설 **1**

리벳강도

$P_a = \tau_a A$

$= 100\left(\dfrac{\pi \times 20^2}{4}\right)$

$= 31400\,\mathrm{N}$

∴ 리벳수 $n = \dfrac{P}{P_a}$

$= \dfrac{628 \times 10^3}{31400}$

$= 20$개

보충 리벳강도와 리벳수

- 리벳강도 : 리벳의 응력이 최대 평가응력인 허용응력에 도달했을 때 리벳 1개가 받을 수 있는 하중
  ∴ $P_a = \tau_a A$
- 리벳수(n)
  $= \dfrac{\text{전하중}(P)}{\text{리벳강도}(P_a)}$
  $= \dfrac{\text{전하중}}{(\text{허용응력})(\text{단면적})}$
  $\begin{Bmatrix} \text{단전단} \rightarrow \text{단면적} = A \\ \text{복전단} \rightarrow \text{단면적} = 2A \end{Bmatrix}$

해설 **2**

강봉의 강도

$P_a = \sigma_a A$

$= 100\left(\dfrac{3 \times 100^2}{4}\right)$

$= 75000\,\mathrm{N}$

∴ 강봉수 $n = \dfrac{P}{P_a}$

$= \dfrac{225 \times 10^3}{75000} = 3$

∴ $n = 3$개

정답 1. ② 2. ③

3 지름 10m의 확대기초에 지름이 50cm인 8개의 기둥이 대칭으로 배치되어 있다. 각각의 기둥이 $\sigma_c = 250$MPa의 응력을 받을 때 확대기초의 응력[MPa]은?

① 2　　② 3
③ 4　　④ 5

4 다음 그림과 같이 지름이 20mm인 리벳 2개를 사용하여 두께 15mm인 강판 2장을 이을 때 리벳에 일어나는 전단응력[MPa]은? (단, 인장력 $P=31.4$kN이며 π는 3.14로 한다)

① 12.5
② 25
③ 50
④ 100

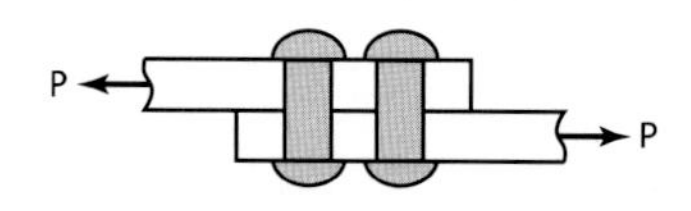

5 그림과 같은 두 장의 철판을 지름 20mm의 리벳 2개로 접합한다. 여기서 리벳의 허용 전단응력이 80MPa일 때 인장력[kN]은?

① 30.24
② 40.24
③ 50.24
④ 60.24
⑤ 70.24

해설 $\tau = \dfrac{S}{A} = \dfrac{P}{2A} \le \tau_a$ 에서

$$P \le \tau_a(2A) = 80(2)\left(\frac{\pi \times 20^2}{4}\right) = 50240\,\text{N} = 50.24\,\text{kN}$$

보충 리벳의 강도와 리벳의 응력

① 리벳의 강도 : 리벳 1개가 받을 수 있는 힘의 세기

$\rho =$ 허용응력 × 단면적

② 리벳의 응력 : 리벳 1개가 받는 응력의 크기 또는 전체 리벳이 받는 응력

$\tau = \dfrac{\text{작용하중}}{\text{단면적}}$

(리벳의 허용응력 : 리벳이 받을 수 있는 최대응력)

③ 허용인장력

허용 인장력 = 리벳수 × 리벳강도
= 리벳수 × 허용응력 × 단면적

정 답 및 해 설

해설 **3**

$$\sigma_{기초} = \frac{P}{A} = \frac{n\sigma_c A_c}{A_{기초}} = \frac{8(250)\left\{\dfrac{\pi(500^2)}{4}\right\}}{\dfrac{\pi(10000)^2}{4}} = 5\,\text{N/mm}^2 = 5\,\text{MPa}$$

해설 **4**

$$\tau = \frac{S}{A} = \frac{\frac{P}{2}}{A} = \frac{P}{2A} = \frac{31.4 \times 10^3}{2\left(\dfrac{\pi \times 20^2}{4}\right)} = 50\,\text{N/mm}^2 = 50\,\text{MPa}$$

보충 리벳의 전단응력

- 단전단일 때 : $\tau = \dfrac{S}{A}$
- 복전단일 때 : $\tau = \dfrac{S}{2A}$

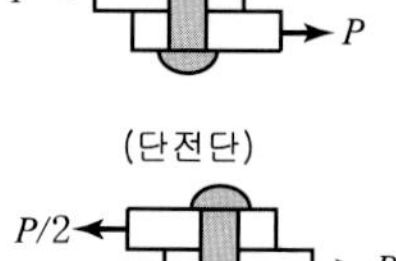

(단전단)

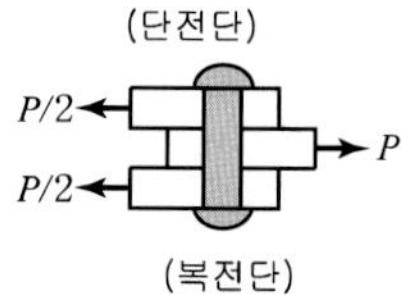

(복전단)

정답 3. ④ 4. ③ 5. ③

6 다음 그림과 같이 강철판을 지름 20mm인 리벳으로 접합시킬 때 리벳의 허용 전단응력을 τ_a=100MPa으로 하면 리벳의 전단력[kN]의 한도는?

① 31.4
② 36.8
③ 43.5
④ 51.6
⑤ 62.8

7 다음과 같이 리벳의 지름이 25mm, 강판의 두께가 10mm인 리벳 연결에서 지압응력[MPa]은?

① 50
② 100
③ 150
④ 200
⑤ 250

8 원형 단면에서 비틀림 상수로 옳은 것은? (단, d : 원의 지름)

① $\frac{\pi d^4}{64}$
② $\frac{\pi d^3}{64}$
③ $\frac{\pi d^3}{32}$
④ $\frac{\pi d^4}{32}$
⑤ $\frac{\pi d^4}{16}$

정답 및 해설

해설 **6**

복전단(2면 전단)이므로

$\tau = \frac{S}{2A} \le \tau_a$ 에서

$$S \le \tau_a(2A) = \tau_a\left(\frac{\pi d^2}{2}\right) = 100\left(\frac{\pi \times 20^2}{2}\right) = 62800\,\text{N} = 62.8\,\text{kN}$$

해설 **7**

지압응력

$$\sigma_b = \frac{P}{dt} = \frac{50 \times 10^3}{25(10)} = 200\,\text{N/mm}^2 = 200\,\text{MPa}$$

보충 리벳의 응력

① 전단응력

- 단전단 : $\tau = \frac{P}{A} = \frac{4P}{\pi d^2}$
- 복전단 : $\tau = \frac{P}{2A} = \frac{2P}{\pi d^2}$

② 지압응력 : $\sigma = \frac{P}{A} = \frac{P}{dt}$

해설 **8**

원형단면에서 비틀림 상수

$$J = I_p = \frac{\pi d^4}{32} = \frac{\pi r^4}{2}$$

정답 6. ⑤ 7. ④ 8. ④

9 선팽창 계수 $\alpha=12\times10^{-6}$/℃이고, 탄성계수 $E=200$GPa인 양단 고정된 부재가 50℃ 온도 상승할 때 생기는 온도응력[MPa]은?

① 120 (인장) ② 120 (압축)
③ 160 (인장) ④ 160 (압축)

10 길이가 5m이고 양단이 고정된 강봉이 있다. 강봉의 온도가 10°C에서 30℃로 상승했을 때 온도응력[MPa]은? (단, 강봉의 열팽창계수 $\alpha=1.1\times10^{-5}$/°C, 탄성계수 $E=210$GPa이다)

① 19.8 ② 24.2
③ 32 ④ 46.2
⑤ 51.4

11 길이가 3m이고 양단이 고정 지지된 수평부재가 있다. 부재가 표준온도보다 15°C 상승하였을 때 온도응력[MPa]은? (단, 탄성계수 $E=210$GPa이고 열팽창계수 $\alpha=1.2\times10^{-5}$/°C이다)

① 0.378 ② 3.78
③ 37.8 ④ 378
⑤ 3780

정 답 및 해 설

해설 **9**

$\sigma=E\alpha(\Delta T)$
$=(200\times10^3)(12\times10^{-6})(50)$
$=120\,\mathrm{N/mm^2}$
$=120\,\mathrm{MPa}$ (압축)

해설 **10**

온도응력
$\sigma_t=E\alpha(\Delta T)$
$=(210\times10^3)(1.1\times10^{-5})(20)$
$=46.2\,\mathrm{N/mm^2}$
$=46.2\,\mathrm{MPa}$

보충 온도의 영향

① 온도변형 : $\delta_t=\alpha(\Delta T)L$
② 온도 변형률 :
$\epsilon_t=\dfrac{(\Delta T)}{L}=\alpha(\Delta T)$
③ 온도 응력 :
$\sigma_t=E\epsilon_t=E\alpha(\Delta T)$
④ 온도 반력 :
$P_t=\sigma_t A=E\alpha(\Delta T)A$
➡ 변위를 구속하기 위한 축하중과 같다.

온도상승	압축응력 발생
온도하강	인장응력 발생

해설 **11**

열응력
$\sigma_t=E\alpha(\Delta T)$
$=(210\times10^3)(1.2\times10^{-5})(15)$
$=37.8\,\mathrm{N/mm^2}$
$=37.8\,\mathrm{MPa}$

정답 9. ② 10. ④ 11. ③

정 답 및 해 설

12 다음 그림과 같이 봉의 양단이 고정 지지되어 있다. 봉의 온도가 40°C 상승하였을 때 양 끝단에 발생하는 수평 반력의 크기[kN]는? (단, 봉의 단면적 $A = 100\,\text{cm}^2$, 탄성계수 $E = 2.0 \times 10^6\,\text{N/cm}^2$, 열팽창계수 $\alpha = 1.1 \times 10^{-5}/°C$이다) [10 지방직 9급]

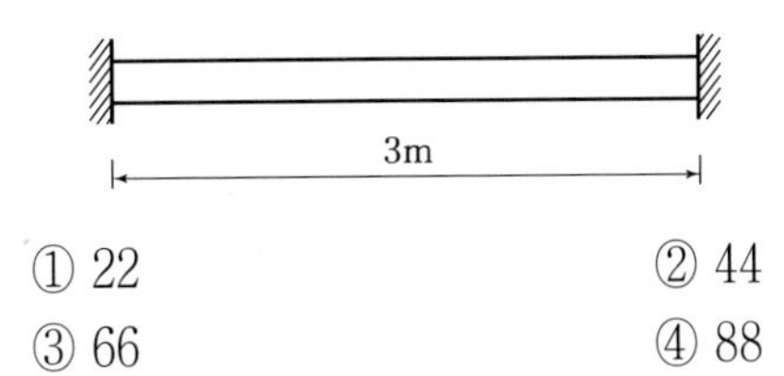

① 22 ② 44
③ 66 ④ 88

해설 **12**

$R_t = E\alpha(\Delta T)A$
$= (2.0 \times 10^6)(100)(1.1 \times 10^{-5}) \times (40)$
$= 88 \times 10^3\,\text{N}$
$= 88\,\text{kN}$

13 그림과 같이 양단이 고정된 균일한 단면의 강봉이 온도하중($\Delta T = 30°C$)을 받고 있다. 강봉의 탄성계수 $E = 200$GPa, 열팽창계수 $\alpha = 1.2 \times 10^{-6}$/℃일 때, 강봉에 발생하는 응력[MPa]은? (단, 강봉의 자중은 무시한다) [11 지방직 9급]

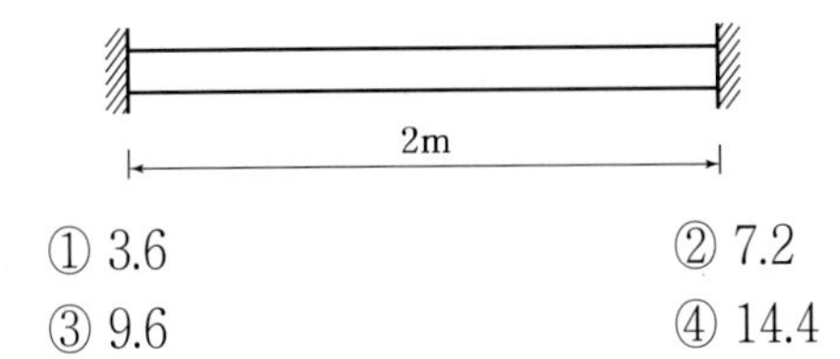

① 3.6 ② 7.2
③ 9.6 ④ 14.4

해설 **13**

온도응력

$\sigma_t = E\alpha(\Delta T)$
$= (200 \times 10^3)(1.2 \times 10^{-6})(30)$
$= 7.2\,\text{N/mm}^2 = 7.2\,\text{MPa}$

14 양단이 고정된 균일 단면봉에서 균일한 온도변화에 의한 온도응력에 대한 다음 설명 중 옳지 않은 것은?

① 온도차에 관계있다.
② 재료의 선팽창계수에 관계있다.
③ 재료의 재질에 관계있다.
④ 재료의 종탄성계수에 관계가 있다.
⑤ 재료의 형상과 치수에 관계가 있다.

해설 **14**

온도응력 $\sigma_t = E\alpha(\Delta T)$에서 온도응력은 단면형상이나 단면의 치수에는 무관하다.

보충 온도 반력(온도 반력)

$R_t = P_t = \sigma_t A$에서 온도에 의한 반력과 축력은 단면적에 관계된다.

정답 12. ④ 13. ② 14. ⑤

15 탄성계수 E, 단면적 A, 열팽창계수 α, 길이 L인 부정정봉이 ΔT의 온도변화가 발생할 때 온도응력에 대한 설명으로 옳지 않은 것은?

① 단위는 N/m^2이다. ② 열팽창계수(α)에 비례한다.
③ 탄성계수(E)에 비례한다. ④ 단면적(A)에 비례한다.
⑤ 온도차(ΔT)에 비례한다.

16 그림과 같이 동일한 재료를 사용하여 양단이 고정된 기둥(a), (b), (c)를 제작하였다. 온도를 균일하게 ΔT만큼 상승시킬 때 각 기둥의 반력의 크기는? (단, A는 단면적이고, L은 길이이다) [11 국가직 9급]

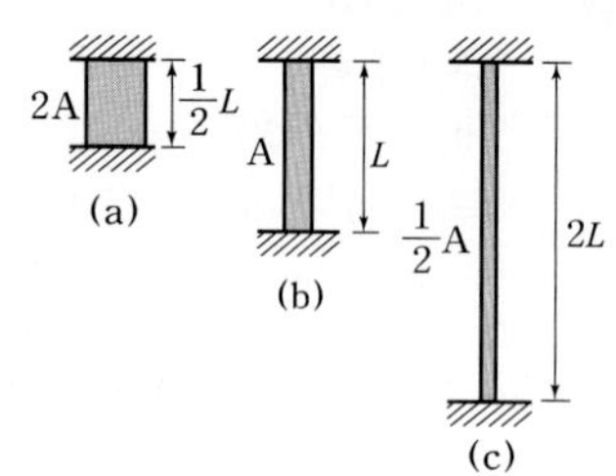

① (a) < (b) < (c) ② (a) = (b) = (c)
③ (a) > (b) = (c) ④ (a) > (b) > (c)

17 길이 10m인 두께 12mm인 부재에 인장력이 작용하여 길이가 11.5m로 늘어나고 두께가 11mm가 되었다. 인장력의 작용방향으로 나타나는 세로 방향 변형률은?

① 25% ② 30%
③ 10% ④ 15%
⑤ 20%

정답 및 해설

해설 **15**

온도응력 $\sigma_t = E\alpha(\Delta T)$

∴ 온도응력은 단면적과 단면치수에 무관하다.

해설 **16**

온도반력 $R_t = E\alpha(\Delta T)A \propto A$

∴ 온도반력은 기둥의 길이에 무관하다.

(a) > (b) > (c)

보충 각 기둥의 반력

(a) : $R_t = 2E\alpha(\Delta T)A$

(b) : $R_t = E\alpha(\Delta T)A$

(c) : $R_t = \frac{1}{2}E\alpha(\Delta T)A$

해설 **17**

세로방향 변형률(ϵ_l)

$= \frac{\Delta L}{L} = \frac{1.5}{10} = 0.15$

∴ 15% 변형됨

보충 변형률

- 세로방향 변형률(종방향 변형률)

$\epsilon_L = \frac{\Delta L}{L}$ (일반적인 변형률)

- 가로방향 변형률(횡방향 변형률)

$\epsilon_d = \frac{\Delta d}{d}$, $\epsilon_b = \frac{\Delta b}{b}$, $\epsilon_t = \frac{\Delta t}{t}$

정답 15. ④ 16. ④ 17. ④

18 단면적이 10cm²인 기둥에 압축력 200kN을 가하여 길이가 3mm가 줄었다. 강봉의 변형 전 길이[m]는? (단 기둥의 탄성계수는 200GPa이다)

① 1　　② 2
③ 3　　④ 4

19 폭 40cm, 길이 1m인 부재에 인장력을 작용시켰더니 폭은 0.02cm, 길이는 0.15cm로 변하였다. 이 부재 재료의 포아송수는?

① 1　　② 2
③ 3　　④ 4
⑤ 5

20 지름 1cm, 길이 10cm인 강봉에 인장력을 작용시켰더니 지름이 0.975cm, 길이가 11cm로 변했다. 이 강봉의 포아송비(Poisson's ratio)는?

① $\frac{1}{2}$　　② $\frac{1}{3}$
③ $\frac{1}{4}$　　④ $\frac{1}{5}$

정 답 및 해 설

해설 **18**

변형률 $\epsilon = \frac{\delta}{L}$ 에서

$$L = \frac{\delta}{\epsilon} = \frac{E\delta}{\sigma} = \frac{EA\delta}{P}$$
$$= \frac{(200 \times 10^3)(1000)(3)}{200 \times 10^3}$$
$$= 3{,}000\,\text{mm}$$
$$= 3\,\text{m}$$

보충

지름 d인 봉부재의 원래 길이 (변형 전 길이)

$$L = \frac{\Delta L}{\epsilon} = \frac{E\Delta L}{\sigma}$$
$$= \frac{EA\Delta L}{P} = \frac{E\pi d^2 \Delta L}{4P}$$

해설 **19**

포아송수(m)

$$= \frac{\text{세로 변형률}(\epsilon_l)}{\text{가로 변형률}(\epsilon_d)}$$
$$= \frac{d\,\Delta L}{L\,\Delta d} = \frac{0.15(40)}{100(0.02)}$$
$$= 3$$

보충 포아송비(ν)와 포아송수(m)

변형률의 비로 표시되는 재료의 성질로 절대치를 사용함으로 음(−)이 나올 수 없다.

∴ 항상 양(+)으로 존재한다.

해설 **20**

포아송비(ν)

$$= \frac{\text{가로 변형률}(\epsilon_d)}{\text{세로 변형률}(\epsilon_l)}$$
$$= \frac{L\,\Delta d}{d\,\Delta L} = \frac{10(0.025)}{1(1)}$$
$$= 0.25 = \frac{1}{4}$$

정답 18. ③ 19. ③ 20. ③

21 길이가 20cm이고 지름이 2cm인 압연강재가 작용하는 압축력에 의하여 길이방향은 0.16mm, 지름방향은 0.005mm 변형이 발생하였다. 포아송비는?

① 0.313 ② 3.1
③ 5.6 ④ 9.6
⑤ 10.0

22 지름이 10cm, 길이 20m인 봉이 축하중에 의해 지름 9.98cm, 길이 20.2m 로 될 때 이 봉의 포아송수는?

① 5 ② 10
③ 15 ④ 20

23 그림과 같은 봉에 인장력 P가 작용하여 길이방향으로 0.02m 늘어났고 두께방향으로 0.0003m 줄어들었을 경우, 이 재료의 포아송 비 ν는? (단, 봉의 자중은 무시한다) [11 지방직 9급]

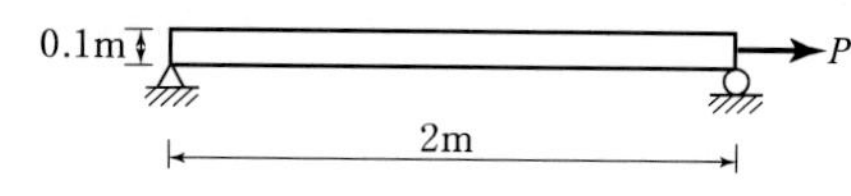

① 0.3 ② 0.4
③ 0.5 ④ 0.6

정답 및 해설

해설 **21**

포아송비(ν)

$$= \frac{\text{가로 변형률}(\epsilon_d)}{\text{세로 변형률}(\epsilon_l)} = \frac{L\,\Delta d}{d\,\Delta L} = \frac{0.005(200)}{20(0.16)} = 0.313$$

해설 **22**

포아송수(m)

$$= \frac{\text{세로 변형률}(\epsilon_l)}{\text{가로 변형률}(\epsilon_d)} = \frac{d\,\Delta L}{L\,\Delta d} = \frac{10(0.2)}{20(0.02)} = 5$$

보충 포아송수(m)와 포아송비(ν)

- 포아송수

$$m = \left|\frac{\epsilon_l}{\epsilon_d}\right| = \left|\frac{d\,\Delta L}{L\,\Delta d}\right|$$

- 포아송비

$$\nu = \left|\frac{\epsilon_d}{\epsilon_l}\right| = \left|\frac{L\,\Delta d}{d\,\Delta L}\right|$$

해설 **23**

포아송비(ν)

$$= \frac{\text{가로변형률}}{\text{세로변형률}} = \frac{L\,\Delta t}{t\,\Delta L} = \frac{2(0.0003)}{0.1(0.02)} = 0.3$$

정답 21. ① 22. ① 23. ①

정답 및 해설

24 모든 방향으로 변형률이 동일한 3축응력이 작용하는 경우 체적 변형률은 x 방향 변형률의 몇 배인가?

① 1배 ② 2배
③ 3배 ④ 4배
⑤ 5배

해설 **24**
모든 방향으로 동일한 변형률을 갖는 구형응력 상태의 체적 변형률은 길이방향 변형률(선 변형률)의 3배이다.

$e=\epsilon_x+\epsilon_y+\epsilon_z=3\epsilon_x$

25 구형응력상태에서 체적 변형률은 선 변형률의 몇 배인가?

① 1.0 ② 1.5
③ 2.0 ④ 2.5
⑤ 3.0

해설 **25**
구형응력상태는 세 방향 응력이 같은 3축응력 상태이므로 체적 변형률은 길이 변형률의 3배가 된다.

26 콘크리트나 목재에 일정한 하중이 장시간 작용하면 변형이 증대하는데 이와 같이 일정한 응력이 작용했을 때 응력이 어느 한도 이상이면 시간의 경과와 더불어 함께 변형이 증가한다. 이와 같은 현상을 무엇이라 하는가?

① 피로한도 ② 실응력
③ 반복응력 ④ 크리프

해설 **26**
크리프(Creep)란 장기하중이 재하될 때 탄성변형 이외에 추가적으로 발생되는 소성변형으로 고온에서 특히 문제가 된다.

보충
- 피로한도 : 반복하중에 의해 피로파괴가 일어나지 않을 한계 응력
  (구조용 강재의 피로한도 : $\frac{\text{극한하중}}{2}$)
- 실응력
  $=\frac{\text{작용하중}(P)}{\text{줄어든 단면적}(A')}$
- 반복응력 : 인장 또는 압축이 반복하여 가해질 때 생기는 응력

정답 24. ③ 25. ⑤ 26. ④

27 다음 그림과 같은 구조용 강의 응력-변형률 선도에 대한 설명으로 옳지 않은 것은? [08 국가직 9급]

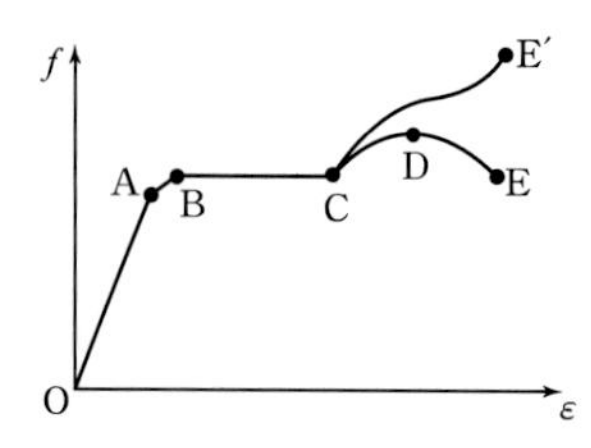

① 직선 OA의 기울기는 탄성계수이며, A점의 응력을 비례한도(Proportional limit)라고 한다.
② 곡선 OABCE′를 진응력-변형률 곡선(True Stress-Strain Curve)이라 하고 곡선 OABCDE를 공학적 응력-변형률 곡선(Engineering Stress-Strain Curve)이라 한다.
③ 구조용 강의 레질리언스(Resilience)는 재료가 소성구간에서 에너지를 흡수할 수 있는 능력을 나타내는 물리량이며 곡선 OABCDE 아래의 면적으로 표현된다.
④ D점은 극한응력으로 구조용 강의 인장강도를 나타낸다.

28 강재를 인장하면 줄어든다. 줄어든 단면에 대한 응력은 다음 중 어느 것인가?

① 팽창응력
② 공칭응력
③ 온도응력
④ 실응력
⑤ 종국응력

정답 및 해설

해설 27

레질리언스(Resilience)는 재료가 탄성한도 내에서 흡수할 수 있는 에너지이고, 하중-변위선도($P-\delta$) 선도에서 직선부의 면적으로 표현된다. 여기서, OABCDE 면적은 파괴점까지 단위체적당 저장 가능한 에너지로 인성계수(터프니스계수)가 된다.

해설 28

- 공칭응력 $= \dfrac{\text{작용하중}}{\text{원래 단면적}}$
- 실응력 $= \dfrac{\text{작용하중}}{\text{줄어든 단면적}}$

∴ 실응력 > 공칭응력

정답 27. ③ 28. ④

29 직경 D=20mm이고, 부재길이 l=3m인 부재에 인장력 60kN이 작용할 때 인장응력 σ[MPa]과 신장량 Δl[cm]으로 옳은 것은? (단, 재료의 탄성계수 E=200GPa, 원주율 π는 3으로 한다)

① $\sigma=200,\ \Delta l=0.3$
② $\sigma=150,\ \Delta l=0.3$
③ $\sigma=200,\ \Delta l=3.0$
④ $\sigma=150,\ \Delta l=3.0$

30 직경 20mm, 길이 30cm인 철근을 500kN의 인장력을 작용시켰을 때 변형량[mm]은? (단, 철근의 탄성계수 E=200GPa이고, π는 3으로 계산한다)

① 2.5　② 3.5
③ 4.5　④ 5.5
⑤ 6.5

31 지름 10mm, 길이 10m의 강철봉에 20kN의 인장력을 작용시켰을 때 이 강봉의 늘음량[mm]은? (단, 강철봉의 탄성계수 E=200GPa이 π는 4로 계산한다)

① 3　② 6
③ 10　④ 15
⑤ 18

정 답 및 해 설

해설 **29**

• 인장응력

$$\sigma=\frac{P}{A}=\frac{60\times10^3}{\left(\frac{3\times20^2}{4}\right)}=200\,\mathrm{N/mm^2}=200\,\mathrm{MPa}$$

• 신장량

$$\Delta l=\frac{Pl}{AE}=\frac{(60\times10^3)\times(3\times10^3)}{\left(\frac{3\times20^2}{4}\right)\times(200\times10^3)}=3\,\mathrm{mm}=0.3\,\mathrm{cm}$$

해설 **30**

$$\delta=\frac{Pl}{AE}=\frac{(500\times10^3)\times(300)}{\left(\frac{3\times20^2}{4}\right)\times(200\times10^3)}=2.5\,\mathrm{mm}$$

해설 **31**

$$\Delta l=\frac{Pl}{AE}=\frac{(20\times10^3)\times(10\times10^3)}{\left(\frac{4\times10^2}{4}\right)\times(200\times10^3)}=10\,\mathrm{mm}$$

보충 축하중을 받는 봉부재

$\sigma=\frac{P}{A}=E\left(\frac{\Delta l}{l}\right)$에서

• 변형량 : $\Delta l=\frac{Pl}{AE}$

• 축하중 : $P=\frac{AE}{l}\Delta l$

• 탄성계수 : $E=\frac{Pl}{A\Delta l}$

정답 29. ① 30. ① 31. ③

정 답 및 해 설

32 철재의 단면적이 10cm², 길이 1m인 철재에 1000kN의 인장력을 주었을 때 늘음량 Δl [mm]는? (단, $E=200$GPa이다)

① 2　　② 3
③ 4　　④ 5
⑤ 6

해설 **32**

$$\Delta l=\frac{Pl}{AE}=\frac{(1000\times 10^3)(1\times 10^3)}{(10\times 10^2)(200\times 10^3)}=5\text{mm}$$

33 30cm×40cm×2.0m의 목주(木柱)에 $P=30$kN이 가해질 때 변형량 [mm]은? (단, 목재의 탄성계수 $E=10$GPa이다)

① 0.02
② 0.03
③ 0.04
④ 0.05

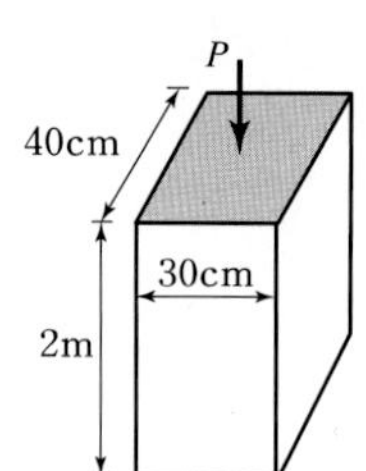

해설 **33**

$$\Delta l=\frac{Pl}{AE}=\frac{(30\times 10^3)(2\times 10^3)}{(300\times 400)(10\times 10^3)}=0.05\text{mm}$$

34 다음 그림과 같은 봉부재에 축력이 작용할 때 수평변위는? (단, 축강성 EA는 일정하다)

① $\dfrac{Pl}{AE}$
② $\dfrac{2Pl}{AE}$
③ $\dfrac{3Pl}{AE}$
④ $\dfrac{3Pl}{2AE}$
⑤ $\dfrac{5Pl}{2AE}$

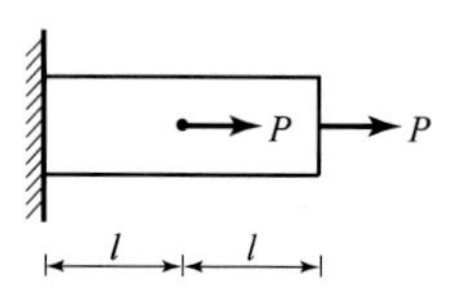

해설 **34**

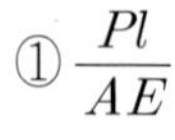

변형량

$$\delta=\delta_1+\delta_2=\frac{2Pl}{AE}+\frac{Pl}{AE}=\frac{3Pl}{AE}$$

보충 유연도가 일정한 경우 변형량

$\delta=\dfrac{Pl}{AE}$에서 $\dfrac{l}{AE}$이 일정하므로 축하중에 비례

$$\therefore\ \delta=\frac{l}{AE}(2P+P)=\frac{3Pl}{AE}$$

정답 32. ④ 33. ④ 34. ③

35 다음 그림과 같은 봉부재에서 총 변위(δ)는? (단, 축강성 EA는 일정하다) [국가직 9급]

① $\dfrac{Pl}{AE}$

② $\dfrac{2Pl}{AE}$

③ $\dfrac{4Pl}{AE}$

④ $\dfrac{5Pl}{AE}$

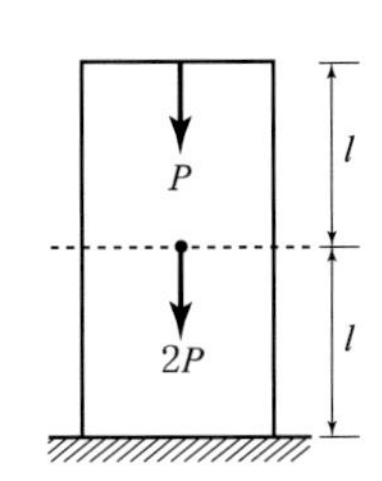

36 다음과 같은 구조물에서 전체적인 신장량[mm]으로 옳은 것은? (단, 축강성 $EA = 10^3$kN으로 일정하다) [서울시 9급]

① −2

② +2

③ 0

④ −4

⑤ +4

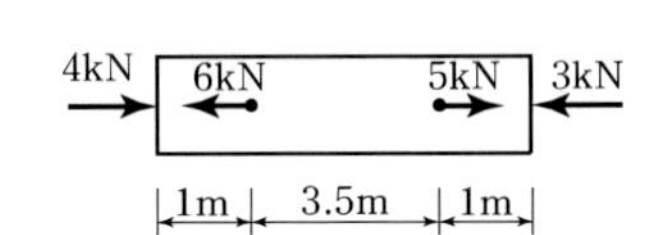

37 다음 그림은 동일한 재료인 두 개의 단면으로 이루어진 봉이다. $P_A = 10$MN의 힘이 그림과 같이 작용하는 경우, B점의 위치가 움직이지 않기 위한 힘 P_B[MN]는? (단, 탄성계수는 100GPa, A점과 B점에 작용하는 힘은 단면 중심에 작용하고, 봉의 자중은 무시한다) [11 지방직 9급]

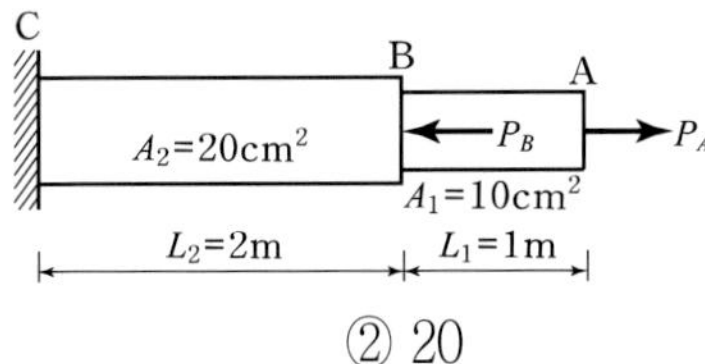

① 10

② 20

③ 5

④ 15

정답 및 해설

해설 **35**

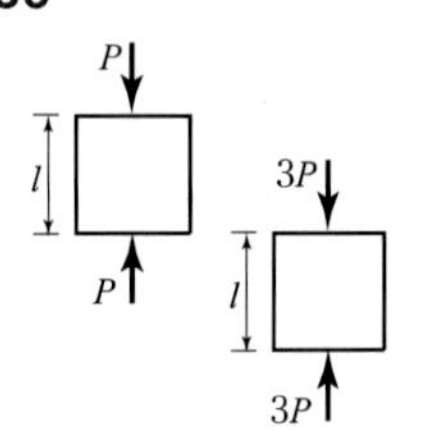

$$\delta = \sum \frac{Pl}{EA} = \frac{Pl}{EA} + \frac{3Pl}{EA}$$

$$= \frac{4Pl}{EA}$$

보충

구간에 따라 변하는 경우의 변형량

$$\delta = \sum \frac{Pl}{EA} = \frac{l}{EA} \sum P$$

해설 **36**

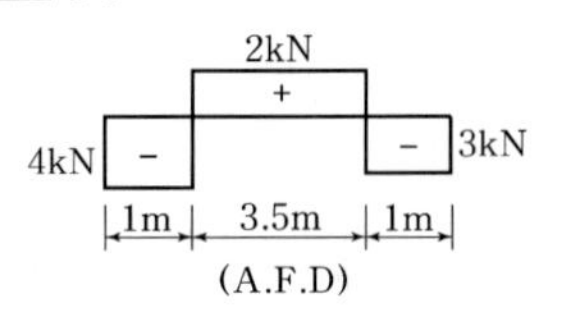

축방향력도(A.F.D)에서

$$\delta = \frac{Pl}{EA}$$

$$= \frac{1}{10^3}(-4\times1+2\times3.5-3\times1)$$

$$= 0$$

정답 35. ③ 36. ③ 37. ①

해설

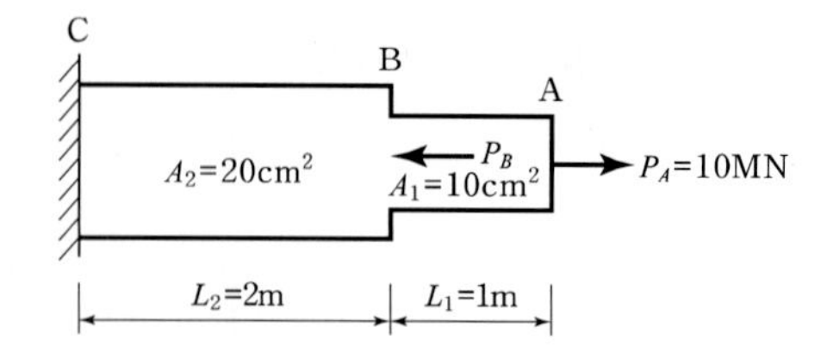

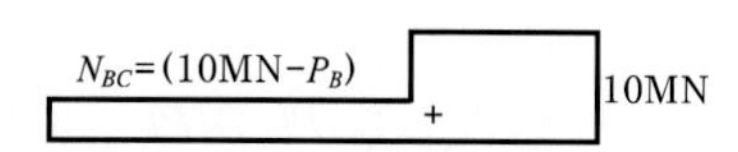

B점이 움직이지 않으려면 BC의 변형량이 0이라야 한다.

$$\delta_{AB} = \frac{N_{BC}L_2}{EA_2} = \frac{(10-P_B)L_2}{EA_2} = 0 \text{에서}$$

$N_{BC} = 10 - P_B = 0$

$\therefore P_B = 10\,\text{MN}$(압축)

38 동일한 외력에 대한 구조물의 변형 저항성을 증대시키기 위한 방법으로 옳지 않은 것은? [00 서울시 9급]

① 탄성계수를 크게 한다.
② 단면의 치수를 크게 한다.
③ 구속도를 증가시킨다.
④ 구조를 병렬로 연결한다.
⑤ 항복점이 낮은 재료를 사용한다.

39 어떤 재료에 인장력을 가했더니 길이방향으로 1mm의 변형이 생겼을 때 원래 부재 길이[m]는 얼마인가? (단, 재료의 탄성계수 E=210GPa, 허용응력 σ_a=21MPa이다)

① 1　　② 4
③ 8　　④ 10
⑤ 12

해설 **38**

일반적으로 항복점이 낮은 재료는 탄성계수가 작아지므로 변형저항성이 감소한다.

보충 강성의 의미

$P = k\delta$에서 동일한 힘에 대해 변형이 적게 생기기 위해서는 k가 증가해야 한다.

$\therefore k = \frac{EA}{l}$에서 EA를 증가시키거나 l이 짧은 것이 유리하므로 구조를 병렬로 연결하는 것이 좋다.

해설 **39**

$$\sigma = E\frac{\delta}{L} \le \sigma_a$$

$$\therefore L \ge \frac{E\delta}{\sigma_a} = \frac{(210\times10^3)(1)}{21} = 10^4\text{mm} = 10\text{m}$$

보충 강성도와 유연도

Hooke의 법칙에 의해

$$\sigma = E\left(\frac{\delta}{L}\right) \le \sigma_a$$

$\delta = \frac{PL}{EA}$에서 유연도 $f = \frac{L}{EA}$

$P = \frac{EA}{L}\delta$에서 강성도 $k = \frac{EA}{L}$

정답 38. ⑤ 39. ④

정 답 및 해 설

40 길이 100m의 철선에 21kN의 인장력을 주어 늘어난 길이가 1cm 이하로 되려면 단면적의 크기[cm²]를 얼마로 하면 되는가? (단, 탄성계수 $E=210$GPa이다)

① 4　　② 6
③ 8　　④ 10

41 길이 $l=1$m, 지름 $d=2$cm인 봉재에 축력 P를 가했더니 변형이 8mm 생겼다. 이때 봉에 가해진 축하중[kN]의 크기는? (단, 재료의 탄성계수 $E=2.1\times10^5\,\text{MPa}$이다)

① 168000π　　② 16800π
③ 1680π　　④ 168π

42 하중을 P, 길이를 l, 단면적 A, 변형량이 Δl일 때 탄성계수 E는?

① $E=\dfrac{PA}{l\Delta l}$　　② $E=\dfrac{Pl}{A\Delta l}$

③ $E=\dfrac{A\Delta l}{Pl}$　　④ $E=\dfrac{P\Delta l}{lA}$

⑤ $E=\dfrac{Al}{P\Delta l}$

해설 **40**

$\Delta l=\dfrac{Pl}{AE}\le 1\text{cm}$에서

$$A=\frac{(21\times10^3)(100\times10^3)}{(210\times10^3)(1\times10)}=10^3\text{mm}^2=10\text{cm}^2$$

해설 **41**

$$P=\frac{EA}{l}\delta=\frac{(2.1\times10^5)\left(\dfrac{\pi\times20^2}{4}\right)}{1000}\times8=168000\pi\,\text{N}=168\pi\,\text{kN}$$

보충 후크(Hooke)의 법칙

$$\sigma=\frac{P}{A}=E\frac{\delta}{l}$$

- 축하중 : $P=\dfrac{EA}{l}\delta$에서 $k=\dfrac{EA}{l}$
- 변형량 : $\delta=\dfrac{Pl}{EA}$에서 $f=\dfrac{l}{EA}$
- 탄성계수 : $E=\dfrac{Pl}{A\delta}$

해설 **42**

후크의 법칙에 의해

$$\sigma=\frac{P}{A}=E\epsilon=E\left(\frac{\Delta l}{l}\right)$$

$$\therefore\ E=\frac{Pl}{A\Delta l}$$

정답 40. ④ 41. ④ 42. ②

정답 및 해설

43 탄성계수에 대한 설명 중 옳지 않은 것은?

① 탄성계수는 하중에 비례한다.
② 탄성계수는 변형률에 반비례한다.
③ 탄성계수는 응력에 비례한다.
④ 탄성계수는 단면적에 비례한다.
⑤ 탄성계수는 길이에 비례한다.

해설 43
Hooke의 법칙에 의해
$\sigma = \dfrac{P}{A} = E\epsilon = E\left(\dfrac{\Delta l}{l}\right)$에서
$E = \dfrac{\sigma}{\epsilon} = \dfrac{P}{A\epsilon} = \dfrac{PL}{A\delta}$
∴ 탄성계수는 단면적에는 반비례한다.

44 단면이 20cm×20cm, 길이가 1m인 강재에 40kN의 압축력을 가했더니 1mm가 줄어들었다. 이 강재의 탄성계수[MPa]는?

① 10^3 ② 10^4
③ 10^5 ④ 10^6
⑤ 10^7

해설 44
Hooke의 법칙에 의해
$E = \dfrac{PL}{A\delta}$
$= \dfrac{(40\times10^3)(1\times10^3)}{(200\times200)\times1}$
$= 10^3\text{N/mm}^2 = 10^3\text{MPa}$

45 A단이 고정 지지된 원형봉에 인장력 30kN이 작용하여 그림과 같은 신장량 $\varDelta$가 발생하였다면 이 재료의 탄성계수(GPa)는? (단, 계산의 편의상 원주율 $\pi = 3$으로 한다) [07 국가직 9급]

① 50
② 100
③ 150
④ 200

해설 45
$E = \dfrac{NL}{A\delta} = \dfrac{PL}{A\varDelta}$
$= \dfrac{(30\times10^3)(500)}{\dfrac{\pi(20)^2}{4}(0.5)}$
$= 100\times10^9\text{Pa} = 100\text{GPa}$

정답 43. ④ 44. ① 45. ②

46 다음 그림과 같은 비선형 비탄성 재료로 제작된 봉이 있다. 봉의 길이가 4m이고 단면적이 2cm²일 때, 봉의 길이가 2cm 늘어날 때까지 하중을 가한 후 모두 제거하였다. 이 봉의 잔류변형률(residual strain)은? (단, 재료의 특성을 완전 탄소성으로 가정한다) [09 국가직 9급]

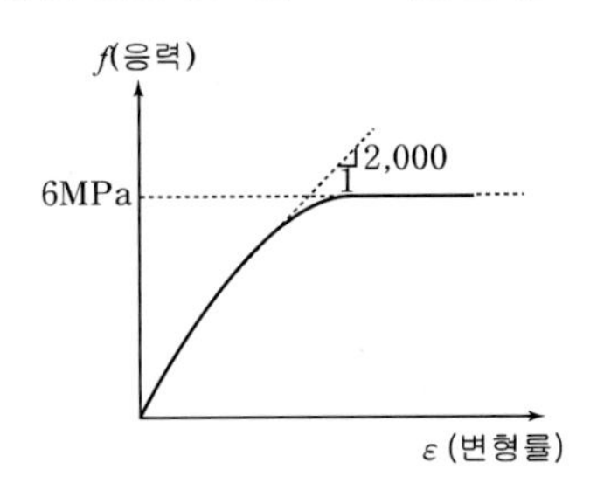

① 0.001
② 0.002
③ 0.003
④ 0.004

47 전단 탄성계수의 단위는?

① N·m
② N/m
③ N/m^2
④ N/m^3
⑤ N

48 탄성계수의 단위로 옳은 것은?

① N
② N·m
③ N/m^2
④ N/m
⑤ 없다.

정 답 및 해 설

해설 **46**

잔류변형률 = 총변형률 − 탄성변형률

$$\epsilon_r = \epsilon_g - \epsilon_e = \frac{\delta_g}{L} - \frac{\sigma_y}{E}$$

$$= \frac{20}{4,000} - \frac{6}{2,000} = 0.002$$

[E는 응력변형률선도의 직선부 기울기이므로 2000 MPa이다.]

해설 **47**

탄성계수의 단위는 응력의 단위 N/m^2와 같다.

보충 $\left\{ \begin{aligned} \sigma &= \frac{N}{A} = E\epsilon \\ \tau &= \frac{S}{A} = G\gamma \end{aligned} \right\}$에서

변형률은 무차원이므로

∴ 탄성계수의 단위=응력단위

해설 **48**

탄성계수의 단위는 응력의 단위 N/m^2와 같다.

정답 46. ② 47. ③ 48. ③

49 다음 중 탄성계수의 단위와 같은 것은?

① 단면 계수　② 휨모멘트
③ 단면 1차 모멘트　④ 단면 2차 모멘트
⑤ 전단응력

50 탄성계수 E, 전단 탄성계수 G, 포와송수 m 사이의 관계식으로 옳은 것은? [01 서울시 9급]

① $G=\dfrac{mE}{2(m+1)}$　② $G=\dfrac{E}{2(m+1)}$
③ $E=\dfrac{mG}{2(m+1)}$　④ $E=\dfrac{G}{2(m+1)}$
⑤ $G=\dfrac{mE}{2(m-1)}$

51 탄성계수 $E=240$GPa, 포아송수 $m=5$일 때 전단 탄성계수 G의 값[N/m²]은 얼마인가?

① 3.0×10^{10}　② 3.0×10^{11}
③ 1.0×10^{10}　④ 1.0×10^{11}

52 안전율(S_f)에 대한 설명 중 옳은 것은?

① $S_f=\dfrac{비례한도}{사용응력}$　② $S_f=\dfrac{항복점}{비례한도}$
③ $S_f=\dfrac{종국응력}{허용응력}$　④ $S_f=\dfrac{종국응력}{비례한도}$
⑤ $S_f=\dfrac{공칭응력}{실제응력}$

정 답 및 해 설

해설 **49**

탄성계수는 응력의 단위와 같다.

해설 **50**

전단 탄성계수

$$G=\frac{mE}{2(m+1)}=\frac{E}{2(1+\nu)}$$

보충 탄성계수의 관계

- $G=\dfrac{mE}{2(m+1)}=\dfrac{E}{2(1+\nu)}$
- $K=\dfrac{mE}{3(m-2)}=\dfrac{E}{3(1-2\nu)}$
- $G=\dfrac{3(m-2)}{2(m+1)}K=\dfrac{3(1-2\nu)}{2(1+\nu)}K$

해설 **51**

$$G=\frac{mE}{2(m+1)}=\frac{5\times240}{2(5+1)}=100\text{GPa}=1.0\times10^{11}\text{N/m}^2$$

해설 **52**

$$안전율=\frac{기준강도}{허용응력}=\frac{종국응력(=극한강도)}{허용응력}$$

정답 49. ⑤ 50. ① 51. ④ 52. ③

53 지름이 10mm인 강재가 5kN의 인장하중을 받을 때 안전율은? (단, $\pi = 3.14$, 최대인장강도$=$200MPa이다)

① 2.52 ② 2.89
③ 3.14 ④ 3.75
⑤ 4.17

54 지름 20cm의 부재를 강도 시험한 결과 314kN의 하중에 의해 파괴되었다. 이 부재를 사용하여 구조물을 설계하고자 한다. 허용응력[MPa]은? (단 안전율은 4이다)

① 2.5 ② 3.0
③ 3.5 ④ 4.0

해설 $\text{안전율}(S) = \dfrac{\text{극한강도}(\sigma_u)}{\text{허용응력}(\sigma_a)} = \dfrac{P_u}{A\sigma_a} = \dfrac{4P_u}{\pi d^2 \sigma_a}$ 에서

$$\sigma_a = \frac{4P_u}{\pi d^2 S} = \frac{4(314 \times 10^3)}{\pi(200^2)(4)} = 2.5\text{MPa}$$

보충 안전율과 기준강도

$$\text{안전율} = \frac{\text{기준강도}}{\text{허용응력}} = \frac{\text{기준강도}}{\text{사용응력}}$$

– 기준강도(설계강도)
- 취성재료 : 극한강도
- 연성재료 : 항복강도
- 기둥 ─ 단주 : 극한강도 / 장주 : 좌굴하중
- 반복하중 작용시 : 피로강도
- 온도의 영향을 받는 경우 : 크리프 강도

55 직경 20mm인 철근을 31.4kN의 인장력을 작용시켰을 때 이 철근의 안전율은? (단, 이 철근의 항복강도 $\sigma_y = 500$MPa이다)

① 3 ② 4
③ 5 ④ 6
⑤ 7

정답 및 해설

해설 **53**

$$\text{안전율}(S) = \frac{\text{극한강도}(\sigma_u)}{\text{허용응력}(\sigma_a)} = \frac{\text{극한강도}(\sigma_u)}{\text{사용응력}(\sigma_w)} = \frac{A\sigma_u}{P} = \frac{\pi d^2 \sigma_u}{4P} = \frac{\pi(10^2)\times(200)}{4(5\times10^3)} = 3.14$$

보충 안전율(S)

$$S = \frac{\text{극한강도}(\sigma_u)}{\text{허용응력}(\sigma_a)}$$

그런데, $\boxed{\sigma_u = \sigma_{\max},\ \sigma_w \le \sigma_a}$ 이므로

$$S = \frac{\text{극한강도}(\sigma_u)}{\text{허용응력}(\sigma_a)} = \frac{\text{극한강도}(\sigma_u)}{\text{사용응력}(\sigma_w)}$$

해설 **55**

철근의 안전율(S)

$$= \frac{\text{항복강도}(\sigma_y)}{\text{허용응력}(\sigma_a)} = \frac{\text{항복강도}(\sigma_y)}{\text{사용응력}(\sigma_w)} = \frac{A\sigma_y}{P} = \frac{\pi d^2 \sigma_y}{4P} = \frac{\pi(20^2)(500)}{4(31.4\times10^3)} = 5$$

정답 53. ③ 54. ① 55. ③

정 답 및 해 설

56 단면적이 40cm²인 목재기둥이 있다. 목재의 극한 강도가 60MPa이고 안전율이 3일 때 허용하중[kN]은?

① 40　② 60
③ 80　④ 90

57 구조물을 설계할 때 최대 평가응력은?

① 연응력도　② 휨응력도
③ 전단응력도　④ 허용응력도
⑤ 파괴응력도

58 허용응력이 σ_a인 인장부재가 힘 P를 받을 수 있는 단면의 지름은?

① $\sqrt{\dfrac{\sigma_a \pi}{4P}}$　② $\sqrt{\dfrac{4P}{\sigma_a \pi}}$
③ $\sqrt{\dfrac{4\pi P}{\sigma_a}}$　④ $\sqrt{\dfrac{4\sigma_a P}{\pi}}$
⑤ $\sqrt{\dfrac{\sigma_a \pi}{P}}$

59 그림과 같은 단면이 640kN의 축방향력을 받을 때 최소 두께 t[cm]는? (단, $\sigma_a = 100$MPa이다)

① 1
② 2
③ 3
④ 4
⑤ 5

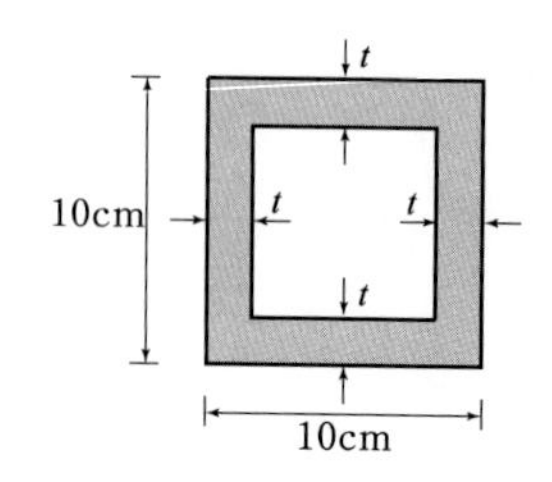

해설 **56**

$$\text{안전율}(S) = \frac{\text{극한강도}(\sigma_u)}{\text{허용응력}(\sigma_a)} = \frac{\text{극한강도}(\sigma_u)}{\text{사용응력}(\sigma_w)} = \frac{A\sigma_u}{P}$$

에서

$$P = \frac{A\sigma_u}{S} = \frac{(40\times10^2)(60)}{3}$$
$$= 80000\,\text{N} = 80\,\text{kN}$$

해설 **57**

탄성설계에 의하면
최대응력 ≤ 허용응력이므로
∴ 최대평가응력은 허용응력(σ_a)이다.

보충 최대평가 응력
① 탄성설계법(WSD) : 허용응력(σ_a)
② 극한강설계법(USD) : 항복강도(σ_y)

해설 **58**

$$\sigma_{\max} = \frac{P}{A} = \frac{4P}{\pi d^2} \le \sigma_a$$
$$\therefore d \ge \sqrt{\frac{4P}{\sigma_a \pi}}$$

해설 **59**

$$\sigma = \frac{P}{A_n} \le \sigma_a$$
$$\therefore A_n = \frac{P}{\sigma_a} = \frac{640\times10^3}{100}$$
$$= 100^2 - (100-2t)^2$$
$$t^2 - 100t + 1600 = 0$$
$$(t-20)(t-80) = 0$$

$\therefore t = 20$mm or $t = 80$mm
그런데, $2t \le 100$mm 이므로 $t = 20$mm$= 2$cm로 한다.

정답 56. ③ 57. ④ 58. ② 59. ②

60 두께가 얇은 원통형 압력용기가 10MPa의 내부압력을 받고 있다. 이 압력용기의 바깥지름은 30cm이며, 허용응력이 90MPa일 경우 필요로 하는 최소두께[mm]는? [11 지방직 9급]

① 12　　② 15
③ 18　　④ 20

61 구조물이 외력에 의한 변형에 강하도록 하는 방법 중 옳지 않은 것은?

① 탄성계수가 큰 재료를 사용한다.
② 각 부재에 작용하는 응력에 따라 단면적, 단면 2차 모멘트, 극관성 모멘트를 증가시킨다.
③ 구속도를 증가시킨다.
④ 파괴강도가 큰 재료를 사용한다.
⑤ 부재길이를 작게 한다.

62 단면적이 A인 부재에 인장력 P가 작용할 때 그림과 같이 θ만큼 회전한 경사면에 생기는 수직응력(σ_θ)과 전단응력(τ_θ)의 크기로 옳은 것은? [국가직 9급]

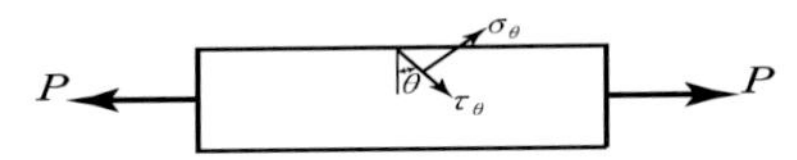

① $\sigma_\theta = \dfrac{P}{A}\cos^2\theta$, $\tau_\theta = \dfrac{P}{A}\sin\theta \cdot \cos\theta$

② $\sigma_\theta = \dfrac{P}{A}\cos^2\theta$, $\tau_\theta = \dfrac{P}{A}\sin^2\theta \cdot \cos^2\theta$

③ $\sigma_\theta = \dfrac{P}{A}\sin\theta \cdot \cos\theta$, $\tau_\theta = \dfrac{P}{A}\sin^2\theta \cdot \cos^2\theta$

④ $\sigma_\theta = \dfrac{P}{2A}\cos^2\theta$, $\tau_\theta = \dfrac{P}{2A}\sin\theta \cdot \cos\theta$

⑤ $\sigma_\theta = \dfrac{P}{A}\sin^2\theta$, $\tau_\theta = \dfrac{P}{A}\cos^2\theta$

정 답 및 해 설

해설 **60**

$\sigma_{원환} = \dfrac{pd}{2t} = \dfrac{p(D-2t)}{2t} \le \sigma_a$

t에 관해 정리해서 대입하면

$\therefore t \ge \dfrac{pD}{2(\sigma_a + p)} = \dfrac{10(300)}{2(90+10)} = 15\,\text{mm}$

해설 **61**

$\delta = \dfrac{PL}{EA}$ 이므로 동일한 외력에 대한 변형과 파괴강도와는 무관하다.

보충 강성의 의미

$P = k\delta$ 에서 동일한 힘에 대해 변형이 적게 생기기 위해서는 k가 증가해야 한다.

$\therefore k = \dfrac{EA}{L}$ 에서 EA를 증가시키고 부재길이(l)을 짧게 한다.

정답 60. ② 61. ④ 62. ①

해설 경사면 응력

$$\sigma_\theta = \frac{\sigma}{2} + \frac{\sigma}{2}\cos 2\theta = \frac{P}{A}\cos^2\theta$$

$$\tau_\theta = \frac{\sigma}{2}\sin 2\theta = \frac{P}{A}\sin\theta \cdot \cos\theta$$

보충 응력원 이용법

• 일축응력이 작용하므로 $A(\sigma,\ 0)$, $B(0,\ 0)$

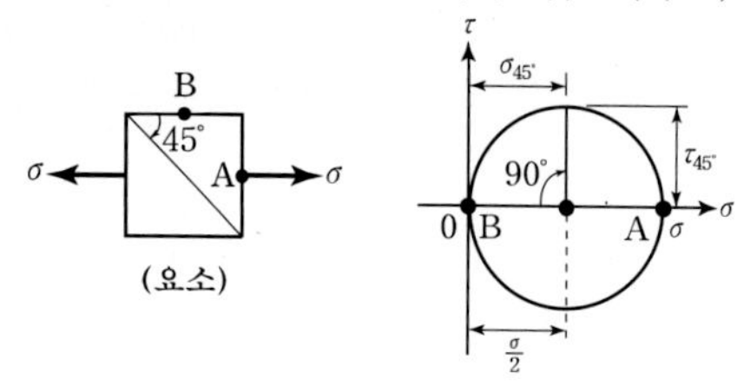

• $\sigma_\theta = \frac{\sigma}{2} + \frac{\sigma}{2}\cos 2\theta = \sigma\cos^2\theta$

• $\tau_\theta = \frac{\sigma}{2}\sin 2\theta = \sigma\sin\theta\cos\theta$

63 다음 그림과 같이 단면적 10m²인 부재에 축방향 인장하중 P가 작용하고 있다. 이 부재의 경사면 ab에 25Pa의 법선응력을 발생시키는 인장하중 P[N]의 크기를 구하고, 인장하중 P에 의해 부재에 발생하는 최대 전단응력 τ_{max}[Pa]는? [09 국가직 9급]

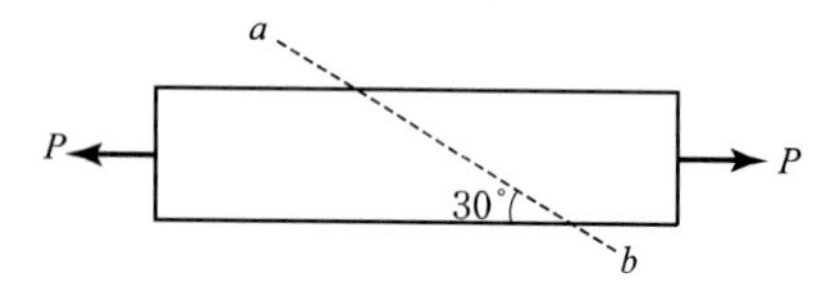

	P	τ_{max}
①	1,000	$25\sqrt{3}$
②	$\frac{1,000}{3}$	45
③	$\frac{1,000}{3}$	60
④	1,000	50

해설 **63**

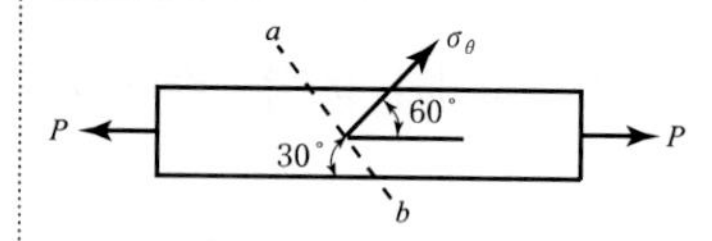

(1) 법선응력

$$\sigma_\theta = \sigma\cos^2\theta = \frac{P}{A}\cos^2\theta$$

$$\therefore P = \frac{\sigma_\theta A}{\cos^2\theta} = \frac{25(10)}{\cos^2 60°} = 1,000\,\text{N}$$

(2) 최대 전단응력

일축응력상태이므로

$$\tau_{max} = \frac{\sigma}{2} = \frac{P}{2A} = \frac{1,000}{2(10)} = 50\,\text{Pa}$$

정답 63. ④

64 전단력에 약한 콘크리트가 축방향 압축력을 받아 파괴될 경우 파괴의 방향은 압력의 방향과 몇 도인가?

① 30˚ ② 45˚
③ 60˚ ④ 75˚
⑤ 90˚

65 그림과 같이 탄성체 내부의 응력상태가 전단응력만 존재하고 수직응력은 모두 0일 때 x축에서 45˚ 되는 단면에서의 수직응력 $\sigma_{45°}$[MPa]는?

① 10
② -10
③ $10\sqrt{2}$
④ $-10\sqrt{2}$
⑤ 5

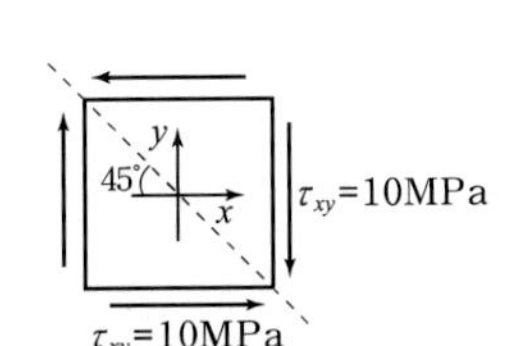

정 답 및 해 설

해설 64

쿨롬(Columb)의 최대 전단응력설에 의해

$\tau = \frac{\sigma}{2}\sin 2\theta$ 에서 τ_{max}는

$2\theta = 90°$ 일 때 발생

$\therefore \theta = 45°$

보충 일축응력에 의한 취성재료의 파괴 중립축에서 45˚ 방향으로 파괴된다.

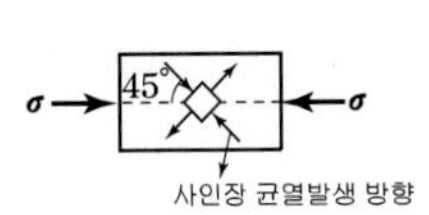

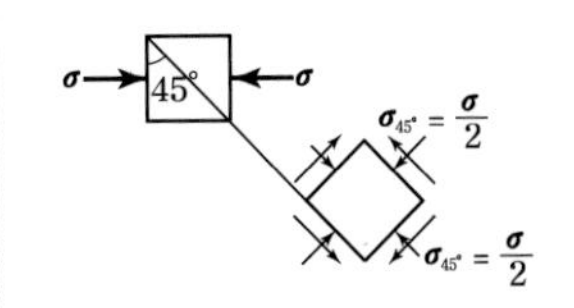

해설 65

$$\sigma_\theta = \frac{\sigma_x + \sigma_y}{2} + \frac{\sigma_x - \sigma_y}{2}\cos 2\theta - \tau_{xy}\sin 2\theta$$

$$= 10\sin(-90°) = -10\text{ MPa}$$

보충 모아 응력원 이용방법

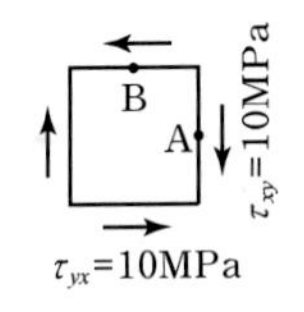

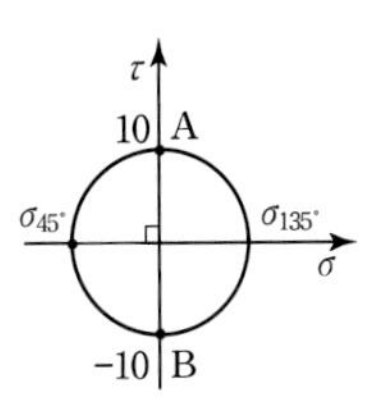

$A(0,\ \tau)$

$B(0,\ -\tau)$

$\therefore \sigma_{45°} = -10\text{MPa}$

정답 64. ② 65. ②

정 답 및 해 설

66 평면응력(Plane stress)상태에서 주응력(Principal stress)에 관한 설명 중 옳은 것은?

① 최대 전단응력이 작용하는 경사평면에서의 법선응력이다.
② 전단응력이 0인 경사평면에서의 법선응력으로 최대·최소 법선응력이다.
③ 주평면에 작용하는 최대·최소 전단응력이다.
④ 순수전단응력이 작용하는 경사평면에서의 법선응력으로 최대 법선응력이다.
⑤ 주응력은 중립축에서 최대 전단응력과 같고 방향은 중립축과 90°를 이룬다.

67 단면이 0.5m²인 강봉이 그림과 같은 하중을 받고 있을 때 강봉의 전체 신장량은? (단, 강봉의 탄성계수 E는 2×10kN/m²이다) [09 서울시 9급]

① 45mm
② 55mm
③ 65mm
④ 75mm
⑤ 85mm

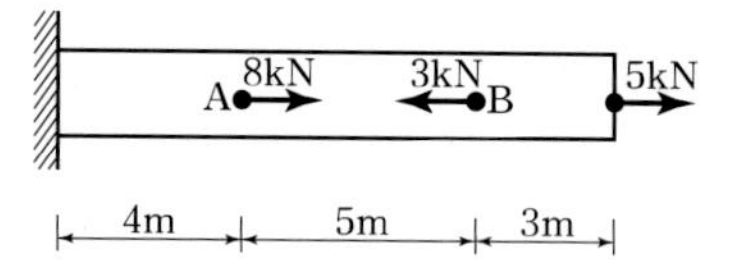

해설 **66**

주응력이란 전단응력이 0인 면에서 최대·최소 법선응력이다.

보충 주응력과 주전단응력의 성질

- 주응력면은 서로 직교한다.
- 주전단응력면은 서로 직교한다.
- 주응력면에서 전단응력은 0이다.
- 주전단응력면에서 수직응력은 평균응력 $\left(\dfrac{\sigma_x+\sigma_y}{2}\right)$이다.
- 주응력면과 주전단응력면은 45°의 차이가 있다. $(\theta_s=\theta_p\pm 45°)$
- 주전단응력은 두 주응력차의 절반(모아원 반지름)과 같다.

해설 **67**

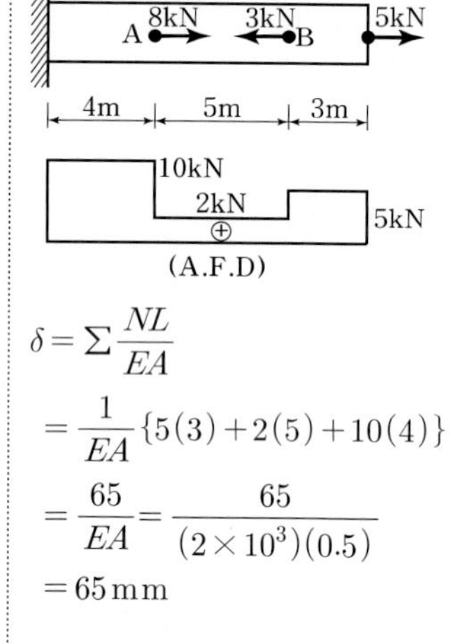

$$\delta=\Sigma\frac{NL}{EA}$$
$$=\frac{1}{EA}\{5(3)+2(5)+10(4)\}$$
$$=\frac{65}{EA}=\frac{65}{(2\times10^3)(0.5)}$$
$$=65\,\text{mm}$$

정답 66. ② 67. ③

68 그림과 같이 부재 중앙에서 수직면과 30° 각도로 가상 단면을 고려할 경우 가상 단면에 발생하는 연직 방향과 접선방향 응력은?

[09 서울시 9급]

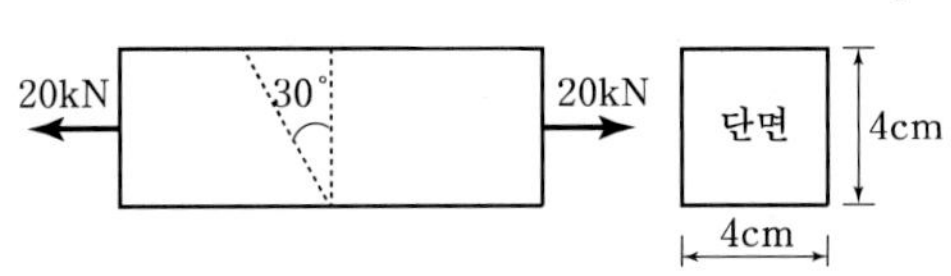

① $\sigma = 12.5\cos^2 30°$, $\tau = 12.5\sin^2 30°$

② $\sigma = 17.5\cos^2 30°$, $\tau = 17.5\sin^2 30°$

③ $\sigma = 21.5\cos^2 30°$, $\tau = 21.5\sin^2 30°$

④ $\sigma = 17.5\sin^2 30°$, $\tau = 12.5\cos 30° \sin 30°$

⑤ $\sigma = 12.5\cos^2 30°$, $\tau = 12.5\cos 30° \sin 30°$

69 선형탄성재료의 탄성계수(E), 전단탄성계수(G)는 서로 밀접한 관계에 있다. 이 관계를 포아송비(ν)를 이용하여 올바르게 나타낸 것은?

[09 서울시 9급]

① $G = \dfrac{E}{2+\nu}$

② $G = \dfrac{E}{2(1+\nu)}$

③ $G = \dfrac{E}{1+2\nu}$

④ $G = \dfrac{2E}{2+\nu}$

⑤ $G = \dfrac{2E}{1+\nu}$

70 면적이 100cm² 이고 길이가 4m인 양단이 고정된 부재의 온도가 25°C 만큼 균일하게 상승하는 경우 부재에 작용하는 응력은? (단, 온도팽창계수 $\alpha = 10^{-5}/℃$ 이고, 탄성계수 $E = 10^6 \text{kN/m}^2$이다)

[09 서울시 9급]

① $\sigma = 125\text{kN/m}^2$

② $\sigma = 150\text{kN/m}^2$

③ $\sigma = 175\text{kN/m}^2$

④ $\sigma = 200\text{kN/m}^2$

⑤ $\sigma = 250\text{kN/m}^2$

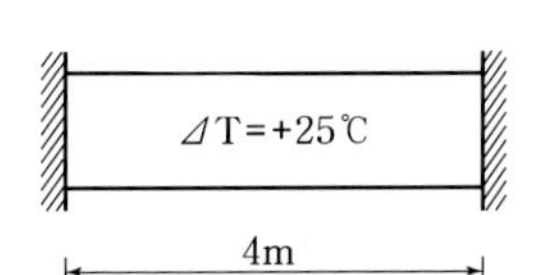

정답 및 해설

해설 **68**

$$\sigma_{30°} = \frac{P}{A}\cos^2\theta = \frac{20\times10^3}{40^2}\cos^2 30° = 12.5\cos^2 30° \text{ (MPa)}$$

$$\tau_{30°} = \frac{P}{A}\cos\theta\sin\theta = \frac{20\times10^3}{40^2}\cos 30°\sin 30° = 12.5\cos 30°\sin 30° \text{ (MPa)}$$

해설 **69**

$$G = \frac{mE}{2(m+1)} = \frac{E}{2(1+\nu)}$$

해설 **70**

(1) 온도반력(R_t)

변위일치법에 의해 온도반력을 구하면 $\delta_t = \delta_{R_t}$에서

$$\alpha(\Delta T)L = \frac{R_t L}{EA}$$

$\therefore\ R_t = \alpha(\Delta T)EA$

(2) 응력(σ_t)

$$\sigma_t = \frac{R_t}{A} = \frac{\alpha(\Delta T)EA}{A} = E\alpha(\Delta T) = 25(10^{-5})\times(10^6) = 250\text{kN/m}^2$$

정답 68. ⑤ 69. ② 70. ⑤

71 다음 보기 중 유연도(flexibility)에 대하여 바르게 기술한 것은?

[09 서울시 9급]

① 하중을 받는 구조물이나 부재가 변형에 저항하는 성질
② 구조물의 특정한 자유도를 제외한 모든 자유도를 구속시킨 상태에서 특정한 자유도에 단위 처짐을 발생시키기 위하여 그 자유도에 가해야 하는 힘
③ 재료가 외부하중에 의하여 변형되기 쉬운 정도
④ 소성변형을 일으키게 하는 응력
⑤ 부재나 구조물이 그 기능을 유지하면서 받을 수 있는 최대 하중 또는 응력의 크기

72 평면응력요소에 수직응력 $\sigma_x = 50\text{MPa}$, $\sigma_y = 50\text{MPa}$과 전단응력 $\tau_{xy} = \tau_{yx} = 20\text{MPa}$이 그림과 같이 작용하고 있다. 이때 최대 주응력의 크기는?

[09 서울시 9급]

① 0MPa
② 20MPa
③ 30MPa
④ 50MPa
⑤ 70MPa

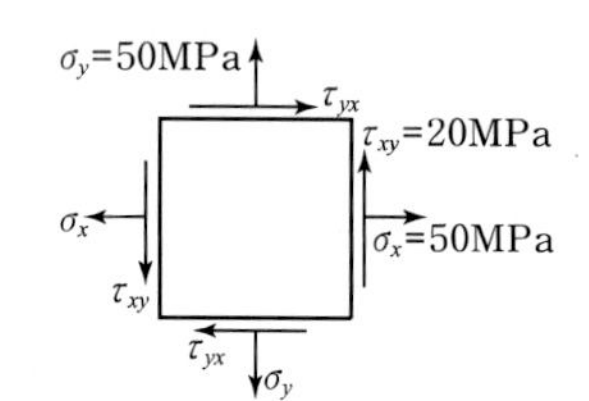

73 탄성계수 E가 192GPa이고, 포아송비 ν가 0.20인 강재의 한 점에서 2축 응력을 받고 있다. 이때 측정된 변형률의 값이 $\epsilon_x = +1000\mu\text{m/m}$, $\epsilon_y = -500\mu\text{m/m}$이다. x방향의 응력 σ_x와 y방향의 σ_y의 합 $\sigma_x + \sigma_y$는 얼마인가?

[09 서울시 9급]

① 0MPa
② 60MPa
③ 120MPa
④ 180MPa
⑤ 240MPa

정답 및 해설

해설 71

유연도는 단위하중에 의한 변형량으로 외부하중에 의해 변형되는 정도를 알 수 있다.

해설 72

$$\sigma_1 = \frac{\sigma_x + \sigma_y}{2} + \sqrt{\left(\frac{\sigma_x - \sigma_y}{2}\right)^2 + \tau_{xy}^{\ 2}}$$

$$= \frac{50+50}{2} + \sqrt{\left(\frac{50-50}{2}\right)^2 + (-20)^2}$$

$$= 50 + 20$$

$$= 70\text{MPa}$$

해설 73

$E\epsilon_x = \sigma_x - \nu\sigma_y \cdots ①$

$E\epsilon_y = \sigma_y - \nu\sigma_x \cdots ②$

①식과 ②식을 더하여 $\sigma_x + \sigma_y$에 관하여 정리하면

$$\sigma_x + \sigma_y = \frac{E}{1-\nu}(\epsilon_x + \epsilon_y)$$

$$= \frac{192 \times 10^3}{(1-0.20)}(1000-500)10^{-6}$$

$$= 120\text{MPa}$$

정답 71. ③ 72. ⑤ 73. ③

74 그림과 같이 주어진 기둥이 하중 P를 받을 때, 하중에 의해 발생하는 X방향 변형률은? (단, 탄성계수 E는 10^6kN/m²이고, 포아송비는 0.25이다) [09 서울시 9급]

① 0.0145
② 0.0125
③ 0.0075
④ 0.0025
⑤ 0.0005

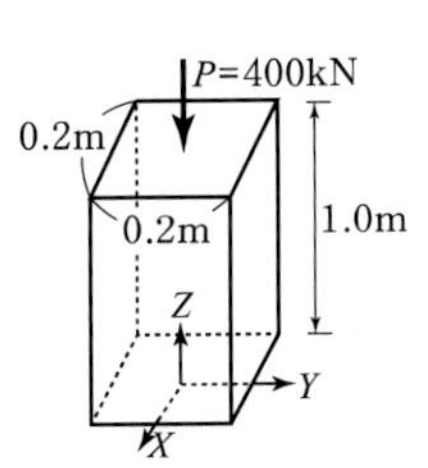

75 같은 재료로 만들어진 두 개의 봉 A, B를 균일하게 가열하였다. 이때 봉 A와 B에 발생하는 응력을 각각 σ_A, σ_B라 할 때 다음 중 옳은 것은? (단, B의 단면적은 A의 단면적의 2배이다) [10 서울시 9급]

① $\sigma_A = \sigma_B$
② $\sigma_A = 2\sigma_B$
③ $2\sigma_A = \sigma_B$
④ $\sigma_A = 4\sigma_B$
⑤ $4\sigma_A = \sigma_B$

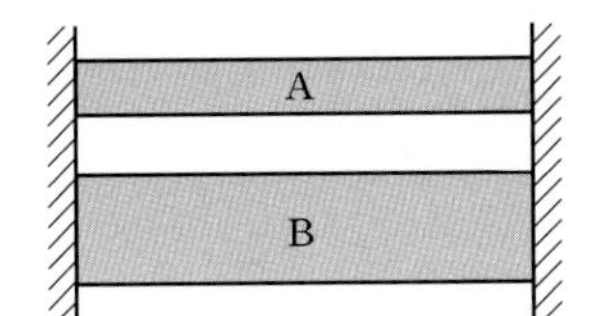

76 단면적이 300mm², 길이가 160mm, 선형 탄성재료로 제작된 연강봉이 탄성한도 내에서 600MPa의 인장응력을 받고 있다. 이 강봉에 저장되는 변형에너지밀도(MPa)는? (단, 탄성계수는 200GPa이다) [11 서울시 교육청 9급]

① 0.9 ② 1.8
③ 4.32 ④ 43,200

해설 변형에너지밀도(u)

$$u = \frac{\sigma^2}{2E} = \frac{600^2}{2(200 \times 10^3)} = 0.9\,\text{MPa}$$

정 답 및 해 설

해설 **74**

$$\epsilon_x = \nu\epsilon_z = \nu\left(\frac{\Delta L}{L}\right)$$
$$= \nu\left(\frac{PL}{EA}\right) \times \left(\frac{1}{L}\right)$$
$$= \nu\left(\frac{P}{EA}\right)$$
$$= 0.25\left\{\frac{400}{(10^6)(0.2 \times 0.2)}\right\}$$
$$= 0.0025$$

해설 **75**

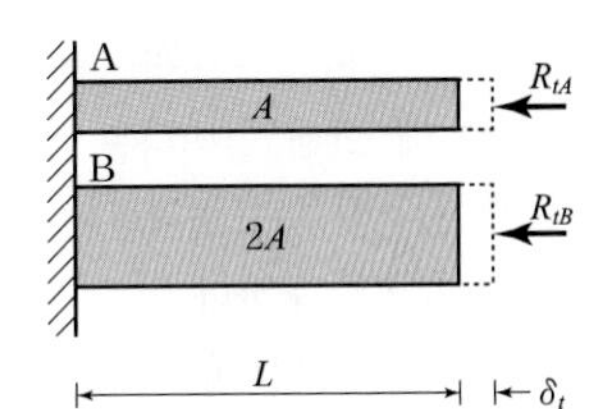

변위일치법을 적용하여 온도에 의한 반력(R_t)을 구한다.

(1) 온도반력

① R_{tA} : $\alpha(\Delta T)L = \dfrac{R_{tA}L}{EA}$,

$R_{tA} = EA\alpha(\Delta T)$

② R_{tB} : $\alpha(\Delta T)L = \dfrac{R_{tB}L}{E(2A)}$,

$R_{tB} = 2EA\alpha(\Delta T)$

(2) 온도응력

① $\sigma_A = \dfrac{R_{tA}}{A} = \dfrac{EA\alpha(\Delta T)}{A} = E\alpha(\Delta T)$

② $\sigma_B = \dfrac{R_{tB}}{2A} = \dfrac{2EA\alpha(\Delta T)}{2A} = E\alpha(\Delta T)$

$\therefore \sigma_A = \sigma_B$

정답 74. ④ 75. ① 76. ①

77 다음 그림과 같이 길이가 같고 재료가 동일한 부재 ㉠과 ㉡이 양단고정 지지되어 있다. 두 부재의 단면적은 각각 A_1와 A_2이다. 만약 부재 ㉠만 온도가 상승한다고 할 때 C점의 변위 δ에 관한 설명 중 옳지 않은 것은? [11 서울시 교육청 9급]

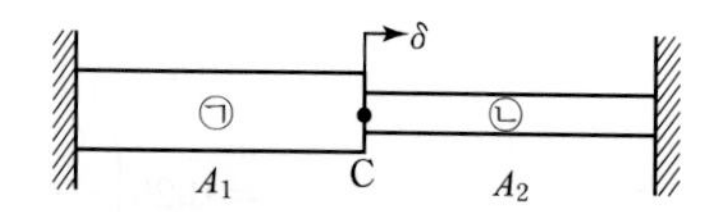

① 두 부재의 길이가 동일하면 변위 δ는 길이와는 상관없다.
② A_2가 증가하면 변위 δ는 감소한다.
③ A_1이 증가하면 변위 δ는 증가한다.
④ A_1과 A_2가 같으면 변위 δ는 부재 ㉠만 자유롭게 열팽창하는 변위의 절반이다.

해설

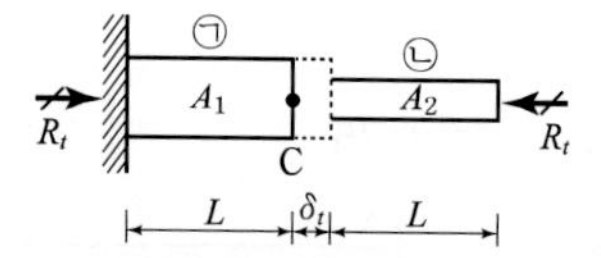

온도에 의해 늘어나는 ㉠ 부재의 변형량($\delta_{t①}$)과 온도 반력(R_t)에 의해 줄어드는 변형량(δ_{R_t})이 같다는 변형일치법을 적용하여 온도반력(R_t)을 구한다.

(1) 온도반력(R_t)

$$\delta_{t①} = \delta_{R_t} : \alpha(\Delta T)L = \frac{R_t L}{EA_1} + \frac{R_t L}{EA_2}$$

식을 R_t에 관하여 정리하면 $R_t = \dfrac{\alpha(\Delta T)EA_1 A_2}{A_1 + A_2}$

(2) C점의 온도변화량(δ_{tC})

$$\delta_{tC} = \delta_t - \delta_{R_t} = \alpha \Delta TL - \frac{R_t L}{EA_1}$$

$$= \alpha(\Delta T)L - \frac{\alpha(\Delta T)EA_1 A_2}{A_1 + A_2}\left(\frac{L}{EA_1}\right)$$

$$= \alpha(\Delta T)L - \frac{\alpha(\Delta T)A_2 L}{A_1 + A_2}$$

$$\therefore \ \delta_{tC} = \alpha(\Delta T)L\left(1 - \frac{A_2}{A_1 + A_2}\right)$$

최종식 온도에 의한 C점의 변위량(δ_{tC})에서 봤을 때 부재의 길이(L)는 δ_{tC}에 영향을 준다.

정답 77. ①

78 다음 그림과 같이 3점 피로시험을 하는 강판 시험체의 D점에 초기균열을 형성하였다. 이 균열이 서서히 성장한다고 가정할 때 균열 성장방향을 가장 잘 예측한 것은? [11 서울시 교육청 9급]

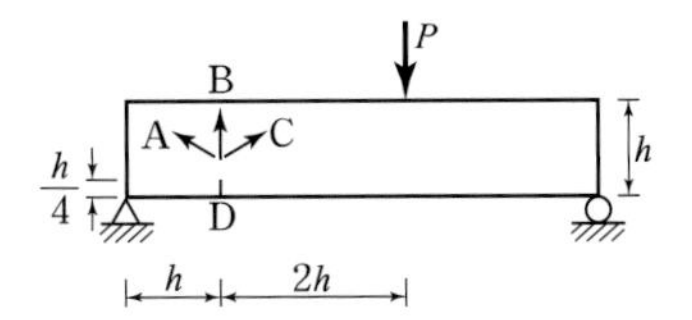

① 지점 상단 근처를 향해 A방향으로 성장한다.
② 단면의 최단거리를 통과하는 B방향으로 성장한다.
③ 최대 인장응력 방향인 C방향으로 성장한다.
④ 균열 성장 방향은 불규칙적이다.

79 크리프 변형에 대한 설명 중 옳지 않은 것은? [11 서울시 교육청 9급]

① 작용응력의 변동이 없어도 시간의 경과에 따라 장기적으로 변형이 증가하는 것을 크리프 변형이라고 한다.
② 부정정 구조물의 경우는 크리프 변형으로 인해 단면력이 재분배될 수 있다.
③ 작용응력이 제거되면 탄성변형과 마찬가지로 크리프 변형은 완전히 회복된다.
④ 정정 구조물의 경우는 크리프 변형이 발생해도 단면력이 재분배되지 않는다.

80 $\theta = 30°$인 미소요소의 응력상태가 다음 그림과 같을 경우, 설명 중에서 옳지 않은 것은? [11 서울시 교육청 9급]

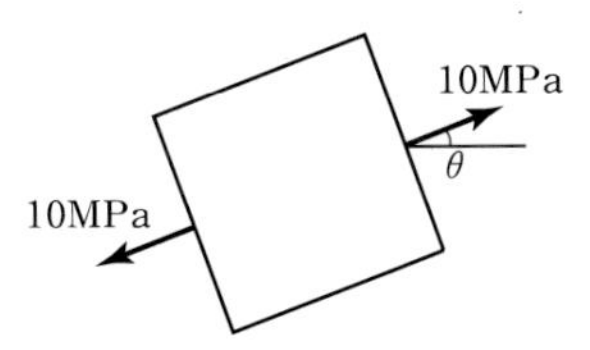

① 최대 주응력은 10MPa이다.
② 최대 전단응력은 5MPa이다.
③ 최대 전단응력의 θ는 75°와 −15°이다.
④ $\theta = 0°$인 경우의 응력상태는 수직응력만 존재한다.

정답 및 해설

해설 **78**
D점의 초기 균열은 단면의 최단거리를 통과하는 B방향으로 성장한다.

해설 **79**
크리프 변형은 소성변형으로 회복이 불가능한 영구변형(잔류변형)이 남는다.

해설 **80**

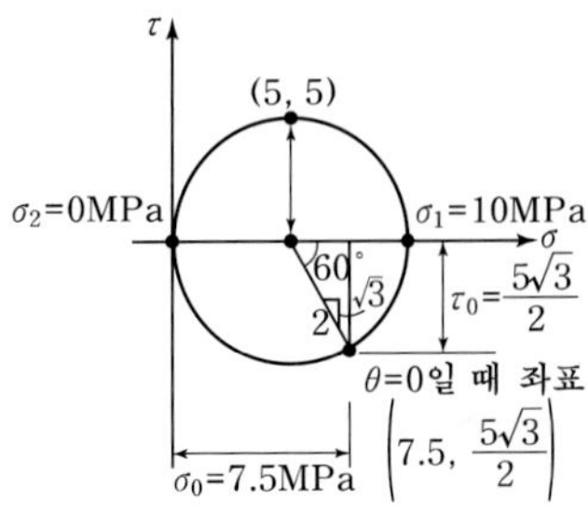

모아의 응력원에서 보는 바와 같이 $\theta = 0°$일 때
수직응력($\sigma_0 = 7.5\,\text{MPa}$)과
전단응력$\left(\tau_0 = \dfrac{5\sqrt{3}}{2}\right)$이 동시에 존재한다.

정답 78. ② 79. ③ 80. ④

81 다음 응력분포 중에서 주응력의 합이 다른 것은? [11 서울시 교육청 9급]

① 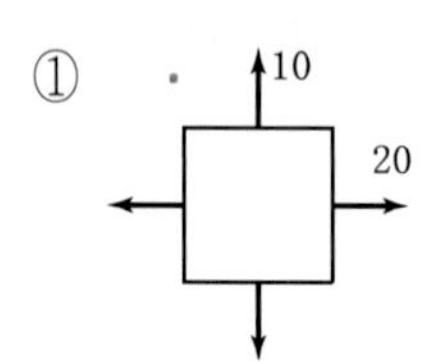

② 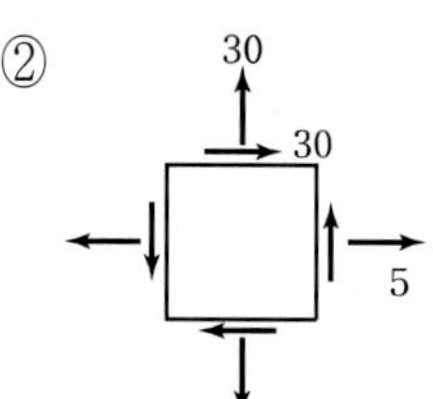

③ 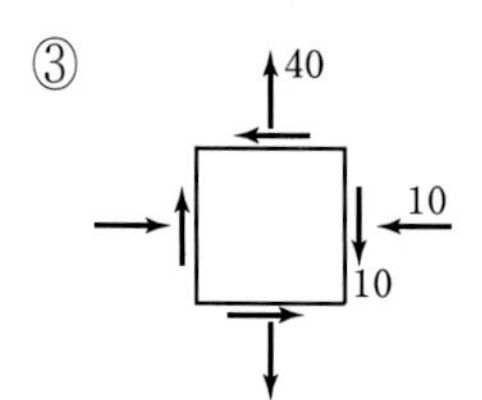

④ 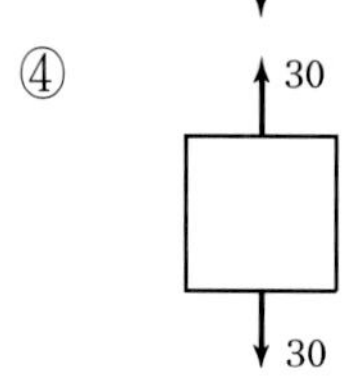

82 다음 그림과 같이 지름은 6cm이고, 길이가 2m인 원형봉에 축방향 압축력 10kN이 작용한 경우, 길이는 0.1mm 줄었고, 지름은 0.001mm 늘었다. 프아송비(ν)는? (단, 좌굴은 무시한다) [11 서울시 교육청 9급]

① $\dfrac{1}{2}$

② $\dfrac{1}{3}$

③ $\dfrac{1}{4}$

④ $\dfrac{1}{5}$

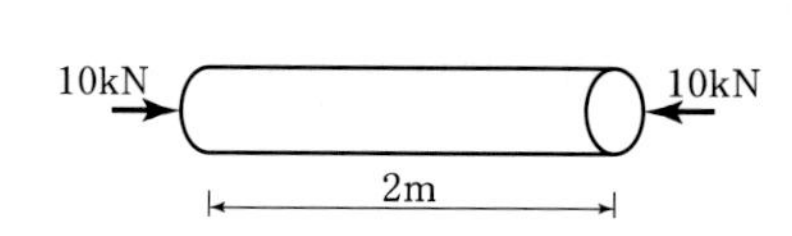

83 다음과 같이 하중을 받는 강철봉의 전체 길이 변화량[mm]은? (단, 강철봉의 탄성계수는 300GPa이다) [12 국가직 9급]

① $\dfrac{7}{3}$

② $\dfrac{8}{3}$

③ $\dfrac{10}{3}$

④ $\dfrac{11}{3}$

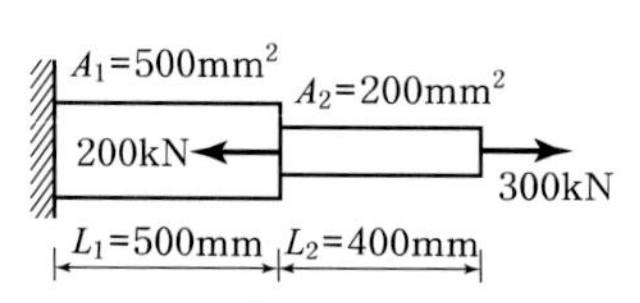

해설 **81**

수직응력의 합은 일정하므로

$\sigma_1+\sigma_2=\sigma_x+\sigma_y=\sigma_x{}'+\sigma_y{}'$

① $\sigma_x+\sigma_y=10+20=30$

② $\sigma_x+\sigma_y=5+30=35$

③ $\sigma_x+\sigma_y=-10+40=30$

④ $\sigma_x+\sigma_y=0+30=30$

해설 **82**

프아송비(ν)

$$=\frac{\text{가로 변형률}}{\text{세로 변형률}}=\frac{\dfrac{\Delta D}{D}}{\dfrac{\Delta L}{L}}=\frac{\dfrac{0.01}{60}}{\dfrac{0.1}{200}}=\frac{1}{3}$$

해설 **83**

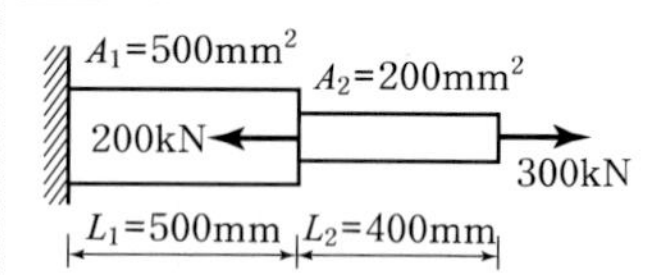

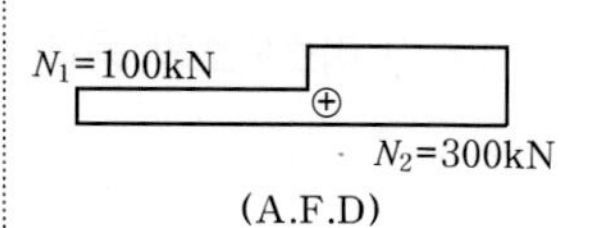

(A.F.D)

$$\delta=\sum\frac{NL}{EA}$$

$$=\frac{1}{E}\left(\frac{N_1L_1}{A_1}+\frac{N_2L_2}{A_2}\right)$$

$$=\frac{1}{300\times10^3}\left\{\frac{(1\times10^5)(500)}{500}+\frac{(3\times10^5)(400)}{200}\right\}$$

$$=\frac{7}{3}\text{ mm}$$

정답 81. ② 82. ② 83. ①

84 다음과 같이 직경이 40mm인 원형봉이 $T=300\text{kN}\cdot\text{m}$의 비틀림을 받고 있다. 이때, 봉의 축에 대하여 45° 경사로 부착된 변형률게이지(strain gage)의 값이 $\epsilon=0.0001$이다. 이 재료의 전단탄성계수 G의 값[GPa]은? (단, π값은 3으로 계산한다) [12 국가직 9급]

① 62.5
② 125.0
③ 187.5
④ 250.0

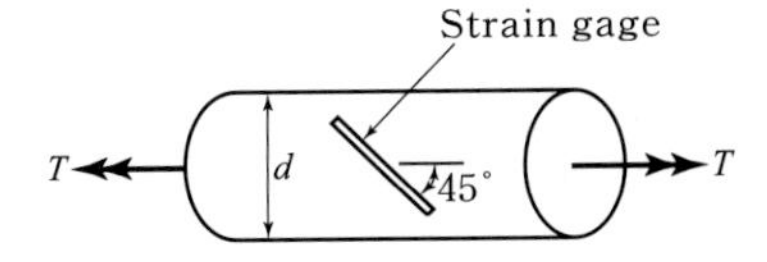

해설

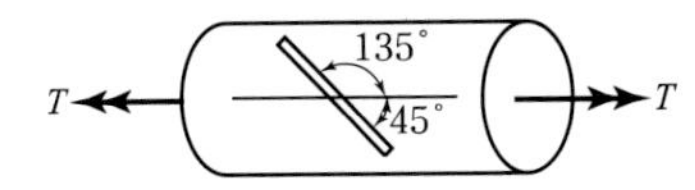

$$\epsilon_x{}' = \frac{\epsilon_x+\epsilon_y}{2} + \frac{\epsilon_x-\epsilon_y}{2}\cos 2\theta - \frac{\gamma_{xy}}{2}\sin 2\theta$$

비틀림이 작용할 때는 순수전단이므로 $\epsilon_x=\epsilon_y=0$

$$\epsilon_x{}' = -\frac{\gamma_{xy}}{2}\sin 2\theta = -\frac{\gamma_{xy}}{2}\sin 270° = \frac{\gamma_{xy}}{2}$$

$$\therefore\ \epsilon_x{}' = \epsilon = \frac{\gamma_{xy}}{2} = \frac{\tau}{2G} = \frac{1}{2G}\left(\frac{16T}{\pi d^3}\right)$$

$$G = \frac{8T}{\epsilon\pi d^3} = \frac{8(300\times10^3)}{0.001(3)\times(40^3)} = 125000\,\text{MPa} = 125\,\text{GPa}$$

[후크의 법칙을 적용하면 $\tau=G\gamma$에서

$$G = \frac{\tau}{\gamma} = \frac{\frac{Tr}{J}}{\gamma} = \frac{T\left(\frac{d}{2}\right)}{(2\epsilon)\times\left(\frac{\pi d^4}{32}\right)} = \frac{8T}{\epsilon\pi d^3}$$]

85 다음과 같이 길이가 1,000mm이고, 직경이 20mm인 균질하고 등방성인 재료로 만들어진 막대가 20kN의 축하중을 받을 때, 길이 방향으로 $500\mu\text{m}$ 늘어난 반면, 직경은 $3\mu\text{m}$ 줄었다. 이 재료의 탄성계수[E [GPa]]와 포아송비(ν)는? [12 국가직 9급]

	E	ν
①	$\frac{400}{\pi}$	0.15
②	$\frac{400}{\pi}$	0.3
③	$\frac{200}{\pi}$	0.15
④	$\frac{200}{\pi}$	0.3

해설 **85**

(1) 탄성계수

$\delta = \dfrac{NL}{EA}$ 에서

$$E = \frac{NL}{A\delta} = \frac{(20\times10^3)(1000)}{\left\{\frac{\pi(20^2)}{4}\right\}(500\times10^{-3})} = \frac{4\times10^5}{\pi}\,\text{MPa} = \frac{400}{\pi}\,\text{GPa}$$

(2) 포아송비

$$\nu = \frac{\frac{\Delta D}{D}}{\frac{\Delta L}{L}} = \frac{L(\Delta D)}{D(\Delta L)} = \frac{(1.5\times2\times10^{-3})(1000)}{(20)(500\times10^{-3})} = 0.3$$

정답 84. ② 85. ②

86 다음과 같이 주어진 응력 상태에서 주응력의 크기(σ_1)와 방향(θ_1)은?

[12 국가직 9급]

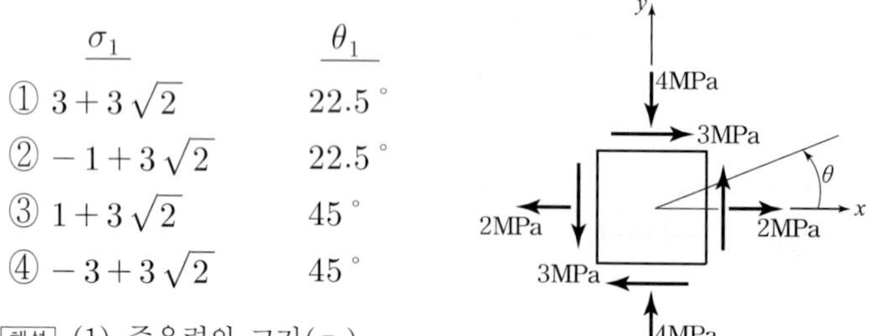

	σ_1	θ_1
①	$3+3\sqrt{2}$	22.5°
②	$-1+3\sqrt{2}$	22.5°
③	$1+3\sqrt{2}$	45°
④	$-3+3\sqrt{2}$	45°

해설 (1) 주응력의 크기(σ_1)

$$\sigma_1 = \frac{\sigma_x+\sigma_y}{2} + \sqrt{\left(\frac{\sigma_x-\sigma_y}{2}\right)^2 + {\tau_{xy}}^2}$$

$$= \frac{2-4}{2} + \sqrt{\left(\frac{2-(-4)}{2}\right)^2 + (-3)^2} = -1+3\sqrt{2}$$

(2) 주응력의 방향(θ_1)

$$\tan 2\theta_1 = -\frac{2\tau_{xy}}{\sigma_x-\sigma_y} = -\frac{2(-3)}{2-(-4)} = 1$$

$$\tan 2\theta_1 = 1$$

$$\therefore \theta_1 = 22.5^\circ$$

87 다음 그림과 같이 부재 BDE는 강체(rigid body)이고 D점에서 핀으로 지지되어 있으며 B점에서 수직부재 ABD와 핀으로 연결되어 있다. 이에 대한 설명으로 옳지 않은 것은? (단, 부재 ABC의 단면적 및 탄성계수는 일정하고 자중은 무시한다)

[12 지방직 9급]

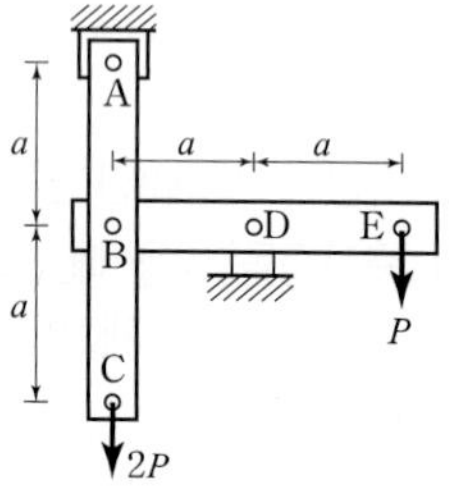

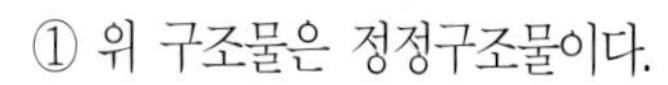

① 위 구조물은 정정구조물이다.
② A지점의 수직 반력은 위로 P가 작용한다.
③ E점은 아래쪽으로 이동한다.
④ 수직 부재에서 BC구간의 길이 변화량은 AB구간의 2배이다.

해설 자유물체도

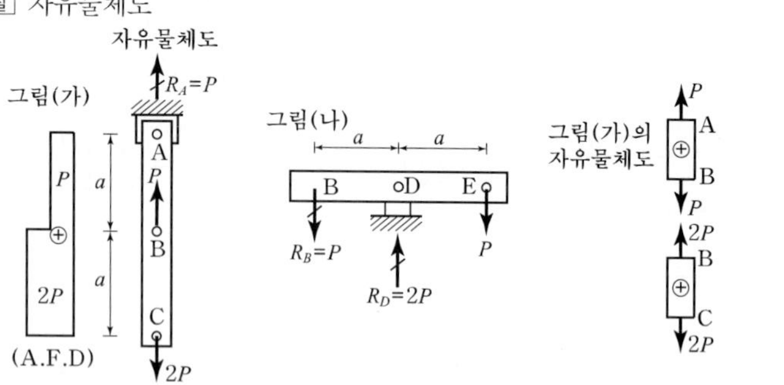

해설 87

(1) B점 반력

그림(나)에서 $\Sigma M_D = 0$:

$-R_B(a)+P(a)=0$

$R_B = P(\downarrow)$

(2) D점 반력

그림(나)에서

$\Sigma V=0$:

$R_D-P-R_B=0$

$R_D-P-P=0$

$\therefore R_D=2P\ (\uparrow)$

(3) A점 반력

그림(나)에서 구한 R_B가 작용·반작용의 원리에 따라 그림(가)의 B점에 P(↑)의 힘이 작용한다. 따라서 그림(가)에서

$\Sigma H=0$: $2P-P+R_A=0$

$\therefore R_A=P\ (\uparrow)$

① $N=m+r+s-2p$
$=4+4+2-2(5)=0$
∴정정구조물이다.

② $R_A=P\ (\uparrow)$

④ $\delta_{BC} = \dfrac{N_{BC}L}{EA} = \dfrac{2Pa}{EA}$,

$\delta_{AB} = \dfrac{N_{AB}L}{EA} = \dfrac{Pa}{EA}$

$\therefore \delta_{BC} = 2 \cdot \delta_{AB}$

③ 부재 BDE는 강체이고 평형을 유지하므로 B점이 아래로 이동하면 E점은 상향으로 이동한다.

정답 86. ② 87. ③

88 정육면체에 1축 응력이 작용할 때, 체적 변형률$\left(\epsilon_v = \dfrac{\Delta V}{V}\right)$과 포아송비($\nu$)의 관계로 가장 적합한 것은? (단, 변형은 미소변형이고, 재료는 등방성이며, ϵ은 변형률, E는 탄성계수이다) [12 지방직 9급]

① $\epsilon_v = \dfrac{E}{2(1+\nu)}$
② $\epsilon_v = (1-2\nu)E$
③ $\epsilon_v = (1-2\nu)\epsilon$
④ $\epsilon_v = \dfrac{\epsilon}{2(1+\nu)}$

89 그림과 같이 수평, 수직 길이가 $2L$ 및 L인 판에 수평방향으로 σ의 응력을 가하였다. 이 경우 포아송 효과에 의해 판의 수직방향 길이는 감소하게 된다. 그 감소한 길이 δ_1을 구하고 동일한 판에서 δ_1만큼의 수직방향 길이를 증가시키기 위해 가해야 하는 수직방향의 인장응력 σ_1은? (단, 재료는 등방성이며 포아송비는 ν이고 수평방향의 변형률은 ϵ이다) [12 지방직 9급]

	δ_1	σ_1
①	$\nu\epsilon L$	$\nu\sigma$
②	$2\nu\epsilon L$	$\nu\sigma$
③	$\nu\epsilon L$	$\dfrac{1}{2}\nu\sigma$
④	$2\nu\epsilon L$	$\dfrac{1}{2}\nu\sigma$

정 답 및 해 설

해설 **88**

$\epsilon_v = \dfrac{\Delta V}{V} = \dfrac{(1-2\nu)}{E}\Sigma\sigma$에서

정육면체에 1축 응력이 작용하므로

$\epsilon_v = \dfrac{\Delta V}{V} = \dfrac{(1-2\nu)}{E}\sigma$

$= (1-2\nu)\epsilon$

해설 **89**

(1) y 방향 변형량(δ_1)

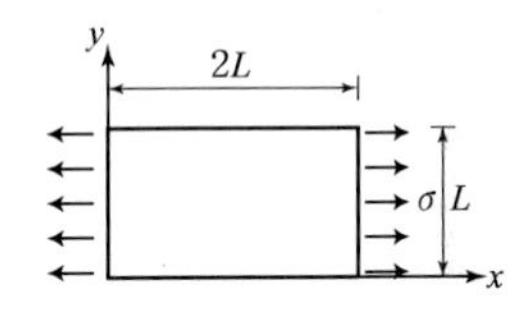

$\epsilon_y = \dfrac{\sigma_y}{E} - \nu\dfrac{\sigma_x}{E} - \nu\dfrac{\sigma_z}{E}$

$= -\nu\dfrac{\sigma_x}{E} = -\nu\dfrac{\sigma}{E}$

$= -\nu\epsilon$

$\delta_1 = \epsilon_y L = -\nu\epsilon L$ (감소)

(2) 원상태로 회복시키는데 필요한 응력(σ_1)

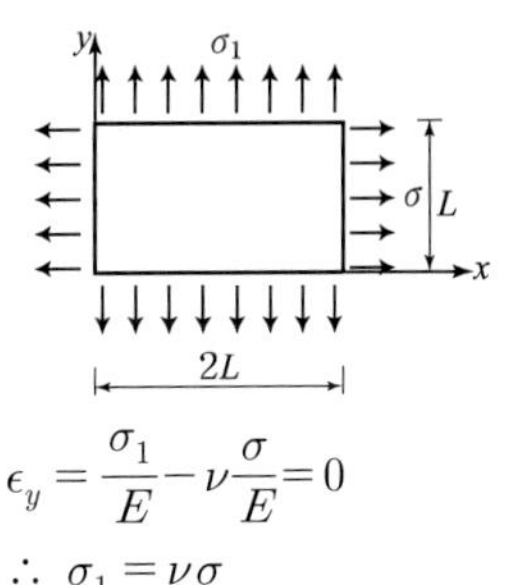

$\epsilon_y = \dfrac{\sigma_1}{E} - \nu\dfrac{\sigma}{E} = 0$

$\therefore\ \sigma_1 = \nu\sigma$

정답 88. ③ 89. ①

90 다음 그림에서 두 재료 A, B의 열팽창계수는 α_A, α_B이며 $\alpha_A = 2\alpha_B$이다. 온도변화에 의해 발생한 온도응력을 각각 σ_A, σ_B라 하면 두 재료의 온도응력의 관계는? (단, 두 재료의 단면적과 탄성계수는 서로 같다) [12 지방직 9급]

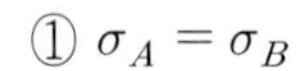

① $\sigma_A = \sigma_B$
② $\sigma_A = -\sigma_B$
③ $\sigma_A = 2\sigma_B$
④ $2\sigma_A = -\sigma_B$

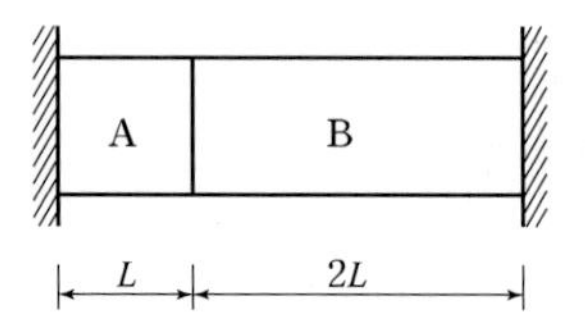

91 다음 그림과 같이 단면적이 100mm²인 직사각형 단면의 봉에 인장력 10kN이 작용할 때 $\theta = 30°$ 경사면 m-n에 발생하는 수직응력(σ)과 전단응력(τ)의 크기[MPa]는? [12 지방직 9급]

	σ	τ
①	$25\sqrt{3}$	25
②	$25\sqrt{3}$	$25\sqrt{3}$
③	75	25
④	75	$25\sqrt{3}$

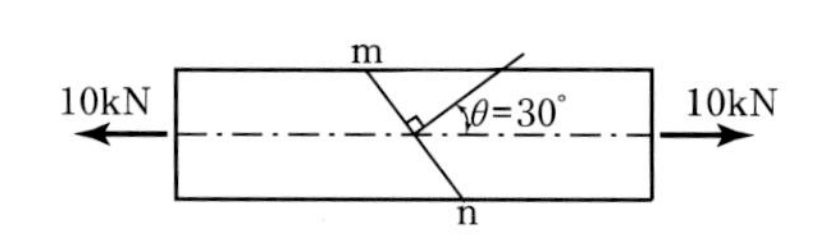

해설

(1) $\sigma_{30°} = \dfrac{\sigma_x}{2} + \dfrac{\sigma_x}{2}\cos\theta = \dfrac{P}{2A} + \dfrac{P}{2A}\cos 60°$

$= \dfrac{10 \times 10^3}{2(100)} + \dfrac{10 \times 10^3}{2(100)}\left(\dfrac{1}{2}\right) = 50 + 25 = 75\,\text{MPa}$

(2) $\tau_{30°} = \dfrac{\sigma_x}{2}\sin 2\theta = \dfrac{P}{2A}\sin 60° = \dfrac{10 \times 10^2}{2(100)}\left(\dfrac{\sqrt{3}}{2}\right) = 25\sqrt{3}\,\text{MPa}$

Mohr 응력원

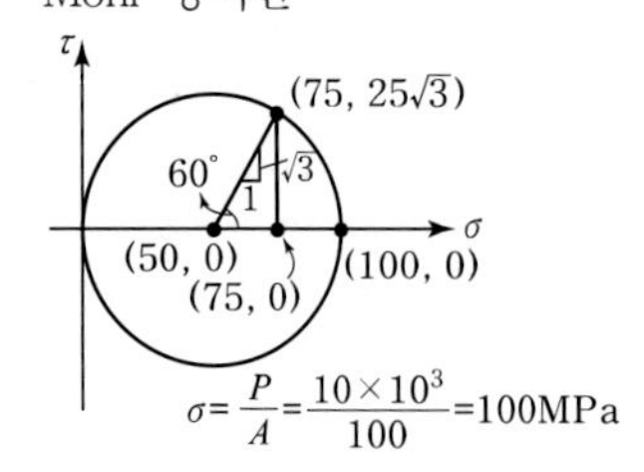

정답 및 해설

해설 **90**

(1) 온도에 의한 변형량

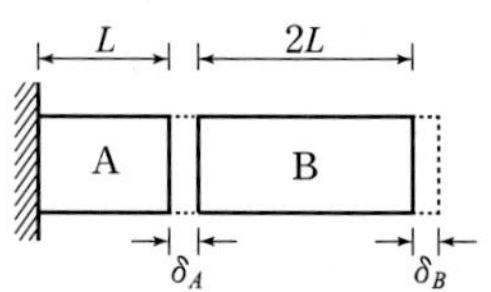

$\delta_t = \delta_A + \delta_B$
$= \alpha_A(\Delta T)L + \alpha_B(\Delta T)(2L)$
$= 2\alpha_B(\Delta T)L + \alpha_B(\Delta T)(2L)$
$= 4\alpha_B(\Delta T)L$

(2) 온도반력

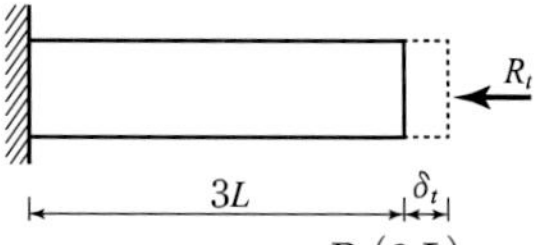

적합방정식 $\delta_t = \dfrac{R_t(3L)}{EA}$

$4\alpha_B \Delta TL = \dfrac{R_t(3L)}{EA}$

$R_t = \dfrac{4}{3}\alpha_B(\Delta T)EA$

(3) 두 재료의 온도응력의 관계

$\sigma_A = \dfrac{R_t}{A} = \dfrac{4}{3}\alpha_B(\Delta T)EA\left(\dfrac{1}{A}\right)$
$= \dfrac{4}{3}\alpha_B(\Delta T)E$

$\sigma_B = \dfrac{R_t}{A} = \dfrac{4}{3}\alpha_B(\Delta T)EA\left(\dfrac{1}{A}\right)$
$= \dfrac{4}{3}\alpha_B(\Delta T)E$

따라서 온도에 의한 반력이 같고 단면적이 동일하므로 응력도 같다.
$\therefore\ \sigma_A = \sigma_B$

정답 90. ① 91. ④

정 답 및 해 설

92 다음 그림과 같은 기둥 부재에 하중이 작용하고 있다. 부재 AB의 총 수직방향 길이 변화량(δ)은? (단, 단면적 A와 탄성계수 E는 일정하고 부재의 자중은 무시한다) [12 지방직 9급]

① $\dfrac{PL}{EA}$

② $\dfrac{2PL}{EA}$

③ $\dfrac{3PL}{EA}$

④ $\dfrac{4PL}{EA}$

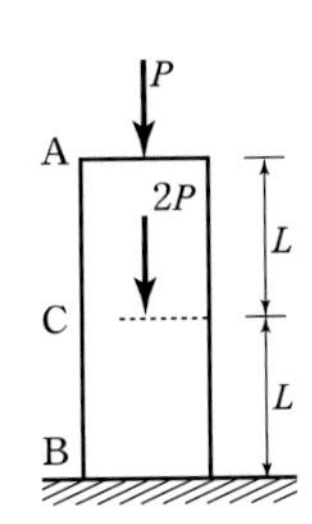

해설 **92**

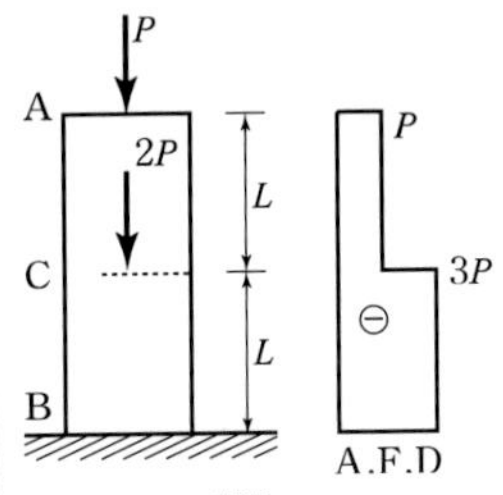

$$\delta_{AB} = \Sigma \frac{NL}{EA} = \frac{PL}{EA} + \frac{3PL}{EA} = \frac{4PL}{EA}$$

정답 92. ④

Chapter 08

보의 응력

제8장

보의 응력

8.1 휨응력

1 정의

보가 수직한 하중을 받으면 상단은 압축, 하단은 인장이 발생하게 되는데 이와 같이 한 부재에서 인장과 압축이 동시에 발생하는 경우를 휨이라 하고 이때의 인장응력과 압축응력을 휨응력이라 한다.

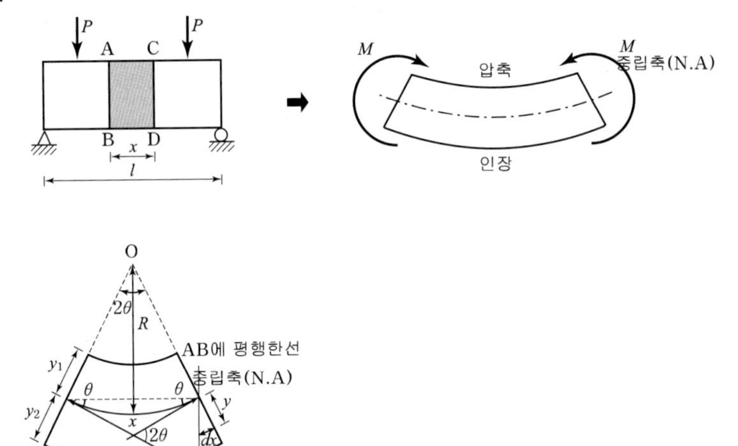

2 휨변형률

굽힘 평면의 미소구간 dx 에서 변형률 공식을 적용하면

$$\epsilon = \frac{\text{변형된 길이}}{\text{원래 길이}} = \frac{\Delta dx}{dx} = \frac{y}{R} = \kappa y \propto y \text{ (중립축으로부터의 수직거리)}$$

기하학적 조건에 의해에 유도되는 휨변형률은 중립축으로부터의 수직거리(y)에 비례하며 재료의 성질에 관계없이 성립한다.

여기서, R : 곡률반경(곡률 중심에서 중립축까지의 거리임)

κ : 곡률$\left(\kappa = \dfrac{1}{R}\right)$, 곡률의 기하학적인 의미는 변형률선도의 끼인각과 같다.

핵심예제 8-1 [14 국가직 9급]

벽면에 수평으로 연결된 와이어가 있다. 중심각이 2θ인 원호 형태로 처짐이 발생된다면 이때 생기는 와이어의 변형률은? (단, θ의 단위는 radian이다)

① $\dfrac{\theta-\sin\theta}{\sin\theta}$

② $1-\dfrac{\sin\theta}{\theta}$

③ $\dfrac{\sin\theta}{\theta-\sin\theta}$

④ $\dfrac{\theta}{\cos\theta}-1$

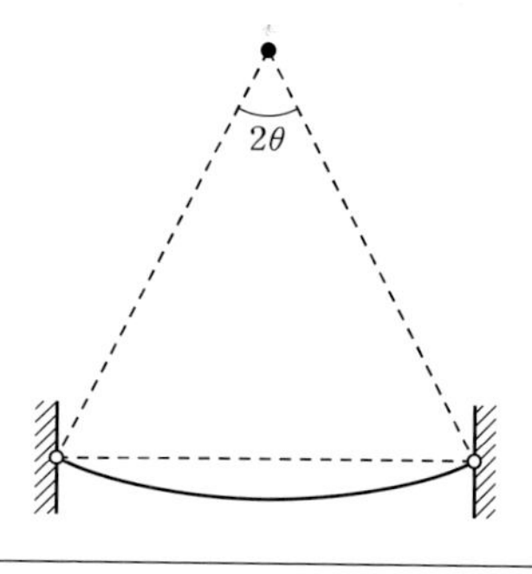

| 해설 | 곡률반지름을 ρ라 두고 변형률을 구하면

$$\epsilon=\frac{\delta}{L}=\frac{\rho(2\theta)-2\rho\sin\theta}{2\rho\sin\theta}=\frac{\theta-\sin\theta}{\sin\theta}$$

보충 변형률은 길이를 반으로 줄여 계산해도 변형량이 동일하게 줄기 때문에 일정한 값을 갖는다. 즉 절반만으로 계산한다면

$$\epsilon=\frac{\delta/2}{L/2}=\frac{\rho(\theta)-\rho\sin\theta}{\rho\sin\theta}=\frac{\theta-\sin\theta}{\sin\theta}$$

답 : ①

3 후크의 법칙

재료가 선형탄성이라 가정하면 응력이 변형률에 비례하고 비례상수는 재료의 탄성계수가 되므로 후크의 법칙에 의해 다음과 같은 식을 얻을 수 있다.

$$\sigma=E\epsilon=E\left(\frac{y}{R}\right)=E\kappa y\propto y(\text{중립축으로부터의 수직거리})$$

여기서, y(중립축으로부터의 수직거리)

한 단면에서 곡률반경(R)과 탄성계수(E)는 일정하다고 볼 수 있으므로 응력은 변형률과 같이 중립축으로부터의 수직거리(y)에 비례한다. ➡ $\epsilon\propto y$, $\sigma\propto y$

핵심예제 8-2 [14 국가직 9급]

지름이 990m인 원통드럼 위로 지름이 10mm인 강봉이 탄성적으로 휘어져 있을 때 강봉 내에 발생되는 최대 휨응력[MPa]은? (단, 탄성계수는 2.0×10^5MPa이다)

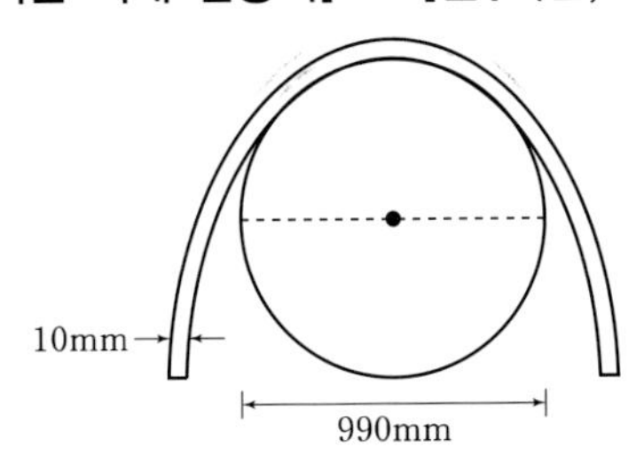

① 495
② 990
③ 1,000
④ 2,000

| 해설 | 곡률반경과 휨응력의 관계식

$$\sigma_{\max} = E\epsilon_{\max} = E\left(\frac{y_{\max}}{\rho}\right) = 2.0 \times 10^5 \left(\frac{5}{\frac{990}{2}+5}\right) = 2.0 \times 10^5 \left(\frac{5}{500}\right) = 2{,}000\,\text{MPa}$$

답 : ④

핵심예제 8-3 [13 서울시 9급]

그림과 같이 반지름이 r인 원통에 두께 t인 철판을 감을 때 철판에 발생하는 최대인장응력은?

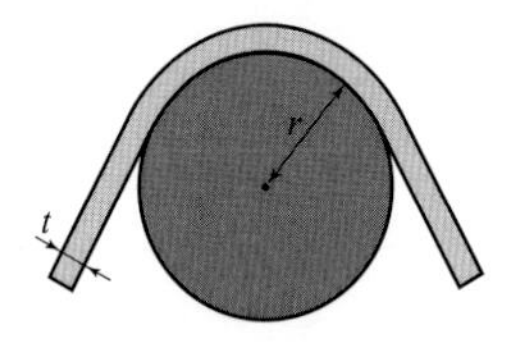

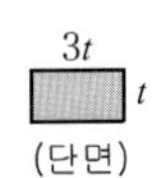

① $\dfrac{Et}{2(2r+t)}$
② $\dfrac{Et}{2r+t}$
③ $\dfrac{2Et}{2r+t}$
④ $\dfrac{3Et}{2r+t}$
⑤ $\dfrac{4Et}{2r+t}$

| 해설 | 곡률반경과 휨응력의 관계식

$$\sigma_{\max} = E\epsilon_{\max} = E\left(\frac{y_{\max}}{\rho}\right) = E\left(\frac{\frac{t}{2}}{r+\frac{t}{2}}\right) = \frac{Et}{2r+t}$$

답 : ②

4 중립축의 위치

중립축에서는 변형률이 0이므로 응력도 0이 된다. 이 경우 한쪽은 압축응력 다른 쪽은 인장응력이 발생하지만 평형조건도 동시에 만족하여야 한다.

$\Sigma H=0$에서 $$\int_A \sigma dA=\int_A \frac{y}{R}dA=\frac{1}{R}\int_A ydA=\frac{Q}{R}=0$$

여기서, Q : 중립축에 대한 단면 1차 모멘트

따라서 중립축은 단면 1차 모멘트가 0인 위치가 되므로 단면의 도심과 같다는 사실을 알 수 있다.

5 휨모멘트와 곡률반경의 관계

미소 단면(dA)에 작용하는 응력(σ)에 의해 발생하는 중립축에서의 모멘트를 모두 합하면 전체 모멘트와 같아야 한다는 조건식을 구성하면

$$M=\int_A (\sigma y)\,dA=\int_A\left(\frac{Ey^2}{R}\right)dA=\frac{E}{R}\int_A y^2\,dA$$에서

$\int_A y^2\,dA=I$(중립축에 대한 단면 2차 모멘트)라 두면 $M=\frac{EI}{R}$가 된다.

$$\therefore\ R=\frac{EI}{M}\ \text{또는}\ R=\frac{y}{\varepsilon}$$

(곡률 : 곡률반경의 역수 $\kappa=\frac{1}{R}=\frac{M}{EI}$)

핵심예제 8-4 [12 서울시 9급]

한단 힌지 한단 롤러의 등분포하중이 작용할 때 곡률반경(ρ)이 최소가 되는 지점은? (단, EI는 일정하다)

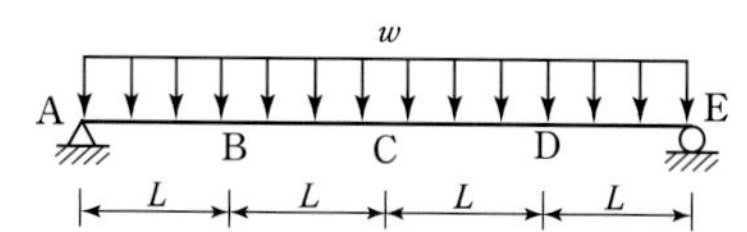

① A
② B
③ C
④ D
⑤ E

| 해설 | 곡률반경 $\rho=\frac{EI}{M}\propto\frac{1}{M}$이므로 휨모멘트가 가장 큰 C점에서 곡률반경이 최소가 된다.

답 : ③

핵심예제 8-5 [13 국가직 9급]

가로와 세로의 길이가 4.8mm인 정사각형 단면을 가진 길이가 10m인 단순보에 순수 휨모멘트가 작용하고 있다. 단면 최상단에서 수직변형률(normal strain) ϵ_x가 0.0012에 도달했을 경우의 곡률 $\kappa[m^{-1}]$의 절댓값은? (단, 부재는 미소변형 거동을 한다)

① 0.1
② 0.2
③ 0.5
④ 2.0

| 해설 | 휨변형률 $\epsilon_{상단} = \frac{y_{상단}}{\rho} = \kappa y_{상단}$에서

$$\kappa = \frac{\epsilon_{상단}}{y_{상단}} = \frac{0.0012}{2.4} = 0.0005\,\text{mm}^{-1} = 0.5\,\text{m}^{-1}$$

답 : ③

6 휨응력 일반식

후크의 법칙을 적용하면

$$\sigma = E\epsilon = E\left(\frac{y}{R}\right) = \kappa E y = \frac{M}{I}y$$

$$\therefore\ \sigma = \frac{M}{I}y$$

여기서, I : 중립축에 대한 단면 2차 모멘트
M : 생각하는 단면의 휨모멘트
y : 중립축으로부터의 수직거리

(1) 한 단면에서 I, M이 일정하므로 휨응력은 1차 직선분포한다.
(2) 단면의 상·하단에서 y가 최대이므로 휨응력이 최대가 된다.
(3) 곡률 반경(R)을 알 때 휨응력은 $\sigma = \frac{Ey}{R}$식을 사용한다.
(단, 곡률 κ를 알 때 휨응력은 $\sigma = E\kappa y$식을 사용한다.)

■ 보충설명 : 휨응력 공식

후크(Hooke)의 법칙에 의해

$\sigma = \frac{M}{I}y = E\epsilon = \frac{y}{R}$ (닮음비 이용)

$\therefore\ \sigma = \frac{M}{I}y = \frac{E}{R}y$

핵심예제 8-6 [11 지방직 9급]

그림과 같이 직사각형 단면을 갖는 단순보내의 C점($x=0.4$m, $y=20$mm)에 작용하는 수직응력 σ[MPa]는? (단, 단순보의 자중은 무시한다)

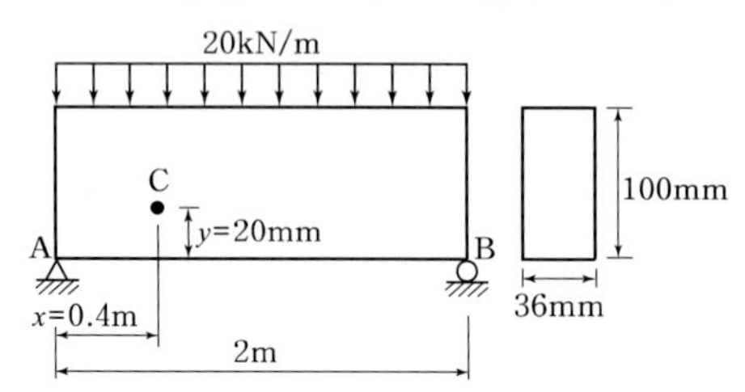

① 42.7 ② 64

③ 106.7 ④ 128

| 해설 | (1) 지점 반력

대칭구조이므로 $R=\dfrac{\text{전하중}}{2}=\dfrac{20(2)}{2}=20\,\text{kN}(\uparrow)$

(2) C점 휨모멘트

$M_c=20(0.4)-20(0.4)(0.2)$

$=6.4\,\text{kN}\cdot\text{m}$

(3) C점 휨응력

$$\sigma_c=\frac{M_c}{I}y_c=\frac{6.4\times10^6}{\dfrac{36(100^3)}{12}}\times 30$$

$=64\,\text{N/mm}^2=64\,\text{MPa}$

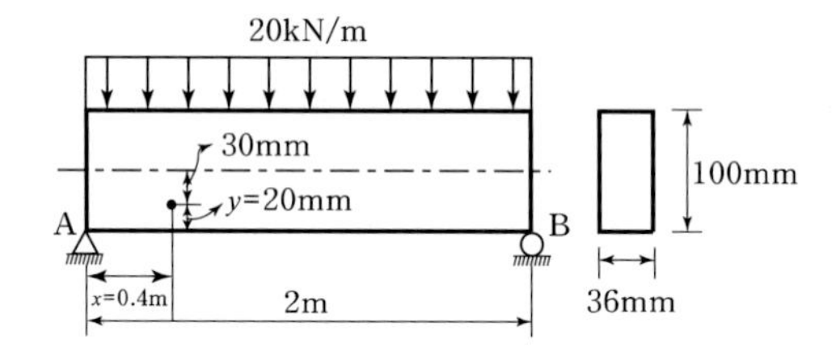

답 : ②

7 최대 휨응력

(1) 비대칭 단면의 최대 휨응력

단면의 상단 또는 하단에서 발생

① 상단 : $\sigma_1=\pm\dfrac{M}{I}y_1=\pm\dfrac{M}{Z_1}$

② 하단 : $\sigma_2=\pm\dfrac{M}{I}y_2=\pm\dfrac{M}{Z_2}$

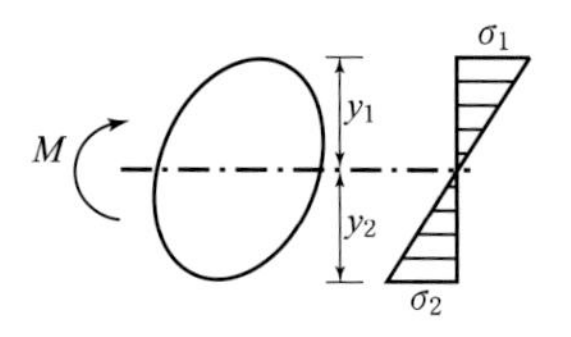

(2) 대칭 단면의 최대휨응력

단면의 연단에서 발생

$$\therefore \sigma_{\max}=\pm\frac{M}{Z}$$

Z : 단면계수

M : 구하는 단면의 휨모멘트 또는 최대 휨모멘트

■ 보충설명 : 구조물의 설계

- 탄성설계법(W.S.D) : 선형탄성설계, 허용응력설계

탄성체에서 사용하중 작용 시 후크(Hooke)의 법칙에 의해 계산된 응력이 허용응력 이하가 되도록 설계하는 방법

$\sigma_{\max} \leq \sigma_a$ (탄성 설계법의 기본개념)

- 휨강도(M) : 구조물이 받을 수 있는 최대 휨모멘트

$\sigma_{\max} = \dfrac{M}{Z} \leq \sigma_a$에서 $M = \sigma_a \cdot Z \propto Z$

∴ 휨강도는 단면계수에 비례한다.

휨강도비 = 단면계수비

핵심예제 8-7 [07 국가직 9급]

단면이 폭 300mm, 높이 500mm인 단순보의 중앙 지간에 집중하중 10kN이 작용하고 있다. 이 구조물에서 생기는 최대 휨응력($\sigma_{\max}$[MPa])은?

① $\sigma_{\max} = 1$

② $\sigma_{\max} = 2$

③ $\sigma_{\max} = 100$

④ $\sigma_{\max} = 200$

10kN
300mm
500mm
5m
5m

| 해설 | $\sigma_{\max} = \dfrac{M_{\max}}{Z} = \dfrac{\dfrac{PL}{4}}{\dfrac{bh^2}{6}} = \dfrac{3PL}{2bh^2}$

$= \dfrac{3(10 \times 10^3) \times (10 \times 10^3)}{2(300) \times (500^2)} = 2\text{N/mm}^2 = 2\text{MPa}$

답 : ②

핵심예제 8-8 [13 지방직 9급]

다음 그림과 같이 하중을 받는 단순보에서 C점의 최대 휨응력[MPa]은?

① 15
② 30
③ 45
④ 60

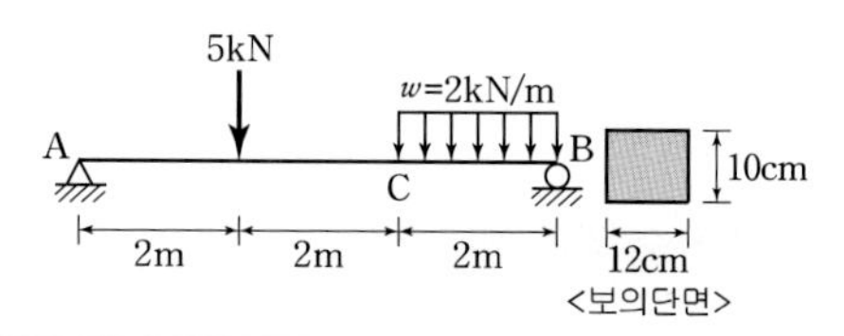

| 해설 | (1) C점의 휨모멘트

$$M_C = \Sigma \frac{Pab}{L} = \frac{5(2)(2) + (2\times 2)(1)(4)}{6} = 6\text{kN}\cdot\text{m}$$

(2) C점의 최대 휨응력

$$\sigma_{C,\max} = \frac{M_C}{Z} = \frac{6M_C}{bh^2} = \frac{6(6\times 10^6)}{120(100^2)} = 30\text{MPa}$$

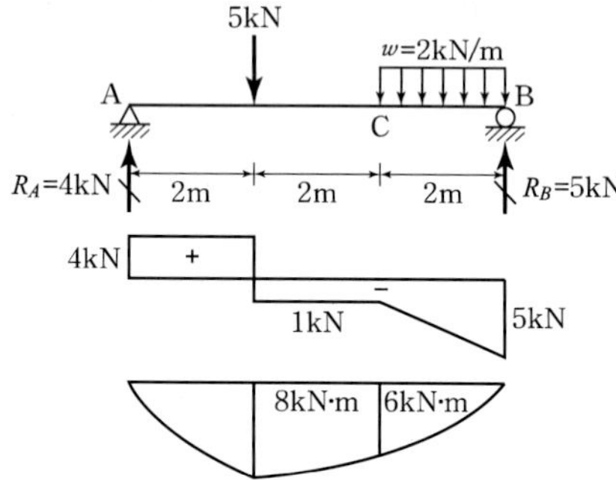

답 : ②

핵심예제 8-9 [15 국가직 9급]

그림과 같은 캔틸레버보에서 발생되는 최대 휨모멘트 M_{max}[kN · m] 및 최대 휨응력 σ_{max}[MPa]의 크기는? (단, 보의 자중은 무시한다)

	M_{max}	σ_{max}
①	32	1.0
②	32	1.2
③	72	1.2
④	72	2.0

| 해설 | (1) 최대 휨모멘트 : 동일 방향의 하중이므로 고정단에서 최대휨모멘트가 발생한다.

$$M_{\max} = 40 + (2\times 4)(2+2) = 72\text{kN}\cdot\text{m}$$

(2) 최대 휨응력

$$\sigma_{\max} = \frac{M_{\max}}{Z} = \frac{6M_{\max}}{bh^2} = \frac{6(72\times 10^6)}{600^3} = 2\text{MPa}$$

답 : ④

8 허용 응력(σ_a)

탄성한도 내에서 안전상 허용할 수 있는 최대 응력

$$\sigma_{\max} = \pm \frac{M}{Z} \le \sigma_a$$ (탄성설계법, 허용응력설계법)

9 저항 모멘트(M_r)

단면이 외력에 저항할 수 있는 최대 휨모멘트로 휨강도라고도 한다.

$$M_r = \sigma_a Z \propto Z$$

따라서 휨강도는 단면계수에 비례한다.

10 단면의 설계

최대응력이 허용응력 이하가 되도록 단면을 설계한다.

$\sigma_{\max} = \frac{M}{Z} \le \sigma_a$에서 $Z \ge \frac{M}{\sigma_a}$

따라서 단면적이 같을 때 휨부재는 단면계수가 클수록 경제적이고 강도가 크므로 단면계수가 최대인 단면으로 설계한다.

핵심예제 8-10 [13 서울시 9급]

단순보의 길이 L=8m의 단면에 단위 길이당 중량 0.1kN/cm와 등분포 활하중이 작용할 때 최대 등분포 활하중의 크기는? (단, 보의 단면계수 Z=1000cm^{3}이고, 허용휨응력은 80kN/cm^{2}이다)

① 0.09kN/cm
② 0.9kN/cm
③ 1kN/cm
④ 1.2kN/cm
⑤ 1.5kN/cm

| 해설 | (1) 전체 등분포 하중의 크기

최대 휨응력 $\sigma_{\max} = \frac{M_{\max}}{Z} = \frac{wL^2}{8Z} \le \sigma_a$에서

$$w \le \left(\frac{8Z}{L^2}\right)\sigma_a = \left\{\frac{8(1000)}{64 \times 10^4}\right\}(80) = 1\text{kN/cm}$$

(2) 등분포 활하중의 크기

전체 등분포 하중 1kN/m에는 단위 길이당 중량 0.1kN/cm도 포함된 값이므로 뺀 값이 등분포 활하중이 된다.

$\therefore\ w_L = w_{total} - w_d = 1 - 0.1 = 0.9\text{kN/cm}$

답 : ②

(1) 사각형 단면

① 폭 : $b=\dfrac{6M}{\sigma_a h^2}$

② 높이 : $h=\sqrt{\dfrac{6M}{\sigma_a b}}$

핵심예제 8-11 [10 지방직 7급]

그림과 같이 지간 중앙에 집중하중 40kN을 받는 단순보의 허용 휨응력이 120MPa일 때, 단면의 최소폭 b[cm]는? (단, 단순보의 자중은 무시한다)

① 10
② 12
③ 15
④ 20

P=40kN, A, B, 20cm, 20cm, b, 4m, 4m

| 해설 | $\sigma_{\max}=\dfrac{M_{\max}}{Z}=\dfrac{\dfrac{PL}{4}}{\dfrac{bh^2}{6}}\le\sigma_a$ 에서

$$b\ge\frac{3PL}{2h^2\sigma_a}=\frac{3(40\times10^3)\times(8\times10^3)}{2(200^2)\times(120)}=100\text{mm}=10\text{cm}$$

답 : ①

(2) 삼각형 단면

① 폭 : $b=\dfrac{24M}{\sigma_a h^2}$

② 높이 : $h=\sqrt{\dfrac{24M}{\sigma_a b}}$

(3) 원형 단면

지름 $D=\sqrt[3]{\dfrac{32M}{\pi\sigma_a}}=\sqrt[3]{10.18\left(\dfrac{M}{\sigma_a}\right)}=2.17\sqrt{\dfrac{M}{\sigma_a}}$

핵심예제 8-12 [09 국가직 7급]

그림과 같은 10cm×10cm 정사각형 단면인 캔틸레버보의 끝에 3kN의 하중을 가할 때 지탱할 수 있는 보의 최대길이 L[m]은? (단, 허용휨응력은 18MPa이다)

① 0.5
② 1.0
③ 1.5
④ 2.0

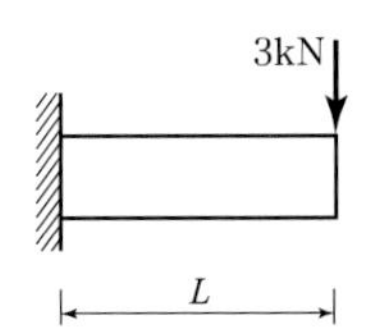

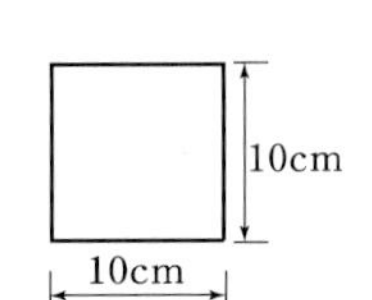

| 해설 | $\sigma_{\max}=\dfrac{M_{\max}}{Z}=\dfrac{6Pa}{bh^2}\le\sigma_a$

$\therefore L\le\dfrac{\sigma_a bh^2}{6P}=\dfrac{18(100)\times(100^2)}{6(3\times10^3)}=1\mathrm{m}$

답 : ②

11 휨응력의 특징

(1) 휨응력도는 중립축으로부터의 거리에 비례하므로 직선 분포한다.
(2) 단면의 상단 또는 하단에서 최대이다. (대칭단면 : $\sigma_{\max}=\dfrac{M}{Z}$)
(3) 중립축에 0이므로 최소이다.($\sigma_{\min}=0$)
(4) 휨만 작용하는 경우 중립축은 도심축과 일치한다.
(5) 휨과 축력이 작용하는 경우 중립축은 도심축과 일치하지 않고, $y=\dfrac{NI}{AM}$만큼 이동한다.

12 완전응력보

재료를 절감하기 위하여 모든 위치에서 응력이 허용응력에 도달하도록 만든 보를 완전 응력보 또는 균일 강도보라 한다. 길이가 L이고, 단면이 직사각형인 캔틸레버보에서 폭은 일정하고 높이가 변하는 완전응력보를 만들어 보자.

(1) 집중하중을 받는 캔틸레버보

$\sigma_x=\sigma_B=\sigma_{allow},\quad \dfrac{6Px}{bh_x^2}=\dfrac{6PL}{bh^2}=\sigma_{allow}$

$\therefore\ h_x=\sqrt{\dfrac{6Px}{b\sigma_{allow}}}=h\sqrt{\dfrac{x}{L}}$

(2) 등분포하중을 받는 캔틸레버보

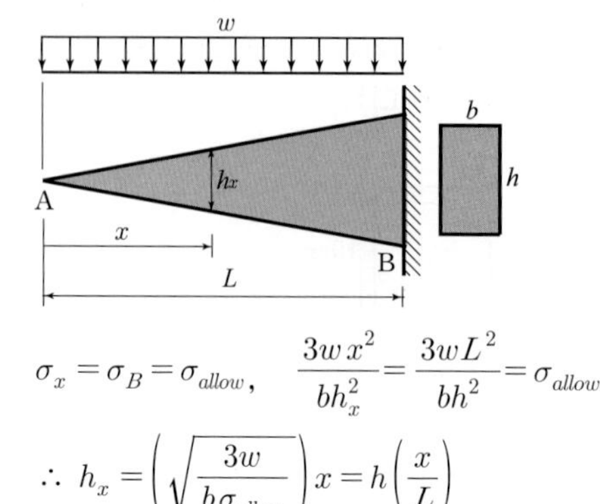

$$\sigma_x = \sigma_B = \sigma_{allow}, \quad \frac{3wx^2}{bh_x^2} = \frac{3wL^2}{bh^2} = \sigma_{allow}$$

$$\therefore\ h_x = \left(\sqrt{\frac{3w}{b\sigma_{allow}}}\right)x = h\left(\frac{x}{L}\right)$$

13 축방향력과 휨모멘트에 의한 응력

(1) 축방향 인장과 휨에 의한 수직응력

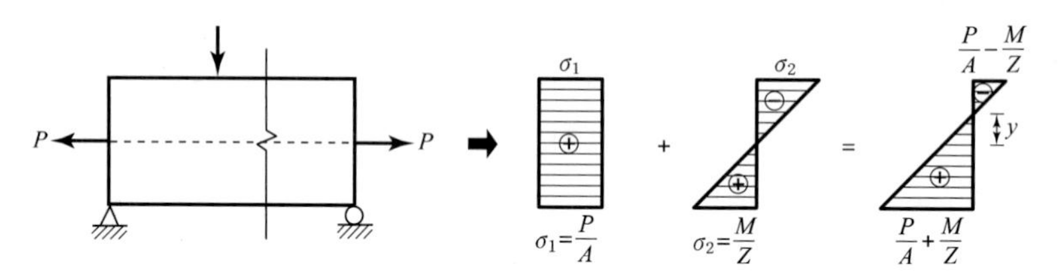

① 일반식 : $\sigma = \frac{N}{A} \pm \frac{M}{I}y = \frac{P}{A} \pm \frac{M}{I}y$

- 직사각형 단면 : $\sigma = \frac{N}{A} \pm \frac{M}{I}y = \frac{P}{A} \pm \frac{M}{I}y = \frac{P}{A} \pm \frac{M}{\frac{Ah^2}{12}}y = \frac{P}{A}\left\{1 \pm \frac{12\left(\frac{M}{P}\right)y}{h^2}\right\}$

- 원형 단면 : $\sigma = \frac{N}{A} \pm \frac{M}{I}y = \frac{P}{A} \pm \frac{M}{I}y = \frac{P}{A} \pm \frac{M}{\frac{AD^2}{16}}y = \frac{P}{A}\left\{1 \pm \frac{16\left(\frac{M}{P}\right)y}{D^2}\right\}$

② 연단응력 : $\sigma = \frac{N}{A} \pm \frac{M}{I}y_{연단} = \frac{P}{A} \pm \frac{M}{Z}$

- 직사각형 단면 : $\sigma_{연단} = \frac{P}{A} \pm \frac{M}{Z} = \frac{P}{A} \pm \frac{M}{\frac{Ah}{6}} = \frac{P}{A}\left(1 \pm \frac{6e}{b}\right) = \frac{P}{A}\left\{1 \pm \frac{6\left(\frac{M}{P}\right)}{h}\right\}$

- 원형 단면 : $\sigma_{연단} = \frac{P}{A} \pm \frac{M}{Z} = \frac{P}{A} \pm \frac{M}{\frac{AD}{8}} = \frac{P}{A}\left\{1 \pm \frac{8\left(\frac{M}{P}\right)}{D}\right\}$

(2) 축방향 압축과 휨에 의한 수직응력

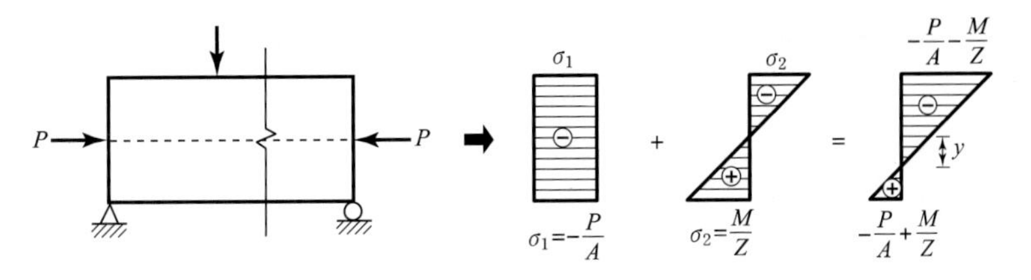

① 일반식 : $\sigma = -\dfrac{N}{A} \pm \dfrac{M}{I} y = -\dfrac{P}{A} \pm \dfrac{M}{I} y$

② 연단응력 : $\sigma = -\dfrac{N}{A} \pm \dfrac{M}{I} y_{연단} = -\dfrac{P}{A} \pm \dfrac{M}{Z}$

(3) 최대응력과 최소 응력

① 최대응력($\sigma_{\max}$) : 같은 부호일 때 발생

② 최소응력($\sigma_{\min}$) : 다른 부호일 때 발생

(4) 중립축 위치 이동

① 이동량

중립축은 수직응력이 0인 축이므로

$\sigma = \dfrac{N}{A} - \dfrac{M}{I} y = 0$ 에서

$$y = \frac{NI}{AM}$$

만약, 편심축하중이 작용하는 경우

- 사각형 단면 : $y = \dfrac{P\left(\dfrac{Ah^2}{12}\right)}{A(Pe)} = \dfrac{h^2}{12e}$
- 원형 단면 : $y = \dfrac{P\left(\dfrac{AD^2}{16}\right)}{A(Pe)} = \dfrac{D^2}{16e}$

② 이동 방향

축력의 부호	휨모멘트의 부호	중립축 이동방향
+	+	위로 이동
−	−	
+	−	아래로 이동
−	+	

핵심예제 **8-13** [12 서울시 9급]

다음과 같은 단순보에 등분포하중과 축방향력이 동시에 작용할 때의 설명으로 옳은 것은?

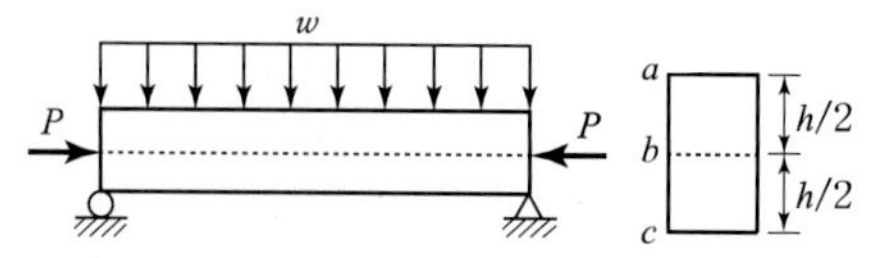

① 축방향력 P가 인장일 때, 보 상연 a면의 압축응력은 증가한다.
② 축방향력 P가 압축일 때, 보 하연 c면의 인장응력은 증가한다.
③ 축방향력 P가 인장일 때, 보 하연 c면의 인장응력은 감소한다.
④ 축방향력 P가 압축, 인장에 상관없이 도심축을 통과하는 b면의 합성응력은 0이다.
⑤ 축방향력 P가 압축일 때, 중립축은 하단으로 이동한다.

| 해설 | ① 축방향력 P가 인장일 때, 보 상연 a면의 압축응력은 증가한다. : 상연은 인장과 휨압축이 작용하므로 압축응력은 감소한다.
② 축방향력 P가 압축일 때, 보 하연 c면의 인장응력은 증가한다. : 하연은 압축과 휨인장이 작용하므로 인장응력은 감소한다.
③ 축방향력 P가 인장일 때, 보 하연 c면의 인장응력은 감소한다. : 하연은 인장과 휨인장이 작용하므로 인장응력은 증가한다.
④ 축방향력 P가 압축, 인장에 상관없이 도심축을 통과하는 b면의 합성응력은 0이다. : 도심을 지나는 축에서는 휨응력은 0이지만 축력에 의한 응력이 발생한다.
⑤ 축방향력 P가 압축일 때, 중립축은 하단으로 이동한다. : 압축력(-)과 +휨모멘트가 작용하므로 중립축은 하강한다.

답 : ⑤

14 합성보

서로 다른 2개 이상의 재료를 일체로 만든 보를 합성보라 한다. 여기서는 2개의 재료로 구성된 보에 해석해 보자.

예) RC보, PSC보

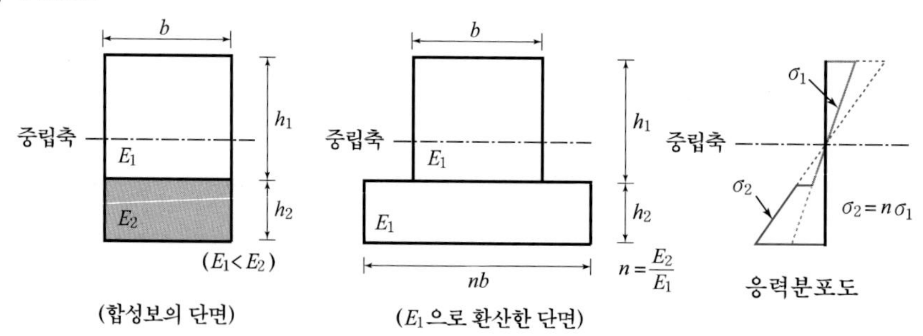

(1) 중립축

중립축은 단면 1차 모멘트가 0인 위치가 되므로 합성 단면의 경우는 한 개의 단면으로 환산한 환산 단면 1차 모멘트가 0인 축이 중립축이 된다.

$\Sigma H=0$: $\Sigma\int \sigma \cdot dA=\frac{E_1}{R}\int_1 y_1 \cdot dA+\frac{E_2}{R}\int_2 y_2 \cdot dA=0$에서

$E_2 > E_1$이므로 양변을 E_1으로 나누면

$$\int_1 y_1 \cdot dA+\frac{E_2}{E_1}\int_2 y_2 \cdot dA=0$$

∴ E가 작은 E_1재료로 환산한 단면에 대한 단면1차모멘트가 0인 위치가 중립축이 된다.

핵심예제	8-14	[15 국가직 9급]

그림과 같이 3가지 재료로 구성된 합성단면의 하단으로부터의 중립축의 위치[mm]는? (단, 각 재료는 완전히 접착되어있다)

① $\frac{400}{3}$

② $\frac{380}{3}$

③ $\frac{365}{3}$

④ $\frac{350}{3}$

100mm | A | E_A=20GPa
100mm | B | E_B=10GPa
100mm | C | E_C=30GPa
150mm

| 해설 | 탄성계수비만큼 면적이 증가하므로 탄성계수를 가중치로 하여 도심을 구하면

$$y=\frac{2(250)+1(150)+3(50)}{6}=\frac{400}{3}\text{mm}$$

답 : ①

(2) 곡률반경과 휨모멘트의 관계

$$M=\Sigma\int \sigma y \cdot dA=\frac{E_1}{R}\int_1 y_1^2 \cdot dA+\frac{E_2}{R}\int_2 y_2^2 \cdot dA=\frac{E_1I_1+E_2I_2}{R}\text{에서}$$

$$R=\frac{E_1I_1+E_2I_2}{M}=\Sigma\frac{EI}{M}$$

또는 $E_2 > E_1$이므로 E가 작은 E_1재료로 환산한 단면에 대해 계산하면

$$R=\frac{I_1+(E_2/E_1)I_2}{M}=\frac{I_g}{M}$$

여기서, $I_g=I_1+\frac{E_2}{E_1}I_2$로 E_1으로 환산한 단면의 중립축 단면2차모멘트이다.

(3) 휨응력

$E_2 > E_1$로 가정하면

$$\sigma_1 = \frac{E_1 y}{R} = \frac{ME_1}{E_1 I_1 + E_2 I_2} y = \frac{My}{I_g}$$

$$\sigma_2 = \frac{E_2 y}{R} = \frac{ME_2}{E_1 I_1 + E_2 I_2} y = n\frac{My}{I_g}$$

여기서, I_g : 중립축에 대한 환산단면2차모멘트

$$n = \frac{E_2}{E_1} \text{(탄성계수비)}$$

➡ E가 큰 재료의 응력은 E가 작은 E_1재료로 보고 구한 응력의 n배이다.

15 샌드위치보

기존의 단면을 보강하기 위하여 상하부에 탄성계수가 매우 크고, 두께가 매우 작은 판으로 보강한 단면이다. 이때 내부를 내부(core)는 평균전단응력을 부담하고, 외부(face)는 휨응력을 각각 나누어 부담한다.

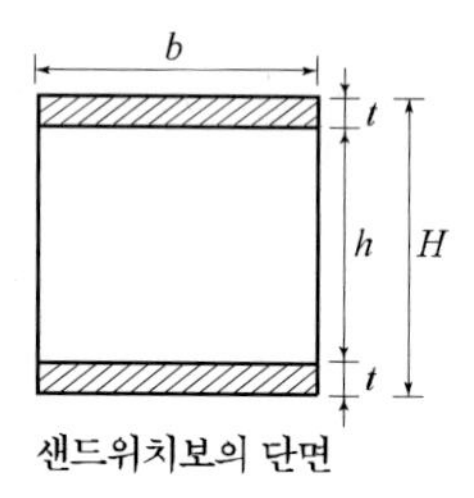

샌드위치보의 단면

(1) 바깥층(face)이 받는 응력

$$\sigma = \frac{M}{I} y = \frac{12M}{b(H^3 - h^3)} y$$

(2) 내부층(core)이 받는 응력

$$\tau_{av} = \frac{S}{A} = \frac{S}{bh}$$

16 변단면보

위치에 따라 단면이 변하는 보를 변단면보라 한다.

(1) 구간에 따라 단면이 변하는 경우

응력을 구하는 위치의 단면의 단면2차모멘트를 사용하여 휨응력을 구할 수 있다.

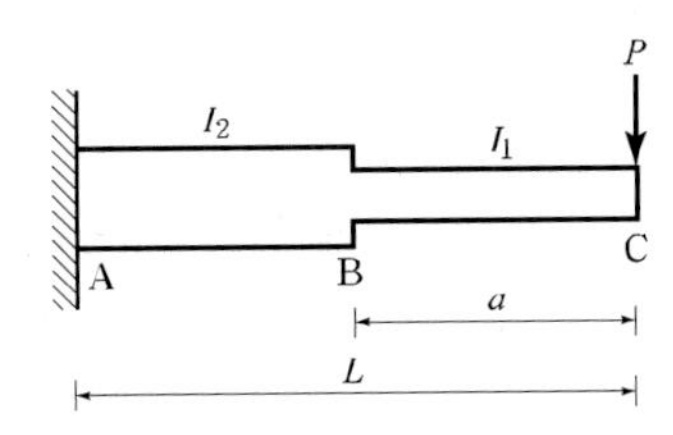

- AB구간의 휨응력 : $\sigma_{AB} = \dfrac{M}{I_2} y$
- BC구간의 휨응력 : $\sigma_{BC} = \dfrac{M}{I_1} y$ (단, $\sigma_C = 0$)

∴ 최대 휨응력은 A점과 B점 바로 우측의 휨응력 중 큰 값이다.

(2) 연속적으로 단면이 변하는 경우

휨모멘트와 단면이 모두 변하므로 최대휨응력이 발생하는 위치(x)를 구하여 최대 휨응력을 계산해야 한다.

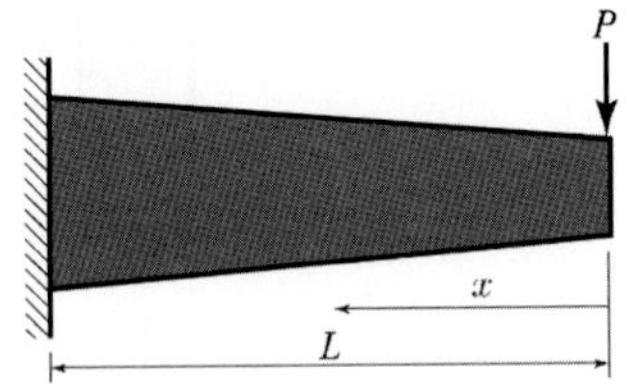

① 자유단으로부터 최대 휨응력이 발생하는 위치

- 폭과 높이 2개가 모두 변하는 경우 : $x = \dfrac{L}{2(n-1)}$
- 폭만 변하는 경우 : $x = \dfrac{L}{(n-1)}$

여기서, n : 변단면보에서 양단의 치수비

② 최대 휨응력

최대가 되는 위치에서의 휨모멘트와 단면계수를 구하여 휨응력 공식에 대입한다.

$$\sigma_{\max} = \frac{M}{Z}$$

여기서, M : 최대응력이 발생하는 위치에서의 휨모멘트

Z : 최대응력이 발생하는 위치에서의 단면계수

17 2축 굽힘

두 방향의 휨모멘트 $M_y = M\sin\theta$, $M_z = M\cos\theta$가 작용하는 경우

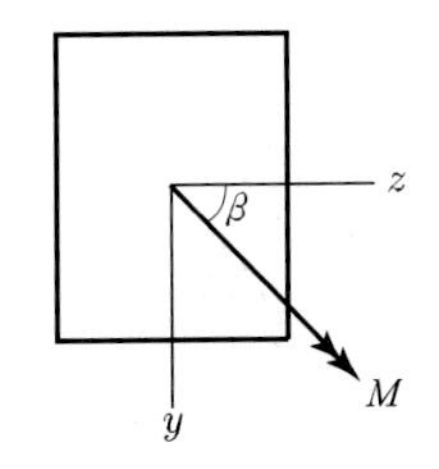

(1) 일반식

$$\sigma = \pm \frac{M_y}{I_y} z \pm \frac{M_z}{I_z} y = \pm \frac{M\sin\theta}{I_y} z \pm \frac{M\cos\theta}{I_z} y$$

여기서, 응력의 부호는 오른손 법칙을 적용하여 인장은 (+), 압축은 (-)로 가정한다.

(2) 연응력

$$\sigma = \pm \frac{M_y}{Z_y} \pm \frac{M_z}{Z_z} = \frac{M\sin\theta}{Z_y} \pm \frac{M\cos\theta}{Z_z}$$

여기서, 응력의 부호는 오른손 법칙을 적용하여 인장은 (+), 압축은 (-)로 가정한다.

(3) 중립축의 위치

일반식 $\sigma = \frac{M_y}{I_y} z - \frac{M_z}{I_z} y = \frac{M\sin\theta}{I_y} z - \frac{M\cos\theta}{I_z} y = 0$에서

$$\therefore \ \tan\theta = \frac{y}{z} = \frac{I_z}{I_y} \tan\theta$$

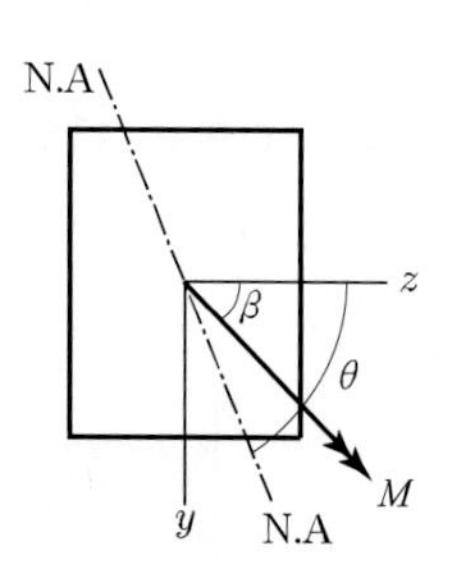

8.2 전단응력(휨-전단응력)

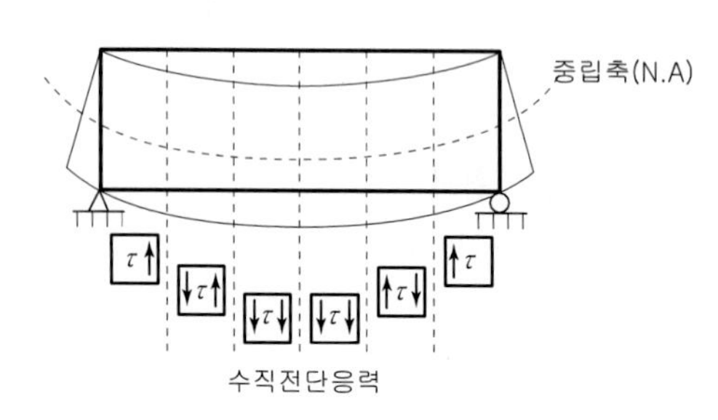

수직전단응력

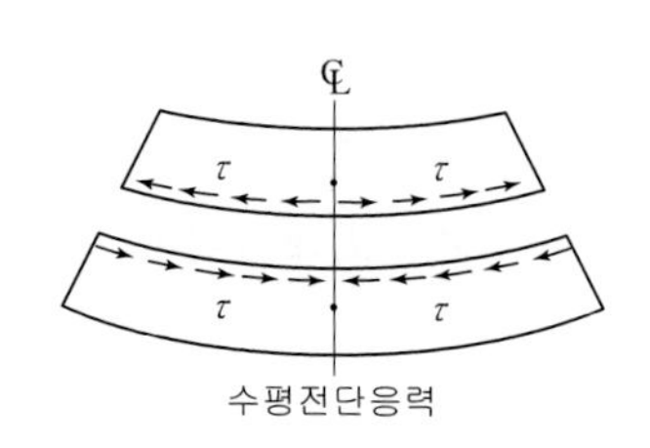

수평전단응력

➡ 보의 전단응력은 수직전단응력과 수평전단응력이 공존하며 크기는 같고 방향은 반대이다.
$\therefore \tau_{xy} = -\tau_{yx}$ (이유 : 모멘트 평형을 만족하기 위해)

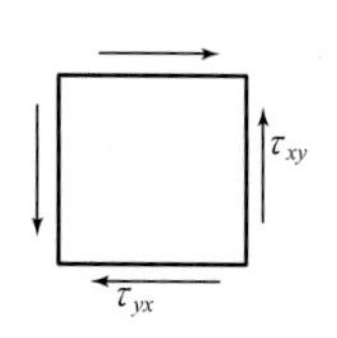

전단응력 상태

전체구조가 평형을 만족하므로 요소의 자유물체도에서도 평형을 만족한다.

1 전단응력 일반식

$$\tau = \frac{VQ}{Ib} \text{ 또는 } \tau = \frac{SG}{Ib}$$

여기서, I : 중립축 단면 2차 모멘트(중립축=도심축)
b : 응력을 구하는 단면의 폭
V, S : 응력을 구하는 단면의 전단력
Q, G : 전단응력을 구하는 축의 상부 또는 하부의 단면적에 대한 중립축 단면 1차 모멘트

■ 보충설명 : 사각형 단면의 전단응력

중립축에서 y만큼 떨어진 위치에서의 전단응력

$$\tau = \frac{SQ}{Ib} = \frac{S}{\frac{bh^3}{12}(b)}\frac{b}{2}\left(\frac{h^2}{4}-y^2\right) = \frac{6S}{bh^3}\left(\frac{h^2}{4}-y^2\right)$$

$$= \frac{3S}{2bh^3}(h^2-4y^2) = \frac{3}{2}\frac{S}{A}\left(1-\frac{4y^2}{h^2}\right)$$

$$\left[I = \frac{bh^3}{12},\ Q = b\left(\frac{h}{2}-y\right)\left(\frac{h}{4}-\frac{y}{2}+y\right) = \frac{b}{2}\left(\frac{h^2}{4}-y^2\right)\right]$$

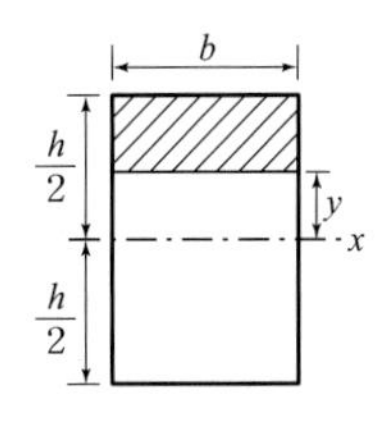

- 중립축$(y=0)$ $\quad \tau = \frac{3}{2}\frac{S}{A}$
- 연단$\left(y=\frac{h}{2}\right)$ $\quad \tau = 0$
- 4등분점$\left(y=\frac{h}{4}\right)$ $\quad \tau = \frac{9}{8}\frac{S}{A}$

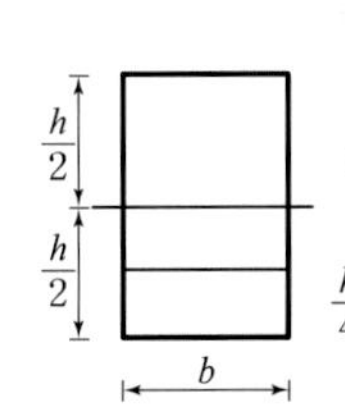

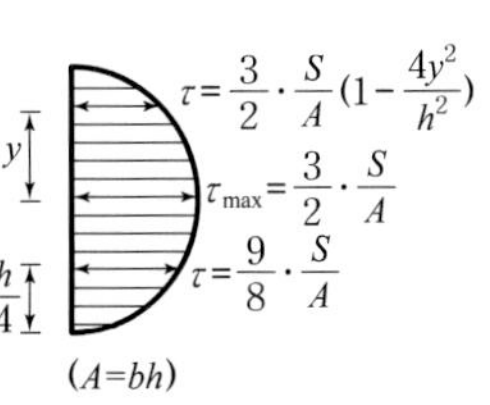

■ 보충설명 : 원형 단면의 전단응력

중립축에서 y만큼 떨어진 위치에서의 전단응력

$$\tau_v = \frac{SQ}{Ib} = \frac{4}{3}\frac{S}{A}\left(1-\frac{4y^2}{d^2}\right) = \frac{4}{3}\frac{S}{A}\left(1-\frac{y^2}{r^2}\right)$$

- 중립축$(y=0)$ $\quad \tau_v = \frac{4}{3}\frac{S}{A}$
- 연단$\left(y=\frac{d}{2}\right)$ $\quad \tau_v = 0$
- 4등분점$\left(y=\frac{d}{4}\right)$ $\quad \tau_v = \frac{S}{A}$

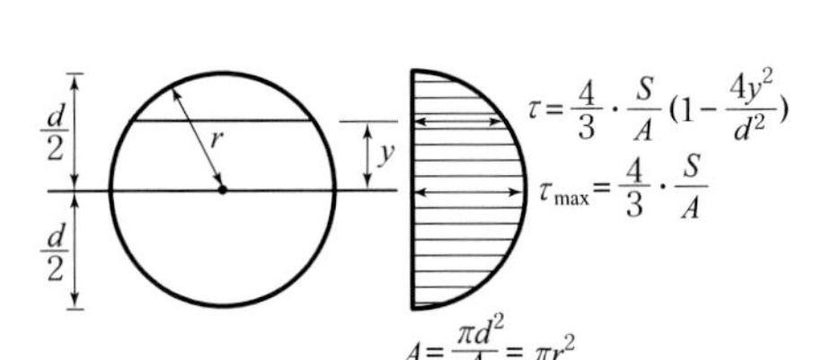

■ **보충설명** : 삼각형 단면의 전단응력

꼭짓점에서 y만큼 떨어진 위치에서의 전단응력

$$\tau_v = \frac{SQ}{Ib} = 6\frac{S}{A}\left(\frac{y}{h} - \frac{y^2}{h^2}\right)$$

- 중립축$\left(y = \frac{2h}{3}\right)$

  $\tau_v = \frac{4}{3}\frac{S}{A}$

- 연단($y = 0$ or h)

  $\tau_v = 0$

- 2등분점$\left(y = \frac{h}{2}\right)$

  $\tau_v = \frac{3}{2}\frac{S}{A}$

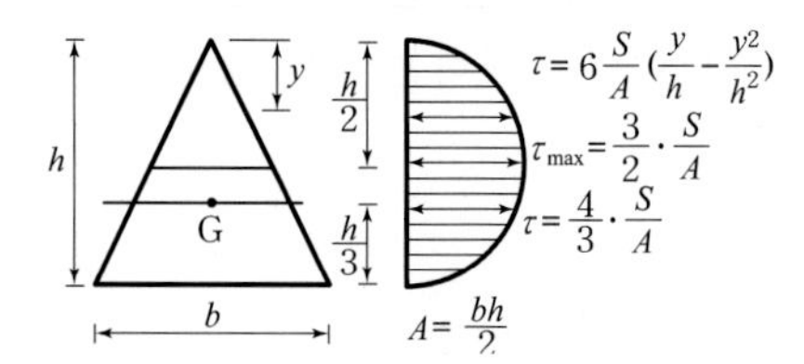

핵심예제	8-15	[14 국가직 9급]

그림과 같이 균일한 직사각형 단면에 전단력 V가 작용하고 있다. $a-a$ 위치에 발생하는 전단응력의 크기를 계산할 때 필요한 단면1차모멘트의 크기는?

① $\frac{1}{32}bh^2$

② $\frac{2}{32}bh^2$

③ $\frac{3}{32}bh^2$

④ $\frac{8}{32}bh^2$

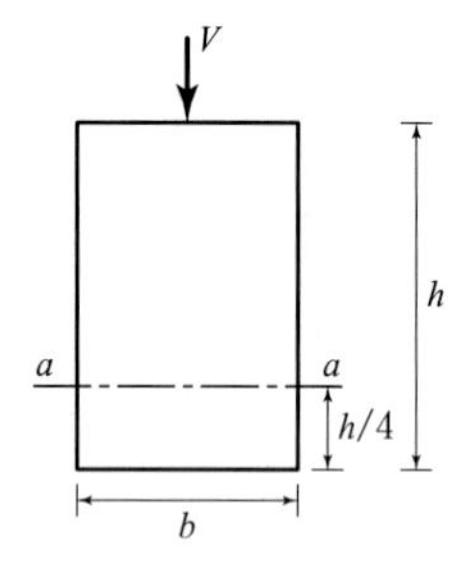

| **해설** | 구하는 축의 하단의 단면에 대한 중립축 단면1차모멘트를 구하면

$$Q = Ay = \frac{bh}{4}\left(\frac{h}{4} + \frac{h}{8}\right) = \frac{3bh^2}{32}$$

보충 전단응력을 구할 때 사용하는 단면1차모멘트

전단응력을 구하는 위치에서 상단 또는 하단까지의 단면의 중립축에 대한 단면1차모멘트를 사용한다. 따라서 구하는 축에서 한쪽 단면을 떼어서 중립축을 기준으로 단면1차모멘트를 구한다.

답 : ③

핵심예제 8-16 [13 지방직 9급]

다음 그림과 같은 단면을 갖는 보에 수직하중이 작용할 때, 이에 대한 설명으로 옳지 않은 것은?

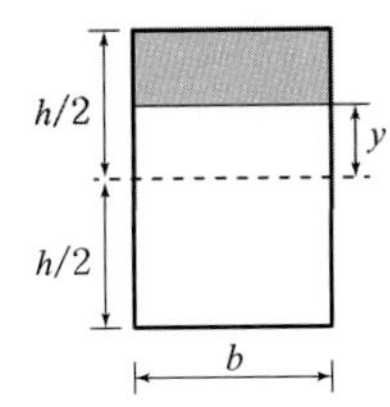

① 전단응력을 구할 때 사용하는 단면1차모멘트 Q는 $\frac{b}{2}\left(\frac{h^2}{4}-y^2\right)$이다.

② 전단력을 V, 단면2차모멘트를 I라 할 때, 전단응력은 $\frac{V}{2I}\left(\frac{h^2}{4}-y^2\right)$이다.

③ 최대 전단응력은 중립축에서 발생한다.

④ 최대 전단응력의 크기는 평균 전단응력의 $\frac{4}{3}$배이다.

| 해설 | 직사각형 단면에서의 최대 전단응력 $\tau_{\max}=\frac{3}{2}\tau_{av}=\frac{3}{2}\frac{V}{A}$이므로 평균 전단응력의 $\frac{3}{2}$배이다.

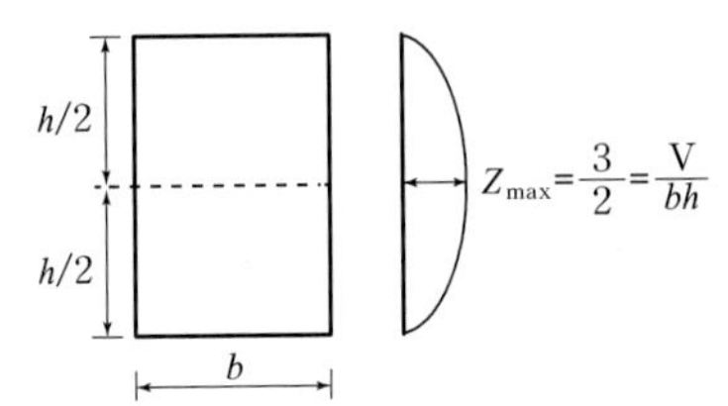

답 : ④

핵심예제 8-17 [14 지방직 9급]

다음과 같이 한 변의 길이가 100mm인 정사각형 단면보에 발생하는 최대 전단응력의 크기 [MPa]는? (단, 보의 자중은 무시한다)

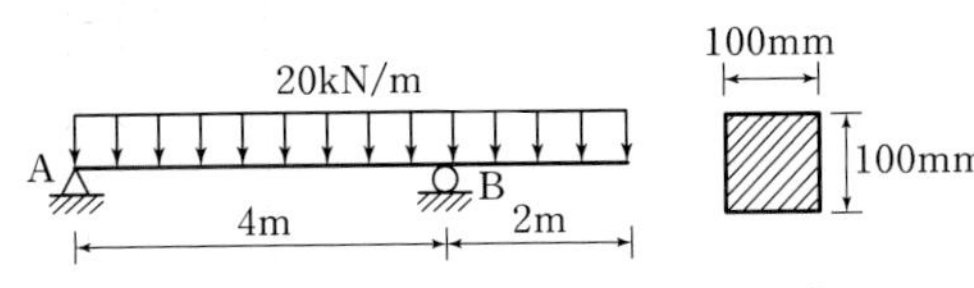

① 6.5
② 7.5
③ 8.5
④ 9.5

| 해설 | $\tau_{\max}=\frac{3}{2}\frac{S_{\max}}{A}=\frac{3}{2}\cdot\frac{50\times10^3}{100(100)}=7.5\,\text{MPa}$

여기서, 최대전단력 $S_{\max}=\frac{5wL}{8}=\frac{5(20)(4)}{8}=50\,\text{kN}$

답 : ②

■ 보충설명 : 중공 원형 단면의 최대 전단응력

큰 원의 반지름 R, 작은 원의 반지름 r인 경우 최대전단응력

$$\tau_{\max}=\frac{VQ}{Ib}=\frac{V\left\{\frac{\pi R^2}{2}\times\frac{4R}{3\pi}-\frac{\pi r^2}{2}\times\frac{4r}{3\pi}\right\}}{\left\{\frac{\pi R^4}{4}-\frac{\pi r^4}{4}\right\}\{2(R-r)\}}=\frac{4}{3}\cdot\frac{V(R^3-r^3)}{\pi(R^4-r^4)\{(R-r)\}}$$

지름으로 표현하면 $\tau_{\max}=\frac{VQ}{Ib}=\frac{16}{3}\cdot\frac{V(D^3-d^3)}{\pi(D^4-d^4)\{(D-d)\}}$

➡ 지름으로 표현하면 반지름으로 표현한 값의 4배가 됨에 주의한다.

- 중립축 단면1차모멘트

중첩을 이용하면 $Q=\sum Ay=\frac{\pi R^2}{2}\times\frac{4R}{3\pi}-\frac{\pi\left(\frac{R^2}{4}\right)}{2}\times\frac{4\left(\frac{R}{2}\right)}{3\pi}$

또는 $Q=\sum\frac{2r^3}{3}=\frac{2R^3}{3}-\frac{2r^3}{3}$

- 중립축 단면2차모멘트

중첩을 이용하면 $I=\sum\frac{\pi r^4}{4}=\frac{\pi R^4}{4}-\frac{\pi r^4}{4}$

핵심예제 8-18 [13 국가직 9급]

다음 그림(a)와 같은 원형 단면과 그림(b)와 같은 원형관 단면에서 두 단면이 동일한 크기의 전단력을 받을 때, 두 단면에서 발생하는 최대전단응력의 비 $(\tau_{\max})_{원형}:(\tau_{\max})_{원형관}$ 는?

① 8 : 15
② 8 : 13
③ 15 : 28
④ 15 : 26

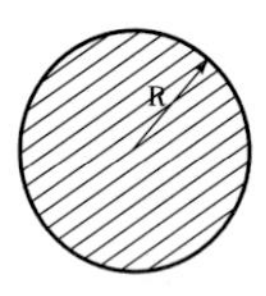

원형

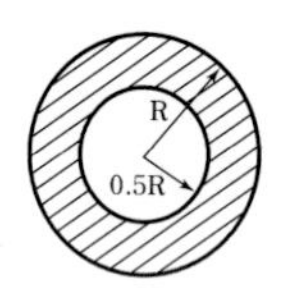

원형관

| 해설 | 전단응력식 $\tau=\frac{VQ}{Ib}$에서 원형단면의 최대 전단응력은 중립축에서 발생한다.

(1) 원형 단면 (a)의 최대 전단응력

$$\tau_{\max}=\frac{VQ}{Ib}=\frac{V\left(\frac{\pi R^2}{2}\times\frac{4R}{3\pi}\right)}{\frac{\pi R^4}{4}(2R)}=\frac{4}{3}\cdot\frac{V}{\pi R^2}$$

(2) 원형관 단면 (b)의 최대 전단응력

$$\tau_{\max}=\frac{VQ}{Ib}=\frac{V\left\{\frac{\pi R^2}{2}\times\frac{4R}{3\pi}-\frac{\pi\left(\frac{R^2}{4}\right)}{2}\times\frac{4\left(\frac{R}{2}\right)}{3\pi}\right\}}{\left\{\frac{\pi R^4}{4}-\frac{\pi\left(\frac{R}{2}\right)^4}{4}\right\}(R)}=\frac{112}{45}\cdot\frac{V}{\pi R^2}$$

$$\tau_{\max(원형)}:\tau_{\max(원형관)}=\frac{4}{3}\cdot\frac{V}{\pi R^2}:\frac{112}{45}\cdot\frac{V}{\pi R^2}=15:28$$

답 : ③

2 최대전단응력

$$\tau_{max} = k_s \cdot \frac{S}{A}$$

k_s : 형상계수

$\frac{S}{A}$: 평균전단응력(τ_{av})

(1) 여러 단면의 전단응력

사각형단면	삼각형단면
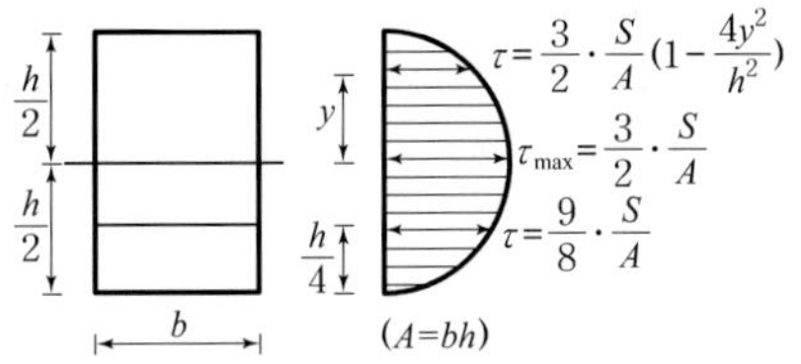$\tau = \frac{3}{2} \cdot \frac{S}{A}(1 - \frac{4y^2}{h^2})$ $\tau_{max} = \frac{3}{2} \cdot \frac{S}{A}$ $\tau = \frac{9}{8} \cdot \frac{S}{A}$ (A=bh)	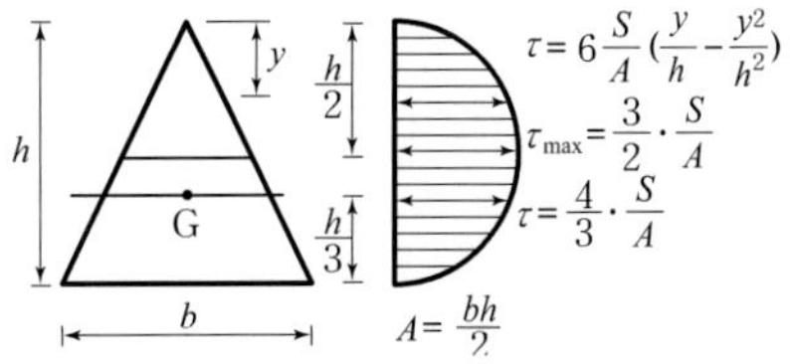$\tau = 6\frac{S}{A}(\frac{y}{h} - \frac{y^2}{h^2})$ $\tau_{max} = \frac{3}{2} \cdot \frac{S}{A}$ $\tau = \frac{4}{3} \cdot \frac{S}{A}$ G $A = \frac{bh}{2}$
원형단면	**마름모단면**
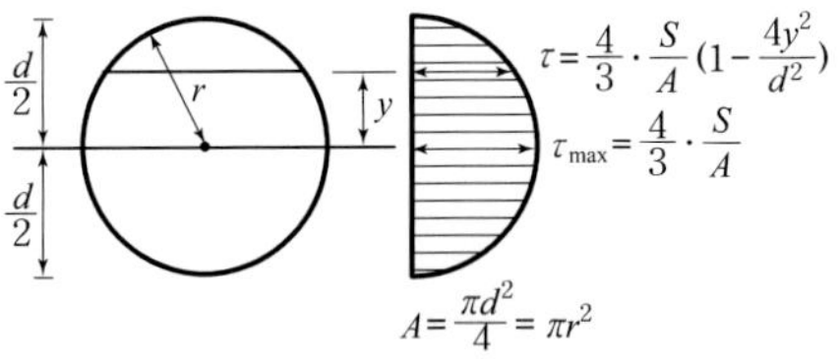$\tau = \frac{4}{3} \cdot \frac{S}{A}(1 - \frac{4y^2}{d^2})$ $\tau_{max} = \frac{4}{3} \cdot \frac{S}{A}$ $A = \frac{\pi d^2}{4} = \pi r^2$	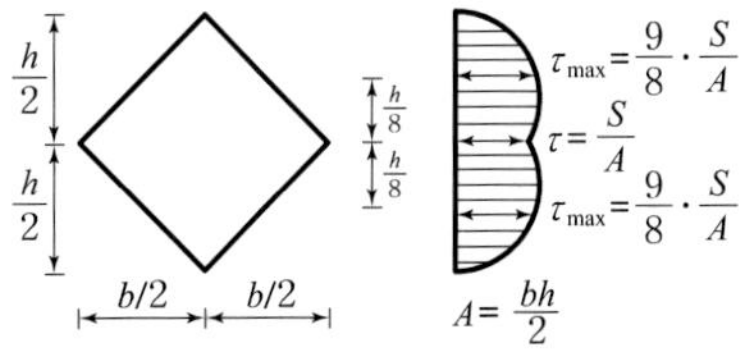$\tau_{max} = \frac{9}{8} \cdot \frac{S}{A}$ $\tau = \frac{S}{A}$ $\tau_{max} = \frac{9}{8} \cdot \frac{S}{A}$ $A = \frac{bh}{2}$
박판 원형단면	**정사각 마름모**
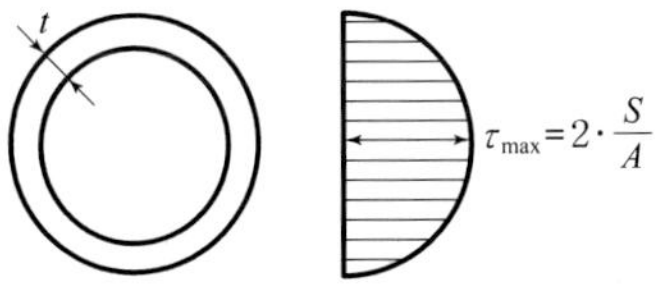$\tau_{max} = 2 \cdot \frac{S}{A}$	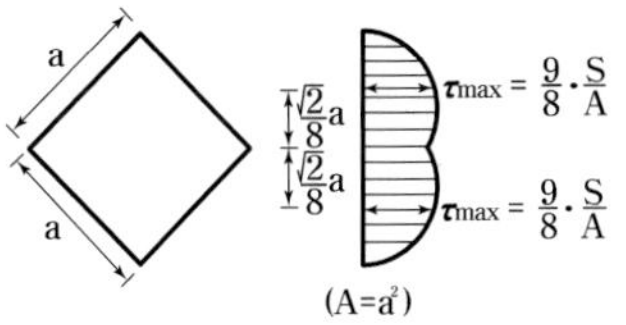$\tau_{max} = \frac{9}{8} \cdot \frac{S}{A}$ $\tau_{max} = \frac{9}{8} \cdot \frac{S}{A}$ $\frac{\sqrt{2}}{8}a$ $(A=a^2)$

■ **보충설명** : I 형 단면의 전단응력

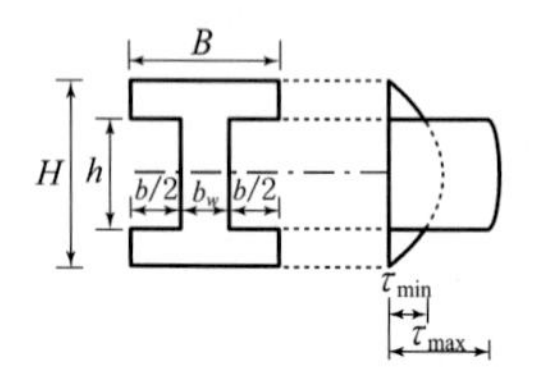

$\tau = \dfrac{SG}{Ib}$ 를 적용하여 계산하면 다음과 같다.

- 최대전단응력

$$\tau_{max} = \frac{3}{2} \cdot \frac{V(BH^2 - bh^2)}{(BH^3 - bh^3)(B-b)} = \frac{3}{2} \cdot \frac{V(BH^2 - bh^2)}{(BH^3 - bh^3)b_w}$$

이때, 두께가 매우 작은 경우라면

$$\tau_{max} \fallingdotseq \frac{S}{b_w h} \text{ (복부의 평균전단응력)}$$

만약, 중립축 단면2차모멘트가 주어지는 경우 : $\tau = \dfrac{SG}{Ib} = \dfrac{S}{Ib_w}\left(\dfrac{BH^3 - bh^3}{8}\right)$

- 웨브와 플랜지의 경계면에서

$$\tau_{min} = \frac{3}{2} \cdot \frac{V(H^2 - h^2)}{(BH^3 - bh^3)}$$

$$\tau_{max} = \frac{3}{2} \cdot \frac{VB(H^2 - h^2)}{(BH^3 - bh^3)b_w}$$

$$\therefore \ \tau_{max} : \tau_{min} = B : b_w$$

핵심예제 8-19 [14 서울시 9급]

직사각형 단면의 전단응력도를 그렸더니 그림과 같이 나타났다. 최대 전단응력이 τ_{max} = 90kN/m² 일 때, 이 단면에 가해진 전단력의 크기[kN]는?

① 2
② 4
③ 6
④ 7
⑤ 8

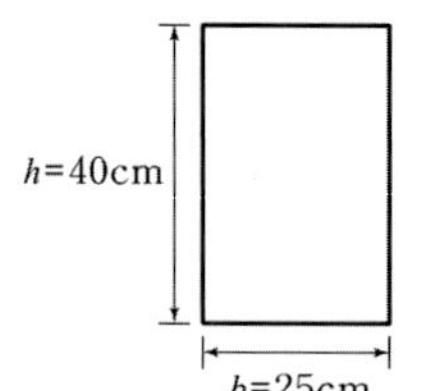

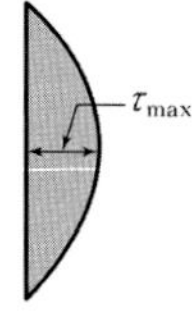

| **해설** | 직사각형 단면의 최대전단응력 $\tau_{max} = \dfrac{3}{2} \cdot \dfrac{S}{A}$ 에서

$$S = \frac{2}{3}\tau_{max}A = \frac{2}{3}(90)(0.4 \times 0.25) = 6\,\text{kN}$$

답 : ③

핵심예제 8-20 [13 서울시 9급]

그림과 같은 캔틸레버보의 자유단에 집중하중 40kN이 작용하고 있다. 단면이 b인 정사각형이고 최대 전단응력이 1.5MPa일 때 한 변의 길이 b는?

① 100mm
② 150mm
③ 200mm
④ 250mm
⑤ 300mm

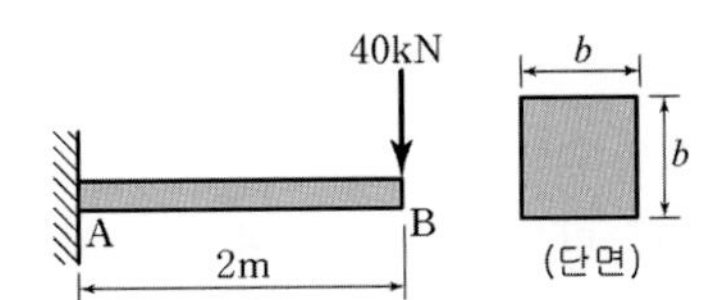

| 해설 | 직사각형 단면의 최대 전단응력 $\tau_{max}=\frac{3}{2}\cdot\frac{S}{A}=\frac{3}{2}\cdot\frac{P}{b^2}$에서

$$b=\sqrt{\frac{3P}{2\tau_{max}}}=\sqrt{\frac{3(40\times10^3)}{2(1.5)}}=200\text{mm}$$

답 : ③

3 전단응력 분포형상

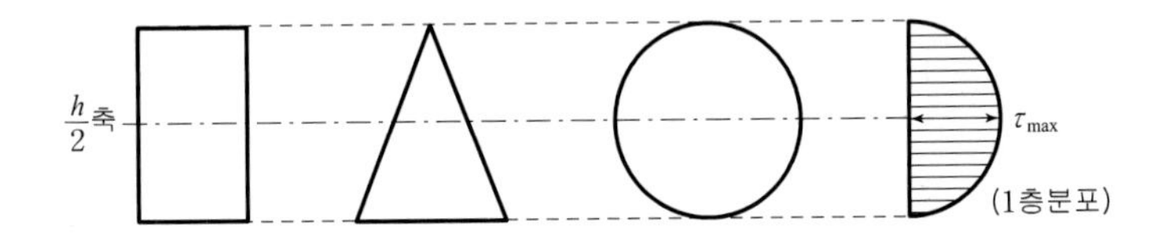

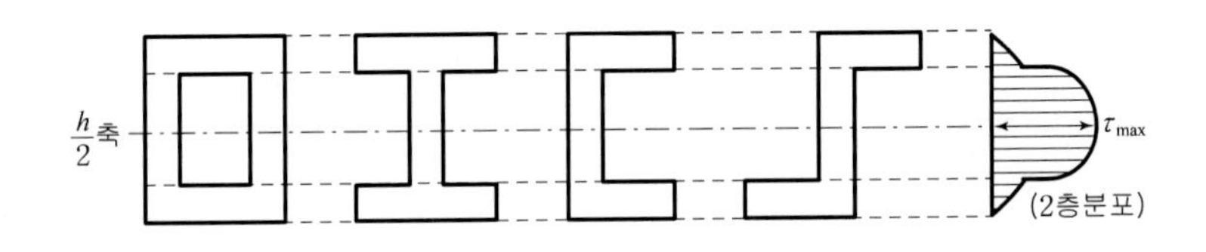

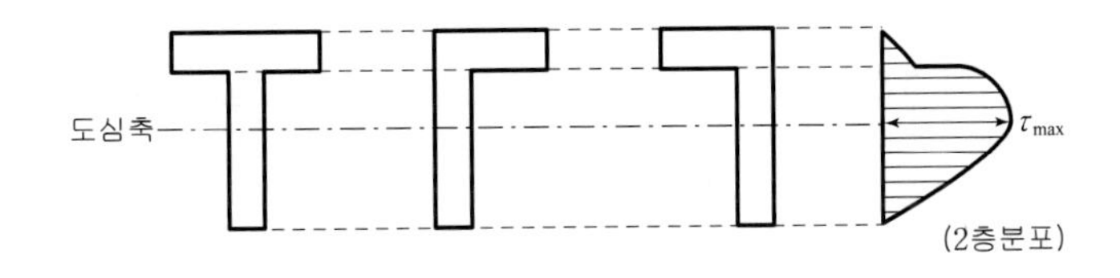

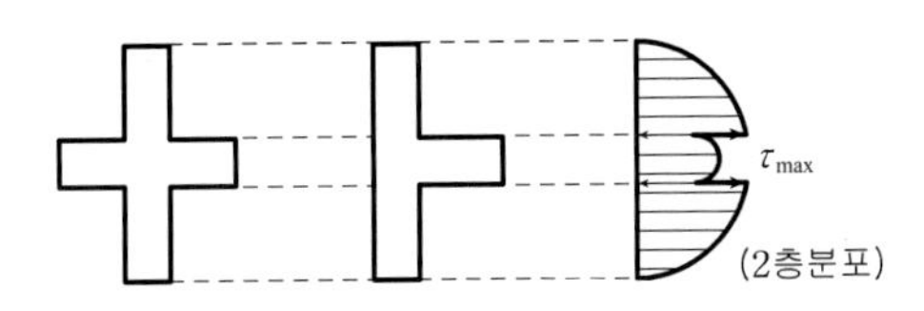

4 전단응력의 특성

(1) 전단응력도는 2차 곡선(포물선)분포한다.

(2) 일반적으로 전단 응력은 단면의 중립축에서 최대이나 항상 중립축에서 최대인 것은 아니다. (삼각형, 마름모와 같은 경우)

(3) 전단응력의 분포형상은 단면의 형상에 따라 다르다.

(4) 전단응력은 단면의 상·하단에서 0이다.

(5) 사각형 단면과 삼각형 단면에서 단면적이 같다면 최대전단응력도는 같다.

(6) 단면적이 같은 사각형단면과 원형단면의 경우 최대전단응력의 비는 9 : 8 이다.

$$\left(\begin{array}{l} \bullet\ \text{사각형단면}: \tau_{\max} = \dfrac{3}{2} \cdot \dfrac{S}{A} \\ \bullet\ \text{원형단면}: \tau_{\max} = \dfrac{4}{3} \cdot \dfrac{S}{A} \end{array}\right) \qquad \therefore \frac{\text{사각형단면}}{\text{원형단면}} = \frac{\dfrac{3}{2}\dfrac{S}{A}}{\dfrac{4}{3}\dfrac{S}{A}} = \frac{9}{8}$$

5 최대 응력의 비 $\left(\dfrac{\sigma_{\max}}{\tau_{\max}}\right)$

구조물	P, L	w, L	P, $L/2$, $L/2$	w, L
사각형 단면	$\dfrac{4l}{h}$	$\dfrac{2l}{h}$	$\dfrac{2l}{h}$	$\dfrac{l}{h}$
원형 단면	$\dfrac{6l}{d}$	$\dfrac{3l}{d}$	$\dfrac{3l}{d}$	$\dfrac{3l}{2d}$

핵심예제 8-21 [15 서울시 9급]

그림과 같은 직사각형 단면적을 갖는 캔틸레버 보(cantilever beam)에 등분포하중이 작용할 때 최대 휨응력과 최대 전단응력의 비($\sigma_{\max}/\tau_{\max}$)는?

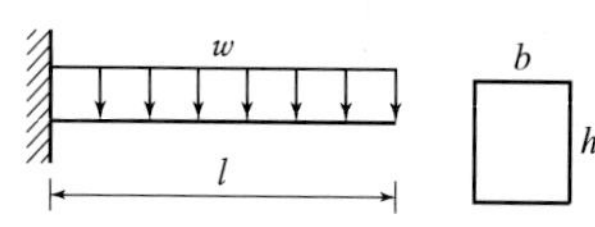

① $\dfrac{l}{b}$

② $\dfrac{2}{b}l$

③ $\dfrac{2}{h}l$

④ $\dfrac{l}{2h}$

| 해설 | 캔틸레버보에 등분포하중이 작용하는 경우

$$\frac{\sigma_{\max}}{\tau_{\max}}=\frac{\dfrac{M_{\max}}{Z}}{\dfrac{3}{2}\cdot\dfrac{S_{\max}}{A}}=\frac{\dfrac{6wL^2}{2bh^2}}{\dfrac{3}{2}\cdot\dfrac{wL}{bh}}=\frac{2L}{h}$$

답 : ③

핵심예제 8-22 [10 지방직 7급]

그림과 같이 단면 폭이 b, 높이가 h 인 직사각형 단면을 가지는 단순보에 등분포하중 w(N/m)가 작용하고 있다. 최대휨응력($\sigma_{\max}$)과 최대전단응력($\tau_{\max}$)의 비($\sigma_{\max}/\tau_{\max}$)는? (단, 단순보의 자중은 무시한다)

① $\dfrac{2L}{h^2}$

② $\dfrac{L}{h}$

③ $\dfrac{L^2}{h}$

④ $\dfrac{bh}{L}$

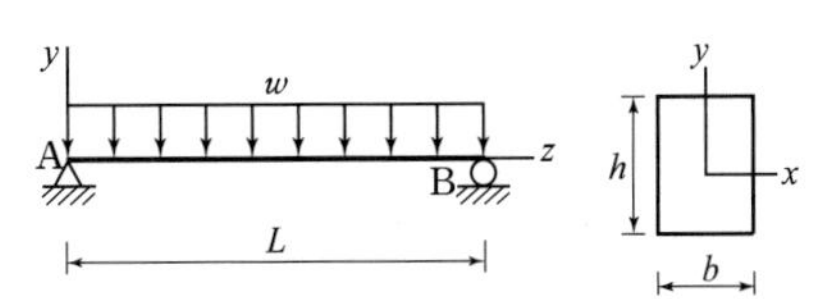

| 해설 | $$\frac{\sigma_{\max}}{\tau_{\max}}=\frac{\dfrac{M_{\max}}{Z}}{\dfrac{3}{2}\cdot\dfrac{S_{\max}}{A}}=\frac{\dfrac{3wL^2}{4bh^2}}{\dfrac{3wL}{4bh}}=\frac{L}{h}$$

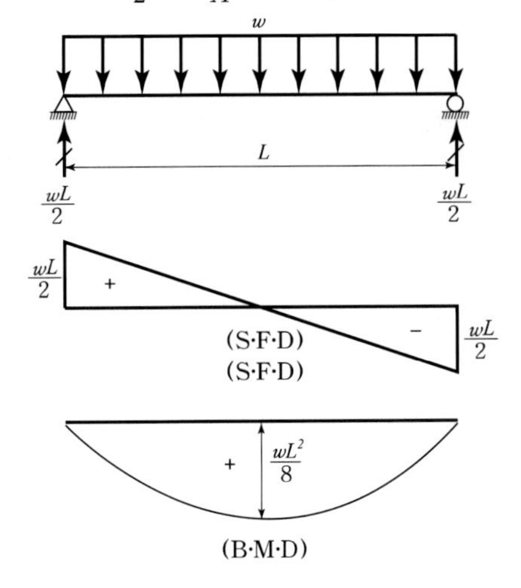

답 : ②

핵심예제 8-23 [11 국가직 9급]

그림과 같이 직사각형 단면을 가진 캔틸레버보의 끝단에 집중하중 P가 작용할 때, 상연으로부터 $\frac{h}{4}$ 위치인 고정단의 미소면적 A에서 휨응력 σ와 전단응력 τ의 값은?

① $\sigma=\dfrac{3PL}{bh^2}$, $\tau=\dfrac{9P}{8bh}$

② $\sigma=\dfrac{6PL}{bh^2}$, $\tau=\dfrac{9P}{8bh}$

③ $\sigma=\dfrac{3PL}{bh^2}$, $\tau=\dfrac{P}{bh}$

④ $\sigma=\dfrac{6PL}{bh^2}$, $\tau=\dfrac{P}{bh}$

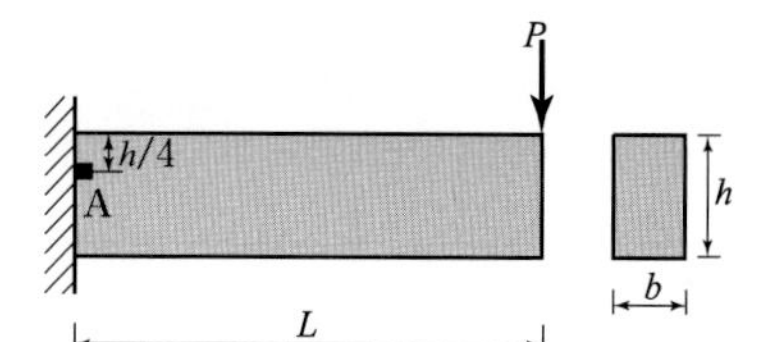

| 해설 | (1) A점의 단면력 : $S_A=R_A=P,\quad M_A=PL$

(2) A점의 응력

$$\sigma_A=\frac{M}{I}y_a=\frac{PL}{\frac{bh^3}{12}}\left(\frac{h}{4}\right)=\frac{3PL}{bh^2}$$

$$\tau_A=\frac{VQ}{Ib}=\frac{P}{\left(\frac{bh^3}{12}\right)b}\left(\frac{3bh^2}{32}\right)=\frac{9P}{8bh}$$

$$\left[\ Q=Ay=\frac{bh}{4}\left(\frac{h}{4}+\frac{h}{8}\right)=\frac{3bh^2}{32}\ \right]$$

답 : ①

핵심예제 8-24 [15 국가직 9급]

그림과 같은 보의 C점에 발생하는 수직응력(σ) 및 전단응력 (τ)의 크기[MPa]는?
(단, 작용 하중 P=120kN, 보의 전체 길이 L=27m, 단면의 폭 b=30mm, 높이 h=120mm, 탄성계수 E=210GPa이며, 보의 자중은 무시한다)

	σ	τ
①	2,500	12.5
②	2,500	25.0
③	5,000	12.5
④	5,000	25.0

| 해설 | (1) C점의 수직응력

$$\sigma_c=\frac{M_c}{I}y_c=\frac{12PL}{9bh^2}\left(\frac{h}{4}\right)=\frac{12(120\times10^3)(27\times10^3)}{9(30)(120^3)}\left(\frac{120}{4}\right)=2{,}500\,\text{MPa}$$

(2) C점의 전단응력

$$\tau_c=\frac{9}{8}\cdot\frac{S_c}{A}=\frac{9}{8}\cdot\frac{P}{3A}=\frac{9}{8}\cdot\frac{120\times10^3}{3(30\times120)}=12.5\,\text{MPa}$$

답 : ①

핵심예제 8-25 [09 지방직 7급]

다음과 같이 하중을 받는 보의 단면에서 발생하는 최대 휨응력과 최대 전단응력은? (단, 부재 단면은 폭이 b이고, 높이가 h인 직사각형 형상을 가진다)

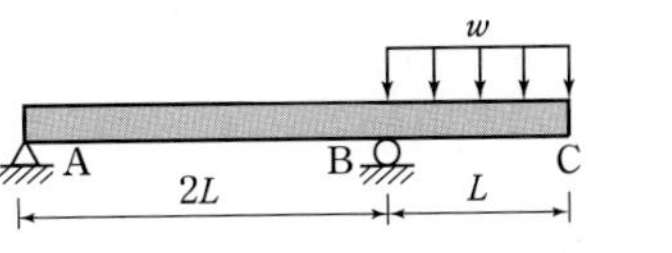

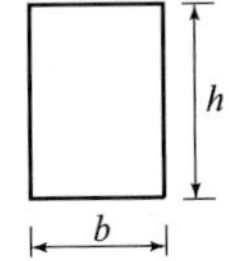

	최대 휨응력	최대 전단응력
①	$\sigma_{\max}=6\dfrac{wL^2}{bh^2}$	$\tau_{\max}=\dfrac{2}{3}\dfrac{wL}{bh}$
②	$\sigma_{\max}=3\dfrac{wL^2}{bh^2}$	$\tau_{\max}=\dfrac{2}{3}\dfrac{wL}{bh}$
③	$\sigma_{\max}=6\dfrac{wL^2}{bh^2}$	$\tau_{\max}=\dfrac{3}{2}\dfrac{wL}{bh}$
④	$\sigma_{\max}=3\dfrac{wL^2}{bh^2}$	$\tau_{\max}=\dfrac{3}{2}\dfrac{wL}{bh}$

| 해설 | (1) 지점 반력

$$\sum M_B=0:\ R_A(2L)+wL\left(\frac{L}{2}\right)=0$$

$$\therefore R_A=-\frac{wL}{4}(\downarrow)$$

$$\sum V=0:\ R_A+R_B-wL=0$$

$$\therefore\ R_B=wL-R_A=\frac{5wL}{4}(\uparrow)$$

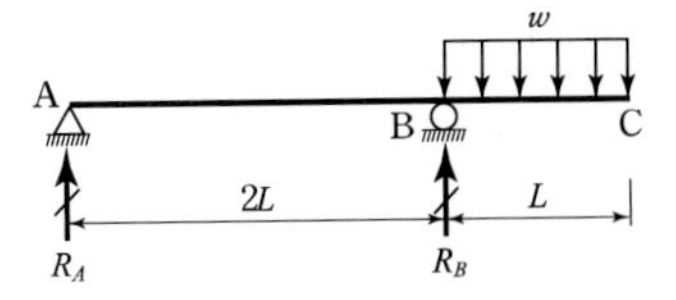

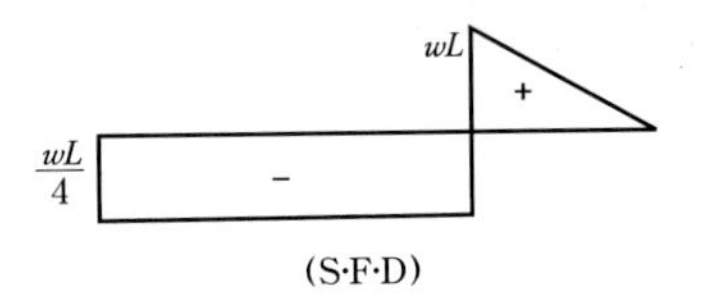

(S·F·D)

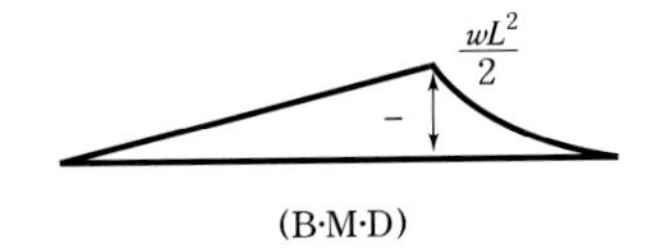

(B·M·D)

(2) 최대 휨응력

$$\sigma_{\max}=\frac{M_{\max}}{Z}=\frac{\left(\dfrac{wL^2}{2}\right)}{\dfrac{bh^2}{6}}=\frac{3wL^2}{bh^2}$$

(3) 최대 전단응력

$$\tau_{\max}=\frac{3}{2}\cdot\frac{S_{\max}}{A}=\frac{3}{2}\cdot\frac{wL}{bh}$$

답 : ④

6 조립보의 해석

두 개의 단면을 못이나 볼트 등으로 연결하여 일체가 되도록 만든 보를 조립보라 하며 전단류의 개념으로 해석한다.

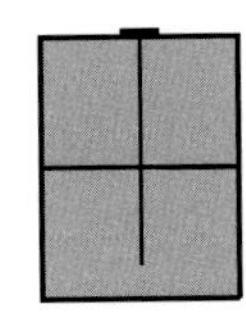

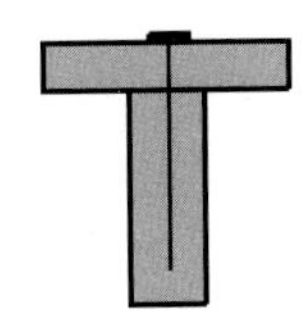

(1) 보의 전단류(f)

$$f=\tau b=\frac{VQ}{I}$$

(2) 연결재의 간격 설계

연결재에 작용하는 전단력은 연결재의 재질에 따른 허용전단력보다 작아야 한다는 조건을 이용하여 설계한다.

1) 1열 배치된 경우

연결재가 받는 전단력 : fs

연결재의 허용 전단력을 F라 하면

$fs \le F$에서 $s \le \dfrac{F}{f} = \dfrac{IF}{VQ}$

2) 2열 배치된 경우

연결재가 받는 전단력 : $\dfrac{fs}{2}$

연결재의 허용 전단력을 F라 하면

$\dfrac{fs}{2} \le F$에서 $s \le \dfrac{2F}{f} = \dfrac{2IF}{VQ}$

8.3 보의 주응력

휨을 받는 부재에서는 y방향의 수직 응력이 발생하지 않는다. 따라서 수직하중을 받는 보는 $\sigma_y = 0$이므로 σ_x와 τ만 고려한다.

1 주응력

(1) 주응력의 크기 : $\sigma_{\frac{1}{2}} = \dfrac{\sigma}{2} \pm \sqrt{\left(\dfrac{\sigma}{2}\right)^2 + \tau^2}$

(2) 주응력면의 방향 : $\tan 2\theta_p = \dfrac{2\tau}{\sigma}$

2 주전단응력

(1) 주전단응력의 크기 : $\tau_{\frac{1}{2}} = \pm \sqrt{\left(\dfrac{\sigma}{2}\right)^2 + \tau^2}$

(2) 주전단응력면의 방향 : $\theta_s = \theta_p \pm 45^\circ$

$\therefore \tan 2\theta_s = -\cot 2\theta_p = -\dfrac{\sigma}{2\tau}$

3 모아(Mohr)의 응력원

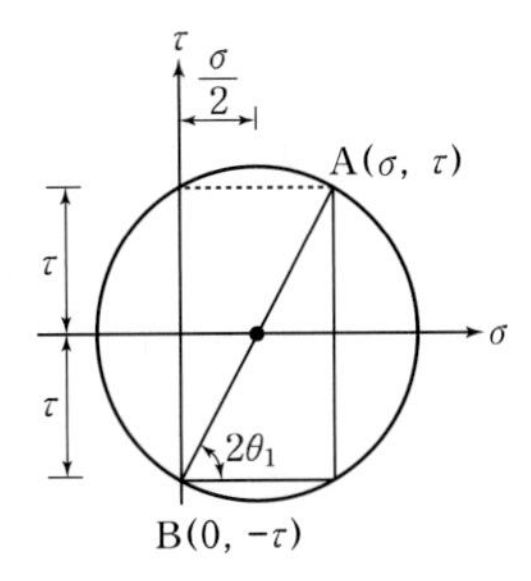

- 점의 좌표 $A(\sigma,\ \tau)$, $B(0, -\tau)$
- 반지름 $R=\sqrt{\left(\frac{\sigma}{2}\right)^2+\tau^2}$
- 중심좌표 $\left(\frac{\sigma}{2},\ 0\right)$

(1) 주응력

① 주응력의 크기

$$\sigma_{\frac{1}{2}}=\frac{\sigma}{2}\pm R=\frac{\sigma}{2}\pm\sqrt{\left(\frac{\sigma}{2}\right)^2+\tau^2}$$

② 주응력 방향

$$\tan 2\theta_p=\frac{2\tau}{\sigma}$$

(2) 주전단응력

① 주전단응력의 크기

$$\tau_{\frac{1}{2}}=\pm R=\pm\sqrt{\left(\frac{\sigma}{2}\right)^2+\tau^2}$$

② 주전단응력 방향

$$\theta_s=\theta_p\pm 45^\circ$$

$$\begin{aligned}\therefore\ \tan 2\theta_s &=\tan 2(\theta_p\pm 45^\circ)\\ &=\tan(90^\circ\pm 2\theta_p)\\ &=-\cot 2\theta_p\\ &=-\frac{\sigma}{2\tau}\end{aligned}$$

핵심예제 8-26 [10 지방직 9급]

다음 그림과 같이 연직하중을 받는 단순보의 B점에서 최대 주응력의 크기[kPa]는?

① 0
② 500
③ 750
④ 1,100

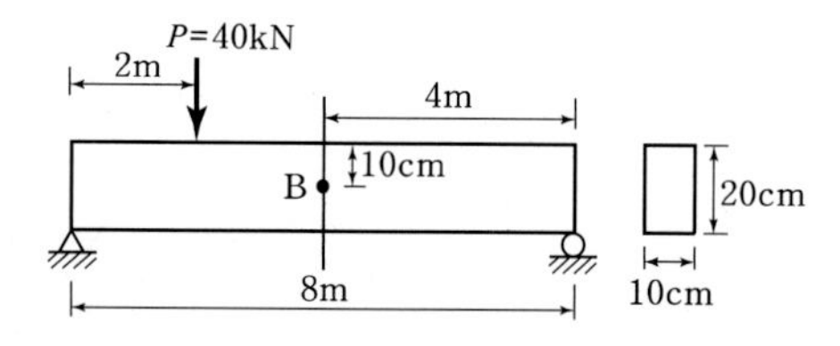

| 해설 | (1) 지점반력

$\sum M_A = 0: \ 40(2) - R_C(8) = 0$

$\therefore R_C = 10\text{kN}(\uparrow)$

$\sum V = 0$

$R_A + R_C + 40 = 0$

$\therefore R_A = 30\text{kN}(\uparrow)$

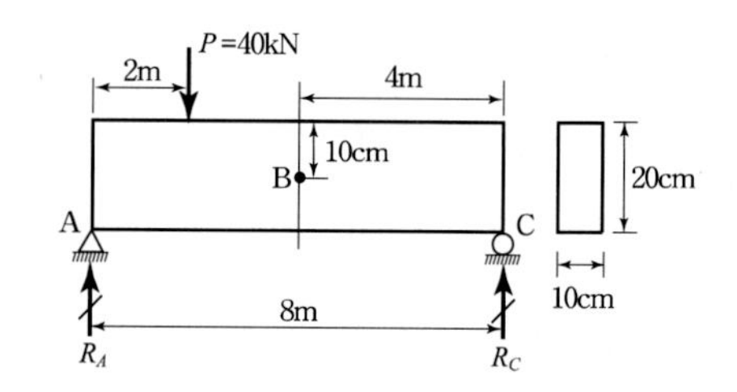

(2) B점의 응력

B점은 도심축상에 있으므로 휨응력은 0이다.

전단응력$(\tau_B) = \dfrac{3}{2} \cdot \dfrac{S}{A} = \dfrac{3}{2} \cdot \dfrac{(-10\times10^3)}{100(200)} = \dfrac{3}{4}$

$= -0.75\,\text{MPa} = -750\,\text{kPa}$

최대주응력$(\sigma_1) = \dfrac{\sigma}{2} + \sqrt{\left(\dfrac{\sigma}{2}\right)^2 + \tau_{xy}{}^2}$

$= \sqrt{(-750)^2} = 750\,\text{kPa}$

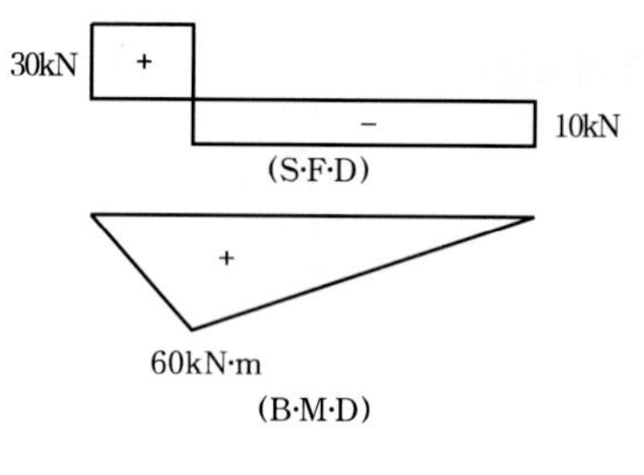

답 : ③

4 주응력 계산이 필요한 경우

(1) 지간이 짧은 보에서 휨모멘트가 작고 전단력이 큰 경우
(2) 캔틸레버의 지점에서 최대전단력과 최대휨모멘트가 생기는 경우
(3) I형 단면의 보에서 플랜지와 웨브의 경계면에서 주응력이 휨응력보다 큰 경우
(4) RC보에서 사인장 파괴가 예상되는 경우
(5) 지간이 짧고 단면이 큰 부재에서 종방향(섬유방향)의 전단응력이 생기는 경우

5 보의 응력

보는 기본적으로 휨응력과 전단응력이 작용하므로 두 응력의 조합작용을 고려하여야 한다.

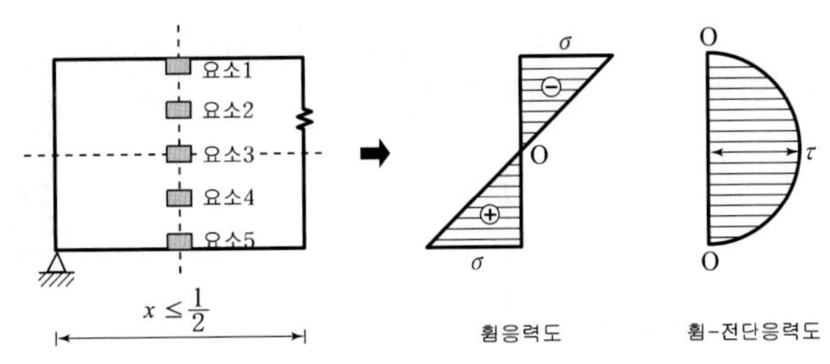

휨응력도　　휨-전단응력도

	응력상태(경사면응력)	Mohr의 응력원	주응력과 주전단응력
요소 1단면	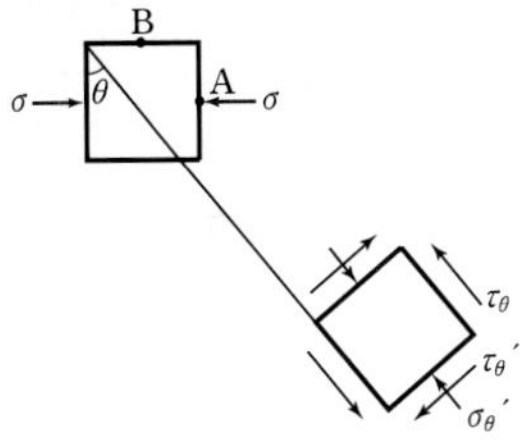	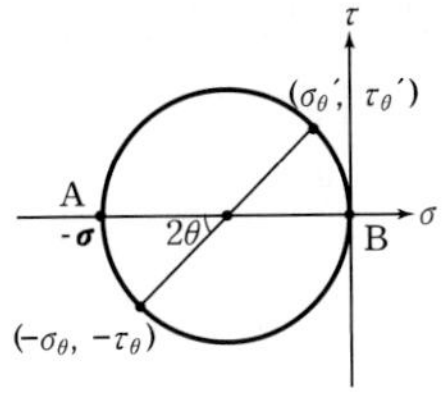	$\sigma_{1,2} = -\sigma, 0$ $\tau_{1,2} = \pm \frac{\sigma}{2}$
요소 2단면	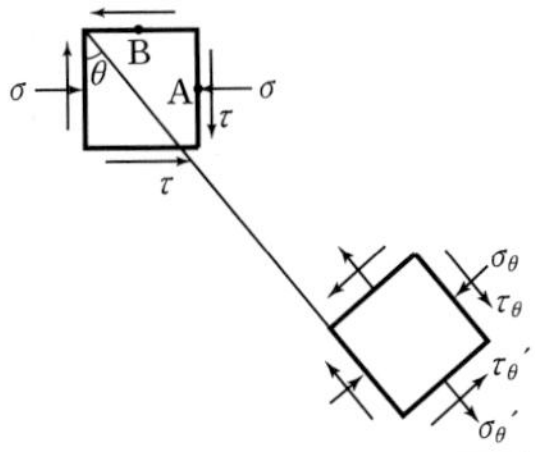	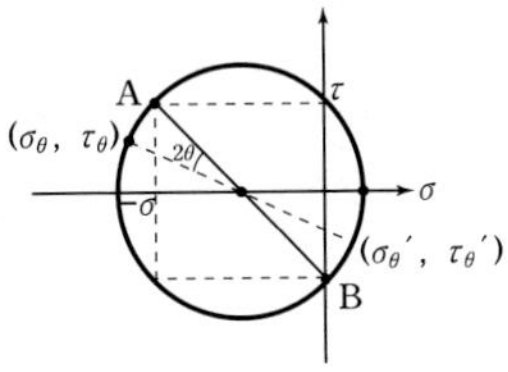	$\sigma_{1,2} = \frac{\sigma}{2} \pm \sqrt{\left(\frac{\sigma}{2}\right)^2 + \tau^2}$ $\tau_{1,2} = \pm \sqrt{\left(\frac{\sigma}{2}\right)^2 + \tau^2}$
요소 3단면	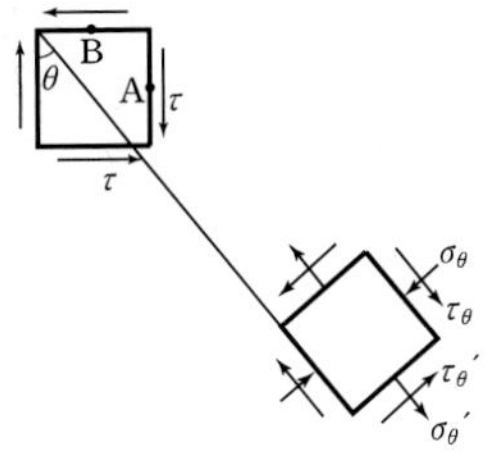	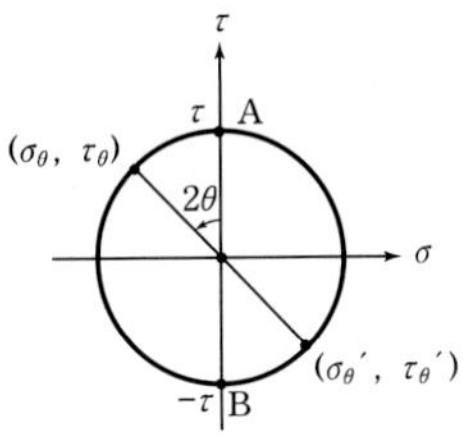	$\sigma_{1,2} = \pm \tau$ $\tau_{1,2} = \pm \tau$
요소 4단면	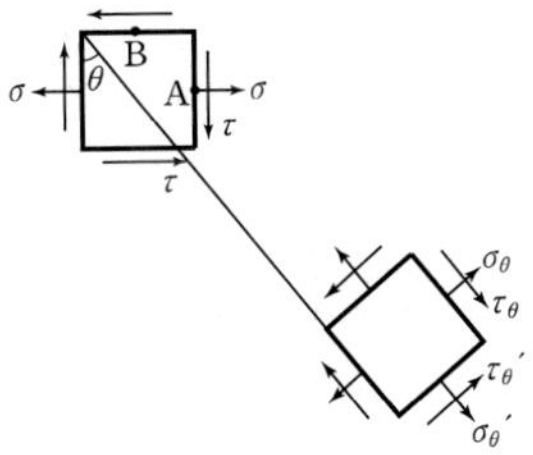	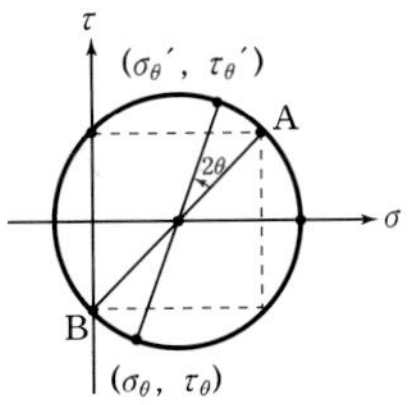	$\sigma_{1,2} = \frac{\sigma}{2} \pm \sqrt{\left(\frac{\sigma}{2}\right)^2 + \tau^2}$ $\tau_{1,2} = \pm \sqrt{\left(\frac{\sigma}{2}\right)^2 + \tau^2}$
요소 5단면	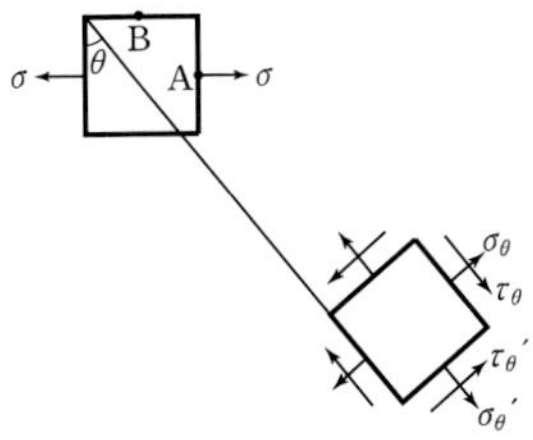	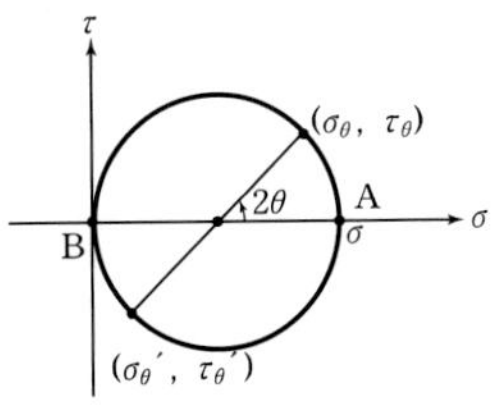	$\sigma_{1,2} = \sigma, 0$ $\tau_{1,2} = \pm \frac{\sigma}{2}$

핵심예제 8-27 [09 국가직 9급]

다음 그림과 같이 두 개의 집중하중을 받는 단순보의 내부에서 발생하는 응력을 관찰하기 위하여 A, B, C, D, E점을 선정하였다. 각 점의 응력상태를 기술한 것 중 옳지 않은 것은? (단, A, B, E점은 단면의 상연과 하연에 위치한다)

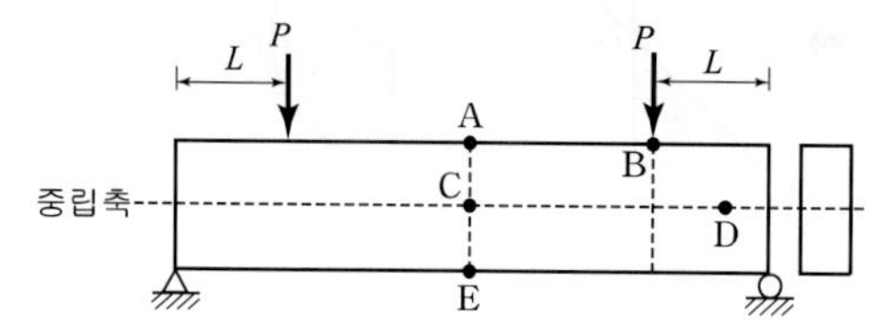

① A점과 B점의 주응력은 같다.
② C점의 주응력은 중립축과 45도 각을 이루는 면에 발생한다.
③ D점의 최대 및 최소 주응력은 최대 전단응력과 크기가 같다.
④ E점에는 인장 주응력이 발생한다.

| 해설 | C점은 첫째 전단력이 0(zero)이므로 전단응력이 발생하지 않고, 둘째 중립축이므로 휨응력이 생기지 않게 된다. 따라서 C점은 무응력 상태이므로 주응력과 주전단응력 모두 0(zero)이 된다.

답 : ②

핵심예제 8-28 [10 국가직 9급]

다음 그림과 같이 수직력이 작용되는 단순보에 부득이하게 작은 구멍을 뚫어야 하는 상황이 발생하였다. 보 구조물에 가장 피해를 적게 입히는 구멍의 위치는?

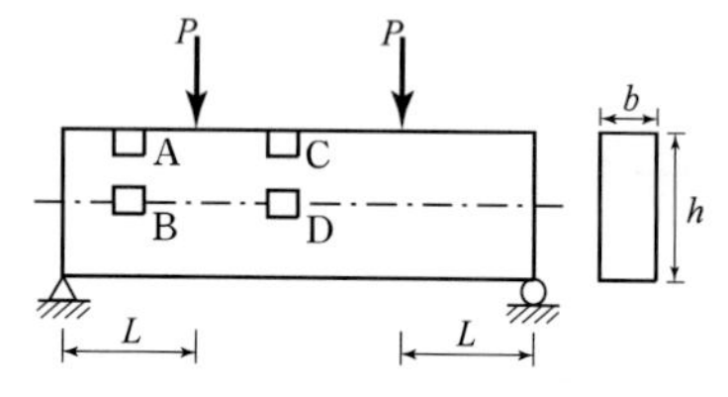

① A　　② B
③ C　　④ D

| 해설 | 중앙점의 휨모멘트는 PL이지만 도심에 위치한 D점의 휨응력은 0이고, D점의 전단력(V_d)이 0이므로 전단응력도 0이다.
∴ 부재의 중앙단면의 도심 D에는 응력이 작용하지 않으므로 구멍을 뚫어도 응력집중이 생기지 않게 된다.

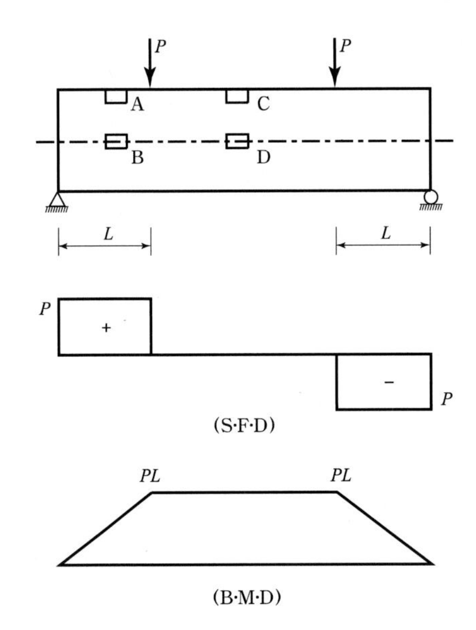

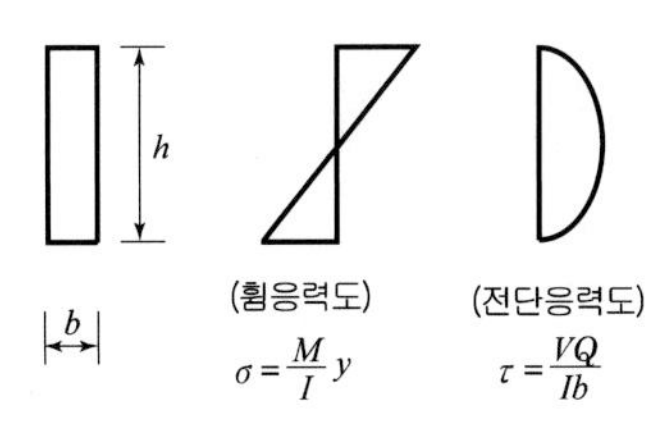

답 : ④

8.4 휨과 비틀림의 조합응력

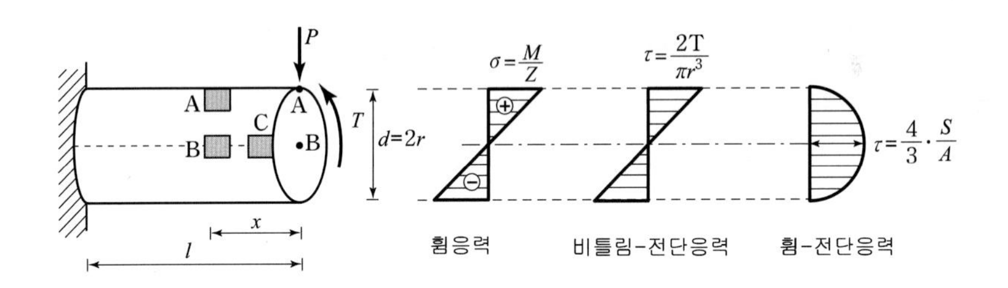

1 요소 A단면

휨응력과 비틀림 전단응력이 동시에 작용

- $\sigma = \frac{M}{Z} = \frac{4M}{\pi r^3} \, (M = Px)$
- $\tau = \frac{2T}{\pi r^3}$

(1) 주응력의 크기

$$\sigma_{\frac{1}{2}} = \frac{\sigma}{2} \pm \frac{1}{2}\sqrt{\sigma^2 + 4\tau^2}$$

$$= \frac{2M}{\pi r^3} \pm \frac{1}{2}\sqrt{\left(\frac{4M}{\pi r^3}\right)^2 + 4\left(\frac{2T}{\pi r^3}\right)^2}$$

$$= \frac{2}{\pi r^3}\left(M \pm \sqrt{M^2 + T^2}\right)$$

$$= \frac{M_e}{Z}$$

∴ 등가 휨모멘트 : $M_e = \frac{1}{2}\left(M \pm \sqrt{M^2 + T^2}\right)$

(2) 주전단응력의 크기

$$\tau_{\frac{1}{2}} = \pm \frac{1}{2}\sqrt{\sigma^2 + 4\tau^2}$$

$$= \pm \frac{1}{2}\sqrt{\left(\frac{4M}{\pi r^3}\right)^2 + 4\left(\frac{2T}{\pi r^3}\right)^2}$$

$$= \pm \frac{2}{\pi r^3}\sqrt{M^2 + T^2}$$

$$= \pm \frac{T_e}{I_p} r$$

∴ 등가 비틀림 모멘트 : $T_e = \sqrt{M^2 + T^2}$

2 요소 B단면 : 휨-전단응력만 작용(순수전단)

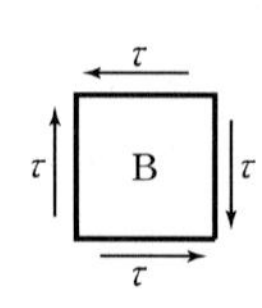

- $\tau = \frac{4}{3} \cdot \frac{S}{A} = \frac{4P}{3\pi r^2}$

(1) 주응력의 크기

- $\sigma_1 = \sigma_{\max} = \tau$
- $\sigma_2 = \sigma_{\min} = -\tau$

(2) 주전단응력의 크기

- $\tau_1 = \tau_{\max} = \tau$
- $\tau_2 = \tau_{\min} = -\tau$

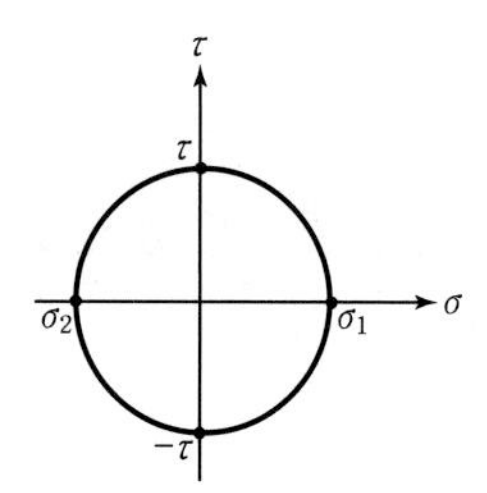

(Mohr의 응력원)

3 요소 C단면

휨-전단응력과 비틀림 전단응력이 동시에 작용(순수전단)

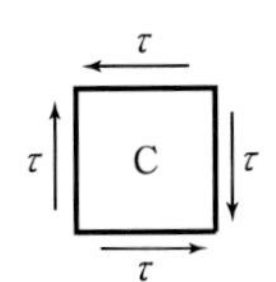

$$\tau = \frac{4}{3}\cdot\frac{S}{A} + \frac{Tr}{I_p}$$

$$= \frac{4P}{3\pi r^2} + \frac{2T}{\pi r^3}$$

(1) 주응력 크기

$\sigma_{\frac{1}{2}} = \pm\tau$

(2) 주전단응력의 크기

$\tau_{\frac{1}{2}} = \pm\tau$

핵심예제 8-29 [16 국가직]

그림과 같이 길이 L인 원형 막대의 끝단에 길이 $\frac{L}{2}$의 직사각형 막대가 직각으로 연결되어 있다. 직사각형 막대의 끝에 $\frac{P}{4}$의 하중이 작용할 때, 고정지점의 최상단 A점에서의 전단응력은? (단, 원형 막대의 직경은 d이고, 자중은 무시한다)

① $\frac{4P}{3\pi d^2}$

② $\frac{2PL}{\pi d^3}$

③ $\frac{4PL}{\pi d^3}$

④ $\frac{8PL}{\pi d^3}$

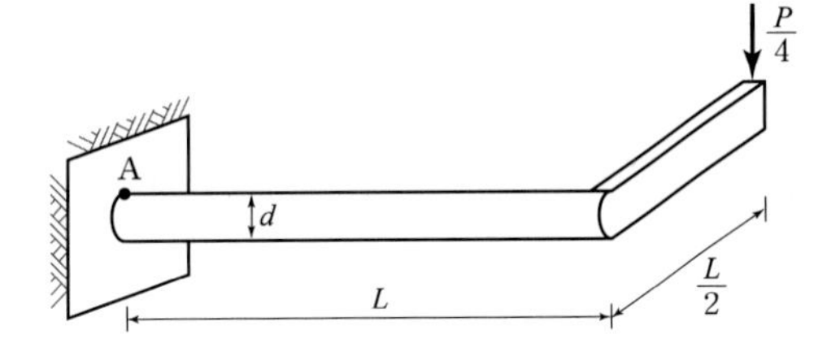

| 해설 | A점 상단에서는 비틀림에 의한 최대전단응력이 작용하므로

$$\tau_{\max} = \frac{16T}{\pi d^3} = \frac{16\left(\frac{P}{4}\times\frac{L}{2}\right)}{\pi d^3} = \frac{2PL}{\pi d^3}$$

보충 단면 최상단 A의 응력상태

- 최대비틀림-전단응력
- 최대휨응력 : $\sigma_{\max} = \frac{M}{Z} = \frac{8PL}{\pi d^3}$
- 휨-전단응력은 0이다.

답 : ②

8.5 전단중심

1 전단중심(Shear Center)

전단응력의 합력이 통과하는 점으로 비틀림이 생기지 않는 특정한 점을 전단중심(또는 휨중심)이라 한다.

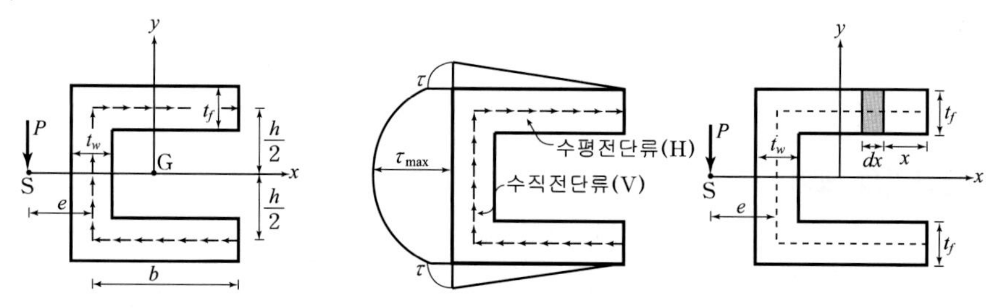

(1) 수평전단력의 크기

$$H = \frac{Pb^2 h t_f}{4I_x}$$

(2) 전단중심거리(e)

$$e = \frac{Hh}{P} = \frac{b^2 h^2 t_f}{4I_x}$$

여기서, $I_x = \frac{t_w h^3}{12} + \frac{t_f bh^2}{2} = \frac{h^2}{2}\left(\frac{t_w}{6}h + t_f b\right)$

$$= \frac{h^2}{2}\left(\frac{A_w}{6} + A_f\right)$$

$t_w = t_f = t$ 일 때

- $I_x = \frac{th^2}{12}(6b+h)$
- $H = \frac{3b^2}{h(6b+h)}$
- $e = \frac{3b^2}{(6b+h)}$

2 전단중심의 위치

(1) 2축 대칭 단면의 전단중심은 도심과 일치한다.
(2) 1축 대칭단면의 전단중심은 대칭축상에 있다.
(3) 중심선이 1점에서 교차하는 얇은 개단면의 전단중심은 중심선의 교점과 일치한다.
(4) 기타의 경우는 평형방정식에 의해 계산한다.

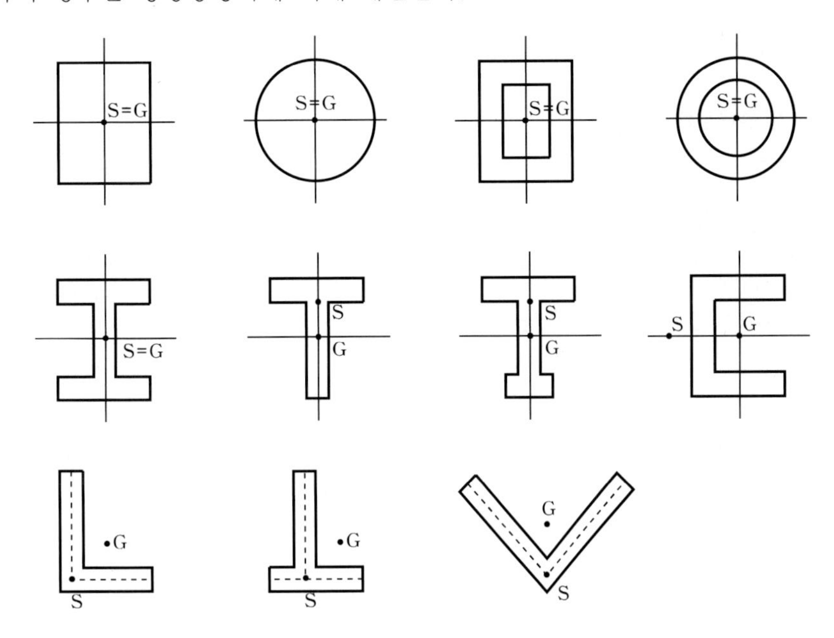

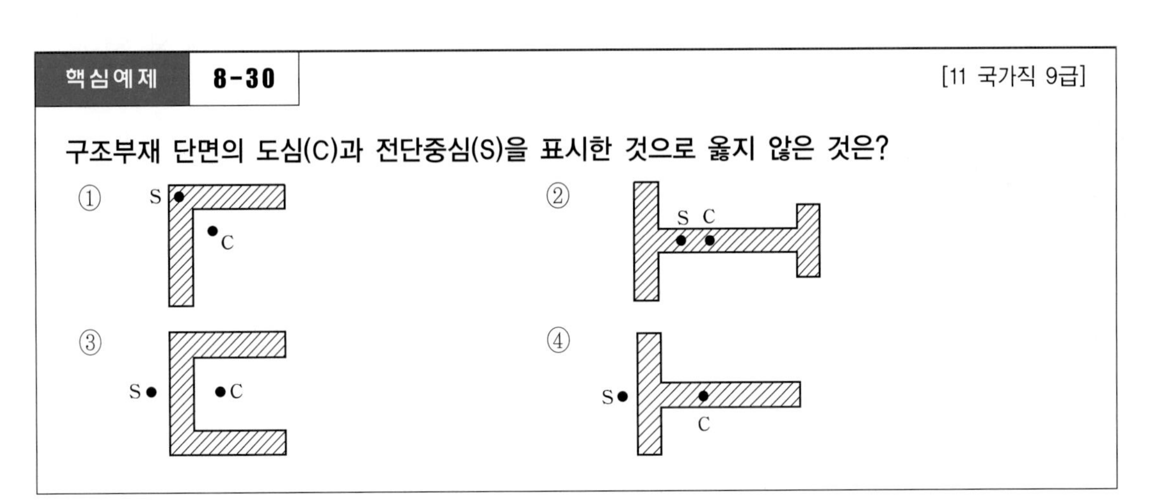

핵심예제 8-30 [11 국가직 9급]

구조부재 단면의 도심(C)과 전단중심(S)을 표시한 것으로 옳지 않은 것은?

①, ②, ③, ④

| 해설 | 두께가 얇은 개단면의 전단 중심은 중심선의 교점이다.

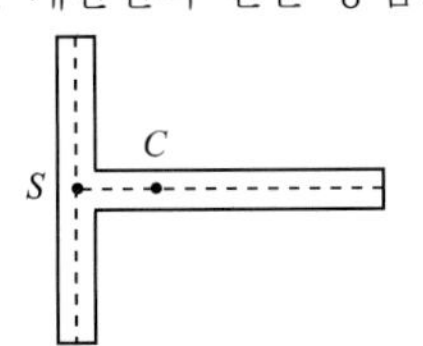

답 : ④

출제 및 예상문제

출제유형단원

- □ 휨응력
- □ 보의 주응력
- □ 전단중심과 전단 흐름
- □ 전단응력(휨–전단응력)
- □ 휨과 비틀림의 조합응력

내친김에 문제까지 끝내보자!

1 다음 설명 중 옳지 않은 것은?

① 굽힘 응력도는 직선변화한다.
② 중립축은 보통 단면의 도심축을 통과한다.
③ 굽힘 응력도는 중립축으로부터의 거리에 비례한다.
④ 휨응력도는 동일 높이에서 최대 휨모멘트가 생기는 곳에서 최대이다.
⑤ 굽힘응력도는 중립축에서 0이 되고 지점에서 최대가 된다.

2 보의 중앙에 집중하중 P가 작용하는 직사각형 단면의 최대 휨응력에 대한 설명으로 옳지 않은 것은?

① 하중에 비례한다.
② 지간에 비례한다.
③ 모멘트에 비례한다.
④ 높이의 자승에 비례한다.
⑤ 폭에 반비례한다.

정 답 및 해 설

해설 **1**

굽힘(휨)응력도는 중립축에서 0이고, 상·하연에서 최대이며 지점에서는 영이다.

보충 보의 응력도

① 휨응력도

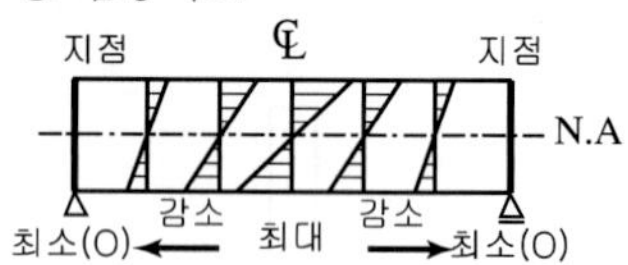

② 전단응력도

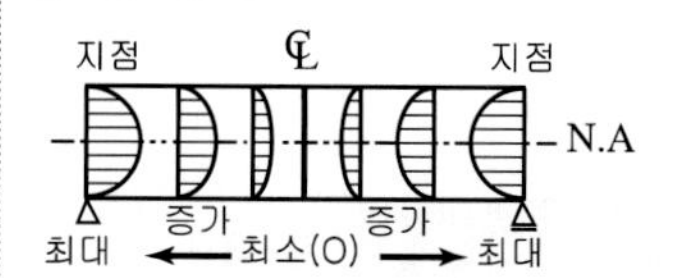

해설 **2**

대칭단면이므로

$$\sigma_{\max} = \frac{M}{Z} = \frac{\frac{PL}{4}}{\frac{bh^2}{6}} = \frac{3PL}{2bh^2}$$

∴ 휨응력은 높이의 제곱에 반비례한다.

정답 1. ⑤ 2. ④

3 그림과 같은 단면보가 휨모멘트 $M=90\text{kN}\cdot\text{m}$를 받을 때 중립축에서 10cm 떨어진 단면에서의 휨응력의 절대치[MPa]는?

① 15
② 20
③ 25
④ 30
⑤ 35

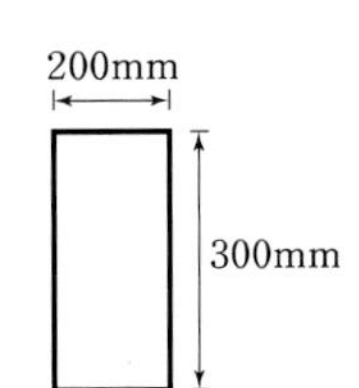

4 폭 b, 높이 h인 직사각형 단면의 최대 휨응력을 구하는 식으로 옳은 것은? (단, M은 외력모멘트이다)

① $\dfrac{M}{bh}$
② $\dfrac{M}{bh^2}$
③ $\dfrac{6M}{bh}$
④ $\dfrac{6M}{bh^2}$
⑤ $\dfrac{M}{6bh}$

5 길이가 10m이고 단면이 20cm×40cm인 보에 최대휨모멘트가 500kN·m 작용할 때 이보의 최대 휨응력[MPa]은? (단, 부호는 인장응력⊕, 압축응력 ⊖이다)

① ±61.47
② ±72.48
③ ±78.54
④ ±83.45
⑤ ±93.75

정 답 및 해 설

해설 **3**

$$\sigma=\frac{M}{I}y$$
$$=\frac{90\times10^6}{\frac{200(300^3)}{12}}\times100$$
$$=20\,\text{MPa}$$

보충 휨응력 공식

- 일반식 : $\sigma=\dfrac{M}{I}y$
- 최대 휨응력 : $\sigma_{\max}=\dfrac{M}{Z}$

해설 **4**

$$\sigma_{\max}=\frac{M}{Z}=\frac{6M}{bh^2}$$

해설 **5**

$$\sigma_{\max}=\pm\frac{M}{Z}$$
$$=\pm\frac{6M}{bh^2}$$
$$=\pm\frac{6(500\times10^6)}{200(400^2)}$$
$$=\pm93.75\,\text{MPa}$$

정답 3. ② 4. ④ 5. ⑤

6 폭 10cm, 높이 20cm인 구형단면의 보가 $M=160$kN·m의 휨모멘트를 받을 때 상·하단의 연응력[MPa]은?

① ± 160
② ± 210
③ ± 240
④ ± 280
⑤ ± 320

7 단면이 15cm×30cm인 구형단면을 가진 보에 180kN·m의 절대최대휨모멘트가 작용할 때 최대휨응력[MPa]은?

① $\sigma_{max}=\pm 80$
② $\sigma_{max}=\pm 90$
③ $\sigma_{max}=\pm 100$
④ $\sigma_{max}=\pm 60$
⑤ $\sigma_{max}=\pm 70$

8 폭 30cm, 높이 40cm의 직사각형 단면보에 100kN·m의 휨모멘트가 작용할 때 최대휨응력 [MPa]은?

① ± 123
② ± 124
③ ± 125
④ ± 126
⑤ ± 127

정 답 및 해 설

해설 **6**

$$\sigma_{max}=\pm\frac{M}{Z}=\pm\frac{6M}{bh^2}=\pm\frac{6(160\times10^6)}{100(200^2)}=\pm 240\,\text{MPa}$$

해설 **7**

$$\sigma_{max}=\pm\frac{M}{Z}=\pm\frac{6M}{bh^2}=\pm\frac{6(180\times10^6)}{150(300^2)}=\pm 80\,\text{MPa}$$

해설 **8**

$$\sigma_{max}=\pm\frac{M}{Z}=\pm\frac{6M}{bh^2}=\pm\frac{6(100\times10^6)}{300(400^2)}=\pm 12.5\,\text{MPa}$$

정답 6. ③ 7. ① 8. ③

정 답 및 해 설

9 지름 40cm인 통나무에 자중과 하중에 의한 외력모멘트 100kN·m가 작용할 때 최대응력[MPa]은? (단, π는 3으로 한다)

① 16.00
② 16.67
③ 17.00
④ 17.67
⑤ 18.00

해설 **9**

$$\sigma_{\max} = \frac{M}{Z} = \frac{M}{\frac{\pi d^3}{32}} = \frac{100 \times 10^6}{\frac{3(400^3)}{32}} = 16.67\,\text{MPa}$$

10 다음과 같은 단순보위에 10kN/m의 등분포하중이 만재되었고 그 위를 40kN의 집중하중이 이동할 때의 최대휨응력[MPa]은? (단, 폭과 높이는 각각 12cm, 20cm이다)

① 220
② 240
③ 260
④ 140
⑤ 200

해설 **10**

$$\sigma_{\max} = \frac{M}{Z} = \frac{6M}{bh^2} = \frac{6(160 \times 10^6)}{120(200^2)} = 200\,\text{MPa}$$

$$\left\{ M = \frac{wL^2}{8} + \frac{PL}{4} = \frac{10(8^2)}{8} + \frac{40(8)}{4} = 160\,\text{kN·m} \right\}$$

보충 최대 휨모멘트($M_{\max}$)

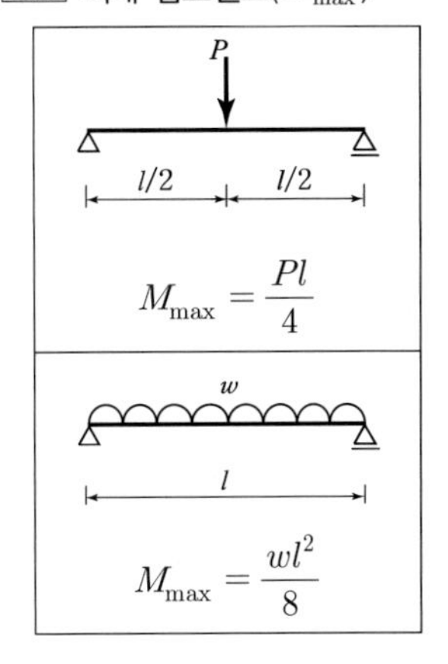

정답 9. ② 10. ⑤

정 답 및 해 설

11 그림과 같이 높이가 2m인 댐이 두께 100mm인 수직 목재보로 가설되었다. 직사각형 단면 목재보의 하단은 완전 고정되었고 물의 단위중량을 $10kN/m^3$으로 가정할 때, 목재보에 작용하는 최대 휨응력[MPa]은? [11 국가직 9급]

① 6
② 8
③ 10
④ 12

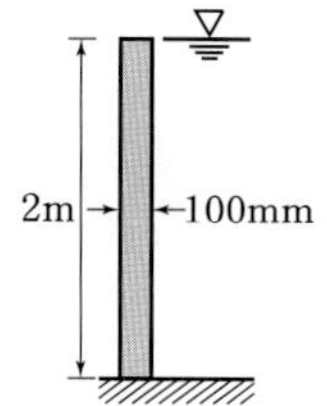

해설

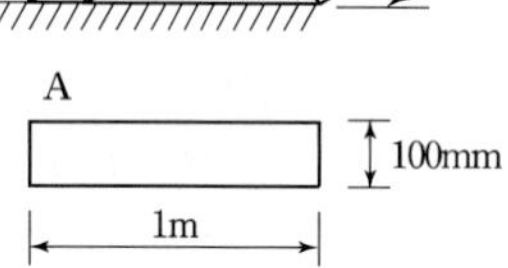

해설 **11**

(1) 전하중과 작용위치
댐은 단위폭(1m)에 대하여 설계하는 구조물이므로 $b=1\,\text{m}$이다.

- $P=\dfrac{1}{2}wh^2b$

$=\dfrac{1}{2}(10)\times(2^2)\times(1)=20\,\text{kN}$

- $y=\dfrac{h}{3}=\dfrac{2}{3}\,\text{m}$

$\therefore M_{\max}=Py=20\left(\dfrac{2}{3}\right)$

$=\dfrac{40}{3}\,\text{kN}\cdot\text{m}$

(2) 최대휨응력

$$\sigma_{\max}=\frac{M_{\max}}{Z}=\frac{\frac{40}{3}\times10^6}{\frac{1000(100^2)}{6}}$$

$=8\,\text{MPa}$

12 다음 그림과 같은 정정 게르버보에서 최대 휨응력[kPa]은? [10 국가직 9급]

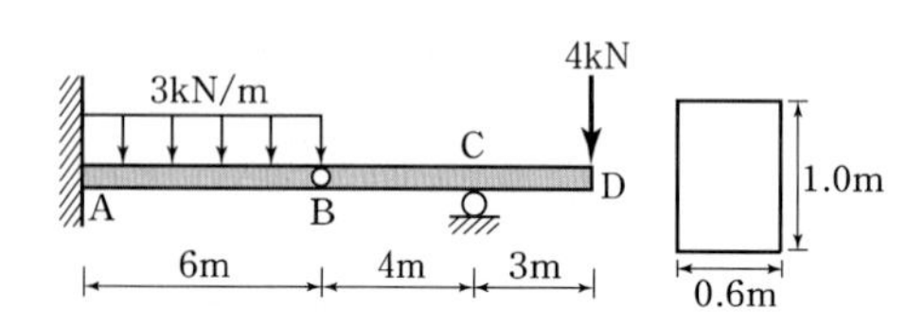

① 15 ② 120
③ 360 ④ 720

해설

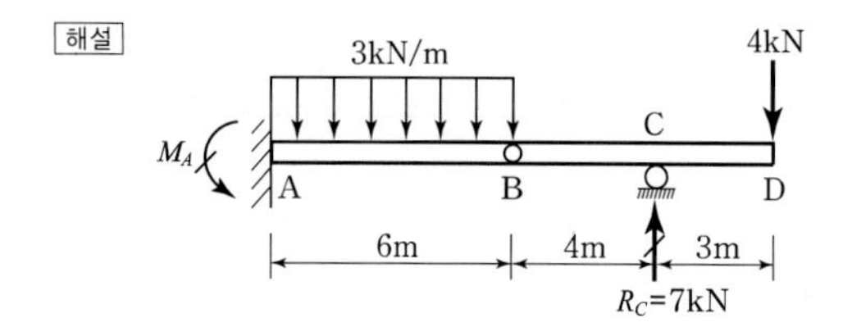

해설 **12**

(1) 지점 반력

$\Sigma M_{B(우)}=0$:
$4(7)-R_C(4)=0$
$R_C=7\,\text{kN}(\uparrow)$

(2) 최대 휨모멘트

$\Sigma M_A=0$:
$-M_A+3(6)\times\left(\dfrac{6}{2}\right)$
$-7(10)+4(13)$
$=0$
$M_A=36\,\text{kN}\cdot\text{m}(\circlearrowleft)$

(3) 최대휨응력

$\sigma_{\max}=\dfrac{M}{Z}=\dfrac{6M}{bh^2}$

$=\dfrac{6(36\times10^6)}{600(1000^2)}$

$=0.36\,\text{N/mm}^2$

$=360\,\text{kPa}$

정답 11. ② 12. ③

13 그림과 같이 보 지간 중앙점에 집중하중 P가 작용하고, 양단에 $10P$의 집중된 압축력이 단면중심에 작용하는 보에 대한 설명으로 옳지 않은 것은? [10 지방직 9급]

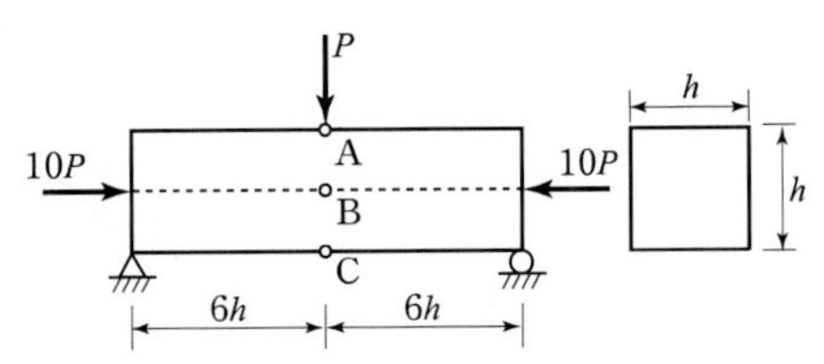

① A, B, C 위치에서 양단의 집중압축력에 의한 압축응력의 크기는 모두 $\dfrac{10P}{h^2}$이다.

② B 위치(중립축 상)에서 단부압축력과 휨으로 인한 압축응력의 크기는 $\dfrac{10P}{h^2}$이다.

③ A 위치에서 단부압축력과 휨으로 인한 압축응력의 크기는 $\dfrac{28P}{h^2}$이다.

④ C 위치에서 단부압축력과 휨으로 인한 인장응력의 크기는 $\dfrac{6P}{h^2}$이다.

14 단면이 폭 20cm, 높이 30cm인 단순보에 연응력이 $\sigma=90$MPa일 때 보가 견딜 수 있는 최대휨모멘트[kN·m]는?

① 270 ② 280
③ 290 ④ 300
⑤ 310

15 20cm×30cm인 직사각형 보의 최대휨응력이 120MPa일 때 이 보의 최대휨모멘트[kN·m]는?

① 240 ② 280
③ 320 ④ 360

정답 및 해설

해설 **13**

C 위치에서 단부압축력과 휨으로 인한 인장응력의 크기

$$\sigma_c=\frac{P}{A}-\frac{M}{Z}$$

$$=\frac{10P}{h^2}-\frac{\frac{P(12h)}{4}}{\frac{h^3}{6}}$$

$$=-\frac{8P}{h^2}\text{ (인장)}$$

해설 **14**

$$\sigma_{연단}=\frac{M_{\max}}{Z}\text{ 에서}$$

$$\therefore M_{\max}=\sigma_{연단}Z=\sigma_{연단}\left(\frac{bh^2}{6}\right)$$

$$=90\left(\frac{200\times300^2}{6}\right)$$

$$=27\times10^7\text{N·mm}$$

$$=270\text{kN·m}$$

해설 **15**

$$\sigma_{\max}=\frac{M}{Z}\text{ 에서}$$

$$M=\sigma_{\max}Z=\sigma_{\max}\left(\frac{bh^2}{6}\right)$$

$$=120\left(\frac{200\times300^2}{6}\right)$$

$$=36\times10^7\text{N·mm}$$

$$=360\text{kN·m}$$

보충 휨응력 공식

① 휨응력 일반식

$$\sigma=\frac{M}{I}y=\frac{E}{R}y$$

② 최대휨응력 공식

$$\sigma_{\max}=\frac{M}{Z}$$

정답 13. ④ 14. ① 15. ④

16 폭 $b=8\text{cm}$, 높이 $h=12\text{cm}$의 직사각형단면을 가지는 지간 $L=4\text{m}$의 단순보 중앙에 집중하중이 작용할 때 휨에 저항하기 위한 집중하중 P의 최대치[kN]는? (단, 허용응력 $\sigma_a=10\text{MPa}$이다) [국가직]

① 1.14
② 1.44
③ 1.72
④ 1.92

17 그림과 같이 단면계수 $Z=2\times10^6\text{mm}^3$ 인 단순보가 등분포하중 w를 받고 있다. 최대 휨응력(σ_{max})이 40MPa일 때 등분포하중 w의 최대 크기[kN/m]는? (단, 단순보의 자중은 무시한다) [11 지방직 9급]

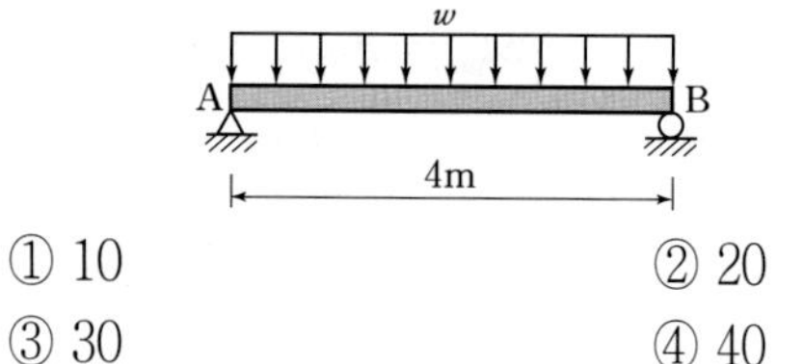

① 10 ② 20
③ 30 ④ 40

18 보의 단면폭이 20cm이고 최대휨모멘트가 100kN·m이다. 보의 허용 휨응력이 10MPa일 때 보의 최소높이 [cm]는?

① 22.5
② 25.0
③ 32.5
④ 48.5
⑤ 54.8

정 답 및 해 설

해설 **16**

$$\sigma_{max}=\frac{M}{Z}=\frac{\frac{PL}{4}}{\frac{bh^2}{6}}=\frac{3PL}{2bh^2}\le\sigma_a \text{에서}$$

$$P_{max}=\frac{2bh^2}{3L}\sigma_a=\frac{2(80)\times(120^2)}{3(4000)}\times(10)=1920\,\text{N}=1.92\,\text{kN}$$

보충 탄성설계법의 기본개념

$$\boxed{\sigma_{max}=\frac{M}{Z}\le\sigma_a}$$

- 단면계수 $Z=\frac{M}{P}\sigma_a$
- 저항모멘트 $M_r=\sigma_a Z$

해설 **17**

$$\sigma_{max}=\frac{M_{max}}{Z}=\frac{\frac{wL^2}{8}}{Z}\le\sigma_a$$

에서 $w\le\frac{8\sigma_a Z}{L^2}=\frac{8(40)\times(2\times10^6)}{(4000)^2}=40\,\text{N/mm}=40\,\text{kN/m}$

해설 **18**

$$\sigma_{max}=\frac{6M}{bh^2}\le\sigma_a \text{에서}$$

$$h=\sqrt{\frac{6M}{b\sigma_a}}=\sqrt{\frac{6(100\times10^6)}{200(10)}}=548\,\text{mm}=54.8\,\text{cm}$$

정답 16. ④ 17. ④ 18. ⑤

19 다음 설명 중 옳은 것은?

① 수직전단응력보다 수평전단응력이 크다.
② 수직전단응력보다 수평전단응력이 작다.
③ 수직전단응력과 수평전단응력의 크기는 서로 다르다.
④ 수직전단응력과 수평전단응력의 크기는 서로 같다.
⑤ 수직전단응력은 수평전단응력의 2배이다.

정 답 및 해 설

해설 **19**

요소에 생기는 전단응력은 모멘트 평형을 이루기 위해 수평전단응력과 수직전단응력이 항상 공존한다.

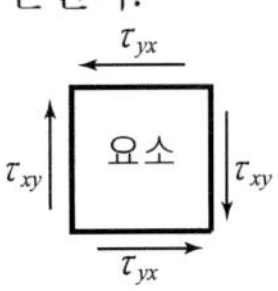

보충 비동점역계의 운동상태와 평형

요 소	운동 상태
τ_{xy} τ_{xy}	시계방향 회전운동
τ_{yx} τ_{yx}	반시계 방향 회전운동

∴ 힘의 평형을 유지하기 위해서는 수평과 수직 전단응력이 공존해야 한다.
$\tau_{xy} = \tau_{yx}$ 인 이유 :
모멘트 평형($\sum M = 0$)

20 수직하중을 받는 보에서 전단력으로 인해서 최대 전단응력이 생기는 위치로 옳은 것은? (단 보의 단면은 직사각형이다)

① 하연 ② 상연
③ 중립축 ④ 상 · 하연
⑤ 상하연과 중립축과의 중간

해설 직사각형 단면의 최대전단응력은 중립축에서 발생한다.
등분포하중을 받는 단순보의 전단응력 분포도

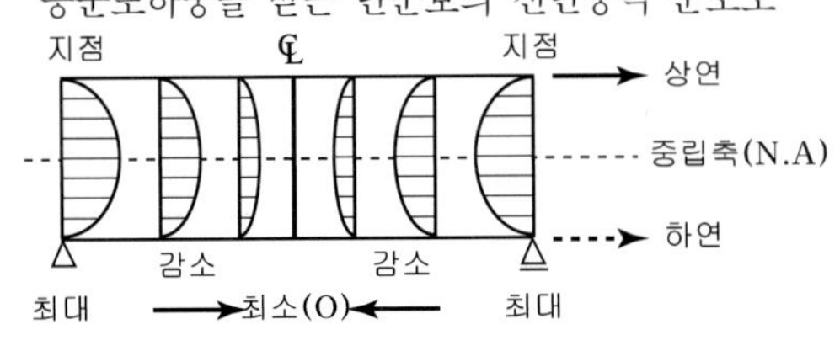

보충 최대 휨 응력
일반적으로 최대 휨응력은 보 중앙단면의 상·하연에서 발생하지만 최대 전단응력은 중립축에서 발생한다.

정답 19. ④ 20. ③

21 보의 전단응력에 대한 설명으로 옳지 않은 것은?

① 전단력에 비례한다.
② 단면 1차 모멘트에 반비례한다.
③ 단면 2차 모멘트에 반비례한다.
④ 폭에 반비례한다.
⑤ 중립면에서 최대이다.

22 다음 설명 중 옳지 않은 것은? [09 지방직 9급]

① 일정한 속력으로 직선 운동하는 물체의 가속도는 영(zero)이다.
② 일정한 속력으로 곡선 운동하는 물체의 가속도는 영(zero)이 아니다.
③ 구조물의 단면에 휨모멘트가 작용하면 연직응력이 발생하지만 전단응력은 발생하지 않는다.
④ 물 속에 잠긴 물체의 표면에 작용하는 압력은 물체 표면에 항상 수직으로 작용한다.

23 직사각형 단면의 보에서 단면적 A, 전단력을 V라 하면 이 보의 최대전단응력으로 옳은 것은?

① $\frac{V}{A}$　　② $2\frac{V}{A}$
③ $1.5\frac{V}{A}$　　④ $3\frac{V}{A}$

정 답 및 해 설

해설 **21**

$\tau=\frac{VQ}{Ib}$에서 전단응력(τ)은 중립축에 대한 단면1차모멘트(Q)에는 비례하나 중립축에 대한 단면2차모멘트(I)에는 반비례한다.

보충 보의 전단응력

전단응력 일반식

$\tau=\frac{VQ}{Ib}$ 또는 $\tau=\frac{SG}{Ib}$

최대 전단응력식 $\tau_{\max}=k_s\frac{S}{A}$

$$\begin{cases} \cdot\text{삼각형/ 사각형} : k_s=\frac{3}{2} \\ \cdot\text{원형} : k_s=\frac{4}{3} \\ \cdot\text{마름모} : k_s=\frac{9}{8} \end{cases}$$

해설 **22**

휨모멘트만 작용하는 구조물에서도 전단력이 발생할 수 있으므로 이 경우는 휨에 의한 연직응력과 전단응력이 모두 발생한다.

정답 21. ② 22. ③ 23. ③

24 직사각형 단면을 가진 보의 최대 전단응력을 구하는 식은?
(단, A : 단면적, V : 전단력, Q : 한쪽 단면의 중립축에 대한 단면1차 모멘트,M : 휨모멘트, Z : 단면계수이다)

① $\frac{3}{2}\cdot\frac{V}{A}$
② $\frac{2}{3}\cdot\frac{V}{A}$
③ $\frac{3}{4}\cdot\frac{V}{A}$
④ $\frac{VQ}{I}$
⑤ $\frac{M}{Z}$

25 폭이 b이고, 높이가 h인 직사각형 단면인 보의 최대 전단응력을 구하는 식은? (단, S는 전단력, A는 단면적, G는 한쪽 단면의 중립축에 대한 단면 1차 모멘트, I는 단면 2차 모멘트이다)

① $\frac{6S}{bh^2}$
② $1.5AS$
③ $\frac{SG}{I}$
④ $\frac{3}{2}\cdot\frac{S}{I}$
⑤ $1.5\frac{S}{bh}$

26 폭 $b=20$cm, 높이 $h=30$cm인 직사각형 단면에 $S=100$kN의 전단력이 작용할 때 최대 전단응력은?

① 1.0
② 1.5
③ 2.5
④ 3.0

27 25cm×40cm인 직사각형 단면의 보가 500kN의 전단력을 받을 때 최대 전단응력은?

① 2.5
② 5.0
③ 7.5
④ 10.0
⑤ 12.5

정 답 및 해 설

해설 **26**

$$\tau_{\max}=\frac{3}{2}\cdot\frac{S}{A}=\frac{3}{2}\times\frac{100\times10^3}{200\times300}=2.5\text{N/mm}^2=2.5\text{MPa}$$

해설 **27**

$$\tau_{\max}=\frac{3}{2}\cdot\frac{S}{A}=\frac{3}{2}\left(\frac{500\times10^3}{250\times400}\right)=7.5\text{N/mm}^2=7.5\text{MPa}$$

정답 24. ① 25. ⑤ 26. ③ 27. ③

정 답 및 해 설

28 지간길이 l, 폭 b, 높이 h인 단순보에 등분포 하중 w가 만재하여 작용할 때 중립축(N·A)에서의 최대전단응력으로 옳은 것은?

① $\frac{4wl}{3bh}$　② $\frac{4wl^2}{3bh^2}$

③ $\frac{3wl}{4bh}$　④ $\frac{3wl}{4bh^2}$

⑤ 0

29 그림과 같은 등분포하중을 받고 있는 단순보에서 최대 전단응력[MPa]은?

① 3.75
② 3.95
③ 4.15
④ 4.35

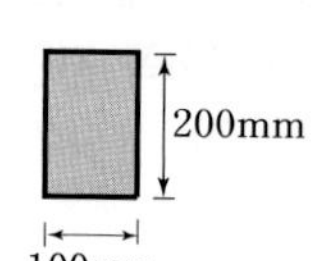

해설 $\tau_{max} = \frac{3}{2}\frac{S}{A} = \frac{3}{2}\left(\frac{50\times10^3}{100\times200}\right) = 3.75\,\text{N/mm}^2 = 3.75\,\text{MPa}$

$\left[S = \frac{wL}{2} = \frac{10(10)}{2} = 50\,\text{kN}\right]$

보충 하향의 하중이 작용하는 보의 최대전단력(S_{max})
① 단순보 S_{max} : 지점반력 중 큰 값
② 캔틸레버보 S_{max} : 고정단 반력
③ 내민보 S_{max} : 중간지점에서 발생

30 그림과 같은 구형단면의 보에서 전단력 V, 단면적 A일 때 중립축에서 $h/4$의 위치에서의 전단응력은?

① $0.374\frac{V}{A}$

② $1.125\frac{V}{A}$

③ $1.5\frac{V}{A}$

④ $2.5\frac{V}{A}$

⑤ $0.5\frac{V}{A}$

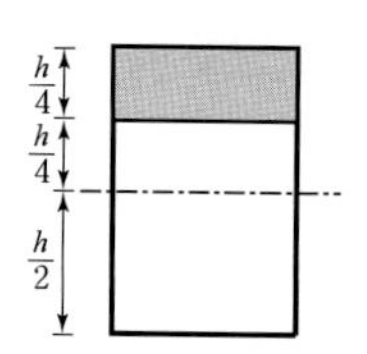

해설 **28**

$\tau_{max} = \frac{3}{2}\cdot\frac{S_{max}}{A}$
$= \frac{3}{2}\cdot\frac{\frac{wl}{2}}{bh}$
$= \frac{3}{4}\cdot\frac{wl}{bh}$

해설 **30**

$\tau = \frac{VQ}{Ib} = \frac{V\left(\frac{bh}{4}\times\frac{3}{8}h\right)}{\frac{bh^3}{12}(b)}$
$= \frac{9}{8}\frac{V}{bh} = 1.125\frac{V}{A}$

보충 사각형 단면의 전단응력도

$\tau = \frac{3}{2}\frac{S}{A}\left(1-\frac{4y^2}{h^2}\right)$

- 중립축($y=0$) $\tau = \frac{3}{2}\frac{S}{A}$
- 연단$\left(y=\frac{h}{2}\right)$ $\tau = 0$
- 4등분점$\left(y=\frac{h}{4}\right)$ $\tau = \frac{9}{8}\frac{S}{A}$

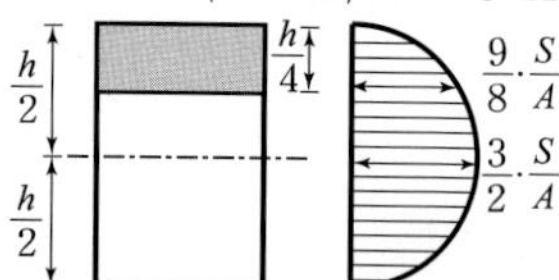

정답 28. ③ 29. ① 30. ②

31 직사각형 단면($b=20$cm, $h=30$cm)의 보에 전단력 600kN이 작용할 때 최대전단응력[MPa]은? [국가직]

① 5
② 15
③ 20
④ 25

32 단순보에 있어서 원형 단면에 분포되는 최대 전단응력은 평균전단응력($\tau_{av}=S/A$)의 몇 배인가?

① 1.0 배
② 2.0 배
③ 3/2 배
④ 1/2 배
⑤ 4/3 배

정답 및 해설

해설 **31**

$$\tau_{\max}=\frac{3}{2}\frac{S}{A}$$
$$=\frac{3}{2}\left(\frac{600\times10^3}{200\times300}\right)$$
$$=15\,\mathrm{N/mm^2}$$
$$=15\,\mathrm{MPa}$$

보충 보의 최대 전단응력

$$\tau_{\max}=k_s\cdot\frac{S}{A}$$

- 삼각형/구형 단면 : $k_s=\frac{3}{2}$
- 원형 단면 : $k_s=\frac{4}{3}$
- 마름모 단면 : $k_s=\frac{9}{8}$

해설 **32**

$$\tau_{\max}=\frac{4}{3}\frac{S}{A}=\frac{4}{3}\tau_{av}$$

보충 원형단면의 전단응력도

$$\tau_v=\frac{4}{3}\frac{S}{A}\left(1-\frac{4y^2}{d^2}\right)$$

- 중립축$(y=0)$ $\tau_v=\frac{4}{3}\frac{S}{A}$
- 연단$\left(y=\frac{d}{2}\right)$ $\tau_v=0$
- 4등분점$\left(y=\frac{d}{4}\right)$ $\tau_v=\frac{S}{A}$

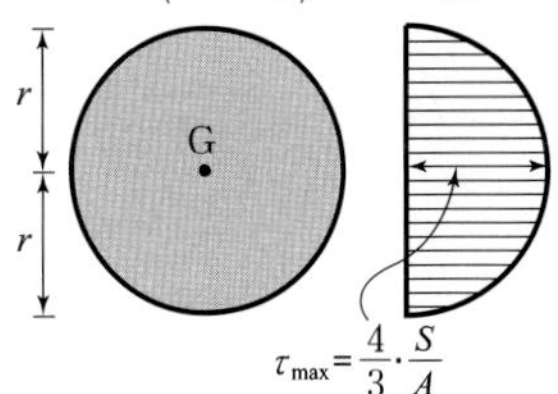

정답 31. ② 32. ⑤

33 원형 단면의 캔틸레버보에서 최대전단응력은 평균전단응력의 몇 배인가?

① $\frac{4}{3}$ 배　　② $\frac{2}{3}$ 배

③ $\frac{3}{2}$ 배　　④ $\frac{3}{4}$ 배

34 오일러-베르누이 가정이 적용되는 균일단면 보의 응력에 관한 설명으로 옳은 것은? [07 국가직 9급]

① 휨을 받는 단면에 발생하는 법선(단면에 수직) 응력은 단면 계수에 비례한다.

② 직사각형 단면 내 전단응력은 단면의 상·하 끝단에서 최대이다.

③ 휨을 받는 단면에 발생하는 법선(단면에 수직) 변형률은 중립축으로부터의 거리에 비례한다.

④ 단면이 I형인 경우 복부판(web)과 평행한 수직방향 하중이 작용할 때 단면에 작용하는 전단응력의 방향은 모두 수직방향(수직전단응력)이다.

해설 **34**

I형 단면에서 복부판과 평행한 수직한 수직하중이 작용하면 복부에는 수직전단응력, 플랜지에는 수평전단응력이 발생한다.

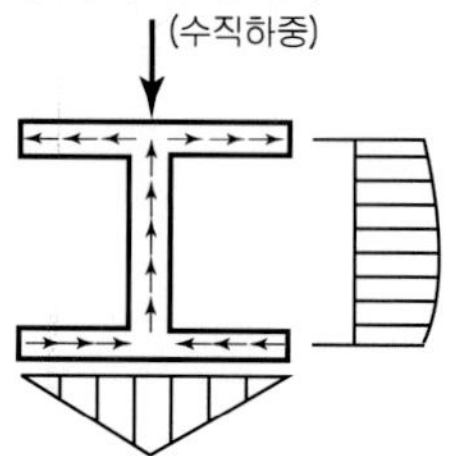

35 다음 그림과 같은 I형 단면에 도심 주축을 따라 연직방향으로 전단력 V가 작용하고 있다. 단면내에 발생하는 최대 전단응력의 크기는? (단, I는 단면 2차 모멘트이다) [10 지방직 9급]

① $\frac{45}{I}V$

② $\frac{64}{I}V$

③ $\frac{100}{I}V$

④ $\frac{122}{I}V$

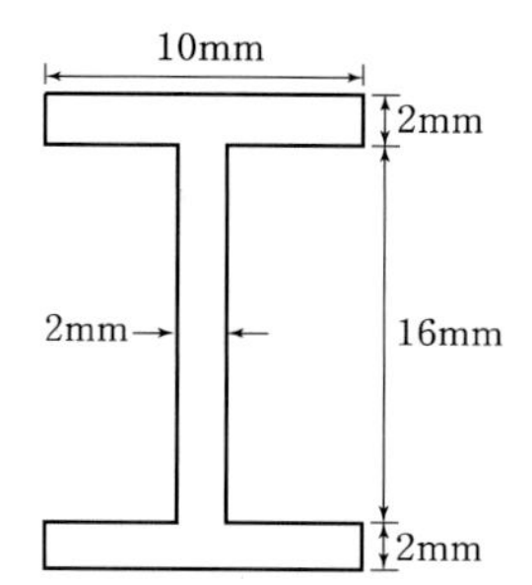

해설 **35**

$$\tau_{\max} = \frac{VQ}{Ib} = \frac{V}{I(2)} \times \left\{ \frac{10(10)^2}{2} - \frac{8(8)^2}{2} \right\} = \frac{122}{I}V$$

정답 33. ① 34. ③ 35. ④

36 동일한 단면적을 갖는 정사각형단면의 최대전단응력(τ_s)과 원형단면의 최대전단응력 (τ_c)의 비$\left(\dfrac{\tau_s}{\tau_c}\right)$는? (단, 동일한 보에 동일한 하중을 받고 있다)

① $\dfrac{7}{8}$　② $\dfrac{8}{7}$

③ $\dfrac{9}{8}$　④ $\dfrac{8}{9}$

37 단면이 10cm×30cm인 직사각형 단순보에서 자중을 포함한 등분포하중이 10kN/m로 작용할 때 이 보에 필요한 최대 지간길이[m]는? (단, 허용 휨응력 $\sigma_a = 120$MPa 허용전단응력 $\tau_a = 3$MPa이다)

① 7　② 8

③ 9　④ 10

⑤ 12

38 그림과 같이 직사각형 단면을 갖는 단순보에 하중 P가 작용하였을 경우 최대 전단응력과 최대 휨응력을 계산한 값은? [10국가직 9급]

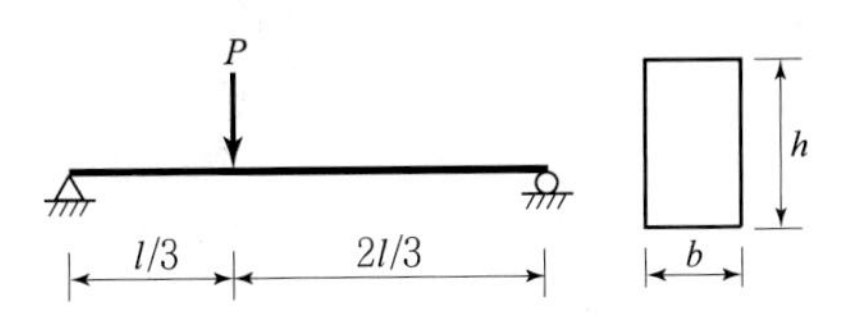

	최대 전단응력	최대 휨응력
①	$\dfrac{P}{2bh}$	$\dfrac{4Pl}{3bh^2}$
②	$\dfrac{P}{bh}$	$\dfrac{2Pl}{3bh^2}$
③	$\dfrac{P}{2bh}$	$\dfrac{2Pl}{3bh^2}$
④	$\dfrac{P}{bh}$	$\dfrac{4Pl}{3bh^2}$

정 답 및 해 설

해설 **36**

동일한 보에 동일한 하중이 작용하므로 전단력은 같다.

$$\therefore \frac{\tau_{squa}}{\tau_{cir}} = \frac{\frac{3}{2}\cdot\frac{S}{A}}{\frac{4}{3}\cdot\frac{S}{A}} = \frac{9}{8}$$

해설 **37**

(1) 휨응력 검토

$$\sigma_{\max} = \frac{M}{Z} = \frac{6wL^2}{8bh^2} = \frac{3wL^2}{4bh^2} \le \sigma_a$$

$$L \le \sqrt{\frac{4bh^2}{3w}\sigma_a} = \sqrt{\frac{4(100)(300^2)}{3(10)}(120)} = 12\times10^3\,\text{mm} = 12\,\text{m}$$

(2) 전단응력 검토

$$\tau_{\max} = \frac{3}{2}\cdot\frac{wL}{2A} = \frac{3}{2}\times\frac{10\times(12\times10^3)}{2(100\times300)} = 3\,\text{N/mm}^2 = 3\,\text{MPa}$$

∴ OK

해설 **38**

(1) 최대전단응력($\tau_{\max}$)

$$\tau_{\max} = \frac{3}{2}\frac{S_{\max}}{A} = \frac{3}{2}\frac{\frac{2}{3}P}{bh} = \frac{P}{bh}$$

(2) 최대휨응력 ($\sigma_{\max}$)

$$\sigma_{\max} = \frac{M_{\max}}{Z} = \frac{\frac{2}{9}Pl}{\frac{bh^2}{6}} = \frac{4Pl}{3bh^2}$$

정답 36. ③ 37. ⑤ 38. ④

해설

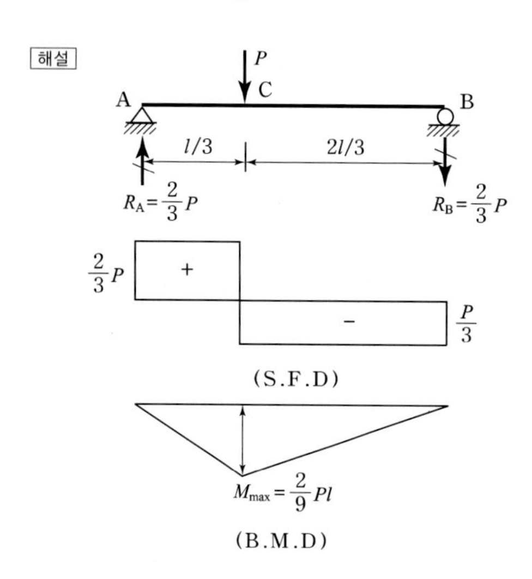

39 전 지간에 걸쳐 등분포하중(20kN/m)이 작용하고 있는 지간 12m인 단순보(사각형 단면의 폭은 100mm, 높이는 100mm)가 있다. 지점에서 4m 떨어진 점의 최대 휨응력 f [MPa]와 지간내 발생하는 최대전단응력 τ [MPa]는? [09 국가직 9급]

	f	τ		f	τ
①	1,900	6	②	1,900	18
③	1,920	18	④	1,920	6

해설

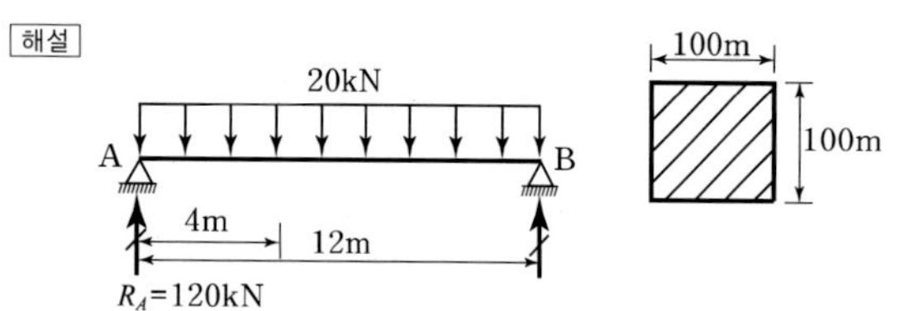

해설 **39**

(1) 지점에서 4m점의 최대 휨응력

$$f_{max}=\frac{M_C}{Z}=\frac{6M_C}{bh^2}$$

$$=\frac{6(320\times10^6)}{100(100^2)}$$

$$=1920\,\text{N/mm}^2$$

$$=1920\,\text{MPa}$$

$$\left[\begin{aligned}M_C&=R_A(4)-(20\times4)\left(\frac{4}{2}\right)\\&=120(4)-(20\times4)\left(\frac{4}{2}\right)\\&=320\text{kN}\cdot\text{m}\end{aligned}\right]$$

(2) 지간 내 최대전단응력

$$\tau_{max}=\frac{3}{2}\cdot\frac{S_{max}}{A}$$

$$=\frac{3}{2}\cdot\frac{120\times10^3}{100\times10^3}$$

$$=18\,\text{N/mm}^2=18\,\text{MPa}$$

정답 39. ③

정답 및 해설

40 그림과 같이 집중하중과 등분포하중이 동시에 작용할 때, 단순보 내부에서 발생하는 응력에 대한 설명으로 옳지 않은 것은? [09 지방직 9급]

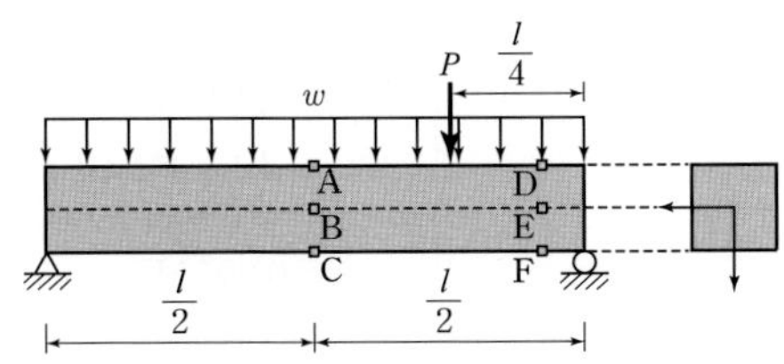

① 단순보 전구간에서 최대 휨인장응력은 C점에서 발생한다.
② E점에서 휨응력은 영(zero)이다.
③ B점에서는 전단응력만 발생한다.
④ A점에서는 휨압축응력이 발생한다

해설 **40**

$S = R_A - wx$

$= \left(\dfrac{wl}{2} + \dfrac{P}{4}\right) - wx = 0$에서

$x = \dfrac{l}{2} + \dfrac{P}{4w}$ (왼쪽지점에서의 거리)인 단면의 하단에서 최대 휨인장응력이 발생한다.

보충 분포하중이 작용하는 경우 최대 휨모멘트는 전단력이 0인 지점에서 발생하므로 C점에서 최대 휨인장응력이 발생한다고 할 수 없다.

41 보의 중립축에서 주응력의 크기는? (단, τ는 중립축에서의 전단응력이다) [서울시]

① $\pm\tau$
② $\pm 2\tau$
③ 0
④ $\pm\dfrac{\tau}{2}$
⑤ $\pm\dfrac{\tau}{4}$

해설 **41**

보의 중립축에서 수직응력은 0이고 전단응력만 존재하는 순수전단이므로

$\sigma_{\frac{1}{2}} = \dfrac{\sigma}{2} \pm \sqrt{\left(\dfrac{\sigma}{2}\right)^2 + \tau^2} = \pm\tau$

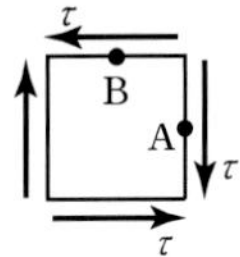

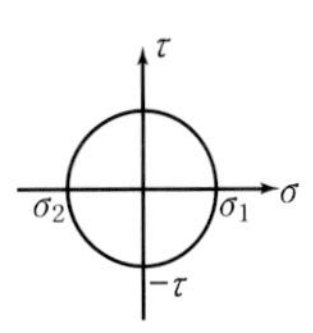

보충 응력원에 의한 방법

보의 중립축에서 $\begin{cases}\sigma = 0 \\ \tau \neq 0\end{cases}$

$A(0,\ \tau),\ B(0, -\tau)$

$\sigma_{\frac{1}{2}} = \pm\tau$

정답 40. ① 41. ①

정 답 및 해 설

42 그림과 같이 폭 0.3m, 높이 1m인 직사각형 단면을 가지는 보의 단부에 1kN의 하중이 가해지고 있을 때 보에서 발생하는 최대 전단응력은? [09 서울시 9급]

① 1kPa
② 3kPa
③ 5kPa
④ 6kPa
⑤ 10kPa

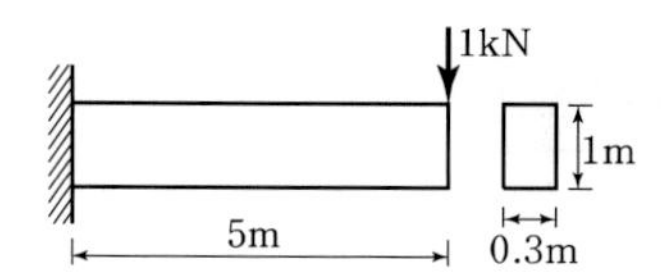

43 그림과 같은 구조물을 설계 시 전단응력에 의한 위험도를 산출해야 하는 위치는? (단, 보의 단면은 직사각형이다) [09 서울시 9급]

① C
② D
③ E
④ F
⑤ G

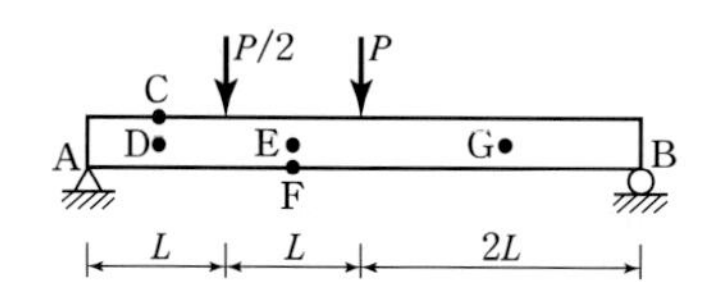

44 그림과 같은 단면을 갖는 역T형보의 하연플랜지의 탄성계수는 20GPa이고 복부의 탄성계수는 10GPa이다. 이 합성보가 휨을 받을 때 중립축의 위치는? (단, 기준면은 하연플랜지의 바닥면으로 한다)

[09 서울시 9급]

① 38mm
② 43mm
③ 48mm
④ 53mm
⑤ 58mm

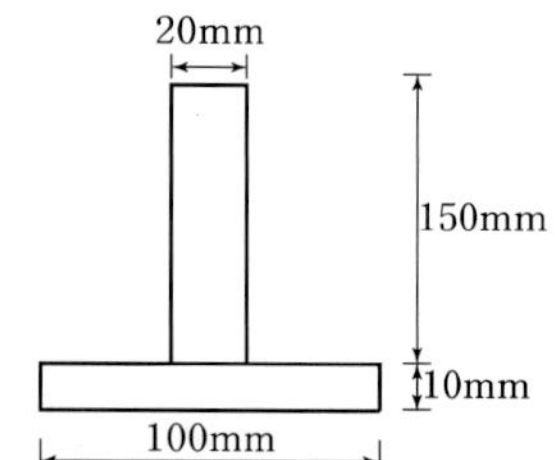

해설 **42**

$$\tau_{\max} = \frac{3}{2}\cdot\frac{S_{\max}}{A}$$
$$= \frac{3}{2}\left(\frac{P}{bh}\right)$$
$$= \frac{3}{2}\left\{\frac{1\times 10^3}{1000(300)}\right\}$$
$$= 0.005\,\text{MPa} = 5\,\text{kPa}$$

해설 **43**

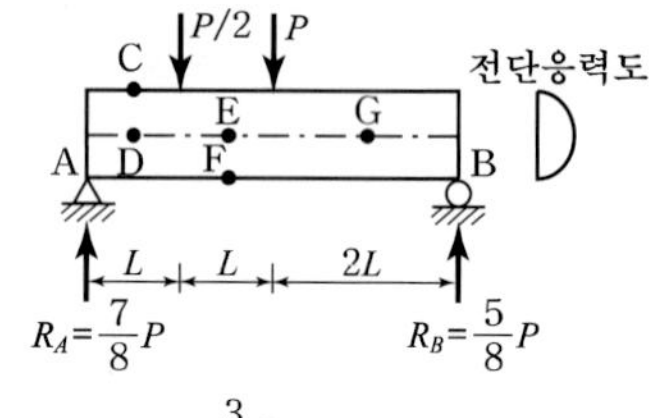

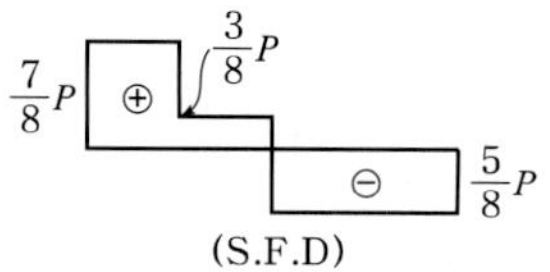

(S.F.D)

구조물 설계 시 전단응력에 의한 위험도를 산출해야 하는 위치는 최대전단응력이 발생하는 위치이므로 전단력이 최대이면서 중립축인 D점이 된다.

$$\tau_{\max} = \tau_D = \frac{3}{2}\cdot\frac{S_{\max}}{A} \le \tau_a$$

정답 42. ③ 43. ② 44. ④

해설

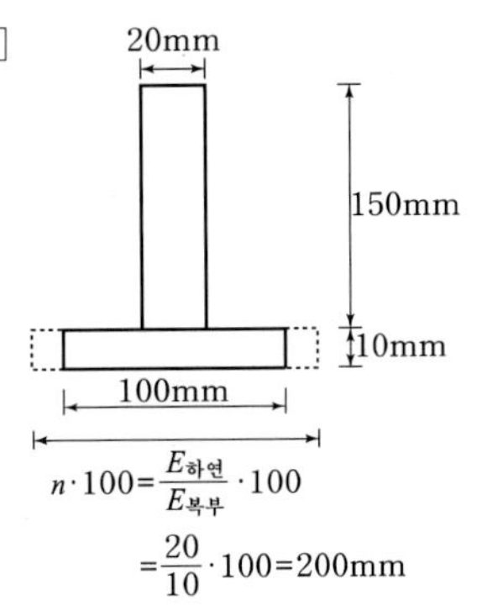

$n \cdot 100 = \frac{E_{하연}}{E_{복부}} \cdot 100$

$= \frac{20}{10} \cdot 100 = 200\text{mm}$

(1) 면적비 산정
하연플랜지를 복부에 대한 재질로 환산하여 면적비를 구하면
$A_{복부} : A_{하연플랜지} = 20(150) : 200(10) = 3 : 2$

(2) 중립축 위치
바리농 정리를 이용하여 중립축 위치를 구하면

$$y = \frac{A_{복부}y_{복부} + A_{플랜지}y_{플랜지}}{A_{복부} + A_{플랜지}} = \frac{3(85) + 2(5)}{3+2} = 53\text{mm}$$

45 다음과 같은 3개 구조물에 작용하는 전단력이 S로 동일하다면 최대 전단응력의 비는? (단, 각각의 단면적은 그림에 표기) [10 서울시 9급]

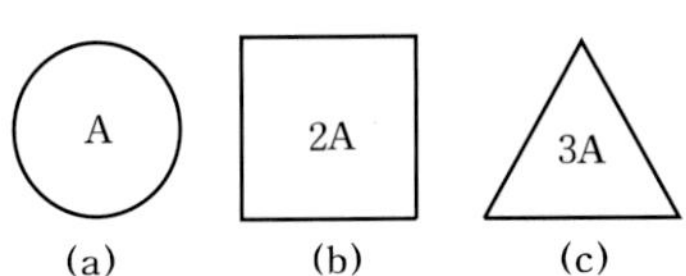

(a) (b) (c)

① $\tau_{\max,a} : \tau_{\max,b} : \tau_{\max,c} = 16 : 9 : 6$
② $\tau_{\max,a} : \tau_{\max,b} : \tau_{\max,c} = 8 : 9 : 9$
③ $\tau_{\max,a} : \tau_{\max,b} : \tau_{\max,c} = 6 : 9 : 16$
④ $\tau_{\max,a} : \tau_{\max,b} : \tau_{\max,c} = 9 : 9 : 8$
⑤ $\tau_{\max,a} : \tau_{\max,b} : \tau_{\max,c} = 9 : 6 : 16$

해설 **45**

$\tau_{a,\max} : \tau_{b,\max} : \tau_{c,\max}$
$= \frac{4}{3}\left(\frac{S}{A}\right) : \frac{3}{2}\left(\frac{S}{2A}\right) : \frac{3}{2}\left(\frac{S}{3A}\right)$
$= \frac{4}{3} : \frac{3}{4} : \frac{1}{2}$
$= 16 : 9 : 6$

정답 45. ①

46 인장하중 10kN이 작용하는 원형강봉의 최소지름은? (단, 강재의 항복강도 360MPa, 안전율 3) [10 서울시 9급]

① 9.3mm ② 10.3mm
③ 11.3mm ④ 12.3mm
⑤ 13.3mm

47 다음과 같이 길이가 π 인 봉의 양 끝단에 모멘트 M을 가하였더니, 봉의 굽은 형태가 $\frac{1}{6}$ 원의 형태가 되었다. 이 봉의 휨강성이 EI 라면 작용한 모멘트 M의 크기는? [12 국가직 9급]

① $\frac{EI}{3}$
② $\frac{EI}{4}$
③ $\frac{EI}{5}$
④ $\frac{EI}{6}$

48 다음과 같은 하중을 받는 겔버보가 있다. A점의 전단응력(τ)과 휨응력(σ)은? (단, A점은 지점부 최상단부를 가리킨다) [12 국가직 9급]

	τ	σ
①	$\frac{3wa}{4bh}$	$\frac{6wa^2}{bh^2}$
②	$\frac{3wa}{4bh}$	$\frac{3wa^2}{bh^2}$
③	0	$\frac{6wa^2}{bh^2}$
④	0	$\frac{3wa^2}{bh^2}$

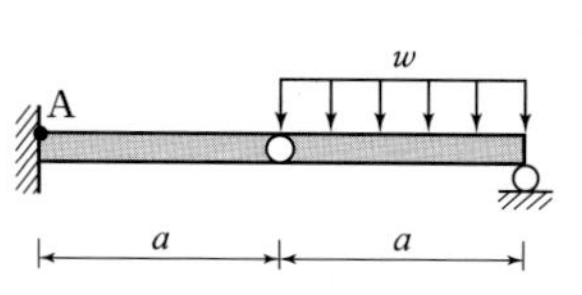

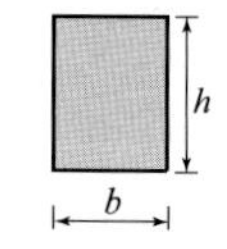

<보의 단면>

정 답 및 해 설

해설 **46**

$$\sigma = \frac{P}{A} = \frac{P}{\frac{\pi D^2}{4}} \le \sigma_a = \frac{\sigma_y}{S}$$

식을 D에 관해서 정리하면

$$D \ge \sqrt{\frac{4PS}{\pi \sigma_y}} = \sqrt{\frac{4(10\times 10^3)(3)}{3.14(360)}} = 10.30\,\text{mm}$$

해설 **47**

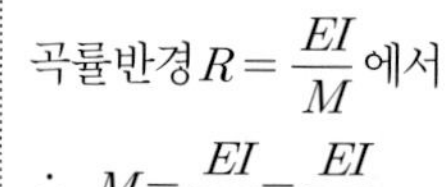

곡률반경 $R = \frac{EI}{M}$ 에서

$\therefore\ M = \frac{EI}{R} = \frac{EI}{3}$

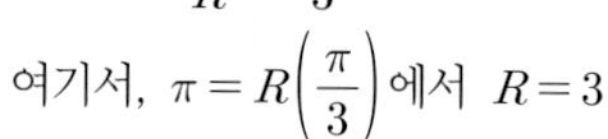

여기서, $\pi = R\left(\frac{\pi}{3}\right)$ 에서 $R = 3$

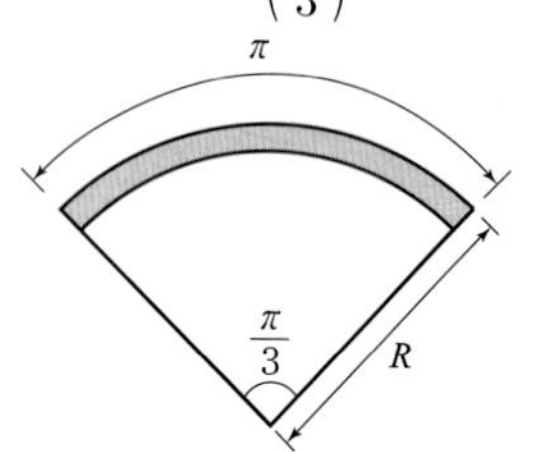

정답 46. ② 47. ① 48. ④

해설

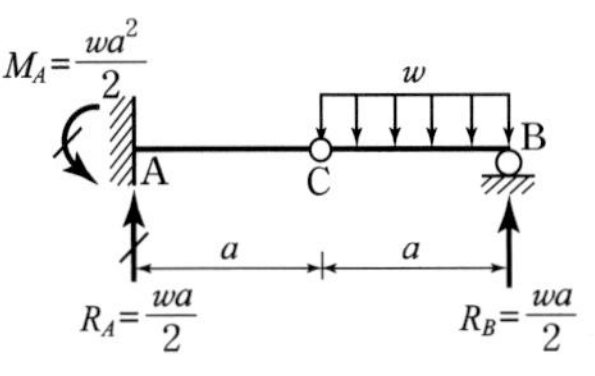

(1) 지점반력

$$\Sigma M_{C(오른쪽)} = 0 : R_B(a) - \frac{wa^2}{2} = 0, \ R_B = \frac{wa}{2}(\uparrow)$$

$\Sigma V = 0 : R_A + R_B = wa$에서

$$R_A = wa - R_B = wa - \frac{wa}{2} = \frac{wa}{2}$$

$$\Sigma M_A = 0 : -\frac{wa}{2}(2a) + wa\left(\frac{3}{2}a\right) + M_a = 0$$

$$M_A = -\frac{wa^2}{2} \ (\circlearrowleft)$$

(2) A점 응력

① A점 전단응력$(\tau_A) = \frac{VQ}{Ib} = \frac{\frac{wa}{2}(0)}{\frac{bh^3}{12}(b)} = 0$

[단면의 연단(A점)의 중립축에 대한 $Q=0$이다.]

② A점 휨응력$(\sigma_A) = \frac{M_A}{Z} = \frac{\frac{wa^2}{2}}{\frac{bh^2}{6}} = \frac{3wa^2}{bh^2}$

49 다음 그림과 같이 자유단의 도심축에 연직하중 P와 토크 T가 작용하는 캔틸레버 보가 있다. 캔틸레버 보의 임의 두 개 단면의 표면(최외측)에 위치하는 4개의 점에 발생하는 응력에 관한 설명 중 옳지 않은 것은? [10 지방직 9급]

<그림 1>

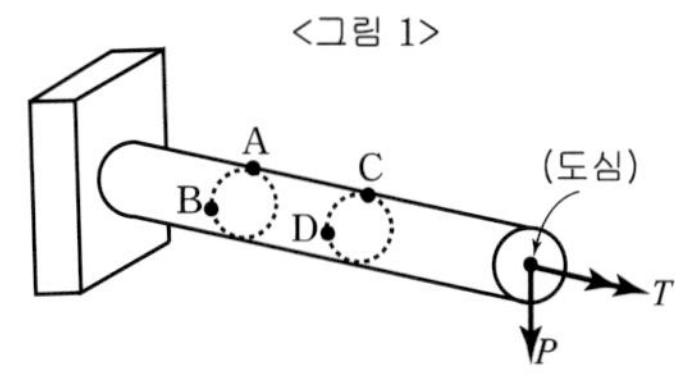

<그림 2>

① A점의 수직응력은 B와 C점의 수직응력보다 크다.
② A와 C점의 전단응력은 서로 같으며, B점의 전단응력보다 작다.
③ B점의 전단응력은 D점의 전단응력보다 크다.
④ A점의 전단응력과 수직응력이 모두 존재한다.

정답 49. ③

해설 원의 반지름을 r 이라 하고 각 단면의 응력을 구하면

(1) A점의 응력

$$\sigma_A = \frac{M_A}{Z} = \frac{4(PL_A)}{\pi R^3},\ \tau_A = \frac{T_A r}{I_P} = \frac{2T}{\pi r^3}$$

(2) B점의 응력

$$\tau_B = \frac{T_B r}{I_P} + \frac{4}{3} \cdot \frac{S_B}{A} = \frac{2T}{\pi r^3} + \frac{4P}{3\pi r^2}$$

(3) C점의 응력

$$\sigma_C = \frac{M_C}{Z} = \frac{4(PL_C)}{\pi R},\ \tau_C = \frac{T_C r}{I_P} = \frac{2T}{\pi r^3}$$

(4) D점의 응력

$$\tau_D = \frac{T_D r}{I_P} + \frac{4}{3} \cdot \frac{S_D}{A} = \frac{2T}{\pi r^3} + \frac{4P}{3\pi r^2}$$

B와 D점의 전단응력은 전단력에 의한 전단응력$\left(\frac{4P}{3\pi r^2}\right)$과 비틀림에 의한 전단응력$\left(\frac{2T}{\pi r^3}\right)$의 합이 되므로 B와 D의 전단응력의 크기는 같다.

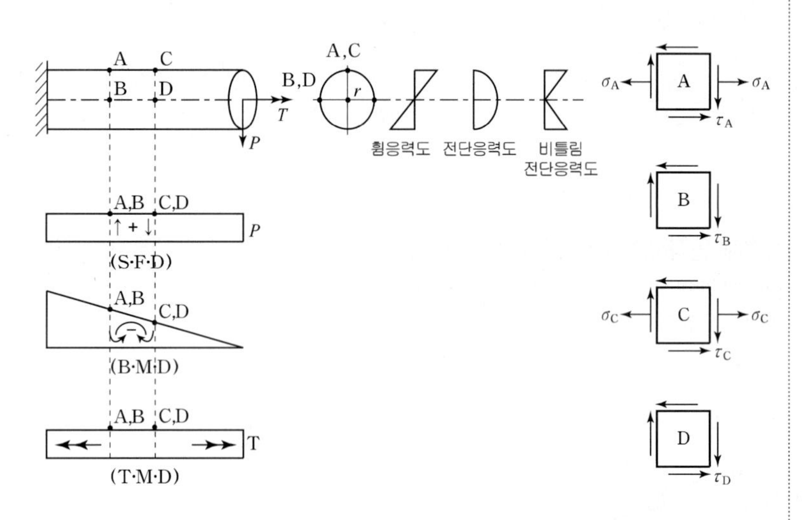

Chapter 09

기둥

제9장

기둥

9.1 기둥 일반

1 정의

기둥은 축방향 압축을 받는 부재로 단주, 중간주, 장주가 있다.

2 기둥의 판별과 종류

기둥은 가늘고 긴 정도 세장비에 따라 거동이 다르므로 해석을 위해서는 단주, 중간주, 장주를 판별하여야 적합한 해석이 가능하다.

(1) 기둥의 판별 : 세장비 이용

$$\lambda = \frac{L_k}{r_{\min}} = \frac{kL}{r_{\min}} \text{ 또는 } \frac{L}{r_{\min}}$$

여기서 λ : 세장비
L_k : 기둥의 유효길이
$r_{\min}$: 최소회전 반경$\left(\sqrt{\frac{I_{\min}}{A}}\right)$

(2) 기둥의 종류

종류	세장비(λ)	파괴 형태	해석 방법
단 주	30~45	압축파괴 ($\sigma \le \sigma_y$)	후크의 법칙을 적용 $\sigma = \frac{P}{A} + \frac{M}{I}y$
중간주	45~100	비탄성 좌굴파괴 ($\sigma_{pl} < \sigma < \sigma_y$)	실험 공식을 적용 (경험 공식)
장 주	(100~120)이상	탄성좌굴파괴 ($\sigma \le \sigma_{pl}$)	오일러 공식을 적용

여기서, σ_{pl} : 비례한도

■ **보충설명** : 좌굴과 휨

•좌굴(Bulking) : 축방향 압축에 의해 기둥이 휘어지는 현상
•휨(Bending) : 휨모멘트에 의해 보가 휘어지는 현상

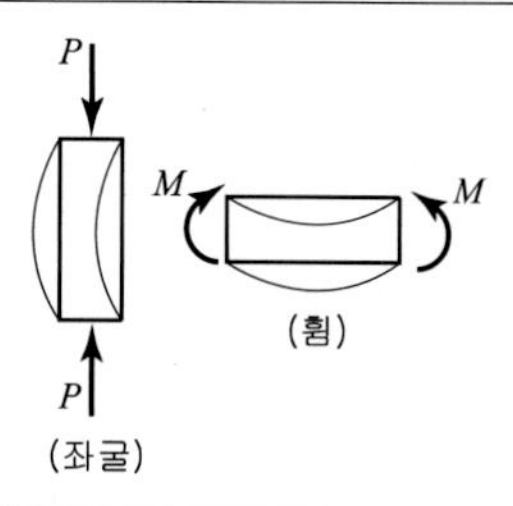

(3) 임계 세장비(C_c)

비례한도(σ_{pl})에 해당되는 세장비로 장주의 경계세장비

➡ 계산 편의상 $\frac{\sigma_y}{2}(=0.5\sigma_y)$에 대응하는 세장비를 사용할 수 있다.

$$\therefore C_c = \sqrt{\frac{\pi^2 E}{\sigma_{pl}}} \simeq \sqrt{\frac{\pi^2 E}{0.5\sigma_y}}$$

9.2 단주의 해석

단주는 후크의 법칙을 적용하여 응력이 허용응력 이하가 되도록 설계한다. 이때 기둥은 보통 압축응력을 (+), 인장응력은 (-)로 두고 계산한다.

1 중심축하중을 받는 단주

축방향 압축만을 받으므로 모든 단면에서 일정한 응력이 발생한다.

$\sigma = \frac{P}{A} \leq \sigma_a$

• 허용하중 : $P_a = \sigma_a A$

• 단면적 : $A = \frac{P}{\sigma_a}$

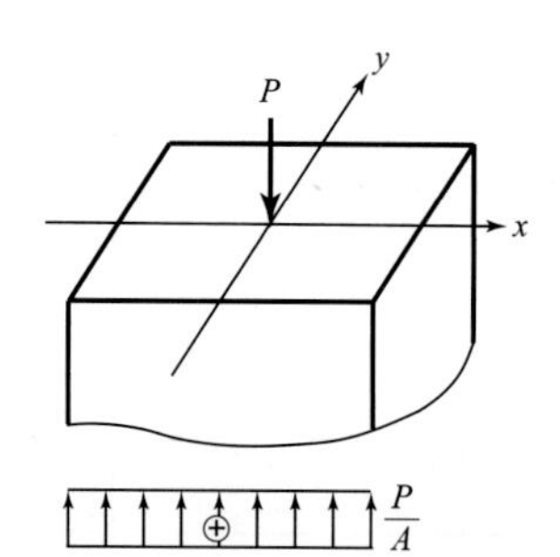

2 단편심축하중을 받는 단주

중심축하중으로 변환하면 축방향 압축력과 휨모멘트를 받으므로 단면에는 이 둘에 의한 조합 응력이 발생한다.

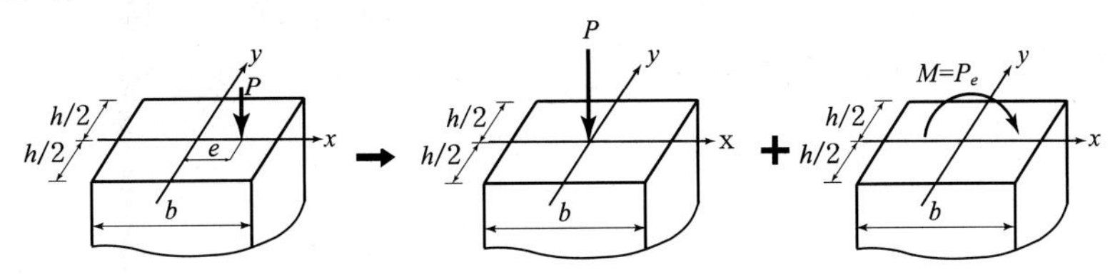

■ 보충설명 : 모멘트 방향 결정 ➡ 오른 나사 법칙을 적용

{모멘트 방향 : 엄지손가락 방향
{굽힘의 중심축 : 네 손가락 방향

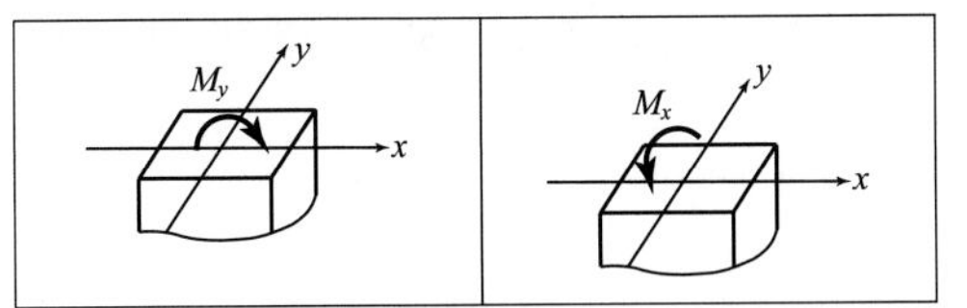

(1) 일반식 (임의점 응력)

$$\sigma = \frac{P}{A} \pm \frac{M_y}{I_y}x$$

- 사각형단면 : $\sigma = \frac{P}{A} \pm \frac{M_y}{I_y}x = \frac{P}{A} \pm \frac{Pe}{\frac{Ab^2}{12}}x = \frac{P}{A}\left(1 \pm \frac{12e \cdot x}{b^2}\right)$
- 원형단면 : $\sigma = \frac{P}{A} \pm \frac{M_y}{I_y}y = \frac{P}{A} \pm \frac{Pe}{\frac{AD^2}{16}}x = \frac{P}{A}\left(1 \pm \frac{16e \cdot x}{D^2}\right)$

(2) 연단 응력

$$\sigma_{연단} = \frac{P}{A} \pm \frac{M_y}{Z_y}$$

- 사각형단면 : $\sigma_{연단} = \frac{P}{A} \pm \frac{M_y}{Z_y} = \frac{P}{A} \pm \frac{Pe}{\frac{Ab}{6}} = \frac{P}{A}\left(1 \pm \frac{6e}{b}\right)$
- 원형단면 : $\sigma_{연단} = \frac{P}{A} \pm \frac{M_y}{Z_y} = \frac{P}{A} \pm \frac{Pe}{\frac{AD}{8}} = \frac{P}{A}\left(1 \pm \frac{8e}{D}\right)$

① 연단응력의 합 : $\Sigma\sigma_{연단} = 2\frac{P}{A}$

② 연단응력의 차 : $\Delta\sigma_{연단} = 2\frac{M}{Z}$

(3) 중립축의 이동

① 중립축 이동량

일반식에서 응력이 0인 위치가 중립축이므로

• 사각형 : $\sigma = \dfrac{P}{A}\left(1 \pm \dfrac{12e \cdot x}{b^2}\right) = 0$에서 $x = \dfrac{b^2}{12e}$

• 원형 : $\sigma = \dfrac{P}{A}\left(1 \pm \dfrac{16e \cdot x}{D^2}\right) = 0$에서 $x = \dfrac{D^2}{16e}$

② 중립축 이동 방향

하중이 작용하는 반대쪽으로 이동

핵심예제 9-1 [09 지방직 9급]

그림과 같은 직사각형 단주가 있다. 이 단주의 상단 A점에 압축력 24kN이 작용할 때, 단주의 하단에 발생하는 최대 압축응력[MPa]은?

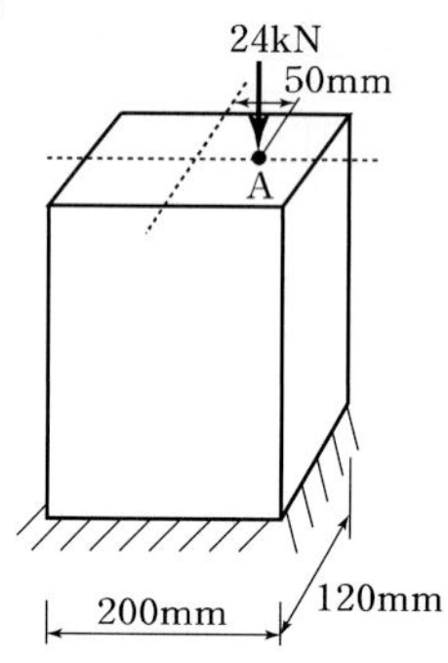

① 1.5
② 1.75
③ 2.0
④ 2.5

| 해설 | 최대 압축응력은 동부호일 때 발생하므로

$$\sigma_{c,\max} = \frac{P}{A}\left(1 + \frac{6e}{b}\right) = \frac{24 \times 10^3}{(200 \times 120)}\left(1 + \frac{6 \times 50}{200}\right) = 2.5\,\mathrm{N/mm^2} = 2.5\,\mathrm{MPa}$$

답 : ④

핵심예제 9-2 [13 서울시 9급]

그림과 같은 기둥에 편심하중 120kN이 작용할 때 AB에서 발생하는 응력으로 옳은 것은? (단, 인장응력은 (+), 압축응력은 (−)로 한다)

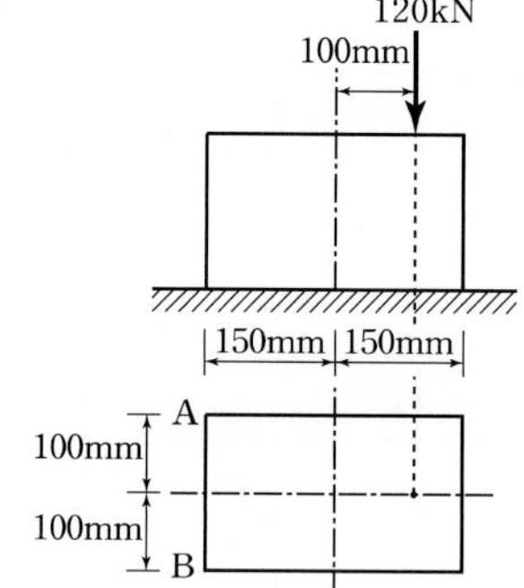

① −2MPa(압축응력)
② +2MPa(인장응력)
③ +4MPa(인장응력)
④ −4MPa(압축응력)
⑤ +6MPa(인장응력)

| 해설 | $e=100\text{mm}>\dfrac{b}{6}=\dfrac{300}{6}=50\text{mm}$로 편심거리가 핵거리를 초과하므로

하중 반대편 AB면에는 인장응력이 작용하므로 부호는 +가 된다.

$$\sigma_{AB}=-\frac{P}{A}\left(1-\frac{6e}{b}\right)=-\frac{120\times10^3}{300\times200}\left\{1-\frac{6(100)}{300}\right\}=+2\text{MPa}(\text{인장응력})$$

답 : ②

3 복편심축하중을 받는 단주

중심축하중으로 변환하면 축방향 압축력과 2축의 굽힘 모멘트를 받으므로 단면에는 이 셋에 의한 조합응력이 발생한다.

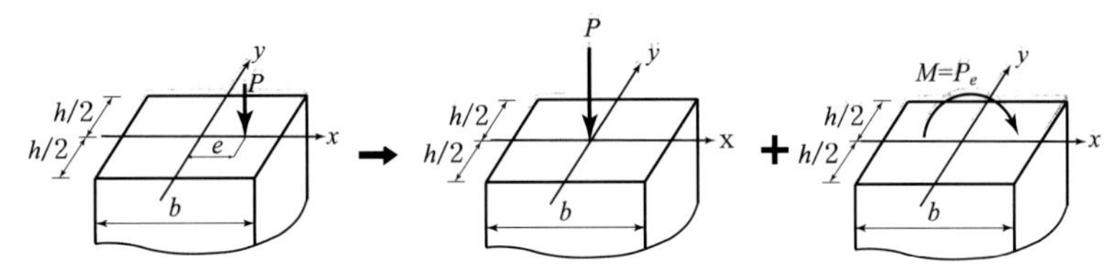

(1) 일반식 (임의점 응력)

$$\sigma=\frac{P}{A}\pm\frac{M_x}{I_x}y\pm\frac{M_y}{I_y}x$$

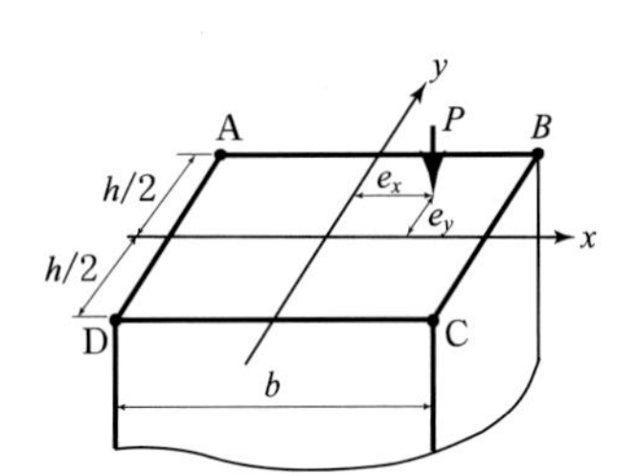

• 사각형단면

$$\sigma=\frac{P}{A}\pm\frac{M_y}{I_y}x\pm\frac{M_x}{I_x}y=\frac{P}{A}\pm\frac{Pe_x}{\frac{Ab^2}{12}}x\pm\frac{Pe_y}{\frac{Ah^2}{12}}y=\frac{P}{A}\left(1\pm\frac{12e_x\cdot x}{b^2}\pm\frac{12e_y\cdot y}{h^2}\right)$$

• 원형단면

$$\sigma=\frac{P}{A}\pm\frac{M_y}{I_y}x\pm\frac{M_x}{I_x}y=\frac{P}{A}\pm\frac{Pe_x}{\frac{AD^2}{16}}x\pm\frac{Pe_y}{\frac{AD^2}{16}}y=\frac{P}{A}\left(1\pm\frac{16e_x\cdot x}{D^2}\pm\frac{16e_y\cdot y}{D^2}\right)$$

(2) 연단 응력 (꼭짓점 응력)

$$\sigma_{꼭짓점} = \frac{P}{A} \pm \frac{M_x}{Z_x} \pm \frac{M_y}{Z_y}$$

• 사각형단면

$$\sigma_{연단} = \frac{P}{A} \pm \frac{M_y}{Z_y} \pm \frac{M_x}{Z_x} = \frac{P}{A} \pm \frac{Pe_x}{\frac{Ab}{6}} \pm \frac{Pe_y}{\frac{Ah}{6}} = \frac{P}{A}\left(1 \pm \frac{6e_x}{b} \pm \frac{6e_y}{h}\right)$$

• 원형단면

$$\sigma_{연단} = \frac{P}{A} \pm \frac{M_y}{Z_y} \pm \frac{M_x}{Z_x} = \frac{P}{A} \pm \frac{Pe_x}{\frac{AD}{8}} \pm \frac{Pe_y}{\frac{AD}{8}} = \frac{P}{A}\left(1 \pm \frac{8e_x}{D} \pm \frac{8e_y}{D}\right)$$

$$\sigma_A = \frac{P}{A} + \frac{M_x}{Z_x} - \frac{M_y}{Z_y}$$

$$\sigma_B = \frac{P}{A} + \frac{M_x}{Z_x} + \frac{M_y}{Z_y} = \sigma_{c,\max}$$

$$\sigma_C = \frac{P}{A} - \frac{M_x}{Z_x} + \frac{M_y}{Z_y}$$

$$\sigma_D = \frac{P}{A} - \frac{M_x}{Z_x} - \frac{M_y}{Z_y}$$

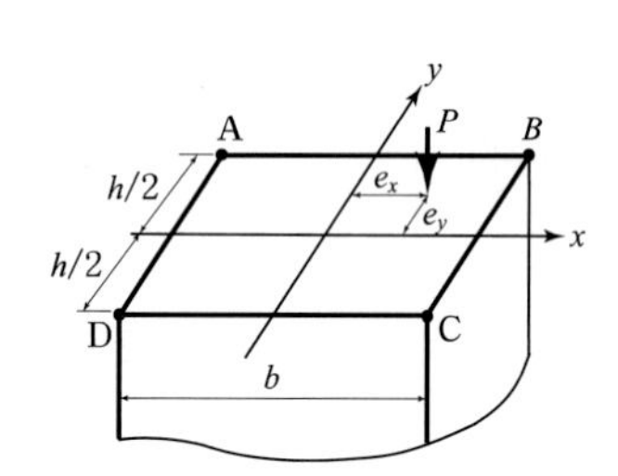

➡ 하중이 꼭짓점에 작용하는 경우 연단응력은 $\sigma_{연단} = \frac{P}{A}(1 \pm 3 \pm 3)$으로 부호만 결정하면 값을 간단히 구할 수 있다.

핵심예제 9-3 [14 서울시 9급]

다음 그림에서 원점으로부터 $(a,\ a)$ 떨어진 C점 위치에 $-P$가 작용할 때 A점에서 발생하는 응력은?

① $\frac{4P}{48a^2}$ ② $\frac{5P}{48a^2}$

③ $\frac{6P}{48a^2}$ ④ $\frac{7P}{48a^2}$

⑤ $\frac{8P}{48a^2}$

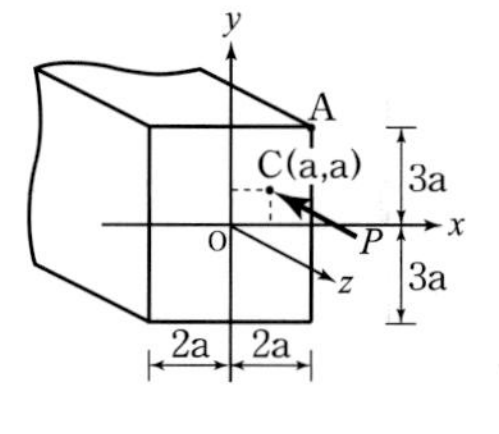

| 해설 | 복편심축하중이 작용하고 A점은 하중이 작용하는 연단의 응력이므로 최대압축응력이 발생한다.

∴ 동부호로 계산하면 $\sigma_A = \sigma_{\max} = \frac{P}{A}\left(1 + \frac{6e_x}{b} + \frac{6e_y}{h}\right) = \frac{P}{24a^2}\left(1 + \frac{6}{4} + 1\right) = \frac{7P}{48a^2}$

답 : ④

핵심예제 9-4 [12 서울시 9급]

정사각형 단주의 기둥단면이 있다. E점에 집중하중 $P=30$kN이 작용할 때 발생하는 최대 압축응력은?

① 0.01MPa
② 1MPa
③ 0.02MPa
④ 2MPa
⑤ 3MPa

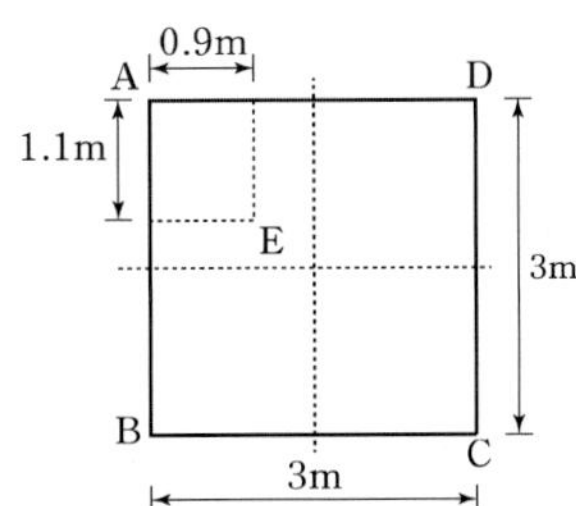

| 해설 | 최대 압축응력은 동부호일 때 발생하므로

$$\sigma_{\max}=\frac{P}{A}\left(1+\frac{6e_x}{b}+\frac{6e_y}{h}\right)=\frac{30\times10^3}{3000^2}\left\{1+\frac{6}{3}(1.5-0.9)+\frac{6}{3}(1.5-1.1)\right\}=0.01\text{MPa}$$

답 : ①

핵심예제 9-5 [13 지방직 9급]

다음 그림과 같이 정사각형 기둥의 모서리에 20kN의 수직하중이 작용할 때, A점에 발생하는 수직응력[MPa]은?

① 0.5
② 1.5
③ 2.5
④ 3.5

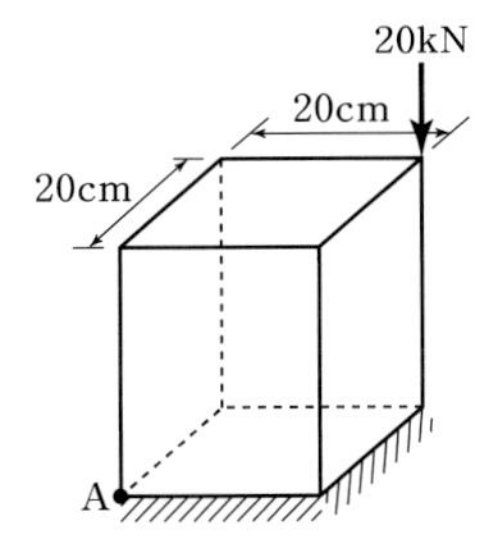

| 해설 | 작용선의 원리에 의해 힘을 연장하면 하면에서 복편심축하중이 작용한다.

$$\sigma_A=\frac{P}{A}\left(1-\frac{6e}{b}-\frac{6e}{h}\right)=\frac{20\times10^3}{200\times200}\left\{1-\frac{6(10)}{20}-\frac{6(10)}{20}\right\}=2.5\text{MPa}$$

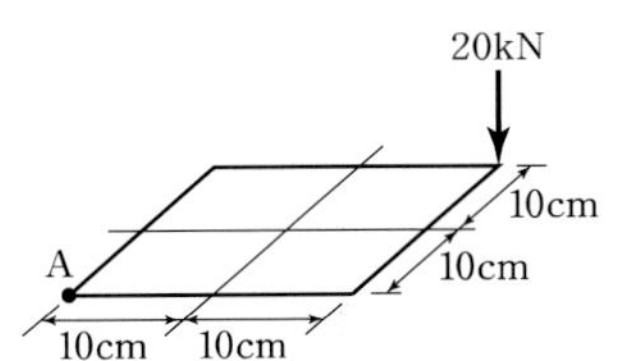

답 : ③

(3) 중립축 위치를 결정하는 방정식

압축을 +, 편심거리 e_x, e_y와 중립축으로부터의 수직거리 x, y에 좌표의 의미를 도입하여 방정식을 구한다.

$$\sigma = \frac{P}{A} + \frac{M_x}{I_x}y + \frac{M_y}{I_y}x = \frac{P}{A} + \frac{Pe_x}{I_y}x + \frac{Pe_y}{I_x}y = \frac{P}{A} + \frac{Pe_x}{r_y^2 A}x + \frac{Pe_y}{r_x^2 A}y = 0\text{에서}$$

$1 + \dfrac{e_x}{r_y^2}x + \dfrac{e_y}{r_x^2}y = 0$(중립축 위치를 결정하는 방정식)

➡ 축과 단면의 방향은 직교한다.

- 사각형단면 : $1 + \dfrac{12e_x \cdot x}{b^2} + \dfrac{12e_y \cdot y}{h^2} = 0$
- 원형단면 : $1 + \dfrac{16e_x \cdot x}{D^2} + \dfrac{16e_y \cdot y}{D^2} = 0$

4 단면의 핵

(1) 용어 설명

① 핵거리 : 기둥의 단면에 인장응력이 생기지 않기 위한 최대의 편심 거리

② 핵지름 : 핵거리의 합

③ 핵점 : 기둥의 단면에 인장응력이 생기지 않기 위해 도심에서 최대로 편심 가능한 하중 작용점

④ 핵선 : 핵점을 연결한 선

⑤ 핵 : 핵선으로 둘러싸인 도형으로 이 도형의 내부에 하중이 작용하면 인장응력은 생기지 않는다.

(2) 핵거리의 공식 유도

1) x방향의 핵거리(e_x)

x방향으로 편심이 되면 y축 굽힘이 발생하므로 중립축은 y축이 되고 핵거리에 이르면 반대편의 응력은 0이라는 조건을 이용하면

$$\sigma_{\text{반대편}} = \frac{P}{A} - \frac{M_y}{I_y}x_{\text{반대편}} = \frac{P}{A} - \frac{Pe_x}{I_y}x_{\text{반대편}} = 0$$

$$\therefore\ e_x = \frac{I_y}{A\,x_{\text{반대편}}} = \frac{Z_y}{A}$$

2) y방향의 핵거리(e_y)

e_x를 구하는 방법과 같은 방법으로

$$\sigma_{반대편} = \frac{P}{A} - \frac{M_x}{I_x} y_{반대편} = \frac{P}{A} - \frac{Pe_y}{I_x} y_{반대편} = 0$$

$$\therefore \; e_y = \frac{I_x}{A\, y_{반대편}} = \frac{Z_x}{A}$$

결론적으로 단면의 핵거리는 비대칭 단면과 대칭 단면으로 나누어 구할 수 있다.

① 비대칭 단면

비대칭 단면의 단면 계수는 공식화 되지 않으므로 첫 번째 공식인 반대축 단면2차모멘트를 단면적과 도심거리로 나눈 값을 이용한다.

- $e_x = \dfrac{I_y}{A x_{반대편}}$
- $e_y = \dfrac{I_x}{A y_{반대편}}$

② 대칭 단면

대칭 단면의 단면 계수는 대부분 공식화되어 있으므로 두 번째 공식인 반대축 단면계수를 단면적으로 나눈 값을 이용한다.

- $e_x = \dfrac{Z_y}{A}$
- $e_y = \dfrac{Z_x}{A}$

핵심예제 9-6 [15 서울시 9급]

그림과 같은 기둥에 150kN의 축력이 B점에 편심으로 작용할 때 A점의 응력이 0이 되려면 편심 e는? (단면적 A =125mm², 단면계수 Z=2500mm³이다)

① 20mm
② 25mm
③ 30mm
④ 35mm

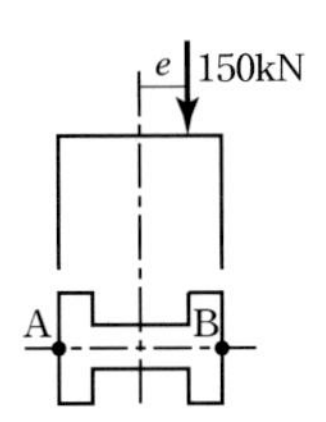

| 해설 | 핵거리를 구하는 문제이므로 $e_x = \dfrac{I_y}{Ax_{연단}} = \dfrac{Z_y}{A} = \dfrac{2500}{125} = 20\text{mm}$

여기서, 문제에서 주어진 단면계수가 1개뿐이므로 주어진 단면계수를 중립축 값으로 본다.

보충 핵거리 공식의 기본틀 : $e = \dfrac{\text{반대축 단면2차 모멘트}}{\text{단면적(반대편 도심거리)}}$

➡ 대칭단면인 경우 : $e = \dfrac{\text{반대축 단면2계수}}{\text{단면적}}$

답 : ①

(3) 여러 도형의 핵

1) 이등변 삼각형

① 핵거리

비대칭 단면이므로 단면 2차 모멘트를 이용하면

- $e_x = \dfrac{I_y}{Ax} = \dfrac{\dfrac{b^3h}{48}}{\dfrac{bh}{2}\left(\dfrac{b}{3}\right)} = \dfrac{b}{8}$

- $e_{y_1} = \dfrac{I_x}{Ay_2} = \dfrac{\dfrac{bh^3}{36}}{\dfrac{bh}{2}\left(\dfrac{h}{3}\right)} = \dfrac{h}{6}$

- $e_{y_2} = \dfrac{I_x}{Ay_1} = \dfrac{\dfrac{bh^3}{36}}{\dfrac{bh}{2}\left(\dfrac{2h}{3}\right)} = \dfrac{h}{12}$

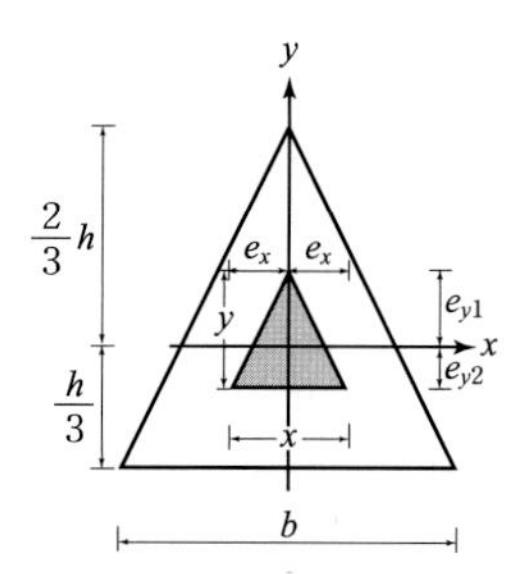

■ 보충설명 : x 의 결정 방법 II

비례식에 의해

$\left(\dfrac{2h}{3} + e_{y2}\right) : b' = (e_{y1} + e_{y2}) : x$

$\left(\dfrac{2h}{3} + \dfrac{h}{12}\right) : b' = \left(\dfrac{h}{6} + \dfrac{h}{12}\right) : x$

$\dfrac{3h}{4} : b\left(\dfrac{3}{4}\right) = \dfrac{h}{4} : x \qquad \therefore\ x = \dfrac{b}{4}$

→ 핵거리는 x를 2등분하므로 $e_x = \dfrac{x}{2} = \dfrac{b}{8}$

② 핵지름

- $x = 2e_x = \dfrac{b}{4}$

- $y = e_{y1} + e_{y2} = \dfrac{h}{4}$

③ 핵면적

$A = \dfrac{xy}{2} = \dfrac{1}{2}\left(\dfrac{b}{4} \times \dfrac{h}{4}\right) = \dfrac{bh}{32}$

2) 사각형

① 핵거리

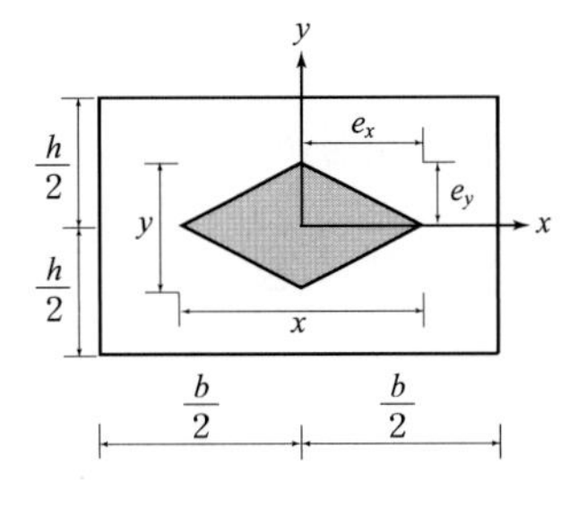

• $e_x = \frac{Z_y}{A} = \frac{\frac{b^2h}{6}}{bh} = \frac{b}{6}$

• $e_y = \frac{Z_x}{A} = \frac{\frac{bh^2}{6}}{bh} = \frac{h}{6}$

② 핵지름

• $x = 2e_x = \frac{b}{3}$

• $y = 2e_y = \frac{h}{3}$

③ 핵면적

• $A = \frac{xy}{2} = \frac{1}{2}\left(\frac{b}{3} \times \frac{h}{3}\right) = \frac{bh}{18}$

3) 원형

① 핵거리

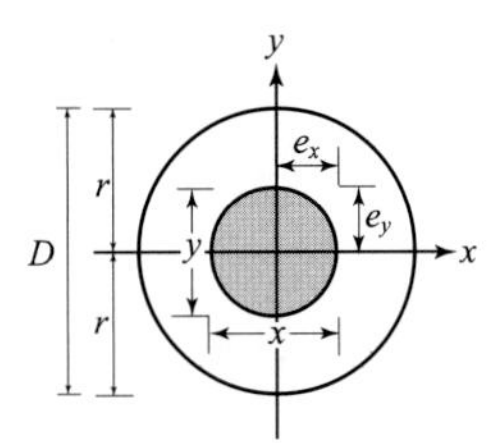

• $e_x = e_y = e = \frac{Z}{A} = \frac{\frac{\pi D^3}{32}}{\frac{\pi D^2}{4}} = \frac{D}{8} = \frac{r}{4}$

② 핵지름

• $x = y = 2e = \frac{D}{4} = \frac{r}{2}$

③ 핵면적

• $A = \pi\left(\frac{r}{4}\right)^2 = \frac{\pi r^2}{16}$

■ **보충설명** : 전체 면적과 핵면적의 비($A_{전체}$: $A_{핵}$)

• 사각형단면 ➡ 18 : 1
• 원형단면 ➡ 16 : 1
• 삼각형 단면 ➡ 16 : 1

5 편심거리에 따른 직사각형 단면의 응력분포도

(1) 하중이 중심에 작용$(e=0)$: 사각형

(2) 하중이 핵점 안에 작용$\left(e<\dfrac{b}{6}\right)$: 사다리형

(3) 하중이 핵점에 작용$\left(e=\dfrac{b}{6}\right)$: 삼각형 $\left(\sigma_{c,\max}=\dfrac{2P}{A}\right)$

(4) 하중이 핵점 밖에 작용$\left(e>\dfrac{b}{6}\right)$: 인장응력이 발생하는 삼각형

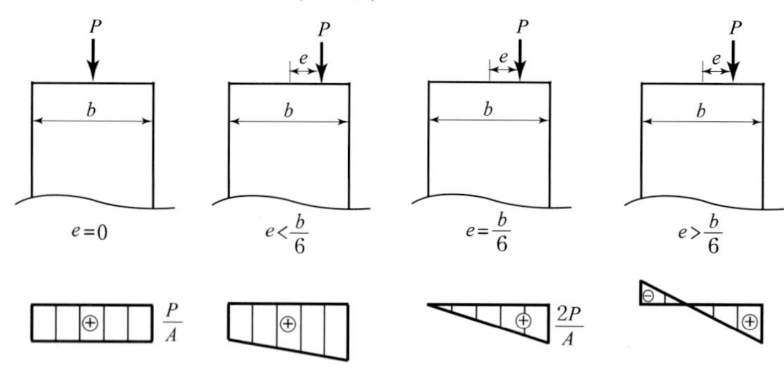

■ 보충설명 : 하중이 핵점에 작용할 때 응력도

① 사각형단면$\left(e=\dfrac{b}{6}\right)$

$$\begin{cases}\sigma_{\min}=0\\ \sigma_{\max}=\dfrac{2P}{A}\,(\text{압축})\end{cases}$$

② 원형단면$\left(e=\dfrac{d}{8}\right)$

$$\begin{cases}\sigma_{\min}=0\\ \sigma_{\max}=\dfrac{2P}{A}\end{cases}$$

■ 보충설명 : 하중이 연단에 작용할 때 응력도

① 사각형단면$\left(e=\dfrac{b}{2}\right)$

$$\begin{cases}\sigma_{\min}=\dfrac{2P}{A}\,(\text{인장})\\ \sigma_{\max}=\dfrac{4P}{A}\,(\text{압축})\end{cases}$$

② 원형단면$\left(e=\dfrac{d}{2}\right)$

$$\begin{cases}\sigma_{\min}=\dfrac{3P}{A}\,(\text{인장})\\ \sigma_{\max}=\dfrac{5P}{A}\,(\text{압축})\end{cases}$$

핵심예제 9-7 [15 지방직 9급]

다음과 같이 편심하중이 작용하고 있는 직사각형 단면의 짧은 기둥에서, 바닥면에 발생하는 응력에 대한 설명 중 옳은 것은? (단, $P=300\text{kN}$, $e=40\text{mm}$, $b=200\text{mm}$, $h=300\text{mm}$)

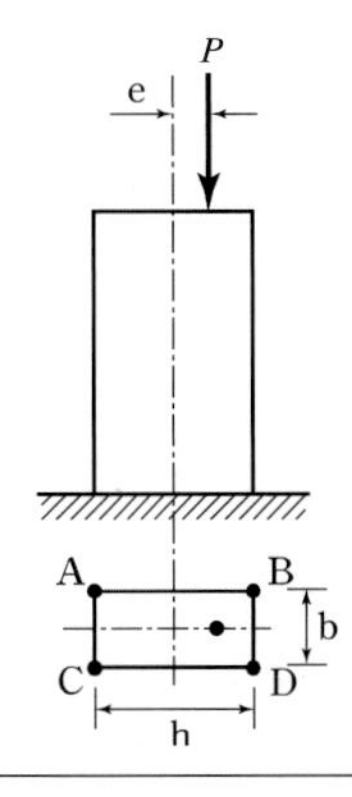

① A점과 B점의 응력은 같다.
② B점에 발생하는 압축응력의 크기는 5MPa보다 크다.
③ A점에는 인장응력이 발생한다.
④ B점과 D점의 응력이 다르다.

| 해설 | ① 편심하중이 작용하므로 연단의 응력은 다르다.
(도심에 하중이 작용할 때 연단의 응력이 같다)

② 축하중에 의한 응력이 $\sigma=\dfrac{P}{A}=\dfrac{300\times10^3}{300(200)}=5\,\text{MPa}$이므로 B점의 편심모멘트에 의한 응력이 추가되어 5MPa보다 크다.

③ $e=40\,\text{mm}<\dfrac{h}{6}=\dfrac{300}{6}=50\,\text{mm}$이므로 모든 단면에는 압축응력만 발생한다.

④ B점과 D점은 중립축으로부터의 거리가 같으므로 응력이 같다.

답 : ②

6 응력 분포도에 따른 축하중의 크기 결정

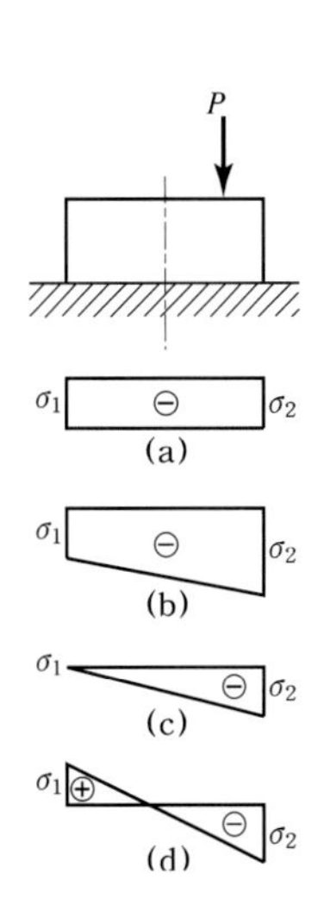

연단 응력을 각각 σ_1, σ_2라 하면

$\sigma_1=\dfrac{P}{A}-\dfrac{M}{Z}\cdots$ ①

$\sigma_2=\dfrac{P}{A}+\dfrac{M}{Z}\cdots$ ②

$\sigma_1+\sigma_2=\dfrac{2P}{A}$

①+②에서

$\therefore\ P=\left(\dfrac{\sigma_1+\sigma_2}{2}\right)A=$ 평균응력 × 단면적

여기서, σ_1, σ_2는 압축을 ⊕, 인장을 ⊖로 한다.

9.3 장주의 해석

주로 오일러(Euler)의 이론식에 의한다.

1 장주공식

(1) 오일러 공식의 제한 사항

① 세장비(λ)가 100 이상인 중심축하중을 받는 장주에 적용한다.
② 후크(Hooke)의 법칙이 성립되는 선형탄성 재료이다. ($\therefore \sigma \le \sigma_{pl}$)
③ 중심축하중에 의해 탄성좌굴 파괴되는 장주에 적용한다.
④ 초기 결함이 없는 이상적인 기둥이다.
  ㉠ 좌굴 발생 전 기둥은 초기결함 없는 완전한 직선이고 어떠한 잔류응력도 없다.
  ㉡ 단면과 재질이 일정한 완전한 직선이다.
⑤ 평면보존의 법칙에 의해 부재는 휘어진 후에도 평면을 유지하므로 좌굴발생 후에도 중립축에 대하여 직각을 유지하게 된다.

(2) 좌굴하중 공식

그림과 같은 양단 힌지 기둥이 좌굴 하중에 도달하면 축방향하중의 크기에 변화 없이 미소 변위가 발생하고 보와 같이 임의의 단면에는 휨모멘트를 갖게 된다. 휨모멘트와 곡률의 관계로부터 좌굴하중을 구할 수 있다.

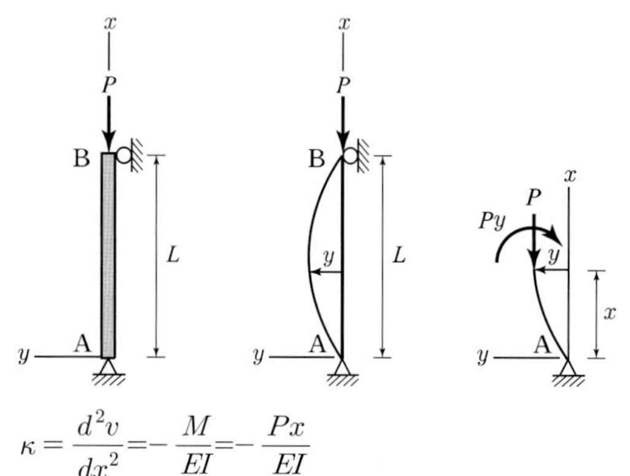

$$\kappa = \frac{d^2v}{dx^2} = -\frac{M}{EI} = -\frac{Px}{EI}$$

$\frac{d^2v}{dx^2} + \frac{Px}{EI} = 0$에서 $Let\ \frac{P}{EI} = k^2$이라 두면 좌굴하중을 결정하는 미분방정식을 얻는다.

$\frac{d^2v}{dx^2} + k^2x = 0$ (기둥의 좌굴하중을 결정하는 미분방정식)

주어진 2계미분방정식을 풀면 좌굴하중 $P=\dfrac{\pi^2 EI}{L_k^2}$을 결정할 수 있다.

양단힌지 기둥의 좌굴하중 결정

1회 만곡	2회 만곡	3회 만곡
l, $l_k=l$	l, $l_k=\dfrac{l}{2}$	l, $l_k=\dfrac{l}{3}$
$P_{cr}=\dfrac{\pi^2 EI}{l^2}$	$P_{cr}=\dfrac{\pi^2 EI}{\left(\dfrac{l}{2}\right)^2}=\dfrac{4\pi^2 EI}{l^2}$	$P_{cr}=\dfrac{\pi^2 EI}{\left(\dfrac{l}{3}\right)^2}=\dfrac{9\pi^2 EI}{l^2}$

일반식

$\therefore P_{cr}=\dfrac{m^2\pi^2 EI}{l^2}=\dfrac{\pi^2 EI}{l_k^2}$ (m : 만곡횟수, l_k : 유효 길이)

$$P_{cr}=\frac{\pi^2 EI_{\min}}{L_k^2}=\frac{\pi^2 E(r_{\min}^2 A)}{L_k^2}=\frac{\pi^2 EA}{\lambda^2}$$
$$=\frac{n\pi^2 EI_{\min}}{L^2}=\frac{\pi^2 E(r_{\min}^2 A)}{L^2}=\frac{n\pi^2 EA}{\lambda^2}$$

➡ P_{cr}은 유효길이와 재료 및 단면을 알면 결정할 수 있다.

여기서, L : 기둥길이

E : 재료의 탄성계수

L_k : 좌굴길이$\left(L_k=kL=\dfrac{L}{\sqrt{n}}\right)$

A : 기둥 단면적

- n : 강도계수$\left(n=\dfrac{1}{k^2}\right)$
- $I_{\min}$: 중립축 단면 2차 모멘트
- λ : 세장비 $=\dfrac{L_k}{r_{\min}}$ 또는 $\dfrac{L}{r_{\min}}$

④ 좌굴응력 공식

$$\sigma_{cr}=\frac{P_{cr}}{A}$$

⑤ 단부조건에 따른 유효길이(L_k)와 강도계수(n)

구 분	양단 고정	1단 고정 타단 힌지	1단 고정	양단 힌지	일단 고정 타단 롤러	일단 힌지 타단 롤러
양단지지 상 태	l, $0.5l$	$\frac{l}{\sqrt{2}}$	$2l$	l	l	$2l$
유효길이 ($L_k = kl$)	$0.5l$	$\frac{1}{\sqrt{2}}l \fallingdotseq 0.7l$	$2l$	l	l	$2l$
유효길이 계수 $\left(k = \frac{1}{\sqrt{n}}\right)$	0.5	$\frac{1}{\sqrt{2}} \fallingdotseq 0.7$	2	1	1	2
강도계수 $\left(n = \frac{1}{k^2}\right)$	4	2	$\frac{1}{4}$	1	1	$\frac{1}{4}$

⑥ 구조물의 좌굴하중의 결정

좌굴하중은 부재가 좌굴될 때의 하중으로 최대 압축부재력이 P_{cr}에 도달할 때의 하중이다.

∴ 최대부재력 $= \dfrac{\pi^2 EI}{L_k^2}$에서 하중이 좌굴하중이다.

핵심예제 9-8 [14 서울시 9급]

동일단면, 동일재료, 동일길이(l)를 갖는 장주(長柱)에서 좌굴하중(P_b)에 대한 (a) : (b) : (c) : (d) 크기의 비는?

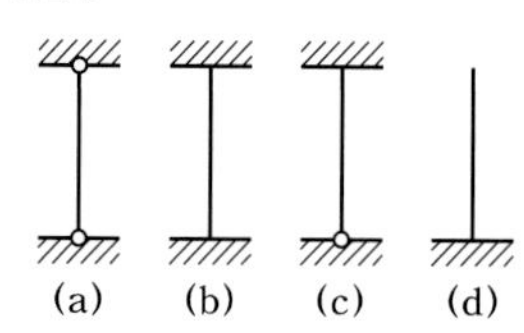

① $1 : 4 : \frac{1}{4} : 2$

② $1 : 3 : 2 : \frac{1}{4}$

③ $1 : 4 : 2 : \frac{1}{4}$

④ $1 : 2 : 2 : \frac{1}{4}$

⑤ $1 : 2 : \frac{1}{4} : 2$

| 해설 | 좌굴하중 $P_{cr} = \dfrac{\pi^2 EI}{L_k^2} \propto \dfrac{1}{k^2}$에서 $P_{cr(a)} : P_{cr(b)} : P_{cr(c)} : P_{cr(d)} = 1 : 4 : 2 : \dfrac{1}{4}$

답 : ③

핵심예제 9-9 [15 서울시 9급]

아래 세 기둥의 좌굴 강도 크기 비교가 옳은 것은?

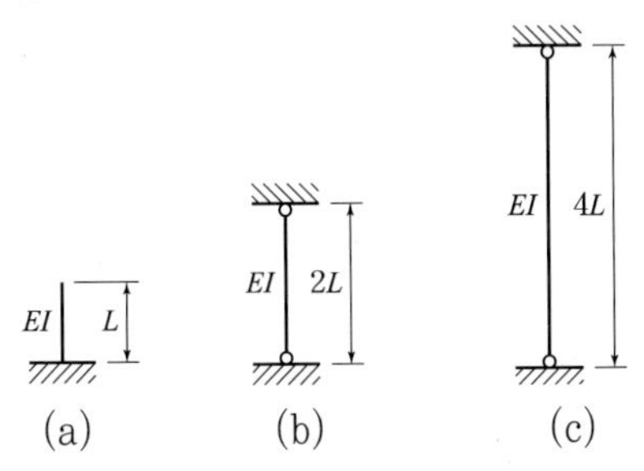

① $P_a = P_b < P_c$ ② $P_a > P_b > P_c$

③ $P_a < P_b < P_c$ ④ $P_a = P_b > P_c$

| 해설 | $P_{cr} = \dfrac{\pi^2 EI}{L_k} \propto \dfrac{1}{L_k^2}$에서 $L_{k(a)} = 2L$, $L_{k(b)} = 2L$, $L_{k(c)} = 0.7(4L) = 2.8L$ $\therefore P_a = P_b > P_c$

보충 $P_{cr} = \dfrac{\pi^2 EI}{L_k} = \dfrac{n\pi^2 EI}{L^2} \propto \dfrac{n}{L^2}$를 이용하는 방법($n$의 비는 1 : 4 : 8 : 16)

$$P_a : P_b : P_c = \frac{1}{1^2} : \frac{4}{2^2} : \frac{8}{4^2} = 16 : 16 : 8 \quad \therefore P_a = P_b > P_c$$

답 : ④

핵심예제 9-10 [14 국가직 9급]

그림과 같은 두 기둥의 탄성좌굴하중의 크기가 같다면, 단면2차모멘트 I의 비$\left(\dfrac{I_2}{I_1}\right)$는?
(단, 두 기둥의 탄성계수 E, 기둥의 길이 L은 같다)

① $\dfrac{1}{4}$

② $\dfrac{1}{2}$

③ 2

④ 4

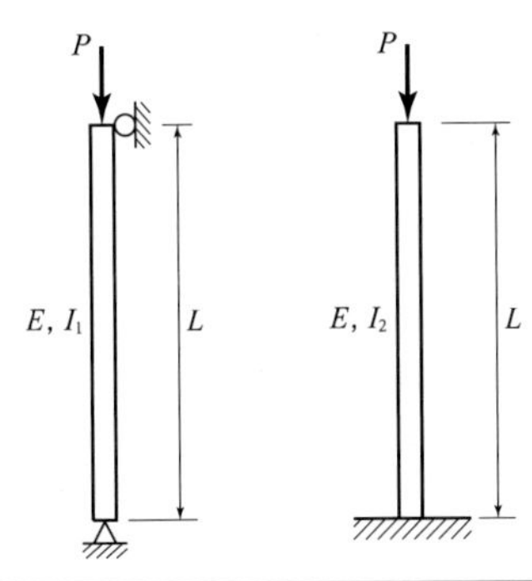

| 해설 | 두 기둥의 좌굴하중이 같다는 조건을 적용하면

$$P_{cr} = \frac{\pi^2 EI_1}{L^2} = \frac{\pi^2 EI_2}{4L^2} \text{에서 } \frac{I_2}{I_1} = 4$$

보충 동일조건에서 양단힌지의 강도가 고정-자유보다 4배의 강도가 크기 때문에 좌굴하중이 같으려면 고정-자유인 경우의 단면2차모멘트 I_2가 4배 더 커야 한다.

답 : ④

핵심예제 9-11 [10 국가직 7급]

다음 그림과 같이 장주 A, B에 대하여 최소 좌굴 하중비 $P_{cr}(A)/P_{cr}(B)$는? (단, 단면2차 모멘트 I, 탄성계수 E, 기둥 A, B는 부재축방향 재질이 동일하고, 기둥 A는 양단이 단순지지, 기둥 B는 일단고정, 타단 자유단이다)

① $\frac{1}{2}$

② $\frac{1}{4}$

③ 1

④ 2

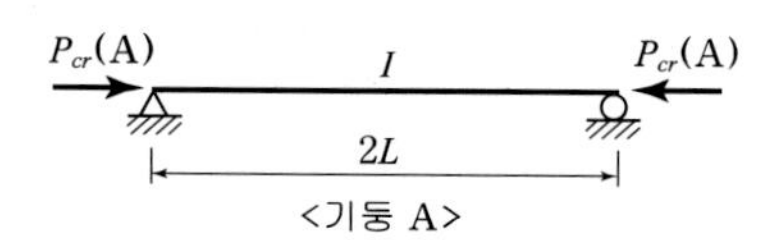

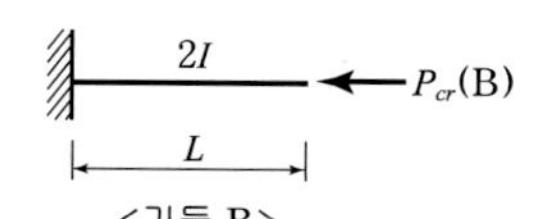

| 해설 | (1) 기둥 A의 좌굴하중

$$P_{cr}(A) = \frac{\pi^2 EI}{L_k^2} = \frac{\pi^2 EI}{(2L)^2} = \frac{\pi^2 EI}{4L^2}$$

(2) 기둥 B의 좌굴하중

$$P_{cr}(B) = \frac{\pi^2 EI}{L_k^2} = \frac{\pi^2 E(2I)}{(2L)^2} = \frac{\pi^2 EI}{2L^2} \qquad \therefore \frac{P_{cr}(A)}{P_{cr}(B)} = \frac{1}{2}$$

답 : ①

핵심예제 9-12 [19 국가직]

그림과 같이 축하중 P를 받고 있는 기둥 ABC의 중앙 B점에서는 x방향의 변위가 구속되어 있고 양끝단 A점과 C점에서는 x방향과 z방향의 변위가 구속되어 있을 때, 기둥 ABC의 탄성좌굴을 발생시키는 P의 최솟값은? (단, 탄성계수 $E = \frac{L^2}{\pi^2}$, 단면 2차모멘트 $I_x = 20\pi$, $I_z = \pi$로 가정한다)

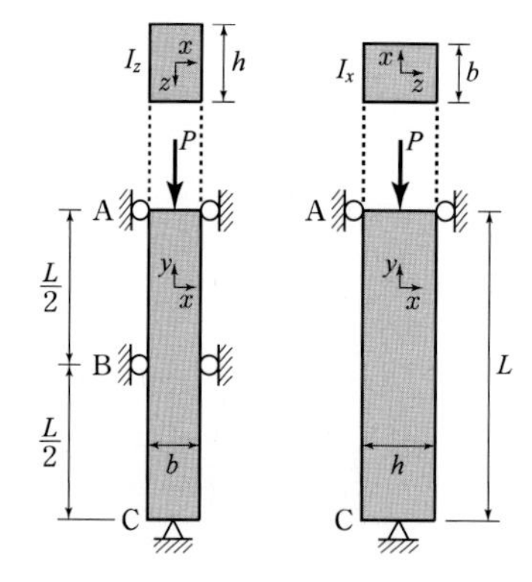

① 2π

② 4π

③ 5π

④ 20π

| 해설 | (1) z축 좌굴 시 : 2회 만곡

$$P_{cr1} = \frac{\pi^2 EI_z}{L_k^2} = \frac{\pi^2\left(\frac{L^2}{\pi^2}\right)(\pi)}{\left(\frac{L}{2}\right)^2} = 4\pi$$

(2) x축 좌굴 시 : 1회 만곡

$$P_{cr2} = \frac{\pi^2 EI_z}{L_k^2} = \frac{\pi^2\left(\frac{L^2}{\pi^2}\right)(20\pi)}{L^2} = 20\pi$$

∴ 둘 중 작은 값인 4π에 의해 좌굴된다.

답 : ②

2 좌굴방향과 좌굴축

(1) 좌굴방향 : I_{max} 방향(강축)

(2) 좌굴축 : I_{min} 방향(약축)

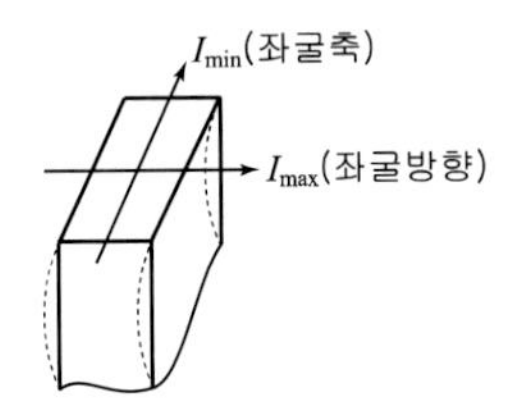

■ 보충설명

기둥 해석 시 단면 2차 모멘트는 좌굴축(I_{min}축) 즉 중립축에 대한 단면 2차 모멘트를 사용한다.

■ 보충설명 : 기둥의 최적 단면

주축에 대한 최소 단면 2차 모멘트가 클수록 좌굴에 대한 저항성이 강하므로 최소 주축에서 단면이 멀리 분포하는 삼각형 단면이 유리하고 중공단면이 더욱 유리하다.

∴ 중공 삼각형이 가장 유리한 단면이 된다.

또한 휨모멘트가 크게 작용하는 부위 즉 중앙부의 단면을 크게 하여 임계하중을 증가시킨 테이퍼 기둥이 좌굴에 유리하다.

3 기타 실험 공식

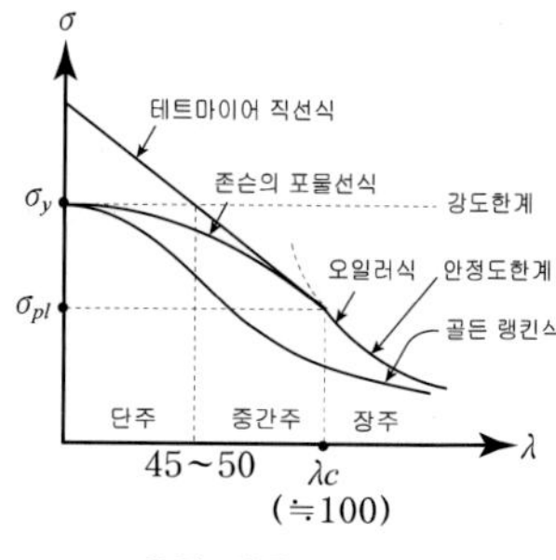

응력-세장비 곡선

(1) 테트마이어의 직선식 : 중간주에 적용

$$\sigma_b = a - \frac{b}{n}\lambda$$

(2) 존슨의 포물선식 : 단주와 중간주에 적용

$$\sigma_b = a + b\left(\frac{l}{r}\right)^2$$

(3) 골든-랭킨 공식 : 단주, 중간주, 장주에 모두 적용 가능

$$\sigma_b = \frac{\sigma_y}{1 + a/n\left(\frac{l}{r}\right)^2} \Rightarrow \frac{\sigma_y}{1 + \frac{a}{m}\left(\frac{l}{r}\right)^2}$$

4 시컨트 공식

편심축하중을 받는 장주에 적용한다.

$$\sigma_{\max} = \frac{P}{A}\left[1 + \frac{ec}{r^2}\sec\left(\frac{L}{r}\sqrt{\frac{P}{EA}}\right)\right]$$

여기서, $\begin{cases} \frac{ec}{r^2} : \text{편심비} \\ \frac{L}{r} : \text{세장비} \end{cases}$

➡ 시컨트 공식은 평균압축응력 $\frac{P}{A}$와 두 개의 무차원비인 편심비 $\frac{ec}{r^2}$와 세장비 $\frac{l}{r}$로 표시된다.

9.4 좌굴에 필요한 온도변화량

균일한 온도 상승에 의해 부재에서 압축력이 발생하는 경우 이 압축력이 좌굴하중에 이를 때 좌굴을 일으킬 것이다. 그러므로 온도가 상승하는 경우 부재의 압축력과 좌굴하중을 같아질 때 좌굴된다는 조건을 이용하면 해석이 가능하다. 만약 양단의 변위가 축방향으로 구속되고 단면이 일정한 봉이라면

$$R_t = P_{cr} \text{ 에서 } \quad E\alpha(\Delta T)A = \frac{\pi^2 EI_{\min}}{L_k^2} \quad \therefore\ \Delta T = \frac{\pi^2 I_{\min}}{A\alpha L_k^{\ 2}}$$

[단, 정정인 경우는 압축력이 생기지 않으므로 제외 ∴ 일단 고정, 타단 자유는 제외]

핵심예제 **9-13** [11 국가직 9급]

그림과 같은 양단 고정 기둥에서 온도를 ΔT만큼 상승시켜 오일러좌굴을 발생시킬 때, 온도 상승량 ΔT의 값은? (단, 열팽창계수는 α이고, 휨강성은 EI이며, 단면적은 A이다)

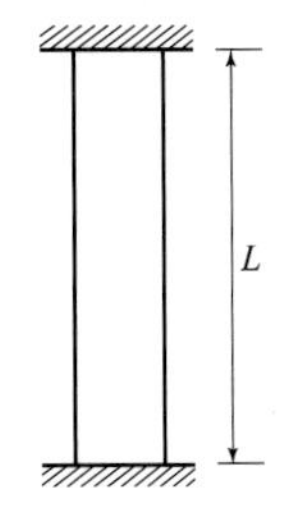

① $\dfrac{\pi^2 I}{A\alpha L^2}$ ② $\dfrac{2\pi^2 I}{A\alpha L^2}$

③ $\dfrac{4\pi^2 I}{A\alpha L^2}$ ④ $\dfrac{8\pi^2 I}{A\alpha L^2}$

| **해설** | $R_t = P_{cr}$ 에서 $E\alpha(\Delta T)A = \dfrac{\pi^2 EI_{\min}}{L_k^2}$

$\therefore \ \Delta T = \dfrac{\pi^2 I_{\min}}{A\alpha L_k^2} \equiv \dfrac{4\pi^2 I}{A\alpha L^2}$

답 : ③

9.5 강체봉-스프링 기둥

1 개요

기둥의 해석을 단순화하기 위하여 기둥의 좌굴에 의한 휨의 영향을 무시한 것으로 강체봉은 좌굴 후에도 직선을 유지하게 된다.

2 해석방법

강체봉은 좌굴 후에도 매우 미소한 변형을 일으킨다고 가정하면 좌굴 후에도 평형을 유지한다. 그러므로 좌굴을 일으키려는 좌굴모멘트와 원래의 상태로 되돌리려는 복원모멘트가 같다는 조건에 의해 해석할 수 있다.

∴ 좌굴 모멘트 = 복원 모멘트

3 유형 분석

지지조건	선형스프링	회전스프링
회전–자유	$P_{cr}=\dfrac{k(\text{회전단거리})^2}{\text{부재길이}}$	$P_{cr}=\dfrac{\beta}{\text{부재길이}}$
회전–힌지–회전	$P_{cr}=\dfrac{k\text{곱}}{\text{합}}$	• 내부힌지에 회전스프링이 배치된 경우 $P_{cr}=\dfrac{\beta\text{합}}{\text{곱}}$ • 지점에 회전스프링이 배치된 경우 $P_{cr}=\dfrac{\beta}{\text{부재길이}}\left(\dfrac{\text{원거리}}{\text{근거리}}\right)$

핵심예제 9-14 [11 국가직 9급]

그림과 같은 이상형 강체 기둥 모델의 좌굴임계하중은? (단, A점은 힌지절점이고, B점은 선형탄성 거동을 하는 스프링에 연결되어 있으며, C점의 변위는 작다고 가정한다. BD구간의 스프링 상수는 k이다)

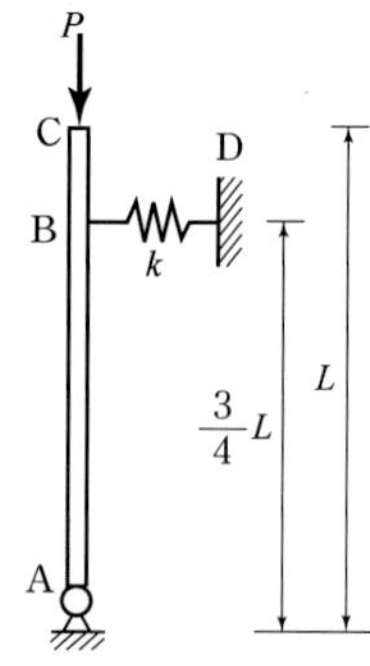

① $\dfrac{1}{4}kL$

② $\dfrac{3}{4}kL$

③ $\dfrac{9}{16}kL$

④ kL

| 해설 | 좌굴이 발생한 후에도 평형을 유지하므로

$\Sigma M_A=0$: 좌굴모멘트 = 복원모멘트

$$P_{cr}(L\theta)=k\left(\frac{3}{4}L\theta\right)\times\left(\frac{3}{4}L\right)$$

$$\therefore P_{cr}=\frac{9}{16}kL$$

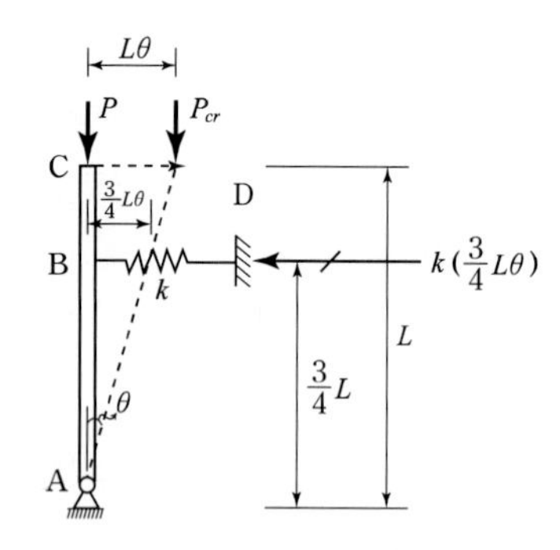

답 : ③

핵심예제 9-15 [13 국가직 9급]

다음과 같은 강체(Rigid) AD 부재에 축방향으로 하중 P가 작용하고 있다. 지점 A는 힌지이며, 두 개의 스프링은 B점과 C점에 연결되어 있고, 스프링계수는 동일한 k이다. 강체의 임계좌굴하중(P_{cr})은? (단, 부재는 미소변형 거동을 한다)

① $\dfrac{4hk}{3}$

② $\dfrac{5hk}{3}$

③ $2hk$

④ $3hk$

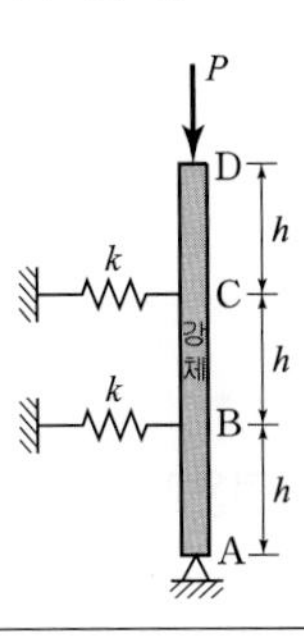

| 해설 | 좌굴이 발생한 후에도 평형을 유지하므로

$\Sigma M_A = 0$: 좌굴모멘트 = 복원모멘트

$P_{cr}(3h\theta) = k(2h\theta)(2h) + k(h\theta)(h)$

$\therefore\ P_{cr} = \dfrac{5hk}{3}$

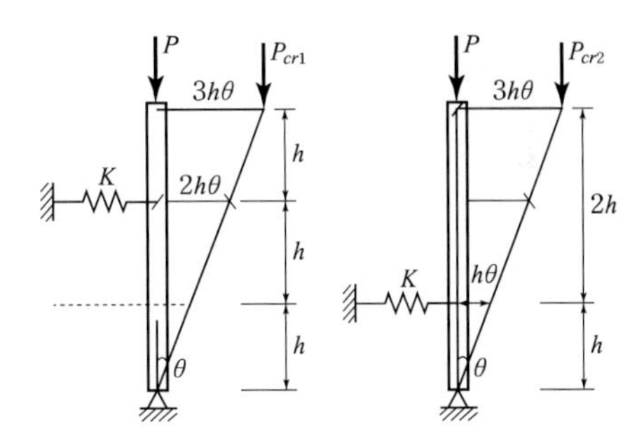

답 : ②

핵심예제 9-16 [15 국가직 9급]

그림과 같이 강체인 봉과 스프링으로 이루어진 구조물의 좌굴하중 P_{cr}은? (단, 스프링은 선형탄성 거동을 하며, 상수는 k이다. 또한 B점은 힌지이며, 봉 및 스프링의 자중은 무시한다)

① $\dfrac{ka}{2}$

② $\dfrac{kb}{2}$

③ $\dfrac{ka^2}{a+b}$

④ $\dfrac{kab}{a+b}$

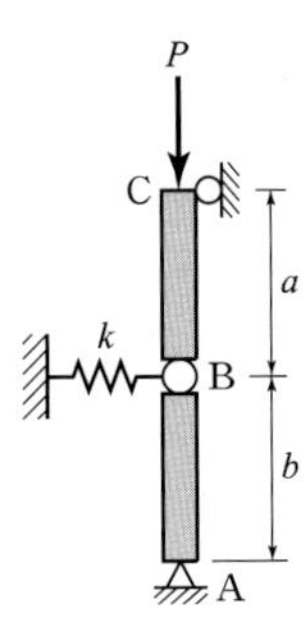

| 해설 | 단순구조의 강체봉을 선형스프링으로 지지하는 경우 좌굴하중 $P_{cr} = \dfrac{k\text{곱}}{\text{합}} = \dfrac{kab}{a+b}$

즉 $\Sigma M_{A(\text{상부})} = 0$: 좌굴모멘트 = 복원모멘트

$P_{cr}(a\theta) = \dfrac{k(a\theta)(b)}{a+b}(a) \quad \therefore P_{cr} = \dfrac{kab}{a+b}$

답 : ④

출제 및 예상문제

출제유형단원

- □ 기둥 일반
- □ 단주와 장주의 해석
- □ 좌굴에 필요한 온도변화량
- □ 강체봉-스프링 기둥

내친김에 문제까지 끝내보자!

1 다음 중 세장비를 표시한 것으로 옳은 것은?

① $\frac{\text{길이}}{\text{직경}}$ ② $\frac{\text{길이}}{\text{최대 회전 반경}}$

③ $\frac{\text{길이}}{\text{최소 회전 반경}}$ ④ $\frac{\text{길이}}{\text{최소 변장}}$

⑤ $\frac{\text{길이}}{\text{최대 변장}}$

2 다음 중 세장비를 구하는 식으로 옳은 것은? (단, L : 부재길이, Δl : 변형량, S : 안전율, σ_a : 허용응력, σ : 작용응력, ϵ : 변형도, r : 회전반경, b : 폭이다)

① $\frac{\Delta L}{L}$ ② $\frac{\sigma_a}{S}$

③ $\frac{\sigma}{\epsilon}$ ④ $\frac{L}{r}$

⑤ $\frac{L}{b}$

3 길이가 4.0m이고 직사각형 단면을 가진 기둥이 있다. 세장비 λ는? (단, 기둥의 단면성질이 I_{max} =2,500cm^4, I_{min} =1,600cm^4, A = 100cm^{2}이다) [08 국가직 9급]

① 50 ② 80

③ 100 ④ 160

보충 세장비

- 사각형 단면 $\lambda = \frac{2\sqrt{3}L}{\text{작은변}} \fallingdotseq 3.46\frac{L}{\text{작은변}}$
- 원형 단면 $\lambda = \frac{4L}{\text{지름}}$

정답 및 해설

해설 1

$\text{세장비} = \frac{\text{유효길이}(=\text{좌굴길이})}{\text{최소 회전 반경}}$

에서 단부의 구속조건이 없다면 양단 힌지로 가정한다.

$\therefore \text{세장비} = \frac{\text{기둥의 길이}}{\text{최소 회전 반경}}$

$= \frac{L}{r_{min}}$

해설 2

세장비

$\lambda = \frac{L_k}{r_{min}}$

$= \frac{\text{유효길이}(=\text{좌굴길이})}{\text{최소 회전 반경}}$

해설 3

$\lambda = \frac{L}{r_{min}} = \frac{L}{\sqrt{\frac{I_{min}}{A}}}$

$= \frac{400}{\sqrt{\frac{1600}{100}}} = 100$

정답 1. ③ 2. ④ 3. ③

4 지름 $d=16$cm인 원형 단면의 기둥에서 길이 5m일 때 세장비로 옳은 것은?

① 100 ② 115
③ 152 ④ 125
⑤ 150

5 지름이 40cm이고 길이가 3m인 원형 기둥의 세장비 λ는?

① 20 ② 30
③ 40 ④ 50

6 그림과 같은 길이 l, 지름 12cm인 원형 단면 기둥의 세장비는?

① $3l$
② $4l$
③ $\frac{l}{4}$
④ $\frac{l}{3}$
⑤ $16l$

7 지름이 d인 원형단면의 나무 기둥의 길이가 2m일 때 세장비가 100이 되도록 하려면 적당한 지름 d[cm]는? [서울시]

① 2
② 4
③ 8
④ 12
⑤ 16

정답 및 해설

해설 **4**

$$\lambda=\frac{L_k}{r_{\min}}=\frac{4L}{d}=\frac{4(500)}{16}=125$$

해설 **5**

$$\lambda=\frac{L_k}{r_{\min}}=\frac{4L}{D}=\frac{4(300)}{40}=30$$

해설 **6**

$$\lambda=\frac{l_k}{r_{\min}}=\frac{4l}{D}=\frac{4l}{12}=\frac{l}{3}$$

해설 **7**

$$\lambda=\frac{L_k}{r_{\min}}=\frac{4L}{d}=\frac{4(200)}{d}=100$$

$\therefore d=8\text{cm}$

정답 4. ④ 5. ② 6. ④ 7. ③

정 답 및 해 설

8 기둥에 대한 설명 중 옳지 않은 것은? [국가직]

① 세장비로 단주, 중간주, 장주로 구별한다.
② 단주, 중간주, 장주에 따라서 기둥의 강도가 달라진다.
③ 오일러 공식, 테트마이어 공식, 존슨 공식은 장 · 단주에 모두 적용된다.
④ 편심하중이 작용하면 단면의 중심에서 모멘트가 발생한다.

해설 **8**
기둥의 종류에 따라 다른 공식을 적용한다.
∴ 오일러 공식은 장주에 적용하고, 테트마이어 공식, 존슨 공식과 같은 실험식(경험공식)은 중간주에 적용한다.

보충 기둥의 종류에 따른 해석방법

단 주	후크의 법칙 적용
중간주	실험 공식 적용
장 주	오일러 공식 적용

9 Euler 탄성좌굴이론의 기본 가정 중 옳지 않은 것은? [09 국가직 9급]

① 기둥의 재료는 후크의 법칙을 따르며 균질하다.
② 좌굴 발생에 따른 처짐(v)은 매우 작으므로 곡률(κ)은 d^2v/dx^2와 같다.
③ 좌굴 발생 전 양단이 핀으로 지지된 기둥은 초기결함 없이 완전한 직선을 유지하고 어떠한 잔류응력도 없다.
④ 좌굴 발생 전 중립축에 직각인 평면은 좌굴발생 후 중립축에 직각을 유지하지 않는다.

해설 **9**
평면보존의 법칙에 의해 부재는 휘어진 후에도 평면을 유지하므로 좌굴발생 후에도 중립축에 대하여 직각을 유지하게 된다.

10 기둥의 최소좌굴응력을 결정하는 오일러(Euler)공식은 $\sigma_{cr} = \dfrac{\pi^2 E}{\left(\dfrac{kL}{r}\right)^2}$ 이다. 다음 설명 중 옳지 않은 것은? [국가직]

① kL은 기둥의 유효길이이다.
② r은 기둥의 단면 반지름이다.
③ 일단고정, 타단 힌지인 경우 k는 0.7이다.
④ 양단힌지일 때 k는 1이다.

보충 좌굴응력

$$\sigma_{cr} = \frac{P_{cr}}{A} = \frac{\pi^2 E r_{\min}^2 A}{L_k^2 A} = \frac{\pi^2 E}{\left(\dfrac{kL}{r_{\min}}\right)^2} = \frac{\pi^2 E}{\lambda^2}$$

해설 **10**
오일러 공식
$\sigma_{cr} = \dfrac{\pi^2 E}{\lambda^2} = \dfrac{\pi^2 E}{\left(\dfrac{kL}{r}\right)^2}$에서
r은 단면의 최소회전반경이다.

정답 8. ③ 9. ④ 10. ②

정 답 및 해 설

11 짧은 기둥과 긴 기둥의 한계를 나타내는 세장비의 값은?

① 15 ② 20
③ 25 ④ 35
⑤ 45

해설 **11**
단주의 경계세장비는 (45~50)으로 한다.

12 기둥에서 $\sigma_{cr} = \frac{\pi^2 E}{\lambda^2}$의 공식을 적용할 수 있는 응력의 범위로 옳은 것은? [국가직]

① 비례한도 이내
② 비례한도 이상
③ 극한강도 이내
④ 극한강도 이상

보충 오일러 공식의 적용범위
- 세장비 100 이상인 장주
- 중심축하중을 받는 장주
- 비례한도 이내의 범위에서 탄성좌굴파괴 되는 장주

해설 **12**
세장비의 범위 $\lambda \geq \sqrt{\frac{\pi^2 E}{\sigma_{pl}}}$ 에서
좌굴응력 $\sigma_{cr} = \frac{\pi^2 E}{\lambda^2} \leq \sigma_{Pl}$ 이므로
비례한도(σ_{pl})이내의 범위에서 오일러 공식을 적용한다.

13 오일러 공식에서 장주의 적용범위는 세장비가 얼마 이상일 때인가?

① 50 ② 60
③ 90 ④ 100
⑤ 200

해설 **13**
오일러 공식은 세장비 100 이상인 장주에 적용한다.

14 다음 중 단위가 같게 짝지어진 것은?

① 세장비, 회전반경
② 단면계수, 단면 극 2차 모멘트
③ 단면 1차 모멘트, 단면 계수
④ 단면 2차 모멘트, 강도 계수
⑤ 극회전 반경, 극관성 모멘트

해설 **14**
- 세장비 : 무차원
- (극)회전반경 : cm, m
- [단면계수, 단면1차 모멘트, 강도 계수] : cm^3
- {단면2차모멘트, 극관성모멘트} : cm^4

정답 11. ⑤ 12. ① 13. ④ 14. ③

15 길이가 1.5m이고 단면이 250mm×250mm인 정사각형 기둥이 있다. 300kN의 압축력이 단면의 중앙에 작용한다. 압축응력[MPa]의 크기는?

① 2.0　　② 4.8
③ 7.2　　④ 9.6
⑤ 12.0

16 그림과 같은 기둥에 축방향 하중이 도심축으로부터 편심 $e=100$mm 떨어져서 작용할 때 발생하는 최대 압축응력[MPa]은? (단, 기둥은 단주이며 자중은 무시한다) [11 지방직 9급]

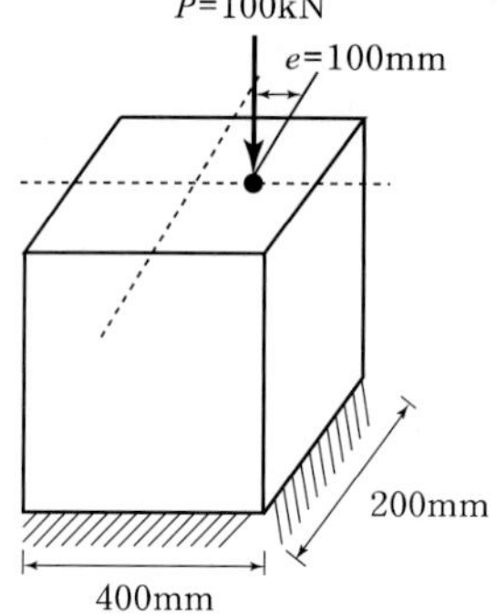

① 1.25
② 2.188
③ 3.125
④ 5

17 그림과 같이 $P=500$kN과 $M=20$kN·m의 모멘트 하중이 작용하는 단주에서 편심거리 e[cm]는?

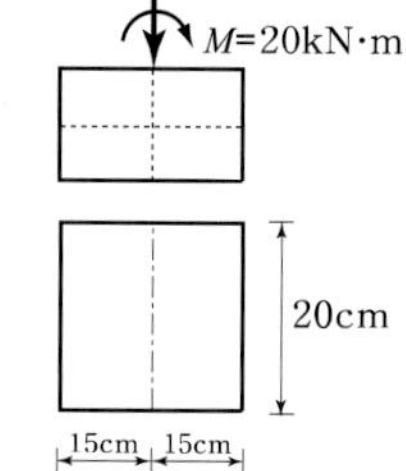

① 4
② 6
③ 10
④ 12

보충 편심축하중을 받는 기둥해석
➡ 중심축하중으로 변환하여 해석

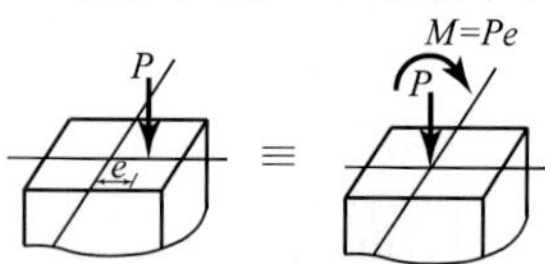

∴ $M=Pe$ 에서 편심거리 $e=\dfrac{M}{P}$

정 답 및 해 설

해설 **15**

$$\sigma=\frac{P}{A}=\frac{300\times10^3}{250\times250}$$
$$=4.8\,\text{N/mm}^2=4.8\,\text{MPa}$$

해설 **16**

$$\sigma_{max}=\frac{P}{A}\left(1+\frac{6e}{b}\right)$$
$$=\frac{100\times10^3}{400\times200}\left\{1+\frac{6(100)}{400}\right\}$$
$$=3.125\,\text{N/mm}^2=3.125\,\text{MPa}$$

해설 **17**

편심거리

$$e=\frac{M}{P}=\frac{20}{500}=0.04\,\text{m}$$
$$=4\,\text{cm}$$

정답 15. ② 16. ③ 17. ①

18 그림과 같은 짧은 기둥의 단면의 K점에 100kN의 하중이 작용하여 변 AB에 인장 응력 $\sigma_{AB}=1.375$MPa이 발생한다면 편심거리 e의 값[cm]은?

① 10
② 12
③ 14
④ 16
⑤ 18

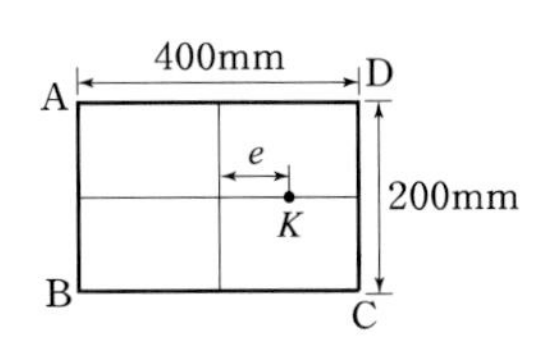

보충 하중이 핵점 밖에 작용하는 경우 응력
기둥에서 하중이 작용하는 반대쪽의 응력은 축하중에 의한 압축응력과 모멘트 하중에 의한 인장응력이 발생한다.

$$\therefore \sigma_{AB}=\frac{P}{A}-\frac{M}{Z}=\frac{P}{A}\left(1-\frac{6e}{b}\right)$$

해설 **18**

$$\sigma_{AB}=\frac{P}{A}\left(1-\frac{6e}{b}\right)$$
$$=\frac{100\times10^3}{200\times400}\left(1-\frac{6\times e}{400}\right)$$
$$=-1.375$$
$$\therefore\ e=140\,\text{mm}=14\,\text{cm}$$

19 다음 그림과 같은 정사각형 단주가 있다. 이 단주의 상단 A점에 압축력 10kN이 작용할 때, 단주의 하단 B점에 발생하는 압축응력[kPa]은?

[09 국가직 9급]

① 1
② 2
③ 3
④ 4

해설 **19**

$$\sigma_B=\frac{P}{A}+\frac{M_x}{I_x}y_B-\frac{M_y}{I_y}x_B$$
$$=\frac{P}{A}+\frac{Pe_y}{\frac{bh^3}{12}}\left(\frac{h}{2}\right)-\frac{Pe_x}{\frac{hb^3}{12}}\left(\frac{b}{2}\right)$$
$$=\frac{P}{A}\left(1-\frac{6e_x}{b}+\frac{6e_y}{h}\right)$$
$$=\frac{10\times10^3}{2\times2}\left(1-\frac{6\times0.6}{2}+\frac{6\times0.4}{2}\right)$$
$$=1\times10^3\,\text{Pa}=1\,\text{kPa}(압축)$$

20 다음과 같은 짧은 기둥 구조물에서 단면 m-n 위의 A점과 B점의 수직 응력[MPa]은? (단, 자중은 무시한다)

[15 지방직 9급]

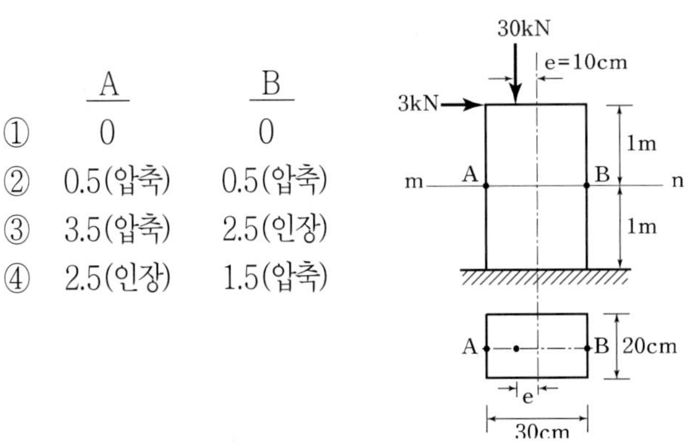

	A	B
①	0	0
②	0.5(압축)	0.5(압축)
③	3.5(압축)	2.5(인장)
④	2.5(인장)	1.5(압축)

해설 **20**

두 응력의 합은 평균응력의 2배와 같다는 조건을 적용하면

$$|\sigma_A+\sigma_B|=\frac{2P}{A}=\frac{2(30\times10^3)}{300(200)}$$
$$=1\,\text{MPa}$$

∴ 두 응력의 합이 1MPa인 것은 ②이다.

정답 18. ③ 19. ① 20. ②

21 그림과 같은 단주가 하중 P를 받을 때 AB면에 응력이 발생하지 않기 위한 편심거리 e[cm]는? (단, 기둥은 폭이 100mm인 직사각형 단면이다)

① 3
② 4
③ 6
④ 8
⑤ 12

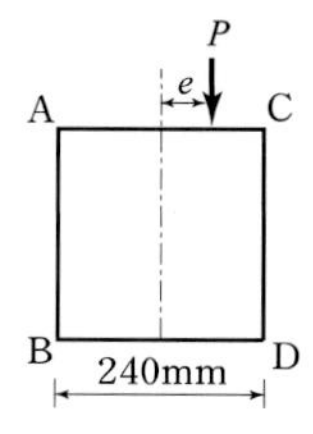

보충 핵거리

원형 단면	직사각형 단면
$e_x = e_y = \frac{d}{8} = \frac{r}{4}$	$e_x = \frac{b}{6}$, $e_y = \frac{h}{6}$

해설 **21**

하중이 핵점에 작용해야 하므로

$e = \frac{b}{6} = \frac{24}{6} = 4\,\text{cm}$

22 한 변이 60cm인 정사각형 단면인 단주가 있다. 단면의 중심으로부터 핵거리[cm]는?

① 10 ② 20
③ 30 ④ 40

해설 **22**

핵거리

$e = \frac{a}{6} = \frac{60}{6} = 10\,\text{cm}$

23 반지름이 r인 원형단면의 기둥이 있다. 단면 중심으로부터의 핵거리는?

① $\frac{r}{4}$ ② $\frac{r}{2}$
③ $\frac{r}{8}$ ④ $\frac{r}{6}$

해설 **23**

핵거리

$e = \frac{d}{8} = \frac{r}{4}$

24 단면이 600mm×600mm인 단주에 100kN의 하중이 작용할 때 AB면의 응력이 0이 되기 위한 편심거리(e)[cm]는?

① 2
② 5
③ 8
④ 10

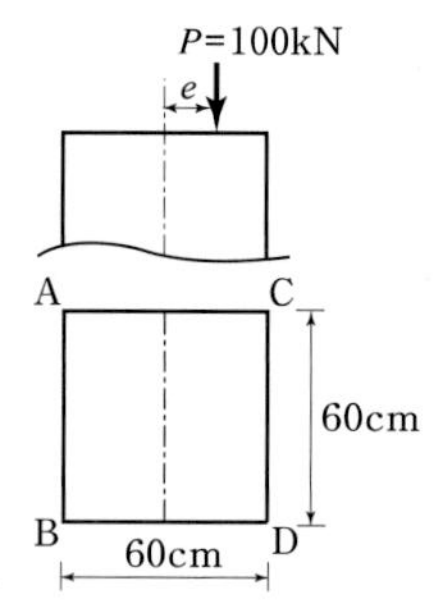

해설 **24**

하중이 핵점에 작용해야 하므로

$e = \frac{b}{6} = \frac{60}{6} = 10\,\text{cm}$

정답 21. ② 22. ① 23. ① 24. ④

25 지름 48cm인 원형 단면에서 핵의 지름[cm]은?

① 6
② 8
③ 12
④ 16
⑤ 24

보충 핵지름

① 직사각형 단면

$$\begin{cases} x = 2e_x = \dfrac{b}{3} \\ y = 2e_y = \dfrac{h}{3} \end{cases}$$

② 원형 단면

$$x = y = 2e = \frac{d}{4}$$

③ 삼각형 단면

$$\begin{cases} x = 2e_x = \dfrac{b}{4} \\ y = 2e_y = \dfrac{h}{4} \end{cases}$$

26 다음은 단주의 직사각형 단면이다. 편심축하중을 받을 때 핵거리 e 값은?

① $\frac{h}{2}$
② $\frac{h}{3}$
③ $\frac{h}{4}$
④ $\frac{h}{5}$
⑤ $\frac{h}{6}$

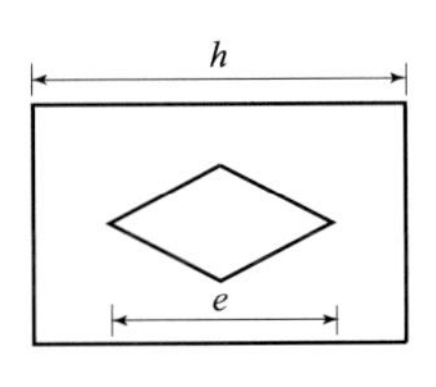

정 답 및 해 설

해설 **25**

핵지름

$= 2e = 2\left(\frac{d}{8}\right) = \frac{48}{4} = 12\,\text{cm}$

해설 **26**

그림의 e는 핵지름이므로

$\therefore\ e = \frac{h}{3}$

정답 25. ③ 26. ②

27 그림과 같은 직사각형 단면 ABCD의 핵(core)을 EFGH라 할 때 $\frac{\mathrm{FH}}{\mathrm{BC}}$의 값은?

① $\frac{1}{2}$
② $\frac{1}{3}$
③ $\frac{1}{4}$
④ $\frac{1}{5}$
⑤ $\frac{1}{6}$

보충 핵지름과 단면의 길이비

① 직사각형 단면 : $\frac{\text{핵지름}}{\text{단면길이}} = \frac{\frac{b}{3}}{b} = \frac{1}{3}$

② 원형 단면 : $\frac{\text{핵지름}}{\text{단면지름}} = \frac{\frac{D}{4}}{D} = \frac{1}{4}$

③ 삼각형 단면 : $\frac{\text{핵지름}}{\text{단면길이}} = \frac{\frac{b}{4}}{b} = \frac{1}{4}$

해설 **27**

핵지름 $FH = 2e_x = 2\left(\frac{BC}{6}\right)$

$\therefore \frac{\mathrm{FH}}{\mathrm{BC}} = \frac{1}{3}$

28 다음 그림과 같은 직사각형 단면의 기둥에서 핵의 면적[cm²]은?

① 100
② 160
③ 200
④ 240
⑤ 300

보충 전체면적과 핵면적비
① 원형 및 삼각형 단면
전체 면적 : 핵면적 = 16 : 1
② 직사각형 단면
전체 면적 : 핵면적 = 18 : 1
$\therefore$ 핵면적$= \frac{bh}{18} = \frac{60 \times 60}{18} = 200\,\mathrm{cm}^2$

해설 **28**

• 핵거리 :

$e_x = e_y = \frac{60}{6} = 10\,\mathrm{cm}$

• 핵지름 : $2e = 20\,\mathrm{cm}$

$\therefore$ 핵면적

$A = \frac{20 \times 20}{2} = 200\,\mathrm{cm}^2$

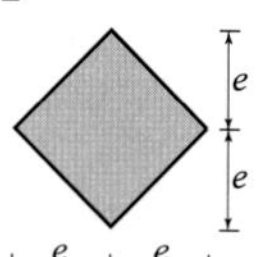

정답 27. ② 28. ③

정 답 및 해 설

29 긴 기둥의 좌굴하중을 구하는 장주 공식은?

① $P_b = \dfrac{n\pi^2 EI}{L^2}$ ② $P_b = \dfrac{n\pi EI}{L^2}$

③ $P_b = \dfrac{n\pi^2 EI}{L}$ ④ $P_b = \dfrac{n\pi EI}{L}$

보충 단부조건에 따른 계수

단부조건	양단고정	양단고정 타단힌지	일단고정 타단자유	양단힌지
n	4	2	$\frac{1}{4}$	1
k	0.5	$\frac{1}{\sqrt{2}}$	2	1

해설 29

좌굴하중(기둥 강도)

$P_b = \dfrac{n\pi^2 EI}{L^2} = \dfrac{\pi^2 EI}{L_k^2}$

$= \dfrac{\pi^2 EA}{\lambda^2}$

30 기둥에 관한 설명으로 옳지 않은 것은? [07 국가직 9급]

① 기둥은 세장비에 따라 단주, 중간주, 장주로 구분할 수 있다.

② 단주에 편심 압축하중이 단면의 핵(core) 안에 작용하면 단면 내 어느 점에서도 인장응력이 발생하지 않는다.

③ 기둥의 세장비는 기둥단면의 단면적, 단면 2차 모멘트, 그리고 기둥의 길이로 계산된다.

④ 장주의 양단이 핀 지지되지 않은 경우의 탄성 좌굴하중은 양단이 핀 지지된 장주의 오일러 공식에 유효길이(effective length)를 사용하여 구할 수 있으며 양단이 고정된 장주의 유효길이 계수(effective length factor)는 0.7이다.

해설 30

양단이 고정일 경우의 유효길이 계수는 0.5이다.

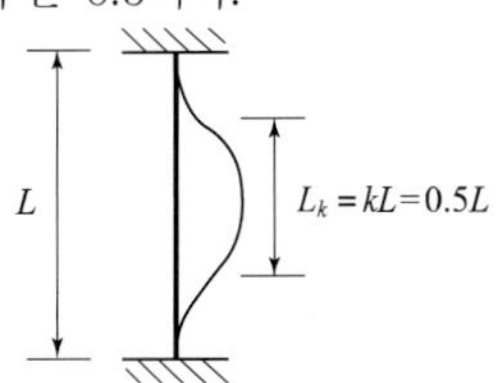

31 그림과 같은 구조의 기둥에서 오일러의 장주공식 $P = n\pi^2 \dfrac{EI}{L^2}$를 적용시킬 때 n의 값은?

① 0.25

② 1

③ 2

④ 4

⑤ 8

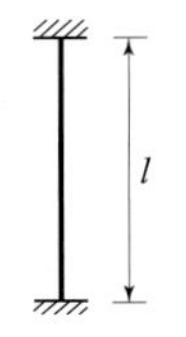

해설 31

양단고정이므로 강도계수 $n = 4$이다.

정답 29. ① 30. ④ 31. ④

정 답 및 해 설

32 다음과 같이 양단이 고정 지지되는 구조물의 좌굴하중 P_B의 값은?

① $\dfrac{4\pi^2 EI}{l^2}$

② $\dfrac{\pi^2 EI}{4l^2}$

③ $\dfrac{\pi^2 EI}{l^2}$

④ $\dfrac{2\pi^2 EI}{l^2}$

⑤ $\dfrac{3\pi^2 EI}{l^2}$

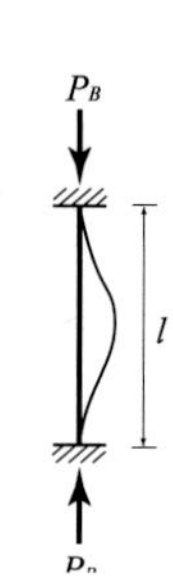

해설 **32**

$P_B = \dfrac{n\pi^2 EI}{L^2}$에서

양단고정이므로 $n=4$

$\therefore\ P_B = \dfrac{4\pi^2 EI}{l^2}$

33 그림과 같은 (a)기둥과 (b)기둥의 강도의 비는? (단, 두 기둥의 재료, 단면, 길이는 동일하다)

① 1 : 1

② 1 : 4

③ 1 : 8

④ 1 : 16

(a) (b)

보충 좌굴하중(강도)

$$P_{cr} = \frac{n\pi^2 EI_{\min}}{L^2} = \frac{\pi^2 E r_{\min}^2 A}{(kL)^2} = \frac{\pi^2 EA}{\lambda^2}$$

① 고정계수(n)에 비례

② 휨강성(EI)에 비례

③ 좌굴길이(kL)의 제곱에 반비례

④ 세장비(λ)의 제곱에 반비례

해설 **33**

기둥 강도 $P_{cr} = \dfrac{n\pi^2 EI}{L^2} \propto n$

$P_{(a)} : P_{(b)} = n_{(a)} : n_{(b)}$

$= \dfrac{1}{4} : 2 = 1 : 8$

34 그림과 같은 긴 기둥에서 (a)기둥에 최대하중 30kN을 작용시킬 수 있을 경우 (b)의 기둥에 작용시킬 수 있는 최대하중[kN]은?

① 60

② 90

③ 120

④ 320

⑤ 480

30kN P l 30kN P

(a) (b)

해설 **34**

최대하중(=좌굴하중)은 고정계수(n)에 비례하므로

$\dfrac{P_{(b)}}{P_{(a)}} = \dfrac{n_{(b)}}{n_{(a)}} = \dfrac{4}{2}$

$\therefore\ P_{(b)} = 2P_{(a)} = 2(30) = 60\text{kN}$

정답 32. ① 33. ③ 34. ①

35 양단힌지 경계조건을 가지는 기둥의 좌굴하중보다 두 배의 좌굴하중을 가지는 기둥의 경계조건으로 적절한 경우는? (단, 두 경우의 기둥 길이와 단면특성 EI는 같다) [10 국가직 9급]

① 1단 힌지, 타단 자유
② 1단 자유, 타단 고정
③ 1단 힌지, 타단 고정
④ 양단 고정

36 다음 그림과 같이 동일한 재료와 단면으로 제작된 길이가 다른 세 개의 기둥이 있다. 각 기둥에 대한 오일러 좌굴하중을 비교하였을 때 옳은 것은? [10 지방직 9급]

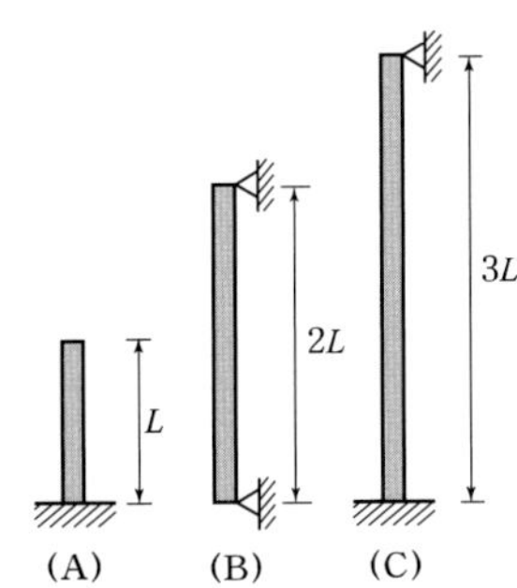

① A=B>C
② A=B<C
③ A<B<C
④ A>B>C

정답 및 해설

해설 **35**

주어진 조건에 대해 각각의 좌굴하중을 구하면

- 양단힌지:

$$P_{cr}=\frac{\pi^2EI}{(kL)^2}=\frac{\pi^2EI}{L^2}$$

- 1단 힌지, 타단고정:

$$P_{cr}=\frac{\pi^2EI}{(kL)^2}=\frac{\pi^2EI}{\left(\frac{L}{\sqrt{2}}\right)^2}=\frac{2\pi^2EI}{L^2}$$

- 1단 자유, 타단고정:

$$P_{cr}=\frac{\pi^2EI}{(kL)^2}=\frac{\pi^2EI}{(2L)^2}=\frac{\pi^2EI}{4L^2}$$

- 양단고정:

$$P_{cr}=\frac{\pi^2EI}{(kL)^2}=\frac{\pi^2EI}{\left(\frac{1}{2}L\right)^2}=\frac{4\pi^2EI}{L^2}$$

∴ 양단힌지의 좌굴하중보다 두 배의 좌굴하중을 가지는 경계조건은 1단힌지, 타단고정이다.

해설 **36**

$$P_{cr(A)}=\frac{\pi^2EI}{(kL)^2}=\frac{\pi^2EI}{(2L)^2}=\frac{\pi^2EI}{4L^2}$$

$$P_{cr(B)}=\frac{\pi^2EI}{(kL)^2}=\frac{\pi^2EI}{(2L)^2}=\frac{\pi^2EI}{4L^2}$$

$$P_{cr(C)}=\frac{\pi^2EI}{(kL)^2}=\frac{\pi^2EI}{\left(\frac{1}{\sqrt{2}}\times 3L\right)^2}=\frac{2\pi^2EI}{9L^2}$$

$$P_{cr(A)}=P_{cr(B)}>P_{cr(C)}$$

정답 35. ③ 36. ①

37 다음 그림과 같이 동일한 재료와 단면으로 제작된 길이가 같은 네 개의 기둥이 있다. 이 중 (d)의 좌굴하중은 (a)의 몇 배인가? [서울시]

① 2배
② 4배
③ 6배
④ 8배
⑤ 16배

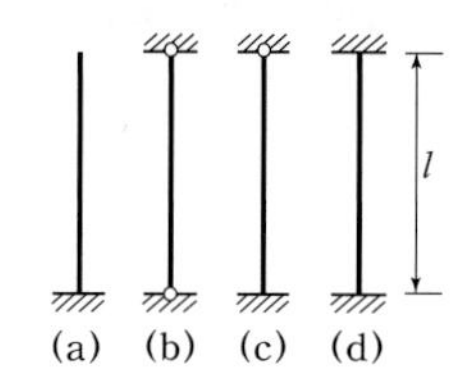

38 좌굴하중이 120kN일 때 기둥의 허용 좌굴하중[kN]은? (단, 기둥의 안전율은 3이다)

① 60
② 20
③ 30
④ 40
⑤ 360

39 다음 그림과 같은 트러스에서 AB부재에 발생하는 부재력 F_{AB} [kN]와 탄성좌굴을 방지하기 위한 AB부재 단면의 최소 단면2차모멘트 I [cm⁴]는? (단, AB부재 양단의 경계조건은 힌지로 가정하고 탄성계수 $E=250$GPa이다) [09 국가직 9급]

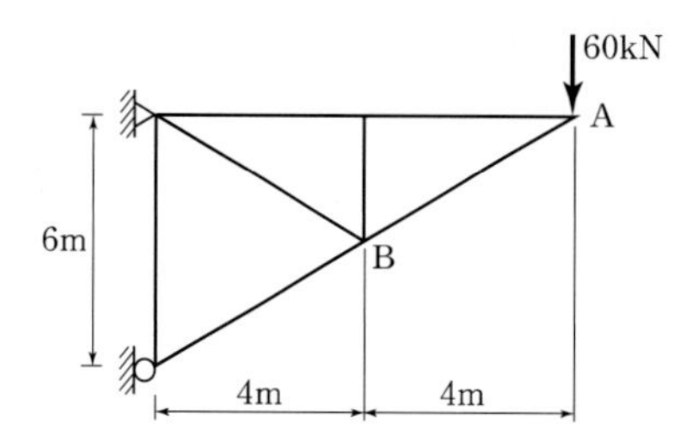

	F_{AB}	I		F_{AB}	I
①	100	$\frac{250}{\pi^2}$	②	80	$\frac{500}{\pi^2}$
③	100	$\frac{1,000}{\pi^2}$	④	80	$\frac{1,200}{\pi^2}$

정답 및 해설

해설 **37**

좌굴하중 $P_{cr}=\frac{n\pi^2 EI}{L^2}\propto n$

$\frac{P_{(d)}}{P_{(a)}}=\frac{n_{(d)}}{n_{(a)}}=\frac{4}{\frac{1}{4}}=16$

$\therefore P_{(d)}=16P_{(a)}$

해설 **38**

안전율 $S=\frac{P_{cr}}{P_a}$ 에서

$\therefore P_a=\frac{P_{cr}}{S}=\frac{120}{3}=40\,\text{kN}$

해설 **39**

(1) AB의 부재력
①-①절단면에서 $\sum V=0$을 적용하면

$F_{AB}\sin\theta+60=0$

$\therefore F_{AB}=-\frac{60}{\sin\theta}=-\frac{60}{\left(\frac{3}{5}\right)}$

$=-100\text{kN}$(압축)

(2) 탄성좌굴 방지를 위한 단면2차 모멘트

$F_{AB}\leq P_{cr}=\frac{\pi^2 EI}{L_{AB}{}^2}$

$\therefore I\geq\frac{F_{AB}L_{AB}{}^2}{\pi^2 E}$

$=\frac{(100)\times(5^2)}{\pi^2(250\times10^6)}=\frac{1}{10^5\pi^2}\text{m}^4$

$=\frac{1000}{\pi^2}\text{cm}^4$

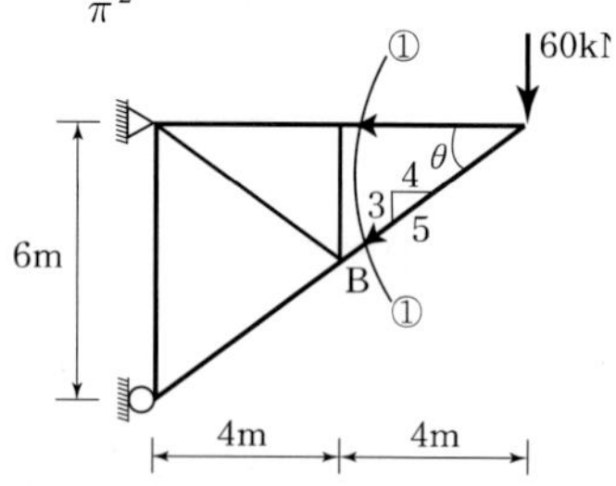

정답 37. ⑤ 38. ④ 39. ③

40 그림과 같이 기둥과 단면이 주어질 때 <그림 A>와 <그림 B>의 좌굴 하중비 $P_{cr\,B}\,/\,P_{cr\,A}$는? (단, $b>2h$이고 기둥의 재료는 동일하며, A에서 두 부재는 접착되어 있지 않다) [10 서울시 9급]

① 4
② 8
③ 16
④ 32
⑤ 2

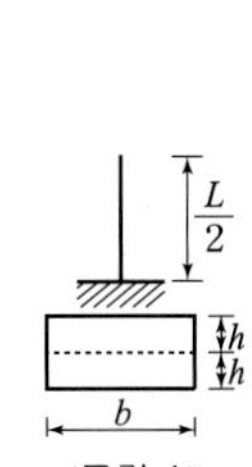

<그림 A>

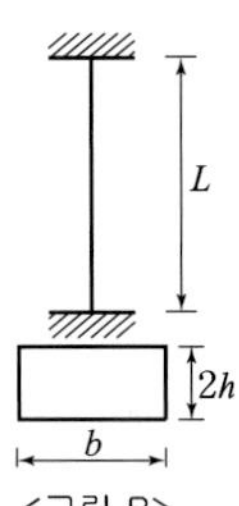

<그림 B>

41 다음 그림과 같은 봉-스프링 구조물에 15N의 압축하중이 작용하고 있다. 탄성좌굴이 발생되지 않기 위한 봉 하단부에 설치된 회전스프링 상수 α(N · m/rad)의 최소치는? (단, 압축하중은 봉의 단면도심에 작용한다) [11 서울시 교육청 9급]

① 12
② 24
③ 30
④ 36

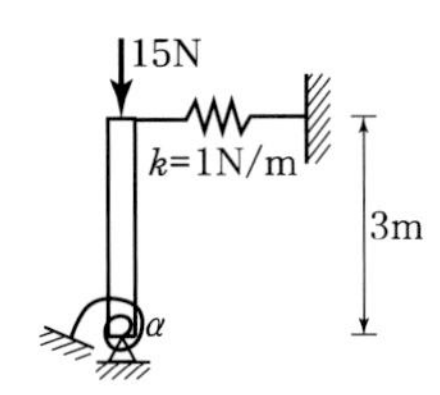

해설

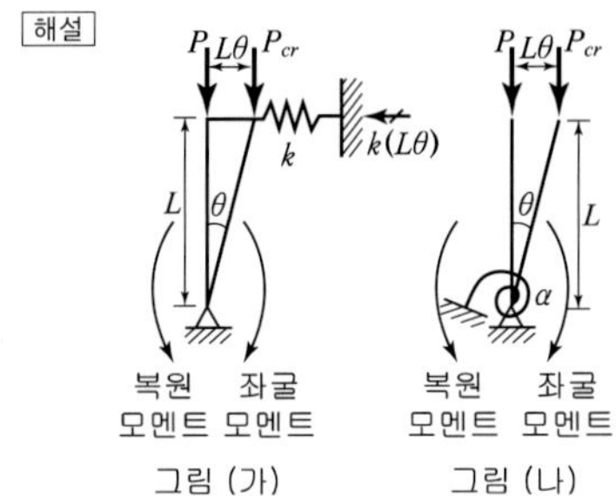

문제를 그림 (가)에서 선형스프링과 그림 (나)에서 회전스프링을 따로 보고 구조해석한다.

(1) 그림 (가)의 구조해석
좌굴모멘트=복원모멘트
$P_{cr}(L\theta)=k(L\theta)L,\ P_{cr}=kL$ … ①

(2) 그림 (나)의 구조해석
$P_{cr}(L\theta)=\alpha(\theta),\ P_{cr}=\dfrac{\alpha}{L}$ … ②

문제에서 선형스프링과 회전스프링은 좌굴하중(P_{cr})에 같이 저항하는 스프링이므로 병렬구조로서 합성시킨다. 따라서 ①식과 ②식을 합성하면 $P_{cr}=kL+\dfrac{\alpha}{L}$

식을 α에 관해서 정리하면
$\alpha=(P_{cr}-kL)L=\{15-1(3)\}3=36\,\text{kN/rad}$

정답 및 해설

해설 **40**

$$P_{cr\,A}=\frac{\pi^2EI_{\min}}{L_k^{\;2}}=\frac{\pi^2E\left(2\times\dfrac{bh^3}{12}\right)}{\left(2\times\dfrac{L}{2}\right)^2}=\frac{\pi^2Ebh^3}{6L^2}$$

$$P_{cr\,B}=\frac{\pi^2EI_{\min}}{L_k^{\;2}}=\frac{\pi^2E\left(\dfrac{b(2h)^3}{12}\right)}{\left(\dfrac{1}{2}\cdot L\right)^2}=\frac{8\pi^2Ebh^3}{3L^2}$$

$$\therefore\ \frac{P_{cr\,B}}{P_{cr\,A}}=\frac{\dfrac{8\pi^2Ebh^3}{3L^2}}{\dfrac{\pi^2Ebh^3}{6L^2}}=16$$

정답 40. ③ 41. ④

42 압축하중을 받는 기둥 밑면에서의 응력분포가 다음 그림과 같을 때, 작용하중의 편심 거리를 순서대로 나열한 것은? [11 서울시 교육청 9급]

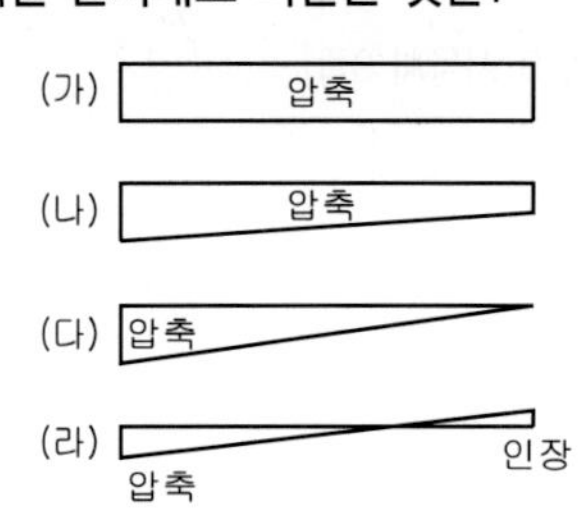

① (가) > (나) > (다) > (라)　② (라) > (다) > (나) > (가)
③ (가) > (다) > (나) > (라)　④ (라) > (나) > (다) > (가)

43 다음 좌굴에 대해 가장 취약한 기둥은? (단, 재료 및 단면특성치는 모두 동일한 것으로 가정한다) [12 국가직 9급]

①
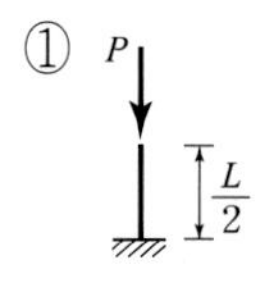

②
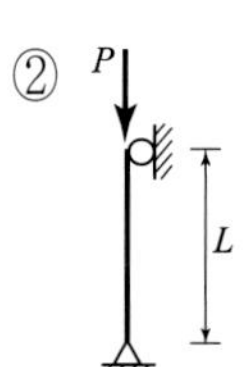

③
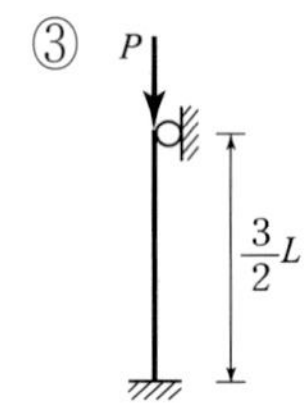

④
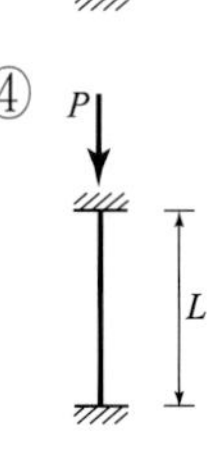

별해 ① $P_{cr}=\dfrac{\pi^2EI}{(kL)^2}=\dfrac{\pi^2EI}{\left(2\times\dfrac{L}{2}\right)^2}=\dfrac{\pi^2EI}{L^2}$

② $P_{cr}=\dfrac{\pi^2EI}{(kL)^2}=\dfrac{\pi^2EI}{(1\times L)^2}=\dfrac{\pi^2EI}{L^2}$

③ $P_{cr}=\dfrac{\pi^2EI}{(kL)^2}=\dfrac{\pi^2EI}{\left(\dfrac{1}{\sqrt{2}}\times\dfrac{3}{2}L\right)^2}=\dfrac{8\pi^2EI}{9L^2}$

④ $P_{cr}=\dfrac{\pi^2EI}{(kL)^2}=\dfrac{\pi^2EI}{\left(\dfrac{1}{2}\times L\right)^2}=\dfrac{4\pi^2EI}{L^2}$

$\therefore P_{cr}$이 가장 작은 ③번 기둥이 좌굴에 대해 가장 취약하다.

정 답 및 해 설

해설 **42**

(가) $e=0$일 때의 응력분포
(나) $e<\dfrac{b}{6}$일 때의 응력분포
(다) $e=\dfrac{b}{6}$일 때의 응력분포
(라) $e>\dfrac{b}{6}$일 때의 응력분포
따라서 편심거리의 순서는
(라) > (다) > (나) > (가)

해설 **43**

$P_{cr}=\dfrac{\pi^2EI}{(kL)^2}\propto\dfrac{1}{(kL)^2}$에서

$P_{cr①}:P_{cr②}:P_{cr③}:P_{cr④}$

$=\dfrac{1}{\left(2\times\dfrac{L}{2}\right)^2}:\dfrac{1}{L^2}:\dfrac{1}{\left(\dfrac{1}{\sqrt{2}}\times\dfrac{3L}{2}\right)^2}:\dfrac{1}{\left(\dfrac{1}{2}\times L\right)^2}$

$=1:1:\dfrac{8}{9}:4$

$\therefore P_{cr}$의 비가 가장 작은 ③번이 좌굴에 가장 취약한 기둥이다.

정답 42. ② 43. ③

정 답 및 해 설

44 다음 그림과 같이 중앙 내부힌지 B점에 강성(stiffness) k인 회전 스프링에 의하여 지지되는 기둥이 있다. 이 기둥의 임계좌굴하중(P_{cr})은? [12 지방직 9급]

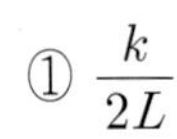

① $\dfrac{k}{2L}$

② $\dfrac{k}{L}$

③ $\dfrac{2k}{L}$

④ $\dfrac{4k}{L}$

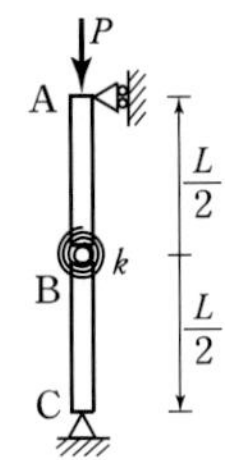

해설 **44**

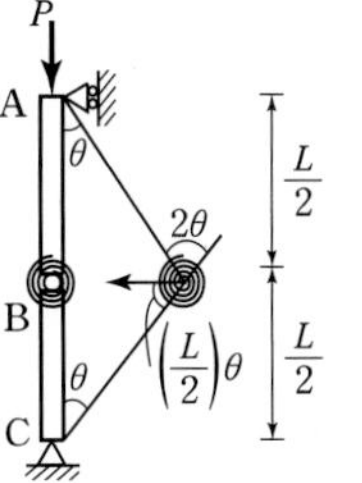

좌굴모멘트=복원모멘트

$$P_{cr}\left(\frac{L}{2}\right)\theta = k(2\theta)$$

$$\therefore\ P_{cr} = \frac{4k}{L}$$

45 기둥의 임계하중에 대한 설명으로 옳지 않은 것은? [14 지방직 9급]

① 단면2차모멘트가 클수록 임계하중은 크다.

② 좌굴 길이가 길수록 임계하중은 작다.

③ 임계하중에서의 기둥은 좌굴에 대해서 안정하지도 불안정하지도 않다.

④ 동일조건에서 원형단면은 동일한 면적의 정삼각형단면보다 임계하중이 크다.

해설 **45**

좌굴에 가장 유리한 단면이 삼각형단면이므로 임계하중은 삼각형단면이 가장 크다.

보충 좌굴에 유리한 단면

삼각형으로 중공이 더 유리

∴ 중공 삼각형 > 중공 사각형 > 중공 원형 순이다.

46 그림과 같은 기둥 AC의 좌굴에 대한 안전율이 2.0인 경우, 보 AB에 작용하는 하중 P의 최대 허용값은? (단, 기둥 AC의 좌굴축에 대한 휨강성은 EI이고, 보와 기둥의 연결부는 힌지로 연결되어 있으며, 보의 자중은 무시한다) [15 국가직 9급]

① $\dfrac{\pi^2 EI}{2L^2}$

② $\dfrac{\pi^2 EI}{L^2}$

③ $\dfrac{2\pi^2 EI}{L^2}$

④ $\dfrac{4\pi^2 EI}{L^2}$

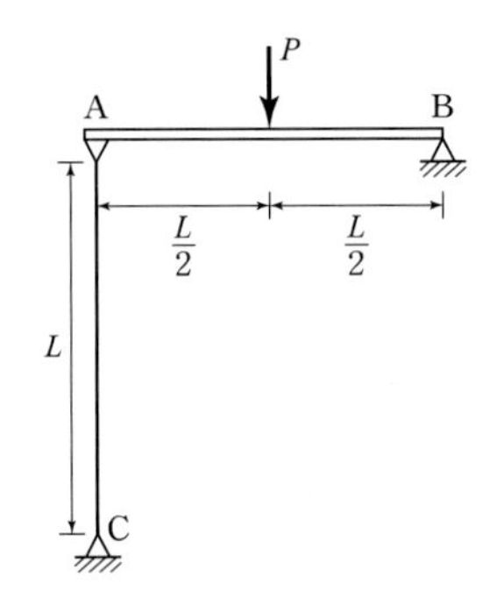

해설 **46**

(1) 좌굴하중

최대압축부재력이 $\dfrac{\pi^2 EI}{L_k^2}$에 도달할 때 좌굴이 발생하므로

$$\frac{P}{2} = \frac{\pi^2 EI}{L_k^2} = \frac{\pi^2 EI}{L^2} \text{에서}$$

$$P_{cr} = \frac{2\pi^2 EI}{L^2}$$

(2) 허용하중

$$P_a = \frac{P_{cr}}{S} = \frac{2\pi^2 EI}{2L^2} = \frac{\pi^2 EI}{L^2}$$

정답 44. ④ 45. ④ 46. ②

Chapter 10

구조물의 변위

01 개요
02 처짐의 해법
03 출제 및 예상문제

제10장

구조물의 변위

10.1 개요

구조물에서 발생하는 변위란 넓은 의미에서는 처짐과 처짐각을 의미하지만 실제의 계산에서 사용되는 변위는 힘(단면력)과의 상관관계를 고려하여 적용하여야 한다.

1 변위계산의 목적

(1) 구조물의 사용성 확보

① 구조물의 처짐은 허용값 이하라야 한다.

② RC구조물의 경우는 균열 폭이 작아야 한다.

(2) 부정정 구조물의 해석을 위한 적합방정식 구성

정정 구조물은 힘에 관한 평형방정식만으로 해석을 할 수 있지만 부정정 구조물은 평형방정식에 변위에 관한 적합방정식이 필요하다.

2 탄성 곡선(처짐 곡선)

구조물이 하중을 받게 되면 곡선으로 휘게 되는데 이를 탄성 곡선이라 하고, 이 곡선에서 변위의 수직 성분만을 연결한 선을 처짐 곡선이라 한다. 이때 변위의 수평 성분은 매우 미소하므로 탄성 곡선과 처짐 곡선은 거의 일치하고 만약 변위의 수평 성분을 무시하면 탄성 곡선과 처짐 곡선은 일치한다.

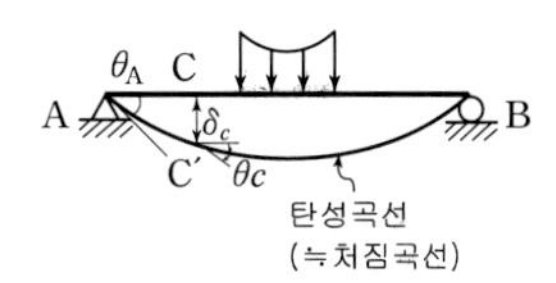

3 처짐

탄성곡선에서 변위의 수직 성분을 처짐이라 한다.

$$\delta_c = \overline{CC'}$$

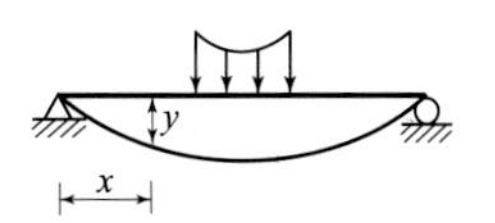

• 일반적인 부호 규약 : $\begin{cases} \text{하향 변위(+)} \\ \text{상향 변위(−)} \end{cases}$

4 처짐각

절점의 회전각으로 탄성곡선상의 임의의 점에 그은 접선이 원래의 축과 이루는 각을 처짐각 또는 절점각이라 한다.

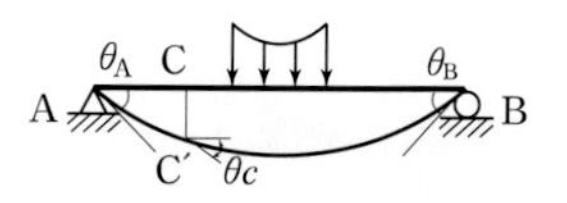

• 일반적인 부호 규약 : 시계방향(+) / 반시계 방향(−)

보충 부재각(현회전각) : 변위의 양단을 연결한 직선이 원래의 부재축과 이루는 각

5 변위의 발생 원인

변위가 발생하는 원인은 구조물에서 일어나는 단면력에 기인하지만 단면력 중에서 축력과 전단력에 의한 변위는 크기가 작아서 특별한 언급이 없다면 무시한다.

(1) 보 : 휨모멘트에 기인

(2) 라멘, 아치 : 축방향력과 휨모멘트에 기인(보통 축방향력의 영향은 무시)

(3) 트러스 : 축방향력에 기인

6 힘과 변위의 관계(Hooke's Law)

힘(F)과 변위(x)를 연결하는 식은 후크의 법칙으로 $F=kx$로 표현된다.

여기서, k : 강성도 (변위를 구하여 힘에 관해 정리함으로써 구할 수 있음)

※ 합성강성도의 결정 방법

직렬구조	병렬구조
$k_{eq}=\frac{곱}{합}=\frac{k_1 \cdot k_2}{k_1+k_2}$	$k_{eq}=합=\sum k=k_1+k_2$

10.2 처짐의 해법

1 기하학적 방법

(1) 탄성곡선식법(미분방정식법, 2중 적분법, 적분법)

휨을 받는 부재가 휘어지면 임의의 한 단면에서 곡률(κ)과 휨모멘트(M)의 관계식은 $\kappa=\frac{M}{EI}$이다. 이를 적분하여 처짐각과 처짐을 구하는 방법이다.

$$\frac{d^2y}{dx^2}=-\frac{M}{EI} \text{ (탄성곡선식, 미분방정식)}$$

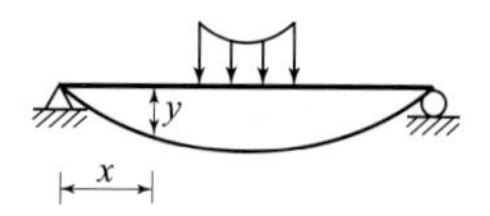

① 처짐각(θ) : 미분방정식을 1번 적분한 것

$$\theta = \frac{dy}{dx} = -\int \frac{M_x}{EI}dx + C_1$$

② 처짐(y) : 미분방정식을 2번 적분한 것으로 처짐각을 한 번 적분한 것과 같다.

$$y = \iint \frac{M}{EI}dx \cdot dx + C_1 x + C_2$$

여기서, C_1, C_2 : 적분 상수

EI : 휨강성

M : 휨모멘트 일반식

➡ 적분상수 결정을 위한 경계 조건(Boundary Condition, BC)

㉠ 이동지점 및 회전지점 : $y=0$　　㉡ 가이드 지점 : $\theta=0$

㉢ 고정지점 : $y=0$, $\theta=0$　　㉣ 대칭조건 : $\theta_{중앙}=0$

㉤ 역대칭조건 : $y_{중앙}=0$

㉥ 연속조건 : $\theta_{좌}=\theta_{우}$(강절점에서만 성립, 내부힌지에서는 성립되지 않음)

$\delta_{좌}=\delta_{우}$(모든 절점에서 성립)

핵심예제 10-1 [07 국가직 7급]

그림과 같은 지지조건을 갖는 보가 균일분포하중을 받고 있다. 이 때 보의 처짐 곡선을 구하기 위해 적용되는 경계조건에 대한 설명으로 옳지 않은 것은?

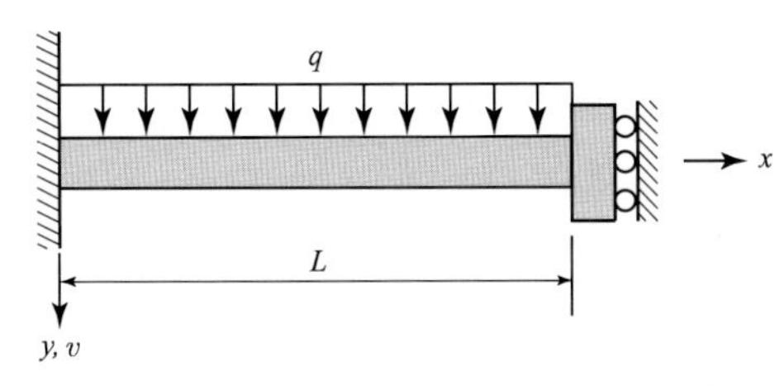

① $x=0$에서의 처짐 $v=0$과 $x=0$에서의 처짐각 $\frac{dv}{dx}=0$을 이용한다.

② $x=0$에서의 처짐각 $\frac{dv}{dx}=0$과 $x=L$에서의 처짐각 $\frac{dv}{dx}=0$을 이용한다.

③ $x=0$에서의 처짐 $v=0$과 $x=L$에서의 모멘트 $EI\frac{d^2v}{dx^2}=0$을 이용한다.

④ $x=0$에서의 처짐각 $\frac{dv}{dx}=0$과 $x=L$에서의 전단력 $EI\frac{d^3v}{dx^3}=0$을 이용한다.

| 해설 | 지점에서 변위의 경계 조건 : 반력이 없으면 변위는 0이지만, 반력이 있으면 변위는 0이 아니다.

(1) $x=0$일 때 (고정단)

처짐 $v=0$, 처짐각 $\frac{dv}{dx}=0$, 휨모멘트 $EI\frac{d^2v}{dx^2}=-M_A\neq 0$,

전단력 $EI\frac{d^3v}{dx^3}=-V_A\neq 0$, 하중강도 $EI\frac{d^4v}{dx^4}=q$

(2) $x=L$일 때 (가이드 지점)

처짐 $v\neq 0$, 처짐각 $\frac{dv}{dx}=0$, 휨모멘트 $EI\frac{d^2v}{dx^2}=-M_B\neq 0$,

전단력 $EI\frac{d^2v}{dx^3}=-V_B=0$, 하중강도 $EI=\frac{d^4v}{dx^4}=q$

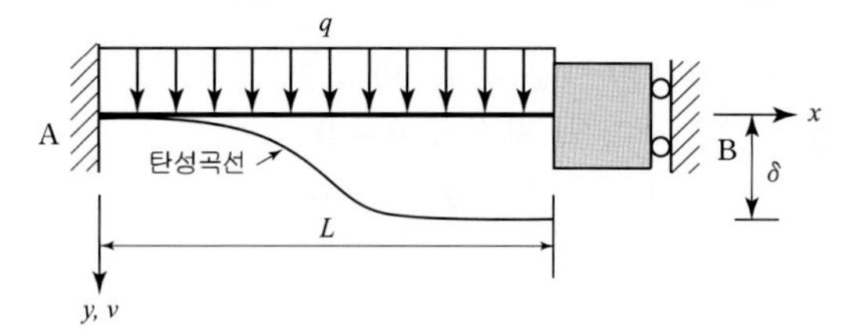

답 : ③

③ 처짐곡선과 휨모멘트, 전단력, 하중 관계식

미분관계 →
$EIy-EI\theta-(-M)-(-S)-w$
← 적분관계

㉠ 휨모멘트(M)를 미분방정식으로 표시하면 $M=-EI\frac{d^2y}{dx^2}$

㉡ 전단력(S)을 미분방정식으로 표시하면 $S=\frac{dM}{dx}=-EI\frac{d^3y}{dx^3}$

㉢ 하중강도(w)를 미분방정식으로 표시하면 $w=-\frac{dS}{dx}=-\frac{d^2M}{dx^2}=EI\frac{d^4y}{dx^4}$

㉣ 처짐(각)을 단면력과 하중강도로 표시하면

- $EI\theta=-\int M\cdot dx=-\iint S\cdot dxdx=\iiint w\cdot dxdxdx$
- $EIy=-\iint M\cdot dxdx=-\iiint S\cdot dxdxdx$

  $=\iiiint wdx\cdot dx\cdot dx\cdot dx$

④ 특징 : 탄성곡선식을 수식으로 표현할 수 있으나 적분을 해야 하는 불편함이 있다.

⑤ 적분법의 기본 적용

구분	(A–B 단순보, B단 모멘트 M_0, 지간 L)	(A–B 단순보, 등분포하중 w, 지간 L)	(A–B 단순보, 삼각형분포하중 w, 지간 L)
EIy'''' (w)	0	w	$\frac{w}{L}x$
EIy''' $(-S)$	$-\frac{M}{L}$	$wx-\frac{wL}{2}$	$\frac{w}{6L}x^2-\frac{wL}{6}$
EIy'' $(-M)$	$-\frac{M}{L}x$	$\frac{w}{2}x^2-\frac{wL}{2}x$	$\frac{w}{6L}x^3-\frac{wL}{6}x$

핵심예제 10-2 [국가직 7급]

등분포하중(w)을 받는 들보의 처짐곡선이 $y=\frac{wx}{24EI}(x^3-2lx^2+l^3)$이라면 양단($x=0$, $x=l$)에서 경계지점은? (단, 보의 길이는 l이고, 휨강성은 EI이다)

① 회전단 및 고정단 ② 고정단 및 이동단
③ 회전단 및 회전단 ④ 고정단 및 고정단

| 해설 | 이중적분법의 경계조건을 이용하면

(1) 처짐조건

$x=0$: $y=0$

$x=l$: $y=\frac{wl}{24EI}\{l^3-2l(l^2)+l^3\}=0$

∴ 지점에서 처짐은 생기지 않는다.

(2) 처짐각 조건

$\theta=y'=\frac{w}{24EI}(4x^3-6lx^2+l^3)$

$x=0$: $\theta=\frac{wl^3}{24EI}$(시계방향)

$x=l$: $\theta=\frac{w}{24EI}\{4l^3-6l(l^2)+l^3\}=-\frac{wl^3}{24EI}$(반시계방향)

∴ 지점에서 처짐각이 발생한다. 따라서 지점은 회전이 가능한 점으로 구성된다.

답 : ③

핵심예제 10-3 [11 지방직 9급]

그림과 같은 휨강성 EI, 길이 L인 단순보의 지점 B에 모멘트하중 M_0가 작용할 경우, 임의의 점 x에서 단순보의 연직 처짐은 $v(x)$, 곡률은 $v''(x)$로 표시한다면, 단순보 구간 $0 < x < L$에서 곡률에 대한 처짐의 비 $v(x)/v''(x)$는? (단, 단순보의 자중, 축변형 및 전단변형은 무시하며, EI값은 일정하다)

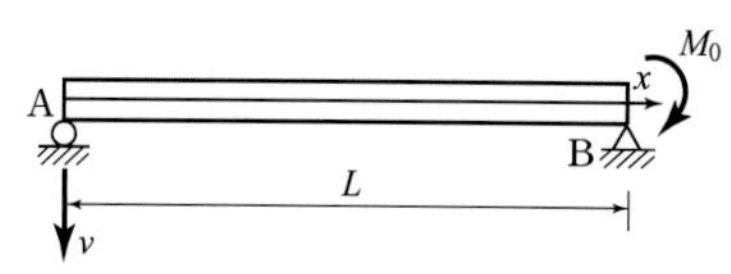

① $\dfrac{x-L}{2}$ ② $\dfrac{x^2-L^2}{4}$

③ $\dfrac{x^2-L^2}{6}$ ④ $\dfrac{x^3-L^3}{24}$

| 해설 | 적분법을 이용하면

(1) 지점 반력 : $\Sigma M_B = 0$에서 $-R_A(L) + M_0 = 0$ $\therefore\ R_A = \dfrac{M_0}{L}(\downarrow)$

(2) 미분방정식

$EIv''(x) = \dfrac{M_0}{L}x,\ EIv'(x) = \dfrac{M_0}{2L}x^2 + C_1,\ EIv(x) = \dfrac{M_0}{6L}x^3 + C_1x + C_2$

경계조건을 $EIv(x)$식에 적용하면 $v(0) = 0$ $\therefore\ C_2 = 0$

$v(L) = \dfrac{M_0L^2}{6} + C_1L = 0$ $\therefore C_1 = -\dfrac{M_0L}{6}$

적분상수 C_1과 C_2를 $EIv(x)$식에 대입하면

$v(x) = \dfrac{M_0}{6LEI}x^3 - \dfrac{M_0L}{6EI}x$

$$\therefore\ \frac{v(x)}{v''(x)} = \frac{\dfrac{M_0}{6LEI}x^3 - \dfrac{M_oL}{6EI}x}{\dfrac{M_o}{LEI}x} = \frac{x^2-L^2}{6}$$

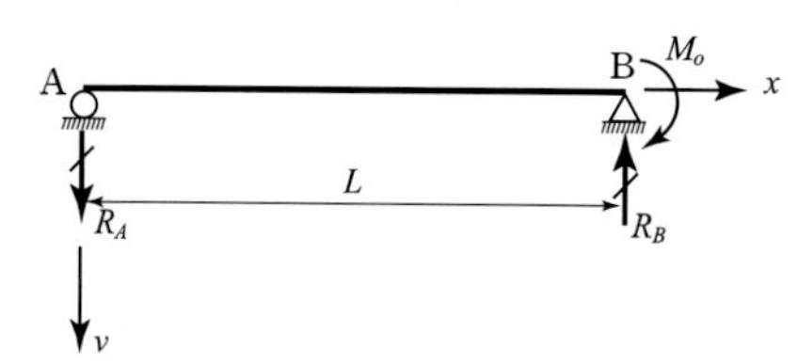

보충 $L/2$지점의 처짐과 휨모멘트를 이용하는 방법

$\dfrac{v(L/2)}{v''(L/2)} = \dfrac{\dfrac{M_0L^2}{16EI}}{\dfrac{M_0}{2EI}} = \dfrac{L}{8}$이 되는 것은 ③뿐이다.

답 : ③

⑥ 곡률 반경과 곡률

㉠ 곡률 반경(R)

$$R = \frac{EI}{M} = \frac{h}{\alpha(\Delta T)}$$

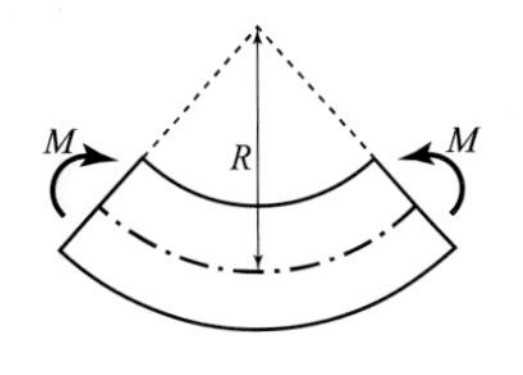

㉡ 곡률(κ)

$$\kappa = \frac{1}{R} = \frac{M}{EI} = \frac{\alpha(\Delta T)}{h}$$

여기서, 곡률(κ)이 1일 때 휨강성 EI는 보의 저항모멘트이다.

(2) 모멘트 면적법(Green의 정리)

① 모멘트 면적 제1정리

- 처짐각 : 탄성 곡선상의 두 점에서 그은 접선이 이루는 각은 두 점으로 둘러싸인 휨모멘트도의 면적을 휨강성 EI로 나눈 것과 같다.

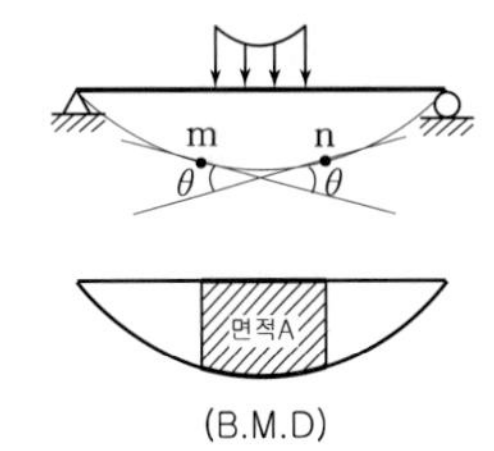

$$\theta = \frac{A}{EI}$$

여기서, θ : 탄성곡선상의 두 접선이 이루는 각

A : 두 점으로 둘러싸인 휨모멘트도의 면적

② 모멘트 면적 제2정리

- 처짐 : 탄성 곡선상의 두 점에서 한 점에 그은 접선과 다른 한 점까지의 연직 거리는 두 점으로 둘러싸인 휨모멘트도의 면적에 구하는 점까지의 도심거리를 곱한 것을 휨강성 EI로 나눈 것과 같다.

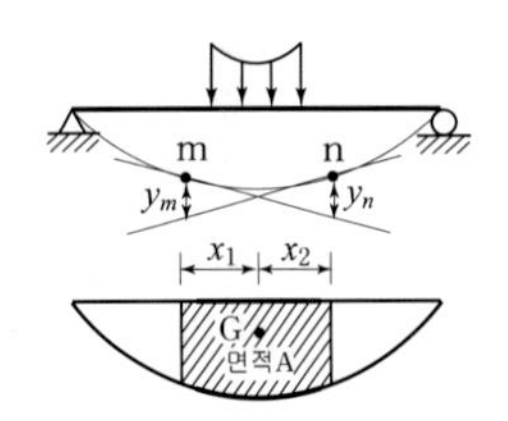

➡ 두 점으로 둘러싸인 휨모멘트도의 면적에서 연직거리를 구하는 점에 대한 단면1차모멘트를 휨강성 EI로 나눈 것과 같다. 따라서 처짐은 연직거리를 구하는 점에 대한 단면1차 모멘트를 EI로 나눈 것과 같게 된다.

$$y_m = \frac{Ax_1}{EI}, \quad y_n = \frac{Ax_2}{EI}$$

여기서, y : 탄성곡선상의 두 점에서 한 접선과 다른 한 점 사이의 수직거리

x : 두 점으로 둘러싸인 휨모멘트도의 면적에서 처짐을 구하는 점까지의 도심거리

③ 특징 : 캔틸레버보에는 직접 적용이 가능하나 단순보에는 간접 적용해야 한다.

핵심예제 10-4 [예상문제]

그림과 같은 단순보의 처짐을 모멘트 면적법으로 구할 때 옳지 않은 것은?

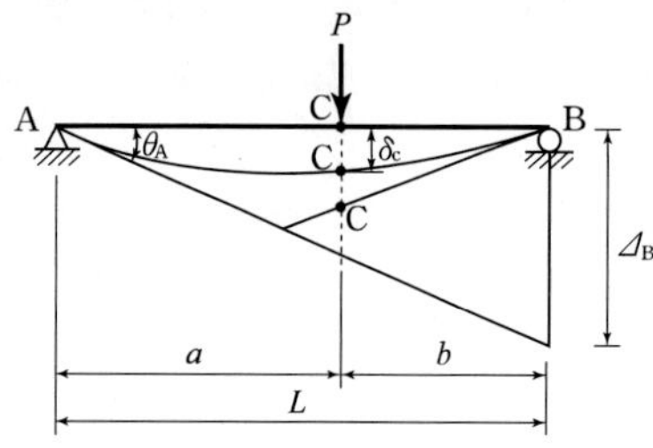

① $EI\Delta_B = \left(\frac{Pab}{L}\right)\left(\frac{L}{2}\right)\left(\frac{L+b}{3}\right)$이다.

② $\theta_A = \frac{\Delta_B}{L}$이다.

③ $\overline{CC''} = \theta_A \cdot a$이다.

④ $\delta_C = \overline{CC''} - \overline{C'C''} = \theta_A \cdot a - \left(\frac{Pab}{L}\right)\left(\frac{a}{2}\right)\left(\frac{a}{3}\right)$이다.

| 해설 | 모멘트 면적법으로 처짐을 구하는 경우 두 점으로 둘러싸인 휨모멘트도의 면적에 처짐을 구하는 점까지의 도심거리를 곱한 값을 휨강성(EI)로 나눠야 한다.

$$\therefore\ \delta_C = \overline{CC''} - \overline{C'C''} = \theta_A \cdot a - \left(\frac{Pab}{L}\right)\left(\frac{a}{2}\right)\left(\frac{a}{3}\right) \cdot \frac{1}{EI}$$

답 : ④

(3) 탄성하중법(Mohr의 정리)

변위와 힘의 관계	y	θ	$-\frac{M}{EI}$
	M	S	$-w$

① 개요

탄성하중(Mohr의 하중$=\kappa = \frac{M}{EI} = \frac{\alpha(\Delta T)}{h}$)을 가상하중으로 하는 공액보에서 계산한 전단력이 처짐각이 되고, 휨모멘트가 처짐이 된다는 것으로 공액보의 단면력을 계산하여 변위를 구하는 방법이다.

- 처짐각 : $\theta = S'$
- 처　짐 : $y = M'$

여기서,
S', M' : $\frac{M}{EI}$을 가상하중으로 보고 계산한 전단력과 휨모멘트

② 공액보(Conjunctional beam)

실제보의 변위조건과 단면력의 경계조건이 일치하도록 만든 보를 공액보라 한다.

③ 경계조건(Boundary Condition)

순서	실제보		공액보	
1 (단부)	고정단 자유단	⇄ ⇄	자유단 고정단	(실제보) (공액보)
2 (내부)	중간 지점 내부 힌지	⇄ ⇄	내부 힌지 중간 지점	(실제보) (공액보)

■ **보충설명** : 실제보와 공액보의 관계

실제보	공액보
단순보	단순보
캔틸레버	캔틸레버
내민보	게르버보
게르버보	내민보 또는 게르버보

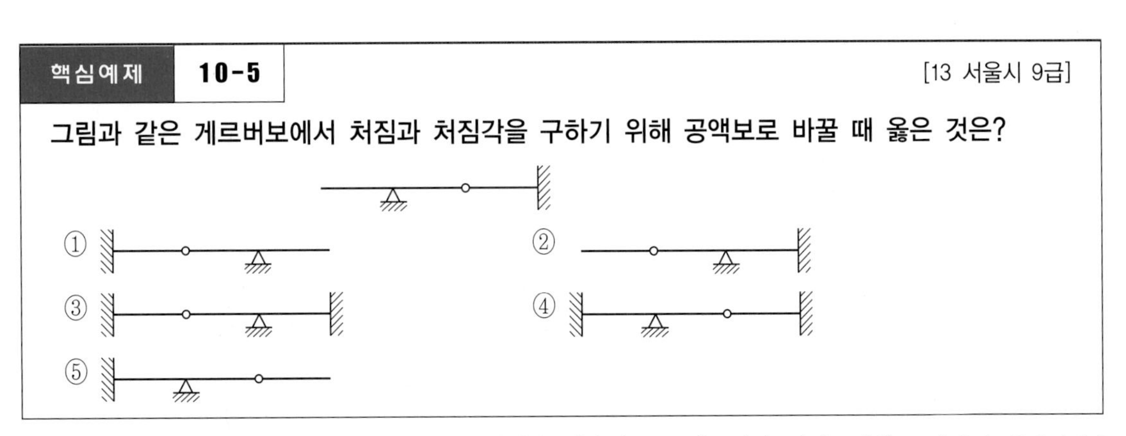

| **해설** | 단부 조건에서 자유단은 고정단, 고정단은 자유단으로 바꾸어야 하며, 내부 조건에서 중간지점은 내부힌지, 내부힌지는 중간지점으로 바꿔야 한다.

답 : ①

③ 탄성하중법의 적용 순서

㉠ **STEP 1.** 휨모멘트도(B.M.D)작도하여 탄성하중$\left(\dfrac{M}{EI}\right)$을 가상하중으로 재하

- 정(+)의 휨모멘트가 작용 : 하향 하중
- 부(−)의 휨모멘트가 작용 : 상향 하중

㉡ **STEP 2.** 공액보로 변환

㉢ **STEP 3.** 공액보에서 전단력과 휨모멘트 계산

- 처짐각 : $\theta = S'$(공액보의 전단력이 처짐각)
- 처짐 : $\delta = M'$(공액보의 휨모멘트가 처짐)

(4) 중첩법(겹침법)

미소변위를 갖는 경우 하중에 대한 여러 개의 탄성 곡선을 중합하여 실제의 변위를 구하는 방법이다.

① 내민보의 처짐

단순구간에 작용하는 하중에 의한 처짐	내민구간에 작용하는 하중에 의한 처짐
단순구간은 단순보와 동일	내민 구간의 하중에 의해 단순구간의 지점에 전달된 모멘트에 의한 처짐 + 내민 구간 자체의 캔틸레버 처짐

② 게르버보의 처짐

하부 구조의 처짐	상부 구조의 처짐
상부로부터 전달받은 하중에 의한 처짐	상부구조 자체의 처짐

③ 2부재 캔틸레버식 라멘의 처짐

고정단쪽 처짐	자유단쪽 처짐
자유단쪽 하중에 의해 전달받은 하중에 의한 처짐	자유단은 캔틸레버의 처짐

(5) Williot 선도에 의한 방법

트러스에 적용하는 방법으로 대칭이 아닌 경우는 부재의 수가 적어도 기하학적인 계산이 복잡하지만 대칭인 경우는 매우 간단한 계산이 가능하므로 부재수가 적은 대칭트러스에 적용하는 것이 유리하다.

Step 1. 절점 구속도 해제

Step 2. 각 부재의 변위를 표시

Step 3. 변위의 직각 성분의 교점이 최종 변위점

	대칭 구조물	역대칭 구조물
구조물		
변위	$\delta_{bv} = \dfrac{PH}{2EA\cos^3\beta}$	

여기서, β : 하중의 연장선과 부재가 이루는 각

H : 하중 작용방향의 부재길이

핵심예제 10-6 [12 서울시 7급]

다음 그림과 같은 정정트러스 구조물에서 하중 P가 작용하고 있을 때 A점의 처짐은? (단, 모든 부재의 E, A, L은 동일하며 부재는 선형 탄성이다)

① $\dfrac{1}{2}\dfrac{PL}{EA}$

② $\dfrac{32}{25}\dfrac{PL}{EA}$

③ $\dfrac{25}{32}\dfrac{PL}{EA}$

④ $2\dfrac{PL}{EA}$

⑤ $\dfrac{PL}{EA}$

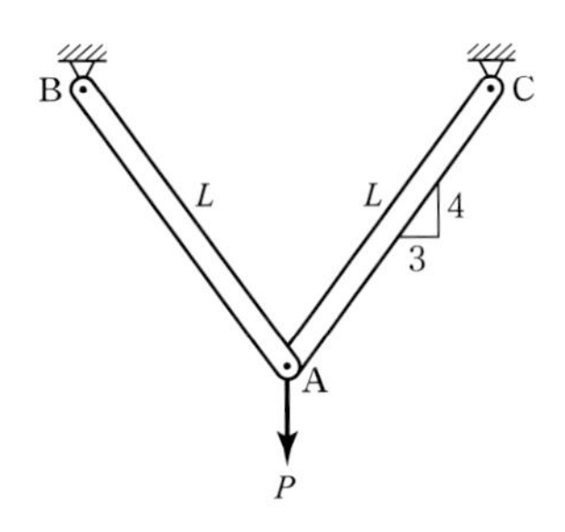

| 해설 | Williot-Mohr 선도를 이용하면

$$\delta_A = \frac{\delta}{\cos\beta} = \frac{\dfrac{FL}{EA}}{\cos\beta} = \frac{\left(\dfrac{P}{2\cos\beta}\right)L}{EA\cos\beta}$$

$$= \frac{PL}{2EA\cos^2\beta} = \frac{PL}{2EA\left(\dfrac{4}{5}\right)^2} = \frac{25}{32}\frac{PL}{EA}$$

답 : ③

핵심예제 10-7 [18 국가직]

그림과 같은 트러스에서 부재 AB의 온도가 10°C 상승하였을 때 B점의 수평변위의 크기 [mm]는? (단, 트러스 부재의 열팽창계수 $\alpha = 4\times10^{-5}/°C$이고, 자중은 무시한다)

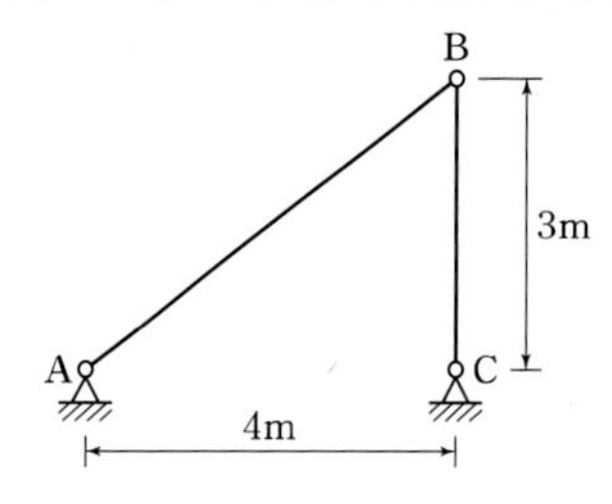

① 1.0 ② 1.5
③ 2.0 ④ 2.5

| 해설 | Williot-Mohr 선도를 이용하면
변형 후 직각 방향선의 교점이 최종 변위점이므로

$$\delta_{BH} = \alpha(\Delta T)L_{AB}\frac{1}{\cos\theta_A} = 4\times10^{-5}(10)(5\times10^3)\left(\frac{5}{4}\right) = 2.5\,\text{mm}$$

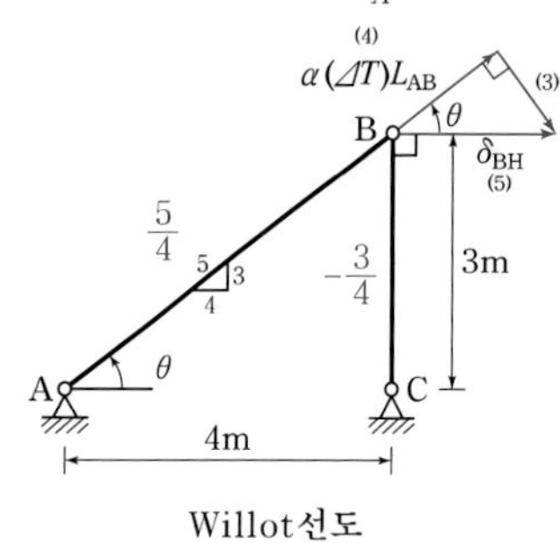

Willot선도

답 : ④

(6) Newmark의 방법

비균일 단면의 보에 적용한다.

(7) 여러 가지 처짐(각) 공식

① 단순보의 변위

구조물	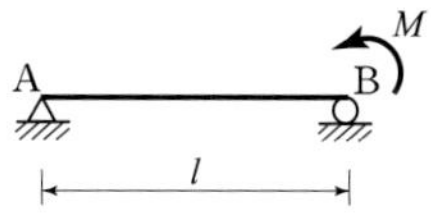	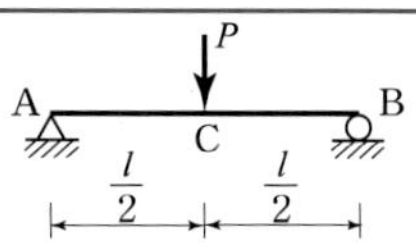	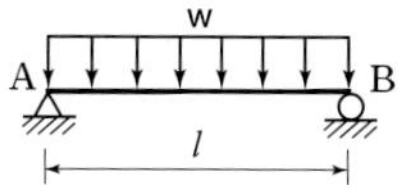
처짐각	$\theta_A = \dfrac{Ml}{6EI}$ $\theta_B = -\dfrac{Ml}{3EI}$	$\theta = -\theta_B = \dfrac{Pl^2}{16EI}$	$\theta_A = -\theta_B = \dfrac{wl^3}{24EI}$
처짐	$\delta_{중앙} = \dfrac{Ml^2}{16EI}$ $\delta_{\max} = \dfrac{Ml^2}{9\sqrt{3}\,EI}$ (A점에서 $\dfrac{l}{\sqrt{3}} ≒ 0.577l$)	$\delta_C = \dfrac{Pl^3}{48EI}$ $\delta_{4등분점} = \delta_{l/4} = \dfrac{11Pl^3}{768EI}$	$\delta_{\max} = \dfrac{5wl^4}{384EI}$

구조물	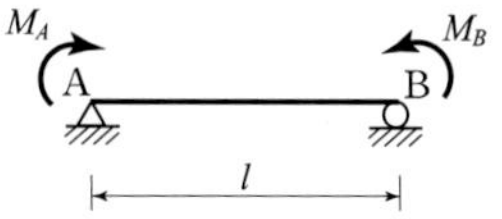	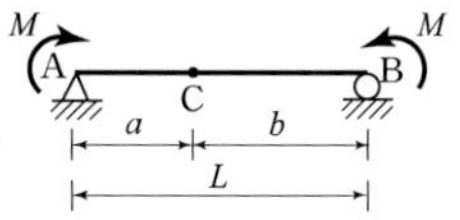	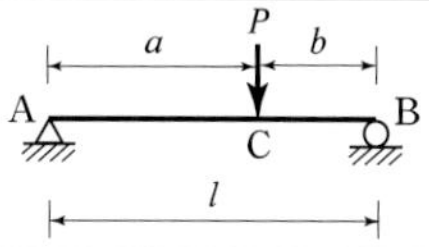
처짐각	$\theta_A = \dfrac{l}{6EI}(2M_A + M_B)$ $\theta_B = -\dfrac{l}{6EI}(M_A + 2M_B)$ $\theta_{중앙} = \dfrac{l}{24EI}(M_B - M_A)$	$\theta_A = -\theta_B = \dfrac{ML}{2EI}$ $\theta_C = \dfrac{M}{2EI}(b-a)$	$\theta_A = \dfrac{Pab(a+2b)}{6lEI}$ $\theta_B = -\dfrac{Pab(2a+b)}{6lEI}$ $\theta_C = \dfrac{Pab}{3LEI}(b-a)$
처짐	$\delta_{중앙} = \dfrac{l^2}{16EI}(M_A + M_B)$	$\delta_{중앙} = \dfrac{ML^2}{8EI}$ $\delta_C = \dfrac{Mab}{2EI}$	$\delta_C = \dfrac{Pa^2b^2}{3lEI}$ $\delta_{\max}$ 인 위치 : $x_A = \sqrt{\dfrac{L^2 - b^2}{3}}$

구조물	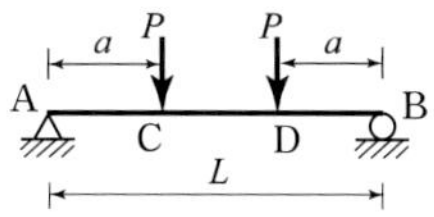	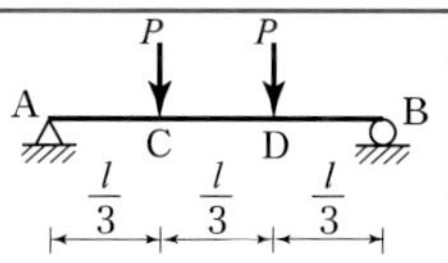	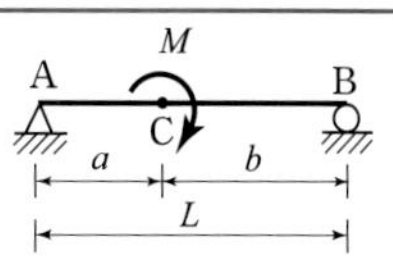
처짐각	$\theta_A = \dfrac{Pa}{2EI}(L-a)$ $\theta_C = \dfrac{Pa}{2EI}(L-2a)$ $\theta_{중앙} = 0$	$\theta_A = \dfrac{PL^2}{9EI}$ $\theta_C = \dfrac{PL^2}{18EI}$	$\theta_A = \dfrac{M}{6LEI}(L^2 - 3b^2)$ $\theta_B = \dfrac{M}{6LEI}(L^2 - 3a^2)$ $\theta_C = \dfrac{M}{6LEI}(L^2 - 3a^2 - 3b^2)$
처짐	$\delta_{중앙} = \dfrac{Pa}{24EI}(3L^2 - 4a^2)$ $\delta_C = \dfrac{Pa^2}{6EI}(3L - 4a)$	$\delta_{중앙} = \dfrac{23PL}{648EI}$ $\delta_C = \dfrac{5PL^2}{156EI}$	$\delta_C = \dfrac{Ma}{6LEI}(L^2 - 3b^2 - a^2)$

구조물	A, M, C, B, L/2, L/2	M, A, M, C, B, L/2, L/2	P, M, A, C, B, L/2, L/2
처짐각	$\theta_A=\dfrac{ML}{24EI}$ $\theta_B=\dfrac{ML}{24EI}$ $\theta_C=\dfrac{ML}{12EI}$	$\theta_A=\dfrac{7ML}{24EI}$ (시계) $\theta_B=\dfrac{5ML}{24EI}$ (반시계) $\theta_C=\dfrac{ML}{24EI}$ (시계)	$\theta_A=\dfrac{PL^2}{16EI}-\dfrac{ML}{24EI}$ $\theta_C=\dfrac{ML}{12EI}$ $\theta_B=-\dfrac{PL^2}{16EI}-\dfrac{ML}{24EI}$
처짐	$\delta_C=0$	$\delta_C=\dfrac{ML^2}{16EI}$	$\delta_C=\dfrac{PL^3}{48EI}$

구조물	w, A, B, L/2, L/2 w, A, B, L	P, A, B, L/2, L/2	w, A, B, L
중앙점 처짐	$\delta_{중앙}=\dfrac{5wL^4}{768EI}$	$\delta_{중앙}=\dfrac{PL^3}{196EI}$	$\delta_{중앙}=\dfrac{wL^4}{384EI}$

핵심예제 10-8 [13 국가직 9급]

다음과 같이 간접하중을 받고 있는 정정보 AB에 발생되는 최대 연직처짐은[m]은? (단, AB부재의 휨강성 $EI=\dfrac{1}{48}\times 10^5$kN · m² 이고, 자중은 무시한다)

① 0.10
② 0.12
③ 0.15
④ 0.20

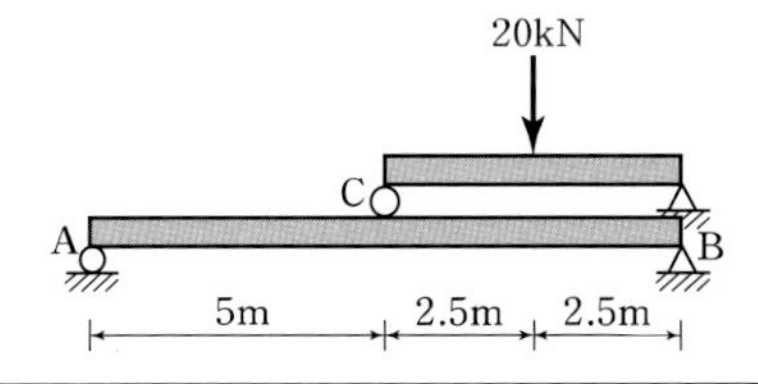

| 해설 | (1) 구조물에 작용하는 하중

상부구조 BC에 대칭하중이 작용하므로 B점과 C점으로 전달되는 하중은 $\dfrac{전하중}{2}=\dfrac{20}{2}$=10kN이다.

(2) C점의 처짐

지점에 작용하는 하중은 휨모멘트에 영향이 없으므로 이를 제거하면 중앙에 10kN의 하중이 작용하는 단순보와 같다.

$$\therefore\ \delta_{\max}=\frac{PL^3}{48EI}=\frac{10(10^3)}{48\left(\dfrac{1}{48}\times 10^5\right)}=0.1\,\mathrm{m}$$

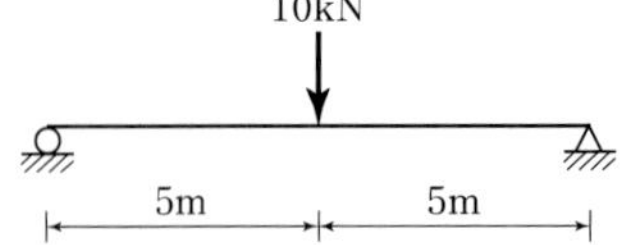

답 : ①

■ 보충설명 : 대칭 및 역대칭 구조의 변위

- 대칭 구조의 변위 : 중앙점에서 처짐은 최대, 처짐각은 0이다. $\delta_{중앙} = \delta_{max}$, $\theta_{중앙} = 0$
- 역대칭 구조의 변위 : 중앙점에서 처짐은 0이고, 처짐각은 최대이다. $\delta_{중앙} = 0$, $\theta_{중앙} = \theta_{max}$

핵심예제 10-9 [13 서울시 9급]

등분포하중 w=1kN/m가 작용하는 길이 L=10m인 단순보에서 지점에서 발생하는 처짐각 θ는? (단, 폭 b=10cm, 높이 h=100cm, 탄성계수 E=10,000kN/m² 이다)

① 0.1rad ② 0.2rad
③ 0.3rad ④ 0.4rad
⑤ 0.5rad

| 해설 | 등분포하중을 받는 단순보의 지점에서 발생하는 처짐각

$$\theta = \frac{wL^3}{24EI} = \frac{1(10^3)}{24(10{,}000)\left\{\dfrac{0.1(1^3)}{12}\right\}} = 0.05\,\text{rad}$$

답 : ⑤

핵심예제 10-10 [13 국가직 9급]

휨강성 EI를 갖는 단순보에 다음 그림과 같이 하중이 작용할 때, 지점 A에 발생하는 휨변형에 대한 처짐각 θ_A는? (단, EI=1,000kN · m² 이고, 자중은 무시한다)

① 0.004(↷)
② 0.004(↶)
③ 0.012(↷)
④ 0.012(↶)

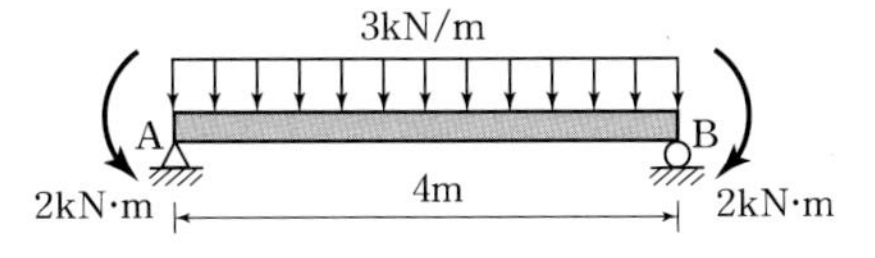

| 해설 | 등분포하중을 받는 단순보와 양단에 모멘트하중을 받는 단순보로 보고 중첩을 적용하면

$$\theta_A = \frac{wL^3}{24EI} - \frac{ML}{2EI} = \frac{3(64)}{24(1{,}000)} - \frac{2(4)}{2(1{,}000)} = 0.004(↷)$$

답 : ①

핵심예제 10-11 [13 지방직 9급]

다음 그림과 같이 3개의 단순보가 각각 하중을 받고 있을 때, 최대처짐의 비는? (단, 모든 보의 EI는 동일하다)

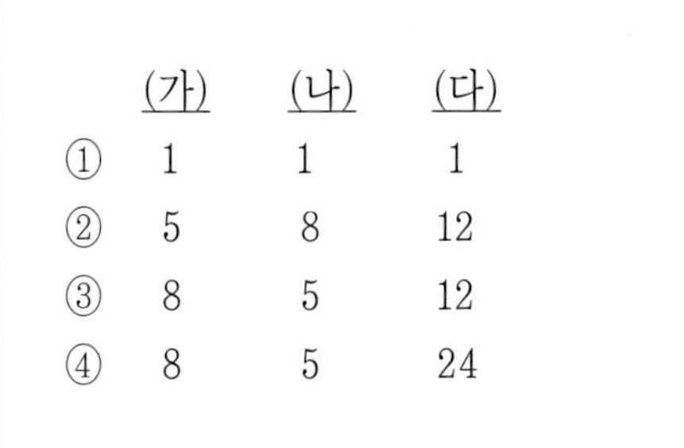

	(가)	(나)	(다)
①	1	1	1
②	5	8	12
③	8	5	12
④	8	5	24

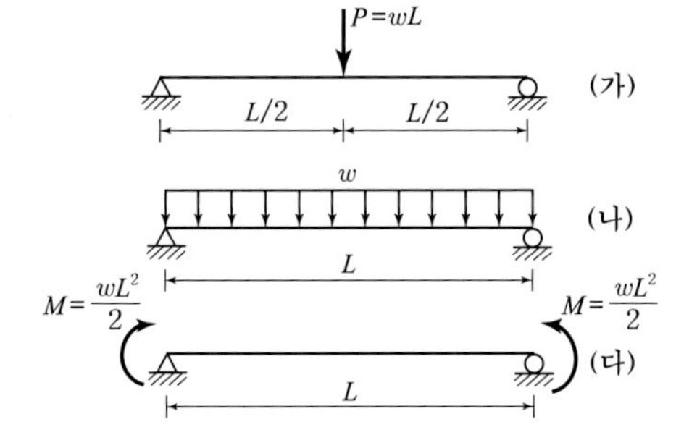

| 해설 | 최대 처짐비 $\delta_{(가)} : \delta_{(나)} : \delta_{(다)} = \dfrac{wL(L^3)}{48EI} : \dfrac{5wL^4}{384EI} : \dfrac{\frac{wL}{2}(L^2)}{8EI} = 8 : 5 : 24$

답 : ④

② 캔틸레버보의 변위

㉠ 기본 공식

구분	구조물	자유단 처짐각, θ_B (최대 처짐각, $\theta_{\max}$)	자유단 처짐, δ_B (최대 처짐, $\delta_{\max}$)
1		$\dfrac{ML}{EI}$	$\dfrac{ML^2}{2EI}$
2		$\dfrac{PL^2}{2EI}$	$\dfrac{PL^3}{3EI}$
3		$\dfrac{wL^3}{6EI}$	$\dfrac{wL^4}{8EI}$
4		$\dfrac{wL^3}{24EI}$	$\dfrac{wL^4}{30EI}$
기본틀		$\dfrac{ML}{nEI}$	$\dfrac{ML^2}{(n+1)EI}$

여기서, M : 고정단모멘트

L : 하중점(하중단)에서 고정단까지의 거리

핵심예제 **10-12** [12 서울시 9급]

그림과 같은 두 보의 최대 처짐이 동일하기 위한 $\frac{P_1}{P_2}$는? (단, 보의 재질은 같다)

① $\frac{1}{16}$

② $\frac{1}{8}$

③ 1

④ 8

⑤ 16

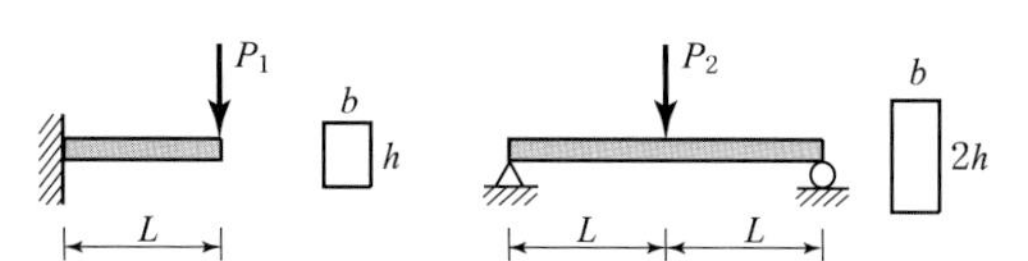

| **해설** | 높이가 2배로 커지면 단면2차모멘트는 8배로 증가하므로

$$\frac{P_1L^3}{3EI}=\frac{P_2(8L^3)}{48E(8I)}\text{에서 }\frac{P_1}{P_2}=\frac{1}{16}$$

답 : ①

핵심예제 **10-13** [13 국가직 9급]

다음과 같이 길이 L인 단순보와 외팔보에 집중하중 P가 작용하고 있다. 단순보의 B점에 발생되는 수직처짐(δ_B)과 외팔보 E점에서 발생되는 수직처짐(δ_E)의 비교값$\left(\frac{\delta_E}{\delta_B}\right)$은? (단, 자중은 무시한다)

① 0.25

② 0.50

③ 2.00

④ 4.00

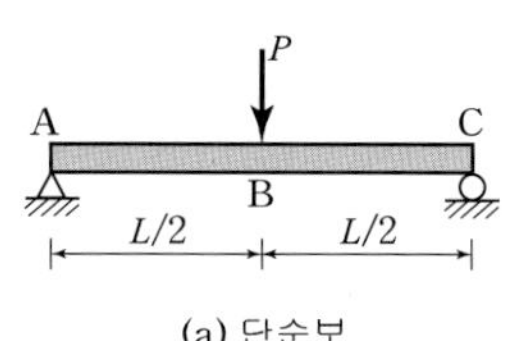

(a) 단순보

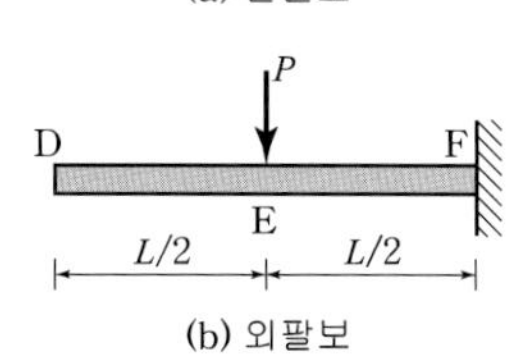

(b) 외팔보

| **해설** | 단순보와 캔틸레버의 처짐공식에 대입하면

$$\frac{\delta_E}{\delta_B}=\frac{\frac{P\left(\frac{L^3}{8}\right)}{3EI}}{\frac{PL^3}{48EI}}=2$$

답 : ③

ⓛ 캔틸레버의 외측 변위

구 조 물	공 식	$a=b$일 때 처짐비($\delta_B:\delta_C$)
M A B C a b L	• $\theta_B=\theta_C=\dfrac{Ma}{EI}$ • $\delta_C=\dfrac{Ma}{2EI}(a+2b)$	1 : 3
P A B C a b L	• $\theta_B=\theta_C=\dfrac{Pa^2}{2EI}$ • $\delta_C=\dfrac{Pa^2}{6EI}(2a+3b)$	2 : 5
w A B C a b L	• $\theta_B=\theta_C=\dfrac{wa^3}{6EI}$ • $\delta_C=\dfrac{wa^3}{24EI}(3a+4b)$	3 : 7
w A B C a b L	• $\theta_B=\theta_C=\dfrac{wa^3}{24EI}$ • $\delta_C=\dfrac{wa^3}{120EI}(4a+5b)$	4 : 9

ⓒ 캔틸레버의 내측변위는 힘의 이동성의 원리를 이용한다.

핵심예제 10-14 [12 국가직 9급]

휨강성이 EI인 다음과 같은 구조에서 B점의 처짐값이 0이 되기 위한 x값은?

① $\dfrac{L}{3}$

② $\dfrac{L}{2}$

③ $\dfrac{2L}{3}$

④ L

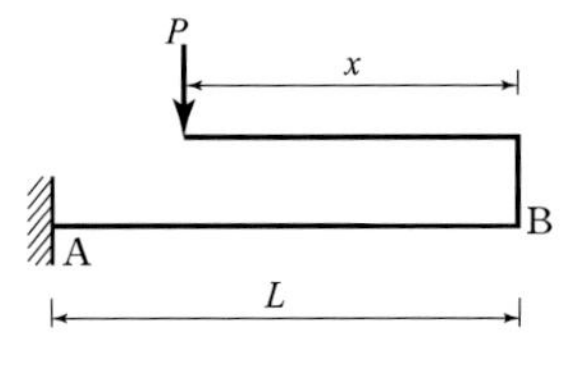

| 해설 | 등가 하중의 원리에 의해 B점 하중으로 변환하여 구한다.

$$\delta_B=\frac{PL^3}{3EI}-\frac{ML^2}{2EI}=\frac{PL^3}{3EI}-\frac{(Px)L^2}{2EI}=0\text{에서 }\frac{PL^3}{3EI}=\frac{(Px)L^2}{2EI}$$

$$\therefore\ x=\frac{2}{3}L$$

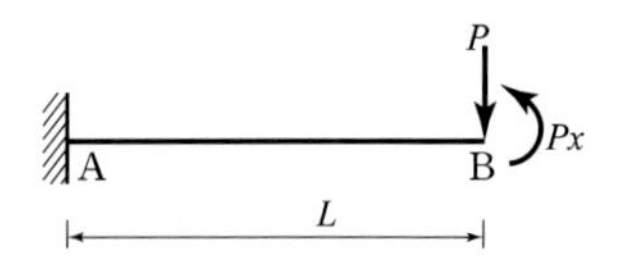

답 : ③

③ 내민보의 변위 : 중첩을 적용

단순구간에 작용하는 변위 선도 + 내민 구간을 캔틸레버로 하는 변위 선도

㉠ 단순구간에 하중이 작용하는 경우

구조물	자유단 처짐각, θ_C	자유단 처짐, δ_C
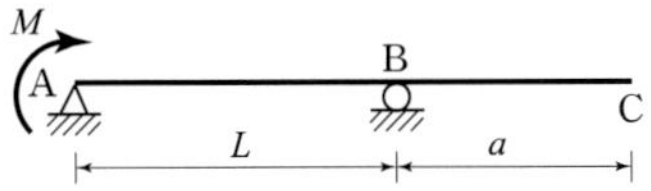 M A B C L a	$\frac{ML}{6EI}$	$\frac{ML}{6EI}(a)$
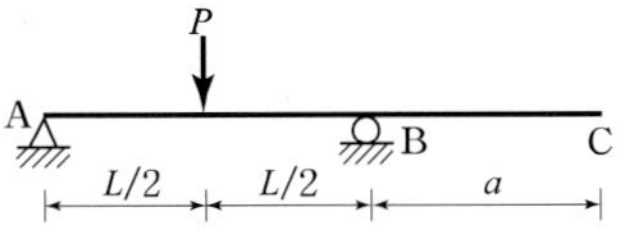 P A B C L/2 L/2 a	$\frac{PL^2}{16EI}$	$\frac{PL^2}{16EI}(a)$
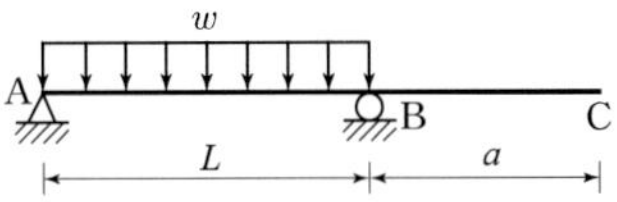 w A B C L a	$\frac{wL^3}{24EI}$	$\frac{wL^3}{24EI}(a)$

㉡ 내민 구간에 하중이 작용하는 경우

구조물	자유단 처짐각, θ_C	자유단 처짐, δ_C
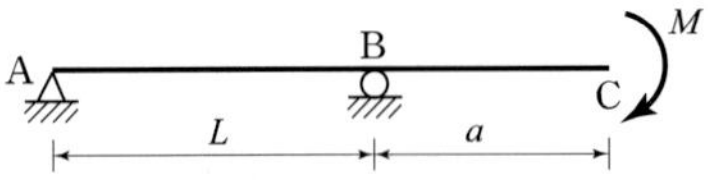 A B C M L a	$\frac{ML}{3EI}+\frac{Ma}{EI}$	$\frac{ML}{3EI}(a)+\frac{Ma^2}{2EI}$
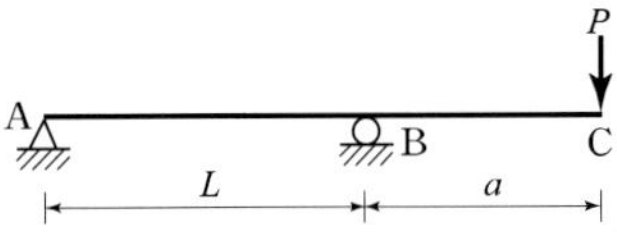 P A B C L a	$\frac{(Pa)L}{3EI}+\frac{Pa^2}{2EI}$	$\frac{(Pa)L}{3EI}(a)+\frac{Pa^3}{3EI}$
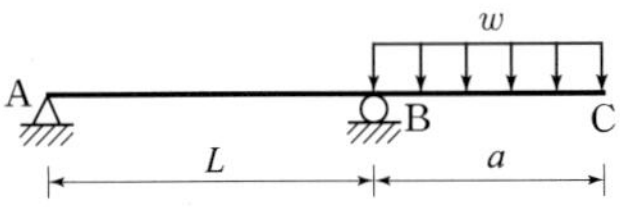 w A B C L a	$\frac{\left(\frac{wa^2}{2}\right)L}{3EI}+\frac{wa^3}{6EI}$	$\frac{\left(\frac{wa^2}{2}\right)L}{3EI}(a)+\frac{wa^4}{8EI}$

④ 게르버보의 변위 : 중첩을 적용

하부구조의 변위 선도 + 상부구조의 변위

㉠ 하부구조에 하중이 작용하는 경우

구조물	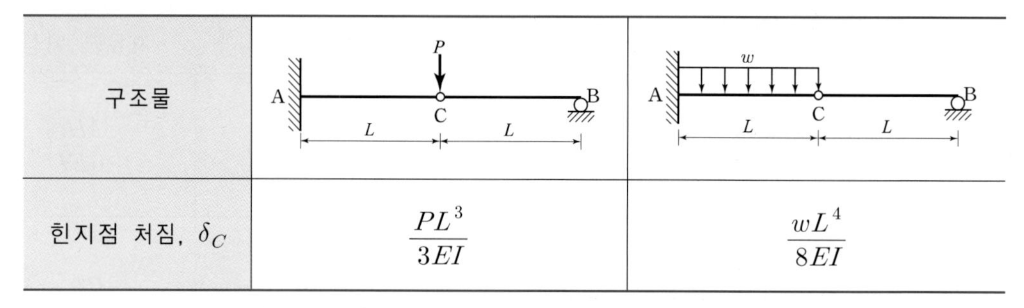	
힌지점 처짐, δ_C	$\dfrac{PL^3}{3EI}$	$\dfrac{wL^4}{8EI}$

㉡ 상부구조에 하중이 작용하는 경우

구조물	힌지점 처짐, δ_C
A, C, B, M, L, L	$\dfrac{\left(\dfrac{M}{L}\right)L^3}{3EI}$
A, C, B, P, L, L/2, L/2	$\dfrac{\left(\dfrac{P}{2}\right)L^3}{3EI}$
A, C, B, w, L, L	$\dfrac{\left(\dfrac{wL}{2}\right)L^3}{3EI}$

핵심예제 10-15 [13 지방직 9급]

다음 그림과 같은 게르버보에서 C점의 처짐은? (단, 보의 휨강성은 EI이다)

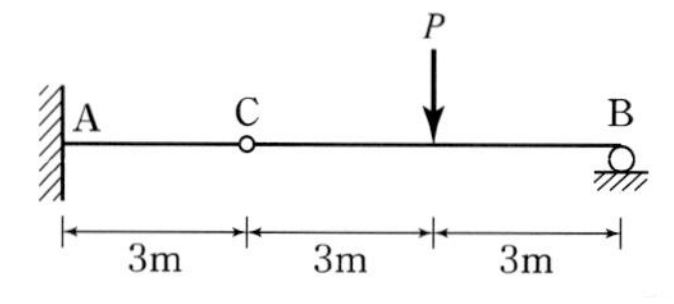

① $\dfrac{9P}{EI}$

② $\dfrac{9P}{2EI}$

③ $\dfrac{9P}{4EI}$

④ $\dfrac{9P}{8EI}$

| 해설 | (1) B점 반력

내부힌지 C에서 휨모멘트가 0이므로 절단한 오른쪽에 대해 $\Sigma M_{C(우)} = 0$을 적용하면

$P(3) - R_B(6) = 0$에서 $R_B = \dfrac{P}{2}$(상향)이 된다.

(2) C점의 처짐

게르버보에서 내부힌지 C점의 처짐은 힌지점에 전달되는 하중 $\dfrac{P}{2}$에 의한

캔틸레버의 처짐과 같으므로 $\dfrac{\dfrac{P}{2}(3^3)}{3EI} = \dfrac{9P}{2EI}$(하향)이 된다.

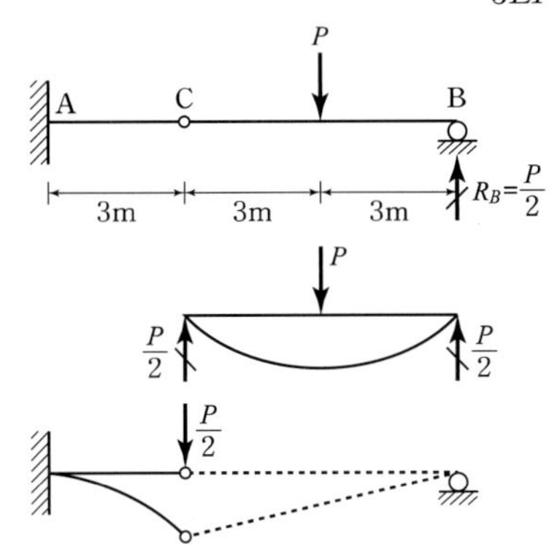

답 : ②

(8) 온도차에 의한 보의 변위 : 공액보법 이용

높이 h인 부재의 상·하단에 ΔT의 온도차가 있는 경우, 곡률 $\dfrac{\alpha(\Delta T)}{h}$를 가상하중으로 하는 공액보에서 전단력이 처짐각, 휨모멘트가 처짐이라는 조건을 이용한다.

① 곡률 $\dfrac{\alpha(\Delta T)}{h}$를 가상하중으로 재하

② 공액보로 변환

③ 공액보에서 전단력과 휨모멘트 계산

- 처짐각 : $\theta = S'$(공액보의 전단력)
- 처짐 : $\delta = M'$(공액보의 휨모멘트)

※ 온도차가 있는 구조물에서 기억할 공식

구 조 물	공 식
A, B, T_1, T_2, h, L	• $\theta_A = -\theta_B = \dfrac{\alpha(\Delta T)L}{2h}$ • $\delta_{중앙} = \dfrac{\alpha(\Delta T)L^2}{8h}$
A, B, T_1, T_2, h, L	• $\theta_B = \dfrac{\alpha(\Delta T)L}{h}$ • $\delta_B = \dfrac{\alpha(\Delta T)L^2}{2h}$

여기서, ΔT : 상 · 하단의 온도차(gap)

■ 보충설명 : 미분방정식과 곡률반경(R)

$$\frac{d^2y}{dx^2} = -\frac{M}{EI} = -\frac{1}{R},\ \frac{d^2y}{dx^2} = -\frac{\alpha(\Delta T)}{h} = -\frac{1}{R}$$

$$\therefore\ R = \frac{EI}{M} = \frac{h}{\alpha(\Delta T)}$$

핵심예제 10-16 [10 국가직 9급]

다음 그림과 같이 길이 10m이고 높이가 40cm인 단순보의 상면 온도가 40℃, 하면의 온도가 120℃일 때 지점 A의 처짐각[rad]은? (단, 보의 온도는 높이방향으로 직선변화하며, 선팽창계수 $\alpha = 1.2\times 10^{-5}$/℃이다)

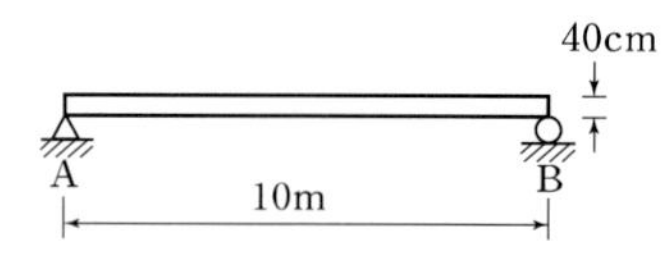

① 0.12　② 0.012
③ 0.14　④ 0.014

| 해설 | 공액보법을 적용하면

$$\theta_A = \frac{\alpha(\Delta T)L}{2h} = \frac{1.2\times 10^{-5}(80)(10)}{2(0.4)} = 0.012(\text{rad})$$

답 : ②

(9) 변단면보의 처짐(각) : 공액보법 이용

① 휨모멘트도(B.M.D)작도하여 탄성하중$\left(\frac{M}{EI}\right)$을 가상하중으로 재하

- 정(+)의 휨모멘트가 작용 : 하향 하중
- 부(−)의 휨모멘트가 작용 : 상향 하중

② 공액보로 변환

③ 공액보에서 전단력과 휨모멘트 계산

- 처짐각 : $\theta = S'$(공액보의 전단력)
- 처짐 : $\delta = M'$(공액보의 휨모멘트)

※ 변단면보에서 기억할 공식

구 조 물	공 식
A, mEI, C, P, mEI, B, nEI, $a/2$, $a/2$, $L/2$, $L/2$	• $\theta_{지점} = \dfrac{P}{16nEI}\left\{L^2 + \left(\dfrac{n}{m} - 1\right)a^2\right\}$ • $\delta_{중앙} = \dfrac{P}{48nEI}\left\{L^3 + \left(\dfrac{n}{m} - 1\right)a^3\right\}$
	만약, $n = 2,\ m = 1,\ a = \dfrac{L}{2}$일 때 $\theta_{지점} = \dfrac{5PL^2}{128EI},\quad \delta_{중앙} = \dfrac{3PL^3}{256EI}$
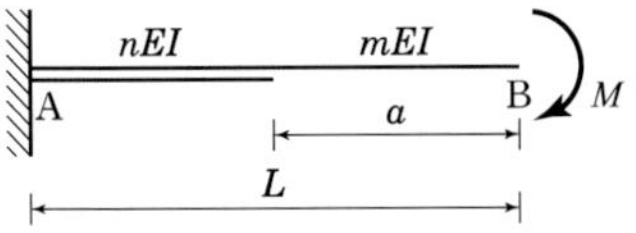 nEI, mEI, A, B, M, a, L	• $\theta_B = \dfrac{M}{nEI}\left\{L + \left(\dfrac{n}{m} - 1\right)a\right\}$ • $\delta_B = \dfrac{M}{2nEI}\left\{L^2 + \left(\dfrac{n}{m} - 1\right)a^2\right\}$
	만약, $n = 2,\ m = 1,\ a = \dfrac{L}{2}$일 때 $\theta_B = \dfrac{3ML}{4EI},\quad \delta_B = \dfrac{5ML^2}{16EI}$
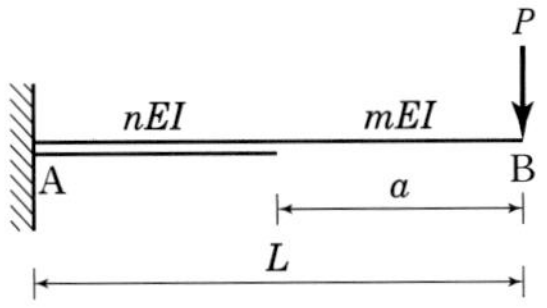 P, nEI, mEI, A, B, a, L	• $\theta_B = \dfrac{P}{2nEI}\left\{L^2 + \left(\dfrac{n}{m} - 1\right)a^2\right\}$ • $\delta_B = \dfrac{P}{3nEI}\left\{L^3 + \left(\dfrac{n}{m} - 1\right)a^3\right\}$
	만약, $n = 2,\ m = 1,\ a = \dfrac{L}{2}$일 때 $\theta_B = \dfrac{5PL^2}{16EI},\quad \delta_B = \dfrac{3PL^3}{16EI}$

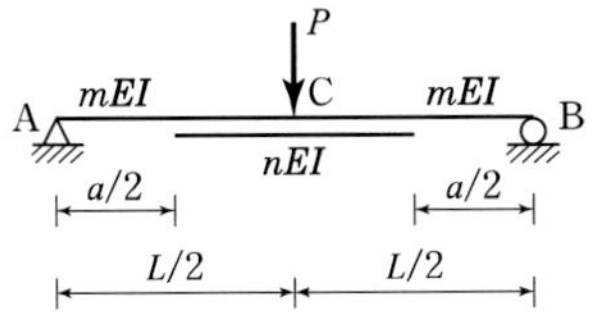

2 에너지법

(1) 실제일의 방법

① 개요 : 선형 탄성 구조물에서 탄성한도 내에서 외력이 행한 일은 내력이 행한 일의 합과 같다.

외력일(W_e) = 내력일(W_i)

② 외력일(W_e) : 힘과 변위 관계 그래프에서 아래쪽 면적

㉠ 비변동 외력일 : 힘의 크기가 일정할 때의 외력일 ∴ 사각형 면적

$$w_e = P\delta + M\theta$$

㉡ 변동 외력일 : 힘의 크기가 변할 때의 외력일 ∴ 삼각형 면적

$$w_e = \frac{P\delta}{2} + \frac{M\theta}{2}$$

■ 보충설명 : 변형에너지와 공액에너지

• 변형에너지 : 하중-변위선도에서 아래쪽의 면적과 같다.

구 분	$P-\delta$선도	$M-\theta$선도
비변동 외력일	$W_e = P\delta$	$W_e = M\theta$
변동 외력일	$P=K\delta$, $W_e = \frac{P\delta}{2}$	$M=K\theta$, $W_e = \frac{M\theta}{2}$

여기서, A′ : 공액에너지
A : 변형에너지(선형탄성인 경우 : A=A′)

• 힘과 변위 관계

힘에 곱하는 변위는 힘의 작용점에서 힘의 작용 방향으로 생기는 변위를 곱해야 하며 힘과 같은 방향으로 이동하면 +, 힘과 반대 방향으로 이동하면 −로 한다.

• 힘에 곱해주는 변위

힘이 작용하기 이전의 변위는 힘과 무관하므로 힘이 작용한 이후의 변위만을 곱한다. 이때의 둘(힘−변위)의 관계가 변동인지 비변동인지를 고려해야 한다.

핵심예제 **10-17** [08 국가직]

다음 그림과 같은 구조물에서 P_1으로 인한 B점의 처짐 δ_1과 P_2로 인한 B점의 처짐 δ_2가 있다. P_1이 작용한 후 P_2가 작용할 때 P_1이 하는 일[kN·mm]은?

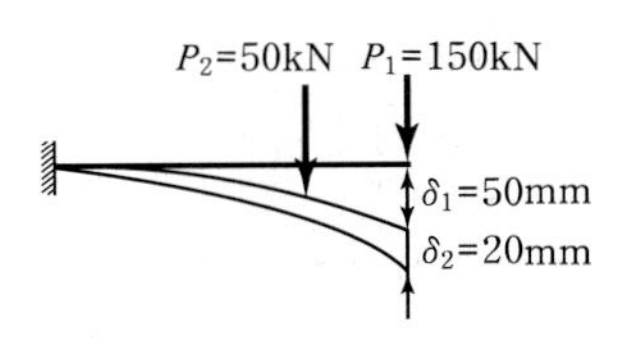

① 6,500 ② 6,750
③ 7,000 ④ 7,250

| 해설 | P_1이 작용한 후 P_2가 작용할 때 P_1이 한 일(W_1)

$$W_1 = \frac{P_1\delta_1}{2} + P_1\delta_2$$

$$= \frac{150(50)}{2} + 150(20) = 6{,}750\text{kN·mm}$$

답 : ②

핵심예제 **10-18** [12 서울시 9급]

P_1이 C점에 서서히 작용할 때 처짐 δ_1, δ_3가 발생하고 P_2가 B점에 서서히 작용할 때 처짐 δ_2, δ_4가 발생한다. P_1이 먼저 작용하고 P_2가 작용했을 때, P_1이 한 일(W_{p1})과 P_1과 P_2의 전체일(W)은?

① W_{p1} =75kN · mm, W=113kN · mm
② W_{p1} =75kN · mm, W=120kN · mm
③ W_{p1} =100kN · mm, W=123kN · mm
④ W_{p1} =105kN · mm, W=113kN · mm
⑤ W_{p1} =105kN · mm, W=120kN · mm

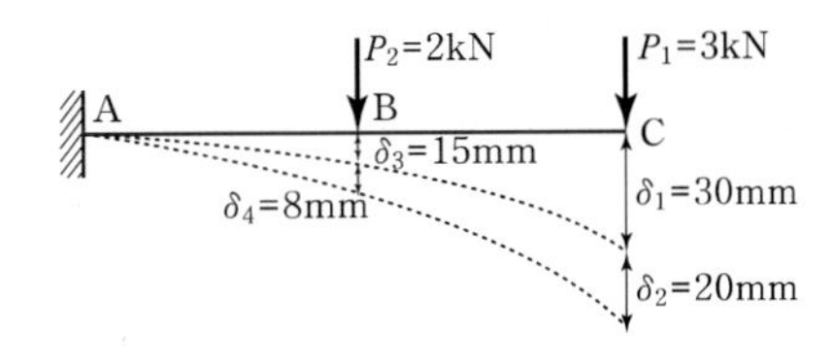

| 해설 | 먼저 작용한 P_1이 한 외력일 : $W_{p1} = \frac{P_1\delta_1}{2} + P_1\delta_2 = 45 + 60 = 105\text{kN} \cdot \text{mm}$

나중에 작용한 P_2가 한 외력일 : $W_{p1} = \frac{P_2\delta_4}{2} = 8\text{kN} \cdot \text{mm}$

전체 외력일 : $W = 105 + 8 = 113\text{kN} \cdot \text{mm}$

[참고] 에너지 손실이 있는 경우는 상반 작용의 원리가 성립되지 않는다.

답 : ④

③ 내력일(W_i) : 탄성체 내부에 저장되는 탄성변형에너지로 외력이 행한 일만큼 저장된다.

㉠ 축방향력(F)에 의한 일 : $U_F = \int_0^L \frac{F^2}{2EA} dx = \Sigma \frac{F^2 L}{2EA}$

㉡ 전단력(S)에 의한 일 : $U_S = f_s \int_0^L \frac{S^2}{2GA} dx = \Sigma f_s \frac{S^2 L}{2GA}$

㉢ 휨모멘트(M)에 의한 일 : $U_M = \int_0^L \frac{M^2}{2EI} dx = \Sigma \frac{M^2 L}{2EI}$

㉣ 비틀림력(T)에 의한 일 : $U_T = \int_0^L \frac{T^2}{2GJ} dx = \Sigma \frac{T^2 L}{2GJ}$

④ 실제일의 방법의 적용

㉠ 트러스 : $w_e = \int_0^L \frac{F^2}{2EA} dx = \Sigma \frac{F^2 L}{2EA}$

㉡ 보·라멘·아치 : $w_e = \int_0^L \frac{M^2}{2EI} dx$

만약, 축력의 영향을 고려하는 경우 : $w_e = \int_0^L \frac{M^2}{2EI} dx + \int_0^L \frac{F^2}{2EA} dx$

핵심예제 10-19 [18 국가직]

그림과 같이 강체로 된 보가 케이블로 지지되고 있다. F점에 수직하중 P가 작용할 때, F점의 수직변위의 크기는? (단, 케이블의 단면적은 A, 탄성계수는 E라 하고, 모든 부재의 자중은 무시하며 변위는 미소하다고 가정한다)

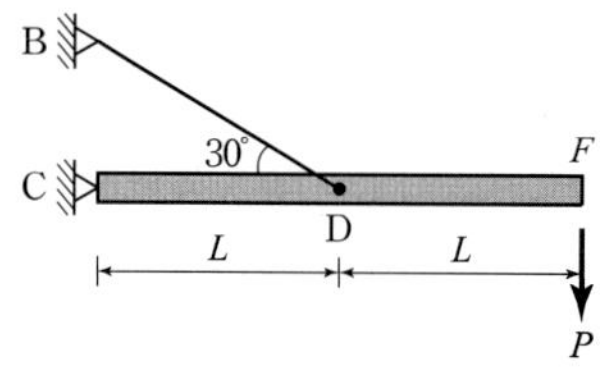

① $\frac{4\sqrt{3}PL}{3EA}$ ② $\frac{8\sqrt{3}PL}{3EA}$

③ $\frac{16\sqrt{3}PL}{3EA}$ ④ $\frac{32\sqrt{3}PL}{3EA}$

| 해설 | (1) BD의 부재력

BD를 절단하여 $\Sigma M_C = 0$을 적용하면

$$BD = \frac{P(2L)}{L/2} = 4P$$

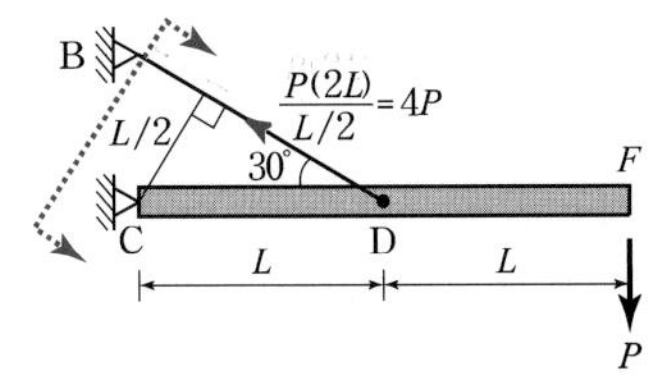

(2) D점의 수직처짐

실제일의 방법 $W = U$를 이용하면

$$\frac{P\delta_{DV}}{2} = \frac{(4P)^2(2L/\sqrt{3})}{2EA} \text{에서}$$

$$\delta_{DV} = \frac{32PL}{\sqrt{3}EA} = \frac{32\sqrt{3}PL}{3EA}$$

답 : ④

핵심예제	10-20	[예상문제]

그림과 같은 2부재 트러스의 B점에 수평하중 P가 작용하고 있다. B절점의 수평변위 δ_B는? (단, EA는 2부재가 모두 같다)

① $\delta_B = \dfrac{0.45P}{EA}$

② $\delta_B = \dfrac{2.1P}{EA}$

③ $\delta_B = \dfrac{21P}{EA}$

④ $\delta_B = \dfrac{4.5P}{EA}$

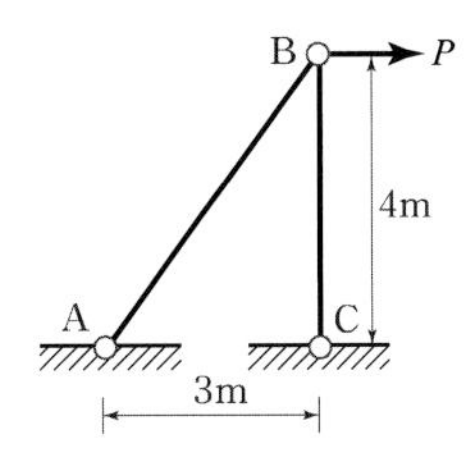

| 해설 | 실제일의 방법을 적용하면 $W = U$에서

$$\frac{P\delta_B}{2} = \Sigma\frac{F^2L}{2EA} = \frac{1}{2EA}\left\{\left(\frac{5P}{3}\right)^2(3) + \left(-\frac{4P}{3}\right)^2(4)\right\} = \frac{21P^2}{2EA}$$

$$\therefore\ \delta_B = \frac{21P}{EA}$$

답 : ③

(2) 가상일의 방법(일명 단위하중법)

재료의 제반 성질에 관계없이 탄·소성 구조물에 모두 적용 가능하며 온도변화나 지점변위 및 제작오차가 있는 경우에도 적용가능한 방법이다.

① 개요 : 외력에 의한 가상일은 내력에 의한 가상일의 합과 같다.

② 계산 순서

㉠ **step1.** 실제하중에 의한 단면력($F,\ S,\ M$)을 계산한다.

㉡ **step2.** 변위를 구하는 점에 변위를 구하는 방향으로 가한 단위 하중($P=1,\ M=1$) 에 의한 단면력($f,\ s,\ m,\ t$)을 계산한다.

㉢ **step3.** 아래의 공식에 대입한다.

$$\delta_i\,(\text{또는}\,\theta_i) = \int_0^L \frac{Ff}{EA}dx + \int_0^L \frac{Mm}{EI}dx + f_s\int_0^L \frac{Ss}{GA}dx + \int_0^L \frac{Tt}{GJ}dx + \int_0^L \frac{\alpha(\Delta T)}{h}m\,dx + \int_0^L \alpha(\Delta T)f\,dx$$

③ 가상일의 방법의 적용

㉠ 트러스 : $\delta_i\,(\text{또는}\ \theta_i) = \int_0^L \frac{Ff}{EA}dx = \Sigma\frac{FfL}{EA}$

㉡ 보·라멘·아치 : $\delta_i\,(\text{또는}\ \theta_i) = \int_0^L \frac{Mm}{EI}dx$

만약, 축력의 영향을 고려하는 경우 : $\delta_i\,(\text{또는}\ \theta_i) = \int_0^L \frac{Mm}{EI}dx + \int_0^L \frac{Ff}{EA}dx$

㉢ 비틀림을 받는 구조물 : $\delta_i\,(\text{또는}\ \theta_i) = \int_0^L \frac{Tt}{GJ}dx$

㉣ 온도영향을 받는 구조물

- 보 : $\delta_i\,(\text{또는}\ \theta_i) = \int_0^L \frac{\alpha(\Delta T)}{h}m\,dx$ ➡ 온도차가 있는 경우
- 트러스 : $\delta_i\,(\text{또는}\ \theta_i) = \int_0^L \alpha(\Delta T)f\,dx = \Sigma f\alpha(\Delta T)L$ ➡ 균일온도승강

④ 특징

㉠ 온도변화, 지점변위, 부재의 제작오차가 있는 경우에도 적용이 가능하다.

㉡ 재료의 제성질(탄성, 소성)에 관계없이 적용이 가능하다.

㉢ 단위하중을 임의의 점에 작용할 수 있으므로 특정한 점의 변위를 구할 수 있다.

핵심예제 10-21 [11 지방직 9급]

그림과 같은 단순보에서 C점의 처짐은? (단, 단순보의 자중은 무시한다)

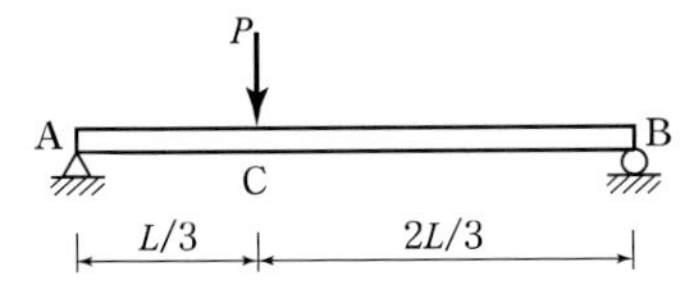

① $\dfrac{PL^3}{243EI}$ ② $\dfrac{2PL^3}{243EI}$

③ $\dfrac{4PL^3}{243EI}$ ④ $\dfrac{11PL^3}{243EI}$

| 해설 | (1) 지점 반력

$\sum M_B = 0 : R_A(L) - P\left(\dfrac{2}{3}L\right) = 0$ $\therefore\ R_A = \dfrac{2}{3}P$

$\sum V = 0 :\ R_A + R_B - P = 0$ $\therefore\ R_B = \dfrac{P}{3}$

(2) C점 처짐

가상일의 원리를 적용하면

$$\delta_c = \int \frac{Mm}{EI}dx = \frac{1}{EI}\int_0^{\frac{L}{3}}\left(\frac{2}{3}Px\right)\left(\frac{2}{3}x\right)dx + \frac{1}{EI}\int_0^{\frac{2}{3}L}\left(\frac{1}{3}Px\right)\left(\frac{1}{3}x\right)dx$$

$$= \int_0^{\frac{L}{3}}\left(\frac{4Px^2}{9EI}\right)dx + \int_0^{\frac{2}{3}L}\left(\frac{Px^2}{9EI}\right)dx = \left[\frac{4Px^3}{27EI}\right]_0^{\frac{L}{3}} - \left[\frac{Px^3}{27EI}\right]_0^{\frac{2}{3}L} = \frac{12PL^3}{729EI} = \frac{4PL^3}{243EI}$$

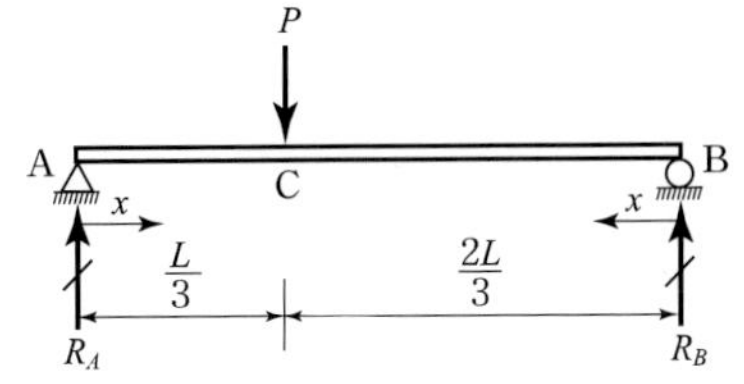

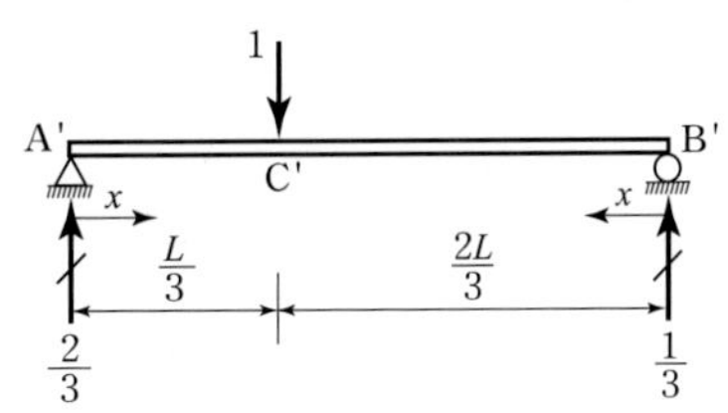

답 : ③

핵심예제 10-22 [07 국가직 9급]

그림과 같이 휨강성 EI가 일정한 단순보에 등분포하중 w가 작용할 때 최대처짐각 θ와 최대 처짐량 δ는?

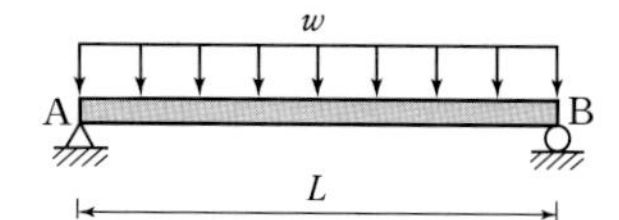

	θ	δ
①	$\dfrac{wL^3}{12EI}$	$\dfrac{wL^4}{30EI}$
②	$\dfrac{wL^3}{24EI}$	$\dfrac{5wL^4}{384EI}$
③	$\dfrac{wL^3}{12EI}$	$\dfrac{5wL^4}{384EI}$
④	$\dfrac{wL^3}{24EI}$	$\dfrac{wL^4}{30EI}$

| 해설 | (1) 가상일의 원리를 적용하면

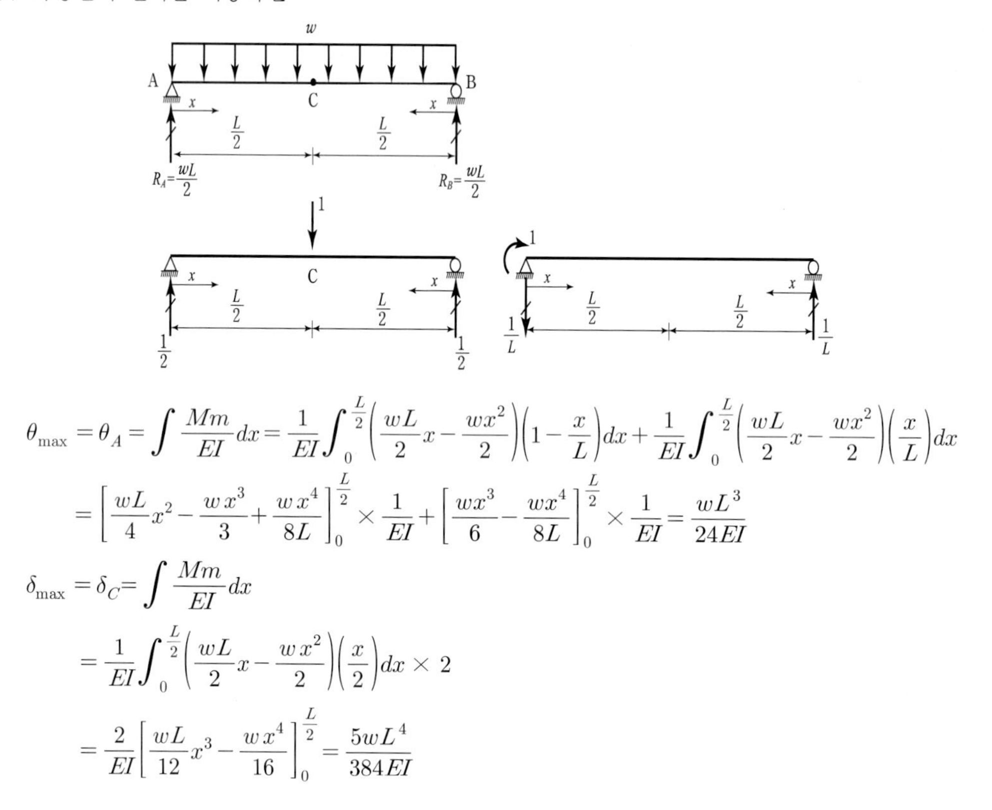

$$\theta_{\max} = \theta_A = \int \frac{Mm}{EI}dx = \frac{1}{EI}\int_0^{\frac{L}{2}}\left(\frac{wL}{2}x - \frac{wx^2}{2}\right)\left(1-\frac{x}{L}\right)dx + \frac{1}{EI}\int_0^{\frac{L}{2}}\left(\frac{wL}{2}x - \frac{wx^2}{2}\right)\left(\frac{x}{L}\right)dx$$

$$= \left[\frac{wL}{4}x^2 - \frac{wx^3}{3} + \frac{wx^4}{8L}\right]_0^{\frac{L}{2}} \times \frac{1}{EI} + \left[\frac{wx^3}{6} - \frac{wx^4}{8L}\right]_0^{\frac{L}{2}} \times \frac{1}{EI} = \frac{wL^3}{24EI}$$

$$\delta_{\max} = \delta_C = \int \frac{Mm}{EI}dx$$

$$= \frac{1}{EI}\int_0^{\frac{L}{2}}\left(\frac{wL}{2}x - \frac{wx^2}{2}\right)\left(\frac{x}{2}\right)dx \times 2$$

$$= \frac{2}{EI}\left[\frac{wL}{12}x^3 - \frac{wx^4}{16}\right]_0^{\frac{L}{2}} = \frac{5wL^4}{384EI}$$

(2) 탄성하중법을 적용하면

θ_A =공액보의 전단력 $S_A{}' = R_A{}'$

δ_C =공액보의 휨모멘트 $M_C{}'$

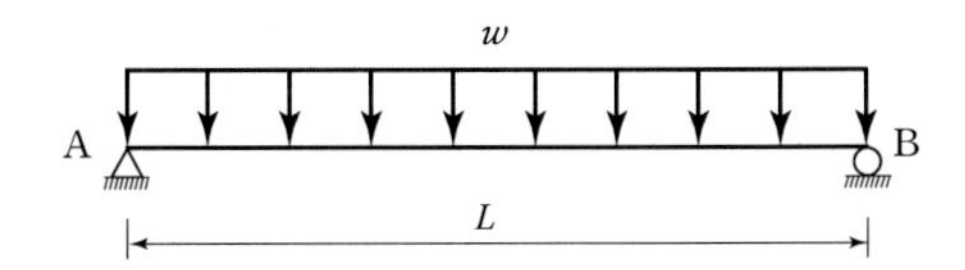

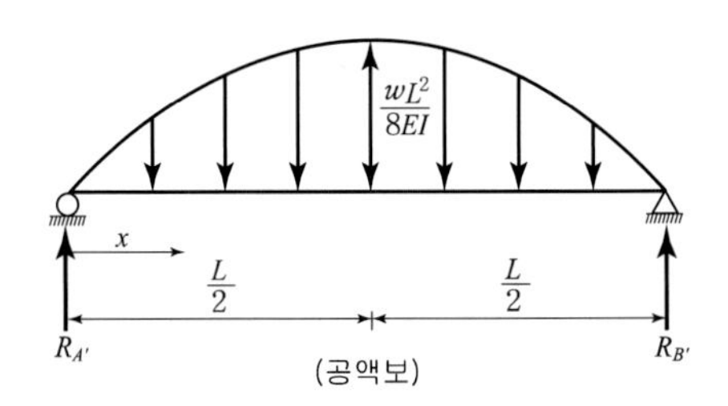

공액보상에서 하중이 대칭이므로

$$\theta_{\max} = \theta_A = R_A{}' = \int_0^{\frac{L}{2}} \frac{M}{EI} dx = \frac{1}{EI}\int_0^{\frac{L}{2}} \left(\frac{wL}{2}x - \frac{wx^2}{2}\right) dx$$

$$= \frac{1}{EI}\left[\frac{wL}{4}x^2 - \frac{wx^2}{6}\right]_0^{\frac{L}{2}} = \frac{wL^3}{24EI}$$

$$\delta_{\max} = \delta_C = R_A{}'\left(\frac{L}{2}\right) - \int_0^{\frac{L}{2}} \frac{M}{EI} dx \times \left(\frac{L}{2} \times \frac{3L}{8}\right)$$

$$= \frac{wL^2}{24}\left(\frac{L}{2}\right) - \frac{wL^2}{24}\left(\frac{L}{2} \times \frac{3L}{8}\right) = \frac{5wL^4}{384EI}$$

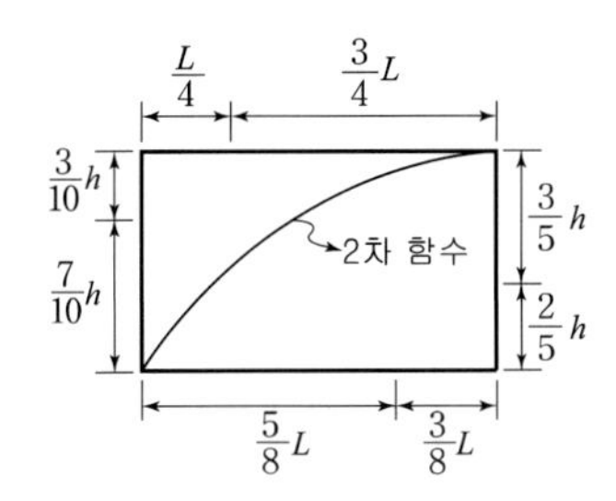

답 : ②

핵심예제	10-23	[10 지방직 9급]

다음 그림과 같은 내민보의 D점에 연직하중 P가 작용하고 있다. C점의 연직방향 처짐량은? (단, E는 탄성계수, I는 단면2차모멘트이고 하향처짐의 부호를 (+)로 한다)

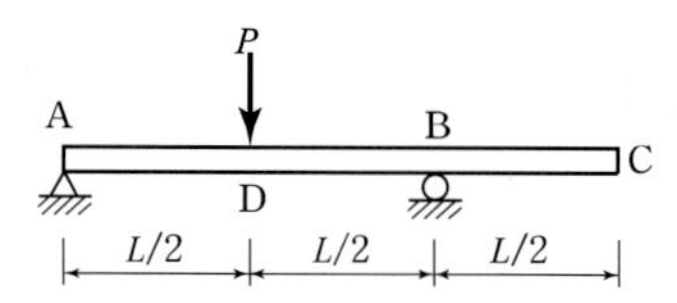

① $-\dfrac{PL^3}{8EI}$ ② $\dfrac{PL^3}{24EI}$

③ $-\dfrac{PL^3}{32EI}$ ④ $\dfrac{PL^3}{48EI}$

| 해설 | 가상일의 원리를 적용하면

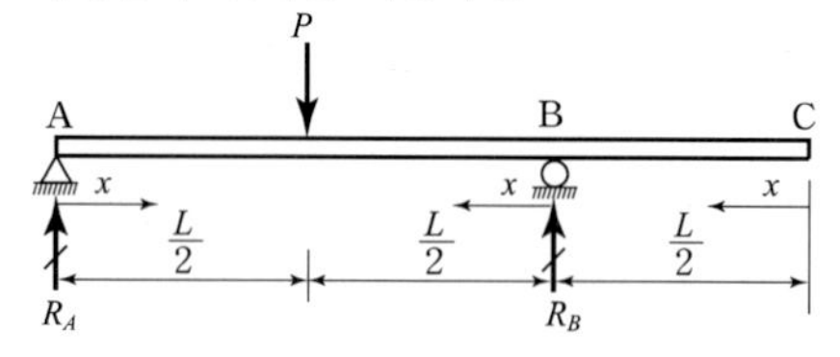

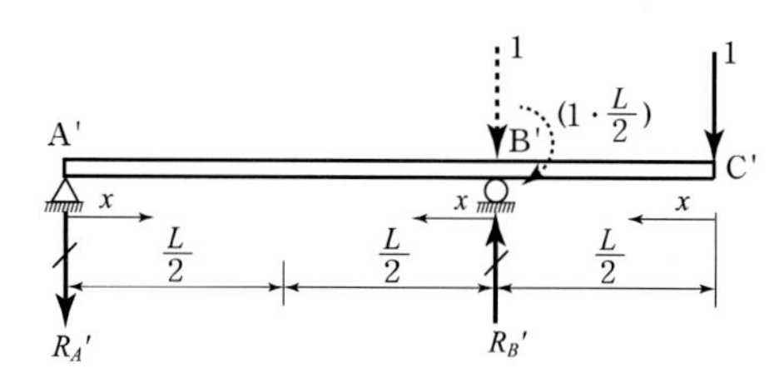

$$\Sigma M_B = 0 : R_A(L) - P\left(\frac{L}{2}\right) = 0 \quad \therefore R_A = \frac{P}{2}(\uparrow)$$

$$\Sigma V = 0 : R_A + R_B - P = 0 \quad \therefore R_B = \frac{P}{2}(\uparrow)$$

$$\Sigma M_A' = 0 : 1\left(\frac{3}{2}L\right) - R_B'(L) = 0 \quad \therefore R_B' = \frac{3}{2}(\uparrow)$$

$$\Sigma V = 0 : R_A' + R_B' - 1 = 0 \quad \therefore R_A' = \frac{1}{2}(\downarrow)$$

$$\delta_C = \int \frac{Mm}{EI}dx = \frac{1}{EI}\int_0^{\frac{L}{2}}\left(\frac{P}{2}x\right)\left(-\frac{1}{2}x\right)dx + \frac{1}{EI}\int_0^{\frac{L}{2}}\left(\frac{P}{2}x\right)\left\{-\frac{L}{2}+\left(\frac{3}{2}-1\right)x\right\}dx$$

$$= \frac{1}{EI}\left[-\frac{Px^3}{12}\right]_0^{\frac{L}{2}} + \frac{1}{EI}\left[-\frac{PL}{8}x^2 + \frac{Px^3}{12}\right]_0^{\frac{L}{2}} = -\frac{PL^3}{32EI}$$

답 : ③

(3) 상반작용의 정리

지점 침하, 제작 오차, 온도 변화가 없는 탄성체에서 에너지 불변의 법칙에 의해 하중의 재하 순서에 관계없이 전체일이 같아야 한다는 조건에 의해 힘과 변위를 상반되게 곱하여도 같다는 것을 상반작용의 원리라 한다.

① 제1정리(Betti의 정리)

$$P_m\,\delta_{mn} = P_n\,\delta_{nm}$$
$$M_a\,\theta_{ab} = M_b\,\theta_{ba}$$

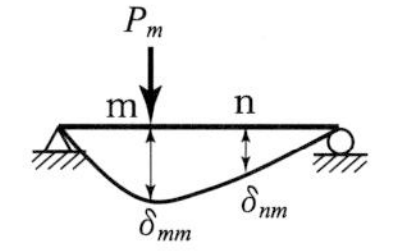

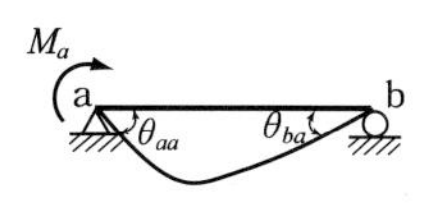

② 제2정리(Maxwell의 정리)

$P_m = P_n = P$ 또는

$M_a = M_b = M$일 때

$$\delta_{mn} = \delta_{nm}$$
$$\theta_{ab} = \theta_{ba}$$

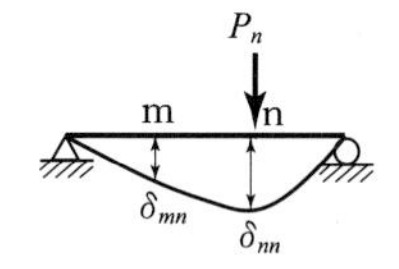

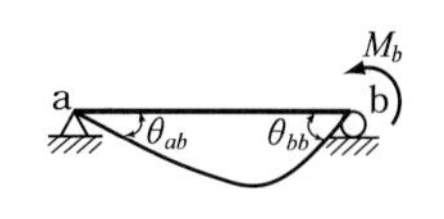

(4) 카스틸리아노의 정리 : 온도 변화나 지점변위가 없는 탄성체에만 적용 가능

① 카스틸리아노(Castigliano)의 제1정리 : 부정정 해석법

탄성에너지를 변위에 관해 미분하면 힘이 된다는 것으로 부정정 구조물의 해석에서 부정정력(P, M)을 계산할 때 적용한다.

$$P = \frac{\partial W_i}{\partial \delta}, \qquad M = \frac{\partial W_i}{\partial \theta}$$

② 카스틸리아노(Castigliano)의 제2정리 : 처짐, 처짐각 해석법

탄성에너지를 힘에 관해 미분하면 처짐 또는 처짐각이 된다는 것으로 처짐 또는 처짐각 계산에 사용한다.

$$\delta = \frac{\partial W_i}{\partial P}, \qquad \theta = \frac{\partial W_i}{\partial M}$$

③ 최소일의 원리 : 부정정 해석법

카스틸리아노(Castigliano)의 제2정리를 응용한 것으로 탄성에너지를 지점에서의 반력으로 미분하면 변위가 0이 된다는 조건을 이용하여 부정정 구조물의 해석에 사용한다.

$$\frac{\partial W_i}{\partial R} = 0, \qquad \frac{\partial W_i}{\partial M} = 0$$

(5) 트러스의 변위

① 실제일의 방법 : 하중점의 변위 산정만 가능

$$\delta = \Sigma \frac{F^2 l}{2EA}$$

② 가상일의 원리(=단위하중법) : 모든 점의 변위 산정이 가능

$$\delta = \Sigma \frac{Ffl}{EA}$$

③ 카스틸리아노의 제2정리 : 하중점의 변위 산정(임의점의 변위는 더미로드를 이용)

$$\delta = \frac{\partial U}{\partial P} = \Sigma \frac{N}{EI}\left(\frac{\partial N}{\partial P}\right)L$$

④ Williot선도를 이용하는 방법 : 부재수가 적은 대칭 · 역대칭 트러스에 적용

절점 구속도를 해제하고 각 부재의 변위 직각 방향선의 교점이 최종변위점이 된다.

※ 단순지지 트러스의 하중 직각방향의 변위

구 조 물	하중직각방향 처짐
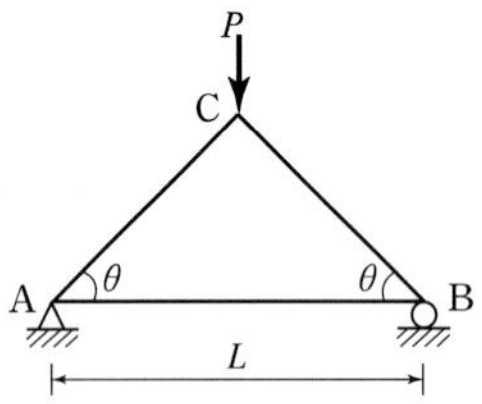 P, C, A, B, θ, θ, L	• $\delta_{ch} = \dfrac{PL}{(4\tan\theta)EA}$
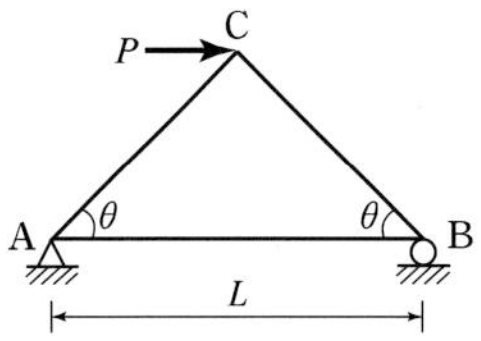 P, C, A, B, θ, θ, L	• $\delta_{cv} = \dfrac{PL}{(4\tan\theta)EA}$

핵심예제 10-24 [08 국가직 7급]

그림과 같이 부재길이가 l 인 트러스에서 하중 P가 절점 E에 작용할 때, 절점 E의 처짐은? (단, 축강성 EA는 일정하다)

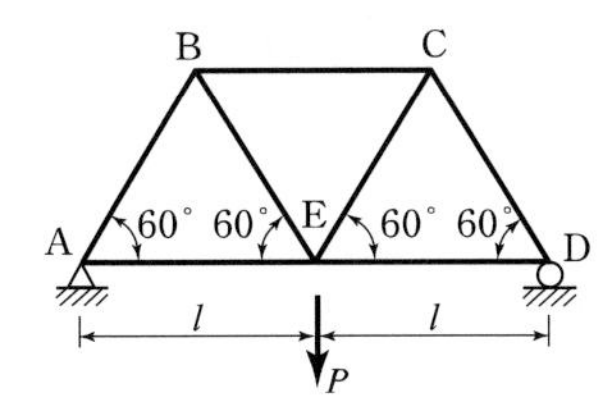

① $\dfrac{4Pl}{3EA}$　② $\dfrac{3Pl}{2EA}$

③ $\dfrac{5Pl}{3EA}$　④ $\dfrac{11Pl}{6EA}$

| 해설 | (1) 부재력

- ①-①에서

AB 부재력

$\sum V=0 : AB\sin60° + \dfrac{P}{2}=0 \;\; \therefore \; AB=-\dfrac{P}{\sqrt{3}}$(압축)

AE 부재력

$\sum H=0 : AB\cos60° + AE=0 \;\; \therefore \; AE=\dfrac{P}{2\sqrt{3}}$(인장)

- ②-②에서

BC 부재력

$\sum M_E=0 : \dfrac{P}{2}(l) + BC\left(\dfrac{\sqrt{3}}{2}l\right)=0 \; \therefore \; BC=-\dfrac{P}{\sqrt{3}}$(압축)

BE 부재력

$\sum V=0 : \dfrac{P}{2} - BE\sin60° = 0 \;\; \therefore \; BE=\dfrac{P}{\sqrt{3}}$(인장)

구조와 하중이 대칭을 이루므로 CD부재, DE부재, CE부재는 각각

CD 부재력$=\dfrac{P}{\sqrt{3}}$(압축), DE 부재력$=\dfrac{P}{2\sqrt{3}}$(인장), CE 부재력 $=\dfrac{P}{\sqrt{3}}$(인장)

(2) 변형에너지

$$U=\sum\frac{N^2 l}{2EA}=\frac{\left(\frac{P}{\sqrt{3}}\right)^2(l)}{2EA}\times 5\text{개}+\frac{\left(\frac{P}{2\sqrt{3}}\right)^2(l)}{2EA}\times 2\text{개}$$

$$=\frac{5P^2 l}{6EA}+\frac{P^2 l}{12EA}=\frac{11P^2 l}{12EA}$$

(3) 변위

실제일의 원리를 적용하면

$W=U$에서 $\dfrac{P\delta_E}{2}=\dfrac{11P^2 l}{12EA} \;\; \therefore \; \delta_E=\dfrac{11Pl}{6EA}$

또는 카스틸리아노의 제2정리를 이용하면

$\delta_E=\dfrac{\partial U}{\partial P}=\dfrac{\partial}{\partial P}\left(\dfrac{11P^2 l}{12EA}\right)=\dfrac{11Pl}{6EA}$

답 : ④

(6) 라멘의 변위

구 조 물	하중직각방향 처짐
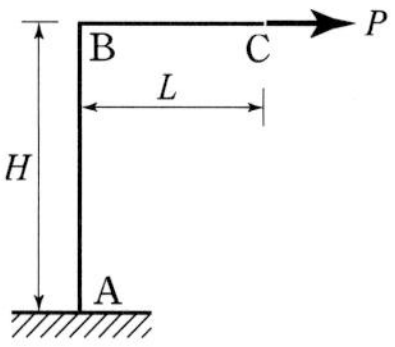 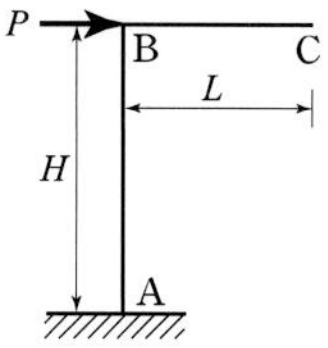 B C P L H A / P B C L H A	• $\theta_B = \theta_C = \dfrac{PH^2}{2EI}$ • $\delta_{Bh} = \delta_{Ch} = \dfrac{PH^2}{3EI}$ • $\delta_{Cv} = \dfrac{PH^2}{2EI}(L)$
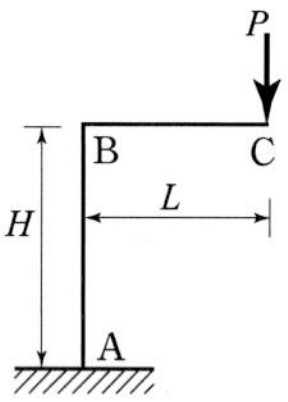 P B C L H A	• $\theta_C = \dfrac{PL(H)}{EI} + \dfrac{PL^2}{2EI}$ $= \dfrac{PL}{2EI}(L+2H)$ • $\delta_{Cv} = \dfrac{PH}{EA} + \dfrac{PL(H)}{EI}(L) + \dfrac{PL^3}{3EI}$ $= \dfrac{PH}{EA} + \dfrac{PL^2}{3EI}(L+3H)$
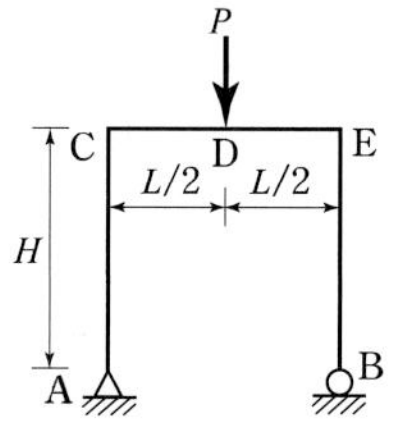 P C D E L/2 L/2 H A B	• $\theta_B = -\theta_A = \dfrac{PL^2}{16EI}$ • $\delta_{Bh} = \Sigma\theta_{지점}(H) = \dfrac{PL^2}{8EI}(H)$ • $\theta_C = -\theta_E = \dfrac{PL^2}{16EI}$, $\delta_D = \dfrac{PL^3}{48EI}$

(7) 아치의 변위

구 조 물	하중직각방향 처짐	하중점의 수직처짐
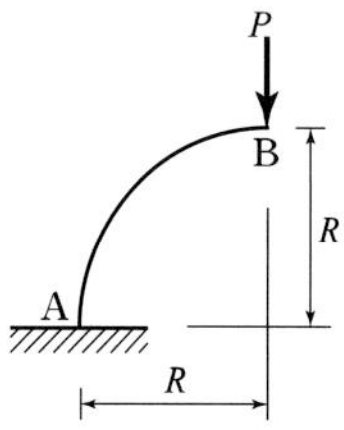 P B R A R	• $\delta_{BH} = \dfrac{PR^3}{2EI}$	• $\delta_{BH} = \dfrac{\pi}{4} \cdot \dfrac{PR^3}{EI}$
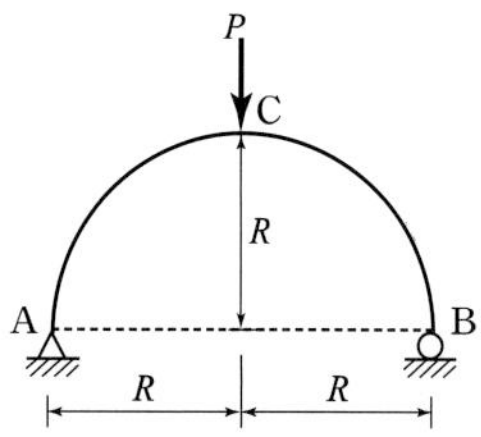 P C R A B R R	• $\delta_{BH} = \dfrac{PR^3}{2EI}$	• $\delta_{BH} = \left(\dfrac{3\pi}{4} - 2\right)\dfrac{PR^3}{EI}$

3 수치해석법

(1) 유한 차분법
(2) 유한 요소법
(3) Reyleigh-Ritz 방법

4 변형에너지

후크(Hooke)의 법칙이 성립되는 탄성한도 내에서 탄성체에 저장되는 에너지
• 레질리언스 계수(변형에너지 밀도) : 단위체적당 저장 가능한 탄성변형에너지

(1) 축력(N)에 의한 변형에너지

$$U_N = \int_0^L \frac{N^2}{2EA} dx$$ (일반식)

여기서, EA : 축강성
L : 부재길이
δ : 축하중에 의한 변위
ϵ : 변형률$\left(\frac{\delta}{L}\right)$

① $U_P = W = \frac{P\delta}{2} = \frac{N^2 L}{2EA} = \frac{EA\delta^2}{2L}$

② 레질리언스 계수 : $u = \frac{\sigma^2}{2E} = \frac{\sigma\epsilon}{2}$

(2) 휨모멘트(M)에 의한 변형에너지

$$U_M = \int_0^L \frac{M^2}{2EI} dx$$ (일반식)

여기서, EI : 휨강성
L : 부재길이
θ : 처짐각
σ : 휨응력

① $U_M = \frac{M\theta}{2} = \frac{M^2 L}{2EI} = \frac{EI\theta^2}{2L}$

② 레질리언스 계수 : $u = \frac{\sigma^2}{2E}$

(3) 전단력(S)에 의한 변형에너지

$$U_S = \int_0^L f_s \frac{S^2}{2GA} dx$$ (일반식)

여기서, GA : 전단강성
L : 부재길이
λ : 전단변형량
γ : 전단변형률$\left(\frac{\lambda}{L}\right)$

f_s : 단면의 형상 계수

(원형박벽 : 2, 사각형 : $\frac{6}{5}$, 원형 : $\frac{10}{9}$)

① $U_S = \frac{S\lambda}{2} = \frac{S^2 L}{2GA} = \frac{GA\lambda^2}{2L}$ (단, $f_S = 1$)

② 레질리언스 계수 : $u = \frac{\tau^2}{2G} = \frac{\tau\gamma}{2}$

(4) 비틀림력(T)에 의한 변형에너지

$$U_T = \int_0^L \frac{T^2}{2GJ}dx$$ (일반식)

① $U_T = \frac{T\phi}{2} = \frac{T^2 L}{2GJ} = \frac{GJ\phi^2}{2L}$

② 레질리언스 계수 : $u = \frac{\tau^2}{2G} = \frac{\tau\gamma}{2}$

여기서, GJ : 비틀림강성

- 원형단면 : $J = I_p$
- 박벽 : $J = \dfrac{4A_m^2}{\int_0^{L_m}\frac{ds}{t}}$

➡ 두께가 일정 $J = \dfrac{4A_m^2 t}{L_m}$

L : 부재길이

ϕ : 비틀림각

γ : 전단변형률$\left(\frac{r\phi}{L}\right)$

(5) 자중(γ)에 의한 균일단면봉의 변형에너지

① $N = \gamma A(L-x)$

② $U_\gamma = \int_0^l \frac{\{\gamma A(L-x)\}^2}{2EA}dx$

$= \frac{\gamma^2 AL^3}{6E}$

③ 일반식 : $U_\gamma = \frac{\gamma^2 A}{E}\left(\frac{x^3}{6} - \frac{Lx^2}{2} + \frac{L^2 x}{2}\right)$

여기서, EA : 축강성

L : 부재길이

γ : 단위중량

x : 고정단으로부터의 거리

(6) 기억할 변형에너지

구조물	캔틸레버, 자유단 집중하중 P, 길이 l	캔틸레버, 등분포하중 w, 길이 l	단순보, 중앙(C) 집중하중 P, $\frac{l}{2}$, $\frac{l}{2}$	단순보, 등분포하중 w, 길이 l
전단변형에너지 (U_S)	$f_s\frac{P^2 l}{2GA}$	$f_s\frac{w^2 l^3}{6GA}$	$f_s\frac{P^2 l}{8GA}$	$f_s\frac{w^2 l^3}{24GA}$
	• 원형 박벽 : $f_s = 2$	• 사각형 : $f_s = \frac{6}{5}$	• 원형 : $f_s = \frac{10}{9}$	
휨변형에너지 (U_M)	$\frac{P^2 l^3}{6EI}$	$\frac{w^2 l^5}{40EI}$	$\frac{P^2 l^3}{96EI}$	$\frac{w^2 l^5}{240EI}$

핵심예제 10-25 [13 서울시 9급]

그림과 같은 트러스 ABC의 C점에 수직하중 P와 수평하중P가 작용할 때 변형에너지는? (단, 부재의 축강성 EA는 일정하다)

① $\dfrac{P^2L}{2EA}$

② $\dfrac{\sqrt{2}P^2L}{EA}$

③ $\dfrac{P^2L}{3EA}$

④ $\dfrac{\sqrt{2}P^2L}{2EA}$

⑤ $\dfrac{\sqrt{2}P^2L}{4EA}$

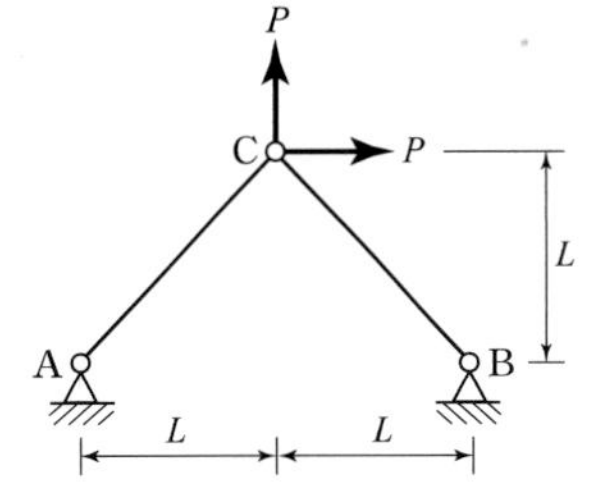

| 해설 | (1) 부재력 계산

중첩의 원리를 적용하여 합력으로 계산하면 $\sqrt{2}P$가 AC부재와 나란하게 작용하므로 BC부재는 영부재이고, AC에만 $\sqrt{2}P$의 인장력이 작용한다.

$\therefore\ N_{AC} = \sqrt{2}P,\ N_{BC} = 0$

(2) 변형에너지

$$U = \Sigma\frac{N^2L}{2EA} = \frac{(\sqrt{2}P)^2(\sqrt{2}L)}{2EA} = \frac{\sqrt{2}P^2L}{EA}$$

답 : ②

5 보-스프링 구조의 변위

특정 부재를 스프링으로 모델링한 구조물을 보-스프링 구조물이라 하고 보와 스프링으로 나누어 중첩을 적용한다.

(1) 강체보인 경우

보의 변위는 0이므로 변위는 스프링에 의해서만 발생한다. 따라서 스프링이 받는 힘을 강성도로 나누어 비례식으로 구할 수 있다.

① 지점 반력 계산 : $R = \dfrac{\text{반대편 지점 모멘트}}{\text{지간거리}}$

② 반력을 후크의 법칙으로 표현하고 변위 계산

$R = k\delta$에서 $\delta = \dfrac{R}{k}$

(2) 보의 변위가 있는 경우

스프링에 의한 변위 + 보의 변위

구조물	강체보일 때	일반보일 때
A, B, C, P, k, $L/2$, $L/2$	$\delta_C = \dfrac{P}{4k}$	$\delta_C = \dfrac{P}{4k} + \dfrac{PL^3}{48EI}$
A, B, C, w, k, $L/2$, $L/2$	$\delta_C = \dfrac{wL}{4k}$	$\delta_C = \dfrac{wL}{4k} + \dfrac{5wL^4}{384EI}$
A, B, C, P, EI, k_1, k_2, $L/2$, $L/2$	$\delta_C = \dfrac{P}{4k_1} + \dfrac{P}{4k_2}$	$\delta_C = \dfrac{P}{4k_1} + \dfrac{P}{4k_2} + \dfrac{PL^3}{48EI}$
A, B, C, w, k_1, k_2, $L/2$, $L/2$	$\delta_C = \dfrac{wL}{4k_1} + \dfrac{wL}{4k_2}$	$\delta_C = \dfrac{wL}{4k_1} + \dfrac{wL}{4k_2} + \dfrac{5wL^4}{384EI}$
A, B, C, P, k, $L/2$, $L/2$	$\delta_C = \dfrac{4P}{k}$	$\delta_C = \dfrac{4P}{k} + \dfrac{PL^3}{12EI}$

※ 강체보가 수평을 유지할 조건

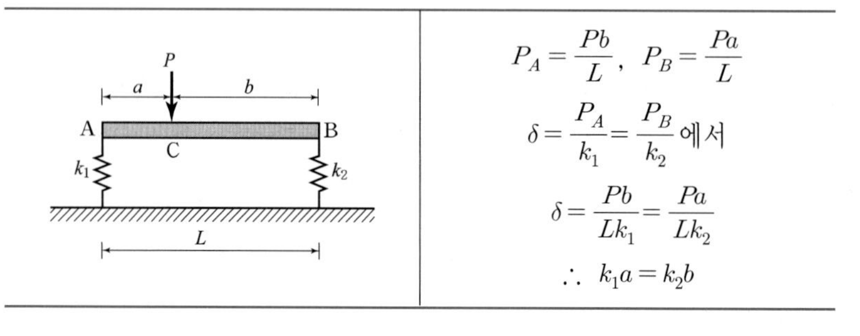

$$P_A = \frac{Pb}{L},\ \ P_B = \frac{Pa}{L}$$

$$\delta = \frac{P_A}{k_1} = \frac{P_B}{k_2} \text{ 에서}$$

$$\delta = \frac{Pb}{Lk_1} = \frac{Pa}{Lk_2}$$

$$\therefore\ k_1 a = k_2 b$$

핵심예제 10-26 [16 국가직]

그림과 같은 보-스프링 구조에서 스프링 상수 $k=\dfrac{24EI}{L^3}$일 때, B점에서의 처짐은? (단, 휨강성 EI는 일정하고, 자중은 무시한다)

① $\dfrac{PL^3}{16EI}$

② $\dfrac{PL^3}{24EI}$

③ $\dfrac{PL^3}{32EI}$

④ $\dfrac{PL^3}{48EI}$

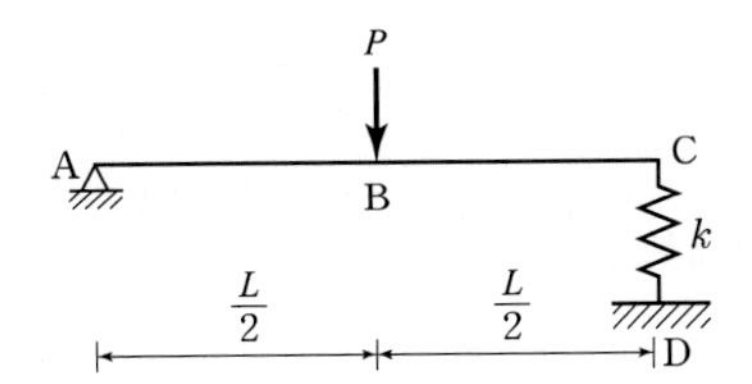

| 해설 | 보-스프링구조의 중앙점 처짐이므로

$$\delta_B = \Sigma \frac{P}{4k} + \delta_{보} = \frac{P}{4\left(\dfrac{24EI}{L^3}\right)} + \frac{PL^3}{48EI} = \frac{PL^3}{32EI}$$

답 : ③

출제 및 예상문제

출제유형단원

☐ 개요 ☐ 처짐의 해법

내친김에 문제까지 끝내보자!

1 곡률 반지름 R이 옳게 표시된 것은?

① $\frac{M}{EI}$ ② $\frac{EI}{M}$
③ $\frac{MI}{E}$ ④ $\frac{E}{MI}$

2 다음 용어들의 짝 중에서 상호 연관성이 없는 것은? [14 국가직 9급]

① 전단응력 – 단면1차모멘트
② 곡률 – 단면상승모멘트
③ 휨응력 – 단면계수
④ 처짐 – 단면2차모멘트

3 휨모멘트도를 하중으로 하는 보를 무엇이라 하는가?

① 공칭보 ② 고정보
③ 단순보 ④ 공액보
⑤ 탄성보

4 보의 단면 2차 모멘트가 2배로 증가할 때 처짐의 변화로 옳은 것은? [국가직]

① $\frac{1}{2}$로 감소한다. ② 2배 증가한다.
③ 4배 증가한다. ④ $\frac{1}{4}$로 감소한다.

정답 및 해설

해설 1
곡률반경 : $R=\frac{EI}{M}$

해설 2
곡률 $\kappa=\frac{M}{EI}$이므로 단면2차모멘트를 이용한다.
보충 단면상승모멘트는 주축의 방향이나 주단면2차모멘트를 구할 때 사용한다. 즉 기둥의 좌굴방향이나 좌굴축을 결정하려면 주축을 대상으로 하므로 이 경우에 사용한다.

해설 3
탄성하중$\left(\frac{B.M.D}{EI}\right)$을 가상하중으로 하는 보는 공액보라 한다.

해설 4
처짐은 단면 2차 모멘트(I)에 반비례하므로 보의 단면 2차 모멘트가 2배로 증가하면 처짐은 $\frac{1}{2}$로 감소한다.

정답 1. ② 2. ② 3. ④ 4. ①

5 다음은 단순보의 휨모멘트도(B. M. D)이다. 다음 이 보에 대한 처짐각과 처짐에 대한 것 중 옳지 않은 것은? (단, A' : B. M. D의 면적, I : 단면 2차 모멘트, E : 탄성계수이다) [서울시]

① $\theta_A = \dfrac{A'b}{lEI}$

② $\theta_B = \dfrac{A'a}{lEI}$

③ $\delta_A = 0$

④ $\delta_B = 0$

⑤ $\delta_C = \dfrac{A'ab}{l^2EI}$

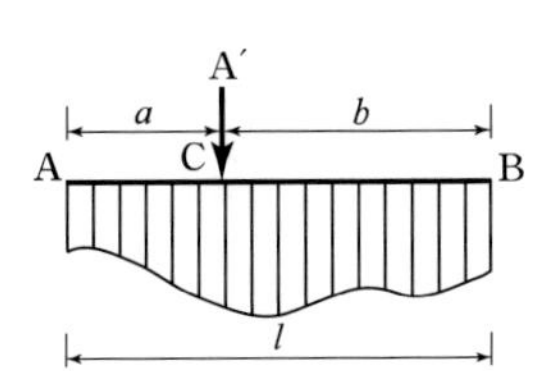

6 그림과 같은 단순보의 양단에 모멘트하중 M이 작용할 경우 최대처짐은? (단, 휨강성 EI는 일정하다) [서울시]

① $\dfrac{Ml^2}{EI}$

② $\dfrac{Ml^2}{2EI}$

③ $\dfrac{Ml^2}{4EI}$

④ $\dfrac{Ml^2}{8EI}$

⑤ $\dfrac{Ml^2}{16EI}$

M M l

정 답 및 해 설

해설 **5**

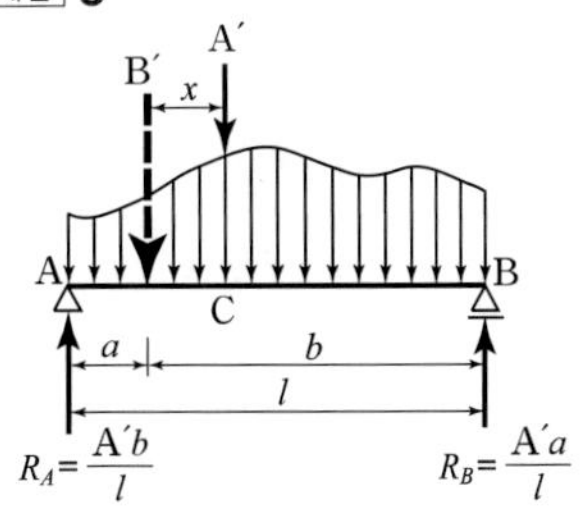

탄성하중법에서

$\theta_A = \dfrac{R_A}{EI} = \dfrac{A'b}{lEI}$, $\delta_A = 0$

$\theta_B = \dfrac{R_B}{EI} = -\dfrac{A'a}{lEI}$, $\delta_B = 0$

$\delta_C = \dfrac{M_C}{EI} = \dfrac{1}{EI}(R_A a - B'x)$

해설 **6**

대칭하중이 작용하므로 중앙점에서 최대 처짐이 발생

$\therefore \delta_{\max} = \dfrac{l^2}{16EI}(M_A + M_B)$

$= \dfrac{l^2}{16EI}(M + M)$

$= \dfrac{Ml^2}{8EI}$

보충

M 하중이 작용하는 단순보의 변위

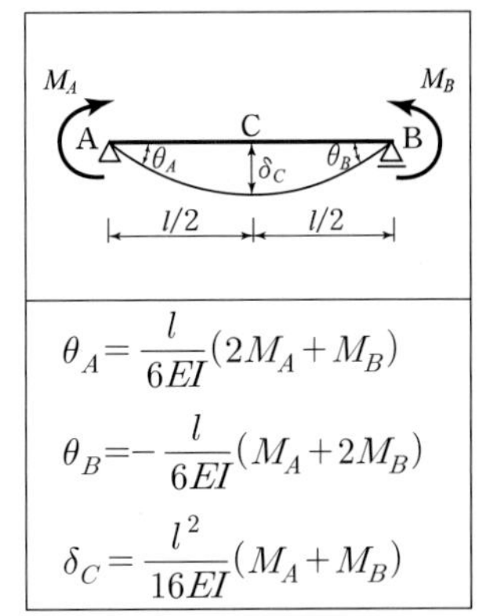

$\theta_A = \dfrac{l}{6EI}(2M_A + M_B)$

$\theta_B = -\dfrac{l}{6EI}(M_A + 2M_B)$

$\delta_C = \dfrac{l^2}{16EI}(M_A + M_B)$

정답 5. ⑤ 6. ④

7 그림과 같은 단순보에서 중앙점의 처짐은 얼마인가? [14 서울시 9급]

① $\delta_C = \dfrac{9ML^2}{48EI}$

② $\delta_C = \dfrac{10ML^2}{48EI}$

③ $\delta_C = \dfrac{11ML^2}{48EI}$

④ $\delta_C = \dfrac{12ML^2}{48EI}$

⑤ $\delta_C = \dfrac{13ML^2}{48EI}$

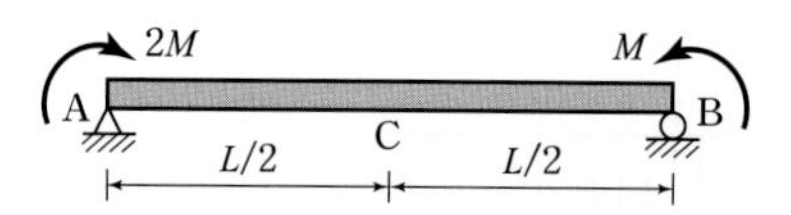

8 다음 단순보의 중앙에 하중 P가 작용할 때 지점 A의 처짐각(θ_A)으로 옳은 것은 ? (단, 휨강성 EI는 일정하다) [국가직]

① $\theta_A = \dfrac{Pl^2}{8EI}$

② $\theta_A = \dfrac{Pl^2}{16EI}$

③ $\theta_A = \dfrac{Pl^3}{24EI}$

④ $\theta_A = \dfrac{Pl^3}{48EI}$

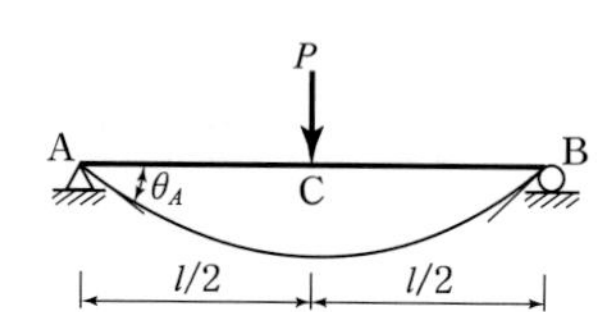

9 그림과 같은 단순보에서 C점의 처짐량이 10cm일 때 하중 P의 크기 [kN]는? (단, E=100GPa, $I=10^4\text{cm}^4$이다) [서울시]

① 12

② 24

③ 36

④ 48

P, A, B, C, 5m, 5m

정 답 및 해 설

해설 7

모멘트하중이 작용하는 단순보의 중앙점의 처짐이므로 중첩을 적용하면

$\delta_{중앙} = \dfrac{(\Sigma M)L^2}{16EI}$

$= \dfrac{(2M+M)(L^2)}{16EI} = \dfrac{3ML^2}{16EI}$

∴ 보기의 분모가 모두 48로 이 값에 맞추면 $\delta_{중앙} = \dfrac{9ML^2}{48EI}$

해설 8

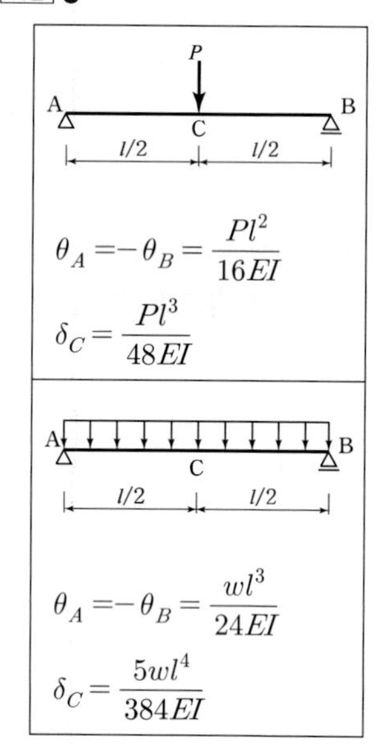

해설 9

중앙점 처짐 $\delta_c = \dfrac{PL^3}{48EI}$ 에서

$P = \dfrac{48EI}{L^3}\delta_c$

$= \dfrac{48(100\times10^3)(10^4\times10^4)}{100\times10^3}(100)$

$= 48\times10^3\text{N} = 48\text{kN}$

정답 7. ① 8. ② 9. ④

10 다음 단순보의 중앙점에 작용하는 하중 P에 의해 중앙점이 $\frac{L}{20}$ 만큼 처질 때의 하중 P는? (단, EI는 일정) [15 서울시 9급]

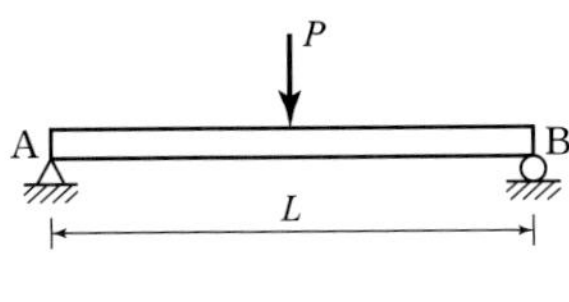

① $\frac{1.2EI}{L^2}$　② $\frac{2.4EI}{L^2}$

③ $\frac{3.6EI}{L^2}$　④ $\frac{4.8EI}{L^2}$

11 그림과 같은 단순보에서 C점의 처짐은? (단, 단순보의 자중은 무시한다) [11 지방직 9급]

① $\frac{PL^3}{243EI}$

② $\frac{2PL^3}{243EI}$

③ $\frac{4PL^3}{243EI}$

④ $\frac{11PL^3}{243EI}$

12 지간 L인 단순보의 중앙에 P인 집중하중을 작용시킬 때, 중앙점의 처짐 y_c를 구하는 식은? (단, 보의 휨강성은 EI로 일정하다)

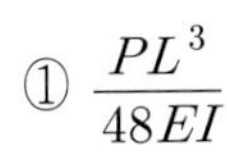

① $\frac{PL^3}{48EI}$　② $\frac{PL^3}{8EI}$

③ $\frac{PL^2}{8EI}$　④ $\frac{PL^3}{EI}$

13 지간 $2a$인 단순보의 중앙에 집중하중 P가 작용할 때 최대처짐은? (단, 주어진 보의 휨강성 EI는 일정하다)

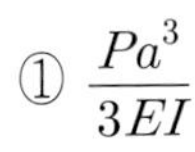

① $\frac{Pa^3}{3EI}$　② $\frac{Pa^3}{6EI}$

③ $\frac{Pa^3}{12EI}$　④ $\frac{Pa^3}{24EI}$

⑤ $\frac{Pa^3}{48EI}$

정 답 및 해 설

해설 **10**

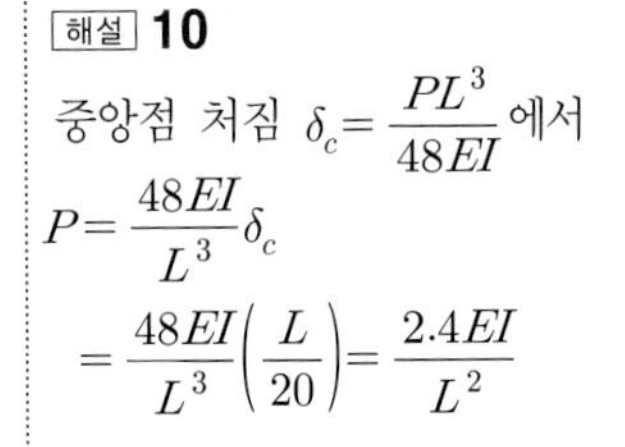

중앙점 처짐 $\delta_c = \frac{PL^3}{48EI}$ 에서

$$P = \frac{48EI}{L^3}\delta_c = \frac{48EI}{L^3}\left(\frac{L}{20}\right) = \frac{2.4EI}{L^2}$$

해설 **11**

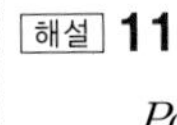

$$\delta_C = \frac{Pa^2b^2}{3LEI} = \frac{P\left(\frac{L}{3}\right)^2\left(\frac{2L}{3}\right)^2}{3LEI} = \frac{4PL^3}{243EI}$$

해설 **12**

단순보의 중앙점에 집중하중이 작용하는 경우

$$\theta_A = -\theta_B = \frac{Pl^2}{16EI}$$

$$\delta_C = \frac{Pl^3}{48EI}$$

해설 **13**

$$\delta_{\max} = \frac{PL^3}{48EI} = \frac{P(2a)^3}{48EI} = \frac{Pa^3}{6EI}$$

정답 10. ② 11. ③ 12. ① 13. ②

정 답 및 해 설

14 다음 그림과 같이 지간이 같은 단순보에 작용하는 하중이 $P_1 = P_2$ 일 때 최대처짐은 (a)가 (b)의 몇 배인가?

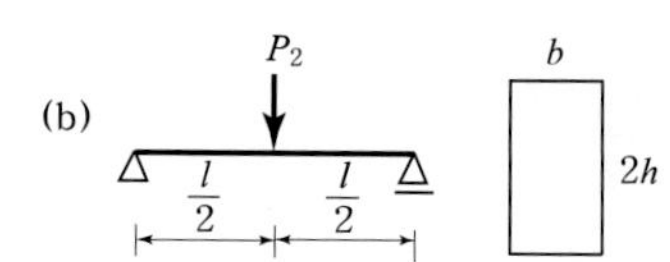

① 같다.
② 2배
③ 4배
④ 6배
⑤ 8배

해설 **14**

최대처짐 $y_{\max} = \frac{Pl^3}{48EI}$ 에서

단면2차 모멘트에 반비례하므로

$$\frac{y_{(a)}}{y_{(b)}} = \frac{I_{(b)}}{I_{(a)}} = \frac{\frac{b(2h)^3}{12}}{\frac{bh^3}{12}} = \frac{8}{1}$$

15 등분포 하중이 작용하는 단순보에서 보의 최대 처짐을 설명한 내용 중 옳지 않은 것은?

① 등분포 하중 w 에 비례한다.
② 탄성계수 E 에 비례한다.
③ 지간 L^4 에 비례한다.
④ 단면 2차 모멘트 I 에 반비례한다.
⑤ $\frac{5}{384}$ 에 비례한다.

해설 **15**

$\delta_{\max} = \frac{5wL^4}{384EI}$ 에서

탄성계수 E 에 반비례한다.

16 그림과 같이 휨강성 EI가 일정한 단순보에 등분포하중 w가 작용할 때 최대처짐각 θ와 최대 처짐량 δ는? [07 국가직 9급]

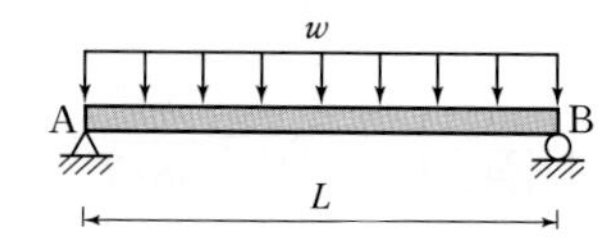

	θ	δ		θ	δ
①	$\frac{wL^3}{12EI}$	$\frac{wL^4}{30EI}$	②	$\frac{wL^3}{24EI}$	$\frac{5wL^4}{384EI}$
③	$\frac{wL^3}{12EI}$	$\frac{5wL^4}{384EI}$	④	$\frac{wL^3}{24EI}$	$\frac{wL^4}{30EI}$

해설 **16**

$\theta_{\max} = \frac{wL^3}{24EI}$, $\delta_{\max} = \frac{5wL^4}{384EI}$

정답 14. ⑤ 15. ② 16. ②

17 다음 그림과 같은 부재 A점에서의 처짐각 θ_A는? (단, EI는 일정)

[15 서울시 9급]

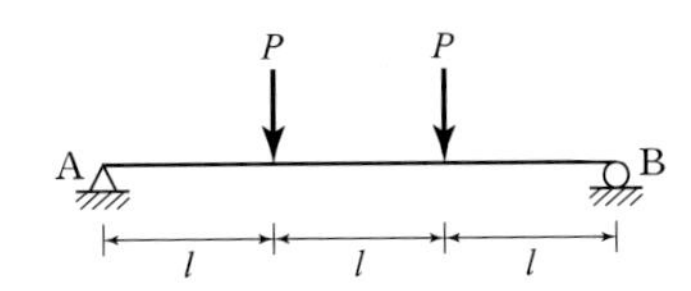

① $\dfrac{Pl^2}{4EI}$　　② $\dfrac{Pl^2}{3EI}$

③ $\dfrac{Pl^2}{2EI}$　　④ $\dfrac{Pl^2}{EI}$

18 그림과 같은 단순보의 하중 상태에서 보 중앙 C점의 처짐은? (단, 보의 휨강성은 EI로 일정하다)

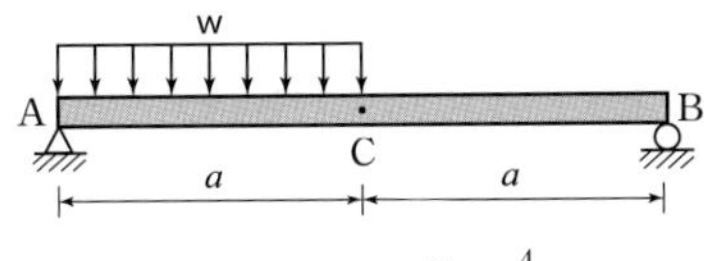

① $\dfrac{5wa^4}{24EI}$　　② $\dfrac{5wa^4}{48EI}$

③ $\dfrac{5wa^4}{96EI}$　　④ $\dfrac{5wa^4}{192EI}$

⑤ $\dfrac{5wa^4}{384EI}$

해설 중앙점의 처짐

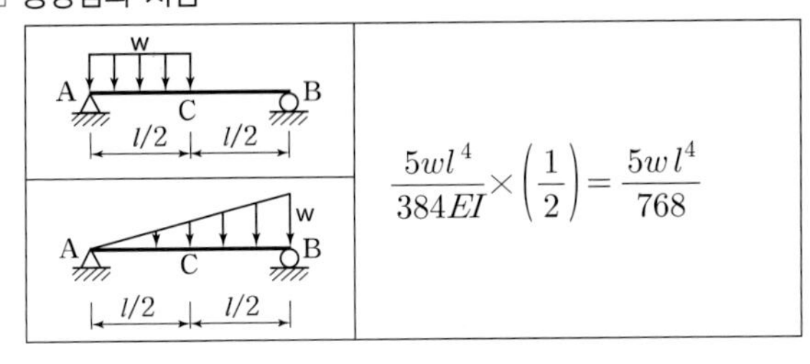

$\dfrac{5wl^4}{384EI} \times \left(\dfrac{1}{2}\right) = \dfrac{5wl^4}{768}$

정 답 및 해 설

해설 **17**

단순보의 3등분점에 하중이 작용하므로 $\theta_A = \dfrac{P(3l)^2}{9EI} = \dfrac{Pl^2}{EI}$

보충

지점의 처짐각과 최대처짐의 일반식

- $\theta_{지점} = \dfrac{Pa}{2EI}(L-a)$
- $\delta_{max} = \dfrac{Pa}{24EI}(3L^2-4a^2)$

해설 **18**

전체 등분포하중의 1/2이 감소한다는 조건을 적용하면

$$\delta_C = \frac{5wL^4}{384EI}\left(\frac{1}{2}\right) = \frac{5w(2a)^4}{384EI}\left(\frac{1}{2}\right) = \frac{5wa^4}{48EI}$$

정답 17. ④ 18. ②

정 답 및 해 설

19 다음의 캔틸레버 보(cantilever beam)에 하중이 아래와 같이 작용했을 때 전체 길이의 변화량(δ)은? (단, EA는 일정, 중력에 의한 처짐은 무시) [15 서울시 9급]

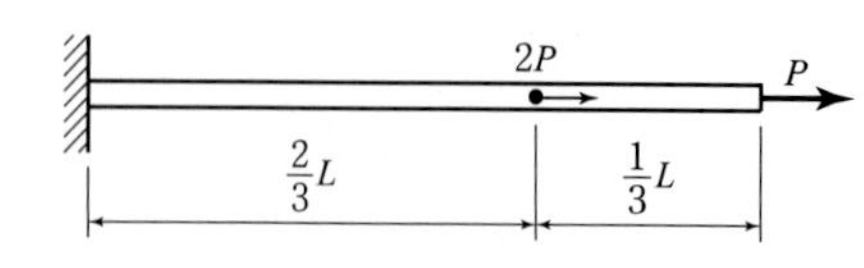

① $\dfrac{PL}{3EA}$ ② $\dfrac{PL}{EA}$

③ $\dfrac{5PL}{3EA}$ ④ $\dfrac{7PL}{3EA}$

20 그림과 같은 외팔보에서 B점의 처짐은? (단, 휨강성 EI는 일정하다)

① $\dfrac{Pl^3}{2EI}$ ② $\dfrac{Pl^3}{3EI}$

③ $\dfrac{Pl^3}{4EI}$ ④ $\dfrac{Pl^3}{6EI}$

⑤ $\dfrac{Pl^3}{8EI}$

해설 캔틸레버보의 자유단 처짐(각)

구조물	처짐각	처짐
	$\dfrac{Ml}{EI}$	$\dfrac{Ml^2}{2EI}$
	$\dfrac{Pl^2}{2EI}$	$\dfrac{Pl^3}{3EI}$
	$\dfrac{wl^3}{6EI}$	$\dfrac{wl^4}{8EI}$
	$\dfrac{wl^3}{24EI}$	$\dfrac{wl^4}{30EI}$

해설 **19**

축력만이 작용하므로 하중에 대해 중첩을 적용하면

$$\delta = \frac{2P\left(\frac{2}{3}L\right)}{EA} + \frac{PL}{EA} = \frac{7PL}{3EA}$$

정답 19. ④ 20. ②

정 답 및 해 설

21 재질과 단면이 같은 캔틸레버보에서 자유단의 처짐을 같게 하려면 P의 값[kN]은? (단, 두 구조물의 휨강성 EI는 일정하다)

① 6
② 8
③ 12
④ 16

해설 **21**

$$\frac{2l^3}{3EI}=\frac{P\left(\frac{l}{2}\right)^3}{3EI}$$

$\therefore\ P=16\,\text{kN}$

보충 처짐이 같을 때 하중비
⇒ 길이의 차수승에 반비례

22 그림에서 캔틸레버보의 B점 처짐이 단순보의 B점 처짐과 같게 되기 위한 단면2차모멘트의 비 $\left(\frac{I_c}{I_s}\right)$는? (단, 보의 자중은 무시한다)

[14 국가직 9급]

① 1.0
② 1.5
③ 2.0
④ 2.5

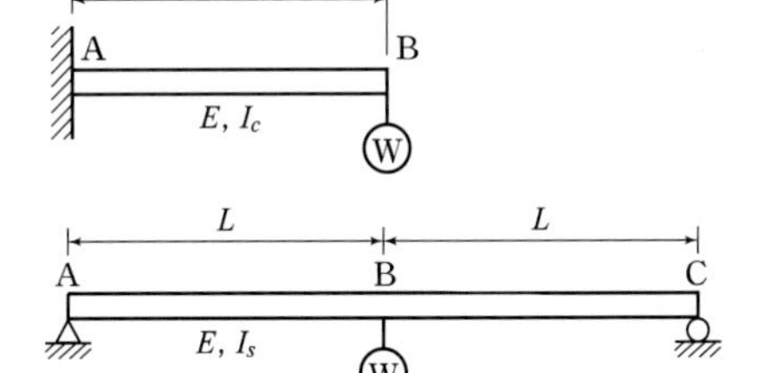

해설 **22**

$$\delta_B=\frac{WL^3}{3EI_c}=\frac{W(8L^3)}{48EI_s}$$ 에서

단면2차모멘트의 비 $\frac{I_c}{I_s}=2.0$

23 주어진 구조물에서 B점과 C점간의 처짐의 비(δ_B/δ_C)와 처짐각의 비(θ_B/θ_C)는?

[14 서울시 9급]

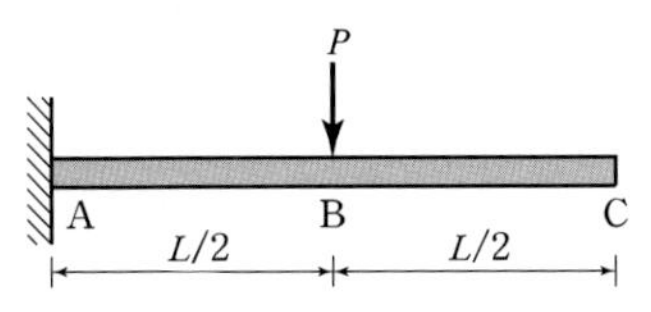

① 처짐비(δ_B/δ_C) : 0.125, 처짐각비(θ_B/θ_C) : 0.333
② 처짐비(δ_B/δ_C) : 0.5, 처짐각비(θ_B/θ_C) : 0.5
③ 처짐비(δ_B/δ_C) : 0.4, 처짐각비(θ_B/θ_C) : 1.0
④ 처짐비(δ_B/δ_C) : 1.0, 처짐각비(θ_B/θ_C) : 1.5
⑤ 처짐비(δ_B/δ_C) : 1.5, 처짐각비(θ_B/θ_C) : 1.333

해설 **23**

캔틸레버보에서 내부에 집중하중이 작용하는 경우

(1) 처짐각의 비
하중점 이후의 처짐각은 일정하므로 처짐각비
$\frac{\theta_B}{\theta_C}=1.0$이다.

(2) 처짐의 비
하중점과 자유단의 처짐비는 2 : 5이므로 처짐의 비
$\frac{\delta_B}{\delta_C}=\frac{2}{5}=0.4$

정답 21. ④ 22. ③ 23. ③

정 답 및 해 설

24 그림과 같은 캔틸레버보(Cantilever Beam)에서 B점의 처짐각(θ_B)은? [09 지방직 9급]

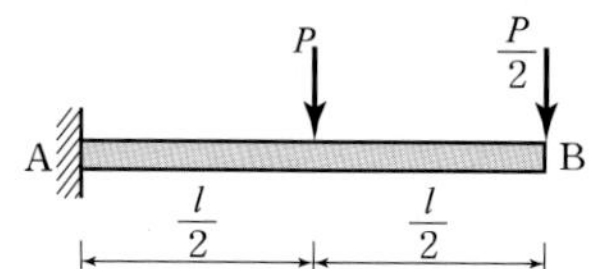

① $\frac{3Pl^2}{8EI}$ ② $\frac{3Pl^2}{16EI}$

③ $\frac{5Pl^2}{24EI}$ ④ $\frac{5Pl^2}{27EI}$

해설 **24**

중첩을 적용하면

$\theta_B = \theta_B{}' + \theta_B{}''$

$= \frac{P\left(\frac{l}{2}\right)^2}{2EI} + \frac{\left(\frac{P}{2}\right)l^2}{2EI}$

$= \frac{3Pl}{8EI}$

25 그림과 같은 균일 캔틸레버보에 하중이 작용할 때 B점의 처짐각은? (단, 보의 자중은 무시한다) [14 국가직 9급]

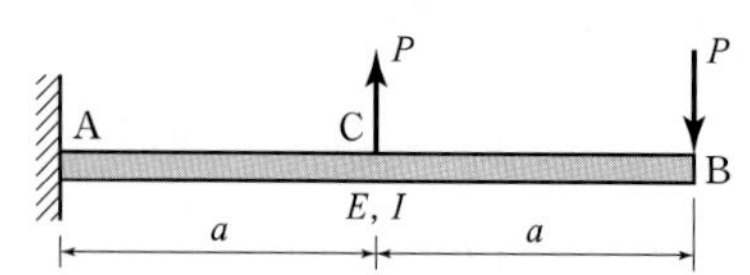

① $\frac{3Pa^3}{2EI}$ ② $\frac{11Pa^3}{6EI}$

③ $\frac{5Pa^3}{2EI}$ ④ $\frac{10Pa^3}{6EI}$

해설 **25**

중첩을 적용하면

$\theta_B = \Sigma\frac{PL^2}{2EI} = \frac{P}{2EI}(4a^2 - a^2)$

$= \frac{3Pa^2}{2EI}$

26 다음 그림과 같은 캔틸레버보에서 $M_0 = 2Pl$인 경우 B점의 처짐 방향과 처짐량 δ는? (단, 휨강성 EI는 일정하다) [08 국가직 9급]

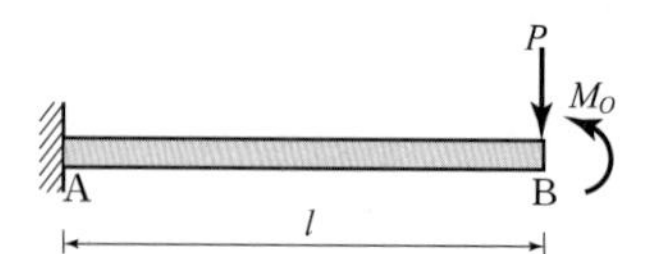

① ↑, $\frac{2}{3}\frac{Pl^3}{EI}$ ② ↑, $\frac{4}{3}\frac{Pl^3}{EI}$

③ ↓, $\frac{3}{2}\frac{Pl^3}{EI}$ ④ ↓, $\frac{4}{3}\frac{Pl^3}{EI}$

해설 **26**

하향처짐을 (+)로 가정하고 중첩을 적용하면

$\delta_B = \delta_P - \delta_M = \frac{Pl^3}{3EI} - \frac{M_0 l^2}{2EI}$

$= \frac{Pl^3}{3EI} - \frac{(2Pl)l^2}{2EI}$

$= -\frac{2Pl^3}{3EI}$(상향)

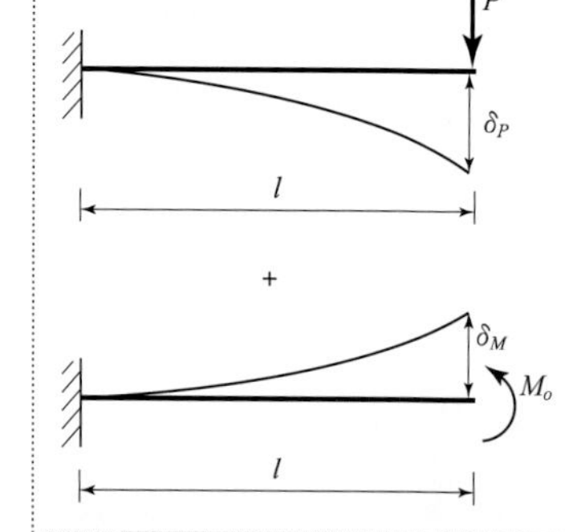

정답 24. ① 25. ① 26. ①

27 지간 L인 캔틸레버의 전지간에 w의 등분포 하중이 작용할 때 자유단 B의 처짐은? (단, 보의 휨강성 EI는 일정하다)

① $\dfrac{wL^3}{3EI}$

② $\dfrac{wL^4}{3EI}$

③ $\dfrac{wL^3}{8EI}$

④ $\dfrac{wL^4}{8EI}$

⑤ $\dfrac{5wL^4}{384EI}$

보충 캔틸레버보의 자유단 처짐(각)

구 조 물	처짐각(θ)	처짐(δ)
(모멘트 M, 길이 l)	$\dfrac{Ml}{EI}$	$\dfrac{Ml^2}{2EI}$
(집중하중 P, 길이 l)	$\dfrac{Pl^2}{2EI}$	$\dfrac{Pl^3}{3EI}$
(등분포하중 w, 길이 l)	$\dfrac{wl^3}{6EI}$	$\dfrac{wl^4}{8EI}$

28 지간 $L=2$m인 캔틸레버보에 $w=10$kN/m의 등분포하중이 작용하고 있다. 이 캔틸레버보의 최대 처짐 $y_{\max}$[cm]는? (단, 단면 2차 모멘트 $I=10^3$cm³, 탄성계수 $E=100$GPa이다)

① 3　　② 2

③ 1　　④ 5

⑤ 4

정답 및 해설

해설 27

등분포하중이 작용하는 캔틸레버보에서 자유단의 처짐(각)

$$\theta_{자유단}=\frac{wL^3}{6EI},\ \delta_{자유단}=\frac{wL^4}{8EI}$$

해설 28

$$y_{\max}=\frac{wL^4}{8EI}=\frac{10(2000^4)}{8(100\times10^3)(10^3\times10^4)}=20\text{mm}=2\text{cm}$$

정답 27. ④ 28. ②

29 지간 L인 외팔보에 등분포하중 w가 만재하여 작용할 때, 자유단에 생기는 최대 처짐각(θ_{max})과 최대처짐(y_{max})을 구하는 식은? (단, 보의 휨강성 EI는 일정하다)

① $\theta_{max} = \dfrac{wL^3}{2EI}$, $y_{max} = \dfrac{wL^3}{3EI}$

② $\theta_{max} = \dfrac{wL^4}{2EI}$, $y_{max} = \dfrac{wL^4}{3EI}$

③ $\theta_{max} = \dfrac{wL^3}{6EI}$, $y_{max} = \dfrac{wL^4}{8EI}$

④ $\theta_{max} = \dfrac{wL^2}{6EI}$, $y_{max} = \dfrac{wL^2}{8EI}$

해설 **29**

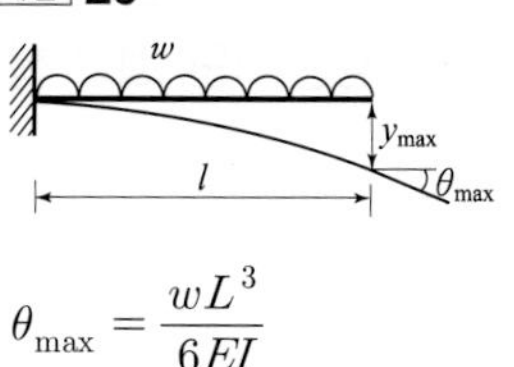

$\theta_{max} = \dfrac{wL^3}{6EI}$

$y_{max} = \dfrac{wL^4}{8EI}$

30 그림과 같은 캔틸레버 보(cantilever beam)에 등분포하중 w가 작용하고 있다. 이 보의 변위함수 $v(x)$를 다항식으로 유도했을 때 x^4의 계수는? (단, 보의 단면은 일정하며 탄성계수 E와 단면2차모멘트 I를 가진다. 이때 부호는 고려하지 않는다) [15 서울시 9급]

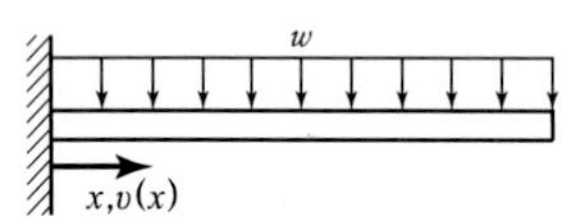

① $\dfrac{w}{24EI}$　② $\dfrac{w}{24}EI$

③ $\dfrac{w}{12EI}$　④ $\dfrac{w}{12}EI$

해설 **30**

$v(x) = \iint \dfrac{w(L-x)^2}{2EI}dx$ 에서

x^4의 계수만 구하려면 $\dfrac{wx^2}{2EI}$를 두 번 적분한 값과 같다.

∴ x^4의 계수

$= \dfrac{w}{2EI}\left(\dfrac{1}{3}\right)\left(\dfrac{1}{4}\right)x^4 = \dfrac{w}{24EI}x^4$

31 다음 그림과 같은 내민보의 D점에 연직하중 P가 작용하고 있다. C점의 연직방향 처짐량은? (단, E는 탄성계수, I는 단면2차모멘트이고 하향처짐의 부호를 (+)로 한다) [10 지방직 9급]

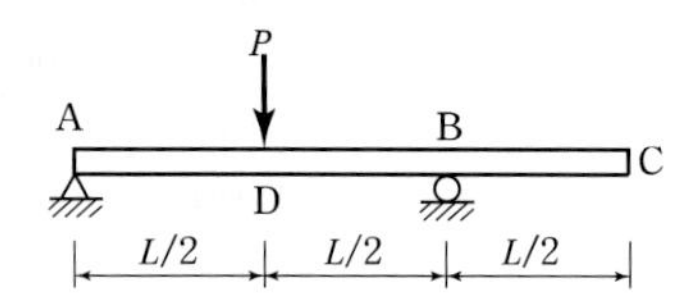

① $-\dfrac{PL^3}{8EI}$　② $\dfrac{PL^3}{24EI}$

③ $-\dfrac{PL^3}{32EI}$　④ $\dfrac{PL^3}{48EI}$

해설 **31**

$\delta_c = \theta_B\left(\dfrac{L}{2}\right)$

$= \dfrac{PL^2}{16EI}\left(\dfrac{L}{2}\right) = \dfrac{PL^3}{32EI}(\uparrow)$

∴ $\delta_c = -\dfrac{PL^3}{32EI}$ (상향)

정답 29. ③ 30. ① 31. ③

32 아래 그림과 같이 스프링 상수가 각각 k_1, k_2인 부재 AD와 BF가 길이 L인 단순보 AB를 지지하는 구조물에서 A점으로부터 $L/2$만큼 떨어진 C점에 수직하중 P가 작용하고 있다. 하중 재하점의 수직처짐 δ는? (단, 보 AB의 휨강성은 EI이며 보의 축변형 및 전단변형은 무시한다) [07 국가직 9급]

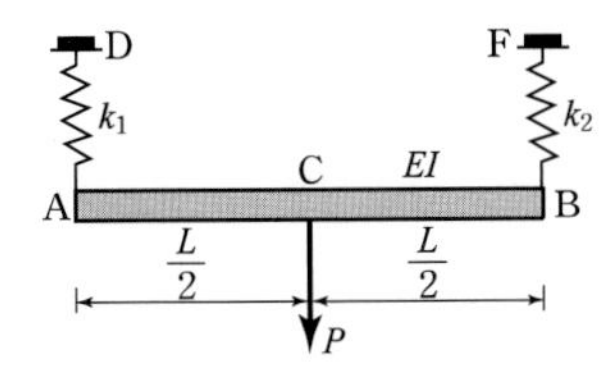

① $\delta = \dfrac{P}{k_1} + \dfrac{P}{k_2} + \dfrac{PL^3}{36EI}$　② $\delta = \dfrac{P}{2k_1} + \dfrac{P}{2k_2} + \dfrac{PL^3}{48EI}$

③ $\delta = \dfrac{P}{3k_1} + \dfrac{P}{3k_2} + \dfrac{PL^3}{36EI}$　④ $\delta = \dfrac{P}{4k_1} + \dfrac{P}{4k_2} + \dfrac{PL^3}{48EI}$

해설 (1) 지점반력

하중 대칭이므로

$$R_D = R_F = \frac{P}{2}(\uparrow)$$

(2) C의 수직처짐

스프링의 영향에 의한 처짐 (δ_C')과 보의 휨변형에 의한 처짐 (δ_C'')의 합으로 나타낸다.

$$\delta_C = \delta_C' + \delta_C'' = \frac{1}{2}(\delta_A + \delta_B) + \delta_C''$$

$$= \frac{1}{2}\left(\frac{P}{2k_1} + \frac{P}{2k_2}\right) + \frac{PL^3}{48EI}$$

$$= \frac{P}{4k_1} + \frac{P}{4k_2} + \frac{PL^3}{48EI}$$

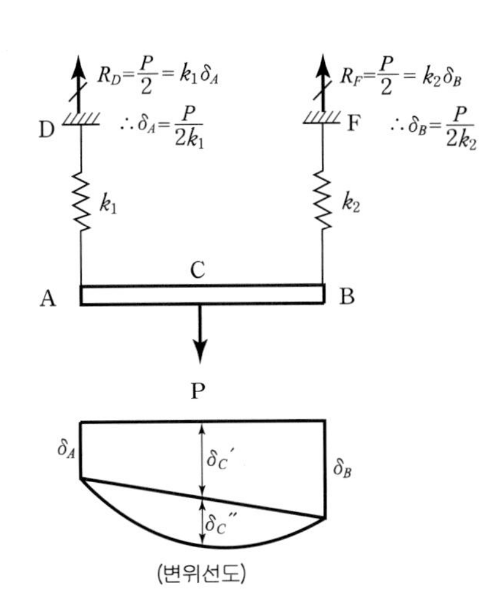

(변위선도)

정답 32. ④

33 그림과 같이 A점, C점이 스프링으로 연결된 보 구조물이 등분포하중을 받고 있을 때, 보중앙의 B점에 발생하는 연직 처짐[m]은? (단, 휨강성 $EI=\dfrac{5}{384}\times 10^3$ kN·m²이며, 스프링상수 $k=100$kN/m이다)

[11 국가직 9급]

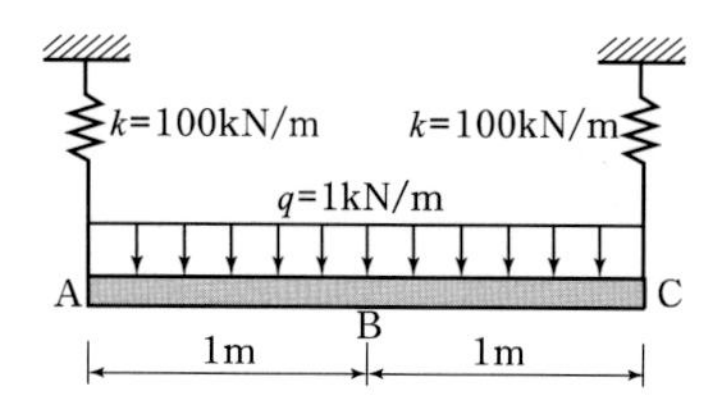

① 0.010　　② 0.018

③ 0.022　　④ 0.026

해설 (1) 지점 반력

하중 대칭이므로

$$R_D=R_E=\frac{wL}{2}=\frac{1(2)}{2}=1\text{kN}(\uparrow)$$

(2) B점의 연직처짐

① 스프링의 처짐

$R_D=k\delta_{\text{스프링}}$에서

$$\delta_{\text{스프링}}=\frac{R_D}{k}=\frac{1}{100}=0.01\,\text{m}$$

[R_D와 R_E가 같고 스프링 상수(k)가 같기 때문에 처짐량이 같다.]

② 보에 의한 처짐

$$\delta_{\text{보}}=\frac{5qL^4}{384EI}=\frac{5(1)\times(2^4)}{384\left(\dfrac{5}{384}\times 10^3\right)}=0.016\,\text{m}$$

$$\delta_B=\delta_{\text{스프링}}+\delta_{\text{보}}=0.01+0.016=0.026\,\text{m}$$

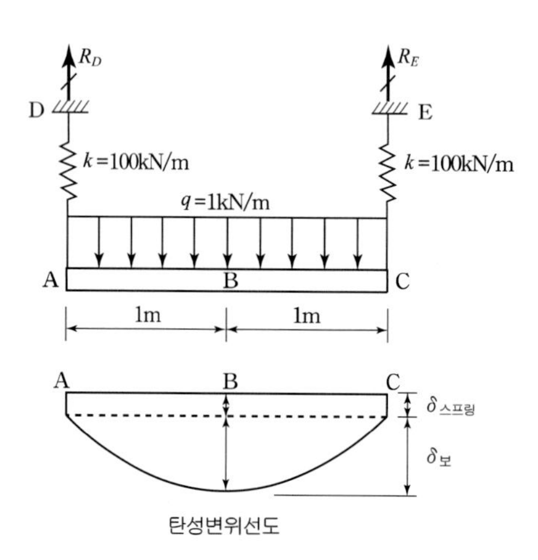

탄성변위선도

정답 33. ④

34 다음과 같이 강체가 스프링에 의하여 지지되어 있다. 작용하중(P)은 1kN이고, 스프링상수 k_1 및 k_2는 각각 1kN/m일 때, 양 끝단 A, B의 높이 차이[m]는? (단, 강체의 자중은 무시하며, 하중(P)에 의하여 수직 변위만 발생한다) [14 지방직 9급]

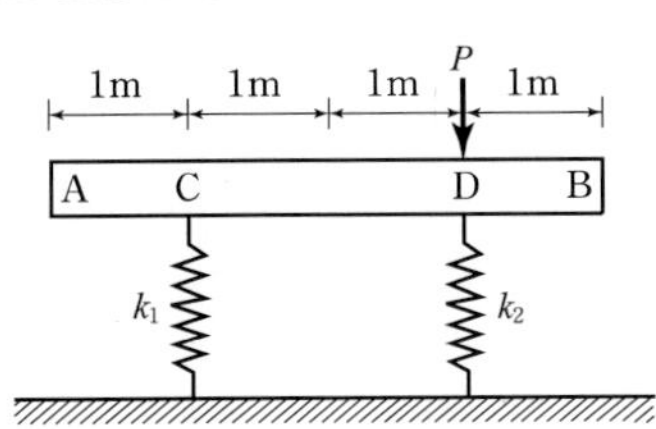

① 0.5 ② 1.0
③ 1.5 ④ 2.0

35 다음과 같은 강체보에서 지점간의 상대적 처짐이 없는 경우 A, B 지점에 있는 스프링 상수의 비율(k_1/k_2)은? (단, 강체보의 자중은 무시한다) [14 지방직 9급]

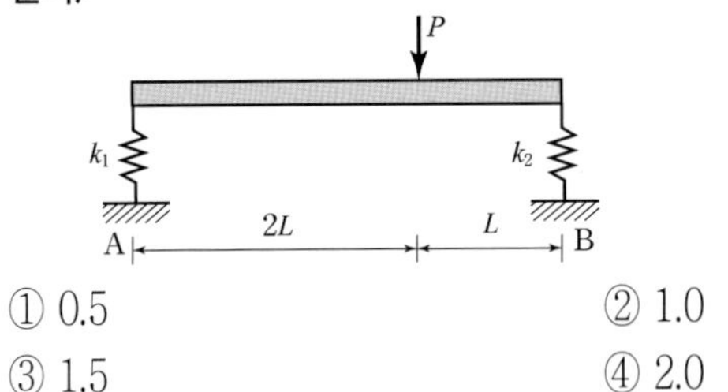

① 0.5 ② 1.0
③ 1.5 ④ 2.0

36 그림과 같은 강체 구조물에서 A점과 B점의 처짐이 같아지기 위한 A점과 B점의 스프링 상수의 비는? [09 서울시 9급]

① $k_B = 0.1k_A$
② $k_B = 0.2k_A$
③ $k_B = 0.3k_A$
④ $k_B = 0.4k_A$
⑤ $k_B = 0.5k_A$

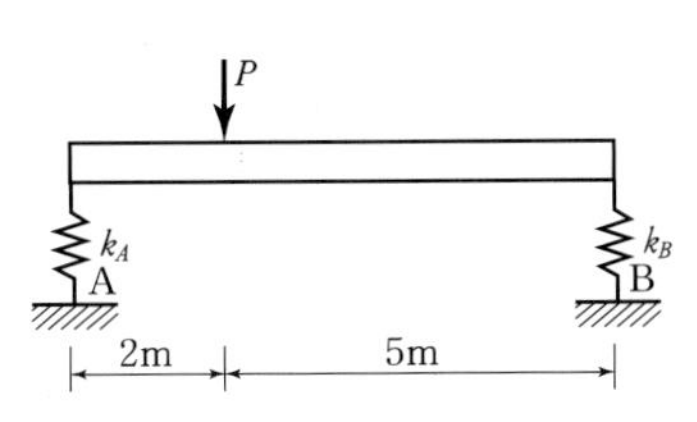

정 답 및 해 설

해설 **34**

D점에서만 변위가 발생하므로 A와 B의 단차는 B점과 C점의 변위의 합과 같다.

$$\therefore\ \delta_A + \delta_B = \frac{3}{2}\delta_D + \frac{1}{2}\delta_D$$

$$= 2\delta_D = 2\left(\frac{P}{k_2}\right) = 2\left(\frac{1}{1}\right) = 2\,\text{m}$$

해설 **35**

상대처짐이 없으려면 처짐이 같아야 하므로

$k_1(2L) = k_2(L)$에서

$$\frac{k_1}{k_2} = \frac{1}{2} = 0.5$$

해설 **36**

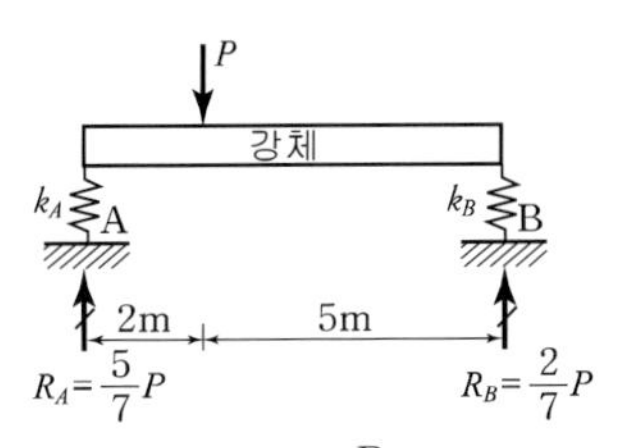

$P = k\delta$에서 $\delta = \dfrac{P}{k}$이며, A점과 B점의 처짐이 같으므로

$$\delta = \frac{P}{k} = \frac{R_A}{k_A} = \frac{R_B}{k_B}$$

$$\therefore\ k_B = \frac{R_B}{R_A}k_A$$

$$= \frac{\frac{2}{7}P}{\frac{5}{7}P} = \frac{2}{5}k_A = 0.4k_A$$

정답 34. ④ 35. ① 36. ④

37 다음과 같은 강체보에서 지점 A와 B의 상대처짐이 영(Zero)이 되기 위한 AC와 BD 구간을 연결하는 케이블의 면적비(A_{AC}/A_{BD})는? (단, 케이블은 같은 재료로 만들어져 있고, 보와 케이블의 자중은 무시한다)

[14 서울시 9급]

① 0.5
② 1
③ 1.5
④ 2
⑤ 3

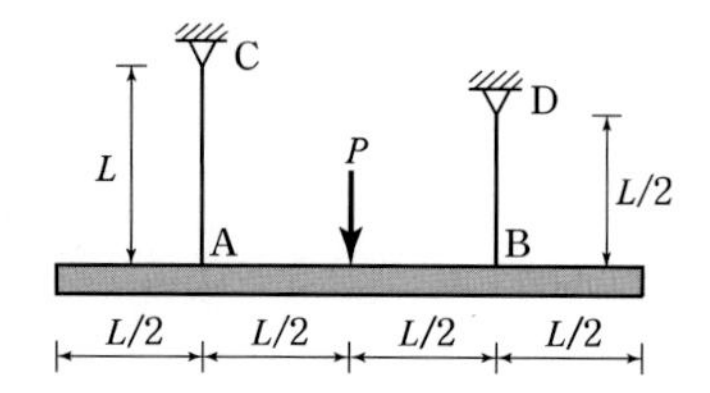

38 다음 그림과 같이 보의 좌측에는 강성 $k_1 = 100$kN/m인 스프링에 의해 지지되며 우측은 강성이 k_2인 2개의 직렬 연결된 스프링으로 지지되어 있다. 집중하중 12kN이 그림과 같이 작용할 때, 양 지점의 처짐량이 같아지기 위한 스프링 강성 k_2의 값[kN/m]은? (단, 보와 스프링의 자중은 무시한다)

[12 지방직 9급]

① 100
② 200
③ 300
④ 400

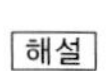

해설

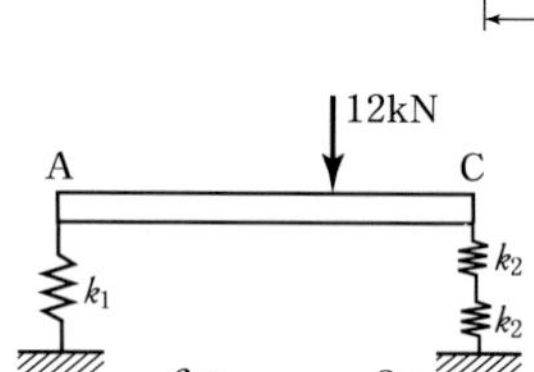

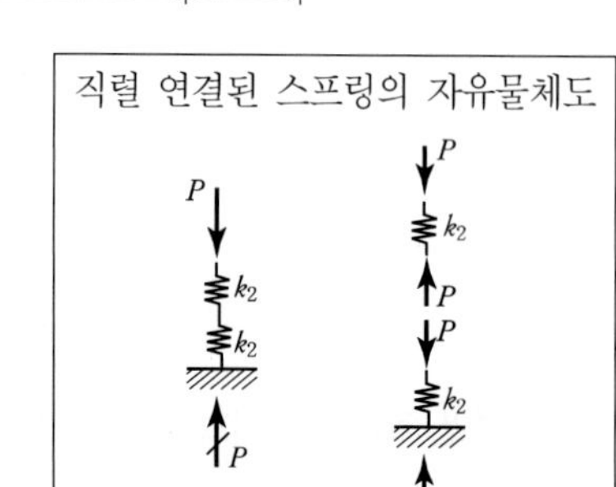

(1) 지점 반력

$\Sigma M_C = 0$: $R_A(9) - 12(3) = 0$ $\quad \therefore R_A = 4\text{kN}$

$\Sigma V = 0$: $12 - R_A - R_B = 12 - 4 - R_B = 0$ $\quad \therefore R_B = 8\text{kN}$

(2) 스프링 강성

$P = k\delta$에서 $\delta = \dfrac{P}{k}$이며, A점과 C점의 처짐이 같으므로

$$\frac{R_A}{k_1} = \frac{2R_C}{k_2}$$

$$\therefore k_2 = \frac{2R_C}{R_A}k_1 = \frac{2(8)}{4}(100) = 400\text{kN/m}$$

정답 및 해설

해설 **37**

A와 B점의 상대처짐이 같으려면 A점과 B점의 처짐이 같아야 한다. 또한 하중이 중앙에 작용하여 반력이 같으므로 반력을 R로 두고 변위가 같다는 조건을 적용하면

$$\frac{R(2L)}{EA_{AC}} = \frac{R(L)}{EA_{BD}}$$ 에서

$$\frac{A_{AC}}{A_{BD}} = 2$$

정답 37. ④ 38. ④

39 다음 그림과 같이 길이 10m이고 높이가 40cm인 단순보의 상면 온도가 40°C, 하면의 온도가 120°C일 때 지점 A의 처짐각[rad]은? (단, 보의 온도는 높이방향으로 직선변화하며, 선팽창계수 $\alpha = 1.2 \times 10^{-5}$ /°C이다) [10 국가직 9급]

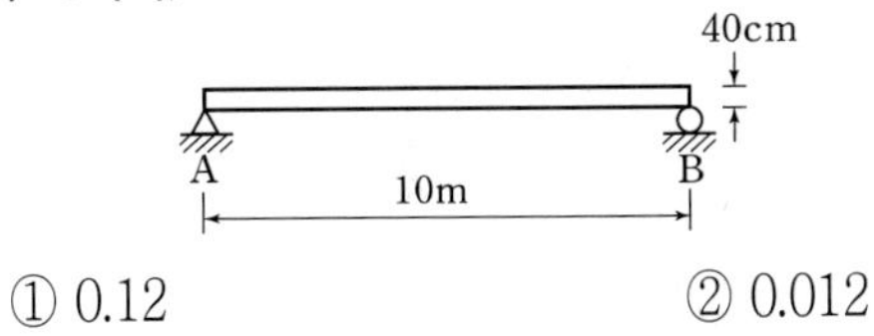

① 0.12 ② 0.012
③ 0.14 ④ 0.014

해설 **39**

$$\theta_A = \frac{\alpha(\Delta T)L}{2h} = \frac{(1.2\times10^{-5})(80)(1,000)}{2(40)} = 0.012(\text{rad})$$

40 탄성체가 가지고 있는 탄성변형에너지를 작용하고 있는 하중으로 편미분하면 그 하중점에서 작용하는 변위가 된다는 정리는? [11 국가직 9급]

① Maxwell 상반정리 ② Mohr의 모멘트－면적정리
③ Betti의 정리 ④ Castigliano의 제2정리

해설 **40**

변형에너지를 힘(P, M)으로 편미분하면 변위(δ, θ)가 된다는 것은 카스틸리아노의 제2정리이다.

41 그림과 같은 보에서 상반작용의 원리를 설명한 것 중 옳은 것은? [서울시]

① $P_a\delta_{aa} = P_b\delta_{bb}$
② $P_a\delta_{aa} = P_b\delta_{ba}$
③ $P_a\delta_{ab} = P_b\delta_{bb}$
④ $P_a\delta_{ba} = P_b\delta_{ab}$
⑤ $P_a\delta_{ab} = P_b\delta_{ba}$

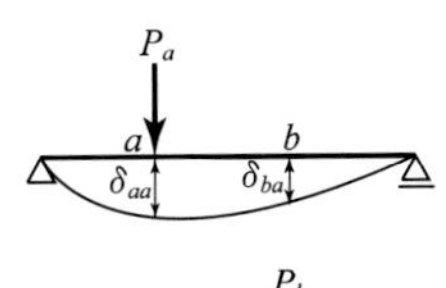

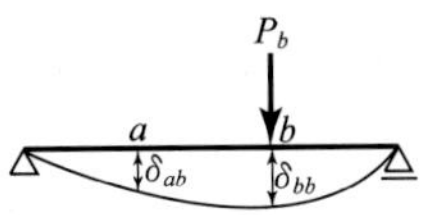

해설 **41**

상반작용의 원리에 의해 힘과 변위를 상반되게 곱한 것은 같다.

(1) Betti의 정리(제1정리)

$$P_a\delta_{ab} = P_b\delta_{ba}$$

(2) Maxwell의 정리(제2정리)
힘의 크기가 같을 때 적용

$$\delta_{ab} = \delta_{ba}$$

42 다음과 같은 외팔보에서 집중하중 P가 작용할 때 휨에 의한 변형에너지는? (단, 휨강성 EI는 일정하다) [서울시 9급]

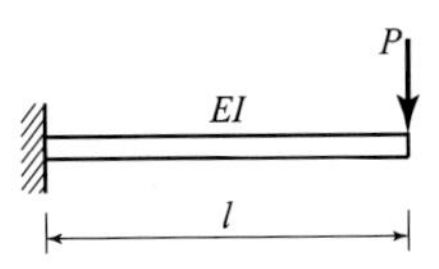

① $\dfrac{P^2l^3}{2EI}$ ② $\dfrac{P^2l^3}{3EI}$
③ $\dfrac{P^2l^3}{4EI}$ ④ $\dfrac{P^2l^3}{5EI}$
⑤ $\dfrac{P^2l^3}{6EI}$

해설 **42**

변형에너지

$$U = W = \frac{P\delta}{2} = \frac{P}{2}\left(\frac{Pl^3}{3EI}\right) = \frac{P^2l^3}{6EI}$$

정답 39. ② 40. ④ 41. ⑤ 42. ⑤

해설 변형에너지

힘	변위	변형에너지
N	δ	$U=\frac{P\delta}{2}=\frac{N^2L}{2EA}=\frac{EA}{2L}\delta^2$
S	λ	$U=\frac{S\lambda}{2}=f_s\frac{S^2L}{2EA}=f_s\frac{GA}{2L}\lambda^2$
M	θ	$U=\frac{M\theta}{2}=\frac{M^2L}{2EI}=\frac{EI}{2L}\theta^2$
T	ϕ	$U=\frac{T\phi}{2}=\frac{T^2L}{2GI_P}=\frac{GI_P}{2L}\phi^2$

$$U=\frac{P\delta}{2}+\frac{M\theta}{2}+\frac{S\lambda}{2}+\frac{T\phi}{2}$$

43 다음 그림과 같은 보에서 휨모멘트에 의한 탄성변형에너지는? (단, EI는 일정하다) [14 서울시 9급]

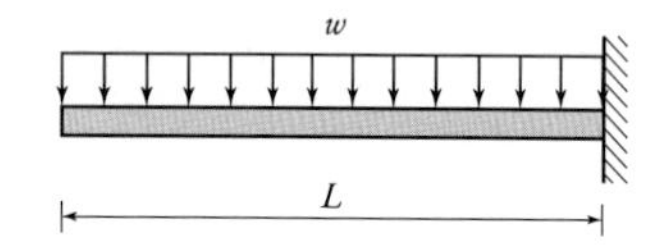

① $\frac{w^2l^5}{48EI}$ ② $\frac{w^2l^5}{40EI}$

③ $\frac{w^2l^5}{24EI}$ ④ $\frac{w^2l^5}{8EI}$

⑤ $\frac{w^2l^5}{6EI}$

해설 43

휨모멘트에 의한 탄성변형에너지

$$U=\int_0^L\frac{\left(-\frac{wx^2}{2}\right)^2}{2EI}dx=\frac{w^2L^5}{40EI}$$

44 다음 그림과 같이 단순보의 지간 중앙에 연직하중 P가 작용할 때 휨모멘트에 의한 탄성변형에너지는? (단, E는 탄성계수, I는 단면 2차모멘트이다) [10 지방직 9급]

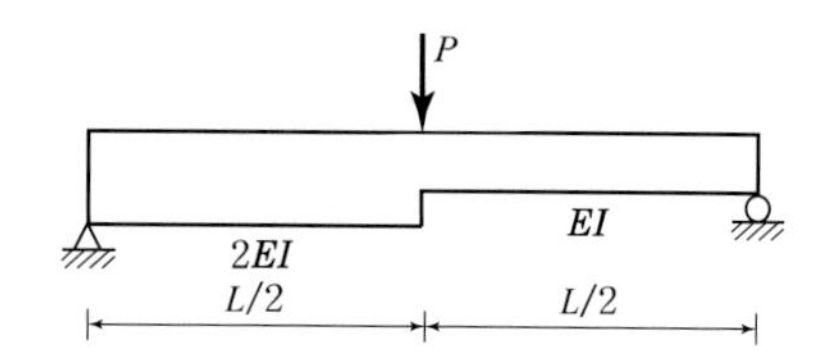

① $\frac{P^2L^3}{24EI}$ ② $\frac{P^2L^3}{128EI}$

③ $\frac{P^2L^3}{192EI}$ ④ $\frac{P^2L^3}{250EI}$

정답 43. ② 44. ②

해설

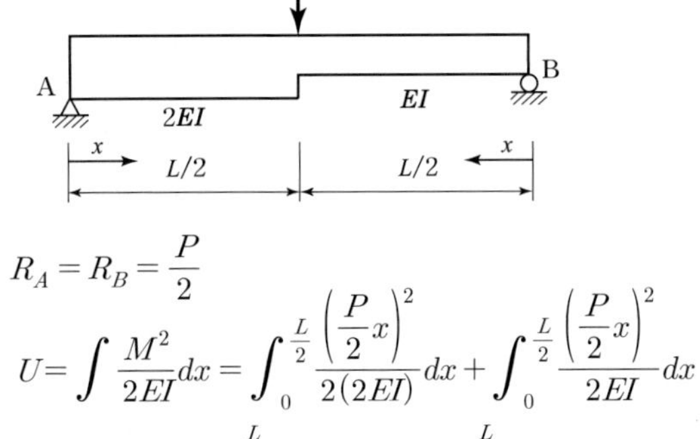

$$R_A = R_B = \frac{P}{2}$$

$$U = \int \frac{M^2}{2EI}dx = \int_0^{\frac{L}{2}} \frac{\left(\frac{P}{2}x\right)^2}{2(2EI)}dx + \int_0^{\frac{L}{2}} \frac{\left(\frac{P}{2}x\right)^2}{2EI}dx$$

$$= \frac{1}{4EI}\left[\frac{P^2x^3}{12}\right]_0^{\frac{L}{2}} + \frac{1}{2EI}\left[\frac{P^2x^3}{12}\right]_0^{\frac{L}{2}}$$

$$= \frac{P^2L^3}{384EI} + \frac{P^2L^3}{192EI}$$

$$= \frac{P^2L^3}{128EI}$$

45 그림과 같은 단순보의 A단에서 발생하는 처짐각 θ_A의 크기는? (단, 탄성계수 E는 일정하다) [09 서울시 9급]

① $\frac{43}{3EI}$

② $\frac{43}{5EI}$

③ $\frac{86}{3EI}$

④ $\frac{86}{5EI}$

⑤ $\frac{86}{2EI}$

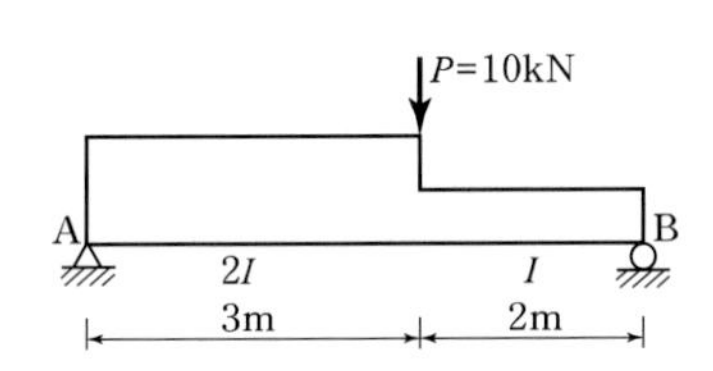

해설 **45**

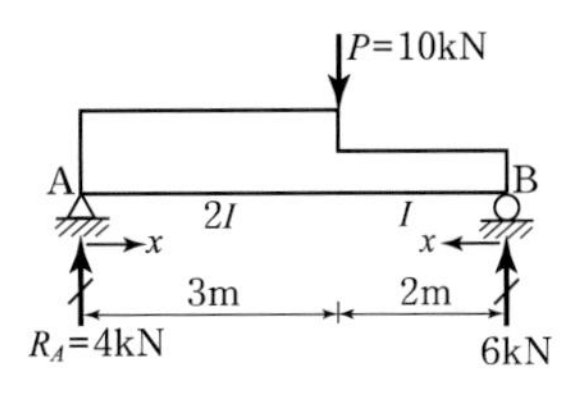

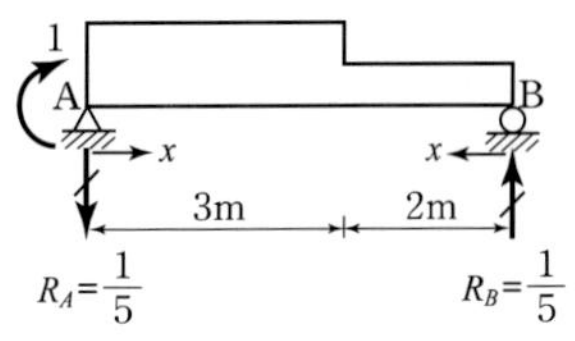

가상일의 방법을 적용하면

$$\theta_A = \int \frac{Mm}{EI}dx$$

$$= \int_0^3 \frac{4x\left(1-\frac{x}{5}\right)}{E(2I)}dx + \int_0^2 \frac{6x\left(\frac{x}{5}\right)}{EI}dx$$

$$= \frac{1}{2EI}\left[2x^2 - \frac{4x^3}{15}\right]_0^3 + \left[\frac{2x^3}{5}\right]_0^2$$

$$= \frac{27}{5EI} + \frac{16}{5EI} = \frac{43}{5EI}$$

정답 45. ②

46 그림과 같이 하중이 가해지는 단순보에서 C점의 처짐은 얼마인가? (단, 보의 강성은 EI로 일정하다) [09 서울시 9급]

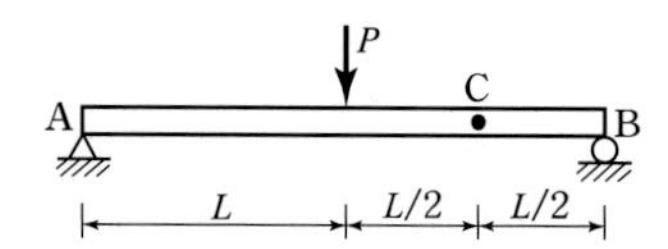

① $\dfrac{7PL^3}{96EI}$ ② $\dfrac{11PL^3}{96EI}$

③ $\dfrac{13PL^3}{96EI}$ ④ $\dfrac{15PL^3}{96EI}$

⑤ $\dfrac{21PL^3}{96EI}$

해설

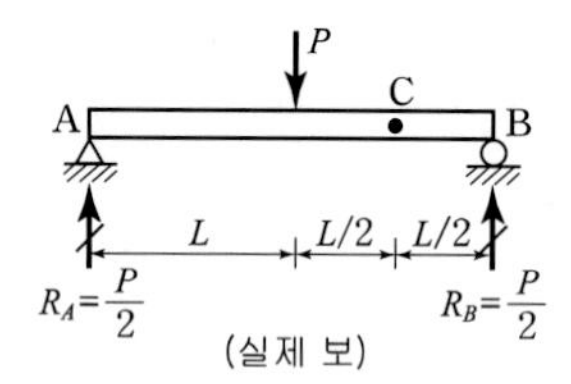

(실제 보)

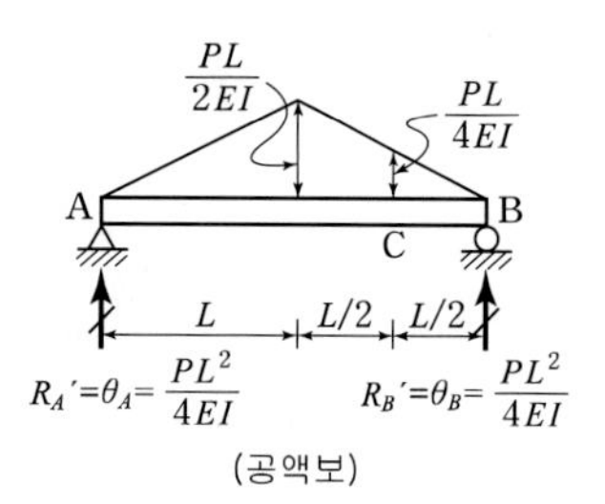

(공액보)

47 보 AB와 BC가 B점에서 힌지로 연결되어 있고, AB와 BC의 휨강성 EI는 2×10^3kN · m^{2}이다. 하중이 그림과 같이 작용할 때 B점의 처짐은? [09 서울시 9급]

① 4.70cm

② 4.75cm

③ 4.85cm

④ 4.90cm

⑤ 4.95cm

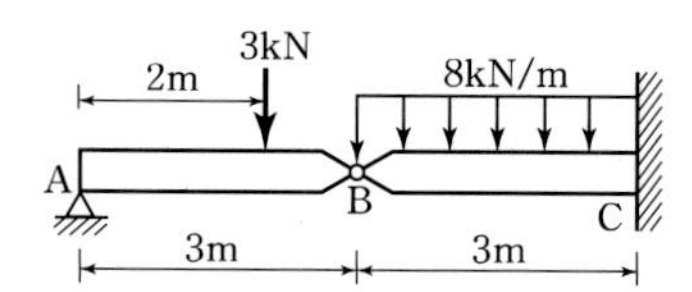

정답 및 해설

해설 **46**

탄성하중법을 이용하여 C점의 처짐(δ_C)을 구하자.

(1) 공액보상에서 반력
$(R_A'=\theta_A,\ R_B'=\theta_B)$
공액보상에서 구조와 하중이 대칭이므로

$$R_A'=R_B'=\frac{전하중}{2}=\frac{\frac{1}{2}\left(\frac{PL}{2EI}\right)\times(2L)}{2}=\frac{PL^2}{4EI}$$

(2) C점의 처짐(δ_C)
공액보상에서 C점의 휨모멘트와 같다.

$$\delta_C=R_B'\left(\frac{L}{2}\right)-\frac{1}{2}\left(\frac{L}{2}\right)\times\left(\frac{PL}{4EI}\right)\times\left(\frac{L}{2}\times\frac{1}{3}\right)=\frac{PL^2}{4EI}\left(\frac{L}{2}\right)-\frac{PL^2}{16EI}\left(\frac{L}{6}\right)=\frac{11PL^3}{96EI}$$

정답 46. ② 47. ⑤

해설

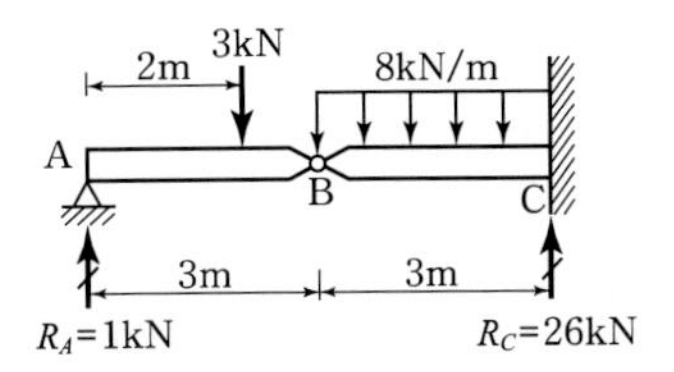

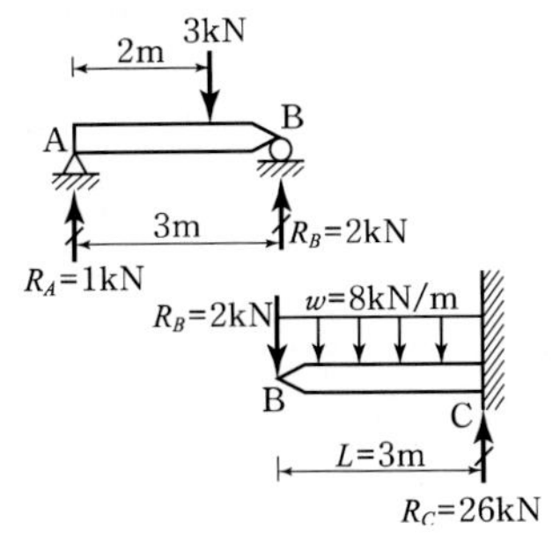

(1) 반력

① 지점반력

$M_{B(왼쪽)}=0$: $R_A(3)-3(1)=0$, $\therefore R_A=1\text{kN}$

$\sum V=0$: $3=R_A+R_B$ $\therefore R_B=2\text{kN}$

② B점의 처짐(δ_B)

하부 구조물에서 중첩을 적용하면

$$\delta_B=\delta_{R_B}+\delta_w=\frac{R_BL^3}{3EI}+\frac{wL^4}{8EI}=\frac{2(3^2)}{3EI}+\frac{8(3^4)}{8EI}$$

$$=\frac{2376}{24EI}=\frac{2376}{24(2\times10^3)}=4.95\,\text{cm}$$

48 다음과 같은 보 구조물에 집중하중 20kN이 D점에 작용할 때 D점에서의 수직처짐[mm]은? (단, $E=200\text{GPa}$, $I=25\times10^6\text{mm}^4$, 보의 자중은 무시하며, D점은 내부힌지이다) [14 지방직 9급]

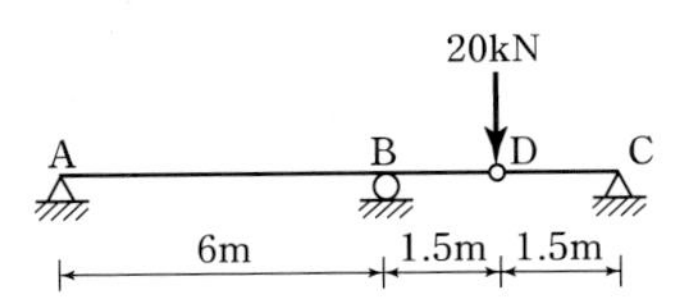

① 10.8
② 22.5
③ 27.0
④ 108.0

해설 **48**

D점의 수직처짐은 내민보의 자유단 처짐과 같으므로

$$\delta_D=\frac{Pa^2}{3EI}(L+a)$$

$$=\frac{20\times10^3\left(\frac{3}{2}\times10^3\right)^2}{3(200\times10^3)(25\times10^6)}\times(6000+1500)=22.5\,\text{mm}$$

정답 48. ②

49 EI가 일정할 때 다음 구조물에서 하중작용점 D의 처짐은?

[10 서울시 9급]

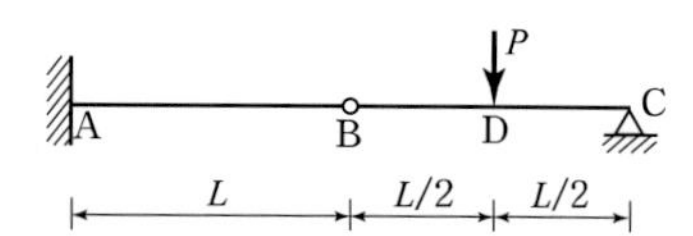

① $\dfrac{PL^3}{48EI}$　　② $\dfrac{PL^3}{6EI}$

③ $\dfrac{5PL^3}{48EI}$　　④ $\dfrac{9PL^3}{48EI}$

⑤ $\dfrac{PL^3}{12EI}$

해설

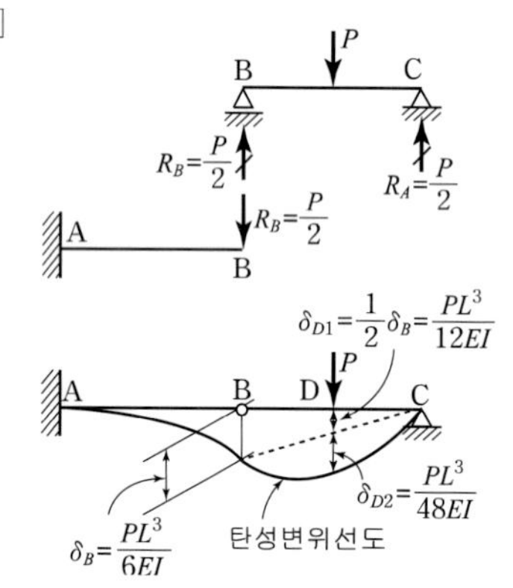

50 그림과 같이 B점과 D점에 힌지가 있는 보에서 B점의 처짐이 δ라 할 때, 하중 작용점 C의 처짐은? (단, 보 AB의 휨강성은 EI, 보 BD는 강체, 보 DE의 휨강성은 $2EI$이며, 보의 자중은 무시한다) [15 국가직 9급]

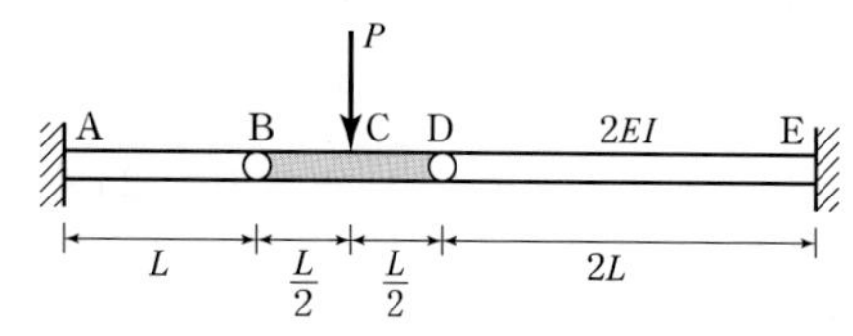

① 1.75δ　　② 2.25δ

③ 2.5δ　　④ 2.75δ

정답 및 해설

해설 49

변위선도에서

(1) B점의 처짐(δ_B)

$$\delta_B=\frac{\left(\frac{P}{2}\right)L^3}{3EI}=\frac{PL^3}{6EI}$$

(2) D점의 처짐(δ_D)

① δ_{D1}

$$\delta_{D1}=\frac{1}{2}\delta_B=\frac{1}{2}\left(\frac{PL^3}{6EI}\right)=\frac{PL^3}{12EI}$$

② δ_{D2}

δ_{D2} = 단순보의 중앙에 집중하중 P가 작용할 때의 처짐

$$=\frac{PL^3}{48EI}$$

③ δ_D

$$\delta_D=\delta_{D1}+\delta_{D2}=\frac{PL^3}{12EI}+\frac{PL^3}{48EI}=\frac{5PL^3}{48EI}$$

해설 50

단순보는 강체이므로 캔틸레버보의 변위를 1/2로 감소한 것과 같다.

$$\therefore\ \delta_E=\frac{\delta_B+\delta_D}{2}=\frac{\delta+4\delta}{2}=2.5\delta$$

여기서, 캔틸레버에 집중하중이 작용하는 경우 자유단 처짐

$\delta=\dfrac{PL^3}{3EI}\propto\dfrac{L^3}{EI}$ 에서

$\delta_D=4\delta_B=4\delta$

정답 49. ③ 50. ③

정 답 및 해 설

51 다음 보의 내부힌지 B점에서의 처짐[mm]은? (단, 탄성계수 $E=$ 200GPa, 단면2차모멘트 $I=5\times10^{8}\,\mathrm{mm}^4$이고 보의 자중은 무시한다) [12 지방직 9급]

① 10
② 20
③ 30
④ 40

52 하중을 받는 보의 정성적인 휨모멘트도가 그림과 같을 때, 이 보의 정성적인 처짐 곡선으로 가장 유사한 것은 [15 국가직 9급]

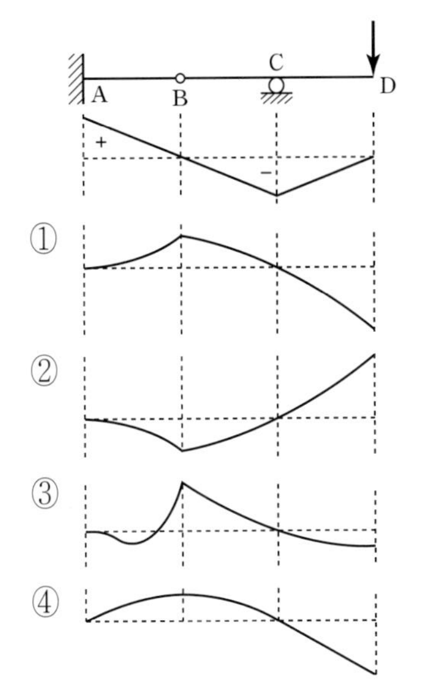

해설 **51**

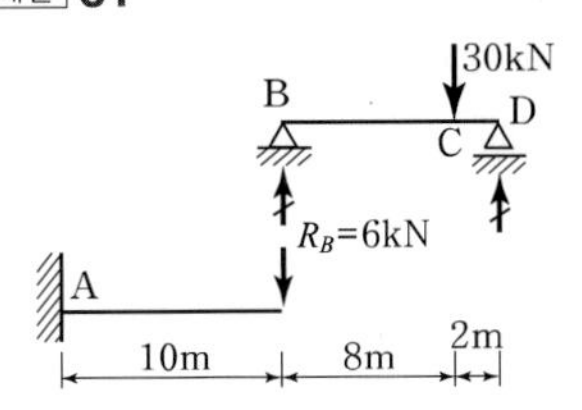

(1) 지점반력

$\sum M_D = 0$:

$R_B(10) - 30(2) = 0$

$\therefore\ R_B = 6\,\mathrm{kN}(\uparrow)$

(2) B점의 처짐

$$\delta_B = \frac{R_B L^3}{3EI} = \frac{(6\times10^3)(10\times10^3)^3}{3(200\times10^3)(5\times10^8)} = 20\,\mathrm{mm}$$

해설 **52**

Step 1. 모든 구간에 휨모멘트가 작용하므로 곡선의 형상이 되어야 한다. ∴ ① 탈락

Step 2. AB구간은 (+) 휨이 생기고 나머지 구간은 (−) 휨이 발생한다.

보충 구간의 길이가 L인 경우

$\delta_B = \dfrac{PL^3}{3EI}$,

$\delta_D = \dfrac{PL^3}{3EI} + \dfrac{PL^2}{3EI}(2L) = \dfrac{PL^3}{EI}$

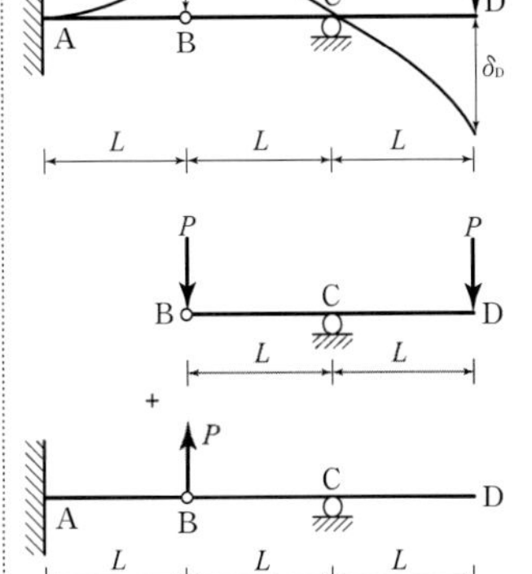

정답 51. ② 52. ①

53 그림에 나타난 뼈대 구조물 ABC의 휨강성 EI는 $3\times10^3\text{kN}\cdot\text{m}^2$이며, A점은 고정되어 있고 자유단 C점에 수직하중 P가 작용하고 있다. 이때 C점에서 발생하는 수평 처짐은? [09 서울시 9급]

① 0.5cm
② 1.0cm
③ 1.5cm
④ 2.0cm
⑤ 2.5cm

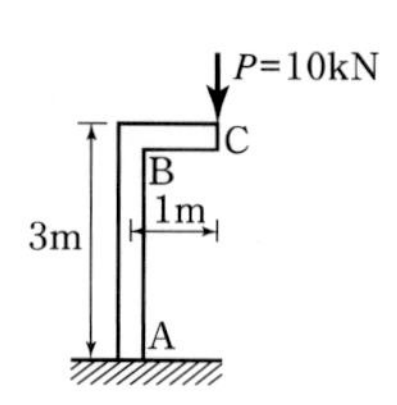

54 다음 그림에서 봉 ABC는 강체(rigid body)이고, 현 BD의 축강성 $k=20{,}000\text{kN/m}$이다. 이때 C점의 처짐량[mm]은? (단, 부재의 자중은 무시한다) [12 지방직 9급]

① $\dfrac{20}{20}$
② $\dfrac{25}{20}$
③ $\dfrac{20}{18}$
④ $\dfrac{25}{18}$

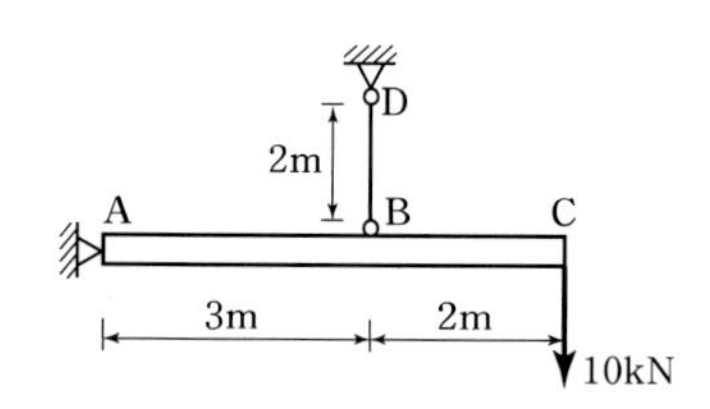

정 답 및 해 설

해설 53

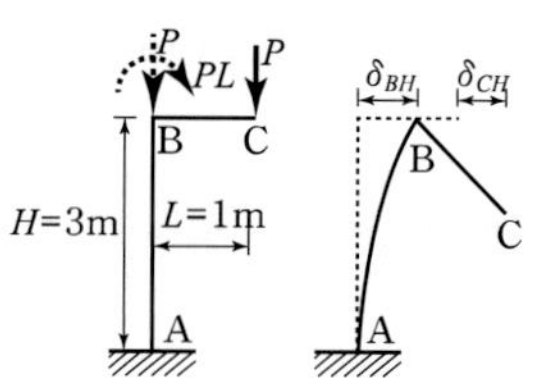

변위선도에서

$$\delta_{CH}=\delta_{BH}=\frac{MH^2}{2EI}=\frac{(PL)H^2}{2EI}$$

$$=\frac{(10\times1)3^2}{2(3\times10^3)}=0.015\,\text{m}$$

$$=1.5\,\text{cm}$$

해설 54

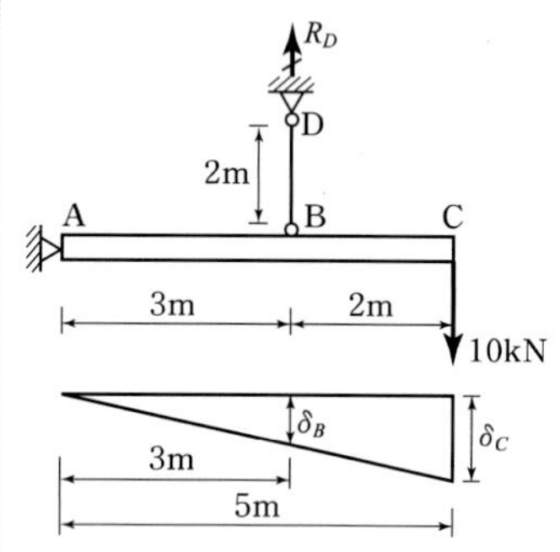

(1) 부재력

부재력은 지점반력과 같으므로

$\sum M_A=0$에서 :

$10(5)-R_D(3)=0$

$\therefore\ F_{BD}=R_D=\dfrac{50}{3}\text{kN}$

(2) B점 처짐

$$\delta_B=\frac{R_DL}{EA}=\frac{R_D}{k}=\frac{\frac{50}{3}}{20000}$$

$$=\frac{5}{6000}\,\text{m}$$

$$\therefore\ \delta_B=\frac{5}{6}\,\text{mm}$$

(3) C점 처짐

$$\delta_C=\delta_B\left(\frac{5}{3}\right)=\frac{5}{6}\left(\frac{5}{3}\right)$$

$$=\frac{25}{18}\,\text{mm}$$

정답 53. ③ 54. ④

정 답 및 해 설

55 다음과 같은 보 AB에서 처음에 P_1의 하중이 작용하여 D점에 처짐 δ_1이 발생하였고 다음에 P_2의 하중이 작용하여 D점에 δ_2의 처짐이 증가하였다. 마지막으로 M_1의 모멘트가 작용하여 D점에 δ_3의 처짐이 증가하였을 때 하중 P_1이 한 일은? [10 서울시 9급]

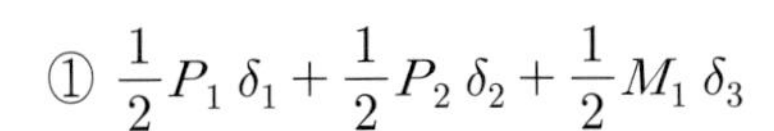

① $\frac{1}{2}P_1\,\delta_1 + \frac{1}{2}P_2\,\delta_2 + \frac{1}{2}M_1\,\delta_3$

② $\frac{1}{2}P_1\,\delta_1 + P_2\,\delta_2 + M_1\,\delta_3$

③ $P_1\,\delta_1 + P_2\,\delta_2 + M_1\,\delta_3$

④ $\frac{1}{2}P_1\,\delta_1 + P_1\,\delta_2 + P_1\,\delta_3$

⑤ $\frac{1}{2}P_1\,\delta_1 + \frac{1}{2}P_2\,\delta_2 + \frac{1}{2}P_1\,\delta_3$

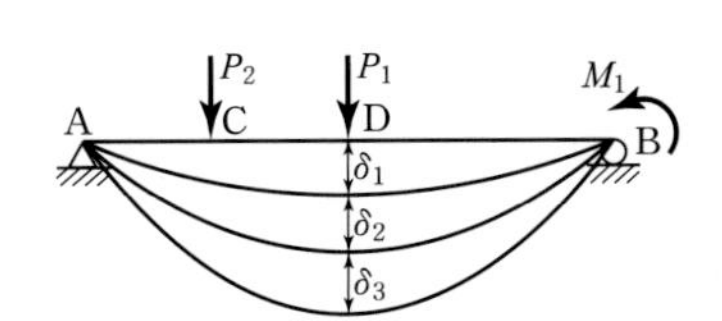

해설 **55**

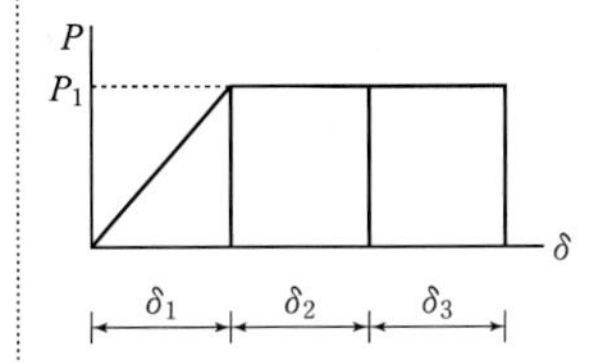

P_1이 한 일은 오른쪽 $P-\delta$ 그래프에서 면적과 같다.

$$W_{P_1} = \frac{1}{2}P_1\,\delta_1 + P_1\,\delta_2 + P_1\,\delta_3$$

56 다음 그림과 같이 길이 1m, 높이가 5cm인 캔틸레버보의 윗면에 온도(T_1) 30°C, 아랫면에 온도(T_2) 32°C를 받고 있다. 자유단의 연직처짐의 크기(m)는? (단, 열팽창계수 $\alpha = 1.5\times10^{-5}$/°C, 캔틸레버의 초기온도($T_0$)는 21°C이다) [11 서울시 교육청 9급]

① 1.5×10^{-4}

② 3.0×10^{-4}

③ 4.0×10^{-4}

④ 6.0×10^{-4}

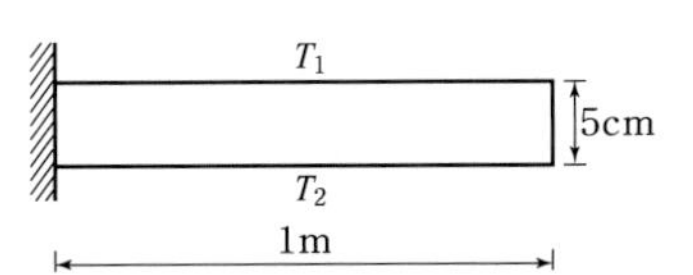

해설 **56**

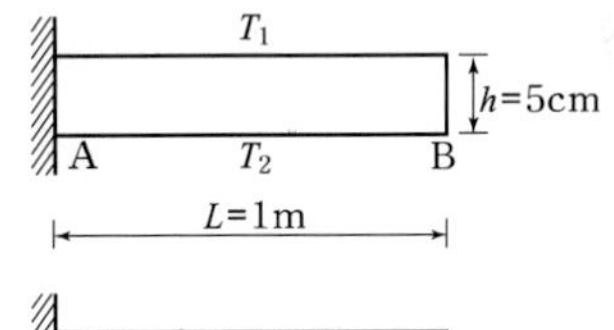

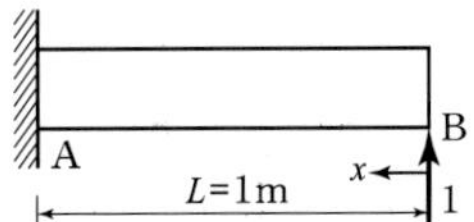

가상일의 원리를 적용하면

$$\delta_B = \int_0^L \frac{Mm}{EI}dx$$
$$= \int_0^L \frac{\alpha(\Delta L)}{h}(x)dx$$
$$= \frac{\alpha(\Delta T)}{h}\int_0^L x\,dx$$
$$= \frac{\alpha(\Delta T)}{h}\left[\frac{x^2}{2}\right]_0^{L=1}$$
$$= \frac{(1.5\times10^{-5})(32-30)}{0.05}\left(\frac{1}{2}\right)$$
$$= 3.0\times10^{-4}\text{m}$$

정답 55. ④ 56. ②

57 다음과 같이 등분포하중(w)을 받는 단순보가 있다. 보의 지간이 2배, 단면의 높이가 2배로 증가하는 경우, B점에서의 처짐값은 원래 처짐값의 몇 배가 되는가? [12 국가직 9급]

① 0.5배
② 1.0배
③ 1.5배
④ 2.0배

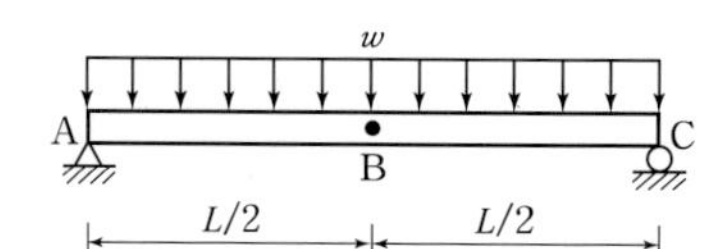

58 그림과 같은 케이블 구조물의 B점에 50kN의 하중이 작용할 때, B점의 수직 처짐[mm]은? (단, 케이블 BC와 BD의 길이는 각각 600mm, 단면적 $A=120\text{mm}^2$, 탄성계수 $E=250\text{GPa}$이다. 또한 미소변위로 가정하며, 케이블의 자중은 무시한다) [15 국가직 9급]

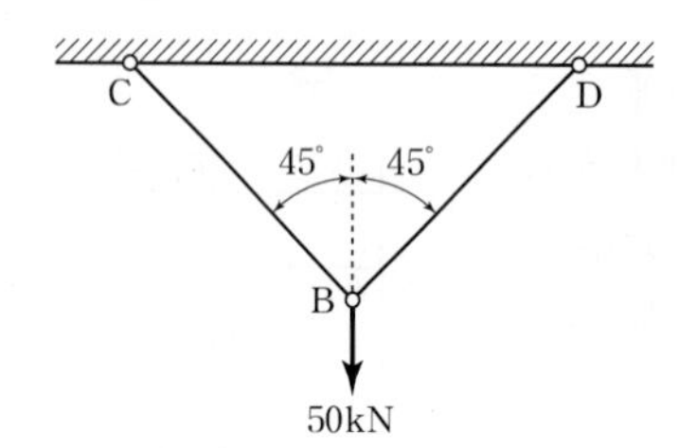

① 0.5
② $\dfrac{1}{\sqrt{2}}$
③ 1.0
④ $\sqrt{2}$

59 다음과 같은 트러스에 A점에서 수평으로 90kN의 힘이 작용할 때 A점의 수평변위는? (단, 부재의 탄성계수 $E=2\times10^5\text{MPa}$, 단면적 $A=500\text{mm}^2$이다) [15 서울시 9급]

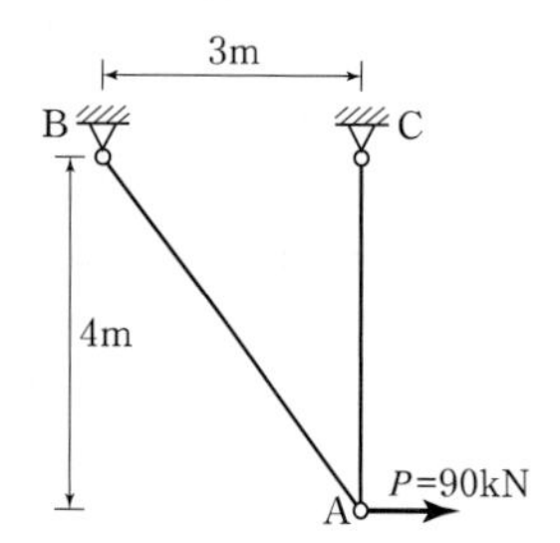

① 18.9mm
② 19.2mm
③ 21.8mm
④ 22.1mm

정답 및 해설

해설 **57**

$$\delta_B=\frac{5wL^4}{384EI}=\frac{5wL^4}{384E\left(\frac{bh^3}{12}\right)}$$

$$\propto\frac{L^4}{h^3}=\frac{2^4}{2^3}=2$$

∴ 처짐값은 2배 증가한다.

해설 **58**

연직각과 부재길이가 주어졌으므로

$$\delta_{Bv}=\frac{PH}{2EA\cos^3\beta}=\frac{PL}{2EA\cos^2\beta}=\frac{50(600)}{2(250)(120)\left(\frac{1}{\sqrt{2}}\right)^2}=1.0\text{mm}$$

여기서, 부재길이와 높이의 관계식

: $L=\dfrac{H}{\cos\beta}$

해설 **59**

실제일의 방법을 적용하면

$W=U$에서

$$\frac{P\delta_{AH}}{2}=\Sigma\frac{N^2L}{2EA}=\frac{P^2}{2EA}\left\{\frac{16}{9}(4)+\frac{25}{9}(5)\right\}$$

$$\therefore\ \delta=\frac{21P}{EA}=\frac{21(90\times10^3)}{2\times10^5(500)}=18.9\text{mm}$$

보충 길이비가 3 : 4 : 5를 가지는 기본 트러스구조의 처짐

$$\delta=\frac{21P}{EA}$$

정답 57. ④ 58. ③ 59. ①

Chapter 11

부정정 구조물

부정정 구조물

11.1 개요

1 정의

미지수가 평형조건식보다 많아서 힘의 평형조건식만($\Sigma H=0$, $\Sigma V=0$, $\Sigma M=0$)으로 반력이나 단면력을 구할 수 없는 구조물로 적합방정식과 평형방정식을 이용하여 구조물을 해석하여야 한다. 대표적인 부정정보로는 연속보와 고정보(양단 고정보, 고정 지지보)가 있다.

■ 보충설명 : 일반적인 부정정 구조물의 해석 방법

① 힘의 평형 조건식 구성

$$\begin{cases} \text{동점역계} : \Sigma H=0,\ \Sigma V=0 \\ \text{비동점역계} : \Sigma M=0 \end{cases}$$

② 변형 적합 조건식 구성

①, ②를 연립하여 해석한다.

■ 보충설명 : 고정보와 고정지지보

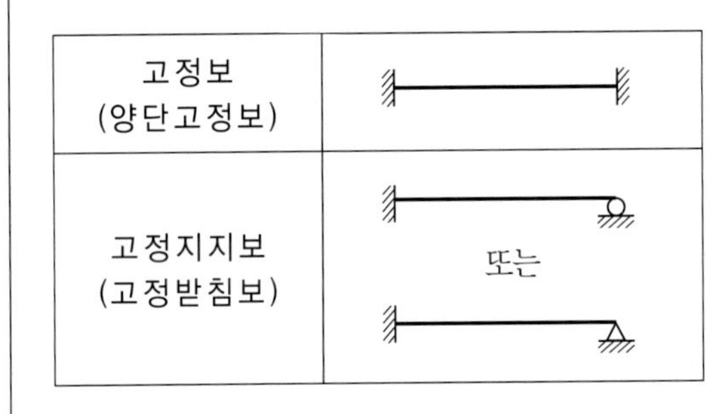

고정보 (양단고정보)	
고정지지보 (고정받침보)	또는

■ 보충설명 : 기본 연속보

일단은 회전지점, 나머지는 이동지점으로 지지되는 연속보

■ **보충설명** : 기본연속보의 부정정 차수

N = 반력수 − 3 = 지점수 − 2 = 경간수 − 1

2 부정정 구조물의 장·단점

(1) 장점

① 휨모멘트의 감소로 단면이 줄어들고 재료가 절감된다.
㉠ 연속보의 강교에서는 10～20%의 재료가 절약된다.
㉡ 철도교에서는 10%의 재료가 절약된다.

② 강성이 커서 처짐이 줄어든다.
동일한 하중이 작용할 때 고정보와 같은 부정정보는 부정정력에 의해 변위가 구속되므로 처짐이 작다.

③ 지간이 길고 교각수가 줄어들어 외관상 우아하고 아름답다.

④ 과대응력의 재분배가 가능하므로 안정성이 좋다. 부정정보는 소성힌지가 생기면 응력 재분배에 의해 다른 위치에서 휨을 받을 수 있으므로 정정보보다 극한 하중이 크다.

⑤ 정정구조물보다 더 큰 하중을 받을 수 있다. 동일한 처짐에 대해 고정보의 하중이 작게 작용하므로 동일 조건에서 고정보가 더 큰 응력을 부담 할 수 있다. 따라서 고정보가 단순보에 비해 더 큰 휨강도를 가진다.

(2) 단점

① 정확한 응력해석과 최종설계가 이루어질 때까지 예비설계를 반복해야 하므로 해석과 설계절차가 복잡하다.

② 응력교체가 정정구조물보다 많이 일어나므로 부가적인 부재를 필요로 한다.

③ 연약지반의 지점침하, 온도변화, 제작오차 등으로 인한 응력이 발생한다.

핵심예제 11-1 [09 지방직 9급]

외적으로 정정인 구조물에 대한 설명으로 옳지 않은 것은?

① 구하고자 하는 반력의 개수와 평형 방정식의 개수가 같다.
② 외부 온도의 변화에 의해 추가적인 반력이 발생하지 않는다.
③ 동일한 외부하중에서 구조물 부재들의 강성이 달라지면 반력이 달라진다.
④ 구조물 제작오차에 의해 추가적인 반력이 발생하지 않는다.

| **해설** | 정정구조물은 구조물의 강성이 달라지더라도 적합방정식을 사용하지 않고 평형방정식만으로 반력과 단면력을 구하므로 반력이나 단면력이 변하지 않는다.

답 : ③

핵심예제 11-2 [12 서울시 9급]

부정정 구조물에 대한 설명으로 옳은 것은?

① 연속성에 기인하여 처짐이 증가한다.
② 설계모멘트의 증가로 부재단면이 증가한다.
③ 부정정 반력이나 부정정 부재들은 부재들의 안전도를 저해한다.
④ 기초지반이 연약한 경우 바람직하지 않다.
⑤ 해석이 비교적 용이하다.

| 해설 | ① 양단고정보의 경우 중앙점에 집중하중이 작용하면 1/4, 등분포하중의 경우는 1/5로 감소한다.

② 최대 휨모멘트는 양단고정보의 경우 집중하중은 $\frac{PL}{8}$, 등분포하중은 $\frac{wL^2}{12}$이 되므로 정정보에 비해 설계모멘트가 감소하여 단면이 감소하고 재료가 절약된다.

③ 부정정보는 여력(부정정반력, 부정정부재)에 의해 구조물의 안전도를 높인다. 과대응력을 받는 경우에도 응력 재분배가 가능하므로 파괴가 지연되는 효과를 갖는다.

④ 외적인 부정정인 경우는 지점침하의 영향을 받으므로 지반이 연약한 경우에 부적당하다. 그러나 내적 부정정인 경우는 침하의 영향을 받지 않는다.

⑤ 부정정 구조의 경우 평형방정식뿐만 아니라 적합방정식을 적용하므로 탄성계수와 단면의 영향을 받아 해석이 복잡하다.

답 : ④

3 부정정 구조물의 해석법

(1) 응력법(유연도법, 적합법)

구분	응력법(유연도법, 적합법) 또는 하중법	변위법(강성도법, 평형법)
1차 미지수	힘(P, M)	변위(δ, θ)
방정식 구성 (함수 구성)	유연도의 함수	강성도의 함수
적용 조건식	적합조건식	평형조건식
종류	변형일치법 최소일의 방법 3연 모멘트법 기둥 유사법 미분방정식법 가상일의 방법 모멘트 면적법	처짐각법(요각법) 모멘트 분배법 카스틸리아노의 제1정리

■ **보충설명** : 응력법(유연도법, 적합법)의 계산 절차

- 정역학적 평형조건식으로 구할 수 없는 부정정 여력을 미지수로 설정
- 구속을 제거한 기본 구조물(이완 구조물) 형성
- 변위 적합조건식 구성
- 적합 방정식에 대입하여 부정정 여력 결정
- 정역학적 평형조건식에 의해 나머지 부재력(반력) 계산

■ **보충설명** : 보충설명 변위법(강성도법, 평형법)의 계산 절차

- 절점의 변위를 미지수로 설정
- 힘-변위 관계식 형성
- 절점상에서 힘의 평형조건에 의해 평형조건식 구성
- 절점 변위를 힘-변위 관계식에 대입
- 정역학적 평형조건식에 의해 나머지 부재력(반력) 계산

11.2 변위 일치법(변형 일치법)

지점반력을 부정정 여력으로 두고 중첩의 방법을 이용하여 계산한 지점의 변위가 0이라는 적합방정식을 이용하여 부정정 구조물을 해석하는 방법이다.
해석 절차는 다음과 같다.
① 힘의 평형 조건식 구성한다.
② 변형 적합 조건식 구성한다.
③ 평형 조건과 적합 조건을 연립하여 분담하중과 변형량을 계산한다.

1 합성봉

변위가 동일한 구조이므로 후크의 법칙 $F = Kx$를 이용하면 분담하중은 강성도에 비례하고, 하나의 부재로 환산한 합성강성도(K_{eq})를 이용하여 변위를 구하면 간단히 해결된다.

구분	축부재(RC기둥)	비틀림 부재
구조물	콘크리트(A_c, E_c) 철근(A_s, E_s) 여기서, A_s : 철근 단면적 A_c : 콘크리트 단면적 E_s : 철근의 탄성계수 E_c : 콘크리트의 탄성계수 l : 콘크리트의 부재길이	
분담하중	$P=K\delta=\dfrac{EA}{L}\delta \propto EA$ $P_s=\dfrac{A_s E_s}{A_c E_c+A_s E_s}P$ $P_c=\dfrac{A_c E_c}{A_c E_c+A_s E_s}P$	$T=K\phi=\dfrac{GJ}{L}\phi \propto GJ$ $T_1=\dfrac{G_1 J_1}{G_1 J_1+G_2 J_2}T$ $T_1=\dfrac{G_2 J_2}{G_1 J_1+G_2 J_2}T$
응력	$\sigma_s=\dfrac{P_s}{A_s}=\dfrac{E_s}{A_c E_c+A_s E_s}P$ $\sigma_c=\dfrac{P_c}{A_c}=\dfrac{E_c}{A_c E_c+A_s E_s}P$ 또는 환산단면적법을 이용하면 $\sigma_s=n\sigma_c$ $\sigma_c=\dfrac{P}{A_c+nA_s}=\dfrac{P}{A_g+(n-1)A_s}$	$\tau=\dfrac{T}{J}r$ 을 이용하여 계산
변위(변형량)	$\delta=\dfrac{P}{\Sigma K}=\dfrac{PL}{E_c A_c+E_s A_s}$	$\phi=\dfrac{T}{\Sigma K}=\dfrac{TL}{G_1 J_1+G_2 J_2)}$
변형률	$\epsilon=\dfrac{\delta}{L}=\dfrac{P}{E_c A_c+E_s A_s}$	$\theta=\dfrac{\phi}{L}=\dfrac{T}{G_1 J_1+G_2 J_2)}$
변형에너지	$U=W=\dfrac{P^2 L}{2(E_c A_c+E_s A_s)}$	$U=W=\dfrac{T^2 L}{2(G_1 J_1+G_2 J_2)}$

2 (강체보 + 봉)의 해석

(1) 강체보가 수평을 유지하는 경우

합성봉과 마찬가지로 수평을 유지하는 강체봉인 경우 부재의 변위가 동일한 구조이므로 후크의 법칙 $F=Kx$를 이용하면 분담하중은 강성도에 비례하고, 하나의 부재로 환산한 합성강성도(ΣK)를 이용하여 변위를 구하면 간단히 해결된다.

① 분담하중

- AB부재의 분담하중(P_{AB})

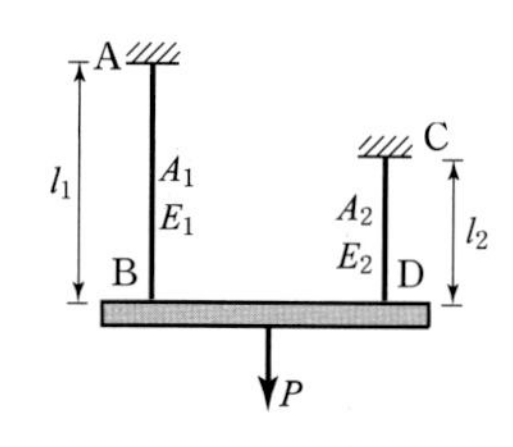

$$P_{AB}=\frac{K_{AB}}{\Sigma K}P=\frac{\frac{A_1E_1}{l_1}}{\frac{A_1E_1}{l_1}+\frac{A_2E_2}{l_2}}P$$

$$=\frac{A_1E_1l_2}{A_1E_1l_2+A_2E_2l_1}P$$

- CD부재의 분담하중(P_{CD})

$$P_{CD}=\frac{K_{CD}}{\Sigma K}=\frac{\frac{A_2E_2}{l_2}}{\frac{A_1E_1}{l_1}+\frac{A_2E_2}{l_2}}P$$

$$=\frac{A_2E_2l_1}{A_1E_1l_2+A_2E_2l_1}P$$

② 분담응력(σ)

$\frac{\text{분담하중}(P)}{\text{단면적}(A)}$을 이용해서 계산한다.

• $\sigma_{AB}=\frac{P_{AB}}{A_{AB}}$, • $\sigma_{CD}=\frac{P_{CD}}{A_{CD}}$

③ 변형량(δ)

$\frac{\text{분담하중}(P)\times\text{부재길이}(L)}{\text{강성}(EA)}$을 이용해서 계산한다.

④ 변형률(ε)

$\frac{\text{분담하중}(P)}{\text{강성}(EA)}$을 이용해서 계산한다.

⑤ 변형에너지

$$U=W=\frac{P\delta}{2}$$

⑥ 하중 재하 위치

분담하중과 하중이 모멘트 평형을 이루어야 하므로 $\Sigma M=0$을 적용하여 구한다.

구분	축강성(EA)이 일정한 경우	부재길이(l)가 일정한 경우
구조물		
분담하중	$P_{AB}=\frac{l_2}{l_1+l_2}P$ $P_{CD}=\frac{l_1}{l_1+l_2}P$ (부재길이에 반비례)	$P_{AB}=\frac{A_1E_1}{A_1E_1+A_2E_2}P$ $P_{CD}=\frac{A_2E_2}{A_1E_1+A_2E_2}P$ (축강성에 비례)
구조물		
분담하중	$P_{AB}=\frac{A_1}{A_1+A_2}P$ $P_{CD}=\frac{A_2}{A_1+A_2}P$ (단면적에 비례)	$P_{AB}=\frac{k_1}{k_1+k_2}P$ $P_{CD}=\frac{k_2}{k_1+k_2}P$ (스프링상수에 비례)

핵심예제 11-3 [13 국가직 9급]

다음과 같은 강체가 두 개의 케이블에 지지되어 있다. 강체가 수평을 유지하기 위한 하중 P의 재하위치 x는? (단, 두 케이블의 EA는 같다)

① $\frac{L}{3}$

② $\frac{L}{4}$

③ $\frac{2L}{3}$

④ $\frac{3L}{4}$

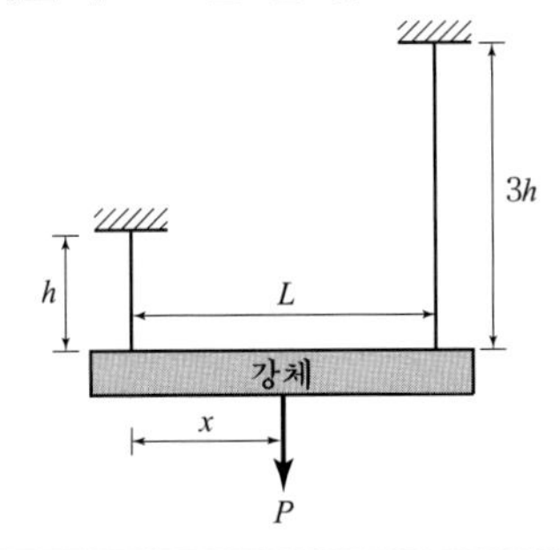

| 해설 | (1) 적합방정식

$$\frac{R_{좌}(h)}{EA}=\frac{R_{우}(3h)}{EA}$$ 에서 $R_{좌}=3R_{우}$ ⋯ ①

(2) 평형방정식

$\sum V = 0$:

$R_{좌} + R_{우} + P = 0$ … ②

①식을 ②식에 대입하여 정리하면

$R_{우} = \frac{P}{4}$ 이고 $R_{좌} = \frac{3P}{4}$

$\sum M_{좌} = 0$:

$-\frac{3P}{4}(L) + Px = 0$

$\therefore x = \frac{L}{4}$

답 : ②

(2) 강체보가 수평을 유지하지 않는 경우

① 부재의 강성도를 K로 표시(가장 작은 값을 K로 두고 나머지는 nK로 표시)

② 변위선도를 사각형과 삼각형으로 나누고 후크의 법칙($P = K\delta$)을 적용하여 힘을 표시

③ $\sum V = 0$, $\sum M = 0$을 연립하여 $K\delta$의 크기 계산

④ $K\delta$를 대입하여 힘의 크기와 변위 결정

(유형 1) 변위선도가 삼각형인 경우

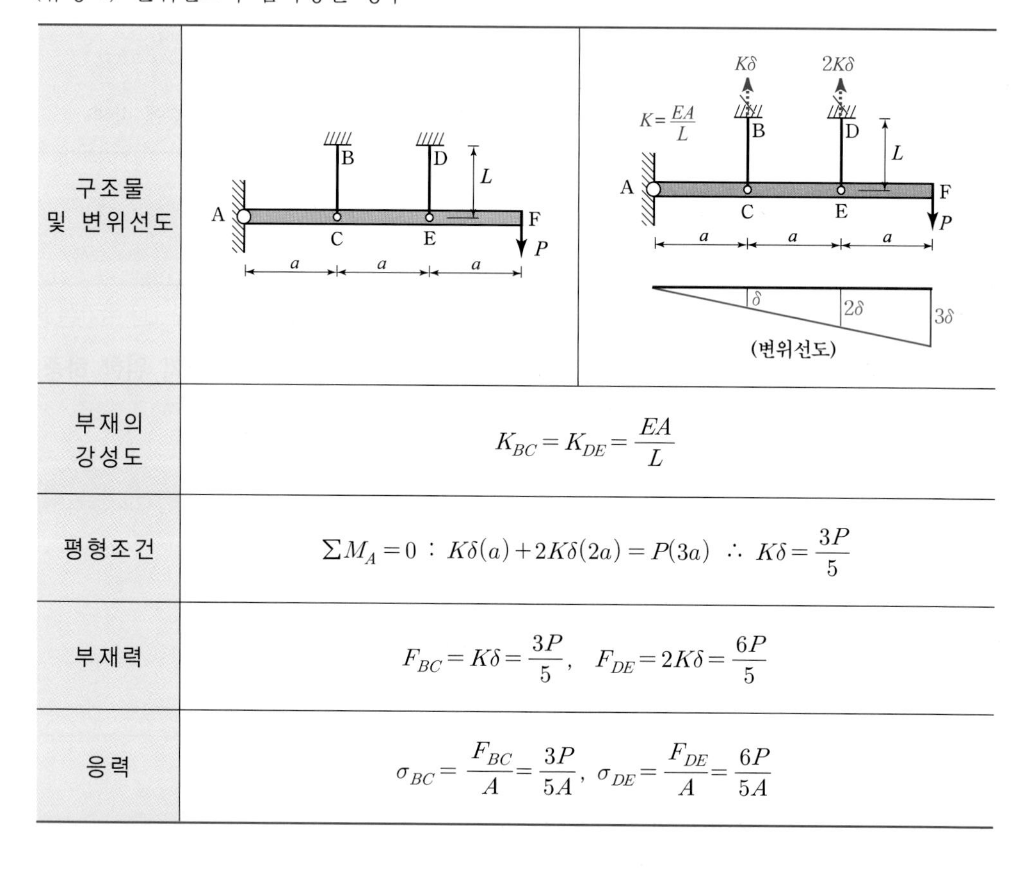

구조물 및 변위선도	(그림)
부재의 강성도	$K_{BC} = K_{DE} = \frac{EA}{L}$
평형조건	$\sum M_A = 0$: $K\delta(a) + 2K\delta(2a) = P(3a)$ $\therefore K\delta = \frac{3P}{5}$
부재력	$F_{BC} = K\delta = \frac{3P}{5}$, $F_{DE} = 2K\delta = \frac{6P}{5}$
응력	$\sigma_{BC} = \frac{F_{BC}}{A} = \frac{3P}{5A}$, $\sigma_{DE} = \frac{F_{DE}}{A} = \frac{6P}{5A}$

(유형 2) 변위선도가 사다리형인 경우

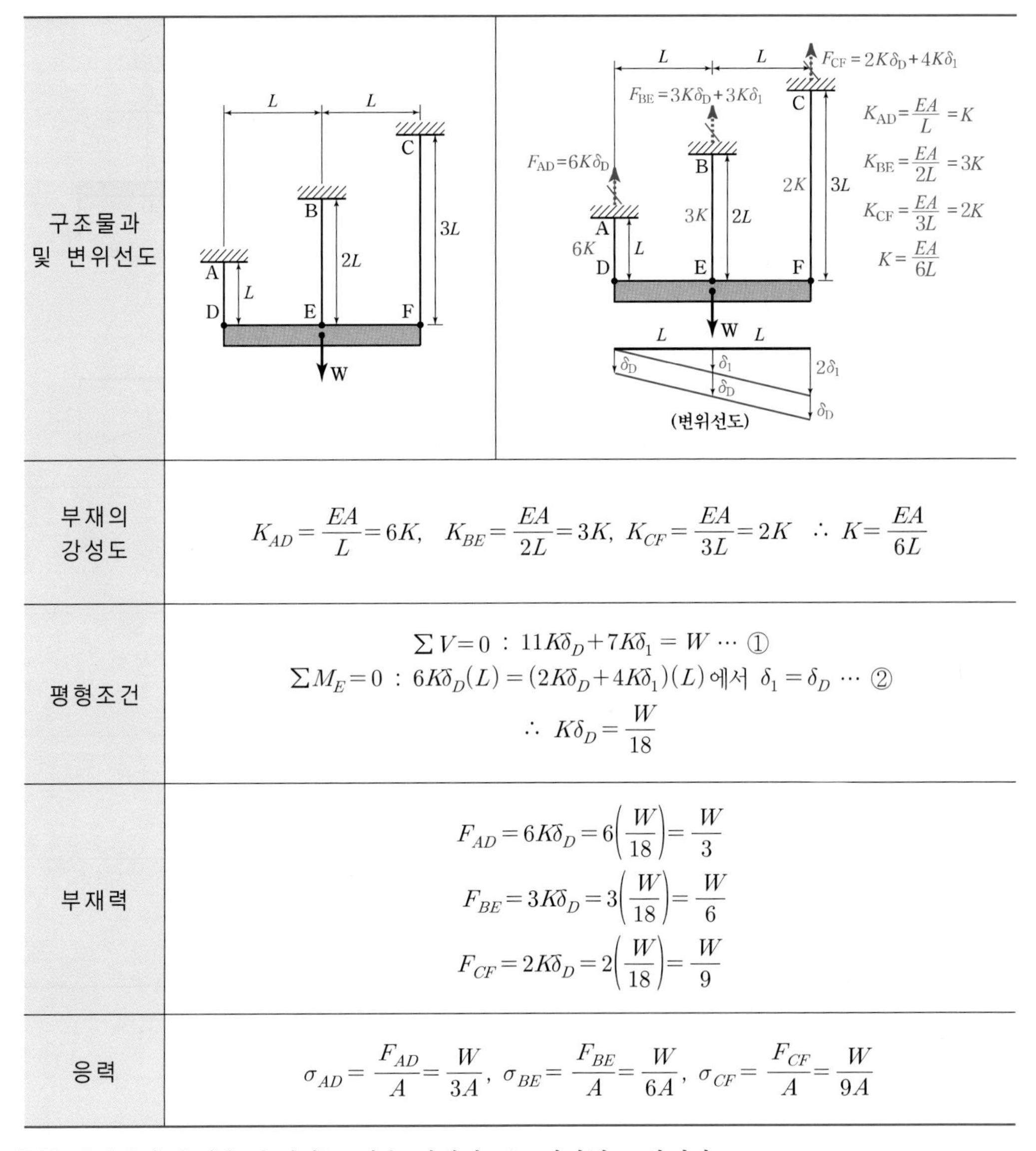

구조물과 및 변위선도	$F_{AD}=6K\delta_D$, $F_{BE}=3K\delta_D+3K\delta_1$, $F_{CF}=2K\delta_D+4K\delta_1$, $K_{AD}=\frac{EA}{L}=K$, $K_{BE}=\frac{EA}{2L}=3K$, $K_{CF}=\frac{EA}{3L}=2K$, $K=\frac{EA}{6L}$ (변위선도)
부재의 강성도	$K_{AD}=\frac{EA}{L}=6K,\ \ K_{BE}=\frac{EA}{2L}=3K,\ K_{CF}=\frac{EA}{3L}=2K\ \ \therefore\ K=\frac{EA}{6L}$
평형조건	$\sum V=0\ :\ 11K\delta_D+7K\delta_1=W\cdots$ ① $\sum M_E=0\ :\ 6K\delta_D(L)=(2K\delta_D+4K\delta_1)(L)$ 에서 $\delta_1=\delta_D\cdots$ ② $\therefore\ K\delta_D=\frac{W}{18}$
부재력	$F_{AD}=6K\delta_D=6\left(\frac{W}{18}\right)=\frac{W}{3}$ $F_{BE}=3K\delta_D=3\left(\frac{W}{18}\right)=\frac{W}{6}$ $F_{CF}=2K\delta_D=2\left(\frac{W}{18}\right)=\frac{W}{9}$
응력	$\sigma_{AD}=\frac{F_{AD}}{A}=\frac{W}{3A},\ \sigma_{BE}=\frac{F_{BE}}{A}=\frac{W}{6A},\ \sigma_{CF}=\frac{F_{CF}}{A}=\frac{W}{9A}$

보충 강체봉이 수평을 유지하는 경우 변위선도는 사각형 모양이다.

(유형 3) 변위선도가 보의 상하에 각각 삼각형을 만드는 경우

구조물과 및 변위선도	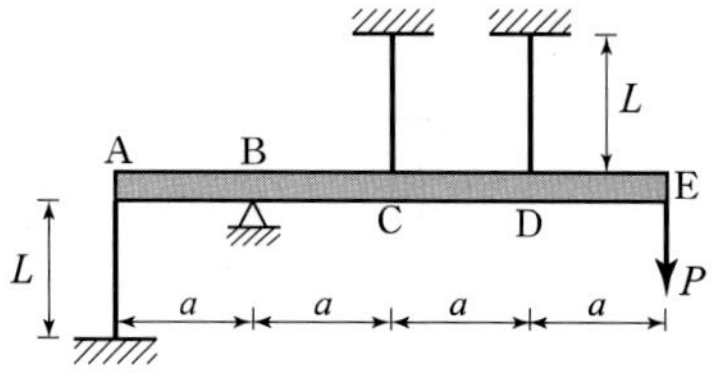 A B C D E L L a a a a P	$K\delta$ $2K\delta$ $K=\frac{EA}{L}$ A B C D E L L a a a a P $K\delta$ δ δ 2δ 3δ (변위선도)
부재의 강성도	$K_A = K_C = K_D = \dfrac{EA}{L}$	
평형조건	$\Sigma M_B = 0$: $K\delta(a) \times 2$개 $+ 2K\delta(2a) = P(3a)$ $\therefore$ $K\delta = \dfrac{P}{2}$	
부재력	$F_A = F_C = K\delta = \dfrac{P}{2}$, $F_D = 2K\delta = P$	
응력	$\sigma_A = \dfrac{F_A}{A} = \dfrac{P}{2A}$, $\sigma_C = \dfrac{F_C}{A} = \dfrac{P}{2A}$, $\sigma_D = \dfrac{F_D}{A} = \dfrac{P}{A}$	

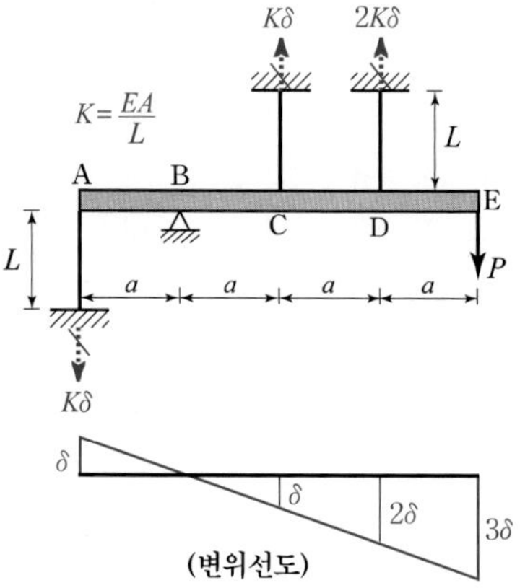

3 부정정봉

하중점을 기준으로 좌측부재와 우측부재의 변위가 동일하므로 후크의 법칙 $F=Kx$를 이용하면 분담하중은 강성도에 비례하고, 변위는 하나의 부재로 환산한 합성강성도($\sum K$)를 이용한다.

구분	축부재(RC기둥)	비틀림부재
구조물	R_a, A_1, A_2, P, R_b, A, C, B, a, b	T_a, J_1, J_2, T, T_b, A, C, B, a, b
분담하중 (반력)	$P=K\delta=\dfrac{EA}{L}\delta\propto\dfrac{A}{L}$ $R_a=P_{ac}=\dfrac{A_1 b}{A_1 b+A_2 a}P$(인장) $R_b=P_{bc}=\dfrac{A_2 a}{A_1 b+A_2 a}P$(압축)	$T=K\phi=\dfrac{GJ}{L}\phi\propto\dfrac{J}{L}$ $T_a=T_{ac}=\dfrac{J_1 b}{J_1 b+J_2 a}T$ $R_b=P_{bc}=\dfrac{A_2 a}{A_1 b+A_2 a}P$
응력	$\sigma_{ab}=\dfrac{P_{ab}}{A_1}=\dfrac{b}{A_1 b+A_2 a}P$(인장) $\sigma_{bc}=\dfrac{P_{bc}}{A_2}=\dfrac{a}{A_1 b+A_2 a}P$(압축)	$\tau=\dfrac{T}{J}r$을 이용하여 계산
변위(변형량)	$\delta_c=\dfrac{P}{\sum K}=\dfrac{Pab}{E(A_1 b+A_2 a)}$	$\phi_c=\dfrac{T}{\sum K}=\dfrac{Tab}{G(J_1 b+J_2 a)}$
변형률	$\epsilon_{ac}=\dfrac{\delta}{a}=\dfrac{Pb}{E(A_1 b+A_2 a)}$ (인장) $\epsilon_{bc}=\dfrac{\delta}{b}=\dfrac{Pa}{E(A_1 b+A_2 a)}$ (압축)	$\theta_{ac}=\dfrac{\phi}{a}=\dfrac{Tb}{G(J_1 b+J_2 a)}$ $\theta_{ac}=\dfrac{\phi}{b}=\dfrac{Ta}{G(J_1 b+J_2 a)}$
변형에너지	$U=W=\dfrac{P^2 ab}{2E(A_1 b+A_2 a)}$	$U=W=\dfrac{T^2 ab}{2G(J_1 b+J_2 a)}$

핵심예제 11-4 [16 국가직]

그림과 같이 양단 고정봉에 100kN의 하중이 작용하고 있다. AB 구간의 단면적은 100mm², BC 구간의 단면적은 200mm²으로 각각 일정할 때, A지점에 작용하는 수평반력[kN]의 크기는? (단, 탄성계수는 200GPa로 일정하고, 자중은 무시한다)

① 20
② 30
③ 40
④ 50

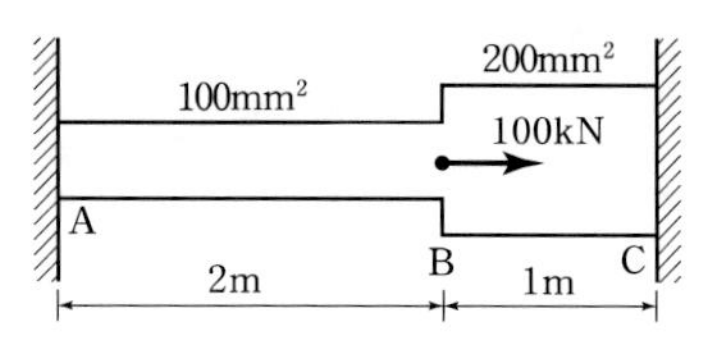

| 해설 | 변위가 같은 구조이므로 $P = K\delta = \dfrac{EA}{L}\delta \propto \dfrac{A}{L}$에서 $K_{AB} : K_{BC} = 1(1) : 2(2) = 1 : 4$

$\therefore R_A = \dfrac{K_{AB}}{\sum K}P = \dfrac{1}{5}(100) = 20\,\text{kN}$

답 : ①

만약, 강성이 일정한 경우
(1) 분담하중 : 유사단순보의 반력과 동일
(2) 변위 : 유사단순보의 휨모멘트를 강성으로 나눈 것과 동일

4 부정정보

일반적으로 처짐각을 이용할 경우는 고정단 모멘트를 여력으로 두고, 처짐을 이용할 경우는 회전지점 또는 이동지점의 수직반력 또는 고정단의 수직반력을 여력으로 두고, 구한 처짐이나 처짐각이 해당 지점에서 0이라는 조건을 이용하여 부정정 구조물을 해석할 수 있다.
부정정보의 경우는 여력을 생략하고 남는 정정 주구조(기본 구조물)가 단순보나 캔틸레버가 되도록 하는 것이 계산이 편리하다.

■ 보충설명 : 용어

- 여력(여분력, 과잉력)
  평형방정식의 개수를 초과하여 생기는 힘으로 실제 그 크기는 모르지만 외력으로 가정하는 미지력을 말한다.
- 기본 구조물(정정주구조)
  여력을 생략하고 남는 정정구조물로 단순보나 캔틸레버보가 되는 것이 계산에서 편리하다.

여력(과잉력)	적합조건	기본구조물(정정주구조)
이동지점의 수직반력	처짐 이용	캔틸레버보
고정단의 모멘트	처짐각 이용	단순보
고정단의 수직반력	처짐 이용	전단롤러보(가이드보)

여력을 R_B로 할 때	여력을 M_A로 할 때	여력을 R_A로 할 때
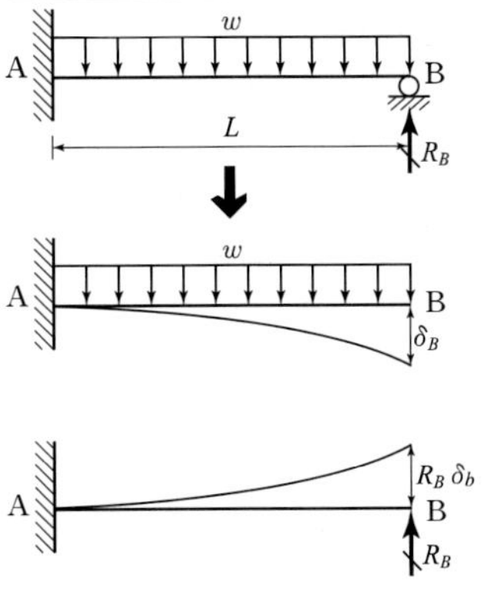	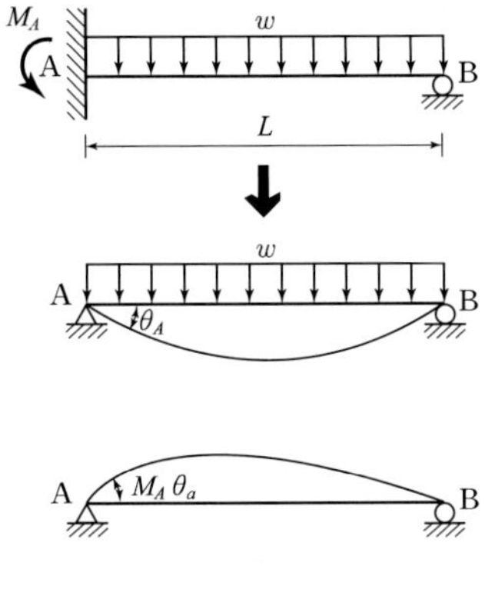	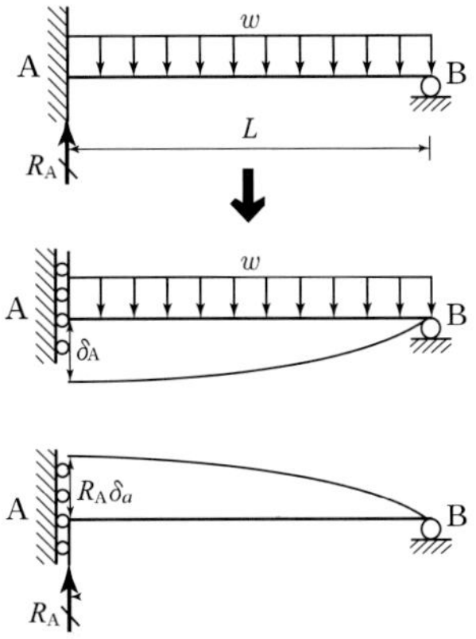
B지점에서 처짐이 0이므로 $\delta_B = \delta_b$에서 $\dfrac{wL^4}{8EI} = R_B\left(\dfrac{L^3}{3EI}\right)$ $\therefore\ R_B = \dfrac{3}{8}wL(\uparrow)$	고정단 A에서 처짐각이 0이므로 $\theta_A = \theta_a$ $\dfrac{wL^3}{24EI} = M_A\left(\dfrac{L}{3EI}\right)$ $\therefore\ M_A = -\dfrac{wl^2}{8}$	A지점에서 처짐이 0이므로 $\delta_A = \delta_a$에서 $\dfrac{5w(2L)^4}{384EI} = 2R_A\left\{\dfrac{(2l)^3}{48EI}\right\}$ $\therefore\ R_A = -\dfrac{5wl}{8}$

(3) 결론

① 변위가 구속되는 경우

결국 부정정 구조물의 반력은 변위를 구속하기 위하여 발생하므로 부정정 구조물의 반력은 변위를 구속하는 방향으로 작용하며 그 크기는 반력에 의한 구조물의 강성도에 구속되는 변위를 곱한 것과 같다.

$$R = K_R \cdot x_{\text{구속}}$$

여기서, K_R : 반력에 의한 강성도

$x_{\text{구속}}$: 반력에 의해 구속되는 변위(상재하중에 의한 변위와 같음)

② 허용변위를 갖는 경우

만약 허용변위를 갖는다면 허용변위를 갖는 동안은 반력이 생기지 않을 것이므로 허용변위를 빼면 된다. 이완구조물에서의 전체 변위와 허용변위의 차이만큼 반력이 발생하게 된다. 즉 변위의 속성과 일치하는 방향으로 힘이 작용하게 된다는 것이다.

$$R = K_R \cdot x_{\text{구속}} = K_R \cdot (x - x_{\text{허용}})$$

여기서, K_R : 반력에 의한 강성도

$x_{\text{구속}}$: 반력에 의해 구속되는 변위(상재하중에 의한 변위에서 허용값을 뺀 값)

(5) 부정정보의 기본공식 6인방

구조물	하중항(FEM)	구조물	하중항(FEM)
	$C_{AB}=\dfrac{Mb}{l^2}(2a-b)$ $C_{BA}=\dfrac{Ma}{l^2}(2b-a)$		$C_{AB}=-\dfrac{Pab^2}{l^2}$ $C_{BA}=\dfrac{Pa^2b}{l^2}$
	$C_{AB}=-\dfrac{wl^2}{30}$ $C_{BA}=\dfrac{wl^2}{20}$		$M_{AB}=-\dfrac{2EI\theta}{l}$ $M_{BA}=-\dfrac{4EI\theta}{l}$
	$M_{AB}=-\dfrac{6EI\Delta}{l^2}$ $M_{BA}=-\dfrac{6EI\Delta}{l^2}$	양단고정보의 한쪽이 회전단으로 바뀌면 방향 바꿔 1/2 전달	

핵심예제 11-5 [08 국가직 9급]

변위일치의 방법을 이용하여 양단고정보를 해석하고자 할 때 잉여미지반력의 개수는? (단, 보의 수평반력은 없다고 가정한다)

① 1개 ② 2개
③ 3개 ④ 4개

| 해설 | 양단 고정보에서 미지의 반력은 총 6개이나 3개는 평형방정식에 의해 구할 수 있으므로 잉여의 미지 반력수는 3개가 된다. 그러나 문제에서는 수평반력이 없다고 가정했으므로 잉여의 미지 반력수는 2개가 된다.

답 : ②

핵심예제 11-6 [12 서울시 9급]

길이 5m, 단면적 5cm² 인 강봉을 2mm 틈으로 벌어진 상태가 있다. 온도를 100° C 증가시켰을 때 A점에 발생하는 반력은?(단, $E=2.0\times10^6$MPa, $\alpha=1.0\times10^{-5}$/° C이다)

① 300kN
② 400kN
③ 500kN
④ 600kN
⑤ 700kN

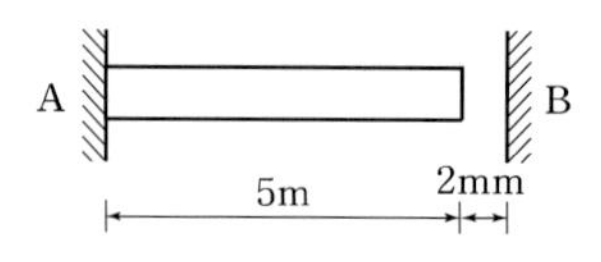

| 해설 | 허용변위가 발생하는 동안 응력이 발생하지 않으므로

$$R=K\delta_{구속}=\frac{EA}{L}\{\alpha(\Delta T)L-\delta_a\}=\frac{2\times10^5(500)}{5000}\cdot\{10^{-5}(100)(5000)-2\}=600\text{kN}(압축)$$

답 : ④

핵심예제 11-7 [13 국가직 9급]

다음과 같이 집중하중이 작용하는 양단 고정보에서 지점의 반력 모멘트가 그림과 같이 A점에 8kN · m(↶)이고, B점에 4kN · m(↷)일 때, C점의 휨모멘트[kN · m]는? (단, 자중은 무시한다)

① $\frac{16}{3}$

② $\frac{20}{3}$

③ $\frac{22}{3}$

④ $\frac{25}{3}$

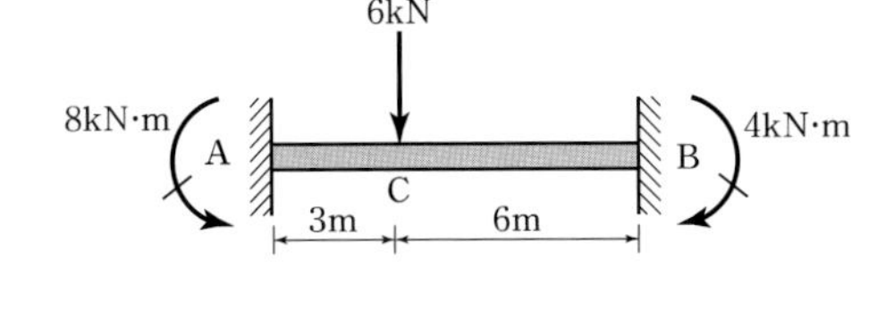

| 해설 | 부정정 구조물에서 고정단 모멘트를 알고 있으므로 단순보로 바꾸어 해석한다.

중첩을 적용하면 $M_C = \frac{6(3)(6)}{9} - \frac{8(2)+4(1)}{3} = \frac{16}{3}$kN·m

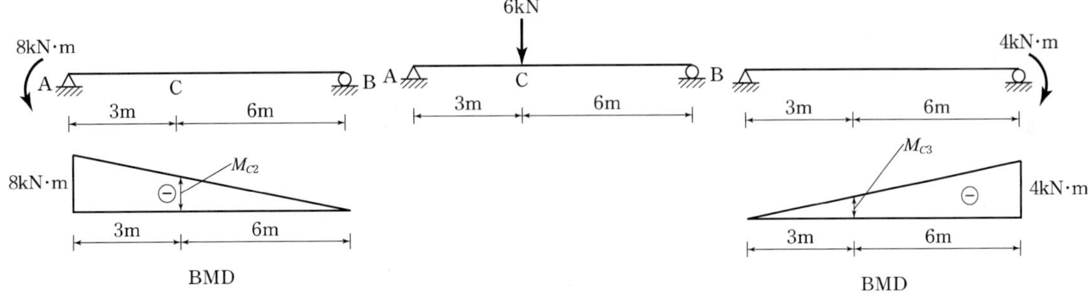

답 : ①

5 부정정구조에 후크의 법칙을 적용하는 3가지 방법

(1) 모든 점의 변위가 같은 경우

① 분담하중

힘은 그것이 반력이든 하중이든 변위와의 상관관계를 가지므로 후크의 법칙에 의해 힘은 $F = Kx$로 표현하면 변위 x가 같을 경우 힘 F는 강성도(스프링 상수)x에 비례한다는 것을 알 수 있다.

$$F = Kx \propto K$$

여기서, K : 강성도(또는 스프링상수)

x : 변위(하중점에서 하중작용방향의 이동량)

② 변위

이 경우 전체구조는 병렬로 연결된 구조이므로 하나의 구조로 바꾼 등가스프링상수 $K_{eq} = \sum K$가 된다.

$$x = \frac{F}{\sum K}$$

③ 강성도 계산법

Step 1. 변위 계산

Step 2. 힘에 관해 정리

단, 순수상태인 경우 강성도 $K = \frac{강성}{부재길이}$

핵심예제 11-8 [12 서울시 9급]

C점에서 힌지로 연결되어 있는 구조물에 집중하중 P가 작용할 때 A점 모멘트 반력과 B점 모멘트 반력 사이의 비율 M_{AC} : M_{BC}는? (단, 부재의 휨강성은 EI로 일정하다)

① 1 : 1
② 2 : 1
③ 3 : 1
④ 4 : 1
⑤ 5 : 1

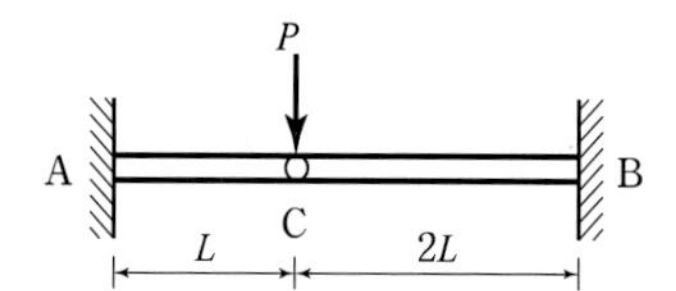

| 해설 | (1) 분담하중의 비

변위가 같은 구조이므로 $P = k\delta = \frac{3EI}{L^3}\delta \propto \frac{1}{L^3}$에서 분담하중의 비는 거리3승에 반비례하므로

P_1 : $P_2 = 2^3 : 1^3 = 8$: 1에서 $P_1 = \frac{8P}{9}$, $P_2 = \frac{P}{9}$

(2) 모멘트 반력의 비

$M_{AC} : M_{BC} = P_1(L) : P_2(2L) = \frac{8P}{9}(L) : \frac{P}{9}(2L) = 4$: 1

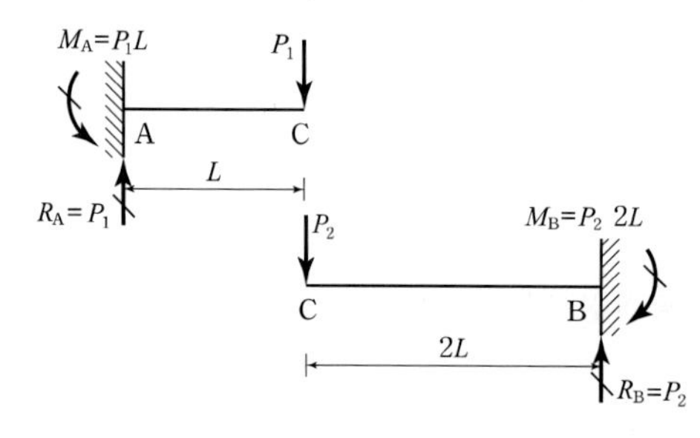

답 : ④

핵심예제 11-9 [11 국가직 9급]

C그림과 같이 길이가 $2L$인 단순보 AB의 중앙점에 길이가 L인 캔틸레버보 CD가 걸쳐져 있다. 점 C에 연직 하중 P가 작용할 때 하중 작용점 C의 연직 처짐은? (단, 단순보 AB와 캔틸레버보 CD의 휨강성은 모두 EI로 일정하며, 축변형과 전단변형을 무시한다)

① $\dfrac{PL^3}{9EI}$

② $\dfrac{PL^3}{18EI}$

③ $\dfrac{PL^3}{27EI}$

④ $\dfrac{PL^3}{36EI}$

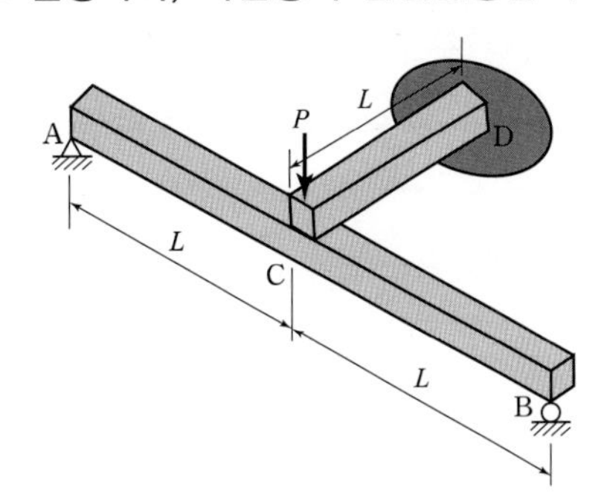

| 해설 | (1) 분담하중

하중점에서 캔틸레버보의 처짐량 ($\delta_{캔}$)과 단순보의 처짐량($\delta_{단}$)은 같아야 하므로

$$\delta_{하중점} = \frac{P_{캔}L^3}{3EI} = \frac{P_{단}(2L)^3}{48EI} \text{에서}$$

$$\therefore \begin{cases} P_{캔} = \dfrac{P}{3} \\ P_{단} = \dfrac{2}{3}P \end{cases}$$

(2) C점의 연직 처짐

$$\delta_C = \frac{\left(\dfrac{P}{3}\right)L^3}{3EI} = \frac{PL^3}{9EI} \quad \text{또는} \quad \delta_C = \frac{\left(\dfrac{2}{3}P\right)(2L)^3}{48EI} = \frac{PL^3}{9EI}$$

답 : ①

(2) 특정한 점의 변위가 같은 경우의 해석

부재를 연결하는 점에 작용하는 하중을 미지수 R로 두고 연결점에서 변위가 같다는 적합방정식을 구성하면 $x_{연결점} = x_{상재} - \dfrac{R}{k_1} = \dfrac{R}{k_2}$이므로 $R = \dfrac{k_1k_2}{k_1+k_2}x_{상재}$가 된다.

이를 위의 적합방정식에 대입하여 변위를 구하면 $x_{연결점} = \dfrac{k_1}{k_1+k_2}x_{상재}$가 된다.

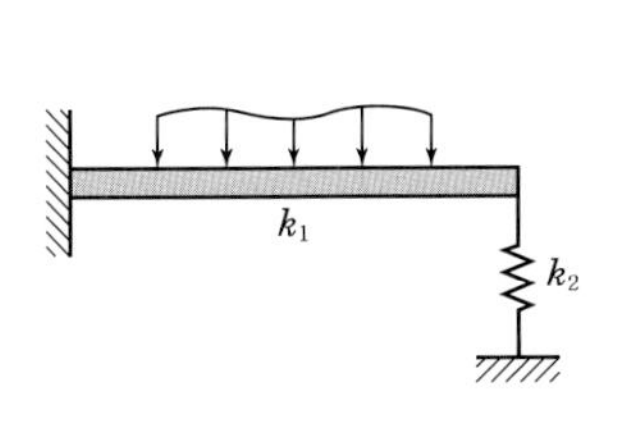

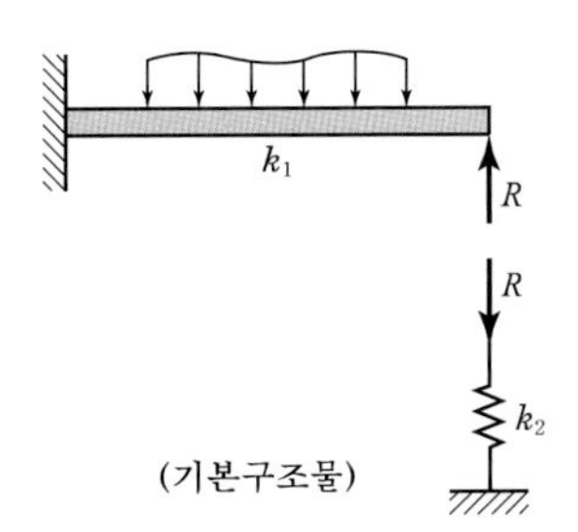

(기본구조물)

① 연결점의 변위 : 추가되는 구조의 강성도만큼 감소한다.

$$x_{연결점} = \frac{K_1}{K_1 + K_2} x_{상재}$$

여기서, K_1 : 상재하중이 작용하는 구조물의 강성도

K_2 : 스프링 구조의 강성도(상재하중이 작용하지 않는 구조의 강성도)

② 연결점에 작용하는 힘 : 후크의 법칙을 적용하여 구한다.

$$R = \frac{K_1 K_2}{K_1 + K_2} x_{상재}$$

결국 연결점의 힘의 크기가 같으므로 직렬구조로 보고 계산한 결과와 같다.

핵심예제 11-10 [13 지방직 9급]

다음 그림과 같은 구조물에서 B점의 수직처짐 Δ는? (단, B점은 스프링 상수 k인 스프링으로 지지되어 있고, 보의 휨강성 EI는 일정하다)

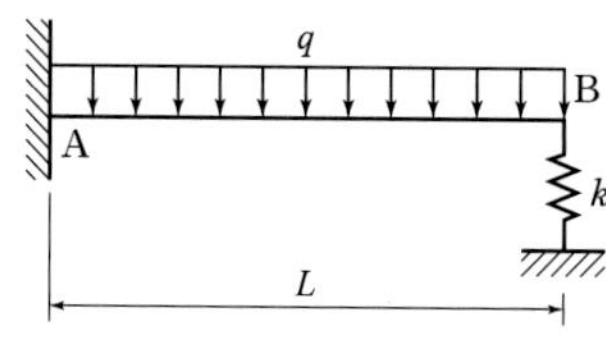

① $\frac{1}{8}qL^2\left(\frac{1}{kL + \frac{3EI}{L^2}}\right)$ ② $\frac{2}{8}qL^2\left(\frac{1}{kL + \frac{3EI}{L^2}}\right)$

③ $\frac{3}{8}qL^2\left(\frac{1}{kL + \frac{3EI}{L^2}}\right)$ ④ $\frac{5}{8}qL^2\left(\frac{1}{kL + \frac{3EI}{L^2}}\right)$

| 해설 | 보-스프링 구조의 변위는 보의 변위가 스프링에 의해 감소하게 되므로

$$\Delta = \delta_B = \frac{k_1}{k_1 + k_2} x_{상재} = \frac{qL^4}{8EI}\left(\frac{\frac{3EI}{L^3}}{\frac{3EI}{L^3} + k}\right) = \frac{3}{8}qL^2\left(\frac{1}{kL + \frac{3EI}{L^2}}\right)$$

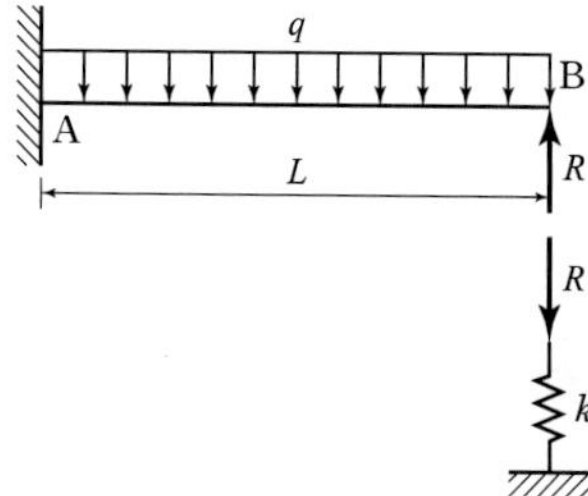

답 : ③

(3) 특정점의 변위차를 이용하는 경우(변위가 서로 달라 평형점을 갖는 경우)

두 부재나 두 구조물의 한 점에 대해 자유물체도 상에서 변위가 서로 다른 경우라면 연속성을 만족하기 위해 힘이 발생하게 된다. 이때의 힘의 방향은 평형점(연속성을 만족하는 점)에 이르게 하는 방향이 되고 작용과 반작용의 법칙에 의해 두 힘 F는 크기는 같고 방향은 반대가 될 것이다. 구조물의 한 점을 절단하여 자유물체도를 작도하고 적합방정식을 구성하면 한쪽의 변위는 $\frac{F}{k_1}+x_{상재1}$이 되고 다른 한쪽은 $-\frac{F}{k_2}+x_{상재2}$가 되므로 연속조건에 의해 두 식을 같다고 두면 다음의 식들을 얻는다.

① 단면력(연결점에 작용하는 힘, 평형력)

동일한 힘이 작용하므로 직렬구조이고, 평형점을 만들기 위해 힘이 발생하므로 두 부재의 변위차를 이용하여 구할 수 있다.

$$F=\frac{K_1K_2}{K_1+K_2}(x_{상재2}-x_{상재1})=\frac{K_1K_2}{K_1+K_2}\Delta x_{상재}$$

② 연결점의 변위

단면력(연결점에 작용하는 힘, 평형력)에 의한 변위와 상재하중에 의한 변위를 중첩에 의해 구한다.

$$\delta_{실제}=\frac{F}{K_1}+x_{상재1}=\frac{K_2}{K_1+K_2}\Delta x_{상재}+x_{상재1}$$

또는

$$\delta_{실제}=-\frac{F}{K_2}+x_{상재2}=-\frac{K_1}{K_1+K_2}\Delta x_{상재}+x_{상재2}$$

가능하면 힘과 변위의 방향이 같은 쪽을 선택하는 것이 계산이 편리하다.

보충 평형력에 대한 강성도와 기본구조물의 처짐을 먼저 구해 두면 계산이 편해진다.

핵심예제 11-11 [13 지방직 9급]

다음 그림과 같이 길이 L, 축강성도 $2k$인 원형 튜브 속에 축강성도 k인 원형 실린더가 포함된 구조물이 있다. 좌측단은 일체로 고정되고 우측단은 원형 강체관과 연결되어 축변형을 제어하고 있다. 외부 튜브에 온도변화(ΔT)가 발생하였을 때, 원형강체관의 수평변위 δ는?
(단, 강성도 k는 $\frac{EA}{L}$이다. 또한 α는 튜브의 열팽창계수이며, 모든 부재의 자중효과는 무시한다)

① $\frac{2\alpha(\Delta T)L}{3}$

② $\frac{3\alpha(\Delta T)L}{4}$

③ $\frac{4\alpha(\Delta T)L}{5}$

④ $\frac{5\alpha(\Delta T)L}{6}$

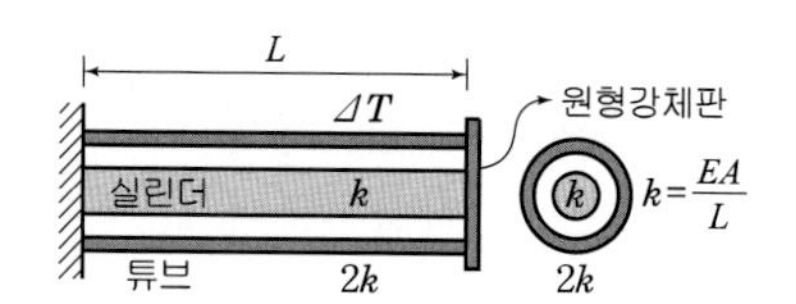

| 해설 | (1) 기본구조물(정정구조물)에서 변위

외부 튜브의 온도 변형량 : $\delta_T = \alpha(\Delta T)L$, 내부 튜브의 변형량 : 0

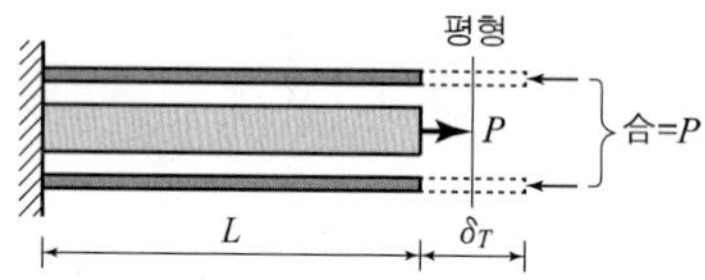

(2) 두 물체는 동일한 변위를 가져야 하므로 외부 튜브에는 압축력 P가 작용하고 내부 튜브에는 인장력 P가 작용하여야 한다.

(3) 적합방정식 : $\alpha(\Delta T)L - \frac{P}{2k} = \frac{P}{k}$에서 $P = \frac{2k\alpha(\Delta T)L}{3}$

이것을 다시 대입하면 수평 변위 $\delta = \frac{P}{k} = \frac{2\alpha(\Delta T)L}{3}$

답 : ①

핵심예제 11-12 [11 지방직 7급]

다음과 같은 보에서 지점 A의 반력모멘트는? (단, EI는 일정하다)

① $-\frac{1}{4}wL^2$

② $-\frac{1}{2}wL^2$

③ $-\frac{3}{4}wL^2$

④ $-\frac{3}{2}wL^2$

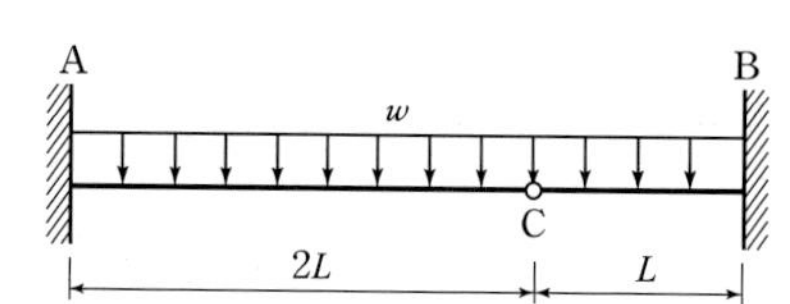

| 해설 | (1) C점의 전단력

자유물체도에서 C점의 전단력 V_C와 등분포하중에 의한 AC부재의 C점의 처짐량(δ_{C_1})과 BC 부재의 C점의 처짐량(δ_{C_2})은 같다. $\delta_{C_1}=\delta_{C_2}$에서

$$\frac{w(2L)^4}{8EI}-\frac{V_C(2L)^3}{3EI}=\frac{wL^4}{8EI}+\frac{V_CL^3}{3EI} \quad \therefore \ V_C=\frac{5wL}{8}$$

(2) A점의 반력모멘트

$\Sigma M_A=0$: $w(2L)(L)-\frac{5wL}{8}(2L)-M_A=0$에서 $M_A=\frac{3wL^2}{4}$(↶)

∴ 지점 A의 반력모멘트는 반시계이므로 $M_A=-\frac{3wL^2}{4}$가 된다.

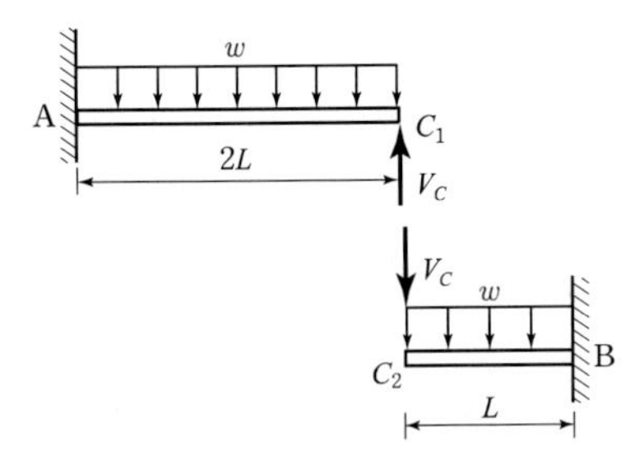

답 : ③

핵심예제 11-13 [15 국가직 9급]

그림과 같이 양단이 고정된 봉에 하중 P가 작용하고 있을 경우 옳지 않은 것은?
(단, 각 부재는 동일한 재료로 이루어져 있고, 단면적은 각각 3A, 2A, A이며, 봉의 자중은 무시한다. 또한 응력은 단면에 균일하게 분포한다고 가정한다)

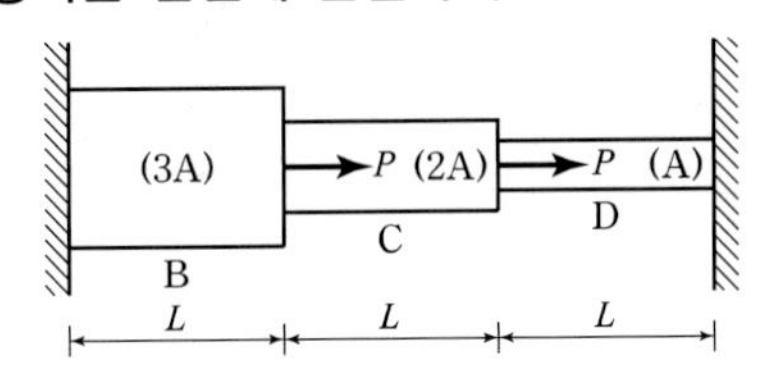

① B, C 부재의 축력 비는 15 : 4이다.

② D 부재에 발생하는 응력은 B 부재 응력의 $\frac{7}{5}$배이다.

③ D 부재의 길이 변화량이 가장 크다.

④ 양 지점의 반력은 크기가 같고 방향이 반대이다

| 해설 | 구조물이 비대칭형이므로 반력은 서로 다른 값을 갖는다.

(1) 지점반력 : 변형일치법을 적용하면

$$R_{우측단}=K_{eq}\delta_{구속}=\frac{6EA}{11L}\left(\frac{7PL}{6EA}\right)=\frac{7P}{11}(좌향)$$

• 반력에 의한 강성도 계산 : $\delta=\frac{RL}{3EA}+\frac{RL}{2EA}+\frac{RL}{EA}=\frac{11RL}{6EA}$에서 $R=\frac{6EA}{11L}\delta$

$\therefore \ K=\frac{6EA}{11L}$

또는 각 부재를 직렬로 조합하면 $K_1 = \Sigma \frac{\text{곱}}{\text{합}} = \frac{3}{5}\frac{2EA}{L}$, $K_{eq} = \Sigma \frac{\text{곱}}{\text{합}} = \frac{6}{11}\frac{EA}{L}$

구속되는 변위 : $\delta_{\text{구속}} = \frac{2PL}{3EA} + \frac{PL}{2EA} = \frac{5PL}{6EA}$

- $R_{\text{좌측단}} = 2P - \frac{7P}{11} = \frac{15P}{11}$(좌향)

① B, C 부재의 축력 비는 15 : 4이다. (O) : $F_B = R_{\text{좌측}} = \frac{15P}{11}$, $F_C = R_{\text{좌측}} - P = \frac{4P}{11}$

② D 부재에 발생하는 응력은 B 부재 응력의 $\frac{7}{5}$배이다. (O) : $F_D = R_{\text{우측}} = \frac{7P}{11}$,

$F_B = R_{\text{좌측}} = \frac{15P}{11}$에서 $\sigma = \frac{F}{A}$에서 $\frac{\sigma_D}{\sigma_B} = \frac{7(3)}{15(1)} = \frac{7}{5}$

③ D 부재의 길이 변화량이 가장 크다. (O) : $\delta = \frac{FL}{EA} \propto \frac{F}{A}$에서

$\delta_B : \delta_C : \delta_D = \frac{15}{3} : \frac{4}{2} : \frac{7}{1} = 5 : 2 : 7$

답 : ④

11.3 3연 모멘트법

연속보를 3지점(2경간)씩 묶어서 중간 지점에서 좌 · 우 절점각이 같다는 조건에 의해 유도되는 3연 모멘트 방정식에 의해 부정정 구조물을 해석하는 방법으로 고정단은 연장하여 가상지점을 만든 후 적용하며, 지점 침하가 있는 경우에도 적용이 가능하다. (단, 지점과 지점사이에 내부힌지가 있는 경우는 해석이 불가능하다)

1 3연 모멘트 방정식

중간지점 좌 · 우의 절점각이 같다는 적다는 적합조건을 이용한다.

중간지점 좌측의 회전각 총합 : $\frac{M_A L_1}{6E_1 I_1} + \frac{M_B L_2}{3E_2 I_2} + \theta_{B\text{좌}} + \beta_{B\text{좌}}$

중간지점 우측의 회전각 총합 : $-\frac{M_A L_1}{6E_1 I_1} - \frac{M_B L_2}{3E_2 I_2} + \theta_{B\text{좌}} + \beta_{B\text{좌}}$

(1) 일반식

$$M_A\left(\frac{l_1}{E_1 I_1}\right) + 2M_B\left(\frac{l_1}{E_1 I_1} + \frac{l_2}{E_2 I_2}\right) + M_C\left(\frac{l_2}{E_2 I_2}\right) = 6(\theta_{B\text{좌}} - \theta_{B\text{우}}) + 6(\beta_{B\text{좌}} - \beta_{B\text{우}})$$

(2) E가 일정한 경우

$$M_A\left(\frac{l_1}{I_1}\right)+2M_B\left(\frac{l_1}{I_1}+\frac{l_2}{I_2}\right)+M_C\left(\frac{l_2}{I_2}\right)=6E(\theta_{B좌}-\theta_{B우})+6E(\beta_{B좌}-\beta_{B우})$$

(3) EI가 일정한 경우

$$M_A l_1+2M_B(I_1+l_2)+M_C l_2=6EI(\theta_{B좌}-\theta_{B우})+6EI(\beta_{B좌}-\beta_{B우})$$

(3) $\frac{EI}{l}$가 일정한 경우

$$M_A+4M_B+M_C=\frac{6EI}{l}(\theta_{B좌}-\theta_{B우})+\frac{6EI}{l}(\beta_{B좌}-\beta_{B우})$$

여기서, θ : 단순보로 보고 계산한 상재하중에 의한 중간지점의 처짐각
(시계방향은 ⊕, 반시계방향은 ⊖이다)
β : 지점침하에 의한 중간지점의 부재각
(시계방향은 ⊕, 반시계방향은 ⊖이다)

■ **보충설명** : 연속보에서 3연 모멘트법 해석 절차

① 고정단은 연장하여 가상지점을 만든다. (이때 휨강성 $EI=\infty$이다.)
② 2경간(3지점)씩 묶어서 3연모멘트 방정식을 구성한다.
➡ 이때 처짐각과 부재각은 단순보로 보고 계산한 값이다.
③ 지점의 휨모멘트를 결정한다.
④ 지점의 휨모멘트를 하중으로 재하하여 지점반력과 단면력을 계산한다.
⑤ 단면력도를 작성한다.

2 3연 모멘트 방정식 수 : 지점에서 발생하는 미지의 휨모멘트 개수(최소 개수)

구조물	미지의 모멘트	방정식수
A B C D, L L L	M_B, M_C	2개
A B C, L_1 L_2	M_A, M_B	2개
A B C D, L_1 L_2 L_1	$M_B=M_C$	1개

11.4 처짐각법

절점각항, 부재각항, 하중항으로 표시되는 처짐각 방정식에 의해 부정정 구조물을 해석하는 방법

1 처짐각법의 가정사항

(1) 모든 부재는 직선재이고, 변형 후에도 직선을 유지한다.
(2) 절점에 모인 각 부재는 모두 완전한 강결로 취급한다.
(3) 휨모멘트에 의해서 생기는 부재의 변형만 고려한다.
(➡ 축방향력과 전단력에 의해서 생기는 부재의 변형은 무시)
(4) 시계방향의 모멘트를 ⊕로 가정한다.

2 처짐각 방정식

(1) 양단 강절일 때

① 기본 공식(양단 강절)

재단모멘트	절점각		부재각	하중항
	θ_A	θ_B	$R=\frac{\Delta}{L}$	(FEM)
M_{AB}	$\frac{4EI}{L}\theta_A$	$\frac{2EI}{L}\theta_B$	$-\frac{6EI}{L}R$	$-C_{AB}$
M_{BA}	$\frac{2EI}{L}\theta_A$	$\frac{4EI}{L}\theta_B$	$-\frac{6EI}{L}R$	C_{BA}

- $M_{AB}=2EK_{AB}(2\theta_A+\theta_B-3R)-C_{AB}$
- $M_{BA}=2EK_{BA}(\theta_A+2\theta_B-3R)+C_{BA}$

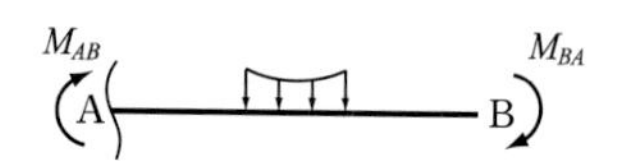

② 실용식(양단 강절)

Let, $2EK\theta_A=\phi_A$, $2EK\theta_B=\phi_B$, $-6EKR=\mu$, 강비 $k=\frac{부재강도(K)}{기준강도(K_o)}$

- $M_{AB}=k_{AB}(2\phi_A+\phi_B+\mu_{AB})-C_{AB}$
- $M_{BA}=k_{BA}(\phi_A+2\phi_B+\mu_{BA})+C_{BA}$

(2) 일단 강절 타단 활절

① 기본식

$M_{AB}=3EK_{AB}(\theta_A-R)-H_{AB}$

여기서, $H_{AB}=|C_{AB}|+\left|\frac{C_{BA}}{2}\right|$

$M_{BA}=0$

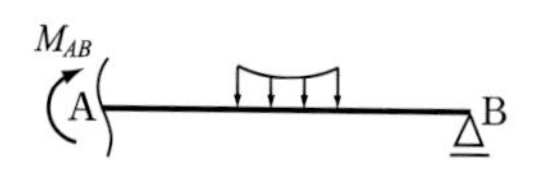

② 실용식

$M_{AB} = k_{AB}(1.5\phi_A + 0.5\mu_{AB}) - H_{AB}$

$M_{BA} = 0$

3 처짐각 방정식의 구성

(1) 재단모멘트$=\begin{pmatrix}\text{절점각을 만드는}\\ \text{재단 모멘트}\end{pmatrix}+\begin{pmatrix}\text{부재각을 만드는}\\ \text{재단 모멘트}\end{pmatrix}+\begin{pmatrix}\text{하중에 의한}\\ \text{재단 모멘트}\end{pmatrix}$

(2) 부재강도(K)$=\dfrac{\text{단면2차모멘트}(I)}{\text{부재길이}(l)}$

(3) 강비(k)$=\dfrac{\text{부재강도}(K)}{\text{기준강도}(K_0)}$

기준강도(K_0)는 임의 설정이 가능하다. ➡ 이때, 강비는 강도계수의 비로 나타난다.

(4) 부재각(R) : 변형된 부재와 원래축이 이루는 각

$R_1 = \dfrac{\delta}{h_1}$, $R_2 = \dfrac{\delta}{h_2}$ ➡ 단, 지점침하(Δ)에 대한 부재각은 미지수가 아니다.

$$\therefore \frac{R_1}{R_2} = \frac{h_2}{h_1}$$

(부재각은 기둥의 높이에 반비례)

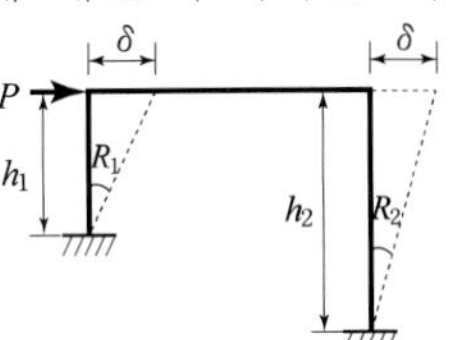

4 평형방정식

처짐각 방정식에서 미지수(θ, R) 또는 (ϕ, μ)를 구하기 위해 사용하는 방정식으로 절점방정식(모멘트식)과 층방정식(전단력식)이 있다.

(1) 절점방정식(모멘트식) : 절점각 θ(또는 ϕ)의 수와 같다.

① 절점에 외력모멘트가 작용하지 않는 경우 : 절점에 모인 재단모멘트의 합은 0이다.

$$\Sigma \text{한 절점에서 재단}M = 0$$

② 절점에 외력모멘트가 작용하는 경우 : 절점에 모인 재단모멘트의 합은 외력모멘트와 같다.

$$\Sigma \text{한 절점에서 재단}M = \text{외력}M$$

(2) 층방정식(전단력식) : 부재각 R(또는 μ)의 수와 같다.

재단모멘트에 저항하는 전단력에 대해 평형조건을 적용

(모멘트가 시계방향이므로 전단력은 반시계의 우력이 됨)

$$\Sigma H = 0 \ : \ \frac{M_{AB} + M_{BA}}{h} + \frac{M_{CD} + M_{DC}}{h} + P = 0$$

$$\therefore M_{AB} + M_{BA} + M_{CD} + M_{DC} + Ph = 0 (\text{층방정식})$$

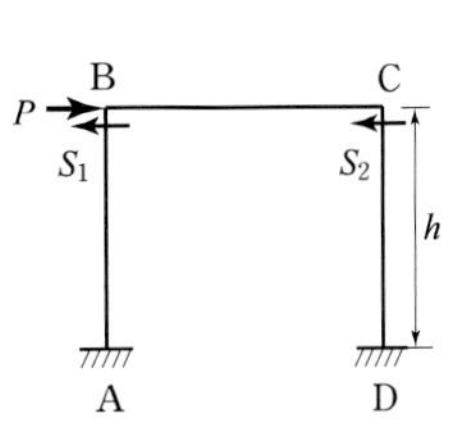

■ **보충설명** : 층방정식

$$\Sigma\left(\frac{\text{기둥의 재단모멘트 합}}{\text{해당기둥길이}}\right)+(\text{층 상단에 작용하는 수평력 합})=0$$

- 수평력이 우향→시계방향 모멘트 발생 : ⊕
- 수평력이 좌향→반시계방향 모멘트 발생 : ⊖
- 상층하중→하층으로전달, 하층하중→상층으로 전달 안 됨
- 동일층하중→분력만큼 전달

5 최소 미지수

(1) 대칭구조 : 구조대칭+하중대칭

- 처짐각(θ) : 1개 (좌·우 절점각이 크기는 같고, 방향이 반대이다)
- 부재각(R) : 0

(2) 역대칭 구조

- 처짐각(θ) : 1개 (좌·우 절점각이 크기도 같고, 방향도 같다)
- 부재각(R) : 1개

(3) 비대칭 구조

- 처짐각(θ) : 절점수와 같다.(단, 강절점의 변위는 고려하나 활절점의 변위는 무시한다)
- 부재각(R) : 층수와 같다.

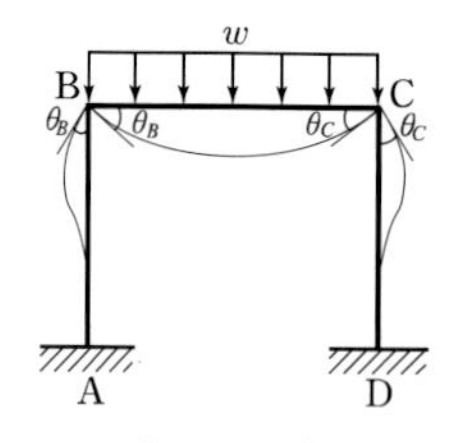

$\theta_B=-\theta_C$

∴ 미지수=1개

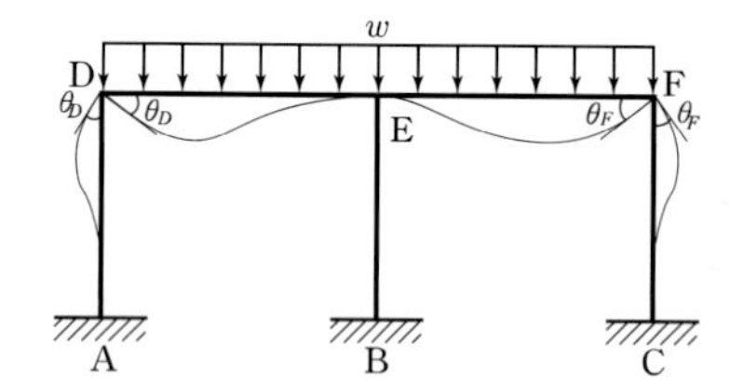

$\theta_D=-\theta_F$

∴ 미지수=1개

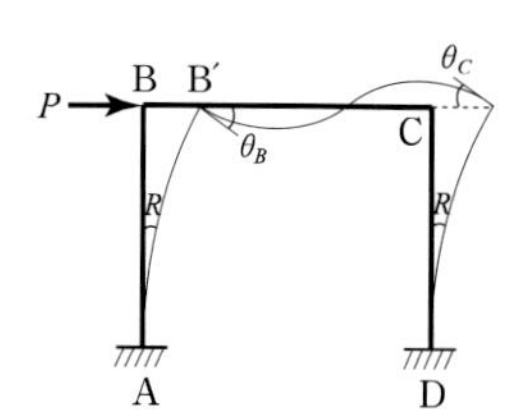

$\theta_B=\theta_C$

$R\neq 0$

∴ 미지수=2개

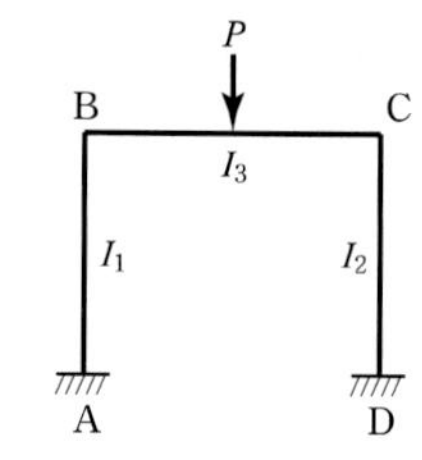

- 절점각 : 절점수 ($\theta_B\neq\theta_C$)
- 부재각 : 층수

∴ 미지수=3개

(4) 구조 및 하중이 상·하, 좌·우 대칭인 박스(Box)구조는 절점각과 부재각이 모두 생기지 않는다.

① 구조 및 하중이 상·하, 좌·우 대칭인 박스(Box)라멘은 절점각과 부재각이 생기지 않는다.

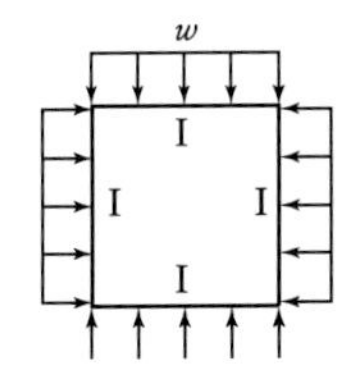

• 절점각 : 0
• 부재각 : 0
∴ 미지수=0

② 비대칭구조라 하더라도 구조상 수평이동이 불가능한 경우는 부재각이 생기지 않는다.

㉠

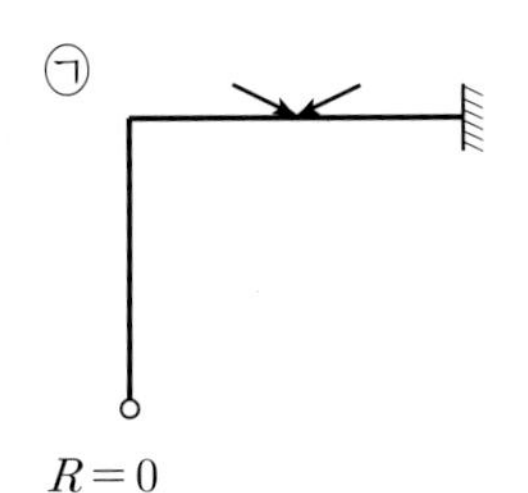

$R=0$

㉡

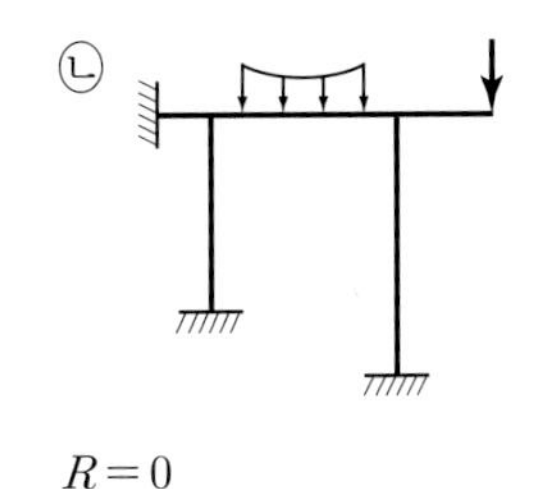

$R=0$

㉢

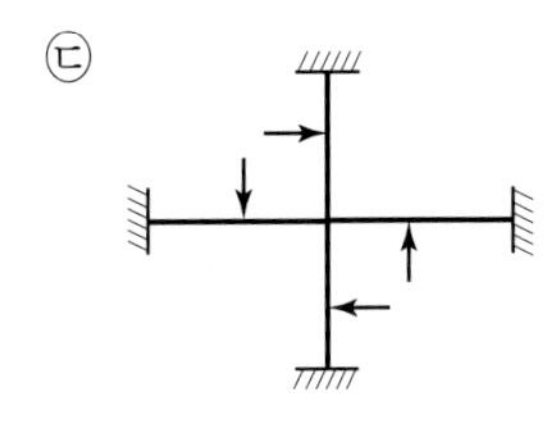

$R=0$

6 처짐각법의 해석절차

(1) 하중항(C, H)과 강도계수(K) 및 강비(k)계산
(2) 처짐각 방정식(재단모멘트식) 구성
(3) 평형방정식에 의해 미지수(절점각과 부재각) 계산
(4) 미지수를 기본방정식에 대입하여 재단모멘트 계산
(5) 지점반력과 단면력 계산
(6) 단면력도 작성

7 처짐각법의 적용 예

대칭 1층 라멘의 절점에 수평하중이 작용하는 경우(역대칭 라멘)

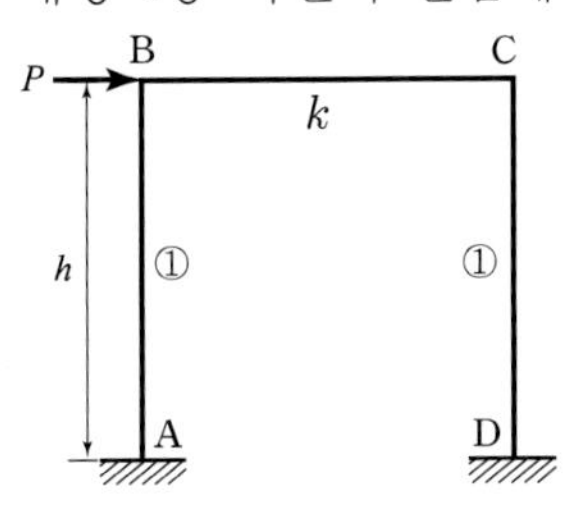

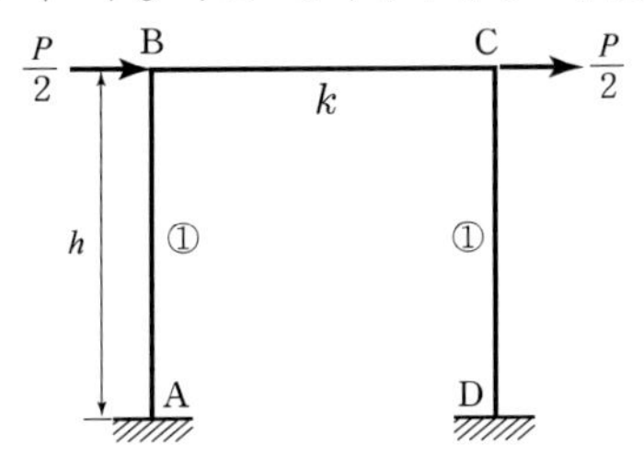

역대칭 라멘이므로 $\mu_{AB}=\mu_{CD}=\mu$, $\mu_{BC}=0$, $\phi_B=\phi_C$, $\phi_A=\phi_D=0$

따라서 $M_{AB}=M_{DC}$, $M_{BA}=M_{CD}=-M_{BC}=-M_{CB}$

(1) 기본방정식(재단모멘트, 처짐각방정식)

- $M_{AB}=k_{AB}(2\phi_A+\phi_B+\mu_{AB})-C_{AB}=\phi_B+\mu$
- $M_{BA}=k_{AB}(\phi_A+2\phi_B+\mu_{AB})-C_{BA}=2\phi_B+\mu$
- $M_{BC}=k_{BC}(2\phi_B+\phi_C+\mu_{BC})-C_{BC}=3k\phi_B$

역대칭이므로 $M_{AB}=M_{DC}$, $M_{BA}=M_{CD}=-M_{BC}=-M_{CB}$

(2) 평형방정식

① 절점방정식 : $\Sigma M_B=0$에서 $\Sigma M_B=M_{BA}+M_{BC}=0$

$$(2+3k)\phi+\mu=0 \ \cdots \ ①$$

② 층방정식 : $\dfrac{M_{AB}+M_{BA}}{h}+\dfrac{M_{CD}+M_{DC}}{h}+P=0$에서 역대칭조건을 적용하면

$$\frac{M_{AB}+M_{BA}}{h}\times 2+P=0$$

$$6\phi_B+4\mu+Ph=0 \ \cdots \ ②$$

①식과 ②식을 연립하여 정리하면

$$\phi_B=\frac{Ph}{2(1+6k)}, \quad \mu=-\frac{(2+3k)}{2(1+6k)}Ph$$

(3) 최종모멘트

- $M_{AB}=\phi_B+\mu=-\dfrac{P}{2}\left(\dfrac{1+3k}{1+6k}h\right)=M_{DC}$
- $M_{BA}=2\phi_B+\mu=-\dfrac{P}{2}\left(\dfrac{3k}{1+6k}h\right)=M_{CD}$
- $M_{BC}=3k\phi_B=\dfrac{P}{2}\left(\dfrac{3k}{1+6k}h\right)=-M_{BA}$

$$M_{고정단}=-\frac{P}{기둥수}(변곡점까지의\ 거리)=-\frac{P}{2}\left(\frac{1+3k}{1+6k}h\right)$$

여기서, k : 기둥의 강비를 1로 할 때 보의 강비이다.

(4) 결론

① 보의 강비가 무한대 : 변곡점의 위치는 $h/2$

② 보의 강비가 0(zero) : 절점의 상태는 힌지와 동일(변곡점의 위치는 h)

11.5 모멘트 분배법

Hardy Cross 교수가 제안한 이론으로 연속보와 부정정 라멘 등의 모든 직선부재에 적용할 수 있다.

1 개요

절점 및 지점의 균형모멘트를 분배하고, 전달해서 부정정구조물을 해석하는 방법으로 연립방정식 해법이 아니라, 가감승제에 의해 부정정 구조물을 해석하기 때문에 숙달되면 기계적 계산이 가능하고, 계산시간이 적게 소요되며, 수시로 착오를 검사할 수 있다.

2 유형

(1) 강절점에 모멘트 하중이 작용하는 경우

강절점의 변위는 일정하므로 강성도에 비례하여 분배되고, 반대편으로 1/2을 전달한다.

➡ 강성도는 힘의 크기에는 무관하므로 실제 모멘트에 관계없이 알 수 있다.

구조물의 종류	M을 1/2 전달하는 구조 (기준)	일단 강절 타단 힌지	대칭 구조	역대칭 구조
강성도(K)	$\frac{4EI}{L}$	$\frac{3EI}{L}$	$\frac{2EI}{L}$	$\frac{6EI}{L}$

(2) 부재 사이에 상재하중이 작용하는 경우

하중항(FEM)에 의한 불균형모멘트로부터 균형모멘트를 구하여 분배율에 따라 분배하고 반대편으로 1/2을 전달한다.

※ 모멘트를 받을 수 없는 활절인 경우는 모멘트는 전달되지 않는다. (줘도 못 받음)

3 모멘트 분배법의 해석순서

(1) 하중항 계산

상재하중에 의한 고정단 모멘트를 계산한다. (시계방향 : ⊕, 반시계 방향 : ⊖)

양단 고정보	하중항(C)	고정 받침보 (고정 지지보)	하중항(H)
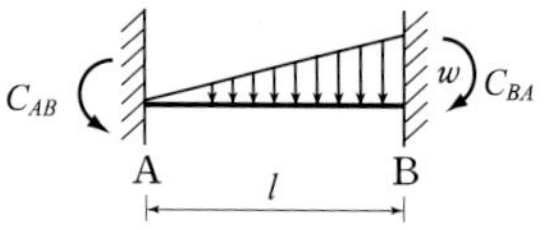 C_{AB} w C_{BA} A l B	$C_{AB}=-\dfrac{wl^2}{30}$ $C_{BA}=\dfrac{wl^2}{20}$	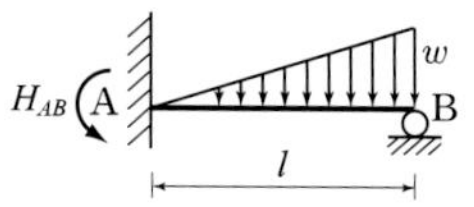 H_{AB} A w B l	$H_{AB}=-\dfrac{7wl^2}{120}$
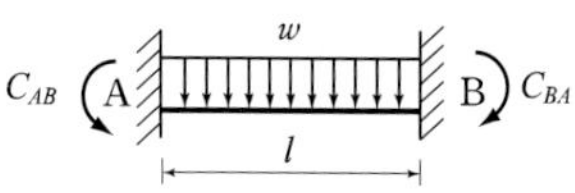 w C_{AB} A B C_{BA} l	$C_{AB}=-\dfrac{wl^2}{12}$ $C_{BA}=\dfrac{wl^2}{12}$	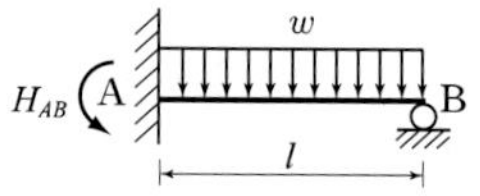 w H_{AB} A B l	$H_{AB}=-\dfrac{wl^2}{8}$
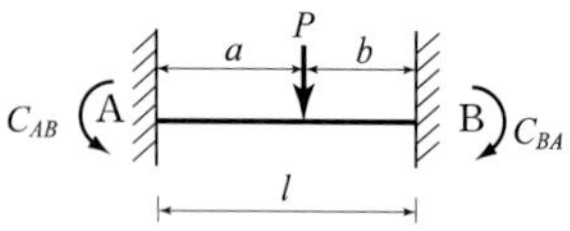 P a b C_{AB} A B C_{BA} l	$C_{AB}=-\dfrac{Pab^2}{l^2}$ $C_{BA}=\dfrac{Pa^2b}{l^2}$	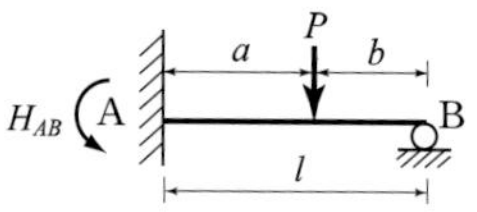 a P b H_{AB} A B l	$H_{AB}=$ $-\dfrac{Pab}{2l^2}(l+b)$
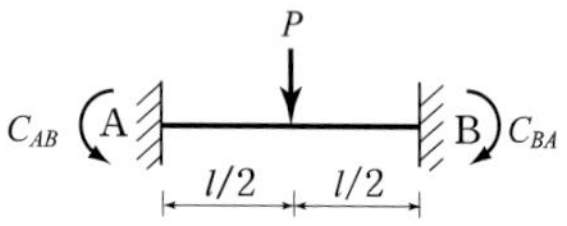 P C_{AB} A B C_{BA} $l/2$ $l/2$	$C_{AB}=-\dfrac{Pl}{8}$ $C_{BA}=\dfrac{Pl}{8}$	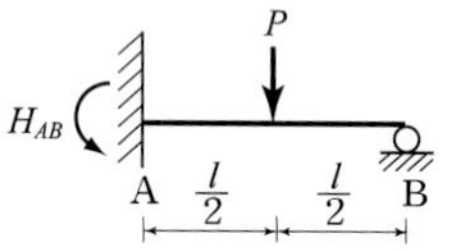 P H_{AB} A $\frac{l}{2}$ $\frac{l}{2}$ B	$H_{AB}=-\dfrac{3}{16}Pl$
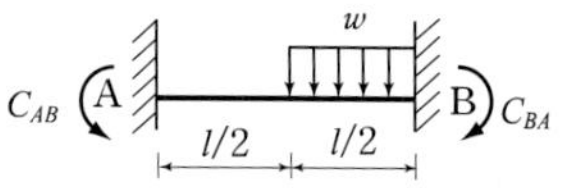 w C_{AB} A B C_{BA} $l/2$ $l/2$	$C_{AB}=-\dfrac{5wl^2}{192}$ $C_{BA}=\dfrac{11wl^2}{192}$	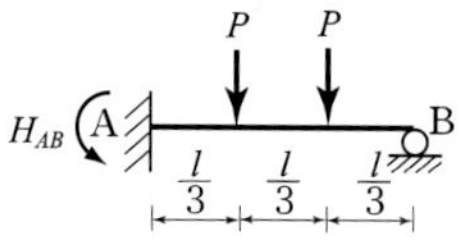 P P H_{AB} A B $\frac{l}{3}$ $\frac{l}{3}$ $\frac{l}{3}$	$H_{AB}=-\dfrac{Pl}{3}$
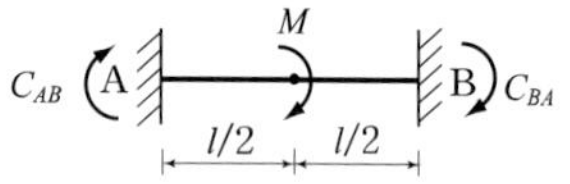 M C_{AB} A B C_{BA} $l/2$ $l/2$	$C_{AB}=\dfrac{M}{4}$ $C_{BA}=-\dfrac{M}{4}$	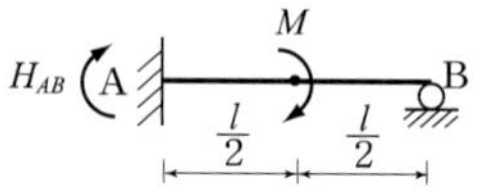 M H_{AB} A B $\frac{l}{2}$ $\frac{l}{2}$	$H_{AB}=\dfrac{M}{8}$

(2) 불균형모멘트 계산

연결점에서 모멘트 평형이 되지 않는 양을 계산한다.

(3) 균형모멘트 계산

모든 점에서는 모멘트 평형이 되어야 하므로 불균형모멘트와 크기는 같고 방향이 반대인 모멘트이다. 단, 지점 및 절점에 작용하는 모멘트는 균형모멘트이다.

(4) 분배모멘트 계산

연결점에서의 변위가 같아야 하므로 균형모멘트를 분배율에 따라 분배한다.

$$D.M = B.M \times f = B.M \times \frac{k}{\Sigma k}$$

여기서, 강도계수 : $K = \dfrac{\text{단면2차모멘트}(I)}{\text{부재길이}(l)}$

강비 : $k = \dfrac{\text{부재강도}(K)}{\text{기준강도}(K_0)}$ (유효강비 고려)

※ 유효강비 : 1/2을 전달하는 구조를 기준으로 할 때 단부의 조건에 따른 강성도 비

구조물의 종류	M을 1/2 전달하는 구조	일단 강절 타단 힌지	대칭 구조	역대칭 구조
강성도	$4EK$	$3EK$	$2EK$	$6EK$
유효강비	1	$\frac{3}{4}$	$\frac{1}{2}$	$\frac{3}{2}$

➡ 유효강비는 모멘트분배법에서만 고려한다.

분배율 : $f = \dfrac{\text{구하는 부재강비}(k)}{\text{강비의 합}(\sum k)}$ (반드시 유효강비를 고려한 강비로 계산)

(5) 전달 모멘트(C.M) 계산

분배된 모멘트가 고정단과 같이 모멘트를 받을 수 있는 점에 전달되는 양으로 항상 분배모멘트의 1/2이 전달된다.

$$C.M = \frac{1}{2} \times D.M = \frac{1}{2} \times f \times B.M$$

(6) 최종 모멘트

그 점에 남아 있는 모멘트를 모두 합산한 값이 최종모멘트가 된다.

$$\text{최종}M = C + B.M + C.M$$

여기서, 불균형모멘트는 계산에 포함되지 않음에 유의한다.

■ 보충설명 : 모멘트 분배법의 해석순서

① 강도(K) 및 강비(k)계산
② 분배율(f)계산
③ 하중항(C, H)계산
④ 불균형 모멘트(U.M)계산
⑤ 균형 모멘트(B.M)계산
⑥ 분배 모멘트(D.M)계산
⑦ 전달 모멘트(C.M)계산
⑧ 최종(재단)모멘트 계산

(7) 구조물의 해석

모멘트를 계산하면 더 이상 부정정이 아니므로 계산한 모멘트를 하중으로 가한 정정보로 나누어 중첩으로 해석한다.

핵심예제 11-14 [12 서울시 9급]

그림과 같은 부정정 구조물에서 AE부재의 A단의 모멘트 분배율은?

① 1

② $\frac{1}{8}$

③ $\frac{2}{3}$

④ $\frac{5}{8}$

⑤ $\frac{3}{8}$

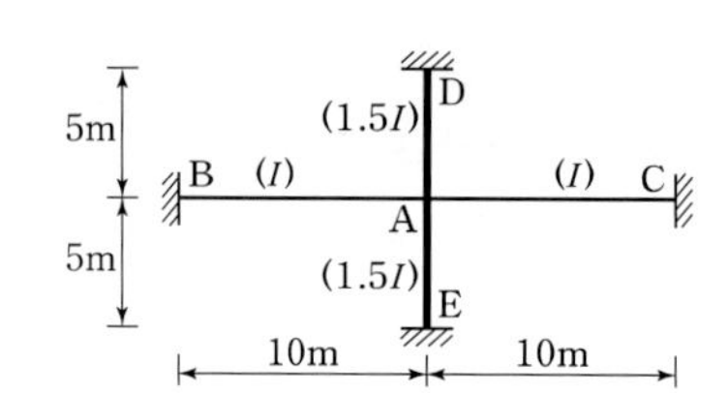

| 해설 | (1) 강비 계산

$$K_{AB} : K_{AC} : K_{AD} : K_{AE} = \frac{I}{10} : \frac{I}{10} : \frac{1.5I}{5} : \frac{1.5I}{5} = 1 : 1 : 3 : 3$$

(2) AB부재의 분배율

$$f_{AE} = \frac{k_{AB}}{\sum k} = \frac{3}{8}$$

답 : ⑤

핵심예제 11-15 [08 국가직 9급]

다음 그림과 같은 부정정보에서 지점 A의 처짐각 (θ_A) 및 수직반력 (R_A)은? (단, 휨강성 EI 는 일정하다)

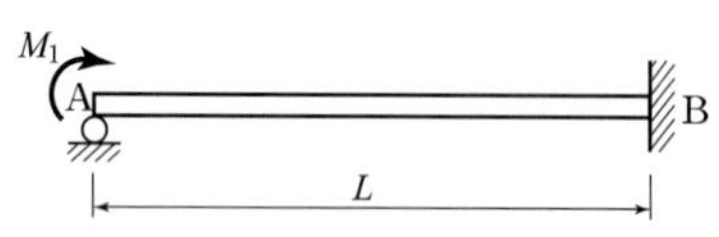

① $\theta_A = \frac{M_1 L}{4EI}$(시계방향), $R_A = \frac{M_1}{2L}(\downarrow)$

② $\theta_A = \frac{M_1 L}{4EI}$(시계방향), $R_A = \frac{3M_1}{2L}(\downarrow)$

③ $\theta_A = \frac{5M_1 L}{12EI}$(시계방향), $R_A = \frac{M_1}{2L}(\downarrow)$

④ $\theta_A = \frac{5M_1 L}{12EI}$(시계방향), $R_A = \frac{3M_1}{2L}(\downarrow)$

| 해설 | 회전단의 모멘트는 고정단으로 $\frac{1}{2}$이 전달되므로 B점에는 시계방향의 $\frac{M_1}{2}$이 작용하게 된다.

(1) A점의 처짐각

$$\theta_a = \frac{M_1 L}{3EI} - \frac{\left(\frac{M_1}{2}\right)L}{6EI} = \frac{M_1 L}{4EI}\text{(시계방향)}$$

(2) A점 수직반력

$$\Sigma M_B = 0:\ R_A(L) + M_1 + \frac{M_1}{2} = 0$$

$$\therefore\ R_A = -\frac{3M_1}{2L}(\downarrow)$$

M_1 A B $\frac{M_1}{2}$ L R_A

답 : ②

(8) 2경간 연속보의 특징

① 불균형모멘트가 없다면 분배모멘트와 전달모멘트는 모두 0이다.
∴ 2개의 고정보로 나누어 해석할 수 있다.

② 강비가 같은 경우 중간지점의 휨모멘트는 하중항 합의 1/2과 같다.

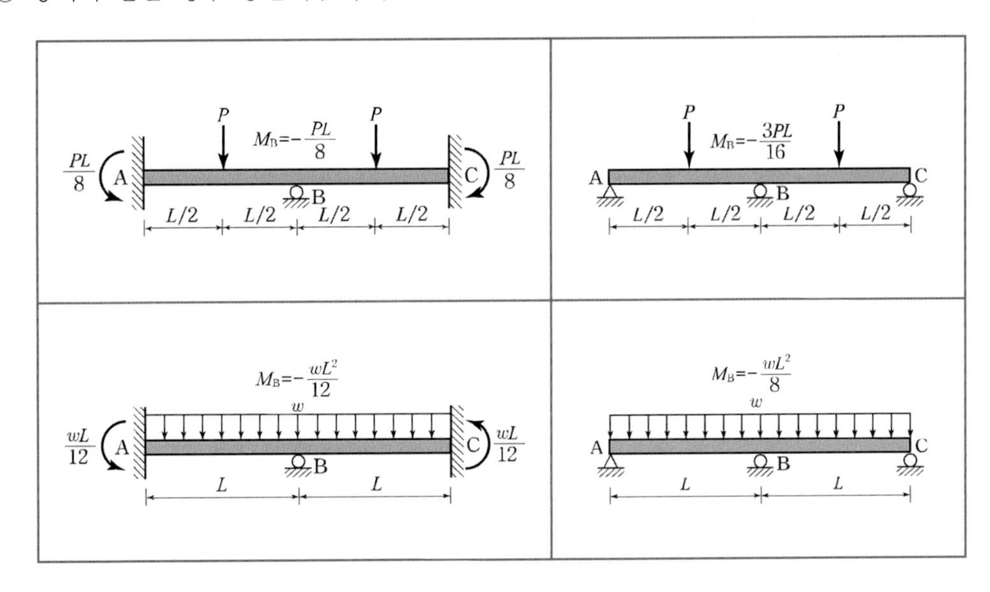

③ 중간지점의 수직반력

분배모멘트와 전달모멘트의 영향이 서로 상쇄되는 경우 중간지점을 고정단으로 하는 두 개의 보로 나누어 구한 수직반력의 합과 같다. 단, 나머지 지점의 경우는 분배 및 전달모멘트의 영향을 받으므로 구조 해석 후 계산한다.

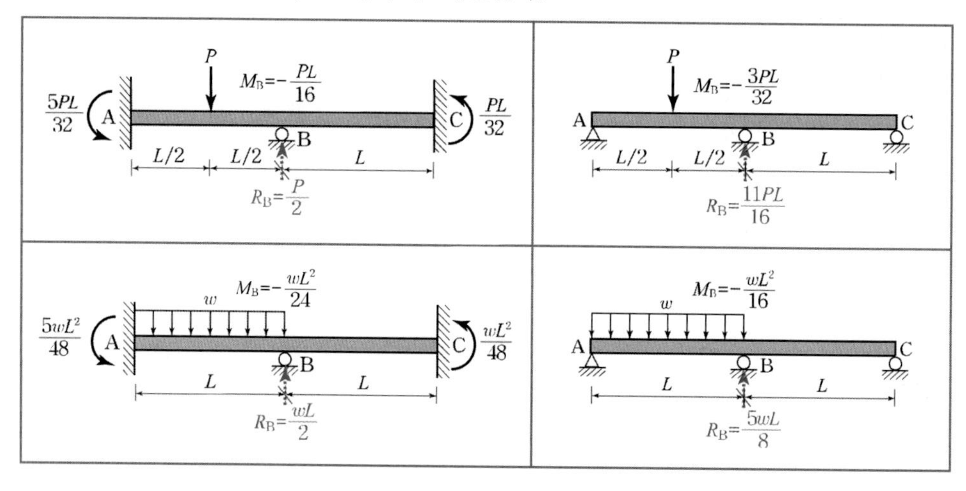

핵심예제 11-16 [13 서울시 9급]

다음 그림과 같은 연속보에 대한 설명 중 틀린 것은? (단, 보의 휨강성은 EI이다)

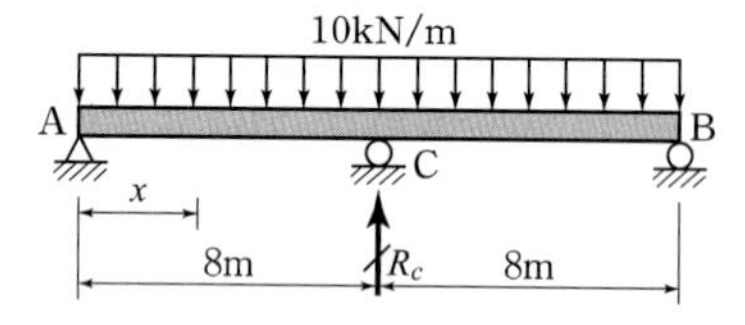

① 주어진 구조물은 1차 부정정 구조물이다.

② 보의 중앙 C점의 반력 $R_C=100$kN이다.

③ 지점 A에서 전단력이 0이 되는 거리 $x=3$m이다.

④ 보의 중앙 C점에서 휨모멘트는 0이다.

⑤ 양 단부 A와 B점에서 발생하는 휨모멘트는 0이다.

| 해설 | 보의 중간 지점 B에서는 불균형 모멘트가 발생하지 않으므로 하중항과 같은 휨모멘트를 갖는다.

$$M_C=-\frac{wL^2}{8}=-\frac{10(64)}{8}=-80\text{kN}\cdot\text{m}$$

답 : ④

11.6 매트릭스법 (Matrix Method)

1 개요

행렬(Matrix)을 이용한 부정정 구조물 해석법이다.

2 매트릭스 해석방법 : Maxwell-Betti의 상반작용의 원리 이용

(1) 응력법(유연도법, 적합법)

변위 일치법과 같이 부정정 여력을 1차적인 미지수로 하여 부정정 구조물을 해석하는 방법이다.

연성 매트릭스식 : $\{u\}=[f]\cdot\{P\}$

- $\{u\}$: 변위 벡터
- $\{P\}$: 힘의 벡터
- $[f]$: 연성 매트릭스

(2) 변위법(강성도법, 평형법) : 가장 널리 사용

처짐각법과 같이 변위를 1차적인 미지수로 하여 부정정 구조물을 해석하는 방법이다.

강성 매트릭스식 : $\{P\}=[k]\cdot\{u\}$

- $\{u\}$: 변위 벡터
- $\{P\}$: 힘의 벡터
- $[k]$: 강성 매트릭스

① 강성 매트릭스의 특징

㉠ 강성 매트릭스는 정방 매트릭스로 그 원소는 요소 변위만 1이고, 다른 모든 변위는 0이 되게 하기 위한 힘의 값이다.

㉡ 강성매트릭스는 정방 매트릭스, 대칭 매트릭스이다.

➡ 특이 매트릭스는 역행렬이 존재하지 않는 매트릭스로 해를 구할 수 없으므로 강성 매트릭스의 특징이 아님에 주의하자.

㉢ 강성매트릭스의 주대각 원소들의 합은 항상 0보다 크다. (Σ주대각 원소>0)

㉣ 임의 열의 원소는 그 자체가 힘의 평형을 유지하므로 구조물 전체의 평형조건을 만족한다.

㉤ 구조물 전체의 강성매트릭스 행렬식은 0이다.

② 변위법이 응력법에 비해 널리 사용되는 이유 (Well condition!!!)

㉠ 계산순서의 체계적 접근이 쉬워 프로그램 작성이 유리하다.

㉡ 정정 및 부정정 구조물에 동일한 해석절차를 사용한다.

㉢ 복잡한 구조라도 쉽게 강성매트릭스를 만들 수 있다.

㉣ 많은 연립방정식에도 컴퓨터 연산이 가능하다.

3 자유도수(Degree of Freedom) : 동역학적 부정정 차수

응력법은 미지수가 부정정 여력이므로 부정정 차수와 같으나 변위법에 의한 매트릭스 구조해석 시 독립적인 변위성분의 합을 자유도라 하며 수직, 수평, 회전변위로 구성된다.

(1) 보·라멘

$$n = 3p - r + 2h$$

여기서, n : 자유도수 p : 절점수
r : 반력수 h : 힌지절점수

(2) 트러스

$$n = 2p - r$$

■ 보충설명 : 자유도

➡ 절점 : 응력이 있으면 자유도가 있다.
➡ 지점 : 반력이 있으면 자유도가 없다.

핵심예제 11-17 [12 서울시 9급]

다음 그림과 같은 보에서 변위법에 기초한 구조해석을 수행할 때 휨변형을 무시($EI = \infty$)하는 경우 총 절점의 자유도의 수는?

① 1개
② 2개
③ 3개
④ 4개
⑤ 7개

| 해설 | 휨강성이 무한대라는 것은 회전변위가 발생하지 않는다는 것이므로 중간지점과 오른쪽 단부에서 2개의 수평변위만 발생한다.

답 : ②

11.7 부정정보의 영향선

1 Müller-Breslau의 원리

Maxwell의 상반작용의 원리를 이용한 영향선 작도법

- M ller-Breslau의 영향선 작도 원리

  어느 특정기능 (반력, 전단력, 휨모멘트)의 영향선은 그 기능의 원인을 제거하고, 그 기능을 다시 하중으로 재하 시의 단위 변위선도와 같다.

  정정보 : 영향선이 직선변화
  부정정보: 영향선이 곡선변화

2 R_B의 영향선 종거 계산 예

원인 제거 ➡ 원인 하중 재하 ➡ 단위변위선도

여력을 R_B라 하면

① P에 의한 B점의 처짐 : $P \cdot \delta_{b①}$

② 여력 R_B에 의한 B점의 처짐 : $R_B \cdot \delta_{bb}$

③ 변형 일치법에 의해

$\delta_B = P\delta_{b①} - R_B \delta_{bb} = 0$

$$\therefore\ R_B = \frac{\delta_{b①}}{\delta_{bb}} = \frac{\delta_{①b}}{\delta_{bb}}$$

(Maxwell의 상반정리 : $\delta_{b①} = \delta_{①b}$)

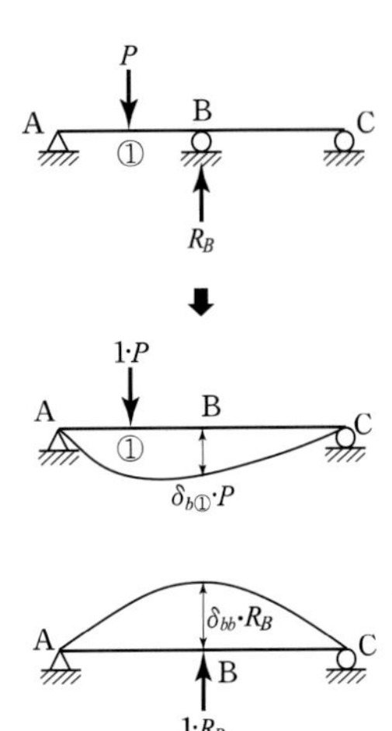

3 3경간 연속보의 영향선 개형

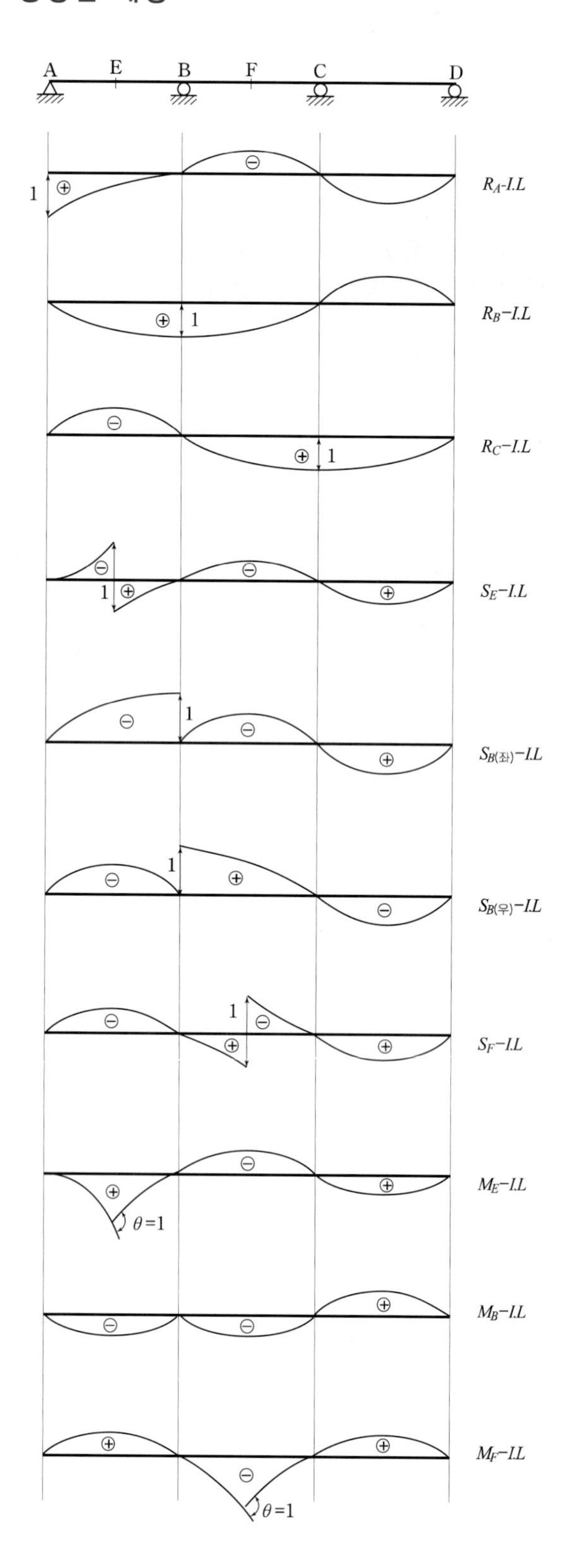

출제 및 예상문제

출제유형단원

- □ 개요
- □ 3연 모멘트법, 처짐각법
- □ 부정정보의 영향선
- □ 변위 일치법(변형 일치법)
- □ 모멘트 분배법, 매트릭스법(Matrix Method)

내친김에 문제까지 끝내보자!

1 다음 중 부정정 구조물의 장점으로 옳지 않은 것은?

① 휨모멘트의 감소로 단면이 줄어들고 재료가 절감되어 경제적이다.
② 강성이 커서 처짐이 줄어든다.
③ 지간이 길고 교각수가 줄어들어 외관상 우아하고 아름답다.
④ 응력교체가 정정구조물보다 적으므로 부가적인 부재가 필요하지 않다.
⑤ 정정구조물보다 더 큰 하중을 받을 수 있다.

2 부정정 구조물 해석방법 중 응력법으로 옳지 않은 것은?

① 3연 모멘트법
② 기둥 유사법
③ 최소일의 원리
④ 모멘트 분배법
⑤ 2중 적분법

정 답 및 해 설

해설 **1**

부정정 구조물은 응력교체가 발생하므로 부가적인 부재를 필요로 한다.

보충 부정정 구조물의 단점

① 침하나 온도변화 및 제작오차에 의한 응력발생
② 해석과 설계가 복잡
③ 응력교체로 부가적인 부재가 필요

해설 **2**

모멘트 분배법은 변위법의 일종이다.

보충 변위법(강성도법, 평형법)

변위를 1차 미지수로 하는 부정정 해법

- 처짐각법(요각법)
- 모멘트 분배법
- 카스틸리아노의 제1정리

정답 1. ④ 2. ④

3 그림과 같이 단면적이 $A_1 = A_2 = A_3$이고, 영률이 $E_1 > E_2 > E_3$로 된 재질이 서로 다른 3개의 부재로 된 합성부재에 힘 P로 압축할 경우 응력 σ_1, σ_2, σ_3에 대한 설명 중 옳은 것은?

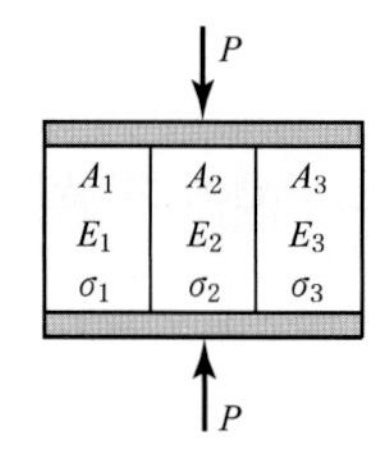

① 세 응력(σ_1, σ_2, σ_3)은 모두 같다.
② σ_3가 가장 크다
③ σ_2가 가장 크다.
④ σ_1이 가장 크다.
⑤ 어느 것이 큰 지 알 수 없다.

해설 $\sigma = E\epsilon$ 에서 변형률(ϵ)이 일정하므로 분담응력은 탄성계수에 비례한다.
$\therefore$ σ_1이 가장 크다.

보충 분담하중과 분담응력

분담하중 : $P = k\delta = \dfrac{AE}{l}\delta$

분담응력 : $\sigma = \dfrac{P}{A} = \dfrac{E}{l}\delta$

① $P_1 = \dfrac{E_1}{E_1 + E_2 + E_3}P$

② $P_2 = \dfrac{E_2}{E_1 + E_2 + E_3}P$

③ $P_3 = \dfrac{E_3}{E_1 + E_2 + E_3}P$

4 다음 그림과 같이 철근 콘크리트로 만든 사각형 기둥의 단면 중심축에 $P = 120\,tf$의 압축하중이 작용하고 있다. 콘크리트와 철근의 단면적이 각각 900cm²와 27cm²일 때, 콘크리트의 응력(σ_c) 과 철근의 응력(σ_s)은? (단, 철근과 콘크리트의 탄성계수비(E_s / E_c)는 9이고, 소수점 이하는 반올림한다) [08 국가직 9급]

	σ_c[kgf/cm²]	σ_s[kgf/cm²]
①	105	925
②	105	945
③	125	925
④	125	945

$A_c = 900\text{cm}^2$
$A_s = 27\text{cm}^2$

정 답 및 해 설

해설 4

(1) 분담하중

철근의 변형량 (δ_s)과 콘크리트의 변형량(δ_c)은 같다.

$$\delta_s = \delta_c = \frac{P_s L}{E_s A_s} = \frac{P_c L}{E_c A_c}$$

$\therefore\ P_s : P_c = E_s A_s : E_c A_c$

정리하면

$$\begin{cases} P_c = \dfrac{E_c A_c}{E_c A_c + E_s A_s}P \\ P_s = \dfrac{E_s A_s}{E_c A_c + E_s A_s}P \end{cases}$$

(2) 응력

① 콘크리트의 응력

$$\sigma_c = \frac{P_c}{A_c} = \frac{E_c P}{E_c A_c + E_s A_s} = \frac{P}{A_c + \left(\dfrac{E_s}{E_c}\right)A_s} = \frac{120 \times 10^3}{900 + (9)(27)} = 105\,\text{kgf/cm}^2$$

② 철근의 응력

$$\sigma_s = \frac{P_c}{A_s} = \frac{E_s P}{E_c A_c + E_s A_s} = \frac{\left(\dfrac{E_s}{E_c}\right)P}{A_c + \left(\dfrac{E_s}{E_c}\right)A_s} = \frac{9(120 \times 10^3)}{900 + 9(27)} = 945\,\text{kgf/cm}^2$$

정답 3. ④ 4. ②

5 그림은 단면적 A_s인 강재(탄성계수 E_s)와 단면적 A_c인 콘크리트(탄성계수 E_c)를 결합한 길이 L인 기둥 단면이다. 연직하중 P가 기둥 중심축과 일치하게 작용할 때 강재의 응력은? [14 국가직 9급]

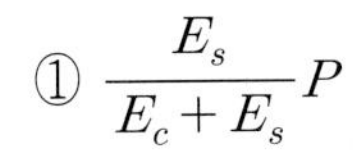

① $\dfrac{E_s}{E_c + E_s}P$

② $\dfrac{E_s}{E_cA_c + E_sA_s}P$

③ $\dfrac{E_cA_c}{E_cA_c + E_sA_s}P$

④ $\dfrac{E_cA_c}{E_cA_c + E_sA_s}P$

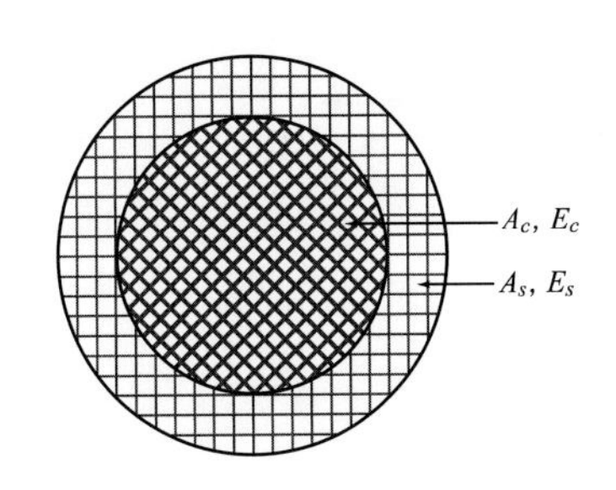

6 다음 그림과 같은 수평한 강성보(rigid beam) AB가 길이가 다른 2개의 강봉으로 A와 B에서 핀으로 연결되어 있다. 연직하중 P가 강성보 AB 사이에 작용할 때 강성보 AB가 수평을 유지하기 위한 연직하중 P의 작용위치 x는? (단, 두 개 강봉의 단면적과 탄성계수는 동일하다) [10 지방직 9급]

① $0.3L$
② $0.4L$
③ $0.5L$
④ $0.6L$

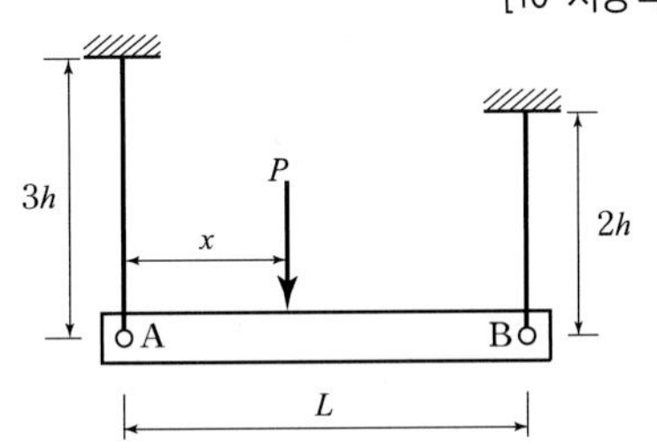

정 답 및 해 설

해설 **5**

(1) 분담하중

변위가 같은 구조물이므로

$$P = k\delta = \frac{EA}{L}\delta \propto EA$$

$$\therefore P_s = \frac{E_sA_s}{E_cA_c + E_sA_s}P$$

(2) 강재의 응력

$$\sigma_s = \frac{P_s}{A_s} = \frac{E_s}{E_cA_c + E_sA_s}P$$

해설 **6**

(1) 적합방정식

$$\frac{R_C(3h)}{EA} = \frac{R_D(2h)}{EA}$$

$$R_C = \frac{2}{3}R_D \cdots ①$$

(2) 평형방정식

$\sum V = 0$:

$$R_C + R_D + P = 0 \quad \cdots ②$$

①식을 ②식에 대입하여 정리하면

$$R_D = \frac{3}{5}P$$

$\sum M_A = 0$:

$$-R_D(L) + Px = 0$$

$$-\frac{3}{5}P(L) + Px = 0$$

$$\therefore x = \frac{3}{5}L = 0.6L$$

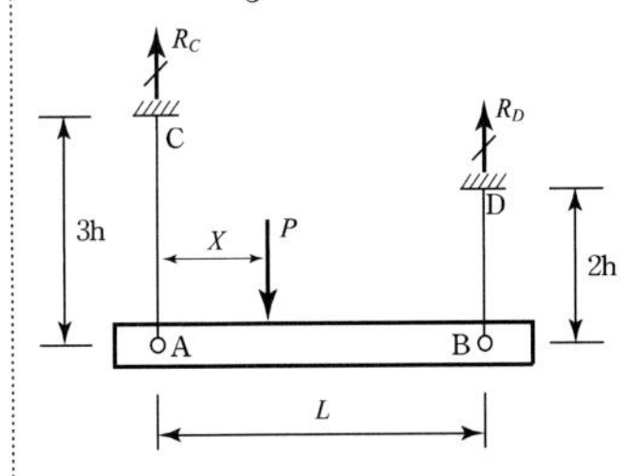

정답 5. ② 6. ④

7 축강성이 EA인 다음 강철봉의 C점에서의 수평변위는? (단, EA는 일정하다) [08 국가직 9급]

① $\dfrac{4PL}{5EA}$

② $\dfrac{PL}{EA}$

③ $\dfrac{6PL}{5EA}$

④ $\dfrac{7PL}{5EA}$

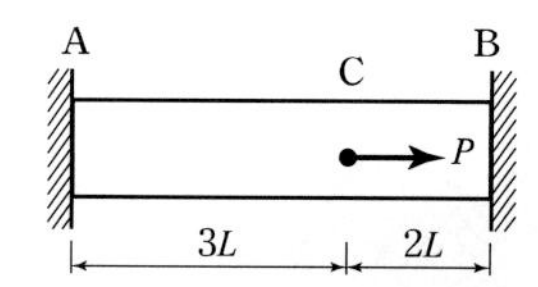

해설 (1) 지점반력

A점의 구속도를 해제하고,
적합방정식을 구성하면

$$\delta_A = \frac{R_A(5L)}{EA} - \frac{P(2L)}{EA} = 0$$

$$\therefore\ R_A = \frac{2}{5}P(\leftarrow)$$

$$\Sigma H = 0\ :\ R_A + R_B = P$$

$$\therefore\ R_B = P - R_A = P - \frac{2}{5}P = \frac{3}{5}P(\leftarrow)$$

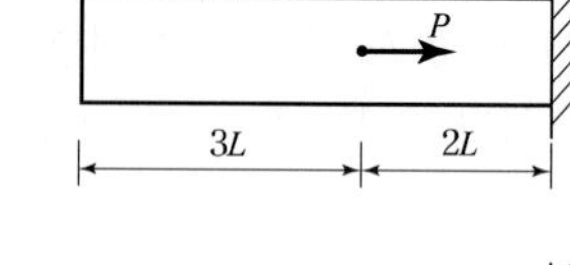

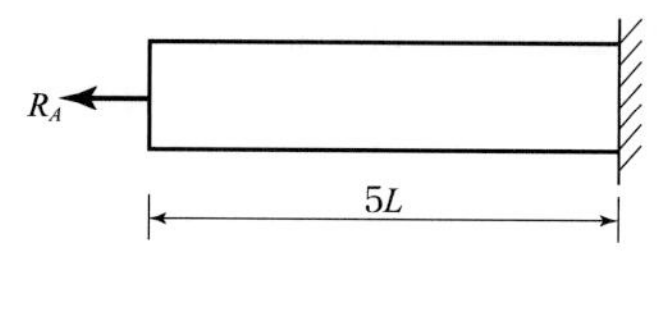

(2) C점 수평변위

$$\delta_C = \delta_{AC} = \frac{R_A(3L)}{EA} = \frac{\left(\frac{2}{5}P\right)(3L)}{EA} = \frac{6PL}{5EA}\ (\text{오른쪽})$$

8 수직으로 매달린 단면적이 0.001m²인 봉의 온도가 20°C에서 40°C까지 균일하세 상승되었다. 탄성계수(E)는 200GPa, 선팽창계수(α)는 1.0×10⁻⁵/°C일 때, 봉의 길이를 처음 길이와 같게 유지하려면 봉의 하단에서 상향 수직으로 작용해야 하는 하중의 크기[kN]는? (단, 봉의 자중은 무시한다) [14 지방직 9급]

① 10 ② 20

③ 30 ④ 40

해설 **8**

변위를 0으로 만들기 위한 하중이므로

$$P = k\delta_{구속} = E\alpha(\Delta T)A$$
$$= 200(10^{-5})(20)(0.001)$$
$$= 40{,}000\,\text{N} = 40\,\text{kN}$$

정답 7. ③ 8. ④

9 길이가 1m이고, 한 변의 길이가 10cm인 정사각형 단면 부재의 양끝이 고정되어 있다. 온도가 10°C 상승했을 때 부재 단면에 발생하는 힘[kN]은? (단, 탄성계수 $E=2\times10^5$MPa, 선팽창계수 $\alpha=10^{-5}$/°C이다) [14 서울시 9급]

① 150　② 200
③ 250　④ 300
⑤ 350

10 다음과 같이 길이가 L인 균일 단면봉의 양단이 고정되어 있을 때, ΔT만큼 온도가 변화하고 봉이 탄성거동을 하는 경우에 대한 설명 중 옳지 않은 것은? (단, α는 열팽창계수, E는 탄성계수, A는 단면적이고, 봉의 자중은 무시한다) [14 지방직 9급]

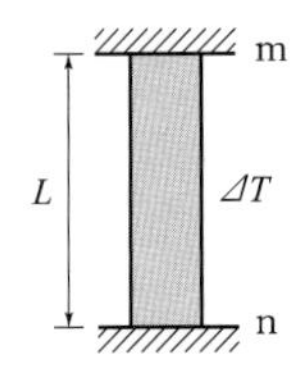

① ΔT로 인한 봉의 축방향 변형량은 0이다.
② 봉의 압축 응력은 $E\alpha(\Delta T)$이다.
③ m지점은 고정단, n지점은 자유단인 경우, 고정단의 반력은 $E\alpha(\Delta T)$이다.
④ m지점은 고정단, n지점은 자유단인 경우, 봉의 축방향 변형량은 $\alpha(\Delta T)L$이다.

11 그림과 같이 하단부가 고정된 길이 10m의 기둥이 천장과 1mm의 간격을 두고 놓여 있다. 만약 온도가 기둥 전체에 대해 균일하게 20°C 상승하였을 경우, 이 기둥의 내부에 발생하는 압축응력[MPa]은? (단, 재료는 균일하며, 열팽창계수 $\alpha=1\times10^{-5}$/°C, 탄성계수 $E=200$GPa이다. 또한 기둥의 자중은 무시하며, 기둥의 길이는 간격에 비해 충분히 긴 것으로 가정한다) [15 국가직 9급]

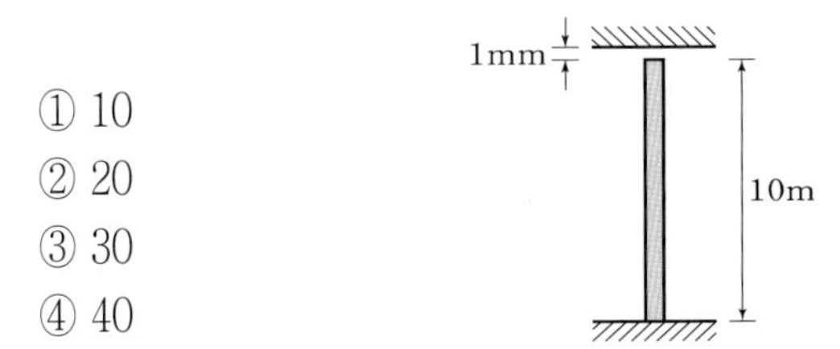

① 10
② 20
③ 30
④ 40

정답 및 해설

해설 **9**
양단 고정이고 강성(EA)이 일정하므로 기본틀을 갖는다.
$R=k\delta_{구속}=E\alpha(\Delta T)A$
$=200(10^{-5})(10)(100^2)$
$=200\times10^3\text{N}=200\text{kN}$ (압축)

해설 **10**
m이 고정단, n이 자유단으로 지지되는 경우는 변위가 구속되지 않으므로 고정단의 반력은 0이 된다.

해설 **11**
$$\sigma=E\left\{\frac{\alpha(\Delta T)L-\delta_a}{L}\right\}$$
$$=200\times10^3\times\left\{\frac{1\times10^{-5}(20)(10\times10^3)-1}{10\times10^3}\right\}$$
$=20\,\text{MPa}$ (압축응력)

정답 9. ② 10. ③ 11. ②

12 다음 그림과 같이 강봉이 우측 단부에서 1.0mm 벌어져 있다. 온도가 50°C 상승하면 강봉에 발생하는 응력의 크기는? (단, $E=2.0\times10^6$ MPa, $\alpha=1.0\times10^{-5}/°\text{C}$이다) [15 서울시 9급]

① 500MPa
② 600MPa
③ 700MPa
④ 800MPa

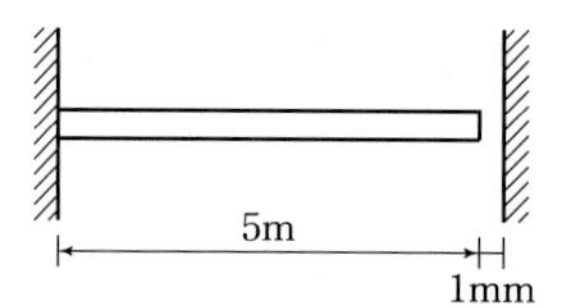

13 고정보의 강도에 대한 설명 중 옳은 것은?

① 강도는 변함없고 처짐이 커진다.
② 단순보의 강도보다 같은 조건하에서는 강하다.
③ 강도도 강하게 되고, 처짐도 크게 된다.
④ 단순보의 강도보다 스팬과 하중이 같으면 약하다
⑤ 고정단에서 휨모멘트는 0으로 한다.

해설 고정보와 단순보의 비교

구 분	고 정 보	단 순 보
구조물	P, A, B, $l/2$, $l/2$, $\frac{Pl}{8}$, $\frac{Pl}{8}$, $\frac{Pl}{8}$ (B.M.D)	P, A, B, $l/2$, $l/2$, $\frac{Pl}{4}$ (B.M.D)
최대처짐(δ_{max})	$\frac{Pl^3}{196EI}$	$\frac{Pl^3}{48EI}$
최대 휨모멘트(M_{max})	$\frac{Pl}{8}$	$\frac{Pl}{4}$
보의 강도	고정보 > 단순보	

정 답 및 해 설

해설 **12**

$$\sigma = E\alpha(\Delta T) - E\left(\frac{\delta_a}{L}\right)$$
$$= 2.0\times10^6(1.0\times10^{-5})(50) - 2.0\times10^6\left(\frac{1.0}{5000}\right)$$
$$= 600\,\text{MPa}\,(\text{압축})$$

정답 12. ② 13. ②

14 다음 부정정보의 B단에 모멘트를 작용시킬 때, A단에 전달되는 모멘트(M_A)는 B단의 작용모멘트(M_B)의 몇 배가 되는가? (단, E : 탄성계수, I : 단면2차모멘트) [07 국가직 9급]

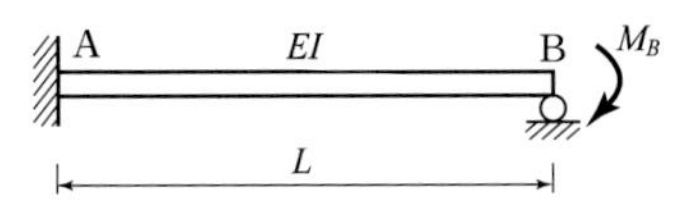

① 0.5배
② 1.0배
③ 1.5배
④ 2.0배

정 답 및 해 설

해설 **14**

회전단에 작용하는 모멘트는 고정단으로 $\frac{1}{2}$이 전달된다.

$\therefore\ M_A = \frac{1}{2}M_B = 0.5M_B$

15 그림과 같은 부정정보에서 지점 A의 휨모멘트가 0이 발생할 가능성이 있는 경우는? (단, P와 M은 (+)값을 갖고 보의 자중은 무시한다) [11 지방직 9급]

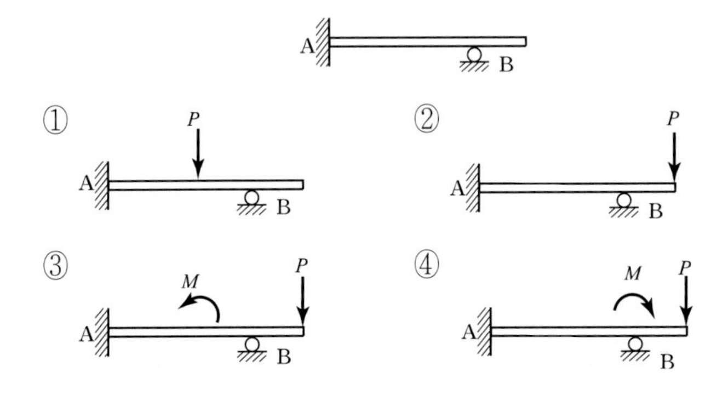

해설 **15**

B점의 모멘트가 0일 때 A점으로 전달되는 모멘트가 0이 된다. 따라서B점에서의 모멘트도 0이고, A점의 모멘트도 0이 될 수 있는 경우는 ③번이다. ①번의 경우는 하중항에 의해 A점에 모멘트가 발생하므로 0이 될 수 없다.

16 그림과 같이 양단이 고정되고 단면이 균일한 보의 중앙에 집중 하중 P가 작용하고 있을 경우, 탄성처짐곡선의 접선의 기울기가 영(zero)인 곳은? [09 지방직 9급]

① A, C 점
② B 점
③ A, B, C 점
④ AB의 중간점과 BC의 중간점

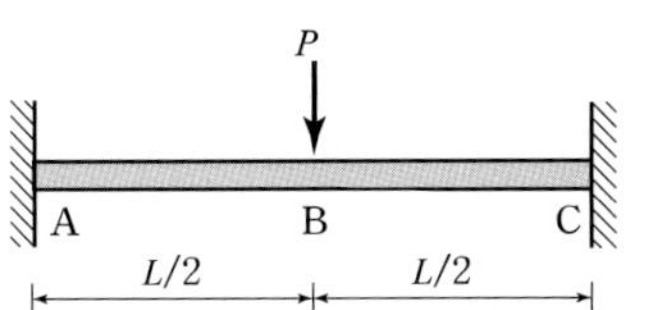

해설 **16**

탄성 처짐곡선의 접선의 기울기가 0(Zero)인 곳은 A, B, C점이다.

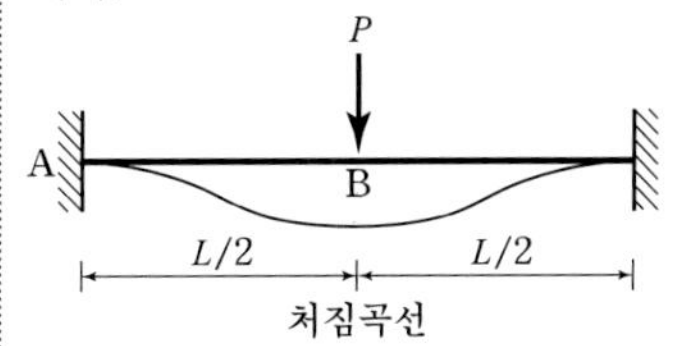

처짐곡선

정답 14. ① 15. ③ 16. ③

17 그림과 같이 양단고정보로 설계된 구조물에 대해 고정단 B에서 볼트 체결이 충분하지 않다고 판단되어, B지점을 힌지로 바꾸어 안전성을 검토하려 한다. 이때 양단고정보와 비교하여 A지점의 모멘트와 보의 최대 모멘트의 절대치 크기에 대한 기술로 옳은 것은? [11 국가직 9급]

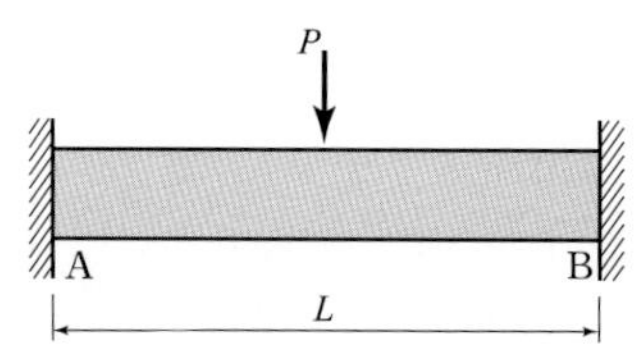

① A지점 모멘트 증가, 최대 모멘트 감소
② A지점 모멘트 증가, 최대 모멘트 증가
③ A지점 모멘트 감소, 최대 모멘트 증가
④ A지점 모멘트 감소, 최대 모멘트 감소

해설 양단고정보로 설계된 구조물 그림(가)의 한쪽을 힌지로 바꾸게 되면 B지점의 반력모멘트는 불균형 모멘트로서 남아 있게 되어 모멘트 재분배에 의해 고정단 A로 1/2이 전달된다. 그러므로 고정단 A의 모멘트는 증가되고, 고정단 모멘트가 최대 모멘트이므로 최대 모멘트 역시 증가하게 된다.

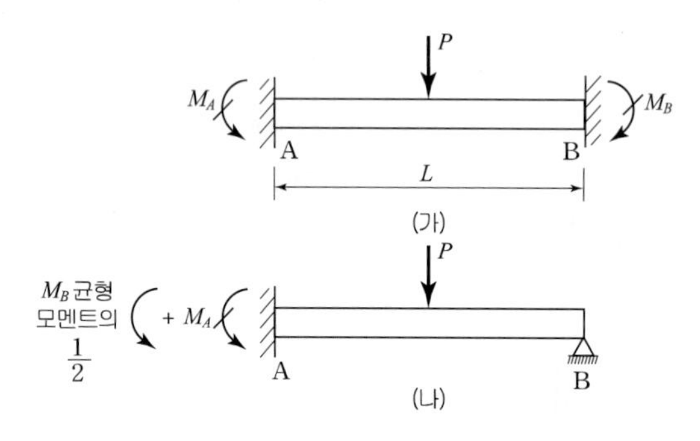

18 그림과 같은 등분포하중을 받고 있는 양단고정보에서 발생되는 최대 휨응력[MPa]은? (단, 보의 자중은 무시한다) [11 지방직 9급]

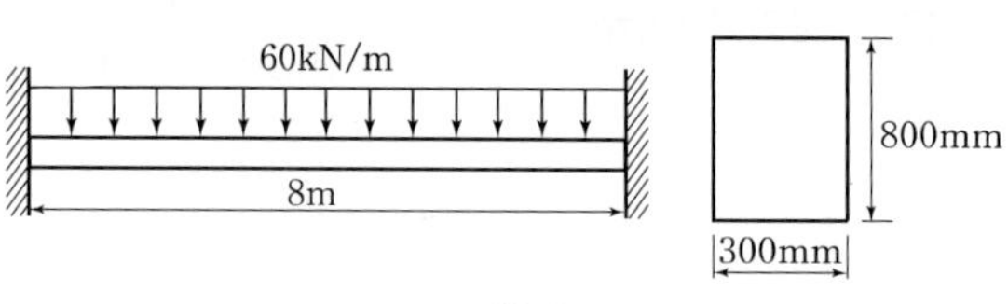

① 1　　② 8
③ 10　　④ 80

해설 **18**
등분포하중을 받는 양단 고정보의 최대휨모멘트는 $\frac{wL^2}{12}$ 이므로

$$\sigma_{\max} = \frac{M}{Z} = \frac{\frac{wL^2}{12}}{\frac{bh^2}{6}}$$

$$= \frac{\frac{60(8000)^2}{12}}{\frac{300(800)^2}{6}} = 10\,\text{MPa}$$

정답 17. ② 18. ③

19 다음 그림과 같은 1차 부정정보에서 B점의 반력은?

① $\dfrac{1}{8}wl$

② $\dfrac{2}{8}wl$

③ $\dfrac{3}{8}wl$

④ $\dfrac{4}{8}wl$

⑤ $\dfrac{5}{8}wl$

해설 $R_B = k\delta_{구속} = \dfrac{3EI}{l^3}\left(\dfrac{wl^4}{8EI}\right) = \dfrac{3}{8}wl$

보충 등분포하중을 받는 고정 지지보의 해석

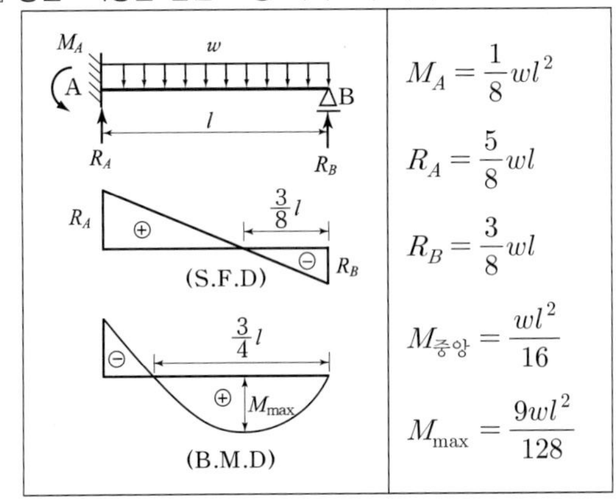

20 그림과 같은 등분포 하중 q를 받는 1차 부정정보의 고정단 모멘트 M_A와 R_B는? (단, 보의 자중은 무시한다) [14 국가직 9급]

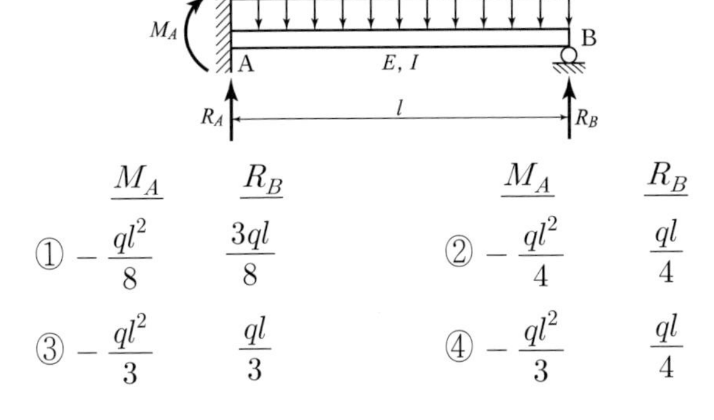

	M_A	R_B		M_A	R_B
①	$-\dfrac{ql^2}{8}$	$\dfrac{3ql}{8}$	②	$-\dfrac{ql^2}{4}$	$\dfrac{ql}{4}$
③	$-\dfrac{ql^2}{3}$	$\dfrac{ql}{3}$	④	$-\dfrac{ql^2}{3}$	$\dfrac{ql}{4}$

해설 **20**

$M_A = -k\theta_{구속} = -\dfrac{3EI}{l}\left(\dfrac{ql^3}{24EI}\right)$

$= -\dfrac{ql^2}{8}$

(− : 가정한 방향과 반대)

$R_B = k\delta_{구속} = \dfrac{3EI}{l^3}\left(\dfrac{ql^4}{8EI}\right)$

$= \dfrac{3ql}{8}$

정답 19. ③ 20. ①

21 그림과 같은 부정정보의 B점에서의 반력은 얼마인가? (단, EI는 일정하다) [14 서울시 9급]

① 9
② 10
③ 11
④ 12
⑤ 18

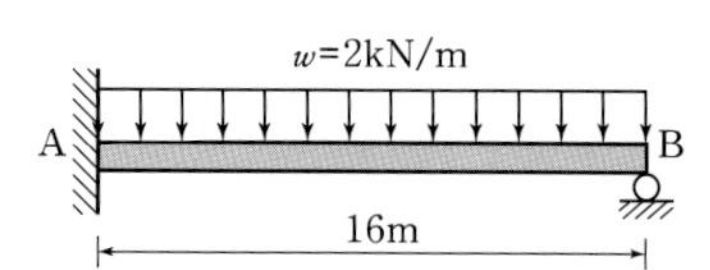

해설 **21**

$$R_B = k\delta_{구속} = \frac{3EI}{L^3}\left(\frac{wL^4}{8EI}\right)$$
$$= \frac{3wL}{8} = \frac{3(2)(16)}{8} = 12\,\text{kN}$$

22 아래 연속보에서 B점이 Δ만큼 침하한 경우 B점의 휨모멘트 M_B는? (단, EI는 일정하다) [15 서울시 9급]

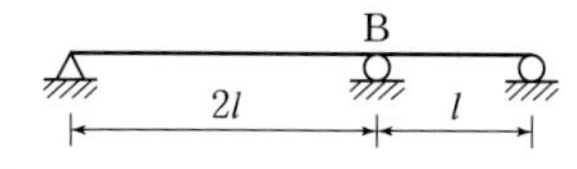

① $\dfrac{EI\Delta}{2l^2}$　② $\dfrac{EI\Delta}{l^2}$
③ $\dfrac{3EI\Delta}{2l^2}$　④ $\dfrac{2EI\Delta}{l^2}$

보충 단지점 침하 시 중간지점의 휨모멘트

$$M_B = -\frac{3EI\Delta}{\text{좌우거리 합(회전한 부재길이)}}$$

해설 **22**

2경간 연속보에서 중간지점의 침하가 있는 경우

$$M_B = \frac{3EI\Delta}{L_1L_2} = \frac{3EI\Delta}{2l(l)} = \frac{3EI\Delta}{2l^2}$$

23 다음 그림과 같은 보의 경우에 지점 B의 수직반력(R_B)은?(단, 길이가 L인 외팔보의 단위하중에 의한 자유단의 처짐은 다음과 같다) [10 국가직 9급]

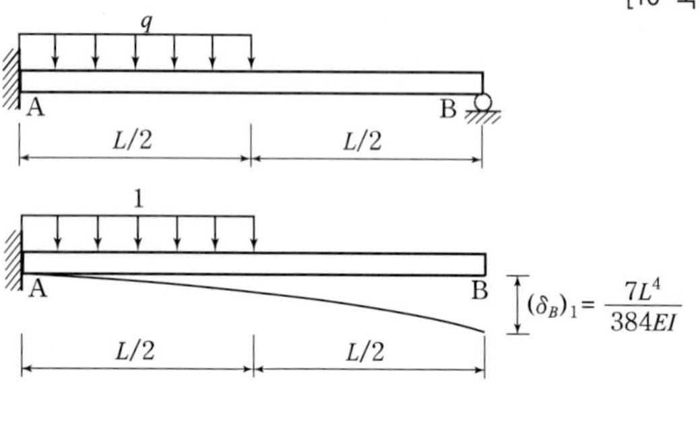

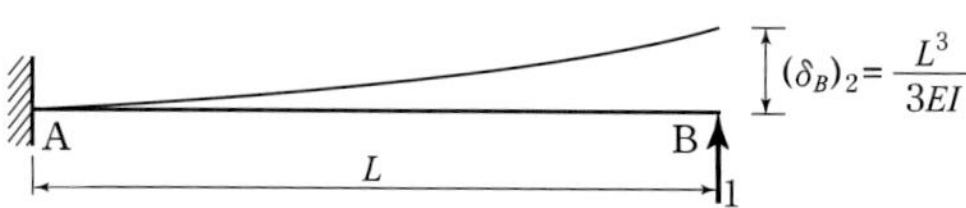

① $\dfrac{3}{128}qL$　② $\dfrac{7}{128}qL$
③ $\dfrac{21}{128}qL$　④ $\dfrac{48}{128}qL$

해설 **23**

적합방정식을 구성하면

$q(\delta_B)_1 = R_B(\delta_B)_2$에서

$$R_B = \frac{q(\delta_B)_1}{(\delta_B)_2} = \frac{q\left(\frac{7L^4}{384EI}\right)}{\frac{L^3}{3EI}}$$
$$= \frac{7}{128}qL$$

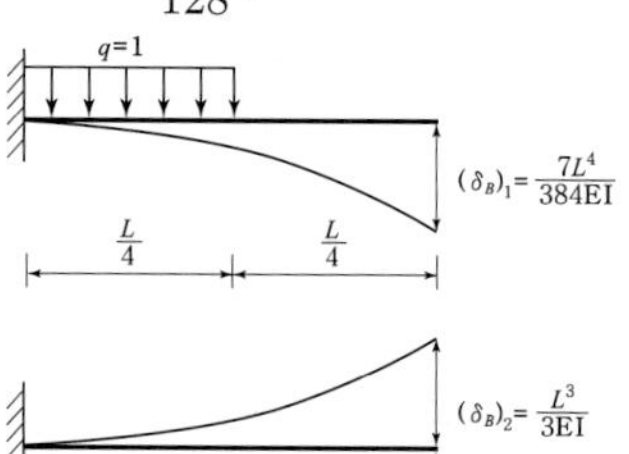

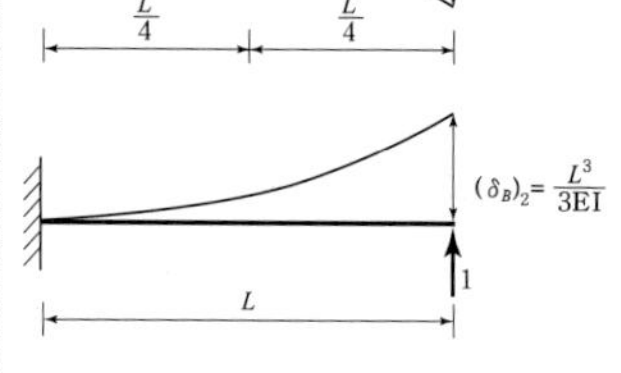

정답 21. ④ 22. ③ 23. ②

24 다음 그림과 같은 양단 고정보에서 A단의 휨모멘트[kN·m]는?

① −2
② −3
③ −4
④ −5
⑤ −6

해설 24

$$M_A = -\frac{5}{192}wl^2$$
$$= -\frac{5}{192}(1.2)(8^2)$$
$$= -2\text{kN}\cdot\text{m}$$

보충 양단고정보에서 임의 구간에 등분포하중이 작용할 때 고정단 모멘트

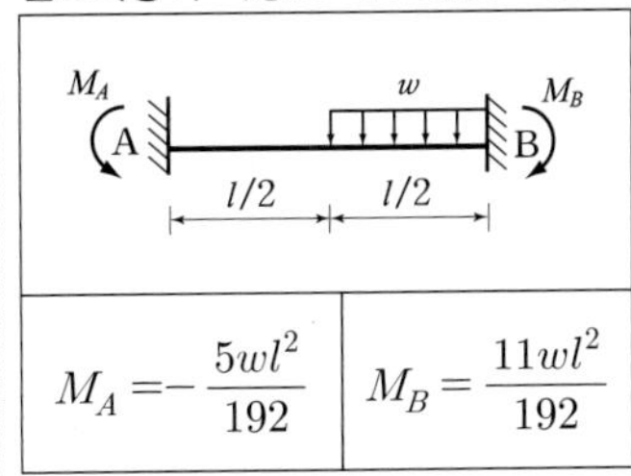

25 그림과 같이 길이가 $2L$인 단순보 AB의 중앙점에 길이가 L인 캔틸레버보 CD가 걸쳐져 있다. 점 C에 연직 하중 P가 작용할 때 하중 작용점 C의 연직 처짐은? (단, 단순보 AB와 캔틸레버보 CD의 휨강성은 모두 EI로 일정하며, 축변형과 전단변형을 무시한다) [11 국가직 9급]

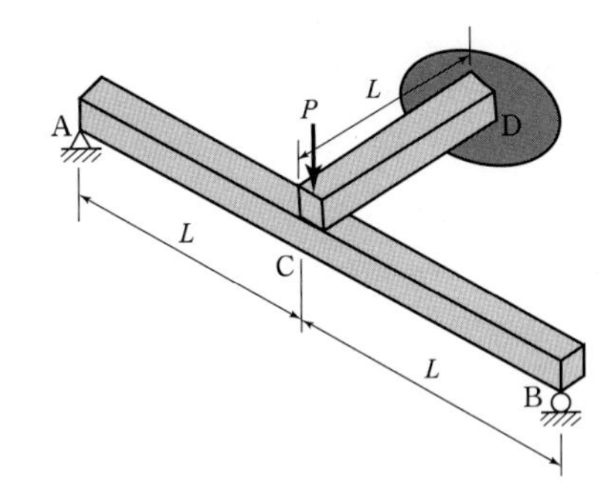

① $\frac{PL^3}{9EI}$　　② $\frac{PL^3}{18EI}$
③ $\frac{PL^3}{27EI}$　　④ $\frac{PL^3}{36EI}$

해설 25

(1) 분담하중
하중점에서 캔틸레버보의 처짐량 ($\delta_{캔}$)과 단순보의 처짐량 ($\delta_{단}$)은 같아야 하므로

$$\delta_{하중점} = \frac{P_{캔}L^3}{3EI} = \frac{P_{단}(2L)^3}{48EI}$$

에서

$$\therefore \begin{cases} P_{캔} = \dfrac{P}{3} \\ P_{단} = \dfrac{2}{3}P \end{cases}$$

(2) C점의 연직 처짐

$$\delta_C = \frac{\left(\frac{P}{3}\right)L^3}{3EI} = \frac{PL^3}{9EI}$$ 또는

$$\delta_C = \frac{\left(\frac{2}{3}P\right)(2L)^3}{48EI} = \frac{PL^3}{9EI}$$

정답 24. ① 25. ①

26 다음 그림과 같이 단순보 위에 캔틸레버가 놓여있다. C점에 하중 $2P$가 작용할 때, B점의 수직반력은? (단, 모든 부재의 EI는 일정, 축변형과 전단변형은 무시한다) [11 서울시 교육청 9급]

① $\frac{5P}{48}$

② $\frac{7P}{48}$

③ $\frac{P}{3}$

④ $\frac{2P}{3}$

해설

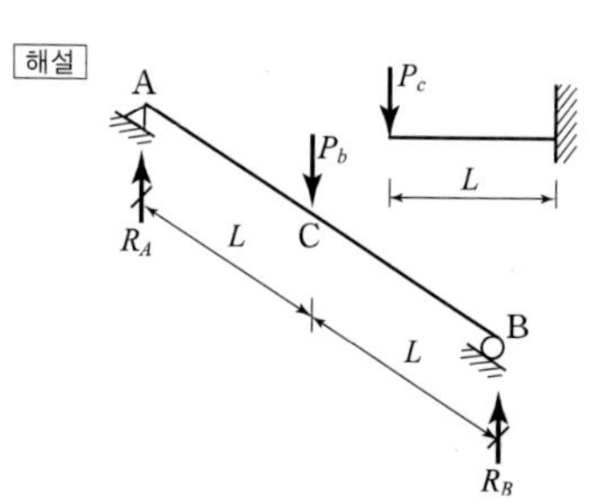

27 2경간 연속보의 전지간에 등분포하중을 받을 때 휨모멘트가 영(0)인 점의 수는?

① 1개
② 3개
③ 4개
④ 5개
⑤ 6개

28 일단 강절, 타단 활절로 된 구조물에서 부재 강도로 옳은 것은?(단, 부재 길이는 l 이고, 휨강성 EI는 l 구간에 걸쳐 일정하다)

① $\frac{2EI}{l}$

② $\frac{3EI}{l}$

③ $\frac{4EI}{l}$

④ $\frac{5EI}{l}$

⑤ $\frac{6EI}{l}$

정 답 및 해 설

해설 **26**

변위일치법을 이용하여 캔틸레버에 분담되는 하중(P_c)과 단순보에 분담되는 하중(P_b)을 구한다.

(1) 분담하중(P_c, P_b)

$\delta_{P_c} = \delta_{P_b}$:

$$\frac{P_c L^3}{3EI} = \frac{P_b (2L)^3}{48EI}$$

$$P_c = \frac{P_b}{2} \cdots ①$$

$$2P = P_c + P_b \cdots ②$$

①식을 ②식에 대입하면

$$P_b = \frac{4}{3}P,\ P_c = \frac{2}{3}P$$

(2) 지점 A의 반력(R_A)

$$R_A = \frac{P_b}{2} = \frac{\frac{4}{3}P}{2} = \frac{2}{3}P$$

해설 **27**

연속보의 중간지점에서는 부(−)의 휨모멘트가 발생하고 지간 사이에서는 정(+)의 휨모멘트가 발생하므로 각 지간에서 1점씩 휨모멘트가 0인 점이 생기고 단지점에서 휨모멘트가 0이므로 총 4점에서 휨모멘트가 0이 된다.

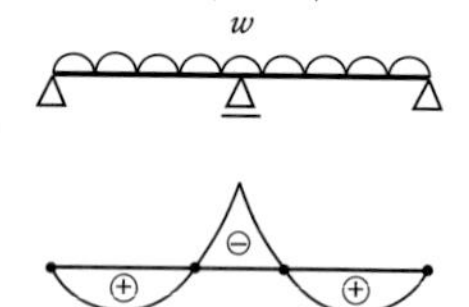

(B.M.D)

∴ 휨모멘트가 영인 점의 수=4개

해설 **28**

부재강도와 유효강비

지지 상태	부재 강도	유효강비 (k_e)
M을 1/2전달	4EK	1.0
일단강절 타단활절	3EK	$\frac{3}{4}$ = 0.75
대칭구조	2EK	$\frac{1}{2}$ = 0.5
역대칭구조	6EK	$\frac{3}{2}$ = 1.5

정답 26. ④ 27. ③ 28. ②

29 그림과 같은 구조물에서 절점은 고정되어 있으며, 부재 ①, ②, ③은 고정단으로 지지되고, 부재 ④는 힌지로 지지될 때 ④번 부재의 분배율은?

① 0.1
② 0.2
③ 0.3
④ 0.4
⑤ 0.5

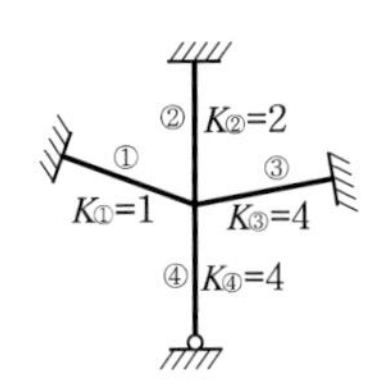

해설 **29**

분배율은 유효강비에 비례하므로

$$f_④ = \frac{k_④}{\Sigma k} = \frac{4\left(\frac{3}{4}\right)}{1+2+4+4\left(\frac{3}{4}\right)} = 0.3$$

30 다음 그림과 같은 구조물에서 OA부재의 분배율은? (단, k는 각 부재의 강비이다)

① 0.15
② 0.16
③ 0.17
④ 0.18
⑤ 0.19

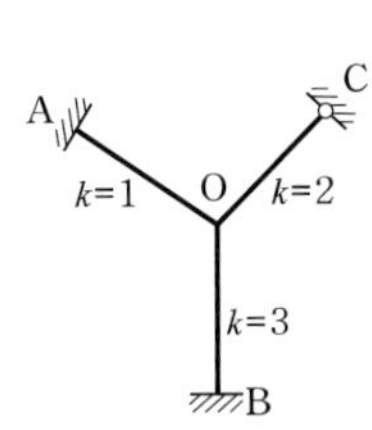

해설 **30**

분배율은 유효강비에 비례하므로

$$f_{OA} = \frac{k_{OA}}{\Sigma k} = \frac{1}{1+2\left(\frac{3}{4}\right)+3} = 0.18$$

31 다음 그림과 같이 끝단이 고정지지된 3개의 부재가 절점 A에서 강결되어 있다. 절점 A에 외력 모멘트 M이 작용할 때 부재 AB의 모멘트 분배율(분배계수)은? (단, I는 단면 2차 모멘트이다) [10 지방직 9급]

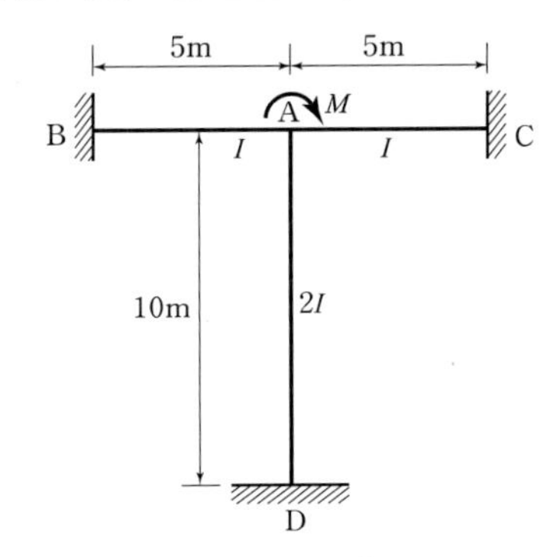

① $\frac{1}{2}$
② $\frac{1}{3}$
③ $\frac{1}{4}$
④ $\frac{1}{5}$

해설 **31**

부재	AB	AC	AD
강도계수 $\left(K=\frac{I}{L}\right)$	$K_{AB} = \frac{I}{5}$	$K_{AC} = \frac{I}{5}$	$K_{AD} = \frac{2I}{10} = \frac{I}{5}$
유효강비 (k)	$k_{AB} = 1$	$k_{AC} = 1$	$k_{AD} = 1$
분배율 $\left(f_i = \frac{k_i}{\Sigma k}\right)$	$f_{AB} = \frac{1}{3}$	$f_{AC} = \frac{1}{3}$	$f_{AD} = \frac{1}{3}$

정답 29. ③ 30. ④ 31. ②

32 그림과 같은 부정정 구조물에서 OC부재의 분배율은? (단, EI는 일정하다) [14 서울시 9급]

① 5/14
② 5/15
③ 4/15
④ 4/16
⑤ 5/13

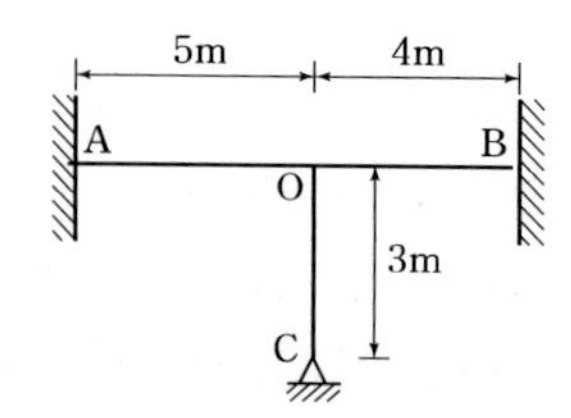

33 다음의 구조에서 D점에서 10kN · m의 모멘트가 작용할 때 CD의 모멘트(M_{CD})의 값은? (단, A, B, C는 고정단, K는 강성도를 나타냄) [15 서울시 9급]

① 2kN · m
② 2.5kN · m
③ 4kN · m
④ 5kN · m

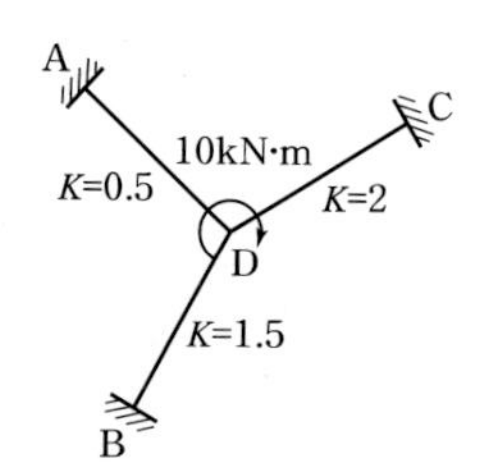

34 다음 부정정 라멘에서 재단모멘트 M_{BA} [kN · m]로 옳은 것은?

① 6
② −6
③ 4.5
④ −4.5
⑤ 7

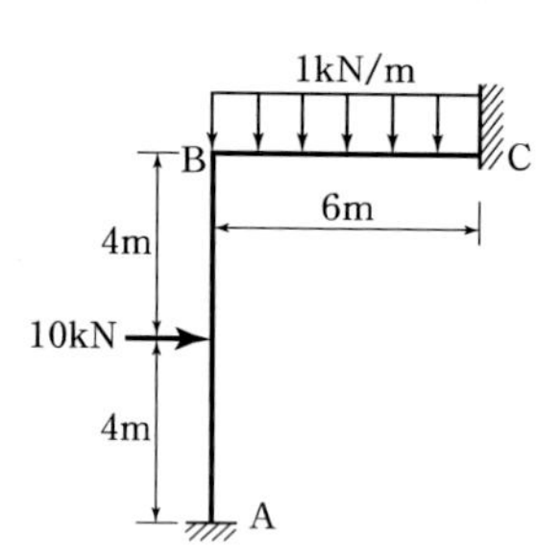

정 답 및 해 설

해설 **32**

(1) 강비계산

$k_{OA} : k_{OB} : k_{OC}$

$= \frac{I}{5} : \frac{I}{4} : \frac{I}{3}\left(\frac{3}{4}\right) = 4 : 5 : 5$

(2) OC부재의 분배율

$f_{OC} = \frac{k_{OC}}{\sum k} = \frac{5}{14}$

해설 **33**

모멘트 분배법을 적용하면 분배된 모멘트가 고정단으로 1/2이 전달되므로

$M_{CD} = 10\left(\frac{2}{4}\right) \times \frac{1}{2} = 2.5\,\text{kN·m}$

해설 **34**

(1) 하중항

$C_{BA} = \frac{Pl}{8} = \frac{10(8)}{8}$

$= 10\,\text{kN·m}$ (↻)

$C_{BC} = -\frac{wl^2}{12} = \frac{1(6^2)}{12}$

$= -3\,\text{kN·m}$ (↺)

(2) 불균형모멘트

$U.M = 10 - 3 = 7\,\text{kN·m}$ (↻)

(3) 균형모멘트

$B.M = -7\,\text{kN·m}$ (↺)

(4) 분배모멘트

$D.M = B.M(f)$

$= -7\left(\frac{3}{7}\right) = -3\,\text{kN·m}$ (↺)

$\left[f_{BA} = \frac{k_{BA}}{\Sigma k} = \frac{3}{3+4} = \frac{3}{7}\right]$

(5) 재단모멘트

$M_{BA} = C_{BA} + D.M$

$= 10 - 3 = 7\,\text{kN·m}$ (↻)

보충 재단모멘트(최종모멘트)
부재를 절단했을 때 부재의 단부에서 생기는 최종모멘트
∴ 재단모멘트 = 최종모멘트
= 하중항 + 분배모멘트 + 전달모멘트

정답 32. ① 33. ② 34. ⑤

35 다음과 같은 구조물에서 절점각과 부재각을 합한 최소 개수는?

① 1
② 2
③ 3
④ 4
⑤ 5

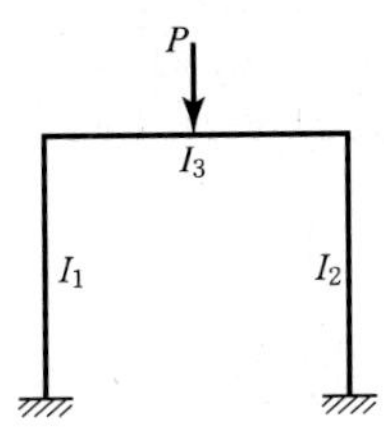

36 그림과 같은 구조물에서 층방정식으로 옳은 것은?

① $M_{AB} + M_{BA} + Ph = 0$
② $M_{CD} + M_{DC} + Ph = 0$
③ $M_{BC} + M_{CB} + Ph = 0$
④ $M_{AB} + M_{BA} + M_{BC} + M_{CB} = 0$
⑤ $M_{AB} + M_{BA} + M_{CD} + M_{DC} + Ph = 0$

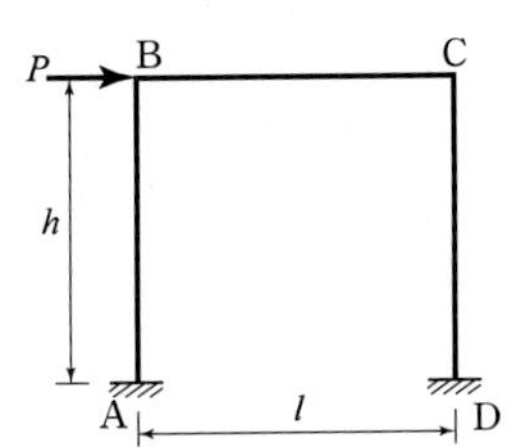

해설 $\Sigma\left(\frac{\text{기둥의 재단모멘트 합}}{\text{해당기둥길이}}\right)$+(층 상단에 작용하는 수평력 합) $=0$

$$\frac{M_{AB}+M_{BA}}{h}+\frac{M_{CD}+M_{DC}}{h}+P=0$$

$$\therefore\ M_{AB}+M_{BA}+M_{CD}+M_{DC}+Ph=0$$

정 답 및 해 설

해설 **35**

비대칭 구조이므로 절점각 2개, 부재각 1개가 발생한다.

∴ 최소 미지수=절점각수+부재각수=2+1=3개

보충 비대칭 구조의 미지수 개수

① 절점각수(절점 방정식수) : 절점수와 같다.(단, 고정단과 힌지는 제외)
② 부재각수(층방정식수) : 층수와 같다.

∴ 미지수=절점각수+부재각수

정답 35. ③ 36. ⑤

37 그림과 같이 길이 L, 축강성 EA이며, 수평면과 기울기 θ를 이루고 있는 2개의 축부재 ac와 bc가 스프링상수 k인 연직스프링 cd와 절점 c에서 연결된 트러스가 있다. 절점 c에 연직 하중 P가 작용할 때, 절점 c의 연직 처짐은? (단, 스프링 상수는$k = EA/L$이다)

[11 국가직 9급]

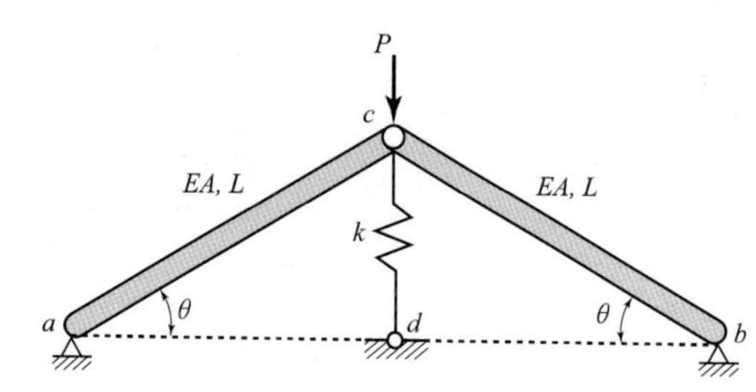

① $\dfrac{P}{2k(\sin^3\theta+1)}$　　② $\dfrac{P}{k(2\sin^3\theta+1)}$

③ $\dfrac{P}{k(2\sin^2\theta+1)}$　　④ $\dfrac{P}{2k(\sin^2\theta+1)}$

해설 (1) 적합방정식

자유물체도에서 트러스의 처짐량과 스프링의 처짐량은 같아야 하므로

$$\frac{PL}{2EA\sin^2\theta} - \frac{F_2L}{2EA\sin^2\theta} = \frac{F_2}{k} = \frac{F_2L}{EA}$$

$$\frac{F_2L(1+2\sin^2\theta)}{2EA\sin^2\theta} = \frac{PL}{2EA\sin^2\theta}$$

$$\therefore\ F_2 = \frac{P}{1+2\sin^2\theta}$$

(2) c점의 연직 처짐

$P = k\delta$에서 $\delta_c = \dfrac{F_2}{k} = \dfrac{P}{k(1+2\sin^2\theta)}$

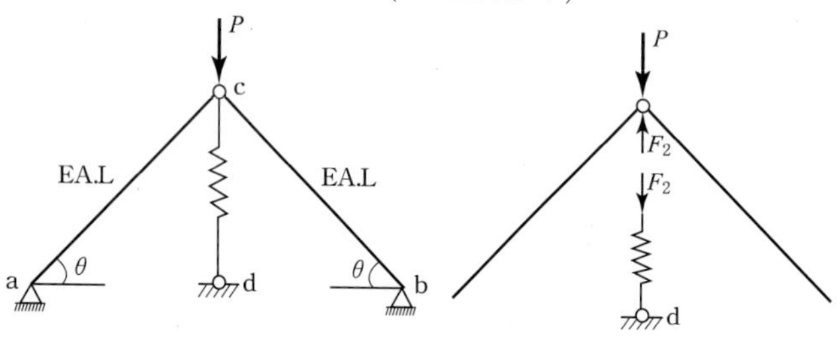

보충 대칭트러스에 수직하중 P가 작용할 때 C점의 연직 처짐

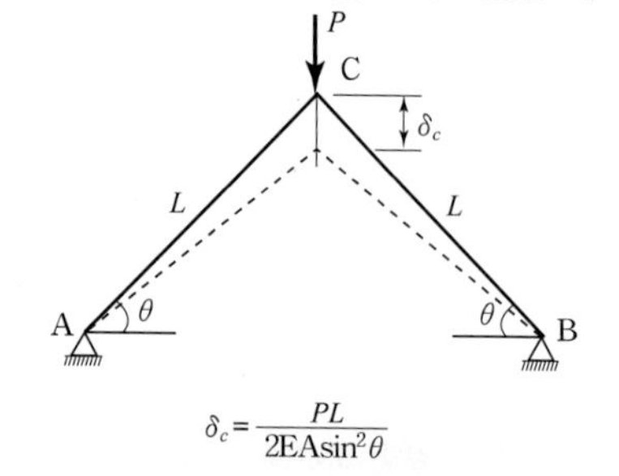

$$\delta_c = \frac{PL}{2EA\sin^2\theta}$$

정답 37. ③

38 그림과 같은 트러스 구조물에서 절점 A에 하중 P가 작용할 때, AD 부재에 작용하는 부재력은? (단, 부재의 강성(EA)은 모두 같다)

[09 서울시 9급]

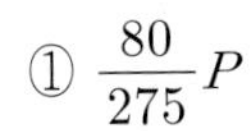

① $\frac{80}{275}P$

② $\frac{80}{255}P$

③ $\frac{80}{253}P$

④ $\frac{80}{125}P$

⑤ $\frac{80}{112}P$

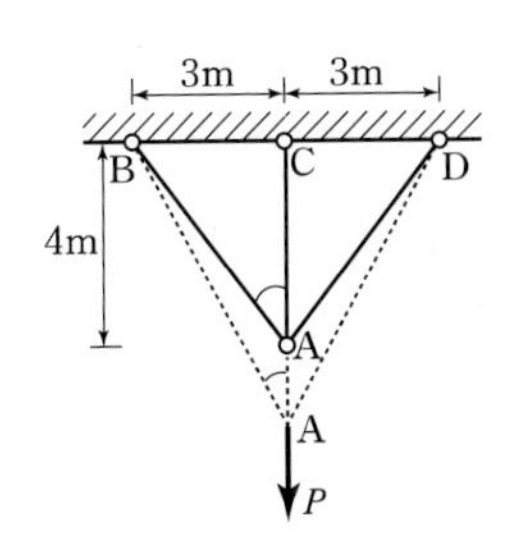

해설

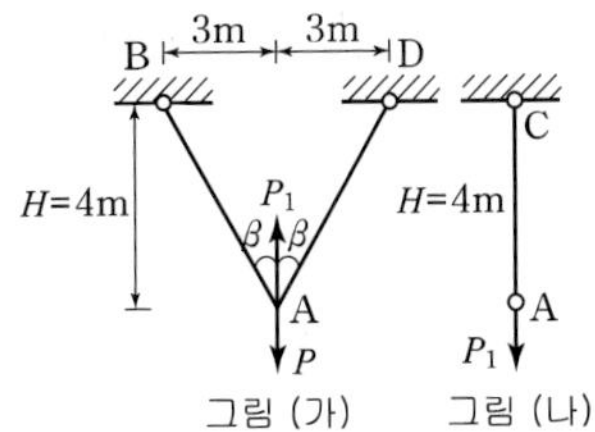

그림 (가) 그림 (나)

변위일치법을 이용하여 부재력을 구한다.

(1) 부재력(P_1)

그림 (가)에서 P와 P_1에 의한 수직처짐과 그림 (나)에서 P_1에 의한 수직 처짐량은 같다. 따라서 식을 정리하면

$$\frac{PH}{2EA\cos^3\beta}-\frac{P_1H}{2EA\cos^3\beta}=\frac{P_1H}{EA}$$

식을 P_1에 관해서 정리하면

$$P_1=\frac{P}{1+2\cos^3\beta}$$

(2) 부재력 AD, BD(F_{AD}, F_{BD})

부재력 AD와 부재력 BD는 대칭으로서 서로 같으므로

$\Sigma H=0$: $P=P_1+2F_{AD}\cos\beta$

식을 F_{AD}에 관해서 정리하면

$$F_{AD}=\frac{P-P_1}{2\cos\beta}=\left(P-\frac{P}{1+2\cos^3\beta}\right)\left(\frac{1}{2\cos\beta}\right)=\frac{P\cos^2\beta}{1+2\cos^3\beta}$$

최종 정리된 식에 $\cos\beta$에 $\frac{4}{5}$를 대입하면

$$F_{AD}=\frac{P\cos^2\beta}{1+2\cos^3\beta}=\frac{P\left(\frac{4}{5}\right)^2}{1+2\left(\frac{4}{5}\right)^3}=\frac{80}{253}P$$

정답 38. ③

39 다음 구조물에서 BD부재의 응력은? (단, 부재의 축강성은 EA로 동일하다) [10 서울시 9급]

① $\dfrac{PL}{EA(1+2\cos^3\alpha)}$

② $\dfrac{P}{EA(1+2\cos^3\alpha)}$

③ $\dfrac{P}{A(1+2\cos^3\alpha)}$

④ $\dfrac{P}{EA(1+2\cos^3\alpha)}$

⑤ $\dfrac{P}{A(1+2\cos^2\alpha)}$

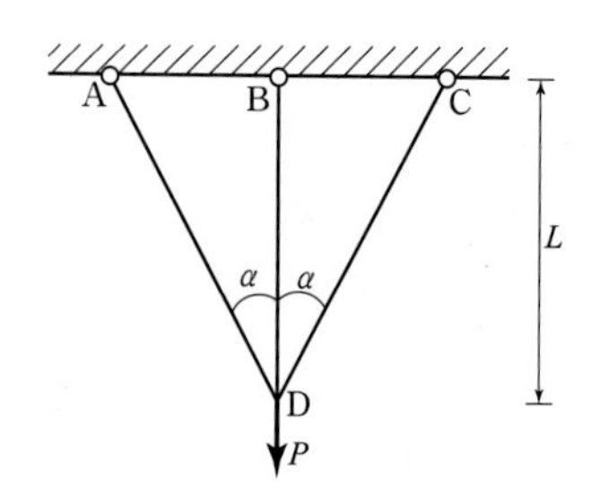

정 답 및 해 설

해설 **39**

변위일치법으로 BD의 부재력 (F_{BD})을 구한다.

(1) BD의 부재력(F_{BD})

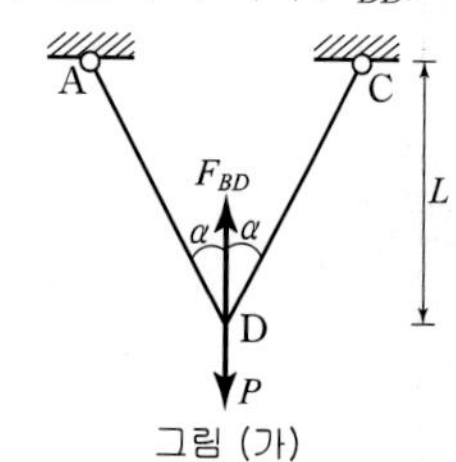

그림 (가)

$$\frac{PL}{2EA\cos^3\alpha}-\frac{F_{BD}L}{2EA\cos^3\alpha}=\frac{F_{BD}L}{EA}$$

식을 F_{BD}에 관해 정리하면

$$F_{BD}=\frac{P}{1+2\cos^3\alpha}$$

(2) BD부재의 응력(σ_{BD})

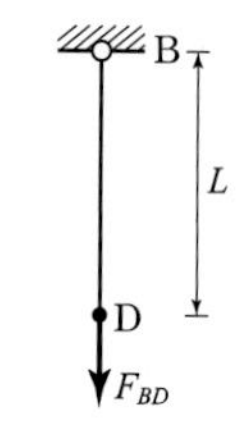

그림 (나)

$$\sigma_{BD}=\frac{F_{BD}}{A}=\frac{P}{A(1+2\cos^3\alpha)}$$

정답 39. ③

40 다음 그림과 같은 강성보(rigid beam)가 A점은 핀(pin)으로, B점과 C점은 스프링상수 k인 스프링으로 지지되어있다. 이 보의 A점의 수직반력은? [10 국가직 9급]

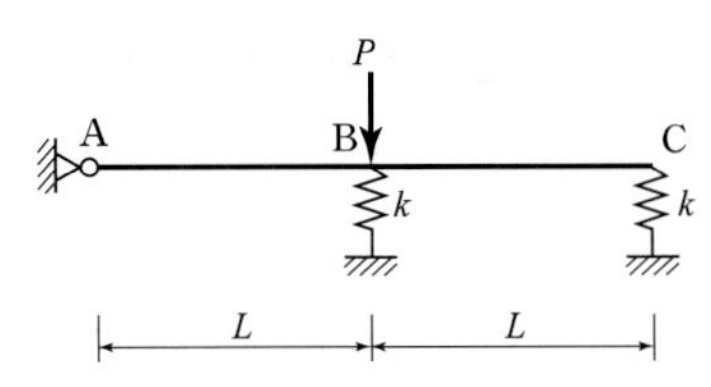

① 0 ② $\frac{1}{5}P(\uparrow)$

③ $\frac{2}{5}P(\uparrow)$ ④ $\frac{3}{5}P(\uparrow)$

41 다음 그림과 같이 길이가 1m인 보에 등분포하중 $w=\frac{16}{3}$(N/m)가 작용하고 있다. B점의 수직반력(N)은? (단, 보의 휨강성 $EI=10\text{N/m}^2$, 스프링 강성 $k=30\text{N/m}$이다) [11 서울시 교육청 9급]

① 0.5
② 1
③ 1.5
④ 2

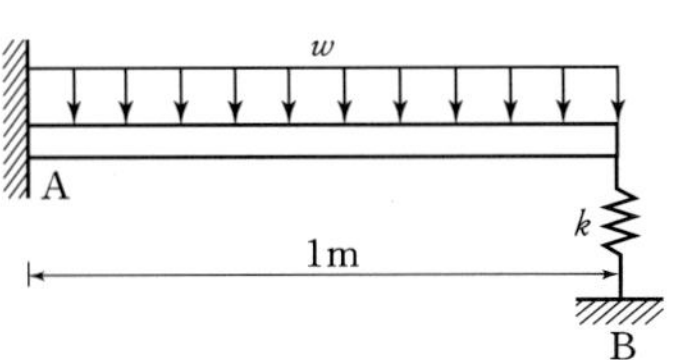

해설

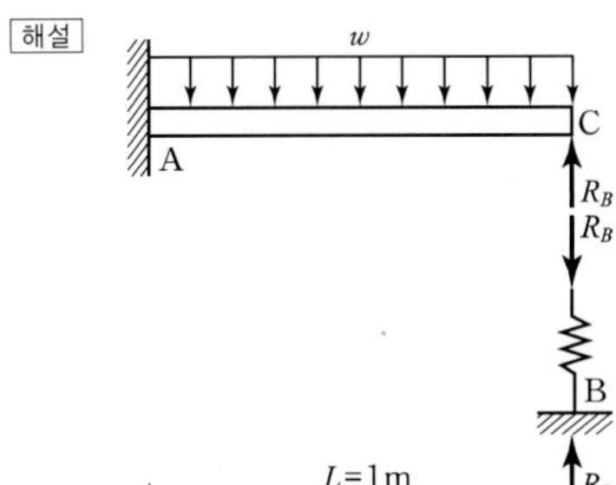

보의 C점 처짐과 스프링의 C점 처짐이 같다는 변위일치법을 적용하여 B점 반력(R_B)을 구한다.

$$\delta_C=\frac{wL^4}{8EI}-\frac{R_BL^3}{3EI}=\frac{R_B}{k}$$

식을 R_B에 관하여 정리하면

$$R_B=\frac{3wL^4k}{8(3EI+kL^3)}=\frac{3\left(\frac{16}{3}\right)\times(1^4)\times(30)}{8\{3(10)+30(1^3)\}}=1\,\text{N}$$

정답 및 해설

해설 **40**

(1) 적합방정식

변위선도에서 $P=k\delta$이므로

$R_B=k\delta$

$R_C=k(2\delta)=2R_B$ — ①

(2) 평형방정식

$\sum M_A=0$:

$P(L)-R_B(L)-R_C(2L)=0$ — ②

①식을 ②식에 대입하면

$P(L)-R_B(L)-2R_B(2L)=0$

$\therefore\ R_B=\frac{P}{5}(\uparrow)$

$\sum V=0$:

$R_A+\frac{P}{5}+\frac{2P}{5}-P=0$

$\therefore\ R_A=\frac{2}{5}P(\uparrow)$

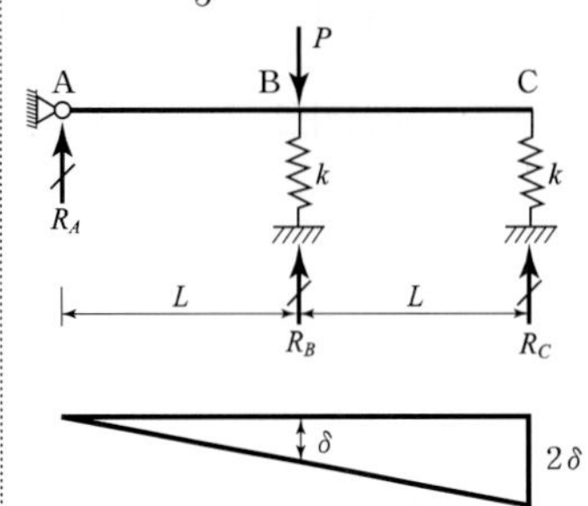

(변위선도)

정답 40. ③ 41. ②

42 다음과 같은 구조물에서 C점의 수직변위[mm]의 크기는? (단, 휨강성 $EI = \frac{1000}{16}$ MN · m², 스프링상수 $k = 1$MN/m이고, 자중은 무시한다)

[15 지방직 9급]

① 0.25　　② 0.3
③ 2.5　　④ 3.0

43 다음과 같은 캔틸레버보에서 B점이 스프링상수 $k = \frac{EI}{2L^3}$인 스프링 2개로 지지되어 있을 때, B점의 수직 변위의 크기는? (단, 보의 휨강성 EI는 일정하고, 자중은 무시한다)

[15 지방직 9급]

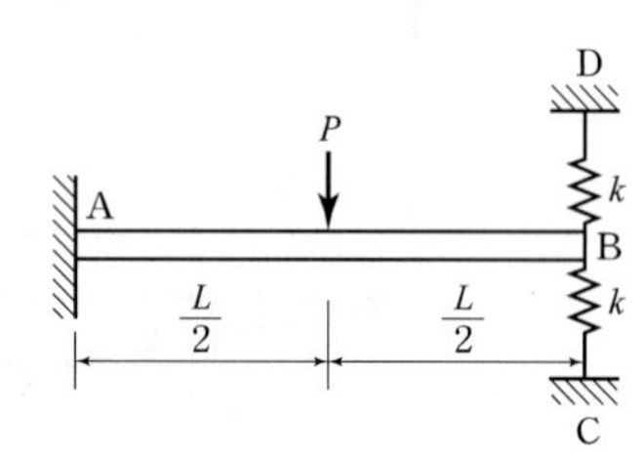

① $\frac{5PL^3}{64EI}$　　② $\frac{5PL^3}{32EI}$
③ $\frac{PL^3}{64EI}$　　④ $\frac{PL^3}{32EI}$

44 다음과 같이 동일한 스프링 3개로 지지된 강체 막대기에 하중 W를 작용시켰더니 A, B, C점의 수직변위가 아래 방향으로 각각 δ, 2δ, 3δ였다. 하중 W의 작용 위치 d[m]는? (단, 자중은 무시한다)

[15 지방직 9급]

① $\frac{3}{2}$
② $\frac{7}{6}$
③ $\frac{5}{3}$
④ $\frac{4}{3}$

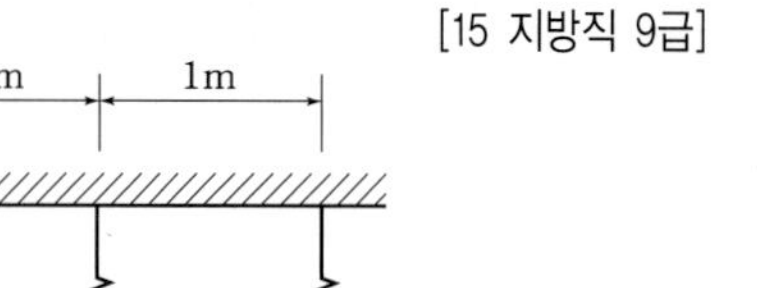

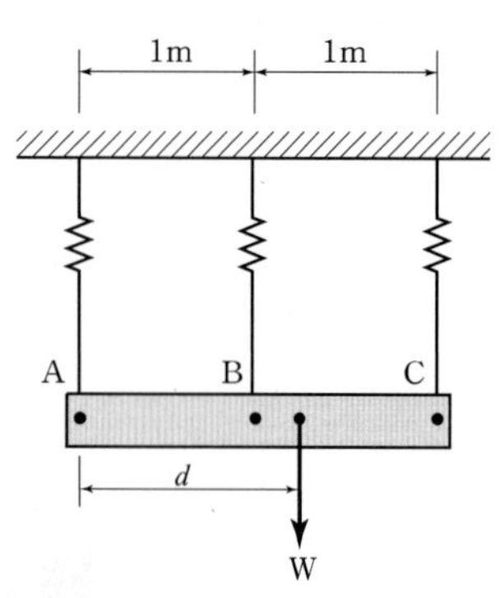

정답 및 해설

해설 **42**

$$\delta_C = \frac{K_b}{\sum K}\delta_{상재} = \frac{3}{3+1}\left(\frac{10}{300}\times 10^3\right) = 2.5\,\text{mm}$$

여기서,

$$\delta_{상재} = \frac{PL^3}{48EI} = \frac{10(10^3)}{48\left(\frac{1000}{16}\times 10^3\right)} = \frac{1}{300}\,\text{m}$$

보의 강성도

$$K_b = \frac{48EI}{L^3} = \frac{48}{10^3}\left(\frac{1000}{16}\right) = 3\,\text{MN/m}$$

해설 **43**

$$\delta_B = \frac{K_b}{K_b + K_{eq}}\delta_{상재} = \frac{3}{3+1}\left(\frac{5PL^3}{48EI}\right) = \frac{5PL^3}{64EI}$$

여기서, $K_b : K_{eq} = \frac{3EI}{L^3} : \frac{EI}{2L^3}\times 2 = 3 : 1$

병렬연결이므로 스프링의 합성강성도 $K_{eq} = 2K$

해설 **44**

(1) 스프링이 받는 힘
$P = K\delta \propto \delta$에서
$P_A = R,\ P_B = 2R,\ P_C = 3R$
이므로 $W = \sum P = 6R$

(2) W의 작용위치
A점에서 모멘트 평형을 적용

$$d = \frac{2R(1) + 3R(2)}{6R} = \frac{4}{3}\,\text{m}$$

정답 42. ③　43. ①　44. ④

Chapter 12

탄·소성 해석

제12장

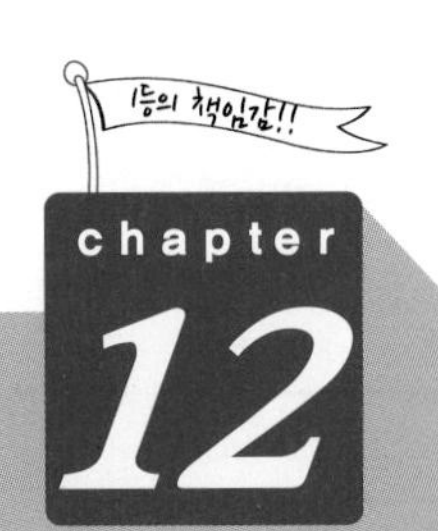

chapter 12 탄·소성 해석

12.1 개요

재료가 선형 탄성의 범위를 넘어서면 후크(Hooke)의 법칙을 적용할 수 없으므로 응력-변형률 선도를 이상화한 탄·소성 선도를 이용하여 항복점응력까지는 선형탄성이론을 적용하고 그 이후의 구간에 대해서는 완전소성이론을 적용하여 해석하는 것을 탄소성 해석이라 한다.

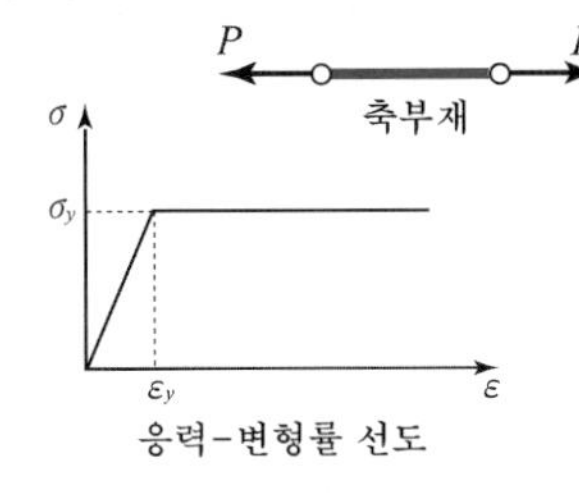

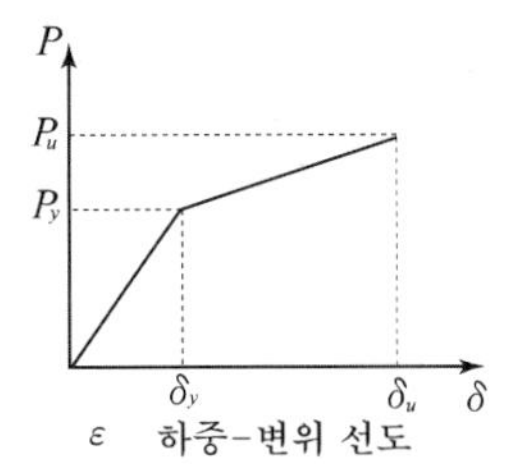

12.2 축력을 받는 부재

선형탄성구간에서 도달할 수 있는 최대하중인 항복하중(P_y)과 이때의 변위(δ_y)를 구하고 완전소성상태에 도달할 때의 하중인 극한하중(P_u)과 이때의 변위(δ_u)를 결정하는 것을 축력을 받는 부재의 탄·소성해석이라 한다.

Step 1 : 부재력 계산
Step 2 : 최대 부재력과 $\sigma_y A$가 같다는 조건에서 항복하중(P_y) 계산 (이때의 처짐 δ_y)
SteP 3 : 모든 부재가 $\sigma_y A$에 도달할 때 평형조건으로 극한하중(P_u) 계산
(이때의 처짐 δ_u)

1 동점역계의 해석

구분	정정	부정정
구조물		
부재력	$F_{AC}=F_{BC}=\dfrac{P}{2\cos\beta}$	$F_{AC}=F_{BC}=\dfrac{P}{1+2\cos^3\beta}$ $F_{CD}=\dfrac{P\cos^2\beta}{1+2\cos^3\beta}$
항복하중과 변위	$P_y=2\sigma_y A\cos\beta$ $\delta_y=\dfrac{P_y H}{2EA\cos^3\beta}=\dfrac{\sigma_y H}{E\cos^2\beta}$	$P_y=\sigma_y A(1+2\cos^3\beta)$ $\delta_y=\dfrac{\sigma_y H}{E}$
극한하중과 변위	항복상태와 동일	$P_u=\sigma_y A(1+2\cos\beta)$ $\delta_u=\dfrac{\sigma_y\left(\dfrac{H}{\cos\beta}\right)}{E\cos\beta}=\dfrac{\sigma_y H}{E\cos^2\beta}$

핵심예제 12-1 [07 국가직 7급]

그림과 같이 항복응력이 σ_y, 단면적이 A인 두 개의 케이블(부재력은 각각 F_1, F_2)에 의하여 하중 P를 지탱하고 있다. 다음 설명 중 옳지 않은 것은?

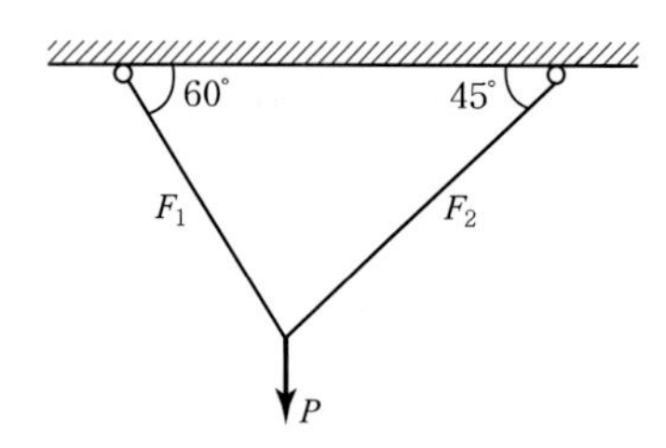

① 항복하중에 도달했을 때 부재력 F_2는 $\sigma_y A/2$이다.
② P를 증가시키면 좌측 케이블이 먼저 항복한다.
③ 힘의 평형조건을 이용하여 부재력을 구할 수 있다.
④ $P=F_1\sin60°+F_2\sin45°$와 같다.

| 해설 | (1) 부재력 계산

$\sum H=0$에서 $F_1\cos60° = F_2\cos45°$

$F_1 = \sqrt{2}\,F_2$ — ①

$\sum V=0$에서 $F_1\sin60° + F_2\sin45° = P$ — ②

①과 ②를 연립하면

$$F_1 = \frac{2P}{\sqrt{3}+1},\quad F_2 = \frac{\sqrt{2}\,P}{\sqrt{3}+1}$$

(2) 항복하중

$F_1 > F_2$이므로 F_1이 먼저 항복한다.

$\therefore\ F_1 = \sigma_y A$이고, $F_2 = \dfrac{F_1}{\sqrt{2}} = \dfrac{\sigma_y A}{\sqrt{2}}$

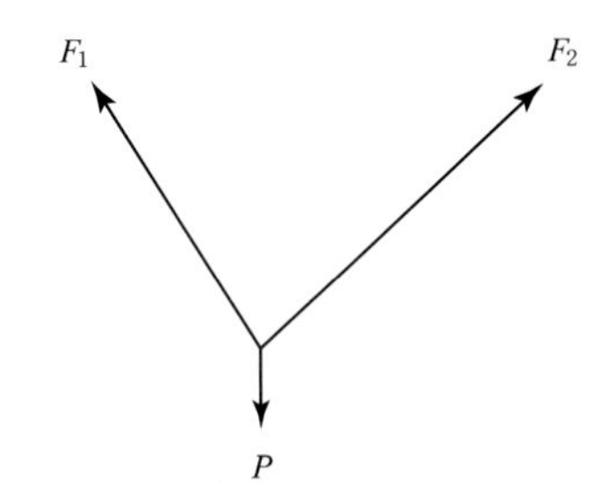

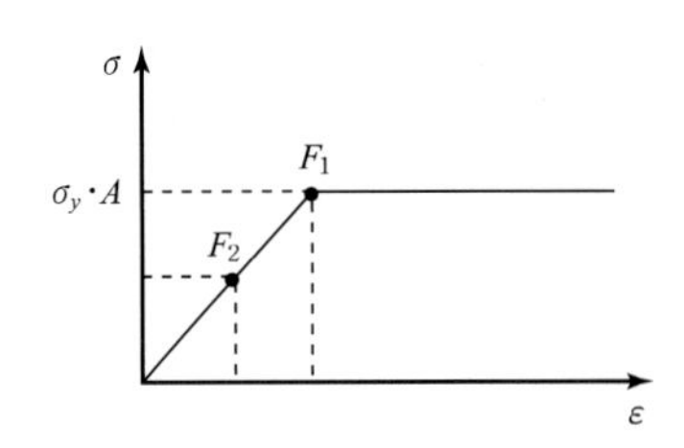

답 : ①

2 비동점역계의 해석

구조물		단계별 부재의 응력상태	
		σ_{BC}	σ_{DE}
부재력	$F_{BC}=\dfrac{3P}{5},\ F_{DE}=\dfrac{6P}{5}$	$\sigma_{BC}=\dfrac{3P}{5A}$	$\sigma_{DE}=\dfrac{6P}{5A}$
항복하중과 변위	$P_y=\dfrac{5}{6}\sigma_y A,\ \delta_y=\dfrac{3}{2}\cdot\dfrac{\sigma_y A}{E}$	$\sigma_{BC}=\sigma_y$	$\sigma_{DE}=\dfrac{\sigma_y}{2}$
극한하중과 변위	$P_u=\sigma_y A,\ \delta_u=3\cdot\dfrac{\sigma_y A}{E}$	$\sigma_{BC}=\sigma_y$	$\sigma_{DE}=\sigma_y$

핵심예제 12-2 [10 지방직 7급]

그림과 같이 극한응력(σ_u)이 250MPa인 개의 강선으로 보가 지지되어 있다. 강선 S_1의 단면적은 2cm²이고, 강선 S_2의 단면적은 4cm²일 때, 자유단 B점에 작용할 수 있는 최대 극한하중 P_u[kN]는? (단, 보 및 강선의 모든 자중은 무시하고, 강선의 위치를 나타내는 치수는 강선의 중심 간격을 의미한다)

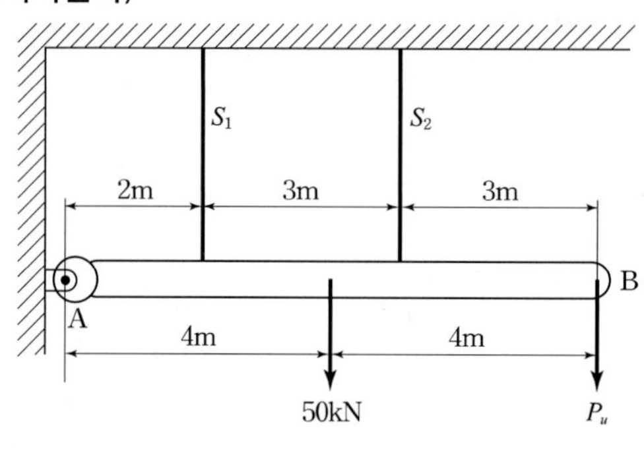

① 50
② 75
③ 100
④ 125

| 해설 | (1) 부재력 계산

P_u에 도달하면 강선 S_1, S_2는 모두 σ_y에 도달하게 되므로

$S_1 = \sigma_y A_1 = 250(200) = 50{,}000\,\text{N} = 50\,\text{kN}$

$S_2 = \sigma_y A_2 = 250(400) = 100{,}000\,\text{N} = 100\,\text{kN}$

(2) 극한하중 계산

$\Sigma M_A = 0$:에서 $P_u = 50(2) + 100(5) - 50(4) = 50\,\text{kN}$

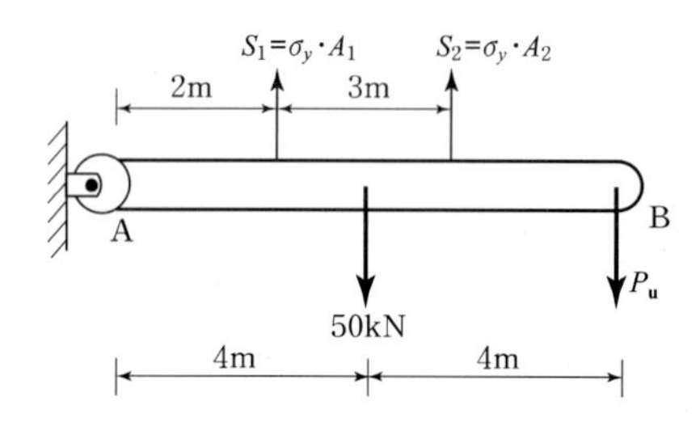

답 : ①

12.3 휨부재의 탄·소성 해석

휨부재의 탄·소성해석은 선형탄성구간에서 도달할 수 있는 최대하중인 항복하중(P_y), 완전 소성상태에 도달할 때의 극한하중(P_u) 및 소성힌지가 생성되는 구간인 소성영역(L_p)을 결정하는 것이다.

1 소성 휨 설계의 기본 가정

(1) 변형률은 중립축으로부터의 거리에 비례한다.

(2) 응력-변형선도는 항복점 강도(σ_y)에 도달할 때까지는 탄성이며, 이후에는 무제한의 소성 흐름이 생긴다.

(3) 인장 및 압축에 대해 동일한 응력-변형률 선도를 갖는다.

■ 표. 탄·소성해석

구분	선형 탄성 구간	완전 소성 구간
적용 이론	탄성 이론	소성 이론
응력 분포	1차 직선 분포	등가 응력 분포
중립축(N·A)	응력이 0인 축 (σ =0인 축) ∴ 도심축	면적이 같아지는 축 ∴ 2축 대칭단면은 탄성중립축과 일치
최대 모멘트	$M_y = \sigma_y Z$ (Z : 탄성단면계수)	$M_p = \sigma_y Z_p$ (Z_p : 소성단면계수)
최대 응력	항복점 강도(σ_y)	

2 모멘트와 형상계수

(1) 구간별 최대 모멘트

① 항복모멘트(M_y) : 선형탄성구간에서 도달할 수 있는 최대모멘트

$\sigma_{max} = \dfrac{M_y}{Z} = \sigma_y$에서

$$M_y = \sigma_y Z$$

여기서, $\begin{cases} \sigma_y : \text{항복강도} \\ Z : \text{단면계수} \end{cases}$

② 소성 모멘트(M_p) : 모든 위치의 응력이 소성구간에 도달할 때의 모멘트

$M_p = Cz = Tz = \sigma_y \left\{ \dfrac{A_g}{2}(y_{상부} + y_{하부}) \right\}$에서

$$M_P = \sigma_y Z_p$$ 여기서, $\begin{cases} \sigma_y : \text{항복강도} \\ Z_p : \text{소성계수} \end{cases}$

(2) 소성계수(Z_p)

$$Z_p = \frac{A_g}{2}(y_{상부} + y_{하부})$$ 여기서, $\begin{cases} A_g : \text{총단면적} \\ y_{상부} : \text{상부단면도심} \\ y_{하부} : \text{하부단면도심} \end{cases}$

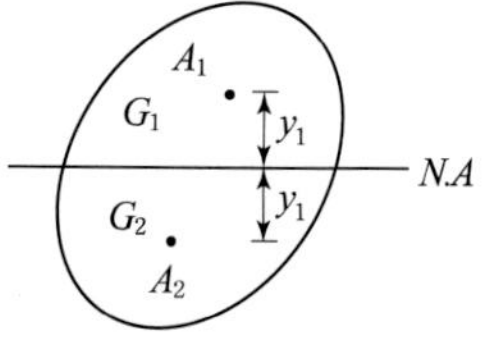

➡ 소성계수는 중립축(면적이 같은 축)에 대한 단면1차 모멘트의 합과 같다.

(3) 형상계수(f)

$$f = \frac{Z_p}{Z} = \frac{M_p}{M_y} > 1$$

$\begin{cases} \text{사각형단면} : f = 1.5 \\ \text{원 형 단 면} : f = 1.7 \\ \text{마름모단면} : f = 2.0 \\ I \text{형 단 면} : f = 1.1 \sim 1.2 (\simeq 1.15) \end{cases}$

➡ 정정 구조물에서 극한 하중과 항복 하중의 비(P_u/P_y)는 형상계수(f)와 같지만 부정정 구조에서는 같지 않음에 주의한다.

단면	도형	소성(단면)계수 $Z_p = \Sigma Q_{NA}$	(탄성)단면계수 $Z = \frac{I}{y_{연단}}$	형상계수 $f = \frac{Z_p}{Z}$
원형 박벽		–	–	$\frac{4}{\pi}$
사각형단면		$\frac{bh^2}{4} = \frac{Ah}{4}$	$\frac{bh^2}{6} = \frac{Ah}{6}$	$\frac{3}{2}$
원형단면		$\frac{4r^3}{3}$	$\frac{\pi r^3}{4}$	$\frac{16}{3\pi} ≒ 1.7$
마름모단면		$\frac{bh^2}{12}$	$\frac{bh^2}{24}$	2.0 (최대)
I형 단면		$bht_1 + \frac{h^2 t_2}{4}$	$\frac{I}{h/2}$	$\frac{A_w}{A}$ (1.1~1.2) 약 1.15

핵심예제 12-3 [08 국가직 9급]

다음 그림과 같은 탄소성 재료로 된 직사각형 단면보의 거동에 관한 설명 중 옳지 않은 것은?

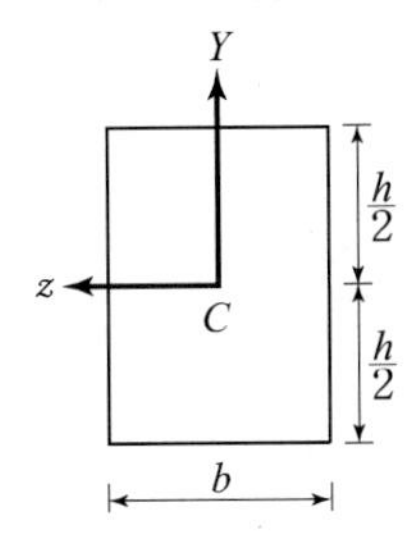

① 소성계수$(Z_p)=\dfrac{bh^2}{4}$이다.

② 소성모멘트$(M_p)=\dfrac{\sigma_y \cdot bh^2}{4}$이다.

③ 항복모멘트$(M_y)=\dfrac{\sigma_y \cdot bh^2}{6}$이다.

④ 형상계수$(f)=\dfrac{M_y}{M_p}=\dfrac{2}{3}$이다.

| 해설 | 형상계수$(f)=\dfrac{M_P}{M_y}=\dfrac{\sigma_y Z_p}{\sigma_y Z_y}=\dfrac{\sigma_y\left(\dfrac{bh^2}{4}\right)}{\sigma_y\left(\dfrac{bh^2}{6}\right)}=\dfrac{3}{2}$

보충 탄 · 소성해석에서 사용하는 형상계수는 항상 1보다 큰 값을 갖는다.

- 사각형 : $f=1.5$
- 원형 : $f=\dfrac{16}{3\pi}=1.7$
- 마름모 : $f=2.0$

답 : ④

핵심예제 12-4 [13 서울시 9급]

그림과 같은 완전 탄소성재료로 된 직사각형 단면의 보에서 소성모멘트와 항복모멘트의 비 $\left(\dfrac{M_p}{M_y}\right)$는?

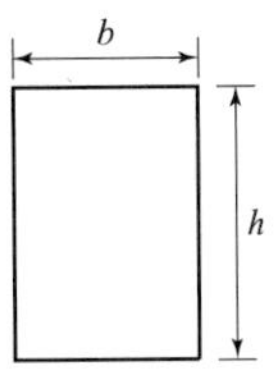

① $\dfrac{3}{2}$

② $\dfrac{2}{3}$

③ $\dfrac{3}{4}$

④ $\dfrac{4}{3}$

⑤ $\dfrac{9}{8}$

| 해설 | 소성모멘트와 항복모멘트의 비는 형상계수와 동일하므로 사각형에서 $\dfrac{3}{2}$이 된다.

- 탄소성 해석에서의 형상계수 : $f=\dfrac{M_p}{M_y}=\dfrac{Z_p}{Z_y}$

답 : ①

3 보의 소성해석

(1) 항복하중(P_y)

최대 휨모멘트(M_{max})가 항복모멘트(M_y)에 도달할 때의 하중이 항복하중(P_y)이다.

(2) 소성영역(L_p)

휨모멘트(M)가 항복모멘트(M_y) 이상인 영역을 소성영역이라 한다.

구조물	P, l	w, l	P, C, $\frac{l}{2}$, $\frac{l}{2}$	w, l
소성영역 (L_p)	$l\left(1-\frac{M_y}{M_p}\right)$ $=l\left(1-\frac{1}{f}\right)$	$l\left(1-\sqrt{\frac{M_y}{M_p}}\right)$ $=l\left(1-\sqrt{\frac{1}{f}}\right)$	$l\left(1-\frac{M_y}{M_p}\right)$ $=l\left(1-\frac{1}{f}\right)$	$l\sqrt{\left(1-\frac{M_y}{M_p}\right)}$ $=l\sqrt{\left(1-\frac{1}{f}\right)}$

(3) 소성힌지(plastic hinge) : $M_{max}=M_p$ ➡ 소성힌지 생성 ➡ 무한회전 가능

하중에 의한 최대휨모멘트(M_{max})가 소성모멘트(M_p)에 도달하여 과대회전으로 발생되는 힌지를 소성힌지라 한다.

① 소성힌지는 항상 최대휨모멘트가 생기는 단면에서 형성된다.

② 소성힌지가 생성되는 점의 휨모멘트는 M_p이다.

③ 소성힌지에서는 탄성계수가 0(zero)이 되어 무한 변형이 가능하다.

(4) 파괴메카니즘의 형성

① 소성힌지는 항상 최대 휨모멘트가 생기는 단면에서 형성된다.

② 최대휨모멘트(M_{max})가 소성모멘트(M_p)에 도달할 때 파괴가 발생한다.

(5) 소성힌지수 : 소성힌지수 = 부정정차수 + 1

① 정정보는 1개의 소성힌지가 형성될 때 파괴된다.

③ 일단고정 타단 힌지인 1차 부정정보는 2개의 소성힌지가 형성될 때 파괴된다.

④ 양단고정보는 3개의 소성힌지가 형성될 때 파괴된다.

⑤ 연속보는 2개 이상의 소성힌지가 형성될 때 파괴된다.

(6) 극한하중(붕괴하중, P_u)

① 정의

소성힌지를 형성시키는데 필요한 하중

또는 탄·소성 구조물이 지탱할 수 있는 최대 하중

② 해석방법 : 가상일의 방법(가상변위법)을 적용한다.
외력에 의한 가상일과 내력이 행한 일이 같다는 조건을 적용하면

$$\sum P_u \delta = \sum M_p \theta$$

여기서,
- δ: P_u에 대응하는 수직변위
- θ: M_p에 대응하는 상대회전각

➡ 여러 형태의 파괴 메커니즘이 발생하면 이들 중 가장 작은 값을 극한하중(P_u)으로 한다.
단, 정정구조물은 최대휨모멘트(M_{max})가 소성모멘트(M_p)에 도달할 때의 하중과 같다.

■ **보충설명** : 극한하중(P_u)의 결정

정정 구조물 : $M_{max} = M_p$를 이용
부정정 구조물 : $\sum P_u \delta = \sum M_p \theta$를 이용
또한 휨모멘트도의 특성을 이용할 수도 있다. (이때 $M_{max} = M_p$이다)

③ 정정보의 극한하중 : 최대휨모멘트와 소성모멘트가 같다고 두고 구한다.
즉 $M_{max} = M_p$를 이용한다.

구분	정정보의 극한하중		
구조물	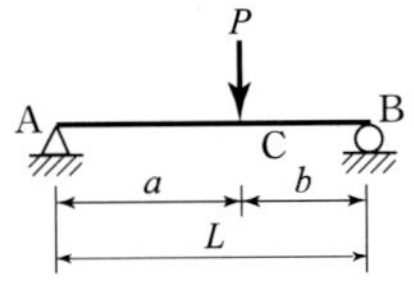 P, A, B, C, a, b, L	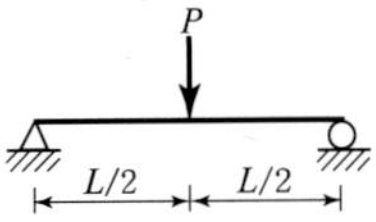 P, L/2, L/2	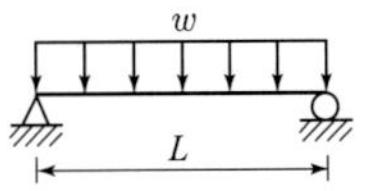 w, L
극한하중	$P_u = \frac{ab}{L} M_p$	$P_u = \frac{4}{L} M_p$	$w_u = \frac{8}{L^2} M_p$
구조물	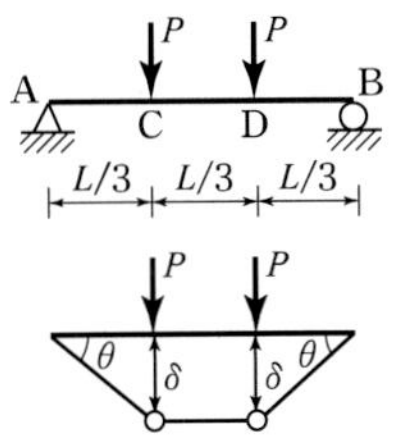 P, P, A, B, C, D, L/3, L/3, L/3, θ, δ, δ, θ	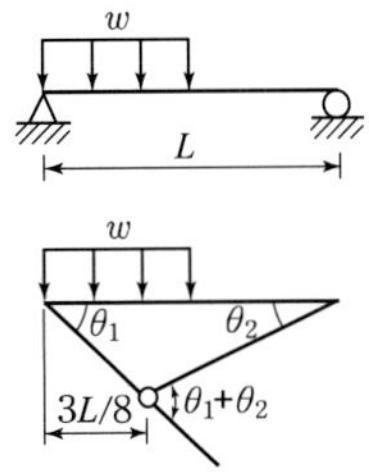 w, L, w, θ₁, θ₂, 3L/8, θ₁+θ₂	A, B, w, L, w, θ₁, θ₂, L/√3, θ₁+θ₂
극한하중	$P_u = \frac{3}{L} M_p$	$w_u = \frac{128}{9L^2} M_p$	$w_u = \frac{9\sqrt{3}}{L^2} M_p$

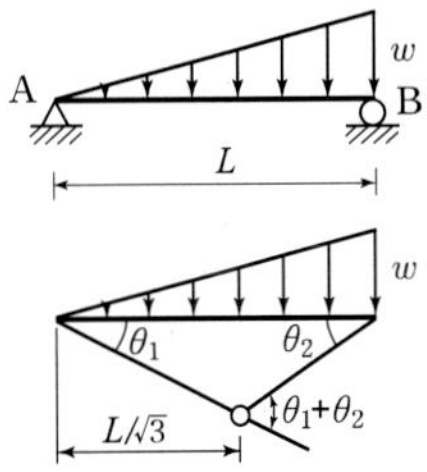

④ 부정정보의 극한하중 기본틀

구분	단순보	고정지지보	양단고정보
구조물	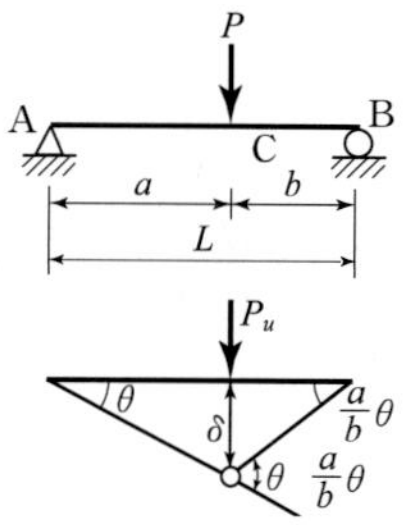 P, A, B, C, a, b, L, P_u, θ, δ, $\frac{a}{b}\theta$	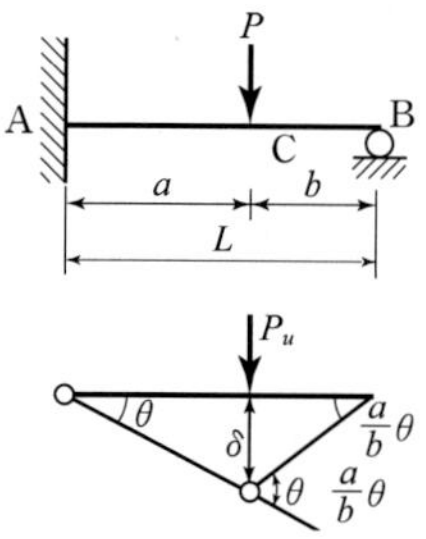 P, A, B, C, a, b, L, P_u, θ, δ, $\frac{a}{b}\theta$	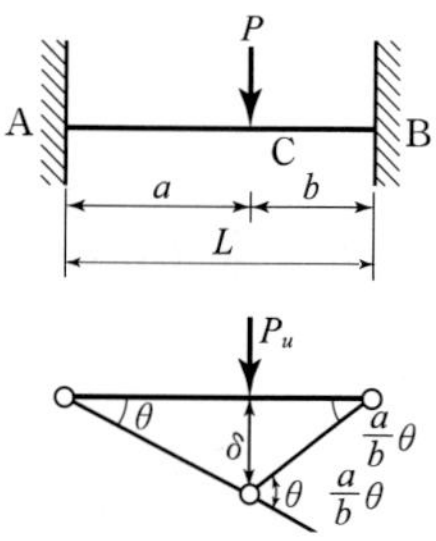 P, A, B, C, a, b, L, P_u, θ, δ, $\frac{a}{b}\theta$
극한하중	$P_u = \frac{a+b}{ab}M_p$	$P_u = \frac{a+2b}{ab}M_p$	$P_u = \frac{2(a+b)}{ab}M_p$
구조물	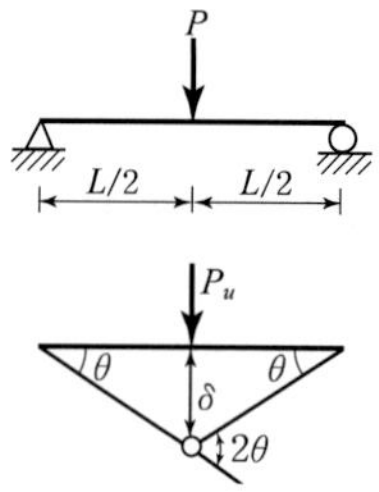 P, L/2, L/2, P_u, θ, δ, 2θ	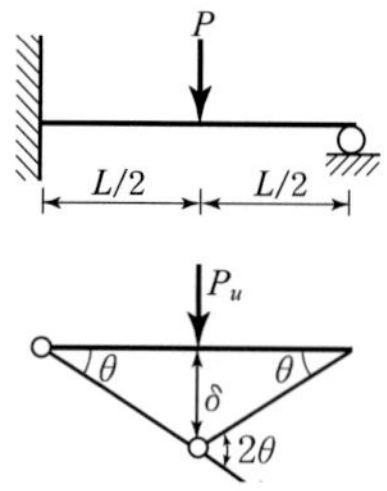 P, L/2, L/2, P_u, θ, δ, 2θ	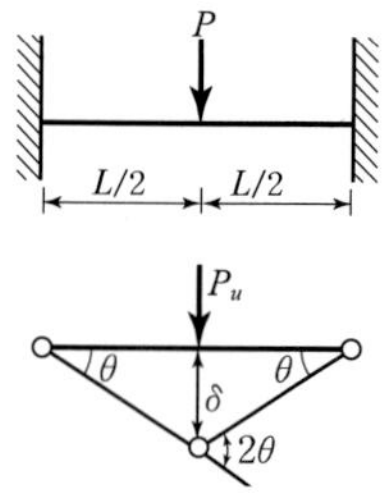 P, L/2, L/2, P_u, θ, δ, 2θ
극한하중	$P_u = \frac{4}{L}M_p$	$P_u = \frac{6}{L}M_p$	$P_u = \frac{8}{L}M_p$
구조물	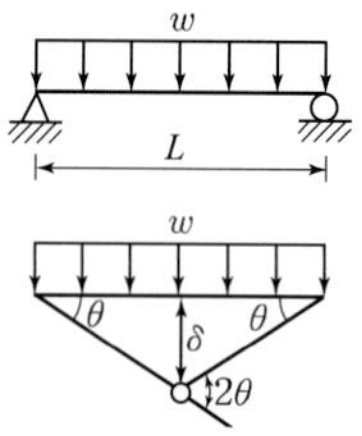 w, L, w, θ, δ, 2θ	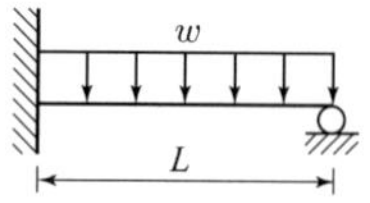 w, L	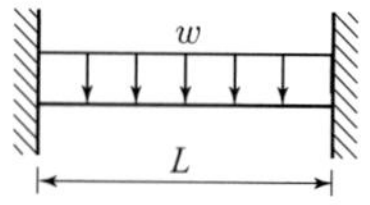 w, L
극한하중	$w_u = \frac{8}{L^2}M_p$	$w_u = \frac{2M_p}{L^2}(3+2\sqrt{2})$ $= \frac{11.67}{L^2}M_p ≒ \frac{12}{L^2}M_p$	$w_u = \frac{16}{L^2}M_p$

⑤ 여러 개의 하중이 작용하는 경우
   붕괴기구 중 가장 작은 값을 극한하중으로 한다.

구 조 물	극한하중(P_u)
P, $2P$ $L/2$, $L/4$, $L/4$ (경우1) P_u, $2P_u$, θ, θ, 2θ (경우2) P_u, $2P_u$, θ, 3θ, 4θ	(경우 1) $P_u\left(\frac{L}{2}\theta\right)+2P_u\left(\frac{L}{4}\theta\right)=M_p(\theta)+M_p(2\theta)$ $\therefore P_u=\frac{3M_p}{L}$ (경우2) $P_u\left(\frac{L}{2}\theta\right)+2P_u\left(\frac{3}{4}L\theta\right)=M_p(\theta)+M_p(4\theta)$ $\therefore P_u=\frac{5M_p}{2L}$ ➡ 이들 중 최솟값이 극한하중(P_u) $\therefore P_u=\frac{5M_p}{2L}$

(6) 보의 소성해석 예

① 항복하중(P_y)

그림과 같은 단순보에 하중이 점진적으로 증가하게 되면 보의 최대 휨모멘트가 M_y와 같게 되는데 이를 1차 항복이라 하고 이때의 하중을 항복하중 P_y라 한다.

$$M_{\max}=\frac{PL}{4}=M_y \Rightarrow P_y=\frac{4M_y}{L}$$

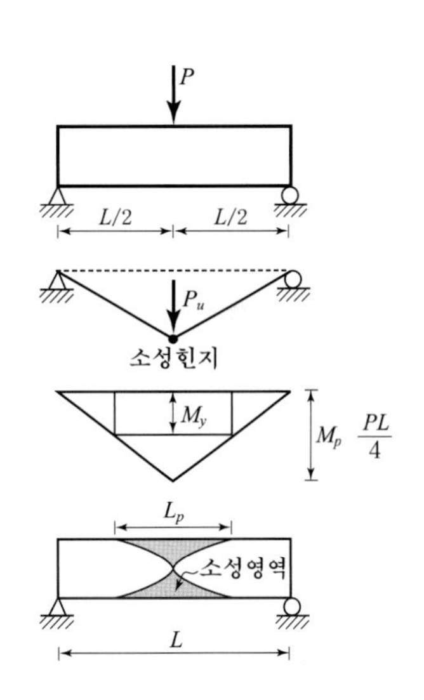

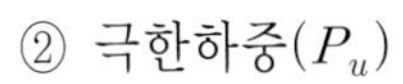
② 극한하중(P_u)

항복하중이 더욱 증가하면 최대휨모멘트 발생단면에서 보의 양쪽이 마치 힌지가 연결된 것처럼 되어 과대회전에 의해 파괴되는데 이점을 소성힌지라 하고, 이때의 하중을 극한 하중 P_u라 하며, 이 범위를 소성영역이라 한다.

$$M_{\max}=\frac{PL}{4}=M_p \Rightarrow P_u=\frac{4M_p}{L}$$

③ 소성영역(L_p)

무제한의 소성흐름이 생기는 구간으로 항복점에 대응하는 항복모멘트 이상의 구간을 의미한다.

$$M_y = \frac{P_u}{2}\left(\frac{L-L_p}{2}\right) = \frac{1}{2}\left(\frac{4M_p}{L}\right) \times \left(\frac{L-L_p}{2}\right)$$

$$\therefore \ L_p = L\left(1-\frac{M_y}{M_p}\right) = L\left(1-\frac{1}{f}\right)$$

- 사각형 단면 : $L_p = \dfrac{L}{3}$
- 마름모 단면 : $L_p = \dfrac{L}{2}$
- I형 단면 : $L_p = (0.09 \sim 0.17)L$

핵심예제 12-5 [13 국가직 7급]

다음과 같이 등분포하중 w가 작용하는 단순보에서 소성 붕괴하중 w_u는?

① $\dfrac{M_p}{L^2}$

② $\dfrac{2M_p}{L^2}$

③ $\dfrac{4M_p}{L^2}$

④ $\dfrac{8M_p}{L^2}$

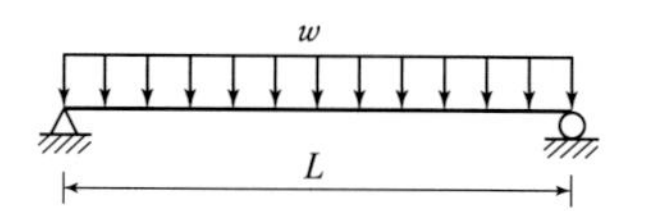

| 해설 | 정정이므로 최대휨모멘트가 소성모멘트에 도달할 때 붕괴된다.

$M_{\max} = \dfrac{w_u L^2}{8} = M_p$에서

$w_u = \dfrac{8M_p}{L^2}$

답 : ④

4 라멘의 소성해석

(1) 항복하중(P_y)

최대 휨모멘트(M_{max})가 항복모멘트(M_y)에 도달할 때의 하중이 항복하중(P_y)이다.

(2) 극한하중(P_u)

보 붕괴기구, 기둥 붕괴기구, 전체붕괴기구 중 가장 작은 값을 극한하중(P_u)으로 한다.

핵심예제 12-6 [10 국가직 7급]

다음 그림과 같은 등단면 라멘구조물의 소성붕괴하중(P_u)은? (단, M_P는 소성모멘트이다)

① $\frac{5}{3}\frac{M_P}{L}$

② $\frac{8}{3}\frac{M_P}{L}$

③ $\frac{8}{5}\frac{M_P}{L}$

④ $\frac{2}{5}\frac{M_P}{L}$

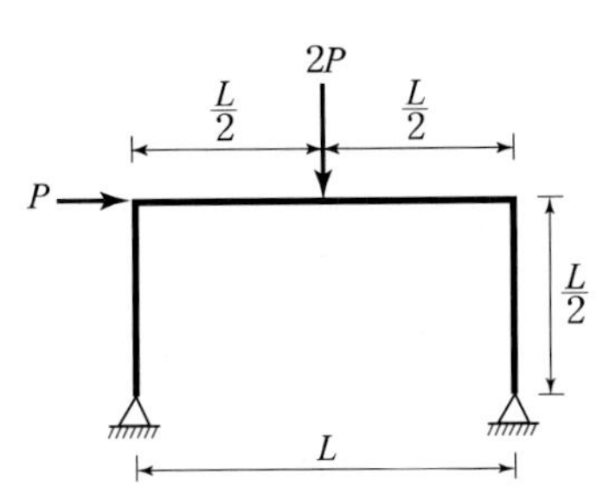

| 해설 | 1차부정정 라멘이므로 최소 2개의 소성힌지가 생성되면 파괴된다.

(경우1) 보 붕괴 : $2P_u\left(\frac{L\theta}{2}\right) = M_P(\theta\times2+2\theta)$ $\therefore P_u = \frac{4M_P}{L}$

(경우2) 기둥 붕괴 : $P_u\left(\frac{L}{2}\theta\right) = M_P(\theta)\times 2$ $\therefore P_u = \frac{4M_P}{L}$

(경우3) 전체 붕괴(기둥붕괴+보붕괴) : $P_u\left(\frac{L}{2}\theta\right)+2P_u\left(\frac{L\theta}{2}\right) = M_P(\theta)\times2+M_P(2\theta)$ $\therefore P_u = \frac{8M_P}{3L}$

$\therefore$ 이 중 작은 값 $\frac{8M_P}{3L}$에 의해 붕괴된다.

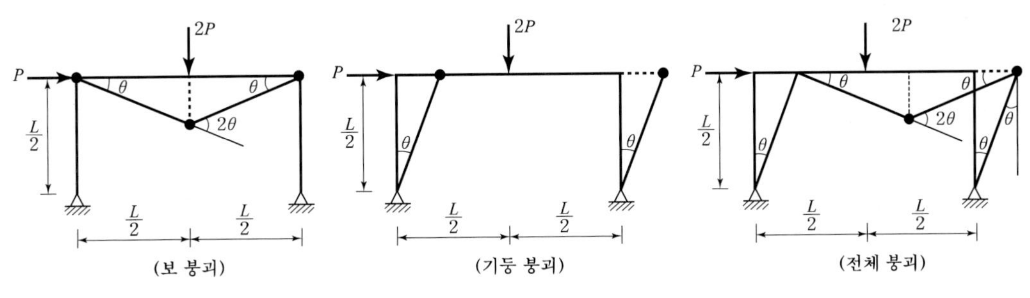

보충 수직하중과 수평하중을 받는 경우 휨모멘트

- 최대휨모멘트 발생위치 : 모멘트 방향이 같은 수평하중 반대편에서 발생한다.
- 최소휨모멘트 발생위치 : 모멘트 방향이 반대인 수평하중이 작용점에서 발생한다.

답 : ②

5 기둥의 파괴 거동

(1) 불안정 하중

큰 힘을 받는 부재가 좌굴될 때의 하중이 불안정하중이다.

(2) 붕괴하중(좌굴하중)

모든 기둥이 좌굴에 도달할 때의 하중이 붕괴하중이다.

핵심예제 12-7 [예상문제]

다음 그림과 같이 수평부재 AB의 A지점은 힌지로 지지되고 B점에는 집중하중 Q가 작용하고 있다. C점과 D점에서는 끝단이 힌지로 길이가 L, 휨강성은 모두 EI로 일정한 기둥으로 지지되고 있다. 두 기둥의 좌굴에 의해서 붕괴를 일으키는 하중 Q의 크기로 옳은 것은?

① $Q=\dfrac{2\pi^2 EI}{4L^2}$

② $Q=\dfrac{3\pi^2 EI}{4L^2}$

③ $Q=\dfrac{3\pi^2 EI}{8L^2}$

④ $Q=\dfrac{3\pi^2 EI}{16L^2}$

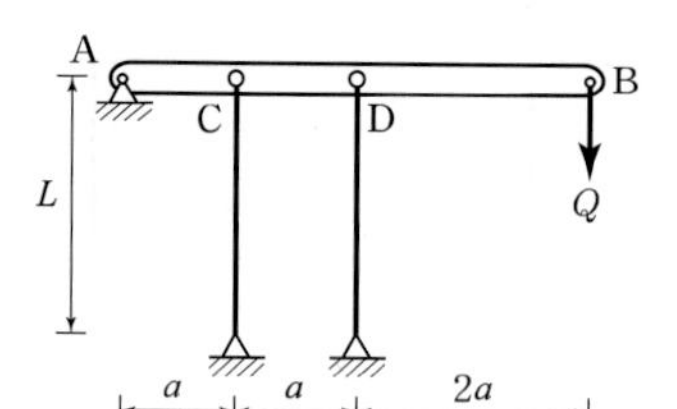

| 해설 | 두 기둥이 모두 좌굴에 도달할 때 붕괴가 발생하므로

$\Sigma M_A = 0$에서 $P_{cr}(a) + P_{cr}(2a) = Q_{cr}(4a) = 0$

$\therefore\ Q_{cr} = \dfrac{3P_{cr}}{4} = \dfrac{3\pi^2 EI}{4L^2}$

답 : ②

출제 및 예상문제

출제유형단원

□ 개요

□ 축력을 받는 부재

□ 휨 부재의 탄·소성 해석

내친김에 문제까지 끝내보자!

정 답 및 해 설

1 다음 [그림1]과 같은 트러스 구조물에 수직하중 P가 작용하고 있다. 그리고 모든 트러스 부재에 대한 하중(P) - 변위(δ) 곡선은 [그림2]와 같다. 이 구조물이 지지할 수 있는 극한 수직하중 P는? (단, 모든 부재의 탄성계수 E와 단면적 A는 동일하고, 모든 부재는 미소변형 거동을 한다) [10 국가직 9급]

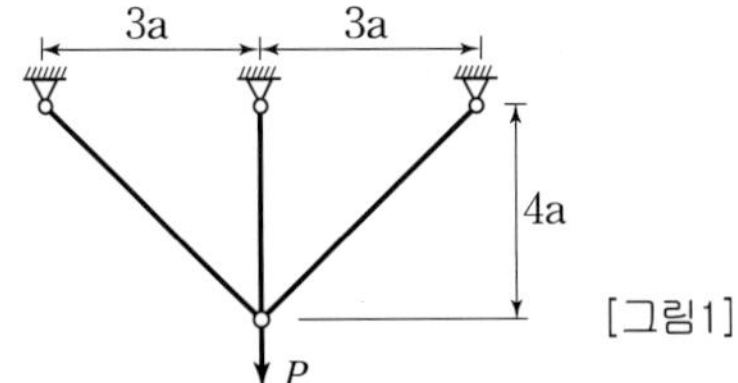

[그림1]

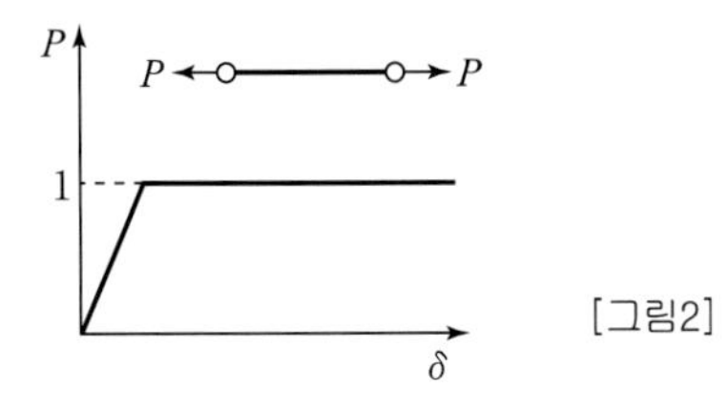

[그림2]

① $\frac{13}{5}$　　② 3

③ $\frac{11}{5}$　　④ $\frac{3}{5}$

해설 극한하중이 작용하면 모든 부재가 $\sigma_y A$에 도달하게 된다.

$\sum V=0$: 에서

$$P=2\sigma_y A\cos\beta+\sigma_y A=2P_y\cos\beta+P_y=2(1)\times\left(\frac{4}{5}\right)+1=\frac{13}{5}$$

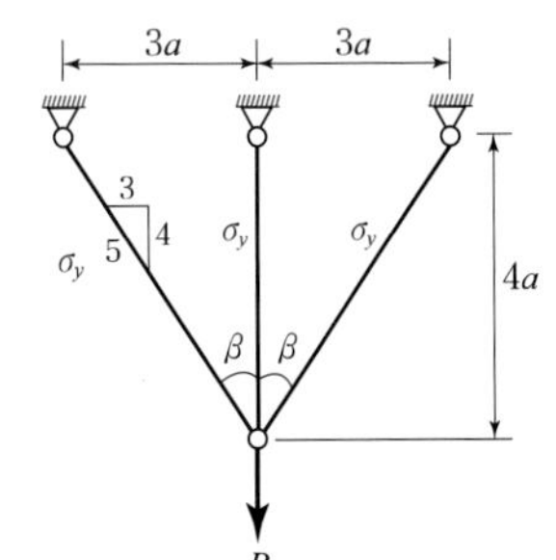

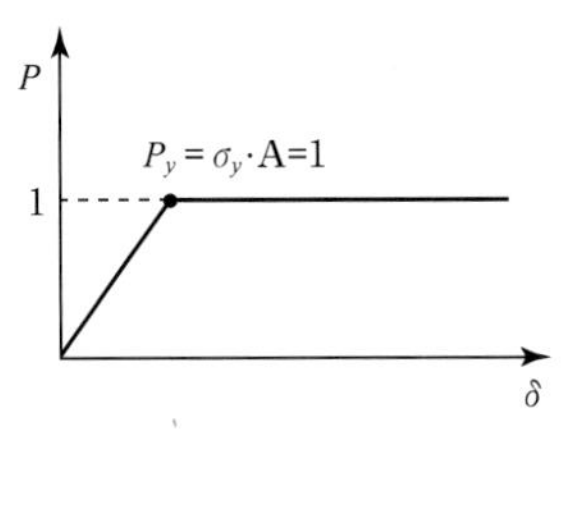

정답 1. ①

2 다음 그림과 같은 직사각형 단면의 도심을 지나는 X축에 대한 단면계수와 소성계수의 비(단면계수 : 소성계수)는? [10 지방직 9급]

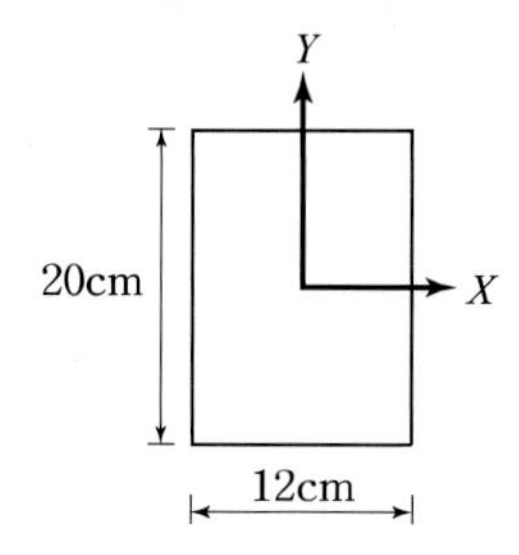

① 1 : 2　　② 2 : 3

③ 1 : 4　　④ 4 : 1

3 다음 그림과 같이 배치된 H형 거더에서 H형 단면의 높이(h)는 500mm이고, 단면2차모멘트는 $2.0\times10^8\text{mm}^4$이며, 항복강도는 250MPa이다. 단면의 항복모멘트(M_y)의 크기[kN·m]는? [12 지방직 9급]

① 100

② 150

③ 175

④ 200

정답 및 해설

해설 2

단면계수$(Z) = \dfrac{bh^2}{6} = \dfrac{Ah}{6}$

소성계수$(Z_p) = \dfrac{A_g}{2}(y_1 + y_2)$

$= \dfrac{bh}{2}\left(\dfrac{h}{4} + \dfrac{h}{4}\right)$

$= \dfrac{bh^2}{4} = \dfrac{Ah}{4}$

$Z : Z_p = \dfrac{Ah}{6} : \dfrac{Ah}{4} = 2 : 3$

해설 3

$\sigma_y = \dfrac{M_y}{I}\cdot y_{\text{연단}}$

$M_y = \dfrac{\sigma_y\cdot I}{y_{\text{연단}}} = \dfrac{250(2.0\times10^8)}{\dfrac{500}{2}}$

$= 2.0\times10^8\ \text{N}\cdot\text{mm}$

$= 200\,\text{kN}\cdot\text{m}$

정답 2. ② 3. ④

4 다음과 같은 T형 단면인 탄소성보에서 소성모멘트로 옳은 것은? (단, 항복응력도는 σ_y이다)

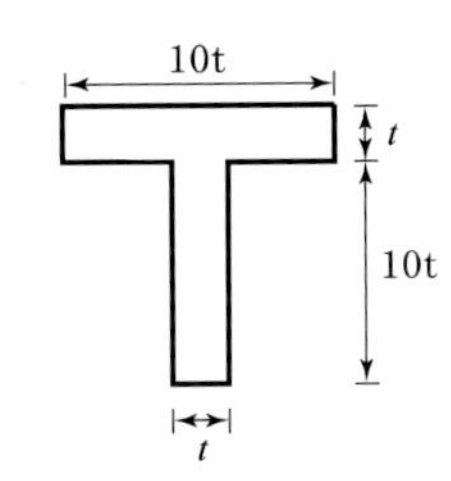

① $40t^3\sigma_y$　② $45t^3\sigma_y$
③ $55t^3\sigma_y$　④ $50t^3\sigma_y$
⑤ $60t^3\sigma_y$

해설

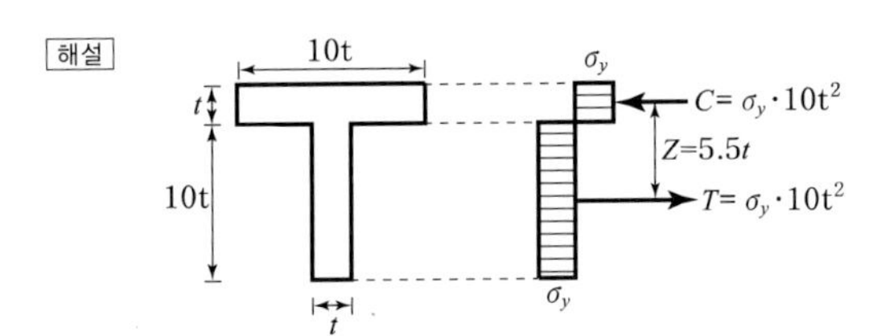

해설 **4**

소성모멘트는 완전소성상태에서의 우력모멘트이므로

$$M_p = CZ_p = TZ_p = (\sigma_y \times 10t^2)(5.5t) = 55t^3\sigma_y$$

5 다음 그림과 같은 직사각형 탄소성 단면에 대해 기술한 것 중 옳지 않은 것은? (단, $h > b$이다) [09 국가직 9급]

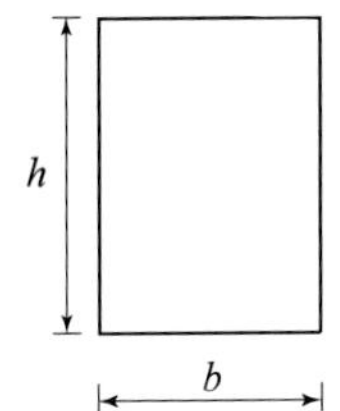

① 도심에 대한 최대 회전반경과 최소 회전반경의 곱은 $bh/12$이다.
② 단면의 도심과 전단중심은 동일하고, 가로축에 대한 탄성중립축과 소성중립축은 단면 하단에서 $h/2$에 위치한다.
③ 동일 단면으로 장주를 제작하였을 때, 탄성 좌굴축은 단면의 도심을 통과하는 세로축이다.
④ 동일 단면으로 지간 중앙에서 집중하중을 받는 길이가 L인 단순보를 제작하였을 때, 소성영역 길이는 $2L/3$이다.

해설 **5**

소성영역의 길이(L_P)

$$L_P = L\left(1 - \frac{1}{f}\right) = L\left(1 - \frac{Z}{Z_P}\right) = L\left\{1 - \frac{\frac{bh^2}{6}}{\frac{bh^2}{4}}\right\} = \frac{L}{3}$$

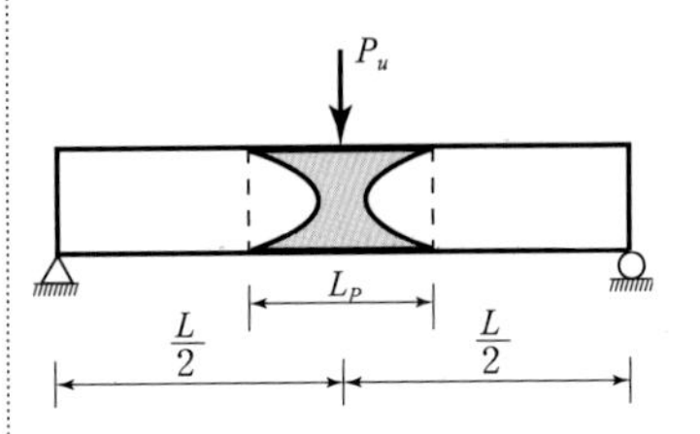

정답 4. ③ 5. ④

6 그림과 같이 B점에 내부힌지를 배치한 게르버보에서 D점에 소성힌지가 발생하는 경우 작용한 분포하중 w는? (단, 부재 단면의 수직 항복응력은 σ_y이며, 보의 자중은 무시한다) [11 지방직 9급]

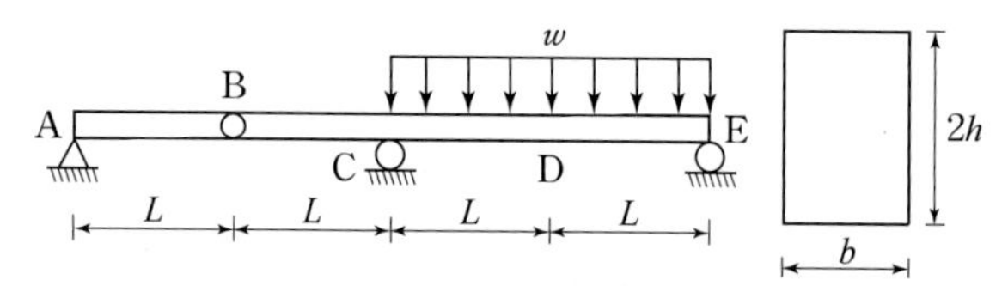

① $\dfrac{bh^2\sigma_y}{4L^2}$　　② $\dfrac{bh^2\sigma_y}{2L^2}$

③ $\dfrac{2bh^2\sigma_y}{L^2}$　　④ $\dfrac{4bh^2\sigma_y}{L^2}$

정 답 및 해 설

해설 **6**

정정구조물이므로

$$M_{\max} = M_D = \frac{w_u(2L)^2}{8} = \frac{w_u L^2}{2} = M_p \text{에서}$$

$$w_u = \frac{2M_p}{L^2} = 2\frac{\sigma_y Z_p}{L^2} = \frac{2bh^2\sigma_y}{L^2}$$

$$\left[Z_P = \frac{A_g}{2}(y_1 + y_2) = \frac{2bh}{2}\left(\frac{h}{2} + \frac{h}{2}\right) = bh^2\right]$$

정답 6. ③

Chapter 13

부　록

국가직 9급 응용역학개론

1 다음과 같이 구조물에 작용하는 평행한 세 힘에 대한 합력(R)의 O점에서 작용점까지 거리 x[m]는?

① 0
② 1
③ 2
④ 3

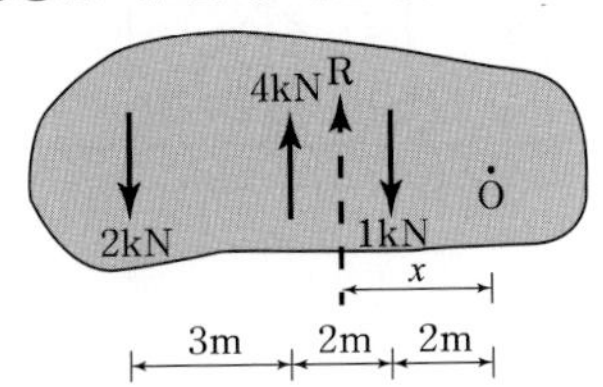

■ 강의식 해설 및 정답 : ①

O점에서 바리뇽의 정리를 적용하면 $1 \cdot x = 4(4) - 2(7) - 1(2)$에서 $x = 0$

2 다음과 같은 구조물에서 하중벡터 $\vec{F}$에 의해 O점에 발생하는 모멘트 벡터[kN · m]는? (단, $\vec{i}$, $\vec{j}$, $\vec{k}$는 각

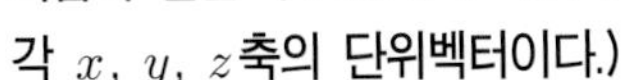
각 x, y, z축의 단위벡터이다.)

① $-7\vec{i}+4\vec{j}+24\vec{k}$
② $-7\vec{i}-4\vec{j}-24\vec{k}$
③ $23\vec{i}-4\vec{j}+24\vec{k}$
④ $23\vec{i}-4\vec{j}-24\vec{k}$

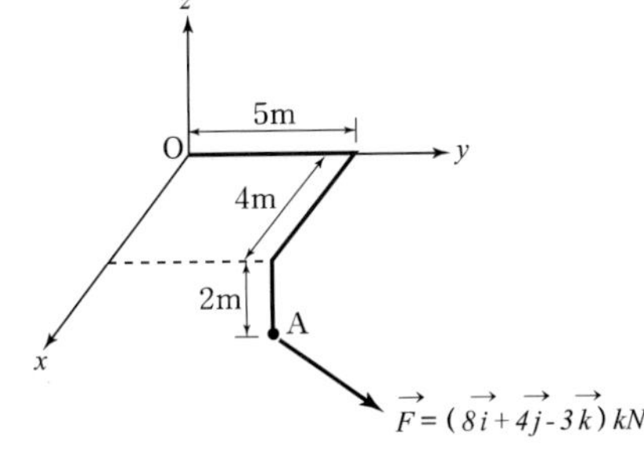

■ 강의식 해설 및 정답 : ②

$$M_x = \begin{vmatrix} 5 & -2 \\ 4 & 3 \end{vmatrix} = 15 - (-8) = 23$$

$$M_y = \begin{vmatrix} -2 & 4 \\ -3 & 8 \end{vmatrix} = -16 - (-12) = -4$$

$$M_z = \begin{vmatrix} 4 & 5 \\ 8 & 4 \end{vmatrix} = 16 - 40 = -24$$

따라서 $M = (-7\vec{i} - 4\vec{j} - 24\vec{k})$kN · m

3 다음과 같이 원으로 조합된 빗금친 단면의 도심C(Centroid)의 $\bar{y}$는?

① $\frac{7}{12}D$
② $\frac{7}{24}D$
③ $\frac{21}{40}D$
④ $\frac{7}{40}D$

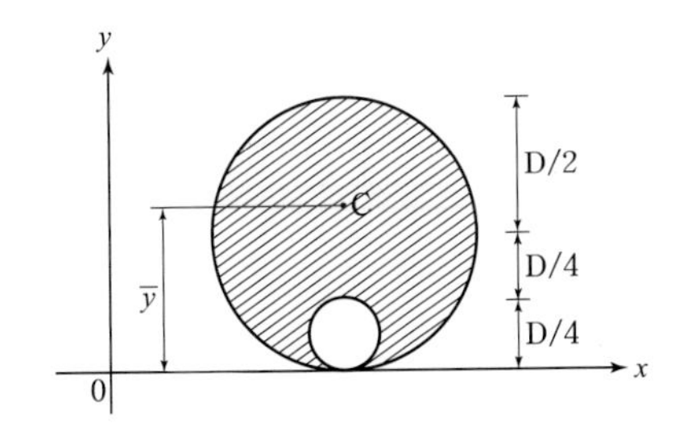

■ 강의식 해설 및 정답 : ③

면적비가 전체 : 중공 = 16 : 1이므로 바리뇽 정리를 적용하면 $\bar{y} = \dfrac{16\left(\dfrac{D}{2}\right) - \left(\dfrac{D}{8}\right)}{15} = \dfrac{63}{8(15)} = \dfrac{21}{40}D$

4 다음과 같은 구조물의 부정정 차수는?

① 2차
② 3차
③ 4차
④ 5차

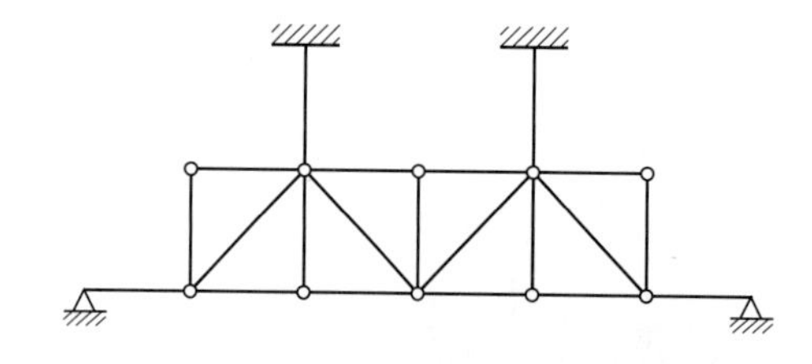

■ 강의식 해설 및 정답 : ②

먼저 하부의 구조만 바라보면 −1, 위로 부재를 연장하면 −2, 고정지점으로 잡으면 +6이므로 이를 합하면 +3이 된다.

5 다음과 같이 하중을 작용하는 보 구조물에 발생하는 최대 휨모멘트[kN · m]는? (단, 자중은 무시한다.)

① $\frac{2}{3}$
② $\frac{4}{3}$
③ $\frac{5}{3}$
④ $\frac{8}{3}$

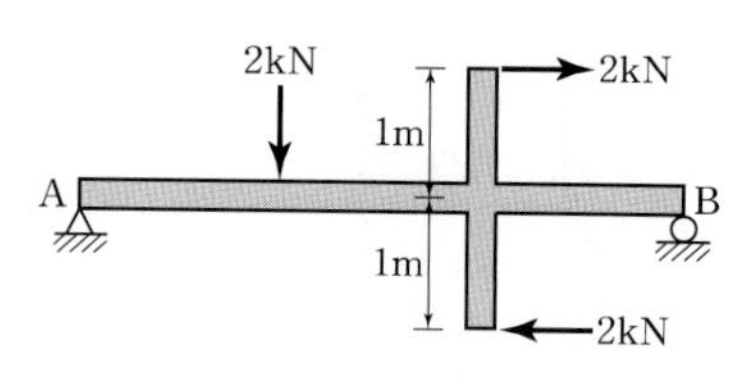

■ 강의식 해설 및 정답 : ④

오른쪽 지점반력을 구하면 $R_{우} = \frac{2(2)+2(2)}{6} = \frac{4}{3}\text{kN}(\uparrow)$

간접부재의 오른쪽을 절단하여 휨모멘트를 구하면

$\frac{4}{3}(2) = \frac{8}{3}\text{kN} \cdot \text{m}$

6 다음과 같이 양단 내민보 전 구간에 등분포하중이 균일하게 작용하고 있다. 이때 휨모멘트도에서 최대 정모멘트와 최대 부모멘트의 절댓값이 같기 위한 L과 a의 관계는? (단, 자중은 무시한다.)

① $L = \sqrt{2a}$
② $L = 2\sqrt{2a}$
③ $L = \sqrt{2}\,a$
④ $L = 2\sqrt{2}\,a$

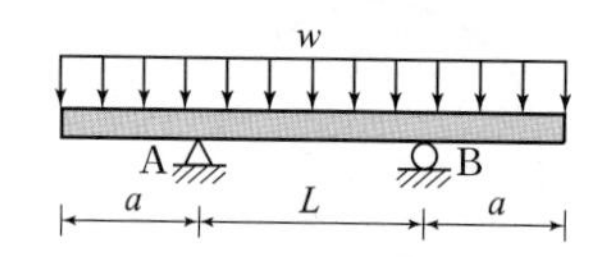

■ 강의식 해설 및 정답 : ④

$|(+)M_{\max}| = |(-)M_{\max}|$에서 $\left|\frac{wL^2}{8} - \frac{wa^2}{2}\right| = \left|-\frac{wa^2}{2}\right|$

정리하면 $L = 2\sqrt{2}\,a$

7 다음과 같이 게르버보에 하중이 작용하여 발생하는 정모멘트와 부모멘트 중 큰 절댓값[kN · m]은? (단, 자중은 무시한다.)

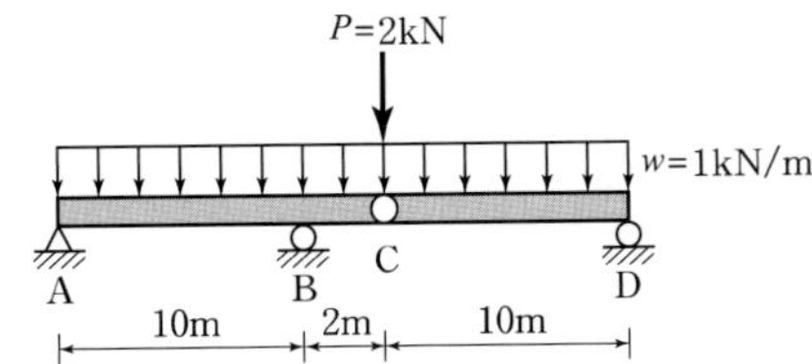

① 12.5
② 13.0
③ 13.5
④ 16.0

■ 강의식 해설 및 정답 : ④

구간	CD	BC
최대 휨모멘트	$\frac{wL^2}{8}=\frac{1(100)}{8}=12.5$	$2(2)+5(2)+\frac{1(2^2)}{2}=16.0$

8 다음과 같이 하중을 받는 보에서 AB부재에 부재력이 발생되지 않기 위한 CD 부재의 길이 a[m]는? (단, 자중은 무시한다.)

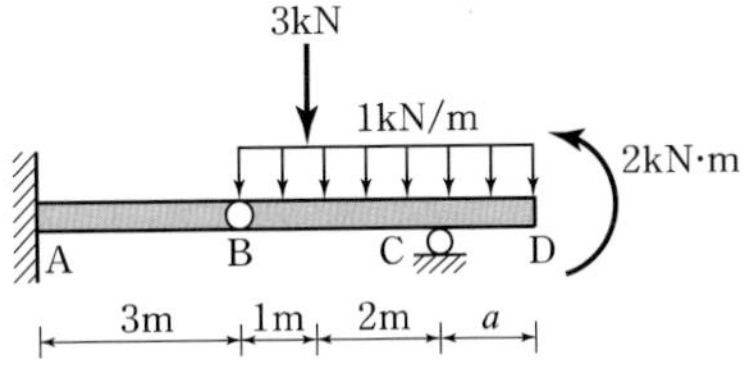

① 2
② 3
③ 5
④ 6

■ 강의식 해설 및 정답 : ③

AB의 단면력이 없으므로 힌지를 기준으로 오른쪽 부재는 C점에서 모멘트 평형이 성립되어야 한다.

$\Sigma M_C=0:3(2)+\frac{1(2^2)}{2}+2=\frac{1(a^2)}{2}$ 에서 $a=5$m

9 다음과 같은 게르버보에 우측과 같이 이동하중이 지날 때, 지점 B의 반력 (R_B)의 최대크기[kN]는?

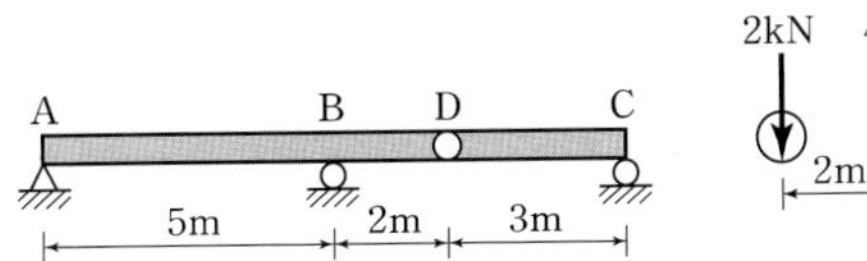

① $\frac{24}{5}$
② $\frac{26}{5}$
③ $\frac{36}{5}$
④ $\frac{38}{5}$

■ 강의식 해설 및 정답 : ④

R_B의 영향선에서 $R_{B,\max}=2(1)+4\left(\frac{7}{5}\right)=\frac{38}{5}$kN

10 다음과 같이 수직, 수평의 집중하중을 받고 있는 트러스에서 부재력이 0인 부재의 개수는? (단, 자중은 무시한다.)

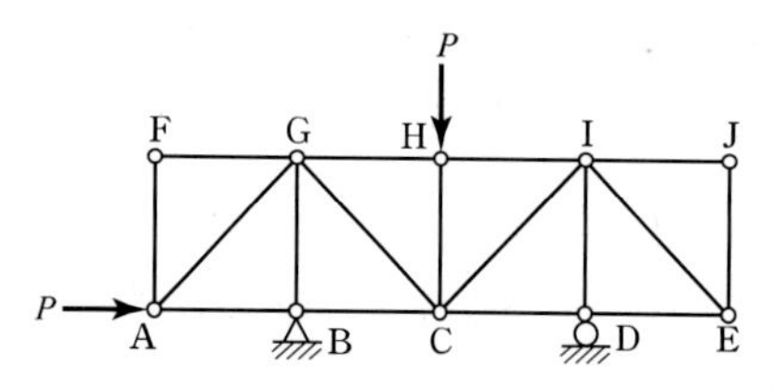

① 6 ② 7

③ 8 ④ 9

■ 강의식 해설 및 정답 : ④

지점의 반력을 표시하고 절점에서 평형 조건을 적용하면 영부재수는 총 9개가 된다.

11 다음과 같이 지름 10mm의 강봉에 3,000kN의 인장력이 작용하여 강봉의 지름이 0.4mm 줄어들었다. 이때 포아송비(Posson's ratio)는? (단, 강봉의 탄성계수는 2.0×10^5MPa이고, π는 3으로 계산한다.)

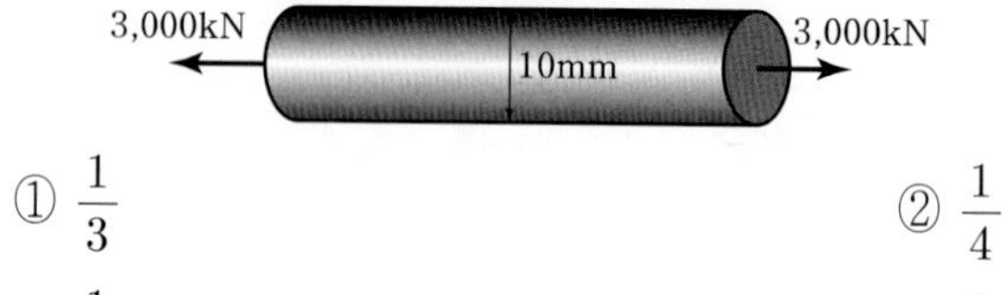

① $\frac{1}{3}$ ② $\frac{1}{4}$

③ $\frac{1}{5}$ ④ $\frac{1}{6}$

■ 강의식 해설 및 정답 : ③

$\varDelta d=\frac{4\nu P}{\pi dE}$에서 $\nu=\frac{\pi dE(\varDelta d)}{4P}=\frac{3(10)(2\times10^5)(0.4)}{4(3,000\times10^3)}=0.2=\frac{1}{5}$

12 벽두께 t가 6mm이고, 내반경 r이 200mm인 구형압력용기를 제작하였다. 압력 $p=$6MPa이 구형압력용기에 작용할 경우 막응력의 크기[MPa]는? (단, 구형용기의 벽내부에 발생하는 인장응력 계산 시 내반경 r을 사용하여 계산한다.)

① 50 ② 100

③ 150 ④ 200

■ 강의식 해설 및 정답 : ②

구형압력용기이므로 원축응력이 발생한다.

$\sigma=\frac{pd}{4t}=\frac{pr}{2t}=\frac{6(200)}{2(6)}=100\text{MPa}$

13 가로와 세로의 길이가 4.8mm인 정사각형 단면을 가진 길이가 10cm인 단순보에 순수 휨모멘트가 작용하고 있다. 단면 최상단에서 수직변형률(normal strain) ϵ_x가 0.0012에 도달했을 경우의 곡률 $\kappa[\text{m}^{-1}]$의 절댓값은? (단, 부재는 미소변형 거동을 한다.)

① 0.1　　② 0.2
③ 0.5　　④ 2.0

■ 강의식 해설 및 정답 : ③

휨변형률 $\epsilon_{상단} = \dfrac{y_{상단}}{\rho} = \kappa y_{상단}$에서 $\kappa = \dfrac{\epsilon_{상단}}{y_{상단}} = \dfrac{0.0012}{2.4} = 0.0005\,\text{mm}^{-1} = 0.5\,\text{m}^{-1}$

14 다음 그림(a)와 같은 원형 단면과 그림(b)와 같은 원형관 단면에서 두 단면이 동일한 크기의 전단력을 받을 때, 두 단면에서 발생하는 최대전단응력의 비 $(\tau_{\max})_{원형}:(\tau_{\max})_{원형관}$는?

① 8 : 15
② 8 : 13
③ 15 : 28
④ 15 : 26

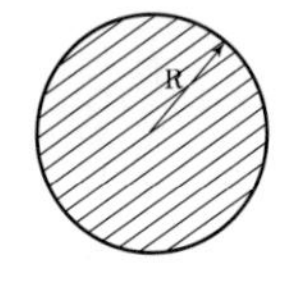

원형

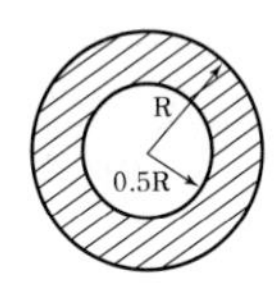

원형관

■ 강의식 해설 및 정답 : ③

$$\tau_{\max(원형)}:\tau_{\max(원형관)} = \frac{3}{2}\cdot\frac{S}{A} : \frac{4S}{\pi\left(R^4-\dfrac{R^4}{16}\right)R}\cdot\frac{2}{3}\left(R^3-\frac{R^3}{8}\right) = 15 : 28$$

보충 중공단면의 전단응력(동일한 단면을 공제하는 경우의 틀)

전단응력 일반식	중공 사각형	중공 원형
$\tau = \dfrac{VQ}{Ib}$	$\tau_{\max} = \dfrac{3}{2}\cdot\dfrac{V(BH^2-bh^2)}{(BH^3-bh^3)(B-b)}$ 또는 $\tau_{\max} = \dfrac{3}{2}\cdot\dfrac{V(BH^2-bh^2)}{(BH^3-bh^3)b_w}$	$\tau_{\max} = \dfrac{4}{3}\cdot\dfrac{V(D^3-d^3)}{\pi(D^4-d^4)(D-d)}$ 또는 $\tau_{\max} = \dfrac{4}{3}\cdot\dfrac{V(R^3-r^3)}{\pi(R^4-r^4)(R-r)}$
결론	최대전단응력에 대한 도형의 숫자는 같고 분모는 단면2차모멘트꼴, 폭은 (큰 치수−작은 치수)꼴, 분자는 단면1차모멘트의 꼴이다.	

15 다음과 같은 강체(Rigid) AD 부재에 축방향으로 하중 P가 작용하고 있다. 지점 A는 힌지이며, 두 개의 스프링은 B점과 C점에 연결되어 있고, 스프링계수는 동일한 k이다. 강체의 임계좌굴하중(P_{cr})은? (단, 부재는 미소변형 거동을 한다.)

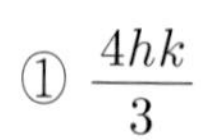

① $\dfrac{4hk}{3}$

② $\dfrac{5hk}{3}$

③ $2hk$

④ $3hk$

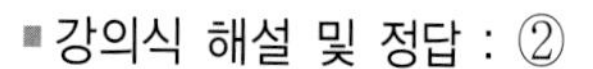

■ 강의식 해설 및 정답 : ②

$$P_{cr} = \Sigma\frac{kb^2}{L} = \frac{k(4h^2+h^2)}{L} = \frac{5kh^2}{3h} = \frac{5kh}{3}$$

보충 강체봉–스프링 기둥의 좌굴하중

(1) 선형 스프링

회전–자유	회전–힌지–회전
$P_{cr} = \dfrac{k(\text{회전단거리})^2}{\text{부재길이}}$	$P_{cr} = \dfrac{k\text{곱}}{\text{합}}$

(2) 회전 스프링

회전–자유	회전–힌지–회전	
	지점에 스프링	힌지에 스프링
$P_{cr} = \dfrac{\beta}{\text{부재길이}}$	$P_{cr} = \dfrac{\beta}{\text{부재길이}} \cdot \left(\dfrac{\text{반대편}}{\text{자기편}}\right)$	$P_{cr} = \dfrac{\beta\text{합}}{\text{곱}}$

16 휨강성 EI를 갖는 단순보에 다음 그림과 같이 하중이 작용할 때, 지점 A에 발생하는 휨변형에 대한 처짐각 θ_A는? (단, EI=1,000kN · m²이고, 자중은 무시한다.)

① 0.004(↷)

② 0.004(↶)

③ 0.012(↷)

④ 0.012(↶)

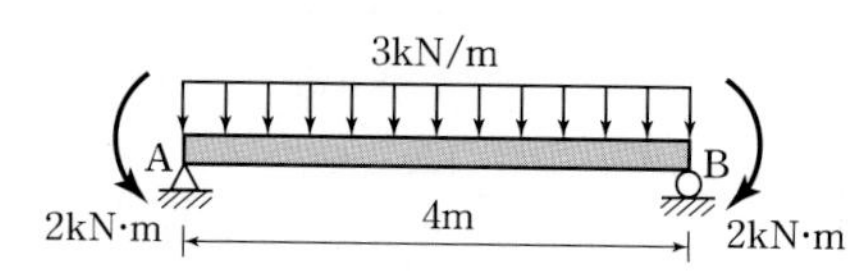

■ 강의식 해설 및 정답 : ①

$$\theta_A = \frac{wL^3}{24EI} - \frac{ML}{2EI} = \frac{3(64)}{24(1{,}000)} - \frac{2(4)}{2(1{,}000)} = 0.004(\curvearrowright)$$

17 다음과 같이 간접하중을 받고 있는 정정보 AB에 발생되는 최대 연직처짐은[m]은? (단, AB부재의 휨강성 $EI=\frac{1}{48}\times 10^5$ kN · m이고, 자중은 무시한다)

① 0.10
② 0.12
③ 0.15
④ 0.20

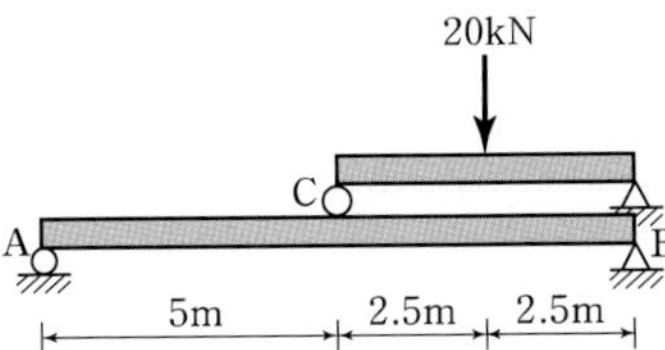

■ 강의식 해설 및 정답 : ①

지점에 작용하는 하중은 휨모멘트에 영향이 없으므로 이를 제거하면 중앙에 10kN의 하중이 작용하는 단순보와 같다.

$$\delta_{\max}=\frac{PL^3}{48EI}=\frac{10(10^3)}{48\left(\frac{1}{48}\times 10^5\right)}=0.1\text{m}$$

18 다음과 같이 길이 L인 단순보와 외팔보에 집중하중 P가 작용하고 있다. 단순보의 B점에 발생되는 수직처짐(δ_B)과 외팔보 E점에서 발생되는 수직처짐(δ_E)의 비교값$\left(\frac{\delta_E}{\delta_B}\right)$은? (단, 자중은 무시한다.)

① 0.25
② 0.50
③ 2.00
④ 4.00

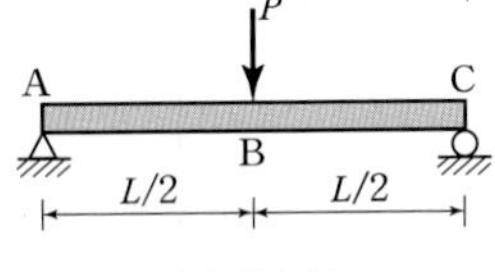

(a) 단순보

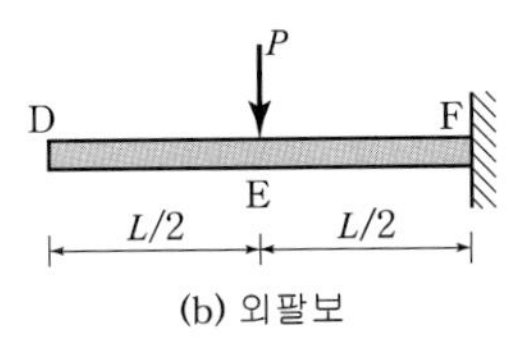

(b) 외팔보

■ 강의식 해설 및 정답 : ③

$$\frac{\delta_E}{\delta_B}=\frac{\dfrac{P\left(\dfrac{L^3}{8}\right)}{3EI}}{\dfrac{PL^3}{48EI}}=2$$

19 다음과 같이 집중하중이 작용하는 양단 고정보에서 지점의 반력 모멘트가 그림과 같이 A점에 8kN · m (↶)이고, B점에 4kN · m(↷)일 때, C점의 휨모멘트[kN · m]는? (단, 자중은 무시한다)

① $\frac{16}{3}$

② $\frac{20}{3}$

③ $\frac{22}{3}$

④ $\frac{25}{3}$

■ 강의식 해설 및 정답 : ①

중첩을 적용하여 해석하면 $M_C = \frac{6(3)(6)}{9} - \frac{8(2)+4(1)}{3} = \frac{16}{3}$kN · m가 된다.

20 다음과 같은 강체가 두 개의 케이블에 지지되어 있다. 강체가 수평을 유지하기 위한 하중 P의 재하위치 x는? (단, 두 케이블의 EA는 같다.)

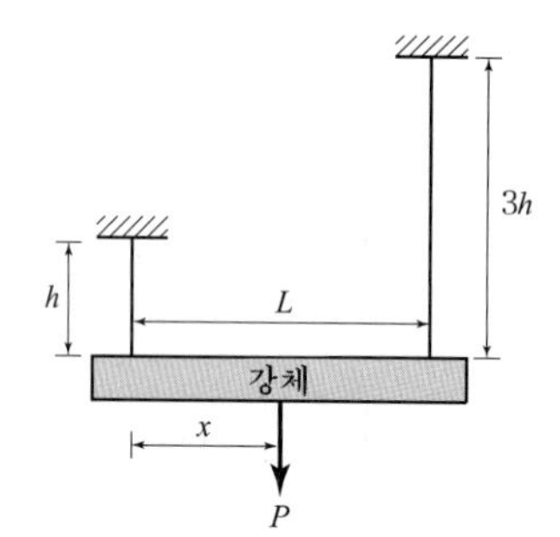

① $\frac{L}{3}$

② $\frac{L}{4}$

③ $\frac{2L}{3}$

④ $\frac{3L}{4}$

■ 강의식 해설 및 정답 : ②

$R = k\delta = \frac{EA}{L}\delta \propto \frac{1}{L}$에서 $R_{좌} : R_{우} = 3 : 1$이므로 $x = \frac{L}{4}$

2013 지방직 9급 지방직 9급 응용역학

1 다음 그림과 같은 변단면 강봉 ABC가 하중 $P=20$kN을 받고 있을 때, 강봉 ABC의 변형에너지[N · m]는? (단, 탄성계수 $E=200$GPa, 원주율 π는 3으로 계산한다)

① 12,000
② 13,000
③ 14,000
④ 15,000

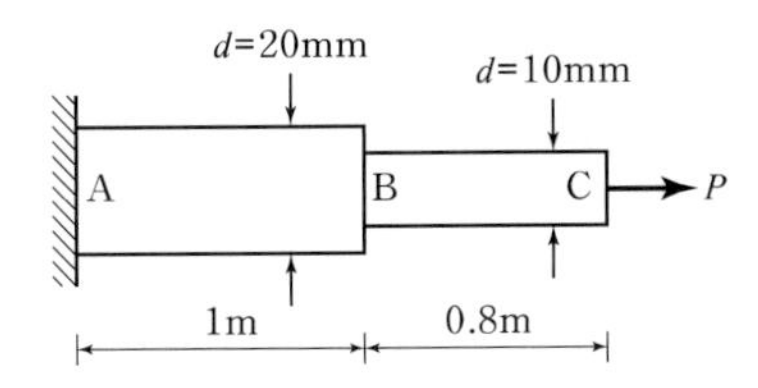

▪ 강의식 해설 및 정답 : ③
구간에 따라 변하는 형태이므로 변형에너지

$$U=\Sigma\frac{N^2L}{2EA}=\Sigma\frac{2P^2L}{\pi Ed^2}=\frac{2(20\times10^3)^2}{3(200\times10^3)}\left(\frac{1000}{20^2}+\frac{800}{10^2}\right)=14,000\text{N}\cdot\text{m}$$

2 다음 그림과 같은 트러스 구조물에 중앙하중(P)이 재하될 때, 영부재(부재력이 발생하지 않는 부재)의 개수는?

① 1
② 2
③ 3
④ 4

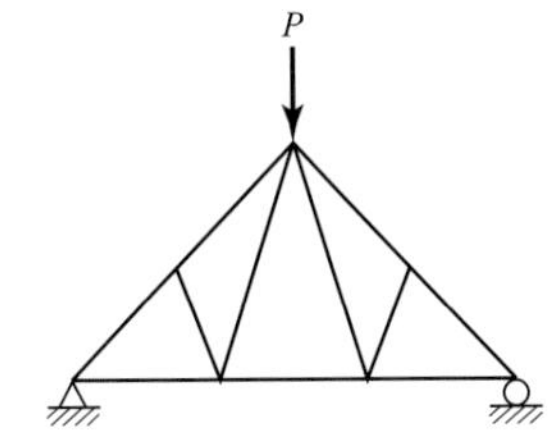

▪ 강의식 해설 및 정답 : ④
삼각형의 꼭짓점에 하중이 작용하는 경우는 내부의 부재는 모두 영부재이므로 4개이다.

3 다음 그림과 같이 원점 O에 세 힘이 작용할 때, 합력이 작용하는 상한의 위치는?

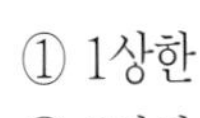

① 1상한
② 2상한
③ 3상한
④ 4상한

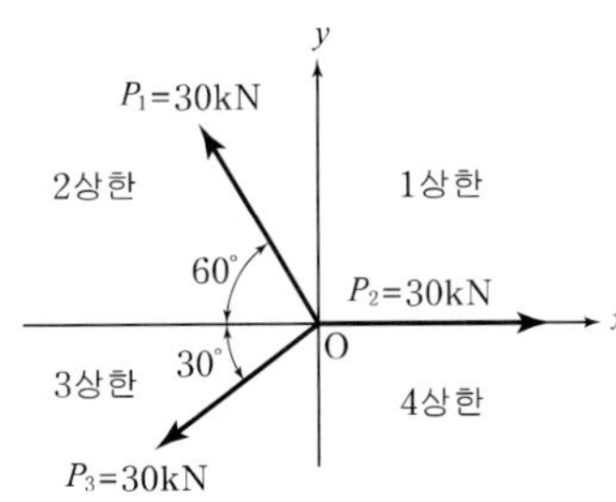

▪ 강의식 해설 및 정답 : ②
두 힘의 크기가 같으므로 교각을 2등분한다. 따라서 하중 P_1과 P_2사이를 2등분하므로 각각 45°를 가지게 되어 합력은 2상한에 위치하게 된다.

4 다음 그림과 같이 정사각형 기둥의 모서리에 20kN의 수직하중이 작용할 때, A점에 발생하는 수직응력 [MPa]은?

① 0.5
② 1.5
③ 2.5
④ 3.5

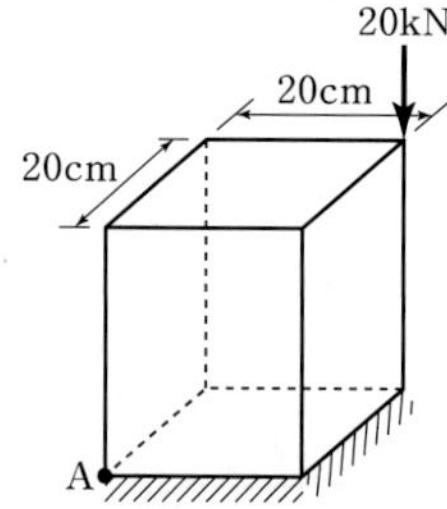

▪ 강의식 해설 및 정답 : ③

복편심축하중이 작용하므로

$\sigma_A = \frac{P}{A}\left(1 - \frac{6e}{b} - \frac{6e}{h}\right)$에서 1/−3/ −3법칙에 의해 $\sigma_A = \frac{5P}{A} = \frac{5(20\times10^3)}{200^2} = 2.5\,\text{MPa}$

5 다음 그림과 같은 프레임 구조물에 하중 P가 작용할 때, 프레임 구조물 ABCD에 발생하는 모멘트선도로 가장 가까운 것은?

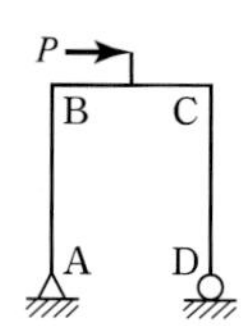

①

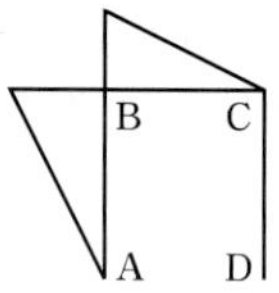

②

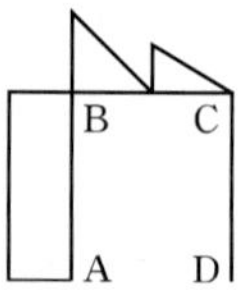

③

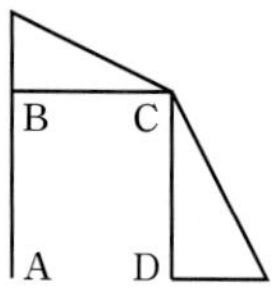

④

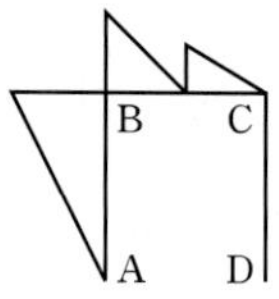

▪ 강의식 해설 및 정답 : ④

기둥 AB는 수평반력에 의해 캔틸레버와 같은 휨모멘트도가 되어야 하고, 보 BC는 모멘트하중이 작용하므로 휨모멘트가 불연속이라야 하며, 기둥 CD는 수직반력만이 작용하므로 휨모멘트가 0인 것을 찾는다.

6 다음 그림과 같이 평면응력을 받는 요소가 있다. 최대 전단응력이 발생하는 요소에서 수직응력[MPa]과 전단응력[MPa]은?

	수직응력	전단응력
①	0	13
②	0	6.4
③	4	13
④	4	6.4

■ 강의식 해설 및 정답 : ③

최대전단응력면에서 수직응력은 $\dfrac{\sigma_x+\sigma_y}{2}=4\,\text{MPa}$, 전단응력은 $\sqrt{\left(\dfrac{\sigma_x-\sigma_y}{2}\right)+\tau_{xy}^2}=\sqrt{12^2+5^2}=13\,\text{MPa}$

7 하중을 받는 보의 모멘트선도가 다음 그림과 같을 때, B점 및 C점의 전단력[kN]은? (단, AB구간 및 CD구간은 2차 곡선이고, BC구간은 직선이다. 또한 A점의 상향 수직반력은 5.5kN이다)

	B점	C점
①	1.5	2.5
②	1.5	1.5
③	2.5	2.5
④	2.5	1.5

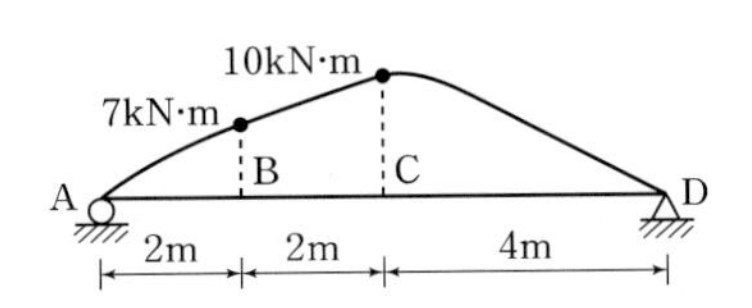

■ 강의식 해설 및 정답 : ②

휨모멘트가 2차 곡선인 구간에는 등분포하중이 작용하므로

$M_B=R_A(2)-\dfrac{w(2^2)}{2}=5.5(2)-\dfrac{w(2^2)}{2}=7$에서 $w=2\,\text{kN/m}$이고 $M_C=5.5(4)-2(2)\times(3)=10\,\text{kN}\cdot\text{m}$

이므로 B나 C에는 다른 하중이 작용하지 않는다. 따라서 B와 C점의 전단력은 같아야 한다.

또한 휨모멘트도에 B점과 C점에 대한 접선의 기울기가 같으므로 전단력이 같다는 것을 파악하면 답은 ①, ④는 탈락이다.

$\therefore\ S_B=S_C=R_A-wx=5.5-2(2)=1.5\,\text{kN}$

8 다음 그림과 같이 하중을 받는 게르버보에서 C점의 반력[kN]은?

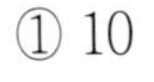

① 10
② 12
③ 14
④ 16

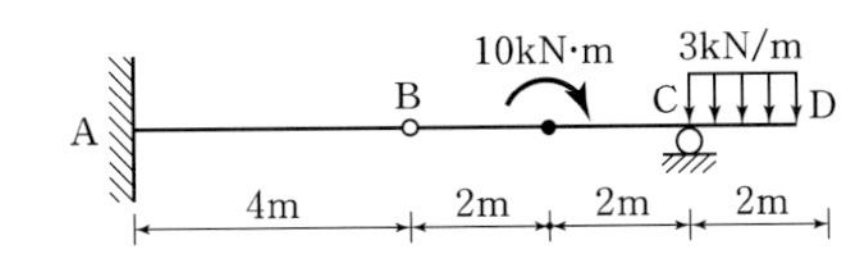

■ 강의식 해설 및 정답 : ①

내부힌지 B에서 휨모멘트가 0이므로 절단한 오른쪽에 대해 계산하면

$R_C=\dfrac{10+3(2)\times5}{4}=10\,\text{kN}$ (상향)이 된다.

9 어떤 단순보의 전단력도가 다음 그림과 같을 때, 휨모멘트선도로 가장 가까운 것은? (단, 모멘트하중은 작용하지 않는다.)

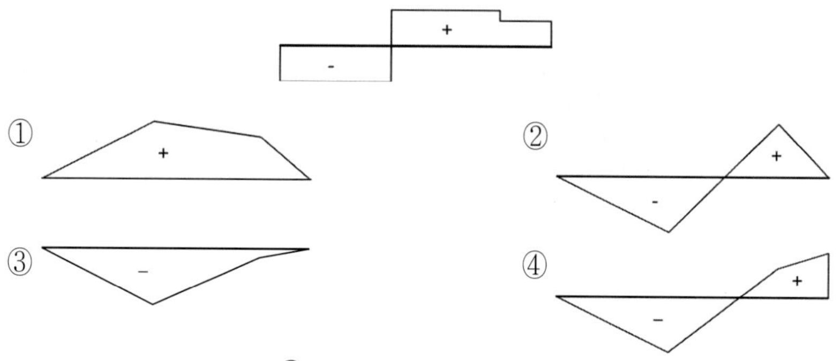

■ 강의식 해설 및 정답 : ③

단부에 모멘트하중이 작용하지 않으므로 ④는 탈락이고, 전단력은 휨모멘트의 기울기와 같으므로 전단력이 (−)인 구간의 기울기가 음이고 전단력이 +인 구간의 기울기는 양인 것을 찾으면 답이 ③이 된다.

10 다음 그림과 같은 단면을 갖는 보에 수직하중이 작용할 때, 이에 대한 설명으로 옳지 않은 것은?

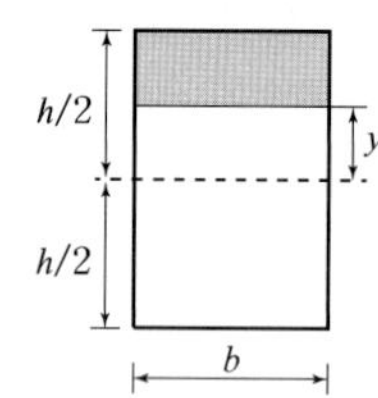

① 전단응력을 구할 때 사용하는 단면1차모멘트 Q는 $\frac{b}{2}\left(\frac{h^2}{4}-y^2\right)$이다.

② 전단력을 V, 단면2차모멘트를 I라 할 때, 전단응력은 $\frac{V}{2I}\left(\frac{h^2}{4}-y^2\right)$이다.

③ 최대 전단응력은 중립축에서 발생한다.

④ 최대 전단응력의 크기는 평균 전단응력의 $\frac{4}{3}$배이다.

■ 강의식 해설 및 정답 : ④

사각형 단면에서의 최대 전단응력은 평균 전단응력의 3/2배이다.

11 다음 그림과 같은 단순보에서 A점과 B점의 수직반력이 같을 때 B점에 작용하는 모멘트 M[kN · m]은?

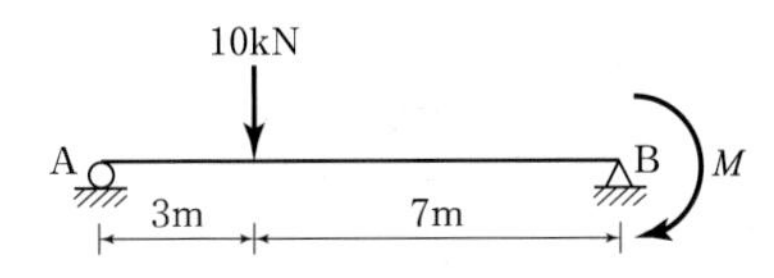

① 10 ② 20
③ 30 ④ 40

■ 강의식 해설 및 정답 : ②

두 지점의 수직반력이 같다면 $\sum V=0$에서 $R=5\text{kN}$이고, A점에서 모멘트 평형조건에서 $10(3)+M=5(10)$에서 $M=20\text{kN}\cdot\text{m}$

12 다음 그림과 같은 물막이용 콘크리트 구조물이 있다. 구조물이 전도가 발생하지 않을 최대 수면의 높이 h[m]는? (단, 물과 접해 있는 구조물 수직면에만 수평하중의 정수압이 작용하는 것으로 가정한다. 물의 단위중량 10kN/m^3, 콘크리트의 단위중량 25kN/m^{3}이다)

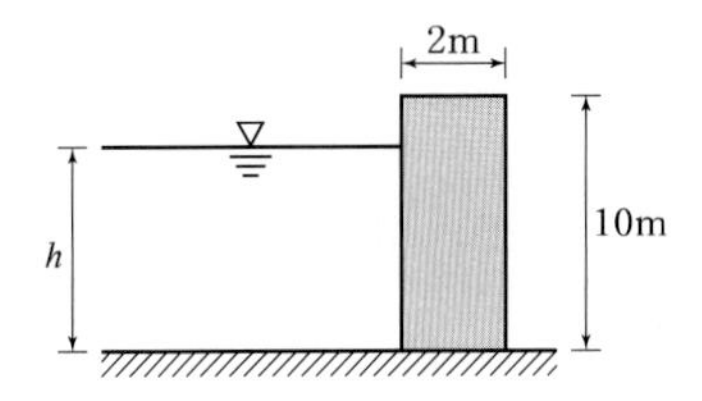

① $\sqrt[3]{100}$ ② $\sqrt[3]{200}$
③ $\sqrt[3]{300}$ ④ $\sqrt[3]{400}$

■ 강의식 해설 및 정답 : ③

수압에 의한 전도모멘트 : $\dfrac{wh(h^2)}{6}=\dfrac{10h^3}{6}$

자중에 의한 저항모멘트 : $\dfrac{\gamma A(b)}{2}=\dfrac{25(2\times10)(2)}{2}$

저항모멘트가 전도 모멘트 이상이라야 한다는 조건을 적용하면

$\dfrac{25(2\times10)(2)}{2}\geq\dfrac{10h^3}{6}$에서 $h\leq\sqrt[3]{300}\,\text{m}$

13 다음 그림과 같이 3개의 단순보가 각각 하중을 받고 있을 때. 최대처짐의 비는? (단, 모든 보의 EI는 동일하다)

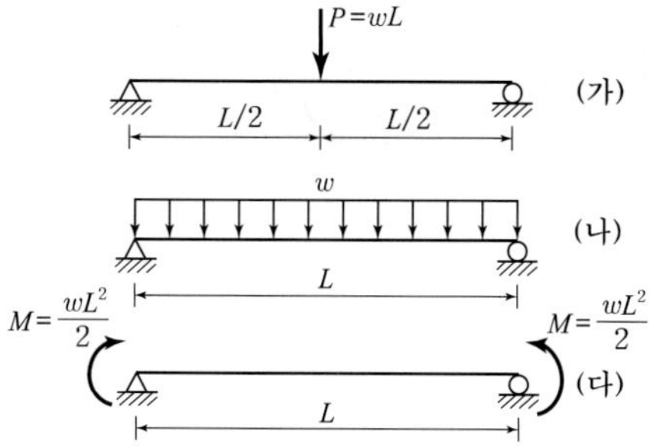

	(가)	(나)	(다)
①	1	1	1
②	5	8	12
③	8	5	12
④	8	5	24

■ 강의식 해설 및 정답 : ④

최대 처짐비 $\delta_{(가)} : \delta_{(나)} : \delta_{(다)} = \dfrac{wL(L^3)}{48EI} : \dfrac{5wL^4}{384EI} : \dfrac{\frac{wL}{2}(L^2)}{8EI} = 8 : 5 : 24$

14 다음 그림과 같은 트러스에서 BD의 부재력[kN]은?

① 20(인장)
② 20(압축)
③ 30(인장)
④ 30(압축)

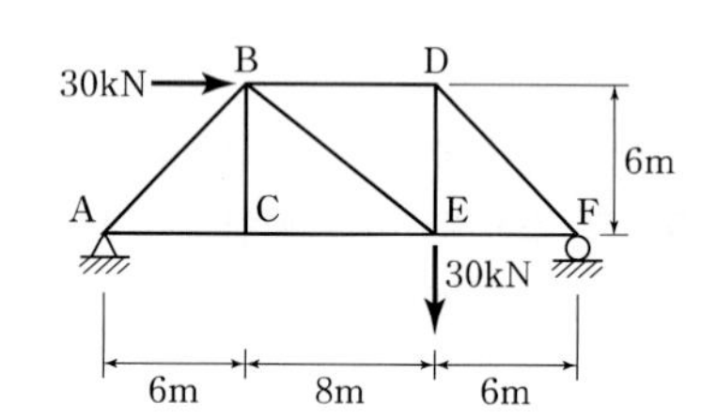

■ 강의식 해설 및 정답 : ④

트러스에서 내부의 부재가 모두 영부재가 되는 전형적인 케이스로 BD는 압축으로 30kN은 받는다.

15 다음 그림과 같은 게르버보에서 C점의 처짐은? (단, 보의 휨강성은 EI이다)

① $\dfrac{9P}{EI}$

② $\dfrac{9P}{2EI}$

③ $\dfrac{9P}{4EI}$

④ $\dfrac{9P}{8EI}$

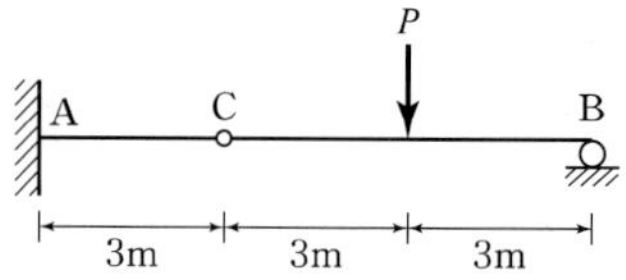

■ 강의식 해설 및 정답 : ②

게르버보에서 C점의 처짐은 힌지점에 전달되는 하중 $\dfrac{P}{2}$에 의한 캔틸레버의 처짐과 같으므로

$\delta_C = \dfrac{\frac{P}{2}(3^3)}{3EI} = \dfrac{9P}{2EI}$ (하향)

16 다음 그림과 같은 도형의 x축에 대한 단면2차모멘트는?

① $\dfrac{23a^4}{3}$

② $\dfrac{25a^4}{3}$

③ $\dfrac{23a^4}{12}$

④ $\dfrac{25a^4}{12}$

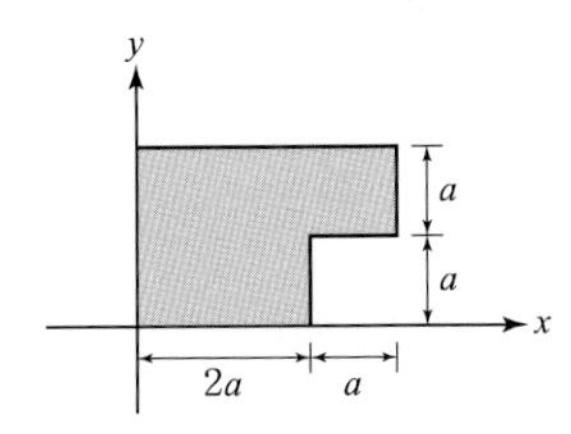

■ 강의식 해설 및 정답 : ①

중첩을 적용하여 중공단면으로 해석하면

$$I_x = \Sigma\frac{bh^3}{3} = \frac{3a(2a)^3}{3} - \frac{a(a^3)}{3} = \frac{23a^4}{3}$$

17 다음 그림과 같이 하중을 받는 단순보에서 C점의 최대 휨응력[MPa]은?

① 15

② 30

③ 45

④ 60

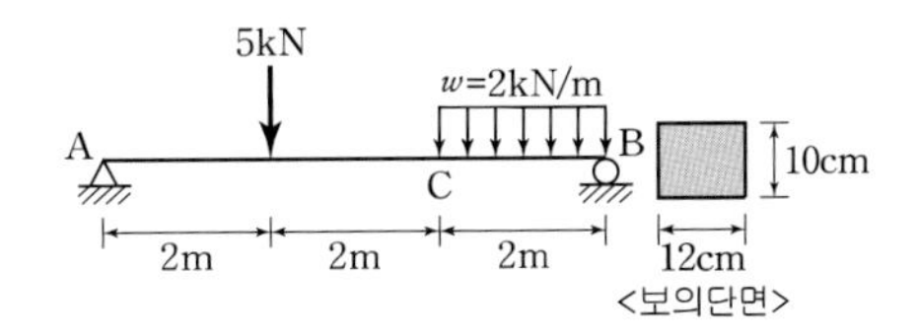

■ 강의식 해설 및 정답 : ②

$$\sigma_{C,\max} = \frac{M_C}{Z} = \frac{6(6\times10^6)}{120(100^2)} = 30\,\text{MPa}$$

여기서, $M_C = \dfrac{5(2)(2)+(2\times2)(1)(4)}{6} = 6\,\text{kN·m}$

18 다음 그림과 같은 연속보가 정정보가 되기 위해서 필요한 내부힌지(internal hinge)의 개수는?

① 3

② 4

③ 5

④ 6

■ 강의식 해설 및 정답 : ①

정정이 되기 위해 필요한 힌지수는 부정정차수와 같으므로 3개가 된다.

19 다음 그림과 같이 길이 L, 축강성도 $2k$인 원형 튜브 속에 축강성도 k인 원형 실린더가 포함된 구조물이 있다. 좌측단은 일체로 고정되고 우측단은 원형 강체관과 연결되어 축변형을 제어하고 있다. 외부 튜브에 온도변화(ΔT)가 발생하였을 때, 원형강체관의 수평변위 δ는? (단, 강성도 k는 $\dfrac{EA}{L}$이다. 또한 α는 튜브의 열팽창계수이며, 모든 부재의 자중효과는 무시한다)

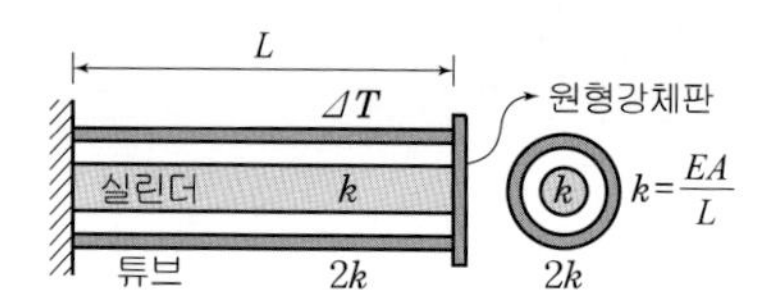

① $\dfrac{2\alpha(\Delta T)L}{3}$　② $\dfrac{3\alpha(\Delta T)L}{4}$

③ $\dfrac{4\alpha(\Delta T)L}{5}$　④ $\dfrac{5\alpha(\Delta T)L}{6}$

■ 강의식 해설 및 정답 : ①

(1) 기본구조물(정정구조물)에서 변위

외부 튜브의 온도 변형량 : $\delta_T = \alpha(\Delta T)L$, 내부 튜브의 변형량 : 0

(2) 두 물체는 동일한 변위를 가져야 하므로 외부 튜브에는 압축력 P가 작용하고 내부 튜브에는 인장력 P가 작용하여야 한다.

(3) 적합방정식 : $\alpha(\Delta T)L - \dfrac{P}{2k} = \dfrac{P}{k}$에서 $P = \dfrac{2k\alpha(\Delta T)L}{3}$

이것을 다시 대입하면 변위 $\delta = \dfrac{P}{k} = \dfrac{2\alpha(\Delta T)L}{3}$이 된다.

20 다음 그림과 같은 구조물에서 B점의 수직처짐 Δ는? (단, B점은 스프링 상수 k인 스프링으로 지지되어 있고, 보의 휨강성 EI는 일정하다)

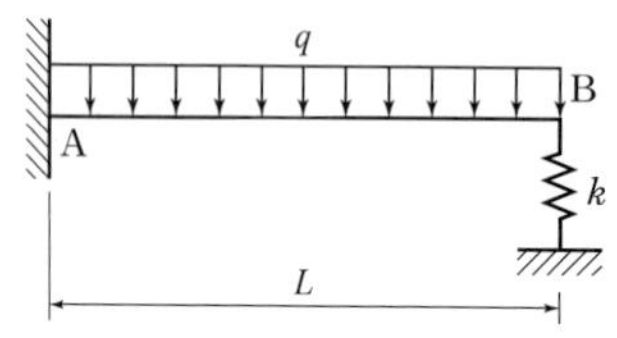

① $\dfrac{1}{8}qL^2\left(\dfrac{1}{kL+\dfrac{3EI}{L^2}}\right)$　② $\dfrac{2}{8}qL^2\left(\dfrac{1}{kL+\dfrac{3EI}{L^2}}\right)$

③ $\dfrac{3}{8}qL^2\left(\dfrac{1}{kL+\dfrac{3EI}{L^2}}\right)$　④ $\dfrac{5}{8}qL^2\left(\dfrac{1}{kL+\dfrac{3EI}{L^2}}\right)$

■ 강의식 해설 및 정답 : ③

$$\delta_B = \frac{qL^4}{8EI}\left(\frac{\dfrac{3EI}{L^3}}{\dfrac{3EI}{L^3}+k}\right) = \frac{3}{8}qL^2\left(\frac{1}{kL+\dfrac{3EI}{L^2}}\right)$$

국가직 9급 응용역학개론

1 다음 용어들의 짝 중에서 상호 연관성이 없는 것은?

① 전단응력 - 단면1차모멘트
② 곡률 - 단면상승모멘트
③ 휨응력 - 단면계수
④ 처짐 - 단면2차모멘트

■ 강의식 해설 및 정답 : ②

곡률 $\kappa = \dfrac{M}{EI}$이므로 단면2차모멘트를 이용한다.

보충 단면상승모멘트는 주축의 방향이나 주단면2차모멘트를 구할 때 사용한다. 즉 기둥의 좌굴방향이나 좌굴축을 결정하려면 주축을 대상으로 하므로 이 경우에 사용한다.

2 그림과 같은 구조물의 B지점에서 반력 R_B의 값은? (단, DE는 강성부재이고, 보의 자중은 무시한다)

① 120
② 90
③ 80
④ 60

■ 강의식 해설 및 정답 : ④

D점을 통하여 E점에 전달되는 힘이 80kN이므로 AB구조물의 A점에서 모멘트 평형을 적용하면

$$R_B = \frac{80(3)}{4} = 60\,\text{kN}$$

보충 힌지를 통해서는 모멘트가 전달될 수 없다. 다라서 D점과 E점에는 모멘트가 작용할 수 없다.

3 그림과 같이 받침대 위에 블록이 놓여있다. 이 블록 중심에 $F = 20$kN이 작용할 때 블록에서 생기는 평균 전단응력[N/mm^2]은?

① 1
② 2
③ 10
④ 20

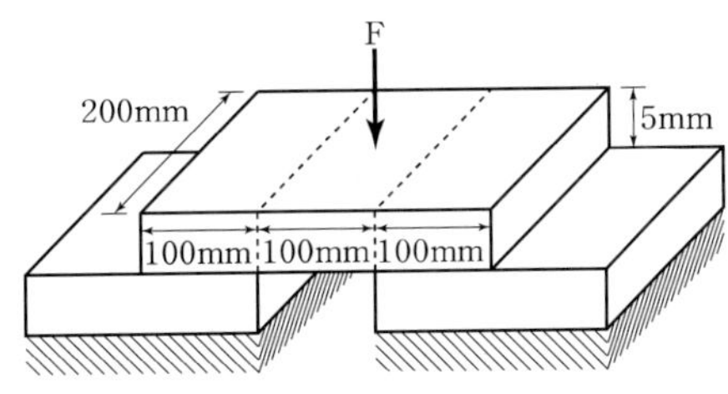

■ 강의식 해설 및 정답 : ③

전단응력을 계산하는 경우 표면적을 사용해야 하므로 2면전단에 속한다.

$$\tau = \frac{S}{2A} = \frac{20 \times 10^3}{2(200 \times 5)} = 10\,\text{MPa}$$

여기서, 전단에 저항하는 단면은 힘과 나란한 부분이다.

4 그림은 단면적 A_s인 강재(탄성계수 E_s)와 단면적 A_c인 콘크리트(탄성계수 E_c)를 결합한 길이 L인 기둥 단면이다. 연직하중 P가 기둥 중심축과 일치하게 작용할 때 강재의 응력은?

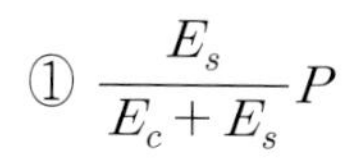

① $\dfrac{E_s}{E_c+E_s}P$

② $\dfrac{E_s}{E_cA_c+E_sA_s}P$

③ $\dfrac{E_cA_c}{E_cA_c+E_sA_s}P$

④ $\dfrac{E_cA_c}{E_cA_c+E_sA_s}P$

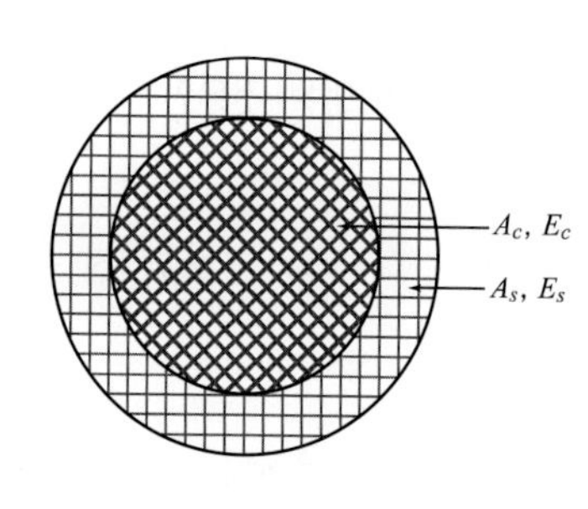

■ 강의식 해설 및 정답 : ②

(1) 분담하중

변위가 같은 구조물이므로

$P=k\delta=\dfrac{EA}{L}\delta \propto EA \;\; \therefore \; P_s=\dfrac{E_sA_s}{E_cA_c+E_sA_s}P$

(2) 강재의 응력

$\sigma_s=\dfrac{P_s}{A_s}=\dfrac{E_s}{E_cA_c+E_sA_s}P$

5 벽면에 수평으로 연결된 와이어가 있다. 중심각이 2θ인 원호 형태로 처짐이 발생된다면 이때 생기는 와이어의 변형률은? (단, θ의 단위는 radian이다)

① $\dfrac{\theta-\sin\theta}{\sin\theta}$

② $1-\dfrac{\sin\theta}{\theta}$

③ $\dfrac{\sin\theta}{\theta-\sin\theta}$

④ $\dfrac{\theta}{\cos\theta}-1$

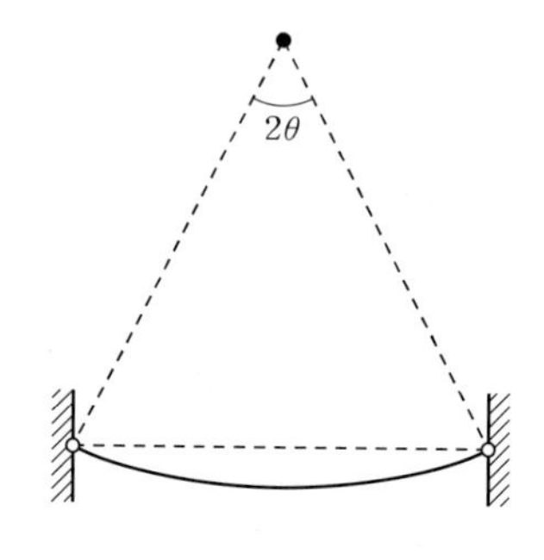

■ 강의식 해설 및 정답 : ①

곡률반지름을 ρ라 두고 변형률을 구하면

$\epsilon=\dfrac{\delta}{L}=\dfrac{\rho(2\theta)-2\rho\sin\theta}{2\rho\sin\theta}=\dfrac{\theta-\sin\theta}{\sin\theta}$

보충 변형률은 길이를 반으로 줄여 계산해도 변형량이 동일하게 줄기 때문에 일정한 값을 갖는다.

즉 절반만으로 계산한다면 $\epsilon=\dfrac{\delta/2}{L/2}=\dfrac{\rho(\theta)-\rho\sin\theta}{\rho\sin\theta}=\dfrac{\theta-\sin\theta}{\sin\theta}$

6 그림에서 캔틸레버보의 B점 처짐이 단순보의 B점 처짐과 같게 되기 위한 단면2차모멘트의 비 $\left(\frac{I_c}{I_s}\right)$는? (단, 보의 자중은 무시한다)

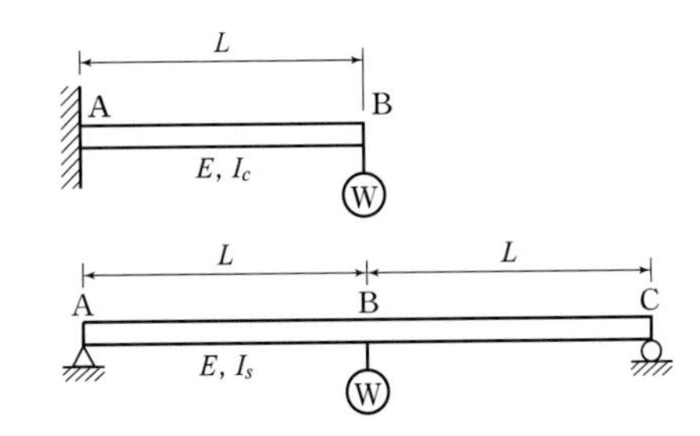

① 1.0
② 1.5
③ 2.0
④ 2.5

■ 강의식 해설 및 정답 : ③

$\delta_B = \frac{WL^3}{3EI_c} = \frac{W(8L^3)}{48EI_s}$ 에서 단면2차모멘트의 비 $\frac{I_c}{I_s} = 2.0$

7 그림과 같은 하중 Q가 작용하는 구조물에서 C점은 마찰연결로 되어 있다. 두 개의 구조물을 분리시키기 위해 필요한 최소 수평력 H는? (단, 구조물의 자중은 무시하고, 정지마찰계수 $\mu = 0.2$이다)

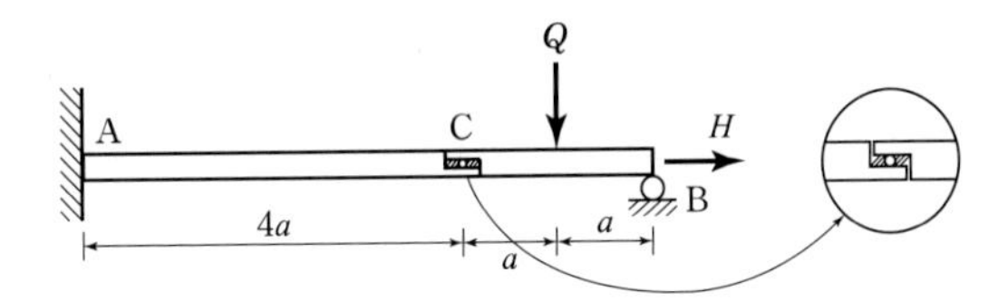

① 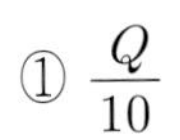

② $\frac{Q}{5}$
③ $\frac{3Q}{10}$
④ $\frac{2Q}{5}$

■ 강의식 해설 및 정답 : ①

수평력 H가 힌지를 누르는 압축력에 의한 최대정지마찰력 이상이라야 구조물의 분리가 가능하므로

$H \geq F_{\max} = R_C \cdot \mu = \frac{Q}{2}(0.2) = 0.1Q = \frac{Q}{10}$

8 그림과 같은 포물선 케이블에 수평방향을 따라 전 구간에 걸쳐 연직방향으로 8N/m의 등분포하중이 작용하고 있다. 케이블의 최소 인장력의 크기[kN]는? (단, 케이블의 자중은 무시하며, 최대 새그량을 2m이다)

① 2,000
② 3,000
③ 4,000
④ 5,000

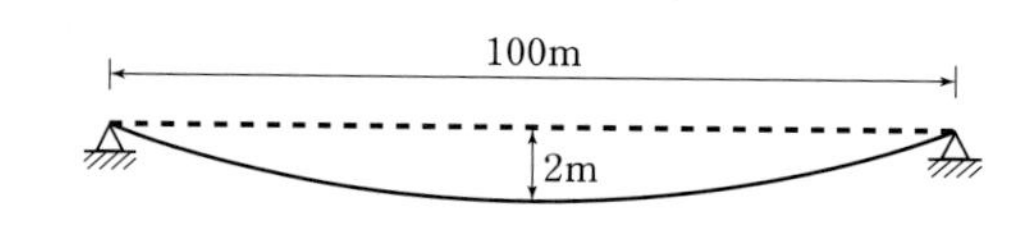

▪ 강의식 해설 및 정답 : ④

대칭 케이블이므로 최소인장력은 수직성분이 상쇄되는 중앙에서 발생한다.
따라서 수평반력과 같은 값을 갖으므로 케이블의 일반정리를 적용하면

$$\therefore\ T_{\min} = H = \frac{M_{유사보}}{y_{종거}} = \frac{wL^2}{8s} = \frac{8(100^2)}{8(2)} = 5{,}000\,\text{N}$$

9 그림과 같은 두 기둥의 탄성좌굴하중의 크기가 같다면, 단면2차모멘트 I의 비$\left(\frac{I_2}{I_1}\right)$는? (단, 두 기둥의 탄성계수 E, 기둥의 길이 L은 같다)

① 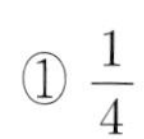 $\frac{1}{4}$
② $\frac{1}{2}$
③ 2
④ 4

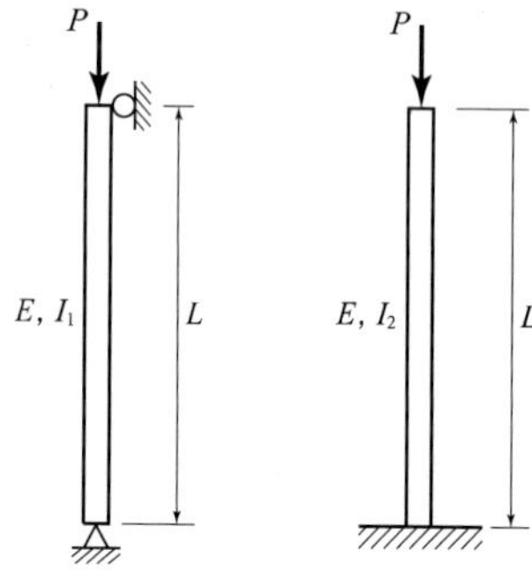

▪ 강의식 해설 및 정답 : ④

두 기둥의 좌굴하중이 같다는 조건을 적용하면

$$P_{cr} = \frac{\pi^2 EI_1}{L^2} = \frac{\pi^2 EI_2}{4L^2} \text{ 에서 } \frac{I_2}{I_1} = 4$$

[개념 접근] 동일조건에서 양단힌지의 강도가 고정-자유보다 4배의 강도가 크기 때문에 좌굴하중이 같으려면 고정-자유인 경우의 단면2차모멘트 I_2가 4배 더 커야 한다.

10 그림과 같은 등분포 하중 q를 받는 1차 부정정보의 고정단 모멘트 M_A와 R_B는? (단, 보의 자중은 무시한다)

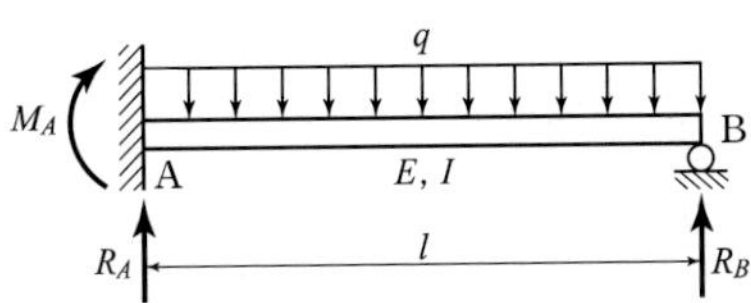

	$\underline{M_A}$	$\underline{R_B}$		$\underline{M_A}$	$\underline{R_B}$
①	$-\dfrac{ql^2}{8}$	$\dfrac{3ql}{8}$	②	$-\dfrac{ql^2}{4}$	$\dfrac{ql}{4}$
③	$-\dfrac{ql^2}{3}$	$\dfrac{ql}{3}$	④	$-\dfrac{ql^2}{3}$	$\dfrac{ql}{4}$

■ 강의식 해설 및 정답 : ①

$M_A = -k\theta_{구속} = -\dfrac{3EI}{l}\left(\dfrac{ql^3}{24EI}\right) = -\dfrac{ql^2}{8}$ (− : 가정한 방향과 반대)

$R_B = k\delta_{구속} = \dfrac{3EI}{l^3}\left(\dfrac{ql^4}{8EI}\right) = \dfrac{3ql}{8}$

11 그림과 같은 구조물의 전체 부정정 차수는?

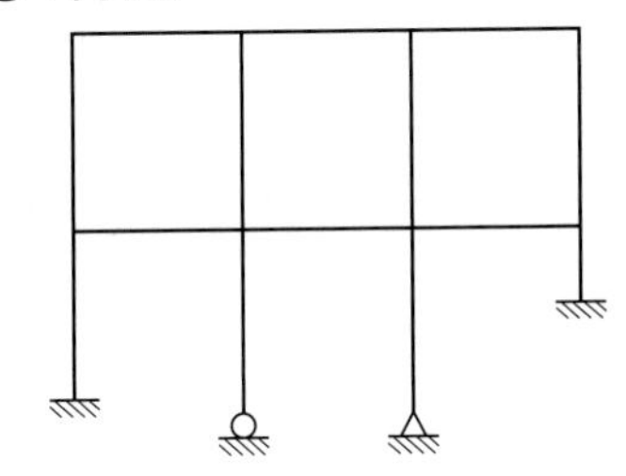

① 15
② 17
③ 19
④ 21

■ 강의식 해설 및 정답 : ①

$N = 3B - H = 3(6) - 2 - 1 = 15$ ∴ 15차 부정정 구조물

12 그림과 같이 하중 50kN인 차륜이 20cm 높이의 고정된 장애물을 넘어가는 데 필요한 최소한의 힘 P의 크기[kN]는? (단, 힘 P는 지면과 나란하게 작용하며, 계산값은 소수점 둘째자리까지 반올림한다)

① 33.3
② 37.5
③ 66.7
④ 75.0

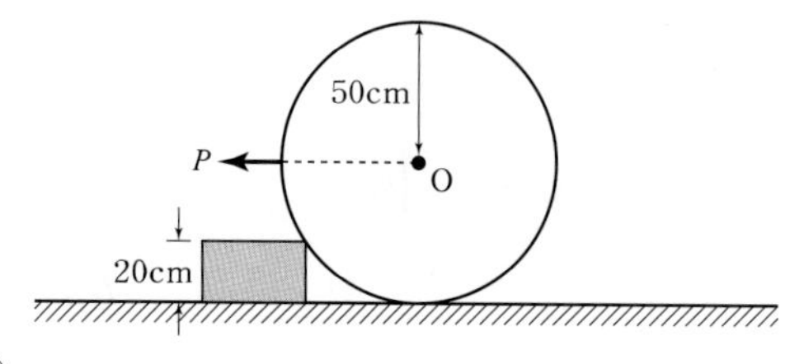

■ 강의식 해설 및 정답 : ③

시력도 폐합조건을 적용하면 수직성분인 차륜의 무게 50kN의 $\frac{4}{3}$배에 해당하는 힘이 필요하다.

$\therefore\ P = 50\left(\frac{4}{3}\right) = 66.7\,\text{kN}$

13 그림과 같이 균일한 직사각형 단면에 전단력 V가 작용하고 있다. $a-a$ 위치에 발생하는 전단응력의 크기를 계산할 때 필요한 단면1차모멘트의 크기는?

① $\frac{1}{32}bh^2$
② $\frac{2}{32}bh^2$
③ $\frac{3}{32}bh^2$
④ $\frac{8}{32}bh^2$

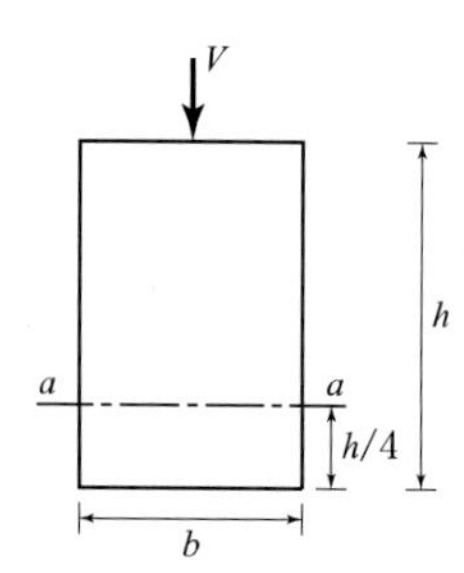

■ 강의식 해설 및 정답 : ③

구하는 축의 하단의 단면에 대한 중립축 단면1차모멘트를 구하면

$$Q = Ay = \frac{bh}{4}\left(\frac{h}{4} + \frac{h}{8}\right) = \frac{3bh^2}{32}$$

보충 전단응력을 구할 때 사용하는 단면1차모멘트
전단응력을 구하는 위치에서 상단 또는 하단까지의 단면의 중립축에 대한 단면1차모멘트를 사용한다. 따라서 구하는 축에서 한쪽 단면을 떼어서 중립축을 기준으로 단면1차모멘트를 구한다.

14 다음 트러스 구조물의 상현재 U와 하현재 L의 부재력[kN]은? (단, 모든 부재의 단성계수와 단면적은 같고, 자중은 무시한다)

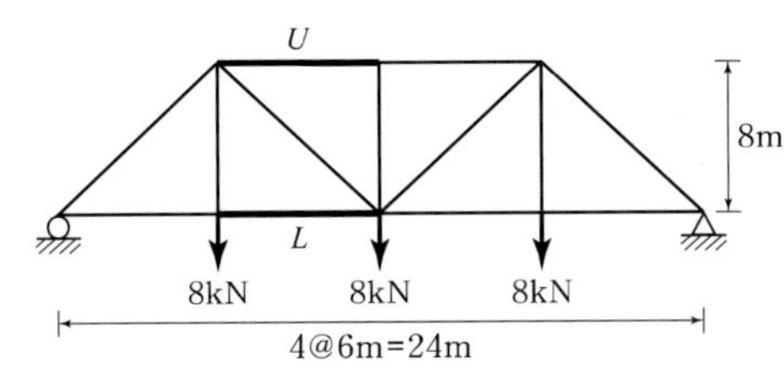

	U부재력	L부재력		U부재력	L부재력
①	12(압축)	9(인장)	②	12(인장)	6(압축)
③	9(압축)	18(인장)	④	9(인장)	9(압축)

▪ 강의식 해설 및 정답 : ①

케이블의 일반정리를 적용하면

$$U = -\frac{8(6)+4(12)}{8} = -12\,\text{kN}\,(\text{압축})$$

$$L = 12\left(\frac{3}{4}\right) = 9\,\text{kN}\,(\text{인장})$$

보충 단순지지된 트러스이므로 상현재은 압축이고, 하현재는 인장이다. ∴ ②, ④는 탈락이다.
또한 동일한 종거를 가지므로 모멘트를 취하는 점이 중앙인 상현재가 더 큰 부재력을 갖는다.
∴ 답은 ①

15 지름이 990m인 원통드럼 위로 지름이 10mm인 강봉이 탄성적으로 휘어져 있을 때 강봉 내에 발생되는 최대 휨응력[MPa]은? (단, 탄성계수는 $2.0\times10^5\,\text{MPa}$이다)

① 495
② 990
③ 1,000
④ 2,000

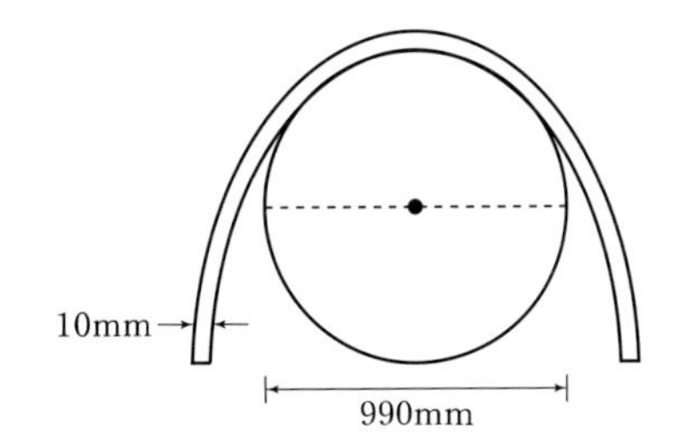

▪ 강의식 해설 및 정답 : ④

$$\sigma_{\max} = \frac{E}{\rho}y_{\max} = \frac{2.0\times10^5}{\frac{990}{2}+5}(5) = \frac{2.0\times10^5}{500}(5) = 2{,}000\,\text{MPa}$$

16 그림과 같은 균일 캔틸레버보에 하중이 작용할 때 B점의 처짐각은? (단, 보의 자중은 무시한다)

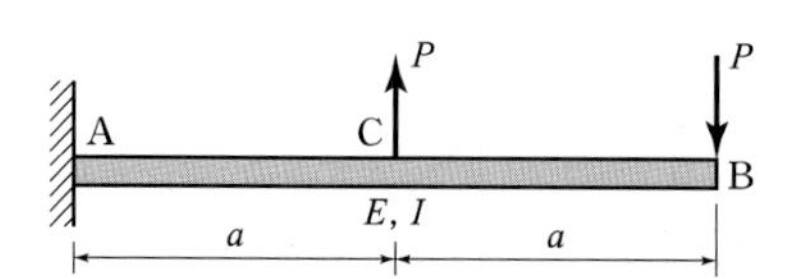

① $\dfrac{3Pa^2}{2EI}$

② $\dfrac{11Pa^2}{6EI}$

③ $\dfrac{5Pa^2}{2EI}$

④ $\dfrac{10Pa^2}{6EI}$

■ 강의식 해설 및 정답 : ①

중첩을 적용하면 $\theta_B = \Sigma\dfrac{PL^2}{2EI} = \dfrac{P}{2EI}(4a^2 - a^2) = \dfrac{3Pa^2}{2EI}$

17 단순보의 전단력선도가 그림과 같은 경우에 CE구간에 작용하는 등분포하중의 크기[kN/m]는?

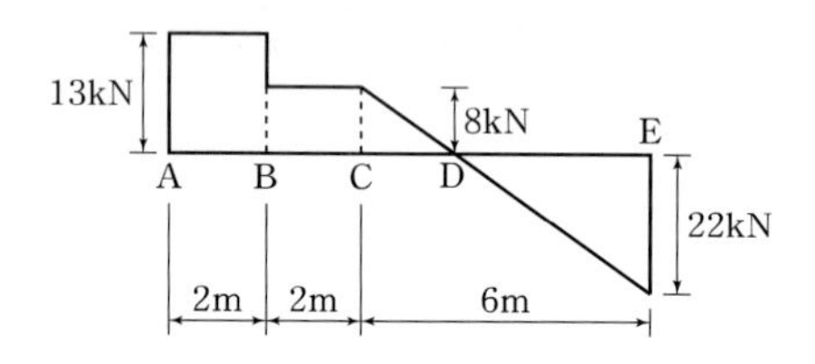

① 3

② 5

③ 7

④ 14

■ 강의식 해설 및 정답 : ②

등분포하중의 크기는 전단력선도의 기울기와 같으므로

$w = \dfrac{8+22}{6} = 5\,\text{kN}$

18 그림과 같이 하중이 작용하는 보의 B지점에서 수직반력의 크기[kN]는? (단, 보의 자중은 무시한다)

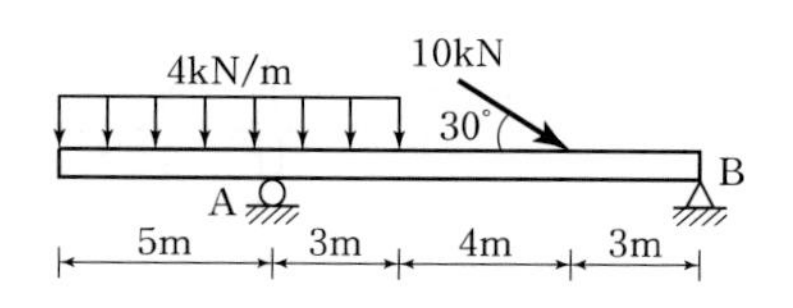

① 0.2

② 0.3

③ 3.8

④ 6.7

■ 강의식 해설 및 정답 : ②

반대편 지점인 A점에서 모멘트 평형조건을 적용하면

$R_B = \dfrac{10\sin 30°(7) - (4\times 8)(1)}{10} = 0.3\,\text{kN}$

19 안쪽 반지름(r)이 300mm이고, 두께(t)가 10mm인 얇은 원통형 용기에 내압(q)이 1.2MPa이 작용할 때 안쪽 표면에 발생하는 원주방향응력(σ_y) 또는 축방향응력(σ_x)으로 옳은 것은? (단위는 MPa)은? (단, 원통형 용기 안쪽 표면에 발생하는 인장응력을 구할 때는 안쪽 반지름(r)을 사용한다)

① $\sigma_y = 24$
② $\sigma_y = 48$
③ $\sigma_x = 18$
④ $\sigma_x = 36$

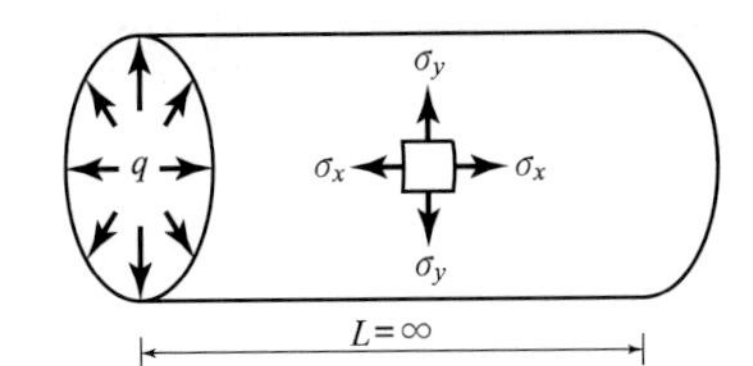

■ 강의식 해설 및 정답 : ③

원통형 용기의 안쪽 표면에 작용하는 응력

· 원주응력 $\sigma_y = \dfrac{pd}{2t} = \dfrac{1.2(600)}{2(10)} = 36\,\text{MPa}$ (인장)

· 원축응력 $\sigma_x = \dfrac{\sigma_y}{2} = 18\,\text{MPa}$ (인장)

· 압력 $\sigma_z = -p = -1.2\,\text{MPa}$ (압축)

20 그림 (a)와 같은 단순보 위를 그림 (b)와 같은 이동분포하중이 통과할 때 C점의 최대 휨모멘트[kN · m]는? (단, 보의 자중은 무시한다)

① 8
② 9
③ 10
④ 11

■ 강의식 해설 및 정답 : ②

$$M_{c,\max} = \frac{w y_{\max} d}{2L}(2L-d) = \frac{1(2.4)(5)}{2(10)}(2\times 10 - 5) = 9\,\text{kN·m}$$

2014 지방직 9급 / 지방직 9급 응용역학개론

1 물리량의 차원으로 옳지 않은 것은? (단, M은 질량, T는 시간, L은 길이이다)

① 응력의 차원은 $[MT^{-2}L^{-1}]$이다.
② 에너지의 차원은 $[MT^{-1}L^{-2}]$이다.
③ 전단력의 차원은 $[MT^{-2}L]$이다.
④ 휨모멘트의 차원은 $[MT^{-2}L^{2}]$이다.

■ 강의식 해설 및 정답 : ②
에너지 $=$ 힘 $\times$ 거리 $=[MLT^{-2}][L]=[ML^{2}T^{-2}]$

2 다음과 같은 강체보에서 지점간의 상대적 처짐이 없는 경우 A, B 지점에 있는 스프링 상수의 비율 (k_1/k_2)은? (단, 강체보의 자중은 무시한다)

① 0.5
② 1.0
③ 1.5
④ 2.0

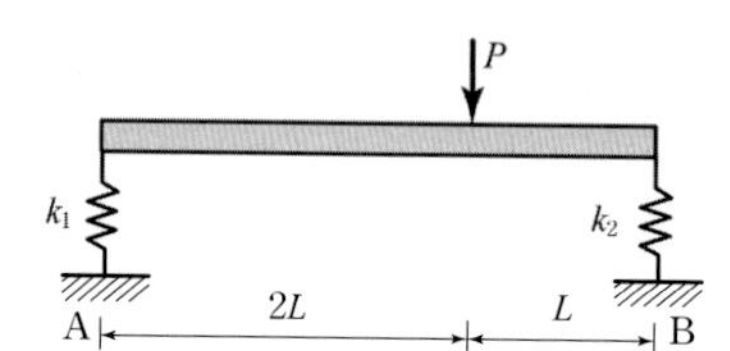

■ 강의식 해설 및 정답 : ①

상대처짐이 없으려면 처짐이 같아야 하므로 $k_1(2L)=k_2(L)$에서 $\dfrac{k_1}{k_2}=\dfrac{1}{2}=0.5$

3 수직으로 매달린 단면적이 0.001m²인 봉의 온도가 20°C에서 40°C까지 균일하세 상승되었다. 탄성계수 (E)는 200GPa, 선팽창계수(α)는 1.0×10^{-5}/°C일 때, 봉의 길이를 처음 길이와 같게 유지하려면 봉의 하단에서 상향 수직으로 작용해야 하는 하중의 크기[kN]는? (단, 봉의 자중은 무시한다)

① 10
② 20
③ 30
④ 40

■ 강의식 해설 및 정답 : ④
변위를 0으로 만들기 위한 하중이므로
$P=k\delta=E\alpha(\Delta T)A=200(10^{-5})(20)(0.001)=40{,}000\,\text{N}=40\,\text{kN}$

4 다음과 같은 응력상태에 있는 요소에서 최대 주응력 및 최대 전단응력의 크기[MPa]는?

① $\sigma_{\max}=5,\ \tau_{\max}=\dfrac{3}{2}$

② $\sigma_{\max}=5,\ \tau_{\max}=3$

③ $\sigma_{\max}=7,\ \tau_{\max}=\dfrac{3}{2}$

④ $\sigma_{\max}=7,\ \tau_{\max}=3$

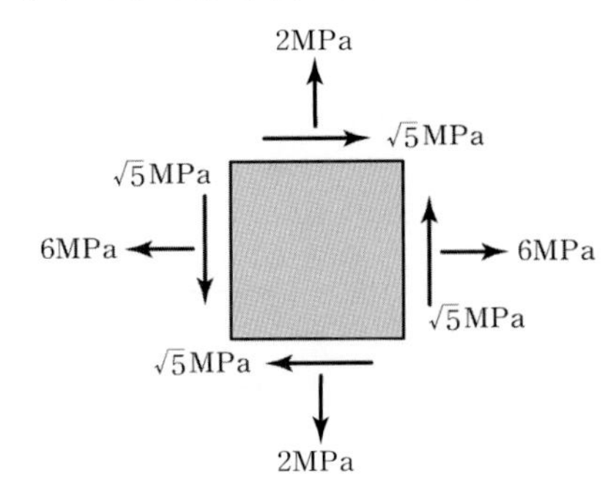

■ 강의식 해설 및 정답 : ④

(1) 최대 주응력 :

$$\sigma_{\max}=\frac{\sigma_x+\sigma_y}{2}+\sqrt{\left(\frac{\sigma_x+\sigma_y}{2}\right)^2+\tau_{xy}^2}=4+\sqrt{4+5}=7\text{MPa}$$

(2) 최대 전단응력 :

$$\tau_{\max}=\sqrt{\left(\frac{\sigma_x+\sigma_y}{2}\right)^2+\tau_{xy}^2}=\sqrt{4+5}=3\text{MPa}$$

5 다음과 같은 원형 단면에서 임의의 축 x에 대한 단면2차모멘트가 도심축 X에 대한 단면2차모멘트의 2배가 되기 위한 거리(y)는?

① 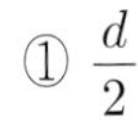

② $\dfrac{d}{3}$

③ 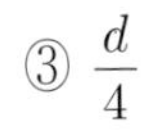

④ 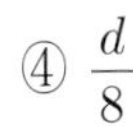

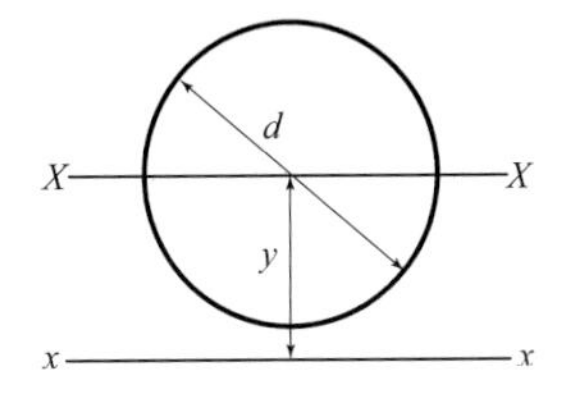

■ 강의식 해설 및 정답 : ③

평행축 정리를 적용하면 $I_x=I_X+Ay^2=2I_X$에서

$$y^2=\frac{I_X}{A}=\frac{Ad^2}{16A}=\frac{d^2}{16}$$

$$\therefore\ y=\frac{d}{4}$$

6 다음과 같은 보 구조물에서 지점 B의 연직반력에 대한 정성적인 영향선으로 가장 유사한 것은? (단, D점은 내부힌지이다)

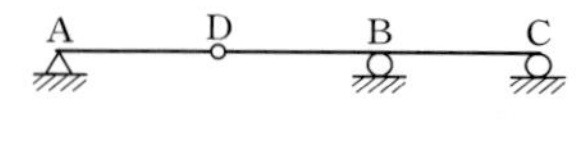

① 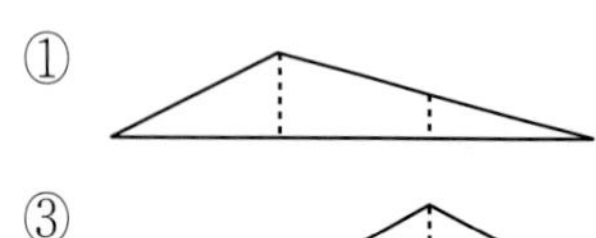

② 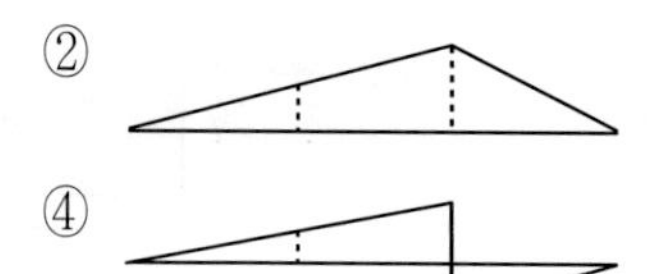

③

④

■ 강의식 해설 및 정답 : ①

R_B의 연직반력에 대한 영향선이므로 BC의 영향선에서 지점 B에서 연장하고 힌지 D에서 꺾인 ①이 된다.

7 다음과 같이 게르버보에 연행하중이 이동할 때, B점에 발생되는 부모멘트의 절대 최댓값[kN · m]은? (단, 보의 자중은 무시하며, D점은 내부힌지이다)

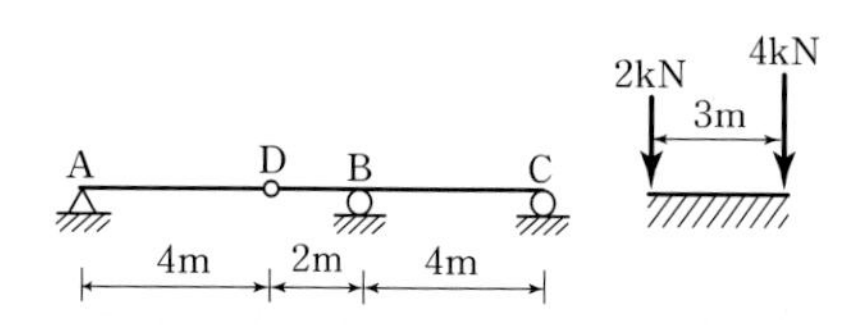

① 7
② 8
③ 9
④ 10

■ 강의식 해설 및 정답 : ③

M_B의 영향선에서 부의 최대 휨모멘트는 AD의 중앙에 2kN, D점에 4kN의 하중이 재하될 때 발생한다.

$\therefore\ |-M_{B,\max}| = 2\left(2\times\frac{3}{4}\right)+3(2) = 9\,\text{kN·m}$

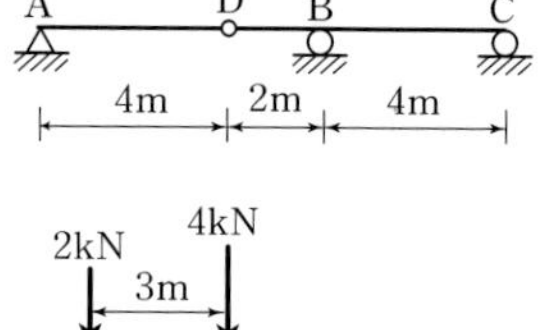

8 다음 구조물의 BE구간에서 휨모멘트선도의 기울기가 0이 되는 위치에서 휨모멘트의 크기[kN · m]는? (단, E점은 내부힌지이다)

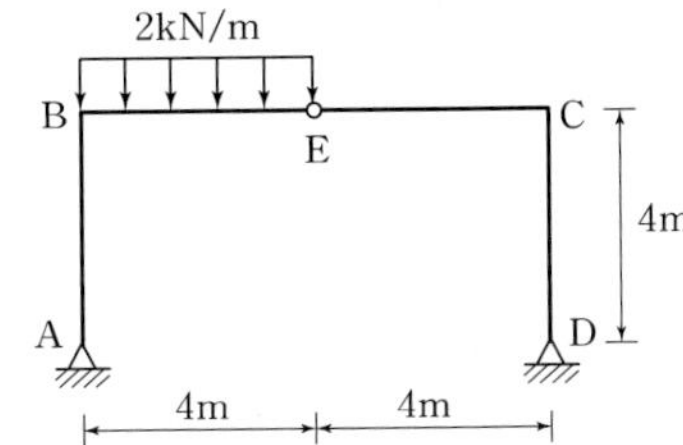

① 1
② 2
③ 9
④ 17

■ 강의식 해설 및 정답 : ①

정(+)의 최대 휨모멘트를 묻는 문제이므로

$$M_{\max} = \frac{9wL^2}{128} - \frac{wL^2}{16} = \frac{wL^2}{128} = \frac{2(8^2)}{128} = 1\,\text{kN·m}$$

9 다음과 같이 정사각형단면(그림 1)과 원형단면(그림 2)의 면적이 동일한 경우, 정사각형단면의 단면계수(S_1)와 원형단면의 단면계수(S_2)의 비율(S_1 / S_2)은?

① $\dfrac{2\sqrt{\pi}}{3}$
② $\dfrac{3}{4\sqrt{\pi}}$
③ $\dfrac{4\sqrt{\pi}}{3}$
④ $\dfrac{3\sqrt{\pi}}{2}$

(그림 1) (그림 2)

■ 강의식 해설 및 정답 : ①

면적이 같으므로 $a^2 = \dfrac{\pi d^2}{4}$ 에서 $a = \dfrac{\sqrt{\pi}\,d}{2}$

단면계수의 비 $\dfrac{S_1}{S_2} = \dfrac{\dfrac{Aa}{6}}{\dfrac{Ad}{8}} = \dfrac{4a}{3d} = \dfrac{4\left(\dfrac{\sqrt{\pi}\,d}{2}\right)}{3d} = \dfrac{2\sqrt{\pi}}{3}$

10 다음과 같은 보 구조물에 집중하중 20kN이 D점에 작용할 때 D점에서의 수직처짐[mm]은? (단, $E=$ 200GPa, $I=25\times10^6$mm⁴, 보의 자중은 무시하며, D점은 내부힌지이다)

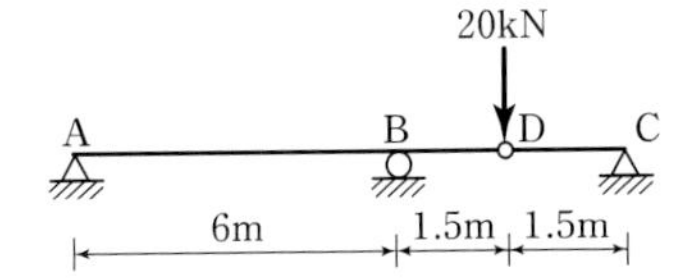

① 10.8
② 22.5
③ 27.0
④ 108.0

■ 강의식 해설 및 정답 : ②

D점의 수직처짐은 내민보의 자유단 처짐과 같으므로

$$\delta_D = \frac{Pa^2}{3EI}(L+a) = \frac{20\times10^3\left(\dfrac{3}{2}\times10^3\right)^2}{3(200\times10^3)(25\times10^6)}(6000+1500) = 22.5\,\text{mm}$$

11 다음과 같이 강체가 스프링에 의하여 지지되어 있다. 작용하중(P)은 1kN이고, 스프링상수 k_1 및 k_2는 각각 1kN/m일 때, 양 끝단 A, B의 높이 차이[m]는? (단, 강체의 자중은 무시하며, 하중(P)에 의하여 수직변위만 발생한다)

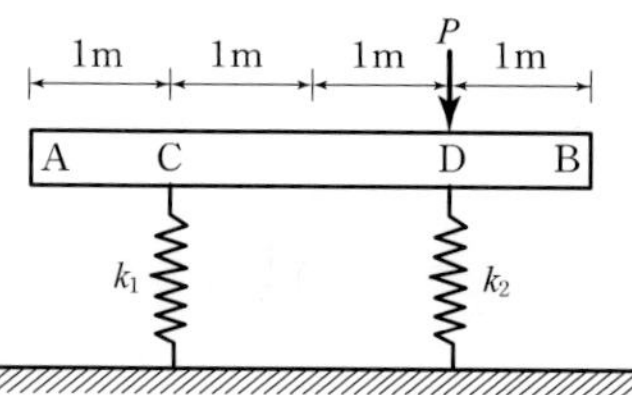

① 0.5
② 1.0
③ 1.5
④ 2.0

■ 강의식 해설 및 정답 : ④

D점에서만 변위가 발생하므로 A와 B의 단차는 B점과 C점의 변위의 합과 같다.

$$\therefore\ \delta_A + \delta_B = \frac{3}{2}\delta_D + \frac{1}{2}\delta_D = 2\delta_D = 2\left(\frac{P}{k_2}\right) = 2\left(\frac{1}{1}\right) = 2\,\text{m}$$

12 다음과 같이 힘이 작용할 때 합력(R)의 크기[kN]와 작용점 x_0의 위치는?

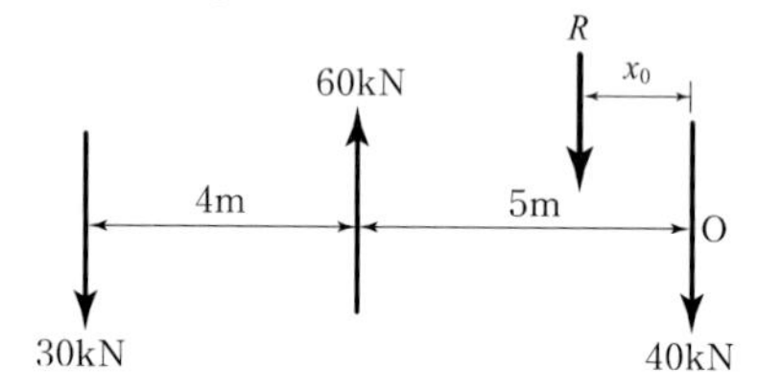

① $R=10(\downarrow)$, x_0 = 원점(O)의 우측 3m
② $R=10(\downarrow)$, x_0 = 원점(O)의 좌측 3m
③ $R=10(\uparrow)$, x_0 = 원점(O)의 우측 3m
④ $R=10(\uparrow)$, x_0 = 원점(O)의 좌측 3m

■ 강의식 해설 및 정답 : ①

합력의 크기 : $R = 30 - 60 + 40 = 10\text{kN}\,(\downarrow)$

합력의 작용 위치 : $x_0 = \dfrac{30(9) - 60(5)}{10} = -3\,\text{m}$

∴ O점에서 우측 3m 위치에 하향 10kN이 작용한다.

13 기둥의 임계하중에 대한 설명으로 옳지 않은 것은?

① 단면2차모멘트가 클수록 임계하중은 크다.
② 좌굴 길이가 길수록 임계하중은 작다.
③ 임계하중에서의 기둥은 좌굴에 대해서 안정하지도 불안정하지도 않다.
④ 동일조건에서 원형단면은 동일한 면적의 정삼각형단면보다 임계하중이 크다.

■ 강의식 해설 및 정답 : ④

좌굴에 가장 유리한 단면이 삼각형단면이므로 임계하중은 삼각형 단면이 가장 크다.

14 다음과 같이 길이가 L인 균일 단면봉의 양단이 고정되어 있을 때, ΔT만큼 온도가 변화하고 봉이 탄성 거동을 하는 경우에 대한 설명 중 옳지 않은 것은? (단, α는 열팽창계수, E는 탄성계수, A는 단면적이고, 봉의 자중은 무시한다)

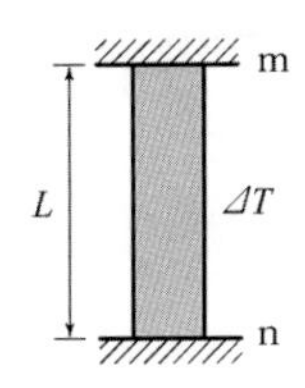

① ΔT로 인한 봉의 축방향 변형량은 0이다.
② 봉의 압축 응력은 $E\alpha(\Delta T)$이다.
③ m 지점은 고정단, n 지점은 자유단인 경우, 고정단의 반력은 $E\alpha(\Delta T)$이다.
④ m 지점은 고정단, n 지점은 자유단인 경우, 봉의 축방향 변형량은 $\alpha(\Delta T)L$이다.

■ 강의식 해설 및 정답 : ③

m이 고정단, n이 자유단으로 지지되는 경우는 변위가 구속되지 않으므로 반력은 0이 된다.

15 다음 구조물 중 부정정 차수가 가장 높은 것은?

①
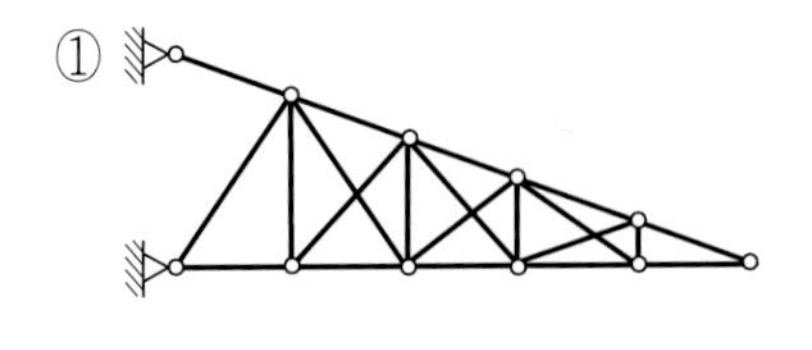

②
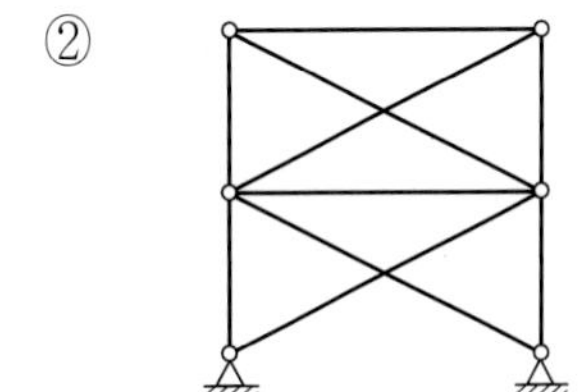

③
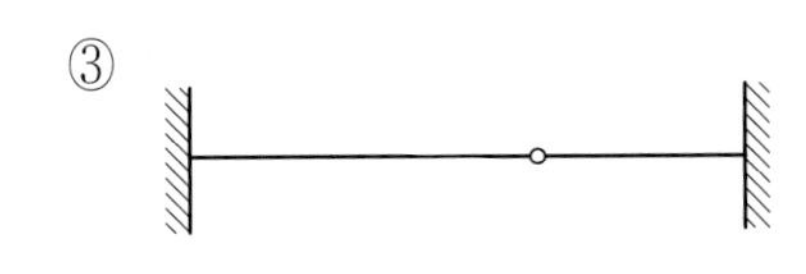

④
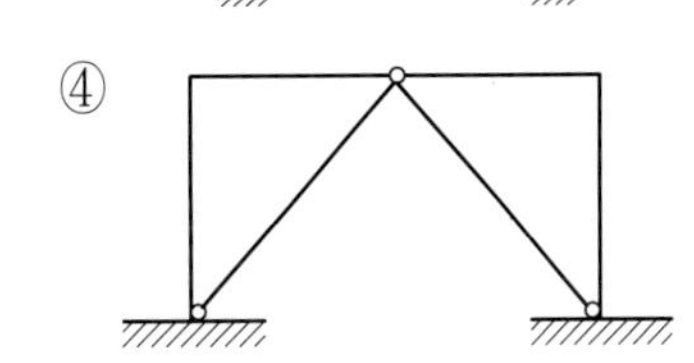

■ 강의식 해설 및 정답 : ④

보기 ④에서 지점에 배치된 힌지는 접하고 있음에 주의!!!
① 3+1−1=3차(내적 2차, 외적 1차)
② 1+1=2차(내적 1차, 외적 1차)
③ 3−1=2차(내적 정정, 외적 2차)
④ 3−1+1+1=4차(외적 2차, 내적 2차)

16 다음과 같이 한 변의 길이가 100mm인 정사각형 단면보에 발생하는 최대 전단응력의 크기[MPa]는? (단, 보의 자중은 무시한다)

① 6.5
② 7.5
③ 8.5
④ 9.5

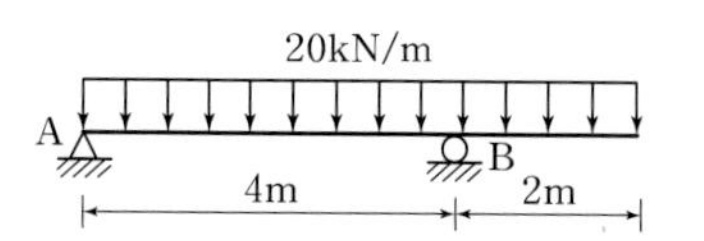

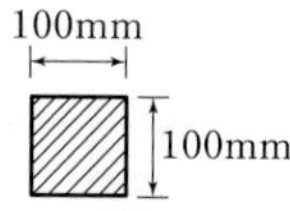

■ 강의식 해설 및 정답 : ②

$$\tau_{\max} = \frac{3}{2}\frac{S_{\max}}{A} = \frac{3}{2} \cdot \frac{50 \times 10^3}{100(100)} = 7.5\,\text{MPa}$$

여기서, 최대전단력 $S_{\max} = \dfrac{5wL}{8} = \dfrac{5(20)(4)}{8} = 50\,\text{kN}$

17 다음과 같은 길이 10m인 단순보에 집중하중군이 이동할 때 발생하는 절대최대휨모멘트의 크기[kN · m]는? (단, 보의 자중은 무시한다)

① 32.0
② 34.5
③ 36.5
④ 38.0

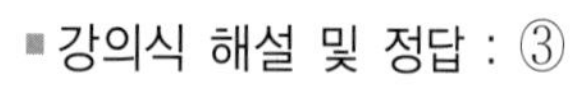

■ 강의식 해설 및 정답 : ③

(1) 최대 휨모멘트 발생 위치

큰 하중 10kN으로부터 합력의 작용위치 $e = \dfrac{8(3) - 2(2)}{20} = 1\,\text{m}$

A점으로부터 최대 휨모멘트 발생 위치 $x = 5 + 0.5 = 5.5\,\text{m}$

(2) 최대 휨모멘트

A점 반력 $R_A = \dfrac{20(5.5)}{10} = 11\,\text{kN}$

최대 휨모멘트 $M_{\max} = R_A(5.5) - 8(3) = 36.5\,\text{kN·m}$

18 다음과 같은 트러스 구조물에서 부재 AD의 부재력은?

① 15
② 25
③ 40
④ 75

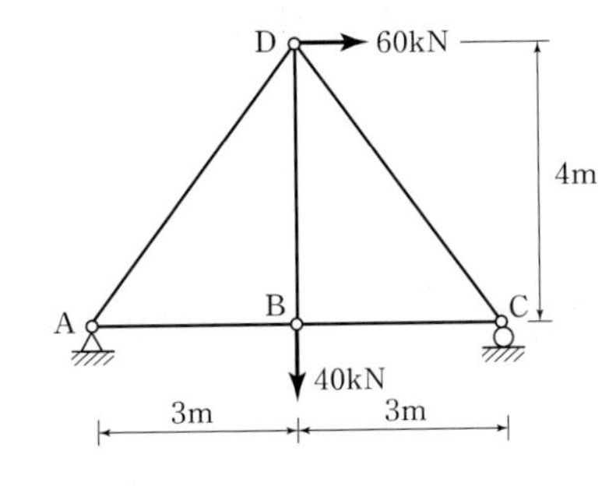

■ 강의식 해설 및 정답 : ②

대칭성과 역대칭성을 이용하여 AD의 부재력을 구하면

$$AD = 30\left(\frac{5}{3}\right) - 20\left(\frac{5}{4}\right) = 25\,\text{kN}$$

19 다음과 같은 프레임 구조물에 분포하중 4kN/m와 집중하중 5kN이 작용할 때, 프레임 구조물 ABCD에 발생하는 정성적인 휨모멘트선도(BMD)로 가장 유사한 것은? (단, E점은 내부힌지이다)

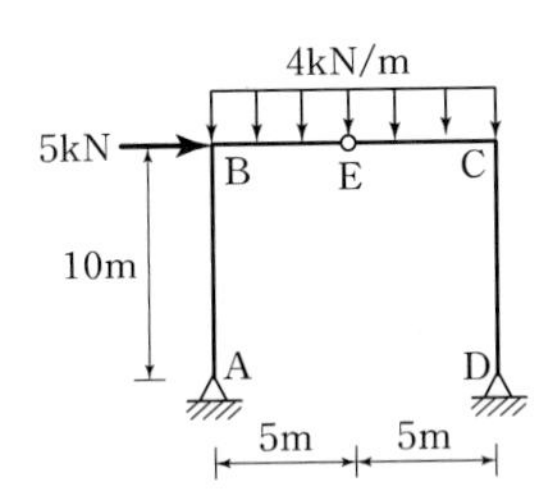

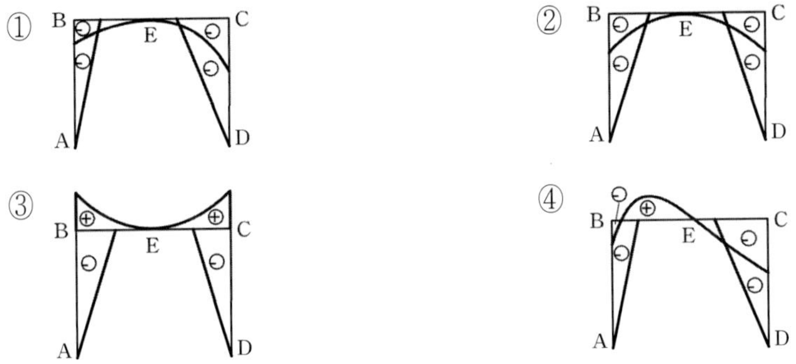

① ② ③ ④

■ 강의식 해설 및 정답 : ④

· 한 절점에 모이는 모멘트는 같아야 한다. ∴ ③ 탈락
· A점의 수평반력이 D점 수평반력보다 작다. ∴ ② 탈락
· 보의 휨모멘트도는 좌측에서 변곡점을 갖는다. ∴ ① 탈락

20 다음과 같은 단순보의 휨모멘트선도(BMD)에서 구한 전단력선도로 가장 유사한 것은? (단, 휨모멘트선도의 AB구간은 직선이고, BC, CD, DE 구간은 2차 포물선이다)

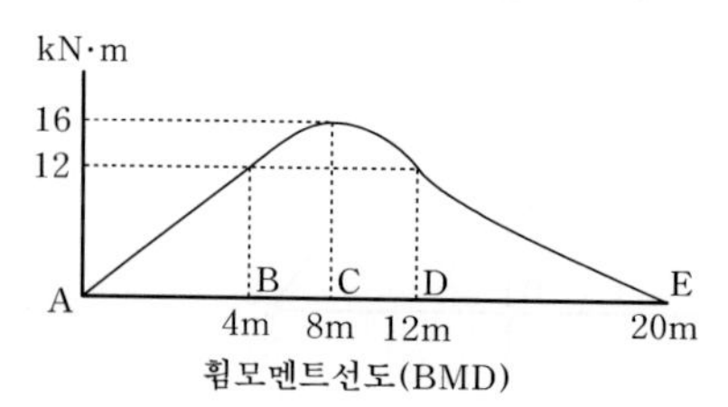

휨모멘트선도(BMD)

①
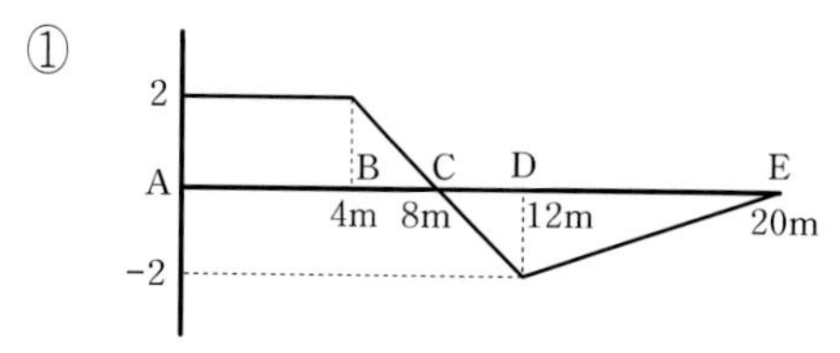

②
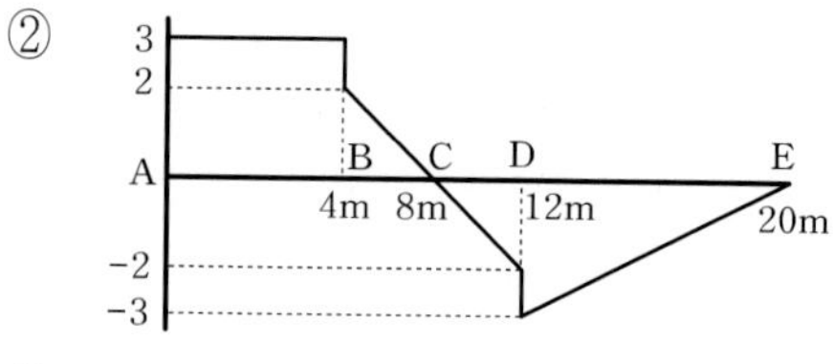

③
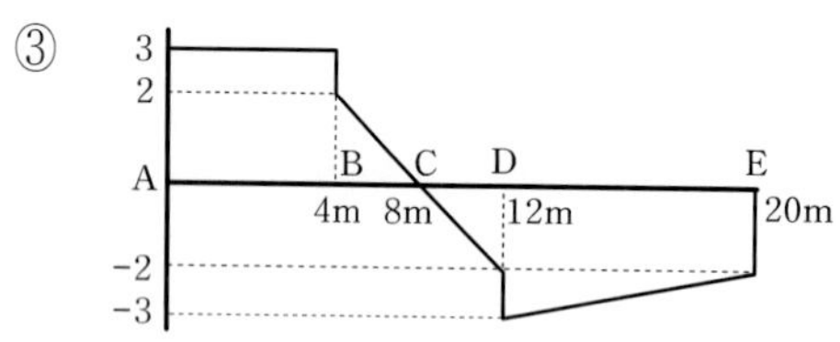

④
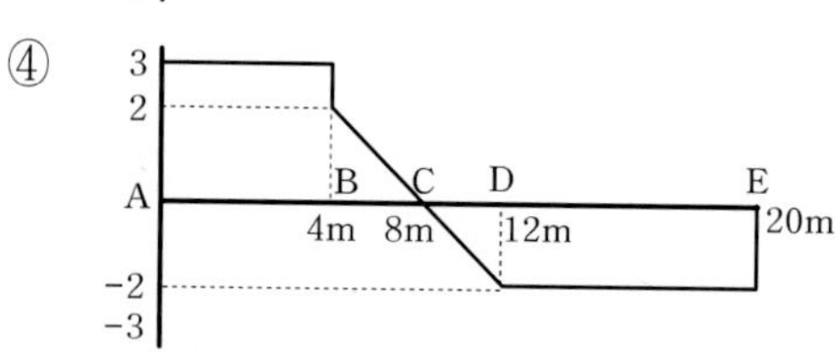

■ 강의식 해설 및 정답 : ②

- AB 구간 : 일정, $S_{AB}=\frac{12}{4}=3\,\text{kN}$
- BC 구간 : 전단력이 일정한 비율로 감소
- C점 : 전단력이 0
- CD 구간 : 전단력이 −부호를 가지며 일정하게 증가
- D점 : 전단력 선도의 기울기가 변화
- DE 구간 : 전단력이 점차 감소
  보기를 보고 역으로 찾아가면
- $M_B=12\,\text{kN·m}$ 이다. ∴ ① 탈락
- $M_D=12\,\text{kN·m}$ 이다. ∴ ③, ④ 탈락

2014 서울시 9급

서울시 9급 응용역학개론

1 직사각형 단면의 전단응력도를 그렸더니 그림과 같이 나타났다. 최대 전단응력이 $\tau_{max}=90\text{kN/m}^2$일 때, 이 단면에 가해진 전단력의 크기[kN]는?

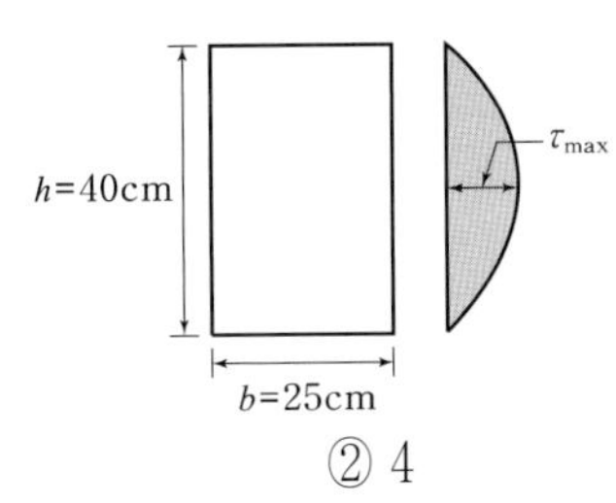

① 2 ② 4 ③ 6
④ 7 ⑤ 8

■ 강의식 해설 및 정답 : ③

직사각형 단면의 최대전단응력 $\tau_{max}=\frac{3}{2}\cdot\frac{S}{A}$ 에서

$S=\frac{2}{3}\tau_{max}A=\frac{2}{3}(90)(0.4\times0.25)=6\,\text{kN}$

2 그림과 같은 부정정보의 B점에서의 반력은 얼마인가? (단, EI는 일정하다)

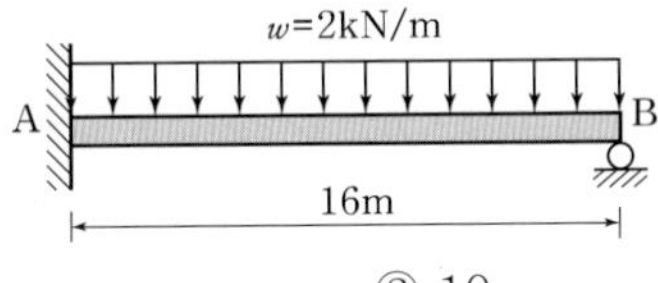

① 9 ② 10 ③ 11
④ 12 ⑤ 18

■ 강의식 해설 및 정답 : ④

$R_B=k\delta_{구속}=\frac{3EI}{L^3}\left(\frac{wL^4}{8EI}\right)=\frac{3wL}{8}=\frac{3(2)(16)}{8}=12\,\text{kN}$

3 그림과 같은 단순보에서 중앙점의 처짐은 얼마인가?

2M M A B C L/2 L/2

① $\delta_C = \dfrac{9ML^2}{48EI}$ ② $\delta_C = \dfrac{10ML^2}{48EI}$ ③ $\delta_C = \dfrac{11ML^2}{48EI}$

④ $\delta_C = \dfrac{12ML^2}{48EI}$ ⑤ $\delta_C = \dfrac{13ML^2}{48EI}$

■ 강의식 해설 및 정답 : ①

모멘트하중이 작용하는 단순보의 중앙점의 처짐이므로 중첩을 적용하면

$\delta_{중앙} = \dfrac{(\Sigma M)L^2}{16EI} = \dfrac{(2M+M)(L^2)}{16EI} = \dfrac{3ML^2}{16EI}$

∴ 보기의 분모가 모두 48로 이에 맞추면 $\delta_{중앙} = \dfrac{9ML^2}{48EI}$

4 동일단면, 동일재료, 동일길이(l)를 갖는 장주(長柱)에서 좌굴하중(P_b)에 대한 (a) : (b) : (c) : (d) 크기의 비는?

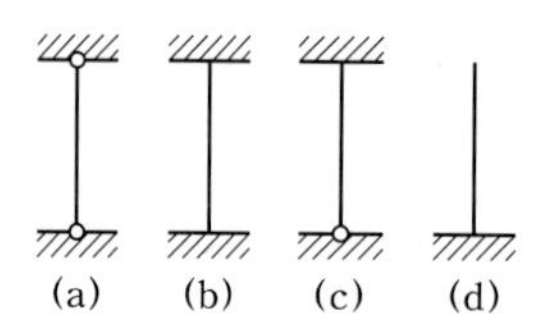

① $1 : 4 : \dfrac{1}{4} : 2$ ② $1 : 3 : 2 : \dfrac{1}{4}$ ③ $1 : 4 : 2 : \dfrac{1}{4}$

④ $1 : 2 : 2 : \dfrac{1}{4}$ ⑤ $1 : 2 : \dfrac{1}{4} : 2$

■ 강의식 해설 및 정답 : ③

좌굴하중 $P_{cr} = \dfrac{\pi^2 EI}{L_k^2} \propto \dfrac{1}{k^2}$ 에서 $P_{cr(a)} : P_{cr(b)} : P_{cr(c)} : P_{cr(d)} = 1 : 4 : 2 : \dfrac{1}{4}$

5 다음 그림에서 지점 C의 반력이 0이 되기 위하여 B점에 작용시킬 집중하중 P의 크기[kN]는?

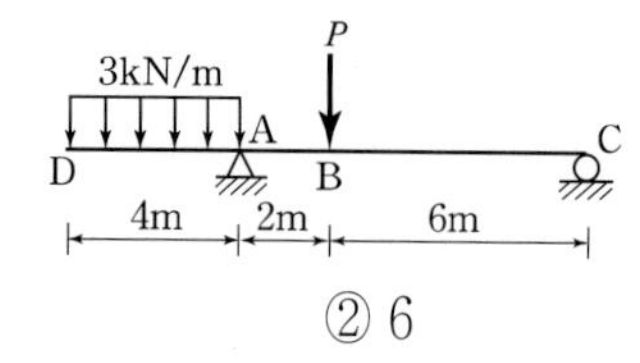

① 4 ② 6 ③ 8

④ 10 ⑤ 12

■ 강의식 해설 및 정답 : ⑤

C점의 반력이 0이 되려면 하중에 의한 A점의 모멘트가 0이라야 하므로

$\Sigma M_A = 0$ 에서 $P(2) = \dfrac{3(4^2)}{2}$ ∴ $P = 12\,\text{kN}$

6 그림과 같이 단순보 위에 이동하중이 통과할 때 절대 최대전단력[kN]의 값은?

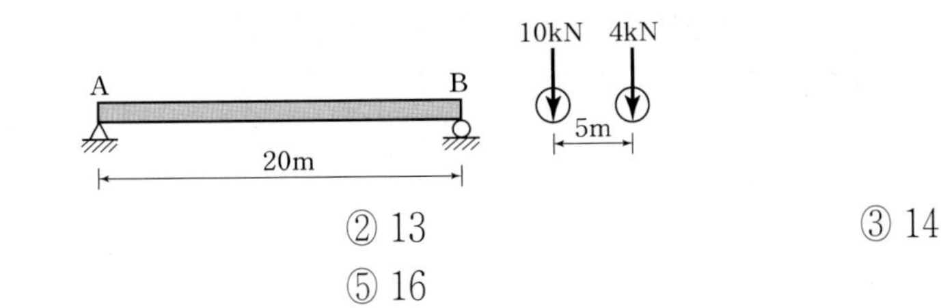

① 10 ② 13 ③ 14
④ 15 ⑤ 16

■ 강의식 해설 및 정답 : ②

단순보의 절대 최대전단력은 최대 반력과 같으므로 큰 하중이 작용하는 지점의 반력을 구하면 된다.

$\therefore\ |S_{\max}| = R_{A,\max} = 10 + \dfrac{4(15)}{20} = 13\text{kN}$

7 다음과 같은 라멘 구조의 부정정 차수가 맞는 것은?

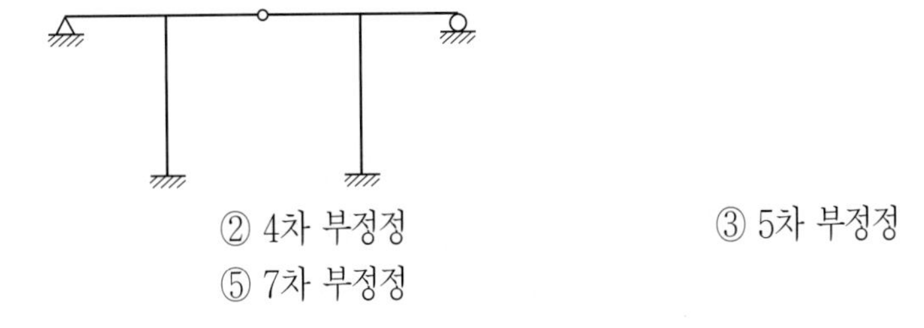

① 3차 부정정 ② 4차 부정정 ③ 5차 부정정
④ 6차 부정정 ⑤ 7차 부정정

■ 강의식 해설 및 정답 : ③

캔틸레버부의 정정을 빼면 반력 +6 증가, 내부 힌지 −1이므로 5차 부정정이 된다.

8 그림과 같이 3개의 힘이 평형상태라면 C점에 작용하는 힘 P의 크기와 AB사이의 거리 x는?

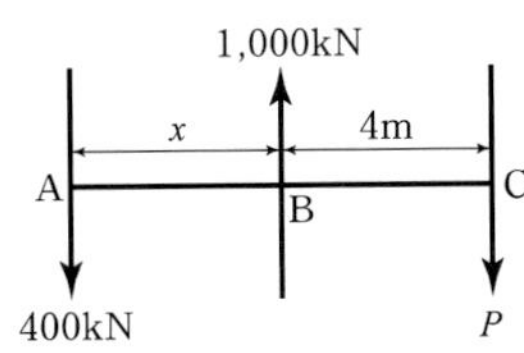

① $P = 500\,\text{kN},\ x = 6.0\,\text{m}$ ② $P = 500\,\text{kN},\ x = 7.0\,\text{m}$
③ $P = 600\,\text{kN},\ x = 6.0\,\text{m}$ ④ $P = 600\,\text{kN},\ x = 7.0\,\text{m}$
⑤ $P = 700\,\text{kN},\ x = 9.0\,\text{m}$

■ 강의식 해설 및 정답 : ③

평형을 유지하므로 $\sum V = 0$에서 $P = 600\,\text{kN}$
힘의 비와 거리비는 반비례하므로 4m가 400kN이면 600kN쪽의 거리 $x = 6.0\text{m}$

9 주어진 구조물에서 B점과 C점간의 처짐의 비(δ_B/δ_C)와 처짐각의 비(θ_B/θ_C)는?

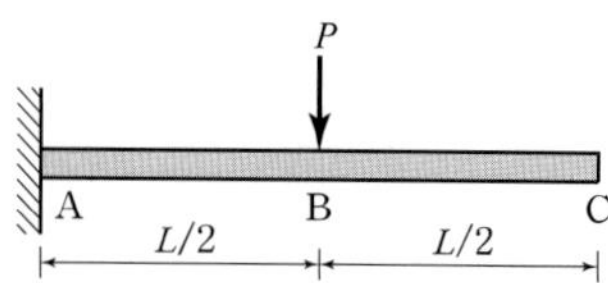

① 처짐비(δ_B/δ_C) : 0.125, 처짐각비(θ_B/θ_C) : 0.333
② 처짐비(δ_B/δ_C) : 0.5, 처짐각비(θ_B/θ_C) : 0.5
③ 처짐비(δ_B/δ_C) : 0.4, 처짐각비(θ_B/θ_C) : 1.0
④ 처짐비(δ_B/δ_C) : 1.0, 처짐각비(θ_B/θ_C) : 1.5
⑤ 처짐비(δ_B/δ_C) : 1.5, 처짐각비(θ_B/θ_C) : 1.333

■ 강의식 해설 및 정답 : ③

캔틸레버보에서 내부에 집중하중이 작용하는 경우

· 하중점 이후의 처짐각은 일정하므로 처짐각비 $\dfrac{\theta_B}{\theta_C}=1.0$이다.

· 하중점과 자유단의 처짐비는 2 : 5이므로 처짐비 $\dfrac{\delta_B}{\delta_C}=\dfrac{2}{5}=0.4$이다.

10 길이가 1m이고, 한 변의 길이가 10cm인 정사각형 단면 부재의 양끝이 고정되어 있다. 온도가 10℃ 상승했을 때 부재 단면에 발생하는 힘[kN]은? (단, 탄성계수 $E=2\times10^5$MPa, 선팽창계수 $\alpha=10^{-5}$/℃이다)

① 150
② 200
③ 250
④ 300
⑤ 350

■ 강의식 해설 및 정답 : ②

양단 고정이고 강성(EA)이 일정하므로 기본틀을 갖는다.

$R=k\delta_{구속}=E\alpha(\Delta T)A=200(10^{-5})(10)(100^2)=200\times10^3\text{N}=200\,\text{kN}$ (압축)

11 다음 그림과 같이 작용하는 힘에 대하여 점 O에 대한 모멘트[kN · m]는 얼마인가?

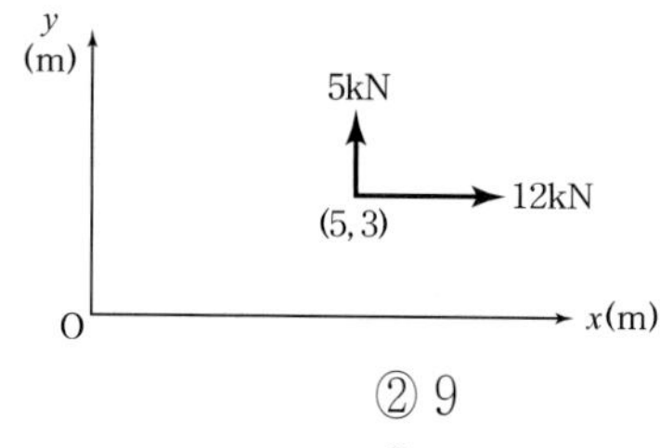

① 8
② 9
③ 10
④ 11
⑤ 12

■ 강의식 해설 및 정답 : ④

모멘트는 힘에 수직한 거리를 곱하여 계산하므로

$M_O=12(3)-5(5)=11\,\text{kN}\cdot\text{m}$ (시계방향)

12 주어진 전단력도(S.F.D)를 기준으로 가장 가까운 물체의 형상은?

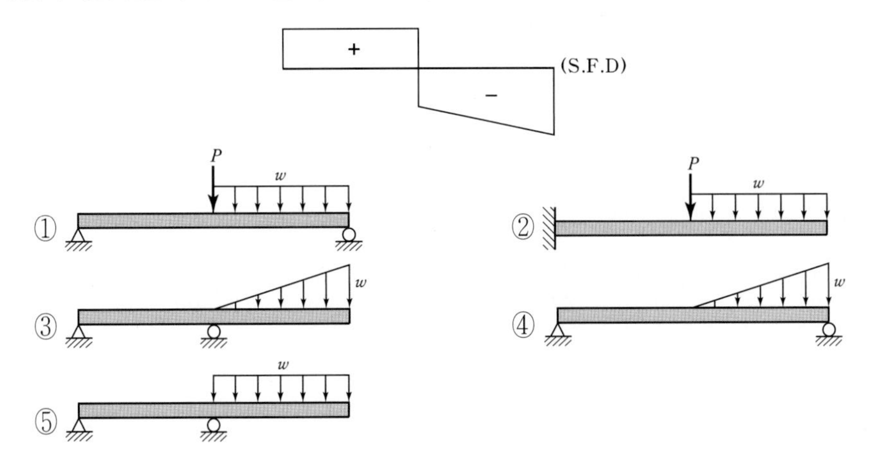

■ 강의식 해설 및 정답 : ①

역학의 미분과 적분 관계식 : $EIy - EI\theta - (-M) - (-S) - w$

- 보의 양단에는 상향의 반력이 작용
- 전단력도의 중간의 불연속점에서는 하향의 집중하중이 작용
- 전단력도(S.F.D)가 직선인 구간에서는 등분포하중이 작용

13 용수철이 그림과 같이 연결된 경우 연결된 전체의 용수철계수 k값은?

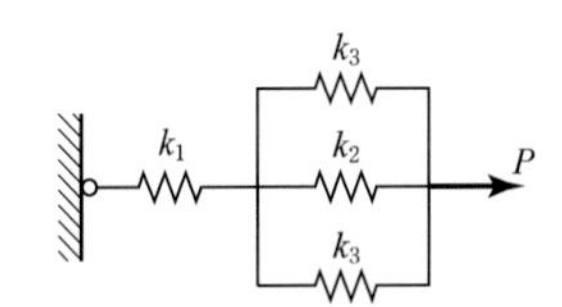

① $\dfrac{k_1(k_2+2k_3)}{k_1+k_2+2k_3}$

② $k_1+\dfrac{k_1(k_2+2k_3)}{k_1+k_2+2k_3}$

③ $k_1+\dfrac{k_1k_2k_3}{2k_2k_3+k_3k_3}$

④ $k_1+\dfrac{k_2k_3k_3}{k_2k_3+2k_3k_3}$

⑤ $k_1+\dfrac{2k_1k_3k_3}{2k_2k_3+k_3k_3}$

■ 강의식 해설 및 정답 : ①

- 병렬 구조에 대한 등가스프링 상수 : k_{eq1} = 합 = k_2+2k_3
- 앞서 계산한 등가스프링상수(k_{eq1})와 직렬구조에 대한 등가스프링 상수 : $k_{eq2}=\dfrac{\text{곱}}{\text{합}}=\dfrac{k_1(k_2+2k_3)}{k_1+k_2+2k_3}$

14 그림과 같은 3힌지 아치에서 A점에 작용하는 수평반력 H_A는?

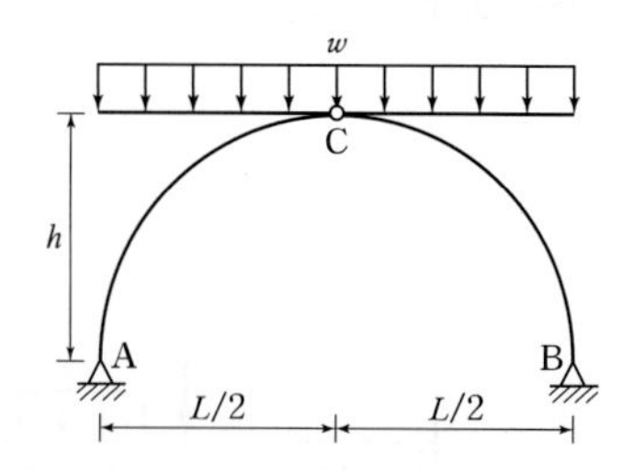

① $H_A = \frac{wL^2}{6h}(\rightarrow)$　② $H_A = \frac{wL^2}{8h}(\leftarrow)$　③ $H_A = \frac{wL^2}{8h}(\rightarrow)$

④ $H_A = \frac{wL^2}{6h}(\leftarrow)$　⑤ $H_A = \frac{wL^2}{10h}(\rightarrow)$

■ 강의식 해설 및 정답 : ③

반력의 방향은 하중에 의해 벌어지는 것을 막기 위해 모이는 방향이므로 A점은 우향(→) ∴ ②, ④는 탈락

힌지점 C에서는 휨에 대한 저항성이 없으므로 케이블의 일반정리를 적용하면 $H_A = \frac{M_{유사}}{h} = \frac{wL^2}{8h}(\rightarrow)$

15 다음 그림에서 원점으로부터 $(a,\ a)$ 떨어진 C점 위치에 $-P$가 작용할 때 A점에서 발생하는 응력은?

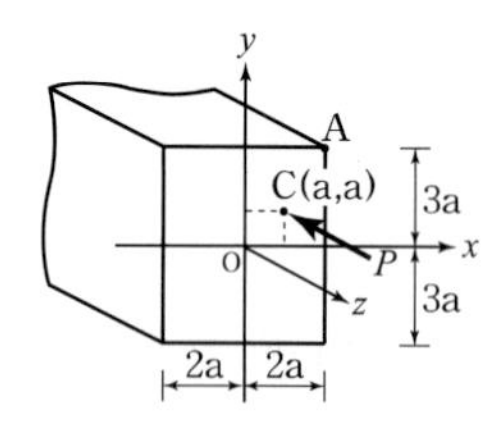

① $\frac{4P}{48a^2}$　② $\frac{5P}{48a^2}$　③ $\frac{6P}{48a^2}$

④ $\frac{7P}{48a^2}$　⑤ $\frac{8P}{48a^2}$

■ 강의식 해설 및 정답 : ④

복편심축하중이 작용하고 A점은 하중이 작용하는 연단의 응력이므로 최대압축응력이 발생한다.

∴ 동부호를 취해 계산하면 $\sigma_A = \sigma_{\max} = \frac{P}{A}\left(1 + \frac{6e_x}{b} + \frac{6e_y}{h}\right) = \frac{P}{24a^2}\left(1 + \frac{6}{4} + 1\right) = \frac{7P}{48a^2}$

16 다음 그림과 같은 보에서 휨모멘트에 의한 탄성변형에너지는? (단, EI는 일정하다)

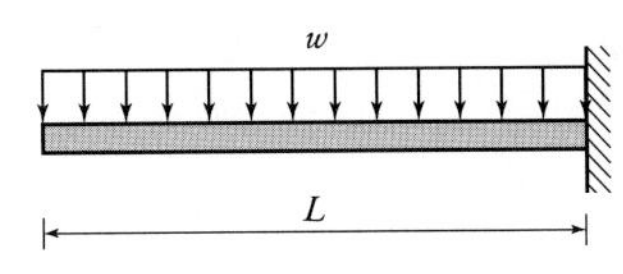

① $\dfrac{w^2l^5}{48EI}$ ② $\dfrac{w^2l^5}{40EI}$ ③ $\dfrac{w^2l^5}{24EI}$

④ $\dfrac{w^2l^5}{8EI}$ ⑤ $\dfrac{w^2l^5}{6EI}$

■ 강의식 해설 및 정답 : ②

휨모멘트에 의한 탄성변형에너지 $U=\displaystyle\int_0^L \frac{\left(-\frac{wx^2}{2}\right)^2}{2EI}dx=\frac{w^2L^5}{40EI}$

17 다음과 같은 강체보에서 지점 A와 B의 상대처짐이 영(Zero)이 되기 위한 AC와 BD 구간을 연결하는 케이블의 면적비(A_{AC}/A_{BD})는? (단, 케이블은 같은 재료로 만들어져 있고, 보와 케이블의 자중은 무시한다)

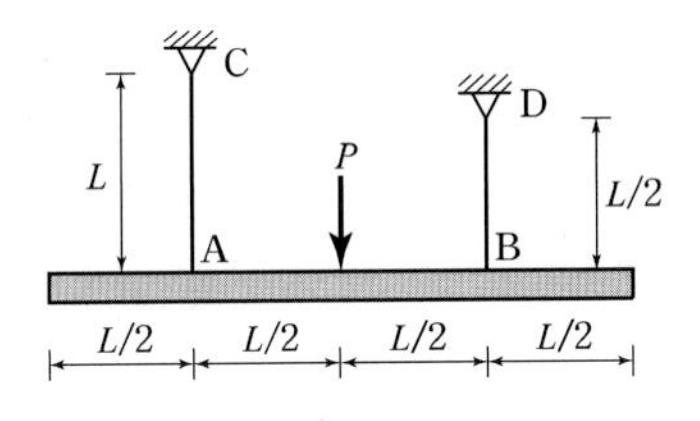

① 0.5 ② 1 ③ 1.5

④ 2 ⑤ 3

■ 강의식 해설 및 정답 : ④

A와 B점의 상대처짐이 같으려면 A점과 B점의 처짐이 같아야 한다. 또한 하중이 중앙에 작용하여 반력이 같으므로 반력을 R로 두고 변위가 같다는 조건을 적용하면

$\dfrac{R(2L)}{EA_{AC}}=\dfrac{R(L)}{EA_{BD}}$에서 $\dfrac{A_{AC}}{A_{BD}}=2$

18 그림과 같은 트러스에서 부재 AD가 받는 힘[kN]은?

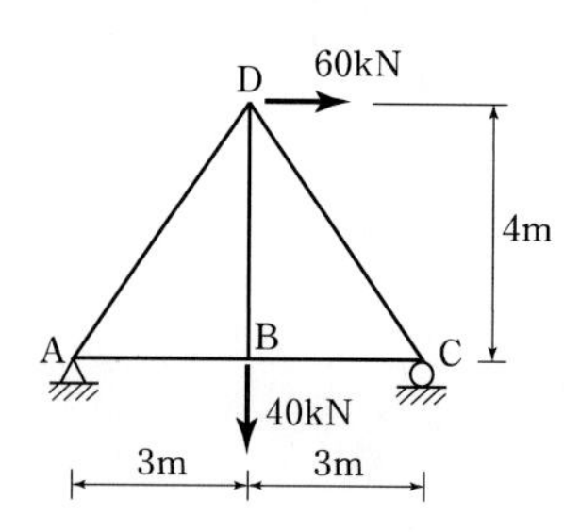

① 75.0(압축) ② 12.5(압축) ③ 0
④ 12.5(인장) ⑤ 25.0(인장)

■ 강의식 해설 및 정답 : ⑤

대칭성과 역대칭성을 이용하여 중첩을 적용하면

$$AD = -20\left(\frac{5}{4}\right) + 30\left(\frac{5}{3}\right) = 25.0\,\text{kN}\ (\text{인장})$$

19 그림과 같은 부정정 구조물에서 OC부재의 분배율은? (단, EI는 일정하다)

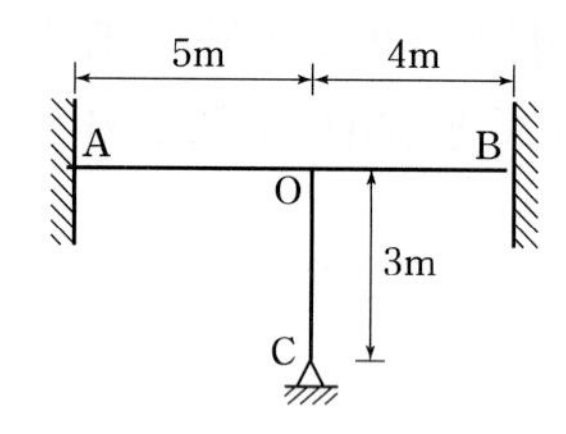

① 5/14 ② 5/15 ③ 4/15
④ 4/16 ⑤ 5/13

■ 강의식 해설 및 정답 : ①

(1) 강비계산

$$k_{OA} : k_{OB} : k_{OC} = \frac{I}{5} : \frac{I}{4} : \frac{I}{3}\left(\frac{3}{4}\right) = 4 : 5 : 5$$

(2) OC부재의 분배율

$$f_{OC} = \frac{k_{OC}}{\sum k} = \frac{5}{14}$$

20 그림과 같은 부재에 하중이 작용하고 있다. 부재 전체의 변형량(δ)은? (단, 단면적 A와 탄성계수 E는 일정하다)

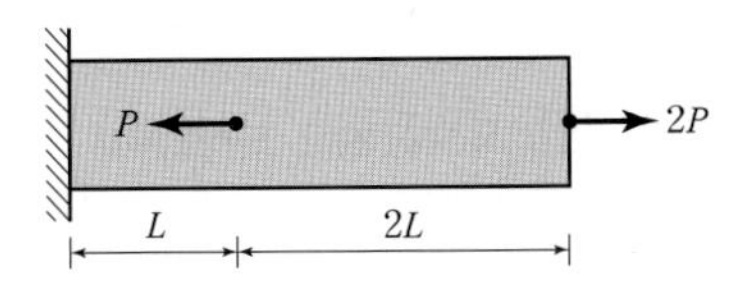

① $\frac{PL}{EA}$
② $\frac{2PL}{EA}$
③ $\frac{3PL}{EA}$
④ $\frac{4PL}{EA}$
⑤ $\frac{5PL}{EA}$

■ 강의식 해설 및 정답 : ⑤

중첩을 적용하면 $\delta = \frac{2P(3L)}{EA} - \frac{PL}{EA} = \frac{5PL}{EA}$

국가직 9급 응용역학개론

1 그림과 같은 단순보에서 지점 B의 수직반력[kN]은? (단, 보의자중은 무시한다)

① 40
② 46
③ 52
④ 60

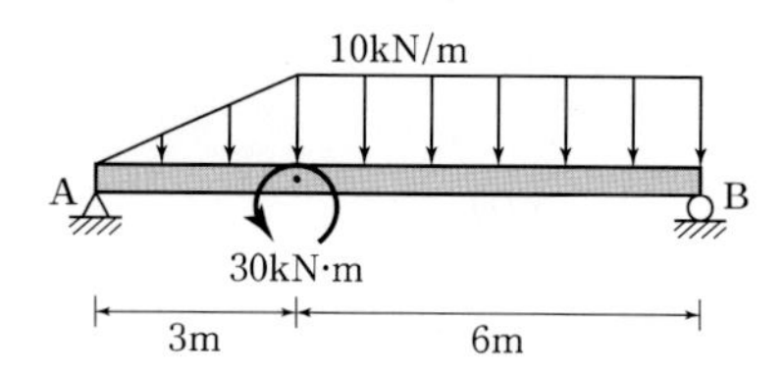

■ 강의식 해설 및 정답 : ①

등분포하중, 삼각형하중, 모멘트 하중으로 나누어 중첩을 적용하면
$\Sigma M_A = 0$ 에서

$$R_B = \frac{wL}{2} - \frac{wa^2}{6L} - \frac{M}{L} = 45 - \frac{10(3^2)}{6(9)} - \frac{30}{9} = 40\,\text{kN}$$

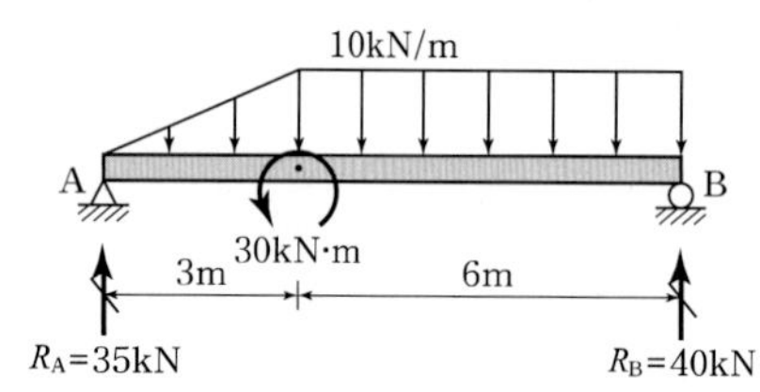

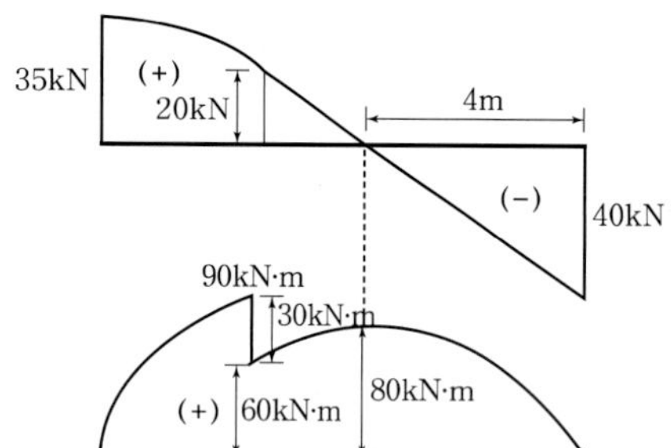

2 하중을 받는 보의 정성적인 휨모멘트도가 그림과 같을 때, 이 보의 정성적인 처짐 곡선으로 가장 유사한 것은

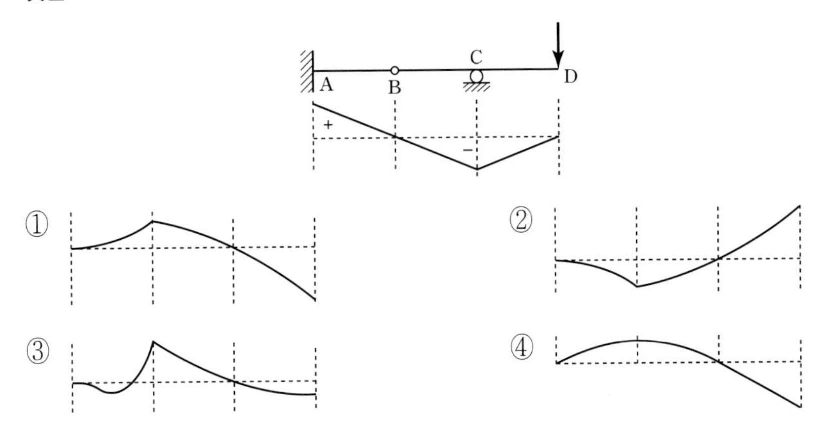

■ 강의식 해설 및 정답 : ①

Step 1. 모든 구간에 휨모멘트가 작용하므로 곡선의 형상이 되어야 한다.
∴ ① 탈락

Step 2. AB구간은 (+) 휨이 생기고 나머지 구간은 (−) 휨이 발생한다.

보충 길이가 L인 경우 : $\delta_B = \dfrac{PL^3}{3EI}$, $\delta_D = \dfrac{PL^3}{3EI} + \dfrac{PL^2}{3EI}(2L) = \dfrac{PL^3}{EI}$

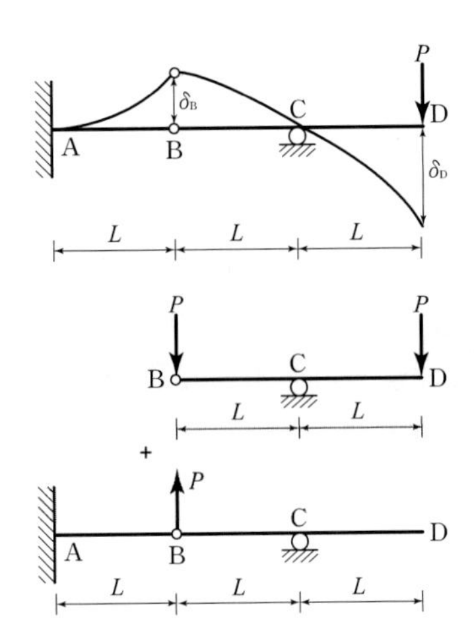

3 그림 (a)와 같은 단순보 위를 그림 (b)의 연행하중이 통과할 때, C점의 최대 휨 모멘트[kN · m]는? (단, 보의 자중은 무시한다)

① 20
② 47.5
③ 50
④ 52.5

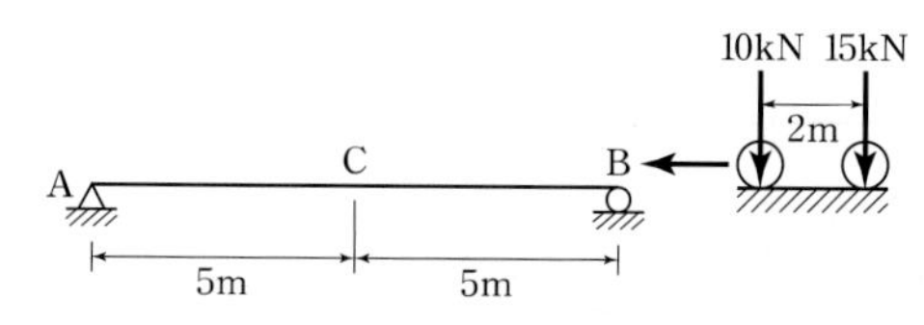

■ 강의식 해설 및 정답 : ④

M_c의 영향선에서 큰 하중이 최대종거 C점에 재하될 때 발생하므로

$$M_{c,\max} = \frac{\sum Pab}{L} = 7.5(5) + \frac{10(3)(5)}{10} = 52.5\,\text{kN}\cdot\text{m}$$

4 그림과 같은 프레임 구조물의 부정정 차수는?

① 7차
② 8차
③ 9차
④ 10차

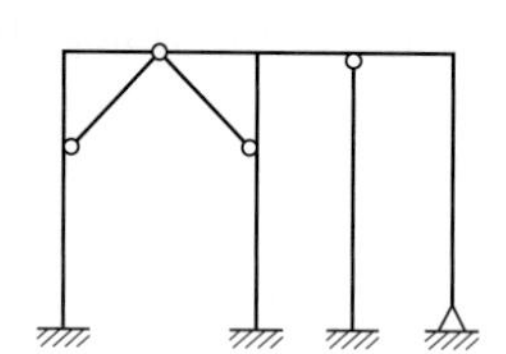

■ 강의식 해설 및 정답 : ②

$N = 3B - H = 3(5) - 7 = 8$ ∴ 8차 부정정

5 안쪽 반지름 $r = 200$mm, 두께 $t = 10$mm인 구형 압력용기의 허용 인장응력(σ_a)이 100MPa, 허용 전단응력(τ_a)이 30MPa인 경우, 이 용기의 최대 허용압력[MPa]은? (단, 구형 용기의 벽은 얇고 r/t의 비는 충분히 크다. 또한 구형 용기에 발생하는 응력 계산 시 안쪽 반지름을 사용한다)

① 6
② 8
③ 10
④ 12

■ 강의식 해설 및 정답 : ①

(1) 수직응력 검토

$$\sigma_{\max} = \frac{pd}{4t} \le \sigma_a \text{에서 } p \le \frac{4t\,\sigma_a}{d} = \frac{4(10)(100)}{400} = 10\,\text{mm}$$

(2) 전단응력 검토

구형압력 용기에서의 전단응력은 3축에 대해 계산해야 하므로 두께가 작으므로 미소항을 무시하면

$$\tau_{\max} = \frac{\sigma}{2} = \frac{pd}{8t} \le \tau_a \text{에서 } p \le \frac{8t\,\tau_a}{d} = \frac{8(10)(30)}{400} = 6\,\text{mm}$$

∴ 둘 중 작은 값 6mm 이하로 한다.

6 그림과 같이 마찰이 없는 경사면에 보 AB가 수평으로 놓여 있다. 만약 7kN의 집중하중이 보에 수직으로 작용할 때, 보가 평형을 유지하기 위한 하중의 B점으로부터의 거리 x[m]는? (단, 보는 강체로 재질은 균일하며, 자중은 무시한다)

① 2
② 4
③ 6
④ 8

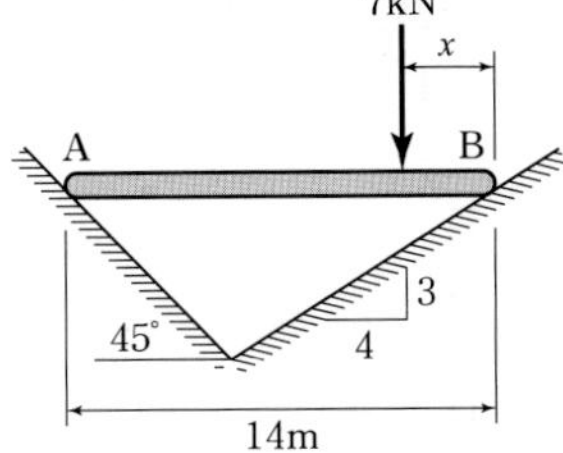

■ 강의식 해설 및 정답 : ③

먼저 수직반력을 구하고, 길이비를 이용하여 구한 수평반력이 같다는 조건을 이용한다.

(1) 수직반력 : 반대편 지점에서 모멘트 평형을 적용하면

$V_A = \dfrac{7x}{14}$, $V_B = \dfrac{7(14-x)}{14}$

(2) 수평반력 : 수평반력이 같다는 조건에서 x를 구할 수 있다.

$\dfrac{7x}{14} = \dfrac{7(14-x)}{14}\left(\dfrac{3}{4}\right)$에서 $x = 6\text{m}$

7 그림과 같이 3가지 재료로 구성된 합성단면의 하단으로부터의 중립축의 위치[mm]는? (단, 각 재료는 완전히 접착되어있다)

① $\dfrac{400}{3}$
② $\dfrac{380}{3}$
③ $\dfrac{365}{3}$
④ $\dfrac{350}{3}$

100mm A E_A=20GPa
100mm B E_B=10GPa
100mm C E_C=30GPa
150mm

■ 강의식 해설 및 정답 : ①

탄성계수비만큼 면적이 증가하므로 탄성계수를 가중치로 하여 도심을 구하면

$$y = \frac{2(250)+1(150)+3(50)}{6}$$

$$= \frac{400}{3}\text{mm}$$

8 그림과 같이 하단부가 고정된 길이 10m의 기둥이 천장과 1mm의 간격을 두고 놓여 있다. 만약 온도가 기둥 전체에 대해 균일하게 20°C 상승하였을 경우, 이 기둥의 내부에 발생하는 압축응력[MPa]은? (단, 재료는 균일하며, 열팽창계수 $\alpha = 1\times10^{-5}$/°C, 탄성계수 $E=200$GPa이다. 또한 기둥의 자중은 무시하며, 기둥의 길이는 간격에 비해 충분히 긴 것으로 가정한다)

① 10
② 20
③ 30
④ 40

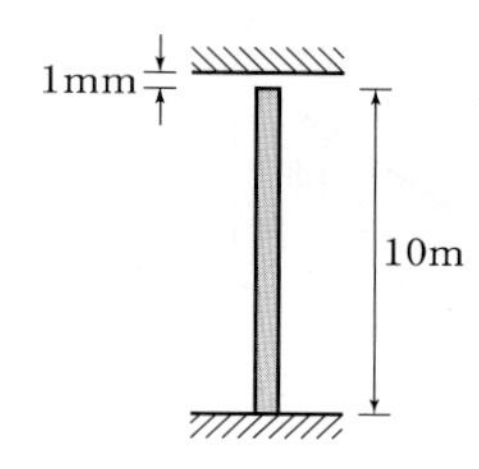

■ 강의식 해설 및 정답 : ②

$$\sigma = E\left\{\frac{\alpha(\Delta T)L-\delta_a}{L}\right\}$$

$$= 200\times10^3\left\{\frac{1\times10^{-5}(20)(10\times10^3)-1}{10\times10^3}\right\} = 20\,\text{MPa}\,(\text{압축응력})$$

9 그림과 같이 B점과 D점에 힌지가 있는 보에서 B점의 처짐이 δ라 할 때, 하중 작용점 C의 처짐은? (단, 보 AB의 휨강성은 EI, 보 BD는 강체, 보 DE의 휨강성은 $2EI$이며, 보의 자중은 무시한다)

① 1.75δ
② 2.25δ
③ 2.5δ
④ 2.75δ

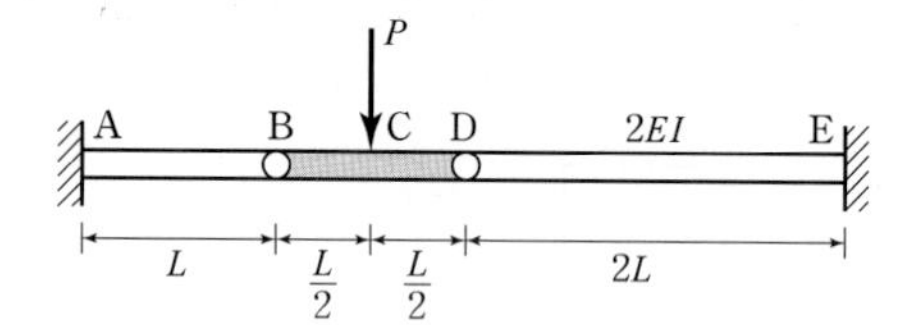

■ 강의식 해설 및 정답 : ③

단순보는 강체이므로 캔틸레버보의 변위를 1/2로 감소한 것과 같다.

$$\therefore\ \delta_E = \frac{\delta_B+\delta_D}{2} = \frac{\delta+4\delta}{2} = 2.5\delta$$

여기서, 캔틸레버에 집중하중이 작용하는 경우 자유단 처짐 $\delta = \dfrac{PL^3}{3EI} \propto \dfrac{L^3}{EI}$에서 $\delta_D = 4\delta_B = 4\delta$

10 그림과 같은 케이블 구조물의 B점에 50kN의 하중이 작용할 때, B점의 수직 처짐[mm]은? (단, 케이블 BC와 BD의 길이는 각각 600mm, 단면적 $A=120\text{mm}^2$, 탄성계수 $E=250\text{GPa}$이다. 또한 미소변위로 가정하며, 케이블의 자중은 무시한다)

① 0.5
② $\dfrac{1}{\sqrt{2}}$
③ 1.0
④ $\sqrt{2}$

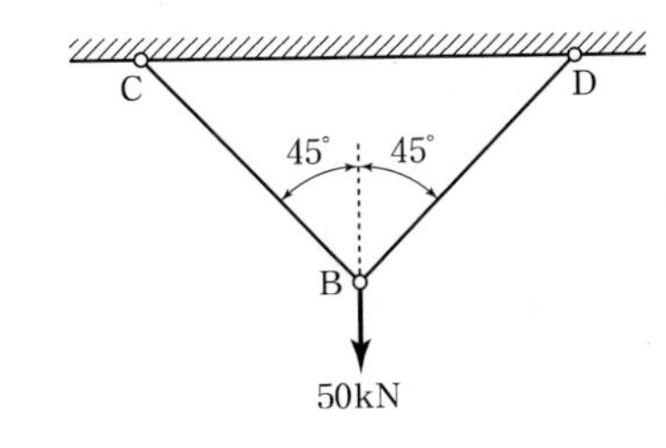

■ 강의식 해설 및 정답 : ③

연직각과 부재길이가 주어졌으므로

$$\delta_{Bv}=\frac{PH}{2EA\cos^3\beta}=\frac{PL}{2EA\cos^2\beta}=\frac{50(600)}{2(250)(120)\left(\frac{1}{\sqrt{2}}\right)^2}=1.0\text{mm}$$

여기서, 부재길이와 높이의 관계식 : $L=\dfrac{H}{\cos\beta}$

11 그림과 같은 트러스에서 지점 A의 수직반력 R_A 및 BC 부재의 부재력 F_{BC}는? (단, 트러스의 자중은 무시한다)

	R_A	F_{BC}
①	$\frac{2}{9}P$	$\frac{20}{9}P$(압축)
②	$\frac{2}{9}P$	$\frac{25}{12}P$(압축)
③	$\frac{16}{9}P$	$\frac{20}{9}P$(압축)
④	$\frac{16}{9}P$	$\frac{25}{12}P$(압축)

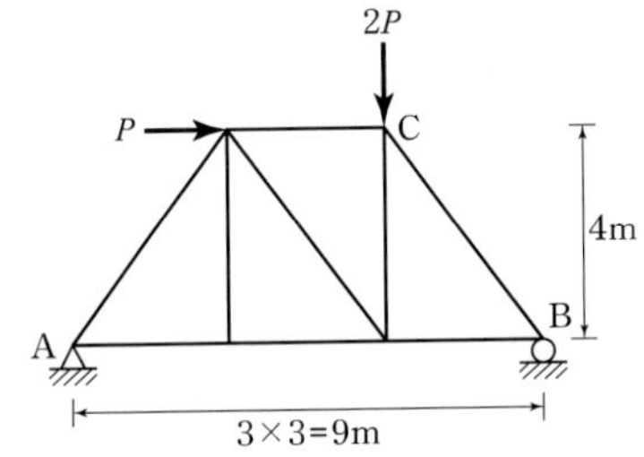

■ 강의식 해설 및 정답 : ①

(1) A점의 수직반력 : 반대편 지점에서의 모멘트를 지간거리로 나누면

$$R_A=\frac{2P(3)-P(4)}{9}=\frac{2}{9}P$$

(2) BC의 부재력 : B점 반력을 확장하면

$$F_{BC}=R_B\left(\frac{5}{4}\right)=\frac{16P}{9}\left(\frac{5}{4}\right)=\frac{20}{9}P(\text{압축})$$

여기서, B점의 반력은 $2P=\dfrac{18P}{9}$에서 부족한 숫자를 찾는 것이 빠르다.

12 그림과 같이 각 변의 길이가 10mm인 입방체에 전단력 $V = 10$kN이 작용될 때, 이 전단력에 의해 입방체에 발생하는 전단 변형률 γ는? (단, 재료의 탄성계수 $E = 130$GPa, 포아송 비 $\nu = 0.3$이다. 또한 응력은 단면에 균일하게 분포하며, 입방체는 순수전단 상태이다)

① 0.001
② 0.002
③ 0.003
④ 0.005

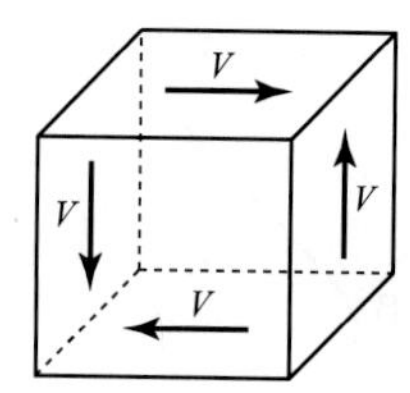

■ 강의식 해설 및 정답 : ②

후크의 법칙을 적용하면 $\gamma = \frac{\tau}{G} = \frac{2(1+\nu)V}{EA} = \frac{2(1+0.3)(10)}{130(10^2)} = 0.002$

여기서, 탄성계수의 관계식 $G = \frac{E}{2(1+\nu)}$

13 그림과 같은 3힌지 아치에서 지점 B의 수평반력은? (단, 아치의 자중은 무시한다)

① $\frac{7}{8}wR(\leftarrow)$
② $\frac{5}{8}wR(\leftarrow)$
③ $\frac{3}{8}wR(\rightarrow)$
④ $\frac{1}{8}wR(\rightarrow)$

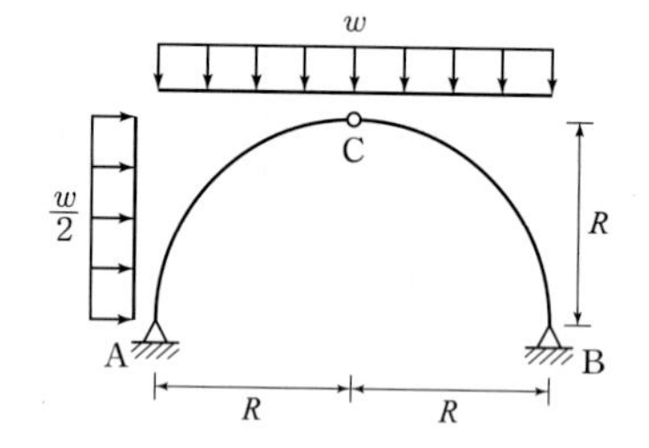

■ 강의식 해설 및 정답 : ②

수직하중과 수평하중으로 나누어 케이블의 일반정리를 적용하면

$$H_B = \frac{w(2R)^2}{8R} + \frac{\frac{1}{2}\cdot\frac{w}{2}R^2\left(\frac{1}{2}\right)}{R} = \frac{5}{8}wR(\leftarrow)$$

보충 $H_A = \frac{wR}{2} - \frac{5wR}{8} = -\frac{wR}{8}(\rightarrow)$

14 그림과 같은 캔틸레버보에서 발생되는 최대 휨모멘트 M_{max}[kN · m] 및 최대 휨응력 σ_{max}[MPa]의 크기는? (단, 보의 자중은 무시한다)

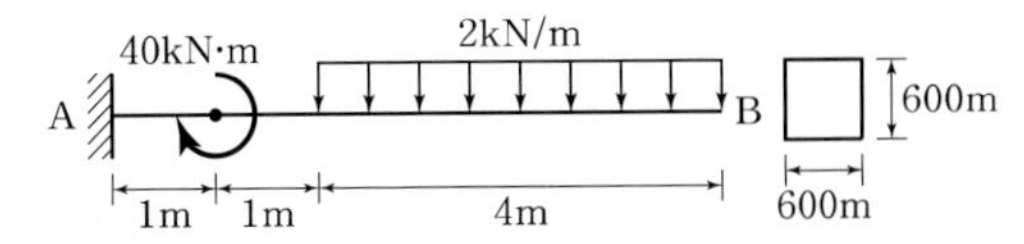

	M_{max}	σ_{max}
①	32	1.0
②	32	1.2
③	72	1.2
④	72	2.0

■ 강의식 해설 및 정답 : ④

(1) 최대 휨모멘트 : 동일 방향의 하중이므로 고정단에서 최대휨모멘트가 발생한다.
$M_{max}=40+(2\times4)(2+2)=72\,\mathrm{kN\cdot m}$

(2) 최대 휨응력
$$\sigma_{max}=\frac{M_{max}}{Z}=\frac{6M_{max}}{bh^2}=\frac{6(72\times10^6)}{600^3}=2\,\mathrm{MPa}$$

15 지름 10mm의 원형단면을 갖는 길이 1m의 봉이 인장하중 $P=15$kN을 받을 때, 단면 지름의 변화량 [mm]은? (단, 계산 시 π는 3으로 하고, 봉의 재질은 균일하며, 탄성계수 $E=50$GPa, 포아송 비 $\nu=0.3$이다. 또한 봉의 자중은 무시한다)

① 0.006　② 0.009
③ 0.012　④ 0.015

■ 강의식 해설 및 정답 : ③

하중이 주어졌으므로 지름의 변화량 $\Delta d=\dfrac{4\nu P}{\pi dE}=\dfrac{4(0.3)(15)}{3(10)(50)}=0.012\,\mathrm{mm}$

16 그림과 같이 구조물의 표면에 스트레인 로제트를 부착하여 각 게이지 방향의 수직 변형률을 측정한 결과, 게이지 A는 50, B는 60, C는 45로 측정되었을 때, 이 표면의 전단변형률 γ_{xy}는?

① 5
② 10
③ 15
④ 20

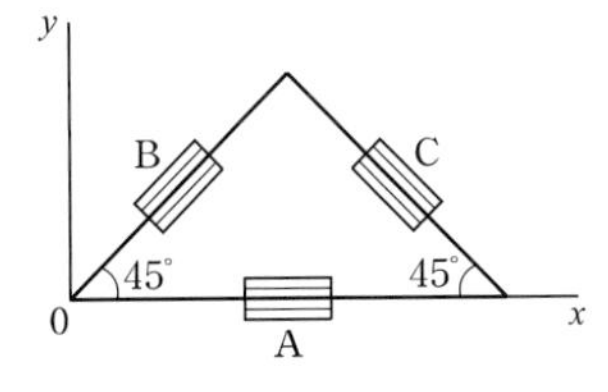

■ 강의식 해설 및 정답 : ③

$$\epsilon_{45°}=\frac{\epsilon_x+\epsilon_y}{2}+\frac{\epsilon_x-\epsilon_y}{2}\cos90°-\frac{\gamma_{xy}}{2}\sin90°=\frac{\epsilon_x+\epsilon_y}{2}-\frac{\gamma_{xy}}{2}=\epsilon_b \text{에서}$$
$$\gamma_{xy}=(\epsilon_x+\epsilon_y)-2\epsilon_b=(\epsilon_b+\epsilon_c)-2\epsilon_b=(60+45)-2(60)=-15$$

17 그림과 같이 양단이 고정된 봉에 하중 P가 작용하고 있을 경우 옳지 않은 것은? (단, 각 부재는 동일한 재료로 이루어져 있고, 단면적은 각각 3A, 2A, A이며, 봉의 자중은 무시한다. 또한 응력은 단면에 균일하게 분포한다고 가정한다)

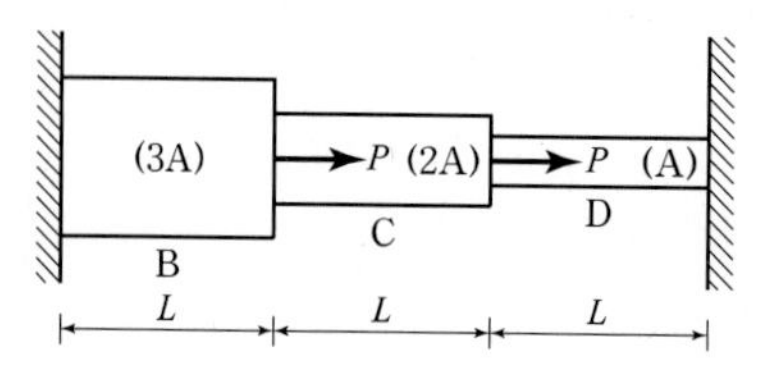

① B, C 부재의 축력 비는 15 : 4이다.

② D 부재에 발생하는 응력은 B 부재 응력의 $\frac{7}{5}$ 배이다.

③ D 부재의 길이 변화량이 가장 크다.

④ 양 지점의 반력은 크기가 같고 방향이 반대이다

■ 강의식 해설 및 정답 : ④

구조물이 비대칭형이므로 반력은 서로 다른 값을 갖는다.

• 지점반력 : 변형일치법을 적용하면

$R_{우측단} = K_{eq}\delta_{구속} = \frac{6EA}{11L}\left(\frac{7PL}{6EA}\right) = \frac{7P}{11}$ (좌향)

· 반력에 의한 강성도 계산 : $\delta = \frac{RL}{3EA} + \frac{RL}{2EA} + \frac{RL}{EA} = \frac{11RL}{6EA}$ 에서 $R = \frac{6EA}{11L}\delta$ $\therefore$ $K = \frac{6EA}{11L}$

또는 각 부재를 직렬로 조합하면 $K_1 = \Sigma\frac{곱}{합} = \frac{3}{5}\frac{2EA}{L}$ $K_{eq} = \Sigma\frac{곱}{합} = \frac{6}{11}\frac{EA}{L}$

· 구속되는 변위 : $\delta_{구속} = \frac{2PL}{3EA} + \frac{PL}{2EA} = \frac{5PL}{6EA}$

· $R_{좌측단} = 2P - \frac{7P}{11} = \frac{15P}{11}$ (좌향)

① B, C 부재의 축력 비는 15 : 4이다. (O) : $F_B = R_{좌측} = \frac{15P}{11}$, $F_C = R_{좌측} - P = \frac{4P}{11}$

② D 부재에 발생하는 응력은 B 부재 응력의 $\frac{7}{5}$ 배이다. (O) : $F_D = R_{우측} = \frac{7P}{11}$, $F_B = R_{좌측} = \frac{15P}{11}$ 에서

$\sigma = \frac{F}{A}$ 에서 $\frac{\sigma_D}{\sigma_B} = \frac{7(3)}{15(1)} = \frac{7}{5}$

③ D 부재의 길이 변화량이 가장 크다. (O) : $\delta = \frac{FL}{EA} \propto \frac{F}{A}$ 에서 $\delta_B : \delta_C : \delta_D = \frac{15}{3} : \frac{4}{2} : \frac{7}{1} = 5 : 2 : 7$

18 그림과 같이 강체인 봉과 스프링으로 이루어진 구조물의 좌굴하중 P_{cr}은? (단, 스프링은 선형탄성 거동을 하며, 상수는 k이다. 또한 B점은 힌지이며, 봉 및 스프링의 자중은 무시한다)

① 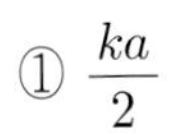

② 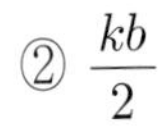

③ 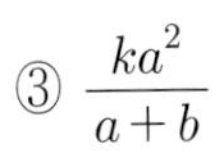

④ $\dfrac{kab}{a+b}$

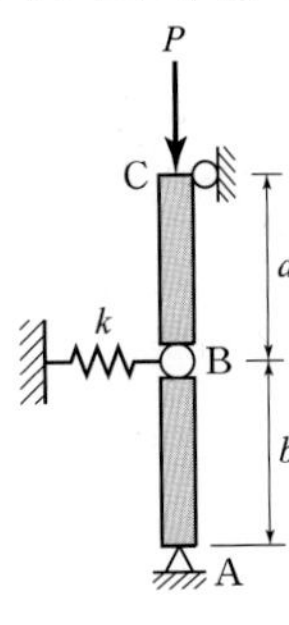

■ 강의식 해설 및 정답 : ④

단순구조의 강체봉을 선형스프링으로 지지하는 경우 좌굴하중

$$P_{cr} = \frac{k\text{곱}}{\text{합}} = \frac{kab}{a+b}$$

19 그림과 같은 보의 C점에 발생하는 수직응력(σ) 및 전단응력 (τ)의 크기[MPa]는? (단, 작용 하중 $P=$ 120kN, 보의 전체 길이 $L=27$m, 단면의 폭 $b=30$mm, 높이 $h=120$mm, 탄성계수 $E=210$GPa이며, 보의 자중은 무시한다)

	σ	τ
①	2,500	12.5
②	2,500	25.0
③	5,000	12.5
④	5,000	25.0

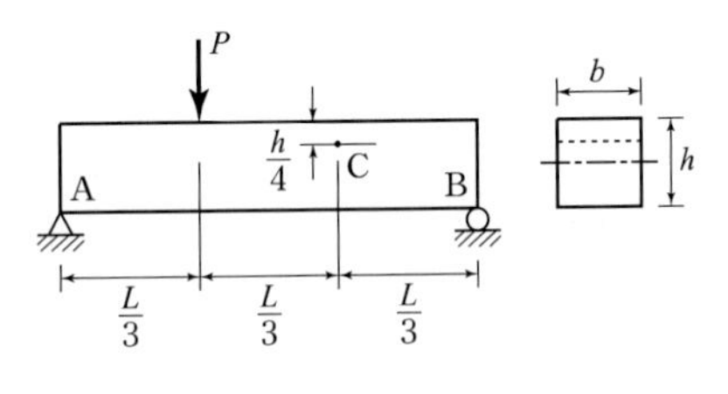

■ 강의식 해설 및 정답 : ①

(1) C점의 수직응력

$$\sigma_c = \frac{M_c}{I} y_c = \frac{12PL}{9bh^2}\left(\frac{h}{4}\right) = \frac{12(120\times10^3)(27\times10^3)}{9(30)(120^3)}\left(\frac{120}{4}\right) = 2{,}500\,\text{MPa}$$

(2) C점의 전단응력

$$\tau_c = \frac{9}{8}\cdot\frac{S_c}{A} = \frac{9}{8}\cdot\frac{P}{3A} = \frac{9}{8}\cdot\frac{120\times10^3}{3(30\times120)} = 12.5\,\text{MPa}$$

20 그림과 같은 기둥 AC의 좌굴에 대한 안전율이 2.0인 경우, 보 AB에 작용하는 하중 P의 최대 허용값은? (단, 기둥 AC의 좌굴축에 대한 휨강성은 EI이고, 보와 기둥의 연결부는 힌지로 연결되어 있으며, 보의 자중은 무시한다)

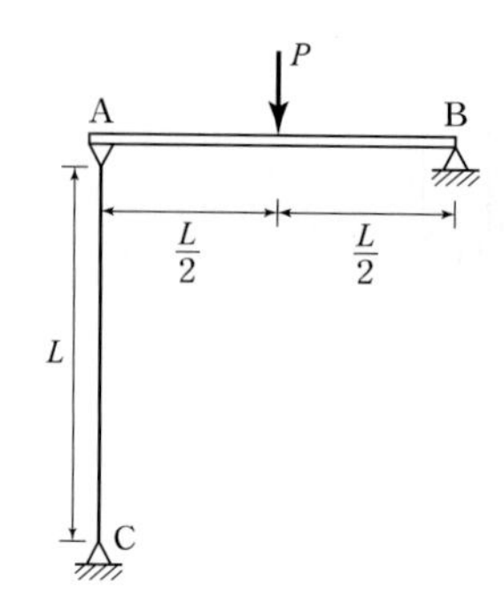

① 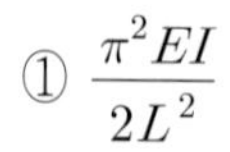 $\dfrac{\pi^2 EI}{2L^2}$

② $\dfrac{\pi^2 EI}{L^2}$

③ $\dfrac{2\pi^2 EI}{L^2}$

④ $\dfrac{4\pi^2 EI}{L^2}$

■ 강의식 해설 및 정답 : ②

$$F_{AC} = \frac{P}{2} \le P_a = \frac{P_{cr}}{S} = \frac{\pi^2 EI}{SL^2} \text{에서 } P \le \frac{2\pi^2 EI}{SL^2} = \frac{2\pi^2 EI}{2L^2} = \frac{\pi^2 EI}{L^2}$$

2015 지방직 9급 | 지방직 9급 응용역학개론

1 다음과 같이 밑변 R과 높이 H인 직각삼각형 단면이 있다. 이 단면을 y축 중심으로 360도 회전시켰을 때 만들어지는 회전체의 부피는?

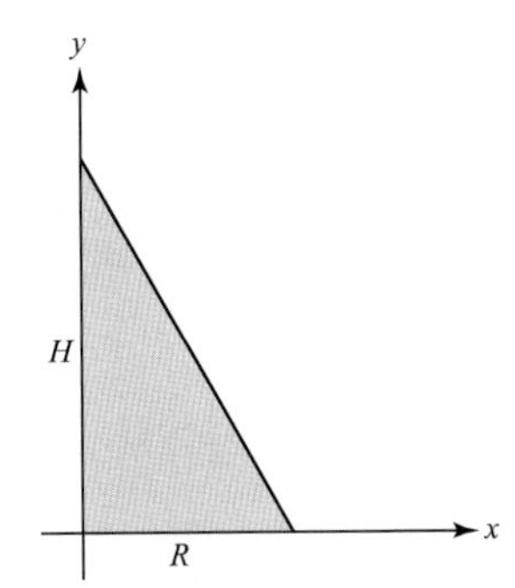

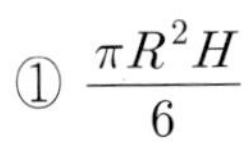
① $\frac{\pi R^2 H}{6}$

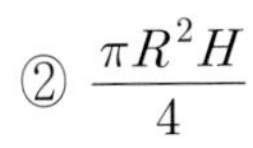
② $\frac{\pi R^2 H}{4}$

③ $\frac{\pi R^2 H}{3}$

④ $\frac{\pi R^2 H}{2}$

■ 강의식 해설 및 정답 : ③

파푸스의 제2정리를 적용하면 $V = Ax\theta = \frac{RH}{2}\left(\frac{R}{3}\right)(2\pi) = \frac{\pi R^2 H}{3}$

보충 회전한 단면이 원추이므로 반지름이 R, 높이가 H인 원추의 체적과 같다.

$\therefore\ V = \frac{AH}{3} = \frac{\pi R^2 H}{3} = \frac{\pi R^2 H}{3}$

2 다음과 같은 표지판에 풍하중이 작용하고 있다. 표지판에 작용하고 있는 등분포 풍압의 크기가 2.5kPa일 때, 고정지점부 A의 모멘트 반력[kN · m]의 크기는? (단, 풍하중은 표지판에만 작용하고, 정적하중으로 취급하며, 자중은 무시한다)

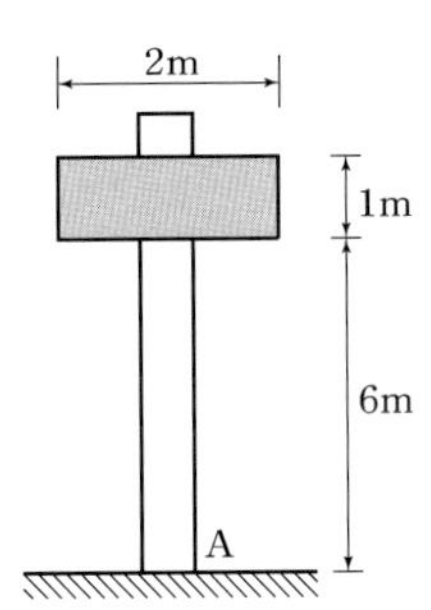

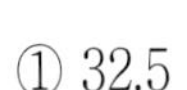
① 32.5

② 38.5

③ 42.5

④ 52.0

■ 강의식 해설 및 정답 : ①

표지판에 작용하는 풍압을 하중으로 환산해서 고정단모멘트를 구한다.

$\therefore\ M_A = $ 풍압(표지판 면적)(길이) $= 2.5(2\times 1)(6.5) = 32.5\,\text{kN}\cdot\text{m}$

3 다음과 같은 원형, 정사각형, 정삼각형이 있다. 각 단면의 면적이 같을 경우 도심에서의 단면2차모멘트(I_x)가 큰 순서대로 바르게 나열한 것은?

① A > B > C
② B > C > A
③ C > B > A
④ B > A > C

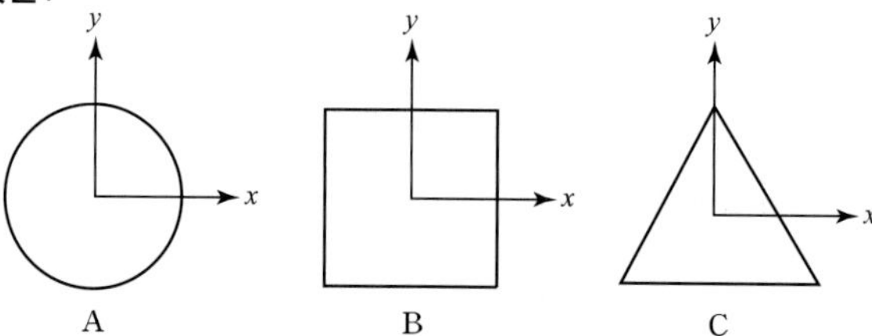

■ 강의식 해설 및 정답 : ③
면적이 같은 경우 단면2차모멘트의 크기 : 원형 < 육각형 < 사각형 < 삼각형 < I형

4 다음과 같이 평면응력상태에 있는 미소응력요소에서 최대전단응력[MPa]의 크기는?

① 25.0
② 50.0
③ 62.5
④ 75.0

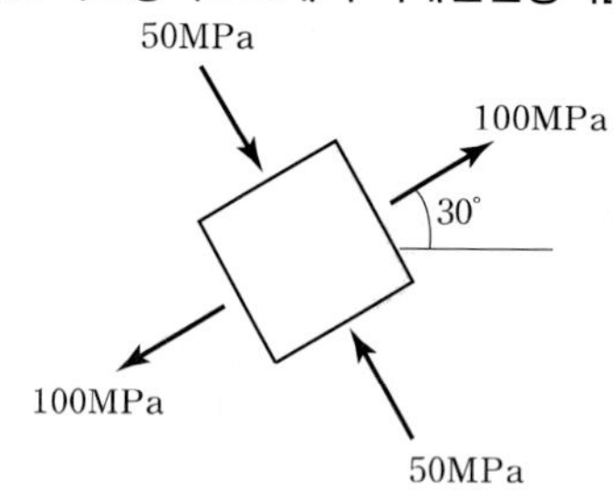

■ 강의식 해설 및 정답 : ④
주어진 응력상태는 주응력이므로 최대전단응력은 모아원의 반지름과 같다. 즉 두 주응력차의 1/2과 같다.

$$\therefore\ \tau_{\max} = \text{모아원 반지름} = \frac{\sigma_1 - \sigma_2}{2} = \frac{100-(-50)}{2} = 75\,\text{MPa}$$

5 다음과 같은 원형 단면봉이 인장력 P를 받고 있다. 다음 설명 중 옳지 않은 것은? (단, $P=15$kN, $d=10$mm, $L=1.0$m, 탄성계수 $E=200$GPa, 푸아송비 $\nu=0.3$이고, 원주율 π는 3으로 계산한다)

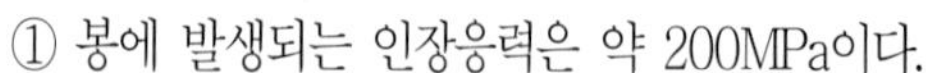
① 봉에 발생되는 인장응력은 약 200MPa이다.
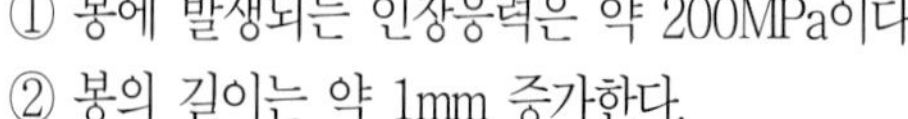
② 봉의 길이는 약 1mm 증가한다.
③ 봉에 발생되는 인장변형률은 약 0.1×10^{-3}이다.
④ 봉의 지름은 약 0.003mm 감소한다.

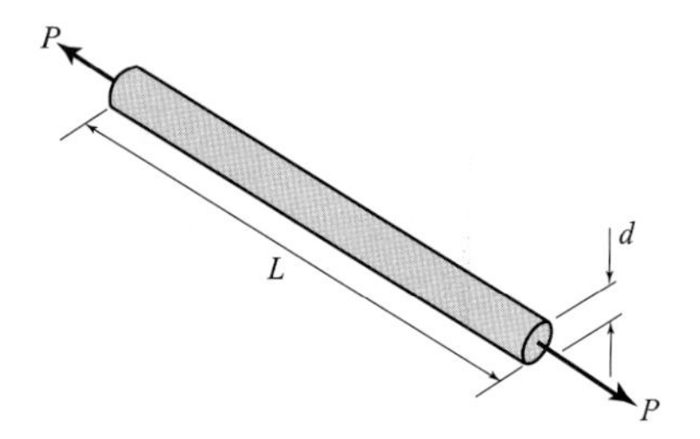

■ 강의식 해설 및 정답 : ③

① $\sigma = \dfrac{P}{A} = \dfrac{4P}{\pi d^2} = \dfrac{4(15\times10^3)}{3(10^2)} = 200\,\text{MPa}$

② $\delta = \dfrac{PL}{EA} = \dfrac{\sigma L}{E} = \dfrac{200(10^3)}{200\times10^3} = 1\,\text{mm}$

③ $\epsilon = \dfrac{\sigma}{E} = \dfrac{200}{200\times10^3} = 1\times10^{-3}$

④ $\Delta d = \nu d\epsilon = 0.3(10)(1\times10^{-3}) = 0.003\,\text{mm}$ (감소)

보충 앞의 값이 옳다고 보고 비교하면서 푼다.

6 다음과 같이 경사면과 수직면 사이에 무게(W)와 크기가 동일한 원통 두 개가 놓여있다. 오른쪽 원통과 경사면 사이에 발생하는 반력 R은? (단, 마찰은 무시한다)

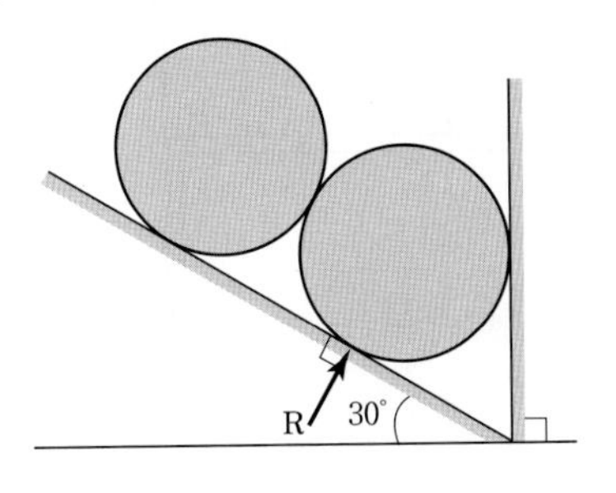

① 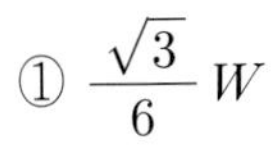 $\frac{\sqrt{3}}{6}W$

② $\frac{\sqrt{3}}{2}W$

③ $\frac{5\sqrt{3}}{6}W$

④ $\frac{7\sqrt{3}}{6}W$

■ 강의식 해설 및 정답 : ③

(1) 시력도 폐합 조건 : $R_C = 2W\left(\frac{1}{\sqrt{3}}\right) = \frac{2\sqrt{3}\,W}{3}$

(2) B점 반력

상부원의 중심(O)에서 모멘트 평형을 적용하면

$R_C(2r\sin 30°) - R_B(2r) + W\cos 30°(2r) = 0$에서 $R_B = \frac{5\sqrt{3}}{6}W$

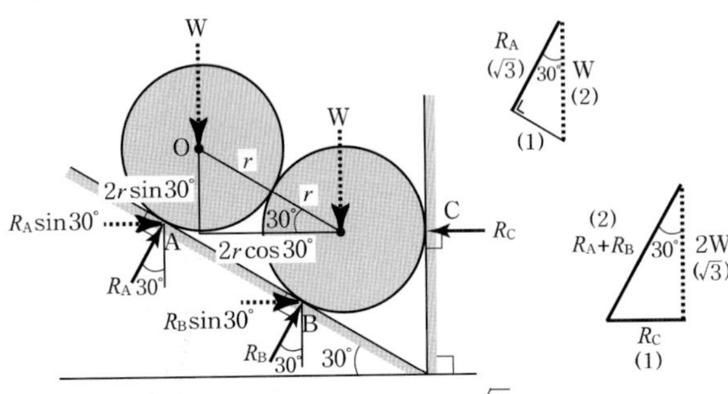

보충 또는 상부원통의 시력도에서 $R_A = \frac{\sqrt{3}}{2}W$

전체 원통에 대한 시력도에서 $\frac{\sqrt{3}}{2}W + R_B = 2W\left(\frac{2}{\sqrt{3}}\right)$ $\therefore$ $R_B = \frac{5\sqrt{3}}{6}W$

7 다음과 같이 단순보에 이동하중이 재하될 때, 단순보에 발생하는 절대최대전단력[kN]의 크기는? (단, 자중은 무시한다)

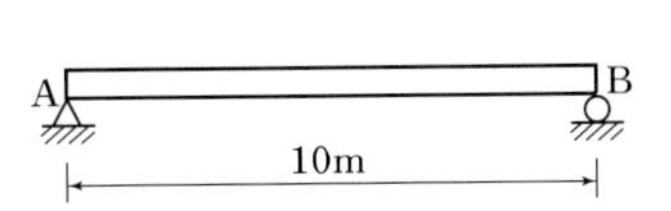

① 5.6

② 5.4

③ 5.2

④ 4.8

■ 강의식 해설 및 정답 : ①

큰 하중이 지점에 재하되고 다른 하중도 보 위에 재하될 때 최대 전단력이 발생하므로

$|S_{\max}| = R_{\max} = R_{B,\max} = 4 + \frac{2(6)}{10} + \frac{1(4)}{10} = 5.6\,\text{kN}$

8 다음과 같이 C점에 내부 힌지를 갖는 라멘에서 A점의 수평반력[kN]의 크기는? (단, 자중은 무시한다)

① 5.5
② 4.5
③ 3.5
④ 2.5

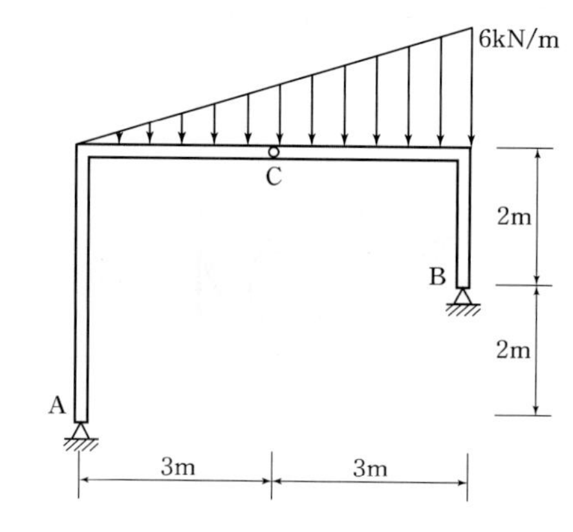

■ 강의식 해설 및 정답 : ②

케이블의 일반정리를 이용하면

$$H_B = \frac{M_C}{y_C} = \frac{wL^2}{16y_C} = \frac{6(6^2)}{16(3)} = 4.5\,\text{N}$$

여기서, 종거 $y_C = \dfrac{h_1 + h_2}{2} = \dfrac{2+4}{2} = 3\,\text{cm}$

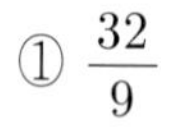 수직반력 : 중첩을 적용

$$V_A = \frac{6(6)}{6} + \frac{4.5(3)}{6} = 6 + 2.25 = 8.25\,\text{kN}$$

$$V_B = \frac{6(6)}{3} - \frac{4.5(3)}{6} = 9.75\,\text{kN}$$

9 다음과 같이 2차 함수 형태의 분포하중을 받는 캔틸레버보에서 A점의 휨모멘트[kN · m]의 크기는? (단, 자중은 무시한다)

① $\dfrac{32}{9}$

② $\dfrac{16}{9}$

③ $\dfrac{32}{3}$

④ $\dfrac{16}{3}$

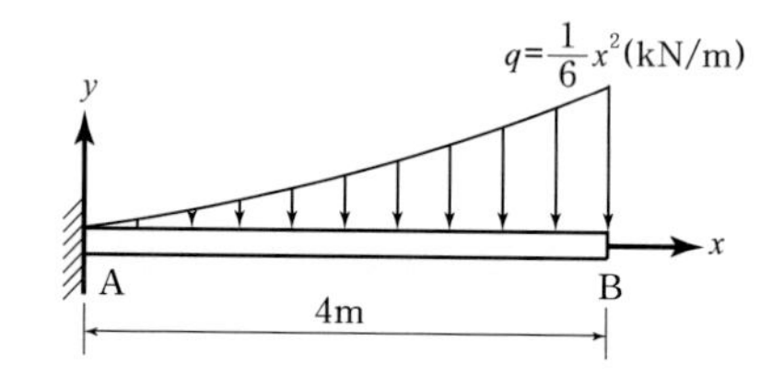

■ 강의식 해설 및 정답 : ③

하나의 집중하중으로 바꿔서 도심거리를 곱하여 구한다.

$M_A = -$(분포하중면적)(도심거리)

$$= -\frac{wL}{3}\left(\frac{3}{4}L\right) = -\frac{wL^2}{4} = -\frac{\frac{1}{6}(4^2)(4^2)}{4} = -\frac{32}{3}\,\text{kN·m}$$

10 다음과 같은 구조물에서 C점의 수직변위[mm]의 크기는? (단, 휨강성 $EI = \frac{1000}{16}$ MN · m², 스프링상수 $k = 1$MN/m이고, 자중은 무시한다)

① 0.25
② 0.3
③ 2.5
④ 3.0

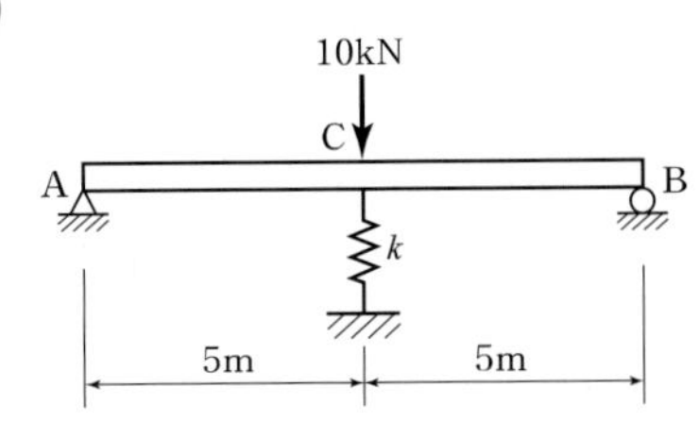

■ 강의식 해설 및 정답 : ③

변위가 같은 구조이므로 $\delta_C = \frac{P}{\Sigma K} = \frac{10 \times 10^3}{4 \times 10^6} \times 10^3 = 2.5\,\text{mm}$

여기서, 보의 강성도 $K_b = \frac{48EI}{L^3} = \frac{48}{10^3}\left(\frac{1000}{16}\right) = 3\,\text{MN/m}$

보충 특정점의 변형이 같다는 조건을 적용하면 $\delta_C = \frac{K_b}{\Sigma K}\delta_{상재} = \frac{3}{3+1}\left(\frac{10}{300} \times 10^3\right) = 2.5\,\text{mm}$

여기서, $\delta_{상재} = \frac{PL^3}{48EI} = \frac{10(10^3)}{48\left(\frac{1000}{16} \times 10^3\right)} = \frac{1}{300}\,\text{m}$

11 다음과 같은 트러스에서 CD부재의 부재력 F_{CD}[kN] 및 CF부재의 부재력 F_{CF}[kN]의 크기는? (단, 자중은 무시한다)

	F_{CD}	F_{CF}
①	6.0	25.0
②	6.0	12.5
③	10.0	25.0
④	10.0	12.5

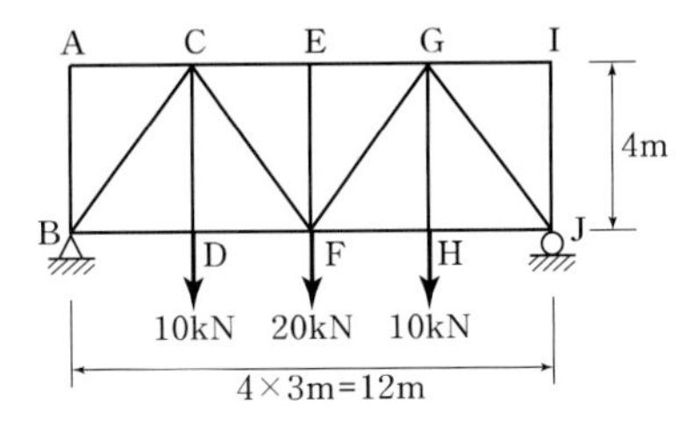

■ 강의식 해설 및 정답 : ④

(1) CD의 부재력 : D점에서 수직평형조건을 이용하면
$F_{CD} = 10\,\text{kN}$ (인장)

(2) CF의 부재력 : A점 수직반력을 구하고 시력도 폐합을 이용하면
$F_{CD} = 10\left(\frac{5}{4}\right) = 12.5\,\text{kN}$ (인장)

여기서, A점 반력은 대칭이므로 $R_A = \frac{\text{전하중}}{2} = 20\,\text{kN}$

12 다음과 같이 편심하중이 작용하고 있는 직사각형 단면의 짧은 기둥에서, 바닥면에 발생하는 응력에 대한 설명 중 옳은 것은? (단, $P=300\text{kN}$, $e=40\text{mm}$, $b=200\text{mm}$, $h=300\text{mm}$)

① A점과 B점의 응력은 같다.
② B점에 발생하는 압축응력의 크기는 5MPa보다 크다.
③ A점에는 인장응력이 발생한다.
④ B점과 D점의 응력이 다르다.

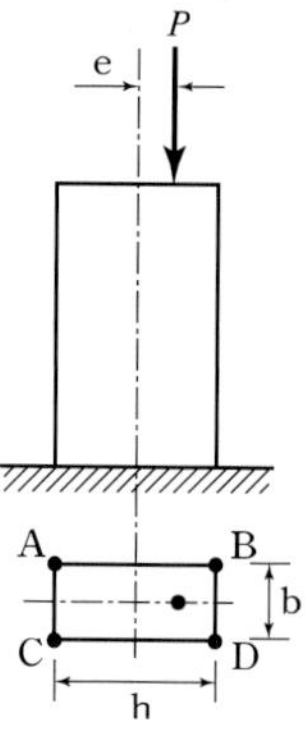

■ 강의식 해설 및 정답 : ②

① 편심하중이 작용하므로 연단의 응력은 다르다.
(도심에 하중이 작용할 때 연단의 응력이 같다)

② 축하중에 의한 응력이 $\sigma=\dfrac{P}{A}=\dfrac{300\times10^3}{300(200)}=5\,\text{MPa}$이므로 B점의 편심모멘트에 의한 응력이 추가되어 5MPa보다 크다.

③ $e=40\text{mm}<\dfrac{\text{h}}{6}=\dfrac{300}{6}=50\,\text{mm}$이므로 모든 단면에는 압축응력만 발생한다.

④ B점과 D점은 중립축으로부터의 거리가 같으므로 응력이 같다.

13 다음과 같이 응력-변형률 관계를 가지는 재료로 만들어진 부재가 인장력에 의해 최대 500MPa의 인장응력을 받은 후, 주어진 인장력이 완전히 제거되었다. 이때 부재에 나타나는 잔류변형률은? (단, 재료의 항복응력은 400MPa이고, 응력이 항복응력을 초과한 후 하중을 제거하게 되면 초기 접선탄성계수를 따른다고 가정한다)

① 4×10^{-4}
② 5×10^{-4}
③ 6×10^{-4}
④ 7×10^{-4}

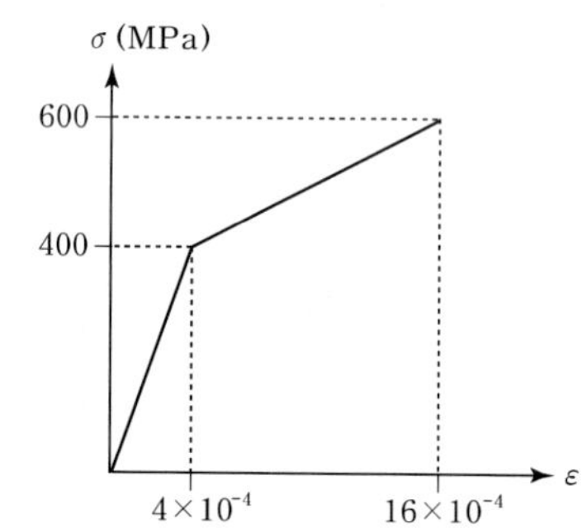

■ 강의식 해설 및 정답 : ②

(1) 최대응력 500MPa일 때의 변형률
응력-변형률 선도에서 닮음비를 이용하면 $\epsilon_{500}=\dfrac{16+4}{2}\times10^{-4}=10\times10^{-4}$

(2) 잔류변형률
$$\epsilon_r=\epsilon_{500}-\epsilon_e=\epsilon_{500}-\frac{\sigma_{\max}}{E_1}=10\times10^{-4}-\frac{500}{10^6}=5\times10^{-4}$$

14 다음과 같은 단순보에서 집중 이동하중 10kN과 등분포 이동하중 4kN/m로 인해 C점에서 발생하는 최대 휨모멘트[kN · m]의 크기는? (단, 자중은 무시한다)

① 42
② 48
③ 54
④ 62

■ 강의식 해설 및 정답 : ②

집중하중은 C점에 재하되고, 등분포하중은 전체 구간에 재하될 때 C점에서 최대 휨모멘트가 발생하므로

$$M_{C,\max} = \frac{Pab}{L} + \frac{wab}{2} = \frac{10(2)(8)}{10} + \frac{4(2)(8)}{2} = 16 + 32 = 48\,\text{kN}\cdot\text{m}$$

15 다음과 같은 짧은 기둥 구조물에서 단면 m－n 위의 A점과 B점의 수직 응력[MPa]은? (단, 자중은 무시한다)

	A	B
①	0	0
②	0.5(압축)	0.5(압축)
③	3.5(압축)	2.5(인장)
④	2.5(인장)	1.5(압축)

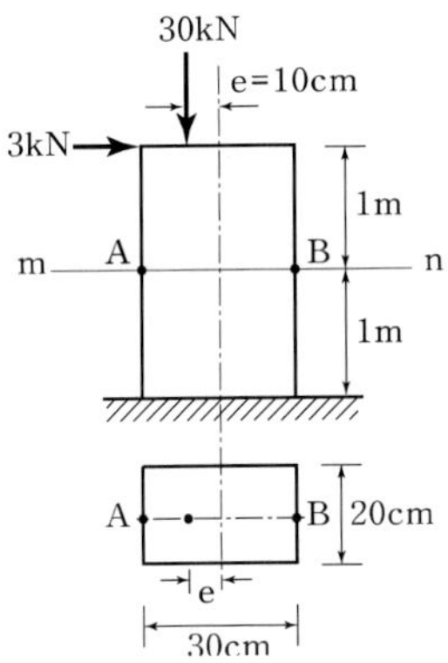

■ 강의식 해설 및 정답 : ②

두 응력의 합은 평균응력의 2배와 같으므로

$$|\sigma_A + \sigma_B| = \frac{2P}{A} = \frac{2(30\times10^3)}{300(200)} = 1\,\text{MPa}$$

∴ 두 응력의 합이 1MPa인 것은 ② 이다.

16 다음과 같이 두께가 일정하고 1/4이 제거된 무게 12πN의 원판이 수평방향 케이블 AB에 의해 지지되고 있다. 케이블에 작용하는 힘[N]의 크기는? (단, 바닥면과 원판의 마찰력은 충분히 크다고 가정한다)

① $\frac{5}{3}$

② 2

③ $\frac{7}{3}$

④ $\frac{8}{3}$

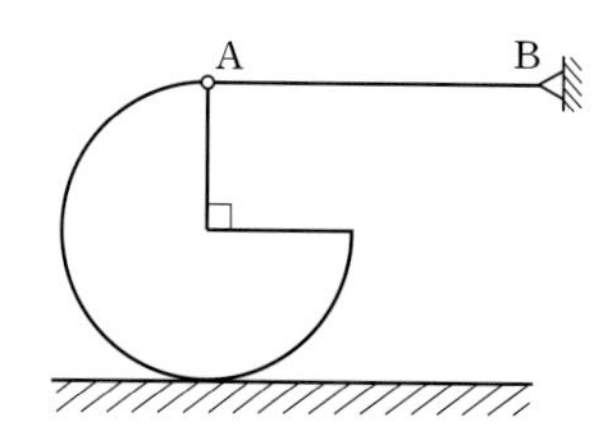

■ 강의식 해설 및 정답 : ④

Step 1. 케이블을 절단하여 왼쪽 단면을 취한다.
Step 2. 3/4원을 가로로 절단하여 반원과 1/4원으로 나눈 다음 하면에서 모멘트 평형조건을 적용한다.
(마찰력이 존재하므로 마찰력을 없애기 위해 하단에서 취함)

$\Sigma M_C = 0$: $T(2R) = 4\pi\left(\frac{4R}{3\pi}\right)$에서 $T = \frac{8}{3}$N

여기서, R : 반지름
아래쪽 반원의 무게는 중심을 지나므로 모멘트가 상쇄된다.

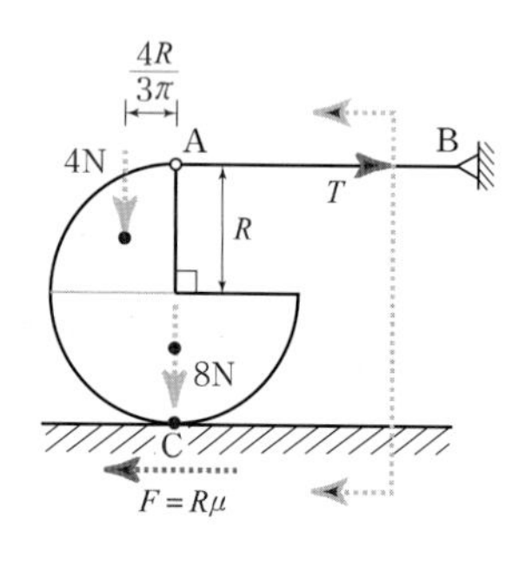

17 다음과 같은 캔틸레버보에서 고정단 B의 휨모멘트가 0이 되기 위한 집중하중 P의 크기[kN]는? (단, 자중은 무시한다)

① 3

② 4

③ 5

④ 1

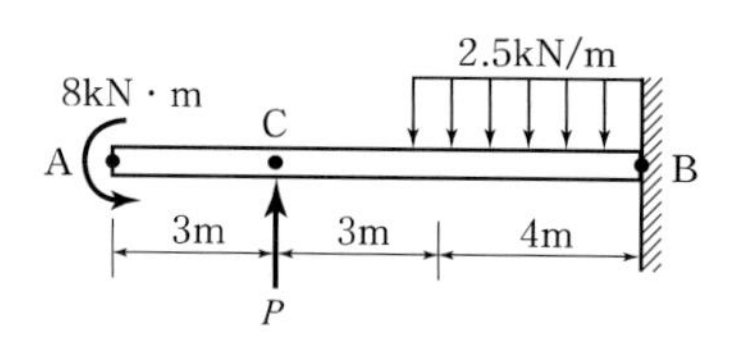

■ 강의식 해설 및 정답 : ②

$M_B = -8 + P(7) - \frac{2.5(4^2)}{2} = 0$에서

$P = 4$kN

18 다음과 같이 C점에 내부 힌지를 갖는 게르버보에서 B점의 수직반력[kN]의 크기는? (단, 자중은 무시한다)

① 15.0
② 18.5
③ 20.0
④ 30.0

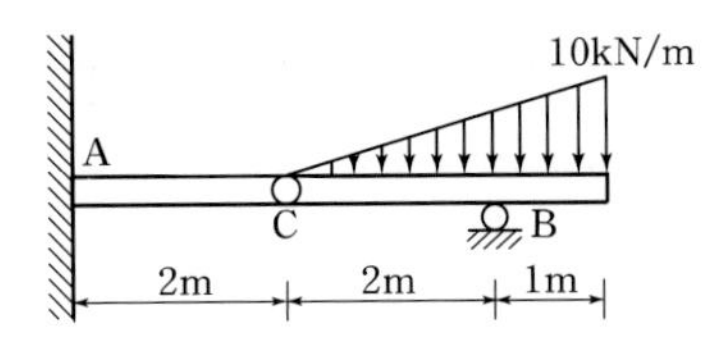

■ 강의식 해설 및 정답 : ①

삼각형하중의 도심에 지점이 있으므로 B점 반력은 삼각형의 면적과 같다.

$\therefore\ R_B = \text{삼각형면적} = \dfrac{10(3)}{2} = 15\,\text{kN}$

19 다음과 같은 캔틸레버보에서 B점이 스프링상수 $k = \dfrac{EI}{2L^3}$인 스프링 2개로 지지되어 있을 때, B점의 수직 변위의 크기는? (단, 보의 휨강성 EI는 일정하고, 자중은 무시한다)

① $\dfrac{5PL^3}{64EI}$
② $\dfrac{5PL^3}{32EI}$
③ $\dfrac{PL^3}{64EI}$
④ $\dfrac{PL^3}{32EI}$

■ 강의식 해설 및 정답 : ①

$$\delta_B = \frac{K_b}{K_b + K_{eq}}\delta_{\text{상재}} = \frac{3}{3+1}\left(\frac{5PL^3}{48EI}\right) = \frac{5PL^3}{64EI}$$

여기서, $K_b : K_{eq} = \dfrac{3EI}{L^3} : \dfrac{EI}{2L^3} \times 2 = 3 : 1$

여기서, 스프링이 양쪽에 연결되었으므로 병렬 $\therefore$ 합성강성도 $K_{eq} = 2K$

20 다음과 같이 동일한 스프링 3개로 지지된 강체 막대기에 하중 W를 작용시켰더니 A, B, C점의 수직변위가 아래 방향으로 각각 δ, 2δ, 3δ였다. 하중 W의 작용 위치 d[m]는? (단, 자중은 무시한다)

① $\frac{3}{2}$

② $\frac{7}{6}$

③ $\frac{5}{3}$

④ $\frac{4}{3}$

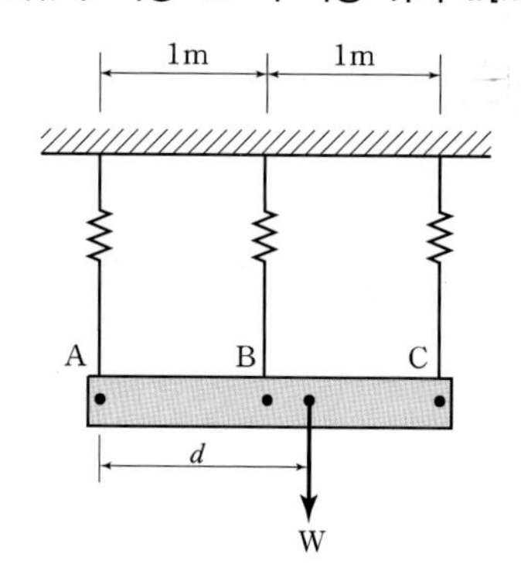

■ 강의식 해설 및 정답 : ④

(1) 스프링이 받는 힘 : $P = K\delta \propto \delta$

$P_A = R,\ P_B = 2R,\ P_C = 3R$이고, $W = \sum P = 6R$

(2) W의 작용위치 : A점에서 모멘트 평형을 적용하면

$$d = \frac{2R(1) + 3R(2)}{6R} = \frac{4}{3}\text{m}$$

2015 서울시 9급

서울시 9급 응용역학개론

1 아래 세 기둥의 좌굴 강도 크기 비교가 옳은 것은?

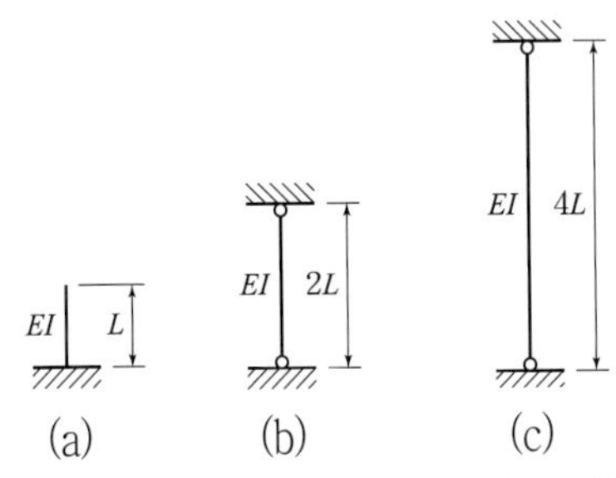

① $P_a = P_b < P_c$
② $P_a > P_b > P_c$
③ $P_a < P_b < P_c$
④ $P_a = P_b > P_c$

■ 강의식 해설 및 정답 : ④

$P_{cr} = \frac{\pi^2 EI}{L_k} \propto \frac{1}{L_k^2}$ 에서 $L_{k(a)} = 2L,\ L_{k(b)} = 2L,\ L_{k(c)} = 0.7(4L) = 2.8L$

$\therefore\ P_a = P_b > P_c$

보충 $P_{cr} = \frac{\pi^2 EI}{L_k} = \frac{n\pi^2 EI}{L^2} \propto \frac{n}{L^2}$ 를 이용하는 방법(n의 비는 1 : 4 : 8 : 16)

$P_a : P_b : P_c = \frac{1}{1^2} : \frac{4}{2^2} : \frac{8}{4^2} = 16 : 16 : 8 \quad \therefore\ P_a = P_b > P_c$

2 다음 중 단순보에 하중이 작용할 때의 전단력도를 옳게 나타낸 것은? (단, (나), (다), (라)구조는 대칭으로 하중의 크기, 지점으로부터 집중하중 작용위치 및 등분포하중 작용구간은 같다)

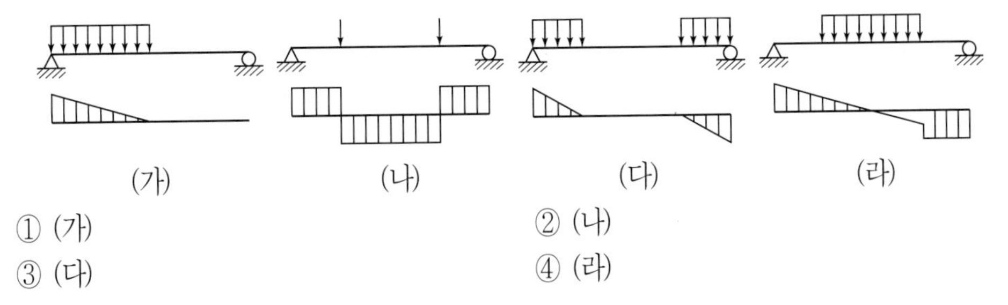

① (가)
② (나)
③ (다)
④ (라)

■ 강의식 해설 및 정답 : ③

① 등분포하중이 작용하면 전단력도가 직선이고, 하중이 없는 구간은 상수함수라야 한다. ∴하중이 없는 구간의 전단력이 없으므로 X

② 우력의 원리가 성립되므로 하중점 사이의 전단력은 0이라야 한다. ∴ 하중점 사이의 전단력이 존재하므로 X

④ 등분포하중만 작용하므로 전단력도는 연속이라야 한다. ∴ 불연속구간을 가지므로 X

3 다음의 캔틸레버 보(cantilever beam)에 하중이 아래와 같이 작용했을 때 전체 길이의 변화량(δ)은? (단, EA는 일정, 중력에 의한 처짐은 무시)

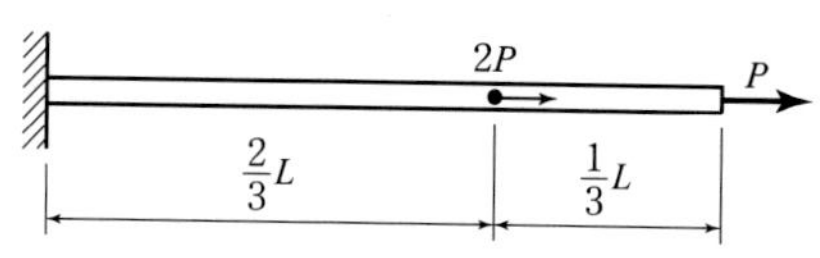

① $\dfrac{PL}{3EA}$　　② $\dfrac{PL}{EA}$

③ $\dfrac{5PL}{3EA}$　　④ $\dfrac{7PL}{3EA}$

■ 강의식 해설 및 정답 : ④

하중에 대해 중첩을 적용하면 $\delta = \dfrac{2P\left(\dfrac{2}{3}L\right)}{EA} + \dfrac{PL}{EA} = \dfrac{7PL}{3EA}$

4 다음 단순보의 중앙점에 작용하는 하중 P에 의해 중앙점이 $\dfrac{L}{20}$만큼 처질 때의 하중 P는? (단, EI는 일정)

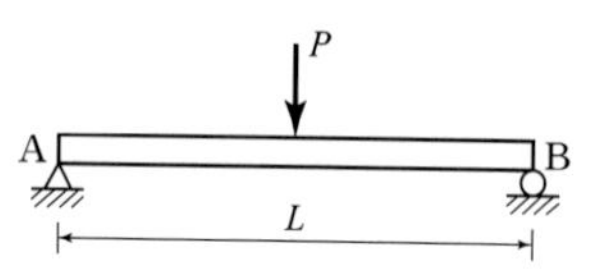

① $\dfrac{1.2EI}{L^2}$　　② $\dfrac{2.4EI}{L^2}$

③ $\dfrac{3.6EI}{L^2}$　　④ $\dfrac{4.8EI}{L^2}$

■ 강의식 해설 및 정답 : ②

후크의 법칙에 의한 강성도법을 적용하면 $P = K\delta = \dfrac{48EI}{L^3}\left(\dfrac{L}{20}\right) = \dfrac{2.4EI}{L^2}$

5 그림과 같은 직사각형 단면적을 갖는 캔틸레버 보(cantilever beam)에 등분포하중이 작용할 때 최대 휨응력과 최대 전단응력의 비($\sigma_{\max}/\tau_{\max}$)는?

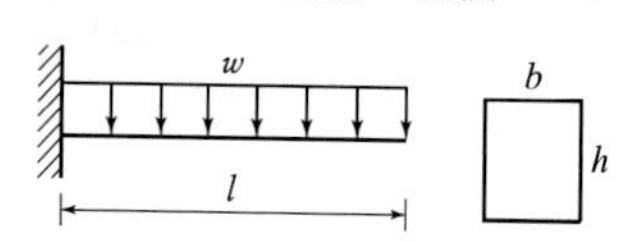

① $\dfrac{l}{b}$　　② $\dfrac{2}{b}l$

③ $\dfrac{2}{h}l$　　④ $\dfrac{l}{2h}$

■ 강의식 해설 및 정답 : ③

캔틸레버보에 등분포하중이 작용하는 경우 최대휨응력과 최대전단응력의 비 $\dfrac{\sigma_{\max}}{\tau_{\max}} = \dfrac{2l}{h}$

6 어떤 재료의 탄성계수 $E = 240$GPa이고, 전단탄성계수 $G = 100$GPa인 물체가 인장력에 의하여 축방향으로 0.0001의 변형률이 발생할 때, 그 축에 직각 방향으로 발생하는 변형률의 값은?

① +0.00002
② −0.00002
③ +0.00005
④ −0.00005

■ 강의식 해설 및 정답 : ②

횡방향 변형률 : $\epsilon' = -\nu\epsilon = -0.2(0.0001) = -0.00002$ (축소)

여기서, 포아송비 $\nu = \dfrac{E}{2G} - 1 = \dfrac{240}{2(100)} - 1 = 0.2$

7 다음 3활절 아치 구조에서 B지점의 수평반력은?

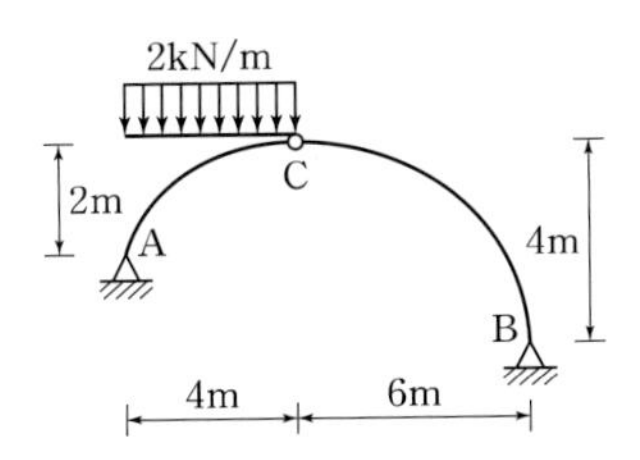

① $\dfrac{24}{7}$kN
② $\dfrac{25}{7}$kN
③ $\dfrac{26}{7}$kN
④ $\dfrac{27}{7}$kN

■ 강의식 해설 및 정답 : ①

높이가 다른 아치이므로 케이블의 일반정리를 이용하면

$$H_B = \frac{M_{유사}}{y} = \frac{Pab}{Ly} = \frac{8(2)(6)}{10\left(\frac{14}{5}\right)} = \frac{24}{7}\,\text{kN}$$

여기서, 종거 $y = y_C = 2\left(\dfrac{6}{10}\right) + 4\left(\dfrac{4}{10}\right) = \dfrac{14}{5}$ m

8 다음 그림과 같은 부재 A점에서의 처짐각 θ_A는? (단, EI는 일정)

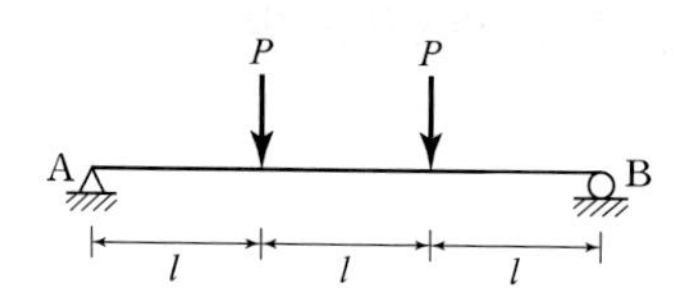

① $\dfrac{Pl^2}{4EI}$　② $\dfrac{Pl^2}{3EI}$

③ $\dfrac{Pl^2}{2EI}$　④ $\dfrac{Pl^2}{EI}$

■ 강의식 해설 및 정답 : ④

단순보의 3등분점에 하중이 작용하므로 $\theta_A = \dfrac{P(3l)^2}{9EI} = \dfrac{Pl^2}{EI}$

보충 지점의 처짐각과 최대처짐의 일반식

· $\theta_{지점} = \dfrac{Pa}{2EI}(L-a)$　· $\delta_{max} = \dfrac{Pa}{24EI}(3L^2 - 4a^2)$

9 그림에 주어진 봉은 AB면을 따라 접착되어 있다. 접착면의 허용압축응력은 9MPa, 허용전단응력은 $2\sqrt{3}$ MPa일 때 접착면이 안전하기 위한 봉의 최소면적은?

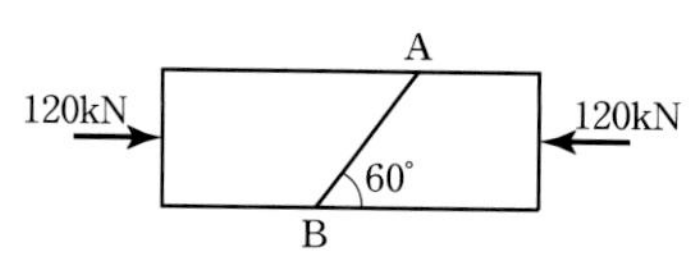

① 10,000mm²　② 12,000mm²

③ 15,000mm²　④ 16,000mm²

■ 강의식 해설 및 정답 : ③

접착면의 응력이 허용응력 이하라야 한다는 조건을 적용하면

(1) 수직응력에 대한 검토

$\sigma_{60°} = \dfrac{P}{A}\cos^2\theta \le \sigma_a$ 에서

$A \ge \dfrac{P\cos^2\theta}{\sigma_a} = \dfrac{120 \times 10^3 (\cos 30°)^2}{9} = 10{,}000\,\mathrm{mm}^2$

(2) 전단응력에 대한 검토

$\tau_{60°} = \dfrac{P}{2A}\sin 2\theta \le \tau_a$ 에서

$A \ge \dfrac{P\sin 2\theta}{2\tau_a} = \dfrac{120 \times 10^3 (\sin 60°)}{2(2\sqrt{3})} = 15{,}000\,\mathrm{mm}^2$

∴ 둘 중 큰 값 15,000mm²으로 한다.

보충 공식을 사용하는 경우 회전각 : θ는 x축(x면)에서 반시계방향으로 회전한 각을 (+)로 한다.

∴ 문제에서는 y면에서 회전한 각이 주어졌으므로 x면에서 회전한 각으로 바꿔야 한다.
또한 x면에서 회전한 각이 시계방향이므로 (−)로 대입해야 하나 면적을 구하므로 크기만 산정해도 된다.

10 다음과 같이 내부힌지가 있는 보에서 C점의 전단력의 영향선은?

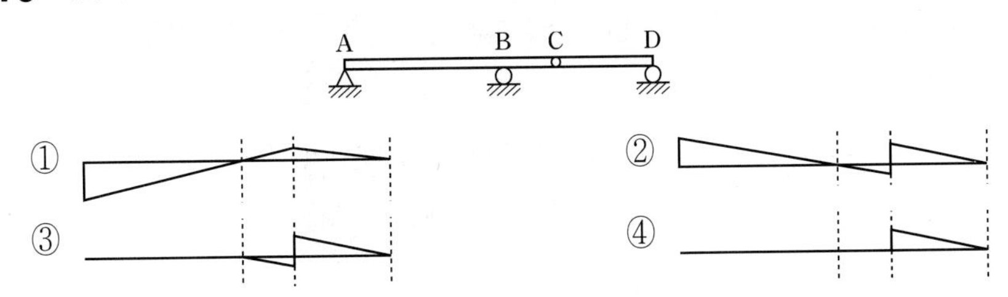

■ 강의식 해설 및 정답 : ④

Muller−Breslau의 원리(원인제거 − 원인하중재하 − 단위변위선도)를 적용하면 내부힌지에서 전단력에 대한 영향선은 단순구간에서만 나타난다.
여기서, 내민보(ABC) 구간은 휘어지므로 강체로 취급하면 영향선이 그려지지 않는다.

11 그림과 같은 단순보에 이동하중이 오른편(B)에서 왼편 (A)으로 이동하는 경우, 절대 최대 휨모멘트가 생기는 위치로부터 A점까지의 거리는?

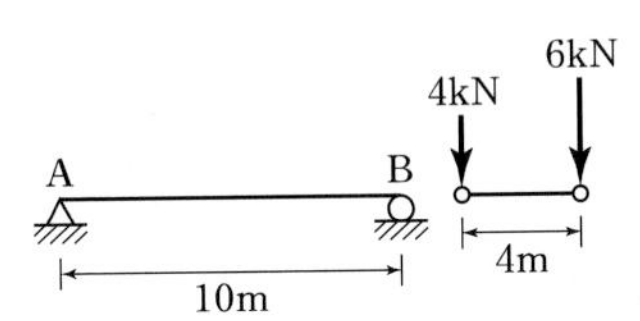

① 4.2m
② 5.6m
③ 5.8m
④ 6.0m

■ 강의식 해설 및 정답 : ③

절대 최대휨모멘트 발생 위치 : $x = \frac{L}{2} - \frac{\text{작은힘}(d)}{2R} = 5 - \frac{4(4)}{2(10)} = 4.2\,\text{m}$ (B점에서의 위치)

$\therefore$ A점으로부터 위치$= 10 - 4.2 = 5.8\,\text{m}$

12 아래 연속보에서 B점이 Δ 만큼 침하한 경우 B점의 휨모멘트 M_B는? (단, EI는 일정하다)

B

$2l$ l

① $\frac{EI\Delta}{2l^2}$
② $\frac{EI\Delta}{l^2}$
③ $\frac{3EI\Delta}{2l^2}$
④ $\frac{2EI\Delta}{l^2}$

■ 강의식 해설 및 정답 : ③

2경간 연속보에서 중간지점의 침하가 있는 경우

$M_B = \frac{3EI\Delta}{L_1 L_2} = \frac{3EI\Delta}{2l(l)} = \frac{3EI\Delta}{2l^2}$

보충 단지점 침하시 중간지점의 휨모멘트 : $M_B = -\frac{3EI\Delta}{\text{좌우거리 합(회전한 부재길이)}}$

13 그림과 같은 캔틸레버 보(cantilever beam)에 등분포하중 w가 작용하고 있다. 이 보의 변위함수 $v(x)$를 다항식으로 유도했을 때 x^4의 계수는? (단, 보의 단면은 일정하며 탄성계수 E와 단면2차모멘트 I를 가진다. 이때 부호는 고려하지 않는다)

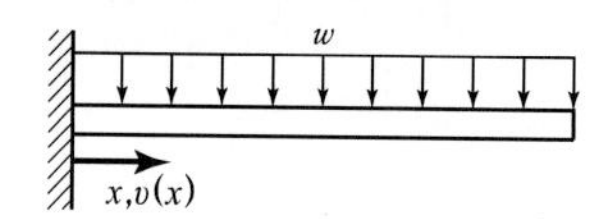

① $\dfrac{w}{24EI}$　　② $\dfrac{w}{24}EI$

③ $\dfrac{w}{12EI}$　　④ $\dfrac{w}{12}EI$

■ 강의식 해설 및 정답 : ①

$v(x) = \iint \dfrac{w(L-x)^2}{2EI}dx$에서 x^4의 계수만 구하려면 $\dfrac{wx^2}{2EI}$를 두 번 적분한 값과 같다.

$\therefore$ x^4의 계수$= \dfrac{w}{2EI}\left(\dfrac{1}{3}\right)\left(\dfrac{1}{4}\right)x^4 = \dfrac{w}{24EI}x^4$

14 그림과 같은 기둥에 150kN의 축력이 B점에 편심으로 작용할 때 A점의 응력이 0이 되려면 편심 e는? (단면적 $A=125\text{mm}^2$, 단면계수 $Z=2500\text{mm}^3$이다)

① 20mm
② 25mm
③ 30mm
④ 35mm

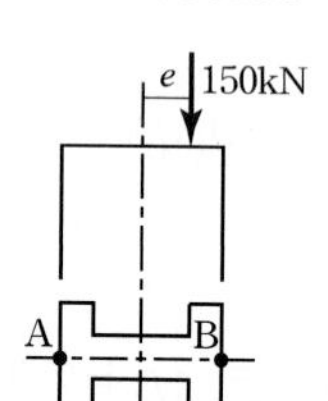

■ 강의식 해설 및 정답 : ①

핵거리를 구하는 문제이므로 $e_x = \dfrac{I_y}{Ax_{\text{연단}}} = \dfrac{Z_y}{A} = \dfrac{2500}{125} = 20\text{mm}$

보충 핵거리 공식의 기본틀 : $e = \dfrac{\text{반대축 단면2차 모멘트}}{\text{단면적(반대편 도심거리)}}$

➡ 대칭단면인 경우 : $e = \dfrac{\text{반대축 단면2계수}}{\text{단면적}}$

15 다음 그림과 같이 강봉이 우측 단부에서 1.0mm 벌어져 있다. 온도가 50°C 상승하면 강봉에 발생하는 응력의 크기는? (단, $E=2.0\times10^6$MPa, $\alpha=1.0\times10^{-5}$/°C이다)

① 500MPa
② 600MPa
③ 700MPa
④ 800MPa

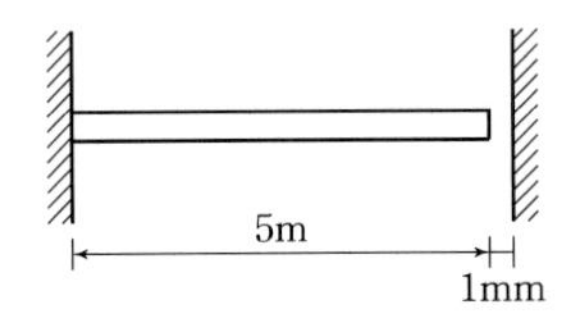

■ 강의식 해설 및 정답 : ②

$$\sigma = E\alpha(\Delta T) - E\left(\frac{\delta_a}{L}\right) = 2.0\times10^6(1.0\times10^{-5})(50) - 2.0\times10^6\left(\frac{1.0}{5000}\right) = 600\,\text{MPa}$$

보충 문제의 뉘앙스는 허용변위가 없을 때 1000MPa이라는 것이므로 허용변위에 의한 응력만 구하면 답을 알 수 있다.

16 다음과 같은 트러스에 A점에서 수평으로 90kN의 힘이 작용할 때 A점의 수평변위는? (단, 부재의 탄성계수 $E=2\times10^5$MPa, 단면적 $A=500\text{mm}^2$이다)

① 18.9mm
② 19.2mm
③ 21.8mm
④ 22.1mm

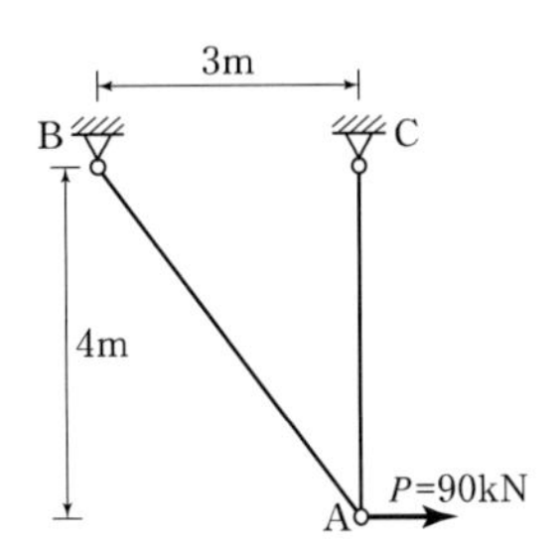

■ 강의식 해설 및 정답 : ①

실제일의 방법을 적용하면

$W=U$에서 $\dfrac{P\delta_{AH}}{2} = \Sigma\dfrac{N^2L}{2EA} = \dfrac{P^2}{2EA}\left\{\dfrac{16}{9}(4) + \dfrac{25}{9}(5)\right\}$

$\therefore\ \delta = \dfrac{21P}{EA} = \dfrac{21(90\times10^3)}{2\times10^5(500)} = 18.9\,\text{mm}$

보충 길이비가 3 : 4 : 5를 가지는 기본 트러스구조의 처짐 : $\delta = \dfrac{21P}{EA}$

17 다음의 구조에서 D점에서 10kN · m의 모멘트가 작용할 때 CD의 모멘트(M_{CD})의 값은? (단, A, B, C는 고정단, K는 강성도를 나타냄)

① 2kN · m
② 2.5kN · m
③ 4kN · m
④ 5kN · m

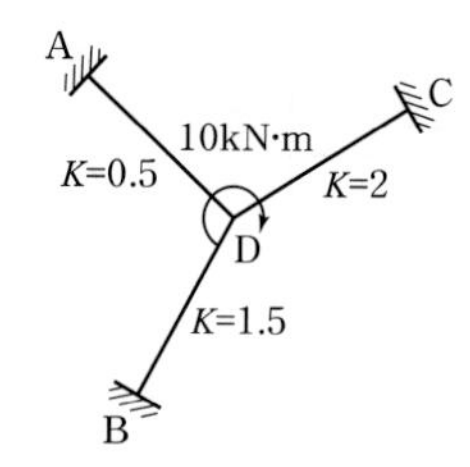

■ 강의식 해설 및 정답 : ②

모멘트 분배법을 적용하면 분배된 모멘트가 고정단으로 1/2이 전달되므로

$M_{CD} = 10\left(\frac{2}{4}\right) \times \frac{1}{2} = 2.5\,\text{kN·m}$

18 그림과 같은 단순보에 하중이 다음과 같이 작용할 때, 지점 A, B의 수직반력을 차례로 나타낸 것은?

① $R_A = 2\text{kN},\ R_B = 5.5\text{kN}$
② $R_A = 5.5\text{kN},\ R_B = 2\text{kN}$
③ $R_A = 4\text{kN},\ R_B = 11\text{kN}$
④ $R_A = 11\text{kN},\ R_B = 4\text{kN}$

■ 강의식 해설 및 정답 : ④

$R_A > R_B$이므로 ①, ③은 탈락이고 중첩을 적용하면

$R_A = \frac{3(2)(12)}{8} + \frac{3(8)}{12} = 9 + 2 = 11\,\text{kN}$

19 주어진 내민보에 발생하는 최대 휨모멘트는?

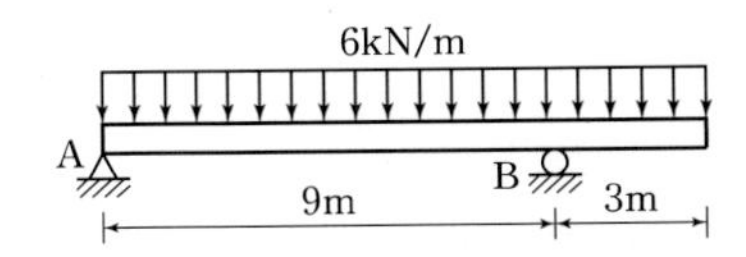

① 24kN · m
② 27kN · m
③ 48kN · m
④ 52kN · m

■ 강의식 해설 및 정답 : ③

(1) 최대 부모멘트 : $M_B^- = -\dfrac{6(3^2)}{2} = -27\,\text{kN·m}$ ∴ ①은 탈락

(2) 최대 정모멘트 : $M_{\max}^+ = \dfrac{24(4)}{2} = 48\,\text{kN·m}$

· 전단력이 0인 위치 $x = \dfrac{R_A}{w} = \dfrac{24}{6} = 4\,\text{m}$

여기서, $R_A = \dfrac{6(12)(3)}{9} = 24\,\text{kN}$

20 그림과 같은 하중계에서 합력 R의 위치 x를 구한 값은?

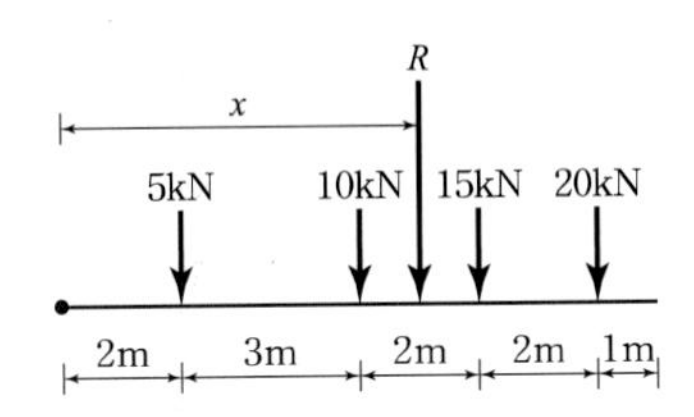

① 6.0m
② 6.2m
③ 6.5m
④ 6.9m

■ 강의식 해설 및 정답 : ④

바리뇽의 정리를 적용하면 $x = \dfrac{5(2)+10(5)+15(7)+20(9)}{50} = 6.9\,\text{m}$

2015 국회사무처 9급

국회사무처 9급 응용역학개론

1 트러스 구조물 해석 시 적용하는 가정에 대한 설명 중에서 옳지 않은 것은?

① 부재는 직선 또는 곡선부재이며 동일 평면 내에 존재한다.
② 하중은 격점에만 작용한다.
③ 부재의 중심선축은 각 절점에서 한 점으로 모인다.
④ 부재에는 전단력과 휨모멘트는 발생하지 않는다.
⑤ 부재는 마찰이 없는 힌지로 연결된다.

■ 강의식 해설 및 정답 : ①

트러스의 부재는 직선으로 동일평면 내에 존재한다.

보충 곡선 배치된 경우는 아치라 한다.

2 길이가 5m인 양단 고정의 강봉이 40°C의 온도증가에 의해서 변형이 발생하였다면, 강봉에 작용하는 압축력[MN]은? (단, 강봉의 선팽창계수는 0.000012/°C, 단면적은 3,200cm^2, 탄성계수 $E=2.1\times10^5$MPa이다.)

① 32.26 ② 47.87 ③ 64.29
④ 72.34 ⑤ 94.67

■ 강의식 해설 및 정답 : ①

$$P=K\delta_{구속}=E\alpha(\Delta T)A=2.1\times10^5(0.000012)(40)(3{,}200\times10^2)=32{,}256{,}000\,\mathrm{N}=32.256\,\mathrm{MN}$$

3 일정한 크기의 단면을 갖는 캔틸레버 보의 길이가 L이고 자유단에 집중하중 P가 작용할 때의 처짐이 y이다. 동일한 단면의 캔틸레버 보의 길이가 $2L$이고 자유단에서 집중하중 P가 작용할 때 처짐은?

① $2y$ ② $4y$ ③ $8y$
④ $16y$ ⑤ $32y$

■ 강의식 해설 및 정답 : ③

$\delta=\dfrac{PL^3}{3EI}\propto L^3$ ∴ 길이가 2배 증가하면 처짐은 8배 증가하므로 $8y$가 된다.

4 다음 그림(a)와 같은 단순보 위를 그림(b)의 연행하중이 통과할 때 절대최대휨모멘트[kN · m]는? (단, 보의 자중은 무시한다.)

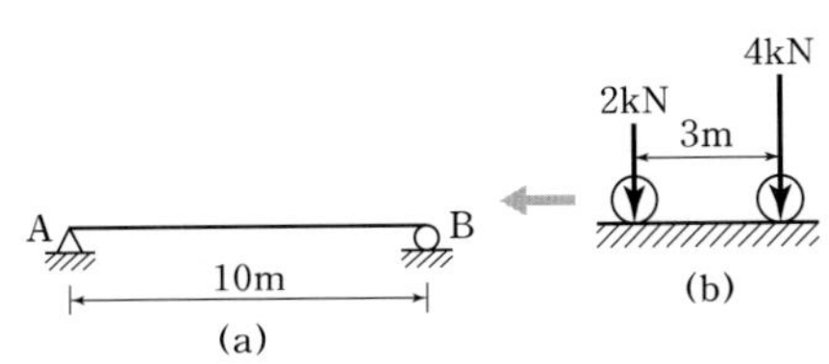

① 3.35
② 7.25
③ 9.45
④ 12.15
⑤ 17.65

■ 강의식 해설 및 정답 : ④

(1) 최대 휨모멘트 발생위치

$$x = \frac{\text{지간거리}}{2} - \frac{\text{작은 힘}d}{\text{2배 합력}} = 5 - \frac{2(3)}{2(6)} = 4.5\,\text{m}$$

(2) 최대휨모멘트

$$M_{\max} = \frac{\text{합력(위치)}^2}{\text{지간거리}} = \frac{6(4.5^2)}{10} = 12.15\,\text{kN}\cdot\text{m}$$

5 다음과 같은 구조물에서 케이블 DE에 작용하는 힘[kN]은? (단, 구조물의 자중은 무시한다.)

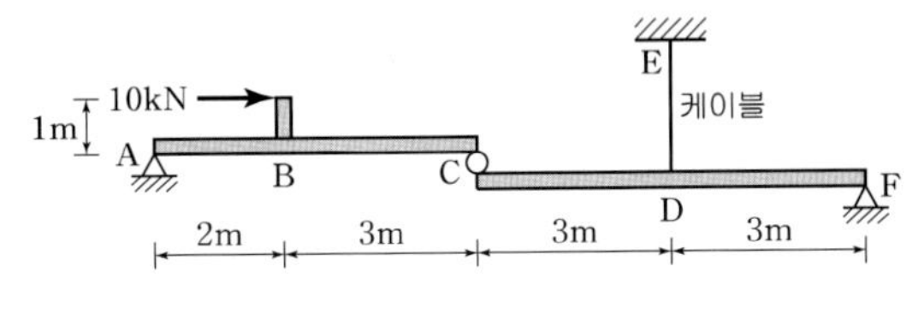

① 2.6
② 3.4
③ 4.0
④ 4.5
⑤ 5.0

■ 강의식 해설 및 정답 : ③

(1) AC에서 연결점 C에 작용하는 힘

$$P_c = \frac{10(1)}{5} = 2\,\text{kN}\,(\uparrow)$$

(2) F점에서 모멘트 평형을 적용하면

$$F_{de} = \frac{2(6)}{3} = 4\,\text{kN}$$

6 다음과 같은 게르버보에 하중이 작용하는 경우 지점 A의 반력모멘트[kN · m]는? (단, 보의 자중은 무시한다.)

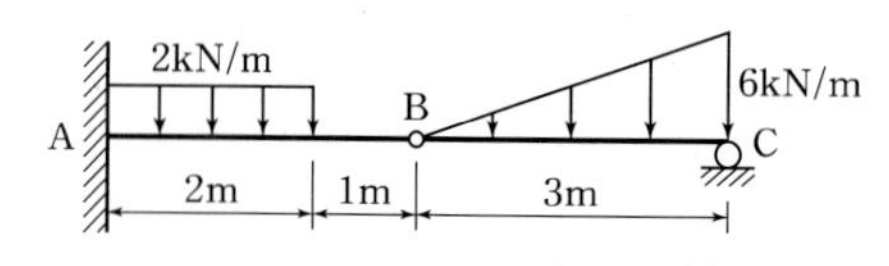

① 11　　② 13　　③ 15
④ 17　　⑤ 19

■ 강의식 해설 및 정답 : ②

(1) BC부재에서 B점에 작용하는 힘

$$P_B = \frac{6(3)}{6} = 3\,\text{kN}\,(\uparrow)$$

(2) AB부재에서 A점의 반력 모멘트

$$M_A = \frac{2(2^2)}{2} + 3(3) = 13\,\text{kN·m}$$

7 다음 그림과 같은 직사각형 단면의 최대 전단응력이 10MPa일 때 하중 P[kN]는? (단, 보의 자중은 무시한다.)

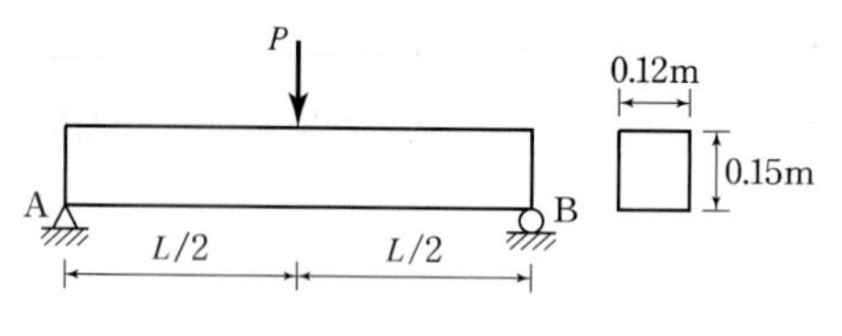

① 30　　② 60　　③ 120
④ 150　　⑤ 240

■ 강의식 해설 및 정답 : ⑤

$$\tau_{\max} = \frac{3}{2}\frac{S_{\max}}{A} = \frac{3}{2}\frac{P}{2A} \text{ 에서}$$

$$P = \frac{4\tau_{\max}A}{3} = \frac{4(10)(120\times150)}{3} = 240{,}000\,\text{N} = 240\,\text{kN}$$

8 다음과 같이 스프링으로 지지된 캔틸레버보에 모멘트하중(M_0)이 작용하는 경우 스프링 계수 k는? (단, 보의 자중은 무시하며 보의 휨강성은 EI이고, 스프링에 작용하는 힘은 M_0/L이다.)

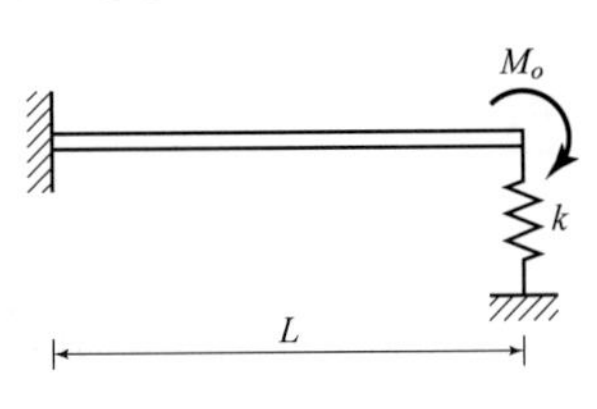

① $\frac{4EI}{L^3}$　② $\frac{6EI}{L^3}$　③ $\frac{8EI}{L^3}$
④ $\frac{9EI}{L^3}$　⑤ $\frac{12EI}{L^3}$

■ 강의식 해설 및 정답 : ②

수직반력 $R = k \cdot \dfrac{\frac{3EI}{L^3}}{\frac{3EI}{L^3}+k}\left(\dfrac{M_0L^2}{2EI}\right) = \dfrac{M_0}{L}$ 에서 $k = \dfrac{6EI}{L^3}$

9 다음 그림과 같은 단주에 축방향하중이 도심축으로부터 편심 $e=$40mm 떨어져서 A점에 작용하는 경우 연단 B에서 발생되는 최대압축응력이 34MPa일 때 축 하중 P[kN]는?

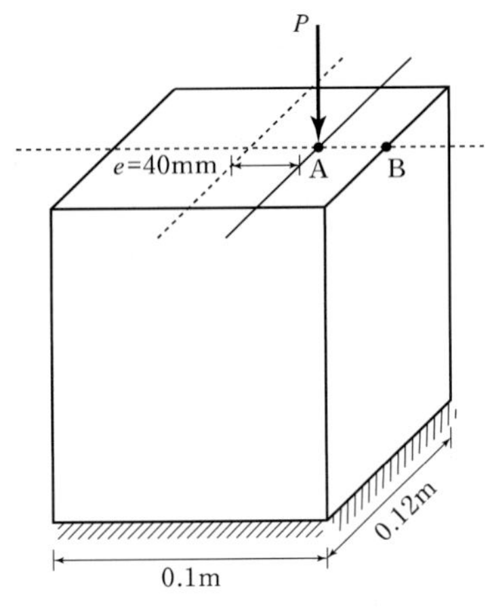

① 30　② 60　③ 90
④ 120　⑤ 150

■ 강의식 해설 및 정답 : ④

$\sigma_{\max} = \dfrac{P}{A}\left(1+\dfrac{6e}{b}\right)$ 에서 $P = \dfrac{\sigma_{\max}A}{1+\dfrac{6e}{b}} = \dfrac{34(100\times120)}{1+\dfrac{6(40)}{100}} = 120{,}000\,\mathrm{N} = 120\,\mathrm{kN}$

10 다음 그림과 같은 캔틸레버보에 집중하중이 작용하는 경우 C점의 처짐각 θ_c는? (단, 보의 자중은 무시하며 EI는 일정하다.)

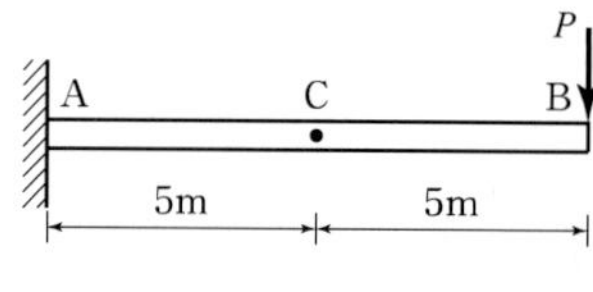

① $\dfrac{40}{EI}$　　② $\dfrac{50}{EI}$　　③ $\dfrac{100}{EI}$

④ $\dfrac{120}{EI}$　　⑤ $\dfrac{150}{EI}$

■ 강의식 해설 및 정답 : ⑤

내측 변위이므로 등가하중의 원리를 적용하면

$$\theta_c = \frac{4(5^2)}{2EI} + \frac{(4\times5)(5)}{EI} = \frac{150}{EI}$$

11 선형탄성재료인 축하중 부재에 대한 설명 중에서 옳지 않은 것은?

① 단위하중에 의한 변형을 강성도(Stiffness)라 한다.
② 축방향 변형률은 신장량에 비례한다.
③ 부재의 길이가 증가하면 강성도는 감소하고 유연도는 증가한다.
④ 신장량은 부재의 단면적에 반비례한다.
⑤ 부재의 유연도는 부재 탄성계수에 반비례한다.

■ 강의식 해설 및 정답 : ①

강성도는 단위변형을 일으키는 데 필요한 힘이다. $K = \dfrac{EA}{L}$

단위하중에 의한 변형량을 유연도라 한다. $f = \dfrac{1}{K} = \dfrac{L}{EA}$

12 다음 그림과 같은 3힌지라멘에서 지점A의 수평반력[kN]은?

① 3
② 6
③ 12
④ 15
⑤ 18

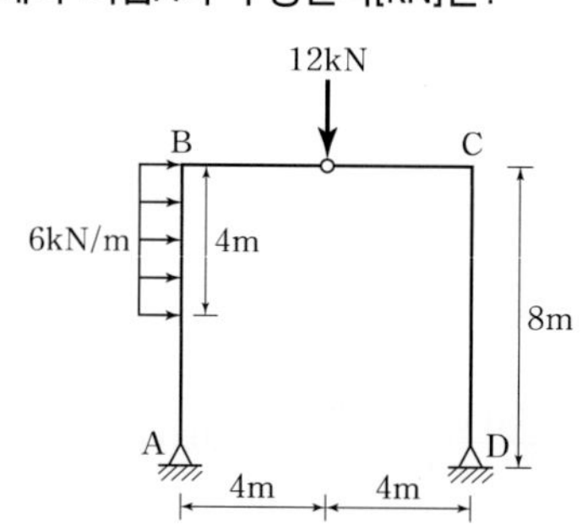

■ 강의식 해설 및 정답 : ③

동일방향의 D점 수평반력을 먼저 구하고 수평력 평형 조건($\Sigma H=0$)을 이용하여 A점 수평반력을 구한다.

$$H_D=\frac{6(4)+24(6)\times\frac{1}{2}}{8}=3+9=12\,\text{kN} \text{ 또는 } H_D=V_D\left(\frac{1}{2}\right)=\left\{6+\frac{24(6)}{8}\right\}\left(\frac{1}{2}\right)=12\,\text{kN}$$

$$\therefore\ H_A=24-12=12\,\text{kN}$$

13 기둥A는 양단에서 힌지로 지지되어 있고 상단으로부터 $\frac{1}{3}$ 지점에서 수평변위가 구속되어 있으며 기둥B는 양단에서 고정지지 되어 있다. 두 기둥의 탄성좌굴하중의 비$\left[\frac{P_{(A)cr}}{P_{(B)cr}}\right]$는? (단, 두 기둥의 단면과 재질은 같다.)

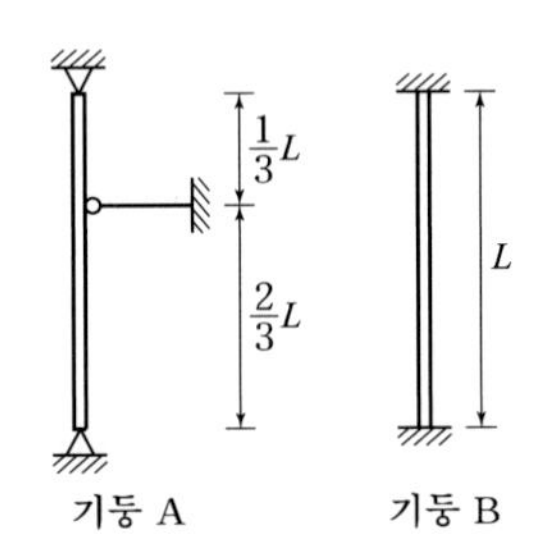

① $\frac{1}{9}$　　② $\frac{2}{9}$　　③ $\frac{4}{9}$

④ $\frac{6}{16}$　　⑤ $\frac{9}{16}$

■ 강의식 해설 및 정답 : ⑤

(1) 횡구속된 양단 힌지의 좌굴하중

둘 중 작은 하중에서 좌굴이 발생하므로 유효길이가 긴 것을 사용한다.

$$P_{(A)cr}=\frac{\pi^2 EI}{\left(\frac{2L}{3}\right)^2}=\frac{9\pi^2 EI}{4L^2}$$

(2) 양단 고정 기둥의 좌굴하중

$$P_{(B)cr}=\frac{\pi^2 EI}{\left(\frac{L}{2}\right)^2}=\frac{4\pi^2 EI}{L^2}\qquad\therefore\ \frac{P_{(A)cr}}{P_{(B)cr}}=\frac{9}{16}$$

보충 $P_{(A)cr}:P_{(B)cr}=9:16=\frac{1}{\frac{4}{9}}:\frac{4}{1}=9:16$

14 그림과 같은 2축대칭 I형강의 도심 주축인 y축에 대한 항복모멘트 M_{yy}[kN · m]는? (단, $I_x = 120,000\text{cm}^4$, $I_y = 9,000\text{cm}^4$, 항복응력 $F_y = 250\text{MPa}$이다.)

① 15,000
② 24,000
③ 80,000
④ 90,000
⑤ 100,000

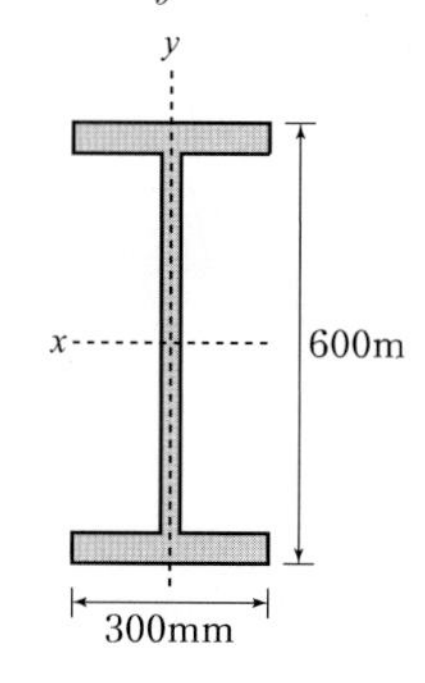

■ 강의식 해설 및 정답 : ①

항복모멘트 $M_{yy} = F_y Z = 250\left(\dfrac{9,000\times10^4}{15}\right) = 150,000,000\,\text{N·mm} = 15,000\,\text{kN·m}$

보충 y축 굽힘에 대한 소성모멘트 계산 (단, 부재의 두께는 t로 가정)

$$M_p = F_y Z_p = 200\left\{150t\left(\frac{150}{2}\right)\times \text{상·하2개} + (600-2t)\left(\frac{t}{2}\right)\times\left(\frac{t}{4}\right)\right\}\times \text{좌·우2개}$$

15 그림과 같은 내민보의 C점에 연직 하중 P가 작용하고 있다. 보에 저장되는 굽힘변형에너지는? (단, 보의 자중은 무시한다.)

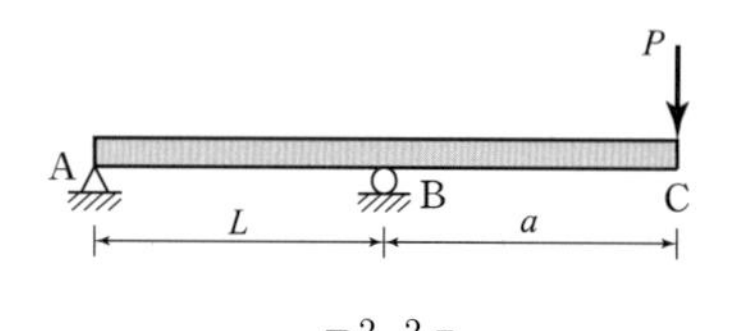

① $\dfrac{P^2L^3}{6EI}$
② $\dfrac{P^2a^2L}{8EI}$
③ $\dfrac{P^2a^2(L+a)}{6EI}$
④ $\dfrac{P^2L^2(L+a)}{6EI}$
⑤ $\dfrac{P^2a^2(L+a)}{8EI}$

■ 강의식 해설 및 정답 : ⑤

(1) C점 처짐 : $\delta_c = \dfrac{Pa^2(L+a)}{3EI}$

(2) 변형에너지 : $U = W = \dfrac{P\delta}{2} = \dfrac{P}{2}\times\dfrac{Pa^2(L+a)}{3EI} = \dfrac{P^2a^2(L+a)}{6EI}$

16 그림과 같이 집중하중을 받는 단순 지지된 보의 중앙점 A와 1/4지점 B에서의 곡률반경[m] ρ_A, ρ_B는? (단, 보의 자중은 무시하며 탄성계수는 200GPa이고 단면2차모멘트는 $10\times10^{-6}\,\mathrm{m}^4$이다.)

① $\rho_A=400$, $\rho_B=400$
② $\rho_A=400$, $\rho_B=200$
③ $\rho_A=200$, $\rho_B=100$
④ $\rho_A=200$, $\rho_B=200$
⑤ $\rho_A=200$, $\rho_B=400$

■ 강의식 해설 및 정답 : ⑤

A점 곡률반경 $\rho_A=\dfrac{EI}{M_A}=\dfrac{200\times10^9(10\times10^{-6})}{10\times10^3(1)}=200\,\mathrm{m}$

B점 곡률반경 : 휨모멘트가 1/2로 감소하므로 곡률반경은 2배가 증가한다. $\therefore\ \rho_A=400\,\mathrm{m}$

17 그림과 같이 질량이 10kg, 길이가 4m인 사다리가 바닥에 미끄러지기 직전에 있다. A점에 발생하는 수평반력 H_A[N]는?(단, A점은 거친 바닥에 B점은 매우 미끄러운 벽에 있으며 정마찰 계수는 0.3, 동마찰계수는 0.2, 중력가속도는 10m/s²이다.)

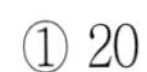
① 20
② 30
③ 40
④ 50
⑤ 60

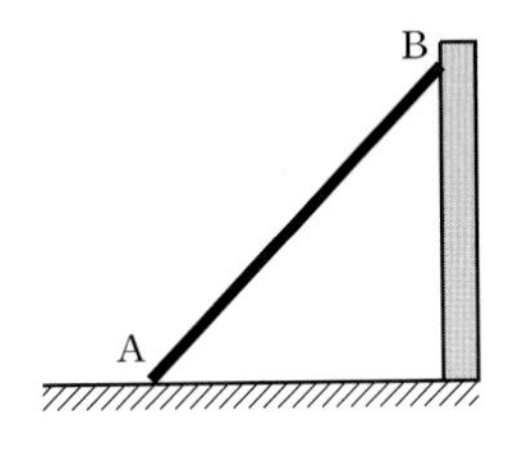

■ 강의식 해설 및 정답 : ②

미끄러지는 순간에는 수평반력이 최대정지마찰력에 도달하므로
$H_A=\text{마찰력}=R\mu=mg\mu=10(10)(0.3)=30\,\mathrm{N}$

보충 미끄러지는 순간의 경사각 : $2\mu\tan\theta=1$

두 우력의 모멘트 평형 조건을 적용하면 $W\left(\dfrac{L}{2}\right)=W\mu H$에서 $\tan\theta=\dfrac{H}{L}=\dfrac{1}{2\mu}$ $\therefore\ 2\mu\tan\theta=1$

18 다음 그림과 같은 응력-변형률 선도를 갖는 재료로 기둥을 제작하였다. 이 기둥의 좌굴응력 σ_{cr}[MPa]은? (단, 미소변형이론과 탄젠트계수 공식을 적용하며, 세장비는 60, $\pi=3$으로 한다.)

① 25
② 50
③ 75
④ 125
⑤ 250

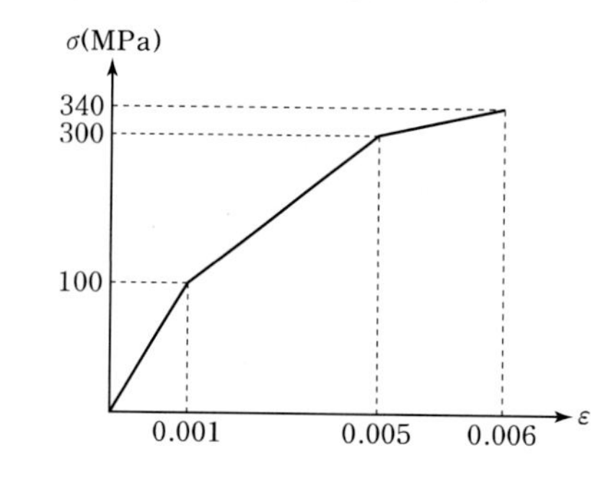

■ 강의식 해설 및 정답 : ④

$$\sigma_{cr}=\frac{\pi^2 E}{\lambda^2}=\frac{3^2\left(\frac{200}{0.004}\right)}{60^2}=125\,\text{MPa}$$

여기서, 탄젠트 계수는 두 번째 직선의 기울기이므로 $E=\frac{200}{0.004}$

보충 잔류변형량 계산

초기 직선의 기울기와 동일하게 회복되므로 비례식에 의해 탄성회복을 구하면 간단하다.

$\therefore\ \epsilon_r=$ 발생변형률 $-$ 탄성회복변형률 $=\epsilon_g-\epsilon_e=\frac{\sigma}{A}-$ 비례식으로 산정

19 다음 중 전형적인 강재의 물성치 특징을 설명한 것 중 옳지 않은 것은?

① 하중을 더 이상 증가시키지 않아도 변형이 생기기 시작할 때의 응력을 항복점 또는 항복응력이라 한다.
② 온도가 상승하면 취성 파괴에 저항할 수 있는 능력인 인성은 감소한다.
③ 비례한계란 응력과 변형률의 관계가 직선적인 비례관계로 유지되는 최대 응력의 한계를 말한다.
④ 네킹구간에서는 시편의 단면적이 한 곳에서 집중적으로 줄어드는 현상이 발생하게 된다.
⑤ 레질리언스가 큰 재료는 소성변형 없이 큰 충격 에너지를 흡수할 수 있다.

■ 강의식 해설 및 정답 : ②

① 하중을 더 이상 증가시키지 않아도 변형이 생기기 시작할 때의 응력을 항복점 또는 항복응력이라 한다. (O) : 항복점 이후는 응력의 증가 없이도 변형이 발생한다는 의미
② 온도가 상승하면 취성 파괴에 저항할 수 있는 능력인 인성은 감소한다. (X) : 인성이란 파괴 시까지 흡수 가능한 에너지로 온도변화로 인한 에너지는 영이므로 인성과 무관하다.

보충 온도변화와 에너지

· 정정 : 변형이 있지만 힘이 없다. ∴ 한 일이 없으므로 에너지=0
· 부정정 : 힘은 있지만 변형이 없다. ∴ 한 일이 없으므로 에너지=0

③ 비례한계란 응력과 변형률의 관계가 직선적인 비례관계로 유지되는 최대 응력의 한계를 말한다. (O)
: 비례한도 내에서는 응력과 변형률이 선형관계를 유지한다.
④ 네킹구간에서는 시편의 단면적이 한 곳에서 집중적으로 줄어드는 현상이 발생하게 된다. (O)
: 네킹이란 단면의 급격한 감소현상
⑤ 레질리언스가 큰 재료는 소성변형 없이 큰 충격 에너지를 흡수할 수 있다. (O)
: 레질리언스가 크다는 것은 큰 충격에 대해서도 탄성거동을 보인다는 것

20 다음 그림과 같이 길이가 2m인 외팔보 끝단(점 A)에 연결된 연직방향 탄성스프링의 하단부(점 B)가 블록에 지지되어 있다. 스프링 하단부에서 블록을 제거하기 위한 수평방향의 최소 힘 P[N]는? (단, 블록의 무게 $W=2$N, 블록과 바닥의 마찰계수 $\mu=0.2$, 보의 휨강성 $EI=8\text{N}\cdot\text{m}^2$이다.)

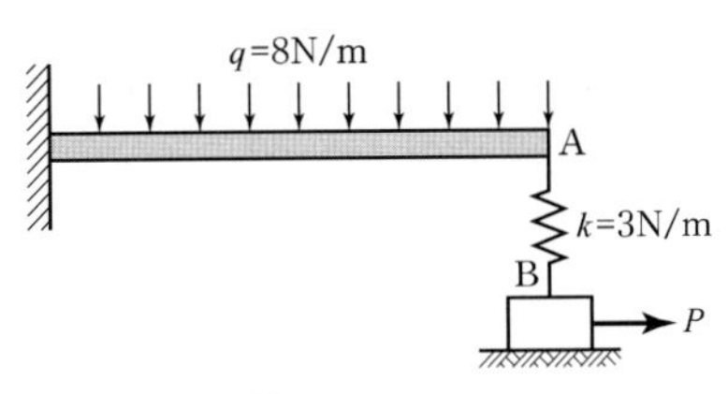

① 0.4
② 0.6
③ 0.8
④ 1.0
⑤ 1.2

■ 강의식 해설 및 정답 : ④

(1) 지점의 수직반력

· 보의 강성도 $K=\dfrac{3EI}{L^3}=\dfrac{3(8)}{2^3}=3\text{kN/m}$

· 강성도의 비 $K_b : k = 1 : 1$ 강성도의 비가 1 : 1이므로 변위는 1/2로 감소한다.

· 지점 반력 $R=k\delta_A+W=3\left\{\dfrac{1}{1+1}\left(\dfrac{8\times 2^4}{8\times 8}\right)\right\}+2=5\text{kN}$

(2) 블록을 제거하기 위한 수평방향의 최소 힘

$P \geq$ 마찰력 $=R\mu=5(0.2)=1.0\text{N}$

2016 서울시 9급 서울시 9급(전반기) 응용역학개론

1 길이가 L이고 휨강성이 EI인 외팔보의 자유단에 스프링상수 k인 선형탄성스프링이 설치되어 있다. 자유단에 작용하는 수직하중 P에 의하여 발생하는 B점의 수직 처짐은?

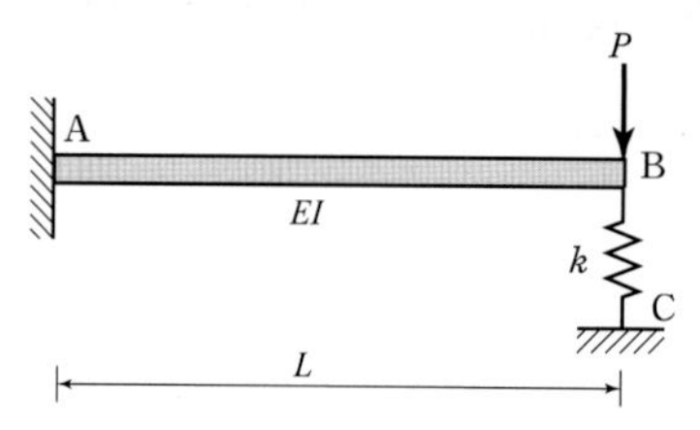

① $\dfrac{4PL^3}{3EI+kL^3}$　　② $\dfrac{3PL^3}{3EI+kL^3}$

③ $\dfrac{2PL^3}{3EI+kL^3}$　　④ $\dfrac{PL^3}{3EI+kL^3}$

■ 강의식 해설 및 정답 : ④

변위가 같은 구조이므로 $\delta_B = \dfrac{P}{\Sigma K} = \dfrac{P}{\dfrac{3EI}{L^3}+k} = \dfrac{PL^3}{3EI+kL^3}$

2 길이가 10m이고 양단이 구속된 강봉 주변의 온도변화가 50°C일 때 강봉에 발생하는 축력은? (단, 강봉의 축강성은 10000kN, 열팽창계수는 2×10^{-6}/°C이다.)

① 1kN　　② 10kN

③ 100kN　　④ 1000kN

■ 강의식 해설 및 정답 : ①

변형이 구속된 상태이므로 축력은 온도반력과 같다.

$P = R_t = \alpha(\Delta T)EA = 2\times10^{-6}(50)(10{,}000) = 1\,\mathrm{kN}$

3 그림과 같은 트러스구조의 C점에 하중 P가 작용할 때 부재력이 0(Zero)이 되는 부재를 모두 고른 것은?

① AB부재
② AB부재, BC부재
③ AC부재, BC부재
④ BC부재

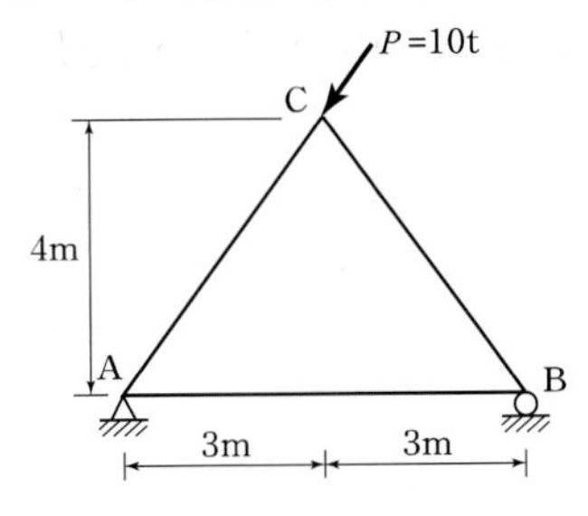

■ 강의식 해설 및 정답 : ②

AC부재와 P가 평행하므로 $R_A = P,\ R_B = 0$
따라서 하중과 나란한 부재는 하중과 같고, B점에는 외력이 없으므로 B점에 연결된 부재는 0부재이다.
$\therefore\ AC = -P,\ AB = BC = 0$

4 그림과 같이 축강성 EA인 현으로 단순보의 중앙점을 지지하면 지지하지 않을 때보다 보 중앙점의 변위가 절반으로 감소($\delta \to \delta/2$)한다면, 이때 현에 발생하는 응력(MPa)으로 옳은 것은? (단, $P = 10$kN이고, 현의 단면적은 100mm²이다.)

① 25
② 50
③ 75
④ 100

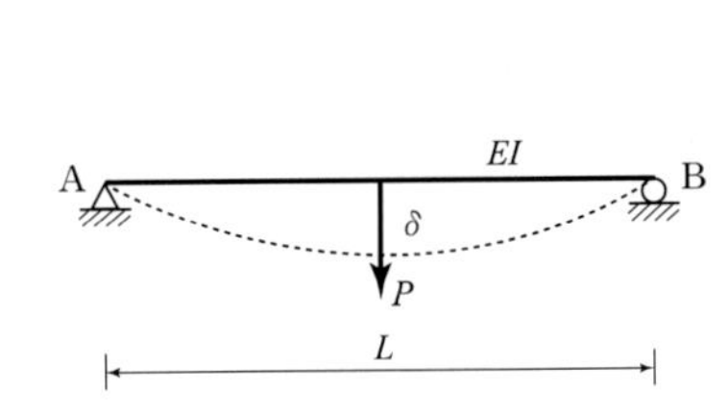

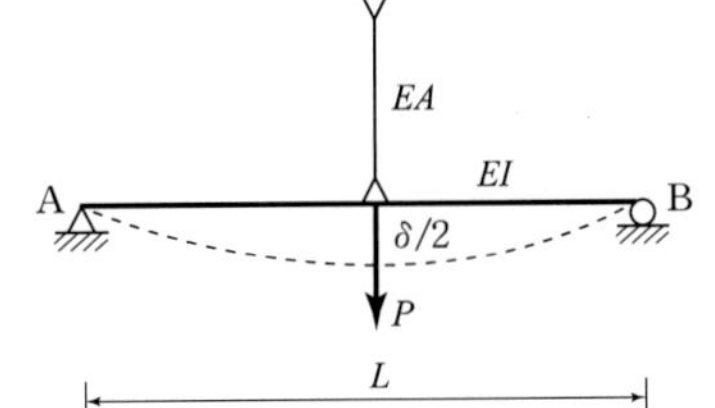

■ 강의식 해설 및 정답 : ②

변위가 1/2로 감소한다면 현에 전달되는 힘이 1/2이 되므로

$$\sigma_{현} = \frac{P}{2A} = \frac{10 \times 10^3}{2(100)} = 50\,\text{MPa}$$

보충 변위가 1/2로 감소한다는 의미 : 축강성과 휨강성이 같다는 의미이다. $\left(\frac{EA}{L} = \frac{48EI}{L^3}\right)$

$\therefore\ \delta_{(가)} = \frac{P}{K_b},\ \delta_{(나)} = \frac{P}{\Sigma K} = \frac{P}{K_b + K_c}$에서 변위가 1/2로 감소한다면 $\delta_{(나)} = \frac{P}{2K_b}$가 되므로

$K_b = K_c$이다. ➡ $P = K\delta \propto K$에서 하중은 1/2로 분배된다.

5 다음과 같은 단순보에 1개의 집중하중과 계속되는 등분포 활하중이 동시에 작용할 때 아래 단순보에서 발생하는 절대 최대휨모멘트는?

① 1500kN · m
② 1200kN · m
③ 950kN · m
④ 750kN · m

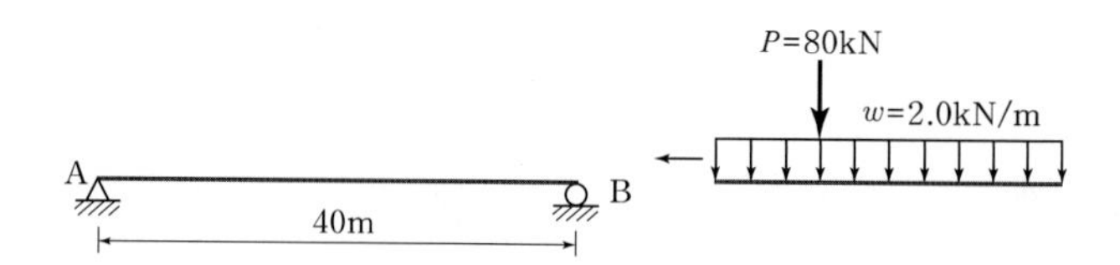

■ 강의식 해설 및 정답 : ②

중첩을 적용하면 단순보는 전구간에 재하, 집중하중은 중앙에 재하될 때 최대가 발생한다.

$$M_{\max} = \frac{wL^2}{8} + \frac{PL}{4} = \frac{2(40^2)}{8} + \frac{80(40)}{4} = 1,200\,\text{kN·m}$$

6 다음 중 기둥의 유효길이 계수가 큰 것부터 작은 것 순서로 바르게 나열한 것은? (단, 기둥의 길이는 모두 같다.)

① (a)−(b)−(c)
② (a)−(c)−(b)
③ (b)−(c)−(a)
④ (c)−(a)−(b)

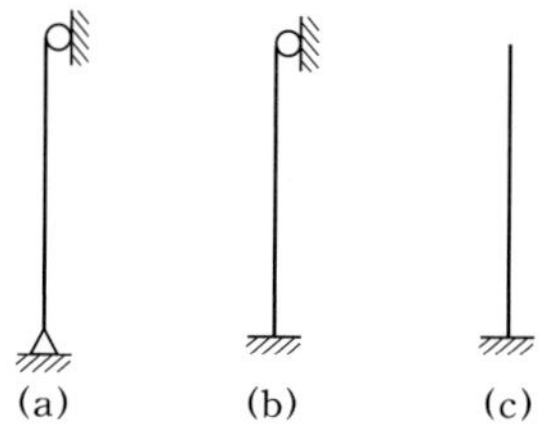

■ 강의식 해설 및 정답 : ④

유효길이계수 $k_{(a)} = 1.0$, $k_{(b)} = 0.7$, $k_{(c)} = 2.0$

∴ 큰 것부터 작은 순으로 나열하면 (c)−(a)−(b)

보충 단부조건만 다른 경우 유효길이(계수) : 구속도가 증가할수록 유효길이(계수)는 감소한다.

7 직경 $d = 20$mm인 원형 단면을 갖는 길이 $L = 1$m인 강봉의 양 단부에서 $T = 800$N m의 비틀림모멘트가 작용하고 있을 때, 이 강봉에서 발생하는 최대 전단응력에 가장 근접한 값은?

① 309.3MPa
② 409.3MPa
③ 509.3MPa
④ 609.3MPa

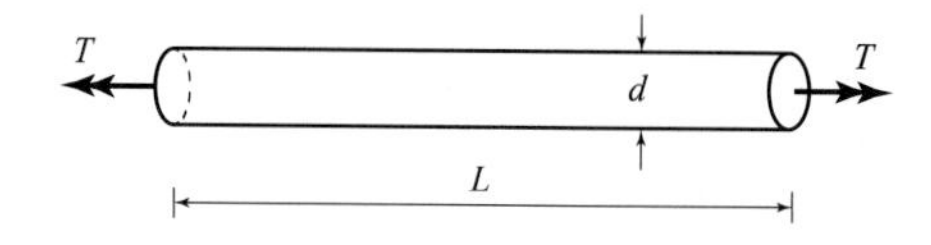

■ 강의식 해설 및 정답 : ③

최대비틀림−전단응력은 원주연단에서 발생하므로

$$\tau_{\max} = \frac{16T}{\pi d^3} = \frac{16(800 \times 10^3)}{\pi(20^3)} \fallingdotseq 509.3\,\text{MPa}$$

8 3활절 아치 구조물이 아래 그림과 같은 하중을 받을 때 C점에서 발생하는 휨모멘트의 크기와 방향은? (단, G점은 힌지)

① 3t · m (시계방향)
② 3t · m(반시계방향)
③ 7t · m (시계방향)
④ 7t · m (반시계방향)

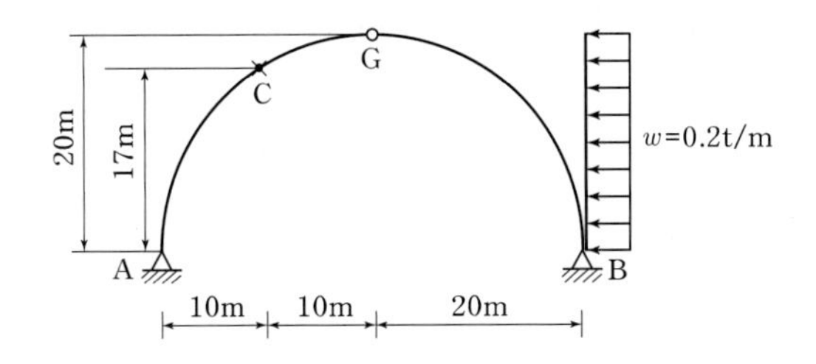

■ 강의식 해설 및 정답 : ③, ④

(1) 지점반력

$\sum M_B = 0 \; : V_A = \dfrac{0.2(20^2)}{2(40)} = 1\,\text{kN}\,(\uparrow)$

$\sum M_{G좌} = 0 \; : \; H_A = 1\,\text{kN}\,(\rightarrow)$

(2) C점 휨모멘트

C점 좌측 : $M_c = 1(10) - 1(17) = -7\,\text{kN·m}$ (반시계)

또는 C점 우측 : $M_c = 4(7) - 3(17) + 1(30) = 7\,\text{kN·m}$ (시계)

보충 C점 우측을 보는 경우 : B점의 반력 $V_B = 1\,\text{kN}\,(\downarrow)$, $H_B = 3\,\text{kN}\,(\rightarrow)$을 이용

9 중심 압축력을 받는 기둥의 좌굴 거동에 대한 설명 중 옳지 않은 것은?

① 좌굴하중은 탄성계수에 비례한다.
② 좌굴하중은 단면2차모멘트에 비례한다.
③ 좌굴응력은 세장비에 반비례한다.
④ 좌굴응력은 기둥 길이의 제곱에 반비례한다.

■ 강의식 해설 및 정답 : ③

$\sigma_{cr} = \dfrac{\pi^2 EI}{\lambda^2} \propto \dfrac{1}{\lambda^2}$ ∴ 좌굴응력은 세장비의 제곱에 반비례한다.

보충 좌굴하중 $P_{cr} = \dfrac{\pi^2 EI}{L_k^2} = \dfrac{\pi^2 E(r^2 A)}{L_k^2} = \dfrac{\pi^2 EA}{\lambda^2}$

10 다음과 같은 연속보의 지점 B에서 0.4m 지점침하가 발생했을 때 B지점에서 발생되는 휨모멘트의 크기는? (단, 휨강성 $EI = 2.1 \times 10^4$kN · m²이다.)

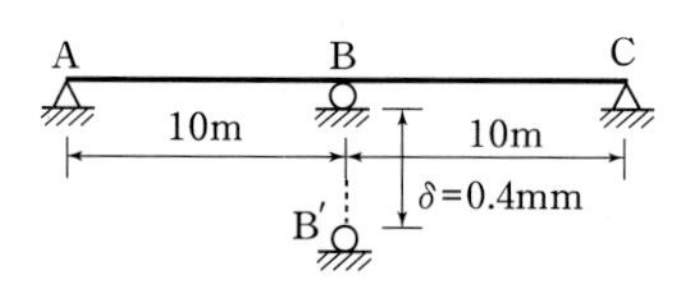

① 378kN · m
② 252kN · m
③ 126kN · m
④ 52kN · m

■ 강의식 해설 및 정답 : ②

2경간 연속보의 중간지점이 침하하였으므로

$$M_B = \frac{3EI\Delta}{L_1 \cdot L_2} = \frac{3(2.1 \times 10^4)(0.4)}{10^2} = 252\,\text{kN}\cdot\text{m}$$

보충 2경간 연속보에서 단지점 침하 시 : $M_{중간} = -\frac{3EI\Delta}{(L_1 + L_2)(\text{회전한 부재길이})}$

보충 3경간 연속보에서 중간지점 침하 시(단, 지간과 휨강성 일정)

· 침하지점 : $M = +\frac{18EI\Delta}{5L^2}$ · 인접지점 : $M = -\frac{12EI\Delta}{5L^2}$

11 재료의 탄성계수가 240GPa이고 전단탄성계수가 100GPa인 물체의 포아송비는?

① 0.1
② 0.2
③ 0.3
④ 0.4

■ 강의식 해설 및 정답 : ②

$G = \frac{E}{2(1+\nu)}$ 에서 $\nu = \frac{E}{2G} - 1 = \frac{240}{2(100)} - 1 = 0.2$

12 A점이 경사롤러로 지지된 라멘구조에서 AB부재에 작용하는 등분포하중에 의해 발생하는 C점의 수직반력은?

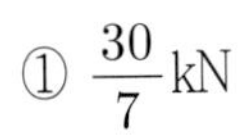

① $\frac{30}{7}$kN

② $\frac{40}{7}$kN

③ $\frac{50}{7}$kN

④ $\frac{50}{7}$kN

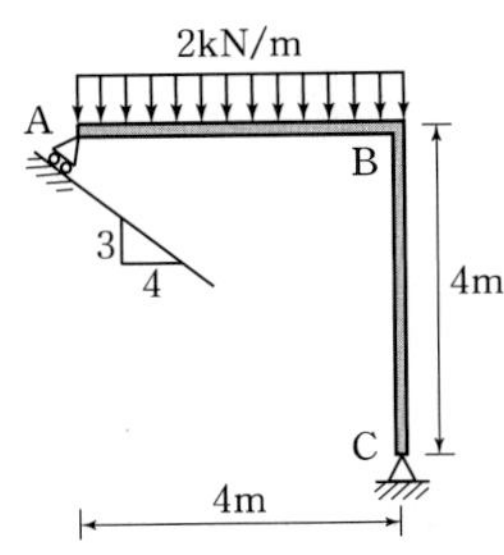

■ 강의식 해설 및 정답 : ②

(1) A점 수직반력

A점에 경사에 의해 $H_a = \frac{3}{4}V_a$이므로 반대편지점 C에서 모멘트 평형을 적용하면

$\frac{3}{4}V_a(4) + V_a(4) = 8(2) \quad \therefore V_a = \frac{16}{7}\text{kN}(\uparrow)$

(2) C점 수직반력

$\sum V = 0$에서 $V_c = 8 - V_a = \frac{40}{7}$kN

보충 경사진 이동지점의 계산틀

Step 1. 반력경사와 지점경사를 일치(기준축, 회전방향, cos 이용)

Step 2. 이동지점의 반력을 구하는 반력으로 표시(주어진 문제는 V_a로 표시)

Step 3. 반대편지점에서 모멘트 평형 적용

Step 4. 나머지 반력 $\sum H = 0$, $\sum V = 0$으로 계산

13 다음과 같이 집중하중을 받는 보에서 B점의 수직변위는?

① $\frac{2PL^3}{81EI}$

② $\frac{4PL^3}{81EI}$

③ $\frac{5PL^3}{324EI}$

④ $\frac{4PL^3}{324EI}$

■ 강의식 해설 및 정답 : ①

하중점 뒤쪽은 휨모멘트가 0이므로 EI에 무관하다.

∴ 기본공식을 이용하면

$$\delta_B = \frac{Pa^2}{6EI}(2a+3b) = \frac{P\left(\frac{L}{3}\right)^2}{6(2EI)}\left(2\times\frac{L}{3}+3\times\frac{2L}{3}\right) = \frac{2PL^3}{81EI}$$

14 다음 중 무차원량은?

① 변형률　　② 곡률
③ 온도팽창계수　　④ 응력

■ 강의식 해설 및 정답 : ①

변형률 $\epsilon = \dfrac{\delta}{L}$ 이므로 무차원량을 갖는다.

15 다음과 같은 골조구조의 부정정차수로 옳은 것은?

① 3
② 5
③ 7
④ 9

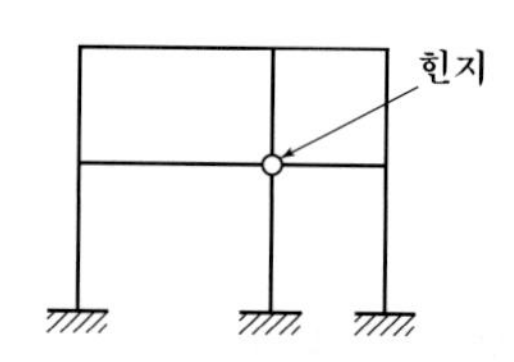

■ 강의식 해설 및 정답 : ④
라멘의 부정정차수 $N=3B-H=3(4)-3=9$

16 다음과 같은 구조의 게르버보에 대한 영향선으로 옳은 것은?

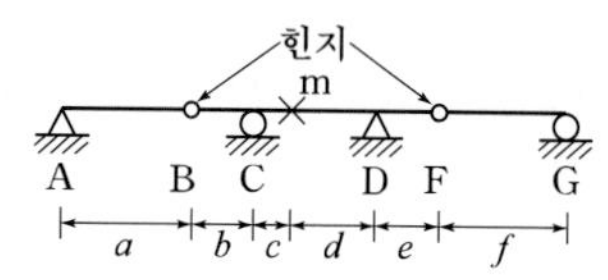

①

②

③

④

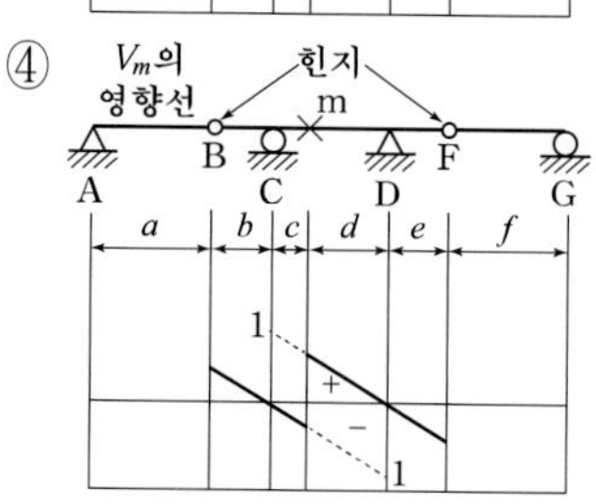

■ 강의식 해설 및 정답 : ①

② $R_a - I.L$: B점 뒤쪽으로는 영향선이 나타나지 않아야 한다.

③, ④ $R_c - I.L$, $V_m - I.L$지점에서 연장되고, 힌지에서 꺾여 다음 지점을 향하는 형태라야 한다.

보충 게르버보의 영향선 개형

단순 구간의 영향선 : 단순보의 영향선 작도 ➡ 지점에서 연장되고 힌지에서 꺾인다.

내민 구간의 영향선 : 캔틸레버보의 영향선 작도 ➡ 지점에서 연장되지 않지만 힌지에서 꺾인다.

17 다음과 같은 단순보에서 A점, B점의 반력으로 옳은 것은?

① $R_A = 7\text{kN},\ R_B = 3\text{kN}$
② $R_A = 5\text{kN},\ R_B = 4\text{kN}$
③ $R_A = 5\text{kN},\ R_B = 5\text{kN}$
④ $R_A = 3\text{kN},\ R_B = 7\text{kN}$

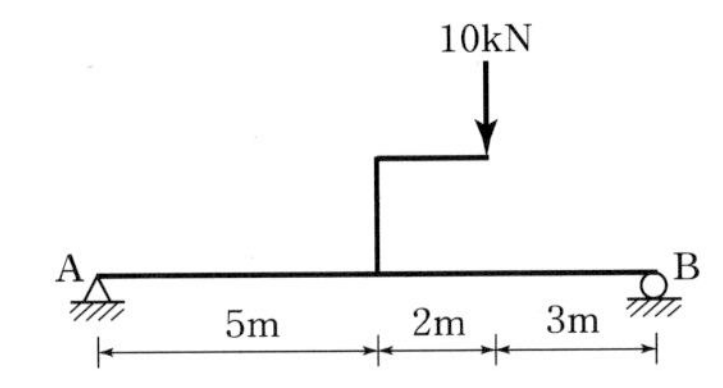

■ 강의식 해설 및 정답 : ④

모멘트 평형 조건을 적용하면 $R_A = \dfrac{10(3)}{10} = 3\,\text{kN}$

수직력 평형 조건을 적용하면 $R_B = 7\,\text{kN}$

18 외경 $d = 1\text{m}$이고 두께 $t = 10\text{mm}$인 원형강관 내부에 $p = 20\text{MPa}$의 압력이 균일하게 작용할 때, 강관의 원주방향으로 발생하는 수직응력의 크기는?

① 980MPa
② 1000MPa
③ 1020MPa
④ 1040MPa

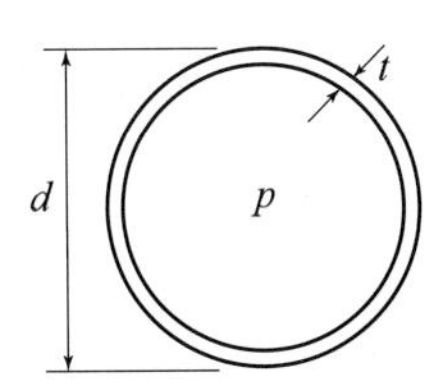

■ 강의식 해설 및 정답 : ①

원주응력(=원환응력) $\sigma = \dfrac{pd}{2t} = \dfrac{20(1000-20)}{2(10)} = 980\,\text{MPa}$

보충 막응력의 계산 시 내경을 사용함에 유의한다. $\therefore\ d = D - 2t$

보충 내경을 대입하기 이전의 숫자가 1이고, 외경이 1이므로 답은 1보다 작은 수인 ①번이 된다.

19 집중하중을 받는 트러스에서 E점에 작용하는 외력 4kN에 의한 CD부재력의 크기는?

① 1kN
② 2kN
③ 3kN
④ 4kN

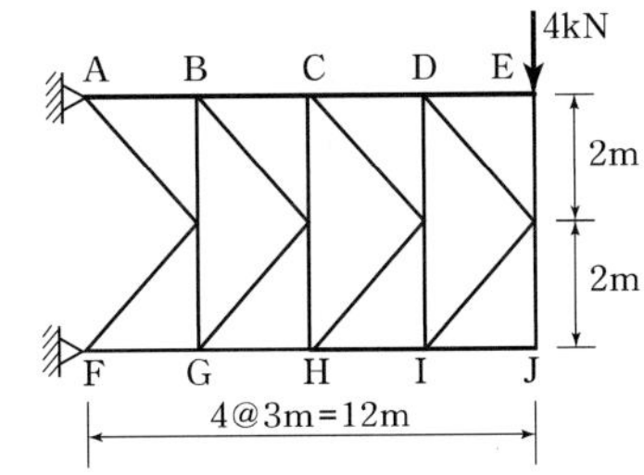

■ 강의식 해설 및 정답 : ③

부재 사이를 절단하여 I점에서 모멘트 평형을 적용하면

$CD = \dfrac{4(3)}{4} = 3\,\text{kN}$ (인장)

20 C-형강에서 전단중심의 위치는?

① a
② b
③ c
④ d

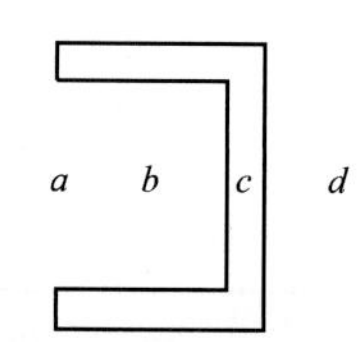

■ 강의식 해설 및 정답 : ④

ㄷ형강(chennel)의 전단중심은 단면의 외부에 위치하므로 d가 된다.

2016 국가직 9급 응용역학개론

1 그림과 같이 여러 힘이 평행하게 강체에 작용하고 있을 때, 합력의 위치는?

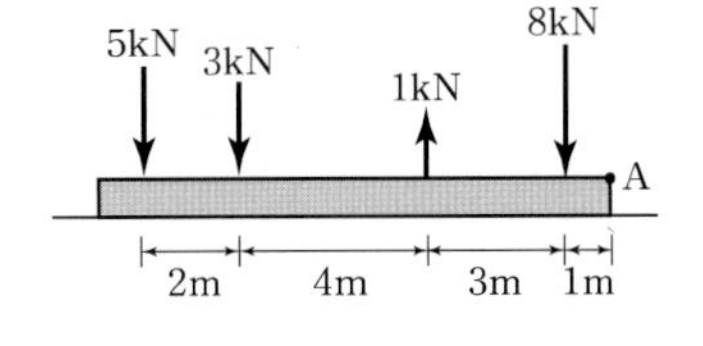

① A점에서 왼쪽으로 5.2m
② A점에서 오른쪽으로 5.2m
③ A점에서 왼쪽으로 5.8m
④ A점에서 오른쪽으로 5.8m

■ 강의식 해설 및 정답 : ①

A점에서 바리농의 정리를 적용하면
$-15x = -5(10) - 3(8) + 1(4) - 8(1)$에서
$x = 5.2\text{m}$ ∴ A점에서 왼쪽 5.2m에 위치
보충 부호가 (+)이므로 오른쪽 탈락

2 그림과 같이 무게와 정지마찰계수가 다른 3개의 상자를 30° 경사면에 놓았을 때, 발생되는 현상은? (단, 상자 A, B, C의 무게는 각각 W, $2W$, W이며, 정지마찰계수는 각각 0.3, 0.6, 0.3이다. 또한, 경사면의 재질은 일정하다)

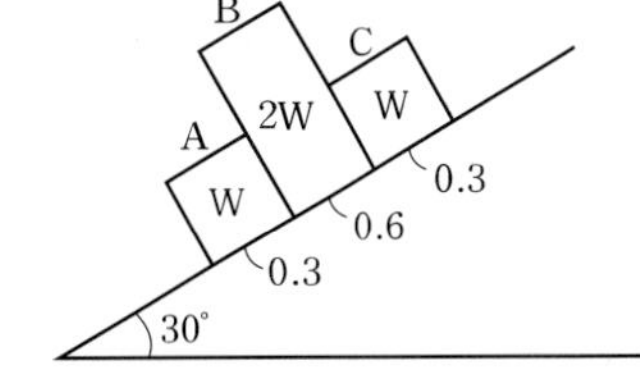

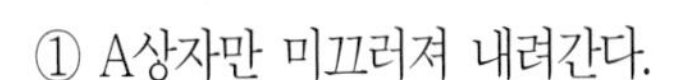

① A상자만 미끄러져 내려간다.
② A, B상자만 미끄러져 내려간다.
③ 모두 미끄러져 내려간다.
④ 모두 정지해 있다.

■ 강의식 해설 및 정답 : ③

마찰면에서 수평력과 마찰력을 비교함으로써 미끄러짐을 검토할 수 있다. 물체가 미끄러지는 경우는 한 덩이로 인식하고 계산한다. 따라서 작용력과 마찰력은 중첩으로 구하여 합산한다.

(1) C의 미끄러짐 검토
$W\sin 30° = 0.5W > 0.3(W)\cos 30° = 0.23W$ ∴ C는 미끄러짐이 발생

(2) B의 미끄러짐 검토
C와 함께 운동하므로 (B+C)를 한 덩이로 인식하고 계산
$3W\sin 30° = 1.5W > \{0.3(W) + 0.6(2W)\}\cos 30° ≒ 1.3W$ ∴ B는 미끄러짐이 발생

(3) A의 미끄러짐 검토
A, B가 미끄러짐이 발생하므로 (A+B+C)를 한 덩이로 인식
$4W\sin 30° = 2W > \{0.3(W) \times 2 + 0.6(2W)\}\cos 30° = 1.56\sqrt{3}\,W$ ∴ A는 미끄러짐이 발생
결국 모든 물체는 미끄러져 내려간다.

보충 경사면에 여러 개의 물체가 있는 경우 최상부 물체의 운동이 아래 물체에 영향을 준다.
만약 상부의 물체가 정지 상태이면 영향이 없고, 운동하면 아래의 물체에 하중으로 작용한다.
또한 마찰력은 힘이므로 중첩으로 합산한다.

3 그림과 같이 길이 200mm, 바깥지름 100mm, 안지름 80mm, 탄성계수가 200GPa인 원형 파이프에 축하중 9kN이 작용할 때, 축하중에 의한 원형 파이프의 수축량[mm]은? (단, 축하중은 단면 도심에 작용한다)

① $\frac{1}{50\pi}$ 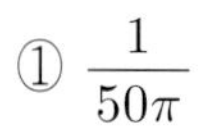

② $\frac{1}{100\pi}$ 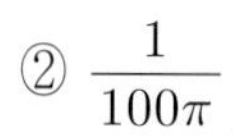

③ $\frac{9}{1600\pi}$

④ $\frac{9}{2500\pi}$

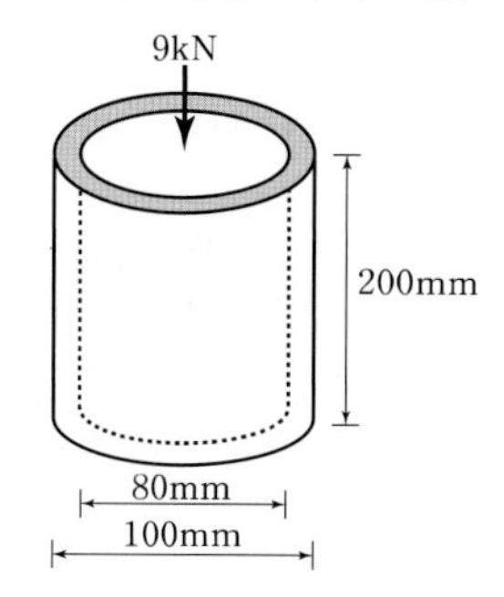

■ 강의식 해설 및 정답 : ②

$$\delta = \frac{PL}{EA} = \frac{9\times 10^3(200)}{200\times 10^3\left\{\frac{\pi(100^2-80^2)}{4}\right\}} = \frac{1}{100\pi}\text{mm}$$

4 그림과 같은 길이가 1m, 지름이 30mm, 포아송비가 0.3인 강봉에 인장력 P가 작용하고 있다. 강봉이 축방향으로 3mm 늘어날 때, 강봉의 최종 지름[mm]은?

① 29.730
② 29.973
③ 30.027
④ 30.270

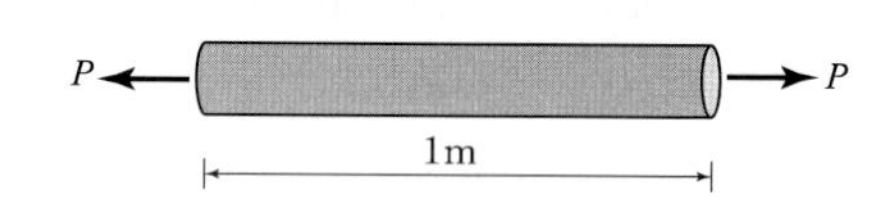

■ 강의식 해설 및 정답 : ②

(1) 지름의 변화량 : 인장력이 작용하므로 지름은 수축한다.

$$\Delta d = -\nu d\epsilon = -0.3(30)\left(\frac{3}{1000}\right) = -0.027\text{mm}$$

(2) 최종 지름

$$d' = d - \Delta d = 30 - 0.027 = 29.973\text{mm}$$

보충 보기의 숫자를 지름 변화량으로 바꿔서 지름 변화량을 구한다.

5 그림과 같이 양단 고정봉에 100kN의 하중이 작용하고 있다. AB 구간의 단면적은 100mm², BC 구간의 단면적은 200mm²으로 각각 일정할 때, A지점에 작용하는 수평반력[kN]의 크기는? (단, 탄성계수는 200GPa로 일정하고, 자중은 무시한다)

① 20
② 30
③ 40
④ 50

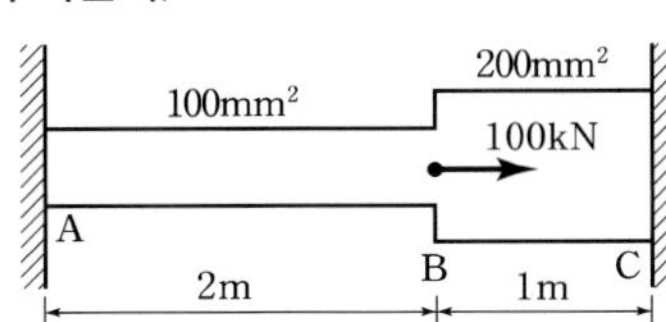

■ 강의식 해설 및 정답 : ①

변위가 같은 구조이므로 $P=K\delta=\dfrac{EA}{L}\delta \propto \dfrac{A}{L}$ 에서 $K_{AB}:K_{BC}=1(1):2(2)=1:4$

$\therefore\ R_A=\dfrac{K_{AB}}{\Sigma K}P=\dfrac{1}{5}(100)=20\text{kN}$

6 그림과 같은 3힌지 라멘구조에서 A지점의 수평반력[kN]의 크기는? (단, 자중은 무시한다)

① 2.50
② 6.67
③ 10.00
④ 14.44

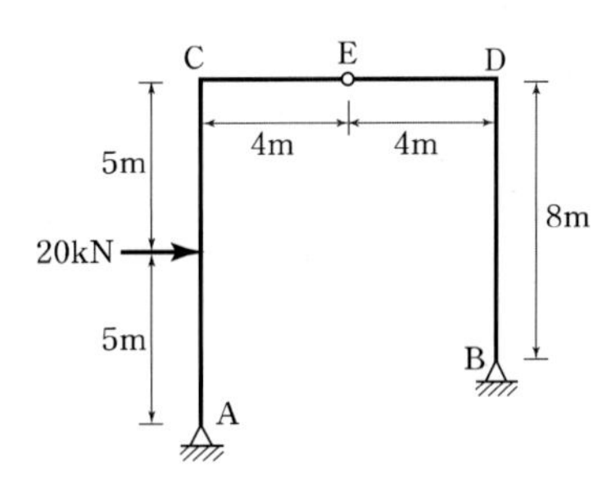

■ 강의식 해설 및 정답 : ④

(1) B점의 수평반력 : 케이블의 일반정리를 이용하면

$$H_B=\frac{20(5)\times\frac{1}{2}}{18\times\frac{1}{2}}=5.56\text{kN}$$

(2) A점의 수평반력 : 수평력 평형조건에서

$H_A=P-H_B=20-5.56=14.44\text{kN}$

보충 보기의 숫자를 B점 반력으로 바꿔서 B점 반력을 구한다.

7 그림과 같이 x'과 y'축에 대하여 게이지로 응력을 측정하여 $\sigma_{x'} = 55\text{MPa}$, $\sigma_{y'} = 45\text{MPa}$, $\tau_{x'y'} = -12\text{MPa}$의 응력을 얻었을 때, 주응력[MPa]은?

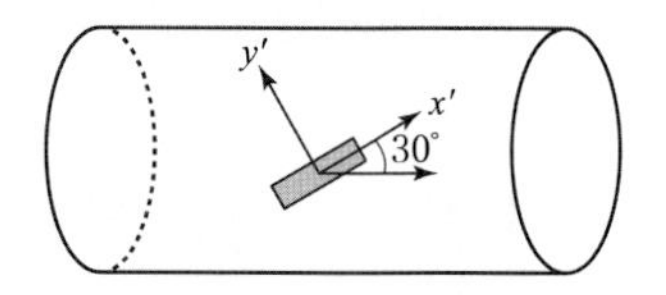

	σ_{max}	σ_{min}
①	24	12
②	37	32
③	50	13
④	63	37

■ 강의식 해설 및 정답 : ④

$$\sigma_{\substack{max \\ min}} = \frac{\sigma_x + \sigma_y}{2} \pm \sqrt{\left(\frac{\sigma_x - \sigma_y}{2}\right)^2 + \tau_{xy}^2} = \frac{55+45}{2} \pm \sqrt{\left(\frac{55-45}{2}\right)^2 + (-12)^2} \text{ 에서}$$

$\sigma_{max} = 63\text{MPa}$, $\sigma_{min} = 37\text{MPa}$

보충 회전체의 응력은 회전한 직교축에 대해 계산해도 결과는 같다.

보충 두 직교축에 대한 수직응력의 합은 일정하므로

$\sigma_{max} + \sigma_{min} = \sigma_{x'} + \sigma_{y'} = 100\text{MPa}$

보충 회전체의 모아원은 하나이므로 회전한 단면의 응력으로 주응력을 구해도 결과는 같아야 한다.

8 그림과 같은 응력-변형률 관계를 갖는 길이 1.5m의 강봉에 인장력이 작용되어 응력상태가 점 O에서 A를 지나 B에 도달하였으며, 봉의 길이는 15mm 증가하였다. 이때, 인장력을 완전히 제거하여 응력상태가 C점에 도달할 경우 봉의 영구 신장량[mm]은? (단, 봉의 응력-변형률 관계는 완전탄소성 거동이며, 항복강도는 300MPa이고 탄성계수는 $E = 200\text{GPa}$이다)

① 1.25
② 2.25
③ 12.75
④ 13.75

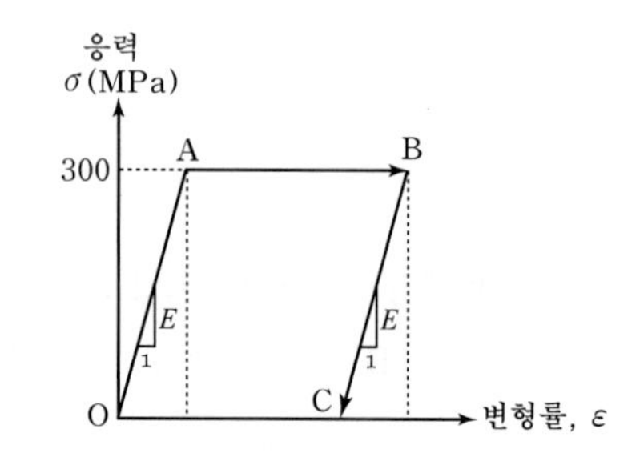

■ 강의식 해설 및 정답 : ③

봉의 영구 신장량은 총 변형에서 탄성변형을 공제한 것과 같으므로

$$\delta_r = \delta_g - \delta_e = \delta_g - \frac{\sigma_y L}{E} = 15 - \frac{300(1.5 \times 10^3)}{200 \times 10^3} = 12.75\text{mm}$$

보충 보기의 숫자를 탄성변형량으로 바꿔서 탄성변형량을 구한다.

9 그림과 같이 길이 L인 원형 막대의 끝단에 길이 $\frac{L}{2}$의 직사각형 막대가 직각으로 연결되어 있다. 직사각형 막대의 끝에 $\frac{P}{4}$의 하중이 작용할 때, 고정지점의 최상단 A점에서의 전단응력은? (단, 원형 막대의 직경은 d이고, 자중은 무시한다)

① 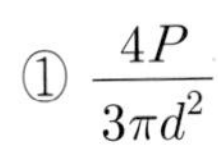 $\frac{4P}{3\pi d^2}$

② $\frac{2PL}{\pi d^3}$

③ 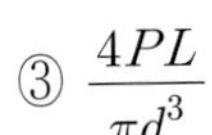 $\frac{4PL}{\pi d^3}$

④ $\frac{8PL}{\pi d^3}$

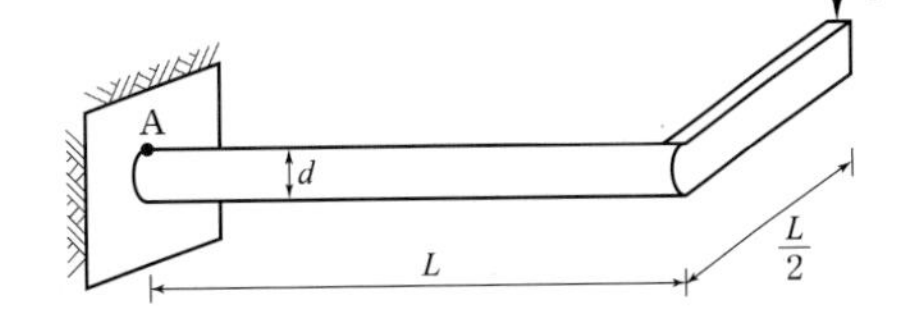

■ 강의식 해설 및 정답 : ②

A점 상단에서는 비틀림에 의한 최대전단응력이 작용하므로

$$\tau_{\max} = \frac{16T}{\pi d^3} = \frac{16\left(\frac{P}{4} \times \frac{L}{2}\right)}{\pi d^3} = \frac{2PL}{\pi d^3}$$

보충 단면 최상단 A의 응력상태

· 최대비틀림-전단응력

· 최대휨응력 : $\sigma_{\max} = \frac{M}{Z} = \frac{8PL}{\pi d^3}$

· 휨-전단응력은 0이다.

10 그림과 같은 게르버보에서 고정지점 E점의 휨모멘트[kN · m]의 크기는? (단, C점은 내부힌지이며, 자중은 무시한다)

① 8

② 12

③ 20

④ 44

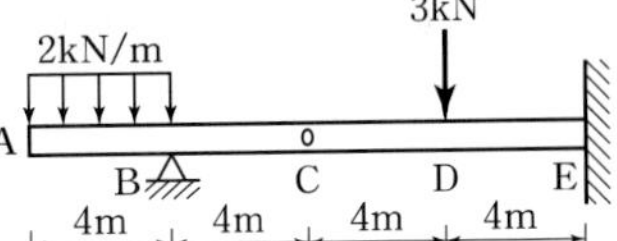

■ 강의식 해설 및 정답 : ③

휨모멘트도의 중첩을 적용하면

$$M_E = \frac{2(4^2)}{2} \times \frac{8}{4} - 3(4) = 20\text{kN·m}$$

11 그림과 같은 구조물에서 A지점의 수직반력[kN]은? (단, 자중은 무시한다)

① 4(↑)
② 4(↓)
③ 5(↑)
④ 5(↓)

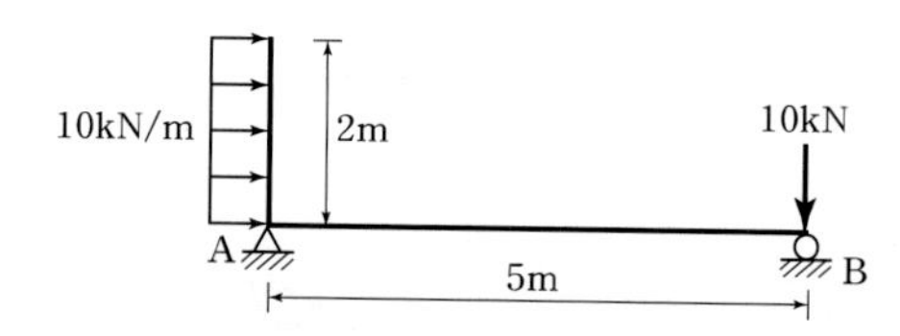

■ 강의식 해설 및 정답 : ②

B점에서 모멘트 평형 조건을 적용하면 $V_A = \dfrac{\dfrac{10(2^2)}{2}}{5} = 4\text{kN}(\downarrow)$

보충 지점에 재하된 하중은 해당 지점이 모두 받는다.

∴ B점 위의 10kN은 B지점이 모두 부담하므로 A점 반력에 영향을 주지 않는다.

12 그림과 같은 트러스에서 사재 AH의 부재력[kN]은? (단, $P_1 = 10\text{kN}$, $P_2 = 30\text{kN}$이며, 자중은 무시한다)

① 75(인장)
② 75(압축)
③ 125(인장)
④ 125(압축)

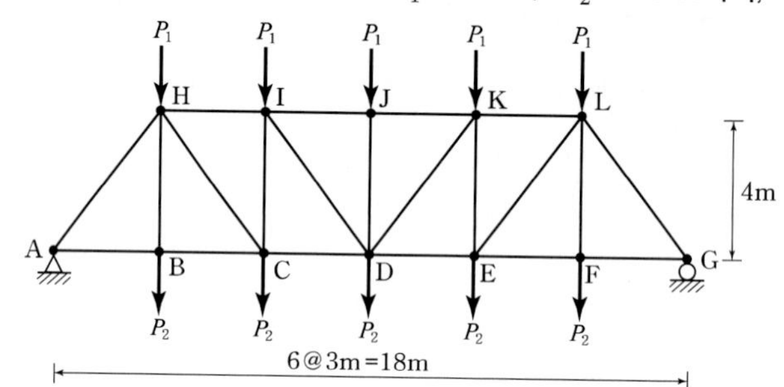

■ 강의식 해설 및 정답 : ④

A점에서 절점의 평형조건을 적용하면

$$F_{AH} = R_A\left(\frac{5}{4}\right) = \frac{10(5)+30(5)}{2}\left(\frac{5}{4}\right) = 125\text{kN}\ (\text{압축})$$

13 그림과 같은 단주에서 지점 A에 발생하는 응력[kN/m²]의 크기는? (단, O점은 단면의 도심이고, 자중은 무시한다)

① 640
② 680
③ 760
④ 800

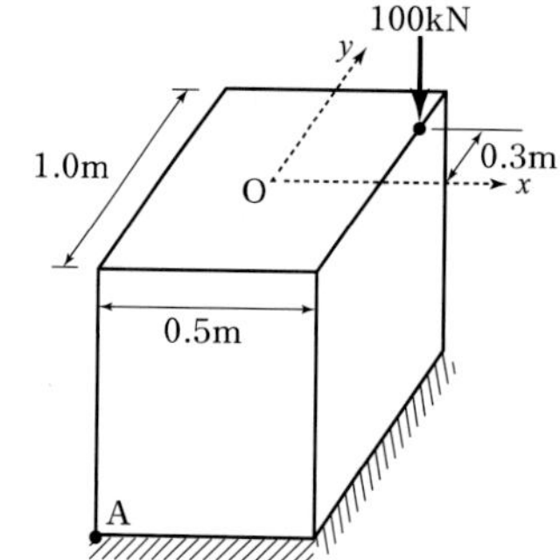

■ 강의식 해설 및 정답 : ③

복편심하중이 작용하므로

$$\sigma_A = \frac{P}{A}\left(1 - \frac{6e_x}{b} - \frac{6e_y}{h}\right) = \frac{100}{0.5(1.0)}\left(1 - \frac{6\times0.25}{0.5} - \frac{6\times0.3}{1.0}\right) = -760\text{MPa}\ \ (\text{인장})$$

보충 연단에 작용하는 하중에 의한 연단응력은 평균응력의 3배를 추가한다.

14 그림과 같이 내민보가 하중을 받고 있다. 내민보의 단면은 폭이 b이고 높이가 0.1m인 직사각형이다. 내민보의 인장 및 압축에 대한 허용휨응력이 600MPa일 때, 폭 b의 최솟값[m]은? (단, 자중은 무시한다)

① 0.03
② 0.04
③ 0.05
④ 0.06

■ 강의식 해설 및 정답 : ①

$$\sigma_{\max} = \frac{M_{\max}}{Z} = \frac{6M_{\max}}{bh^2} \le \sigma_a \text{에서 } b \ge \frac{6M_{\max}}{\sigma_a h^2} = \frac{6(30)}{600 \times 10^3 (0.1^2)} = 0.03\text{m}$$

보충 개략적인 휨모멘트도에서 최대가 가능한 점만 검토한다.

15 그림과 같은 보-스프링 구조에서 A점에 휨모멘트 $2M$이 작용할 때, 수직변위가 상향으로 $\frac{L}{100}$, 지점 B의 모멘트 반력 M이 발생하였다. 이때, 스프링 상수 k는? (단, 휨강성 EI는 일정하고, 자중은 무시한다)

① $\frac{50M}{L^2}$
② $\frac{100M}{L^2}$
③ $\frac{150M}{L^2}$
④ $\frac{200M}{L^2}$

■ 강의식 해설 및 정답 : ②

고정단 모멘트가 주어진 정정구조이므로 B점에서 모멘트 평형을 적용하면

$$M - k\left(\frac{L}{100}\right)(L) - 2M = 0 \text{에서 } k = \frac{100M}{L^2}$$

보충 A점의 처짐으로 검토하는 것보다 평형방정식을 이용하는 것이 간단하다.

16 그림과 같은 단순보에서 최대 휨모멘트가 발생하는 곳의 위치 x[m]는? (단, 자중은 무시한다)

① 1.0
② 1.25
③ 1.5
④ 1.75

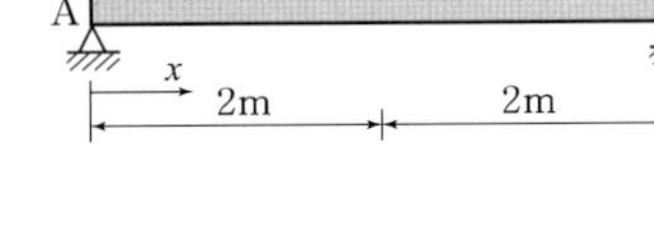

■ 강의식 해설 및 정답 : ③

절반의 등분포하중을 받는 단순보에서 최대 휨모멘트 발생위치

$$x = \frac{3L}{8} = \frac{3(4)}{8} = 1.5\text{m}$$

보충 단순보에 절반의 등분포하중이 작용하는 경우는 관리한다.

17 그림과 같은 단면의 도심 C점을 지나는 X_C축에 대한 단면2차모멘트가 5,000cm^{4}이고, 단면적이 $A=$ 100cm^{2}이다. 이때, 도심축에서 5cm 떨어진 x축에 대한 단면2차모멘트[cm^4]는?

① 2,500
② 5,000
③ 5,500
④ 7,500

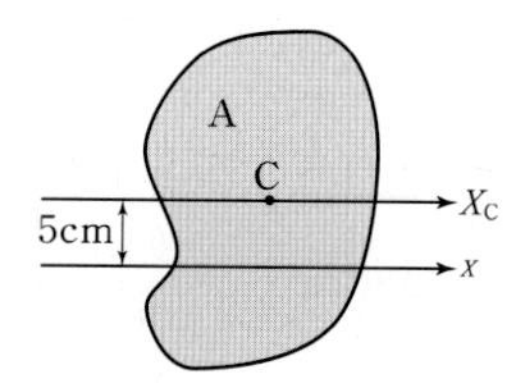

■ 강의식 해설 및 정답 : ④

$I_x = I_X + Ay^2 = 5{,}000 + 100(5^2) = 7{,}500\text{cm}^4$

보충 도심축이 아닌 경우는 증가하므로 ①, ②는 탈락이고 5000의 숫자만 검토한다.

18 그림과 같은 보-스프링 구조에서 스프링 상수 $k=\dfrac{24EI}{L^3}$일 때, B점에서의 처짐은? (단, 휨강성 EI는 일정하고, 자중은 무시한다)

① $\dfrac{PL^3}{16EI}$
② $\dfrac{PL^3}{24EI}$
③ $\dfrac{PL^3}{32EI}$
④ $\dfrac{PL^3}{48EI}$

■ 강의식 해설 및 정답 : ③
보-스프링구조이므로

$$\delta_B = \frac{P}{4\left(\dfrac{24EI}{L^3}\right)} + \frac{PL^3}{48EI} = \frac{PL^3}{32EI}$$

보충 단순보의 변위보다 커야 하므로 ④는 탈락이고 C점 변위의 절반은 $\dfrac{PL^3}{96EI} < \dfrac{PL^3}{48EI}$으로 ②가 될 수 없으므로 답은 바로 ③이 된다.

19 그림과 같이 단순보에 집중하중군이 이동할 때, 절대최대휨모멘트가 발생하는 위치 x[m]는? (단, 자중은 무시한다)

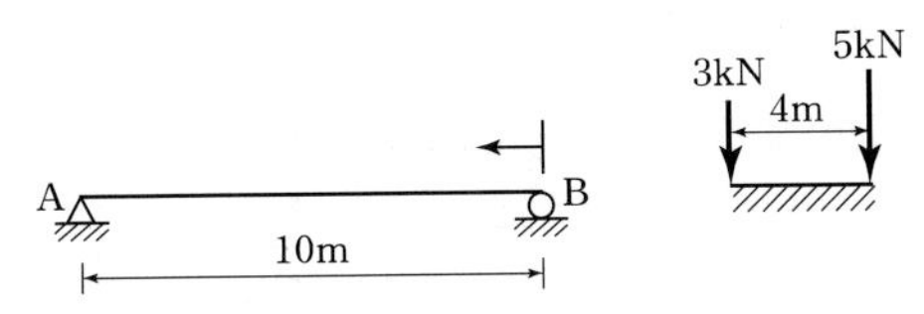

① 4.25
② 4.50
③ 5.25
④ 5.75

■ 강의식 해설 및 정답 : ①

절대최대 휨모멘트 발생위치

$$x = \frac{\text{지간거리}}{2} - \frac{\text{작은 힘}(d)}{\text{2배합력}} = \frac{10}{2} - \frac{3(4)}{2(8)} = 4.25\text{m}$$

20 그림과 같이 단면적이 다른 봉이 있을 때, 점 D의 수직변위[m]는? (단, 탄성계수 $E=20\text{kN/m}^2$이고, 자중은 무시한다)

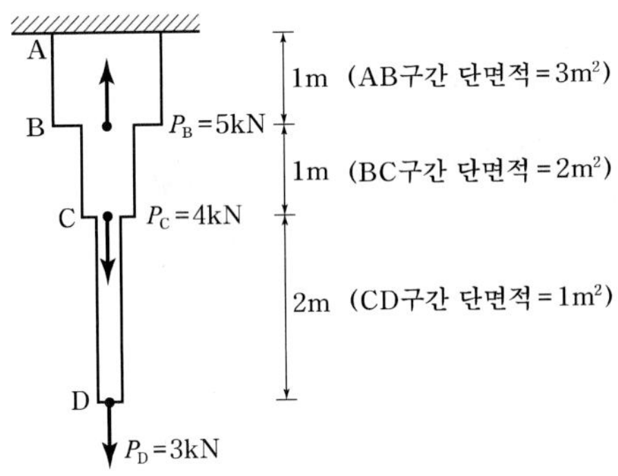

① 0.475(↓)
② 0.508(↓)
③ 0.675(↓)
④ 0.708(↓)

■ 강의식 해설 및 정답 : ②

내력을 구하여 중첩을 적용하면

$$\delta_D = \Sigma\frac{NL}{EA} = \frac{1}{20}\left\{\frac{3(2)}{1} + \frac{7(1)}{2} + \frac{2(1)}{3}\right\} = 0.508\text{m}\ (\downarrow)$$

보충 구간에 따라 단면이 변하므로 단면력도를 이용한다.
계산 시 내력과 길이는 바로 곱해서 쓴다.

지방직 9급 응용역학개론

1 그림과 같이 단부 경계 조건이 각각 다른 장주에 대한 탄성 좌굴 하중(P_{cr})이 가장 큰 것은? (단, 기둥의 휨강성 $EI=4000\text{kN}\cdot\text{m}^2$이며, 자중은 무시한다)

① (a)
② (b)
③ (c)
④ (d)

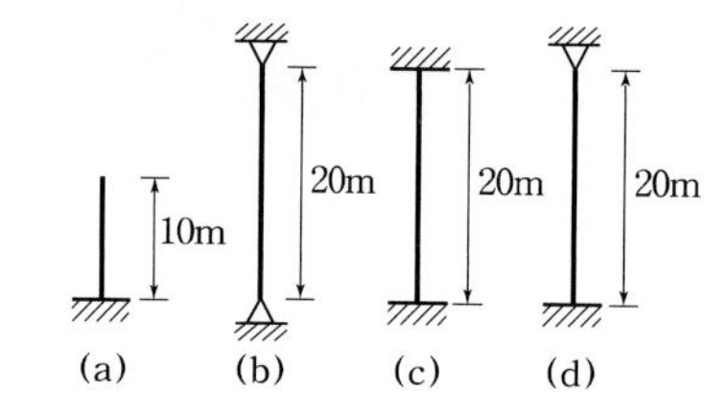

■ 강의식 해설 및 정답 : ③

단부조건과 유효길이가 다르므로 $P_{cr}=\dfrac{\pi^2 EI}{L_k^2}=\dfrac{n\pi^2 EI}{L^2}\propto\dfrac{n}{L^2}$에서

$(a):(b):(c):(d)=\dfrac{1}{1^2}:\dfrac{4}{2^2}:\dfrac{16}{2^2}:\dfrac{8}{2^2}=1:1:4:2$

∴ (c)의 좌굴하중이 가장 크다.

2 그림과 같이 2개의 힘이 동일점 O에 작용할 때 합력(R)의 크기[kN]와 방향(α)은?

	R	α
①	$\sqrt{37}$	$\cos^{-1}\left(\dfrac{5}{R}\right)$
②	$\sqrt{37}$	$\cos^{-1}\left(\dfrac{2\sqrt{3}}{R}\right)$
③	$\sqrt{61}$	$\cos^{-1}\left(\dfrac{5}{R}\right)$
④	$\sqrt{61}$	$\cos^{-1}\left(\dfrac{2\sqrt{3}}{R}\right)$

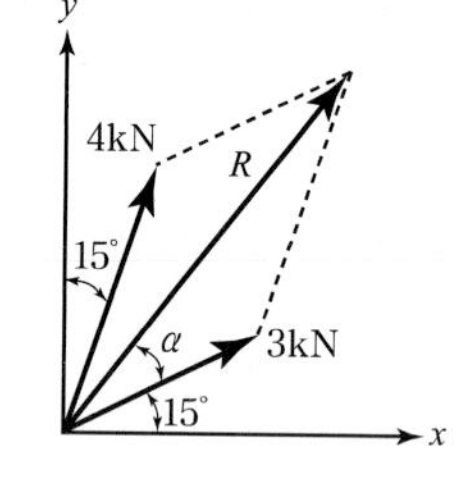

■ 강의식 해설 및 정답 : ①

(1) 합력의 크기

$R=\sqrt{\text{제곱}+\text{제곱}+2\text{배 양변}\cos(\text{사잇각})}=\sqrt{3^2+4^2+2(3)(4)\cos 60°}=\sqrt{37}\,\text{kN}$

(2) 합력의 방향 : 3kN이 작용하는 방향을 기준으로 하는 빗변과 수평을 설정한다.

$\cos\alpha=\dfrac{\text{높이}}{\text{빗변}}=\dfrac{3+4\cos 60°}{R}=\dfrac{5}{R}$에서 $\alpha=\cos^{-1}\left(\dfrac{5}{R}\right)$

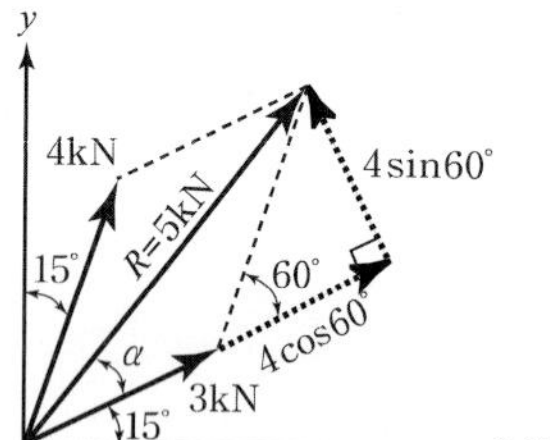

3 그림과 같이 직사각형 단면을 갖는 단주에 집중하중 $P=120$kN이 C점에 작용할 때 직사각형 단면에서 인장 응력이 발생하는 구역의 넓이[m^2]는?

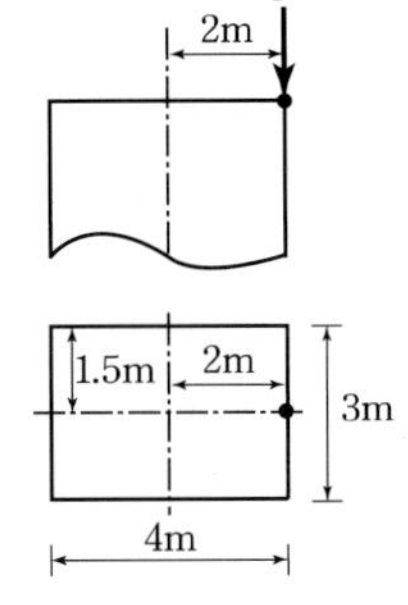

① 2
② 3
③ 4
④ 5

■ 강의식 해설 및 정답 : ③

(1) 중립축 이동량

$$x=\frac{b^2}{12e}=\frac{4^2}{12(2)}=\frac{2}{3}\text{m}$$ (왼쪽으로 이동)

(2) 인장응력이 발생하는 구역의 단면적

중립축의 왼쪽부분이 인장, 오른쪽 부분이 압축이므로

인장응력이 작용하는 부분의 단면적 $A_t=\left(2-\frac{2}{3}\right)\times 3=4\text{m}^2$

4 그림과 같은 트러스에서 부재 CG에 대한 설명으로 옳은 것은? (단, 모든 부재의 자중은 무시한다)

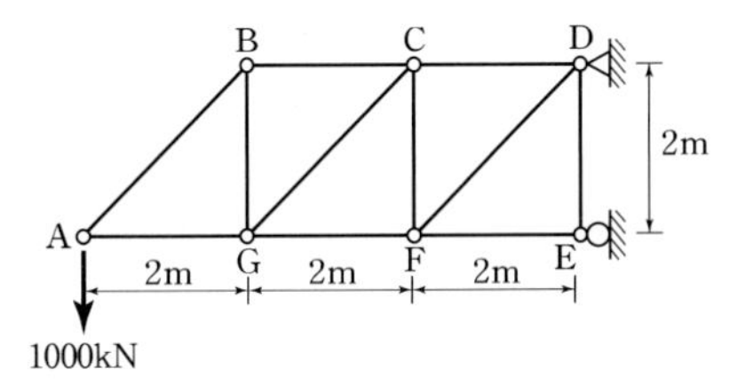

① 압축 부재이다.
② 부재력은 2000kN이다.
③ 부재력은 1000kN이다.
④ 부재력은 $1000\sqrt{2}$ kN이다

■ 강의식 해설 및 정답 : ④

시력도 폐합 조건을 적용하면 부재가 45° 경사으로 배치되었으므로

$CG=1000\sqrt{2}$ kN (인장)

5 그림과 같은 외팔보에서 B점의 회전각은? (단, 보의 휨강성 EI는 일정하며, 자중은 무시한다)

① $\dfrac{PL^2}{4EI}$

② $\dfrac{PL^2}{6EI}$

③ $\dfrac{PL^2}{8EI}$

④ $\dfrac{PL^2}{12EI}$

■ 강의식 해설 및 정답 : ③

B점의 회전각은 하중점의 회전각과 같다.

$$\theta_B = \theta_{하중점} = \frac{P\left(\frac{L}{2}\right)^2}{2EI} = \frac{PL^2}{8EI}$$

6 그림과 같은 단순보에서 절대 최대 휨모멘트의 크기[kN · m]는? (단, 보의 휨강성 EI는 일정하며, 자중은 무시한다)

① 23.32

② 26.32

③ 29.32

④ 32.32

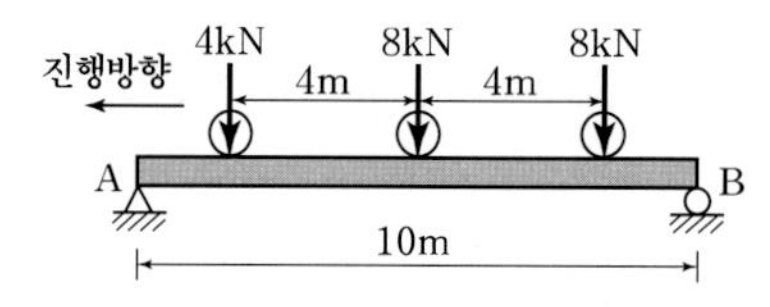

■ 강의식 해설 및 정답 : ②

(1) 최대 휨모멘트 발생 위치

8kN과 8kN 사이에 합력이 위치한다고 가정하고, 중앙 하중 8kN이 지나는 점에서 바리뇽 정리를 적용

$20e = 8(4) - 4(4)$에서 $e = 0.8\text{m}$

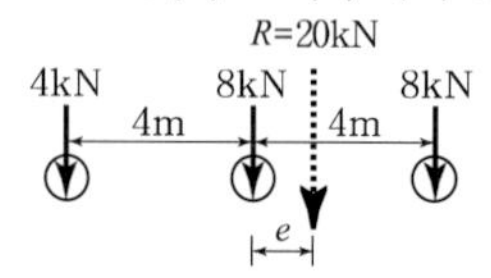

(2) 최대 휨모멘트

합력과 가까운 하중을 보 중앙에 위치시키고 합력과 가까운 하중점에서 휨모멘트 계산

$$M_{\max} = R_A(4.6) - 4(4) = \frac{20(4.6)}{10}(4.6) - 4(4) = 26.32\text{kN·m}$$

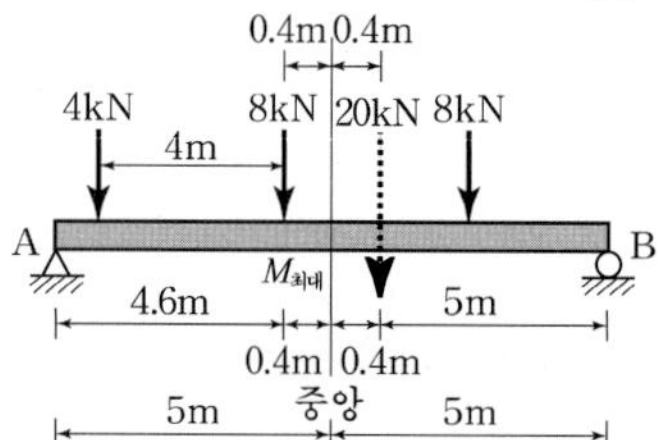

7 그림과 같이 빗금 친 단면의 도심을 G라 할 때, x축에서 도심까지 거리(y)는?

① $\frac{3}{12}D$

② $\frac{5}{12}D$

③ $\frac{7}{12}D$

④ $\frac{9}{12}D$

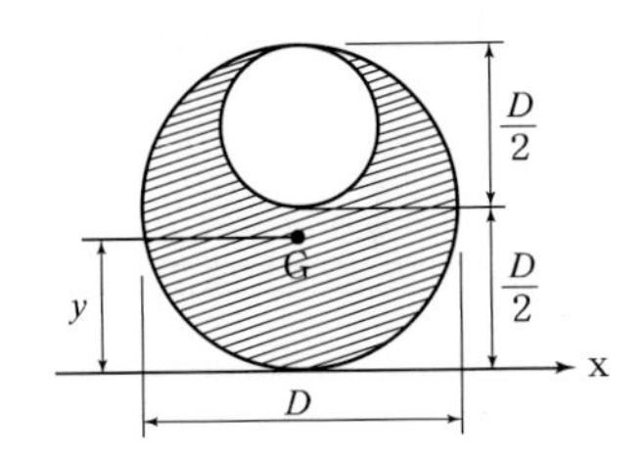

■ 강의식 해설 및 정답 : ②

도심거리 $y=\frac{5}{6}\left(\frac{D}{2}\right)=\frac{5D}{12}$

보충 면적비가 4 : 1이므로

도심 $=\frac{7}{6}$(중공단면의 일반도심을 전체치수로 표시)

8 한 점에서의 미소 요소가 $\epsilon_x=300\times10^{-6}$, $\epsilon_y=100\times10^{-6}$, $\gamma_{xy}=-200\times10^{-6}$인 평면 변형률을 받을 때, 이 점에서 주 변형률의 방향(θ_p)은? (단, 방향의 기준은 x축이며, 반시계방향을 양의 회전으로 한다)

① 22.5°, 112.5°

② 45°, 135°

③ −22.5°, 67.5°

④ −45°, 45°

■ 강의식 해설 및 정답 : ③

주어진 조건을 평면응력요소로 표시하고 주변형률 방향을 구하는 공식에 대입한다.

(1) 요소의 평면응력

양(+)의 값은 양면의 양방향, 음면의 음방향일 때이고, 음(−)의 값은 양면의 양방향, 음면의 양방향일 때라는 것을 고려하여 작도하면

(2) 주변형률의 방향

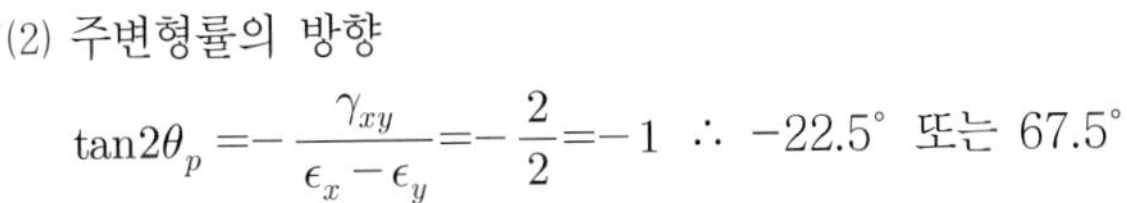

$\tan2\theta_p=-\frac{\gamma_{xy}}{\epsilon_x-\epsilon_y}=-\frac{2}{2}=-1 \quad \therefore\ -22.5° 또는 67.5°$

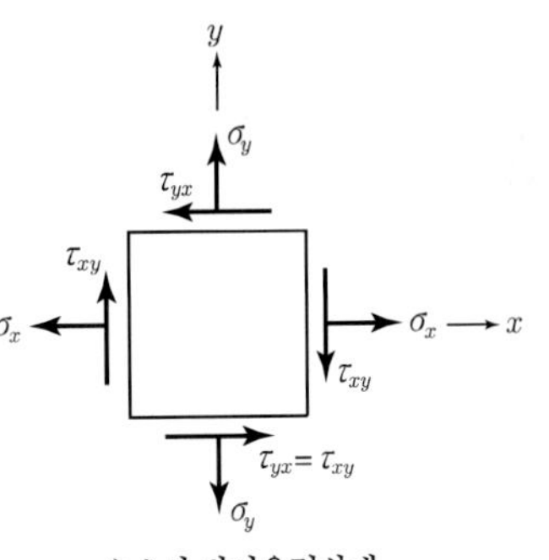

요소의 평면응력상태

보충 모아원을 이용하는 방법

$\frac{\gamma}{2}-\epsilon$ 좌표계에서 10^{-5}으로 묶으면 면의 좌표는 A(30, 10), B(5, −10)이다.

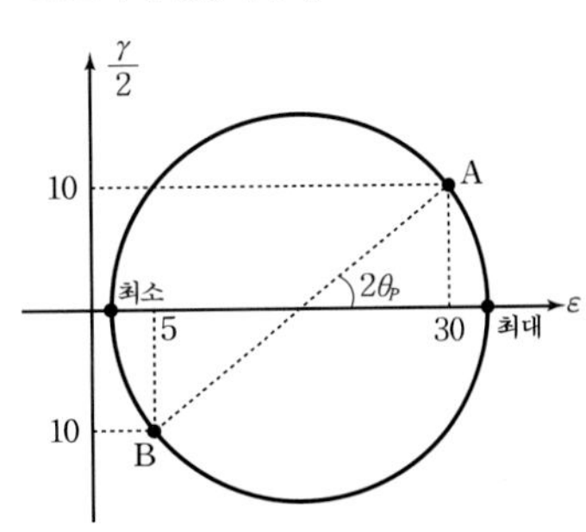

9 그림과 같은 단순보에서 B점에 집중하중 $P = 10$kN이 연직방향으로 작용할 때 C점에서의 전단력 V_c [kN] 및 휨모멘트 M_c [kN · m]의 값은? (단, 보의 휨강성 EI는 일정하며, 자중은 무시한다)

	V_c	M_c
①	−3	10
②	−3	12
③	−7	14
④	−7	16

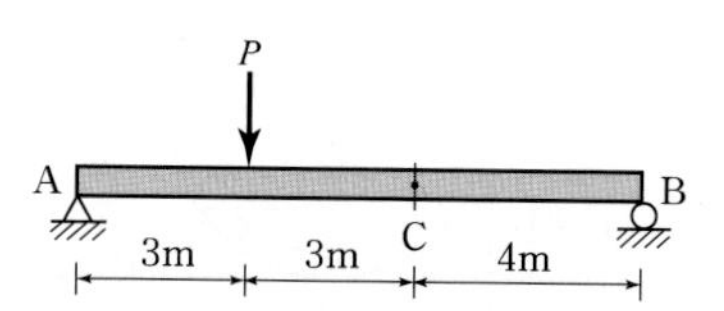

■ 강의식 해설 및 정답 : ②

$$V_c = -R_D = -\frac{10(3)}{10} = -3\text{kN}$$

$$M_c = \frac{Pab}{L} = \frac{10(3)(4)}{10} = 12\text{kN}\cdot\text{m}$$

10 그림과 같이 양단 고정된 보에 축력이 작용할 때 지점 B에서 발생하는 수평 반력의 크기[kN]는? (단, 보의 축강성 EA는 일정하며, 자중은 무시한다)

① 190
② 200
③ 210
④ 220

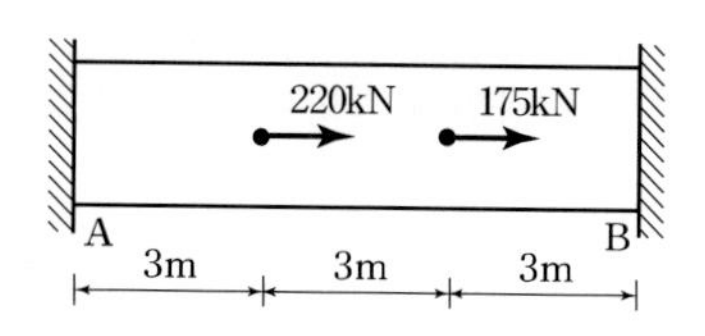

■ 강의식 해설 및 정답 : ①

축강성이 일정하므로 유사 단순보의 반력과 같다.

$$R_B = \frac{220(3) + 175(6)}{9} = 190\text{kN}$$

보충 대칭성을 이용하면

$$R_B = 175 + \frac{45(1\text{칸})}{3\text{칸}} = 190\text{kN}$$

11 그림과 같이 단순보에 작용하는 여러 가지 하중에 대한 전단력도(SFD)로 옳지 않은 것은? (단, 보의 자중은 무시한다)

①
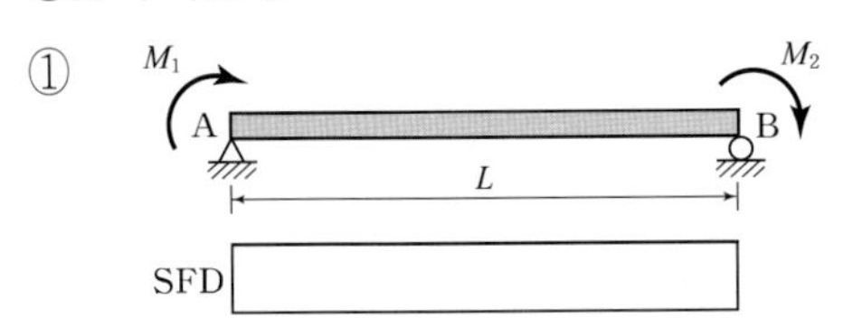

②
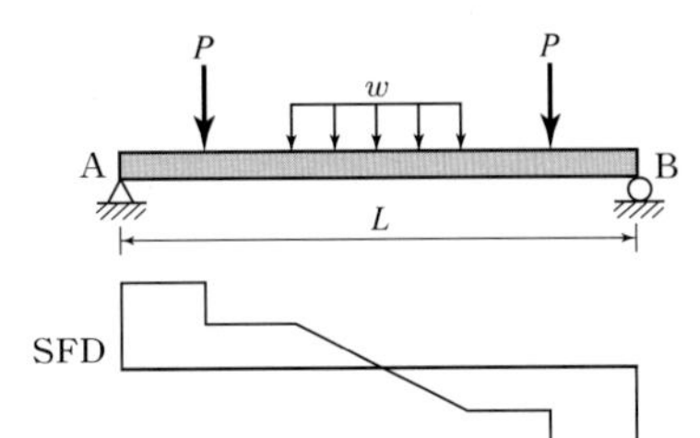

③
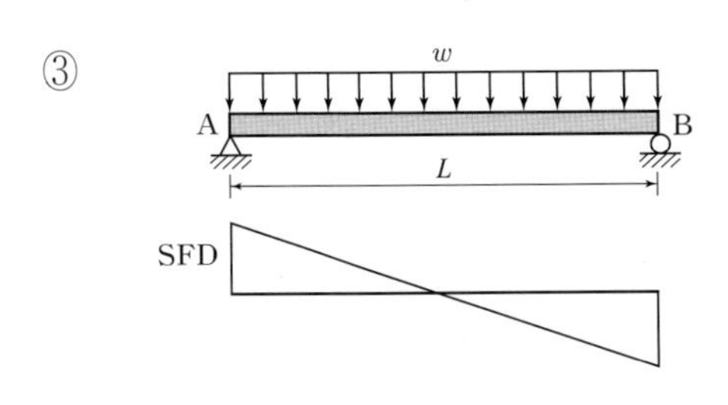

④
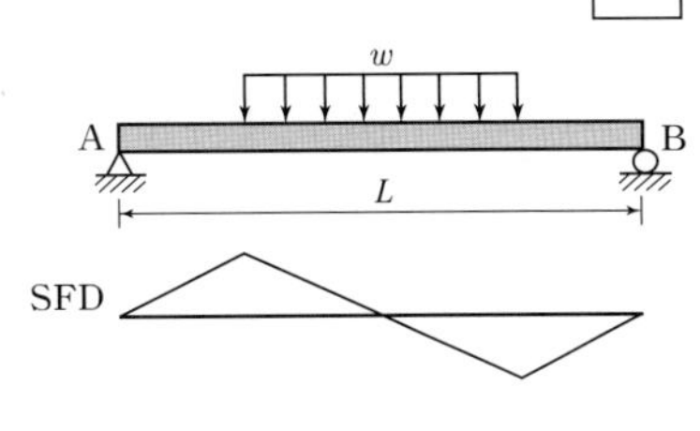

■ 강의식 해설 및 정답 : ④

하중이 작용하지 않는 구간의 전단력도(SFD)는 부재축에 평행해야 한다.

12 그림과 같은 보 ABC에서 지점 A에 수직 반력이 생기지 않도록 하기 위한 수직 하중 P의 값[kN]은? (단, 모든 구조물의 자중은 무시한다)

① 5
② 10
③ 15
④ 20

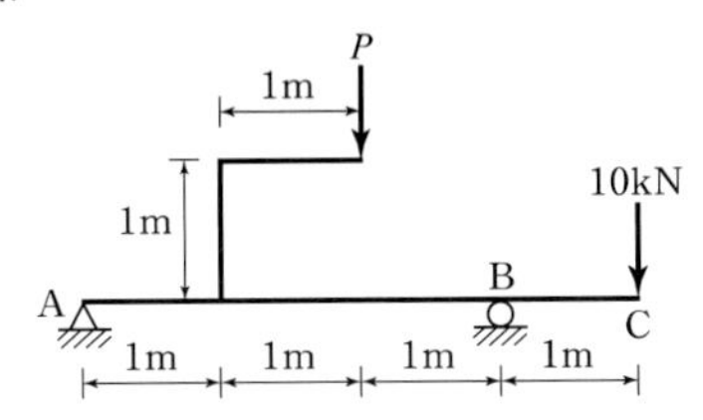

■ 강의식 해설 및 정답 : ②

B점에서 모멘트 평형을 적용하면
$P(1) = 10(1)$에서 $P = 10\text{kN}$

13 폭 0.2m, 높이 0.6m의 직사각형 단면을 갖는 지간 $L=2$m 단순보의 허용 휨응력이 40MPa일 때 이 단순보의 중앙에 작용시킬 수 있는 최대 집중하중 P의 값[kN]은? (단, 보의 휨강성 EI는 일정하며, 자중은 무시한다)

① 240 ② 480
③ 960 ④ 1080

■ 강의식 해설 및 정답 : ③

$$\sigma_{\max}=\frac{M_{\max}}{Z}=\frac{PL}{4Z}\le\sigma_a \text{에서}$$

$$P=\frac{4Z}{L}\sigma_a=\frac{4(200\times600^2)}{6(2\times10^3)}(40)=960\times10^3\text{N}=960\text{kN}$$

14 그림과 같이 일정한 두께 $t=10$mm의 직사각형 단면을 갖는 튜브가 비틀림 모멘트 $T=300$kN · m를 받을 때 발생하는 전단흐름의 크기[kN/m]는?

① 0.25
② 2500
③ 5000
④ 0.5

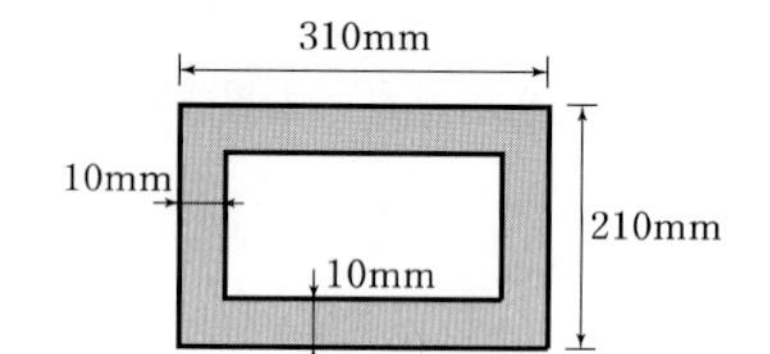

■ 강의식 해설 및 정답 : ②

$$\text{전단흐름 } f=\frac{T}{2A_m}=\frac{300}{2(0.3\times0.2)}=2500\text{kN/m}$$

15 그림과 같이 단순보 중앙 C점에 집중하중 P가 작용할 때 C점의 처짐에 대한 설명으로 옳은 것은? (단, 보의 자중은 무시한다)

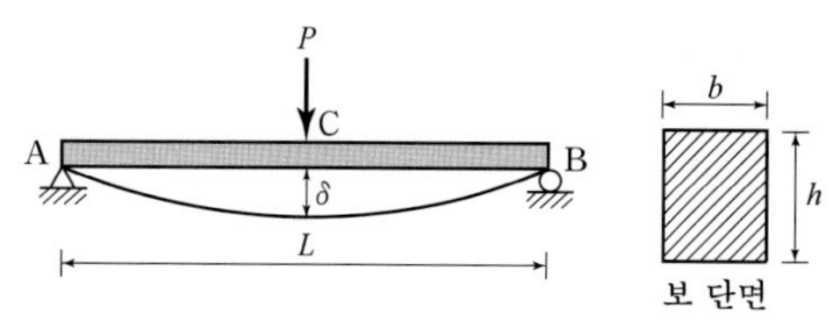

① 집중하중 P를 $\frac{P}{2}$로 하면 처짐량 δ는 $\frac{\delta}{4}$가 된다.

② 부재의 높이 h를 그대로 두고 폭 b를 2배로 하면 처짐량 δ는 $\frac{\delta}{4}$가 된다.

③ AB 간의 거리 L을 $\frac{L}{2}$로 하면 처짐량 δ는 $\frac{\delta}{6}$가 된다.

④ 부재의 폭 b를 그대로 두고 높이 h를 2배로 하면 처짐량 δ는 $\frac{\delta}{8}$가 된다.

■ 강의식 해설 및 정답 : ④

① 하중을 1/2로 하면 처짐도 1/2로 된다.
② 폭을 2배로 하면 처짐은 1/2로 된다.
③ 길이를 1/2로 하면 처짐은 1/8로 된다.

16 그림과 같은 라멘 구조물에 수평 하중 $P=12$kN이 작용할 때 지점 B의 수평 반력 크기[kN]와 방향은? (단, 자중은 무시하며, E점은 내부 힌지이다)

① $\frac{14}{3}$ (←)

② $\frac{16}{3}$ (←)

③ $\frac{18}{3}$ (→)

④ $\frac{20}{3}$ (→)

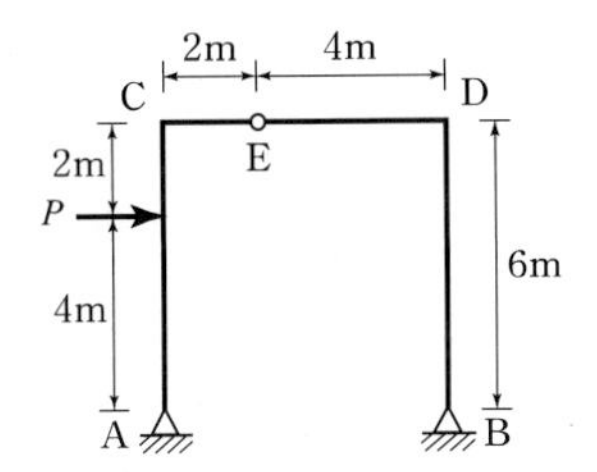

■ 강의식 해설 및 정답 : ②

B점의 수직반력을 확장하여 수평반력을 구한다.

$$H_B=\frac{12(4)}{6}\left(\frac{4}{6}\right)=\frac{16}{3}\text{kN}\ (\leftarrow)$$

17 그림과 같은 단순보에 모멘트 하중이 작용할 때 발생하는 지점 A의 수직 반력(R_A)과 지점 B의 수직 반력(R_B)의 크기[kN]와 방향은? (단, 보의 휨강성 EI는 일정하며, 자중은 무시한다)

	R_A	R_B
①	1(↑)	1(↓)
②	1(↓)	1(↑)
③	2(↑)	2(↓)
④	2(↓)	2(↑)

20kN·m　10kN·m　10kN·m
A　B
10m　10m

■ 강의식 해설 및 정답 : ①

모멘트 10kN · m는 상쇄되므로 20kN · m에 의해서만 반력 발생
20kN · m가 반시계로 회전하므로 반력은 시계로 저항

$$\therefore\ R=\frac{20}{20}=1\text{kN}$$

18 그림과 같은 부정정보에 등분포하중 $w=10\text{kN/m}$가 작용할 때, 지점 A에 발생하는 휨모멘트 값[kN · m]은? (단, 보의 휨강성 EI는 일정하며, 자중은 무시한다)

① −125
② −135
③ −145
④ −155

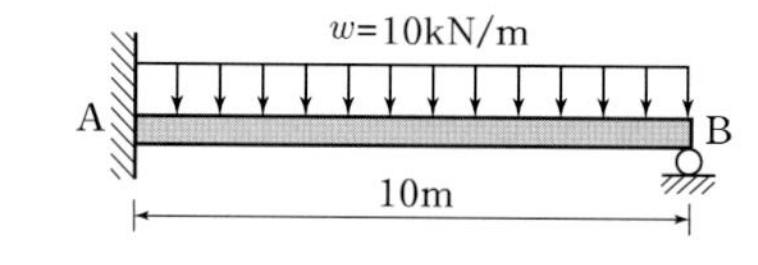

■ 강의식 해설 및 정답 : ①

$$M_A = -\frac{wL^2}{8} = -\frac{10(10^2)}{8} = -125\text{kN}\cdot\text{m}$$

19 그림과 같은 2개의 게르버보에 하중이 각각 작용하고 있다. 그림 (a)에서 지점 A의 수직 반력(R_A)과 그림(b)에서 지점 D의 수직 반력(R_D)이 같기 위한 하중 P의 값[kN]은? (단, 보의 자중은 무시한다)

① 4.5
② 5.5
③ 6.5
④ 7.5

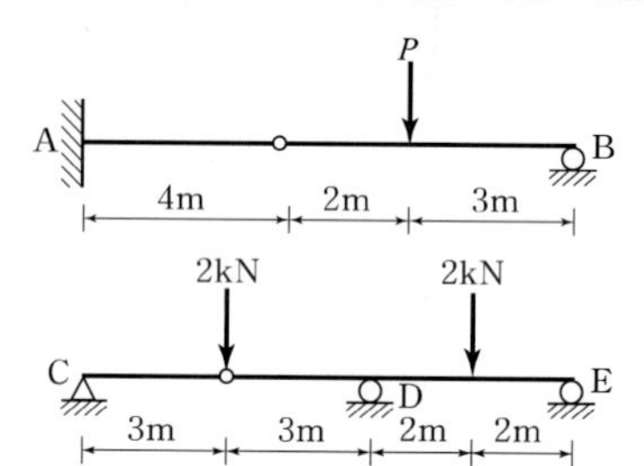

■ 강의식 해설 및 정답 : ④

$$R_A = \frac{3P}{5},\ R_D = \frac{2(7)+2(2)}{4} = 4.5\text{kN}$$

$R_A = R_D$에서 $P = 7.5\text{kN}$

20 다음 그림은 단순보에 수직 등분포하중이 일부 구간에 작용했을 때의 전단력도이다. 이 단순보에 작용하는 등분포하중의 크기[kN/m]는? (단, 보의 휨강성 EI는 일정하며, 자중은 무시한다)

① 4
② 6
③ 8
④ 12

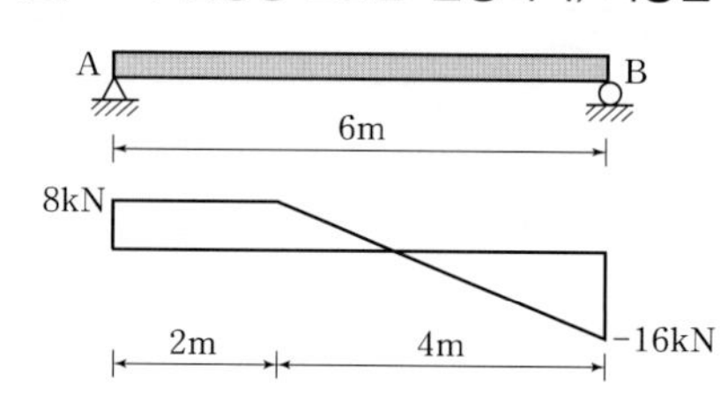

■ 강의식 해설 및 정답 : ②

등분포하중의 크기는 전단력도의 기울기와 같으므로

$$w = \frac{8+16}{4} = 6\text{kN/m}$$

2016 서울시 9급 / 서울시 9급(후반기) 응용역학개론

1 다음 그림과 같이 30kN의 힘이 바닥판 DE에 의해 지지되고 있다. 이와 같은 간접하중이 작용하고 있을 경우 M_c의 크기는?

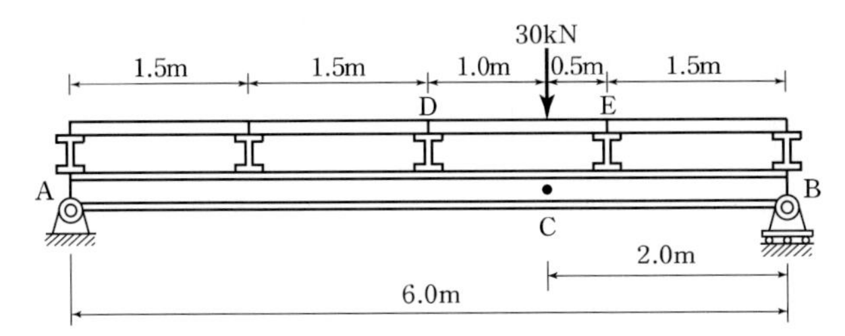

① 10kN · m
② 20kN · m
③ 30kN · m
④ 40kN · m

■ 강의식 해설 및 정답 : ③

간접하중을 받으므로 $P_d = \frac{30(0.5)}{1.5} = 10\text{kN},\ P_e = 20\text{kN}$

$M_c = \Sigma \frac{Pab}{L} = \frac{10(3)(2)}{6} + \frac{20(4)(1.5)}{6} = 30\,\text{kN}\cdot\text{m}$

2 수평으로 놓인 보 AB의 끝단에 봉 BC가 힌지로 연결되어 있고, 그 아래에 질량 m인 블록이 놓여 있다. 봉 BC의 온도가 ΔT만큼 상승했을 때 블록을 빼내기 위한 최소 힘 H는? (단, B, C점은 온도변화 전후 움직이지 않으며, 보 AB와 봉 BC의 열팽창계수는 α, 탄성계수는 E, 단면2차모멘트는 I, 단면적은 A, 지면과 블록사이의 마찰계수는 0.5이다)

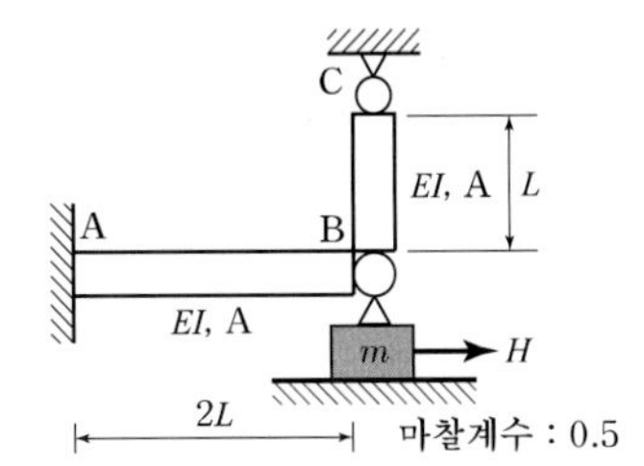

① $\frac{EA}{4}(\alpha \cdot \Delta T)$
② $\frac{EA}{2}(\alpha \cdot \Delta T)$
③ $\frac{\alpha \cdot \Delta T \cdot E}{4}\left(A - \frac{3I}{L^2}\right)$
④ $\frac{\alpha \cdot \Delta T \cdot E}{2}\left(A - \frac{3I}{L^2}\right)$

■ 강의식 해설 및 정답 : ②

BC부재에만 온도 상승이 있고 블록이 BC부재 아래에 있으므로

$H \geq R\mu = E\alpha(\Delta T)A(0.5) = \frac{EA}{2}(\alpha \cdot \Delta T)$

3 직사각형 단면 15mm×60mm를 가진 강판이 인장하중 P를 받으며, 직경이 15mm인 원형볼트에 의해 지지대에 부착되어 있다. 부재의 인장하중에 대한 항복응력은 300MPa이고, 볼트의 전단에 대한 항복응력은 750MPa이다. 이때 재료에 작용할 수 있는 최대인장력 P는? (단, 부재의 인장에 대한 안전율 $S.F=2$, 볼트의 전단에 대한 안전율 $S.F=1.5$, $\pi=3$으로 계산한다)

① 101.25kN
② 132.65kN
③ 168.50kN
④ 176.63kN

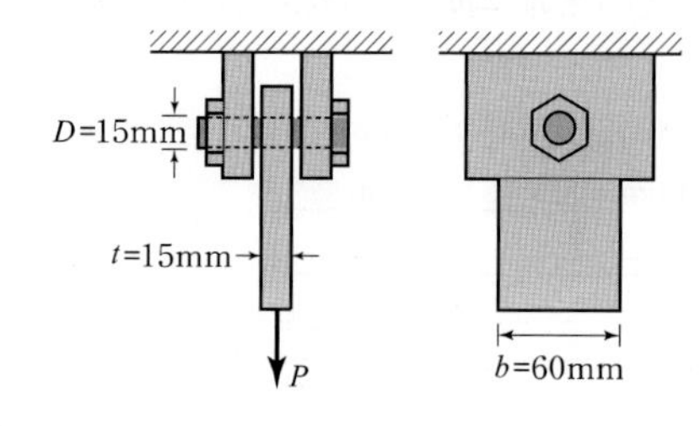

■ 강의식 해설 및 정답 : ①

(1) 부재의 인장검토

$\sigma = \dfrac{P}{A_{n,\min}} \le \sigma_a = \dfrac{\sigma_y}{S}$ 에서

$P \le \dfrac{\sigma_y}{S} A_{n,\min} = \dfrac{750}{2}(60-18)(15) = 101{,}250\text{N} = 101.25\,\text{kN}$

여기서, 구멍의 여유는 무시하였다.

(2) 볼트의 전단검토

복전단이므로 $\tau = \dfrac{P}{2A} \le \tau_a = \dfrac{\tau_y}{S}$ 에서

$P \le \dfrac{\tau_y}{S}(2A) = \dfrac{750}{1.5}(2)\left(\dfrac{3\times 15^2}{4}\right) = 168{,}750\text{N} = 168.75\,\text{kN}$

둘 중 허용가능한 최대하중은 작은 값 101.25kN으로 한다.

4 다음 그림과 같은 케이블 ABC가 하중 P를 지지하고 있을 때 케이블 AB의 장력은?

① 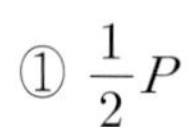 $\dfrac{1}{2}P$
② $\dfrac{5}{8}P$
③ $\dfrac{3}{4}P$
④ P

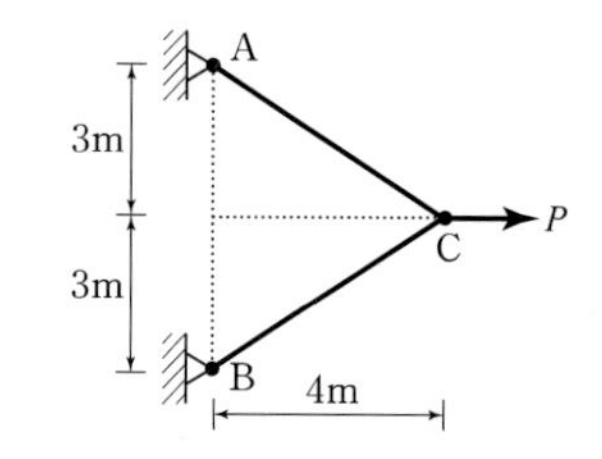

■ 강의식 해설 및 정답 : ②

시력도 폐합 조건을 적용하면

$AB = \dfrac{P}{2}\left(\dfrac{5}{4}\right) = \dfrac{5}{8}P$

5 다음 그림과 같은 구조물에서 AB부재의 변형량은? (단, 각 부재의 단면적은 1,000cm², 탄성계수는 100MPa, +는 늘음, -는 줄음을 의미한다.)

① −22.5mm
② +7.5mm
③ +22.5mm
④ −7.5mm

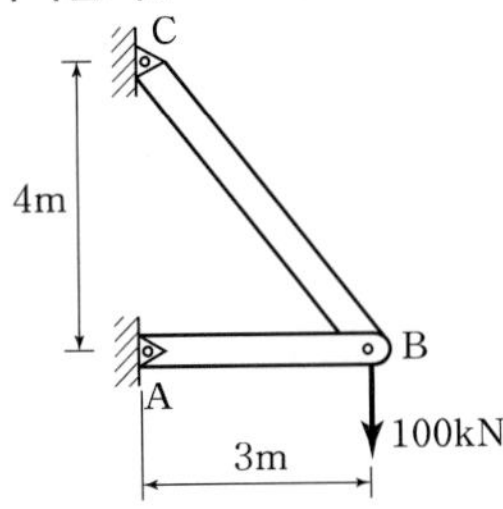

■ 강의식 해설 및 정답 : ①

AB부재의 변형량 $\delta_{ab} = \dfrac{-100\left(\dfrac{3}{4}\right)(3)\times 10^6}{100(1{,}000\times 10^2)} = -22.5\text{mm}$

6 다음 그림과 같은 캔틸레버보에서 B점과 C점의 처짐비(δ_B : δ_C)는?

① 1 : 1
② 2 : 5
③ 3 : 7
④ 4 : 9

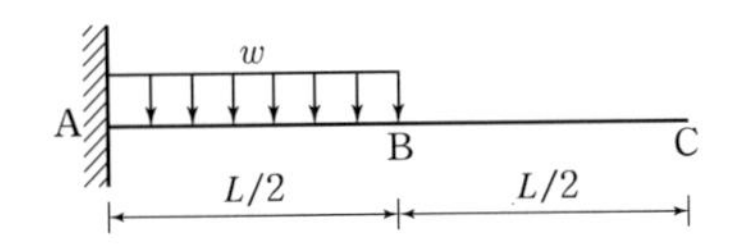

■ 강의식 해설 및 정답 : ③

캔틸레버 구조물에서 길이의 절반에 등분포하중이 작용하므로 $\delta_B : \delta_C = 3 : 7$

7 다음 그림과 같은 응력 상태의 구조체에서 A-A 단면에 발생하는 수직응력 σ와 전단응력 τ의 크기는?

① $\sigma = 400$, $\tau = 100\sqrt{3}$
② $\sigma = 400$, $\tau = 200$
③ $\sigma = 500$, $\tau = 100\sqrt{3}$
④ $\sigma = 500$, $\tau = 200$

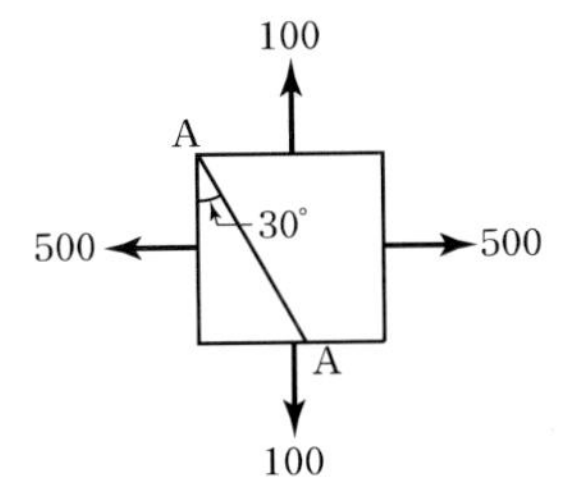

■ 강의식 해설 및 정답 : ①

회전단면의 응력변환공식을 적용하면

$$\sigma_\theta = \frac{500+100}{2} + \frac{500-100}{2}\cos 60° = 400\text{MPa}$$

$$\tau_\theta = \frac{500-100}{2}\sin 60° = 100\sqrt{3}\,\text{MPa}$$

8 다음 그림과 같은 부재에 수직하중이 작용할 때, C점의 수직방향 변위는? (단, 선형탄성부재이고, 탄성계수는 E로 일정, [1]의 단면적은 A, [2]의 단면적은 $2A$이다)

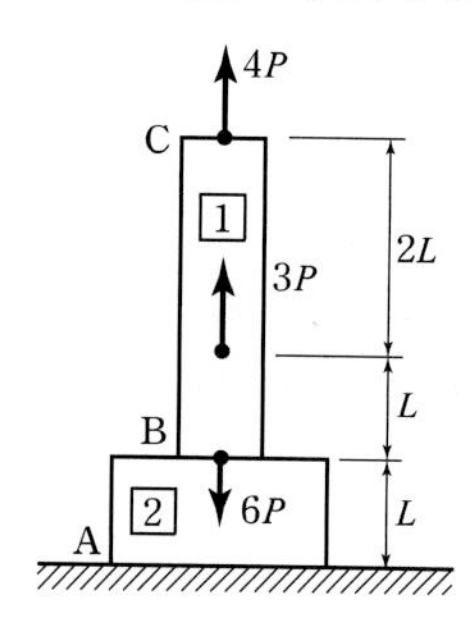

① $\dfrac{23PL}{2EA}$　　② $\dfrac{12PL}{EA}$

③ $\dfrac{14PL}{EA}$　　④ $\dfrac{31PL}{2EA}$

■ 강의식 해설 및 정답 : ④

축력을 구하고 각 구간의 변형량을 합산하면

$$\delta_C = \Sigma\frac{NL}{EA} = \frac{4P(2L)}{EA} + \frac{7P(L)}{EA} + \frac{PL}{E(2A)} = \frac{31PL}{2EA}$$

9 다음 그림과 같은 양단이 고정되고 속이 찬 원형단면을 가진 길이 2m 봉의 전체온도가 100°C 상승했을 때 좌굴이 발생하였다. 이때 봉의 지름은? (단, 열팽창계수 $\alpha = 10^{-6}/°C$이다)

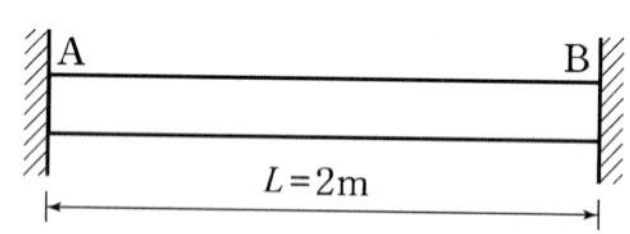

① $\sqrt{\dfrac{0.02}{\pi}}$ m　　② $\sqrt{\dfrac{0.04}{\pi}}$ m

③ $\dfrac{0.02}{\pi}$ m　　④ $\dfrac{0.04}{\pi}$ m

■ 강의식 해설 및 정답 : ④

온도반력이 좌굴하중에 도달할 때 좌굴이 발생한다는 조건을 적용하면

$$\alpha(\Delta T)EA = \frac{\pi^2 EI}{L_k^2} = \frac{\pi^2 E\left(\dfrac{AD^2}{16}\right)}{L_k^2}$$ 에서

$$D = \sqrt{\frac{16\alpha(\Delta T)L_k^2}{\pi^2}} = \frac{\sqrt{16(10^{-6})(100)(1^2)}}{\pi^2} = \frac{0.04}{\pi}\text{m}$$

10 다음 그림과 같은 하우트러스에 대한 내용 중 옳지 않은 것은? (단, 구조물은 대칭이며, 사재와 하현재가 이루는 각의 크기는 모두 같다)

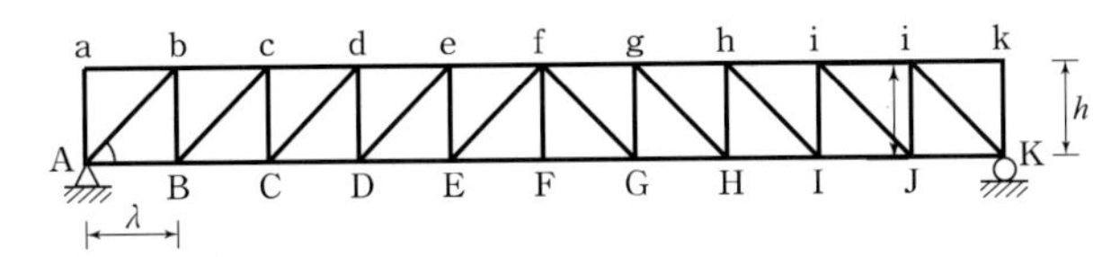

① 부재 Aa, ab, jk, Kk 등에는 부재력이 발생하지 않으므로 특별한 용도가 없는 한 제거하여도 무방하다.

② 수직재 Dd의 영향선은 다음과 같다.

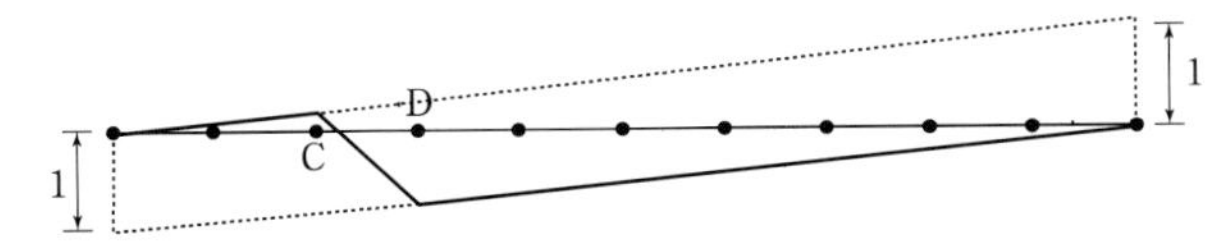

③ 사재 De의 영향선은 다음과 같다.

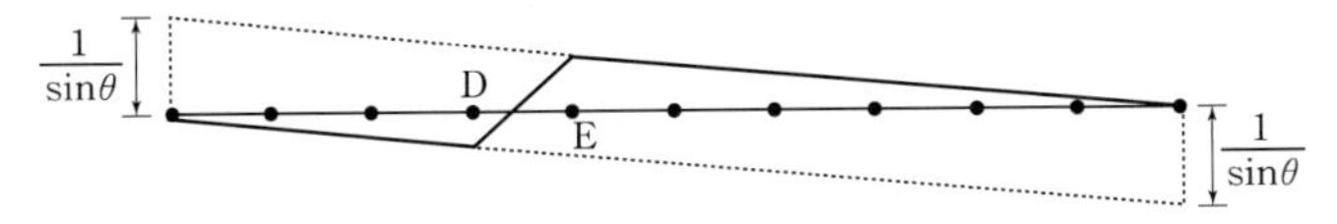

④ 하현재 CD의 영향선은 다음과 같다.

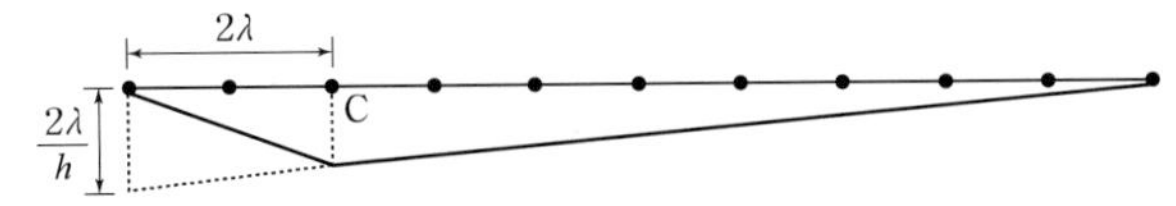

■ 강의식 해설 및 정답 : ④

하현재 CD의 영향선은 d점에서 휨모멘트가 필요하므로 D점에서 꺾인다.

따라서 수평거리는 3λ이고, 좌측단의 종거는 $\frac{3\lambda}{h}$ 라야 한다.

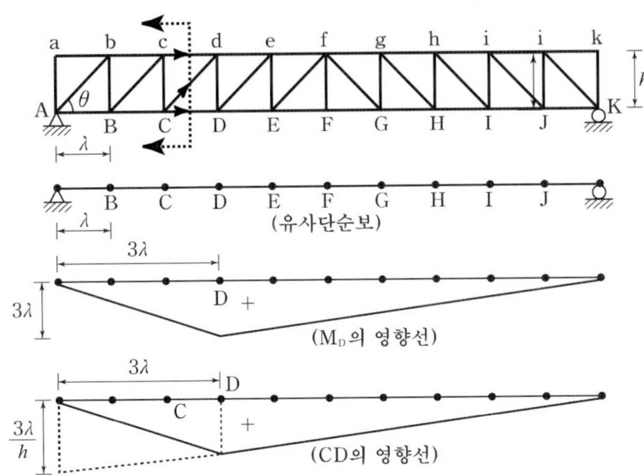

11 다음 그림과 같이 탄성계수 E와 단면2차모멘트 I가 일정한 부정정보의 부재 AB와 BC의 강성 매트릭스가 $[K]$와 같을 때, B점에서의 회전 변위의 크기는?

$$A = \frac{EI}{L^3}\begin{bmatrix} 12 & 6L & -12 & 6L \\ 6L & 4L^2 & -6L & 2L^2 \\ -12 & -6L & 12 & -6L \\ 6L & 2L^2 & -6L & 4L^2 \end{bmatrix}$$

① $\dfrac{wL^3}{96EI}$ ② $\dfrac{wL^3}{128EI}$

③ $\dfrac{wL^3}{384EI}$ ④ $\dfrac{wL^3}{1284EI}$

■ 강의식 해설 및 정답 : ①

주어진 강성도 매트릭스$[K]$와 상관없이 보의 강성은 EI이다.
B점은 1/2을 전달하는 구조이므로

$$\theta_B = \frac{M_B L}{4EI} = \frac{\frac{wL^2}{24}(L)}{4EI} = \frac{wL^3}{96EI}$$

12 다음 그림과 같은 하중이 작용하는 단순보에서 B점의 회전각은? (단, EI는 일정하다)

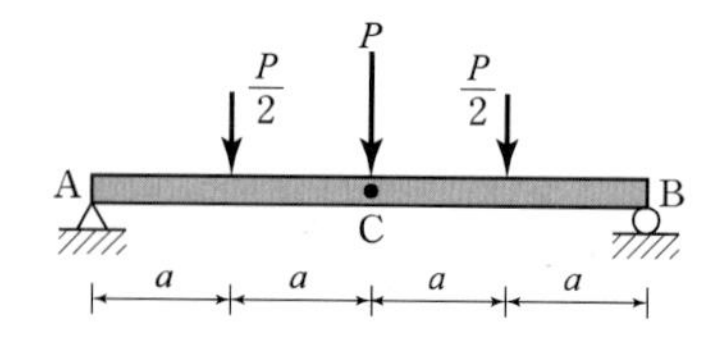

① $\dfrac{7Pa^2}{8EI}$ ② $\dfrac{7Pa^2}{6EI}$

③ $\dfrac{5Pa^2}{4EI}$ ④ $\dfrac{7Pa^2}{4EI}$

■ 강의식 해설 및 정답 : ④

중첩을 적용하면

$$\theta_B = \frac{Pa}{2EI}(L-a) + \frac{PL^2}{16EI} = \frac{\frac{P}{2}(a)}{2EI}(4a-a) + \frac{P(4a)^2}{16EI} = \frac{7Pa^2}{4EI}$$

13 다음 그림과 같은 3연속보에서 휨강성 EI가 일정할 때 절대최대모멘트가 발생하는 위치는?

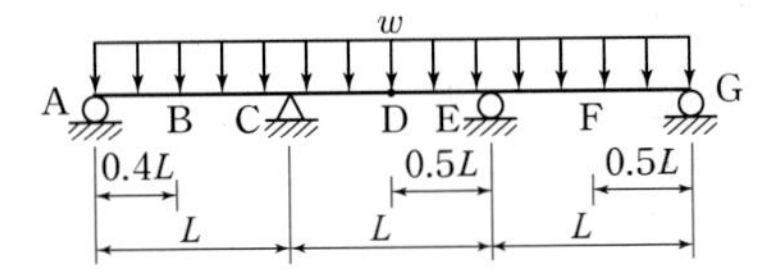

① B
② C
③ D
④ F

■ 강의식 해설 및 정답 : ②

2경간 연속보에서 대칭하중이 작용하므로 절대최대휨모멘트는 중간지점 C, E에서 발생한다.

14 다음 그림과 같은 단면을 갖는 부재에 대하여 도심에서 가로, 세로축을 각각 x, y라고 할 때, 도심축의 단면2차모멘트 I_x, I_y 및 상승모멘트 I_{xy}그리고 주단면2차모멘트 $I_{1,2}$에 대한 식을 바르게 표기한 것은?

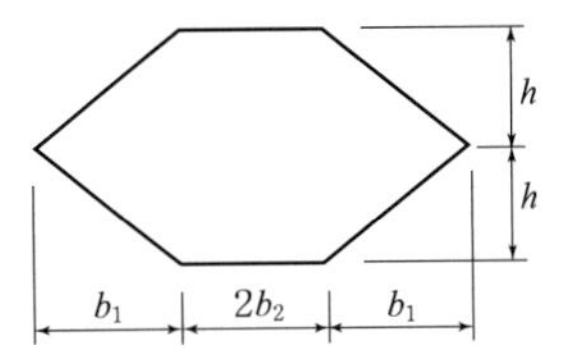

① $I_x = 2\times\left(\dfrac{b_1(2h)^3}{48}\right)+\dfrac{b_2(2h)^3}{12}$

② $I_y = 2\times\left(\dfrac{b_1^3(2h)}{36}+b_1h\left(\dfrac{b_1}{3}+b_2\right)^2+\dfrac{b_2^3(2h)}{3}\right)$

③ $I_{xy} = 2\times\dfrac{b_1(2h)^3}{12}$

④ $I_{1,2} = \dfrac{I_x+I_y}{2}+\sqrt{(I_x-I_y)^2+4I_{xy}^2}$

■ 강의식 해설 및 정답 : ②

도심을 지나는 y축에서 평행축 정리를 적용하면

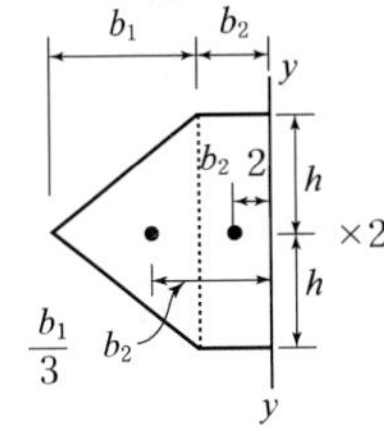

$$I_y = 2\times\left(\frac{b_1^3(2h)}{36}+b_1h\left(\frac{b_1}{3}+b_2\right)^2+\frac{b_2^3(2h)}{3}\right)$$

① $I_x = 2\times\left(\dfrac{b_1(2h)^3}{48}\right)+\dfrac{2b_2(2h)^3}{12}$

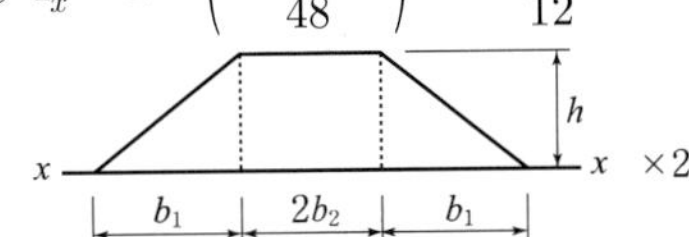

③ $I_{xy}=0$ (대칭축을 지나므로 0이다)

④ $I_{1,2} = \dfrac{I_x+I_y}{2}+\sqrt{\left(\dfrac{I_x-I_y}{2}\right)^2+{I_{xy}}^2} = \dfrac{I_x+I_y}{2}+\dfrac{1}{2}\sqrt{(I_x-I_y)^2+4{I_{xy}}^2}$

15 다음 그림과 같은 2경간 연속보에서 지점 A의 반력은?

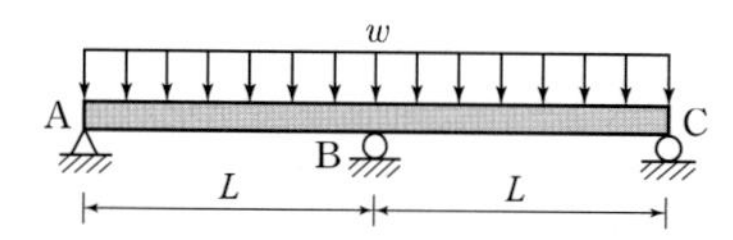

① $\dfrac{3}{16}wL$　② $\dfrac{5}{16}wL$

③ $\dfrac{3}{8}wL$　④ $\dfrac{5}{8}wL$

■ 강의식 해설 및 정답 : ③

A점의 반력은 고정지지보에 등분포하중이 작용할 때와 같으므로 $R_A = \dfrac{3wL}{8}$ (상향)

16 다음 그림과 같은 내부 힌지가 있는 구조물에 하중이 작용할 때, 내부힌지 B점의 처짐은? (단, EI는 일정하다)

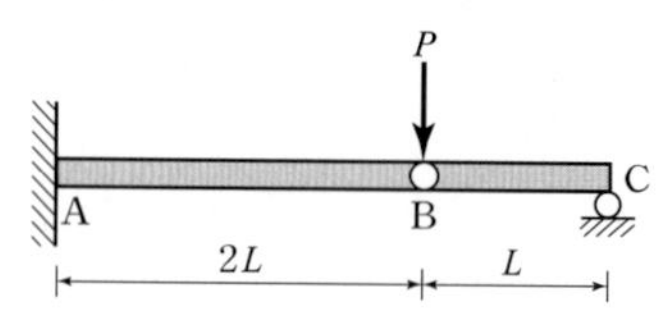

① $\dfrac{PL^3}{6EI}$　② $\dfrac{PL^3}{3EI}$

③ $\dfrac{3PL^3}{2EI}$　④ $\dfrac{8PL^3}{3EI}$

■ 강의식 해설 및 정답 : ④

힌지점의 처짐은 캔틸레버보의 처짐과 같으므로 $\delta_B = \dfrac{P(2L)^3}{3EI} = \dfrac{8PL^3}{3EI}$

17 다음 그림과 같은 Wide Flange보에 전단력 $V = 40$kN이 작용할 때, 최대전단응력과 가장 가까운 값은? (단, $I_{\min} = 24 \times 10^7 \mathrm{mm}^4$이다)

① 5MPa
② 8MPa
③ 50MPa
④ 80MPa

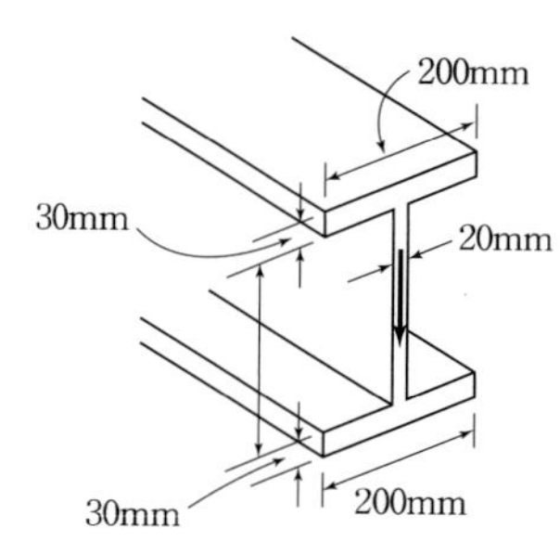

■ 강의식 해설 및 정답 : ②

두께가 얇은 Web-Flange 단면의 최대전단응력은 복부내의 평균전단응력과 같다.

$\tau_{\max} \fallingdotseq \dfrac{V}{ht_w} = \dfrac{40 \times 10^3}{240(20)} \fallingdotseq 8.3\mathrm{MPa}$

18 다음 그림과 같이 양단 단순지지된 장주에서 y방향의 변위는 $EI\dfrac{d^2y}{dx^2}=-Py$의 미분방정식으로 나타낼 수 있다. 이 방정식을 만족하는 P값은 무수히 많으나 이 중 가장 작은 좌굴하중 P_1과 두 번째로 작은 P_2와의 비(P_1 : P_2)는? (단, P는 좌굴하중, E는 탄성계수, I는 단면2차모멘트이다)

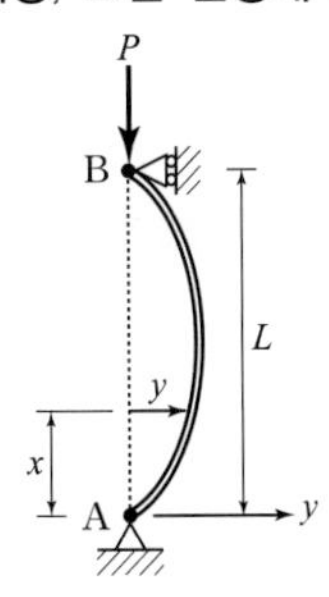

① 1 : 2
② 1 : 3
③ 1 : 4
④ 1 : 9

■ 강의식 해설 및 정답 : ③

1회 좌굴 시 좌굴하중 $P_1=\dfrac{\pi^2EI}{L^2}$

2회 좌굴 시 좌굴하중 $P_2=\dfrac{4\pi^2EI}{L^2}$

$\therefore\ P_1 : P_2 = 1 : 4$

19 다음 그림과 같은 반지름 40mm의 강재 샤프트에서 비틀림변형에너지는? (단, A는 고정단이고, 전단탄성계수 $G=90$GPa, 극관성모멘트 $J=5\times10^{-6}$m⁴이다)

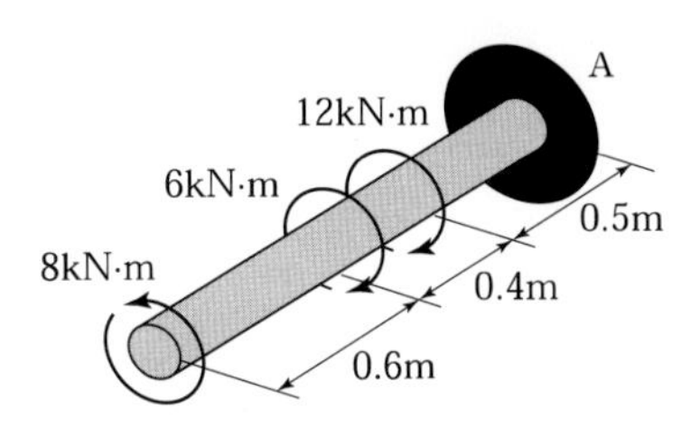

① 5J
② 10J
③ 50J
④ 100J

■ 강의식 해설 및 정답 : ④

구간에 따라 비틀림이 변하므로

$$U=\Sigma\frac{T^2L}{2GJ}=\frac{(8\times10^6)^2(600)+(-2\times10^6)^2(400)+(-10\times10^6)^2(500)}{2(90\times10^3)(5\times10^{-6}\times1000^3)}$$

$=100{,}000\text{N}\cdot\text{m}=100\text{kN}\cdot\text{m}$

20 다음 그림에서 점 C의 수직 변위 δ_c를 구하기 위한 가상일의 원리를 바르게 표기한 것은? (단, 두 구조계는 동일하다)

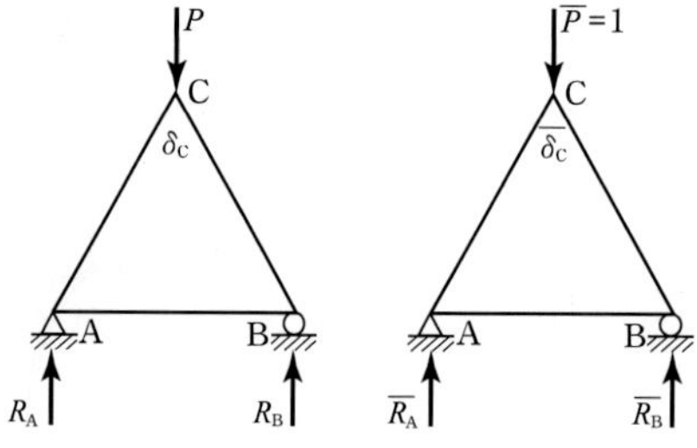

① $W_e = R_A \times 0 + 1 \times \delta_c + R_B \times 0$

② $W_e = R_A \times 0 + 1 \times \delta_c + \overline{R_B} \times 0$

③ $W_e = \overline{R_A} \times 0 + 1 \times \delta_c + \overline{R_B} \times 0$

④ $W_e = \overline{R_A} \times 0 + 1 \times \delta_c + R_B \times 0$

▪ 강의식 해설 및 정답 : ③

외적 가상일은 가상하중에 실제변위의 곱으로 표현되므로

$W_e = \overline{R_A} \times 0 + 1 \times \delta_C + \overline{R_B} \times 0$

2017 국가직 9급 응용역학개론

1 균일원형 단면 강봉에 인장력이 작용할 때, 강봉의 지름을 3배로 증가시키면 응력은 몇 배가 되는가? (단, 강봉의 자중은 무시한다)

① $\frac{1}{27}$　　② $\frac{1}{9}$

③ 3　　④ 9

■ 강의식 해설 및 정답 : ②

$\sigma = \frac{P}{A} = \frac{4P}{\pi d^2} \propto \frac{1}{d^2}$ 에서

지름이 3배로 증가하면 응력은 1/9로 감소한다.

보충 변한 배수를 대입하면 배수를 구할 수 있으므로 공식에 문제에서 주어진 배수만 수 계산한다.

∴ 지름이 3배가 되므로 $d=3$을 대입하면 응력은 9배가 된다.

2 단위가 나머지 셋과 다른 것은?

① 인장 응력　　② 비틀림 응력

③ 전단 변형률　　④ 철근의 탄성계수

■ 강의식 해설 및 정답 : ③

전단변형률(γ)은 변형각도이므로 무차원량(rad)을 갖는다.

3 그림과 같은 xy 평면상의 두 힘 P_1, P_2의 합력의 크기[kN]는?

① 5

② $5\sqrt{7}$

③ 10

④ $10\sqrt{7}$

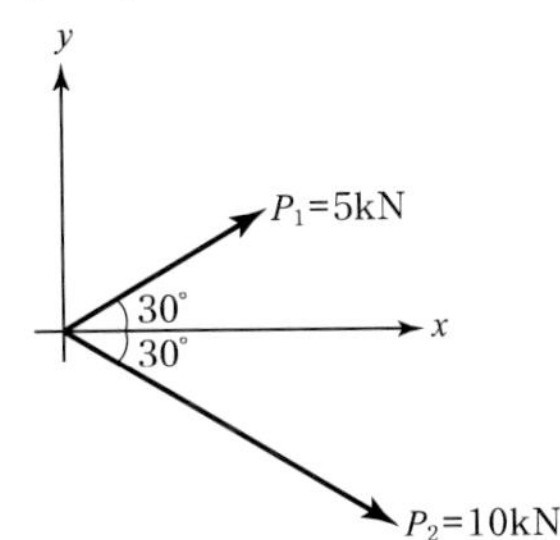

■ 강의식 해설 및 정답 : ②

두 힘의 합력 $R = \sqrt{P_1^2 + P_2^2 + 2P_1P_2\cos\text{사잇각}} = \sqrt{5^2 + 10^2 + 2(5)(10)\cos 60°} = \sqrt{175} = 5\sqrt{7}$ kN

보충 공통인수 5는 묶어내고 남는 수만 계산한다.

∴ $R = 5\sqrt{1^2 + 2^2 + 2(1)(2)\cos 60°} = 5\sqrt{7}$ kN

4 그림과 같이 단면적 $A=4{,}000\text{mm}^2$인 원형단면을 가진 캔틸레버보의 자유단에 수직하중 P가 작용한다. 이 보의 전단에 대하여 허용할 수 있는 최대하중 P[kN]는? (단, 허용전단응력은 1N/mm^2이다)

① 2.25
② 3.00
③ 3.50
④ 4.50

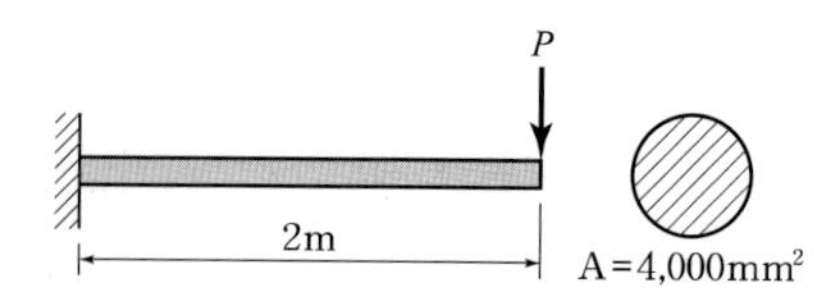

■ 강의식 해설 및 정답 : ②

최대전단응력이 허용응력 이하라야 한다는 조건을 적용하면

$\tau_{\max}=\dfrac{4}{3}\dfrac{S}{A}=\dfrac{4}{3}\dfrac{P}{4{,}000}\le\tau_a=1$에서

$P\le 3{,}000\,\text{N}=3\,\text{kN}$

5 그림과 같이 빗금 친 단면의 도심이 x축과 평행한 직선 A-A를 통과한다고 하면, x축으로부터의 거리 c의 값은?

① $\dfrac{3}{4}a$

② $\dfrac{4}{5}a$

③ $\dfrac{5}{6}a$

④ $\dfrac{6}{7}a$

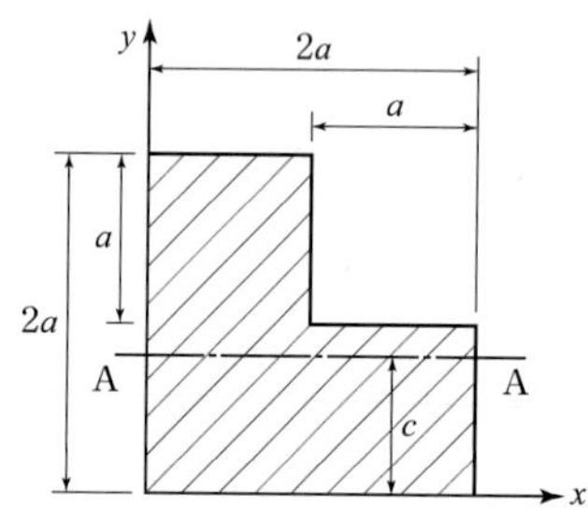

■ 강의식 해설 및 정답 : ③

두 개의 단면으로 나누어 면적비를 구하면 2 : 1이므로 x축에서 면적가중평균을 취하면

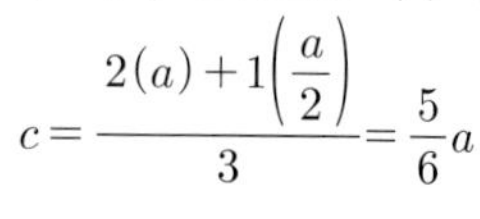

$$c=\frac{2(a)+1\left(\dfrac{a}{2}\right)}{3}=\frac{5}{6}a$$

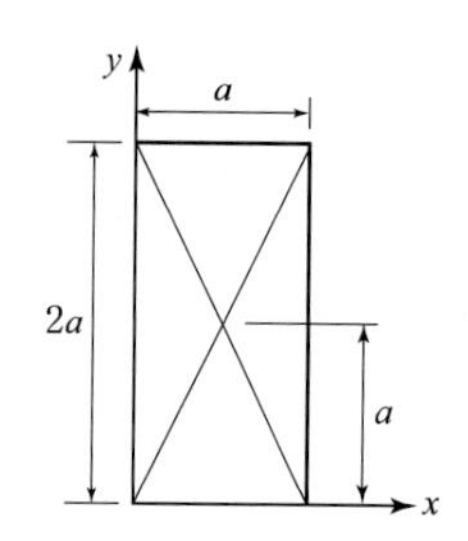

+

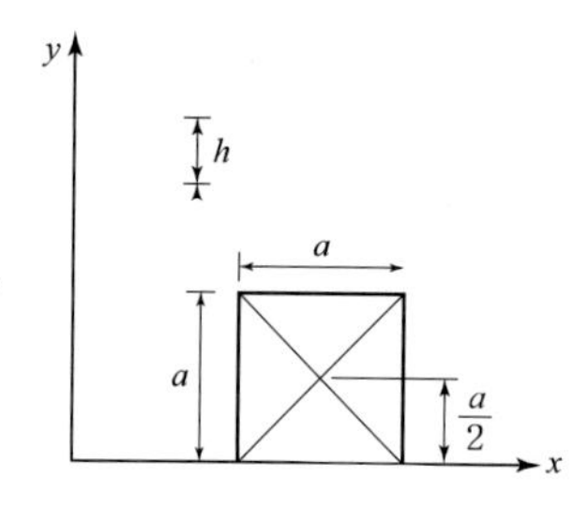

보충 전체와 중공의 면적비가 4 : 1이므로

$y=\dfrac{7}{6}$(중공단면의 일반도심을 전체치수로 표시)$=\dfrac{7}{6}(a)$

이 값은 긴 쪽 거리이므로 짧은 쪽 거리로 바꾸면 c가 된다.

$\therefore\ c=2a-y=2a-\dfrac{7}{6}a=\dfrac{5}{6}a$

6 그림과 같이 집중하중 P가 작용하는 트러스 구조물에서 부재력이 발생하지 않는 부재의 총 개수는? (단, 트러스의 자중은 무시한다)

① 0
② 1
③ 3
④ 5

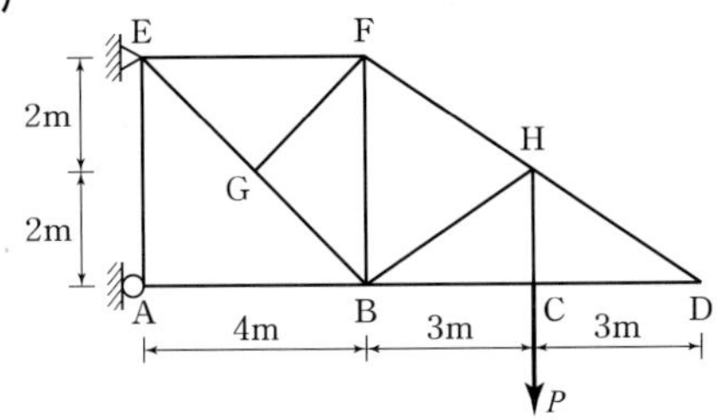

■ 강의식 해설 및 정답 : ④

영부재는 반력을 표시하고 각 절점에서 평형을 적용하여 구한다.
먼저 자유단으로부터 ㄱ, ㄴ에서 찾으면 CD, BC가 영부재이고, 중앙부에서 ㅏ, ㅓ, ㅗ, ㅜ에서 찾으면 GF와 지점에서 AE가 영부재이다.
∴ 영부재수는 5개이다.

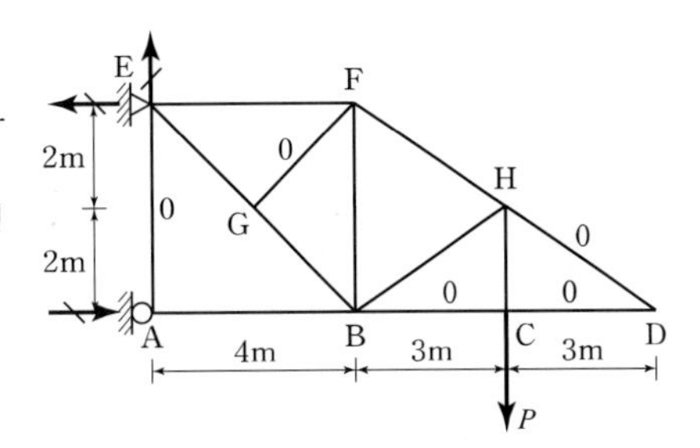

7 한 변이 40mm인 정사각형 단면의 강봉에 100kN의 인장력을 가하였더니 강봉의 길이가 1mm 증가하였다. 이때, 강봉에 저장된 변형에너지[N · m]의 크기는? (단, 강봉은 선형탄성 거동하는 것으로 가정하며, 자중은 무시한다)

① 4
② 10
③ 30
④ 50

■ 강의식 해설 및 정답 : ④

선형 탄성거동을 하는 경우 변형에너지

$$U = W = \frac{P\delta}{2} = \frac{100 \times 10^3 (1 \times 10^{-3})}{2} = 50\,\mathrm{N \cdot m}$$

보충 선형탄성인 경우 하중-변위 선도의 면적은 삼각형이 된다.
∴ 외력이 한 일은 변형에너지와 같고, 하중-변위선도의 아래쪽 면적이므로 삼각형의 면적과 같다.

8 그림과 같은 트러스 구조물에서 모든 부재의 온도가 20°C 상승할 경우 각 부재의 부재력은? (단, 모든 부재의 열팽창계수는 α[1/°C]이고, 탄성계수는 E로 동일하다. AB, AC 부재의 단면적은 A_1, BC부재의 단면적은 A_2이다. 모든 부재의 초기 부재력은 0으로 가정하고, 자중은 무시한다)

	AB	BC	AC
①	0	0	0
②	0	$20\alpha EA_2$(압축)	0
③	$20\alpha EA_1$(인장)	0	$20\alpha EA_1$(인장)
④	0	$20\alpha EA_2$(인장)	0

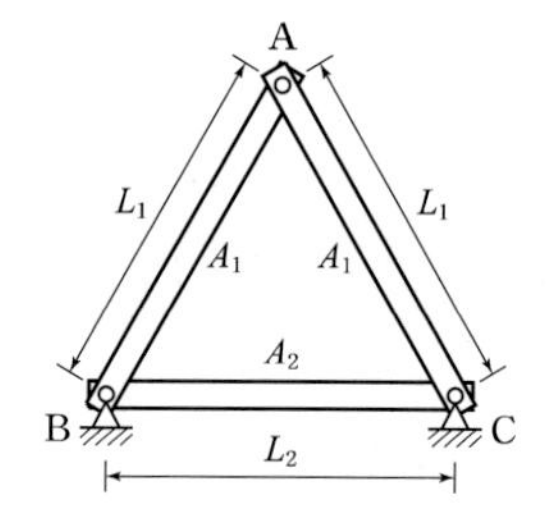

■ 강의식 해설 및 정답 : ②

변형이 자유로운 AB와 AC는 부재력이 생기지 않고, 변형이 구속된 AC부재에만 부재력이 발생하다.

$\therefore AB = AC = 0$

$BC = \alpha(20)EA_2 = 20\alpha EA_2$

9 그림과 같은 구조물의 부정정 차수는? (단, C점은 로울러 연결 지점이다)

① 1
② 2
③ 3
④ 4

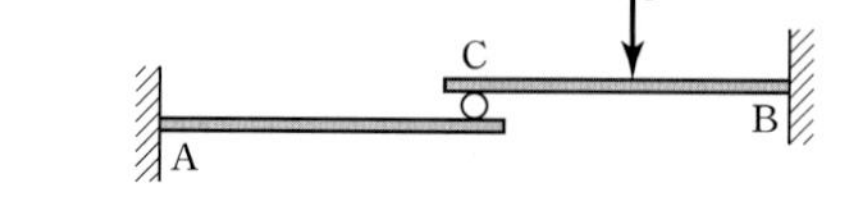

■ 강의식 해설 및 정답 : ①

C점을 통하여 전달되는 수직반력만이 미지수이므로 1차 부정정 구조이다.

10 그림과 같이 보는 등분포하중 q_1과 q_2에 의해 힘의 평형상태에 있다. 이 보의 최대 휨모멘트 크기[kN·m]는? (단, a = 2m, b = 6m, q_1 = 10kN/m이며, 보의 자중은 무시한다)

① 25
② 30
③ 35
④ 40

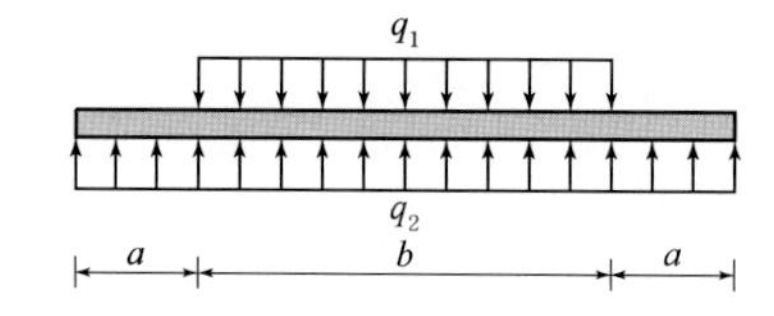

■ 강의식 해설 및 정답 : ②

(1) q_2 계산

$\Sigma V = 0$을 적용하면 $q_1 b = q_2(2a+b)$에서

$10(6) = q_2(2\times 2+6)$ $\therefore$ $q_2 = 6\,\text{kN}$

➡ 실제 계산에서는 그림에 수치를 표현하고 $\Sigma V = 0$을 바로 적용한다.

(2) 최대 휨모멘트

대칭이므로 중앙점에서 최대휨모멘트가 발생한다. 따라서 중앙점을 절단하여 한쪽의 모멘트를 구하면

$$M_{중앙} = \frac{q_2\left(a+\frac{b}{2}\right)^2}{2} - \frac{q_1\left(\frac{b}{2}\right)^2}{2} = \frac{6\left(2+\frac{6}{2}\right)^2}{2} - \frac{10\left(\frac{6}{2}\right)^2}{2} = 30\,\mathrm{kN \cdot m}$$

➡ 중앙점이므로 실제 계산에서는 우력의 원리를 적용한다.

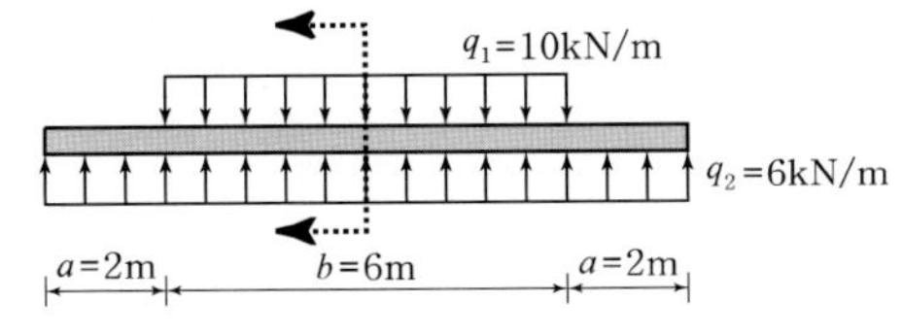

11 그림과 같은 xy평면상의 구조물에서 지점 A의 반력모멘트[kN · m]의 크기는? (단, 구조물의 자중은 무시한다)

① 70

② 100

③ 104

④ 130

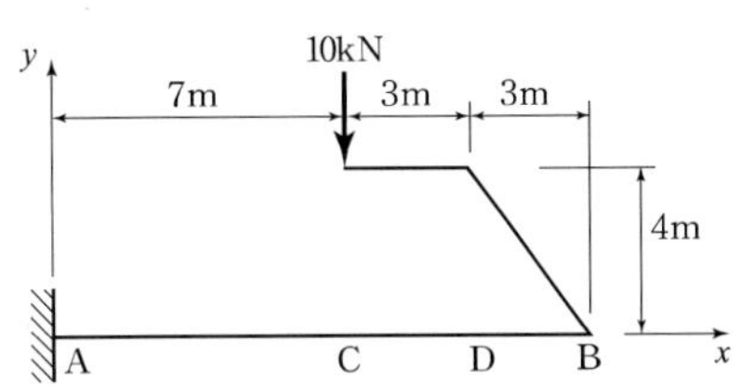

■ 강의식 해설 및 정답 : ①

A점의 반력 모멘트는 힘에 대한 수직거리를 곱한 값과 같으므로

$M_A = 10(7) = 70\,\mathrm{kN \cdot m}$ (반시계방향)

12 그림과 같이 휨강성 EI가 일정한 내민보의 자유단에 수직하중 P가 작용하고 있을 때, 하중작용점에서 수직 처짐의 크기는? (단, 보의 자중은 무시한다)

① $\frac{PL^3}{3EI}$

② $\frac{4PL^3}{3EI}$

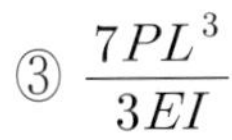

③ $\frac{7PL^3}{3EI}$

④ $\frac{10PL^3}{3EI}$

■ 강의식 해설 및 정답 : ②

내민보에 집중하중이 작용하는 경우 하중점 처짐

$$\delta = \frac{P(\text{내민길이})^2}{3EI}(\text{전길이}) = \frac{P(L^2)}{3EI}(4L) = \frac{4PL^3}{3EI}$$

13 그림과 같은 부정정 구조물에 등변분포 하중이 작용할 때, 반력의 총 개수는? (단, B점은 강결되어 있다)

① 4
② 5
③ 6
④ 7

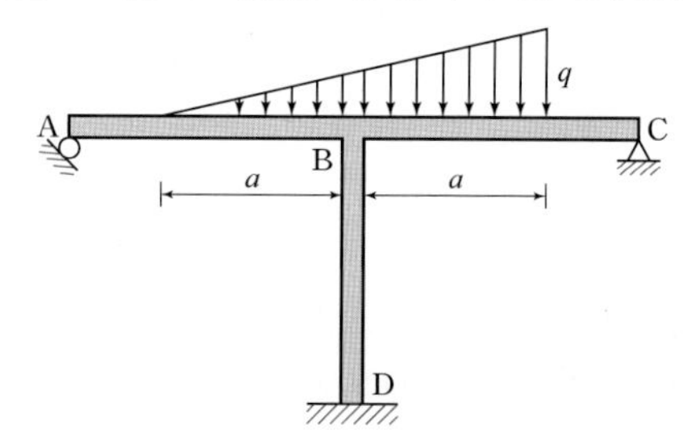

■ 강의식 해설 및 정답 : ③

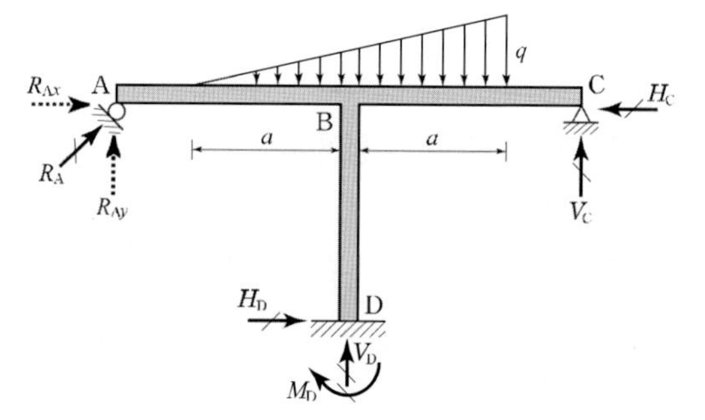

(1) A점(이동지점) 반력
이동지점이므로 지점에 수직한 방향으로 반력이 1개가 발생한다.

(2) B점(회전지점) 반력
회전지점으로 수직하중에 의한 수직반력과 A점 반력의 수평성분으로 인한 수평반력 2개가 발생한다.

(3) C점(고정지점) 반력
고정지점으로 수직하중으로 인한 수직반력과, 전단되는 모멘트에 의한 모멘트 반력, 분배모멘트와 전달모멘트에 의한 수평반력 3개가 발생한다.

∴ 단순하게 생각하면 해당 지점에 대응하는 총 반력수와 같다.

14 그림과 같은 단순보에서 D점의 전단력은? (단, 보의 자중은 무시한다)

① $\dfrac{P}{2}+\dfrac{wL}{2}$

② $\dfrac{wL}{2}$

③ $\dfrac{P}{2}+\dfrac{wL}{4}$

④ $\dfrac{P}{2}$

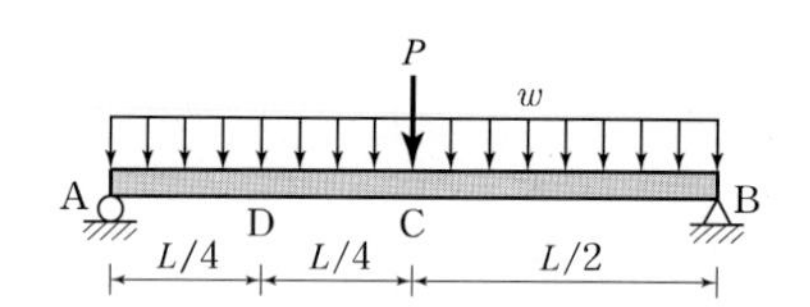

■ 강의식 해설 및 정답 : ③

D점을 절단하여 왼쪽의 수직력을 구하면

$$S_D = R_A - wx = \frac{P}{2}+\frac{wL}{2}-\frac{wL}{4}=\frac{P}{2}+\frac{wL}{4}$$

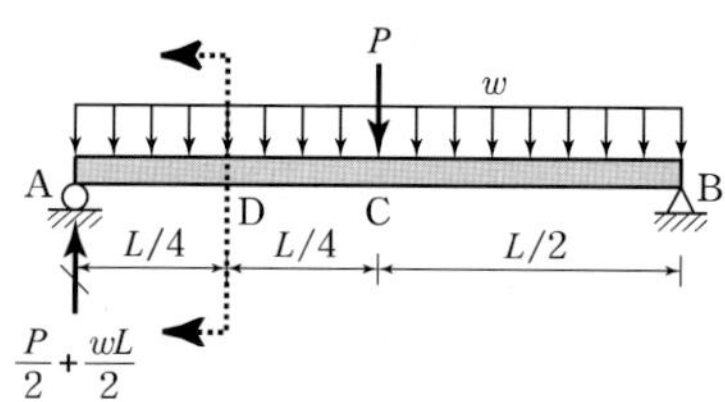

보충 중첩을 적용하면 $S_D = \dfrac{P}{2}+\dfrac{w}{2}\left(\dfrac{3L}{4}-\dfrac{L}{4}\right)=\dfrac{P}{2}+\dfrac{wL}{4}$

여기서, 임의점 전단력 : $S_D = \dfrac{w}{2}(b-a)$

15 그림과 같이 길이 11m인 단순보 위에 길이 5m의 또 다른 단순보(CD)가 놓여 있다. 지점 A와 B에 동일한 수직 반력이 발생하도록 만들기 원한다면, $3P$의 크기를 갖는 집중하중을 보 CD 위의 어느 위치에 작용시켜야 하나? (단, 지점 D에서 떨어진 거리 x(m)를 결정하며, 모든 자중은 무시한다)

① 1
② 2
③ 3
④ 4

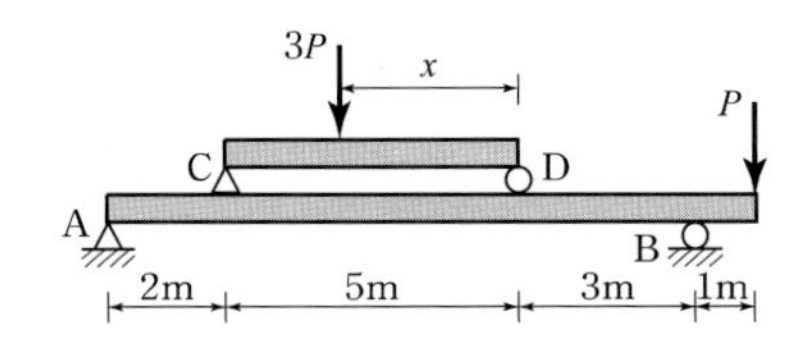

■ 강의식 해설 및 정답 : ④

A, B에 동일한 수직반력이 발생하므로

$R_A = R_B = \frac{전하중}{2} = \frac{4P}{2} = 2P$

B점에서 모멘트 평형을 적용하면

$R_A = \frac{3P(x+3) - P(1)}{10} = 2P$에서

$x = 4\text{m}$

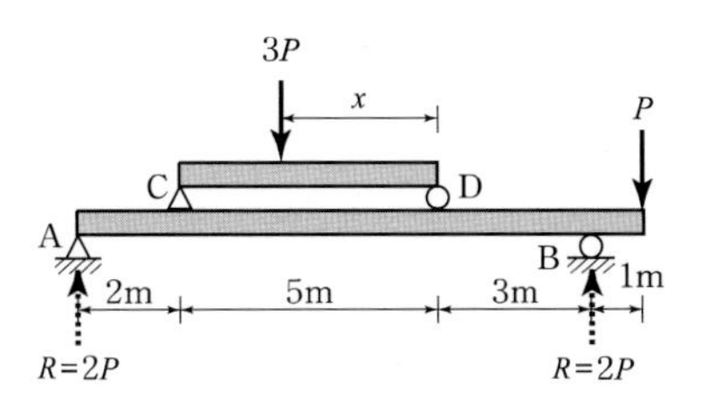

16 그림과 같은 하중이 작용하는 직사각형 단면의 단순보에서 전단력을 지지할 수 있는 지간 L의 최대 길이[m]는? (단, 보의 자중은 무시하고, 허용전단응력은 1.5MPa이다)

① 8
② 12
③ 16
④ 20

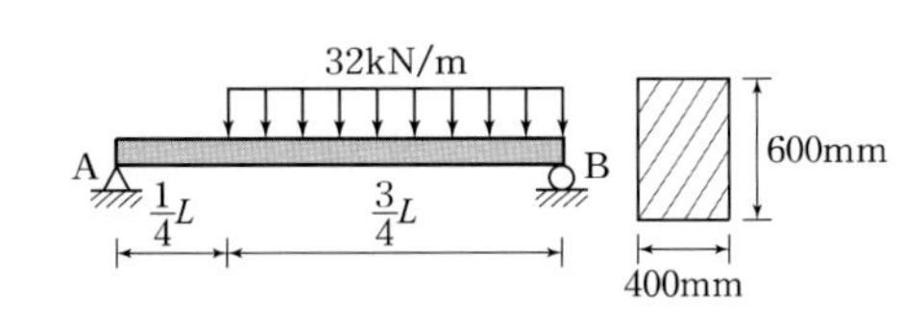

■ 강의식 해설 및 정답 : ③

최대전단응력이 허용응력 이하라야 한다는 조건을 적용하면

$\tau_{\max} = \frac{3}{2}\frac{S_{\max}}{A} = \frac{3}{2}\frac{15L}{400(600)} \le \tau_a = 1.5$

$\therefore\ L \le 16{,}000\text{mm} = 16\text{m}$

여기서, 단순보의 최대전단력은 최대반력과 같으므로

$S_{\max} = R_{\max} = R_B = \frac{32 \times \frac{3L}{4}\left(\frac{L}{4} + \frac{3L}{8}\right)}{L} = 15L$

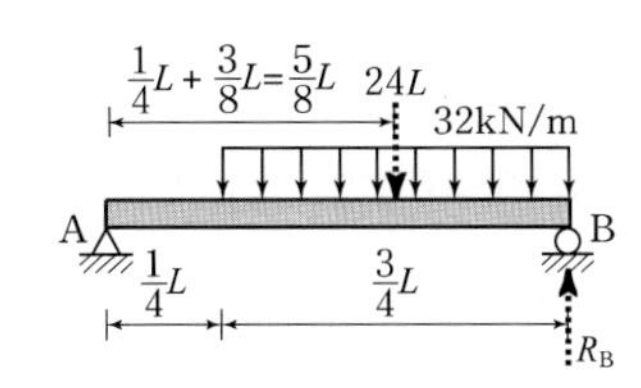

17 그림과 같이 길이가 L인 기둥의 중실원형 단면이 있다. 단면의 도심을 지나는 A-A축에 대한 세장비는?

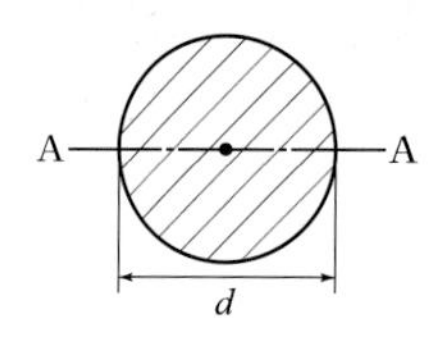

① $\dfrac{L}{d}$　　② $\dfrac{2L}{d}$

③ $\dfrac{2\sqrt{2}L}{d}$　　④ $\dfrac{4L}{d}$

■ 강의식 해설 및 정답 : ④

세장비 $\lambda = \dfrac{L_k}{r_{\min}} = \dfrac{4L}{d}$

18 그림과 같은 트러스 구조물에서 C점에 수직하중이 작용할 때, 부재 CG와 BG의 부재력(F_{CG}, F_{BG})[kN]은? (단, 트러스의 자중은 무시한다)

	F_{CG}	F_{BG}
①	20(압축)	0
②	0	20(압축)
③	30(압축)	0
④	20(압축)	30(압축)

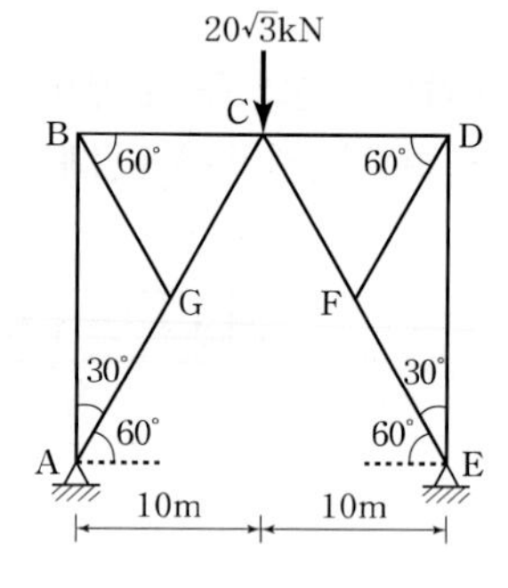

■ 강의식 해설 및 정답 : ①

(1) BG의 부재력

G점에서 절단하면 $F_{BG} = 0$

(2) CG의 부재력

BG가 영부재이므로 CG와 AG의 부재력은 같다.

따라서 시력도 폐합조건에 의해 수평반력을 확장하면

$$F_{CG} = F_{AG} = H_A(2) = \frac{10\sqrt{3}(10)}{10\tan 60°}(2) = 20\,\text{kN}$$

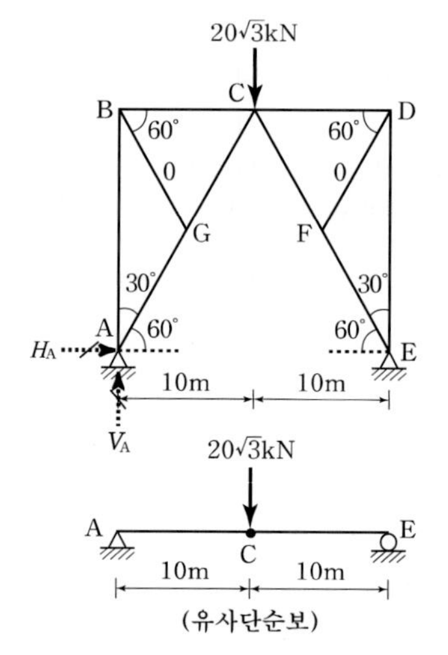

19 그림과 같이 배열된 무게 1,200kN을 지지하는 도르래 연결 구조에서 수평방향에 대해 60° 로 작용하는 케이블의 장력 T[kN]는? (단, 도르래와 베어링 사이의 마찰은 무시하고, 도르래와 케이블의 자중은 무시한다)

① $100\sqrt{3}$
② 300
③ $300\sqrt{3}$
④ 600

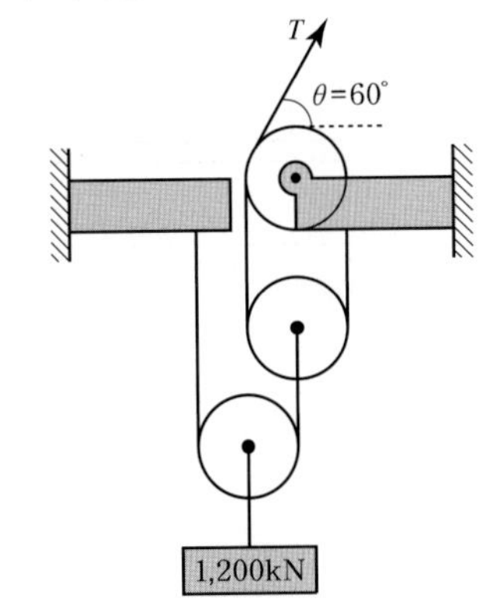

■ 강의식 해설 및 정답 : ②

평형조건을 적용하면 위쪽 도르래에 작용하는 힘은 $2T$이고, 한 줄 선상의 힘은 같으므로 아래쪽 도르래에는 $4T$가 작용한다.

∴ $4T=1{,}200$에서 $T=300\,\text{kN}$

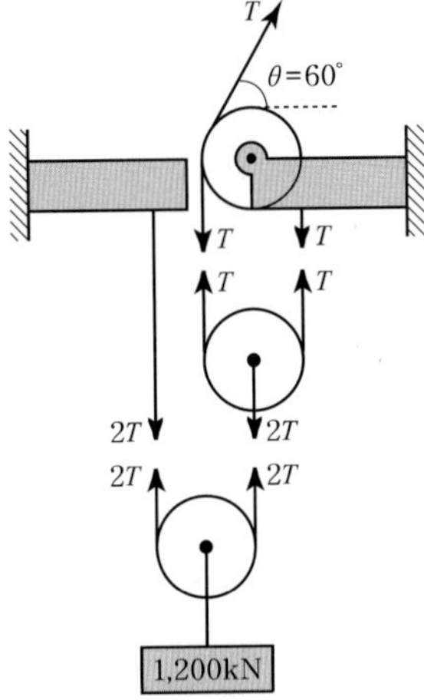

20 그림과 같은 단순보에서 최대 휨모멘트가 발생하는 단면까지의 A로부터의 거리 x[m]와 최대 휨모멘트 $M_{\max}$[kN · m]는? (단, 보의 자중은 무시한다)

	x	$M_{\max}$
①	2	80
②	2	90
③	3	80
④	3	90

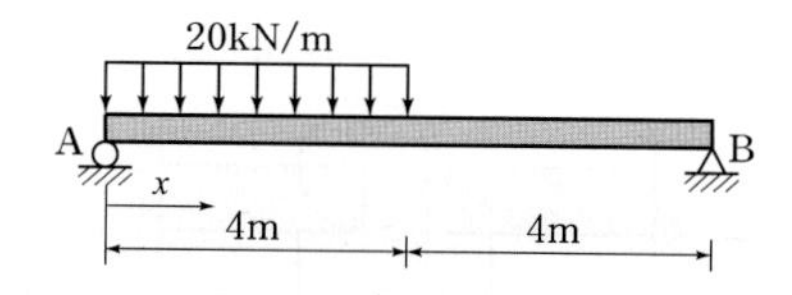

■ 강의식 해설 및 정답 : ④

(1) $M_{\max}$ 발생 위치(x)

$$x = \frac{3L}{8} = \frac{3(8)}{8} = 3\,\mathrm{m}$$

(2) 최대휨모멘트($M_{\max}$)

$$M_{\max} = \frac{9wL^2}{128} = \frac{9(20)(8^2)}{128} = 90\,\mathrm{kN{\cdot}m}$$

보충 보의 해석

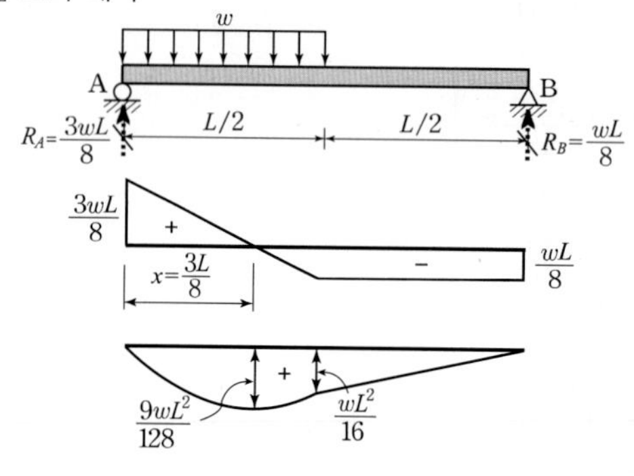

2017 지방직 9급 응용역학개론

1 그림과 같이 보 BD가 같은 탄성계수를 갖는 케이블 AB와 CD에 의해 수직하중 P를 지지하고 있다. 케이블 AB의 길이가 L이라 할 때, 보 BD가 수평을 유지하기 위한 케이블 CD의 길이는? (단, 보 BD는 강체이고, 케이블 AB의 단면적은 케이블 CD의 단면적의 3배이며, 모든 자중은 무시한다)

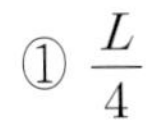
① $\frac{L}{4}$

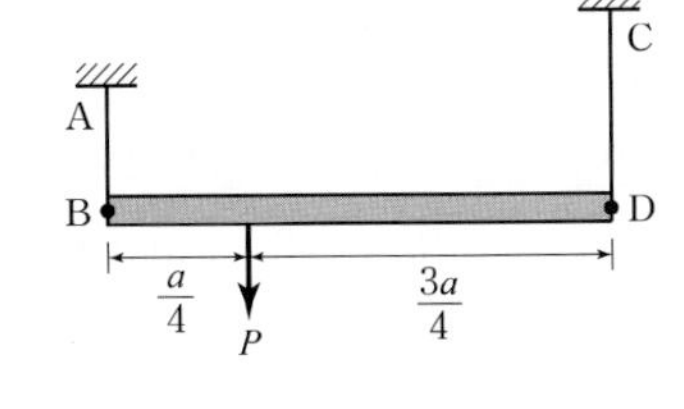

② $\frac{3L}{4}$

③ L

④ $3L$

■ 강의식 해설 및 정답 : ③

단순지지된 강체보 BD가 수평을 유지하므로

$K_{AB}\left(\frac{a}{4}\right)=K_{CD}\left(\frac{3a}{4}\right)$에서

$\frac{E(3A)}{L}\left(\frac{a}{4}\right)=\frac{EA}{x}\left(\frac{3a}{4}\right)$

$\therefore\ x=L$

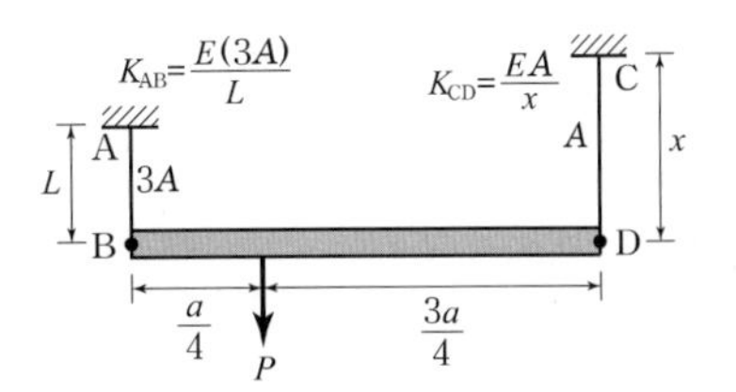

보충 단순지지 강체보-케이블 구조의 변위가 같을 조건 거리와 가까운 스프링상수의 곱이 같아야 한다.

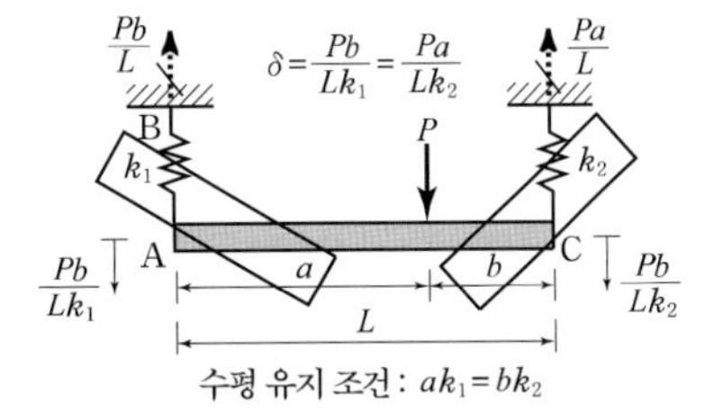

2 그림과 같은 트러스 구조물에서 부재 AD의 부재력[kN]은? (단, 모든 자중은 무시한다)

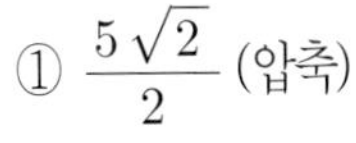
① $\frac{5\sqrt{2}}{2}$ (압축)

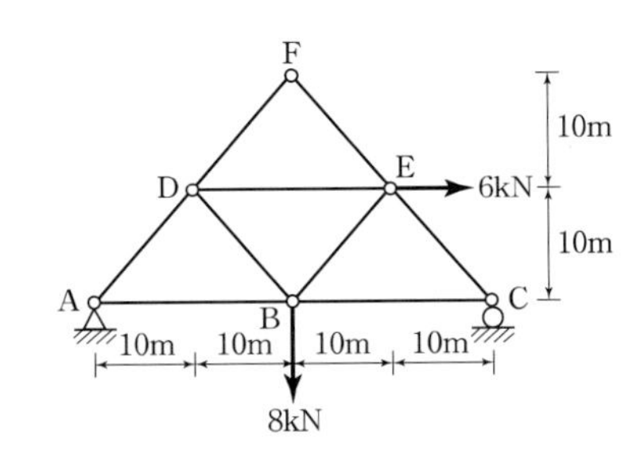

② $\frac{5\sqrt{2}}{2}$ (인장)

③ $\frac{\sqrt{2}}{2}$ (압축)

④ $\frac{\sqrt{2}}{2}$ (인장)

■ 강의식 해설 및 정답 : ①

AD의 부재력은 A점 수직반력의 $\sqrt{2}$ 배이다.

(1) A점 수직반력 : $\Sigma M_C = 0$에서

$$V_A = \frac{8(2칸) - 6(1칸)}{4칸} = \frac{5}{2}\,\text{kN (상향)}$$

(2) AD 부재력

$$AD = V_A(\sqrt{2}) = \frac{5\sqrt{2}}{2}\,\text{kN (압축)}$$

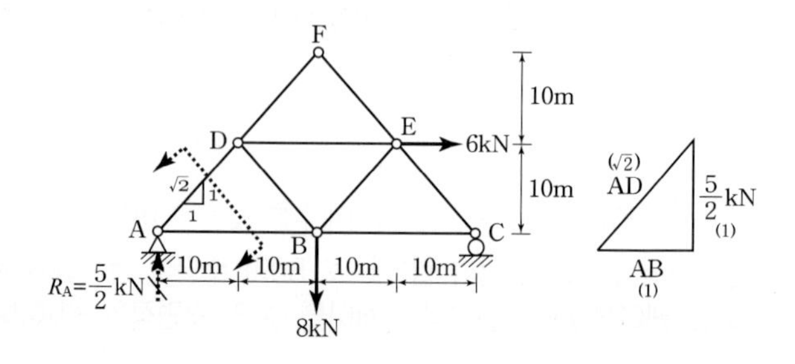

3 지름 $d = 50$mm, 길이 $L = 1$m인 강봉의 원형단면 도심에 축방향 인장력이 작용했을 때 길이는 1mm 늘어나고, 지름은 0.0055mm 줄어들었다. 탄성계수 $E = 1.998 \times 10^5$[N/mm²]라면 전단탄성계수 G의 크기[N/mm²]는? (단, 강보의 축강성은 일정하고, 자중은 무시한다)

① 9.0×10^4　　② 10.0×10^4

③ 12.0×10^4　　④ 15.0×10^4

■ 강의식 해설 및 정답 : ①

탄성계수의 관계식

$$G = \frac{E}{2(1+\nu)} = \frac{1.998 \times 10^5}{2(1+0.11)} = 89{,}189.2\,\text{N/mm}^2 \simeq 9.0 \times 10^4\,\text{MPa}$$

여기서, 포아송비

$$\nu = \frac{L(\Delta D)}{D(\Delta L)} = \frac{1{,}000(0.0055)}{50(1)} = 0.11$$

4 그림과 같이 50kN의 수직하중이 작용하는 트러스 구조물에서 BC 부재력의 크기[kN]는? (단, 모든 자중은 무시한다)

① 0

② 25

③ 50

④ 100

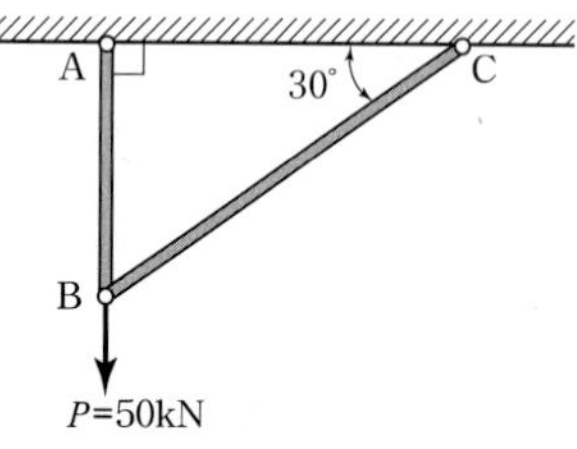

■ 강의식 해설 및 정답 : ①

B점에서 수평력 평형 조건($\Sigma H = 0$)을 적용하면 BC는 영부재이다.

$\therefore\ BC = 0$

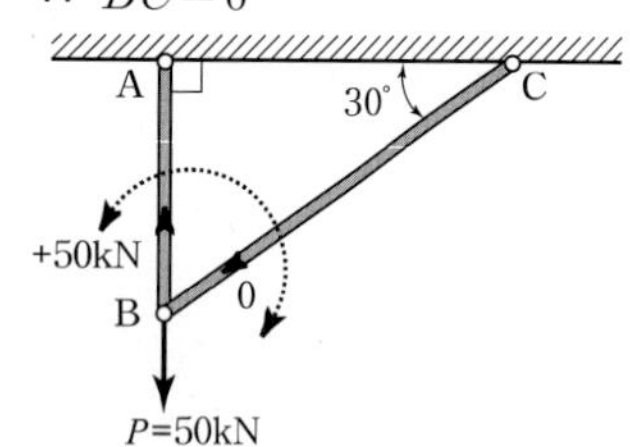

5 케이블 BC의 허용축력이 150kN일 때, 그림과 같은 100kN의 수직하중을 지지할 수 있는 구조물에서, 경사각 $0° \le \theta \le 60°$일 때, 가장 작은 단면의 케이블을 사용하려고 한다. 필요한 경사각의 크기는? (단, 봉 AB는 강체로 가정하고, 모든 자중과 미소변형 및 케이블의 처짐은 무시한다)

〈계산참고(근삿값)〉

$\sin 10° = 0.2$, $\sin 50° = 0.8$, $\sin 60° = 0.9$

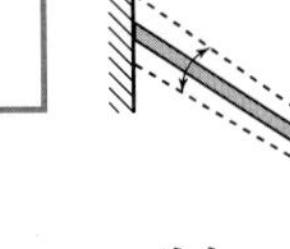

① 10°
② 30°
③ 50°
④ 60°

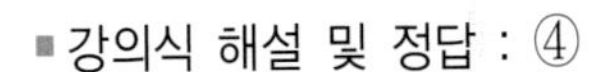

■ 강의식 해설 및 정답 : ④

(1) 부재력 조건

케이블의 부재력은 허용축력 이하라야 하므로

$BC = \dfrac{100}{\sin\theta} \le 150$에서 $\sin\theta \ge \dfrac{100}{150} \simeq 0.67$

(2) 최소 단면 조건

응력이 허용응력 이하라야 하므로

$\sigma = \dfrac{F_{BC}}{A} \ge \sigma_a$에서 $A \le \dfrac{F_{AB}}{\sigma_a} \propto F_{BD}$이다.

∴ 최소단면을 사용한다면 부재력도 최소가 되어야 하므로 각도가 가장 큰 60°가 바람직하다.

6 그림과 같은 정정보의 휨변형에 의한 B점의 수직 변위의 크기[mm]는? (단, B점은 힌지이고, 휨강성 $EI = 100{,}000\text{kN} \cdot \text{m}^2$이고, 자중은 무시한다)

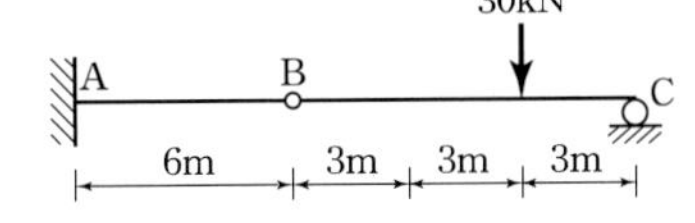

① 3.6
② 7.2
③ 12.2
④ 14.4

■ 강의식 해설 및 정답 : ②

B점으로 전달되는 힘을 받는 캔틸레버보의 처짐과 같으므로

$$\delta_B = \frac{PL^3}{3EI} = \frac{10(6^3)}{3(100{,}000)}$$
$$= 7.2 \times 10^{-3}\text{m} = 7.2\text{mm}$$

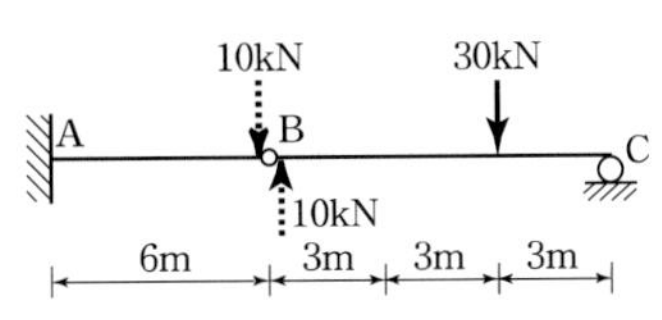

7 그림과 같은 단순보의 수직 반력 R_A 및 R_B가 같기 위한 거리 x의 크기[mm]는? (단, 보의 휨강성 EI는 일정하고, 자중은 무시한다)

① $\dfrac{7}{3}$

② $\dfrac{8}{3}$

③ $\dfrac{10}{3}$

④ $\dfrac{11}{3}$

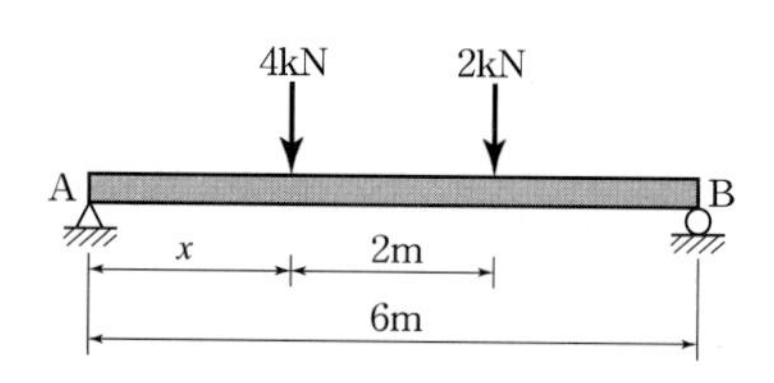

▪ 강의식 해설 및 정답 : ①

두 반력이 같다면 합력의 작용점이 중앙을 지나야 하므로

$x+2\left(\dfrac{1}{3}\right)=3$에서 $x=\dfrac{7}{3}\,\text{m}$

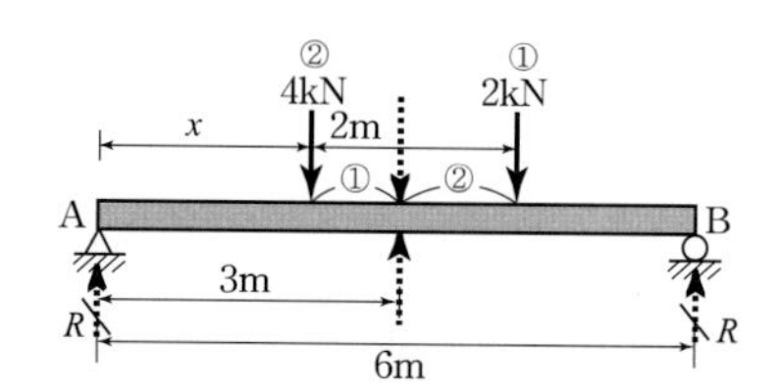

8 그림과 같은 길이가 L인 부정정보에서, B지점이 δ만큼 침하하였다. 이에 B지점에 발생하는 반력의 크기는? (단, 보의 휨강성 EI는 일정하고, 자중은 무시하며, 휨에 의한 변형만을 고려한다)

① $\dfrac{3EI\delta}{2L^3}$

② $\dfrac{EI\delta}{L^3}$

③ $\dfrac{3EI\delta}{L^3}$

④ $\dfrac{6EI\delta}{L^3}$

▪ 강의식 해설 및 정답 : ③

후크의 법칙을 적용하면 $R_B=K\delta=\dfrac{3EI}{L^3}\delta$

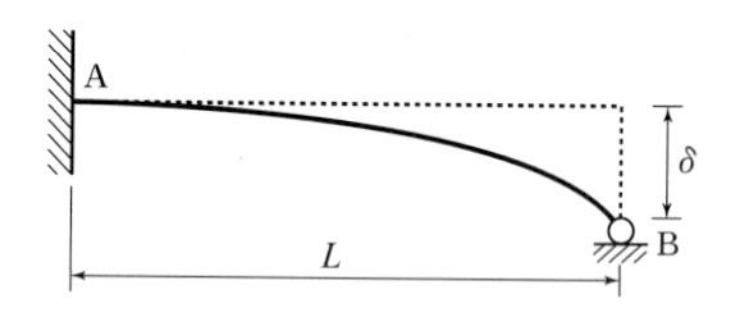

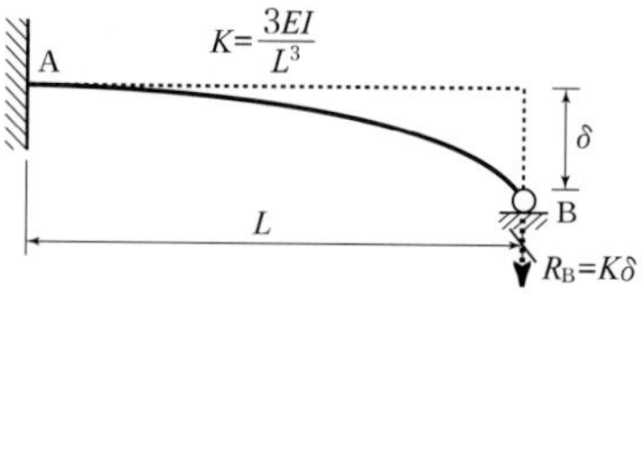

9 그림과 같은 외팔보의 자유단에 모멘트 하중($=PL$)이 작용할 때 보에 저장되는 탄성 변형에너지와 동일한 크기의 탄성 변형에너지를 집중하중을 이용하여 발생시키고자 할 때, 보의 자유단에 작용시켜야 하는 수직하중 Q의 크기는? (단, 모든 보의 휨강성 EI는 일정하고, 자중은 무시한다)

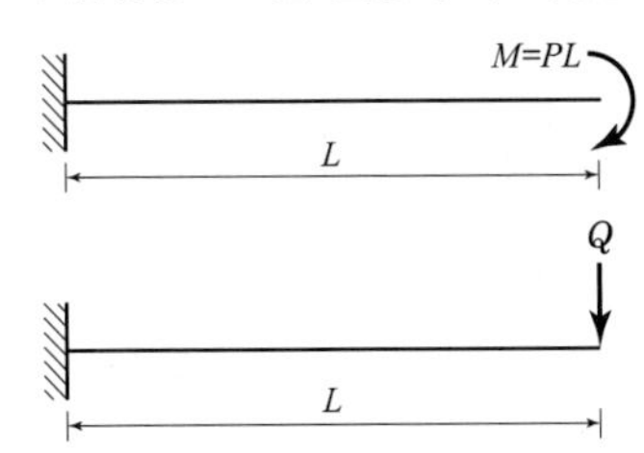

① $\sqrt{2}P$
② $2\sqrt{2}P$
③ $\sqrt{3}P$
④ $2\sqrt{3}P$

■ 강의식 해설 및 정답 : ③

두 보의 변형에너지가 같으므로

$\frac{(PL)L^2}{2EI}=\frac{QL^3}{6EI}$ 에서 $Q=\sqrt{3}P$

10 그림의 봉부재는 단면적이 10,000mm²이며, 단면도심에 압축하중 P를 받고 있다. 이 부재의 변형에너지밀도(strain energy density, u)가 $u=0.01$N/mm²일 때, 수평하중 P의 크기[kN]는? (단, 부재의 축강성 $EA=500$kN이고, 자중은 무시한다)

① 10
② 11
③ 100
④ 110

■ 강의식 해설 및 정답 : ①

$u=\frac{U}{V}=\frac{P^2L}{2EA}\left(\frac{1}{AL}\right)=\frac{P^2}{2EA^2}$ 에서

$P^2=2EA^2u=2(500)(10{,}000)(0.01\times10^{-3})=100$

$\therefore\ P=10\,\text{kN}$

11 그림과 같이 $x-y$평면상에 있는 단면의 최대 주단면 2차모멘트 I_{max} [mm⁴]는? (단, x축과 y축의 원점 C는 단면의 도심이다. 단면 2차모멘트는 $I_x = 3\text{mm}^4$, $I_y = 7\text{mm}^4$이며, 최소 주단면 2차모멘트 $I_{min} = 2\text{mm}^4$이다)

① 5
② 6
③ 7
④ 8

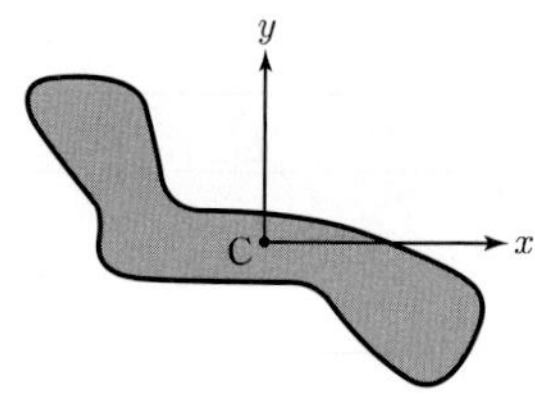

■ 강의식 해설 및 정답 : ④

두 직교축에 대한 단면2차모멘트의 합은 일정하므로

$I_{max} + I_{min} = I_x + I_y$에서

$I_{min} = I_x + I_y - I_{max} = 3 + 7 - 2 = 8\,\text{mm}^4$

보충 주단면2차모멘트의 곱

$I_1 \times I_2 = I_x \times I_y - I_{xy}^2$

12 그림과 같은 2개의 힘이 동일점 O에 작용할 때, 두 힘 U, V의 합력의 크기[kN]는?

① 1
② 2
③ 3
④ 4

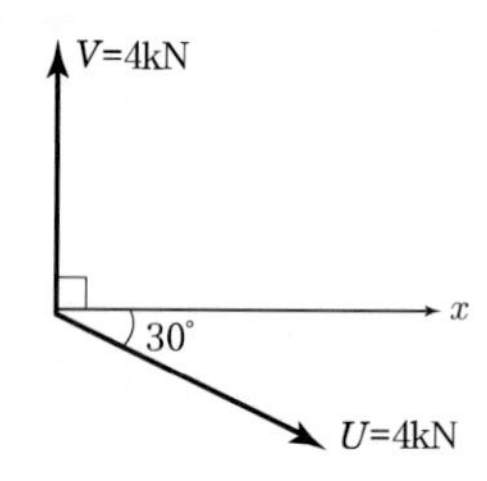

■ 강의식 해설 및 정답 : ④

두 힘의 합력

$R = \sqrt{\text{제곱} + \text{제곱} + 2\text{배 양변} \cos(\text{사잇각})} = \sqrt{4^2 + 4^2 + 2(4)(4)\cos 120°} = 4\,\text{kN}$

보충 두 힘의 크기가 같은 120° 합성이므로

$R = \text{힘} = 4\,\text{kN}$

13 공칭응력(nominal stress)과 진응력(true stress, 실제응력), 공칭변형률(nominal strain)과 진변형률(true strain, 실제변형률)에 대한 설명으로 옳은 것은?

① 변형이 일어난 단면에서의 실제 단면적을 사용하여 계산한 응력을 공칭응력이라고 한다.
② 모든 공학적 용도에서 진응력과 진변형률을 사용하여야 한다.
③ 인장실험의 경우 진응력은 공칭응력보다 크다.
④ 인장실험의 경우 진변형률은 공칭변형률보다 크다.

■ 강의식 해설 및 정답 : ③

① 공칭응력(공학응력) : $\sigma = \dfrac{\text{하중}(P)}{\text{원래단면적}}$

진응력(실제응력) : $\sigma' = \dfrac{\text{하중}(P)}{\text{변형후 단면적}}$

② 공학에서 사용하는 응력과 변형률은 공칭응력과 공칭변형률이다.
③ 인장실험에서 응력 크기 : 진응력 > 공칭응력
④ 인장실험에서 변형률 크기 : 공칭변형률 > 진변형률

공칭변형률 : $\epsilon = \dfrac{\text{변형량}(\delta)}{\text{원래길이}}$

진변형률 : $\epsilon' = \dfrac{\text{변형량}(\delta)}{\text{변형후 길이}}$

14 그림과 같은 하중을 받는 사각형 단면의 탄성 거동하는 짧은 기둥이 있다. A점의 응력이 압축이 되기 위한 P_1/P_2의 최솟값은? (단, 기둥의 자중은 무시한다)

① 6
② 8
③ 10
④ 12

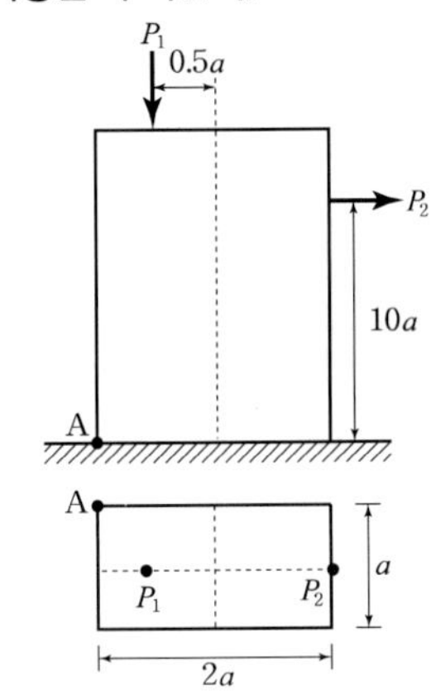

■ 강의식 해설 및 정답 : ④

A점 응력이 압축이 되려면 편심거리가 핵거리를 초과해야 한다는 조건을 이용하면

$e = \dfrac{M}{P_1} \leq \dfrac{b}{6} = \dfrac{2a}{6} = \dfrac{a}{3}$ 에서 $M = P_2(10a) - P_1(0.5a) \leq \dfrac{P_1(a)}{3}$

$\therefore \dfrac{5}{6}P_1 \geq 10P_2$이므로 $\dfrac{P_1}{P_2} \geq 12$

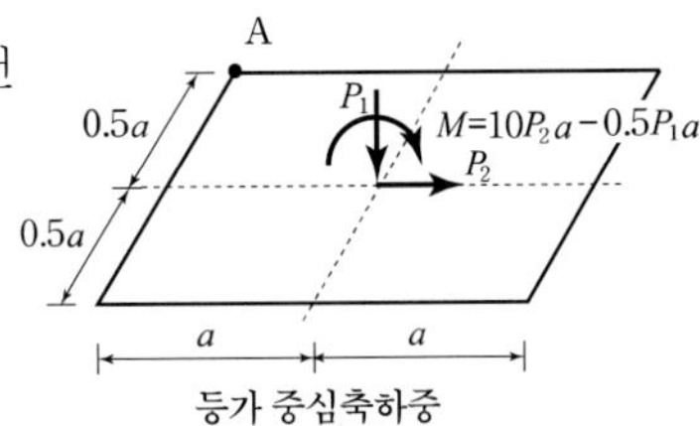

15 그림과 같은 라멘 구조물에서 지점 A의 반력의 크기[kN]는? (단, 모든 부재의 축강성과 휨강성은 일정하고, 자중은 무시한다)

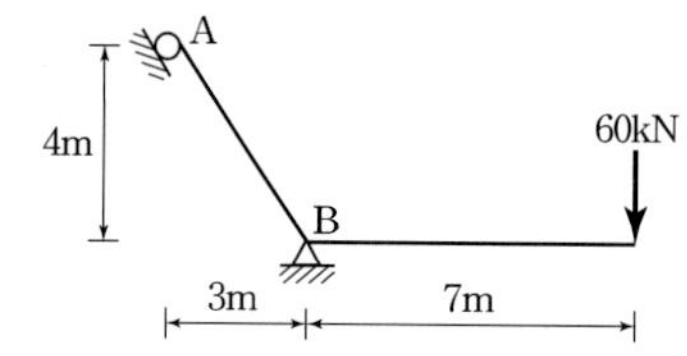

① 60
② 84
③ 105
④ 140

■ 강의식 해설 및 정답 : ②

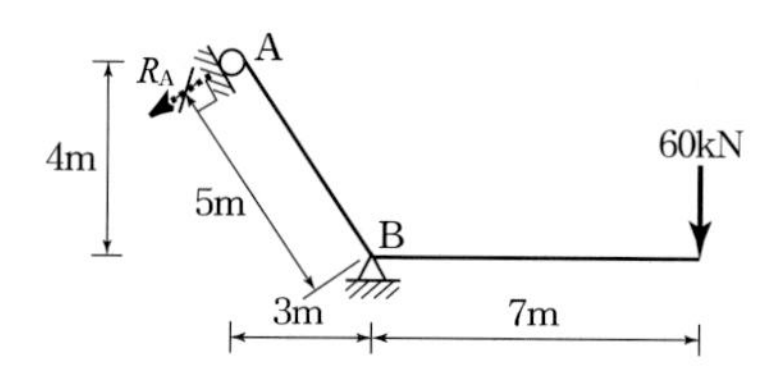

반대편 지점 B에서 모멘트 평형을 적용하면

$$R_A = \frac{60(7)}{5} = 84\,\text{kN}$$

여기서, A점 수직반력에 곱하는 수직거리는 5m이다.

16 그림과 같은 삼각형 단면에서 y축에서 도심까지의 거리는?

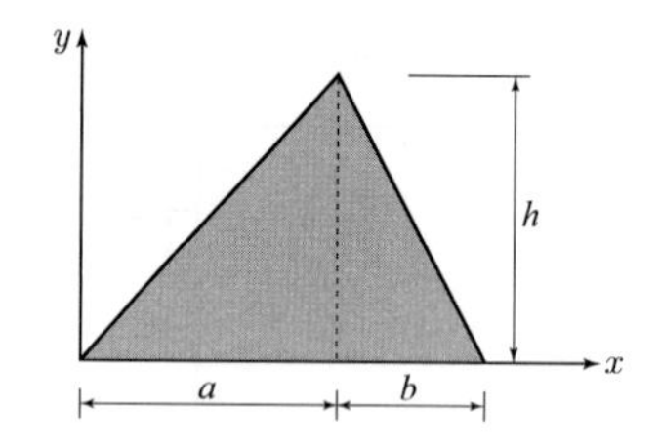

① $\frac{2a+b}{3}$
② $\frac{a+2b}{4}$
③ $\frac{a+b}{3}$
④ $\frac{a+2b}{3}$

■ 강의식 해설 및 정답 : ①

두 개의 삼각형으로 나누어 중첩을 적용하면

$$x = \frac{2a+b}{3}$$

17 그림과 같은 양단 고정보에서 수직하중이 작용할 때, 하중 작용점 위치의 휨모멘트 크기[kN · m]는? (단, 보의 휨강성 EI는 일정하고, 자중은 무시한다)

① 125
② 250
③ 275
④ 400

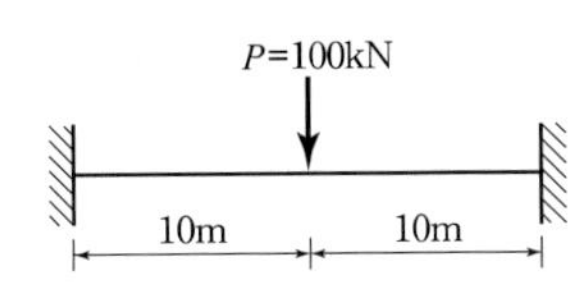

■ 강의식 해설 및 정답 : ②

하중점의 휨모멘트 크기는 고정단 모멘트 크기와 같으므로

$M_{중앙} = \frac{PL}{8} = \frac{100(20)}{8} = 250\,\text{kN}\cdot\text{m}$

➡ 단순보 중앙점 휨모멘트의 1/2배로 감소한다.

보충 보의 해석

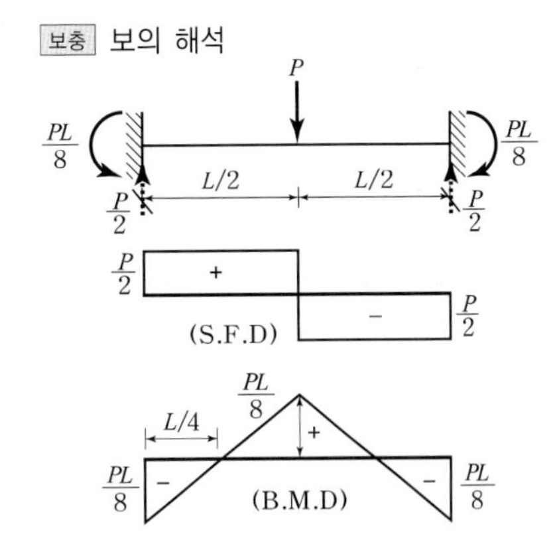

18 그림과 같은 트러스 부재들의 연결점 B에 수직하중 P가 작용하고 있다. 모든 부재들의 길이 L, 단면적 A, 탄성계수 E가 같은 경우, 부재 BC의 부재력은? (단, 모든 자중은 무시한다)

① $\frac{P}{\sqrt{3}}$ (압축)
② $\frac{P}{2}$ (인장)
③ $\frac{2P}{3}$ (압축)
④ $\frac{3P}{4}$ (인장)

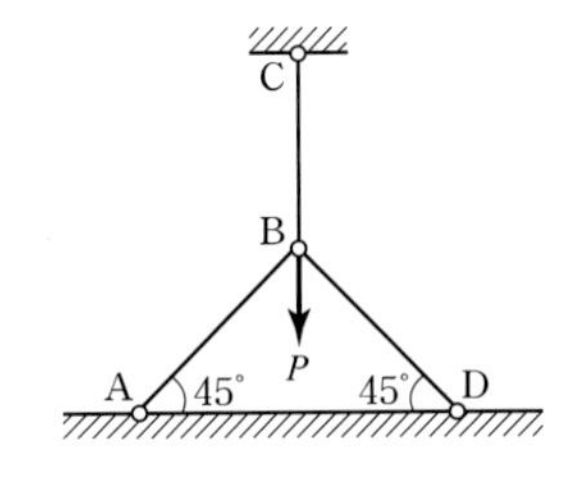

■ 강의식 해설 및 정답 : ②

변위가 같은 구조이므로 분담하중은 $P = K\delta$에서 강성도에 비례한다.

(1) 강성도

$$K_{bar} : K_{truss} = \frac{EA}{L} : \frac{2EA\sin^2\alpha}{L} = 1 : 2\sin^2 45° = 1 : 1$$

(2) 분담하중

$$P_{bar} = P_{truss} = \frac{P}{2}$$

$$\therefore\ F_{BC} = P_{bar} = \frac{P}{2}\ (\text{인장})$$

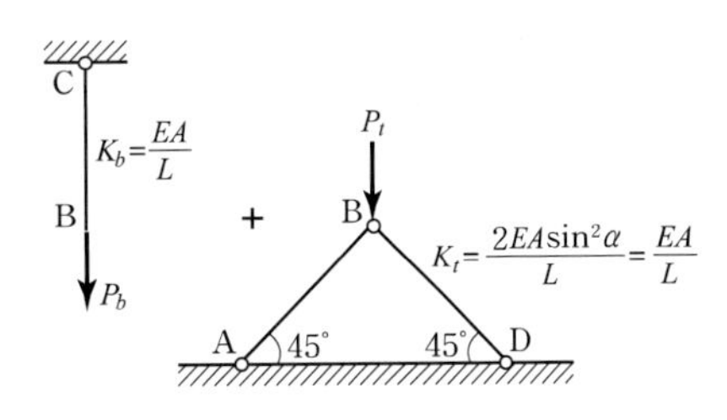

19 그림과 같은 구조물에서 C점에 단위크기($=1$)의 수직방향 처짐을 발생시키고자 할 때, C점에 가해 주어야 하는 수직하중 P의 크기는? (단, 모든 자중은 무시하고, AC, BC 부재의 단면적은 A, 탄성계수는 E인 트러스 부재이다)

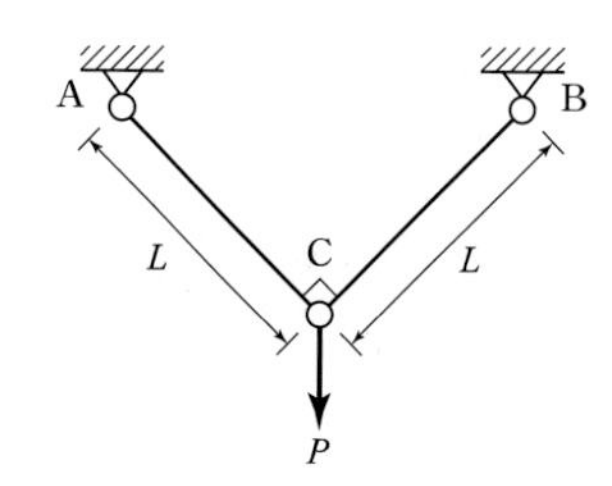

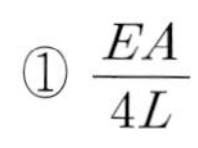

① $\dfrac{EA}{4L}$

② $\dfrac{EA}{3L}$

③ $\dfrac{EA}{2L}$

④ $\dfrac{EA}{L}$

■ 강의식 해설 및 정답 : ④

$$P=K\delta=\frac{2EA\cos^3\beta}{H}\delta=\frac{2EA\cos^2\beta}{L}\delta=\frac{2EA\cos^2 45}{L}(1)=\frac{EA}{L}$$

20 단면적 500mm², 길이 1m인 강봉 단면의 도심에 100kN의 인장력을 주었더니, 길이가 1mm 늘어났다. 이 강봉의 탄성계수 E[N/mm²]는? (단, 강봉의 축강성은 일정하고, 자중은 무시한다)

① 1.0×10^5　② 1.5×10^5

③ 1.8×10^5　④ 2.0×10^5

■ 강의식 해설 및 정답 : ④

$$E=\frac{NL}{A\delta}=\frac{100\times10^3(1\times10^3)}{500(1)}=2.0\times10^5\,\mathrm{MPa}$$

서울시 9급 응용역학개론

1 구조물의 처짐을 구하는 방법 중 공액보법에 대한 다음 설명으로 가장 옳지 않은 것은?

① 지지조건이 이동단인 경우 공액보는 자유단으로 바꾸어 계산한다.
② M/EI(곡률)을 공액보에 하중으로 작용시켜 계산한다.
③ 공액보의 최대전단력 발생 지점에서 최대처짐각을 계산한다.
④ 공액보의 전단력이 0인 지점에서 최대처짐을 계산한다.

■ 강의식 해설 및 정답 : ①

지지조건이 이동단인 경우 처짐각은 발생하나 처짐은 0이므로 공액보는 전단력은 있고, 휨모멘트는 0인 회전단으로 바꾸어야 한다.

보충 실제보와 공액보의 관계

구분	실제보	공액보
단부조건	회전단	이동단
	고정단	자유단
내부조건	내부힌지	중간지점

➡ 실제보의 변위조건과 공액보의 단면력 조건을 일치시킨다.

2 그림과 같은 축력 P, Q를 받는 부재의 변형에너지는? (단, 보의 축강성은 EA로 일정하다.)

① $\frac{P^2L}{2EA}+\frac{Q^2L}{2EA}$

② $\frac{P^2L}{EA}+\frac{Q^2L}{2EA}$

③ $\frac{P^2L}{EA}+\frac{Q^2L}{2EA}+\frac{PQL}{EA}$

④ $\frac{P^2L}{2EA}+\frac{Q^2L}{2EA}+\frac{PQL}{2EA}$

■ 강의식 해설 및 정답 : ③

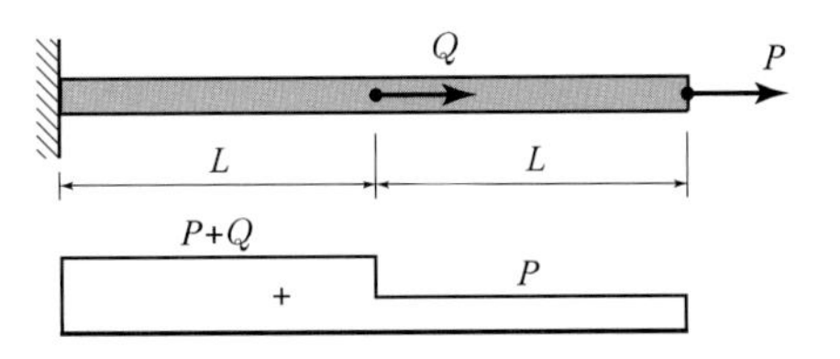

구간에 따라 변하는 구조이므로

$$U=\Sigma\frac{N^2L}{2EA}=\frac{P^2L}{2EA}+\frac{(P+Q)^2L}{2EA}=\frac{P^2L}{EA}+\frac{Q^2L}{2EA}+\frac{PQL}{EA}$$

보충 상반작용의 원리를 이용하면

$$U=U_p+U_Q+P\delta_{PQ}=\frac{P^2(2L)}{2EA}+\frac{Q^2L}{2EA}+P\left(\frac{QL}{EA}\right)=\frac{P^2L}{EA}+\frac{Q^2L}{2EA}+\frac{PQL}{EA}$$

3 그림과 같이 캔틸레버보에 하중이 작용하고 있다. 동일한 재료 및 단면적을 가진 두 구조물의 자유단 A에서 동일한 처짐이 발생하기 위한 P와 w관계로 옳은 것은?

P
L/4 3L/4

w
L/2 L/2

① $P=\dfrac{7wL}{10}$

② $P=\dfrac{7wL}{11}$

③ $P=\dfrac{7wL}{12}$

④ $P=\dfrac{7wL}{13}$

■ 강의식 해설 및 정답 : ②

캔틸레버의 외측변위이므로

$$\frac{P(L/4)^2}{6EI}\left\{2\left(\frac{L}{4}\right)+3\left(\frac{3L}{4}\right)\right\}=\frac{w(L/2)^4}{8EI}\left(\frac{7}{3}\right)$$ 에서

$$P=\frac{7wL}{11}$$

보충 캔틸레버보의 외측 처짐

구조물	자유단 처짐
M, A C B, a b, L	$\delta_B=\dfrac{Ma}{2EI}(a+2b)$
P, A C B, a b, L	$\delta_B=\dfrac{Pa^2}{6EI}(2a+3b)$
w, A C B, a b, L	$\delta_B=\dfrac{wa^3}{24EI}(3a+4b)$
w, A C B, a b, L	$\delta_B=\dfrac{wa^3}{120EI}(4a+5b)$

보충 길이가 같은 경우 캔틸레버보의 처짐비

구조물	처짐비($\delta_B:\delta_C$)
M, A B C	1 : 3
P, A B C	2 : 5
w, A B C	3 : 7
w, A B C	4 : 9

4 사각형 단면으로 설계된 보가 분포하중과 집중하중을 받고 있다. 그림과 같이 단면의 높이는 같으나 단면 폭은 구간 AB가 구간 BC에 비해 1.5배 크다. 이 경우 구간 AB와 구간 BC에서 발생하는 최대휨응력의 비

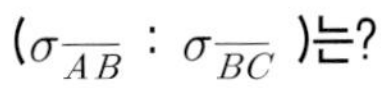

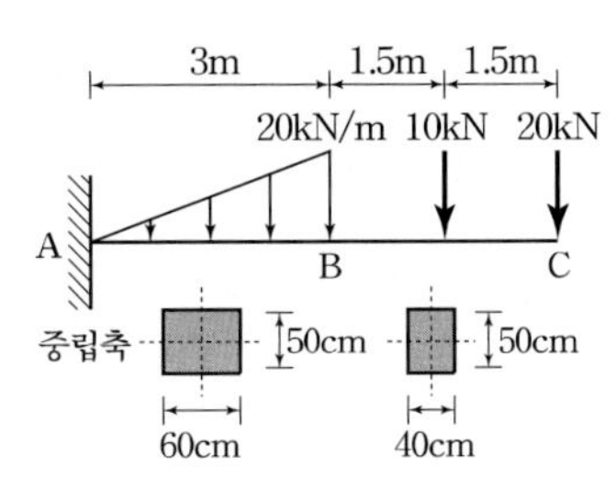

① 1 : 1.5
② 1.5 : 1
③ 1 : 2
④ 2 : 1

■ 강의식 해설 및 정답 : ④

$$\sigma_{\max} = \frac{M_{\max}}{Z} = \frac{6M_{\max}}{bh^2} \propto \frac{M_{\max}}{b} \text{ 에서}$$

$$\sigma_{\overline{AB}} : \sigma_{\overline{BC}} = \frac{\{30(2)+10(4.5)+20(6)\}}{60} : \frac{\{(10(1.5)+20(3)\}}{40} = \frac{225}{6} : \frac{75}{4} = 450 : 225 = 2:1$$

3m 1.5m 1.5m
30kN 20kN/m 10kN 20kN
A 2m B C
중립축 50cm 50cm
60cm 40cm

5 그림과 같은 3힌지 라멘에서 A점의 수직반력 V_A 및 B점의 수평반력 H_B로 옳은 것은?

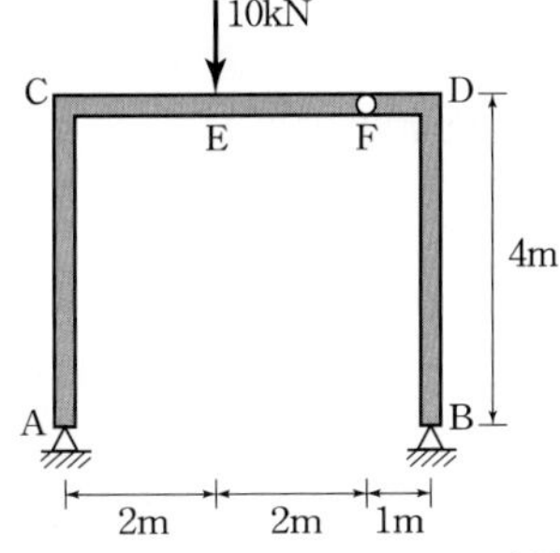

① $V_A = 6\text{kN}(\uparrow),\ H_B = 1\text{kN}(\leftarrow)$
② $V_A = 4\text{kN}(\uparrow),\ H_B = 1\text{kN}(\leftarrow)$
③ $V_A = 6\text{kN}(\uparrow),\ H_B = 1\text{kN}(\rightarrow)$
④ $V_A = 4\text{kN}(\uparrow),\ H_B = 1\text{kN}(\rightarrow)$

■ 강의식 해설 및 정답 : ①

(1) A점 수직반력 : $\Sigma M_B = 0$에서 하중에 의한 반대편지점 모멘트를 지간거리로 나누면

$$V_A = \frac{10(3)}{5} = 6\,\text{kN}\,(\uparrow)$$

(2) B점 수평반력
B점의 반력은 힌지를 통과하므로 길이비를 이용하면

$$H_B = V_B\left(\frac{1}{4}\right) = 4\left(\frac{1}{4}\right) = 1\,\text{kN}\,(\leftarrow)$$

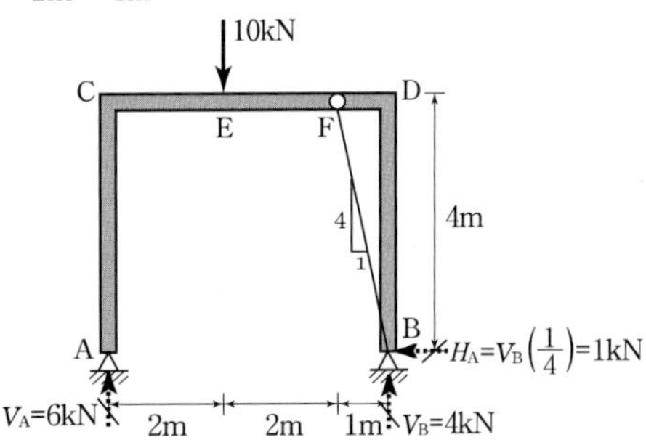

6 그림과 같은 단면의 도심의 좌표는?

① (50, 47.5)
② (50, 50.0)
③ (50, 52.5)
④ (50, 55.5)

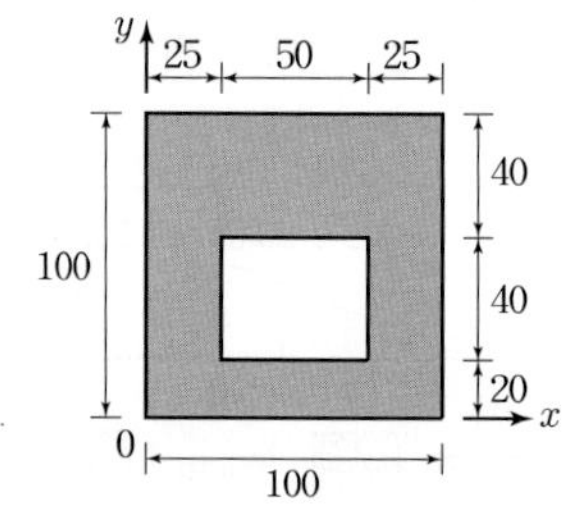

■ 강의식 해설 및 정답 : ③

(1) x도심좌표
전체 사각형의 중심을 기준으로 좌우는 대칭으로 공제하므로 x도심은 50으로 변하지 않는다.
(2) y도심좌표
전체면적과 중공면적의 면적비가 5 : 1이므로 x축을 기준으로 면적가중평균하면

$$y = \frac{5(50) - 1(20+20)}{5-1} = 52.5$$

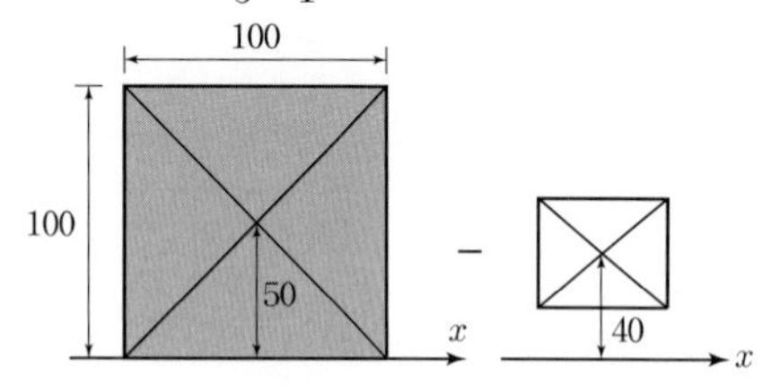

7 그림과 같이 100N의 전단강도를 갖는 못(nail)이 웨브(web)와 플랜지(flange)를 연결하고 있다. 이 못들은 부재의 길이방향으로 150mm 간격으로 설치되어 있다. 이 부재에 작용할 수 있는 최대 수직전단력은? (단, 단면2차모멘트 $I = 1{,}012{,}500\text{mm}^4$이다.)

① 35N
② 40N
③ 45N
④ 50N

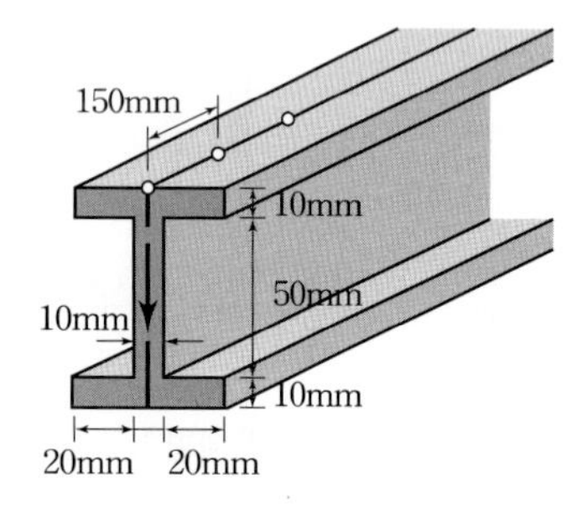

■ 강의식 해설 및 정답 : ③

못에 작용하는 전단력이 못의 전단강도 이하라야 하므로

$$fs = \frac{VQ}{I}s \le F\text{에서}$$

$$V \le \frac{IF}{Qs} = \frac{1{,}012{,}500(100)}{(500 \times 30)(150)} = 45\,\text{N}$$

8 그림과 같은 직사각형 단면을 갖는 보가 집중하중을 받고 있다. 보의 길이 L이 5m일 경우 단면 $a-a$의 c위치에서 발생하는 주응력(σ_1, σ_2)은? (단, (+) : 인장, (-) : 압축)

① $(2+\sqrt{10},\ 2-\sqrt{10})$
② $(-2+\sqrt{10},\ -2-\sqrt{10})$
③ $(1+\sqrt{10},\ 1-\sqrt{10})$
④ $(-1+\sqrt{10},\ -1-\sqrt{10})$

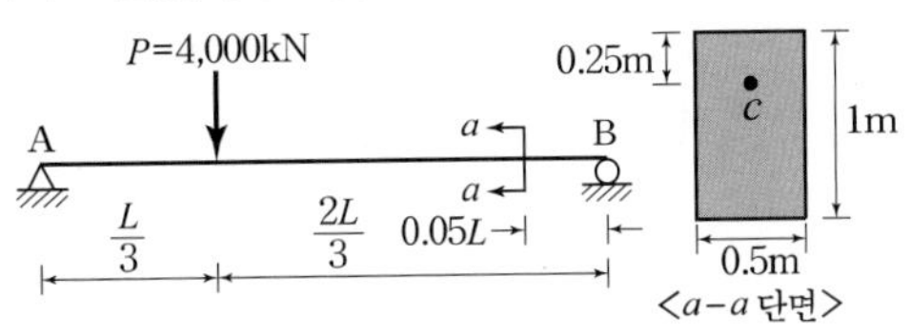

■ 강의식 해설 및 정답 : ④

(1) c점 휨응력

$$\sigma_c = -\frac{M}{I}y = -\frac{\dfrac{4000\left(\frac{5}{3}\right)(0.025)}{5}}{\dfrac{0.5(1^3)}{12}}(0.25) = -200\,\text{kN/m}^2 = -2\,\text{MPa}\ (\text{압축응력})$$

여기서, $M_a = \dfrac{Pab}{L}$로 하중점과 구점 사이 거리를 무시한 나머지 거리를 이용한다.

(2) c점 전단응력 : 직사각형의 4등분점이므로

$$\tau_c = \frac{9}{8}\frac{S_a}{A} = \frac{9}{8}\frac{R_B}{A} = \frac{9}{8}\frac{\dfrac{4{,}000\times10^3}{3}}{500(1{,}000)} = 3\,\text{MPa}$$

(3) c점 주응력

$$\sigma_{1,2} = \frac{\sigma}{2} \pm \sqrt{\left(\frac{\sigma}{2}\right)^2 + \tau^2} = -\frac{2}{2} \pm \sqrt{\left(-\frac{2}{2}\right)^2 + 3^2} = (-1\pm\sqrt{10})\,\text{MPa}$$

보충 주응력의 합은 수직응력의 합으로 일정하다.
보에서 y방향 수직응력은 0이고, 두 직교축에 대한 수직응력의 합은 일정하므로
$\sigma_1 + \sigma_2 = \sigma_x + \sigma_y = -2+0 = -2\,\text{MPa}$
∴ 보기의 합이 −2인 것은 ④번이다.

9 그림과 같이 단면적이 200mm²인 강봉의 양단부(A점 및 B점)를 6월(25°C)에 용접하였을 때, 다음 해 1월 (-5°C)에 AB부재에 생기는 힘의 종류와 크기는? (단, 강봉의 탄성계수 $E=2.0\times10^5$MPa, 열팽창계수 $\alpha=1.0\times10^{-5}$/°C이고, 용접부의 온도변형은 없는 것으로 가정한다.)

① 인장력 8kN
② 인장력 12kN
③ 압축력 8kN
④ 압축력 12kN

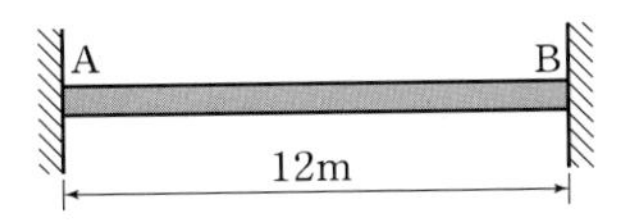

■ 강의식 해설 및 정답 : ②

온도가 하강하므로 인장력이 작용한다.
∴ $R = \alpha(\Delta T)EA = 1.0\times10^{-5}(30)(2.0\times10^5)(200) = 12\times10^3\,\text{N} = 12\,\text{kN}$

보충 온도영향의 기본틀

- 온도반력 $R_t = E\alpha(\Delta T)A - K\delta_a = E\alpha(\Delta T)A - \dfrac{EA}{L}\delta_a$
- 온도응력 $\sigma_t = \dfrac{R_t}{A} = E\alpha(\Delta T) - E\epsilon_a = E\alpha(\Delta T) - E\left(\dfrac{\delta_a}{L}\right)$

10 아래 그림은 어느 단순보의 전단력도이다. 이 보의 휨모멘트도는? (단, 이 보에 집중모멘트는 작용하지 않는다.)

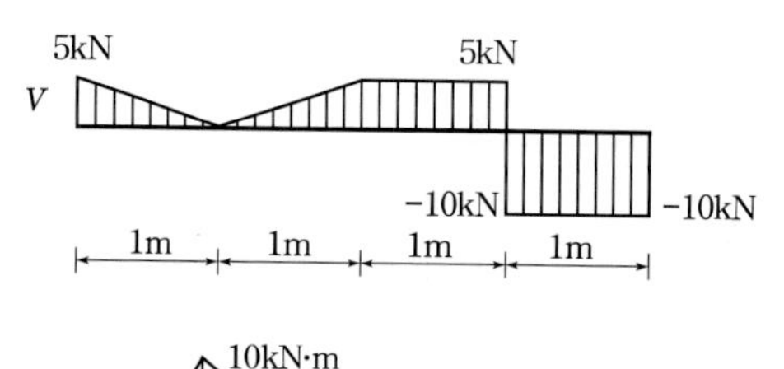

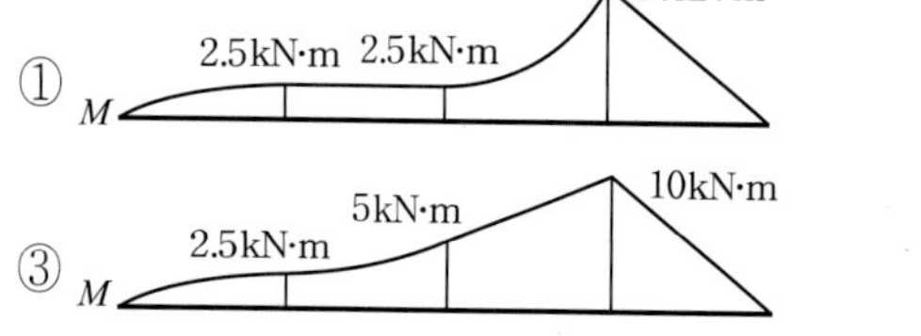

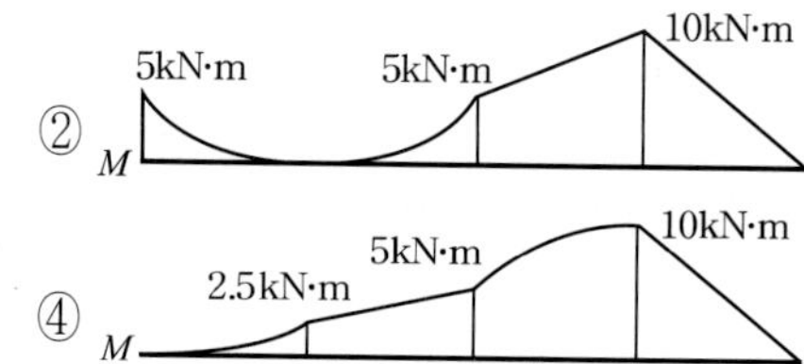

■ 강의식 해설 및 정답 : ③

(1) 첫 번째 접근
전단력도가 직선이면 휨모멘트도는 포물선 전단력도가 일정하면 휨모멘트도는 직선
∴ ①, ④는 탈락

(2) 두 번째 접근
전단력도의 크기는 휨모멘트도의 기울기이고, 전단력도의 면적은 휨모멘트의 차이와 같다.
∴ ②는 탈락

11 그림과 같이 지점조건이 다른 3개의 기둥이 단면중심에 축하중을 받고 있다. 좌굴하중이 큰 순서대로 나열된 것은?

① B, A, C
② B, C, A
③ C, A, B
④ C, B, A

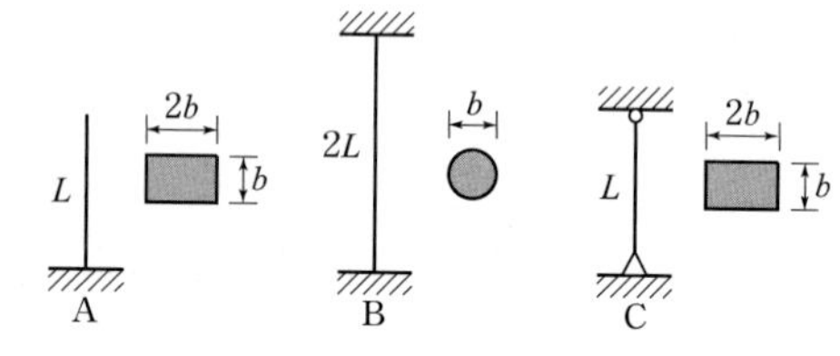

■ 강의식 해설 및 정답 : ④

좌굴하중 $P_{cr} = \dfrac{\pi^2 EI_{\min}}{L_k^2} \propto \dfrac{I_{\min}}{L_k^2}$ 에서

$$P_A : P_B : P_C = \frac{2b(b)^3}{12(4L^2)} : \frac{\pi b^4}{64(L^2)} : \frac{2b(b)^3}{12(L^2)} = \frac{1}{12} : \frac{\pi}{32} : \frac{1}{3}$$

∴ C > B > A

12 그림과 같은 단면으로 설계된 보가 집중하중과 등분포하중을 받고 있다. 보의 허용휨응력이 42MPa일 때 보에 요구되는 최소 단면으로 적합한 a값은?

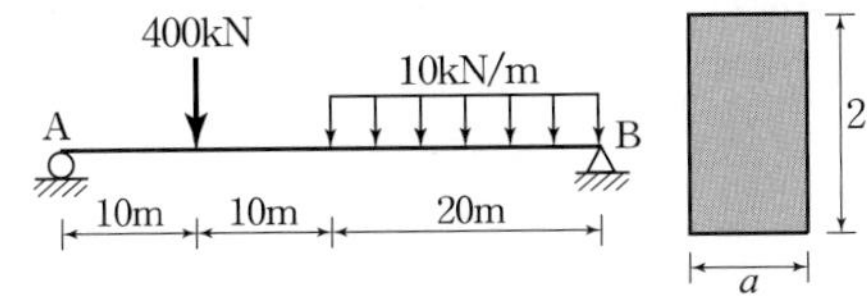

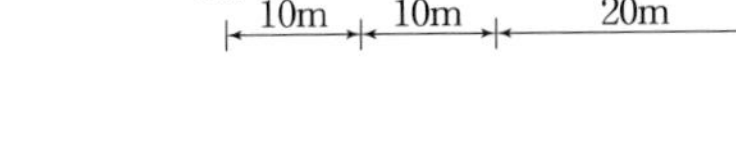

① 0.40m
② 0.50m
③ 0.60m
④ 0.70m

■ 강의식 해설 및 정답 : ②

최대 휨응력은 허용휨응력 이하라야 하므로

$\sigma_{\max} = \dfrac{M_{\max}}{Z} = \dfrac{M_{\max}}{a(2a)^2/6} \le \sigma_a$에서 $a^3 \ge \dfrac{3M_{\max}}{4\sigma_a} = \dfrac{3(3500 \times 10^3)}{2(42 \times 10^6)} = \dfrac{1}{8}\,\text{m}$

$\therefore\ a \ge \dfrac{1}{2} = 0.5\,\text{m}$

여기서, $R_A = \dfrac{400(3\text{칸}) + 200(1\text{칸})}{4\text{칸}} = 350\,\text{kN}$

$M_{\max} = 350(10) = 3{,}500\,\text{kN·m}$

➡ 전단력의 부호가 바뀌는 점은 집중하중점

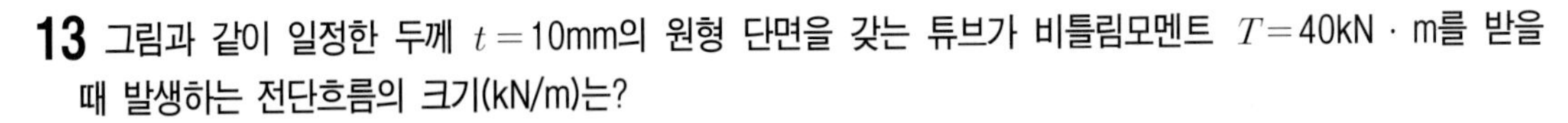

13 그림과 같이 일정한 두께 $t = 10$mm의 원형 단면을 갖는 튜브가 비틀림모멘트 $T = 40$kN · m를 받을 때 발생하는 전단흐름의 크기(kN/m)는?

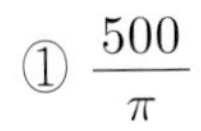

① $\dfrac{500}{\pi}$

② $\dfrac{400}{\pi}$

③ $\dfrac{\pi}{350}$

④ $\dfrac{\pi}{300}$

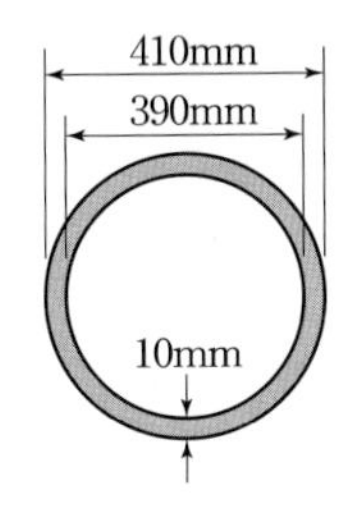

■ 강의식 해설 및 정답 : ①

전단흐름 $f = \dfrac{T}{2A_m} = \dfrac{40}{2 \times \dfrac{\pi(0.4^2)}{4}} = \dfrac{500}{\pi}\,\text{kN/m}$

여기서, 평균지름 $D_m = \dfrac{390 + 410}{2} = 400\,\text{mm}$

14 그림과 같이 상하부에 알루미늄판과 내부에 플라스틱 코어가 있는 샌드위치 패널에 휨모멘트 4.28N · m가 작용하고 있다. 알루미늄판은 두께 2mm, 탄성계수는 30GPa이고 내부 플라스틱 코어는 높이 6mm, 탄성계수는 10GPa이다. 부재가 일체거동한다고 가정할 때 외부 알루미늄판의 최대응력은?

① 25N/mm^2
② 30N/mm^2
③ 60N/mm^2
④ 75N/mm^2

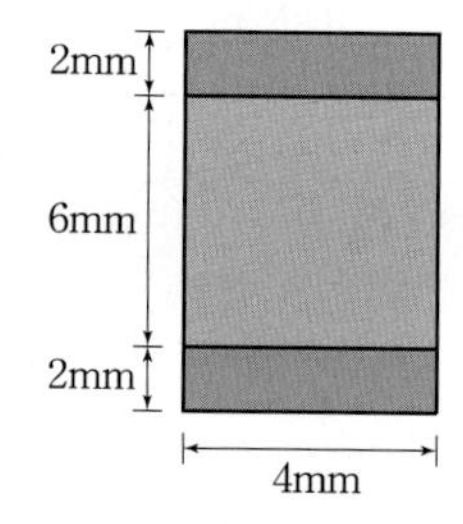

■ 강의식 해설 및 정답 : ④

(1) 단면2차모멘트
탄성계수비만큼 확장한 I형의 환산단면에 대한 총단면2차모멘트를 구하면

$$I_g = \frac{BH^3 - bh^3}{12} = \frac{12(10^3) - 8(6^3)}{12} = 856\,\text{mm}^4$$

(2) 외부 알루미늄의 최대휨응력
외부 알루미늄은 탄성계수가 큰 재료이므로 탄성계수비를 곱한 휨응력을 구한다.

$$\therefore\ \sigma_{A,\max} = n\frac{M}{I_g}y_{\max} = 3\left(\frac{4.28 \times 10^3}{856}\right)(5) = 75\,\text{N/mm}^2$$

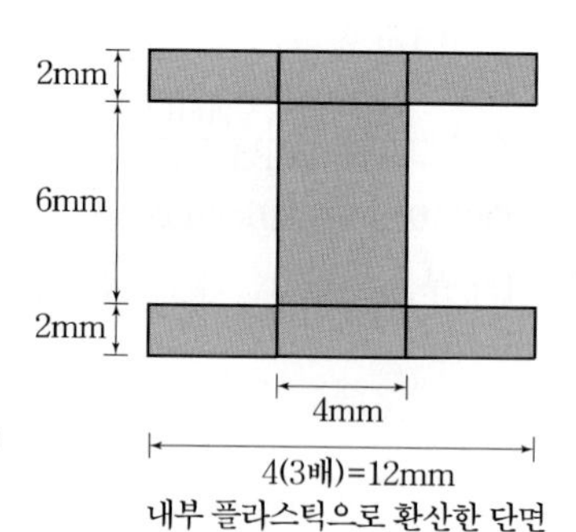

내부 플라스틱으로 환산한 단면

15 그림과 같은 T형 단면에 수직방향의 전단력 V가 작용하고 있다. 이 단면에서 최대전단응력이 발생하는 위치는 어디인가? (단, c는 도심까지의 거리이다.)

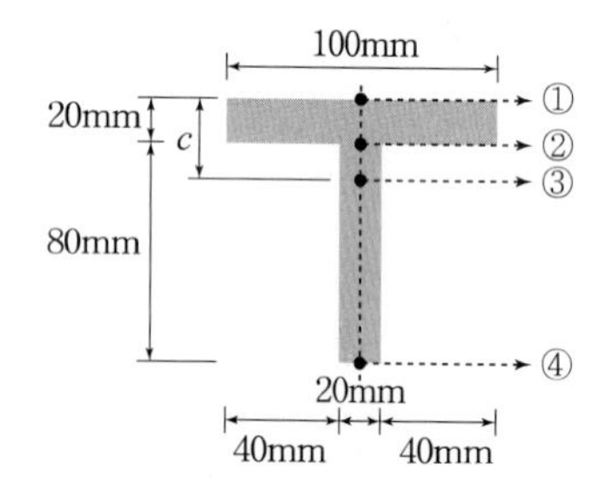

■ 강의식 해설 및 정답 : ③

T형 단면은 중립축(도심축)에서 최대전단응력이 발생한다.

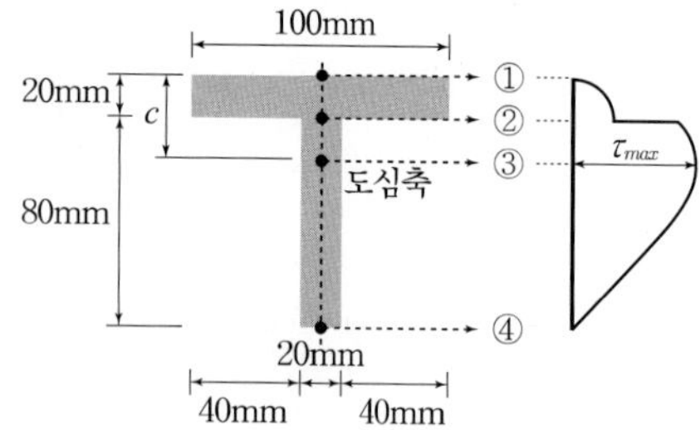

16 휨강성이 EI로 일정한 캔틸레버보가 그림과 같이 스프링과 연결되어있다. 이 구조물이 B점에서 하중 P를 받을 때 B점에서의 변위는? (단, k_s는 스프링 상수이며 보의 강성 $k_b = \dfrac{3EI}{L^3}$이다.)

① $\left(\dfrac{1}{k_s/k_b+1}\right)\dfrac{PL^3}{3EI}$

② $\left(\dfrac{1}{2k_s/k_b+1}\right)\dfrac{PL^3}{3EI}$

③ $\left(\dfrac{1}{3k_s/k_b+1}\right)\dfrac{PL^3}{3EI}$

④ $\left(\dfrac{1}{4k_s/k_b+1}\right)\dfrac{PL^3}{3EI}$

■ 강의식 해설 및 정답 : ①

정정구조물의 변위는 스프링의 강성도 추가로 인해 감소하므로

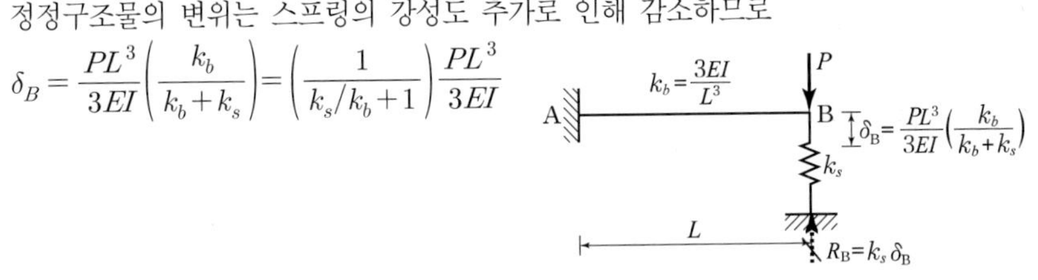

$$\delta_B = \frac{PL^3}{3EI}\left(\frac{k_b}{k_b+k_s}\right) = \left(\frac{1}{k_s/k_b+1}\right)\frac{PL^3}{3EI}$$

17 그림의 수평부재 AB의 A지점은 힌지로 지지되고 B점에는 집중하중 P가 작용하고 있다. C점과 D점에서는 끝단이 힌지로 지지된 길이가 L이고 휨강성이 모두 EI로 일정한 기둥으로 지지되고 있다. 두 기둥 모두 좌굴에 의해서 붕괴되는 하중 P의 크기는? (단, AB부재는 강체이다.)

① $P = \dfrac{3}{4}\dfrac{\pi^2 EI}{L^2}$

② $P = \dfrac{4}{5}\dfrac{\pi^2 EI}{L^2}$

③ $P = \dfrac{5}{2}\dfrac{\pi^2 EI}{L^2}$

④ $P = \dfrac{5}{3}\dfrac{\pi^2 EI}{L^2}$

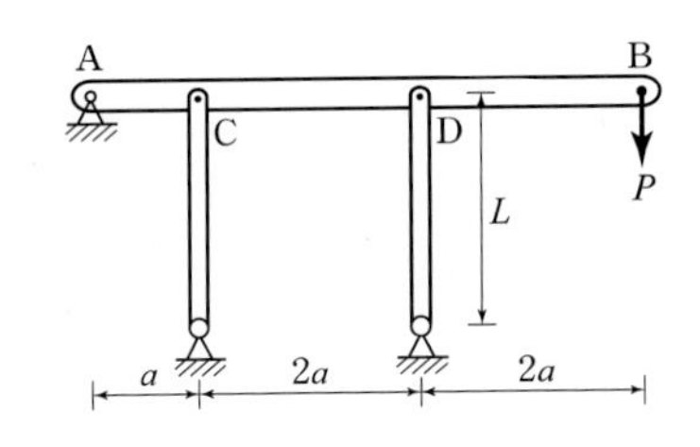

■ 강의식 해설 및 정답 : ②

두 기둥 모두 좌굴하중에 도달했다고 보고 A점에서 모멘트 평형을 적용하면

$\sum M_A = 0$에서

$$\frac{\pi^2 EI}{L^2}(a) + \frac{\pi^2 EI}{L^2}(3a) = P(5a)$$

$$\therefore\ P = \frac{4}{5}\frac{\pi^2 EI}{L^2}$$

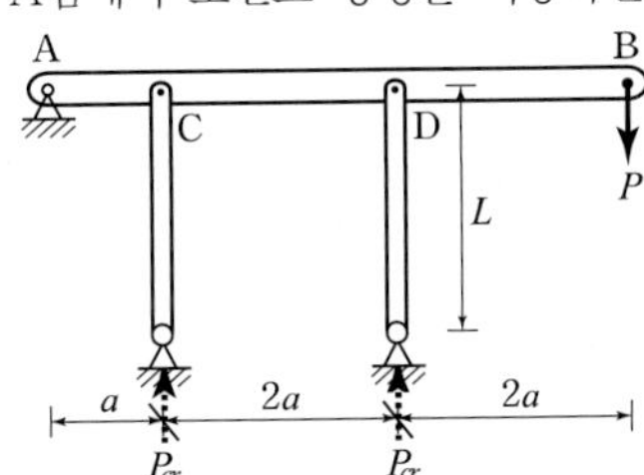

18 그림과 같이 단면적이 $1.5A$, A, $0.5A$인 세 개의 부재가 연결된 강체는 집중하중 P를 받고 있다. 이때 강체의 변위는? (단, 모든 부재의 탄성계수는 E로 같다.)

① $\dfrac{PL}{1.5EA}$

② $\dfrac{PL}{2.0EA}$

③ $\dfrac{PL}{2.5EA}$

④ $\dfrac{PL}{3.0EA}$

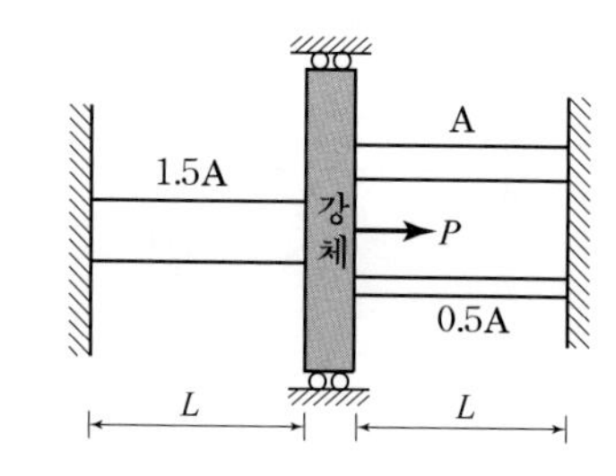

■ 강의식 해설 및 정답 : ④

변위가 같은 구조이므로

$$\delta = \frac{P}{\Sigma K} = \frac{P}{\frac{E}{L}(\Sigma A)} = \frac{PL}{E(1.5A + A + 0.5A)} = \frac{PL}{3EA}$$

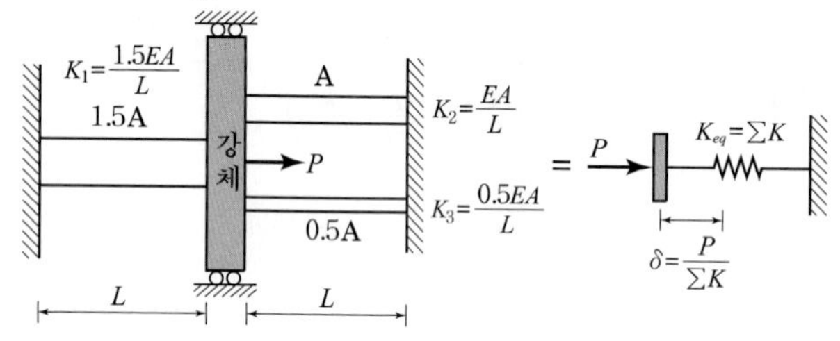

19 그림과 같은 구조물에서 $\overline{AB}$의 부재력과 $\overline{BC}$의 부재력은? (단, 모든 절점은 힌지임)

① $\overline{AB}$= 10kN(인장), $\overline{BC}$= $10\sqrt{3}$ (압축)

② $\overline{AB}$= 10kN(압축), $\overline{BC}$= $10\sqrt{3}$ (인장)

③ $\overline{AB}$= $10\sqrt{3}$ kN(인장), $\overline{BC}$= 10 (압축)

④ $\overline{AB}$= $10\sqrt{3}$ kN(압축), $\overline{BC}$= 10 (인장)

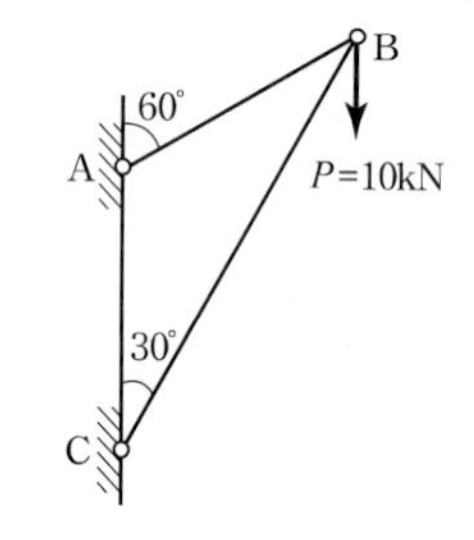

■ 강의식 해설 및 정답 : ①

세 힘이 작용하고, 사잇각이 같으므로 좌우 부재력은 같고, 중앙부재는 합력과 같다.

$\overline{AB}$= P= 10 kN (인장)

$\overline{BC}$= 힘 $\sqrt{3}$ = $10\sqrt{3}$ kN (압축)

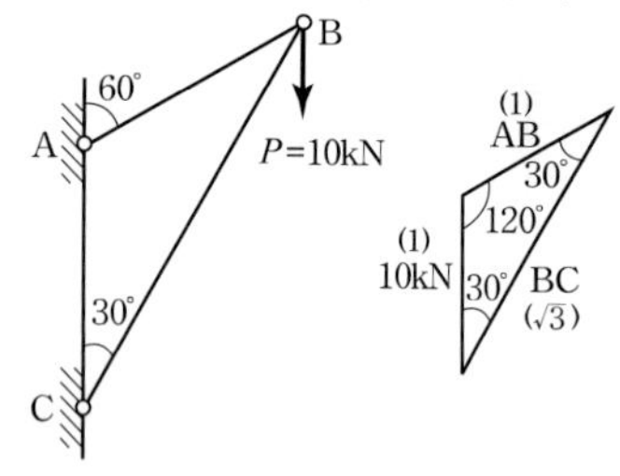

20 그림과 같이 양단이 고정된 원형부재에 토크(Torque) $T=400\text{N}\cdot\text{m}$가 A단으로부터 0.4m 떨어진 위치에 작용하고 있다. 단면의 지름이 40mm일 때 토크 T가 작용하는 단면에서 발생하는 최대전단응력의 크기와 비틀림각은? (단, GJ는 비틀림 강도)

① $\dfrac{40}{\pi}$MPa, $\dfrac{96}{GJ}$rad

② $\dfrac{40}{\pi}$MPa, $\dfrac{160}{GJ}$rad

③ $\dfrac{60}{\pi}$MPa, $\dfrac{96}{GJ}$rad

④ $\dfrac{60}{\pi}$MPa, $\dfrac{160}{GJ}$rad

■ 강의식 해설 및 정답 : ③

(1) 최대전단응력

$$\tau_{\max}=\frac{16T_{\max}}{\pi d^3}=\frac{16(240\times10^3)}{\pi(40^3)}=\frac{60}{\pi}\text{MPa}$$

여기서, $T_{\max}=\dfrac{Tb}{L}=\dfrac{400(0.6)}{1}=240\text{N}$

(2) 비틀림각

변위가 같은 구조물이므로

$$\phi=\frac{T}{\sum K}=\frac{Tab}{LGJ}=\frac{400(0.4)(0.6)}{1(GJ)}=\frac{96}{GJ}$$

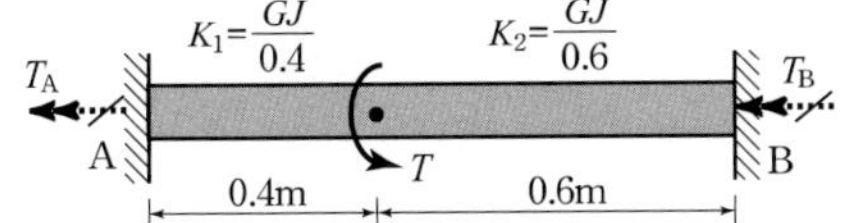

보충 강성이 동일한 부정정봉의 반력과 변위

(1) 반력 : 유사보의 반력

(2) 변위 : $\dfrac{\text{유사보의 휨모멘트}}{\text{강성}}$

지방직 9급 응용역학개론

1 그림과 같이 하중 P가 작용할 때, 하중 P의 A점에 대한 모멘트의 크기[kN · m]는?

① 100
② 120
③ 140
④ 160

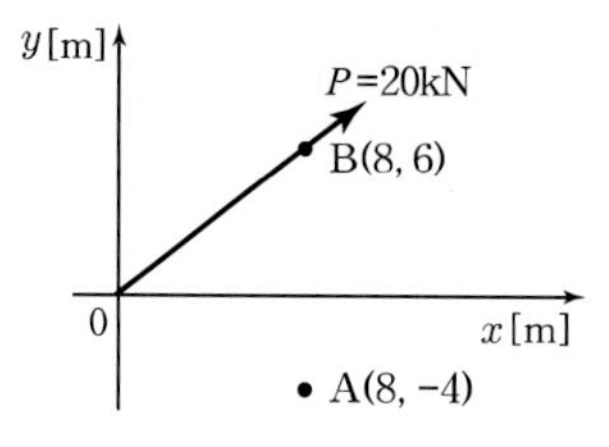

■ 강의식 해설 및 정답 : ④

경사 하중이므로 수평과 수직으로 분해하여 A점에서 모멘트를 구하면

$M_A = 12(8) + 16(4) = 160\,\mathrm{kN \cdot m}$

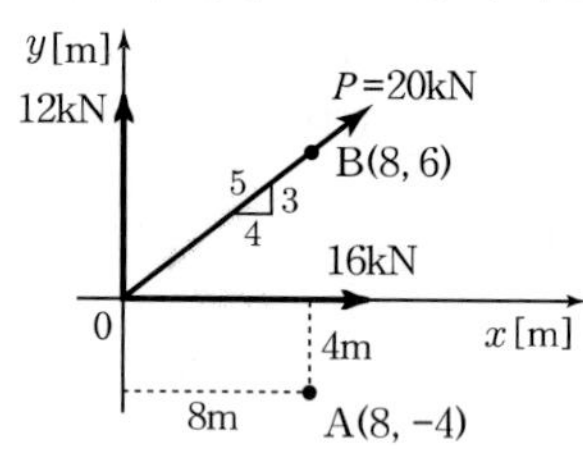

2 그림과 같은 평면 응력 상태에서 최대 전단응력의 크기[MPa]는?

① 40
② 50
③ 60
④ 70

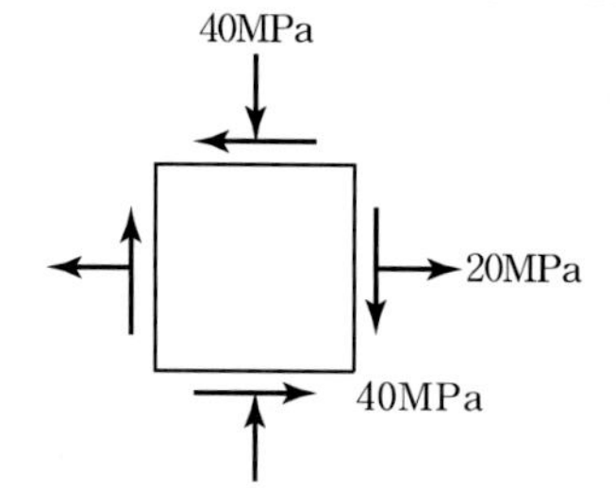

■ 강의식 해설 및 정답 : ②

최대전단응력은 모아원의 반지름과 같으므로

$$\tau_{\max} = \sqrt{\left(\frac{\sigma_x - \sigma_y}{2}\right)^2 + \tau_{xy}^2} = \sqrt{\left\{\frac{20-(-40)}{2}\right\}^2 + 40^2} = 50\,\mathrm{MPa}$$

3 3차원 공간에 존재하는 3차원 구조물에서 한 절점이 가질 수 있는 독립 변위성분의 수는?

① 무한대
② 12
③ 9
④ 6

■ 강의식 해설 및 정답 : ④

3차원 공간에서 한 절점이 갖는 독립 변위성분의 개수는 6개이다.

(1) 이동변위 : 3개
(2) 회전변위 : 3개

4 그림과 같이 트러스 구조물에 하중 $P = 20$kN이 작용할 때, 부재력이 0인 부재의 개수는? (단, 구조물의 자중은 무시한다)

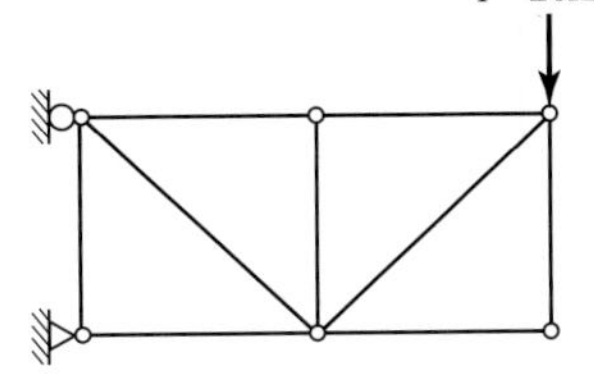

① 1
② 2
③ 3
④ 4

■ 강의식 해설 및 정답 : ③

반력을 표시하고, 3부재 이하로 절단해서 각 절점에서 평형조건을 적용하면
주어진 구조물에서 영부재의 개수는 3개이다.

5 그림과 같이 내민보에 등분포하중이 작용할 때, 지점 A부터 최대 정모멘트가 발생하는 단면까지의 거리 x [m]는? (단, 보의 자중은 무시한다)

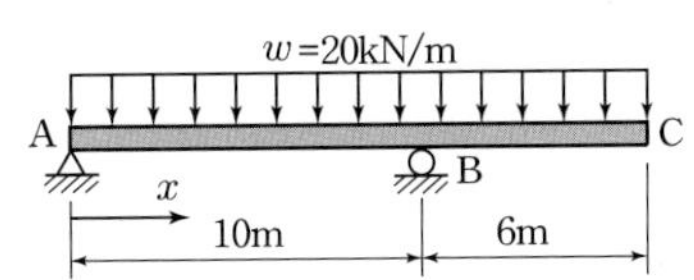

① 2
② 3.2
③ 4
④ 5.2

■ 강의식 해설 및 정답 : ②

(1) A점 반력 : 집중하중으로 변환하여 B점에서 모멘트 평형을 적용하면

$$R_A = \frac{20(16)(2)}{10} = 64\,\text{kN}$$

(2) 최대정모멘트 발생 위치 : 전단력이 0인 위치이므로

$$x = \frac{R_A}{w} = \frac{64}{20} = 3.2\,\text{m}$$

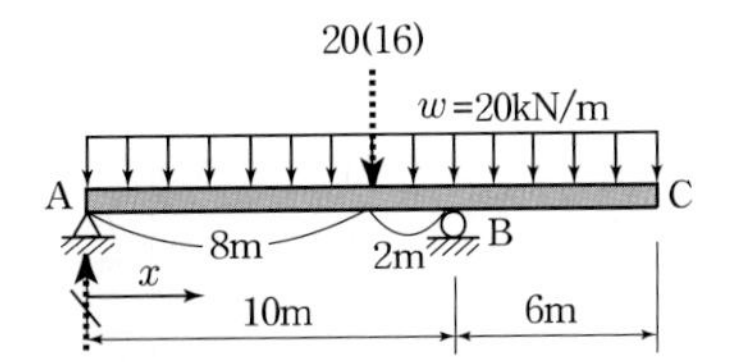

6 그림과 같은 단순보에 집중하중 80kN과 등분포하중 20kN/m가 작용하고 있다. 두 지점 A와 B의 연직반력이 같을 때, 집중하중의 위치 x[m]는? (단, 보의 자중은 무시한다)

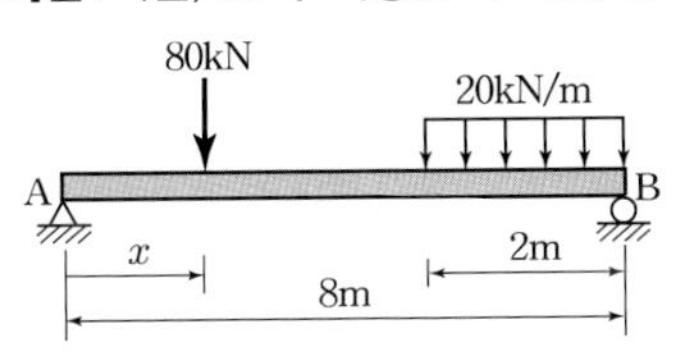

① 3.0
② 2.5
③ 2.0
④ 1.0

■ 강의식 해설 및 정답 : ②

반력을 표시하고 반대편지점에서 모멘트를 취한다.

(1) 지점반력 : 반력이 같으므로 수직력 평형을 적용하면

$$R = \frac{80 + 40}{2} = 60\,\text{kN}$$

(2) 거리(x) : A점에서 모멘트 평형을 적용하면
$80x + 40(7) = 60(8)$에서 $x = 2.5\,\text{m}$

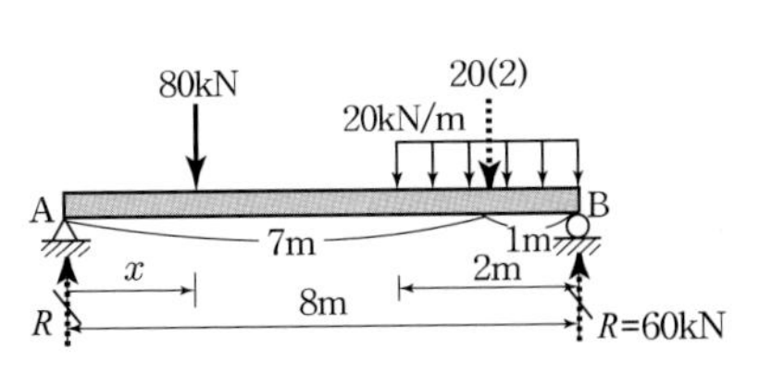

7 그림과 같이 정사각형 단면인 양단 힌지 기둥 A와 B의 최소 임계하중의 비($P_{cr,A} : P_{cr,B}$)는? (단, 두 기둥의 재료는 동일하다)

① 2 : 1
② 4 : 1
③ 8 : 1
④ 16 : 1

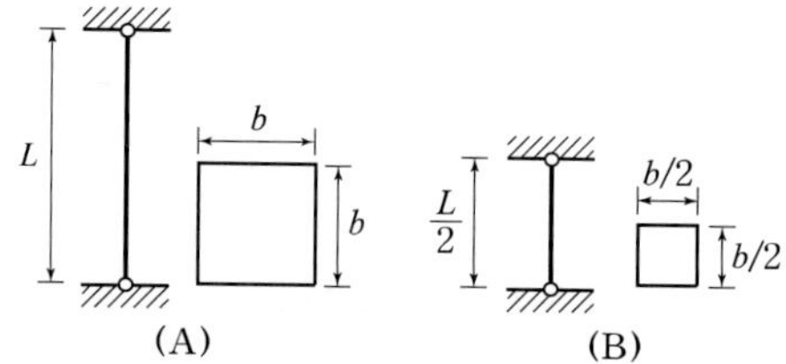

▪ 강의식 해설 및 정답 : ②

최소임계하중 $P_{cr} = \dfrac{n\pi^2 EI_{\min}}{L^2} \propto \dfrac{I_{\min}}{L^2}$ 에서

$P_{cr,A} : P_{cr,B} = \dfrac{b^4}{L^2} : \dfrac{(b/2)^4}{(L/2)^2} = 1 : \dfrac{1}{4} = 4 : 1$

8 그림과 같이 축부재의 B, C, D점에 수평하중이 작용할 때, D점 수평변위의 크기[mm]는? (단, 부재의 탄성계수 $E = 20$MPa이고, 단면적 $A = 1\text{m}^2$이며, 부재의 자중은 무시한다)

① 4.0
② 5.0
③ 5.5
④ 6.5

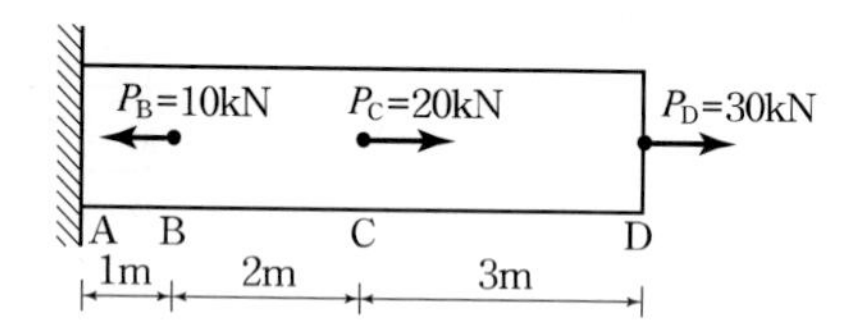

▪ 강의식 해설 및 정답 : ③

구간에 따라 변하는 구조이므로

$\delta = \Sigma \dfrac{NL}{EA} = \dfrac{0 + 10 \times 10^3 (2) + 30 \times 10^3 (3)}{20 \times 10^6 (1)}$

$= 0.0055\,\text{m} = 5.5\,\text{mm}$

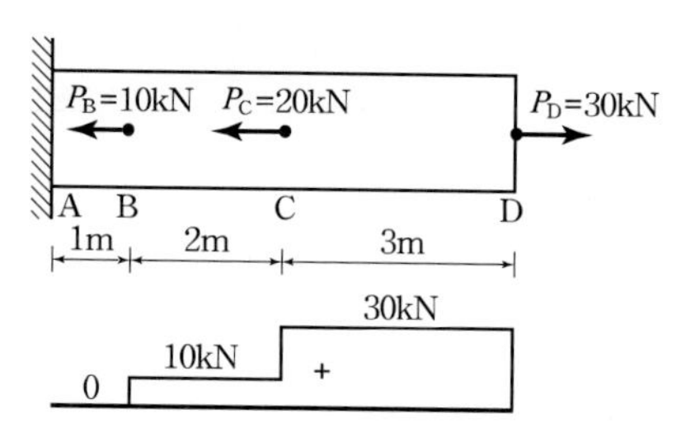

9 그림과 같이 라멘 구조물에 집중하중 P가 작용할 때, 미소변형인 경우에 대한 라멘 구조물의 휨변형 형상으로 적절한 것은? (단, 부재의 축변형은 무시하며, 휨강성 EI는 일정하다)

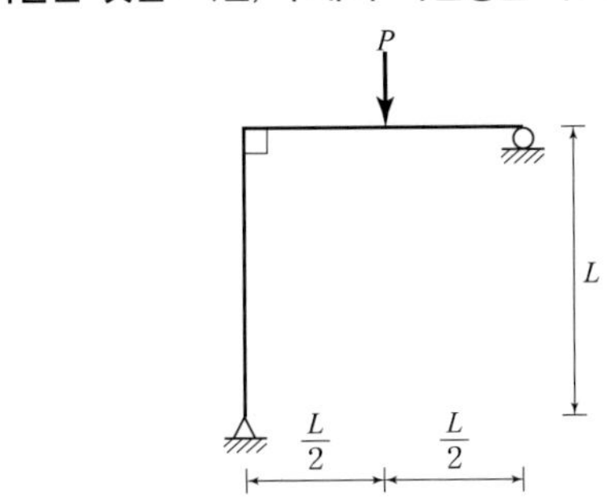

①
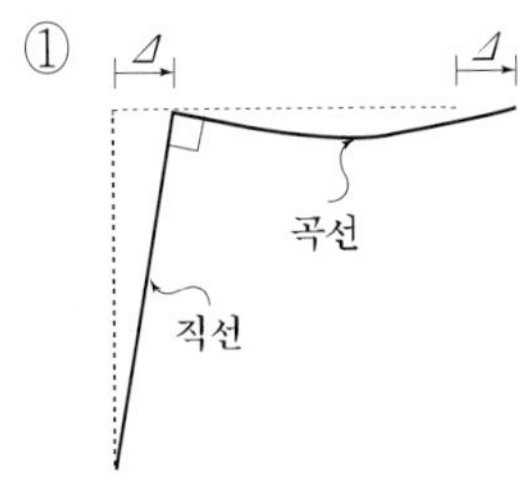

②
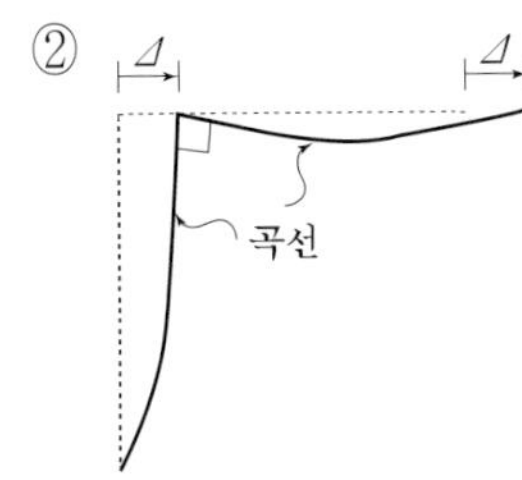

③
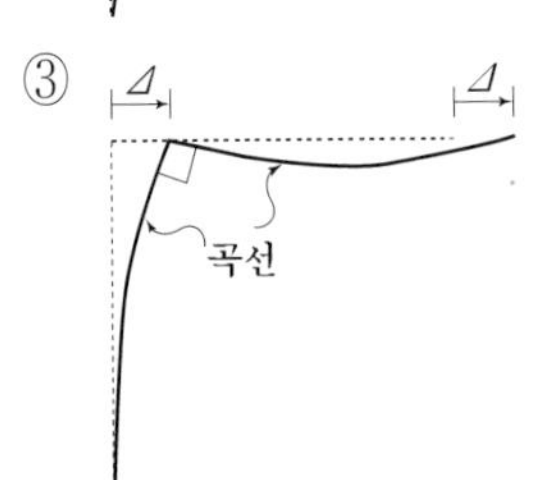

④
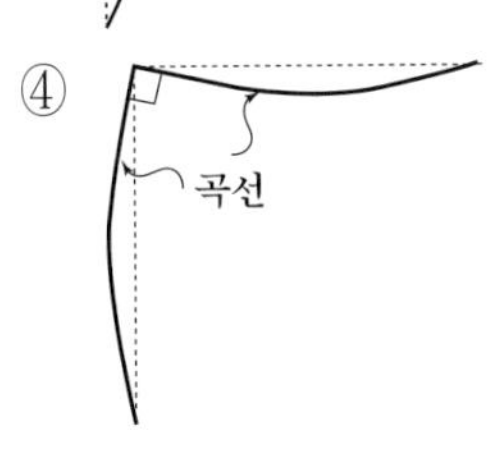

■ 강의식 해설 및 정답 : ①

(1) 구조가 비대칭이므로 이동지점에서 수평변위가 발생한다. ∴ ④는 탈락

(2) 단순보식 라멘에 수직하중이 작용하면 기둥은 휨모멘트가 생기지 않으므로 처짐곡선은 직선이라야 한다.
∴ ②, ③ 탈락

10 그림과 같이 A와 B, D의 연결부가 핀으로 되어 있는 구조물이 있다. 하중 100kN이 C점에 작용할 때, D점에 20kN 크기의 전단력이 발생한다면 d의 길이[m]는? (단, 자중은 무시한다)

① 10
② 20
③ 30
④ 40

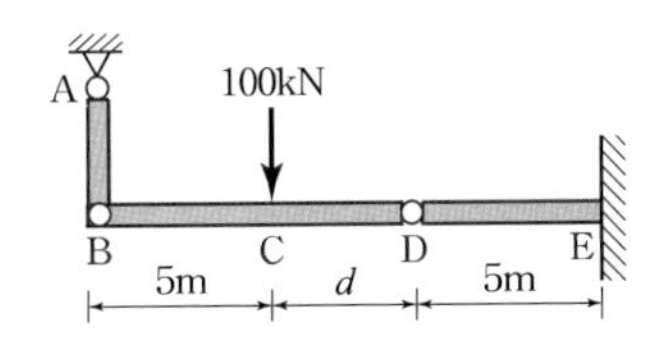

■ 강의식 해설 및 정답 : ②

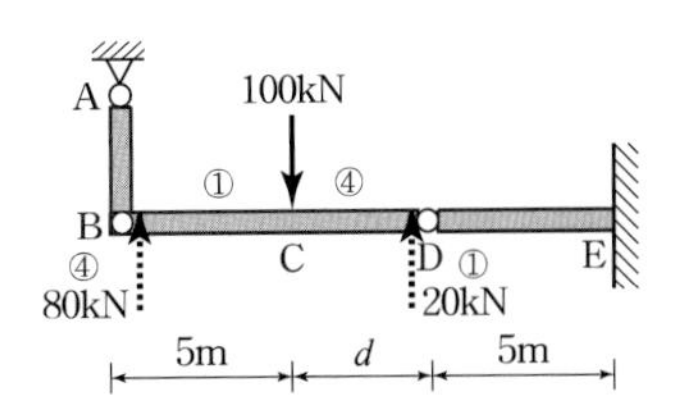

D점의 전단력은 D점에 전달되는 하중과 같으므로 힌지 D점의 힘은 20kN이다.
∴ 수직력 평형에 의해 힌지 B점에 전달되는 하중은 80kN이므로 힘과 거리의 반비례 조건을 적용하면

$$d = 5\left(\frac{4}{1}\right) = 20\,\text{m}$$

11 그림과 같이 D점에 수평력 2kN, C점에 수직력 4kN이 작용하는 내민보에서 지점 A에 발생하는 수직반력 V_A[kN]는? (단, 자중은 무시한다)

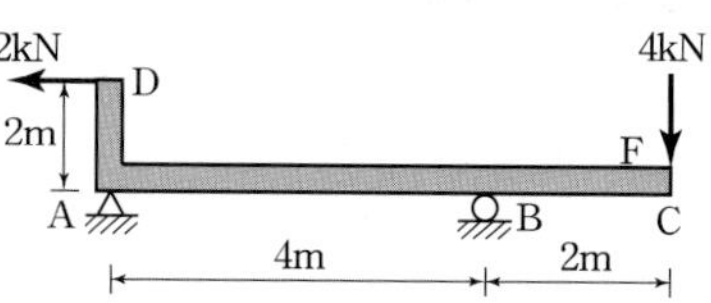

① 1(↓)
② 1(↑)
③ 2(↓)
④ 2(↑)

■ 강의식 해설 및 정답 : ①

반대편 지점 B에서 모멘트 평형을 적용하면

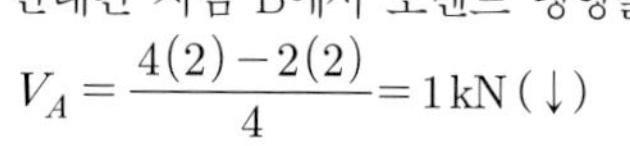

$$V_A = \frac{4(2)-2(2)}{4} = 1\,\text{kN}\,(\downarrow)$$

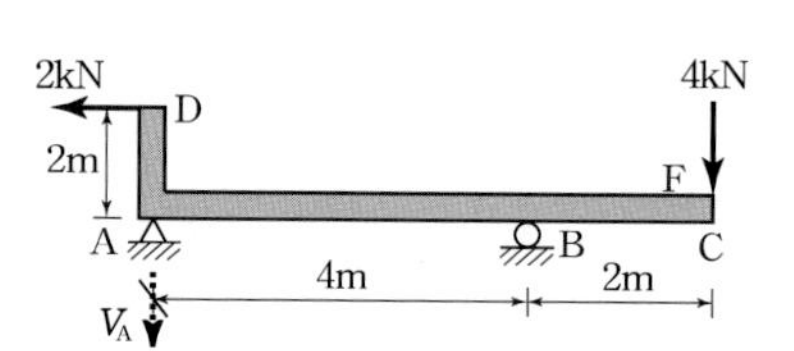

12 길이 2m, 직경 100mm인 강봉에 길이방향으로 인장력을 작용시켰더니 길이가 2mm 늘어났다. 직경의 감소량[mm]은? (단, 프와송비는 0.4이다)

① 0.01
② 0.02
③ 0.03
④ 0.04

■ 강의식 해설 및 정답 : ④

지름의 감소량

$$\Delta d = \nu d\epsilon = 0.4(100)\left(\frac{2}{2000}\right) = 0.04\,\text{mm}$$

13 그림과 같은 강체에서 하중 P에 의해 C점에 0.03m의 처짐이 발생할 때, C점에 작용된 하중 P[N]는? (단, 자중은 무시한다)

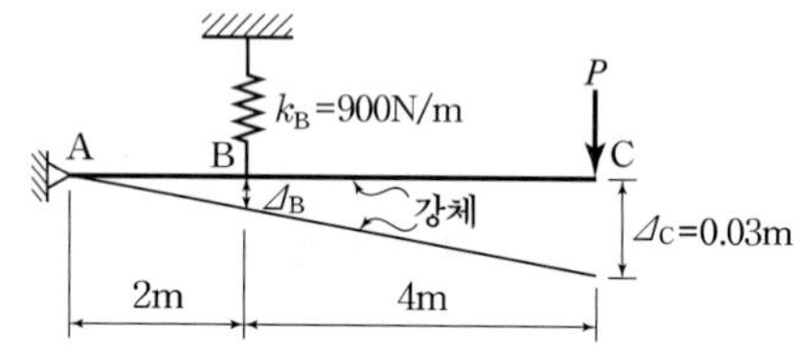

① 9.0
② 3.0
③ 0.9
④ 0.3

■ 강의식 해설 및 정답 : ②

(1) 스프링이 받는 힘(=스프링의 반력)
A점에서 모멘트 평형을 적용하면

$$P_s = \frac{P(6)}{2} = 3P$$

(2) 스프링의 늘음량

$$\Delta_B = \frac{P_s}{k_B} = \Delta_C\left(\frac{1}{3}\right) \text{이므로}$$

$$\Delta_B = \frac{3P}{900} = 0.03\left(\frac{1}{3}\right) \text{에서}$$

$P = 3\,\text{N}$

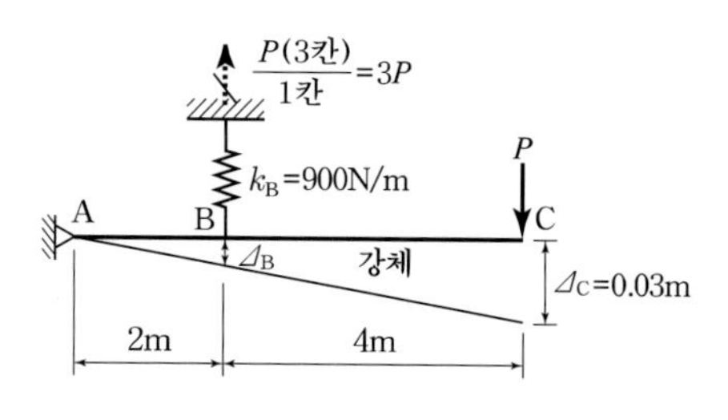

14 그림과 같이 지름 $d=10$mm인 원형단면 강봉의 허용전단응력이 $\tau_{allow}=16$MPa이다. 이때 자유단에 작용 가능한 최대 허용비틀림 모멘트 T[N · m]는? (단, 강봉의 자중은 무시한다)

① π
② 2π
③ 4π
④ 8π

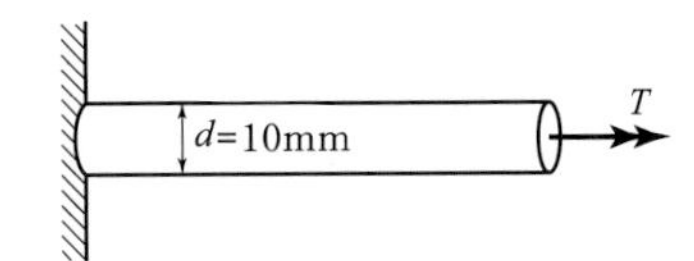

■ 강의식 해설 및 정답 : ①

최대전단응력이 허용응력 이하라야 하므로

$\tau_{\max}=\dfrac{16T}{\pi d^3}\le\tau_a$에서

$T\le\tau_a\left(\dfrac{\pi d^3}{16}\right)=16\left(\dfrac{\pi\times10^3}{16}\right)=\pi\times10^3\,\mathrm{N\cdot m}=\pi\,\mathrm{kN\cdot m}$

15 그림과 같이 a, b 두 부재가 용접되어 양단이 구속되어 있다. 하중 P가 용접면에 작용할 때, 하중 P에 의해 부재 a에 발생되는 축응력은? (단, 두 부재의 단면적 A는 동일하고, 부재 a와 b의 탄성계수는 각각 E_a와 E_b이며, $E_a=2E_b$이다)

① $\dfrac{P}{A}$
② $\dfrac{P}{4A}$
③ $\dfrac{3P}{4A}$
④ $\dfrac{4P}{5A}$

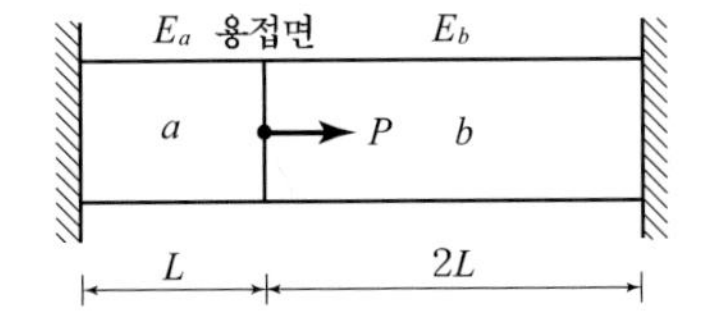

■ 강의식 해설 및 정답 : ④

(1) 분담하중

$P=K\delta=\dfrac{EA}{L}\delta\propto\dfrac{E}{L}$에서

$P_a:P_b=\dfrac{2}{1}:\dfrac{1}{2}=4:1$

$\therefore\ P_a=\dfrac{4P}{5}$

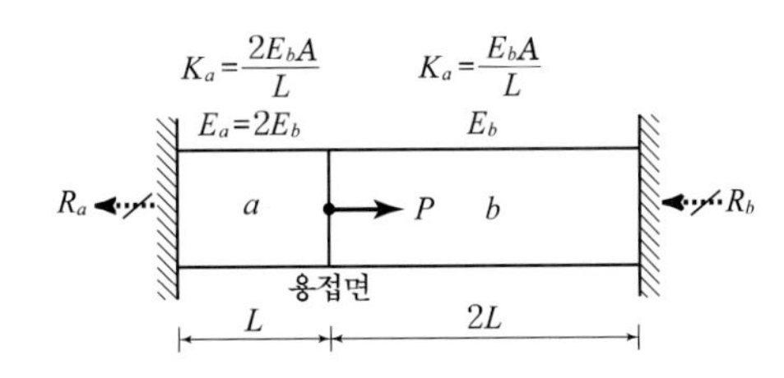

(2) a에 발생하는 축응력

$\sigma_a=\dfrac{P_a}{A}=\dfrac{4P}{5A}$

16 그림과 같이 하중 P를 세 개의 스프링이 지지하고 있다. 하중 P에 의한 변위 δ는? (단, 자중은 무시한다)

① $\dfrac{7P}{2k}$

② $\dfrac{5P}{2k}$

③ $\dfrac{3P}{2k}$

④ $\dfrac{P}{2k}$

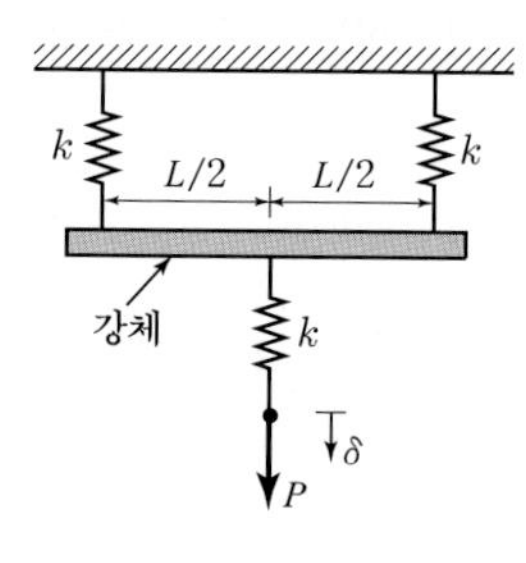

■ 강의식 해설 및 정답 : ③

(1) 합성 스프링 상수

병렬을 합성하면 $K_{eq} = \sum K = 2k$

병렬과 직렬을 합성하면

$$K_{eq}' = \frac{k(2k)}{k+2k} = \frac{2k}{3}$$

(2) 변위

$$\delta = \frac{P}{K_{eq}'} = \frac{3P}{2k}$$

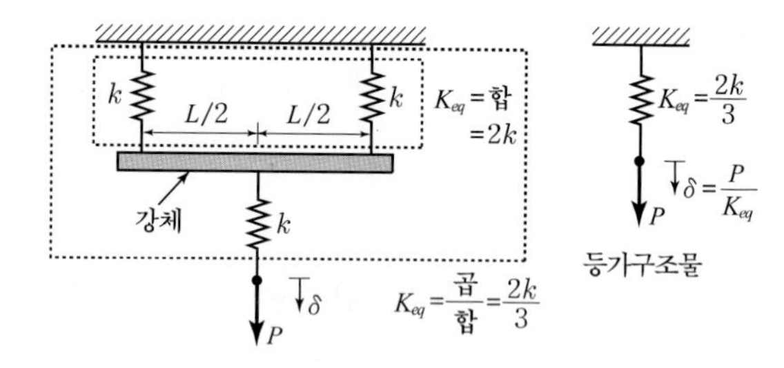

17 그림과 같은 구조물에서 D점에 작용하는 하중 P에 의하여 B점에 발생하는 처짐이 0일 때, a의 길이 [m]는? (단, 구조물의 자중은 무시하며, 길이 $L = 10$m, 휨강성 $EI = 100$kN · m²이다)

① $\dfrac{5}{2}$

② 5

③ $\dfrac{5}{3}$

④ $\dfrac{20}{3}$

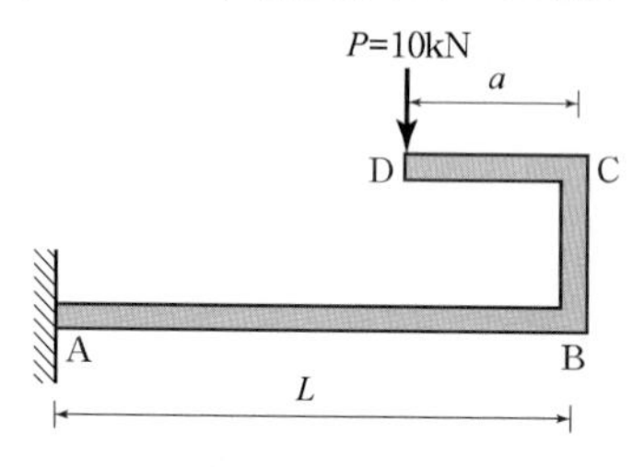

■ 강의식 해설 및 정답 : ④

캔틸레버의 내측이므로 B점에 전달되는 하중을 이용하면

$\dfrac{PL^3}{3EI} = \dfrac{M_B L^2}{2EI}$ 에서

$$\frac{10(10^3)}{3(100)} = \frac{10a(10^2)}{2(100)}$$

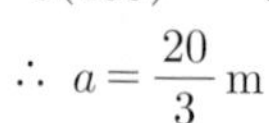

$\therefore\ a = \dfrac{20}{3}$ m

18 그림과 같이 길이 1m인 단순보의 중앙점 아래 4mm 떨어진 곳에 지점 C가 있고, 전 구간에 384kN/m의 등분포하중이 작용할 때, 지점 C에서 상향으로 발생하는 수직반력 R_C[kN]는? (단, $EI=1,000\text{kN}\cdot\text{m}^2$이고, 자중은 무시한다)

① 24
② 48
③ 72
④ 96

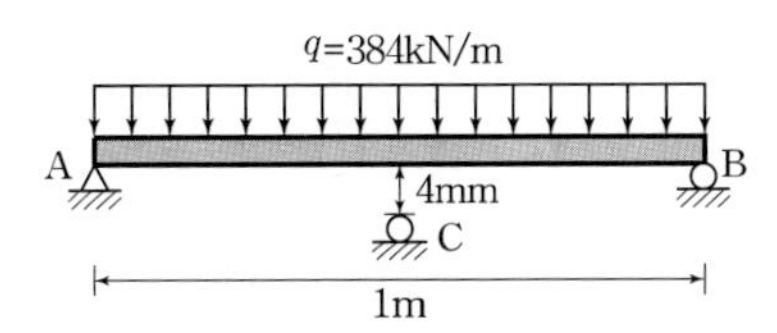

■ 강의식 해설 및 정답 : ②

중첩을 적용하면

$$R_C=\frac{5wL}{4}-\frac{48EI}{(2L)^3}\delta_a$$
$$=\frac{5(384)(0.5)}{4}-\frac{48(1,000)}{1^3}(0.004)$$
$$=48\,\text{kN}$$

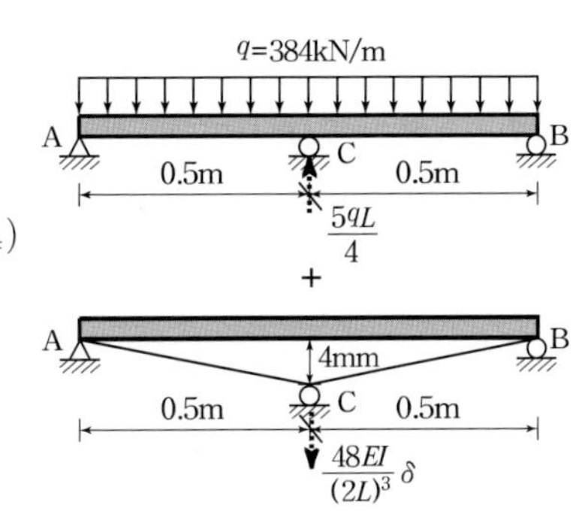

19 그림과 같이 단순보에 집중하중 P가 보의 중앙점 C에 작용할 때, C점의 수직처짐의 크기는? (단, AB 및 DE 구간의 휨강성은 EI이고, BD 구간은 강체이며, 보의 자중은 무시한다)

① $\dfrac{PL^3}{54EI}$

② $\dfrac{2PL^3}{81EI}$

③ $\dfrac{PL^3}{81EI}$

④ $\dfrac{PL^3}{162EI}$

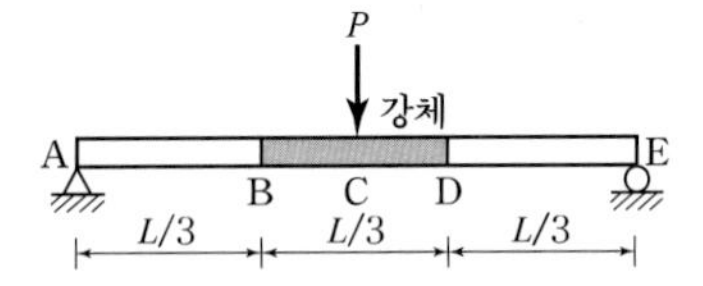

■ 강의식 해설 및 정답 : ④

공액보에서 우력의 원리에 의해 B점 모멘트를 구하면

$$\delta_C=M_C'=\frac{1}{2}\left(\frac{L}{3}\right)\left(\frac{PL}{6EI}\right)\times\frac{2}{3}\left(\frac{L}{3}\right)$$
$$=\frac{PL^3}{162EI}$$

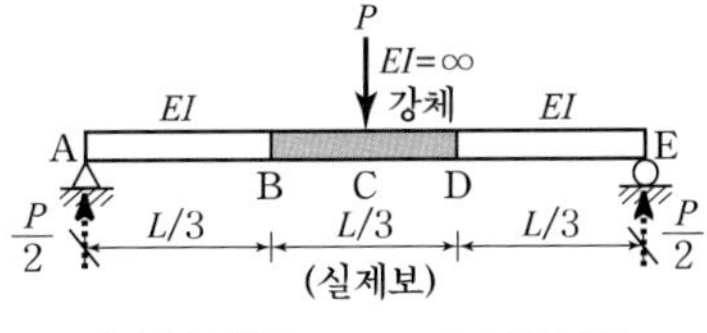

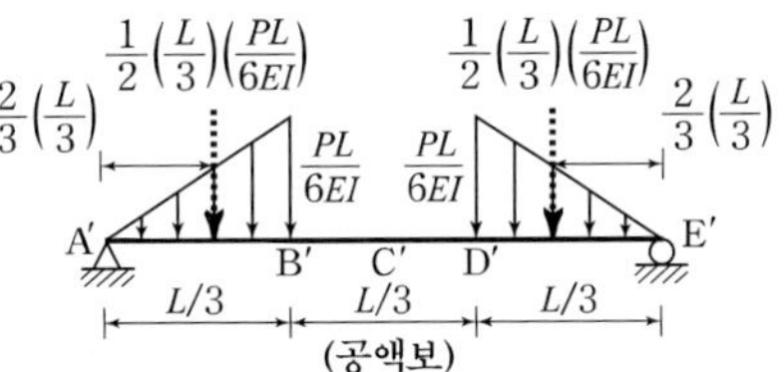

20 그림과 같이 휨강성 EI가 일정한 내민보에서 자유단 C점의 처짐이 0이 되기 위한 하중의 크기 비 $\left(\dfrac{P}{Q}\right)$는? (단, 자중은 무시한다)

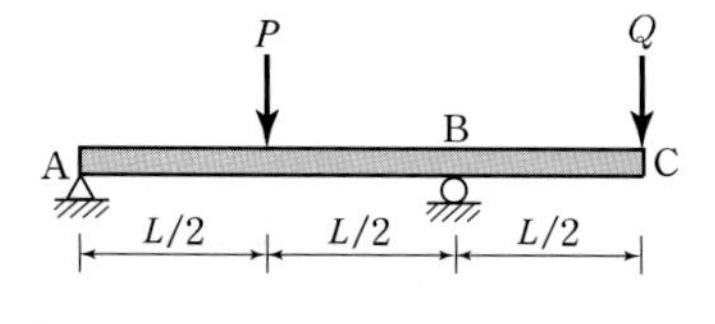

① 1
② 2
③ 4
④ 8

■ 강의식 해설 및 정답 : ③

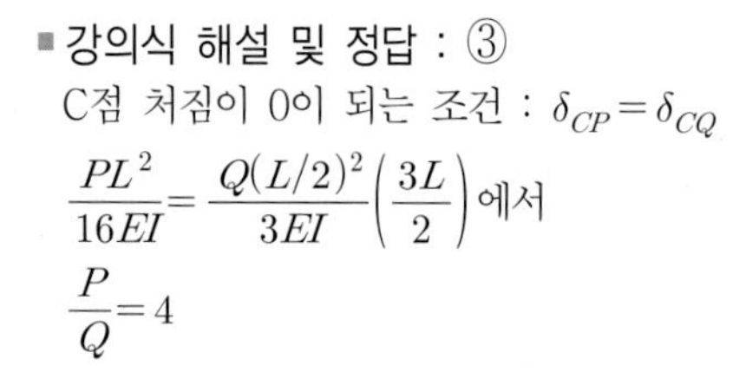

C점 처짐이 0이 되는 조건 : $\delta_{CP} = \delta_{CQ}$

$\dfrac{PL^2}{16EI} = \dfrac{Q(L/2)^2}{3EI}\left(\dfrac{3L}{2}\right)$에서

$\dfrac{P}{Q} = 4$

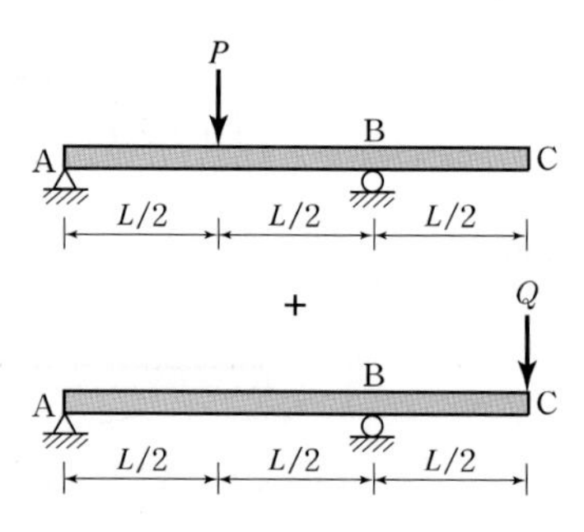

2018 서울시 9급 / 서울시 9급(전반기) 응용역학개론

1 <보기>와 같이 모멘트하중을 받는 내민보가 있을 때 C점의 처짐각 θ_c와 처짐 y_c는? (단, EI는 일정하다.)

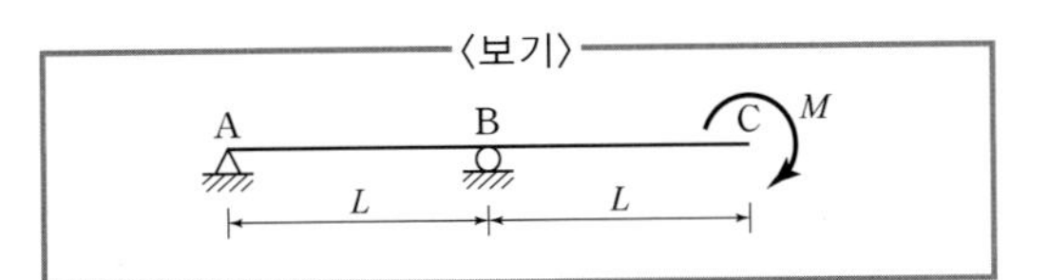

① $\theta_c = \dfrac{4ML}{3EI}(\curvearrowright)$, $y_c = \dfrac{5ML^2}{6EI}(\downarrow)$
② $\theta_c = \dfrac{5ML}{3EI}(\curvearrowright)$, $y_c = \dfrac{2ML^2}{3EI}(\downarrow)$
③ $\theta_c = \dfrac{2ML}{3EI}(\curvearrowright)$, $y_c = \dfrac{5ML^2}{3EI}(\downarrow)$
④ $\theta_c = \dfrac{5ML}{6EI}(\curvearrowright)$, $y_c = \dfrac{4ML^2}{3EI}(\downarrow)$

■ 강의식 해설 및 정답 : ①

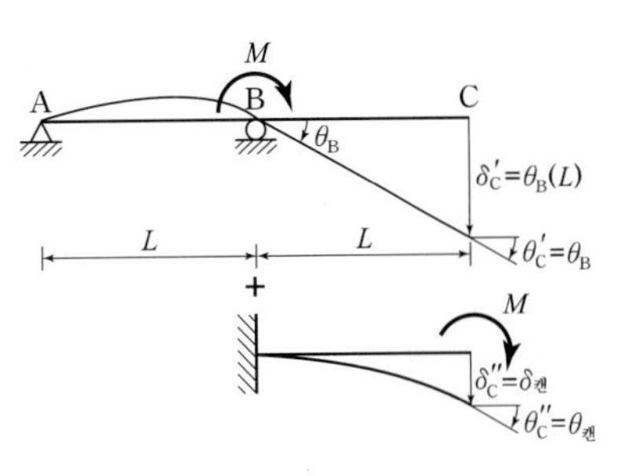

앞 절점의 회전과 내민 구간의 영향을 중첩으로 해석하면

(1) 처짐각

$$\theta_C = \theta_B + \theta_{캔} = \frac{ML}{3EI} + \frac{ML}{EI} = \frac{4ML}{3EI}\ (\curvearrowright)$$

(2) 처짐

$$\delta_C = \theta_B(L) + \delta_{캔} = \frac{ML}{3EI}(L) + \frac{ML^2}{2EI} = \frac{5ML^2}{6EI}\ (\downarrow)$$

보충 보기의 값이 모두 다르므로 처짐각과 처짐 중 하나만 구하면 답을 구할 수 있다.

2 <보기>와 같이 P_1으로 인한 B점의 처짐 δ_{B1} =0.2m, P_2로 인한 B점의 처짐 δ_{B2} =0.2m이다. P_1과 P_2가 동시에 작용했을 때 P_1이 한 일의 크기는?

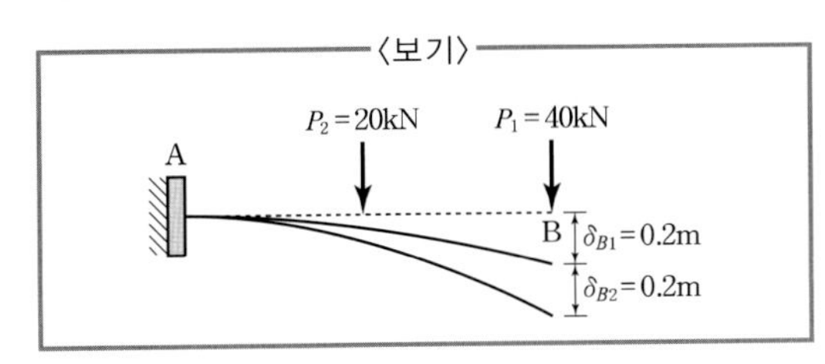

① 4kN·m
② 8kN·m
③ 12kN·m
④ 16kN·m

■ 강의식 해설 및 정답 : ②

동시에 작용하는 경우 하나의 변위로 취급되므로 변동 외력일을 한다.

$$W_1 = \frac{P_1(\Sigma\delta_1)}{2} = \frac{40(0.2+0.2)}{2} = 8\,\text{kN}\cdot\text{m}$$

보충 답이 차례로 작용할 때로 나왔으므로 정답 오류!
➡ 순차적으로 작용할 때 P_1이 한 외력일과 동시에 작용할 때 P_1이 한 외력일이 같다면 에너지 불변의 법칙이 성립되지 않으므로 오류임!

3 <보기>의 그림(a)와 같이 등분포하중과 단부 모멘트하중이 작용하는 단순지지 보의 휨모멘트도는 그림(b)와 같다. 정모멘트 M_p와 부모멘트 M_n의 차이 M_T의 크기는?

〈보기〉

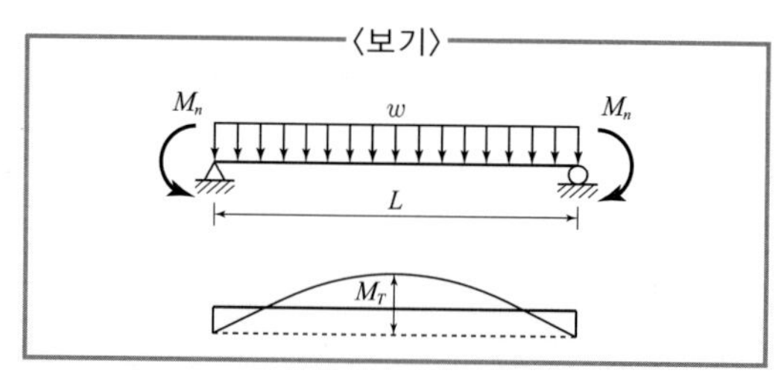

① $wL^2/24$
② $wL^2/6$
③ $wL^2/12$
④ $wL^2/8$

■ 강의식 해설 및 정답 : ④

두 점에 대한 휨모멘트의 차이는 두 점으로 둘러싸인 전단력도의 면적과 같으므로

$$M_T = \frac{1}{2}\left(\frac{wL}{2}\right)\left(\frac{L}{2}\right) = \frac{wL^2}{8}$$

➡ 대칭이므로 휨모멘트는 부모멘트만큼 아래로 이동하므로 중앙점의 전체 크기는 불변이다.

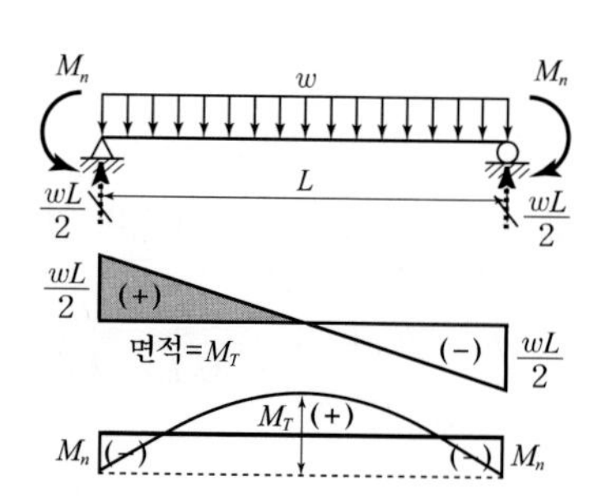

4 <보기>는 응력과 변형률 곡선을 나타낸 그래프이다. 각 지점의 명칭으로 옳지 않은 것은?

〈보기〉

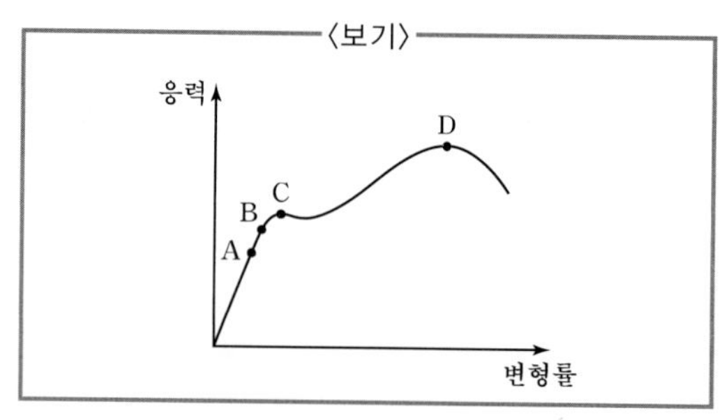

① A점은 비례한도(proportional limit)이다.
② B점은 소성한도(plastic limit)이다.
③ C점은 항복점(yield strength)이다.
④ D점은 한계응력(ultimate stress)이다.

■ 강의식 해설 및 정답 : ②

B점은 탄성한도(proportional limit)이다.
참고로 소성한도라는 용어는 사용하지 않는다.

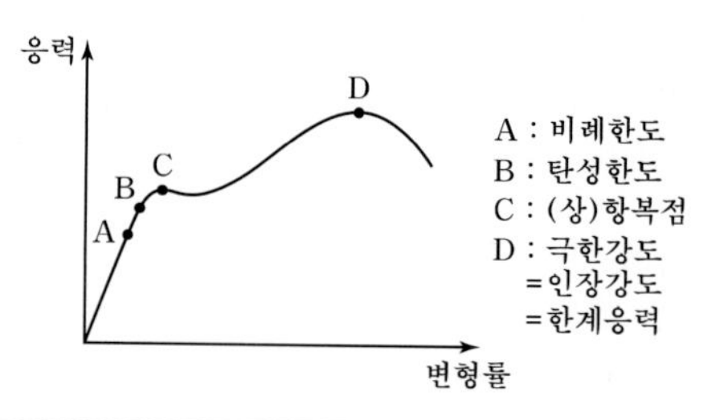

5 <보기>와 같이 동력차가 강성도 $k=2$TN/m인 스프링으로 구성된 차막이에 100m/s의 속도로 충돌할 때 스프링의 최대 수평 변위량은? (단, 동력차의 무게는 80tf이다.)

〈보기〉

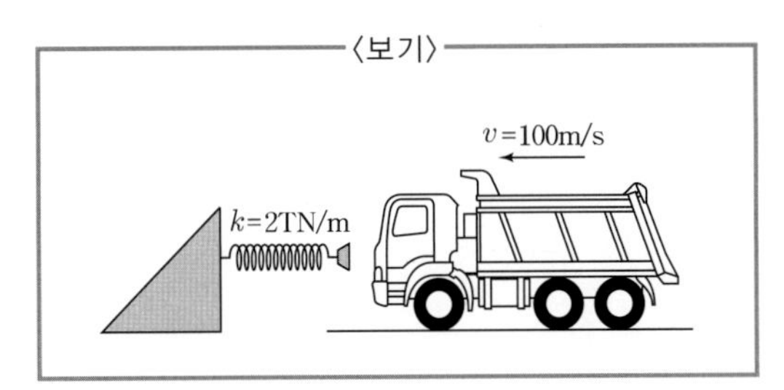

① 0.01m
② 0.015m
③ 0.02m
④ 0.025m

■ 강의식 해설 및 정답 : ③

에너지 보존의 법칙을 적용하면 자동차의 운동에너지가 전부 스프링의 탄성에너지로 전환될 때 최대 변위가 발생한다.

$\frac{1}{2}mv^2 = \frac{1}{2}kx^2$에서

$$x = v\sqrt{\frac{m}{k}} = v\sqrt{\frac{W}{gk}} = 100\sqrt{\frac{80\times10^3\times10}{10(2\times10^{12})}} = 0.02\,\text{m}$$

보충 문제의 TN은 테라뉴턴(10^{12}N)을 의미한다.

6 <보기>와 같이 주어진 문제의 반력으로 가장 옳은 것은?

〈보기〉

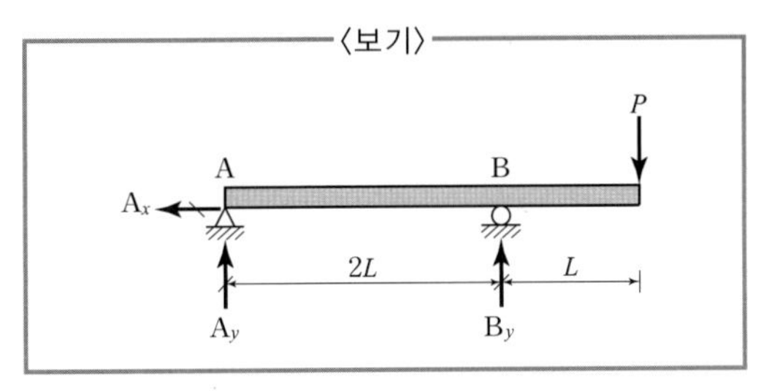

① $A_x = 0,\quad A_y = 0.5P,\quad B_y = 0.5P$
② $A_x = 0,\quad A_y = -0.25P,\quad B_y = 1.75P$
③ $A_x = 0,\quad A_y = -0.5P,\quad B_y = 1.5P$
④ $A_x = P,\quad A_y = 0.5P,\quad B_y = 1.5P$

■ 강의식 해설 및 정답 : ③

평형조건을 적용하면

$\Sigma H = 0$에서 $A_x = 0$

$\Sigma M_B = 0$에서 $A_y = -\frac{PL}{2L} = -0.5P$(하향)

$\Sigma V = 0$에서 $B_y = 1.5P$

7 <보기>와 같은 구조물의 부정정 차수는?

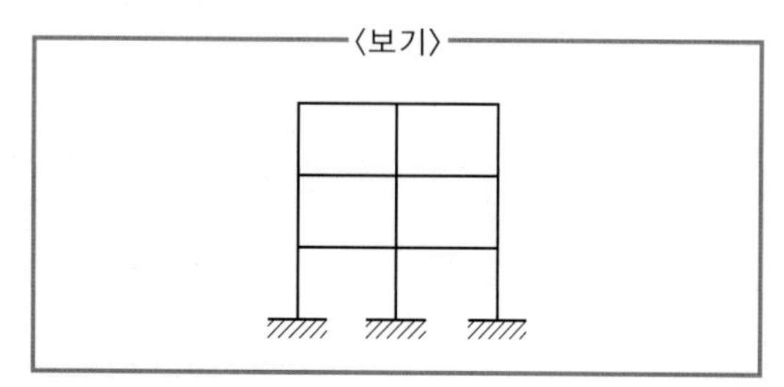

① 15　　② 16
③ 17　　④ 18

■ 강의식 해설 및 정답 : ④

라멘 구조물이므로

$N = 3B - H = 3(6) = 18$

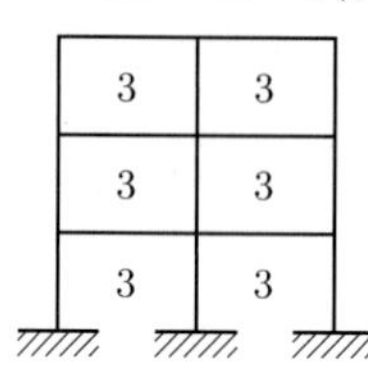

8 <보기>와 같은 직사각형 단면의 E점에 하중(P)이 작용할 경우 각 모서리 A, B, C, D의 응력은? (단, 압축은 +이고, $I_x = \frac{bh^3}{12}$, $I_y = \frac{b^3h}{12}$ 이다.)

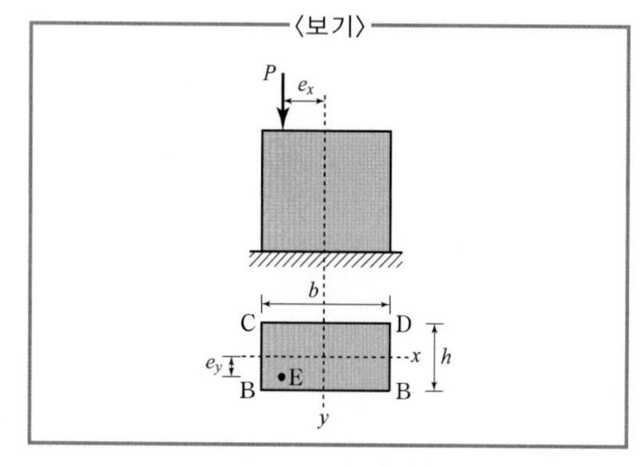

① $f_A = \frac{P}{bh} + \frac{Pe_x}{I_y}x + \frac{Pe_y}{I_x}y$　　② $f_B = \frac{P}{bh} + \frac{Pe_x}{I_y}x - \frac{Pe_y}{I_x}y$

③ $f_C = \frac{P}{bh} - \frac{Pe_x}{I_y}x + \frac{Pe_y}{I_x}y$　　④ $f_D = \frac{P}{bh} + \frac{Pe_x}{I_y}x - \frac{Pe_y}{I_x}y$

■ 강의식 해설 및 정답 : ①

응력을 옳게 구한 것을 찾는 문제이다.

∴ ①만 옳은 표현이고 나머지는 (−)부호의 위치가 오류이다.

$f_A = \dfrac{P}{bh} + \dfrac{Pe_x}{I_y}x + \dfrac{Pe_y}{I_x}y$ $\qquad f_B = \dfrac{P}{bh} - \dfrac{Pe_x}{I_y}x + \dfrac{Pe_y}{I_x}y$

$f_C = \dfrac{P}{bh} + \dfrac{Pe_x}{I_y}x - \dfrac{Pe_y}{I_x}y$ $\qquad f_D = \dfrac{P}{bh} - \dfrac{Pe_x}{I_y}x - \dfrac{Pe_y}{I_x}y$

9 <보기>와 같은 트러스에서 단면법으로 구한 U의 부재력의 크기는?

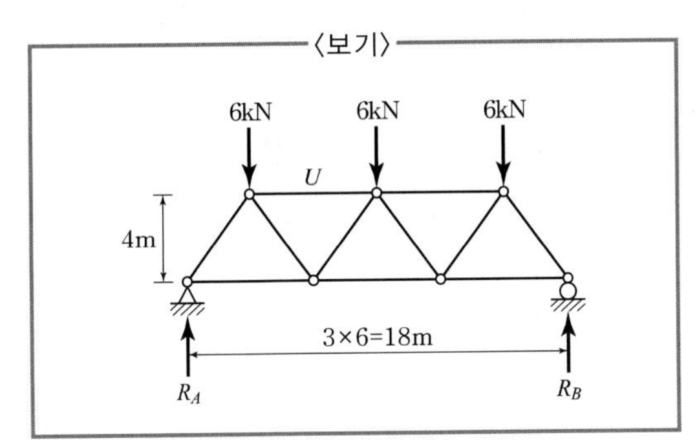

① 9kN ② 11kN

③ 13kN ④ 15kN

■ 강의식 해설 및 정답 : ①

절단한 단면에 대해 두 힘의 교점에서 모멘트 평형을 적용하면

$U = \dfrac{6(3)+3(6)}{4} = 9\,\text{kN}$ (압축)

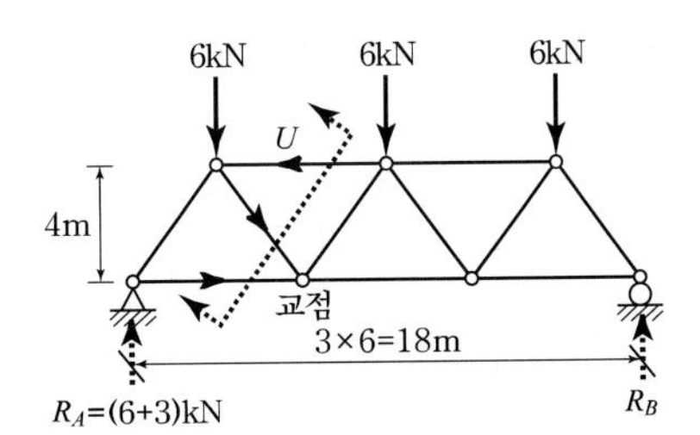

10 <보기>와 같이 O점에 20kN · m의 모멘트하중이 작용할 때 각 부재의 전달모멘트는?

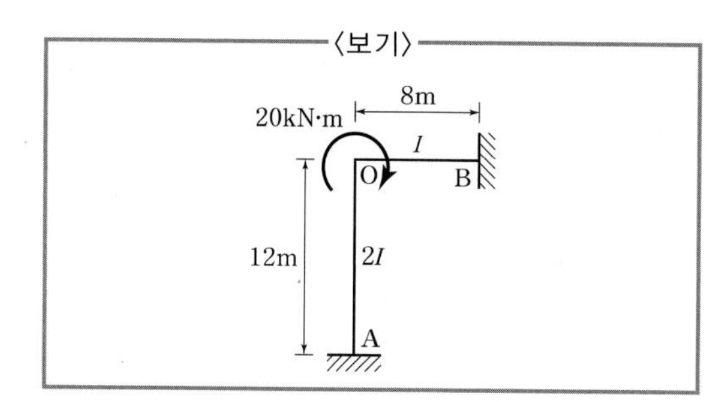

① $M_{AO}=11.4\text{KN}\cdot\text{m}(\curvearrowright)$, $M_{BO}=8.5\text{kN}\cdot\text{m}(\curvearrowright)$

② $M_{AO}=5.7\text{kN}\cdot\text{m}(\curvearrowright)$, $M_{BO}=4.2\text{kN}\cdot\text{m}(\curvearrowright)$

③ $M_{AO}=8.5\text{kN}\cdot\text{m}(\curvearrowright)$, $M_{BO}=11.4\text{kN}\cdot\text{m}(\curvearrowright)$

④ $M_{AO}=4.2\text{kN}\cdot\text{m}(\curvearrowright)$, $M_{BO}=5.7\text{kN}\cdot\text{m}(\curvearrowright)$

■ 강의식 해설 및 정답 : ②

(1) 강비 계산 : $K=\dfrac{4EI}{L}\propto\dfrac{I}{L}$

$$k_{OA}:k_{OB}=\frac{2}{12}:\frac{1}{8}=4:3$$

(2) 전달모멘트

$$M_{AO}=M_{OA}\times\frac{1}{2}=20\left(\frac{4}{7}\right)\times\frac{1}{2}\simeq 5.7\,\text{kN}\cdot\text{m}$$

$$M_{BO}=M_{OB}\times\frac{1}{2}=20\left(\frac{3}{7}\right)\times\frac{1}{2}\simeq 4.2\,\text{kN}\cdot\text{m}$$

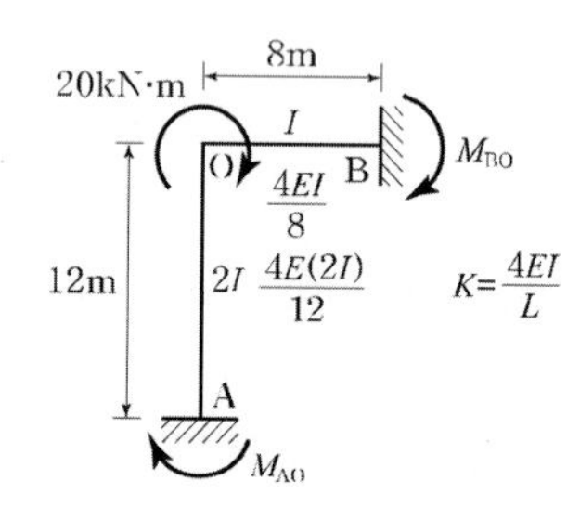

11 <보기>와 같은 정정라멘구조에 분포하중 w가 작용할 때 최대 모멘트 크기는?

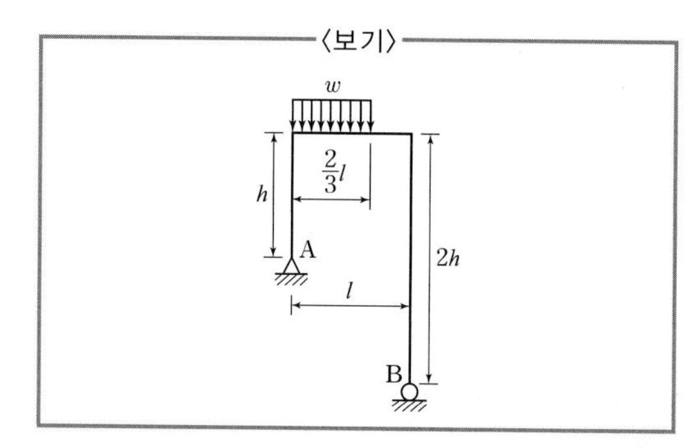

① $\dfrac{2}{3}wl^2$　　② $\dfrac{1}{12}wl^2$

③ $\dfrac{8}{81}wl^2$　　④ $\dfrac{7}{72}wl^2$

■ 강의식 해설 및 정답 : ③

(1) A점 반력 : $R_A = \frac{2wl}{3}\left(\frac{2}{3}\right) = \frac{4wl}{9}$

(2) 전단력이 0인 위치 : $x = \frac{R_A}{w} = \frac{4l}{9}$

(3) 최대 휨모멘트

$M_{\max} = \frac{R_A x}{2} = \frac{1}{2}\left(\frac{4wl}{9}\right)\left(\frac{4l}{9}\right) = \frac{8wl^2}{81}$

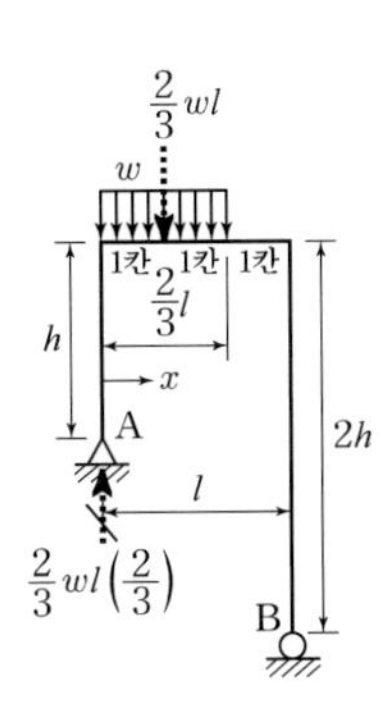

12 보에 굽힘이 발생하였을 때 보의 상면과 하면사이에 종방향의 길이가 변하지 않는 어떤 면이 존재하는데, 이 면의 이름은?

① 중립면 ② 중심면
③ 중앙면 ④ 중간면

■ 강의식 해설 및 정답 : ①

굽힘에 의해 종방향 길이가 없는 면은 변형률이 0(zero)인 중립면이다.

13 균일단면을 가지며 높이가 20m인 콘크리트 교각이 압축 하중 $P = 11$MN을 받고 있다. 콘크리트의 허용 압축응력이 5.5MPa일 때 필요한 교각의 단면적은? (단, 교각의 자중을 고려하며 콘크리트의 비중량은 25kN/m3이다.)

① 2.0m^2 ② 2.2m^2
③ 2.4m^2 ④ 2.6m^2

■ 강의식 해설 및 정답 : ②

축하중과 자중을 받는 교각의 응력은 허용응력 이하라야 하므로

$\sigma = \frac{P}{A} + \gamma h \le \sigma_a$에서

$$A \ge \frac{P}{\sigma_a - \gamma h} = \frac{11 \times 10^6}{5.5 \times 10^6 - 25 \times 10^3 (20)} = 2.2\,\text{m}^2$$

14 원통형 압력용기에 작용하는 원주방향응력이 16MPa이다. 이때 원통형 압력용기의 종방향응력 크기는?

① 4MPa
② 8MPa
③ 16MPa
④ 32MPa

■ 강의식 해설 및 정답 : ②

종방향응력은 원주응력의 1/2과 같으므로

$\sigma_l = \frac{\sigma_d}{2} = \frac{16}{2} = 8\,\text{MPa}$

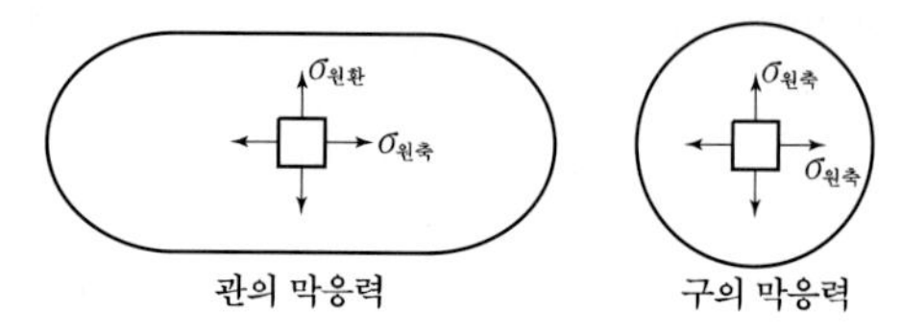

15 <보기>와 같이 타원형 단면을 가진 얇은 두께의 관이 비틀림 우력 $T = 6\text{N}\cdot\text{m}$를 받고 있을 때 관에 작용하는 전단흐름의 크기는? (단, $\pi = 3$이다.)

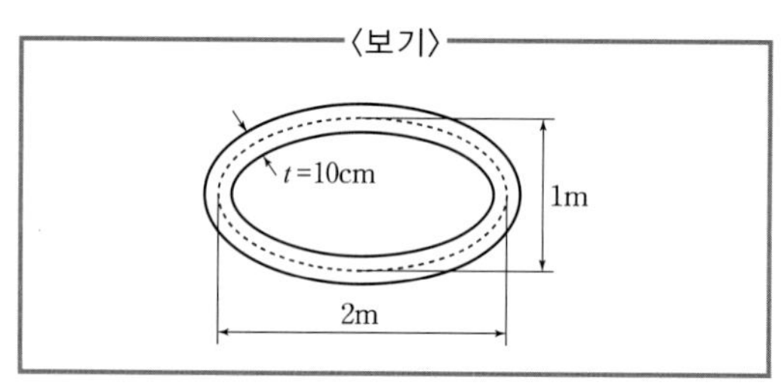

① 20N/m
② 10N/m
③ 5N/m
④ 2N/m

■ 강의식 해설 및 정답 : ④

전단흐름(shear flow)

$f = \frac{T}{2A_m} = \frac{T}{2\pi ab} = \frac{6}{2(3)(1\times 0.5)} = 2\,\text{N/m}$

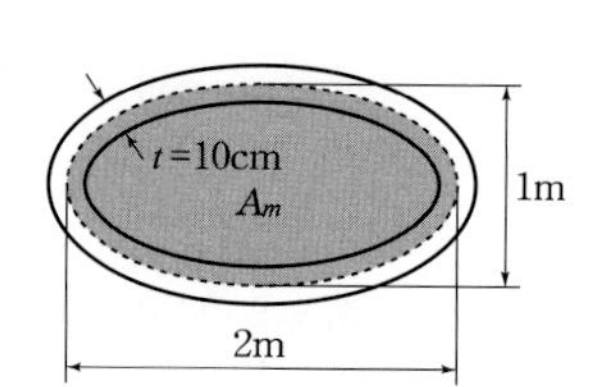

16 <보기>와 같은 게르버보에서 B점의 휨모멘트 크기는? (단, 반시계방향은 +, 시계방향은 -이다.)

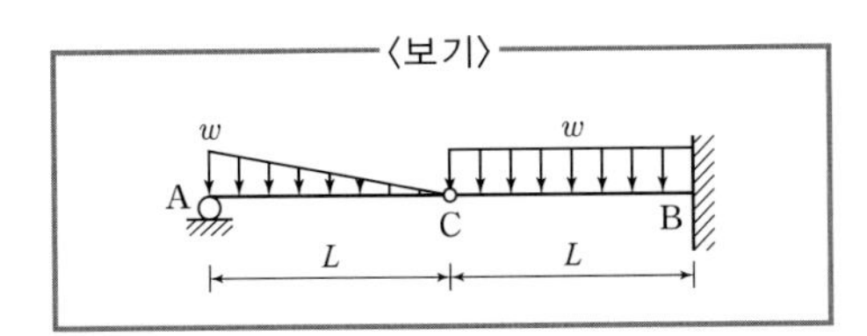

① $-\dfrac{wL^2}{6}$　　② $-\dfrac{wL^2}{2}$

③ $-\dfrac{2wL^2}{3}$　　④ $-\dfrac{wL^2}{3}$

■ 강의식 해설 및 정답 : ③

힌지점에 전달되는 하중을 이용하면

$M_B = -\dfrac{wL}{6}(L) - wL\left(\dfrac{L}{2}\right) = -\dfrac{2wL^2}{3}$

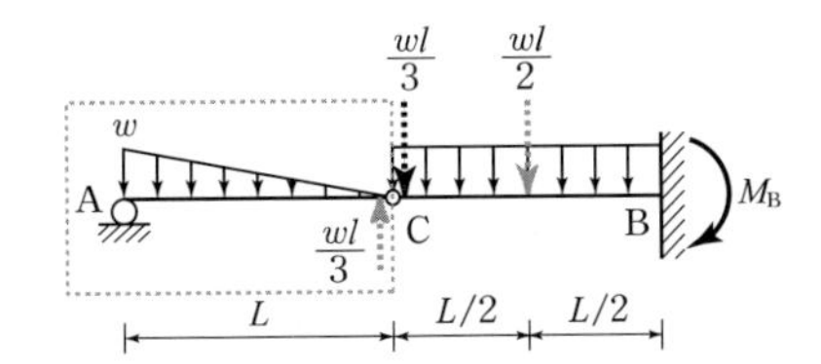

17 <보기>와 같은 보의 반력으로 옳은 것은?

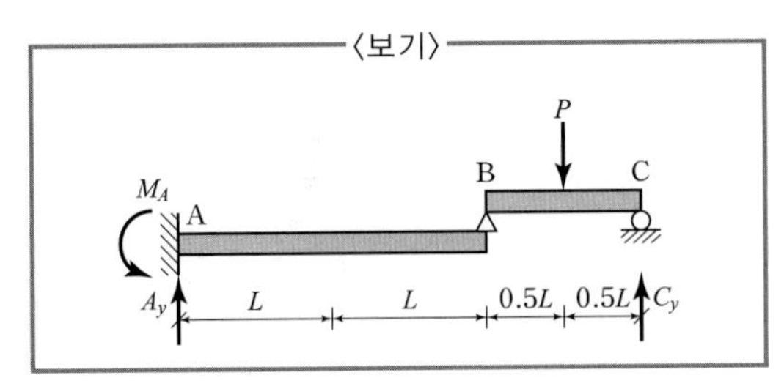

① $A_y = 0.25P,\ M_A = -PL,\ C_y = 0.5P$

② $A_y = 0.5P,\ M_A = -PL,\ C_y = 0.5P$

③ $A_y = -0.25P,\ M_A = PL,\ C_y = 0.25P$

④ $A_y = 0.5P,\ M_A = PL,\ C_y = 0.5P$

■ 강의식 해설 및 정답 : ④

상부구조의 B점 반력이 하부구조의 하중으로 전달되므로 평형조건을 이용하면

$A_y = 0.5P$

$M_A = 0.5P(2L) = PL$

$C_y = 0.5P$

보충 문제에서 가정한 방향과 같으면 (+), 반대이면 (−)로 한다.

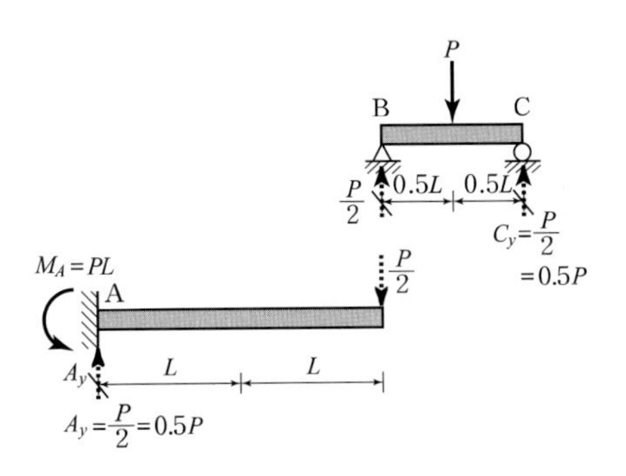

18 <보기>와 같은 직사각형에서 최소 단면 2차 반경(최소 회전 반경)은? (단, $h > b$이다.)

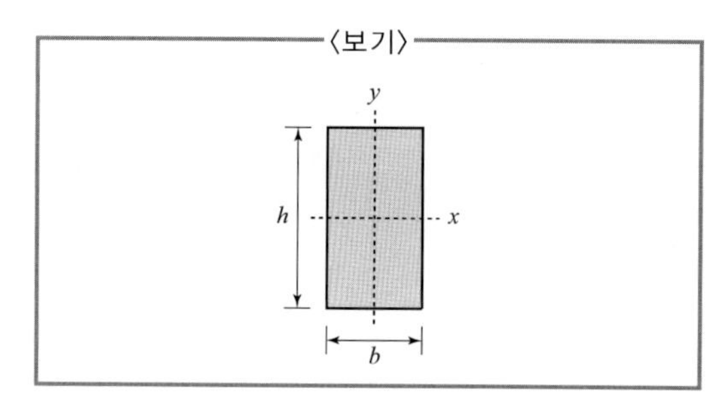

① $\frac{b}{2\sqrt{3}}$ ② $\frac{bh}{2\sqrt{3}}$

③ $\frac{b}{\sqrt{6}}$ ④ $\frac{h}{2\sqrt{3}}$

■ 강의식 해설 및 정답 : ①

사각형 단면의 최소 회전 반경 $r_{\min} = \frac{\text{작은변}}{2\sqrt{3}} = \frac{b}{2\sqrt{3}}$

19 <보기>와 같은 부정정 보가 등분포하중을 지지하고 있을 때 B지점 수직반력의 한계는 300kN이다. B지점의 수직반력이 한계에 도달할 때까지 보에 재하할 수 있는 최대 등분포하중 $w_{\max}$의 크기는? (단, 는 일정하며 단면의 휨성능은 받침 B의 휨성능을 초과한다고 가정한다.)

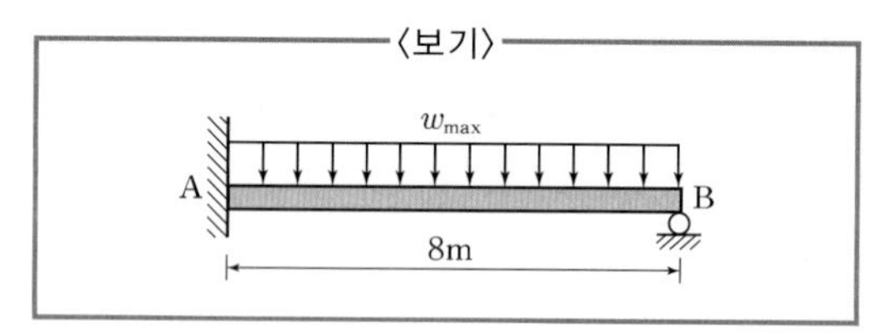

① 50kN/m ② 100kN/m

③ 200kN/m ④ 300kN/m

■ 강의식 해설 및 정답 : ②

$$R_B = \frac{3wL}{8} \le R_{B,\max} \text{에서}$$

$$w \le \frac{8R_{B,\max}}{3L} = \frac{8(300)}{3(8)} = 100\,\text{kN/m}$$

보충 구조물 해석

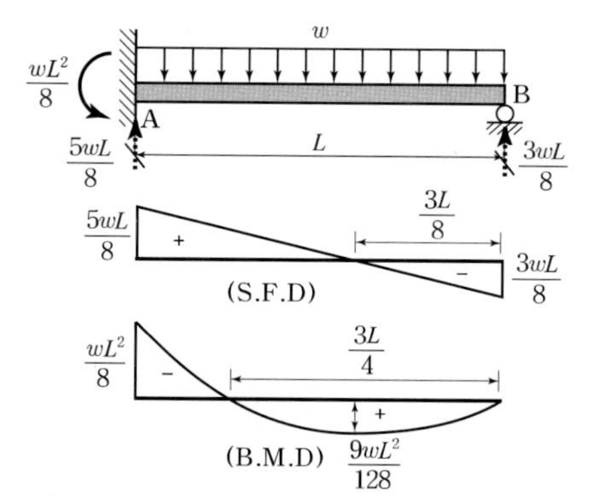

20 <보기>와 같이 길이가 $7L$인 내민보 위로 길이가 L인 등분포하중 w가 이동하고 있을 때 이 보에 발생하는 최대 반력은?

〈보기〉

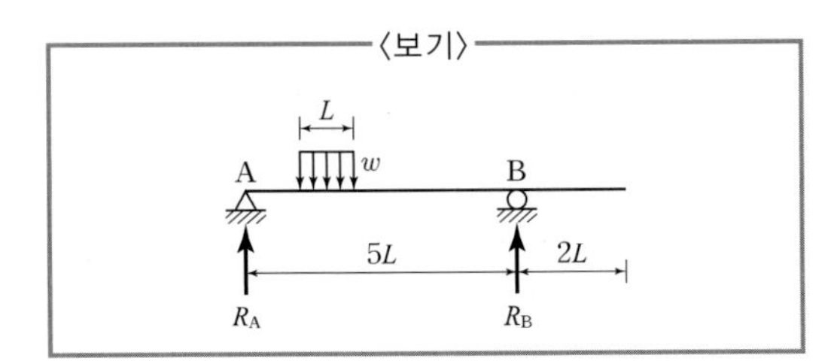

① $R_A = 1.3wL$
② $R_B = 0.9wL$
③ $R_A = 0.9wL$
④ $R_B = 1.3wL$

■ 강의식 해설 및 정답 : ④

반대편 지점에 대한 모멘트가 최대가 될 때 최대 반력이 발생하므로 등분포하중단이 자유단의 끝과 일치할 때 B점에서 최대 반력이 발생한다.

$$R_{\max} = R_{B,\max} = \frac{wL(6.5L)}{5L} = 1.3wL$$

보충 반력의 영향선 : 더 큰 면적을 가질 수 있는 R_B점의 영향선에서 최대 반력을 갖는다.

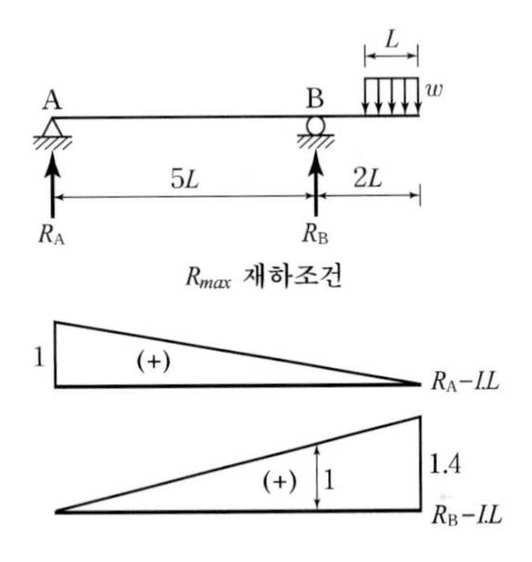

2018 국가직 9급 응용역학개론

1 그림과 같이 변의 길이가 r인 정사각형에서 반지름이 r인 원을 뺀 나머지 부분의 x축에서 도심까지의 거리 $\bar{y}$는?

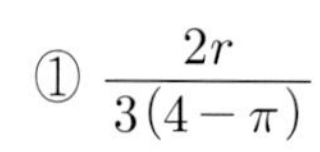

① $\dfrac{2r}{3(4-\pi)}$　　② $\dfrac{3r}{4(4-\pi)}$

③ $\dfrac{(3\pi-4)r}{3\pi}$　　④ $\dfrac{(\pi-1)r}{\pi}$

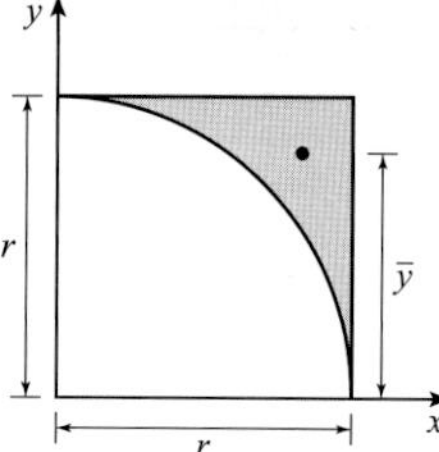

■ 강의식 해설 및 정답 : ①

중공단면으로 보고 중첩을 적용하면

(1) 면적비

$A_{전체} : A_{중공} = r^2 : \dfrac{\pi r^2}{4} = 4 : \pi$

(2) 도심거리 : 하단 x축을 기준으로 면적 가중평균하면

$$\bar{y} = \frac{4\left(\dfrac{r}{2}\right) - \pi\left(\dfrac{4r}{3\pi}\right)}{4-\pi} = \frac{2r}{3(4-\pi)}$$

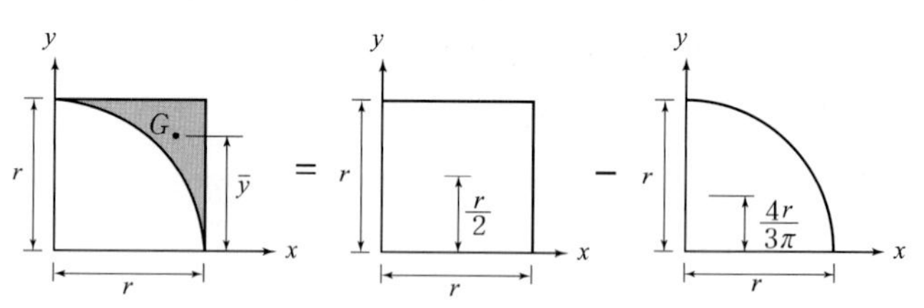

2 그림과 같은 봉의 C점에 축하중 P가 작용할 때, C점의 수평변위가 0이 되게 하는 B점에 작용하는 하중 Q의 크기는? (단, 봉의 축강성 EA는 일정하고, 좌굴 및 자중은 무시한다)

① $1.5P$　　② $2.0P$

③ $2.5P$　　④ $3.0P$

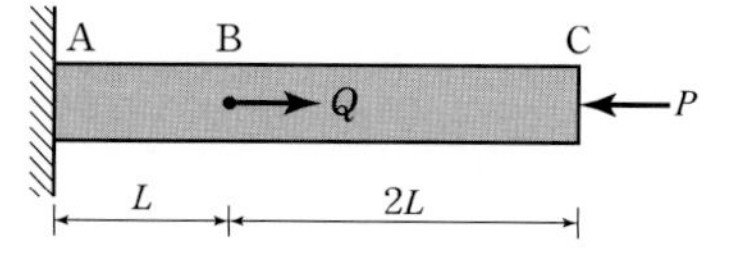

■ 강의식 해설 및 정답 : ④

각각의 하중에 대해 중첩을 적용하면

$\dfrac{QL}{EA} = \dfrac{P(3L)}{EA}$ 에서 $Q = 3P$

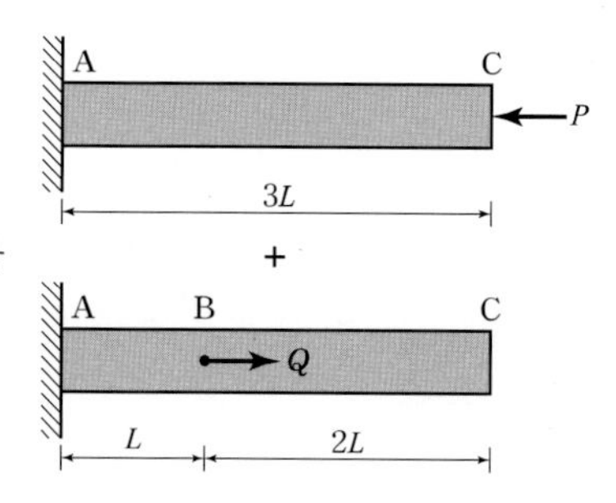

보충 EA가 일정한 경우 자유단 변위가 0인 조건은 유사캔틸레버의 고정단 모멘트가 0일 조건과 같다.

3 그림과 같은 보에서 주어진 이동하중으로 인해 B점에서 발생하는 최대 휨모멘트의 크기[kN · m]는? (단, 보의 자중은 무시한다)

① 9.5
② 10.0
③ 13.2
④ 14.5

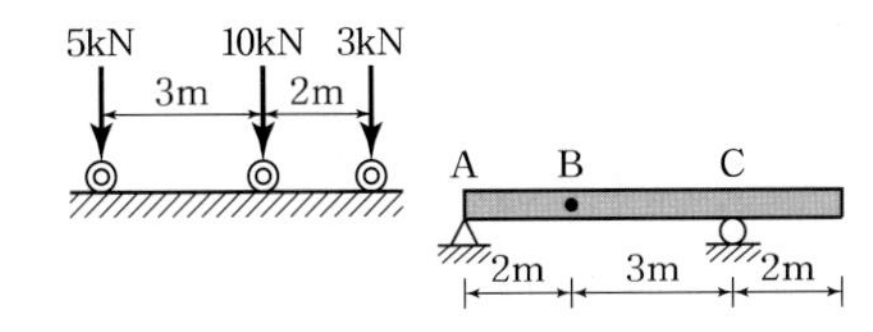

■ 강의식 해설 및 정답 : ③

큰 하중이 구점에 작용할 때 휨모멘트의 부호가 바뀌지 않으므로 이때가 최대이다.

$$M_{B,\max} = \Sigma \frac{Pab}{L} = \frac{10(2)(3)}{5} + \frac{3(2)(1)}{5} = 13.2\,\text{kN·m}$$

➡ 큰 하중이 구점에 작용하면 5kN은 보에 재하되지 않으므로 5kN은 무시한다.

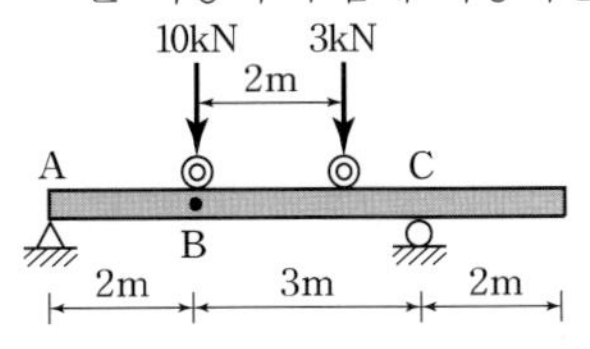

4 그림과 같은 하중을 받는 단순보에서 최대 휨모멘트가 발생하는 위치가 A점으로부터 떨어진 수평거리[m]는? (단, 보의 자중은 무시한다)

① 3
② 4
③ 5
④ 6

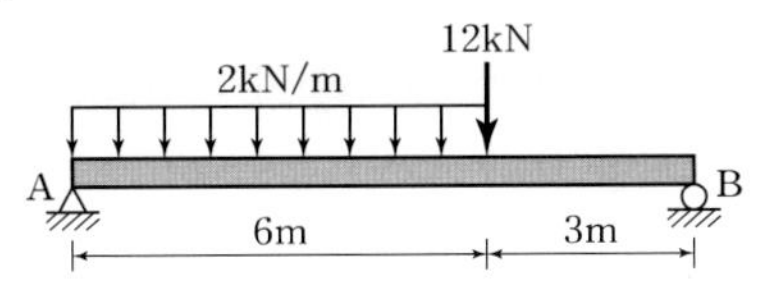

■ 강의식 해설 및 정답 : ④

(1) A점 반력 : B점에서 모멘트 평형을 적용하면

$$R_A = \frac{12(2칸)+12(1칸)}{3칸} = 12\,\text{kN}$$

(2) 최대 휨모멘트 발생위치

$$x = \frac{R_A}{w} = \frac{12}{2} = 6\,\text{m}$$

5 그림과 같이 양단이 고정되고, 일정한 단면적(200mm²)을 가지는 초기 무응력상태인 봉의 온도변화(ΔT)가 -10°C일 때, A점의 수평반력의 크기[kN]는? (단, 구조물의 재료는 탄성-완전소성거동을 하고, 항복응력은 200MPa, 초기탄성계수는 200GPa, 열팽창계수는 5×10^{-5}/°C 이며 좌굴 및 자중은 무시한다)

① 20
② 30
③ 40
④ 50

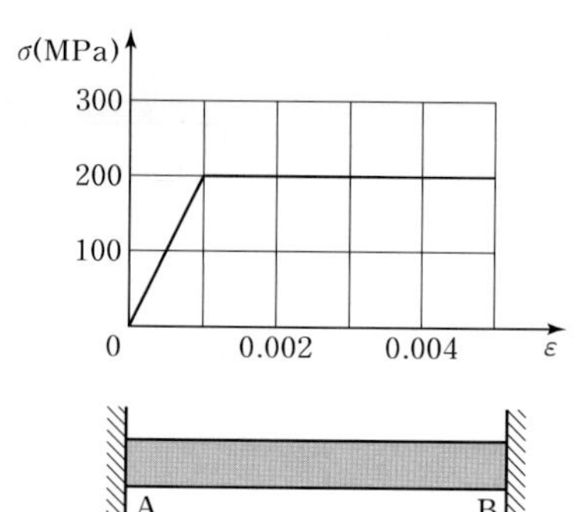

■ 강의식 해설 및 정답 : ①

균일 온도 하강에 의한 반력

$R_t = E\alpha(\Delta T)A = 200(5\times10^{-5})(10)(200) = 20\,\text{kN}$ (인장)

보충 허용변위가 있는 경우

- 온도 반력

$$R = \frac{EA}{L}\{\alpha(\Delta T)L - \delta_a\} = E\alpha(\Delta T)A - \frac{EA}{L}\delta_a$$

- 온도 응력

$$\sigma = E\left\{\frac{\alpha(\Delta T)L - \delta_a}{L}\right\} = E\alpha(\Delta T) - E\left(\frac{\delta_a}{L}\right)$$

6 그림과 같은 하중을 받는 단순보에서 B점의 수직반력이 A점의 수직반력의 2배가 되도록 하는 삼각형 분포하중 w[kN/m]는? (단, 보의 자중은 무시한다)

① $\frac{1}{2}$
② $\frac{1}{3}$
③ $\frac{1}{4}$
④ $\frac{1}{5}$

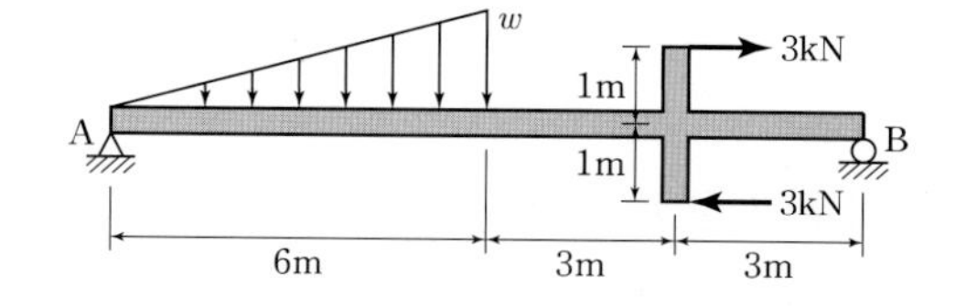

■ 강의식 해설 및 정답 : ①

문제의 조건을 그림에 표시하고 평형조건을 적용하면

(1) $\sum V = 0$: $R_A + R_B = 3R_A = \frac{6w}{2} = 3w$

$\therefore\ R_A = w,\ R_B = 2R_A = 2w$

(2) $\sum M_A = 0$: $\frac{6w}{2}(2) + 3(2) = 2w(12)$

$\therefore\ w = \frac{1}{2}\,\text{kN/m}$

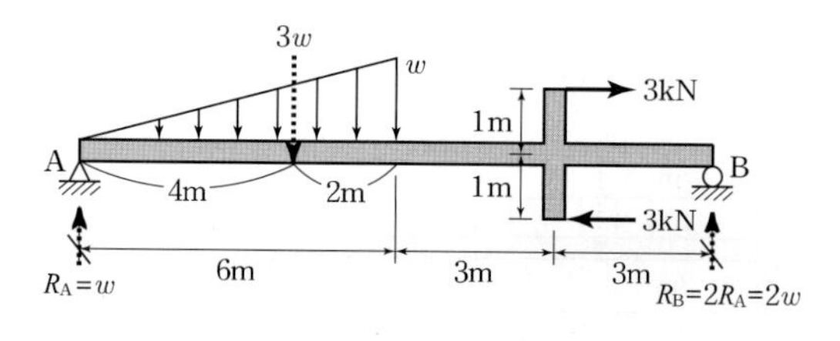

7 그림과 같은 라멘 구조물에서 AB 부재의 수직단면 $n-n$에 대한 전단력의 크기[kN]는? (단, 모든 부재의 자중은 무시한다)

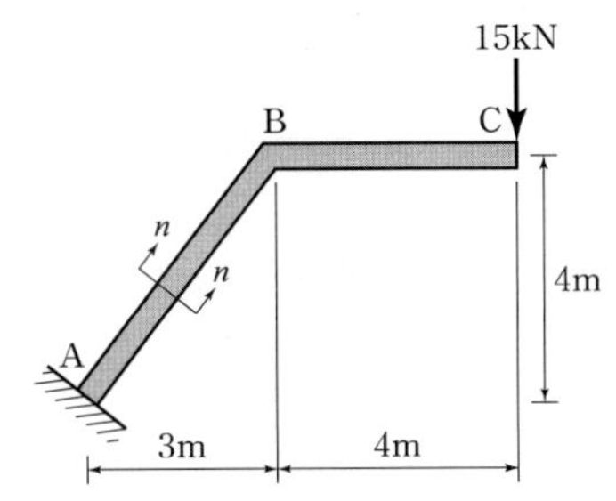

① 6
② 9
③ 12
④ 15

■ 강의식 해설 및 정답 : ②

전단력은 부재축에 수직한 힘이므로 A점 수직반력을 부재축에 수직한 힘으로 표시하면

$$S_{n-n}=V_A\left(\frac{3}{5}\right)=15\left(\frac{3}{5}\right)=9\,\text{kN}$$

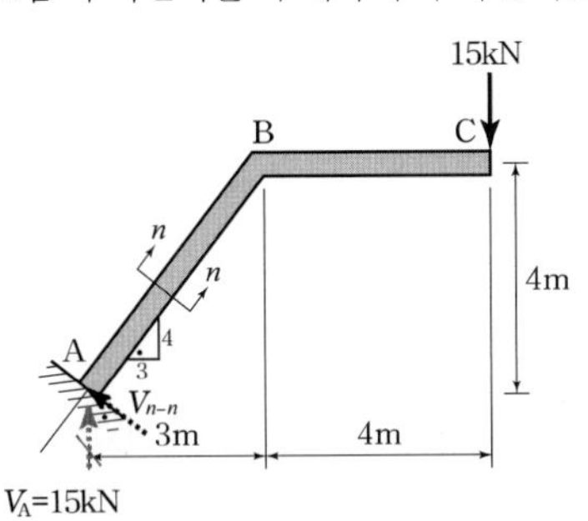

8 그림과 같은 분포하중을 받는 단순보에서 C점에서 발생하는 휨모멘트의 크기[kN · m]는? (단, 보의 자중은 무시한다)

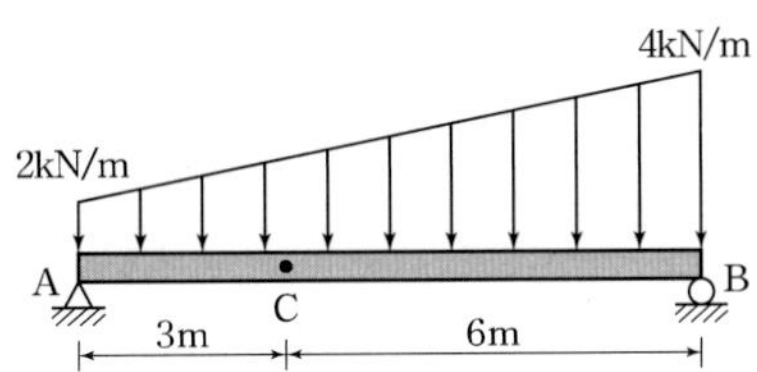

① 25
② 26
③ 27
④ 28

■ 강의식 해설 및 정답 : ②

두 개의 삼각형 하중으로 구분하여 중첩을 적용하면

$$M_C=\sum\frac{w(L^2-a^2-b^2)}{6}=\frac{2\left(\frac{2}{3}\right)(9^2-0-6^2)}{6}+\frac{4\left(\frac{1}{3}\right)(9^2-3^2-0)}{6}=26\,\text{kN}\cdot\text{m}$$

➡ 이때 w는 구점의 값을 사용해야 한다.

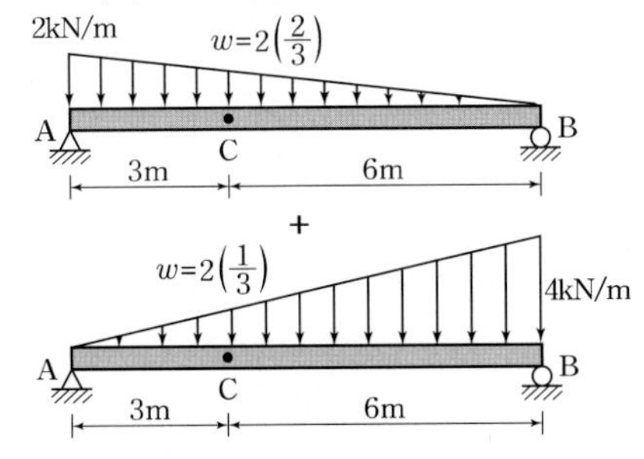

9 그림과 같이 높이가 폭(b)의 2배인 직사각형 단면을 갖는 압축부재의 세장비(λ)를 48 이하로 제한하기 위한 부재의 최대 길이는 직사각형 단면 폭(b)의 몇 배인가?

① $6\sqrt{3}$ ② $8\sqrt{3}$
③ $10\sqrt{3}$ ④ $12\sqrt{3}$

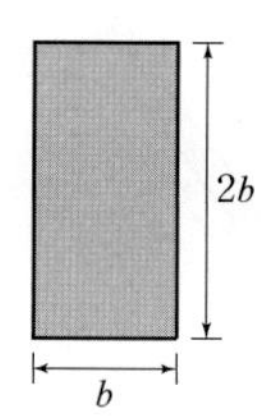

■ 강의식 해설 및 정답 : ②

세장비 $\lambda = \dfrac{L_k}{r_{\min}} = \dfrac{2\sqrt{3}L}{작은변} = \dfrac{2\sqrt{3}L}{b} \leq \lambda_a$에서

$L = \dfrac{b\lambda_a}{2\sqrt{3}} = \dfrac{48}{2\sqrt{3}}b = 8\sqrt{3}b$

10 그림과 같은 트러스에서 부재 AB의 온도가 10°C 상승하였을 때 B점의 수평변위의 크기[mm]는? (단, 트러스 부재의 열팽창계수 $\alpha = 4\times10^{-5}$/°C이고, 자중은 무시한다)

① 1.0 ② 1.5
③ 2.0 ④ 2.5

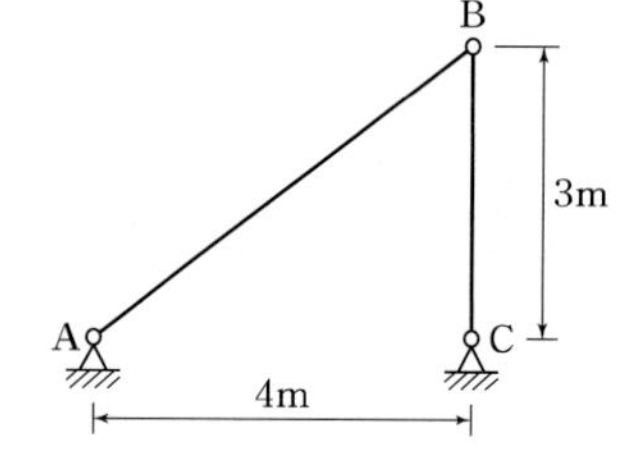

■ 강의식 해설 및 정답 : ④

가상일의 방법을 적용하면

$\delta_{BH} = \sum f\alpha(\Delta T)L = \dfrac{5}{4}(4\times10^{-5})(10)(5\times10^3) = 2.5\,\text{mm}$

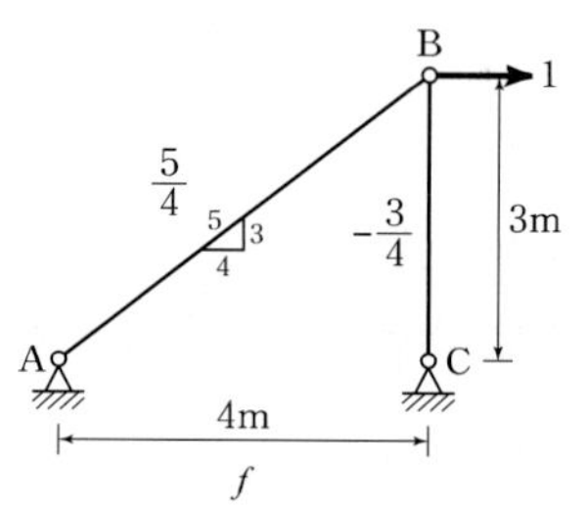

보충 Williot선도 이용법

변형 후 직각 방향선의 교점이 최종 변위점이므로

$\delta_{BH} = \alpha(\Delta T)L_{AB}\dfrac{1}{\cos\theta_A} = 4\times10^{-5}(10)(5\times10^3)\left(\dfrac{5}{4}\right) = 2.5\,\text{mm}$

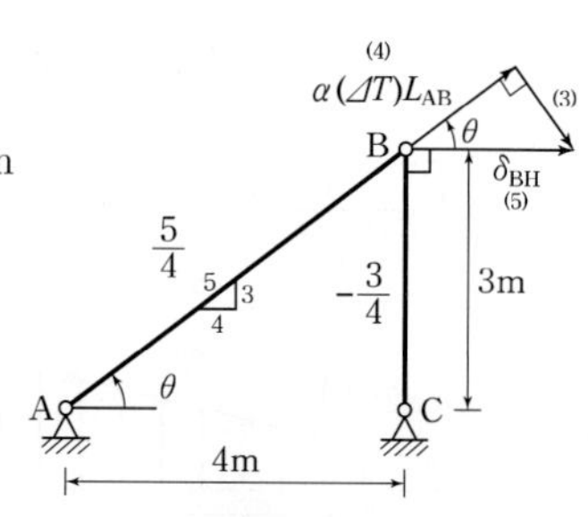

Willot선도

11 그림과 같은 캔틸레버보에서 자유단 A의 처짐각이 0이 되기 위한 모멘트 M의 값은? (단, 보의 휨강성 EI는 일정하고, 자중은 무시한다)

① $\dfrac{PL}{3}$　　② $\dfrac{2PL}{3}$

③ $\dfrac{PL}{2}$　　④ PL

■ 강의식 해설 및 정답 : ③

각각의 하중에 대해 중첩을 적용하면

$\dfrac{ML}{EI} = \dfrac{PL^2}{2EI}$ 에서 $M = \dfrac{PL}{2}$

12 그림과 같이 B점에 모멘트 M을 받는 캔틸레버보에서 C점의 수직처짐은 B점의 수직처짐의 몇 배인가? (단, 보의 휨강성 EI는 일정하고, 자중은 무시한다)

① 3.0　　② 3.5

③ 4.0　　④ 4.5

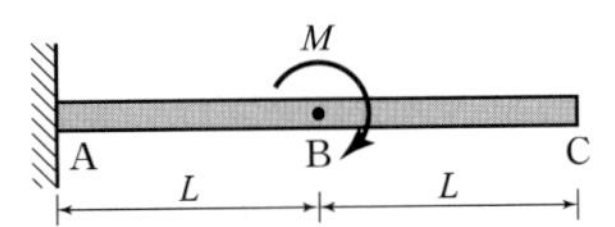

■ 강의식 해설 및 정답 : ①

캔틸레버의 중앙에 모멘트 하중이 작용하므로

$\delta_C = 3\delta_B$

보충 길이가 같은 경우 캔틸레버보의 처짐비

구조물	처짐비($\delta_B : \delta_C$)
	1 : 3
	2 : 5
	3 : 7
	4 : 9

13 다음은 평면응력상태의 응력요소를 표시한 것이다. 최대전단응력의 크기가 가장 큰 응력요소는?

①

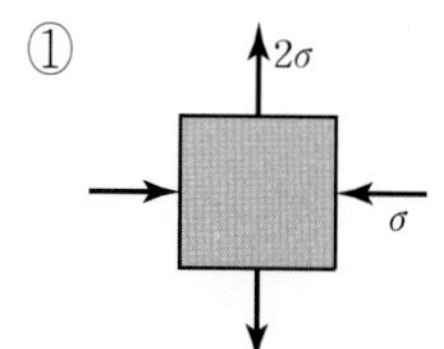

②

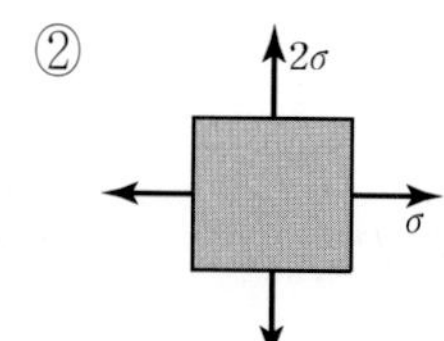

③

④

▪ 강의식 해설 및 정답 : ①

최대 전단응력은 모아원의 반지름과 같으므로 가장 큰 모아원을 갖는 것을 찾는다.
주어진 보기의 요소는 최대 주응력상태이므로

$R=\dfrac{\sigma_1-\sigma_2}{2}$를 이용하면 ①이 가장 큰 모아원을 갖는다.

14 그림과 같이 강체보가 길이가 다른 케이블에 지지되어 있다. 보의 중앙에서 수직하중 W가 작용할 때, 케이블 AD에 걸리는 인장력의 크기는? (단, 모든 케이블의 단면적과 탄성계수는 동일하고, 모든 부재의 자중은 무시한다)

① $\dfrac{1}{2}$W　　② $\dfrac{1}{3}$W

③ $\dfrac{1}{4}$W　　④ $\dfrac{1}{5}$W

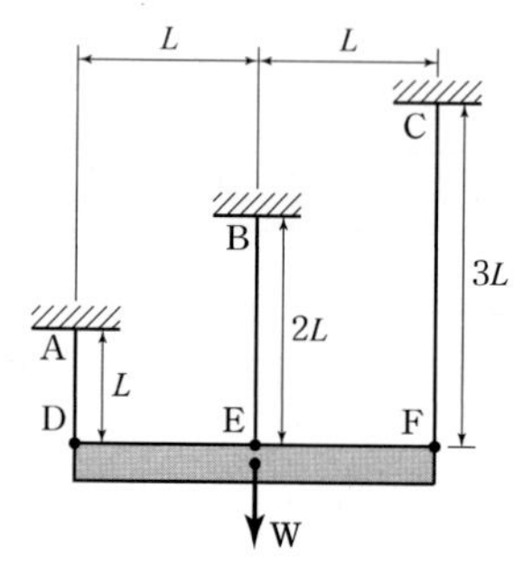

▪ 강의식 해설 및 정답 : ②

(1) 부재의 강성도 : 부재의 강성도를 표시하고 AD부재의 강성도로 표시하면

$K_{AD}=\dfrac{EA}{L}=6K,\quad K_{BE}=\dfrac{EA}{2L}=3K,\ K_{CF}=\dfrac{EA}{3L}=2K$

(2) 절점의 변위 : 중앙점 변위는 양단 변위의 평균과 같으므로

$\delta_E=\dfrac{\delta_D+\delta_F}{2}$에서 후크의 법칙을 적용하여 힘으로 표시하면

$\dfrac{F_{AD}}{6K}+\dfrac{F_{CF}}{2K}=2\dfrac{F_{BE}}{3K}$

$\therefore\ F_{AD}+3F_{CF}=4F_{BE}\ \cdots$ ①

(3) 수직력 평형

$\sum V=0$: $F_{AD}+F_{BE}+F_{CF}=W$ ··· ②

(4) 모멘트 평형

$\sum M_A=0$: $F_{BE}+2F_{CF}=W$ 에서 $F_{BE}=W-2F_{CF}$를 ②식에 대입

$F_{AD}+(W-2F_{CF})+F_{CF}=W$

$\therefore F_{CF}=F_{AD}$

이것을 ①식에 대입하면

$F_{AD}+3F_{AD}=4(W-2F_{AD})$

$\therefore F_{AD}=\dfrac{W}{3}$

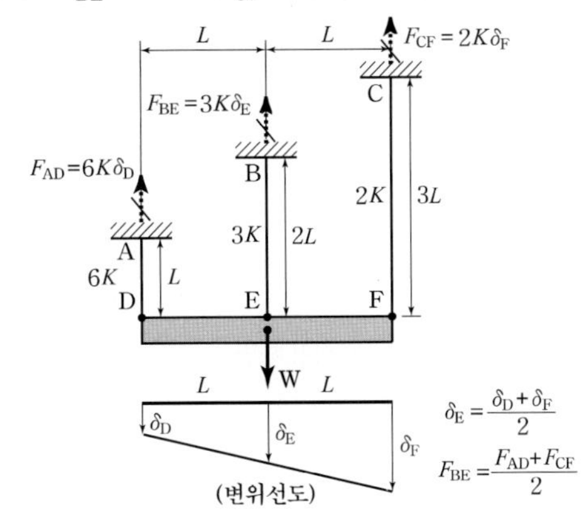

(변위선도)

보충 변위가 다른 수평봉의 해석법

(1) 부재의 강성도를 K로 표시(가장 작은 값을 K로 두고 나머지는 nK로 표시)

(2) 중앙점 변위가 평균과 같다는 조건에서 후크의 법칙($P=K\delta$)을 적용하여 힘으로 표시

(3) $\sum V=0$, $\sum M=0$구성하고 연립하여 각각의 힘을 구하는 힘으로 표시

(4) 변위조건, 평형조건을 연립하여 미지수 결정

보충 변위선도의 중첩을 이용하는 방법

$\sum V=0$: $11K\delta_D+7K\delta_1=W$ ··· ①

$\sum M_E=0$: $6K\delta_D(L)=(2K\delta_D+4K\delta_1)(L)$에서

$\delta_1=\delta_D$ ··· ②

이것을 ①식에 대입하면 $K\delta_D=\dfrac{W}{18}$

$\therefore\ F_{AD}=6K\delta_D=6\left(\dfrac{W}{18}\right)=\dfrac{W}{3}$

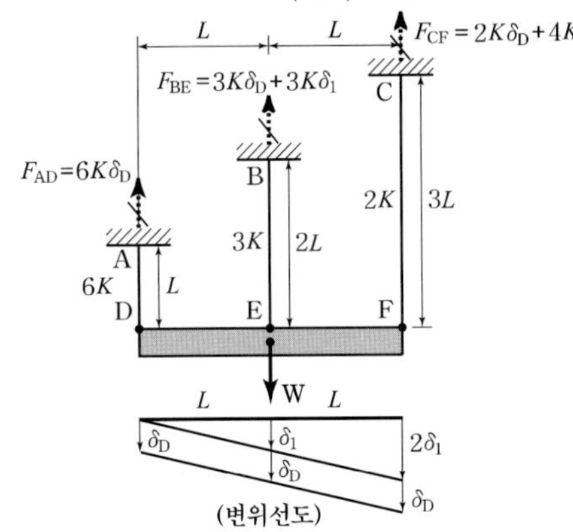

(변위선도)

15 그림과 같이 동일한 사각형이 각각 다른 위치에 있을 때, 사각형 A, B, C의 x축에 관한 단면 2차모멘트의 비($I_A : I_B : I_C$)는?

① 1 : 4 : 19 ② 1 : 4 : 20
③ 1 : 7 : 19 ④ 1 : 7 : 20

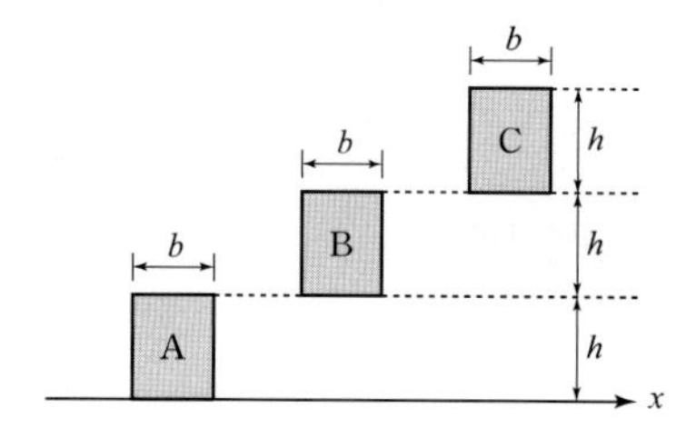

■ 강의식 해설 및 정답 : ③

밑변에 접하는 단면으로 보고 중첩을 적용하면

$I = \Sigma \dfrac{bh^3}{3} \propto \Sigma h^3$에서

$I_A : I_B + I_c = 1 : (2^3 - 1^3) : (3^3 - 2^3) = 1 : 7 : 19$

16 그림과 같은 하중을 받는 길이가 L인 단순보에서 D점의 처짐각 크기는? (단, 보의 휨강성 EI는 일정하고, 자중은 무시한다)

① $\dfrac{5PL^2}{6EI}$ ② $\dfrac{5PL^2}{12EI}$
③ $\dfrac{5PL^2}{24EI}$ ④ $\dfrac{5PL^2}{36EI}$

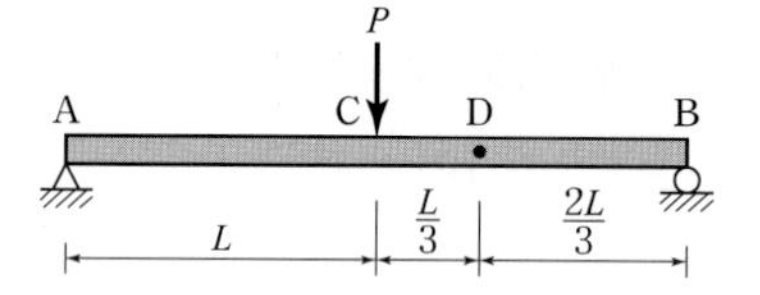

■ 강의식 해설 및 정답 : ④

탄성하중법을 적용하면 D점의 처짐각은 탄성하중보에서 D′점의 전단력과 같다.

$$\theta_D = S_D' = \frac{w(L^2 - a^2 - 3b^2)}{6b} = \frac{\dfrac{PL}{3EI}\left\{(2L)^2 - L^2 - 3\left(\dfrac{2L}{3}\right)^2\right\}}{6\left(\dfrac{2L}{3}\right)} = \frac{5PL^2}{36EI}$$

➡ 이때 w는 구점의 값을 사용해야 한다.

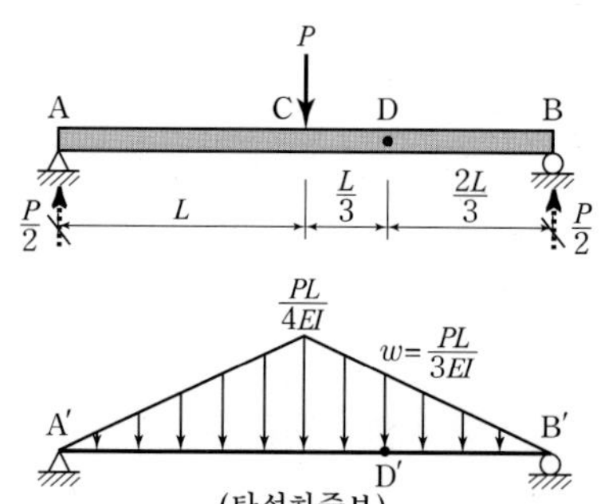

17 그림과 같이 C점에 축하중 P가 작용하는 봉의 부재 CD에 발생하는 수직응력은? (단, 부재 BC의 단면적은 $2A$, 부재 CD의 단면적은 A이다. 모든 부재의 탄성계수 E는 일정하고, 자중은 무시한다)

① $\dfrac{P}{3A}$　　② $\dfrac{P}{6A}$

③ $\dfrac{2P}{5A}$　　④ $\dfrac{P}{5A}$

■ 강의식 해설 및 정답 : ④

(1) CD의 분담하중

축부재의 변위가 일정한 구조이므로 $P = K\delta = \dfrac{EA}{L}\delta \propto \dfrac{A}{L}$을 적용하면

$K_{BC} : K_{CD} = \dfrac{2}{1} : \dfrac{1}{2} = 4:1$에서 $P_{CD} = \dfrac{P}{5}$ (압축)

(2) CD의 수직응력

$\sigma_{CD} = \dfrac{P_{CD}}{A} = \dfrac{P}{5A}$ (압축)

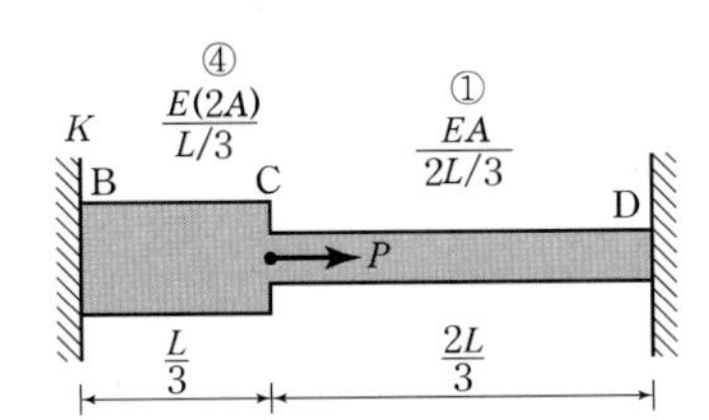

18 그림과 같은 트러스에서 CB부재에 발생하는 부재력의 크기[kN]는? (단, 모든 부재의 자중은 무시한다)

① 5.0　　② 7.5

③ 10.0　　④ 12.5

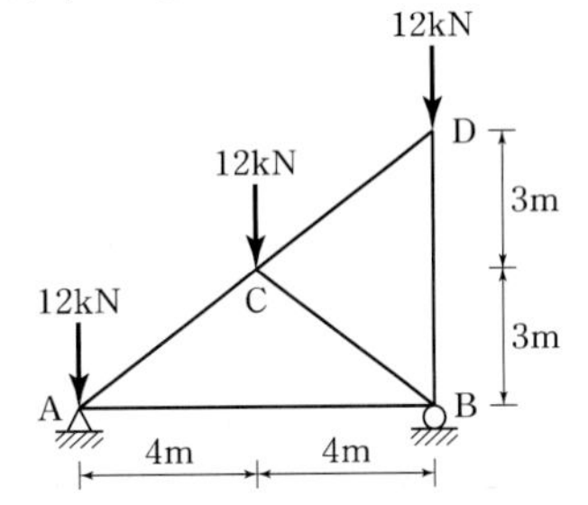

■ 강의식 해설 및 정답 : ③

BC부재를 절단하여 반력과 하중의 합력에 대해 시력도 폐합조건을 적용하면

(1) 지점반력 : 대칭이므로

$R_B = \dfrac{\text{전하중}}{2} = 18\,\text{kN}$

(2) BC의 부재력

CD는 영부재이므로 BD부재력은 압축력 12kN을 받는다.

∴ 절단면에서 시력도 폐합조건을 적용하면

$BC = (R_B - 12)\dfrac{5}{3} = 6\left(\dfrac{5}{3}\right) = 10\,\text{kN}$ (압축)

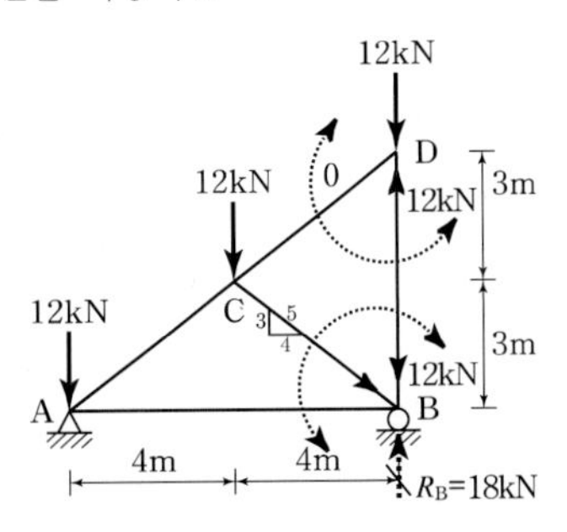

19 그림과 같은 편심하중을 받는 짧은 기둥이 있다. 허용인장응력 및 허용압축응력이 모두 150MPa일 때, 바닥면에서 허용응력을 넘지 않기 위해 필요한 a의 최솟값[mm]은? (단, 기둥의 좌굴 및 자중은 무시한다)

① 5
② 10
③ 15
④ 20

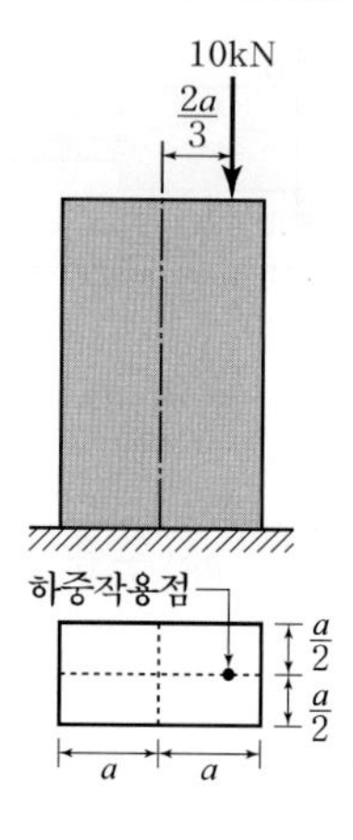

■ 강의식 해설 및 정답 : ②

최대응력이 허용응력 이하라야 한다는 조건을 적용하면

$$\sigma_t = \frac{P}{A}\left(1+\frac{6e}{b}\right) = \frac{P}{2a^2}\left(1+\frac{6\times\frac{2a}{3}}{2a}\right) \leq \sigma_{ta} \text{에서}$$

$$a^2 \geq \frac{3P}{2\sigma_{ta}} = \frac{3(10\times10^3)}{2(150)} = 100 \text{에서}$$

$\therefore\ a = 10\text{mm}$

보충 실제시험에서는 보기를 제곱하여 100인 것을 찾는다.

20 그림과 같이 강체로 된 보가 케이블로 지지되고 있다. F점에 수직하중 P가 작용할 때, F점의 수직변위의 크기는? (단, 케이블의 단면적은 A, 탄성계수는 E라 하고, 모든 부재의 자중은 무시하며 변위는 미소하다고 가정한다)

① $\dfrac{4\sqrt{3}\,PL}{3EA}$
② $\dfrac{8\sqrt{3}\,PL}{3EA}$
③ $\dfrac{16\sqrt{3}\,PL}{3EA}$
④ $\dfrac{32\sqrt{3}\,PL}{3EA}$

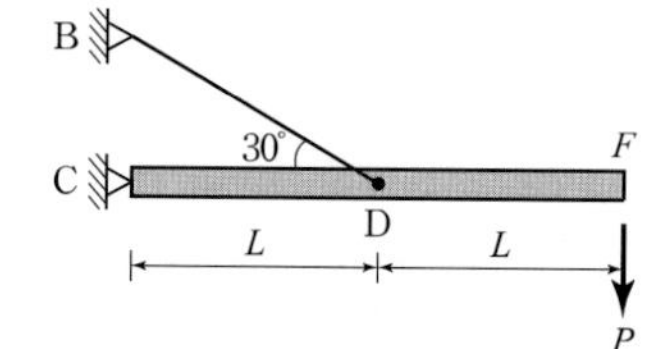

■ 강의식 해설 및 정답 : ④

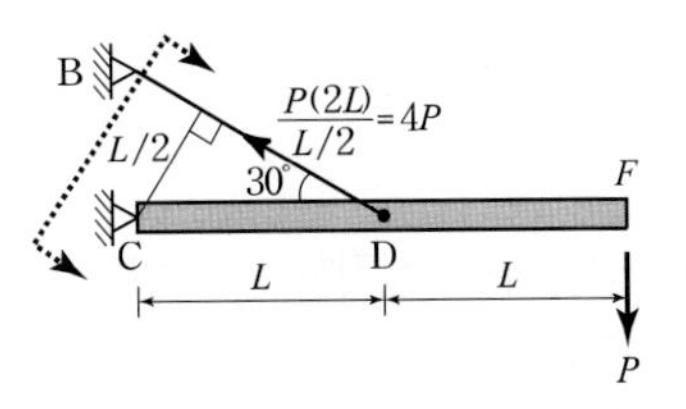

(1) BD의 부재력

BD를 절단하여 $\Sigma M_C=0$을 적용하면

$$BD=\frac{P(2L)}{L/2}=4P$$

(2) D점의 수직처짐

Williot 선도에 의해 BD가 늘어나서 직각으로 이동한 점이 D점의 최종 변위점이므로

$$\delta_{DV}=\frac{\delta_{BD}}{\sin 30°}=2\frac{4P(2L/\sqrt{3})}{EA}=\frac{16PL}{\sqrt{3}\,EA}$$

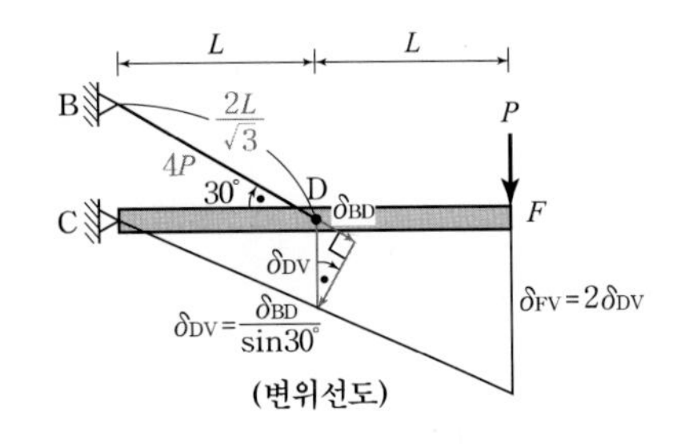

(변위선도)

(3) F점의 수직변위

강체 보이므로 닮음비를 이용하면

$$\delta_{FV}=2\delta_{DV}=\frac{32PL}{\sqrt{3}\,EA}=\frac{32\sqrt{3}\,PL}{3EA}$$

지방직 9급 응용역학개론

1 그림과 같이 단단한 암반 위에 삼각형 콘크리트 중력식 옹벽을 설치하고 토사 뒤채움을 하였을 때, 옹벽이 전도되지 않을 최소 길이 B[m]는? (단, 뒤채움 토사로 인한 토압의 합력은 24kN/m이며, 콘크리트의 단위중량은 24kN/m³이다)

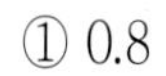

① 0.8 ② 1.0
③ 1.2 ④ 1.4

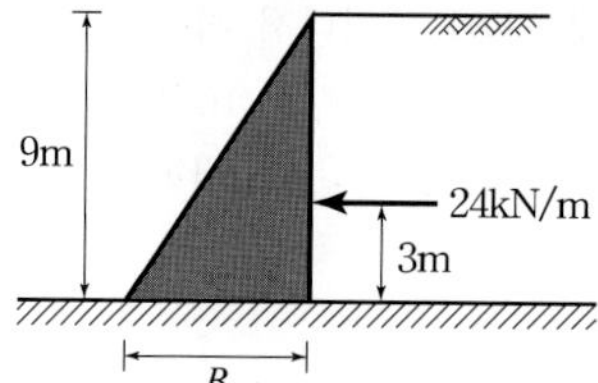

■ 강의식 해설 및 정답 : ②

전도에 대한 안정 조건
앞굽에 대한 전도모멘트가 저항모멘트 이하라야 하므로
$24(3) \le 24\left(\frac{9B}{2}\right) \times \frac{2B}{3}$ 에서
$B \ge 1\,\text{m}$

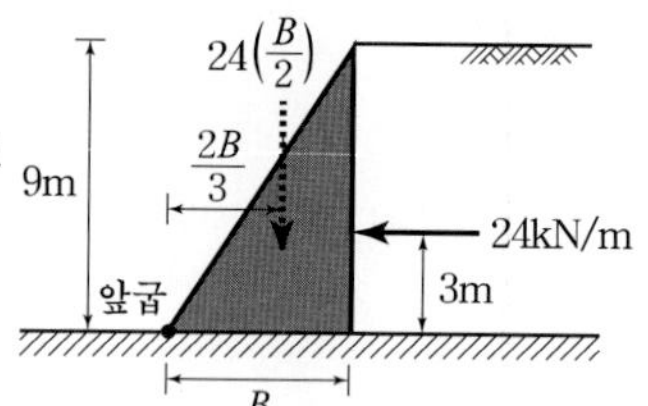

2 그림과 같이 평면응력상태에 있는 한 점에서 임의로 설정한 x, y축 방향 응력이 각각 $\sigma_x = 450$MPa, $\sigma_y = -150$MPa이다. 이때 주평면(principal plane)에서의 최대주응력은 $\sigma_1 = 550$MPa이고, x축에서 각도 θ만큼 회전한 축 x_θ방향 응력이 $\sigma_{x_\theta} = 120$MPa이었다면, 최소주응력 σ_2[MPa] 및 y축에서 각도 x_θ만큼 회전한 축 y_θ방향 응력 σ_{y_θ}[MPa]는?

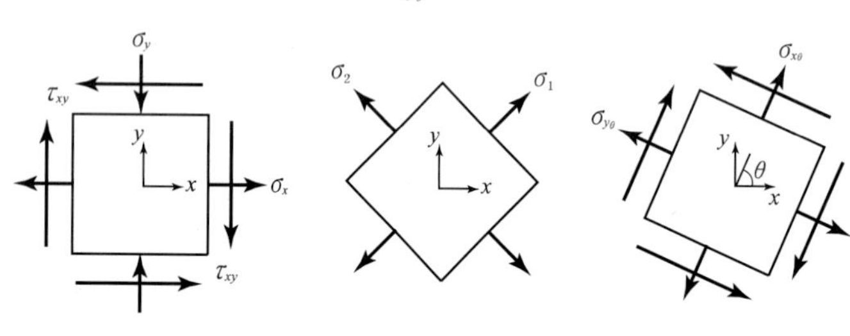

	σ_2	σ_{y_θ}
①	−150	180
②	250	90
③	−250	180
④	150	−90

■ 강의식 해설 및 정답 : ③

두 직교축에 대한 수직응력의 합은 일정하므로 $\sigma_x + \sigma_y = \sigma_1 + \sigma_2 = \sigma_{x_\theta} + \sigma_{y_\theta} =$ 일정을 적용하면
$450 + (-150) = 550 + \sigma_2 = 120 + \sigma_{y_\theta}$ 에서 $\sigma_2 = -250\,\text{MPa}$, $\sigma_{y_\theta} = 180\,\text{MPa}$

3 그림과 같이 캔틸레버 보에 하중 P와 Q가 작용하였을 때, 캔틸레버 보 끝단 A점의 처짐이 0이 되기 위한 P와 Q의 관계는? (단, 보의 휨강성 EI는 일정하고, 자중은 무시한다)

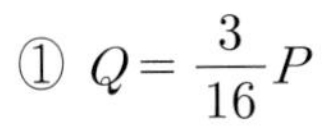

① $Q = \frac{3}{16}P$

② $Q = \frac{1}{4}P$

③ $Q = \frac{5}{16}P$

④ $Q = \frac{3}{8}P$

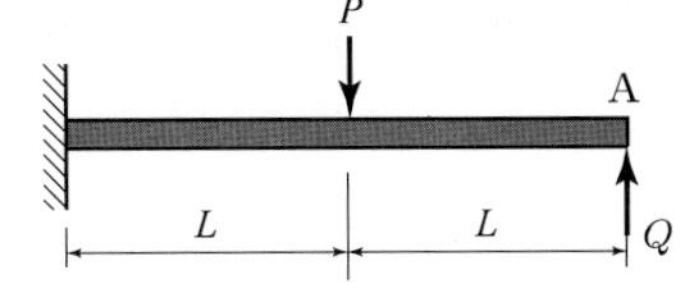

■ 강의식 해설 및 정답 : ③

하중에 대한 중첩을 적용하면 $\delta_{AQ} = \delta_{AP}$에서

$$\frac{Q(2L)^3}{3EI} = \frac{5P(2L)^3}{48EI} \quad \therefore \ Q = \frac{5}{16}P$$

4 그림 (a)와 같은 양단이 힌지로 지지된 기둥의 좌굴하중이 10kN이라면, 그림 (b)와 같은 양단이 고정된 기둥의 좌굴하중[kN]은? (단, 두 기둥의 길이, 단면의 크기 및 사용 재료는 동일하다)

① 10
② 20
③ 30
④ 40

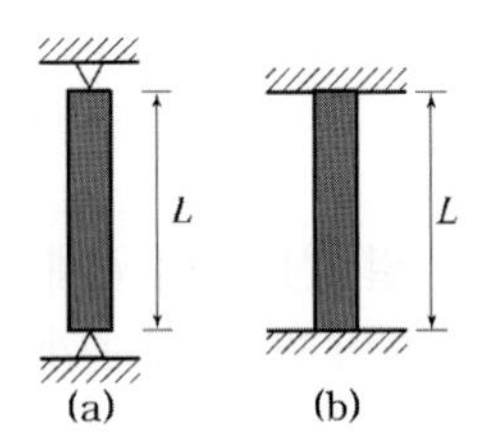

(a) (b)

■ 강의식 해설 및 정답 : ④

$$좌굴하중 \ P_{cr} = \frac{n\pi^2 EI}{L^2} \propto n 에서 \ \frac{P_{cr,b}}{P_{cr,a}} = 4$$

$$P_{cr,b} = 4P_{cr,a} = 4(10) = 40\,\text{kN}$$

보충 단부조건만을 고려한 기둥의 좌굴하중(강도)비

지지조건	고정자유 롤러힌지	양단 힌지	고정힌지	양단고정 고정롤러
강도비	1	4	8	16

좌굴하중비 =강도비 1 : 4 : 8 : 16

5 그림과 같이 동일한 높이 L을 갖는 3개의 기둥 위에 강판(rigid plate)을 대고 압축력 P를 가하고 있다. 좌우측 기둥 (가), (다)의 축강성은 E_1A_1으로 동일하고, 가운데 기둥 (나)의 축강성은 E_2A_2일 때, 기둥 (가)와 기둥 (나)에 가해지는 압축력 P_1과 P_2는? (단, $r=\dfrac{E_1A_1}{E_2A_2}$이고, 강판 및 기둥의 자중은 무시한다)

	P_1	P_2
①	$\left(\dfrac{r}{2r+1}\right)P$	$\left(\dfrac{1}{2r+1}\right)P$
②	$\left(\dfrac{1}{2r+1}\right)P$	$\left(\dfrac{r}{2r+1}\right)P$
③	rP	$(2r-1)P$
④	$r(r+1)P$	$(r+1)P$

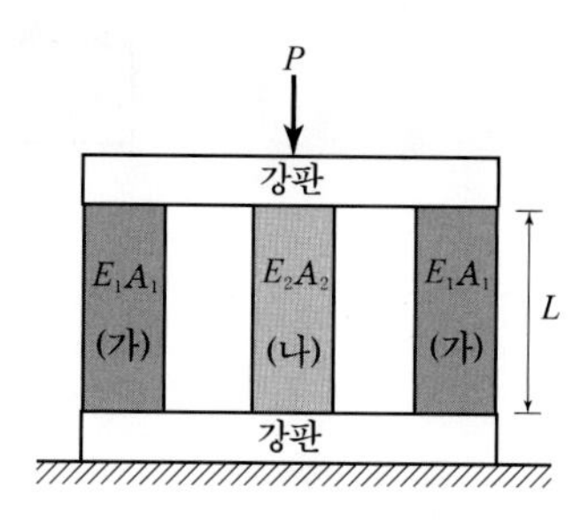

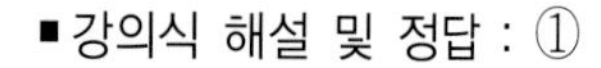
■ 강의식 해설 및 정답 : ①

변위가 같은 구조물이므로 $P=K\delta=\dfrac{EA}{L}\delta\propto EA$에서

$$P_1=\frac{E_1A_1}{E_1A_1+E_2A_2+E_1A_1}P=\frac{r}{2r+1}P$$

$$P_2=\frac{E_2A_2}{E_1A_1+E_2A_2+E_1A_1}P=\frac{1}{2r+1}P$$

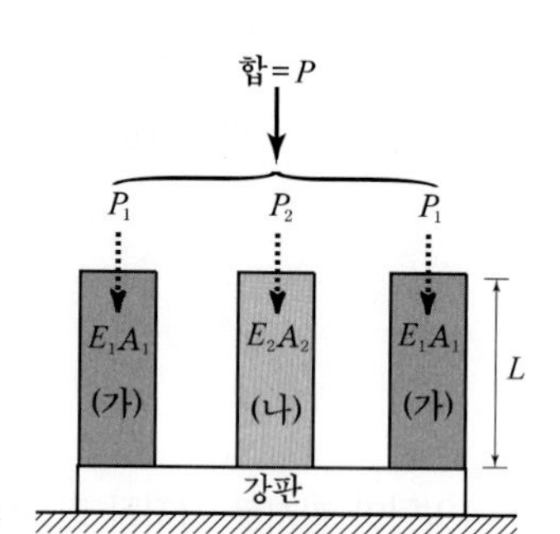

보충 $P_1:P_2:P_1=E_1A_1:E_2A_2:E_1A_1=r:1:r$을 이용한다.

보충 $\sum V=0$에서 $2P_1+P_2=P$이라야 하므로 ③, ④는 탈락이다.

6 그림과 같이 양단이 고정된 부재에서 두 재료의 열팽창계수의 관계가 $\alpha_A=2\alpha_B$, 탄성계수의 관계가 $2E_A=E_B$일 때, 온도변화에 의한 두 재료의 축방향 변형률의 관계는? (단, ϵ_A와 ϵ_B는 각각 A부재와 B부재의 축방향 변형률이며, 부재의 자중은 무시한다)

① $2\epsilon_A=-\epsilon_B$
② $\epsilon_A=-2\epsilon_B$
③ $2\epsilon_A=\epsilon_B$
④ $\epsilon_A=2\epsilon_B$

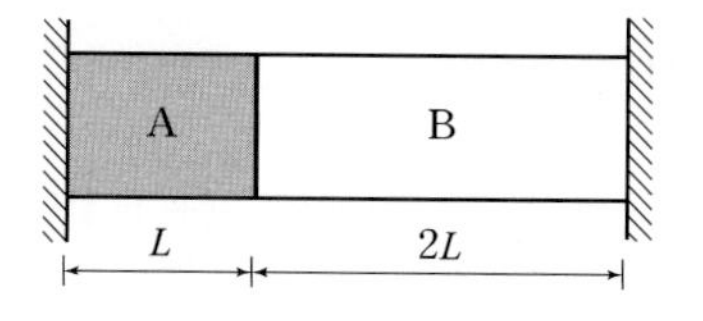

■ 강의식 해설 및 정답 : ②

(1) 변형률의 부호
양단고정으로 변위가 같다. 즉, 한 부재가 늘면 한 부재는 줄어드는 구조이므로 변형률의 부호는 반대이다.
즉, 전체 길이는 변화가 없으므로 두 부재의 변형량을 합하면 0이라는 조건을 이용하면
$\delta_A+\delta_B=0$에서 $\delta_A=-\delta_B$
∴ ③, ④는 탈락

(2) 변형률의 크기
$\epsilon=\dfrac{\delta}{L}\propto\dfrac{1}{L}$에서 $\dfrac{\epsilon_A}{\epsilon_B}=\dfrac{2L}{L}=2$

두 조건을 조합하면 $\epsilon_A=-2\epsilon_B$

보충 주어진 구조를 이해하고 푸는 문제이므로 주어진 조건과는 무관하다.

7 그림 (a)와 같이 막대구조물에 $P=2{,}500\text{N}$의 축방향력이 작용하였을 때, 막대구조물 끝단 A점의 축방향 변위[mm]는? (단, 막대구조물 재료의 응력-변형률 관계는 그림 (b)와 같고, 막대구조물의 단면적은 10mm^2이다)

① 3
② 4
③ 5
④ 6

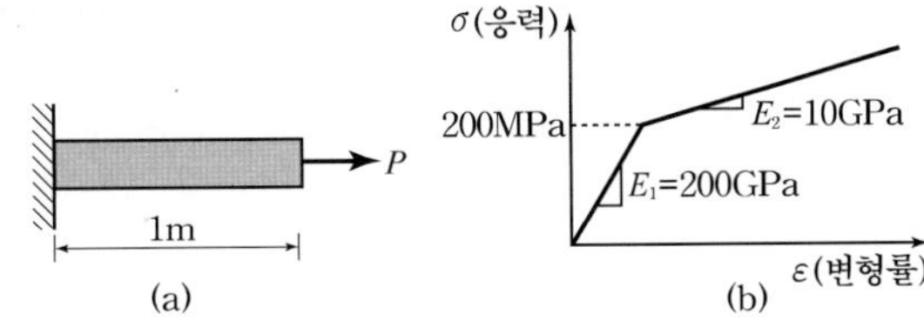

■ 강의식 해설 및 정답 : ④

(1) 응력 : $\sigma=\dfrac{P}{A}=\dfrac{2{,}500}{10}=250\,\text{MPa}$

(2) 변형률과 변위 : 부재의 응력이 200MPa을 초과하므로 200MPa까지는 탄성계수 $E_1=20\text{GPa}$을 적용하고, 나머200~250MPa사이는 탄성계수 $E_2=10\text{GPa}$을 적용하여 계산한다.

$$\epsilon=\epsilon_1+\epsilon_2=\frac{200}{200\times10^3}+\frac{50}{10\times10^3}=0.006$$

$$\therefore\ \delta=\epsilon L=0.006(1\times10^3)=6\,\text{mm}$$

보충 길이가 1m이므로 변형률을 묻는 문제이고, 변형률은 비례식으로 좌표를 구하는 문제이다.

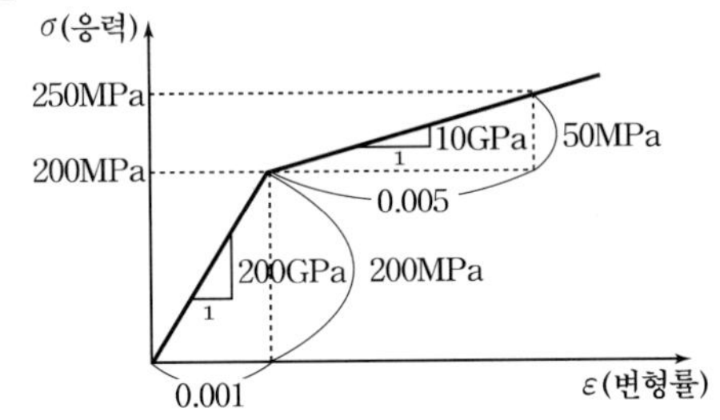

8 그림과 같은 하중을 받는 라멘구조에서 C점의 모멘트가 0이 되기 위한 집중하중 P[kN]는? (단, 라멘구조의 자중은 무시한다)

① 2
② 4
③ 6
④ 8

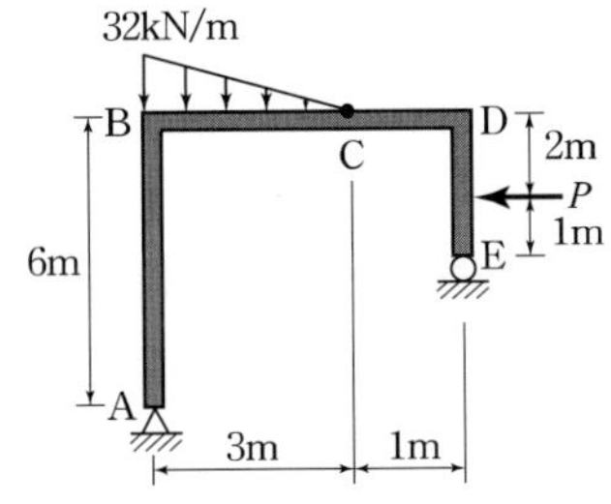

■ 강의식 해설 및 정답 : ②

절단한 단면 한쪽에 작용하는 모멘트의 합이 0이라는 조건을 적용하면

$P(2)=R_E(1)$에서 $R_E=2P(\uparrow)$

반대편지점 A에서 모멘트 평형을 적용하면

$\dfrac{32\times3}{2}\left(3\times\dfrac{1}{3}\right)=2P(4)+P(4)$에서 $P=4\,\text{kN}$

보충 자유물체도를 이용하는 방법

보는 상재하중과 반력에 의한 힘을 받는 단순보와 같으므로

$$M_C = \frac{\frac{32 \times 3}{2}(1)(1)}{4} - 6P\left(\frac{1}{4}\right) - 2P\left(\frac{3}{4}\right) = 0 \text{에서}$$

$P = 4\,\mathrm{kN}$

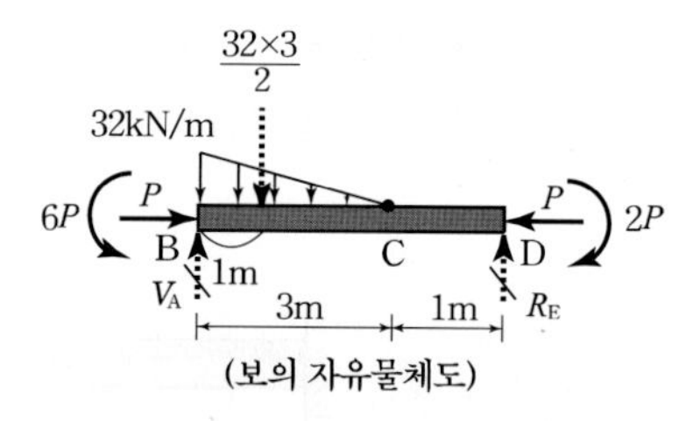

(보의 자유물체도)

9 그림과 같이 양단이 고정된 부재에 하중 P가 C점에 작용할 때, 부재의 변형에너지는? (단, 부재의 축강성은 EA이고, 부재의 자중은 무시한다)

① $\dfrac{P^2L}{EA}$ ② $\dfrac{2P^2L}{3EA}$

③ $\dfrac{P^2L}{3EA}$ ④ $\dfrac{P^2L}{6EA}$

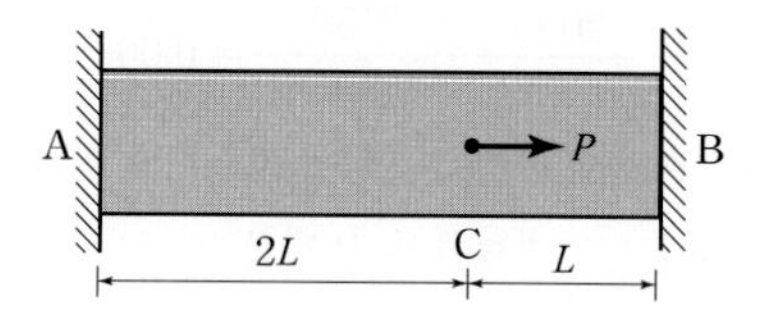

■ 강의식 해설 및 정답 : ③

강성이 일정한 축부재의 변위 $\delta = \dfrac{M_{유사}}{EA} = \dfrac{P(2L)(L)}{3LEA} = \dfrac{2PL}{3EA}$

∴ 에너지보존의 법칙을 적용하면

$$U = W = \frac{P\delta}{2} = \frac{P}{2}\left(\frac{2PL}{3EA}\right) = \frac{P^2L}{3EA}$$

보충 보기를 변위로 수정 후 계산할 수도 있다.

$\delta = \dfrac{\partial U}{\partial P}$ (카스틸리아노의 제2정리)

10 그림과 같이 두 스프링에 매달린 강성이 매우 큰 봉(bar) AB의중간 지점에 하중 100N을 작용시켰더니 봉이 수평이 되었다. 이때 스프링의 강성 k_2[N/m]는? (단, k_1, k_2는 스프링의 강성이며, 봉과 스프링의 자중은 무시한다)

① 350

② 300

③ 250

④ 200

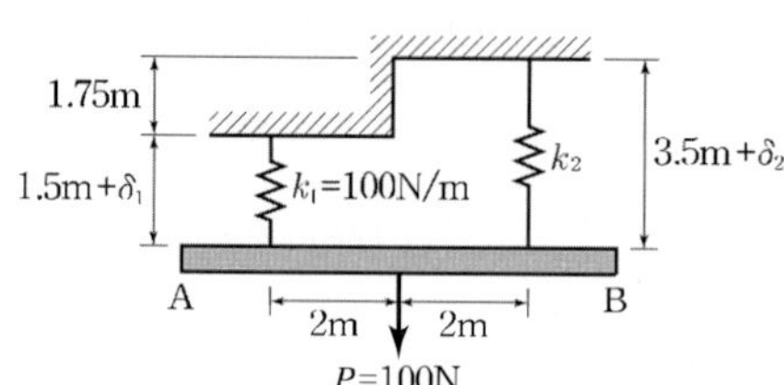

■ 강의식 해설 및 정답 : ④

문제가 변형 후 봉이 수평이 된 그림으로 양쪽 스프링 길이의 합이 같아야 하므로 $1.75+(1.5+\delta_1)=3.5+\delta_2$에서 스프링이 받는 힘은 대칭이므로 50N의 힘을 받는다.

$\therefore\ 1.75+1.5+\dfrac{50}{100}=3.5+\dfrac{50}{k_2}$ 에서 $k_2=200\,\text{N/m}$

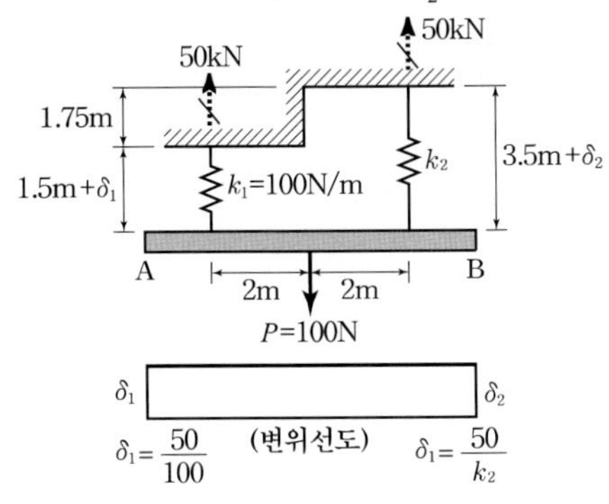

11 그림과 같은 직사각형 단면을 갖는 단주에 하중 $P=10{,}000$kN이 상단중심으로부터 1.0m 편심된 A점에 작용하였을 때, 단주의 하단에 발생하는 최대응력(σ_{max})과 최소응력(σ_{min})의 응력차($\sigma_{max}-\sigma_{min}$)[MPa]는? (단, 단주의 자중은 무시한다)

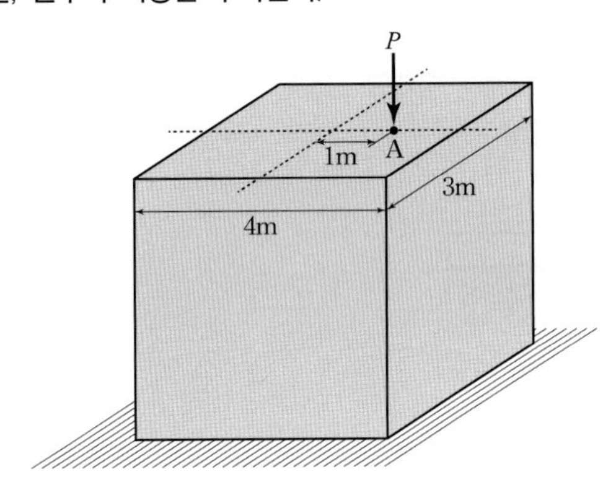

① 1.25　　② 2.0
③ 2.5　　④ 4.0

■ 강의식 해설 및 정답 : ③

연단응력의 차이

$$\Delta\sigma_{연단}=\sigma_{max}-\sigma_{min}=\frac{2M}{Z}=\frac{2Pe}{Z}=\frac{2(10{,}000)(1)}{3\times 4^2/6}=2{,}500\,\text{kN/m}^2=2.5\,\text{MPa}$$

보충 연단응력의 합은 평균응력의 2배와 같다.

$$\Sigma\sigma_{연단}=\sigma_{max}+\sigma_{min}=\frac{2P}{A}$$

12 그림과 같이 평면응력을 받고 있는 평면요소에 대하여 주응력이 발생되는 주각[°]은? (단, 주각은 x축에 대하여 반시계방향으로 회전한 각도이다)

① 15.0
② 22.5
③ 30.0
④ 45.0

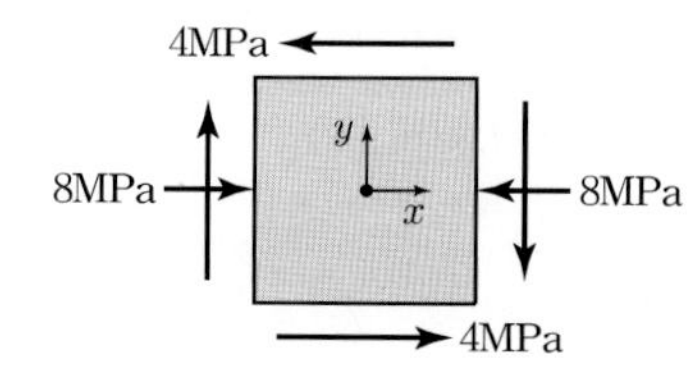

■ 강의식 해설 및 정답 : ②

주응력 방향 $\tan 2\theta_p = -\dfrac{2\tau_{xy}}{\sigma_x - \sigma_y} = -\dfrac{2(4)}{-8-0} = 1$ 에서

$2\theta_p = 45°$

$\therefore \ \theta_p = 22.5°$

13 그림과 같이 집중하중, 모멘트하중 및 등분포하중을 받는 보에서 벽체에 고정된 지점 A에서의 수직반력이 0이 되기 위한 a의 최소 길이[m]는? (단, 자중은 무시한다)

① 2
② 3
③ 4
④ 5

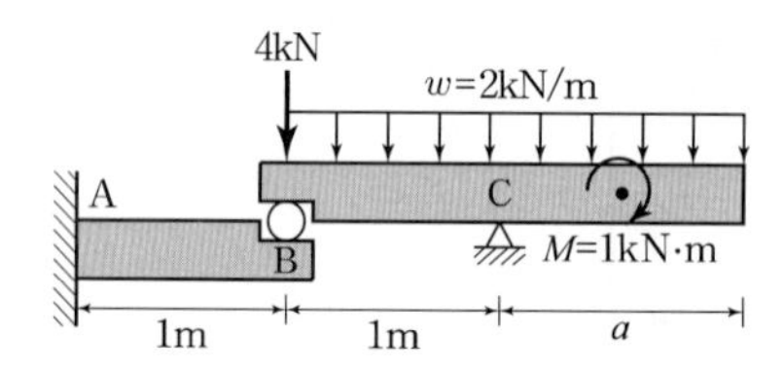

■ 강의식 해설 및 정답 : ①

A점의 수직반력이 0이 되기 위해서는 힌지를 통해 전단되는 힘이 없어야 한다.
B점 전달하중을 0으로 두고 상부구조물에 대해 C점에서 모멘트 평형을 적용하면

$4(1) + 2 \times 1(0.5) = 1 + \dfrac{2a^2}{2}$ 에서

$a^2 = 4$이므로 $a = 2\text{m}$

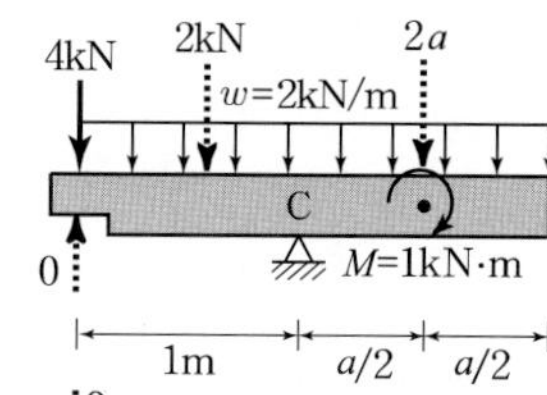

14 그림 (a)와 같이 30° 각도로 설치된 레이커로 지지된 옹벽을 그림 (b)와 같이 모사하였다. 옹벽에 작용하는 토압의 합력이 그림(b)와 같이 하부의 지지점 A로부터 1m 높이에 $F=100$kN일 때, 레이커 BC에 작용하는 압축력[kN]은? (단, 옹벽 및 레이커의 자중은 무시한다)

① $\dfrac{400}{6+\sqrt{3}}$　② $\dfrac{200}{6+\sqrt{3}}$

③ $\dfrac{200}{3+\sqrt{3}}$　④ $\dfrac{400}{3+\sqrt{3}}$

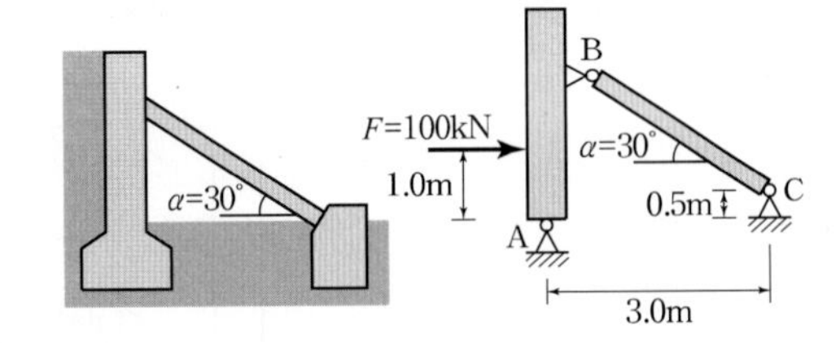

■ 강의식 해설 및 정답 : ①

뼈대구조물로 모델링하고, 구하는 부재를 절단후 반대편지점 A에서 모멘트 평형을 적용한다. 이때 두 지점 사이에 단차가 있으므로 부재력을 분해하여 A점 모멘트를 구한다.

$\Sigma M_A = 0$: $\dfrac{\sqrt{3}}{2}BC\left(\sqrt{3}+\dfrac{1}{2}\right)+100(1)=0$

$BC\left(\dfrac{3}{2}+\dfrac{\sqrt{3}}{4}\right)=100$에서 $BC=\dfrac{400}{6+\sqrt{3}}$ kN

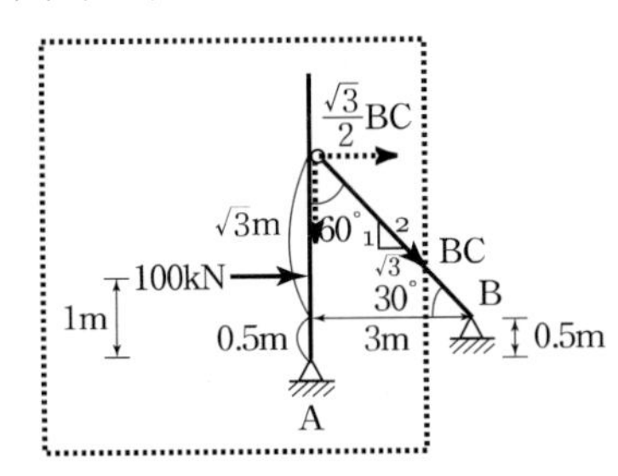

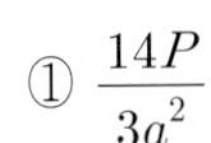 단차를 갖는 경우는 경사진 힘을 수직과 수평으로 분해하여 모멘트 평형을 적용한다.

15 그림과 같이 정사각형의 변단면을 갖는 캔틸레버 보의 중앙 지점 단면 C에서의 최대 휨응력은? (단, 캔틸레버 보의 자중은 무시한다)

① $\dfrac{14P}{3a^2}$　② $\dfrac{16P}{3a^2}$

③ $\dfrac{18P}{3a^2}$　④ $\dfrac{20P}{3a^2}$

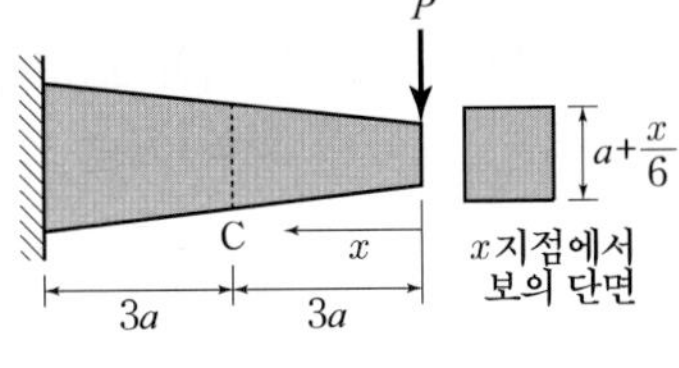

■ 강의식 해설 및 정답 : ②

해당단면 C에서 최대휨응력 공식을 적용하면

$$\sigma_{C,\max} = \frac{M_C}{Z_C} = \frac{P(3a)}{\dfrac{(3a/2)^3}{6}} = \frac{16P}{3a^2}$$

여기서, 보의 중앙($x=3a$)에서 치수 $a+\dfrac{x}{6}=a+\dfrac{3a}{6}=\dfrac{3a}{2}$

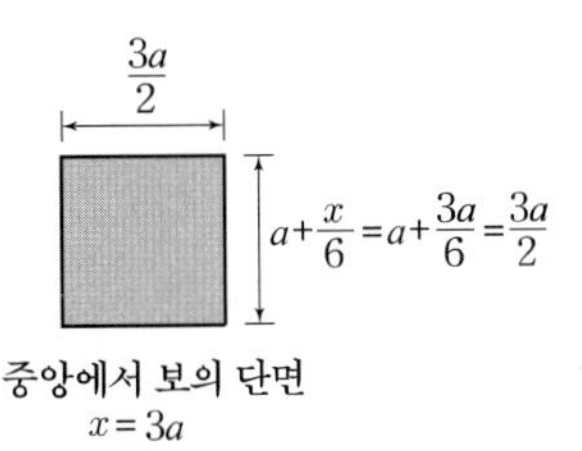

중앙에서 보의 단면
$x=3a$

보충 최대 휨응력 발생 위치

(1) 높이만 변하는 경우 : $x=\dfrac{L}{n-1}$

(2) 폭과 높이가 모두 변하는 경우 : $x=\dfrac{L}{2(n-1)}$

16 그림과 같이 한 변의 길이가 100mm인 탄성체가 강체블록(rigid block)에 의해 x방향 및 바닥면 방향으로의 변형이 구속되어 있다. 탄성체 상부에 그림과 같은 등분포하중 $w=0.1\text{N/mm}^2$이 작용할 때 포아송 효과를 고려한 y방향으로의 변형률은? (단, 탄성체와 강체사이는 밀착되어 있고 마찰은 작용하지 않는 것으로 가정한다. 탄성체의 포아송비 및 탄성계수는 각각 $\mu=0.4$, $E=10^3\text{N/mm}^2$이다)

① -8.4×10^{-4}
② $-8.4\times10^{-}$□
③ -7.6×10^{-4}
④ $-7.6\times10^{-}$□

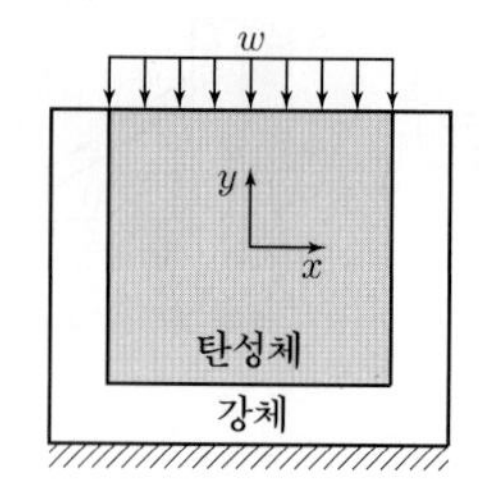

■ 강의식 해설 및 정답 : ②

(1) x방향 응력
탄성체는 강체에 의해 변형이 구속되므로 x방향으로 압축응력이 발생한다.
포아송 효과를 적용하면

$$\epsilon_x=-\frac{\sigma_x}{E}+\mu\frac{w}{E}=0\text{에서}$$

$$\sigma_x=\mu w=0.4(0.1)=0.04\,\text{N/mm}^2$$

(2) y방향 변형률
y방향응력에 의해 압축되고, x방향응력에 의해 인장이 발생한다.
포아송 효과를 적용하면

$$\epsilon_y=-\frac{w}{E}+\mu\frac{\sigma_x}{E}=-\frac{0.1}{10^3}+0.4\left(\frac{0.04}{10^3}\right)=-8.4\times10^5$$

보충 1축응력 작용시 직각방향의 변형을 0으로 만들기 위한 응력은 응력의 ν이고, 방향은 반대이다.

17 그림과 같이 각 부재의 길이가 4m, 단면적이 0.1m^2인 트러스 구조물에 작용할 수 있는 하중 P[kN]의 최댓값은? (단, 부재의 좌굴강도는 6kN, 항복강도는 100kN/m^2이다)

① $6\sqrt{3}$
② $8\sqrt{3}$
③ $10\sqrt{3}$
④ $12\sqrt{3}$

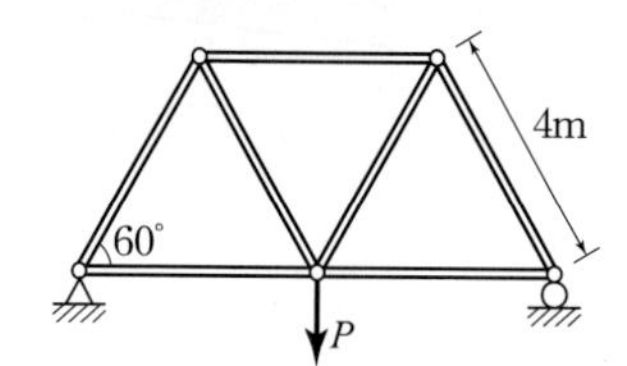

■ 강의식 해설 및 정답 : ①

좌굴과 항복에 대해 모두 안전한 하중을 구하는 문제이다.

(1) 좌굴검토
최대 압축부재력이 좌굴강도 이하라는 조건을 적용하면
$F_{C,\max}\le P_{cr}$에서

$$\frac{P}{2}\left(\frac{2}{\sqrt{3}}\right)\le 6$$

$\therefore\ P\le 6\sqrt{3}\,\text{kN}$ ➡ 작은 값을 찾아야 하므로 답은 바로 ①이 된다.

(2) 항복검토

최대응력이 항복강도 이하라는 조건을 적용하면

$\sigma_{\max} = \dfrac{F_{\max}}{A} \leq \sigma_y$에서

$\dfrac{\dfrac{P}{2}\left(\dfrac{2}{\sqrt{3}}\right)}{0.1} \leq 100$

$\therefore\ P \leq 10\sqrt{3}\ \text{kN}$

둘 중 작은 값 $6\sqrt{3}\ \text{kN}$을 최댓값으로 한다.

18 그림과 같이 동일한 길이의 캔틸레버 보 (a), (b), (c)에 각각 그림과 같은 분포하중이 작용하였을 때, 캔틸레버 보 (a), (b), (c)의 고정단에 작용하는 휨모멘트 크기의 비율은? (단, 캔틸레버 보의 자중은 무시한다)

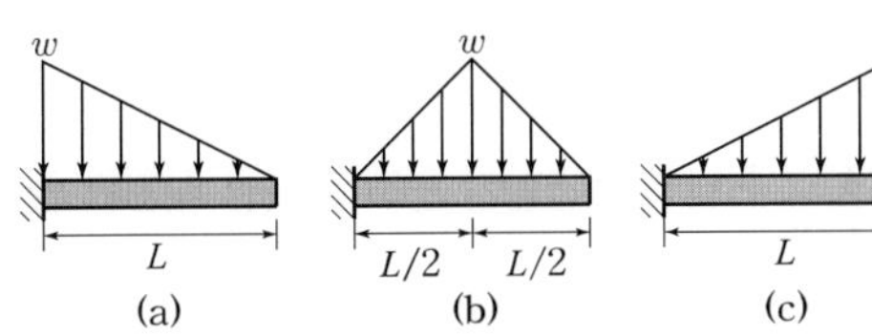

(a) (b) (c)

① 1 : 2 : 3　　② 2 : 3 : 4

③ 4 : 3 : 2　　④ 3 : 2 : 1

■ 강의식 해설 및 정답 : ②

$M = PL$에서 삼각형의 면적이 모두 같으므로 모멘트는 고정단까지의 거리에 비례한다.

$\therefore\ M_A : M_B : M_C = \dfrac{L}{3} : \dfrac{L}{2} : \dfrac{2L}{3} = 2 : 3 : 4$

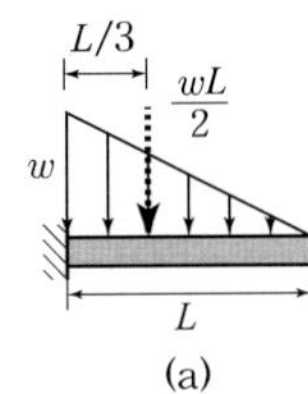

(a)

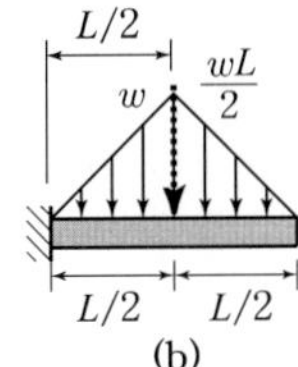

(b)

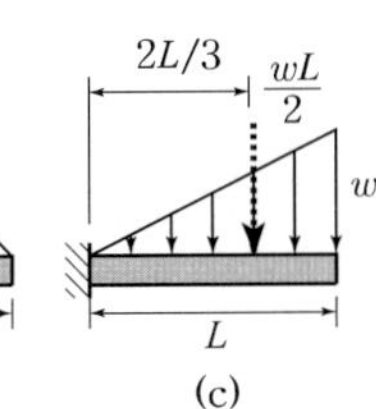

(c)

19 그림과 같이 각각 (a)와 (b)의 단면을 가진 두 부재가 서로 다른 순수 휨모멘트, M_a와 M_b를 받는다. 각각의 단면에서 최대 휨응력의 크기가 같을 때, 각 부재에 작용하는 휨모멘트의 비($M_a : M_b$)는?

① $M_a : M_b = 4 : 3$

② $M_a : M_b = 8 : 7$

③ $M_a : M_b = 16 : 15$

④ $M_a : M_b = 24 : 23$

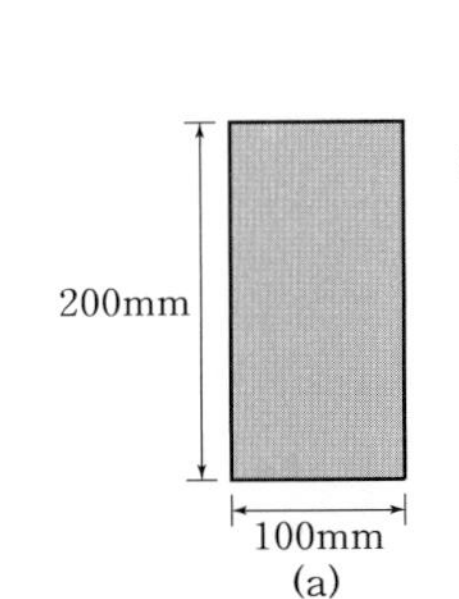

(a)

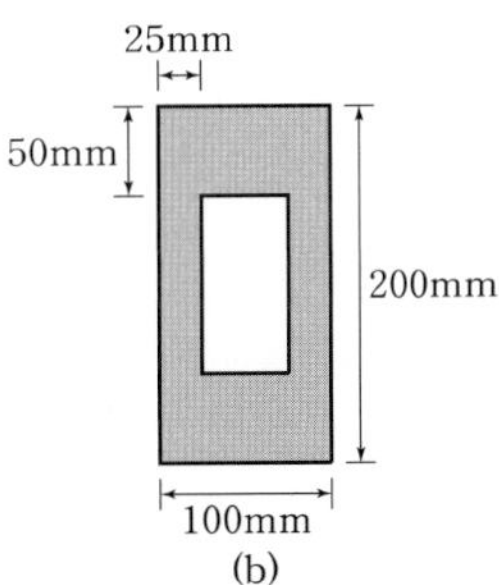

(b)

■ 강의식 해설 및 정답 : ③

최대 휨응력 $\sigma_{a,\max} = \dfrac{M_a}{Z}$, $\sigma_{b,\max} = \dfrac{M_b}{I}\left(\dfrac{H}{2}\right)$에서

$$M_a : M_b = \frac{bh^2}{6} - \frac{BH^3 - bh^3}{6H}$$

$$= 10(20)^2 : \frac{10(20)^3 - 5(10)^3}{20} = 4{,}000 : \frac{75{,}000}{20} = 80 : 75 = 16 : 15$$

보충 비를 구할 때는 영(0)은 같은 수만큼 지우고 계산한다.

20 그림과 같이 B점에 내부힌지가 있는 게르버 보에서 C점의 전단력의 영향선 형태로 가장 적합한 것은?

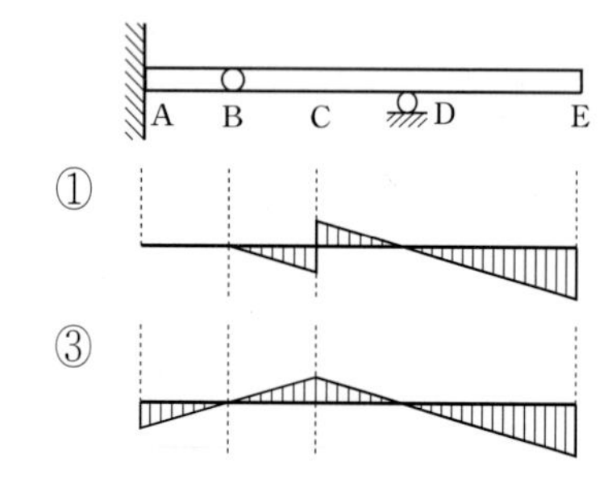

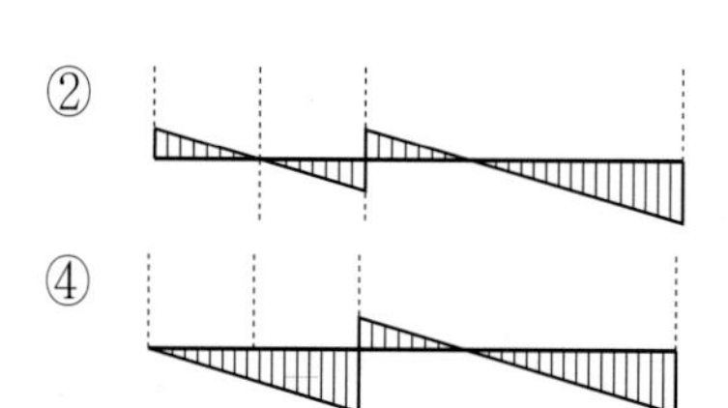

■ 강의식 해설 및 정답 : ①

영향선 작도방법은 원인제거, 원인하중재하, 단위변위선도로 작도하는 Muller-Breslau의 방법을 적용한다.

∴ C점에 전단롤러를 삽입하고, C점 전단력 S_C를 하중으로 재하시켰을 때 단위변위선도를 구하면

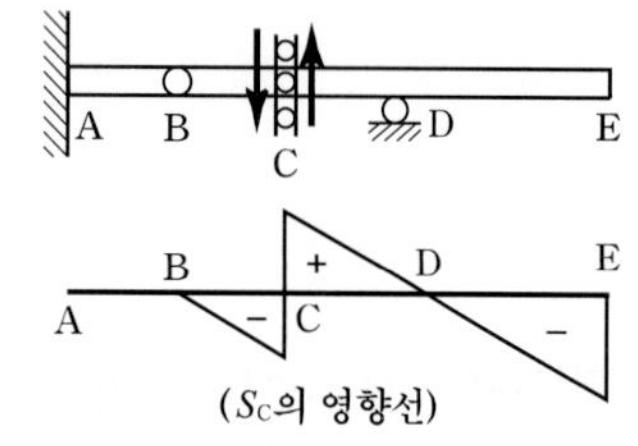

(S_C의 영향선)

2018 서울시 9급

서울시 9급(후반기) 응용역학개론

1 <보기>와 같은 단면 (a), (b)를 가진 단순보에서 중앙에 같은 크기의 집중하중을 받을 때, 두 보의 최대처짐비 ($\Delta a/\Delta b$)는? (단, 각 단순보의 길이와 탄성계수는 서로 동일하며 (a)의 두 보는 서로 분리되어 있다.)

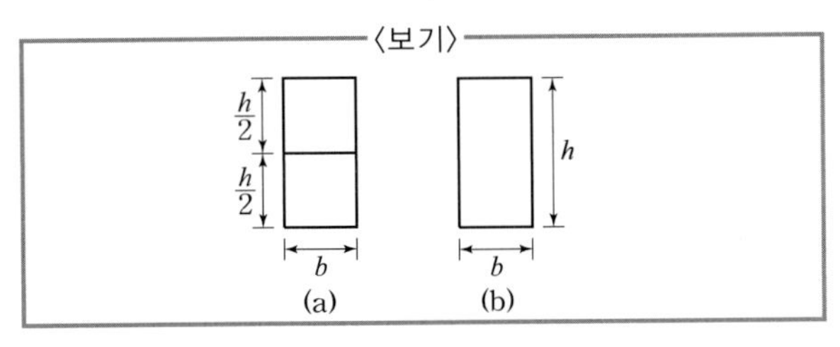

① 2 ② 3
③ 4 ④ 5

■ 강의식 해설 및 정답 : ③

단순보의 중앙점에 집중하중이 작용할 때 최대처짐

$\Delta_{\max} = \dfrac{PL^3}{48EI} \propto \dfrac{1}{I}$ 에서 $\Delta a : \Delta b = I_b : I_a = \dfrac{bh^3}{12} : \dfrac{b(h/2)^3}{12} \times 2$개 $= 4:1$

$\therefore \dfrac{\Delta a}{\Delta b} = \dfrac{4}{1} = 4$

2 <보기>와 같은 3힌지 라멘의 A점에서 발생하는 수평 반력은?

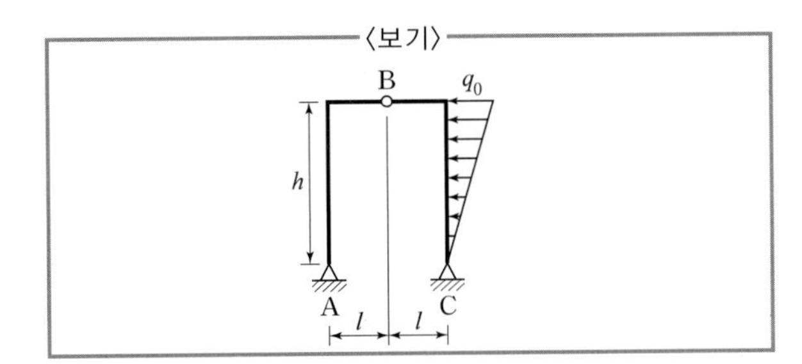

① $\dfrac{q_0 h}{6}$ ② $\dfrac{q_0 h}{4}$
③ $\dfrac{q_0 h}{3}$ ④ $\dfrac{q_0 h}{2}$

■ 강의식 해설 및 정답 : ①

수직반력을 구해서 길이비를 이용하면

$$H_A = V_A\left(\frac{l}{h}\right) = \frac{q_0h^2}{3(2l)}\left(\frac{l}{h}\right) = \frac{q_0h}{6}$$

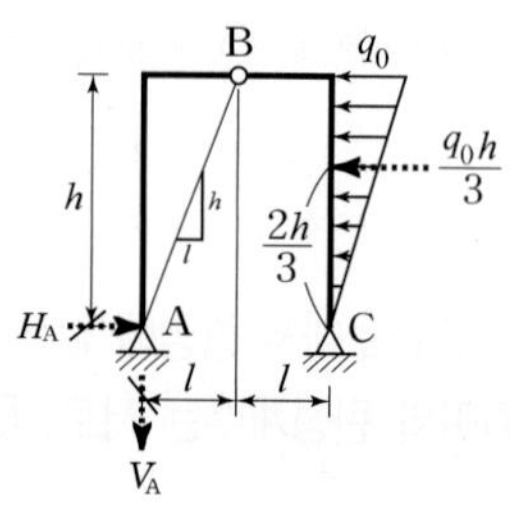

보충 케이블의 일반정리를 이용하는 방법

$$H_A = \frac{M_{유사}}{y_{종거}} = \frac{\frac{q_0h^2}{3}\left(\frac{1}{2}\right)}{h} = \frac{q_0h}{6}$$

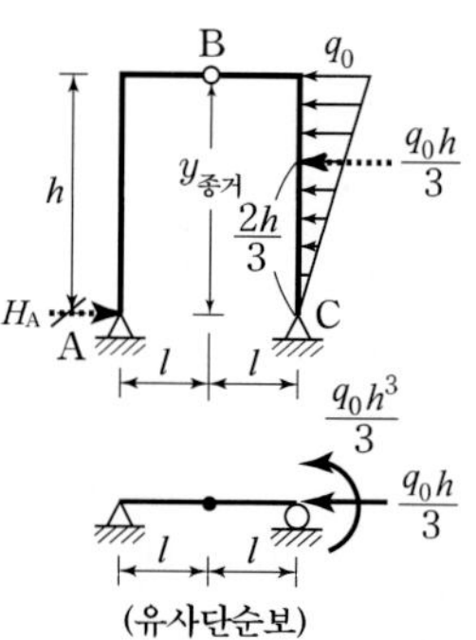

3 <보기>와 같이 구조물에 외력이 ($P_1 = 2$t, $P_2 = 2$t, $W = 30$t) 작용하여 평형상태에 있을 때, 합력의 작용선이 x축을 지나는 점의 위치 $\bar{x}$값(m)은?

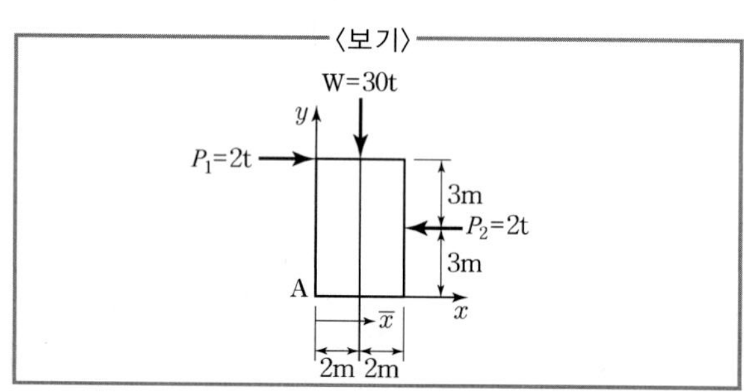

① 2.0m ② 2.2m
③ 2.6m ④ 2.8m

■ 강의식 해설 및 정답 : ②

밑변을 통하는 합력을 수평과 수직으로 분해하고
A점에서 바리농의 정리를 적용하면
$30(x) = 30(2) + 2(3)$에서
$x = 2.2$m

보충 수평하중은 우력이므로
$M =$ 힘 × 두힘간 수직거리로 일정하다.

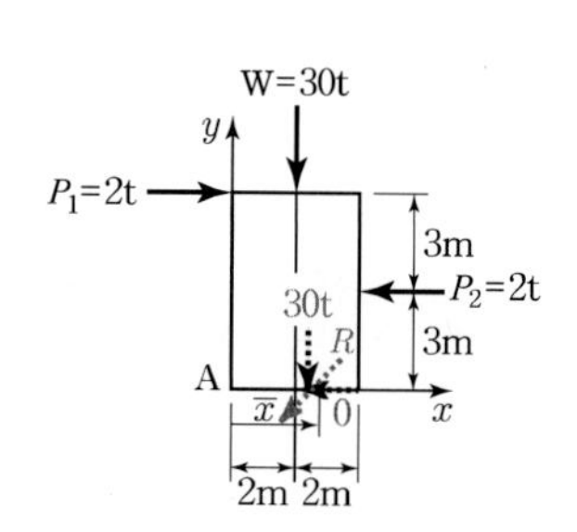

4 <보기>와 같은 높이가 h인 캔틸레버보에 열을 가하여 윗부분과 아랫부분의 온도 차이가 ΔT가 되었을 때, 보의 끝점 B에서의 처짐은?

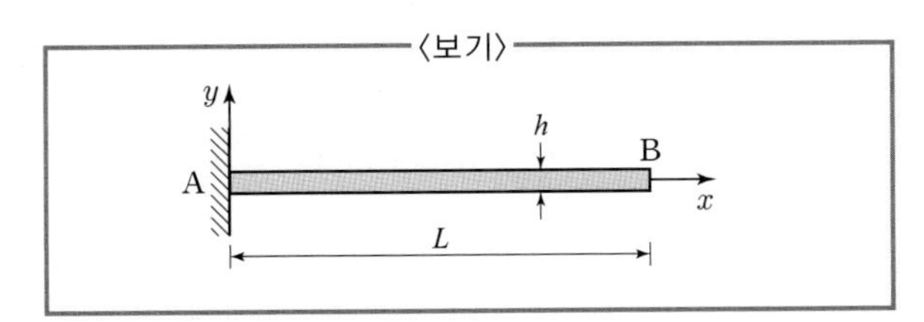

① $\dfrac{\alpha L^2 \Delta T}{2h}$　　② $\dfrac{\alpha L^2 \Delta T}{h}$

③ $\dfrac{3\alpha L^2 \Delta T}{2h}$　　④ $\dfrac{2\alpha L^2 \Delta T}{h}$

■ 강의식 해설 및 정답 : ①

곡률 $\dfrac{\alpha(\Delta T)}{h}$를 가상하중으로 하는 공액보에서 휨모멘트가 처짐이므로

$$\delta_B = M_B{}' = \frac{\alpha(\Delta T)L^2}{2h}$$

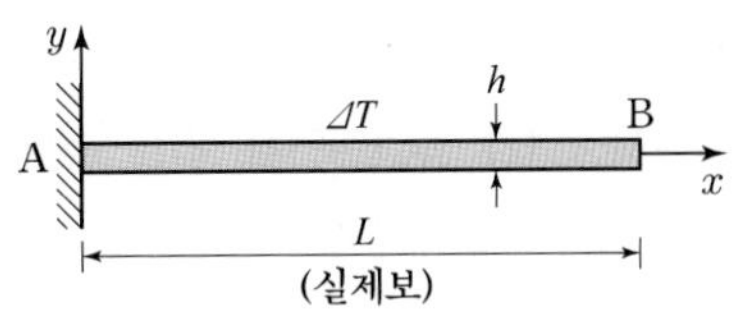

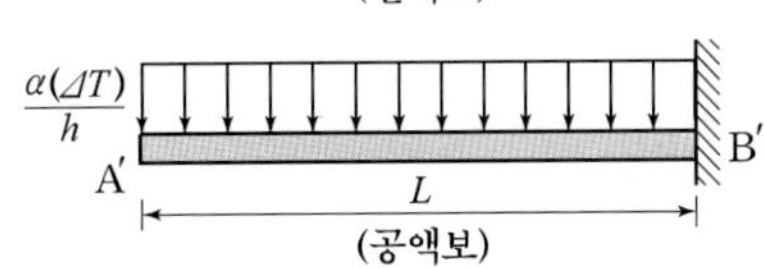

5 <보기>와 같이 트러스의 B점에 연직하중 P가 작용할 때 B점의 연직처짐은? (단, 모든 부재의 축강성도 EA는 일정하다.)

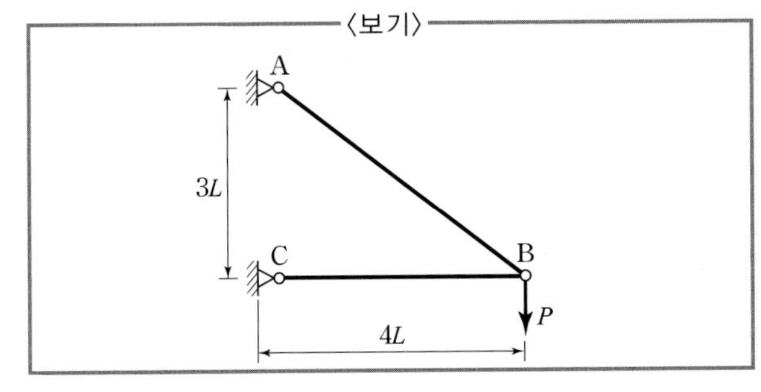

① $\dfrac{76PL}{8EA}$　　② $\dfrac{189PL}{9EA}$

③ $\dfrac{125PL}{16EA}$　　④ $\dfrac{91PL}{25EA}$

■ 강의식 해설 및 정답 : ②

실제일과 내력일이 같다($W=U$)는 에너지 보존의 법칙을 적용하면

$$\frac{P\delta_{Bv}}{2}=\Sigma\frac{F^2L}{2EA}=\frac{1}{2EA}\left\{\left(\frac{5P}{3}\right)^2(5L)+\left(-\frac{4P}{3}\right)^2(4L)\right\}\text{에서}$$

$$\delta_{Bv}=\frac{189PL}{9EA}=\frac{21PL}{EA}$$

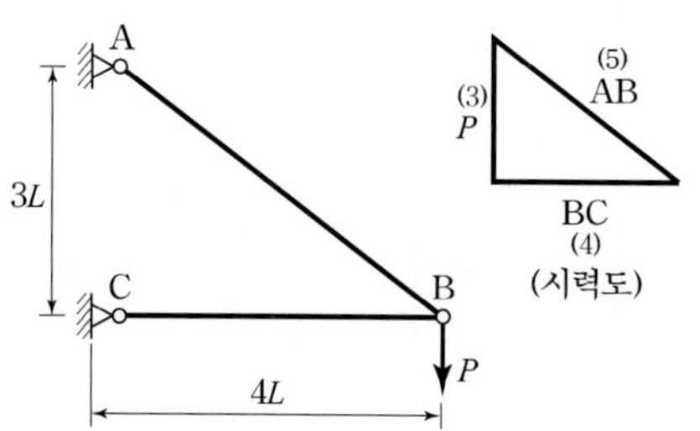

보충 실제 기출은 길이를 3m, 4m로 주어져 길이 L로 표현이 안 되기 때문에 답이 나오도록 길이를 $3L$, $4L$로 수정하였음.

보충 길이비가 3:4:5인 트러스에서 단변방향 하중에 의한 변위는 21의 숫자를 갖는다.
➡ 결국 1, 2, 3, 4, 5의 숫자를 갖는다.

6 <보기>와 같은 원형단면과 튜브단면을 갖는 보에서 원형단면 보와 튜브단면 보의 소성모멘트(plastic moment)의 비($M_{p(a)}/M_{p(b)}$)는? (단, 두 단면은 동일한 강재로 제작되었다.)

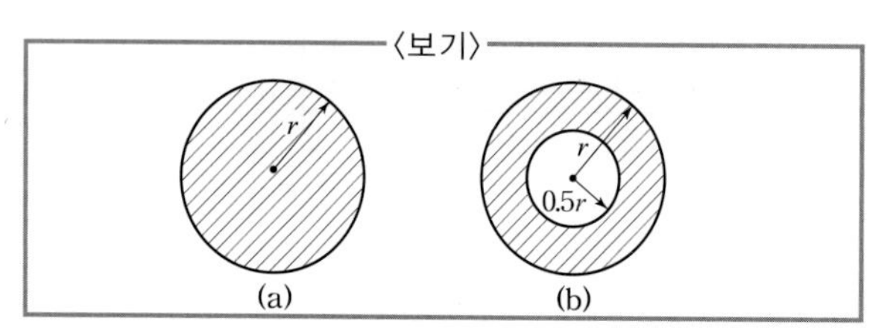

① 15/16　② 8/7
③ 6/5　④ 4/3

■ 강의식 해설 및 정답 : ②

소성모멘트 $M_p=\sigma_y Z_p=\sigma_y\left(\frac{4r^3}{3}\right)\propto r^3$에서

여기서, 원형단면의 소성단면계수 $Z_p=\frac{\pi r^2}{2}\left(\frac{4r}{3\pi}\right)\times 2\text{개}=\frac{4r^3}{3}$

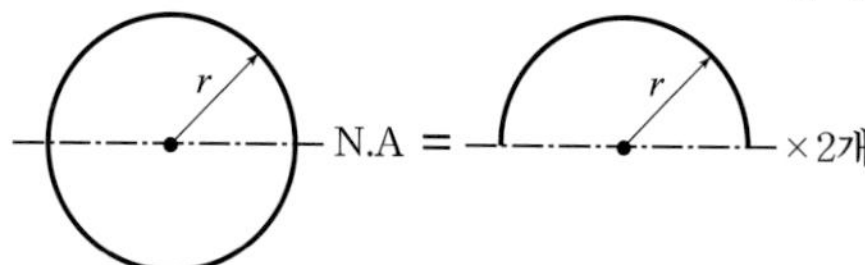

$$M_{p(a)}:M_{p(b)}=Z_{p(a)}:Z_{p(b)}=r^3:\left\{r^3-\left(\frac{r}{2}\right)^3\right\}=1:\frac{7}{8}=8:7$$

$$\therefore\ \frac{M_{p(a)}}{M_{p(b)}}=\frac{8}{7}$$

보충 **소성모멘트** : 중립축(면적이 같은 축)에 대한 단면1차모멘트의 합
∴ 중공단면은 전체에서 중공단면을 공제한 중첩을 적용한다.

7 <보기>와 같은 비대칭 삼각형 y축에서 도심까지의 거리 $\bar{x}$는?

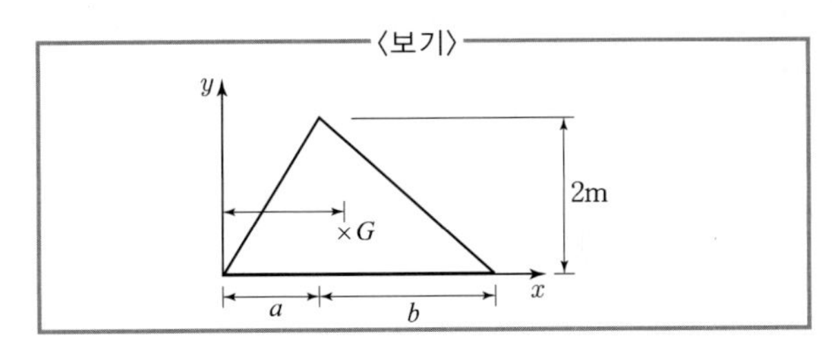

① $\dfrac{a+b}{2}$　　② $\dfrac{a+b}{3}$

③ $\dfrac{a+2b}{2}$　　④ $\dfrac{2a+b}{3}$

■ 강의식 해설 및 정답 : ④

두 개의 삼각형으로 나누어 중첩을 적용하면

$$x=\frac{2a+b}{3}$$

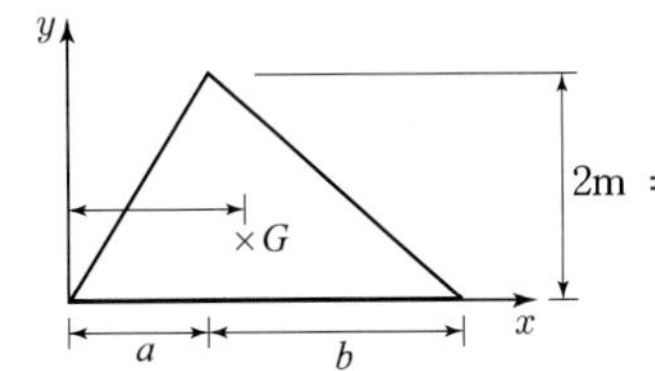

2m = $\frac{2a}{3}$ 도심 a + $\frac{b}{3}$ 도심 b

8 <보기>와 같은 단면에 4,000kgf · cm의 비틀림 모멘트(T)가 작용할 때, 최대 전단응력은?

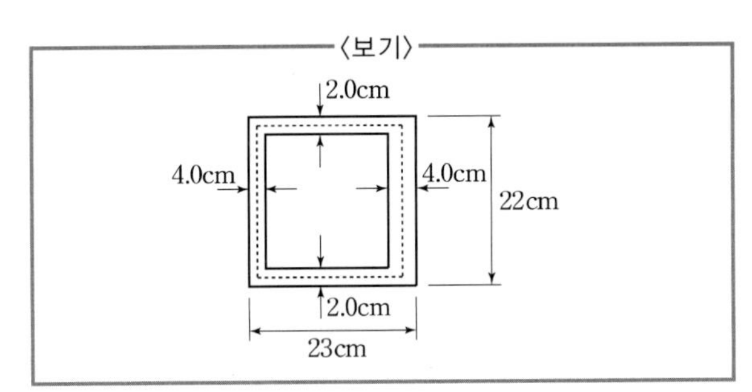

① 2.5kgf/cm²　　② 3.5kgf/cm²

③ 4.5kgf/cm²　　④ 5.5kgf/cm²

■ 강의식 해설 및 정답 : ①

박벽의 비틀림은 전단류의 개념으로 근사해석 하므로

$$f=\tau_i t_i=\frac{T}{2A_m}=\text{일정}\text{에서}$$

$$\tau_{\max}=\frac{T}{2A_m t_{\min}}=\frac{4{,}000}{2(20\times 20)(2)}=2.5\,\text{kgf/cm}^2$$

9 P_1이 단순보의 C점에 단독으로 작용했을 때 C점, D점의 수직변위가 각각 4mm, 3mm이었고, P_2가 D점에 단독으로 작용했을 때 C점, D점의 수직변위가 각각 3mm, 4mm이었다. P_1이 C점에 먼저 작용하고 P_2가 D점에 나중에 작용할 때 P_1과 P_2가 한 전체 일은? (단, $P_1 = P_2 = 4$N이다.)

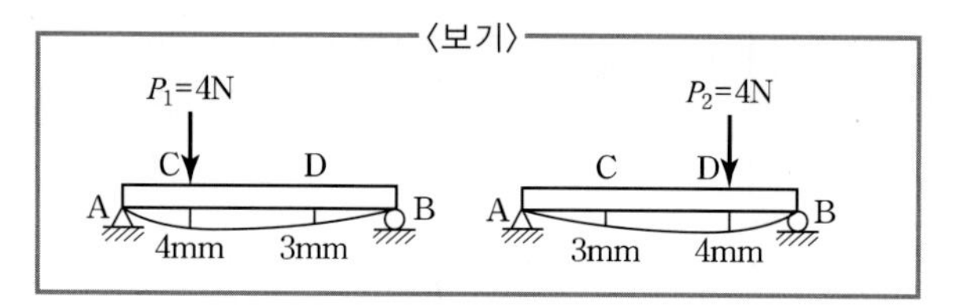

① 22N · mm ② 28N · mm
③ 30N · mm ④ 32N · mm

■ 강의식 해설 및 정답 : ②

전체 일은 재하 순서에 관계없이 일정하므로 동시에 작용하는 경우로 계산하면

$$W = \frac{P_1(\Sigma\delta_C)}{2} + \frac{P_2(\Sigma\delta_D)}{2} = \frac{4(4+3)}{2} + \frac{4(3+4)}{2}$$
$$= 14 + 14 = 28\text{N}\cdot\text{mm}$$

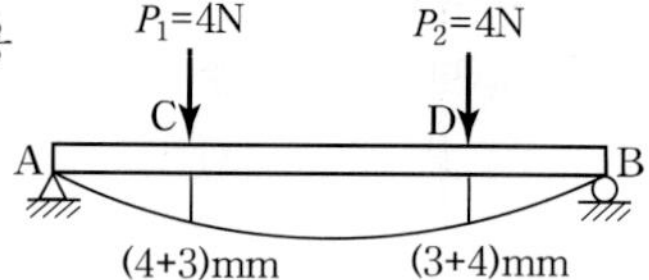

10 <보기>와 같이 캔틸레버보 AB에서 끝점 B는 강성이 $\frac{9EI}{L^3}$인 스프링으로 지지되어 있다. B점에 하중 P가 작용할 때, B점에서 처짐의 크기는? (단, 보의 휨강성도 EI는 전 길이에 걸쳐 일정하다.)

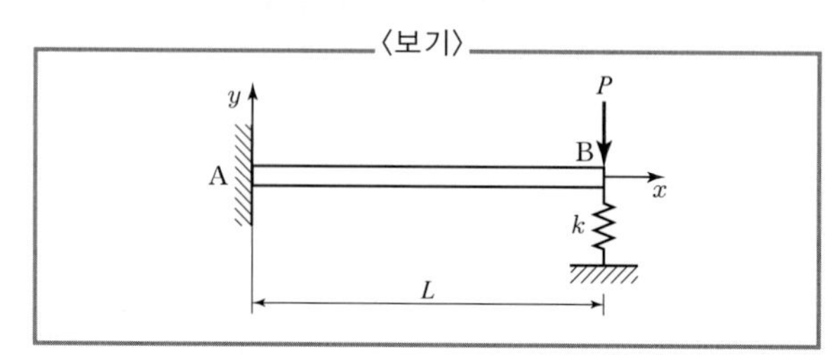

① $\frac{PL^3}{24EI}$ ② $\frac{PL^3}{12EI}$
③ $\frac{PL^3}{6EI}$ ④ $\frac{PL^3}{3EI}$

■ 강의식 해설 및 정답 : ②

변위가 같은 구조이므로 합성강성도를 이용하면

$$\delta_B = \frac{P}{\Sigma K} = \frac{P}{\frac{3EI}{L^3} + \frac{9EI}{L^3}} = \frac{PL^3}{12EI}$$

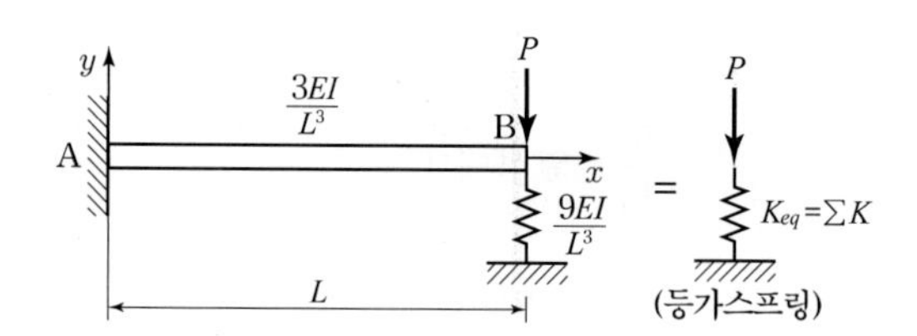

11 <보기>와 같은 한 변의 길이가 자유단에서 b, 고정단에서 $2b$인 정사각형 단면 봉이 인장력 P를 받고 있다. 봉의 탄성계수가 E일 때, 변단면 봉의 길이 변화량은?

〈보기〉

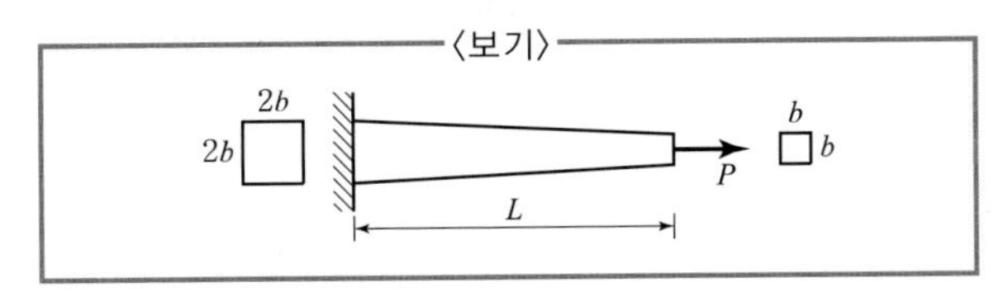

① $\dfrac{PL}{4Eb^2}$

② $\dfrac{PL}{2Eb^2}$

③ $\dfrac{2PL}{3Eb^2}$

④ $\dfrac{3PL}{4Eb^2}$

■ 강의식 해설 및 정답 : ②

변단면 봉의 변형량

$$\delta = \frac{PL}{E(b \times 2b)} = \frac{PL}{2Eb^2}$$

12 <보기>와 같은 평면 트러스에서 B점에서의 반력의 크기와 방향은? (단, $\sqrt{3} = 1.7$로 계산한다.)

〈보기〉

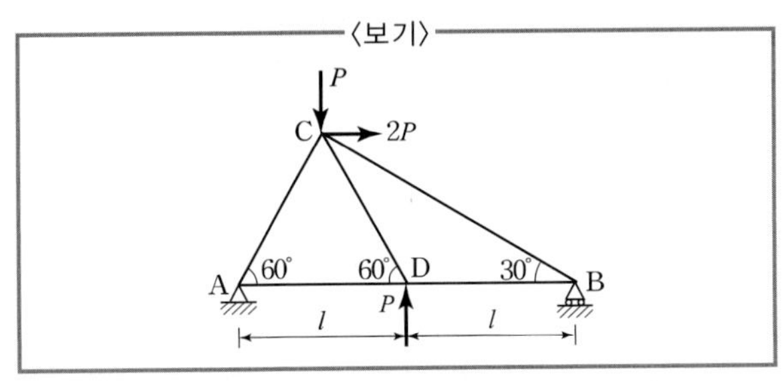

① $0.6P(\uparrow)$

② $0.6P(\downarrow)$

③ $1.1P(\uparrow)$

④ $1.1P(\downarrow)$

■ 강의식 해설 및 정답 : ①

반대편 지점 A점의 모멘트를 지간거리로 나누면

$$R_B = \frac{2P\left(\frac{\sqrt{3}\,l}{2}\right) - P\left(\frac{l}{2}\right)}{2l} = \frac{1.7P - 0.5P}{2} = 0.6P(\uparrow)$$

여기서, 수직력은 우력을 형성하므로 $M =$ 힘 $\times$ 두힘간 수직거리 $=$ 일정하다.

보충 D점의 경사각이 60가 주어져야 계산이 가능하므로 문제를 수정함.

13 <보기>는 상부 콘크리트 슬래브와 하부 강거더로 구성된 합성단면으로 강재와 콘크리트의 탄성계수는 각각 $E_s=200$GPa, $E_c=25$GPa이다. 이 단면에 정모멘트가 작용하여 콘크리트 슬래브에는 최대 압축 응력 5MPa, 강거더에는 최대 인장응력 120MPa이 발생하였다. 합성 단면 중립축의 위치(C)는?

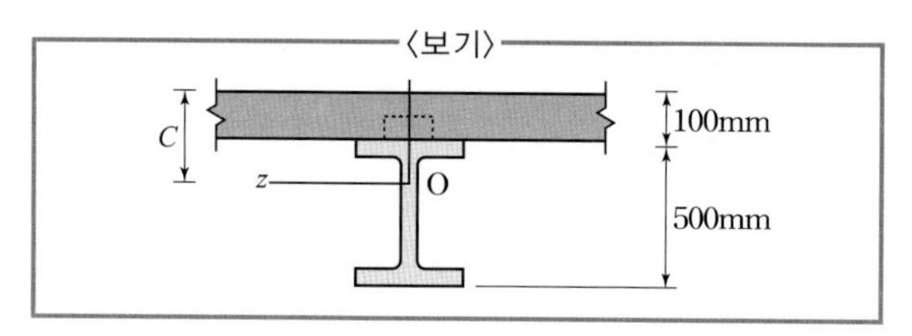

① 150mm ② 160mm
③ 170mm ④ 180mm

■ 강의식 해설 및 정답 : ①

응력도에서 최대인장응력을 콘크리트로 환산하면 $\sigma_{ct}=\dfrac{\sigma_{st}}{n}=\dfrac{120}{8}=15\,\text{MPa}$

여기서, 탄성계수비 $n=\dfrac{E_s}{E_c}=\dfrac{200}{25}=8$

∴ 응력도의 닮음비를 이용하면

$C=600\left(\dfrac{1}{4}\right)=150\,\text{mm}$

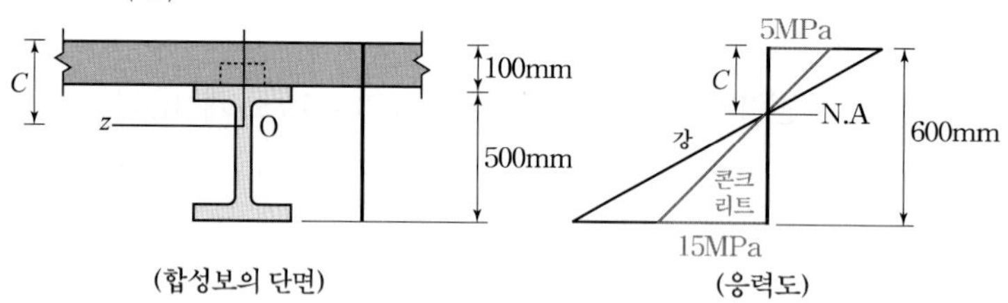

(합성보의 단면) (응력도)

14 길이가 1m인 축부재에 인장력을 가했더니 길이가 3mm 늘어났다. 축부재는 완전탄소성 재료(perfectly elasto-plastic material)로 항복응력은 200MPa, 탄성계수는 200GPa이다. 인장력을 제거하고 나면 축부재의 길이는?

① 1,000mm ② 1,001mm
③ 1,002mm ④ 1,003mm

■ 강의식 해설 및 정답 : ③

응력을 제거하면 항복응력에 해당하는 변형률만큼은 회복이 되므로

$\delta_r=3-\dfrac{\sigma_y L}{E}=3-\dfrac{200(1\times10^3)}{200\times10^3}=1\,\text{mm}$

∴ 변형 후 부재의 길이 $L'=L+\delta_r=1{,}001\,\text{mm}$

보충 보기를 잔류변형량으로 수정 후 답을 찾는다.

15 <보기>와 같은 길이가 10m인 캔틸레버보에 분포하중 $q_x = 50 - 10x + \dfrac{x^2}{2}$이 작용하고 있을 때 지점 A에서부터 6m 떨어진 지점 B에서의 전단력 V_B의 크기로 가장 옳은 것은?

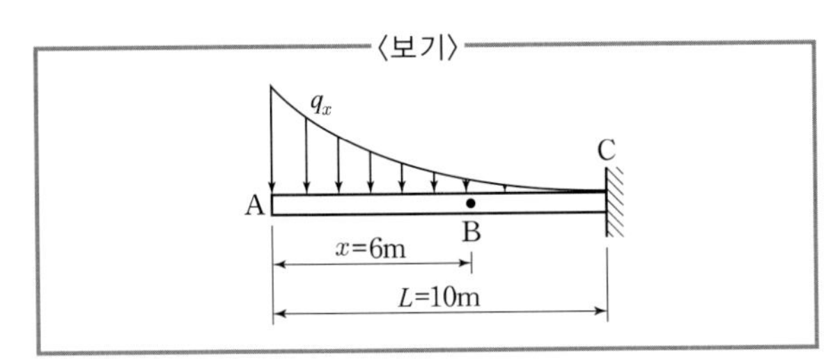

① 84N ② 156N
③ 444N ④ 516N

■ 강의식 해설 및 정답 : ②

A점의 전단력이 0이므로 B점의 전단력은 두 점으로 둘러싸인 분포하중의 면적과 같다.

$$V_B = -\int_0^6 q_x \cdot dx = -\int_0^6 \left(50 - 10x + \frac{x^2}{2}\right) dx = -50(6) + 10\left(\frac{6^2}{2}\right) - \frac{1}{2} \times \frac{6^3}{3} = -300 + 180 - 36 = -156\,\text{N}$$

여기서, 문제가 크기만 묻기 때문에 (−)부호는 빼고 계산하는 것이 쉽다.

보충 역학의 미분과 적분관계

미분=접선의 기울기 →

$EIy - EI\theta - (-M) - (-S) - w$

← 적분=면적=차이

16 <보기>와 같은 부정정 기둥의 하중 작용점에서 처짐량은? (단, 축 강성은 EA이다.)

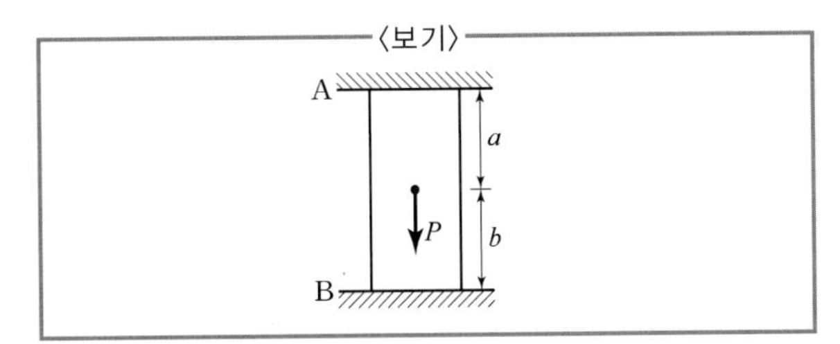

① $\dfrac{Pa}{AE(a+b)}$ ② $\dfrac{Pb}{AE}$
③ $\dfrac{Pab}{AE(a+b)}$ ④ $\dfrac{Pab}{AE}$

■ 강의식 해설 및 정답 : ③

강성이 일정한 구조이므로 처짐은 유사단순보의 휨모멘트를 강성으로 나눈 것과 같다.

$$\therefore \ \delta = \frac{M_{유사}}{EA} = \frac{Pab}{(a+b)EA}$$

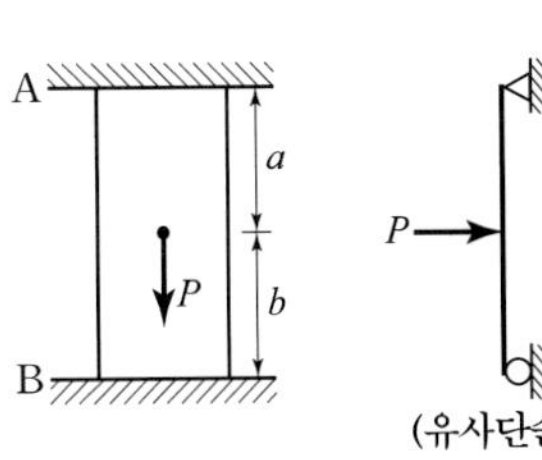

P
a
b
(유사단순보)

17 <보기>와 같은 정사각형 단면을 갖는 짧은 기둥의 측면에 홈이 패어 있을 때 작용하는 하중 P로 인해 단면 m-n에 발생하는 최대압축응력은?

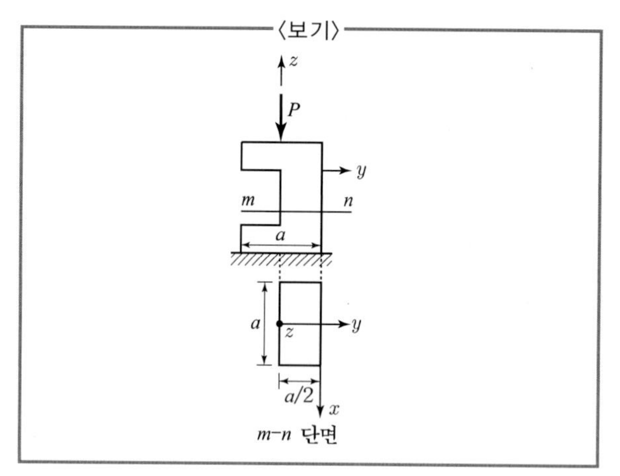

① $2P/a^2$ ② $4P/a^2$
③ $6P/a^2$ ④ $8P/a^2$

■ 강의식 해설 및 정답 : ④

$m-n$단면에서 하중이 연단에 작용하므로

$$\sigma_{\max} = \frac{P}{A}\left(1+\frac{6e}{b}\right) = \frac{P}{a^2/2}\left(1+\frac{6\times\frac{a}{4}}{a^2/2}\right) = \frac{8P}{a^2}$$

보충 하중이 연단에 작용하는 경우의 연단응력은 평균응력(P/A)의 $(1\pm3\pm3)$배가 된다.

18 <보기>와 같이 단순보 위를 이동 하중이 통과할 때, A점으로부터 절대 최대 모멘트가 발생하는 위치는?

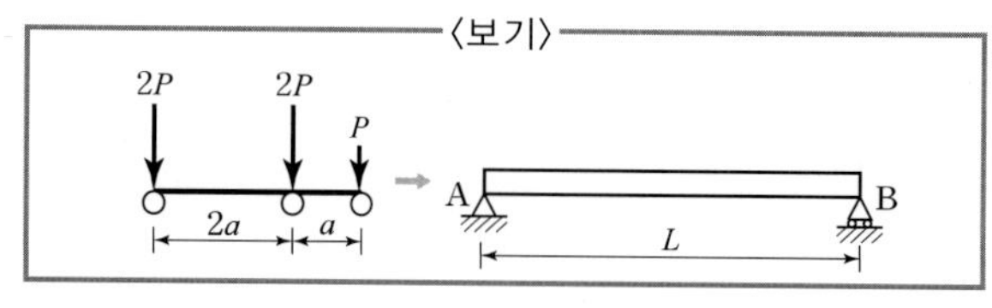

① $\frac{L}{2}-\frac{3}{5}a$ ② $\frac{L}{2}-\frac{3}{10}a$
③ $\frac{L}{2}+\frac{3}{10}a$ ④ $\frac{L}{2}+\frac{3}{5}a$

■ 강의식 해설 및 정답 : ③

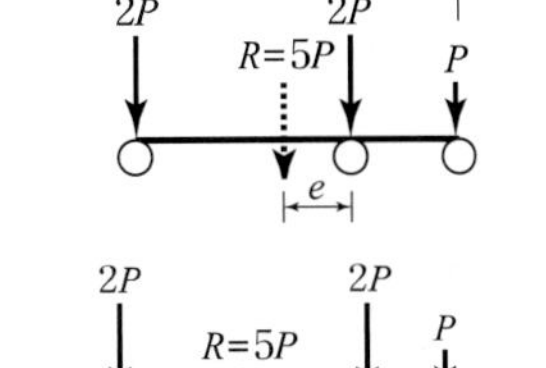

(1) 합력의 작용위치

중앙 $2P$작용점에서 바리뇽의 정리를 적용하면

$$e = \frac{2P(2a) - P(a)}{5P} = \frac{3}{5}a$$

(2) 절대 최대 휨모멘트 발생 위치

합력과 가까운 하중 중앙 $2P$점에서 최대 휨모멘트가 발생하므로

$$x_A = \frac{L}{2} + \frac{e}{2} = \frac{L}{2} + \frac{3}{10}a$$

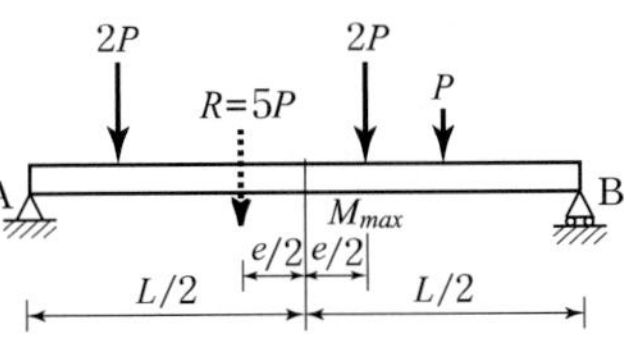

보충 절대 최대 휨모멘트 발생조건

합력과 가까운 하중의 2등분점이 보의 중앙을 통과할 때 합력과 가까운 하중점에서 최대 휨모멘트가 발생한다.

19 <보기>와 같은 연속보의 지점 B에서 침하가 δ만큼 발생하였다면 B지점의 휨모멘트 M_B는? (단, 모든 부재의 휨강성도 EI는 일정하다.)

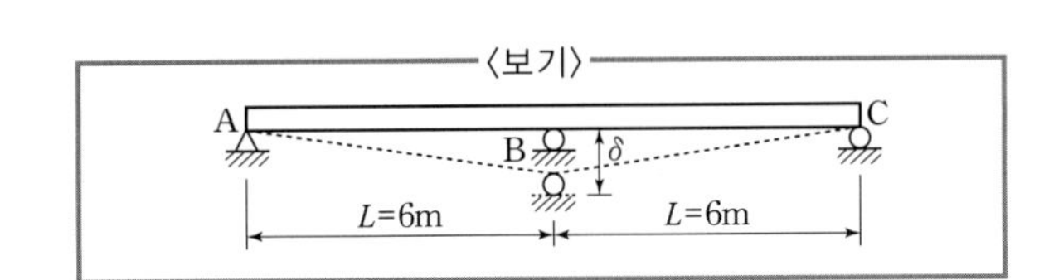

① $\frac{\delta}{6}EI$

② $\frac{\delta}{12}EI$

③ $\frac{\delta}{24}EI$

④ $\frac{\delta}{36}EI$

■ 강의식 해설 및 정답 : ②

2경간 연속보의 중간지점 침하시 중앙지점 휨모멘트

$$M_{중앙} = \frac{3EI\Delta}{좌우거리곱} = \frac{3EI(\delta)}{6(6)} = \frac{\delta}{12}EI$$

보충 2경간 연속보의 단지점 침하시 중간지점 휨모멘트

$$M_{중앙} = \frac{3EI\Delta}{좌우거리합(회전부재길이)}$$

20 A단이 고정이고, B단이 이동단인 부정정보에서 A점 수직반력의 크기와 방향은?

〈보기〉

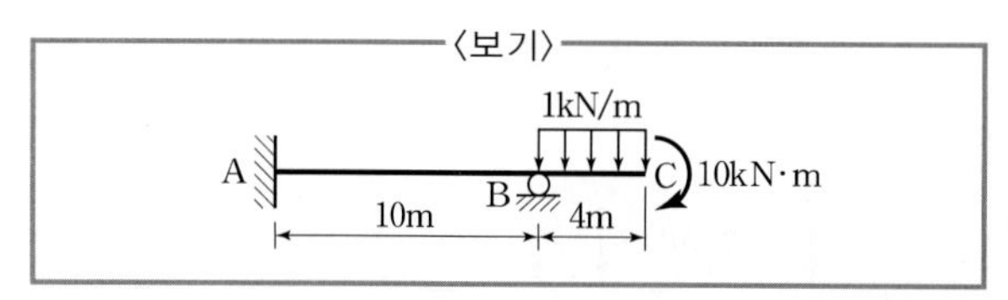

① 2.7kN(↑) ② 2.7kN(↓)
③ 3.7kN(↑) ④ 3.7kN(↓)

■ 강의식 해설 및 정답 : ②

회전단의 모멘트는 고정단으로 1/2이 전달되므로

$$R_A = \frac{M_A + M_B}{L} = \frac{3M_B}{2L} = \frac{3(10+4\times 2)}{2(10)} = 2.7\,\text{kN}\,(\downarrow)$$

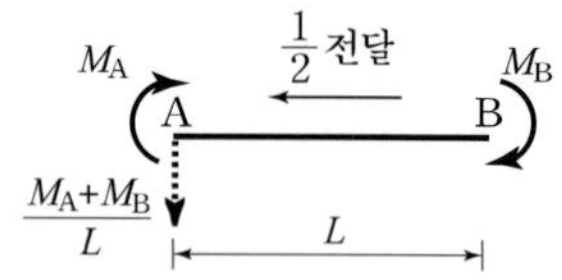

보충 하중이 없는 구간의 반력(전단력)
양단의 모멘트를 지간거리로 나눈 값과 크기는 같고 방향은 반대이다.

2019 국가직 9급
국가직 9급 응용역학개론

1 재료의 거동에 대한 설명으로 옳지 않은 것은?

① 탄성거동은 응력-변형률 관계가 보통 직선으로 나타나지만 직선이 아닌 경우도 있다.
② 크리프(creep)는 응력이 작용하고 이후 그 크기가 일정하게 유지되더라도 변형이 시간 경과에 따라 증가하는 현상이다.
③ 재료가 항복한 후 작용하중을 모두 제거한 후에도 남는 변형을 영구변형이라 한다.
④ 포아송비는 축하중이 작용하는 부재의 횡방향 변형률(ϵ_h)에 대한 축방향 변형률(ϵ_v)의 비(ϵ_v/ϵ_h)이다.

■ 강의식 해설 및 정답 : ④

포아송비는 횡방향 변형률과 축방향 변형률의 비이므로 축방향 변형률에 대한 횡방향 변형률이다.

$$\nu = \frac{가로변형률}{세로변형률} = \frac{횡방향변형률(\epsilon_h)}{축방향변형률(\epsilon_v)}$$

2 그림과 같이 임의의 형상을 갖고 단면적이 A인 단면이 있다. 도심축($x_0 - x_0$)으로부터 d만큼 떨어진 축($x_1 - x_1$)에 대한 단면 2차모멘트가 I_{x1}일 때, $2d$만큼 떨어진 축($x_2 - x_2$)에 대한 단면 2차모멘트 값은?

① $I_{x1} + Ad^2$
② $I_{x1} + 2Ad^2$
③ $I_{x1} + 3Ad^2$
④ $I_{x1} + 4Ad^2$

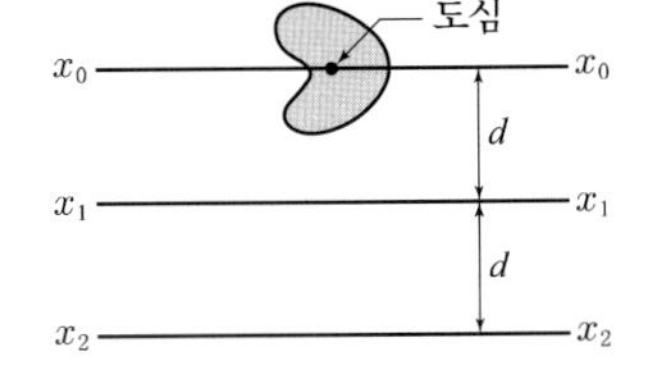

■ 강의식 해설 및 정답 : ③

단면2차모멘트의 차이는 Ay^2의 차이와 같으므로

$I_{x2} - I_{x1} = A(2d)^2 - Ad^2$에서

$I_{x2} = I_{x1} + 3Ad^2$

보충 평행축 정리 : $I_{임의축} = I_{도심} + Ay^2$

3 그림과 같이 보 구조물에 집중하중과 삼각형 분포하중이 작용할 때, 지점 A와 B에 발생하는 수직방향 반력 R_A[kN]와 R_B[kN]의 값은? (단, 구조물의 자중은 무시한다)

	R_A	R_B
①	$\frac{19}{4}$	$\frac{25}{4}$
②	$\frac{23}{4}$	$\frac{21}{4}$
③	$\frac{21}{4}$	$\frac{23}{4}$
④	$\frac{25}{4}$	$\frac{19}{4}$

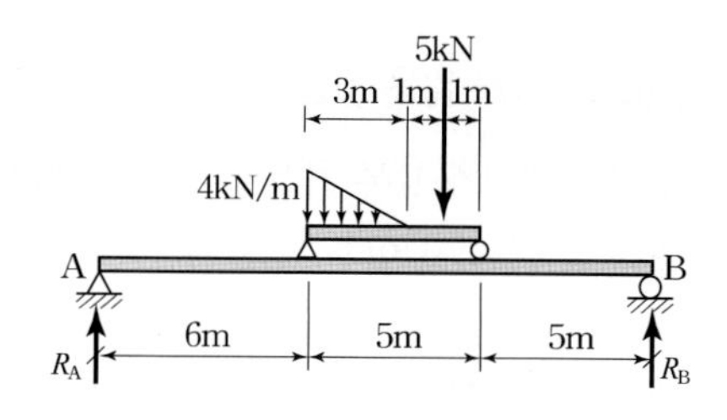

■ 강의식 해설 및 정답 : ③

지점반력은 반대편지점의 모멘트를 지간거리로 나눈 값과 같으므로

$$R_A = \frac{6(9)+5(6)}{16} = \frac{21}{4}\text{ kN}$$

$$\Sigma V = 0 \text{에서 } R_B = 11 - R_A = \frac{23}{4}\text{ kN}$$

4 그림과 같이 모멘트 M, 분포하중 w, 집중하중 P가 작용하는 캔틸레버 보에 대해 작성한 전단력도 또는 휨 모멘트도의 대략적인 형태로 적절한 것은? (단, 구조물의 자중은 무시한다)

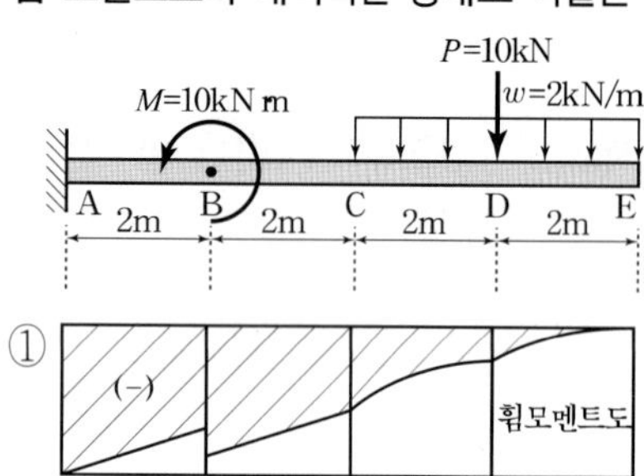

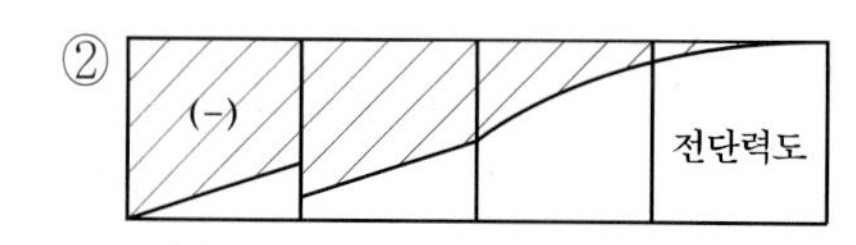

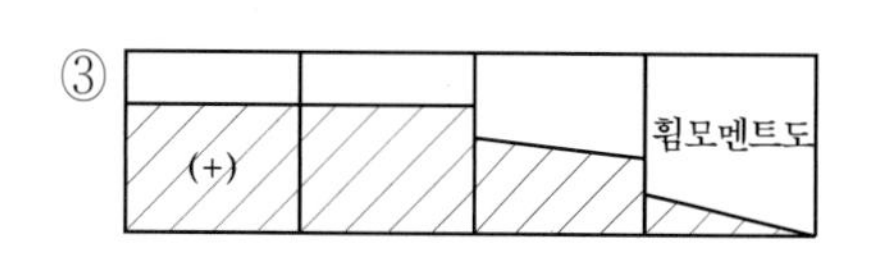

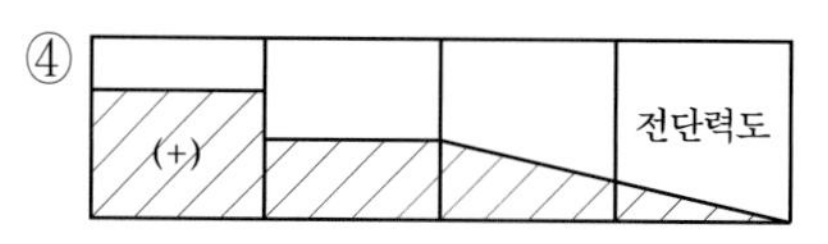

■ 강의식 해설 및 정답 : ①

(1) 등분포하중이 작용하는 구간의 휨모멘트도는 2차포물선이고, 전단력도는 1차직선이다.

∴ ②, ③은 탈락

(2) 집중하중점에서 전단력도는 불연속이다.

∴ ④는 탈락

보충 원인하중이 작용하는 점에서 단면력이 불연속이다.

(1) 수평하중 작용점 : 축력이 불연속

(2) 수직하중 작용점 : 전단력이 불연속

(3) 모멘트 하중 작용점 : 휨모멘트가 불연속

5 그림과 같이 양단에서 각각 x만큼 떨어져 있는 B점과 C점에 내부힌지를 갖는 보에 분포하중 w가 작용하고 있다. A점 고정단 모멘트의 크기와 중앙부 E점 모멘트의 크기가 같아지기 위한 x값은? (단, 구조물의 자중은 무시한다)

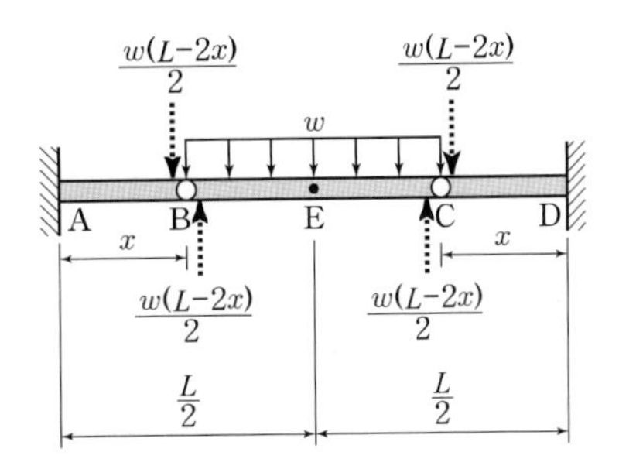

① $\frac{L}{6}$　　② $\frac{L}{5}$

③ $\frac{L}{4}$　　④ $\frac{L}{3}$

■ 강의식 해설 및 정답 : ①

힌지점에 전달되는 힘에 의한 고정단 모멘트와 중앙점 모멘트의 크기를 같다고 두면

$\frac{w(L-2x)}{2}x = \frac{w(L-2x)^2}{8}$ 에서

$x = \frac{L}{6}$

6 그림과 같이 수평으로 놓여 있는 보의 B점은 롤러로 지지되어 있고 이 롤러의 아래에 강체 블록이 놓여 있을 때, 블록이 움직이지 않도록 하기 위해 허용할 수 있는 힘 P[kN]의 최댓값은? (단, 블록, 보, 롤러의 자중은 무시하고 롤러와 블록 사이의 마찰은 없으며, 블록과 바닥 접촉면의 정지마찰계수는 0.3으로 가정한다)

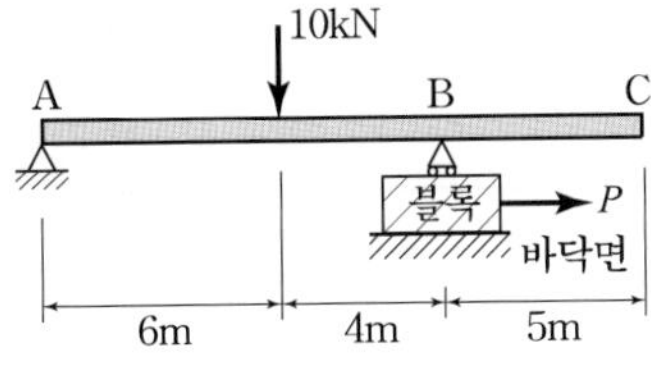

① 1.2

② 1.8

③ 2.4

④ 3.0

■ 강의식 해설 및 정답 : ②

블록에 작용하는 수평력이 마찰력 이하라야 한다는 조건을 적용하면

$P \leq R_B \mu = \frac{10(6)}{10}(0.3) = 1.8\,\text{kN}$

여기서, B점 반력은 반대편지점 모멘트를 지간거리로 나누어 구한다.

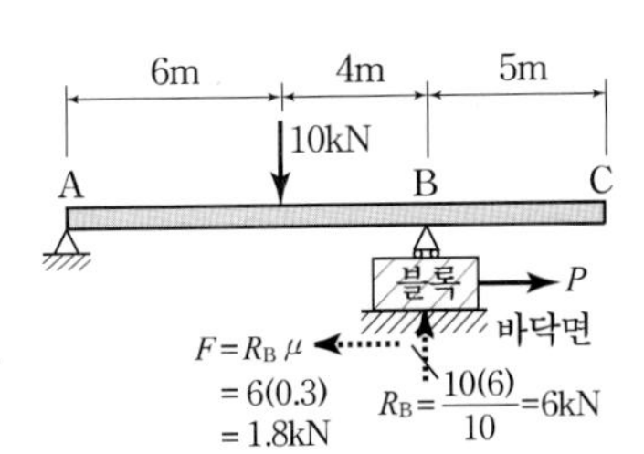

7 그림과 같은 하중이 작용하는 게르버 보에 대해 작성된 전단력도의 빗금 친 부분의 면적[kN · m]은? (단, 구조물의 자중은 무시한다)

① 9
② 51
③ 60
④ 69

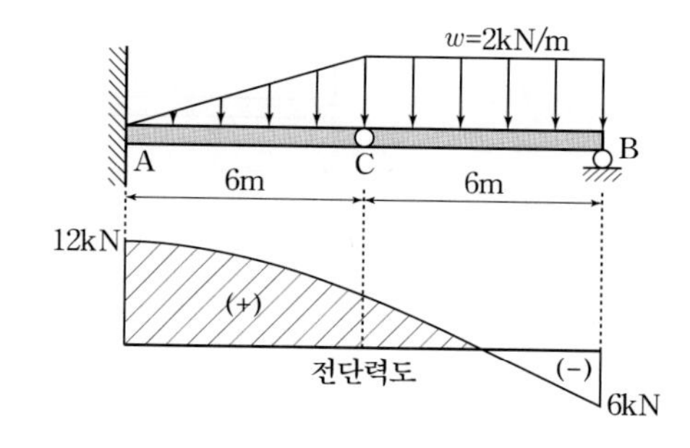

■ 강의식 해설 및 정답 : ④

전단력도의 면적은 휨모멘트의 차이와 같으므로 $M_{max}^{+} - M_A$와 같다.

(1) 전단력이 0인 점의 휨모멘트

$$M_{max}^{+} = \frac{R_B x}{2} = \frac{6(3)}{2} = 9\,\text{kN·m}$$

여기서, B점에서 전단력이 0인 점까지의 거리 : $x = \frac{R_B}{w} = \frac{6}{2} = 3\,\text{m}$

(2) 고정단 휨모멘트

$M_A = M_{max}^{-} = -6(6) - 6(4) = -60\,\text{kN·m}$

(3) 전단력도의 면적

두 점으로 둘러싸인 전단력도의 면적은 두 점의 휨모멘트 차이와 같으므로

$M_{max}^{+} - M_A = 9 - (-60) = 69\,\text{kN·m}$

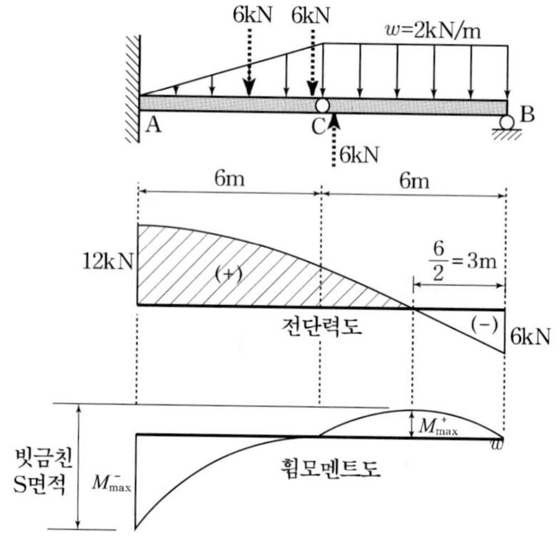

보충 구조물에 외력모멘트가 작용하면 전단력도의 (+)면적과 (−)면적은 같지 않다.

8 그림과 같이 절점 D에 내부힌지를 갖는 게르버 보의 A점에는 수평하중 P가 작용하고 F점에는 무게 W가 매달려 있을 때, 지점 C에서 수직 반력이 발생하지 않도록 하기 위한 하중 P와 무게 W의 비 (P/W)는? (단, 구조물의 자중은 무시한다)

① $\frac{3}{2}$　② $\frac{5}{2}$

③ $\frac{2}{3}$　④ $\frac{2}{5}$

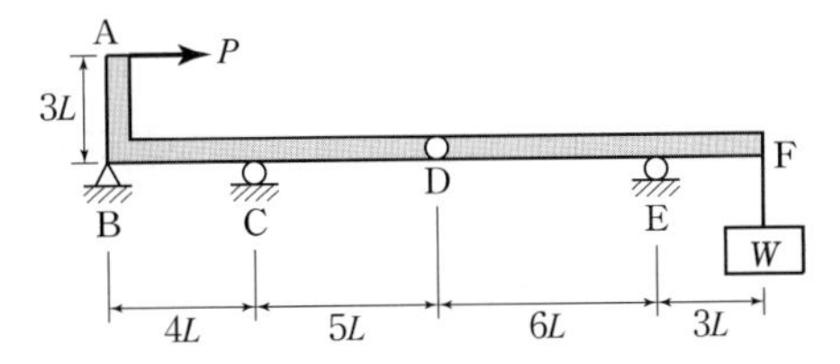

■ 강의식 해설 및 정답 : ①

C점 반력을 0이라 두고 힌지를 통해 전달되는 힘을 구해서 반대편지점 B에서 모멘트 평형을 적용하면

$P(3L) = \frac{W}{2}(9L)$에서 $\frac{P}{W} = \frac{3}{2}$

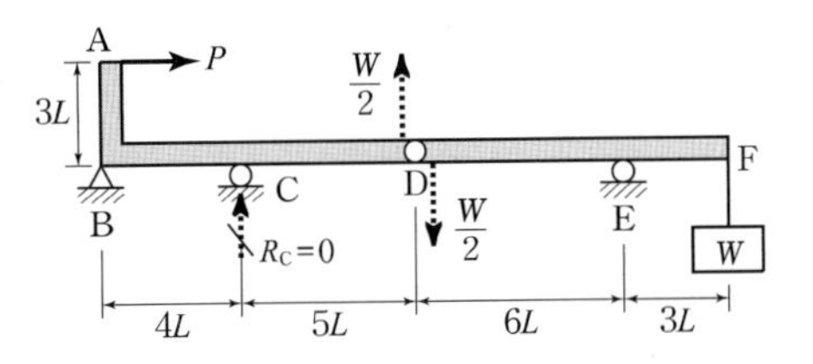

9 그림과 같이 축하중 P를 받고 있는 기둥 ABC의 중앙 B점에서는 x방향의 변위가 구속되어 있고 양끝단 A점과 C점에서는 x방향과 z방향의 변위가 구속되어 있을 때, 기둥 ABC의 탄성좌굴을 발생시키는 P의 최솟값은? (단, 탄성계수 $E = \frac{L^2}{\pi^2}$, 단면 2차모멘트 $I_x = 20\pi$, $I_z = \pi$로 가정한다)

① 2π

② 4π

③ 5π

④ 20π

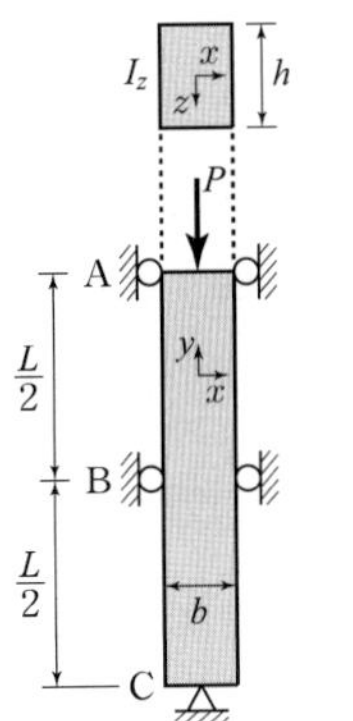

■ 강의식 해설 및 정답 : ②

(1) z축 좌굴 시 : 2회 만곡

$$P_{cr1} = \frac{\pi^2 EI_z}{L_k^2} = \frac{\pi^2\left(\frac{L^2}{\pi^2}\right)(\pi)}{\left(\frac{L}{2}\right)^2} = 4\pi$$

(2) x축 좌굴 시 : 1회 만곡

$$P_{cr2} = \frac{\pi^2 EI_z}{L_k^2} = \frac{\pi^2\left(\frac{L^2}{\pi^2}\right)(20\pi)}{L^2} = 20\pi$$

∴ 둘 중 작은 값인 4π에 의해 좌굴된다.

10 그림과 같이 집중하중 P를 받는 캔틸레버 보에서 보의 높이 h가 폭 b와 같을 경우($h=b$) B점의 수직방향 처짐량이 8mm라면, 동일한 하중조건에서 B점의 수직방향 처짐량이 27mm가 되기 위한 보의 높이 h는? (단, 구조물의 자중은 무시하고 단면폭 b는 일정하게 유지한다)

① $\dfrac{1}{3}b$ ② $\dfrac{2}{3}b$

③ $\dfrac{3}{4}b$ ④ $\dfrac{4}{5}b$

■ 강의식 해설 및 정답 : ②

처짐 $\delta_B = \dfrac{PL^3}{3EI} = \dfrac{PL^3}{3E\left(\dfrac{bh^3}{12}\right)}$ 에서 처짐이 $\dfrac{27}{8}$배 증가하려면 h^3은 $\dfrac{8}{27}$배로 감소해야 한다.

$\therefore\ h' = \dfrac{2}{3}h = \dfrac{2}{3}b$

보충 바뀐 배수를 대입하면 바뀐 배수를 얻고, 바뀐 배수에 초깃값을 곱하면 바뀐 수를 얻는다.

11 그림과 같은 트러스에서 부재 BC의 부재력의 크기는? (단, 모든 부재의 자중은 무시하고, 모든 내부 절점은 힌지로 이루어져 있다)

① $\dfrac{P}{3}$ ② P

③ $2P$ ④ $\dfrac{4}{3}P$

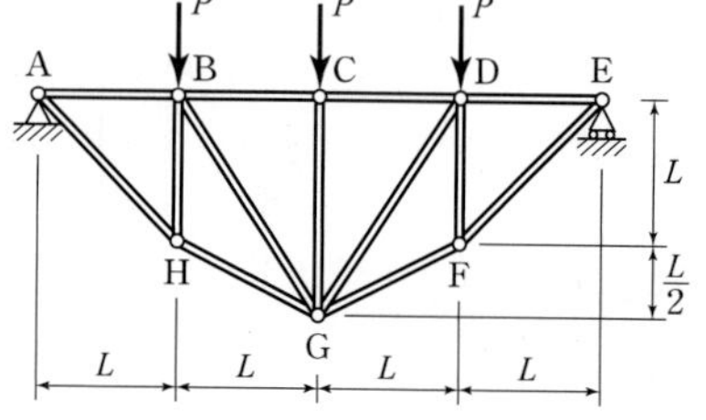

■ 강의식 해설 및 정답 : ④

구하는 부재 BC를 포함하여 절단 후 두 힘이 만나는 G점에서 모멘트가 0이라는 조건을 적용하면

$$BC = \frac{M_{유사}}{y_{종거}} = \frac{P(L) + \dfrac{P}{2}(2L)}{\dfrac{3L}{2}} = \frac{4}{3}P(\text{인장})$$

12 그림과 같이 천장에 수직으로 고정되어 있는 길이 L, 지름 d인 원형 강철봉에 무게가 W인 물체가 달려있을 때, 강철봉에 작용하는 최대응력은? (단, 원형 강철봉의 단위중량은 γ이다)

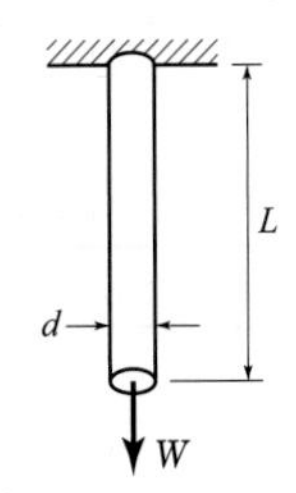

① $\dfrac{4W}{\pi d^2}+\gamma L$

② $\dfrac{4W}{\pi d^2}+\dfrac{\pi d^2 \gamma L}{4}$

③ $\dfrac{2W}{\pi d^2}+\gamma L$

④ $\dfrac{2W}{\pi d^2}+\dfrac{\pi d^2 \gamma L}{2}$

■ 강의식 해설 및 정답 : ①

축하중과 자중에 대해 중첩을 적용하면

최대응력 $\sigma_{\max}=\dfrac{4W}{\pi d^2}+\gamma L$

보충 축하중과 자중에 의한 응력과 변위 일반식

$$\sigma=\frac{P}{A}+\gamma(L-x)$$

$$\delta=\frac{Px}{EA}+\frac{\gamma}{E}\left(Lx-\frac{x^2}{2}\right)$$

여기서, x는 고정단으로부터의 거리

13 그림과 같은 분포하중을 받는 보에서 B점의 수직반력(R_B)의 크기는? (단, 구조물의 자중은 무시한다)

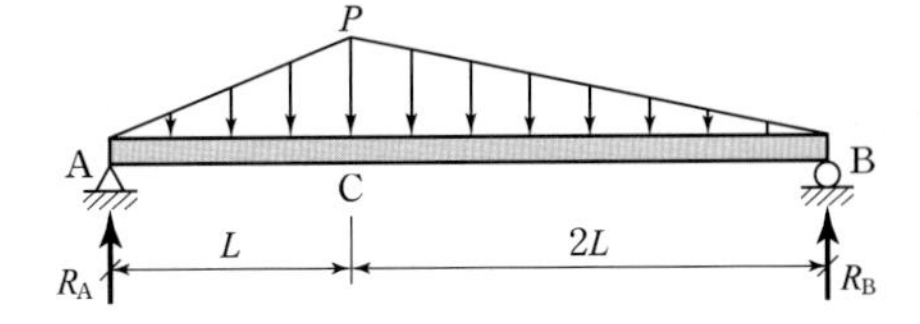

① $\dfrac{1}{6}PL$

② $\dfrac{1}{3}PL$

③ $\dfrac{2}{3}PL$

④ $\dfrac{5}{6}PL$

■ 강의식 해설 및 정답 : ③

두 개의 단순보로 분할하여 중첩을 적용하면

$R_B=\dfrac{w}{6}(2a+b)=\dfrac{P}{6}\{2(L)+(2L)\}=\dfrac{2}{3}PL$

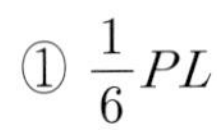

보충 산형의 등분포하중 작용시 반력

$$R=\frac{w}{6}(\text{자기편거리}+\text{반대편거리 2배})$$

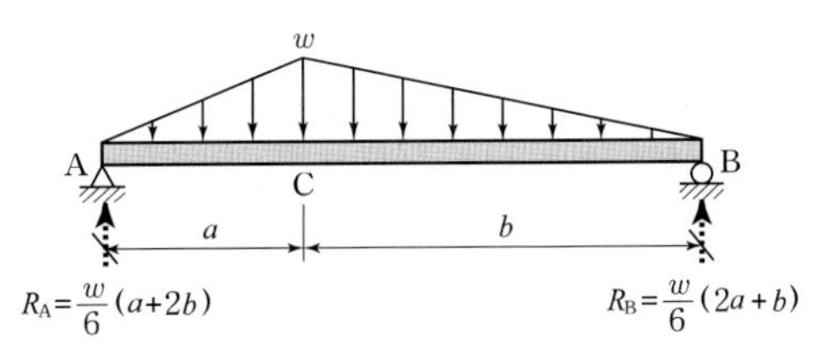

14 그림과 같이 한 쪽 끝은 벽에 고정되어 있고 다른 한 쪽 끝은 벽과 1mm 떨어져 있는 수평부재가 있다. 부재의 온도가 20°C 상승할 때, 부재 내에 발생하는 압축응력의 크기[kPa]는? (단, 보 부재의 탄성계수 $E=2$GPa, 열팽창계수 $\alpha=1.0\times10^{-5}/°$C이며, 자중은 무시한다)

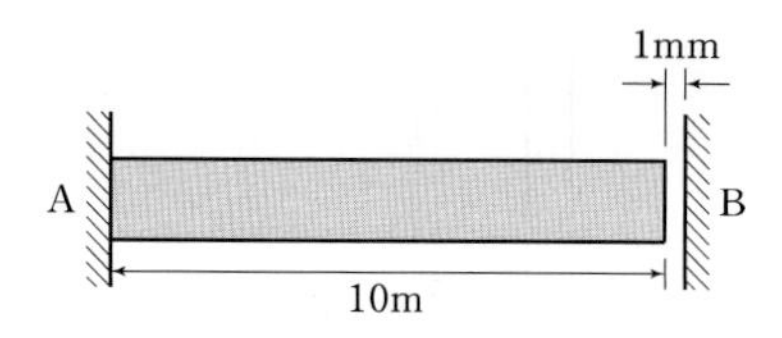

① 100　　② 200
③ 300　　④ 400

■ 강의식 해설 및 정답 : ②

허용변위를 갖는 균일봉이므로

$$\sigma = E\alpha(\Delta T) - E\left(\frac{\delta_a}{L}\right) = 2\times10^6(1.0\times10^{-5})(20) - 2\times10^6\left(\frac{1\times10^{-3}}{10}\right) = 200\,\text{kPa}$$

보충 균일한 온도승강에 대한 후크의 법칙 : 기본틀 − 허용값

- 반력 및 내력

$$R = N = K\delta_{구속} = \frac{EA}{L}\{\alpha(\Delta T)L - \delta_a\}$$

$$= E\alpha(\Delta T)A - \frac{EA}{L}\delta_a$$

- 온도응력

$$\sigma = E\epsilon_{구속} = E\left\{\frac{\alpha(\Delta T)L - \delta_a}{L}\right\}$$

$$= E\alpha(\Delta T) - E\left(\frac{\delta_a}{L}\right)$$

15 그림과 같이 단위중량 γ, 길이 L인 캔틸레버 보에 자중에 의한 분포하중 w가 작용할 때, 보의 고정단 A점에 발생하는 휨 응력에 대한 설명으로 옳지 않은 것은? (단, 보의 단면은 사각형이고 전구간에서 동일하다)

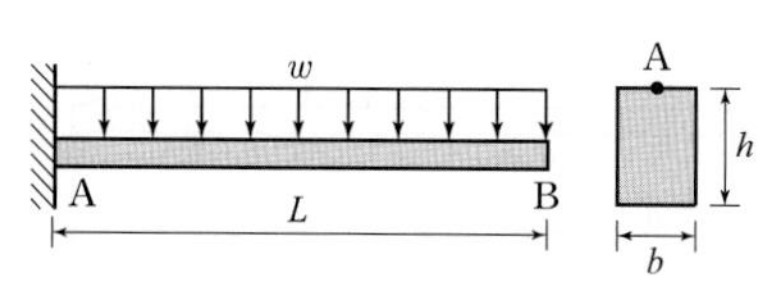

① 폭 b가 2배가 되면 휨 응력값은 2배가 된다.

② 높이 h가 2배가 되면 휨 응력값은 $\frac{1}{2}$배가 된다.

③ 단위중량 γ가 2배가 되면 휨 응력값은 2배가 된다.

④ 길이 L이 2배가 되면 휨 응력값은 4배가 된다.

■ 강의식 해설 및 정답 : ①

고정단 A점에서의 휨응력

$\sigma_{A,\max} = \dfrac{M_A}{Z} = \dfrac{wL^2/2}{bh^2/6} = \dfrac{(\gamma A)L^2/2}{Ah/6} = \dfrac{3\gamma L^2}{h}$ 에서

자중에 의한 휨응력은 단면의 폭과 무관하다.

보충 일반적으로 단면이 증가하면 응력은 감소한다는 것을 고려하면 답은 바로 ①로 구할 수 있다.

보충 단위중량과 하중강도의 관계

무게 $W = \gamma AL$

하중강도 $w = \dfrac{W}{L} = \gamma A$

16 그림과 같이 길이가 각각 1.505m, 1.500m이고 동일한 단면적을 갖는 부재 ⓐ와 ⓑ를 폭이 3.000m인 강체 벽체 A와 C 사이에 강제로 끼워 넣었다. 이 때 부재 ⓐ는 δ_1, 부재 ⓑ는 δ_2만큼 길이가 줄어들었다면, 줄어든 길이의 비($\delta_1 : \delta_2$)는? (단, 부재의 자중은 무시하고, ⓑ의 탄성계수 E_2가 부재 ⓐ의 탄성계수 E_1의 3배이다)

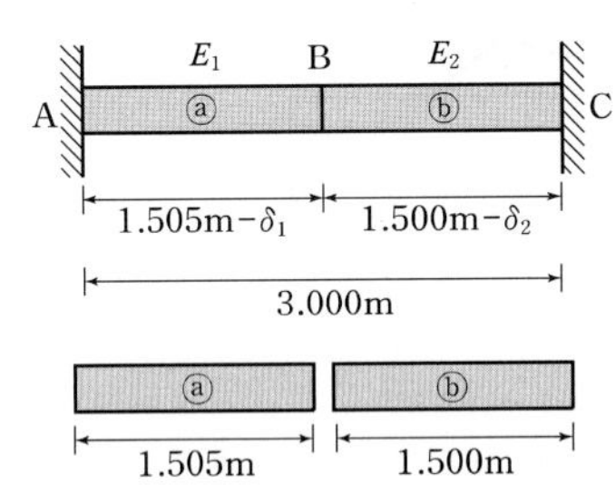

① 0.723 : 1.000
② 1.505 : 1.000
③ 3.010 : 1.000
④ 4.515 : 1.000

■ 강의식 해설 및 정답 : ③

봉의 변형량 $\delta = \dfrac{PL}{EA}$ 에서 부정정봉에서 부재가 받는 힘과 단면적이 일정하므로 변위는 강성도$\left(\dfrac{L}{E}\right)$에 비례한다.

$\therefore\ \delta_1 : \delta_2 = L_1E_2 : L_2E_1 = 1.505(3) : 1.5(1) = 1.500 : 0.5 = 3.015 : 1.000$

보충 계산은 먼저 정수인 3으로 약분 후 2배 뻥튀기 한다.

보충 반력의 크기

두 부재의 변위를 합한 값은 전체 부재길이의 차이와 같아야 하므로

$\delta_1 + \delta_2 = \Delta(\Sigma L)$ 에서

$\dfrac{R}{K_1} + \dfrac{R}{K_2} = \Delta(\Sigma L)$

$\therefore\ R = \dfrac{K_1K_2}{K_1+K_2}\Delta(\Sigma L) = K_{eq}\delta_{구속}$

17 그림과 같은 부정정보에서 B점의 고정단 모멘트[kN · m]의 크기는? (단, 구조물의 자중은 무시한다)

① 20
② 25
③ 30
④ 35

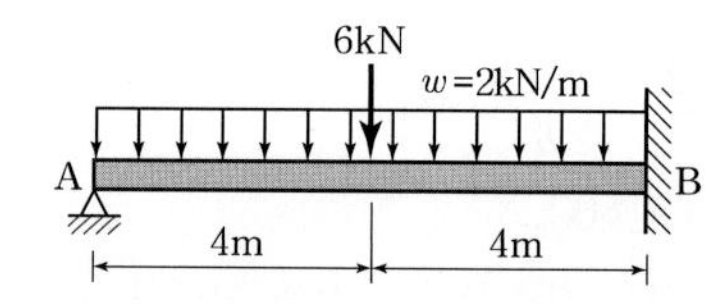

■ 강의식 해설 및 정답 : ②

집중하중과 등분포하중에 대해 중첩을 적용하면

$$M_B = -\frac{3PL}{16} - \frac{wL^2}{8} = -\frac{3(6)(8)}{16} - \frac{2(8^2)}{8} = -9 - 16 = -25\,\text{kN·m}$$

보충 보의 해석

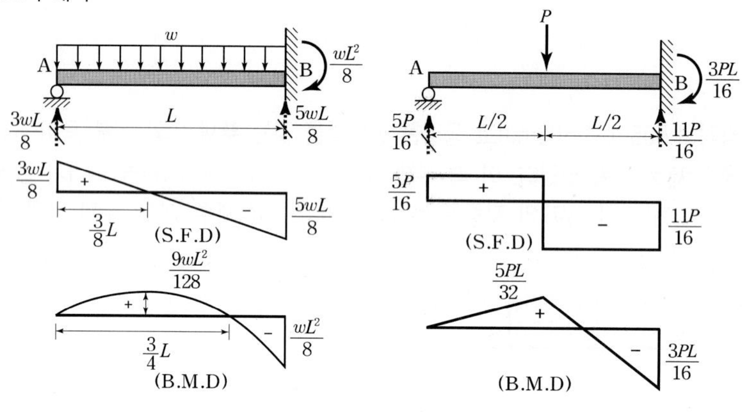

18 그림과 같이 두 벽면 사이에 놓여있는 강체 구(질량 $m = 1$kg)의 중심(O)에 수평방향 외력($P = 20$N)이 작용할 때, 반력 R_A의 크기[N]는? (단, 벽과 강체 구 사이의 마찰은 없으며, 중력가속도는 10m/s²로 가정한다)

① 15
② 20
③ 25
④ 30

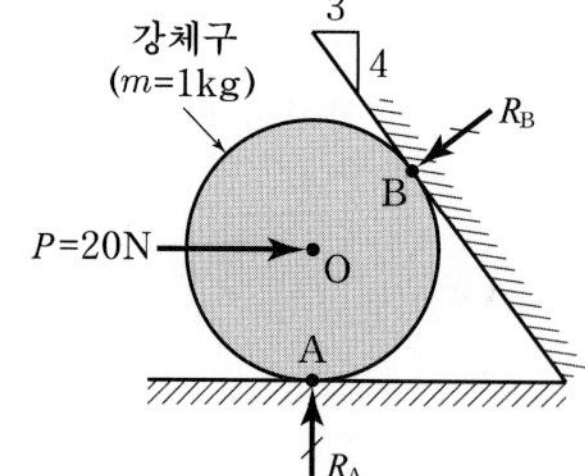

■ 강의식 해설 및 정답 : ③

하중과 자중에 대해 중첩을 적용하면

$$R_A = W + P\left(\frac{3}{5}\right) = mg + P\left(\frac{3}{4}\right) = 1(10) + 20\left(\frac{3}{4}\right) = 10 + 15 = 25\,\text{kN}$$

보충 자중은 A점으로만 전달되고, 수평력은 시력도 폐합조건을 이용하여 구한다.

19 그림과 같이 재료와 길이가 동일하고 단면적이 각각 $A_1 = 1{,}000\text{mm}^2$, $A_2 = 500\text{mm}^2$인 부재가 있다. 부재의 양쪽 끝은 고정되어 있고 온도가 최초 대비 10°C 올라갔을 때, 이로 인해 유발되는 A점에서의 반력 변화량[kN]은? (단, 부재의 자중은 무시하고 탄성계수 $E = 210\text{GPa}$, 열팽창계수 $\alpha = 1.0\times10^{-5}/°\text{C}$이다)

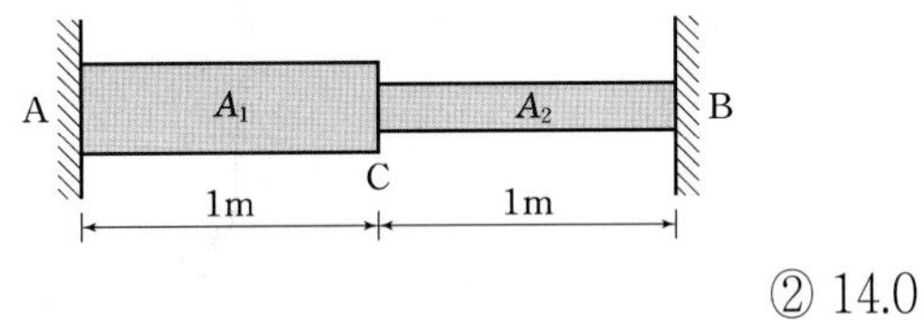

① 8.0　　② 14.0

③ 24.0　　④ 42.0

■ 강의식 해설 및 정답 : ②

초기반력이 0이므로 반력의 변화량은 온도에 의한 반력과 같다.

$$R = K_{eq}\delta_{구속} = \frac{2}{3}\left\{\frac{210\times10^3(500)}{10^3}\right\}(1.0\times10^{-5})(10)(2{,}000) = 14\times10^3\text{N} = 14\,\text{kN}$$

여기서, 합성강성도 $K_{eq} = \frac{곱}{합} = \frac{2}{3}K_{\min} = \frac{2}{3}K_2$

구속변형량 $\delta_{구속} = \alpha(\Delta T)(\Sigma L)$

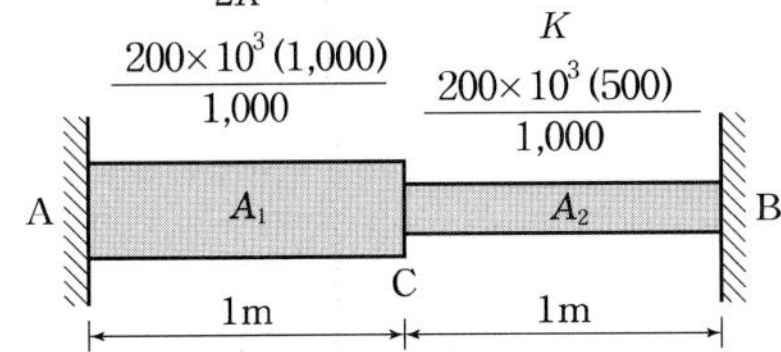

20 그림과 같은 평면응력상태에 있는 미소요소에서 발생할 수 있는 최대 전단응력의 크기[MPa]는? (단, $\sigma_x = 36\text{MPa}$, $\tau_{xy} = 24\text{MPa}$)

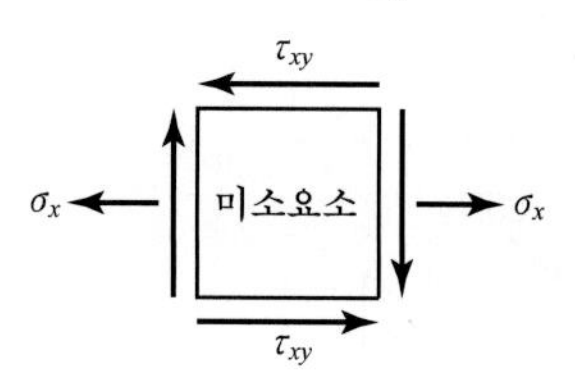

① 30　　② 40

③ 50　　④ 60

■ 강의식 해설 및 정답 : ①

최대전단응력

$$\tau_{\max} = \sqrt{\left(\frac{\sigma_x - \sigma_y}{2}\right)^2 - \tau_{xy}^2} = \sqrt{\left(\frac{36-0}{2}\right) + 24^2} = 6\sqrt{3^2 + 4^2} = 30\,\text{MPa}$$

➡ 계산은 공통인수 묶어내고 나머지 수로만 계산한다.

보충 최댓값 = (모아원의 중심좌표) + (모아원의 반지름)

(1) 모아원의 중심좌표 : $\left(\frac{\sigma_x + \sigma_y}{2},\ 0\right)$

(2) 모아원의 반지름 : $R = \sqrt{\left(\frac{\sigma_x - \sigma_y}{2}\right)^2 + \tau_{xy}^2}$

2019 서울시 9급

서울시 9급 응용역학개론

1 그림과 같이 외팔보에 등분포하중과 변분포하중이 작용하고 있다. 두 분포하중의 합력은 200kN이고 이 합력의 작용위치와 방향이 B점의 왼쪽 2m에서 하향이라면 거리 b는?

① 1m
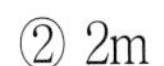
② 2m
③ 3m
④ 4m

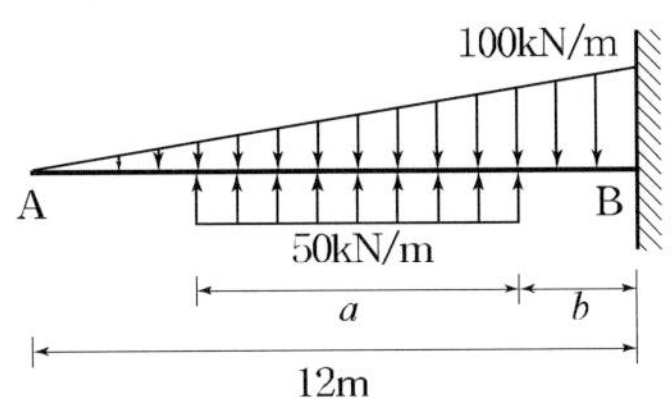

■ 강의식 해설 및 정답 : ①

합력 조건으로부터 거리 a를 구하여 힘을 표시하고 고정단에서 바리농의 정리를 적용한다.

(1) 합력

$R=\dfrac{100(12)}{2}-50a=200$ 에서 $a=\dfrac{600-200}{50}=8\,\text{m}$

(2) 고정단 모멘트

합력으로 구한 값과 분력으로 구한 값이 같다는 조건을 적용하면

$M_B=200(2)=\dfrac{100(12)}{2}(4)-50(8)(4+b)$ 에서

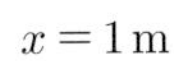
$x=1\,\text{m}$

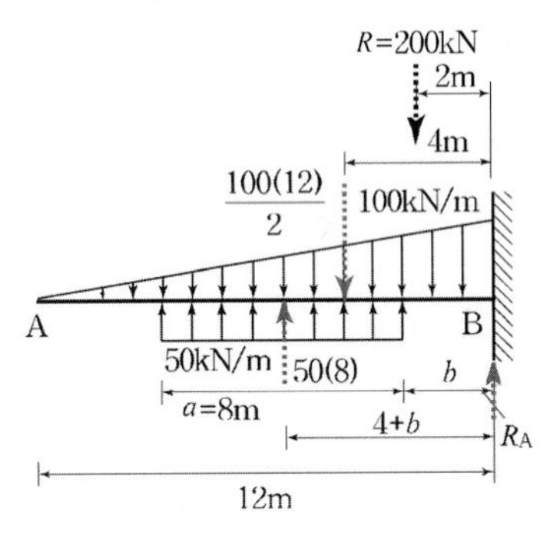

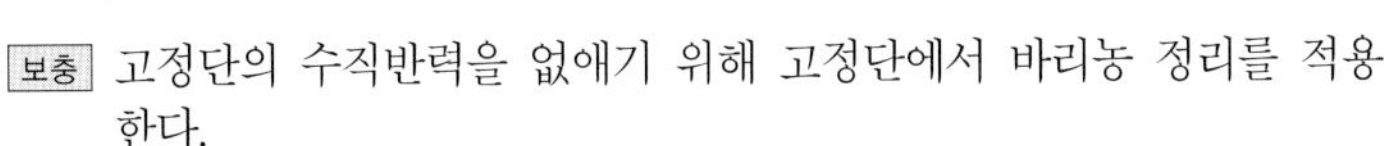
보충 고정단의 수직반력을 없애기 위해 고정단에서 바리농 정리를 적용한다.

2 그림과 같은 단순보의 전단력도(S.F.D)와 휨모멘트도(B.M.D)를 이용하여 C점에 작용하는 집중하중 P_1의 크기는?

① 4kN
② 5kN
③ 6kN
④ 8kN

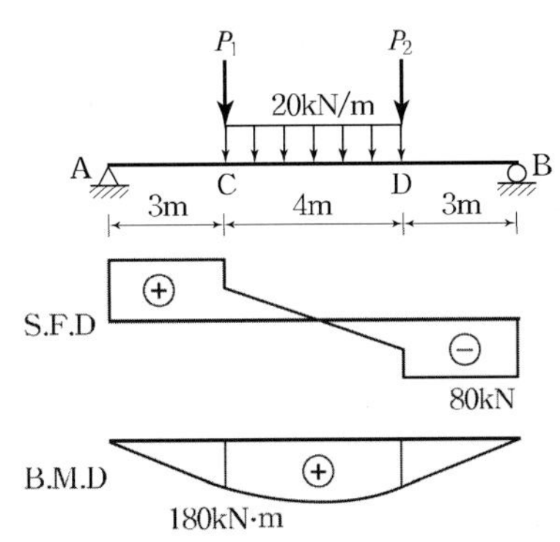

■ 강의식 해설 및 정답 : ②

(1) A점 반력

C점의 휨모멘트가 180kN · m라는 조건을 적용하면

$M_C = R_A(3) = 180$에서 $R_A = 60\,\text{kN}$

(2) P_1의 크기

전단력도에서 $R_B = 80\,\text{kN}$이므로 P_2를 소거하기 위해

C점에서 모멘트 평형조건을 적용하면

$60(7) - P_1(4) - 20(4)(2) - 80(3) = 0$에서

$P_1 = 5\,\text{kN}$

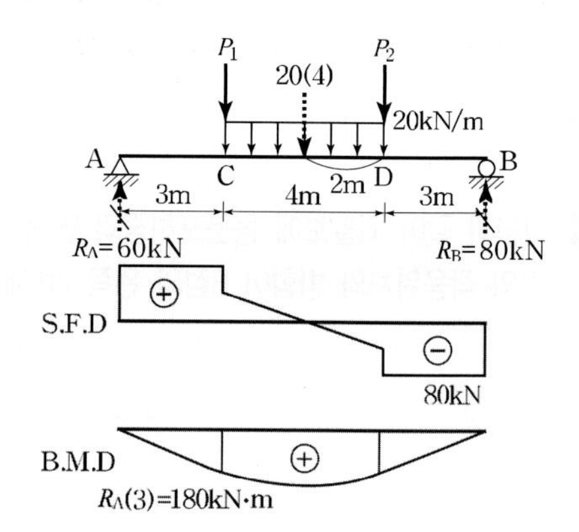

3 그림과 같은 삼각함수로 둘러싸인 단면을 x축 중심으로 90° 회전시켰을 때 만들어지는 회전체의 부피는?

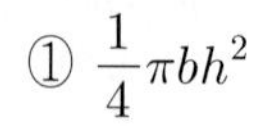

① $\dfrac{1}{4}\pi bh^2$

② $\dfrac{1}{3}\pi bh^2$

③ $\dfrac{1}{2}\pi bh^2$

④ πbh^2

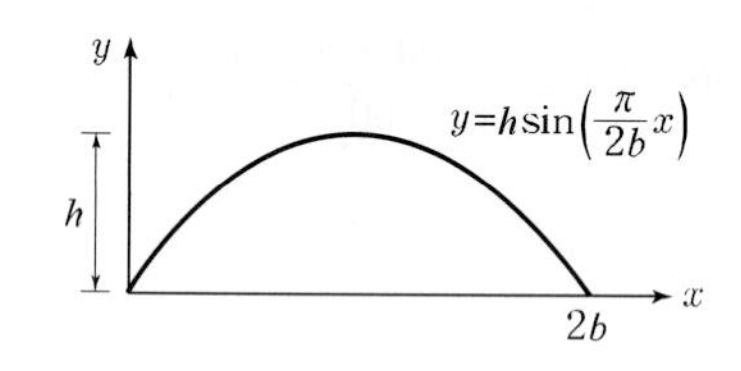

■ 강의식 해설 및 정답 : ①

파푸스 정리를 적용하면

$$V = Ay\theta = \frac{4bh}{\pi}\left(\frac{\pi h}{8}\right)\left(\frac{\pi}{2}\right) = \frac{\pi bh^2}{4}$$

보충 $y = h\sin\left(\dfrac{\pi}{2b}x\right)$인 반파장 sin곡선 : 폭이 $2b$, 높이 h

(1) 면적 : $\dfrac{4bh}{\pi}$

방법1(세로절단) : $A = \int dA = \int_0^{2b} y \cdot dA = \int_0^{2b} h\sin\left(\dfrac{\pi}{2b}x\right)dx = \dfrac{2bh}{\pi}\left[-\cos\left(\dfrac{\pi}{2b}x\right)\right]_0^{2b} = \dfrac{4bh}{\pi}$

방법2(가로절단) : $A = \int dA = \int_0^{b} (2b - 2x) \cdot dy = \int_0^{b} \dfrac{\pi(b-x)}{b} h\cos\left(\dfrac{\pi}{2b}x\right) \cdot dx = \dfrac{4bh}{\pi}$

(2) 도심거리 : $y = \dfrac{\pi h}{8}$

$$y = \frac{Q_x}{A} = \frac{bh^2/2}{4bh/\pi} = \frac{\pi h}{8}$$

여기서, $Q_x = \int y \cdot dA = \int_0^{0} h\sin\left(\dfrac{\pi}{2b}x\right)\dfrac{\pi(b-x)}{b}h\cos\left(\dfrac{\pi}{2b}x\right) \cdot dx = \dfrac{bh^2}{2}$

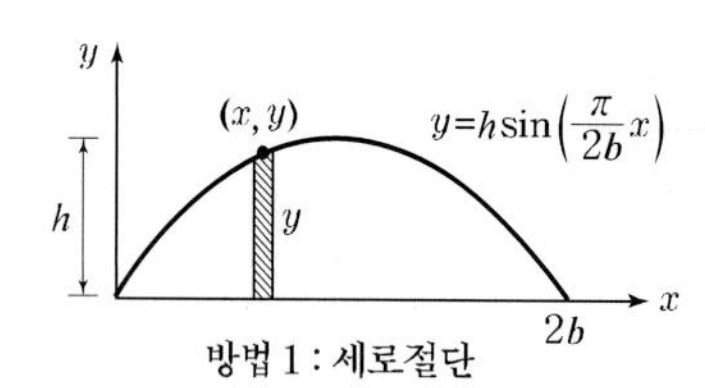

방법 1 : 세로절단

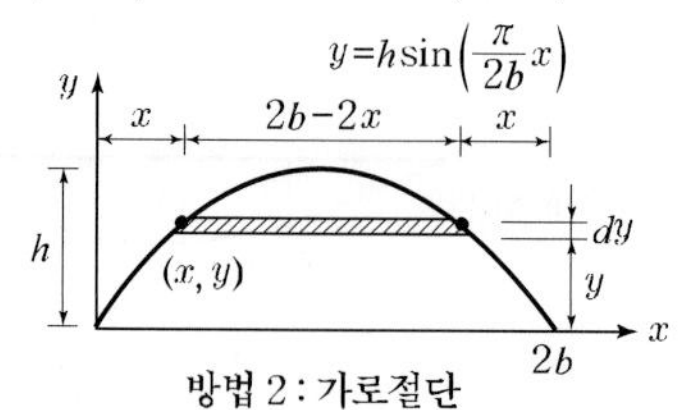

방법 2 : 가로절단

4 그림과 같이 하중을 받고 있는 케이블에서 A지점의 수평반력의 크기는? (단, 구조물의 자중은 무시한다.)

① 6kN
② 8kN
③ 10kN
④ 12kN

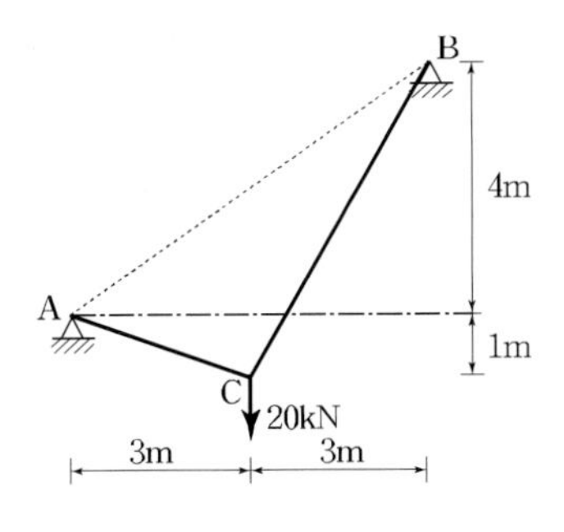

■ 강의식 해설 및 정답 : ③

케이블의 일반정리를 적용하면

$$H = \frac{M_{유사}}{y_{종거}} = \frac{10(3)}{1+2} = 10\,\text{kN}$$

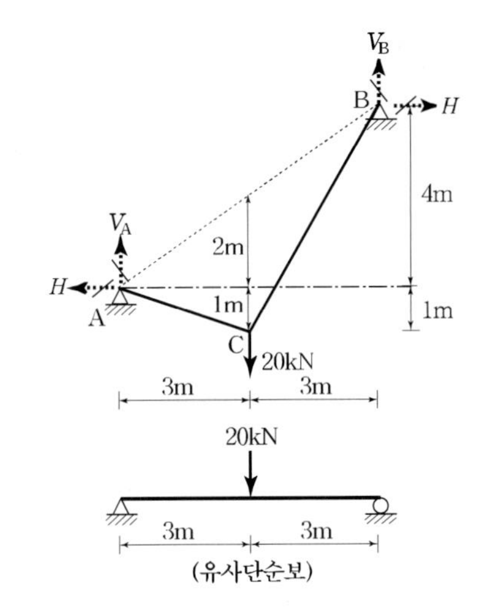

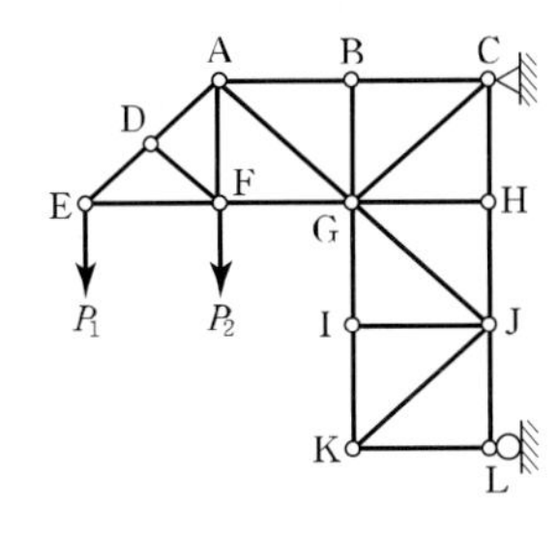

5 그림에 나타난 트러스에서 부재력이 0인 부재의 수는?

① 4개
② 5개
③ 6개
④ 7개

■ 강의식 해설 및 정답 : ②

반력을 표시하고 각 절점에서 평형조건을 적용하면
영부재수는 5개이다.

보충 영부재 판별 순서
(1) 반력 표시(값을 구할 수 있으면 계산)
(2) 3부재 이하로 절단 : ㄱ, ㄴ, ㅏ, ㅓ, ㅗ, ㅜ
(3) 영부재 생략 후 각 절점에서 과정을 반복한다.

6 그림과 같은 게르버보에 임의의 길이 x를 갖는 등분포하중이 작용하고 있다. 이때 D점의 최대 수직부반력(↓)을 발생시키는 등분포하중의 길이 x와 D점의 최대수직부반력 R_D(↓)는?

① $x=10\text{m},\ R_D=30\text{kN}(\downarrow)$
② $x=10\text{m},\ R_D=15\text{kN}(\downarrow)$
③ $x=20\text{m},\ R_D=30\text{kN}(\downarrow)$
④ $x=20\text{m},\ R_D=15\text{kN}(\downarrow)$

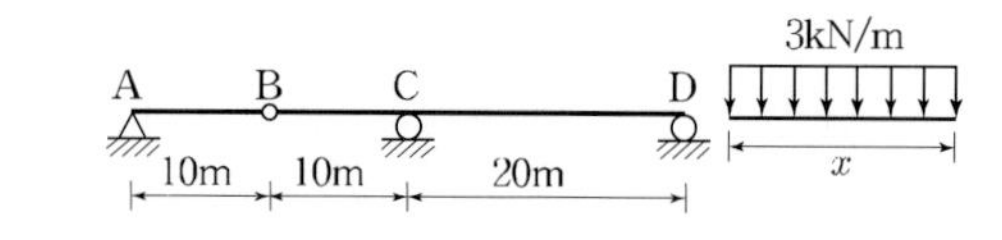

▪ 강의식 해설 및 정답 : ④

(1) D점의 최대 수직부반력을 발생시키는 등분포하중의 길이
R_D의 영향선에서 (−)면적이 최대가 되어야 하므로 등분포하중이 AC구간에 재하되어야 한다.
$\therefore\ x=20\text{m}$

(2) D점의 최대 수직부반력
$$R^-_{D,\max}=wA=3\left(\frac{20\times0.5}{2}\right)=15\text{kN}$$

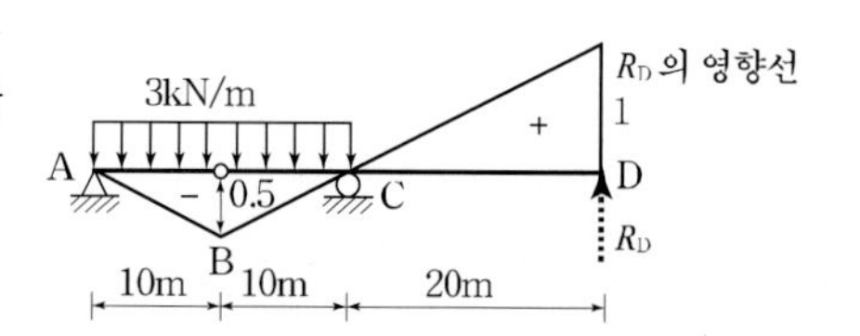

7 보 CD 위에 보 AB가 단순히 놓인 후에 등분포하중이 작용하였을 때, 보 AB에서 정모멘트가 최대가 되는 x는? (단, EI는 모든 부재에서 일정하며 $0\le x\le\frac{L}{2}$이고, x는 A점으로부터의 거리이다.)

① $\frac{11}{16}L$
② $\frac{15}{32}L$
③ $\frac{11}{32}L$
④ $\frac{11}{48}L$

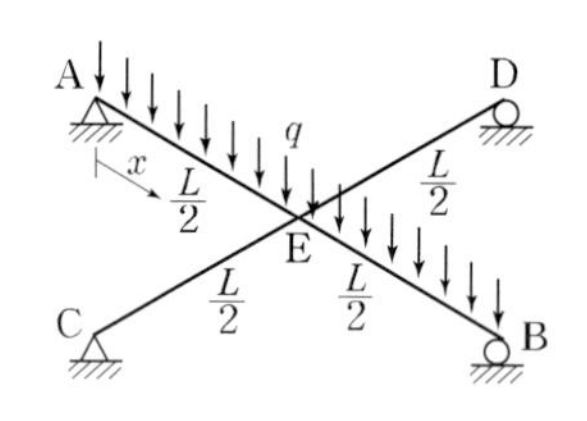

▪ 강의식 해설 및 정답 : ③

(1) 접촉점 E에 작용하는 힘
두 보의 강성도가 $K=\frac{48EI}{L^3}$로 같으므로 처짐은 1/2로 감소하고 접촉점 E에 작용하는 힘은 처짐에 하부구조의 강성도를 곱하여 구할 수 있다. $\therefore\ R_E=K_{\text{하부}}\delta=\frac{48EI}{L^3}\left(\frac{5qL^4}{384EI}\times\frac{1}{2}\right)=\frac{5qL}{16}$

(2) A점 반력
두 구조물을 분리한 상부구조물에서 대칭성을 이용하면
$$R_A=\frac{qL}{2}-\frac{5qL}{32}=\frac{11qL}{32}$$

(3) 보 AB에서 최대 정모멘트 발생위치
$$x=\frac{R_A}{q}=\frac{11L}{32}$$

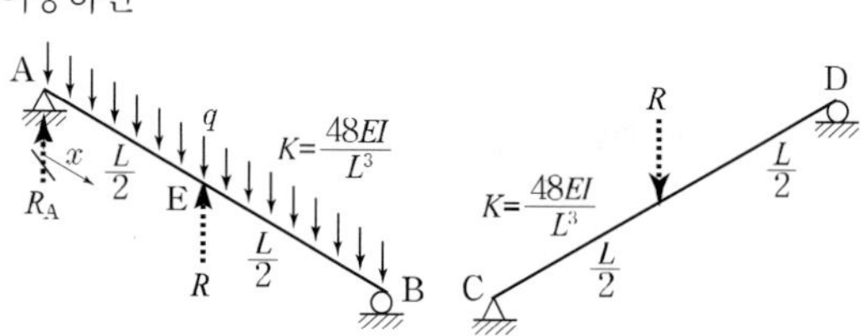

보충 등가구조물

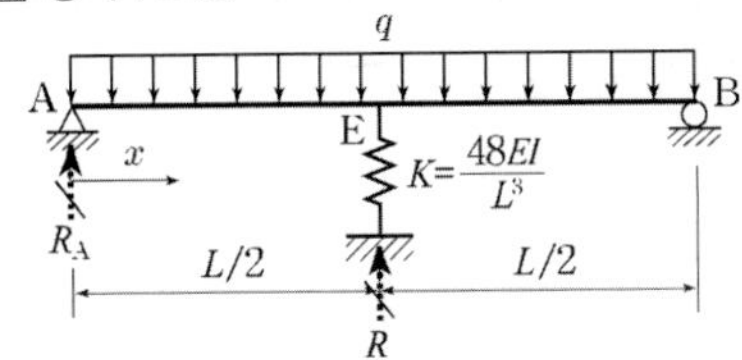

8 두께가 8mm인 보를 두께가 24mm인 보의 위와 아래에 접착시켜 제작한 단순보의 지간 중앙에 20kN의 하중이 작용할 때, 단순보의 접착면에서 전단파괴가 발생하였다면 접착면의 접착응력은? (단, 보의 자중은 무시하고, 전단파괴 이전의 접착면에서는 미끄러짐이 발생하지 않는다.)

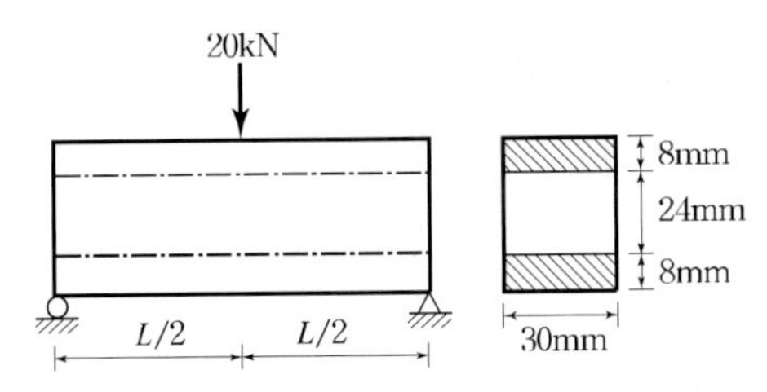

① 2MPa
② 4MPa
③ 6MPa
④ 8MPa

■ 강의식 해설 및 정답 : ④

사각형 단면의 임의축 전단응력 공식을 이용하면

$$\tau=\frac{3}{2}\frac{S}{A}\left(1-\frac{4y^2}{h^2}\right)=\frac{3}{2}\left(\frac{10\times10^3}{30\times40}\right)\left(1-\frac{4\times12^2}{40^2}\right)=8\,\text{MPa}$$

보충 접착면에는 휨전단응력이 작용하므로

$$\tau=\frac{VQ}{Ib}=\frac{10\times10^3(30\times8\times16)}{\frac{30(40^3)}{12}(30)}=8\,\text{MPa}$$

여기서, Q는 전단응력을 구하는 면(접착면) 한쪽 단면에 대한 중립축 단면1차모멘트

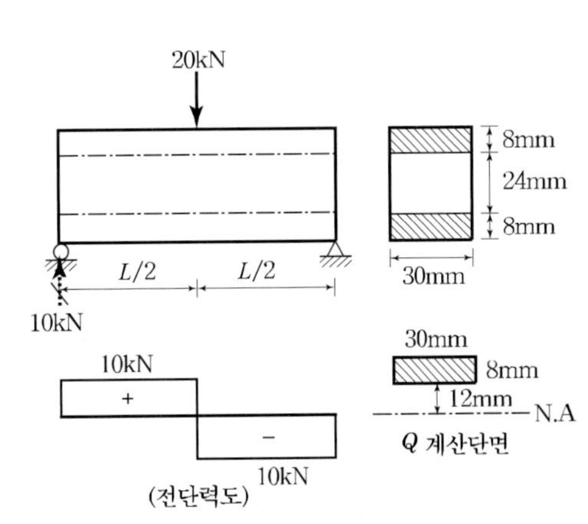

9 그림과 같은 스프링 시스템에 하중 $P=100$N이 작용할 때, 강체 CF의 변위는? (단, 모든 스프링의 강성은 $k=5{,}000$N/m이며, 강체는 수평을 이루면서 이동하고, 시스템의 자중은 무시한다.)

① 10mm
② 20mm
③ 30mm
④ 40mm

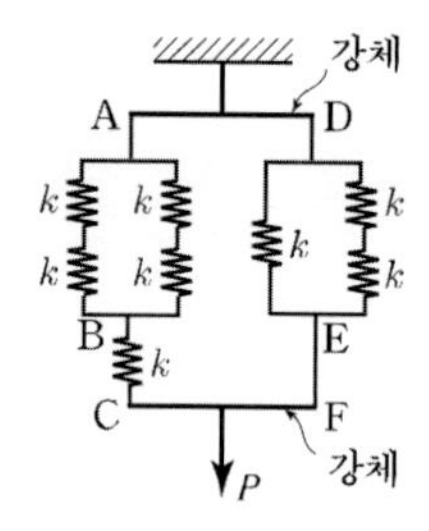

■ 강의식 해설 및 정답 : ①

등가스프링상수를 구하여 후크의 법칙을 적용한다.

(1) 등가스프링 상수

스프링 상수가 같으면 병렬은 nk, 직렬은 k/n 및 다르면 합과 곱/합를 적용하면

$$K_{eq}=\frac{k}{2}+\frac{3k}{2}=2k=2(5{,}000)=10{,}000\,\text{N/m}$$

(2) CF의 변위

후크의 법칙을 적용하면

$$\delta=\frac{P}{K_{eq}}=\frac{100}{10{,}000}=0.01\,\text{m}=10\,\text{mm}$$

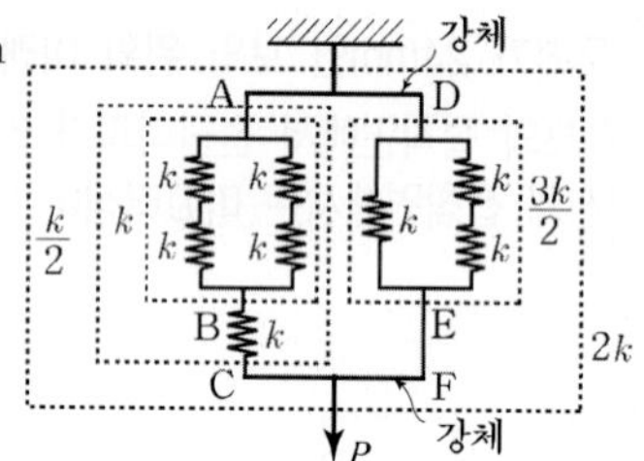

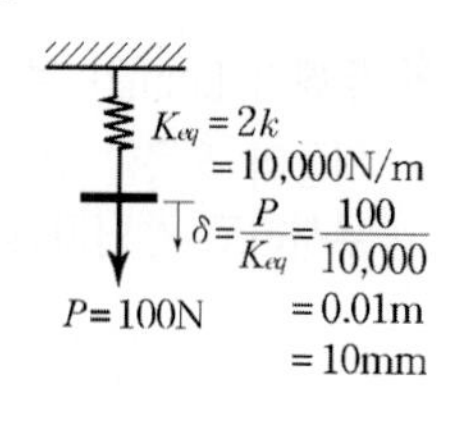

10 그림과 같은 구조물에서 휨모멘트도의 면적의 합이 120kN · m일 때, M_1의 크기는? (단, $M_1>0$이다.)

① 24kN · m
② 18kN · m
③ 14kN · m
④ 12kN · m

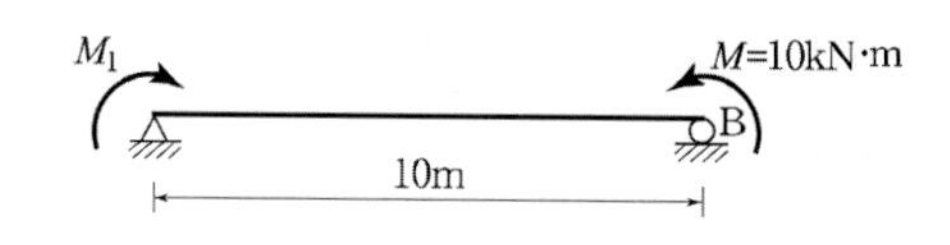

■ 강의식 해설 및 정답 : ③

휨모멘트도의 면적이 120kN · m라고 두면

$\dfrac{M_1+10}{2}(10)=120$에서

$M_1=14\,\text{kN·m}$

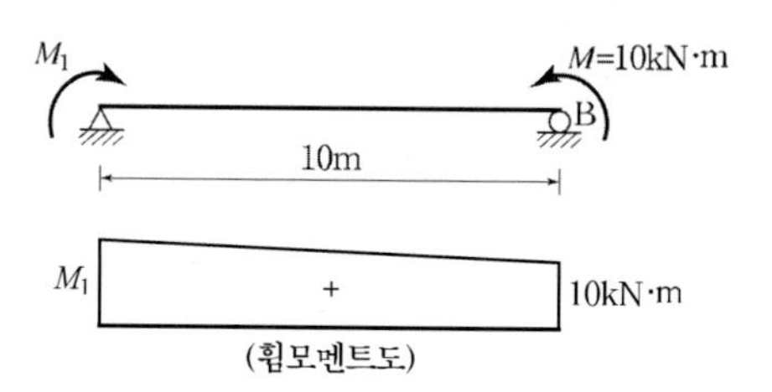

11 그림과 같은 구조물에서 발생하는 최대 휨응력과 최대전단응력의 비 $\left(\dfrac{\sigma_{max}}{\tau_{max}}\right)$는 얼마인가?

① 4
② 8
③ 12
④ 16

<A-A단면>

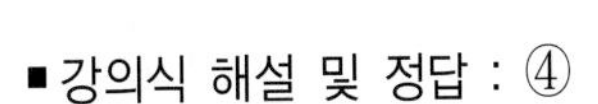

■ 강의식 해설 및 정답 : ④

최대 휨응력과 최대 전단응력의 비

$$\frac{\sigma_{max}}{\tau_{max}} = \frac{4L}{h} = \frac{4(4b)}{b} = 16$$

여기서, $\sigma_{max} = \dfrac{M_{max}}{Z} = \dfrac{6PL}{bh^2} = \dfrac{6PL}{Ah}$

$$\tau_{max} = \frac{3}{2}\frac{S_{max}}{A} = \frac{3P}{2A}$$

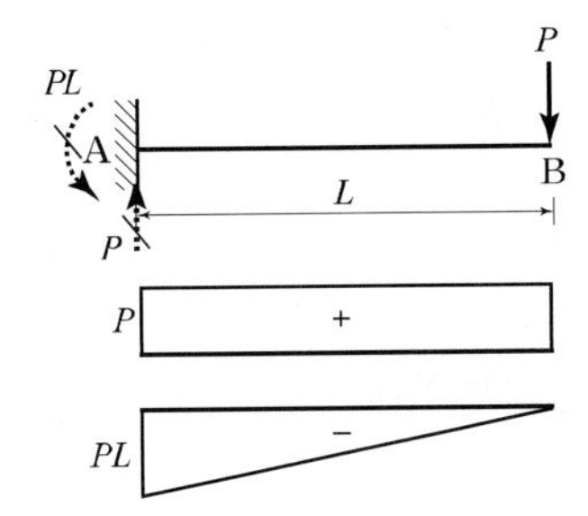

보충 관리할 최대응력의 비 : $\dfrac{\sigma_{max}}{\tau_{max}}$

구조물	사각형	원형
P, L	$\frac{4L}{h}$	$\frac{6L}{d}$
w, L	$\frac{2L}{h}$	$\frac{3L}{d}$
P, L/2, L/2	$\frac{2L}{h}$	$\frac{3L}{d}$
w, L	$\frac{L}{h}$	$\frac{3L}{2d}$

12 그림과 같은 보의 A지점에서 발생하는 반력모멘트 M_A는? (단, 탄성계수 E는 모든 부재에서 동일하며 AB 및 BC 부재의 단면2차모멘트는 각각 I와 $2I$이다.)

① 800N · m
② 1,600N · m
③ 3,200N · m
④ 10,400N · m

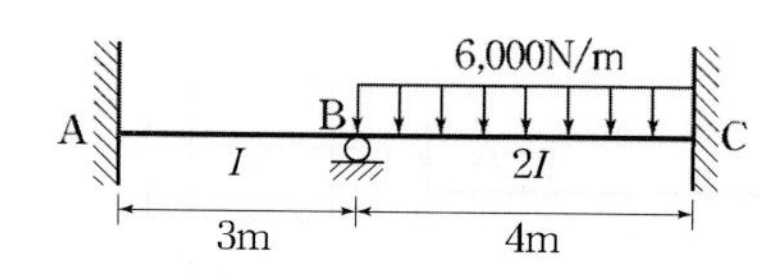

■ 강의식 해설 및 정답 : ②

(1) 강성도

$K_{AB}=\frac{4EI}{3}$, $K_{BC}=\frac{4E(2I)}{4}=2EI$

$\therefore\ K_{AB}:K_{BC}=2:3$

(2) 불균형모멘트

$U.M=\frac{6,000(4^2)}{12}=8,000\,\text{N·m}$

(3) A점 반력모멘트
BA부재로 분배된 모멘트가 1/2이 전달되므로

$M_A=8,000\left(\frac{2}{5}\right)\times\frac{1}{2}=1,600\,\text{N·m}$

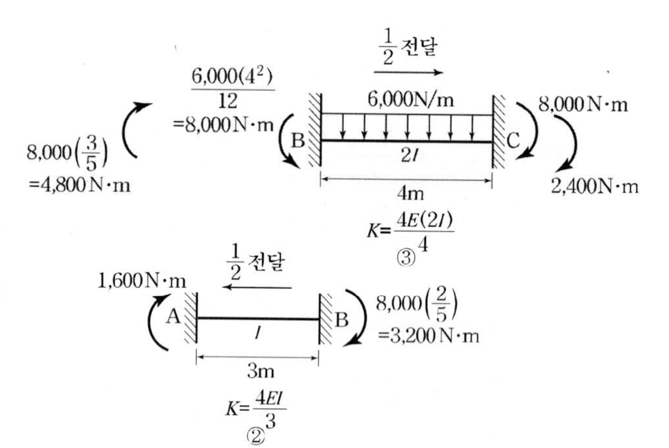

13 그림 (가)와 같이 하중 P를 받고 힌지와 케이블로 지지된 강체봉이 있다. 케이블 재료의 응력-변형률 선도가 그림 (나)와 같을 때, 케이블이 견딜 수 있는 최대하중의 크기는 $B_1(f_yA)$이다. B_1은? (단, F_1과 F_2는 케이블의 장력, f_y는 케이블의 항복강도, A는 케이블의 단면적이며, 자중은 무시한다.)

① $\frac{1}{4}$
② $\frac{1}{2}$
③ $\frac{3}{4}$
④ 1

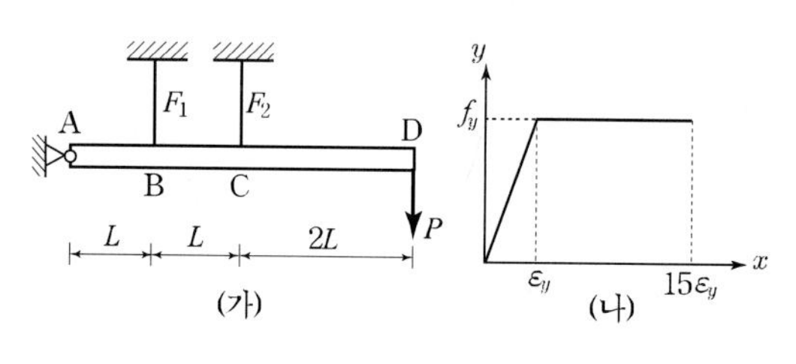

■ 강의식 해설 및 정답 : ③

모든 부재가 f_yA_s에 도달할 때 최대 하중이므로 부재력을 f_yA_s로 두고 A점에서 모멘트 평형을 적용하면

$P_{\max}=P_u=\frac{f_yA_s(1\text{칸}+2\text{칸})}{4\text{칸}}=\frac{3}{4}f_yA_s$

$=B_1(f_yA_s)$에서 $B_1=\frac{3}{4}$

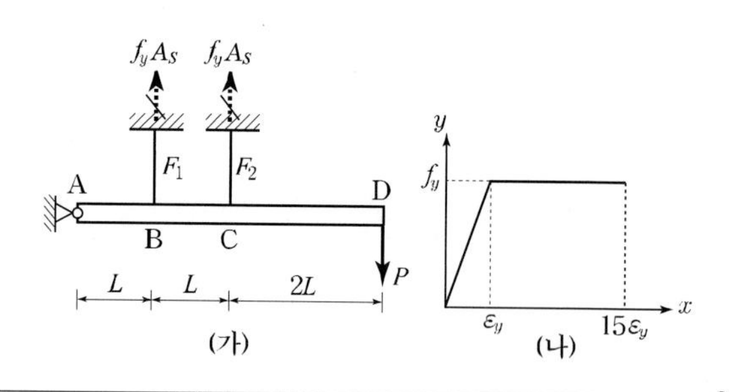

14 그림과 같이 하중을 받는 구조물에서 고정단 C의 반력 모멘트의 크기는? (단, 구조물 자중은 무시하고, 휨강성 EI는 일정하며, 축방향 변형은 무시한다.)

① 10kN · m
② 11kN · m
③ 12kN · m
④ 13kN · m

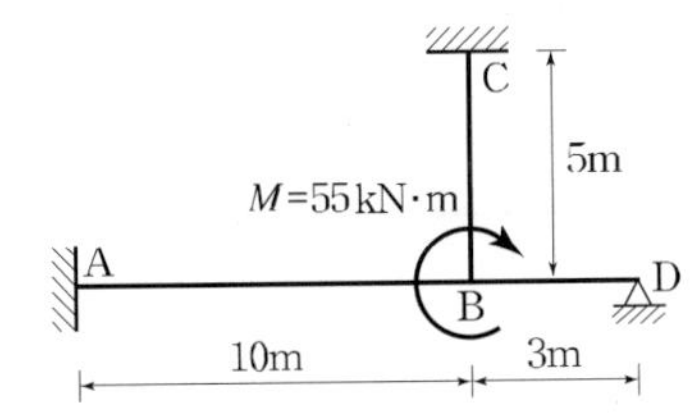

■ 강의식 해설 및 정답 : ①

(1) 강성도

$K_{AB} = \dfrac{4EI}{10}$, $K_{BC} = \dfrac{4EI}{5}$, $K_{BD} = \dfrac{3EI}{3} = EI$

$\therefore\ K_{AB} : K_{BC} : K_{BD} = 4 : 8 : 10 = 2 : 4 : 5$

(2) C점의 반력 모멘트

균형모멘트가 BC방향으로 분배된 모멘트가 고정단으로 1/2이 전달되므로

$M_C = 55\left(\dfrac{4}{11}\right) \times \dfrac{1}{2} = 10\,\text{kN·m}$

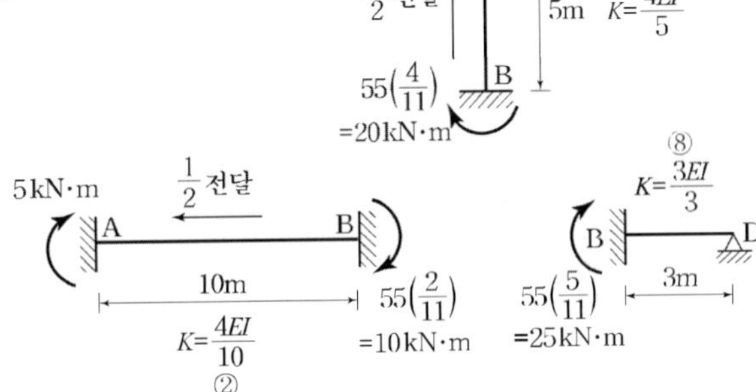

15 높이 $h=400$mm, 폭 $b=500$mm, 두께 t5mm인 강판의 양면이 마찰이 없는 강체벽에 y방향으로 구속되어 있다. x방향의 변형량이 0.36mm라면 압력 p의 크기는? (단, 강판의 포아송비는 0.2이고, 탄성계수는 200GPa이며, 강판의 자중은 무시한다.)

① 60MPa
② 90MPa
③ 120MPa
④ 150MPa

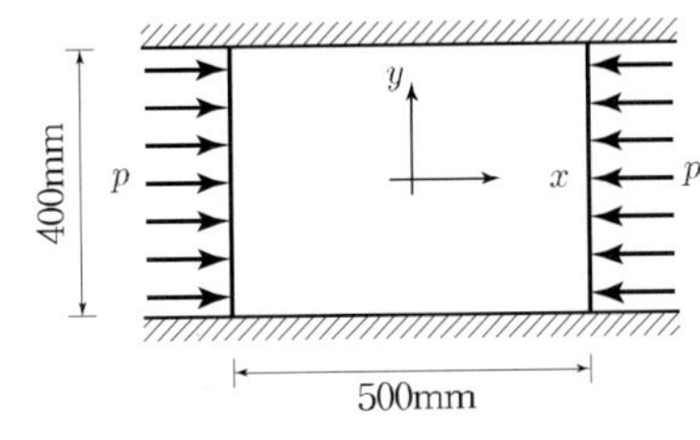

■ 강의식 해설 및 정답 : ④

(1) y방향 반력

변형을 구속하기 위해 압축반력 σ_y 발생하며 포아송 효과를 적용하면

$\epsilon_y = -\dfrac{\sigma_y}{E} + \nu\dfrac{p}{E} = 0$에서 $\sigma_y = \nu p$

(2) 압력

포아송 효과를 적용하여 x방향 변형량이 0.36mm와 같다고 두면

$\delta_x = \epsilon_x L_x = \left(-\dfrac{p}{E} + \nu\dfrac{\nu p}{E}\right)L_x$에서

$p = -\dfrac{E\delta_x}{(1-\nu^2)L_x} = -\dfrac{200\times 10^3(0.36)}{(1-0.2^2)(500)} = -150\,\text{MPa}$ (압축)

16 그림과 같은 단순보에서 외측의 두께 t가 내측의 두께 h보다 매우 작은 경우($t \ll h$), C점에서 발생하는 평균전단응력의 표현으로 옳은 것은?

① $\dfrac{P}{3bh}$

② $\dfrac{2P}{3bh}$

③ $\dfrac{PL}{3bh}$

④ $\dfrac{2PL}{3bh}$

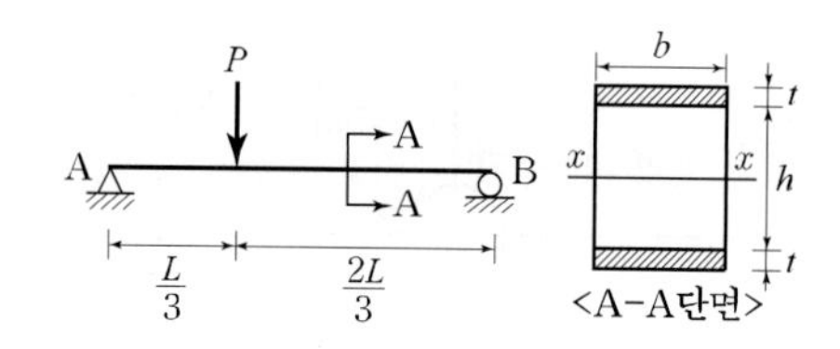

■ 강의식 해설 및 정답 : ②

샌드위치판의 전단응력은 내부층이 부담하고 내부층은 평균전단응력을 받는다.

$$\tau_{내부} = \frac{S_C}{A_{내부}} = \frac{2P/3}{bh} = \frac{2P}{3bh}$$

여기소, C점의 전단력이 불연속이므로 더 불리한 값인 큰 값을 사용한다.

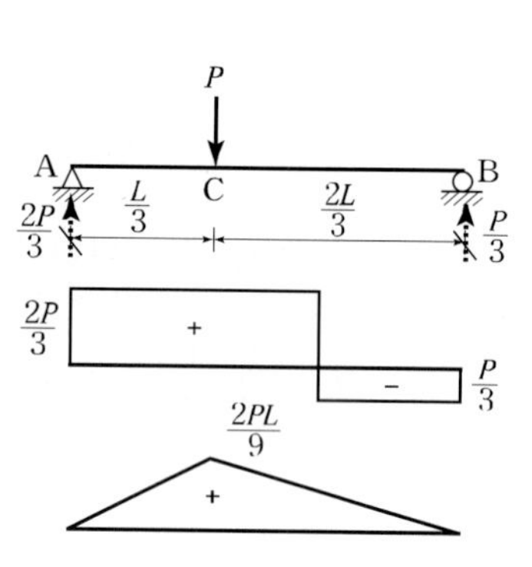

보충 샌드위치판의 바깥층은 휨응력을 받는다.

$$\sigma_{바깥} = \frac{M}{I}y = \frac{12M}{b(H^3 - h^3)}y$$

여기서, H : 전체 높이 ∴ $H = h + 2t$

17 그림과 같은 구조물에서 스프링이 힘을 받지 않은 상태에서 δ는 5mm이다. 봉 Ⅰ과 봉 Ⅱ의 온도가 증가하여 δ가 3mm로 되었다면, 온도의 증가량 ΔT는? (단, 열팽창계수 $\alpha = 10^{-□}$/°C, $G = 200$GPa, $L = 1$m, $A = 100$mm², $k = 2{,}000$N/mm)

① 60℃

② 80℃

③ 100℃

④ 120℃

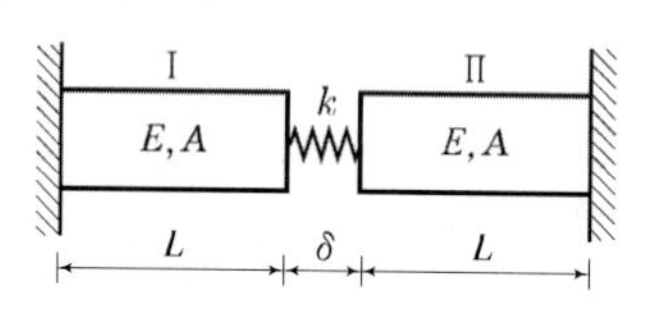

■ 강의식 해설 및 정답 : ④

(1) 등가구조물

동일한 힘이 작용하므로 직렬구조이므로 하나의 부재와 스프링으로 구성할 수 있다.

$$\therefore \text{ 합성강성도 } K_{eq} = \frac{K}{2} = \frac{EA}{2L} = \frac{200 \times 10^3(100)}{2(1{,}000)} = 10{,}000\,\text{N/m}$$

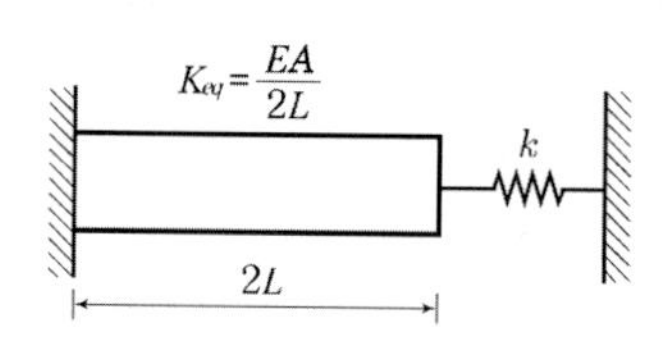

(2) 변위

$$\delta_s = \alpha(\Delta T)(2L)\frac{K_{eq}}{K_{eq} + k} \text{ 에서}$$

$$\Delta T = \frac{\delta_s}{\alpha(2L)}\left(\frac{K_{eq} + k}{K_{eq}}\right) = \frac{(5-3)}{10^{-5}(2 \times 1{,}000)}\left(\frac{10{,}000 + 2{,}000}{10{,}000}\right) = 120\,°\text{C}$$

18 그림 (가)에서 외부하중 P에 의하여 B점에 발생한 처짐이 $\dfrac{PL^3}{8EI}$이고, 그림 (나)에서 받침 B점에 발생한 침하가 $\dfrac{PL^3}{24EI}$일 때, B점에 작용하는 반력(R_B)의 크기는? (단, 그림 (가)와 (나)는 동일한 구조물로 B점의 경계조건만 다름)

① $\dfrac{P}{4}$

② $\dfrac{P}{2}$

③ P

④ $2P$

■ 강의식 해설 및 정답 : ①

반력은 변위를 구속하는 힘이므로 후크의 법칙을 적용하면

$$R_B = K_R \delta_{구속} = \frac{3EI}{L^3}\left(\frac{PL^3}{8EI} - \frac{PL^3}{24EI}\right) = \frac{P}{4}$$

여기서, 강성도는 반력에 대한 강성도를 사용한다.

19 그림과 같은 외팔보의 자유단 C점에서의 처짐은? (단, 보의 자중은 무시하며 휨강성 EI는 일정하다.)

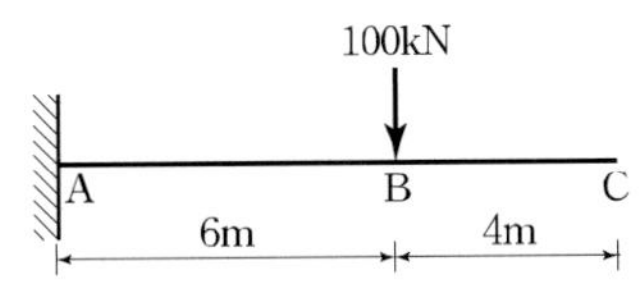

① $\dfrac{10,800(\text{kN}\cdot\text{m}^3)}{EI}$ (하향)

② $\dfrac{12,000(\text{kN}\cdot\text{m}^3)}{EI}$ (하향)

③ $\dfrac{13,200(\text{kN}\cdot\text{m}^3)}{EI}$ (하향)

④ $\dfrac{14,400(\text{kN}\cdot\text{m}^3)}{EI}$ (하향)

■ 강의식 해설 및 정답 : ④

캔틸레버의 외측 변위이므로

$$\delta_C = \frac{Pa^2}{6EI}(2a+3b) = \frac{100(6^2)}{6EI}(2\times6+3\times4) = \frac{14,400(\text{kN}\cdot\text{m}^3)}{EI}$$

보충 캔틸레버보의 외측 처짐

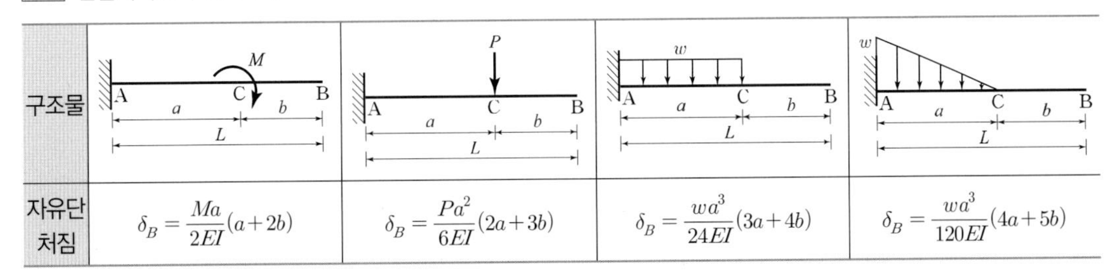

구조물	모멘트 M (C점)	집중하중 P (C점)	등분포하중 w (A~C)	삼각형분포하중 w (A~C)
자유단 처짐	$\delta_B = \dfrac{Ma}{2EI}(a+2b)$	$\delta_B = \dfrac{Pa^2}{6EI}(2a+3b)$	$\delta_B = \dfrac{wa^3}{24EI}(3a+4b)$	$\delta_B = \dfrac{wa^3}{120EI}(4a+5b)$

20 그림과 같이 수평하중을 받는 트러스 구조물의 B점에서 발생하는 최대 수평변위 $\delta_{max} = 3\delta$일 때, 허용 가능한 최대 수평하중(P)은? (단, 모든 부재의 단면적 A와 탄성계수 E는 동일하다.)

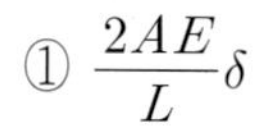

① $\dfrac{2AE}{L}\delta$

② $\dfrac{4AE}{L}\delta$

③ $\dfrac{6AE}{L}\delta$

④ $\dfrac{8AE}{L}\delta$

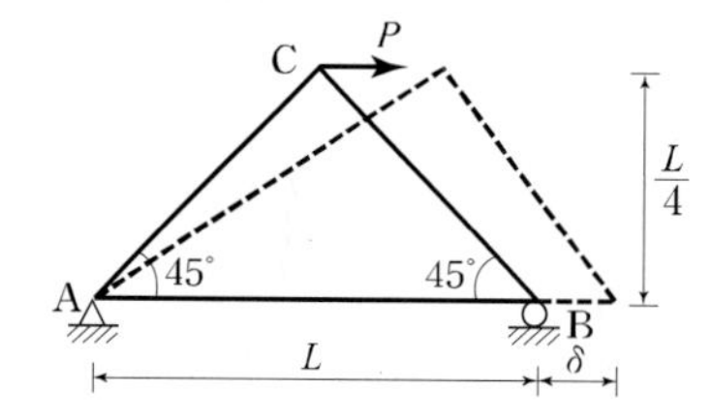

■ 강의식 해설 및 정답 : ③

부재력과 변위를 후크의 법칙으로 표현하면 $F_{AB} = K_{AB}\delta_B$이고, 최대변위를 대입하면 최대하중을 구할 수 있다.

$\therefore\ \dfrac{P}{2} = \dfrac{EA}{L}(3\delta)$ 에서

$P = \dfrac{6EA}{L}\delta$

여기서, 부재력은 역대칭 구조물이므로 AB의 부재력은 $P/2$(인장)이다.

보충 부재가 배치된 방향의 변위는 부재의 변형량과 같고 이 값이 최대변위량과 같다고 두면 최대하중을 구할 수 있다.

$\therefore\ \delta_B = \delta_{AB} = \left(\dfrac{NL}{EA}\right)_{AB} = \dfrac{P/2(L)}{EA} = 3\delta$ 에서

$P = \dfrac{6EA}{L}\delta$

2019 지방직 9급 지방직 9급 응용역학개론

1 그림과 같이 $x-y$ 평면상에 있는 단면 중 도심의 y좌표 값이 가장 작은 것은?

① (a)
② (b)
③ (c)
④ (d)

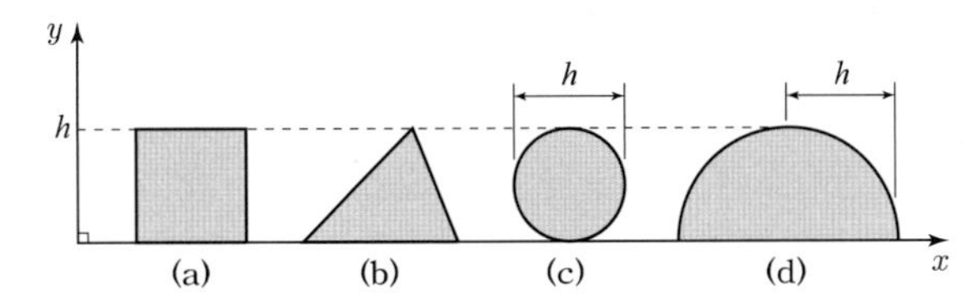

■ 강의식 해설 및 정답 : ②

$y_{(a)}=\frac{h}{2}=0.5h,\ y_{(b)}=\frac{h}{3}\simeq 0.33h,\ y_{(c)}=\frac{h}{2}=0.5h,\ y_{(d)}=\frac{4h}{3\pi}\simeq 0.42h$

$\therefore\ y_{(a)}=y_{(c)}>y_{(d)}>y_{(b)}$

2 그림과 같이 강체로 된 보가 케이블로 B점에서 지지되고 있다. C점에 수직하중이 작용할 때, 부재 AB에 발생되는 축력의 크기[kN]는? (단, 모든 부재의 자중은 무시한다)

① 12(압축)
② 12(인장)
③ 16(압축)
④ 16(인장)

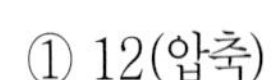

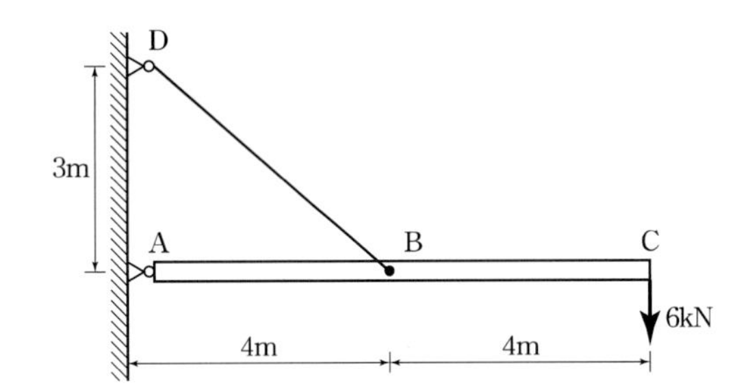

■ 강의식 해설 및 정답 : ③

AB부재의 축력은 A점의 수평반력과 같으므로 반대편지점 D점의 모멘트를 지간거리로 나누어 구한다.

$\therefore\ AB=-H_A=-\frac{6(8)}{3}=-16\,\text{kN}$ (압축)

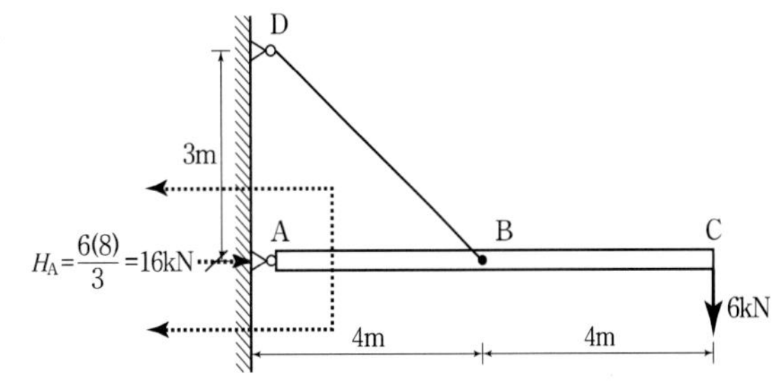

3 그림과 같이 C점에 내부힌지가 있는 보의 지점 A와 B에서 수직반력의 비 R_A/R_B는? (단, 보의 휨강성 EI는 일정하고, 자중은 무시한다)

① $\dfrac{3}{16}$

② $\dfrac{3}{15}$

③ $\dfrac{3}{14}$

④ $\dfrac{3}{13}$

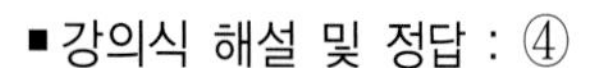

■ 강의식 해설 및 정답 : ④

두 개의 캔틸레버로 나누어 여력을 R로 두고 C점에서 처짐이 같다는 적합방정식을 구성하면

$$\delta_C = \frac{RL^3}{3EI} = \frac{wL^4}{8EI} - \frac{RL^3}{3EI} \text{에서 } R = \frac{3wL}{16}$$

$$R_A = R = \frac{3wL}{16},\ R_B = wL - \frac{3wL}{16} = \frac{13wL}{16}$$

$$\therefore\ \frac{R_A}{R_B} = \frac{3wL/16}{13wL/16} = \frac{3}{13}$$

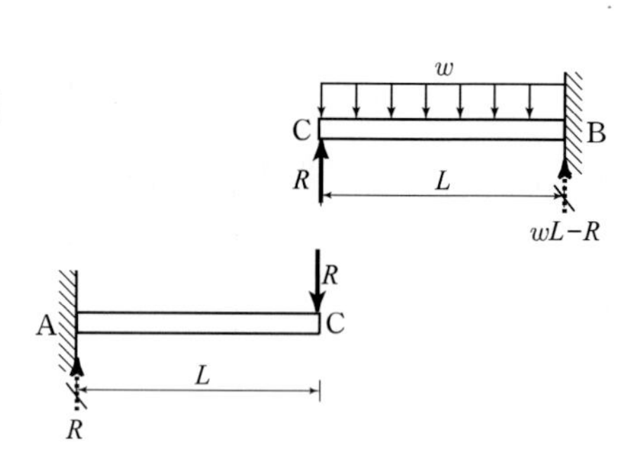

4 그림과 같은 분포하중과 집중하중을 받는 단순보에서 지점 A의 수직반력 크기[kN]는? (단, 보의 휨강성 EI는 일정하고, 자중은 무시한다)

① 10.0

② 12.5

③ 15.0

④ 17.5

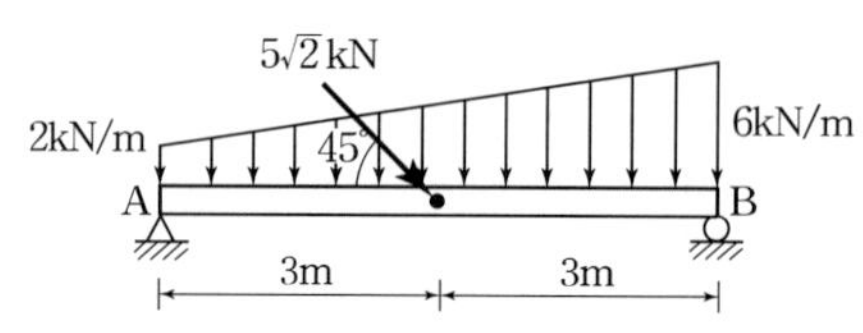

■ 강의식 해설 및 정답 : ②

집중하중을 수평과 수직으로 분해하고 분포하중과 중첩을 적용하면

$$V_A = \frac{5\sqrt{2}\sin 45}{2} + \frac{6}{6}\{2(2)+6\} = 2.5 + 10 = 12.5\,\text{kN}$$

보충 사다리형 분포하중에 의한 수직반력

$$R = \frac{\text{지간거리}}{6}(2\text{배자기편} + \text{반대편})$$

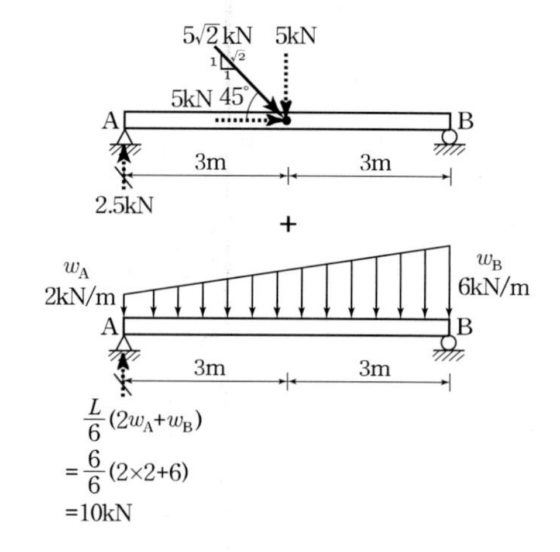

5 그림과 같은 부정정보에서 지점 B에 발생하는 수직반력 R_B의 크기[kN]는? (단, 보의 휨강성 EI는 일정하며, 자중은 무시한다)

① 55
② 60
③ 65
④ 70

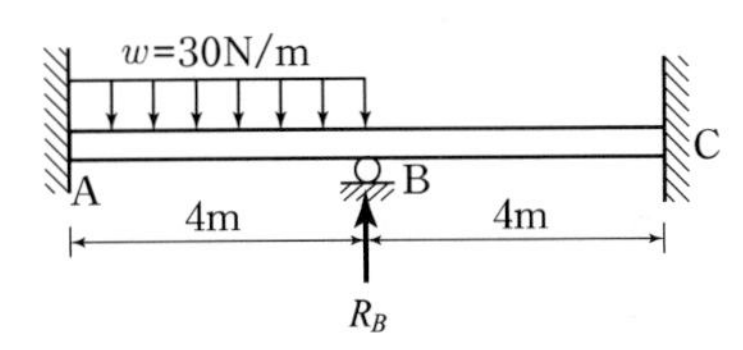

■ 강의식 해설 및 정답 : ②

2경간 연속보의 분배모멘트와 전단모멘트에 의한 중간지점 수직반력은 상쇄되는 구조이므로 양단고정보로 보고 구한 수직반력의 합과 같다. ∴ $R_B = \frac{wL}{2} + 0 = \frac{30(4)}{2} = 60\,\text{kN}$

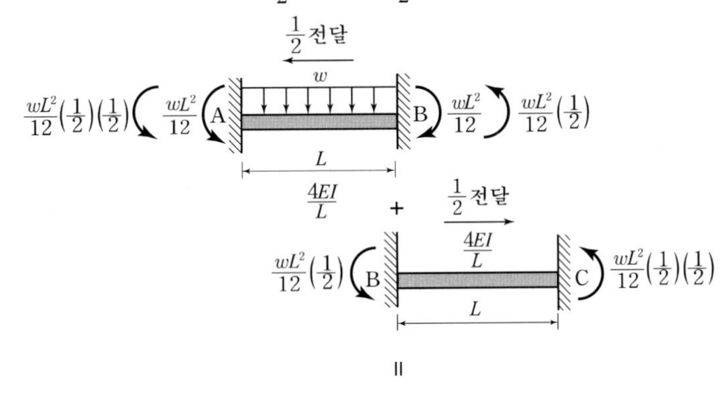

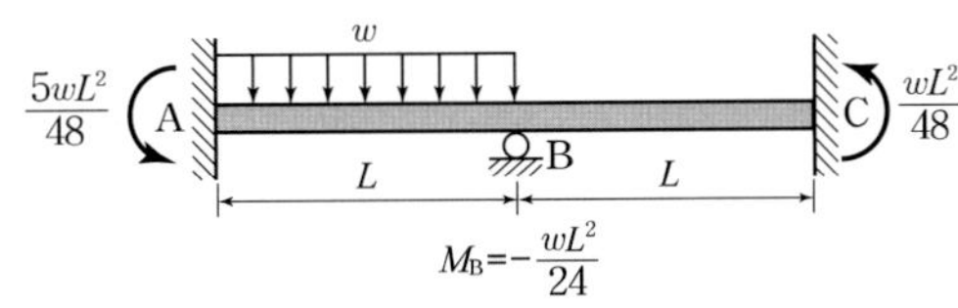

만약, 등분포와 수직하중인 경우 : 중첩을 적용하면 $R_B = \frac{wL}{2} + \frac{P}{2}$

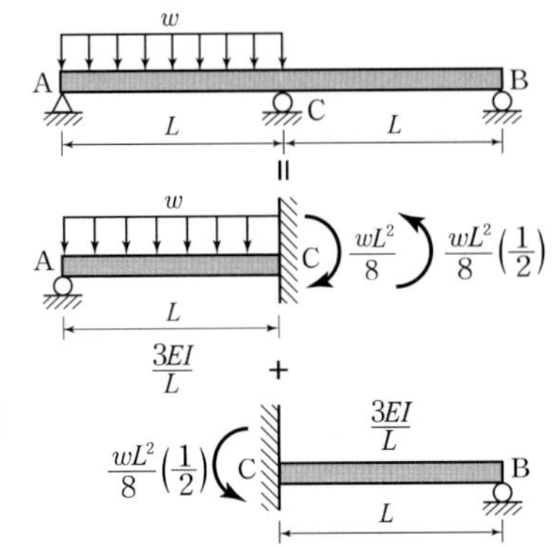

보충 2경간 연속보의 분배모멘트와 전단모멘트에 의한 중간지점 수직반력은 상쇄되는 구조이므로 고정지지보로 보고 구한 수직반력의 합과 같다. ∴ $R_B = \frac{5wL}{8} + 0 = \frac{5wL}{8}$

만약, 등분포와 수직하중인 경우 : 중첩을 적용하면

$R_B = \frac{5wL}{8} + \frac{11P}{16}$

보충 후크의 법칙을 이용하는 방법 : 지간거리 $L/2$, 보의 전체 길이를 L로 두면

$$R_B = K\delta_{구속} = \frac{192EI}{L^3}\left(\frac{wL^4}{768EI}\right) = \frac{wL}{4} = \frac{30(8)}{4} = 60\,\text{kN}$$

(1) 양단고정보의 중앙점 반력에 의한 강성도 : 단순보의 4배이므로 $K = \frac{192EI}{L^3}$

(2) 양단고정보에 절반의 등분포하중이 작용할 때 중앙점 처짐 : 등분포하중이 전구간에 작용하면 단순보처짐의 1/5인데 하중이 반으로 감소하므로 다시 1/2로 감소한다.

$$\delta_{중앙} = \frac{5wL^4}{384EI}\left(\frac{1}{5}\right)\left(\frac{1}{2}\right) = \frac{wL^4}{768EI}$$

6 그림과 같은 트러스 구조물에서 부재 BC의 부재력 크기[kN]는? (단, 모든 자중은 무시한다)

① 5(압축)
② 5(인장)
③ 7(압축)
④ 7(인장)

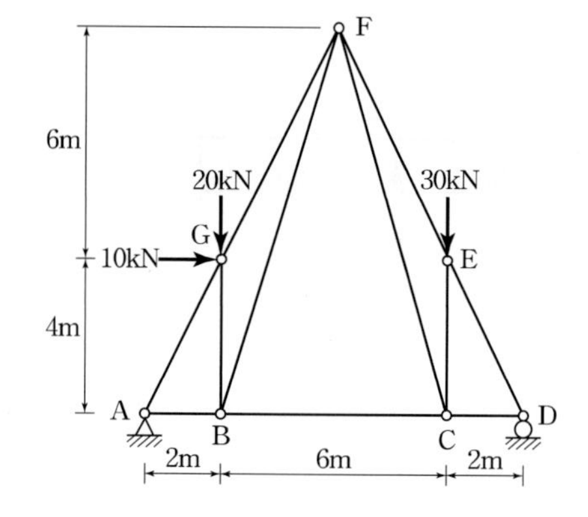

■ 강의식 해설 및 정답 : ④

(1) B점의 수직반력
반대편지점 A점의 모멘트를 지간거리로 나누면

$$R_D = \frac{10(4)+20(2)+30(8)}{10} = 32\,\text{kN}$$

(2) BC의 부재력
BC부재를 절단하여 두 힘이 소거되는 F점에서 모멘트를 취하면

$$BC = \frac{30(2)+2(5)}{10} = 7\,\text{kN}\,(\text{인장})$$

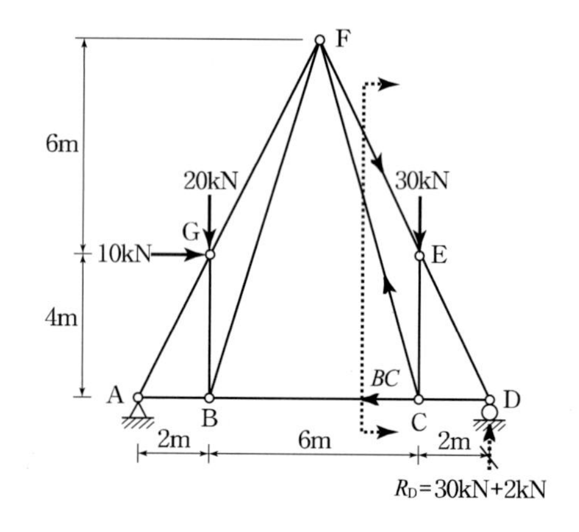

보충 단순지지 트러스의 하현재이므로 인장 ∴ ①, ③은 탈락

7 그림과 같은 등분포하중이 작용하는 단순보에서 최대휨모멘트가 발생되는 거릿값(x)과 최대휨모멘트 값(M)의 비 $\left[\dfrac{x}{M}\right]$는? (단, 보의 휨강성 EI는 일정하고, 자중은 무시하며, 최대휨모멘트의 발생지점은 지점 A로부터의 거리이다)

① $\dfrac{1}{8}$

② 8

③ $\dfrac{1}{16}$

④ 16

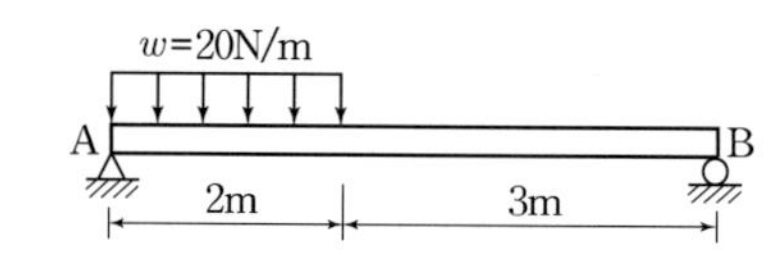

■ 강의식 해설 및 정답 : ③

(1) A점 반력

등분포하중을 집중하중으로 바꿔서 반대편 지점 B의 모멘트를 지간거리로 나누면

$$R_A = \frac{20(2)(4)}{5} = 32\,\text{kN}$$

(2) x/M 계산

A점에서 최대휨모멘트가 발생되는 거리 $x = \dfrac{R_A}{w}$

최대 휨모멘트는 전단력도의 면적과 같으므로 $M = \dfrac{R_A x}{2} = \dfrac{R_A^2}{2w}$

$$\therefore\ \frac{x}{M} = \frac{2}{R_A} = \frac{2}{32} = \frac{1}{16}\ /\text{kN}$$

8 그림과 같은 단순보에 하중이 작용할 때 지점 A, B에서 수직 반력 R_A 및 R_B가 $2R_A = R_B$로 성립되기 위한 거리 x[m]는? (단, 보의 휨강성 EI는 일정하고, 자중은 무시한다)

① 3
② 4
③ 5
④ 6

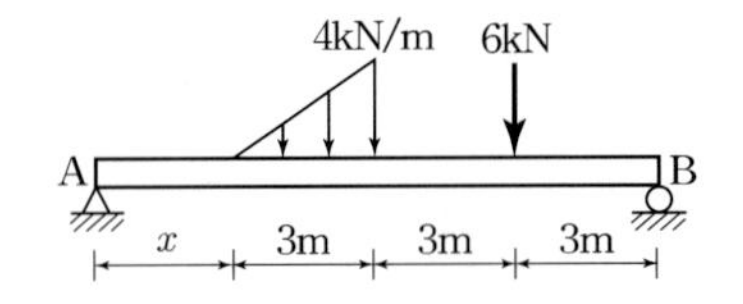

■ 강의식 해설 및 정답 : ④

(1) 수직력 평형 조건

$\sum V = 0$: $3R_A = \dfrac{4(3)}{2} + 6 = 12$에서 $R_A = 4\,\text{kN}$, $R_B = 2R_A = 2(4) = 8\,\text{kN}$

(2) 모멘트 평형 조건

B점에서 모멘트 평형 조건을 적용하면

$\sum M_B = 0$: $4(x+9) = \dfrac{4(3)}{2}(7) + 6(3)$에서 $x = 6\,\text{m}$

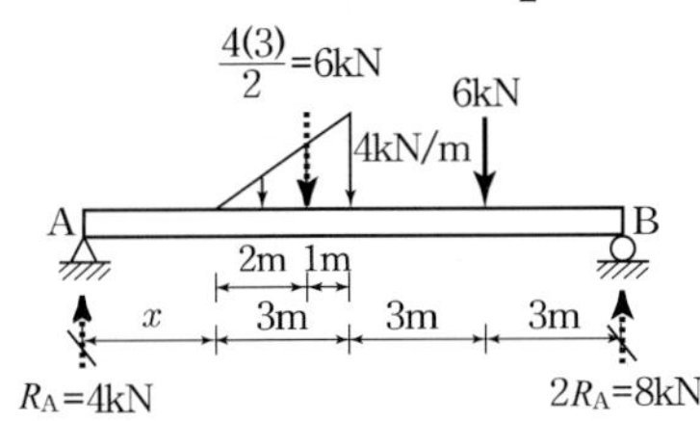

9 그림과 같이 폭 300mm, 높이 400mm의 직사각형 단면을 갖는 단순보의 허용 휨응력이 6MPa이라면, 단순보에 작용시킬 수 있는 최대 등분포하중 w의 크기[kN/m]는? (단, 보의 휨강성 EI는 일정하고, 자중은 무시한다)

① 3.84
② 4.84
③ 5.84
④ 6.84

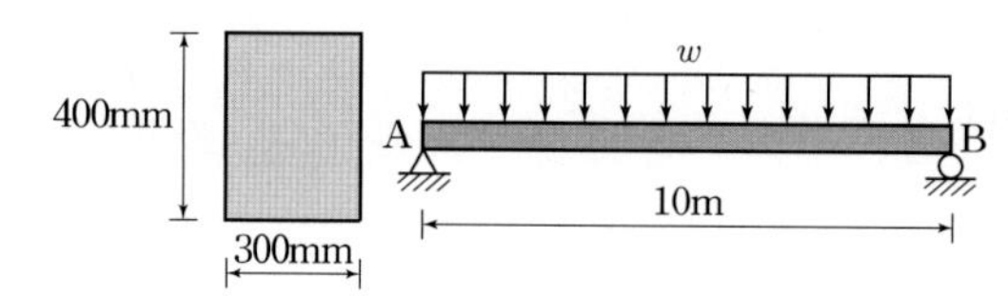

■ 강의식 해설 및 정답 : ①

최대 휨응력이 허용응력 이하라야 한다는 조건을 적용하면

$$\sigma_{\max} = \frac{M_{\max}}{Z} = \frac{wL^2/8}{bh^2/6} \le \sigma_a \text{에서}$$

$$w \le \frac{4bh^2}{3L^2}\sigma_a = \frac{4(0.3)(0.4^2)}{3(10^2)}(6\times10^3) = 3.84\,\text{kN/m}$$

보충 단위 : $\text{MPa} = 10^3\text{kN/m}^2 = \text{N/mm}^2$

10 그림과 같이 내부힌지가 있는 보에서, 지점 B의 휨모멘트와 CD구간의 최대휨모멘트가 같게 되는 길이 a는? (단, 보의 휨강성 EI는 일정하고, 자중은 무시한다)

① $\frac{1}{6}b$
② $\frac{1}{5}b$
③ $\frac{1}{4}b$
④ $\frac{1}{3}b$

■ 강의식 해설 및 정답 : ③

(1) B점의 휨모멘트

힌지점을 통해 전달되는 힘을 이용하면

$$M_B = \left| -\frac{wb}{2}(a) \right| = \frac{wab}{2}$$

(2) CD구간의 최대 휨모멘트

단순보에 등분포하중이 작용하므로 $M_{\max} = \frac{wb^2}{8}$

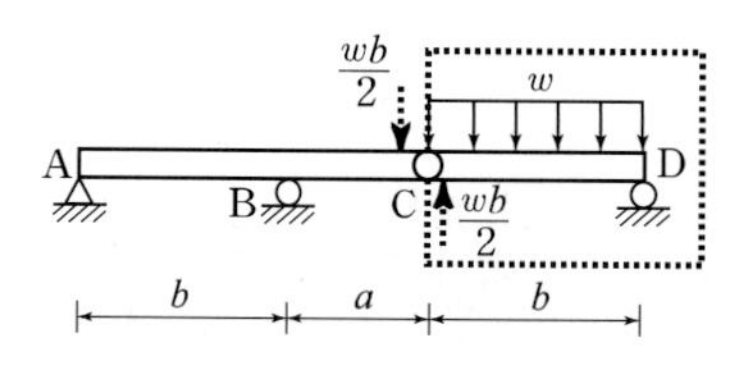

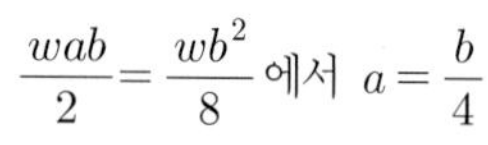

$$\frac{wab}{2} = \frac{wb^2}{8} \text{에서 } a = \frac{b}{4}$$

11 그림과 같은 음영 부분 A단면에서 $x-x$축으로부터 도심까지의 거리 y는?

① $\frac{5D}{12}$

② $\frac{6D}{12}$

③ $\frac{7D}{12}$

④ $\frac{8D}{12}$

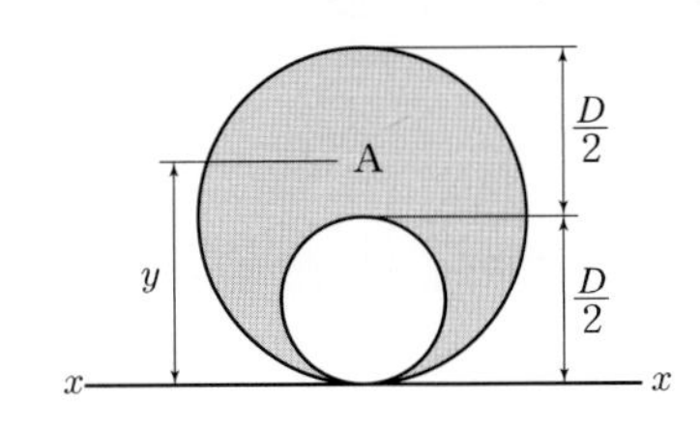

■ 강의식 해설 및 정답 : ③

(1) 면적비

$A_{전체} : A_{중공} = \frac{\pi D^2}{4} : \frac{\pi}{4}\left(\frac{D}{2}\right)^2 = 4:1$

(2) 도심거리

도심거리는 면적비 가중평균과 같으므로

$y = \frac{4(D/2) - 1(D/4)}{4-1} = \frac{7D}{12}$

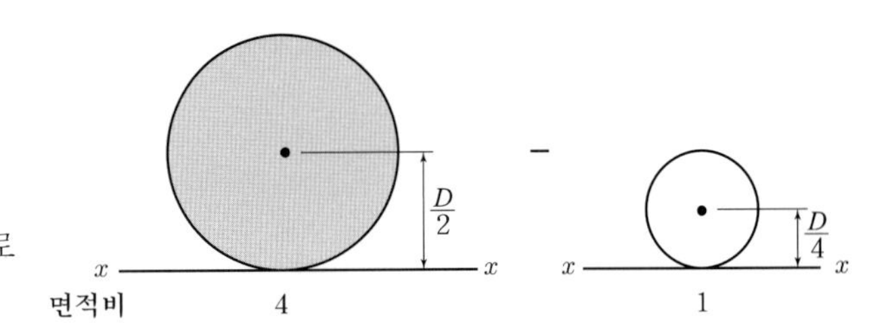

보충 전체면적과 중공면적의 비가 4:1일 때 도심거리

$y = \frac{7}{6}$(중공단면의 일반도심을 전체치수로 표시)

12 그림과 같이 재료와 길이가 동일하고 단면적이 다른 수직 부재가 축하중 P를 받고 있을 때, A점에서 발생하는 변위는 B점에서 발생하는 변위의 몇 배인가? (단, 구간 AB와 BC의 축강성은 각각 EA와 $2EA$이고, 부재의 자중은 무시한다)

① 1.5

② 2.0

③ 2.5

④ 3.0

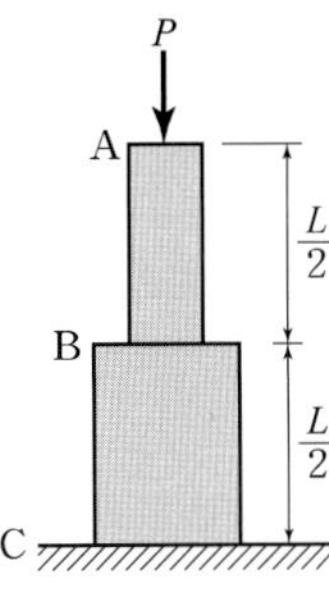

■ 강의식 해설 및 정답 : ④

축력도를 작도해서 변형량을 구하면

(1) B점 변위 : AB부재의 변형량과 같으므로

$\delta_B = \delta_{AB} = \left(\frac{NL}{EA}\right)_{AB} = \frac{P(L/2)}{2EA} = \frac{PL}{4EA}$

(2) A점 변위 : 전체 부재의 변형량과 같으므로

$\delta_A = \sum\frac{NL}{EA} = \delta_{AB} + \delta_{BC} = \frac{PL}{4EA} + \frac{P(L/2)}{EA} = \frac{3PL}{4EA}$

$\therefore\ \delta_A = 3\delta_B$

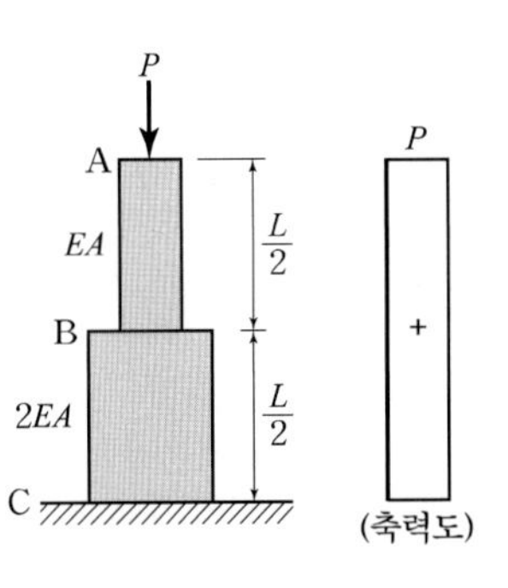

13 그림과 같은 삼각형 단면의 $x-x$축에 대한 단면2차모멘트 I_x[mm⁴]는?

① 155×10^4
② 219×10^4
③ 345×10^4
④ 526×10^4

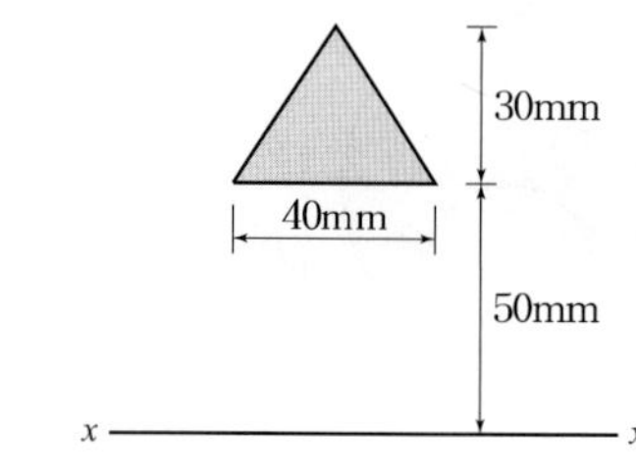

■ 강의식 해설 및 정답 : ②

평행축 정리를 적용하면

$$I_x = I_{도심} + Ay^2 = \frac{bh^3}{36} + \frac{bh}{2}y^2 = \frac{40(30^3)}{36} + \frac{40(30)}{2}(60^2) = 30,000 + 2160,000 = 219,000\,\text{mm}^4$$

14 그림과 같이 캔틸레버보에 집중하중(P), 등분포하중(w), 모멘트하중(M)이 작용하고 있다. 자유단 A에 최대 수직처짐을 발생시키는 하중은 이 세 가지 중 어느 것이며, 보에 세 하중이 동시에 작용할 때 발생하는 수직처짐 δ의 크기[mm]는? (단, $P=10$kN, $w=10$kN/m, $M=10$kN · m, 휨강성 $EI=2\times10^{10}$ kN · mm²이고, 자중은 무시한다)

① $w=10$kN/m, $\delta=1\,\text{mm}$
② $M=10$kN · m, $\delta=1\,\text{mm}$
③ $P=10$kN, $\delta=\frac{10}{3}\,\text{mm}$
④ $M=10$kN · m, $\delta=\frac{10}{3}\,\text{mm}$

■ 강의식 해설 및 정답 : ③

$$\delta_A = \delta_M + \delta_P + \delta_w = \frac{ML^2}{2EI} + \frac{PL^3}{3EI} + \frac{wL^4}{8EI}$$

$$= \frac{10\times10^3(2,000^2)}{2(2\times10^{10})} + \frac{10(2,000^3)}{3(2\times10^{10})} + \frac{10\times10^{-3}(2,000^4)}{8(2\times10^{10})}$$

$$= 1 + \frac{4}{3} + 1 = \frac{10}{3}\,\text{mm}$$

∴ 집중하중 $P=10$kN에 의한 처짐이 최대이고, 나머지 두 하중에 의한 처짐은 같다.
여기서, 단위는 휨강성 EI에 맞춘다.

15 그림과 같은 단순보에서 집중하중이 작용할 때, O점에서의 수직처짐 δ_o의 크기[mm]는? (단, 휨강성 $EI = 2\times10^{12}$N · mm²이며, 자중은 무시한다)

① 14.5
② 15.5
③ 16.5
④ 17.5

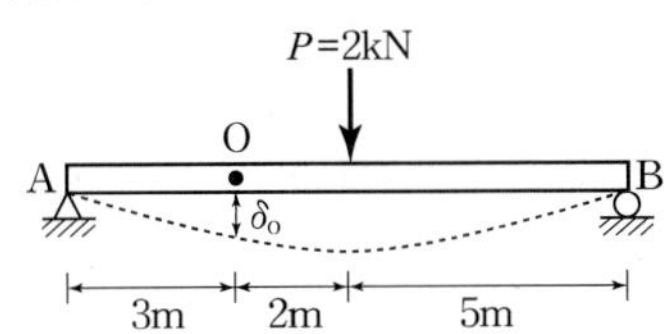

■ 강의식 해설 및 정답 : ③

공액보법을 적용하면 공액보의 휨모멘트가 처짐이므로

$$\delta_o = M_o' = \frac{w}{6}(L^2 - a^2 - b^2)$$

$$= \frac{1.5\times10^{-6}}{6}(10^2 - 3^2 - 5^2)\times10^6$$

$$= 16.5\,\text{mm}$$

여기서, w는 구하는 점의 곡률이므로

$$w = \frac{1{,}000(3{,}000)}{2\times10^{12}} = 1.5\times10^{-6}/\text{mm}$$

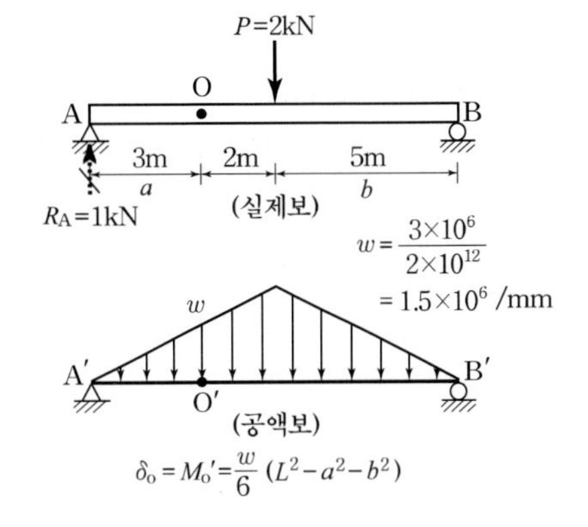

16 그림과 같은 하중을 받는 트러스에 대한 설명으로 옳지 않은 것은? (단, 모든 부재의 자중은 무시한다)

① V_1은 40kN의 압축을 받는다.
② L_1은 15kN의 인장을 받는다.
③ 내적안정이고 외적안정이면서 정정이다.
④ D_1은 16kN의 압축을 받는다.

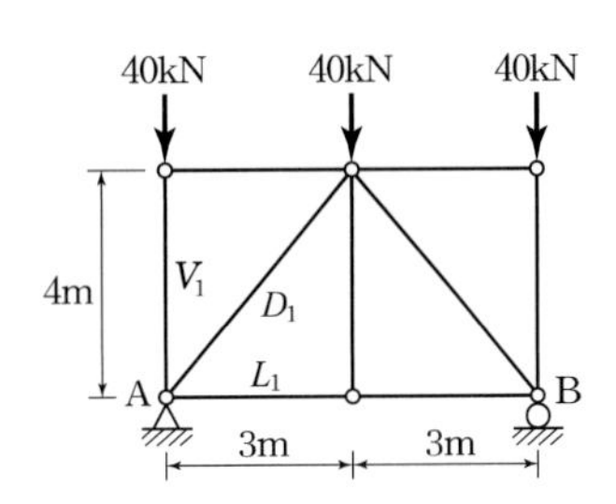

■ 강의식 해설 및 정답 : ④

(1) 지점반력

대칭 하중이므로 $R = \frac{\text{전하중}}{2} = \frac{40(3)}{2} = 60\,\text{kN}$

(2) 부재력

$V_1 = -40\,\text{kN}$(압축)이므로 지점에서 시력도 폐합 조건을 적용하면

$$L_1 = 20\left(\frac{3}{4}\right) = 15\,\text{kN (인장)}$$

$$D_1 = -20\left(\frac{5}{4}\right) = -25\,\text{kN (압축)}$$

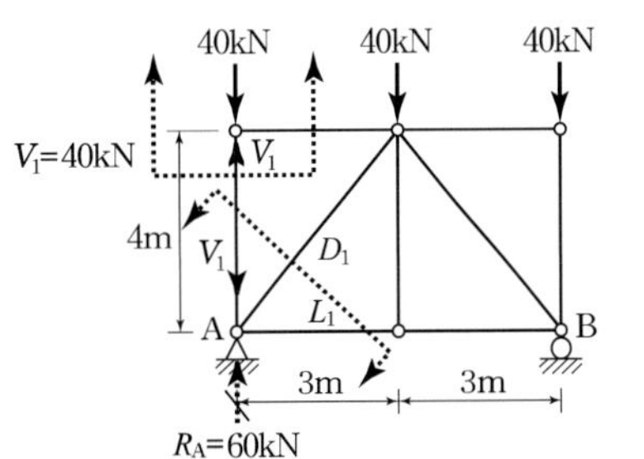

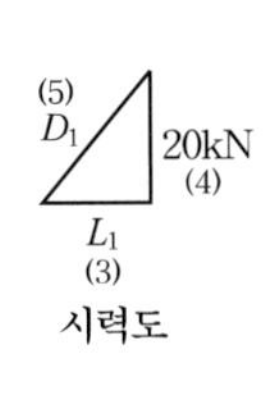

보충 트러스가 모두 삼각형 모습이므로 내적안정, 반력이 3개이므로 외적안정
또한 $N = m + r - 2p = 9 + 3 - 2(6) = 0$이므로 정정

17 그림과 같이 두 개의 재료로 이루어진 합성 단면이 있다. 단면 하단으로부터 중립축까지의 거리 C[mm]는? (단, 각각 재료의 탄성계수는 $E_1 = 0.8\times10^5$MPa, $E_2 = 3.2\times10^5$MPa이다)

① 50
② 60
③ 70
④ 80

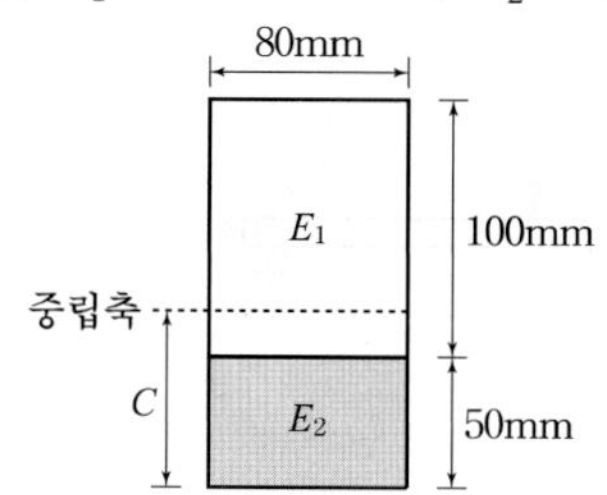

■ 강의식 해설 및 정답 : ①

중립축의 위치는 도심과 같으므로 환산단면적법을 적용하여 도심거리를 구한다.

(1) 면적비

$A_1 : A_2 = 320(50) : 80(100) = 2:1$

(2) 중립축 위치

중립축 위치는 도심거리로 면적가중평균과 같으므로

$C = \dfrac{2(25)+1(100)}{2+1} = 50\,\text{mm}$

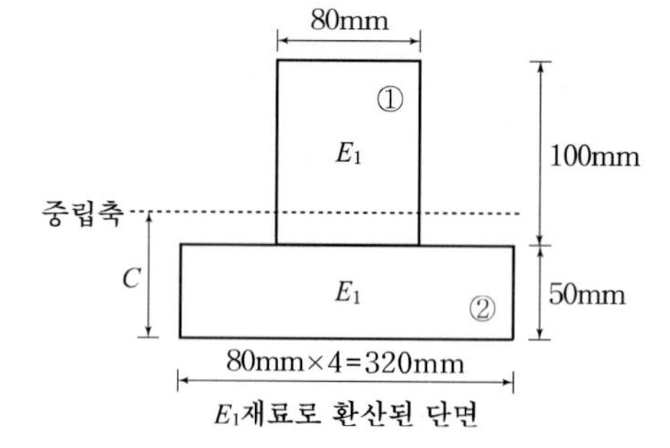

18 그림과 같은 부재에 2개의 축하중이 작용할 때 구간 D_1, D_2, D_3의 변위의 비($\delta_1 : \delta_2 : \delta_3$)는? (단, 모든 부재의 단면적은 A로 나타내며, 탄성계수 E는 일정하고, 자중은 무시한다)

① 1 : 2 : 18
② 1 : 4 : 18
③ 1 : 2 : 24
④ 1 : 4 : 24

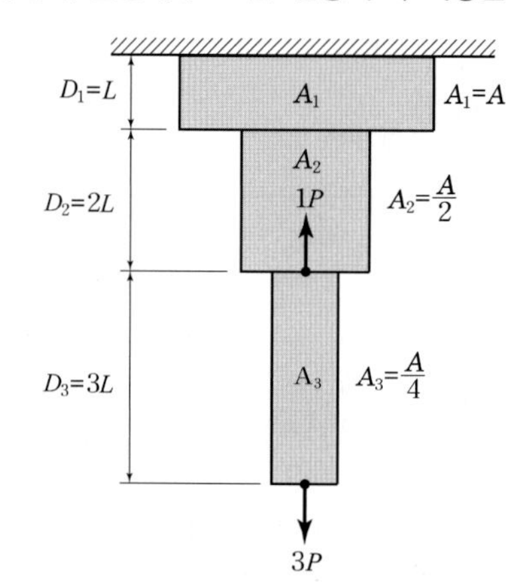

■ 강의식 해설 및 정답 : ②

각 구간의 변위는 변형량과 같으므로 $\delta = \dfrac{NL}{EA}$를 적용하면

$$\delta_1 : \delta_2 : \delta_3 = \frac{2P(L)}{EA} : \frac{2P(2L)}{E(A/2)} : \frac{3P(3L)}{E(A/4)} = 1 : 4 : 18$$

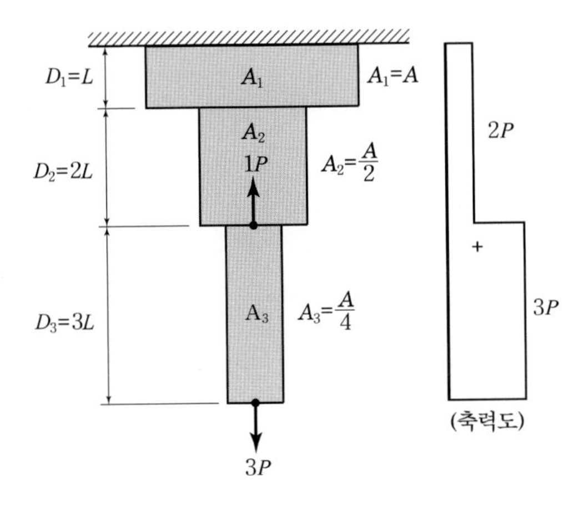

19 그림과 같이 양단이 고정지지된 직사각형 단면을 갖는 기둥의 최소 임계하중의 크기[kN]는? (단, 기둥의 탄성계수 $E = 210$GPa, π는 10으로 계산하며, 자중은 무시한다)

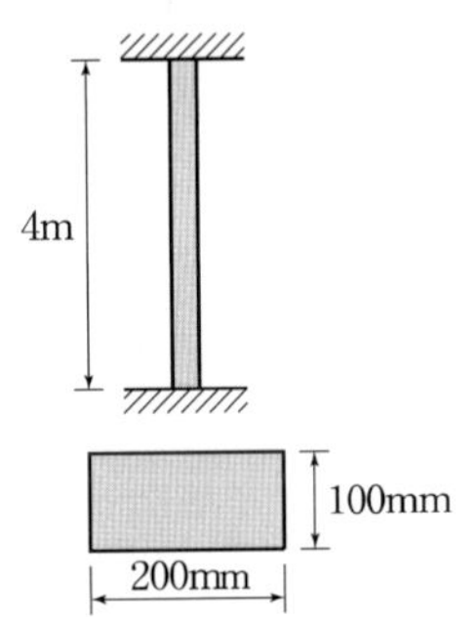

① 8,750
② 9,000
③ 9,250
④ 9,750

■ 강의식 해설 및 정답 : ①

횡지지가 없으므로 최소단면2차모멘트를 이용하면

임계하중 $P_{cr} = \dfrac{\pi^2 EI_{\min}}{L_k^2} = \dfrac{10(210)(200 \times 100^3/12)}{2{,}000^2} = 8{,}750\,\text{kN}$

보충 단위 : $\text{GPa} = 10^3\text{MPa} = \text{kN/mm}^2$

20 그림과 같은 변단면 캔틸레버보에서 A점의 수직처짐의 크기는? (단, 모든 부재의 탄성계수 E는 일정하고, 자중은 무시한다)

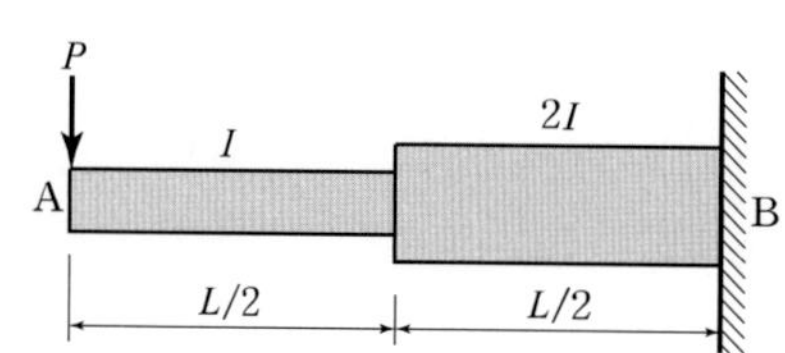

① $\dfrac{PL^3}{32EI}$ ② $\dfrac{3PL^3}{32EI}$

③ $\dfrac{PL^3}{16EI}$ ④ $\dfrac{3PL^3}{16EI}$

■ 강의식 해설 및 정답 : ④

변단면 캔틸레버보의 자유단 처짐

$$\delta_{자유단} = \frac{P}{3nEI}\left\{L^3 + \left(\frac{n}{m} - 1\right)a^3\right\} = \frac{P}{3(2EI)}\left\{L^3 + \left(\frac{2}{1} - 1\right)\left(\frac{L}{2}\right)^3\right\} = \frac{3PL^3}{16EI}$$

보충 변단면 캔틸레버보의 자유단 변위

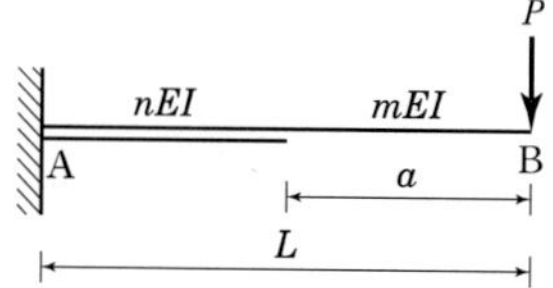

(1) 자유단 처짐각 : $\theta_B = \dfrac{P}{2nEI}\left\{L^2 + \left(\dfrac{n}{m} - 1\right)a^2\right\}$

(2) 자유단 처짐 : $\delta_B = \dfrac{P}{3nEI}\left\{L^3 + \left(\dfrac{n}{m} - 1\right)a^3\right\}$

2020 국가직 9급 국가직 9급 응용역학개론

1 그림과 같은 단순보에서 다음 항목 중 0의 값을 갖지 않는 것은? (단, 단면은 균일한 직사각형이다)

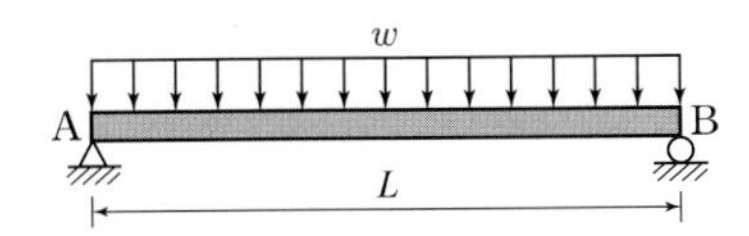

① 중립축에서의 휨응력(수직응력)
② 단면의 상단과 하단에서의 전단응력
③ 양단지점에서의 휨응력(수직응력)
④ 양단지점의 중립축에서의 전단응력

■ 강의식 해설 및 정답 : ④

보는 x축에 따라 단면력이 변하고, y축에 따라 응력분포도가 변하므로 둘 중 하나가 0이면 응력은 0이다.
① 중립축에서의 휨응력(수직응력) : 중립축에서는 휨응력도가 0
② 단면의 상단과 하단에서의 전단응력 : 단면의 상하단에서는 전단응력도가 0
③ 양단지점에서의 휨응력(수직응력) : 양단부에서는 휨모멘트가 0이므로 휨응력이 0
④ 양단지점의 중립축에서의 전단응력 : 양단에서는 최대전단력이 발생하고, 중립축에서는 최대전단응력도를 가지므로 가장 큰 전단응력이 발생한다.

보충 보의 해석

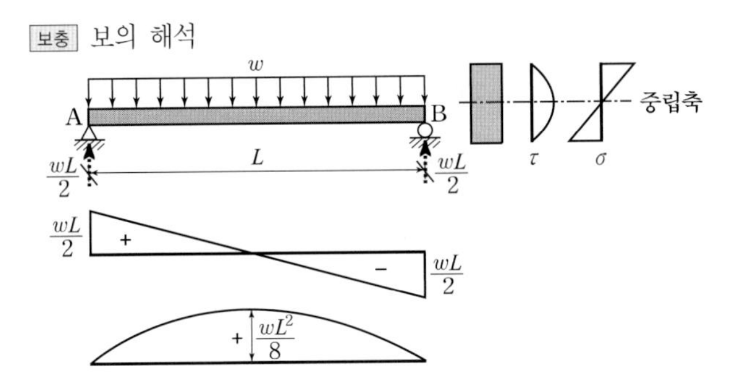

2 그림과 같은 단순보에서 다음 설명 중 옳은 것은? (단, 단면은 균일한 직사각형이고, 재료는 균질하다)

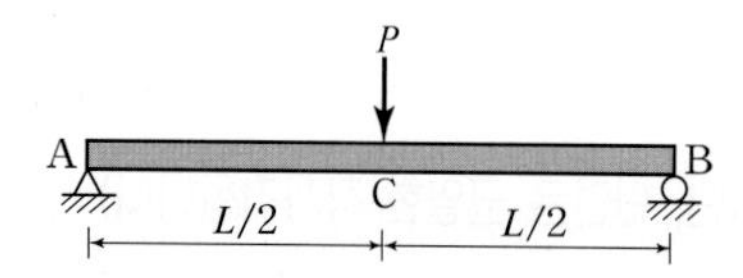

① 탄성계수 값이 증가하면 지점 처짐각의 크기는 증가한다.
② 지점 간 거리가 증가하면 지점 처짐각의 크기는 증가한다.
③ 휨강성이 증가하면 C점의 처짐량은 증가한다.
④ 지점 간 거리가 증가하면 C점의 처짐량은 감소한다.

■ 강의식 해설 및 정답 : ②

단순보의 중앙에 집중하중이 작용하므로 $\theta_{지점} = \dfrac{PL^2}{16EI}$과 $\delta_{중앙} = \dfrac{PL^3}{48EI}$을 이용하여 답을 구한다.

① 탄성계수 값이 증가하면 지점 처짐각의 크기는 증가한다. (X) : 탄성계수는 처짐각에 반비례하므로 탄성계수가 증가하면 처짐각은 감소한다.
② 지점 간 거리가 증가하면 지점 처짐각의 크기는 증가한다. (O) : 처짐각은 거리의 2승에 비례하므로 거리가 증가하면 처짐각은 증가한다.
③ 휨강성이 증가하면 C점의 처짐량은 증가한다. (X) : 처짐은 휨강성에 반비례하므로 휨강성이 증가하면 C점의 처짐은 감소한다.
④ 지점 간 거리가 증가하면 C점의 처짐량은 감소한다. (X) : 처짐은 거리의 3승에 반비례하므로 거리가 증가하면 처짐은 증가한다.

보충 단순보의 변위 기본 공식

A, B, M, L	A, B, C, P, L/2, L/2	A, B, w, L
$\theta_A = \dfrac{ML}{6EI}$ $\theta_B = \dfrac{ML}{3EI}$	$\theta_{지점} = \dfrac{PL^2}{16EI}$	$\theta_{지점} = \dfrac{wL^3}{24EI}$
$\delta_{\max} = \dfrac{ML^2}{9\sqrt{3}\,EI}$	$\delta_{중앙} = \dfrac{PL^3}{48EI}$	$\delta_{중앙} = \dfrac{5wL^4}{384EI}$
$U = W = \dfrac{M^2L}{6EI}$	$U = W = \dfrac{P^2L^3}{96EI}$	$U = W = \dfrac{w^2L^5}{240EI}$

3 그림과 같은 게르버보에 하중이 작용하고 있다. A점의 수직반력 R_A가 B점의 수직반력 R_B의 2배 ($R_A = 2R_B$)가 되려면, 등분포 하중 w[kN/m]의 크기는? (단, 보의 자중은 무시한다)

① 0.5
② 1.0
③ 1.5
④ 2.0

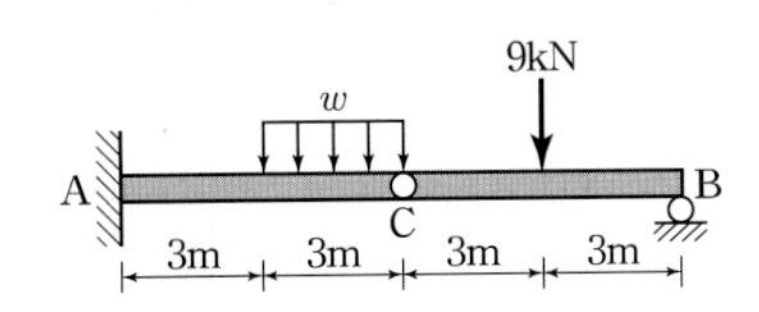

■ 강의식 해설 및 정답 : ③

그림에 주어진 조건과 힘을 표시하고, 반력을 구한 후 전체 구조물에 대해 수직력 평형을 적용한다.

(1) B점 반력 : 단순보에 대칭하중이 작용하므로

$$R_B = \frac{전하중}{2} = \frac{9}{2} = 4.5\,\text{kN} \;\; \therefore \;\; R_A = 2R_B = 2(4.5) = 9\,\text{kN}$$

(2) 등분포하중의 크기 : 전체 구조물에서 수직력 평형 조건을 적용하면

$3w + 9 = 3R_B$에서

$3w = 3R_B - 9 = 3(4.5) - 9 = 4.5$

$\therefore \; w = 1.5\,\text{kN/m}$

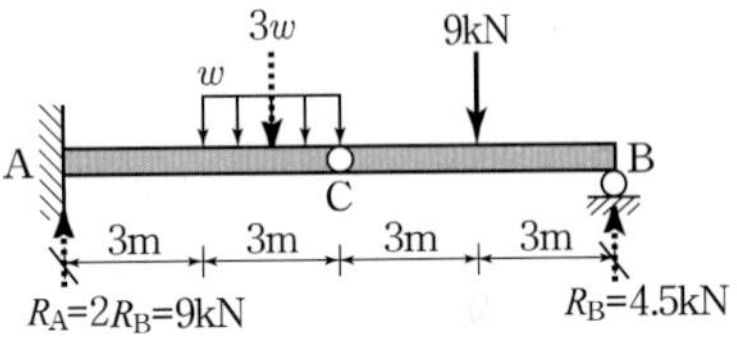

4 그림과 같이 등분포 고정하중이 작용하는 단순보에서 이동하중이 작용할 때 절대 최대 전단력의 크기[kN]는? (단, 보의 자중은 무시한다)

① 20
② 21
③ 22
④ 23

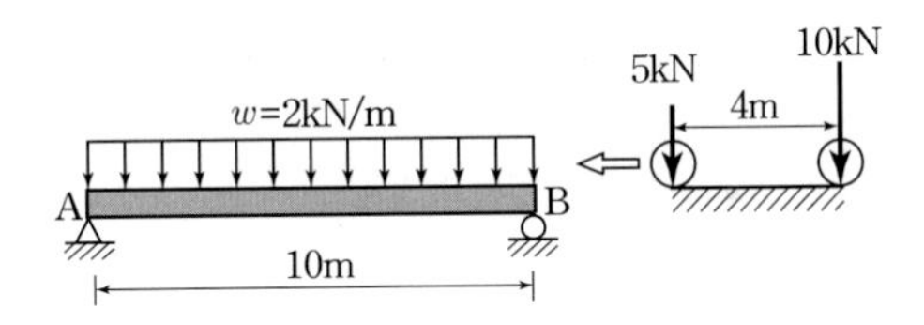

■ 강의식 해설 및 정답 : ④

단순보의 최대전단력은 최대반력과 같으므로 큰 하중 10kN이 B점에 재하될 때 발생한다.

$$\therefore \; R_{\max} = R_B = \frac{2(10)}{2} + \frac{5(6)}{10} + 10 = 10 + 3 + 10 = 23\,\text{kN}$$

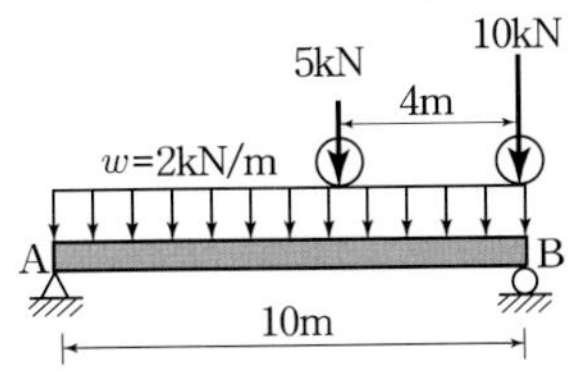

최대전단력 발생 조건

➡ 등분포하중에 의한 최대전단력이 10kN이므로 보기를 이동하중에 대한 값으로 수정 후 이동하중만에 의한 최대 반력을 구한다.

5 그림과 같이 폭이 b이고 높이가 h인 직사각형 단면의 x축에 대한 단면2차모멘트 I_{x1}과 빗금 친 직사각형 단면의 x축에 대한 단면2차모멘트 I_{x2}의 크기의 비$\left(\dfrac{I_{x2}}{I_{x1}}\right)$는?

① $\dfrac{1}{2}$

② $\dfrac{2}{3}$

③ $\dfrac{7}{8}$

④ 1

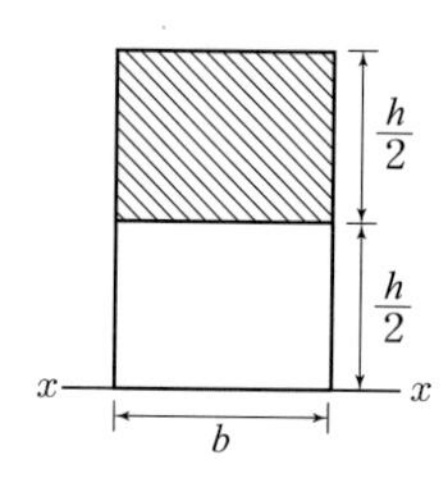

■ 강의식 해설 및 정답 : ③

사각형의 밑변에 대한 단면2차모멘트는 $\dfrac{bh^3}{3}$이므로 중첩을 적용하면

$$\frac{I_{x2}}{I_{x1}}=\frac{\dfrac{bh^3}{3}-\dfrac{b(h/2)^3}{3}}{\dfrac{bh^3}{3}}=\frac{7}{8}$$

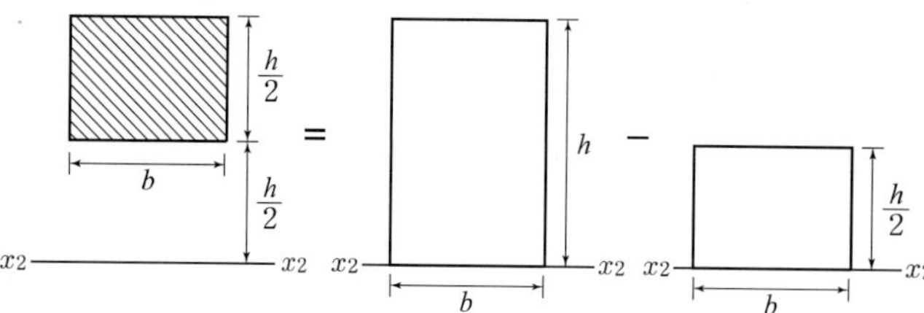

보충 배수만을 이용하여 계산하는 방법

$I_{밑변}=\dfrac{bh^3}{3}$에서 폭과 상수는 일정하므로 높이의 비를 이용하면

$$\frac{I_{x2}}{I_{x1}}=\frac{\Delta h^3}{h^3}=\frac{2^3-1^3}{2^3}=\frac{7}{8}$$

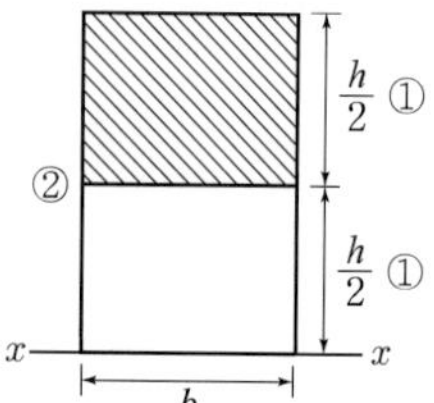

6 그림과 같이 하중을 받는 구조물에서 고정단 C점의 모멘트 반력의 크기[kN · m]는? (단, 구조물의 자중은 무시하고, 휨강성 EI는 일정, $M_B = 84$kN · m이다)

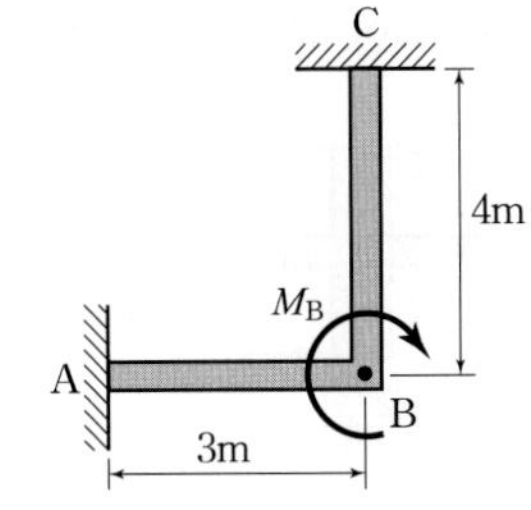

① 9
② 18
③ 27
④ 36

■ 강의식 해설 및 정답 : ②

모멘트 분배법에 의해 B점 모멘트를 분배하고, 1/2을 전달하여 C점 모멘트를 구한다.

(1) 강성도 : 양단이 모두 모멘트를 받을 수 있으므로

$$K_{AB} = \frac{4EI}{3},\ K_{BC} = \frac{4EI}{4}$$

$$\therefore\ K_{AB} : K_{BC} = 4 : 3$$

(2) C점 모멘트 : B점 모멘트를 강성도에 비례하여 분배하고, C점으로 1/2을 전달하면

$$M_C = 84\left(\frac{3}{4+3}\right) \times \frac{1}{2} = 18\,\text{kN·m}$$

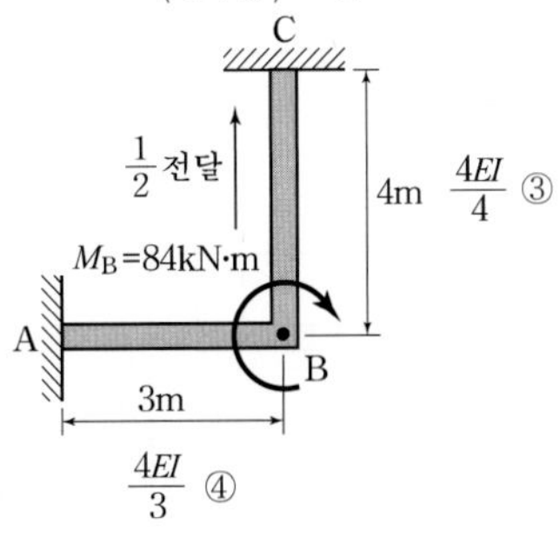

7 그림과 같이 두 개의 우력모멘트를 받는 단순보 AE에서 A 지점 처짐각의 크기$\left(a\dfrac{PL^2}{EI}\right)$와 C점 처짐의 크기$\left(b\dfrac{PL^3}{EI}\right)$를 구하였다. 상수 a와 b의 값은? (단, 보 AE의 휨강성 EI는 일정하고, 보의 자중은 무시한다)

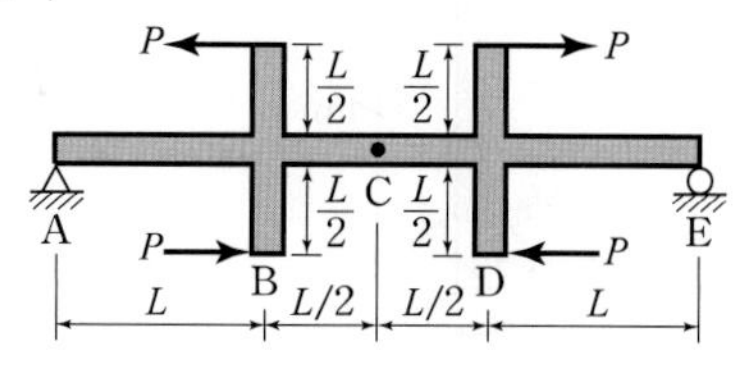

	a	b		a	b
①	$\frac{1}{2}$	$\frac{5}{8}$	②	$\frac{1}{2}$	$\frac{3}{2}$
③	$\frac{1}{6}$	$\frac{5}{8}$	④	$\frac{1}{6}$	$\frac{3}{2}$

■ 강의식 해설 및 정답 : ①

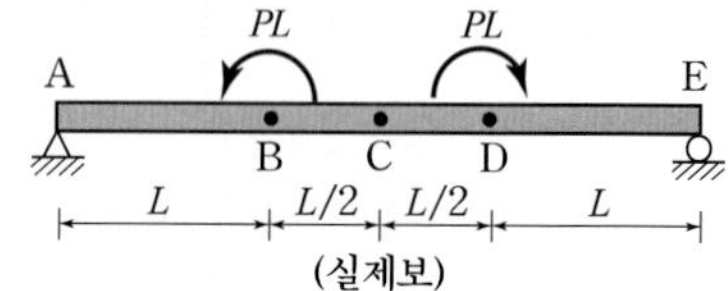

보의 하중으로 변환하면 대칭하중이 작용하므로 공액보법을 적용한다.

(1) A점의 처짐각 : 공액보의 전단력을 구하면 반력과 같으므로

$$\theta_A = R_A' = \frac{\text{전하중}}{2} = \left(\frac{1}{2}\right)\frac{PL}{EI}$$

(2) C점의 처짐 : 대칭이므로 공액보에서 C점의 휨모멘트를 구하면

$$\delta_C = M_C' = \left(\frac{PL}{2EI}\right)\left(L + \frac{L}{4}\right) = \frac{5}{8}\frac{PL^2}{EI}$$

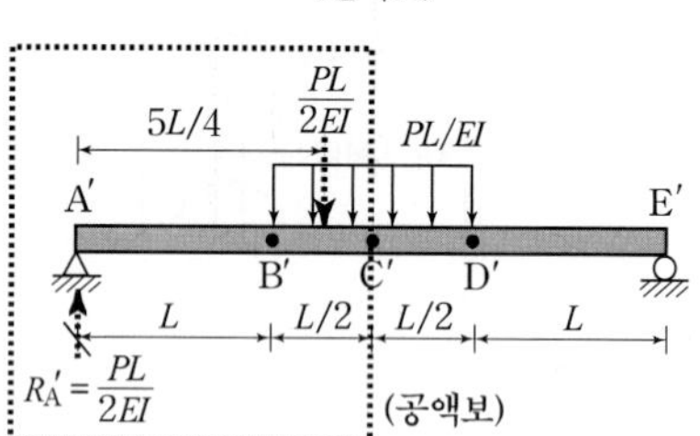

8 그림과 같은 하중을 받는 단순보에서 인장응력이 발생하지 않기 위한 단면 높이 h의 최솟값[mm]은? (단, $h = 2b$, 50kN의 작용점은 단면의 도심이고, 보의 자중은 무시한다)

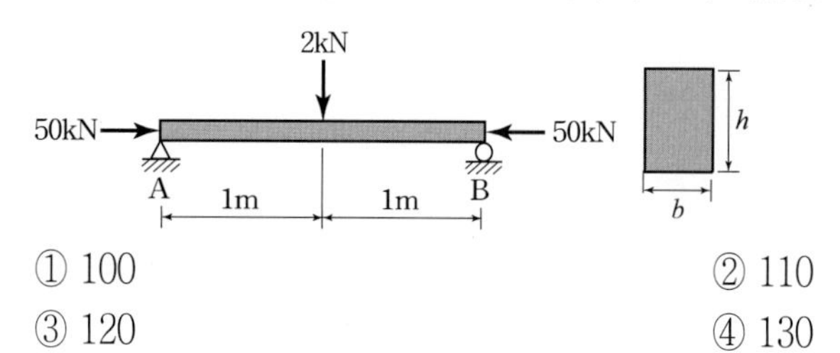

① 100 ② 110

③ 120 ④ 130

■ 강의식 해설 및 정답 : ③

최대 휨모멘트 단면에서 인장응력이 발생하지 않아야 한다는 조건을 적용하면

$$\sigma_{\substack{\text{중앙}\\\text{하연}}} = \frac{N}{A}\left(1 - \frac{6e}{h}\right) = \frac{N}{A}\left(1 - \frac{6M_{\text{중앙}}}{Nh}\right) \geq 0 \text{에서}$$

$$h \geq \frac{6M_{\text{중앙}}}{N} = \frac{6(1 \times 1 \times 10^6)}{50 \times 10^3} = 120\,\text{mm}$$

➡ 시험장에서는 같다는 조건으로 수 계산만 한다.

9 그림과 같은 단순보의 C점에 스프링을 설치하였더니 스프링에서의 수직 반력이 $\frac{P}{2}$가 되었다. 스프링 강성 k는? (단, 보의 휨강성 EI는 일정하고 보의 자중은 무시한다)

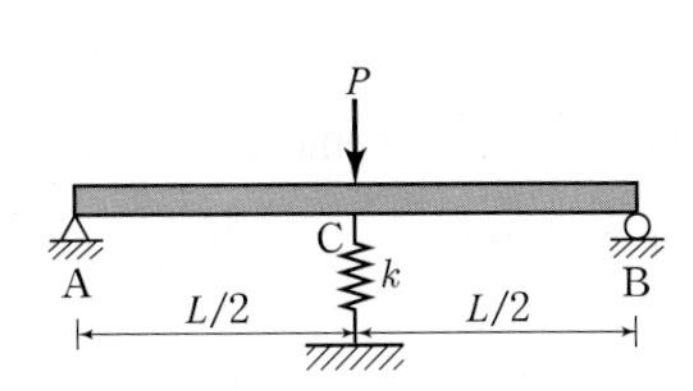

① $\dfrac{24EI}{L^3}$

② $\dfrac{48EI}{L^3}$

③ $\dfrac{96EI}{L^3}$

④ $\dfrac{120EI}{L^3}$

■ 강의식 해설 및 정답 : ②

변위가 같은 구조이므로 힘의 크기는 강성도에 비례한다.

(1) 강성도 : $k_b : k_s = \dfrac{48EI}{L^3} : k$

(2) 분담하중 : 보와 스프링이 부담하는 힘은 강성도에 비례하고, 힘의 비는 1:1이므로

$P_b : P_s = k_b : k_s = 1:1$에서 보와 스프링의 강성도는 같다.

$\therefore\ k_s = k_b = \dfrac{48EI}{L^3}$

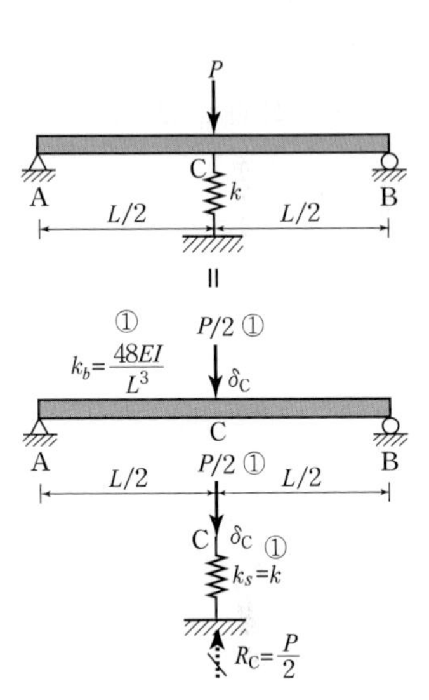

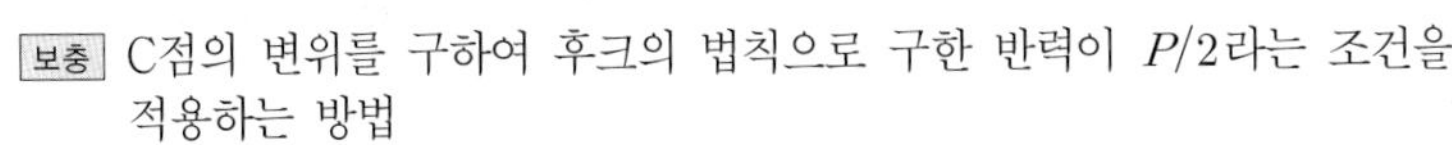

보충 C점의 변위를 구하여 후크의 법칙으로 구한 반력이 $P/2$라는 조건을 적용하는 방법

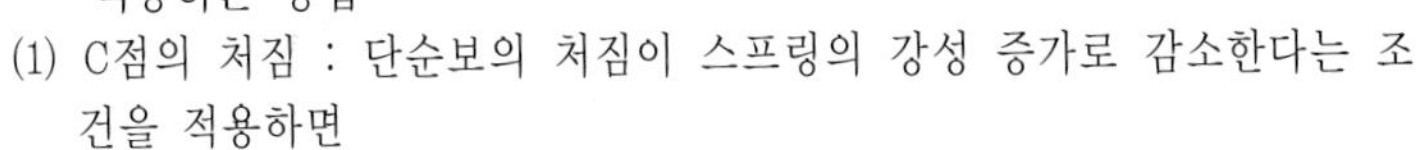

(1) C점의 처짐 : 단순보의 처짐이 스프링의 강성 증가로 감소한다는 조건을 적용하면

$$\delta_C = \frac{PL^3}{48EI}\left(\frac{48EI/L^3}{48EI/L^3+k}\right) = \frac{P}{48EI/L^3+k}$$

(2) 스프링의 강성도 : 후크의 법칙을 적용하면

$$R_C = k\delta_C = k\left(\frac{P}{48EI/L^3+k}\right) = \frac{P}{2}\text{에서}$$

$$k = \frac{48EI}{L^3}$$

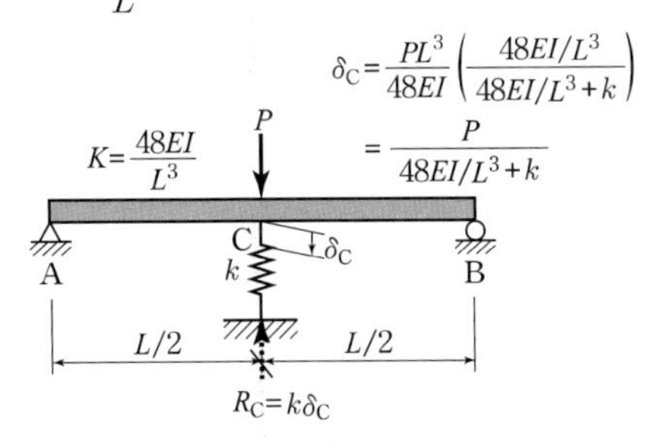

10 보의 탄성처짐을 해석하는 방법에 대한 다음 설명으로 옳지 않은 것은?

① 휨강성 EI가 일정할 때, 모멘트 방정식 $EI\frac{d^2v}{dx^2} = M(x)$를 두 번 적분하여 처짐 v를 구할 수 있는데, 이러한 해석법을 이중적분법(Double Integration Method)이라고 한다.

② 모멘트면적정리(Moment Area Theorem)에 의하면, 탄성곡선상의 점 A에서의 접선과 점 B로부터 그은 접선 사이의 점 A에서의 수직편차 $t_{B/A}$는 $\frac{M}{EI}$선도에서 이 두 점 사이의 면적과 같다.

③ 공액보를 그린 후 $\frac{M}{EI}$선도를 하중으로 재하하였을 때, 처짐을 결정하고자 하는 곳에서 공액보의 단면을 자르고 그 단면에서 작용하는 휨모멘트를 구하여 처짐을 구할 수 있으며, 이러한 해석법을 공액보법(Conjugated Beam Method)이라고 한다.

④ 카스틸리아노의 정리(Castigliano' s Theorem)에 의하면, 한 점에 처짐의 방향으로 작용하는 어느 힘에 관한 변형에너지의 1차 편미분 함수는 그 점에서의 처짐과 같다.

■ 강의식 해설 및 정답 : ②

모멘트 면적법

(1) 모멘트 면적법 제1정리 : 탄성곡선상의 2점에 그은 접선이 이루는 각은 2점으로 둘러싸인 $\frac{M}{EI}$도의 면적과 같다. ∴ $\theta = \frac{M}{EI}$도의 면적

(2) 모멘트 면적법 제2정리 : 탄성곡선의 2점에서 한 점에 그은 접선과 다른 한 점까지의 연직거리는 2점으로 둘러싸인 $\frac{M}{EI}$도의 면적에 연직거리를 구하는 점까지의 도심거리를 곱한 것과 같다.

∴ $\delta = \frac{M}{EI}$도의 면적×(도심거리)

➡ 연직거리를 구하는 점에 대한 $\frac{M}{EI}$도의 단면1차모멘트에 해당한다.

보충 카스틸리아노의 정리 : 1부, 2처, 최부

(1) 1정리 : 변처하, 변각모

(2) 2정리 : 변하처, 변모각

(3) 최소일의 원리 : 변하영, 변모영

11 그림과 같이 단순보에 2개의 집중하중이 작용하고 있을 때 휨모멘트선도는 아래와 같다. C점에 작용하는 집중하중 P_C와 D점에 작용하는 집중하중 P_D의 비$\left(\dfrac{P_C}{P_D}\right)$는?

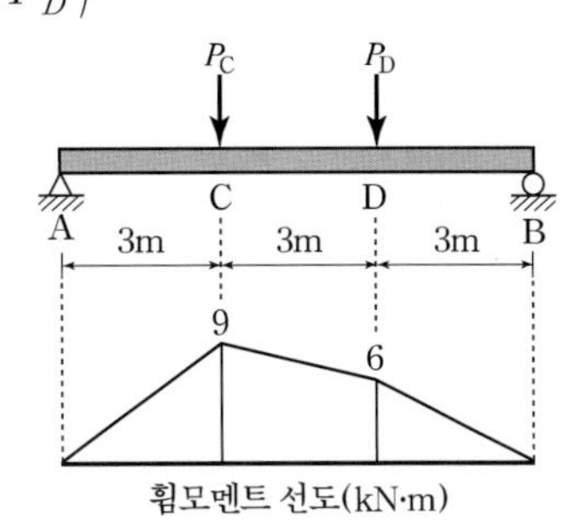

① 4
② 5
③ 6
④ 7

■ 강의식 해설 및 정답 : ①

휨모멘트는 절단한 단면 한쪽의 모멘트 합과 같다는 조건을 적용한다.

(1) 지점 반력 : C점과 D점의 휨모멘트은 반력에 수직거리를 곱한 것과 같다는 조건을 이용하면

$$R_A = \frac{M_C}{3} = \frac{9}{3} = 3\,\text{kN}$$

$$R_B = \frac{M_D}{3} = \frac{6}{3} = 2\,\text{kN}$$

(2) 하중의 크기 : 반력을 표시하고 반대편 외력으로 휨모멘트를 구하면

$M_C = R_B(6) - P_D(3) = 9$에서 $P_D = 1\,\text{kN}$

$M_D = R_A(6) - P_C(3) = 6$에서 $P_C = 4\,\text{kN}$

$$\therefore \frac{P_C}{P_D} = 4$$

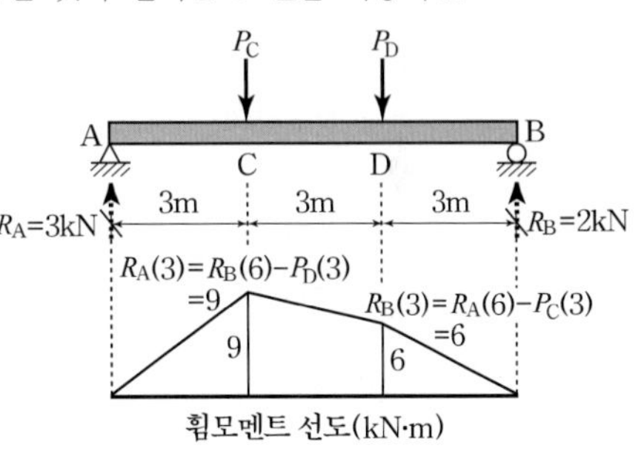

12 그림과 같이 부재에 하중이 작용할 때, B점에서의 휨모멘트 크기[kN · m]는? (단, 구조물의 자중 및 부재의 두께는 무시한다)

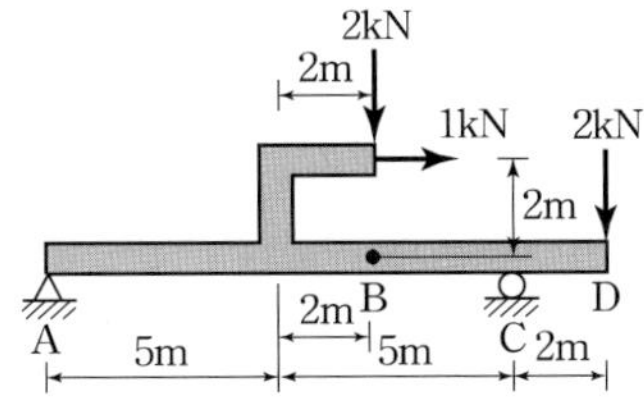

① 1
② 2
③ 3
④ 4

■ 강의식 해설 및 정답 : ②

C점의 반력을 구하여 그림에 표시하고, 절단한 단면 오른쪽 모멘트를 구한다.

(1) C점 반력 : 반대편 지점의 모멘트를 지간거리로 나누면

$$R_C = \frac{2(7) + 1(2) + 2(12)}{10} = 4\,\text{kN}$$

(2) B점 휨모멘트 : B점을 절단한 오른쪽 모멘트 합을 구하면

$M_B = R_C(3) - 2(5) = 4(3) - 10 = 2\,\text{kN·m}$

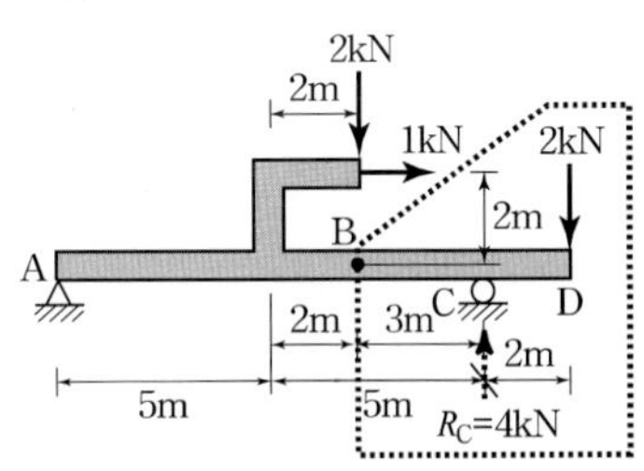

13 그림과 같이 2개의 부재로 연결된 트러스에서 B점에 30kN의 하중이 연직방향으로 작용하고 있을 때, AB 부재와 BC 부재에 발생하는 부재력의 크기 F_{AB}[kN]와 F_{BC}[kN]는?

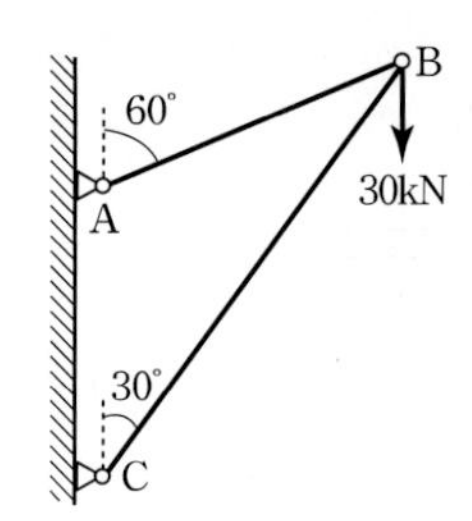

	F_{AB}	F_{BC}		F_{AB}	F_{BC}
①	30	$30\sqrt{3}$	②	30	30
③	60	$60\sqrt{3}$	④	60	60

■ 강의식 해설 및 정답 : ①

구하는 부재를 절단하여 시력도 폐합 조건을 적용하면

$F_{AB} = 30\,\text{kN}$ (인장)

$F_{BC} = 30\sqrt{3}\,\text{kN}$ (압축)

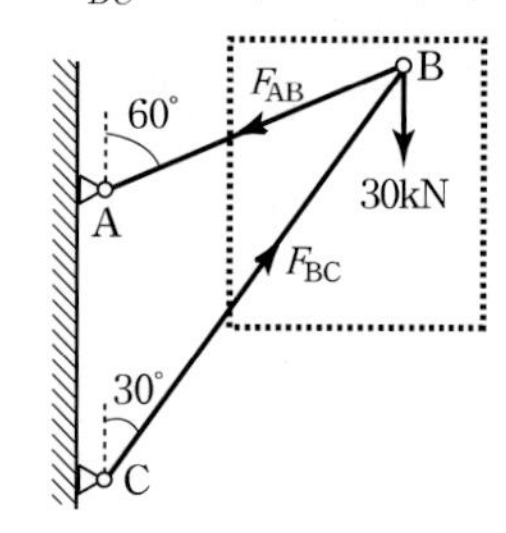

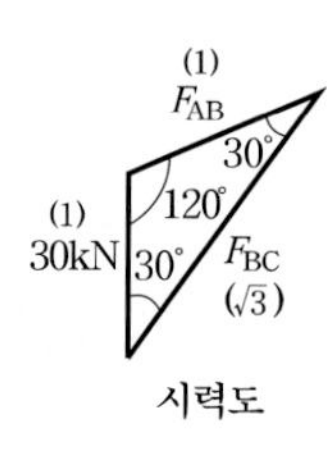

보충 부재와 힘이 이루는 사잇각을 표시하면 같으므로 좌우는 힘의 크기가 같고, 중앙은 합력 성분이 된다.

$F_{AB} = 30\,\text{kN}$ (인장)

$F_{BC} = R = \text{힘}\sqrt{3} = 30\sqrt{3}\,\text{kN}$ (압축)

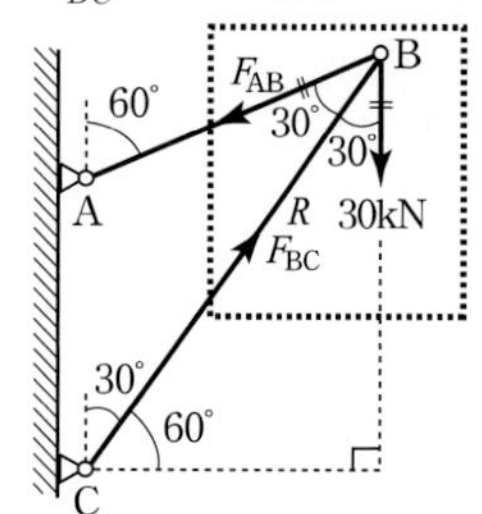

14 그림과 같은 내민보에 집중하중이 작용하고 있다. 한 변의 길이가 b인 정사각형 단면을 갖는다면 B점에 발생하는 최대 휨응력의 크기는 $a\dfrac{PL}{b^3}$이다. a의 값은? (단, 보의 자중은 무시한다)

① 2
② 4
③ 6
④ 8

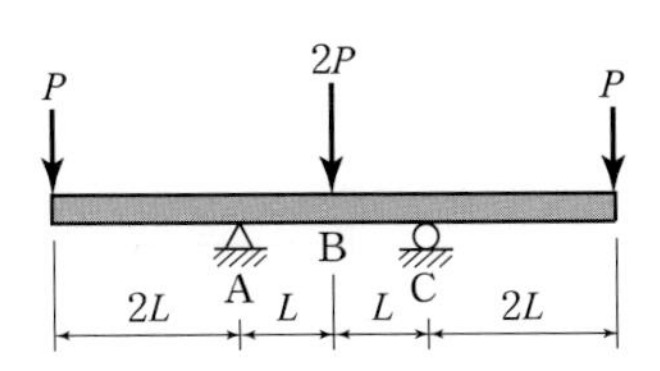

■ 강의식 해설 및 정답 : ③

(1) B점의 휨모멘트 : 우력의 원리를 적용하여 중첩하면
$M_B = P(L) - P(2L) = -PL$

(2) B점의 최대 휨응력 : 사각형 대칭 단면이므로

$$\sigma_{B,\max} = \frac{M_B}{Z} = \frac{PL}{b^3/6} = 6\frac{PL}{b^3}$$

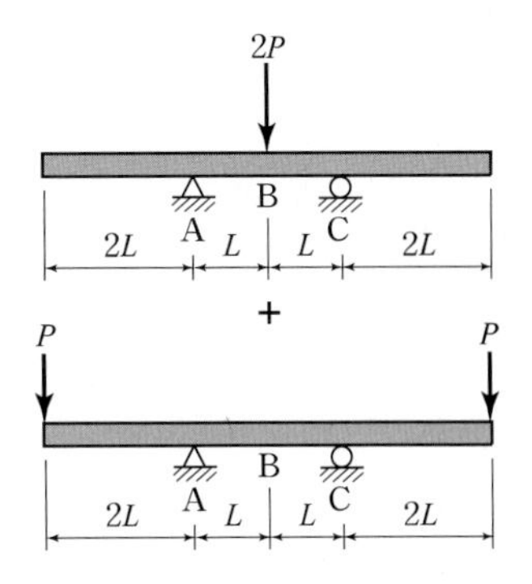

15 그림과 같이 우력모멘트를 받는 단순보의 A 지점 처짐각의 크기는 $a\dfrac{PL^2}{EI}$이다. a의 크기는? (단, 보의 휨강성 EI는 일정하고 보의 자중은 무시한다)

① $\dfrac{1}{2}$
② $\dfrac{1}{6}$
③ $\dfrac{1}{8}$
④ $\dfrac{1}{12}$

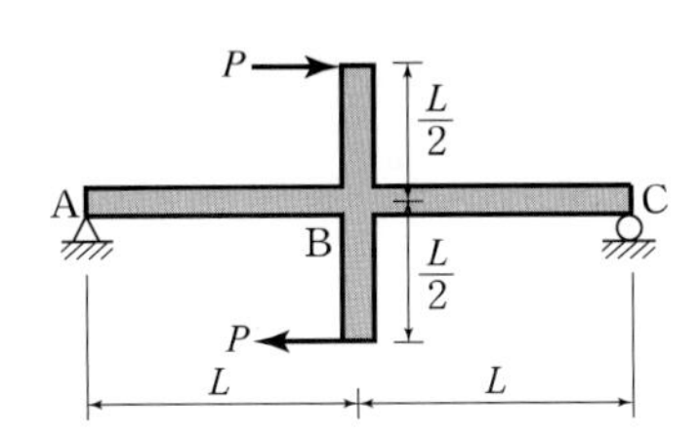

■ 강의식 해설 및 정답 : ④

보의 하중으로 변환하면 역대칭 구조물이므로 길이가 L인 단순보 AB의 B점에 $\dfrac{PL}{2}$의 모멘트하중이 작용하는 경우와 같다.

$$\therefore\ \theta_A = \frac{(PL/2)L}{6EI} = \frac{1}{12}\frac{PL^2}{EI}$$

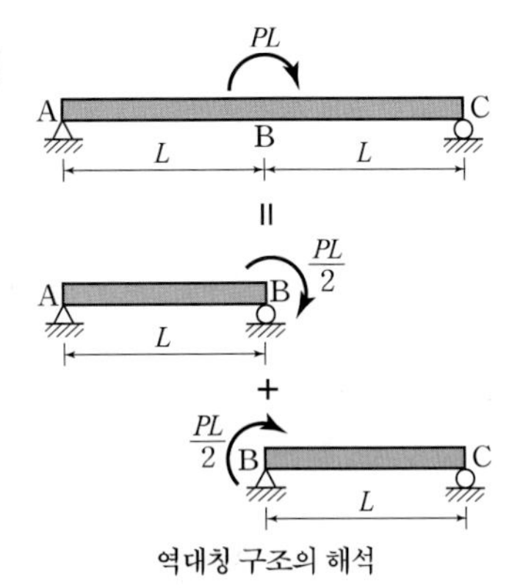

역대칭 구조의 해석

16 그림과 같이 하중을 받는 스프링과 힌지로 지지된 강체 구조물에서 A점의 변위[mm]는? (단, $M_B=$ 30N · m, $k_1=k_2=k_3=$5kN/m, $L_1=$2m, $L_2=L_3=$1m, 구조물의 자중은 무시하며 미소변위이론을 사용한다)

① 1.0
② 1.5
③ 2.0
④ 2.5

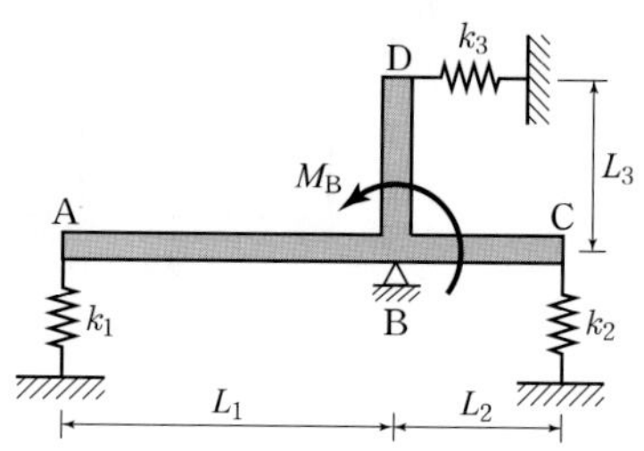

■ 강의식 해설 및 정답 : ③

강체 2차 부정정 구조물로 적합조건과 평형조건을 이용해서 해석한다.

∴ B점의 회전각이 같으므로 작은 변위를 δ로 두고 적합 조건을 구성한 후 B점에서 모멘트 평형 조건을 적용한다.

(1) 적합조건 : 변위를 δ_1, δ_2, δ_3로 두고, B점의 회전각이 같다는 조건을 적용한다.
이때 작은 변위 $\delta_2=\delta_3=\delta$로 두면 큰 변위는 길이비만큼 증가하므로 $\delta_1=2\delta$가 된다.

(2) 평형조건 : 반력을 후크의 법칙을 적용하여 그림에 표시하고, B점에서 모멘트 평형($\Sigma M_B=0$)을 적용하면
$10\delta(2)+5\delta(1)+5\delta(1)-10\times10^{-3}=0$에서
$\delta=10^{-3}\text{m}=1\text{mm}$

(3) A점 변위
$\delta=2\delta=2(1)=2\text{mm}$

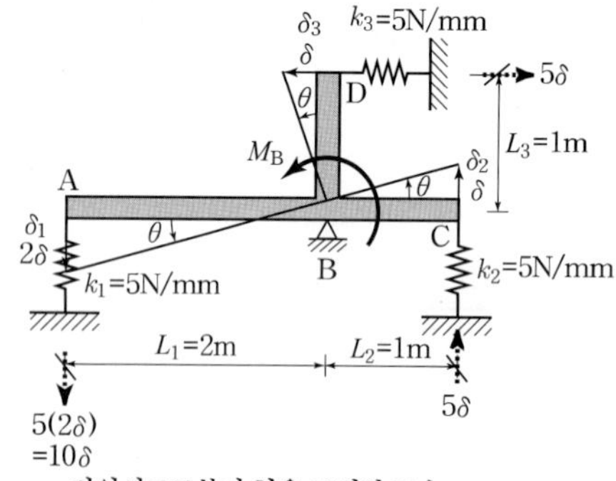

변위선도로부터 힘을 표시한 모습

➡ 스프링상수의 단위 변환 : 5kN/m = 5N/mm

보충 보의 해석 : 계산한 변위와 평형조건을 이용하여 반력을 계산하면 다음과 같다.

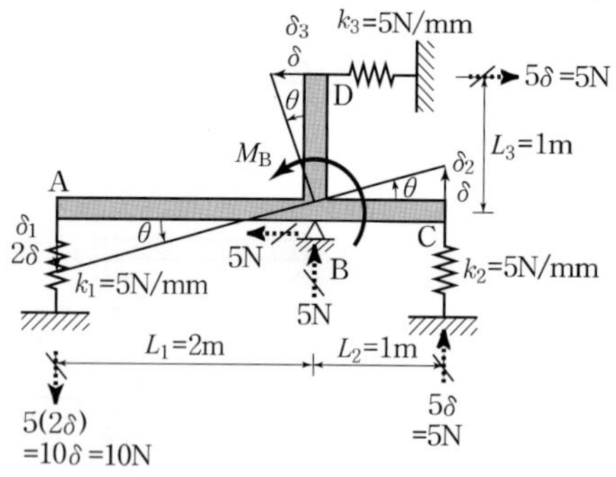

계산한 변위와 평형조건으로 구한 반력

17 그림과 같은 직사각형 단면(폭 b, 높이 h)을 갖는 단순보가 있다. 이 보의 최대휨응력이 최대전단응력의 2배라면 보의 길이(L)와 단면 높이(h)의 비$\left(\frac{L}{h}\right)$는? (단, 보의 자중은 무시한다)

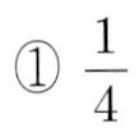
① $\frac{1}{4}$

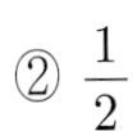
② $\frac{1}{2}$

③ 2

④ 4

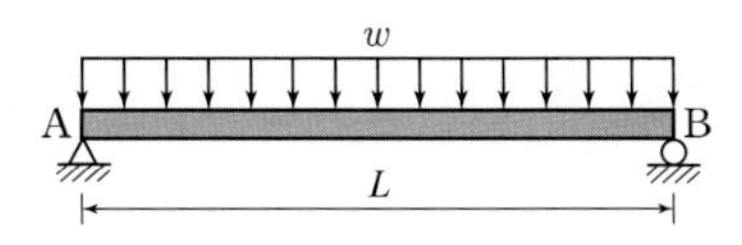

■ 강의식 해설 및 정답 : ③

단순보에 등분포하중이 작용할 때 최대휨응력과 전단응력비를 이용하면

$$\frac{\sigma_{\max}}{\tau_{\max}}=\frac{\frac{M_{\max}}{Z}}{\frac{3}{2}\frac{S_{\max}}{A}}=\frac{\frac{wL^2/8}{bh^2/6}}{\frac{3}{2}\frac{wL/2}{bh}}=\frac{L}{h}=2$$

보충 최대휨응력과 최대전단응력의 비

구조물	P, L	w, L	P, L/2, L/2	w, L
사각형 단면	$\frac{4l}{h}$	$\frac{2l}{h}$	$\frac{2l}{h}$	$\frac{l}{h}$
원형 단면	$\frac{6l}{d}$	$\frac{3l}{d}$	$\frac{3l}{d}$	$\frac{3l}{2d}$

18 그림과 같은 가새골조(Braced Frame)가 있다. 기둥 AB와 기둥 CD의 유효좌굴길이계수에 대한 설명으로 옳은 것은?

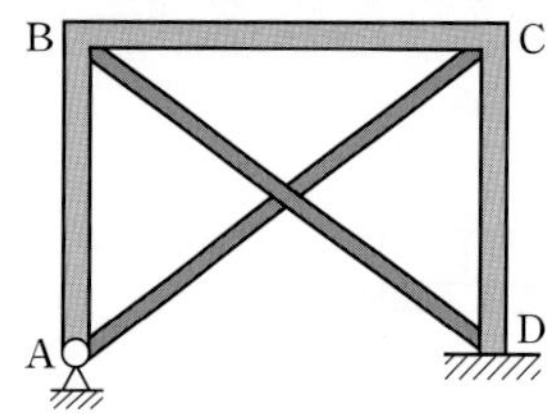

① 기둥 AB의 유효좌굴길이계수는 0.7보다 크고 1.0보다 작다.
② 기둥 AB의 유효좌굴길이계수는 2.0보다 크다.
③ 기둥 CD의 유효좌굴길이계수는 0.5보다 작다.
④ 기둥 CD의 유효좌굴길이계수는 1.0보다 크고 2.0보다 작다.

■ 강의식 해설 및 정답 : ①

가새가 있는 경우는 횡방향 변위가 생기지 않고, 회전을 구속하므로 절점 B와 C는 힌지와 고정 사이의 구속조건을 갖는다.

(1) 기둥 AB : 힌지-회전(힌지와 고정 사이)
힌지-힌지와 힌지-고정 사이에 해당하므로 유효길이계수는 0.7보다 크고, 1.0보다 작다.

(2) 기둥 CD : 고정-회전(힌지와 고정 사이)
고정-고정과 고정-힌지 사이에 해당하므로 유효길이계수는 0.5보다 크고, 0.7보다 작다.

19 그림 (a)와 같은 이중선형 응력변형률 곡선을 갖는 그림 (b)와 같은 길이 2m의 강봉이 있다. 하중 20kN이 작용할 때 강봉의 늘어난 길이[mm]는? (단, 강봉의 단면적은 200mm² 이고, 자중은 무시하며, 그림 (a)에서 탄성계수 $E_1 = 100$GPa, $E_2 = 40$GPa이다)

① 0.2
② 0.8
③ 1.6
④ 3.2

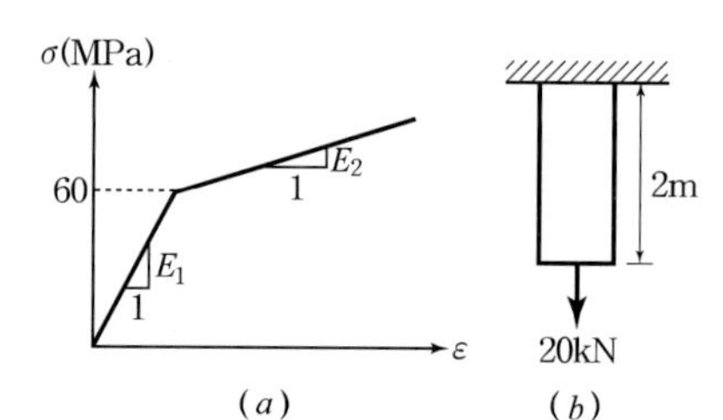

(a) (b)

■ 강의식 해설 및 정답 : ④

응력을 구하여, 응력-변형률 선도에서 변형률을 구한 후 길이를 곱하여 변위를 계산한다.

(1) 응력 : $\sigma = \dfrac{P}{A} = \dfrac{20 \times 10^3}{200} = 100\,\text{MPa}$

(2) 변형률 : 60MPa까지는 E_1을 적용고, 그 이후의 40MPa은 E_2를 적용한다.

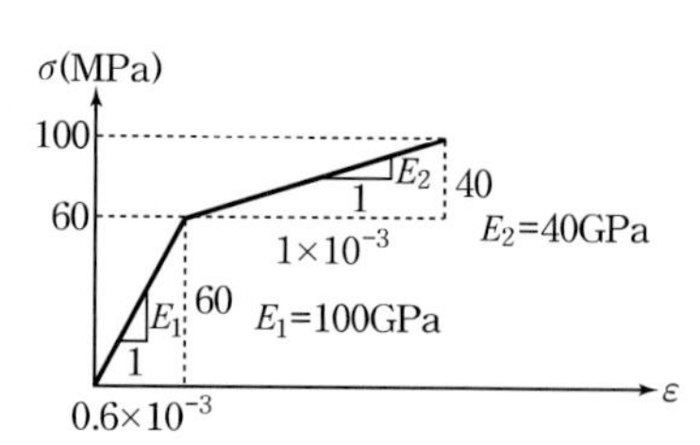

$$\epsilon = \Sigma \frac{\sigma}{E} = \frac{60}{100 \times 10^3} + \frac{40}{40 \times 10^3} = (0.6 + 1) \times 10^{-3} = 0.0016$$

(3) 강봉의 늘어난 길이 : 변형률에 원래 길이를 곱하면
$\delta = \epsilon L = 0.0016(2 \times 10^3) = 3.2\,\text{mm}$

20 다음 설명에서 틀린 것만을 모두 고르면?

ㄱ. 1축 대칭 단면의 도심과 전단 중심은 항상 일치한다.
ㄴ. 미소변위이론을 사용할 때 $\sin\theta$는 θ로 가정된다.
ㄷ. 구조물의 평형방정식은 항상 변형 전의 형상을 사용하여 구한다.
ㄹ. 반력이 한 점에 모이는 구조물은 안정한 정정구조물이다.

① ㄱ, ㄷ
② ㄴ, ㄹ
③ ㄱ, ㄴ, ㄹ
④ ㄱ, ㄷ, ㄹ

■ 강의식 해설 및 정답 : ④

틀린 것을 모두 찾는 문제이므로 주의한다.

ㄱ. 1축 대칭 단면의 도심과 전단 중심은 항상 일치한다. (X) : 1축 대칭단면의 도심과 전단중심은 일치하지 않는다.

➡ 전단중심과 도심이 일치하는 경우는 2축 대칭 단면이고, 1축 대칭단면의 전단중심은 대칭축상에 있으며, 무거운 쪽에 있다.

ㄴ. 미소변위이론을 사용할 때 $\sin\theta$는 θ로 가정된다. (O) : 미소변위가 발생하면 회전각도 미소하므로 $\sin\theta \simeq \theta$로 쓸 수 있다.

➡ 미소변위=미소회전각 ∴ $\sin\theta \simeq \tan\theta \simeq \theta$이고, 변위는 호의 길이와 같다.

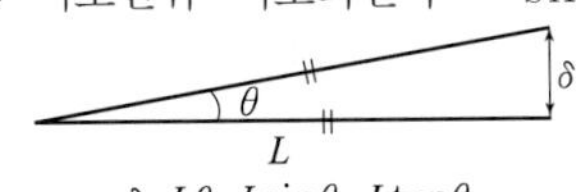

미소 변위 이론

ㄷ. 구조물의 평형방정식은 항상 변형 전의 형상을 사용하여 구한다.(X) : 구조물의 변위가 미소한 경운,s 변위를 무시할 수 있으므로 평형방정식은 변형 전 형상을 사용하여 구성하지만 변위가 큰 경우는 변형 후 형상에 대해 평형방정식을 구성해야 한다.

ㄹ. 반력이 한 점에 모이는 구조물은 안정한 정정구조물이다. (X) : 반력이 한 점에 모이면 모멘트 평형을 유지할 수 없으므로 불안정 구조물이 된다.

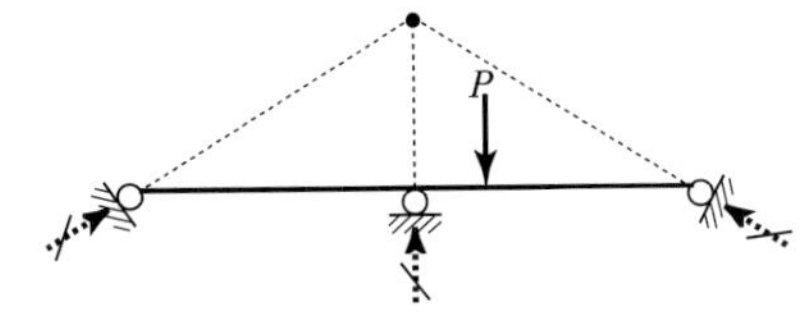

하중에 의해 시계방향으로 회전

지방직 9급 응용역학개론

1 그림과 같이 O점에 작용하는 힘의 합력의 크기[kN]는?

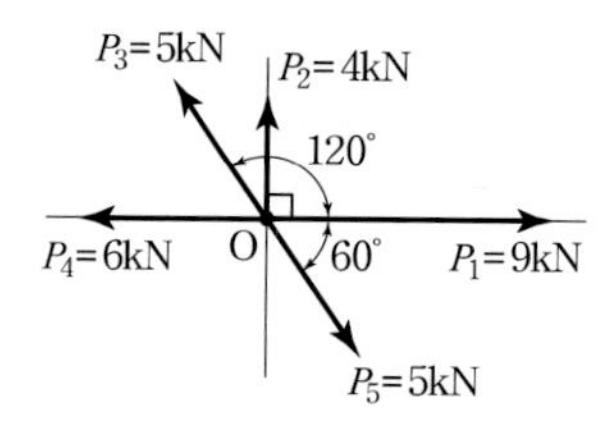

① 2
② 3
③ 4
④ 5

■ 강의식 해설 및 정답 : ④

크기 같고, 방향 반대인 $P_3 = 5\,\text{kN}$과 $P_5 = 5\,\text{kN}$은 상쇄되므로 이를 제거하고 각 방향의 힘을 합성 후 피타고라스 정리로 합력을 구한다.

합력 $R = \sqrt{(P_x)^2 + (\Sigma P_y)^2} = \sqrt{3^2 + 4^2} = 5\,\text{kN}$

여기서, $\Sigma P_x = 9 - 6 = 3\,\text{kN}$

$\Sigma P_y = 4\,\text{kN}$

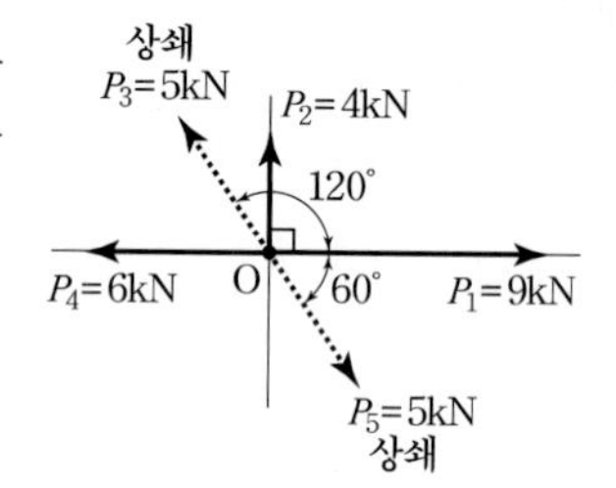

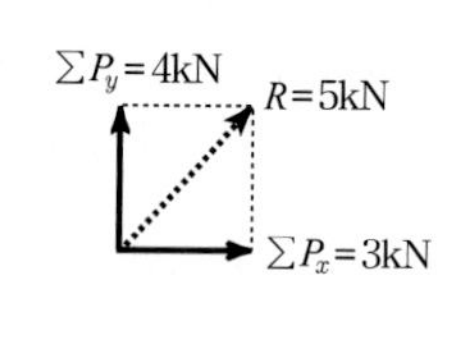

2 그림과 같은 단면에서 x축으로부터 도심 G까지의 거리 y_0는?

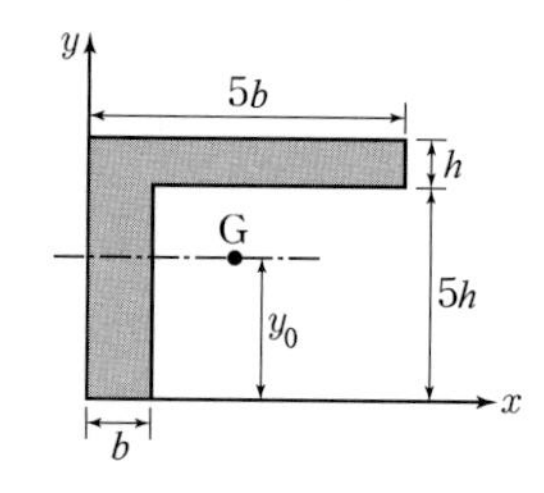

① $3.6h$
② $3.8h$
③ $4.0h$
④ $4.2h$

■ 강의식 해설 및 정답 : ③

단면을 가로로 절단하면 면적비가 같으므로 도심거리는 산술평균값과 같다.

$$y_0 = \frac{2.5h + 5.5h}{2} = 4.0h$$

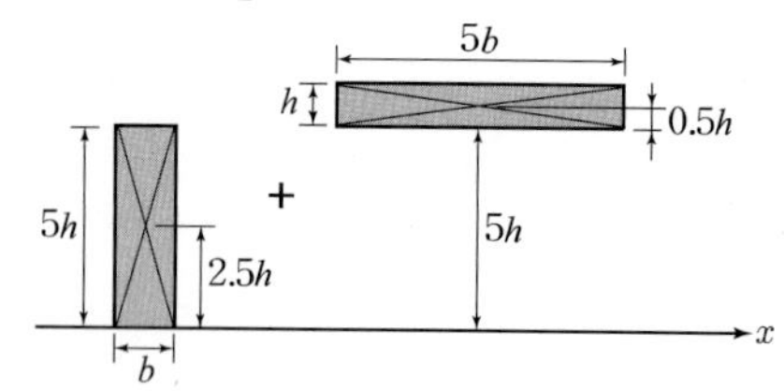

3 그림과 같이 빗금 친 도형의 $x-x$축에 대한 회전 반지름[cm]은?

① $\frac{2\sqrt{3}}{3}$

② $\frac{\sqrt{13}}{3}$

③ $\frac{\sqrt{14}}{3}$

④ $\frac{\sqrt{15}}{3}$

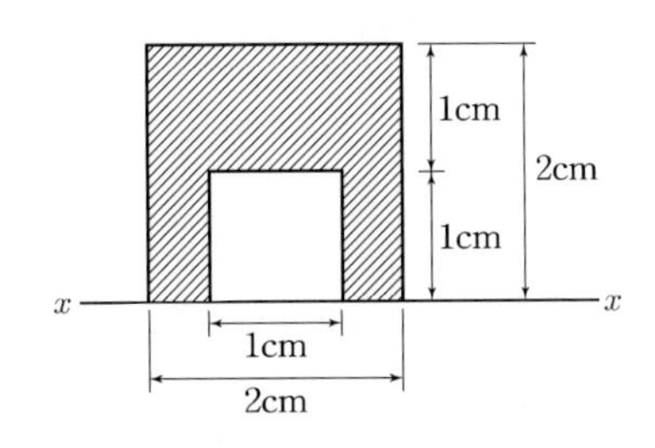

■ 강의식 해설 및 정답 : ④

(1) 단면2차모멘트 : 밑변에 접하는 사각형에 대해 중첩을 적용하면

$$I_x = \frac{BH^3 - bh^3}{3} = \frac{2(2^3) - 1(1^3)}{3} = 5\,\text{cm}^4$$

(2) 회전반경 : 단면2차모멘트를 면적으로 나눈 제곱근이 회전반경이므로

$$r_x = \sqrt{\frac{I_x}{A}} = \sqrt{\frac{5}{2(2) - 1(1)}} = \sqrt{\frac{5}{3}} = \frac{\sqrt{15}}{3}\,\text{cm}$$

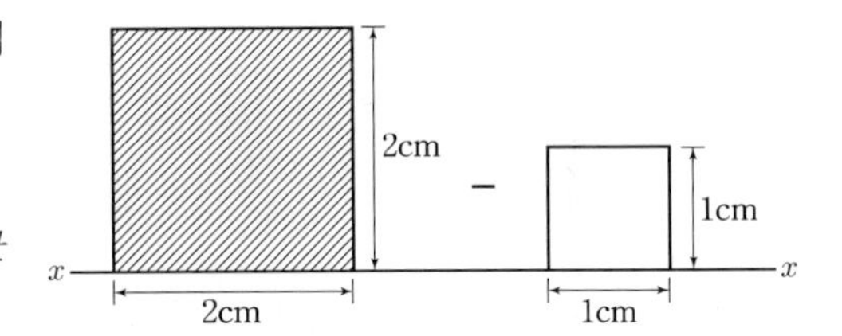

4 그림과 같이 하중을 받는 내민보의 지점 B에서 수직반력의 크기가 0일 때, 하중 P_2의 크기[kN]는? (단, 구조물의 자중은 무시한다)

① 20

② 25

③ 30

④ 35

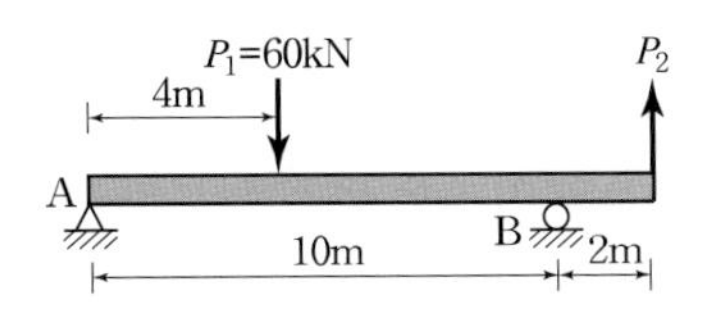

■ 강의식 해설 및 정답 : ①

B점 반력을 0으로 두고 반대편지점 A에서 모멘트 평형을 적용하면

$P_2(12) = 60(4)$에서

$P_2 = 20\,\text{kN}$

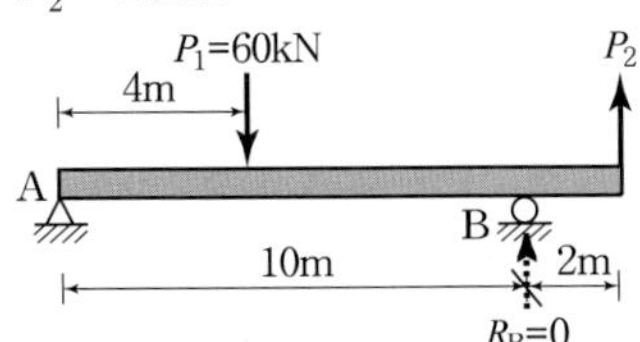

5 그림과 같이 하중을 받는 캔틸레버보에서 B점의 수직변위의 크기는 $C_1 \dfrac{PL^3}{EI}$이다. 상수 C_1은? (단, 휨강성 EI는 일정하며, 구조물의 자중은 무시한다)

① $\dfrac{14}{81}$

② $\dfrac{16}{81}$

③ $\dfrac{14}{27}$

④ $\dfrac{16}{27}$

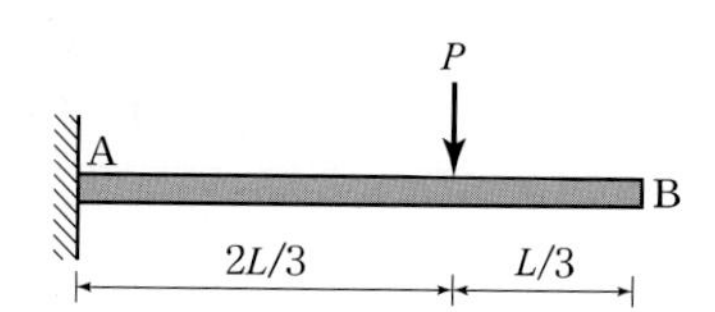

■ 강의식 해설 및 정답 : ①

캔틸레버의 외측변위 공식을 적용하면

$$\delta_B = \frac{Pa^2}{6EI}(2a+3b) = \frac{P(2L/3)^2}{6EI}\left\{2\left(\frac{2L}{3}\right)+3\left(\frac{L}{3}\right)\right\} = \frac{14}{81}\frac{PL^3}{EI}$$

보충 캔틸레버보의 외측 처짐 : 통분, 고정단 거리 먼저, 처짐각 단위, 일이, 이삼, 삼사, 사오

구조물	자유단 처짐
M, A, C, B, a, b, L	$\delta_B = \dfrac{Ma}{2EI}(a+2b)$
P, A, C, B, a, b, L	$\delta_B = \dfrac{Pa^2}{6EI}(2a+3b)$
w, A, C, B, a, b, L	$\delta_B = \dfrac{wa^3}{24EI}(3a+4b)$
w, A, C, B, a, b, L	$\delta_B = \dfrac{wa^3}{120EI}(4a+5b)$

6 그림과 같이 하중을 받는 트러스 구조물에서 부재 CG의 부재력의 크기[kN]는? (단, 구조물의 자중은 무시한다)

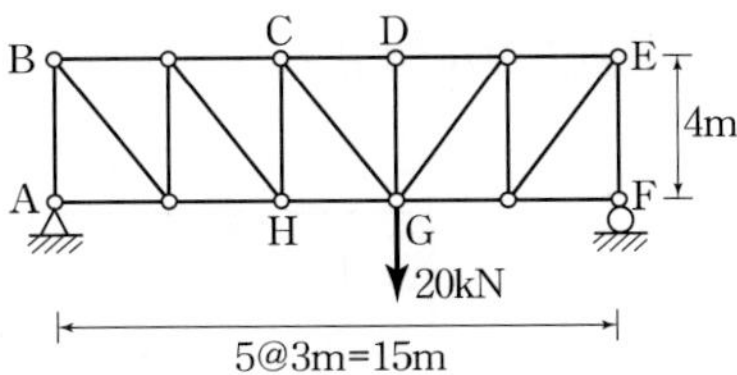

① 8
② 10
③ 12
④ 14

■ 강의식 해설 및 정답 : ②

(1) A점 반력 : 반대편 지점의 모멘트를 지간거리로 나누면

$$R_A = \frac{20(\text{칸})}{5\text{칸}} = 8\,\text{kN}$$

(2) CG 부재력 : CG 부재를 절단한 한쪽에 대해 시력도 폐합 조건을 적용하면

$$CG = R_A\left(\frac{5}{4}\right) = 8\left(\frac{5}{4}\right) = 10\,\text{kN}$$

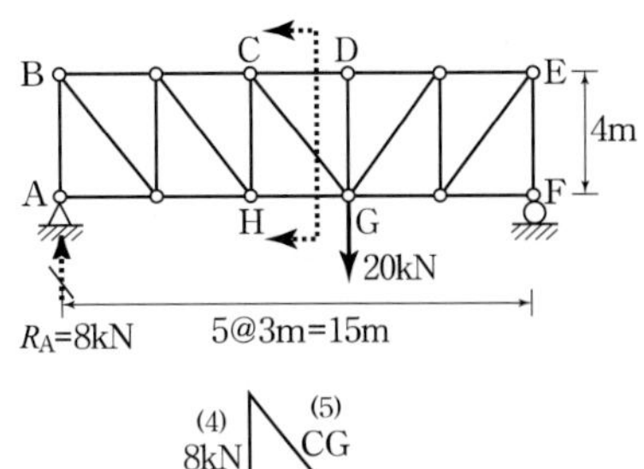

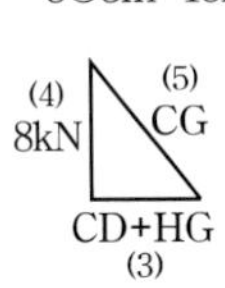

7 그림과 같이 축방향 하중을 받는 합성 부재에서 C점의 수평변위의 크기[mm]는? (단, 부재에서 AC 구간과 BC 구간의 탄성계수는 각각 50GPa과 200GPa이고, 단면적은 500mm² 으로 동일하며, 구조물의 좌굴 및 자중은 무시한다)

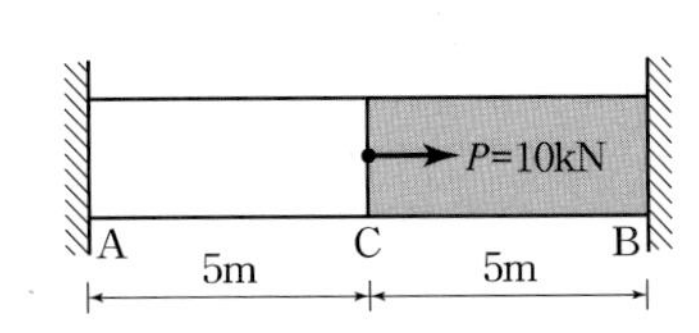

① 0.2
② 0.4
③ 0.5
④ 1.6

■ 강의식 해설 및 정답 : ②

변위가 같은 구조물이므로 합성강성도를 구하여 후크의 법칙을 적용하면

$$\delta_C = \frac{P}{\Sigma K} = \frac{10\times10^3}{\dfrac{50\times10^3(500)}{5\times10^3} + \dfrac{200\times10^3(500)}{5\times10^3}} = 0.4\,\text{mm}$$

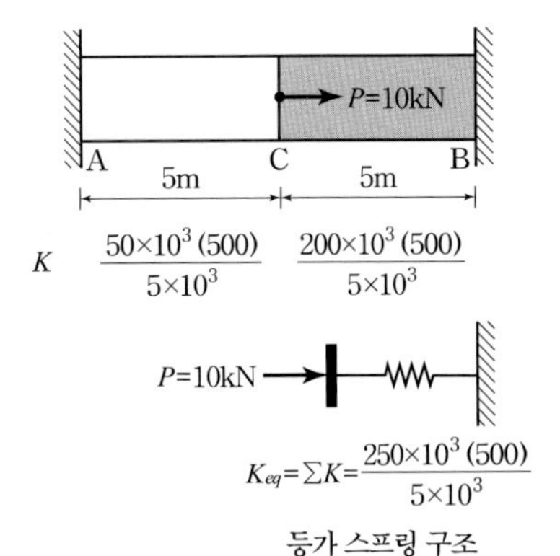

8 그림과 같이 양단이 고정된 수평부재에서 부재의 온도가 ΔT만큼 상승하여 40MPa의 축방향 압축응력이 발생하였다. 상승한 온도 ΔT[° C]는? (단, 부재의 열팽창계수 $\alpha = 1.0\times10^{-5}$/° C, 탄성계수 $E=$ 200GPa이며, 구조물의 좌굴 및 자중은 무시한다)

① 5
② 10
③ 20
④ 30

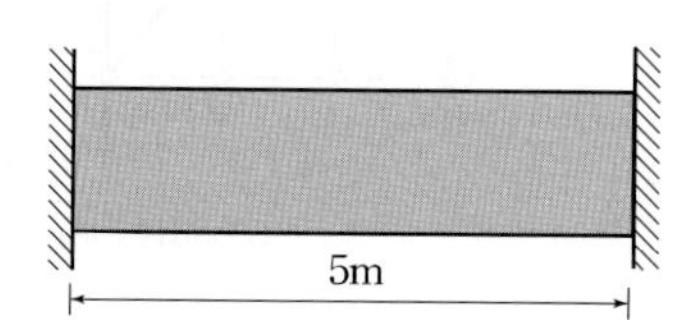

■ 강의식 해설 및 정답 : ③

허용변위가 없으므로 온도응력 $\sigma = E\alpha(\Delta T)$에서

$$\Delta T = \frac{\sigma}{E\alpha} = \frac{40}{200\times10^3(1.0\times10^{-5})} = 20\,°\mathrm{C}$$

보충 온도영향의 기본틀

- 온도반력

$$R_t = E\alpha(\Delta T)A - K\delta_a = E\alpha(\Delta T)A - \frac{EA}{L}\delta_a$$

- 온도응력

$$\sigma_t = \frac{R_t}{A} = E\alpha(\Delta T) - E\epsilon_a = E\alpha(\Delta T) - E\left(\frac{\delta_a}{L}\right)$$

9 그림 (a)와 같이 양단 힌지로 지지된 길이 5m 기둥의 오일러 좌굴하중이 360kN일 때, 그림 (b)와 같이 일단 고정 타단 자유인 길이 3m 기둥의 오일러 좌굴하중[kN]은? (단, 두 기둥의 단면은 동일하고, 탄성계수는 같으며, 구조물의 자중은 무시한다)

① 125
② 250
③ 500
④ 720

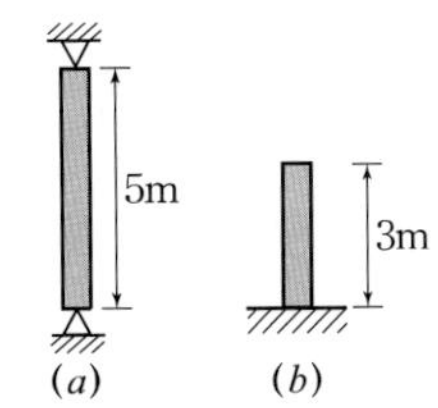

■ 강의식 해설 및 정답 : ②

좌굴하중 $P_{cr}=\dfrac{n\pi^2 EI}{L^2}$을 이용하면 $n=1/4$배, $L=\dfrac{3}{5}$배가 되므로 좌굴하중 $P_{cr}=\dfrac{25}{36}$배가 된다.

$\therefore\ P_{cr(b)}=\dfrac{25}{36}P_{cr(a)}=\dfrac{25}{36}(360)=250\,\text{kN}$

➡ 바뀐 배수를 대입하면 바뀐 배수를 얻고 여기에 초깃값을 곱하면 바뀐 값을 얻는다.

보충 좌굴하중 $P_{cr}=\dfrac{\pi^2 EI}{L_k^2}=\dfrac{\pi^2 E(r_{\min}^2 A)}{L_k^2}=\dfrac{\pi^2 EA}{\lambda^2}$

$=\dfrac{n\pi^2 EI}{L^2}$

보충 단부조건만을 고려한 기둥의 좌굴하중(강도)비

지지조건	고정 자유	양단 힌지	고정 힌지	양단 고정
강도비	1	4	8	16

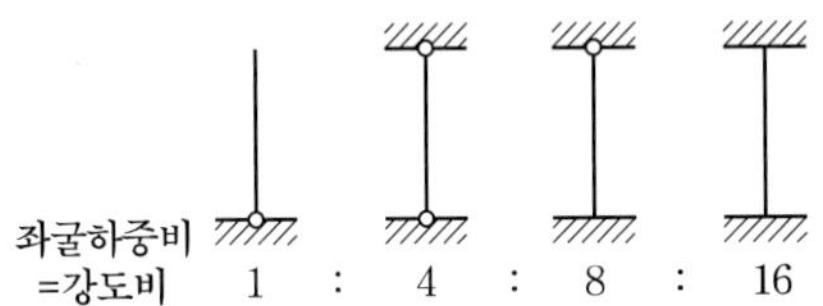

보충 좌굴하중 : 최대 압축 부재력이 임계하중(P_{cr})에 도달할 때의 하중

➡ 문제에서 특별한 언급이 없다면 중심축하중 P가 작용하므로 최대압축력은 P이다.

10 그림과 같이 하중을 받는 부정정 구조물의 지점 A에서 모멘트 반력의 크기[kN · m]는? (단, 휨강성 EI는 일정하고, 구조물의 자중 및 축방향 변형은 무시한다)

① 6
② 9
③ 12
④ 18

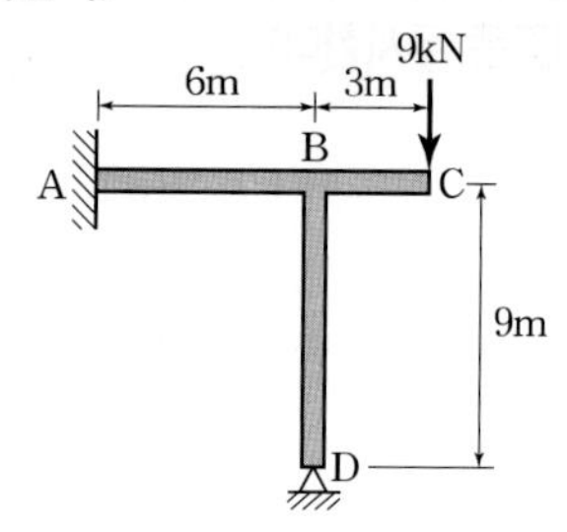

■ 강의식 해설 및 정답 : ②

B점의 처짐각이 일정한 구조물이므로 $M=K\theta$에서 강성도에 비례하여 모멘트가 분배되고 고정단으로 1/2이 전단된다.

(1) 강성도

$$K_{AB} : K_{BD} = \frac{4EI}{6} : \frac{3EI}{9} = 2 : 1$$

(2) BA로 분배되는 모멘트 : B점 모멘트는 강성도에 비례하여 분배되므로

$$M_{BA} = 9(3) \times \frac{2}{3} = 18\,\text{kN·m}$$

(3) A점 모멘트 : 분배된 모멘트는 고정단으로 1/2이 전달되므로

$$M_A = M_{BA}\left(\frac{1}{2}\right) = 18\left(\frac{1}{2}\right) = 9\,\text{kN·m}$$

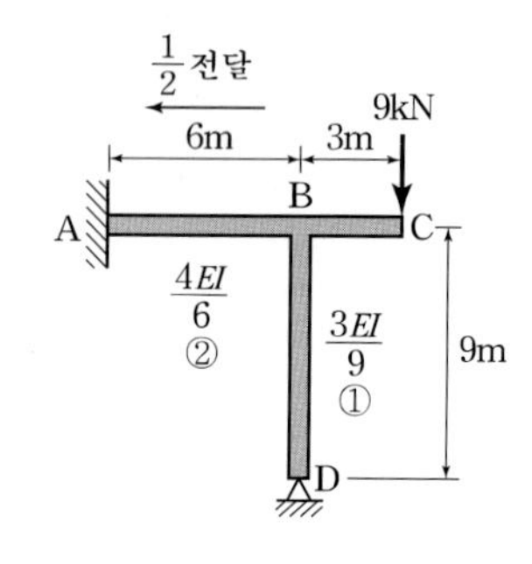

11 그림 (a), 그림 (b)와 같이 원형단면을 가지고 인장하중 P를 받는 부재의 인장변형률이 각각 ϵ_a와 ϵ_b일 때, 인장변형률 ϵ_a에 대한 인장변형률 ϵ_b의 비 ϵ_b/ϵ_a는? (단, 그림 (a)부재와 그림 (b)부재의 길이는 각각 L과 $2L$, 지름은 각각 d와 $2d$이고, 두 부재는 동일한 재료로 만들어졌으며, 구조물의 자중은 무시한다)

① 0.25
② 0.5
③ 0.75
④ 1.0

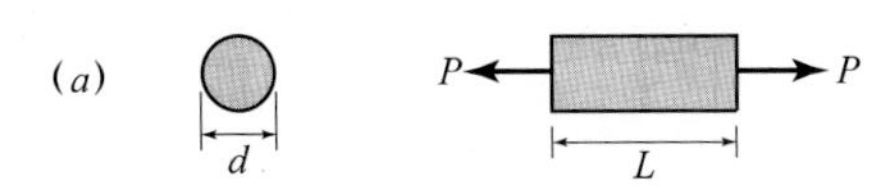

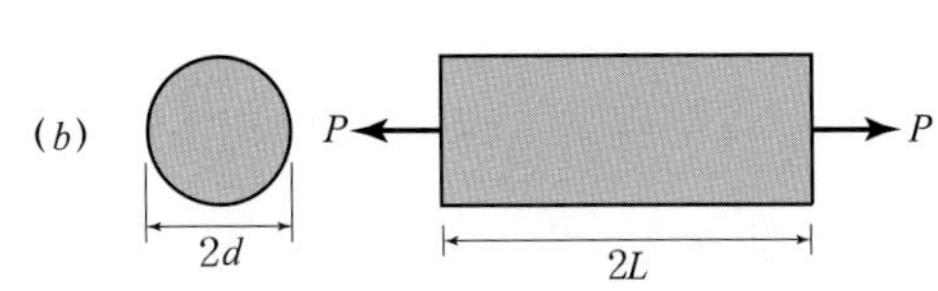

■ 강의식 해설 및 정답 : ①

후크의 법칙을 적용하면 $\epsilon = \dfrac{\sigma}{E} = \dfrac{P}{EA} = \dfrac{4P}{\pi d^2 E}$이고, ϵ_b/ϵ_a는 분자의 ϵ_b를 구하는 것이므로 지름이 2배가 되면 변형률은 1/4배가 된다.

$\therefore \ \dfrac{\epsilon_b}{\epsilon_a} = \dfrac{1}{4} = 0.25$

12 그림과 같은 전단력선도를 가지는 단순보 AB에서 최대 휨모멘트의 크기[kN · m]는? (단, 구조물의 자중은 무시한다)

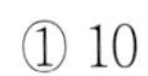

① 10
② 12
③ 14
④ 16

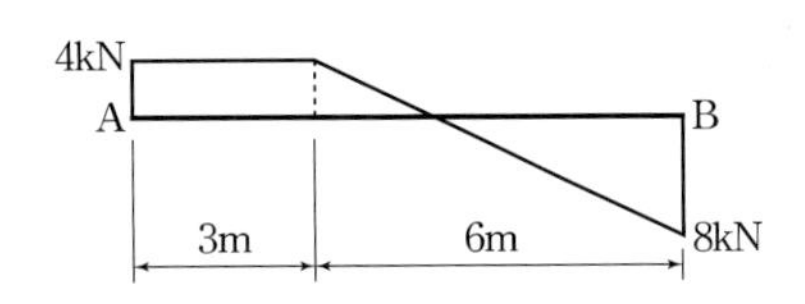

■ 강의식 해설 및 정답 : ④

(1) B점에서 전단력이 0인 점까지의 거리 : 삼각형의 비례식을 적용하면

$x_B = 6\left(\dfrac{2}{3}\right) = 4\,\text{m}$

(2) 최대 휨모멘트 : 전단력이 0인 점까지의 삼각형 면적과 같으므로

$M_{\max} = \dfrac{8x_B}{2} = \dfrac{8(4)}{2} = 16\,\text{kN·m}$

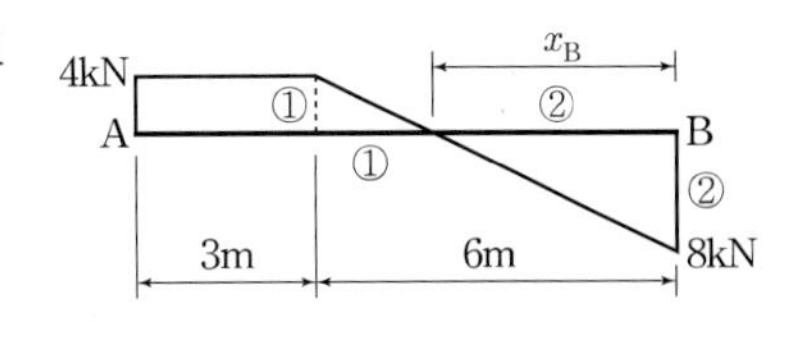

13 그림 (a)와 같이 하중을 받는 단순보의 휨모멘트선도가 그림 (b)와 같을 때, E점에 작용하는 하중 P의 크기[kN]는? (단, 구조물의 자중은 무시한다)

① 2
② 3
③ 4
④ 5

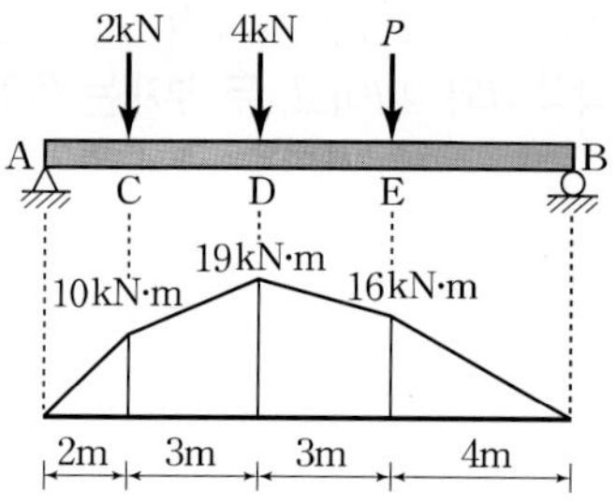

■ 강의식 해설 및 정답 : ②

E점과 D점의 휨모멘트로부터 반력 R_B와 하중 P의 크기를 구한다.

(1) B점 반력 : E점의 휨모멘트가 16kN · m라는 조건을 적용하면

$M_E = R_B(4) = 16$에서

$R_B = 4\,\text{kN}$

(2) 하중 P의 크기 : D점의 휨모멘트가 19kN · m라는 조건을 적용하면

$M_D = 4(7) - P(3) = 19$에서

$P = 3\,\text{kN}$

14 그림과 같이 폭 100mm, 높이가 200mm의 직사각형 단면을 갖는 단순보의 허용 휨응력이 6MPa이라면, 단순보에 작용시킬 수 있는 최대 집중하중 P의 크기[kN]는? (단, 휨강성 EI는 일정하고, 구조물의 자중은 무시한다)

① 2.7
② 3.0
③ 4.5
④ 5.0

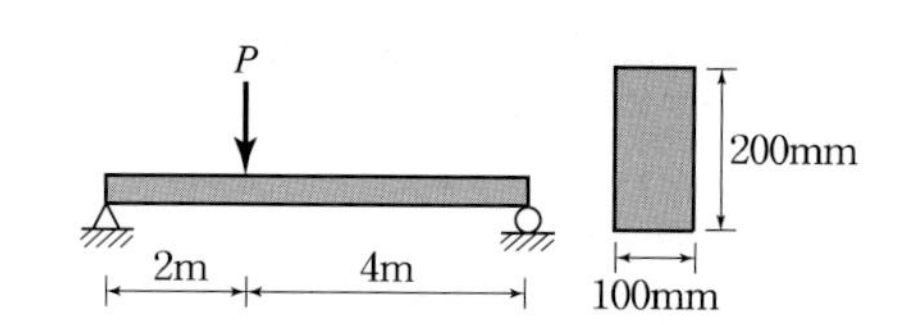

■ 강의식 해설 및 정답 : ②

최대 휨응력이 허용응력 이하라야 한다는 조건을 적용하면

$$\sigma_{\max} = \frac{M_{\max}}{Z} = \frac{Pab/L}{Ah/6} = \frac{P(2)(4)/6 \times 10^6}{2 \times 10^4 (200)/6} \le \sigma_a = 6\text{에서}$$

$P \le 3\,\text{kN}$

15 균질한 등방성 탄성체에서 탄성계수는 240GPa, 포아송비는 0.2일 때, 전단탄성계수[GPa]는?

① 100　　② 200
③ 280　　④ 320

■ 강의식 해설 및 정답 : ①

전단탄성계수와 탄성계수의 관계식을 이용하면

$$G=\frac{E}{2(1+\nu)}=\frac{240}{2(1+0.2)}=100\,\text{GPa}$$

보충 체적탄성계수 $K=\frac{mE}{3(m-2)}=\frac{E}{3(1-2\nu)}$

16 그림과 같이 하중을 받는 게르버보에 발생하는 최대 휨모멘트의 크기[kN · m]는? (단, 휨강성 EI는 일정하고, 구조물의 자중은 무시한다)

① 60
② 70
③ 80
④ 90

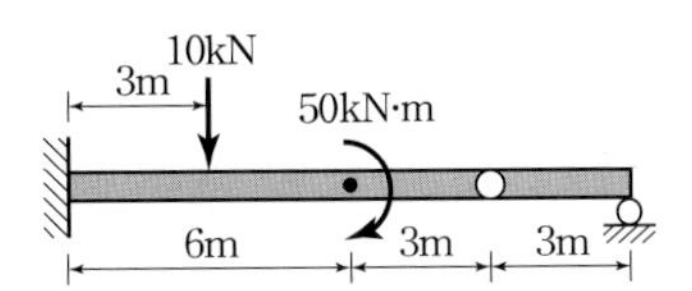

■ 강의식 해설 및 정답 : ③

힌지를 통해 전달되는 힘이 0(zero)이므로 최대휨모멘트는 하부구조(캔틸레버보)의 고정단 모멘트와 같다.

$\therefore\ M_{\max}=-M_{고정단}=-50-10(3)=-80\,\text{kN·m}$

17 그림과 같이 하중을 받는 내민보에서 C점의 수직변위의 크기는 $C_1\frac{wL^4}{EI}$이다. 상수 C_1은? (단, 휨강성 EI는 일정하고, 구조물의 자중은 무시한다)

① $\frac{1}{24}$

② $\frac{1}{36}$

③ $\frac{1}{48}$

④ $\frac{1}{60}$

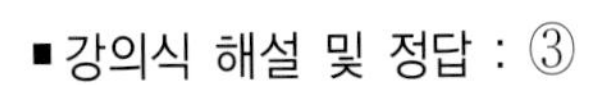

■ 강의식 해설 및 정답 : ③

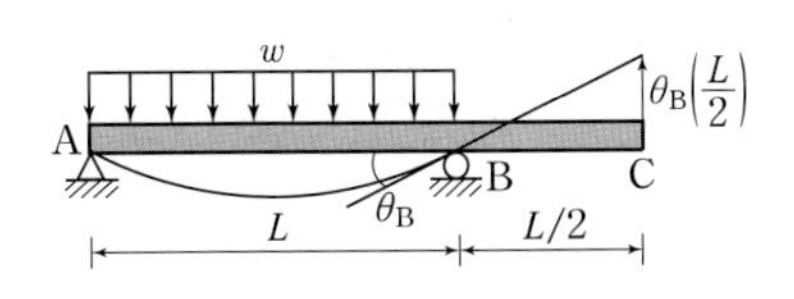

처짐선도를 이용하면

$$\delta_C=\theta_B\left(\frac{L}{2}\right)=\frac{wL^3}{24EI}\left(\frac{L}{2}\right)=\frac{1}{48}\frac{wL^4}{EI}=C_1\frac{wL^4}{EI}$$ 에서

$$C_1=\frac{1}{48}$$

18 그림과 같은 평면응력 상태의 미소 요소에서 최대 주응력의 크기[MPa]는?

① 150
② $100+50\sqrt{2}$
③ 200
④ $200+50\sqrt{2}$

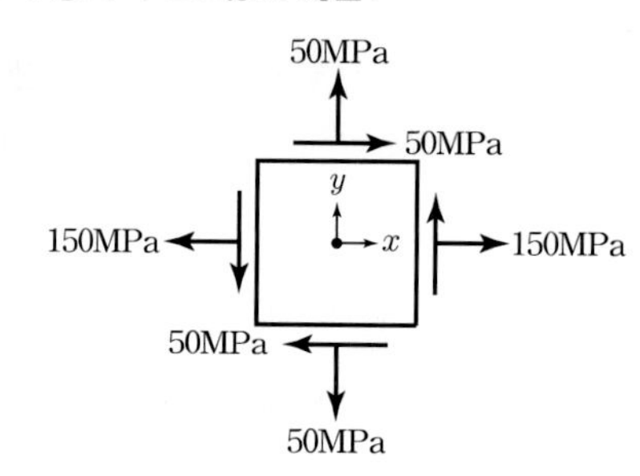

■ 강의식 해설 및 정답 : ②

최대주응력은 모아원의 중심좌푯값에 모아원 반지름을 합한 값과 같으므로

$$\sigma_{\max}=\frac{\sigma_x+\sigma_y}{2}+\sqrt{\left(\frac{\sigma_x-\sigma_y}{2}\right)^2+\tau_{xy}^2}=\frac{150+50}{2}+\sqrt{\left(\frac{150-50}{2}\right)^2+50^2}=(100+50\sqrt{5})\,\text{MPa}$$

➡ 루트 계산은 공통인수 묶어내고 남는 값으로만 계산한다.

보충 최댓값 계산틀 : (모아원 중심좌표)±(모아원 반지름)

(1) 모아원 중심좌표 : $\left(\dfrac{\sigma_x+\sigma_y}{2},\ 0\right)$

(2) 모아원 반지름 : $R=\sqrt{\left(\dfrac{\sigma_x-\sigma_y}{2}\right)^2+\tau_{xy}^2}$

(3) 주응력 : $\sigma_{1,2}=\dfrac{\sigma_x+\sigma_y}{2}\pm\sqrt{\left(\dfrac{\sigma_x-\sigma_y}{2}\right)^2+\tau_{xy}^2}$

(4) 주전단응력 : $\tau_{1,2}=0\pm\sqrt{\left(\dfrac{\sigma_x-\sigma_y}{2}\right)^2+\tau_{xy}^2}$

19 그림과 같이 하중을 받는 캔틸레버보의 지점 A에서 모멘트 반력의 크기가 0일 때, 하중 P의 크기[kN]는? (단, 구조물의 자중은 무시한다)

① 15
② 20
③ 25
④ 30

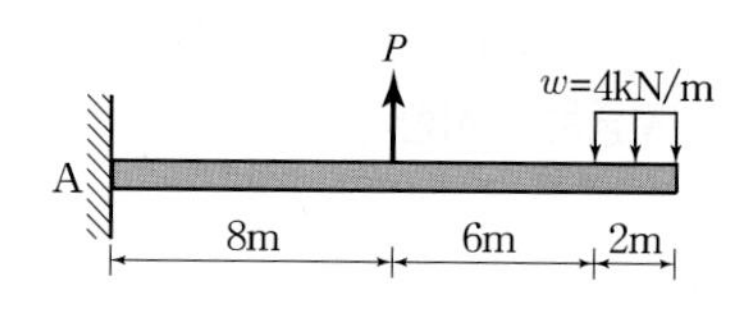

■ 강의식 해설 및 정답 : ①

힘을 표시하고, 고정단 모멘트를 구하여 0으로 두면

$M_A=P(8)-(4\times2)(15)=0$에서

$P=15\,\text{kN}$

➡ 실제 계산에서는 시계, 반시계방향의 모멘트가 같다는 조건으로 푼다.

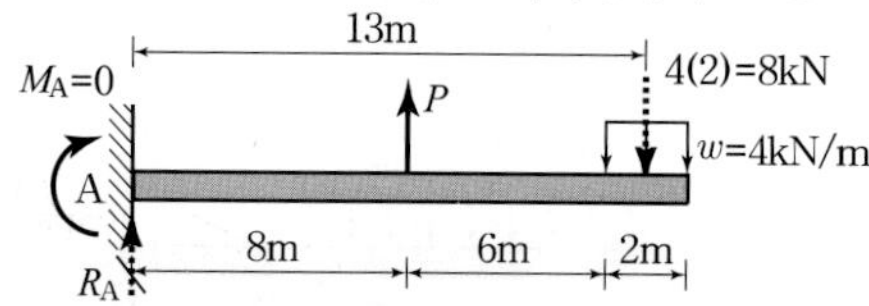

보충 미지수인 A점 반력을 소거하기 위해 반드시 고정단에서 모멘트평형을 적용한다.
만약 A점 반력을 묻는 문제라면 하중 P가 지나는 점에서 모멘트 평형을 적용한다.

20 그림과 같이 C점에 내부힌지를 가지는 구조물의 지점 B에서 수직반력의 크기[kN]는? (단, 구조물의 자중은 무시한다)

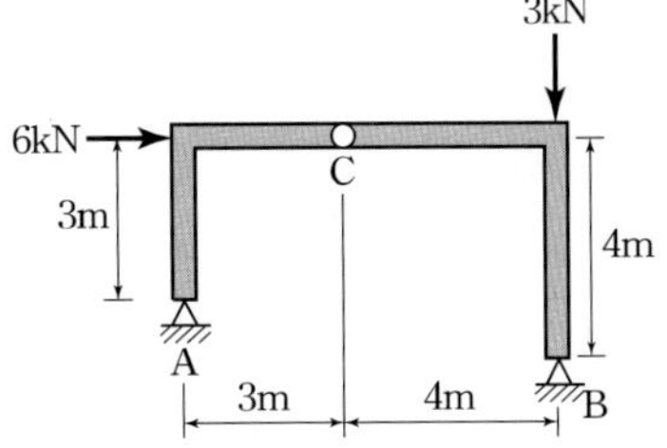

① 2
② 4
③ 6
④ 8

■ 강의식 해설 및 정답 : ③

(1) B점의 수평반력 : 케이블의 일반정리를 이용하면

$$H_B = \frac{M_{유사}}{y_{종거}} = \frac{6(3) \times \frac{4}{7}}{3\left(\frac{4}{7}\right) + 4\left(\frac{3}{7}\right)} = 3\,\text{kN}\,(\leftarrow)$$

(2) B점의 수직반력 : B점의 반력이 힌지를 지나야 하므로 시력도 폐합 조건을 적용하면

$V_B - 3 = 3$에서

$V_B = 6\,\text{kN}\,(\uparrow)$

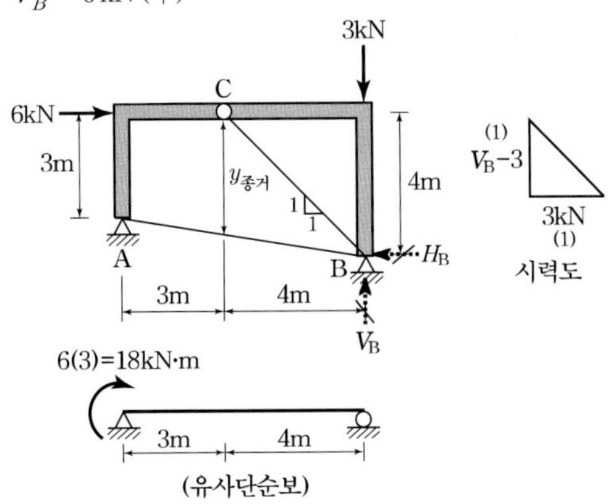

➡ 실제 계산에서는 수직하중 3kN은 모두 B점이 받으므로 보기를 수평하중 6kN에 의한 수직반력으로 수정 후 계산한다. 반력의 방향을 표시하면 수평하중 6kN에 의한 B점 수직반력이 상향이므로 보기 ①=−1로 수정되므로 탈락이다.

토목직공무원 시험대비

응용역학(기출문제&무료 동영상강의)

定價 42,000원

저 자 정 경 동
발행인 이 종 권

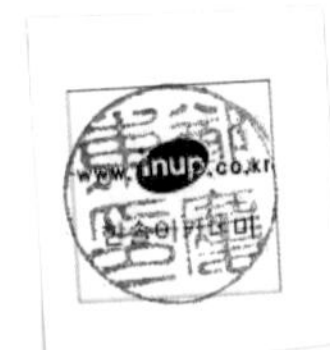

2013年 1月 25日 초 판 발 행
2014年 1月 13日 1차개정판발행
2015年 1月 20日 2차개정판발행
2016年 1月 13日 3차개정판발행
2017年 1月 9日 4차개정판발행
2018年 1月 29日 5차개정판발행
2019年 8月 27日 6차개정판발행
2021年 3月 24日 7차개정판발행

發行處 (주) 한솔아카데미

(우)06775 서울시 서초구 마방로10길 25 트윈타워 A동 2002호
TEL : (02)575-6144/5 FAX : (02)529-1130
〈1998. 2. 19 登錄 第16-1608號〉

ISBN 979-11-5656-999-2 13530

한솔아카데미 발행도서

건축기사시리즈
①건축계획
이종석, 이병억 공저
542쪽 | 23,000원

건축기사시리즈
②건축시공
김형중, 한규대, 이명철, 홍태화 공저
696쪽 | 23,000원

건축기사시리즈
③건축구조
안광호, 홍태화, 고길용 공저
820쪽 | 24,000원

건축기사시리즈
④건축설비
오병칠, 권영철, 오호영 공저
598쪽 | 23,000원

건축기사시리즈
⑤건축법규
현정기, 조영호, 김광수, 한웅규 공저
608쪽 | 24,000원

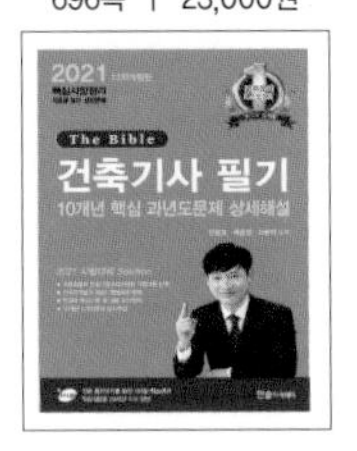

건축기사 필기 10개년 핵심 과년도문제해설
안광호, 백종엽, 이병억 공저
1,030쪽 | 40,000원

건축기사 4주완성
남재호, 송우용 공저
1,222쪽 | 42,000원

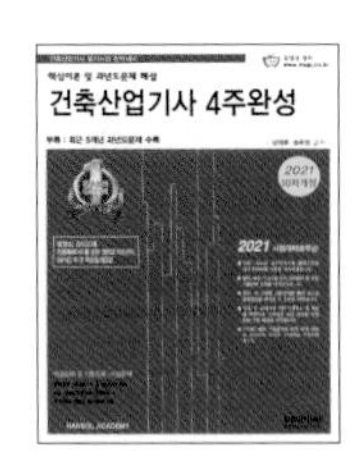

건축산업기사 4주완성
남재호, 송우용 공저
1,136쪽 | 39,000원

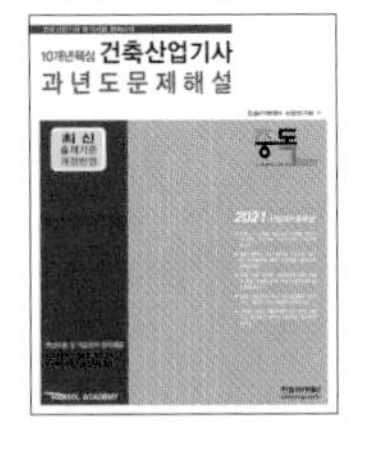

10개년핵심 건축산업기사 과년도문제해설
한솔아카데미 수험연구회
968쪽 | 35,000원

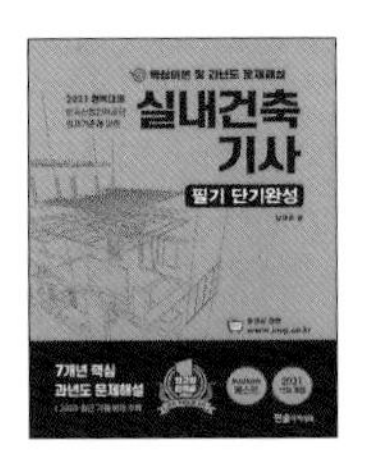

7개년핵심 실내건축기사 과년도문제해설
남재호 저
1,264쪽 | 37,000원

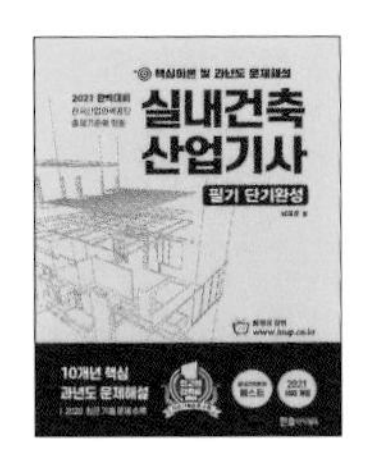

10개년핵심 실내건축 산업기사 과년도문제해설
남재호 저
1,020쪽 | 30,000원

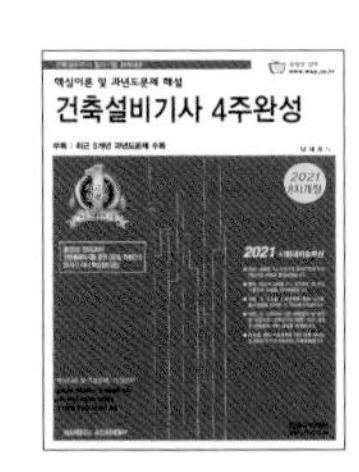

건축설비기사 4주완성
남재호 저
1,144쪽 | 39,000원

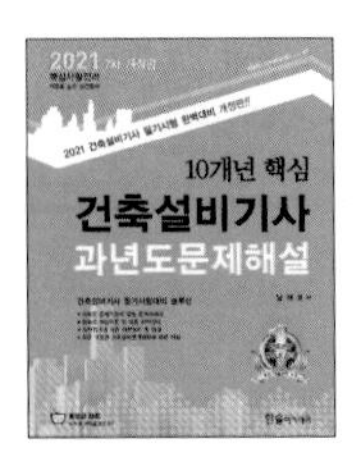

10개년 핵심 건축설비기사 과년도
남재호 저
1,086쪽 | 35,000원

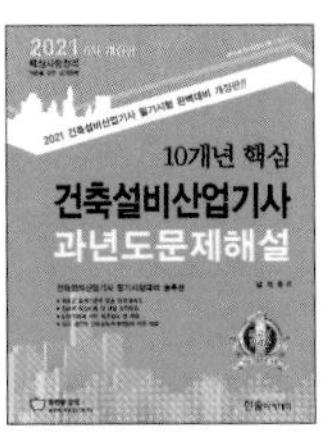

10개년 핵심 건축설비 산업기사 과년도
남재호 저
866쪽 | 30,000원

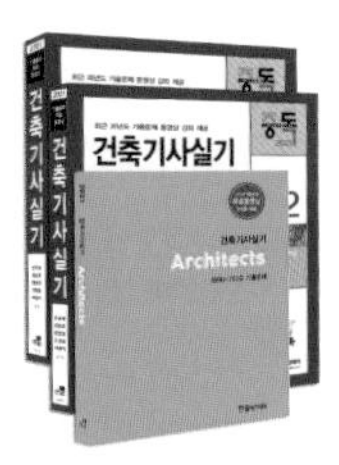

건축기사 실기
한규대, 김형중, 염창열, 안광호, 이병억 공저
1,686쪽 | 49,000원

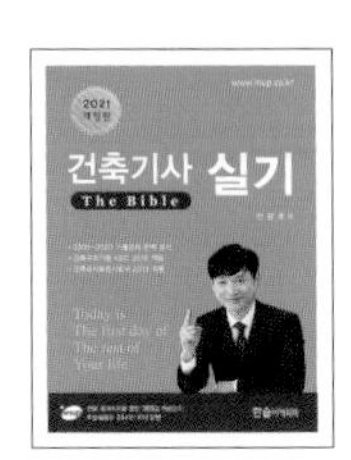

건축기사 실기 (The Bible)
안광호 저
600쪽 | 30,000원

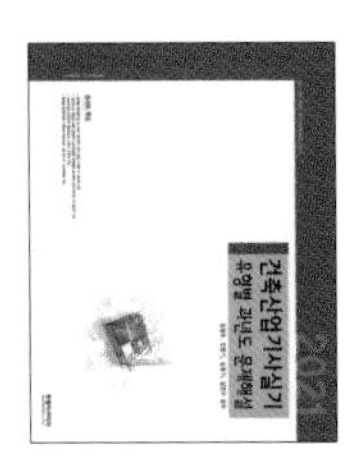

건축산업기사 실기
김영주, 민윤기, 김용기, 강연구 공저
304쪽 | 38,000원

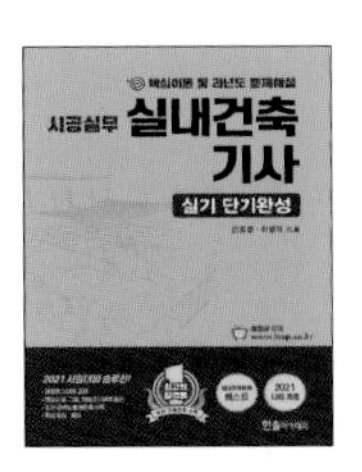

시공실무 실내건축기사 실기
안동훈, 이병억 공저
400쪽 | 28,000원

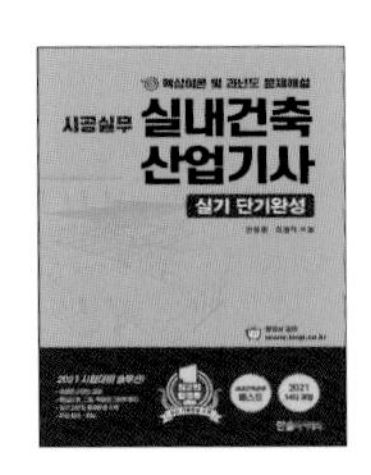

시공실무 실내건축산업기사 실기
안동훈, 이병억 공저
344쪽 | 26,000원

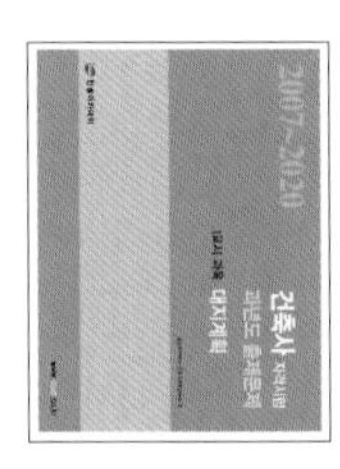

건축사 과년도출제문제 1교시 대지계획
한솔아카데미 건축사수험연구회
262쪽 | 30,000원

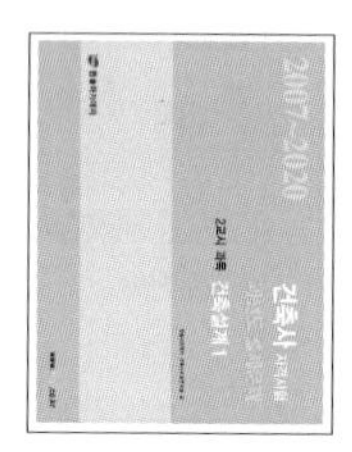

건축사 과년도출제문제
2교시 건축설계1
한솔아카데미 건축사수험연구회
130쪽 | 30,000원

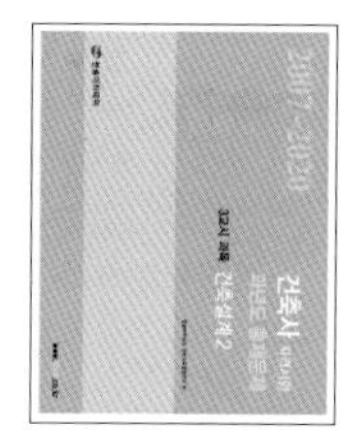

건축사 과년도출제문제
3교시 건축설계2
한솔아카데미 건축사수험연구회
284쪽 | 30,000원

건축물에너지평가사
①건물 에너지 관계법규
건축물에너지평가사 수험연구회
762쪽 | 27,000원

건축물에너지평가사
②건축환경계획
건축물에너지평가사 수험연구회
378쪽 | 23,000원

건축물에너지평가사
③건축설비시스템
건축물에너지평가사 수험연구회
634쪽 | 26,000원

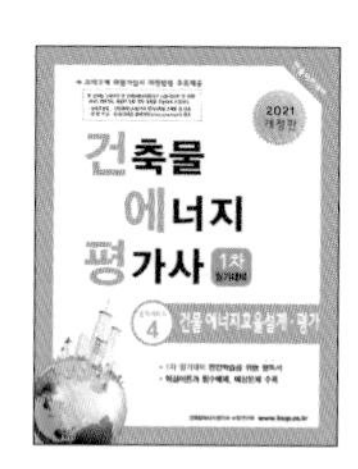

건축물에너지평가사
④건물 에너지효율설계 · 평가
건축물에너지평가사 수험연구회
642쪽 | 27,000원

건축물에너지평가사
핵심 · 문제풀이 상권
건축물에너지평가사 수험연구회
888쪽 | 35,000원

건축물에너지평가사
핵심 · 문제풀이 하권
건축물에너지평가사 수험연구회
874쪽 | 35,000원

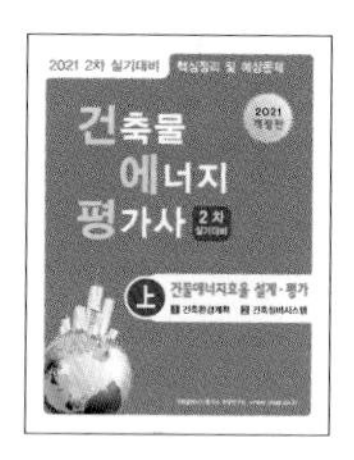

건축물에너지평가사
2차실기(상)
건축물에너지평가사 수험연구회
812쪽 | 35,000원

건축물에너지평가사
2차실기(하)
건축물에너지평가사 수험연구회
592쪽 | 35,000원

토목기사시리즈
①응용역학
염창열, 김창원, 안광호, 정용욱,
이지훈 공저
610쪽 | 22,000원

건축물에너지평가사
핵심 · 문제풀이 상권
건축물에너지평가사 수험연구회
888쪽 | 35,000원

토목기사시리즈
③수리학 및 수문학
심기오, 노재식, 한웅규 공저
424쪽 | 22,000원

토목기사시리즈
④철근콘크리트 및 강구조
정경동, 정용욱, 고길용, 김지우
공저
470쪽 | 22,000원

토목기사시리즈
⑤토질 및 기초
안성중, 박광진, 김창원, 홍성협
공저
632쪽 | 22,000원

토목기사시리즈
⑥상하수도공학
노재식, 이상도, 한웅규, 정용욱
공저
534쪽 | 22,000원

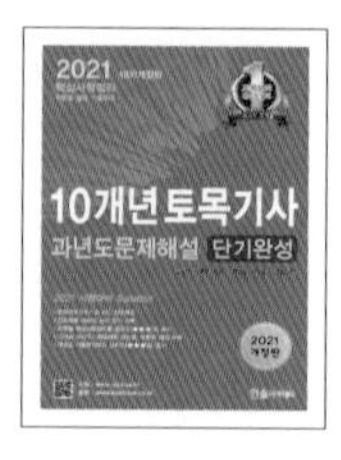

10개년 핵심 토목기사
과년도문제해설
김창원 외 5인 공저
1,028쪽 | 43,000원

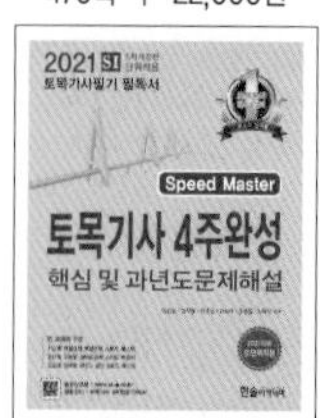

토목기사4주완성 핵심
및 과년도문제해설
이상도, 정경동, 고길용, 안광호,
한웅규, 홍성협 공저
990쪽 | 36,000원

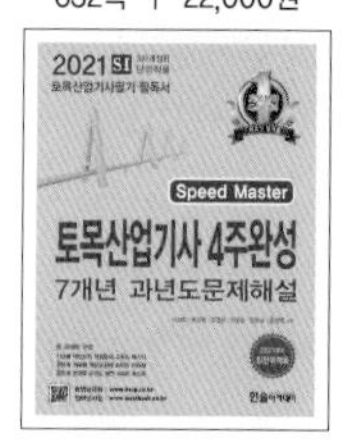

토목산업기사4주완성
7개년 과년도문제해설
이상도, 정경동, 고길용, 안광호,
한웅규, 홍성협 공저
842쪽 | 34,000원

토목기사 실기
김태선, 박광진, 홍성협, 김창원,
김상욱, 이상도 공저
1,472쪽 | 45,000원

HANSOL

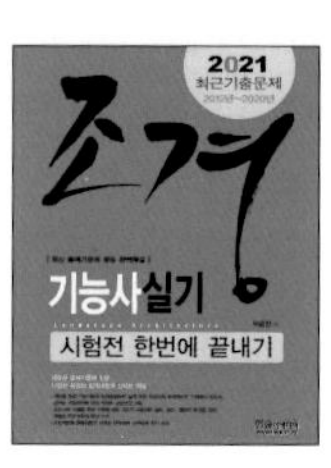

조경기능사 실기
이윤진 저
264쪽 | 24,000원

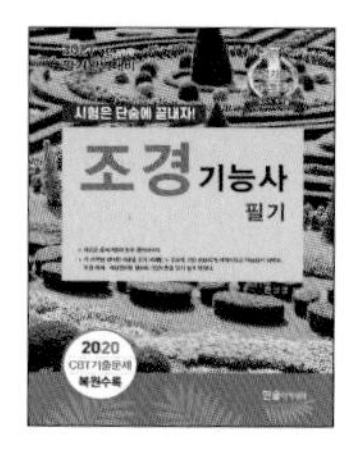

조경기능사 필기
한상엽 저
712쪽 | 26,000원

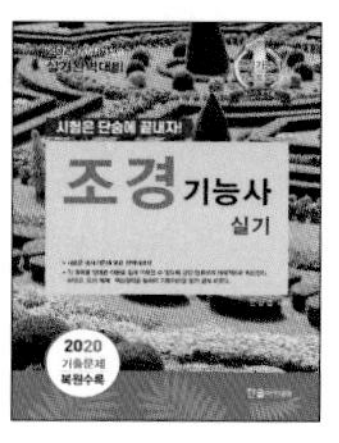

조경기능사 실기
한상엽 저
738쪽 | 27,000원

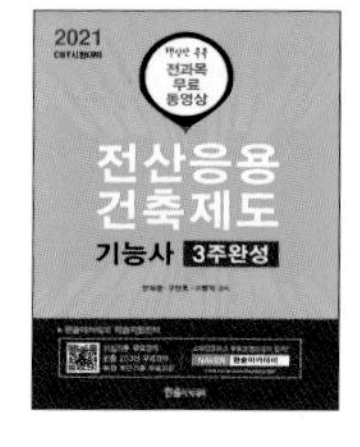

전산응용건축제도기능사 필기 3주완성
안재완, 구만호, 이병억 공저
458쪽 | 20,000원

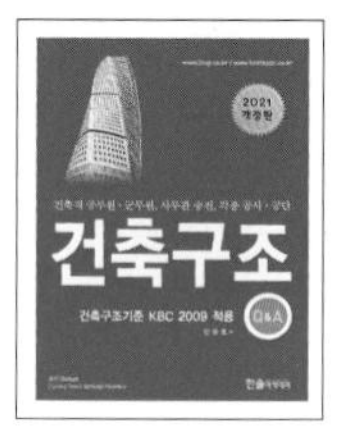

공무원 건축구조
안광호 저
582쪽 | 40,000원

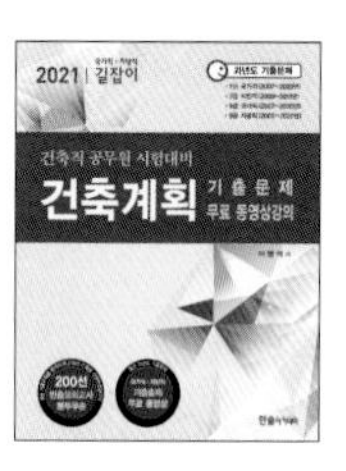

공무원 건축계획
이병억 저
816쪽 | 35,000원

7·9급 토목직 응용역학
정경동 저
1,192쪽 | 42,000원

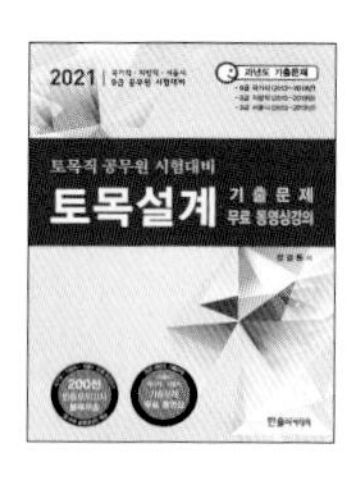

9급 토목직 토목설계
정경동 저
1,114쪽 | 42,000원

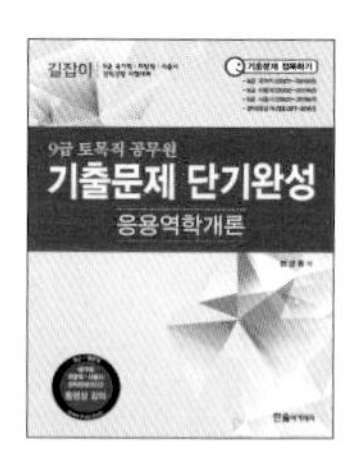

응용역학개론 기출문제
정경동 저
638쪽 | 35,000원

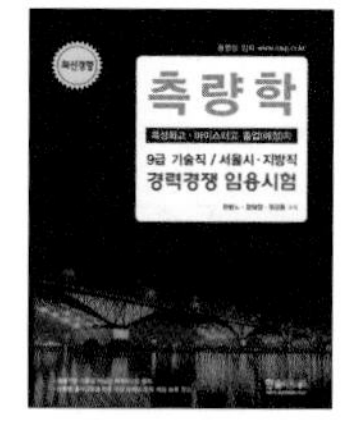

측량학(9급 기술직/서울시·지방직)
정병노, 염창열, 정경동 공저
722쪽 | 25,000원

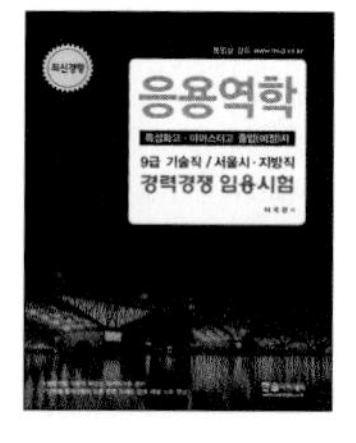

응용역학(9급 기술직/서울시·지방직)
이국형 저
628쪽 | 23,000원

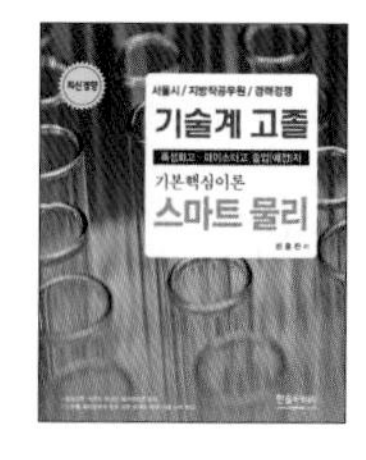

물리(고졸 경력경쟁 / 서울시·지방직)
신용찬 저
386쪽 | 18,000원

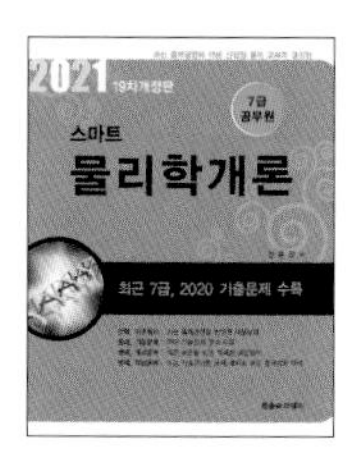

7급 공무원 스마트 물리학개론
신용찬 저
614쪽 | 38,000원

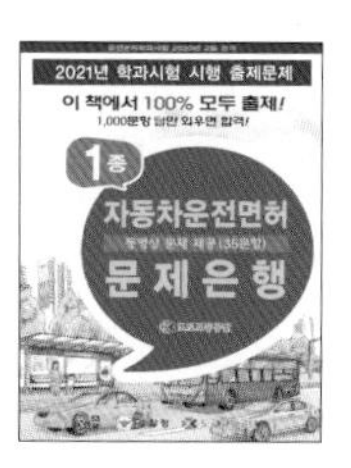

1종 운전면허
도로교통공단 저
110쪽 | 10,000원

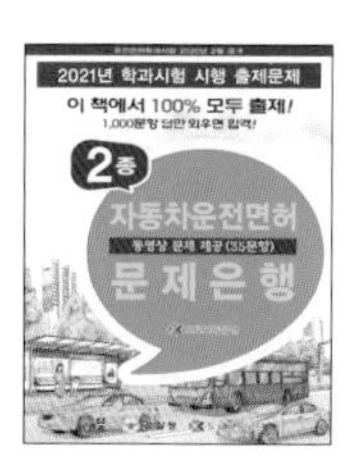

2종 운전면허
도로교통공단 저
110쪽 | 10,000원

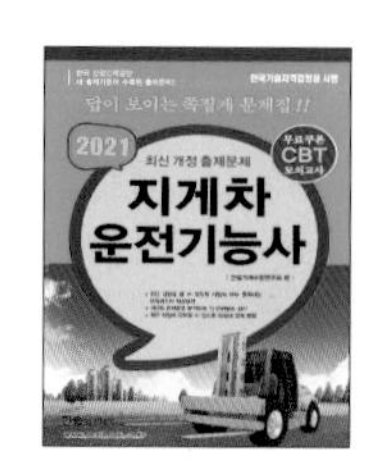

지게차 운전기능사
건설기계수험연구회 편
216쪽 | 13,000원

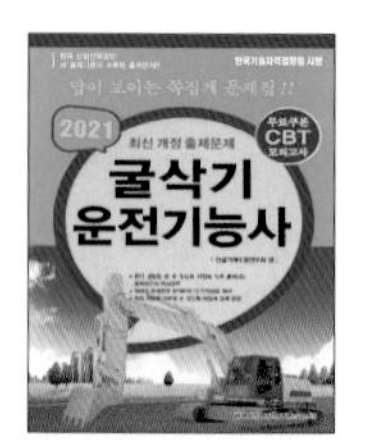

굴삭기 운전기능사
건설기계수험연구회 편
224쪽 | 13,000원

지게차 운전기능사 3주완성
건설기계수험연구회 편
338쪽 | 10,000원

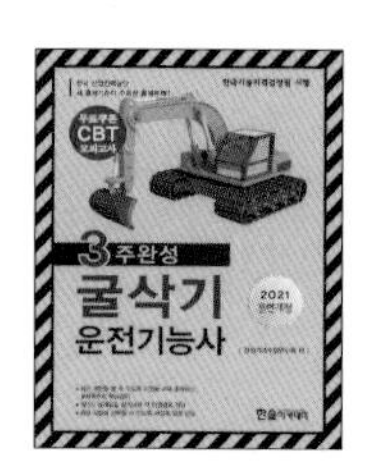

굴삭기 운전기능사 3주완성
건설기계수험연구회 편
356쪽 | 10,000원

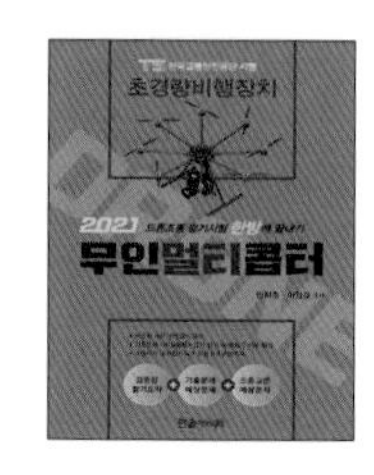

초경량 비행장치 무인멀티콥터
권희춘, 이임걸 공저
250쪽 | 17,500원

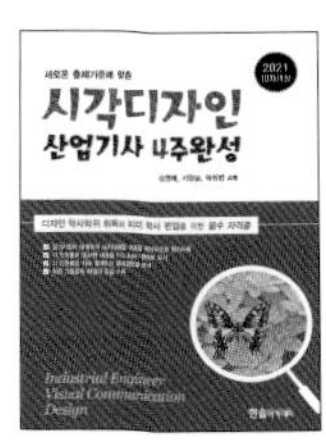

시각디자인 산업기사 4주완성
김영애, 서정술, 이원범 공저
1,102쪽 | 33,000원

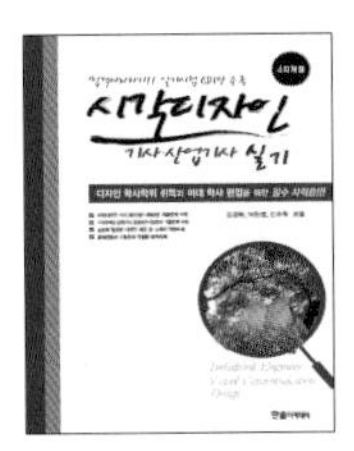

시각디자인 기사·산업기사 실기
김영애, 이원범, 신초록 공저
368쪽 | 32,000원

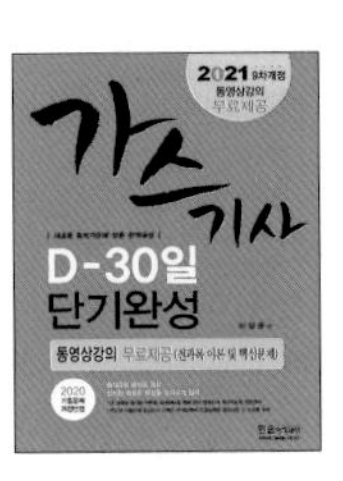

가스기사 필기
이철윤 저
1,246쪽 | 39,000원

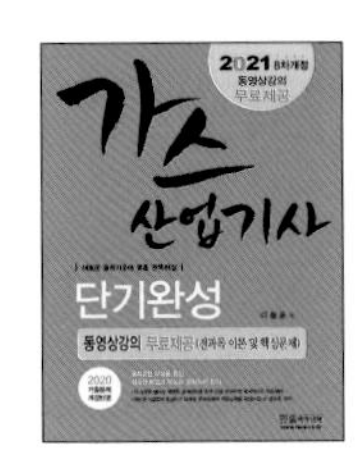

가스산업기사 필기
이철윤 저
1,016쪽 | 35,000원

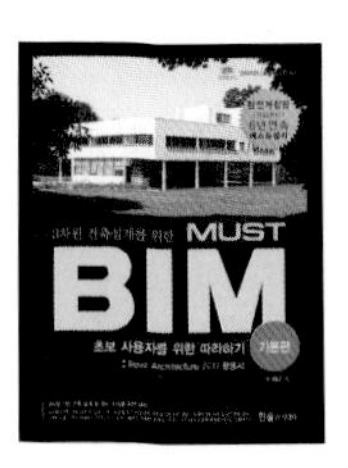

BIM 기본편
(주)알피종합건축사사무소
402쪽 | 30,000원

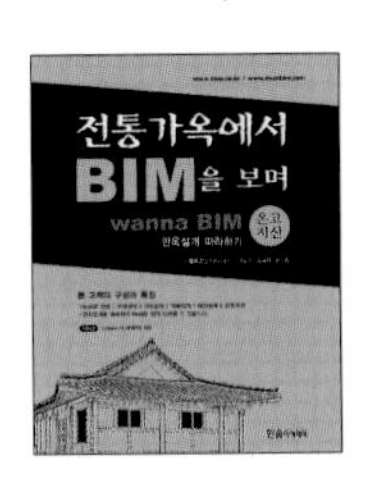

전통가옥에서 BIM을 보며
김요한, 함남혁, 유기찬 공저
548쪽 | 32,000원

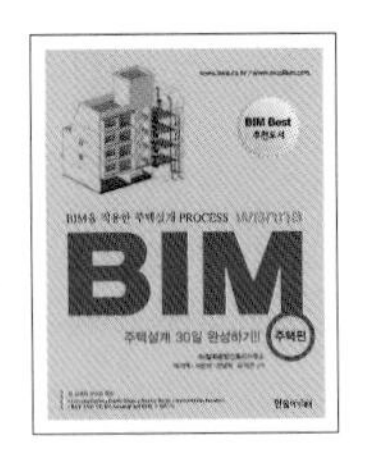

BIM 주택설계편
(주)알피종합건축사사무소,
박기백, 서창석, 함남혁, 유기찬 공저
514쪽 | 32,000원

토목 BIM 설계활용서
김영휘, 박형순, 송윤상, 신현준,
안서현, 박진훈, 노기태 공저
388쪽 | 30,000원

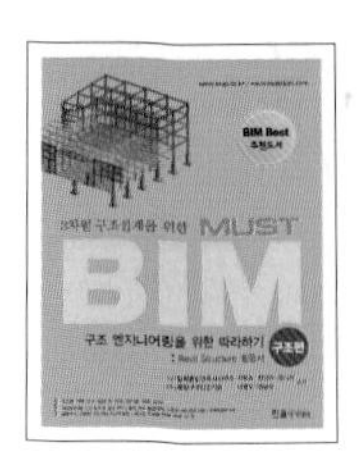

BIM 구조편
(주)알피종합건축사사무소
(주)동양구조안전기술 공저
536쪽 | 32,000원

BIM 활용편 2탄
(주)알피종합건축사사무소
380쪽 | 30,000원

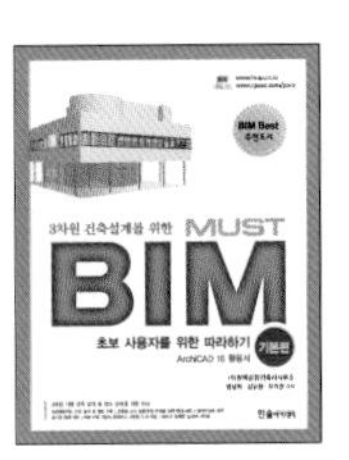

BIM 기본편 2탄
(주)알피종합건축사사무소
380쪽 | 28,000원

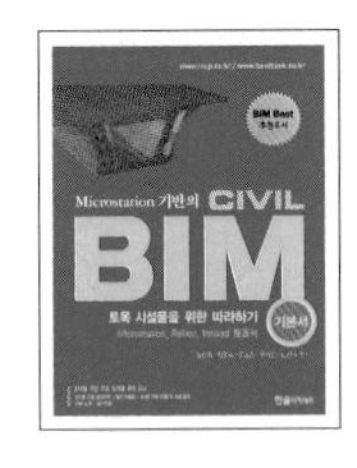

BIM 토목편
송현혜, 김동욱, 임성순, 유자영,
심창수 공저
278쪽 | 25,000원

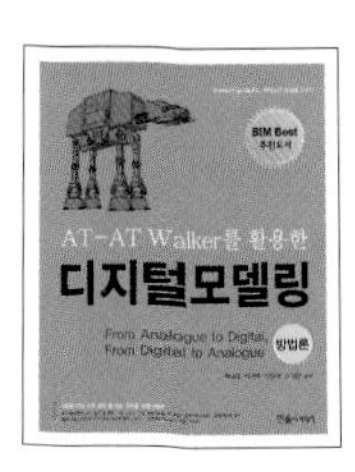

디지털모델링 방법론
이나래, 박기백, 함남혁, 유기찬
공저
380쪽 | 28,000원

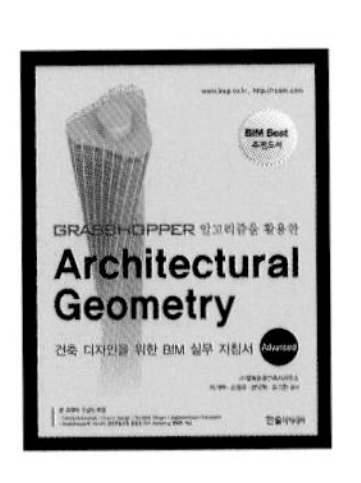

건축디자인을 위한 BIM 실무 지침서
(주)알피종합건축사사무소,
박기백, 오정우, 함남혁, 유기찬 공저
516쪽 | 30,000원

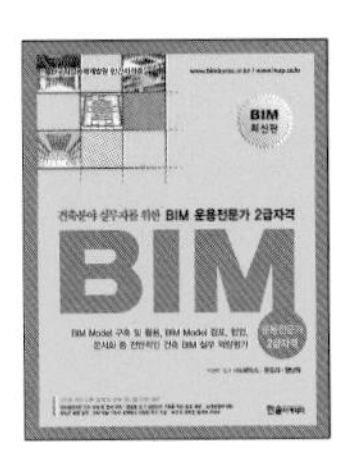

BIM건축운용전문가 2급자격
(주)페이스, 문유리, 함남혁 공저
506쪽 | 30,000원

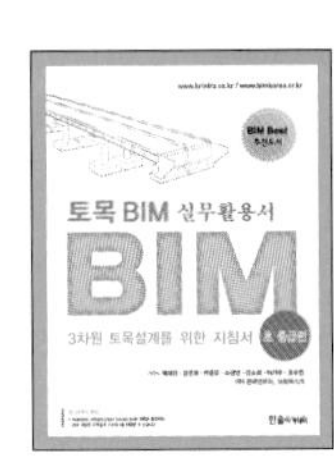

BIM토목운용전문가 2급자격
채재현 외 6인 공저
614쪽 | 35,000원

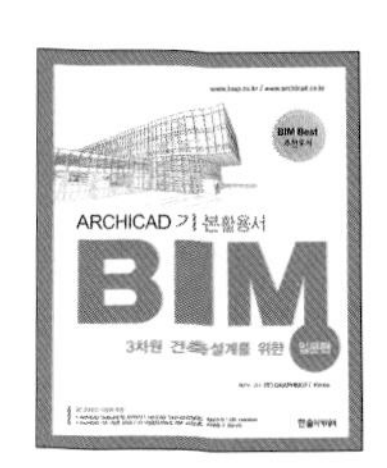

BIM 입문편
(주) GRAPHISOFT KOREA 저
588쪽 | 32,000원

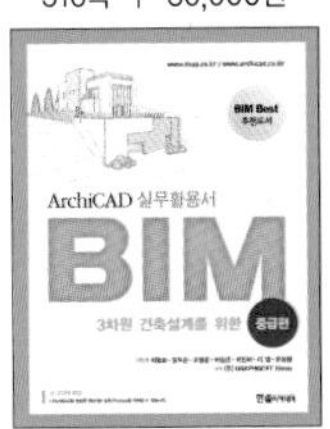

BIM 중급편
(주) GRAPHISOFT KOREA,
최철호 외 6명 공저
624쪽 | 32,000원

BE Architect 스케치업
유기찬, 김재준, 차성민, 신수진,
홍유찬 공저
282쪽 | 20,000원

BE Architect 라이노&그래스호퍼
유기찬, 김재준, 조준상, 오주연
공저
288쪽 | 22,000원

HANSOL

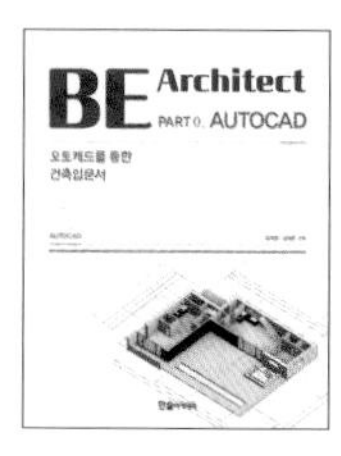

BE Architect
AUTO CAD
유기찬, 김재준 공저
400쪽 | 25,000원

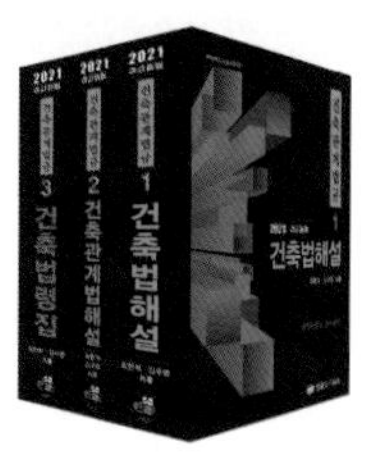

건축관계법규(전3권)
최한석, 김수영 공저
3,544쪽 | 100,000원

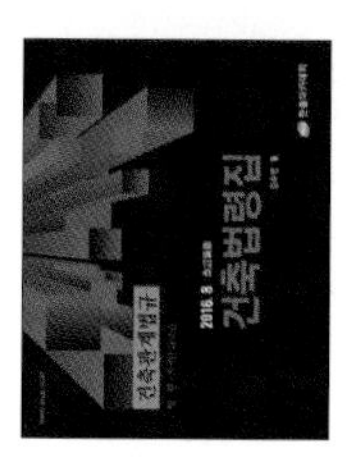

건축법령집
최한석, 김수영 공저
1,490쪽 | 50,000원

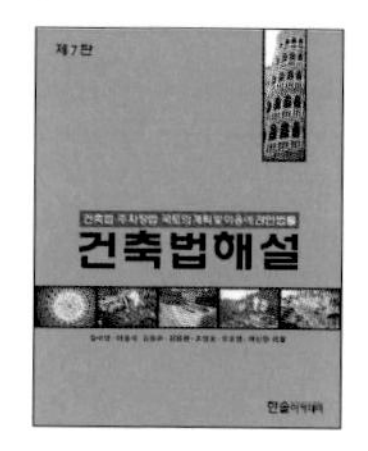

건축법해설
김수영, 이종석, 김동화, 김용환, 조영호, 오호영 공저
918쪽 | 30,000원

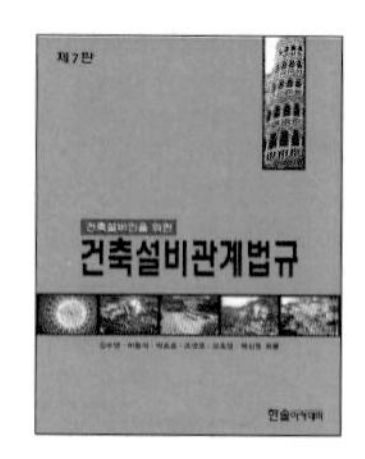

건축설비관계법규
김수영, 이종석, 박호준, 조영호, 오호영 공저
790쪽 | 30,000원

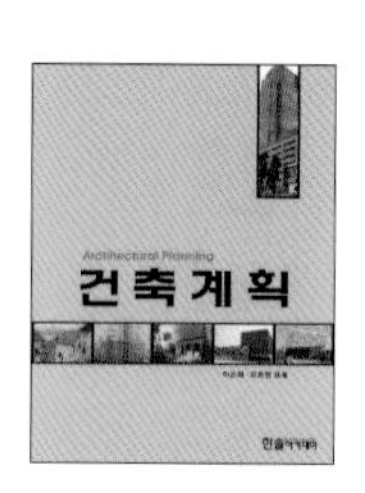

건축계획
이순희, 오호영 공저
422쪽 | 23,000원

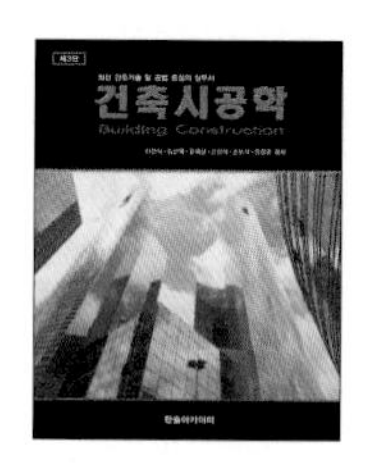

건축시공학
이찬식, 김선국, 김예상, 고성석, 손보식, 유정호 공저
717쪽 | 27,000원

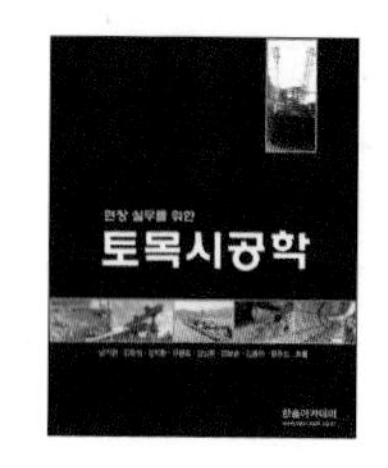

토목시공학
남기천, 김유성, 김치환, 유광호, 김상환, 강보순, 김종민, 최준성 공저
1,212쪽 | 54,000원

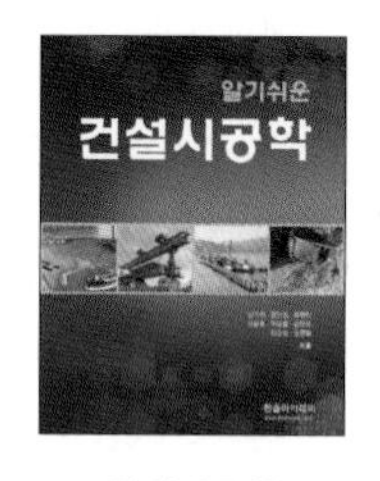

건설시공학
남기천, 강인성, 류명찬, 유광호, 이광렬, 김문모, 최준성, 윤영철 공저
818쪽 | 28,000원

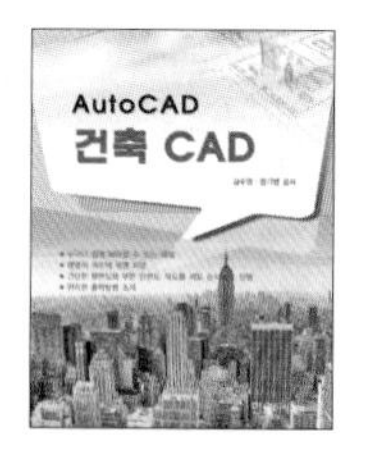

AutoCAD 건축 CAD
김수영, 정기범 공저
348쪽 | 20,000원

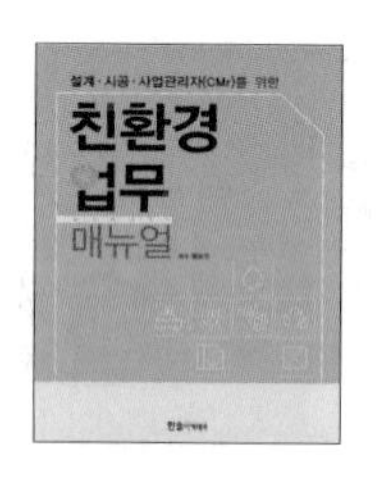

친환경 업무매뉴얼
정보현 저
336쪽 | 27,000원

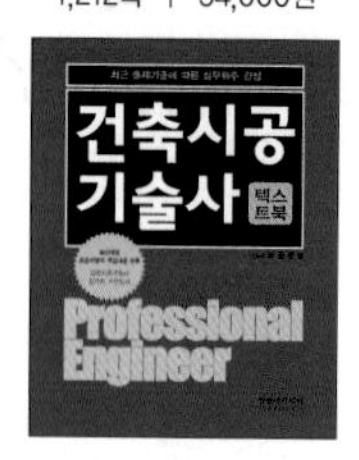

건축시공기술사
텍스트북
배용환 저
1,298쪽 | 75,000원

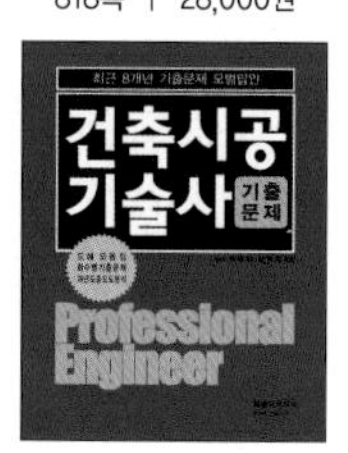

건축시공기술사
기출문제
배용환, 서갑성 공저
1,146쪽 | 60,000원

건축시공기술사
용어해설
배용환 저
1,448쪽 | 75,000원

합격의 정석
건축시공기술사
조민수 저
904쪽 | 60,000원

건축전기설비기술사
(상권)
서학범 저
772쪽 | 55,000원

건축전기설비기술사
(하권)
서학범 저
700쪽 | 55,000원

마법기본서 PE
건축시공기술사
백종엽 저
730쪽 | 55,000원

마법 스크린 PE
건축시공기술사
백종엽 저
332쪽 | 25,000원

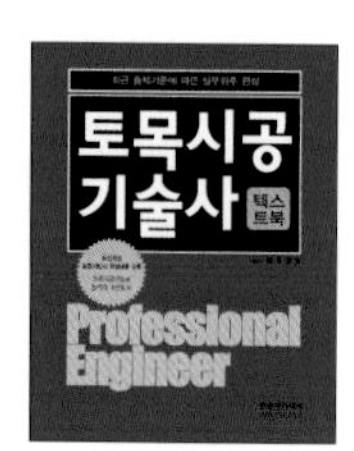

토목시공기술사
텍스트북
배용환 저
962쪽 | 75,000원

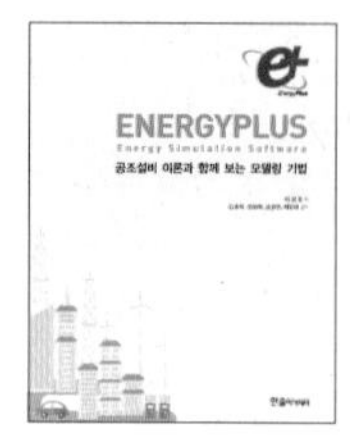

ENERGYPLUS
이광호 저
236쪽 | 25,000원

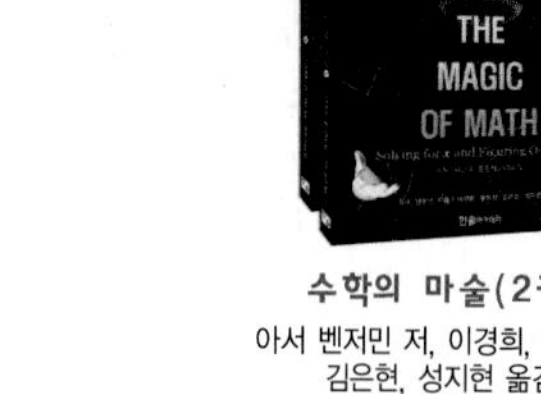

수학의 마술(2권)
아서 벤저민 저, 이경희, 윤미선, 김은현, 성지현 옮김
206쪽 | 24,000원

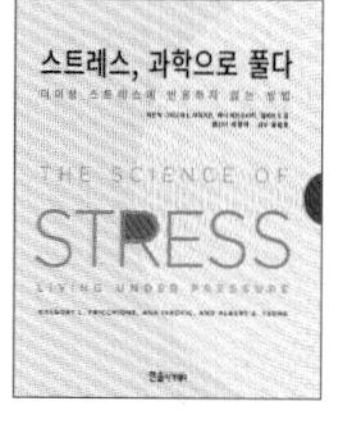

스트레스, 과학으로 풀다
그리고리 L. 프리키온, 애너 이브코비치, 앨버트 S.융 저
176쪽 | 20,000원

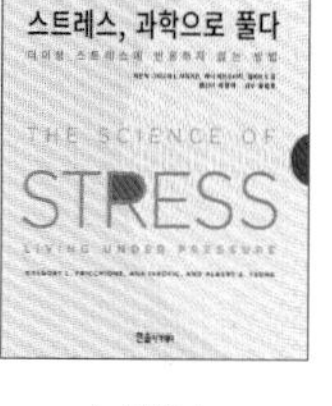

숫자의 비밀
마리안 프라이베르거, 레이첼 토머스 지음, 이경희, 김영은, 윤미선, 김은현 옮김
376쪽 | 16,000원

지치지 않는 뇌 휴식법
이시카와 요시키 저
188쪽 | 12,800원

행복충전 50Lists
에드워드 호프만 저
272쪽 | 16,000원

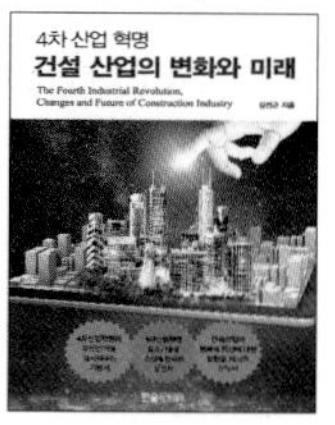

4차 산업혁명 건설산업의 변화와 미래
김선근 저
280쪽 | 18,500원

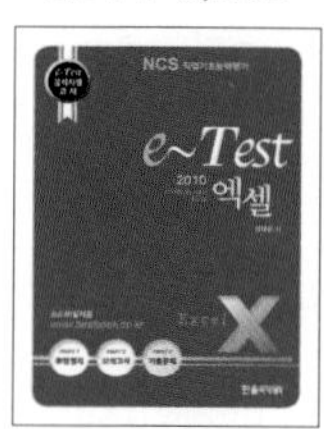

e-Test 엑셀 2010
성대근 저
186쪽 | 13,000원

e-Test 파워포인트 2010
성대근 저
208쪽 | 13,000원

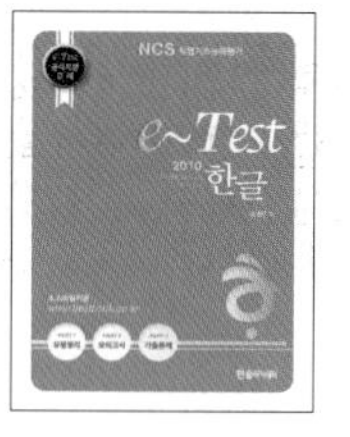

e-Test 한글 2010
성대근 저
186쪽 | 12,000원

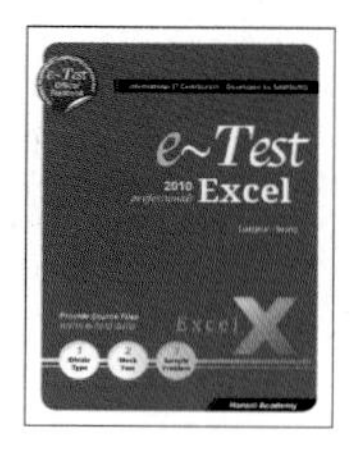

e-Test 엑셀 2010(영문판)
Daegeun-Seong
188쪽 | 25,000원

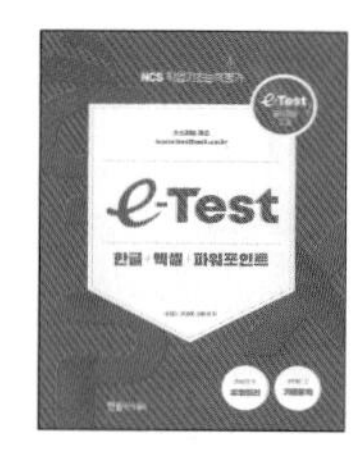

e-Test 한글+엑셀+파워포인트
성대근, 유재휘, 강현권 공저
412쪽 | 28,000원

NCS 직업기초능력활용 (공사+공단)
박진희 저
374쪽 | 18,000원

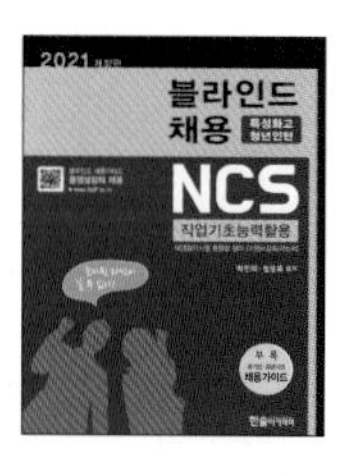

NCS 직업기초능력활용 (특성화고+청년인턴)
박진희 저
328쪽 | 18,000원

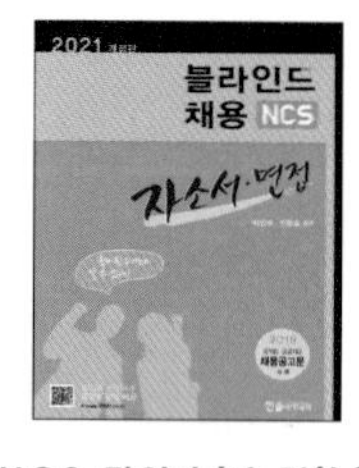

NCS 직업기초능력활용 (자소서+면접)
박진희 저
352쪽 | 18,000원

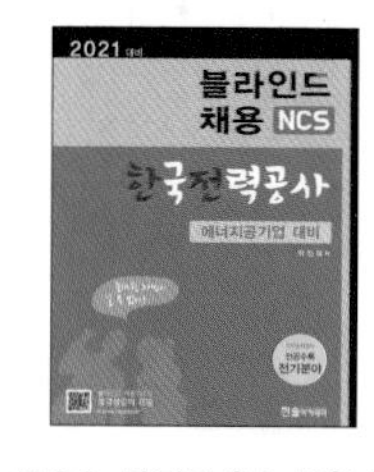

NCS 직업기초능력활용 (한국전력공사)
박진희 저
340쪽 | 18,000원

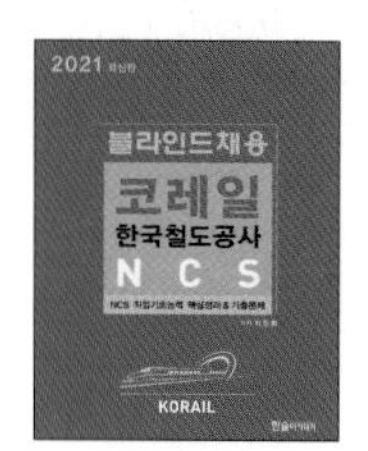

NCS 직업기초능력활용 (코레일 한국철도공사)
박진희 저
240쪽 | 18,000원

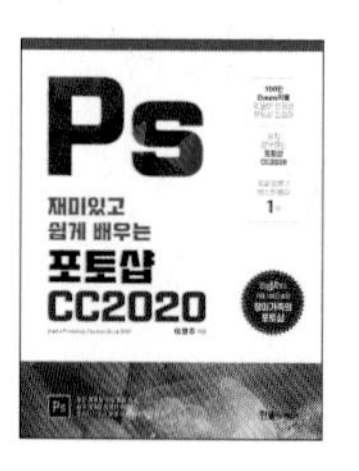

재미있고 쉽게 배우는 포토샵 CC2020
이영주 저
320쪽 | 23,000원

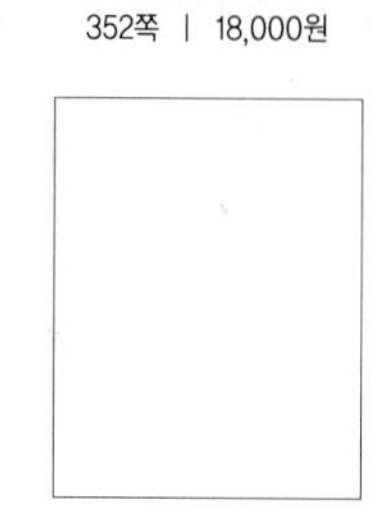